雷 电 防 护 系 列 教 材
南京信息工程大学电子工程系
防 雷 工 程 技 术 中 心 组 编

建筑防雷工程与设计

（第三版）

梅卫群　江燕如　编著

气象出版社

内容简介

本书讲述了雷电、防雷标准、接地、防雷器件等理论知识及实用技术，涵盖了从防雷理论到建筑物防雷设计、施工的主要内容。因考虑到各类读者群的需要，在本教材的第一章对建筑与建筑构造作了概述；第三章、第八章中综述了防雷标准与防雷设计规范；附录部分还提供了大量有关的技术参数和指标，便于随时查阅参考。为便于读者阅读理解，本书配制了大量的图解，图文并茂地呈现给读者，使传达的信息更为明晰。

本书可以作为高等院校雷电防护及相关专业的教材，也可作为气象台站、通讯、建筑等各部门从事雷电研究、雷电防护工作人员的参考用书。

图书在版编目(CIP)数据

建筑防雷工程与设计/梅卫群，江燕如编著. —3版. —北京：气象出版社，2008.1(2012.12重印)

ISBN 978-7-5029-3738-6

Ⅰ.建… Ⅱ.①梅…②江… Ⅲ.建筑物-防雷 Ⅳ.TU895

中国版本图书馆CIP数据核字(2008)第009894号

出版发行：气象出版社
地　　址：北京市海淀区中关村南大街46号　　**邮政编码**：100081
总 编 室：010-68407112　　**发 行 部**：010-68409198
网　　址：http://www.cmp.cma.gov.cn　　**E-mail**：qxcbs@cma.gov.cn
责任编辑：吴晓鹏　蔺学东　　**终　　审**：黄润恒
封面设计：李勤学　　**版式设计**：王丽梅
责任校对：王丽梅
印　　刷：北京奥鑫印刷厂
开　　本：787 mm×960 mm　1/16
印　　张：44.75　　**字　　数**：900千字
版　　次：2008年2月第3版　　**印　　次**：2012年12月第3次印刷
印　　数：10001～15000
定　　价：66.00元

出版说明

雷电是发生在大气中的一种自然灾害，雷电防护是人类改造自然、征服自然的一门学科。由于雷电出现的随机性和危险性，人们对它的理解和防护还很不够，因此雷电给生命和财产带来巨大的损失。特别是计算机信息网络和通信系统迅速发展，雷电对人类的危害也随之快速扩大，因此迫切需要提高对雷电灾害形成机理的认识和加强对雷电灾害的科学防护。

事业的发展靠人才。我国的防雷事业，需要一支技术精湛的专业队伍。这支队伍的在职人员需要继续教育，新生力量需要高校补充。

我院是一所以大气科学、信息科学、环境科学为特色的理、工、文、管兼有的国内知名大学，为适应我国防雷减灾事业发展对专业人才的需求，20 世纪末，以我院师资为基础，组建了电子信息工程专业雷电防护专业方向，2000 年招收了第一届本科学生，并结合部门要求在成人教育的“大气科学专业”设置了防雷大专班，本、专科函授班，进行在职人员短期和中期培训。

为尽快建设雷电防护专业，迅速发展防雷专业教育，在中国气象局雷电与防护管理办公室的指导下，我校电子工程系和防雷工程技术中心组织编写了雷电防护系列教材，供雷电防护本、专科专业教育使用，并可作为从事防雷减灾工程技术人员的学习和应用参考书。本书是该系列教材之一。

本教材受到中国气象局科技发展司和南京菲尼克斯电气有限公司的资助，深表谢意！

南京信息工程大学

电子工程系、防雷工程技术中心

2003 年 10 月 8 日

第三版前言

《建筑防雷工程与设计》一书从最初雷电防护培训班的讲义到正式出版、修订，其间得到了广大读者的厚爱。这次修订出版第三版，对书中的第七章、第八章和附录的内容进行了补充，并增加了下列内容：

§7.4　信号线路雷电防护；

§8.5　低压配电系统的防雷设计；

§8.6　信息网络系统防雷设计；

§8.7　智能建筑雷电防护设计；

附录五　名词解释及术语的内容；

附录九　防雷及接地安装工艺要求；

附录十　防雷装置设计常用表格；

附录十一　防雷装置设计、技术评价、设计审核、施工质量监督和竣工验收。

通过增加、补充希望使本书更臻系统和完善。由于编著者水平所限，书中仍会存在缺点和错误，敬请读者批评指正。

如果将本书比作一座桥梁，那么，通过它我们有幸（缘）结识了诸多雷电防护界的前辈、专家、一线的管理人员、工程技术人员。承蒙各位朋友多方面的热情支持、指导、帮助、批评和讨论，借此再版之际谨表深切的谢意。气象出版社第一编辑室的吴晓鹏先生长期以来关心和支持本书的出版修订工作，在此一并致以感谢。

编著者

2008 年 1 月于南京

再版前言

这本《建筑防雷工程与设计》首版年余，其间受到读者们的关注、批评和指导，在许多技术问题的交流和讨论中收益良多，十分感谢。值此再版之机，对原版中的错误作了修正，并结合防雷行业的发展进程和雷电防护科学与技术专业教学实际需要适当增删了部分内容，使其更为充实，谨献给诸位同仁。

遗憾的是，由于时间和篇幅的关系，原版未曾对建筑物综合设计部分展开详述，此次仍未能作很好的完善，准备在适当的时候予以增补和修订。本书编著者诚恳希望使用本教材的师生以及其他读者能继续提出批评指正，以利于本书的改正和改进。

编著者

2005 年 10 月 9 日

前　言

雷电灾害是最严重的自然灾害之一。全球每年因雷击造成人员伤亡、财产损失不计其数；雷电导致的火灾、爆炸、建筑物损毁等事故频繁发生；从卫星、通信、导航、计算机网络直到每个家庭的家用电器都遭到雷电灾害的严重威胁。我国每年因雷击造成的人员伤亡估计为3000～4000人，财产损失估计在50亿～100亿元左右。

随着我国现代化建设速度的加快，城市中新建高大建筑物导致雷电活动的影响不断加剧；建筑物内各种网络、通信、自动控制、楼宇智能系统等抗干扰能力较弱的现代电子设备使用越来越普及，易燃易爆场所、电力供电设备的迅速增加等客观因素使雷电灾害造成的损失也呈现出愈来愈严重的趋势。总体来看，当前防雷减灾工作存在的突出问题主要表现在以下几个方面：

面对雷电灾害日趋严重，雷电防护日益重要的严峻形势，人们对雷电灾害的防范意识仍然十分薄弱，存在侥幸心理和麻痹思想，国家的技术规范甚至是强制性的技术规范不能有效地贯彻执行。

防雷工程不按规范建设，不少建筑物甚至标志性建筑物防雷措施不完善，私人住宅大多没有防雷装置，使得建筑物防雷能力先天不足，导致严重雷击事故的发生；忽视了危害性越来越大的雷电电磁脉冲的防护，大量通信、计算机网络系统等弱电设备未能严格按照国家技术规范要求进行防雷便投入业务使用，导致雷害事故频繁发生。雷击后采取补救措施不仅耗费了大量的人力、物力，而且很容易造成社会治安问题。

施工队伍素质参差不齐，严重影响施工质量；未设计先开工的情况普遍存在，造成无法补救的隐患；即使安装了防雷装置，也没有定期检测或者防雷装置经检测发现隐患提出整改建议后，出现拒不整改等问题。

防雷工程和产品市场还未完全步入有序状态，防雷产品达不到质量要求，滥用防雷器材、淘汰的防雷器材、假冒伪劣或无证生产的防雷器材等情况依然存在，这样不仅不能起到防雷作用，反而造成严重的雷击事故。

防雷基础理论和应用理论的研究工作刚刚起步，雷电监测、预报预警系统等基础设施建设、防雷减灾的业务现代化建设相对滞后。

上述情况表明，目前不能更好地遏止雷电灾害发生的重要原因，很大程度上是人的因素，即决策者、管理者、建设者的素质问题，同时也存在理论研究、技术转化的问题。因此，建立一支训练有素、业务精通的高素质防雷减灾队伍以保证防雷减灾工作的质量、成效，是一件刻不容缓、迫在眉睫的事情。

建筑防雷工程是防雷减灾工作的一个重要的组成部分。建筑防雷工程又是一个系统工程，必须综合考虑建筑物的重要性、使用性质、雷电灾害评估、外部防雷措施和内部防雷措施，这些措施包括防雷装置的功能、保护范围、分流影响、均衡电位、防雷分区、屏蔽作用、合理布线、装设电涌保护器以及接地装置等等，建筑防雷工程必须整体考虑内外防雷措施、设计、施工的规范性和可行性。

本书讲述了雷电、防雷标准、接地、防雷器件等理论知识及实用技术，涵盖了从防雷理论到建筑物防雷设计、施工的主要内容。因考虑到各类读者群的需要，在本教材的第一章对建筑与建筑构造作了概述。附录部分还提供了大量有关的技术参数和指标，便于随时查阅参考。为便于读者阅读理解，我们为本书配制了大量的图解，图文并茂地呈现给读者，使传达的信息更为明晰。总之，我们希望书中的图文将同时对于防雷专业方向的学生与职业防雷工程人员，以及任何对环境的安全防护有兴趣的人，都成为有用的参考。

由于在防雷基础理论、应用理论研究与技术开发方面的不足，加之编者的理论水平和实践经验的限制，书中缺点错误在所难免，恳请读者给予批评指正。

本书曾用作南京气象学院电子工程系防雷培训班和成人教育学院防雷专科班讲义，其间不断修改补充。在本书编写过程中，南京气象学院肖稳安先生提供了大量资料，南京气象学院电子工程系和防雷工程技术中心的领导和专家给予很大的信任、支持、指导和帮助，并得到中国气象局雷电防护办公室杨维林先生、北京交通大学张小青教授及北京市气象局关象石先生等的关心和鼓励，在此谨致谢意！

（梅卫群　江燕如）

2003 年 11 月 24 日于南京

目 录

第一章　建筑与建筑构造

§1.1　建筑概论

建造房屋是人类最早的生产活动之一。

《易系辞》曰“上古穴居而野处”。

大自然造化之功奇伟壮丽，雕凿出无数晶莹璀璨、奇异深幽的洞穴，展示神秘的地下世界时，也为人类在长期生存期间提供了最原始的家。在生产力水平低下的状况下，天然洞穴显然首先成为最适宜居住的“家”。穴居是当时的主要居住方式，它满足了原始人对生存的最低要求。

进入氏族社会以后，随着生产力水平的提高，房屋建筑也开始出现。但是在环境适宜的地区，穴居依然是当地氏族部落主要的居住方式，只不过人工洞穴取代了天然洞穴，且形式日渐多样，更加适合人类的活动。随着原始人营建经验的不断积累和技术的提高，穴居从竖穴居室逐步发展到半穴居室，最后又被地面建筑所代替。

与北方流行的穴居方式不同，南方湿热多雨的气候特点和多山密林的自然地理条件自然孕育出云贵、百越等南方民族“构木为巢”的居住模式。此时原始人尚未对这种“木构”建造有明确的意识，只不过是随着钻木取火、劈石头制造器具等无意识条件反射而诞生的一种社会行为，严格地讲，这算不得建筑。《礼记》载“昔者先王未有宫室，冬则居营窟，夏则居缯巢”，可见“巢者与穴居”也非因地域而截然分开。

人类的发展有如文化的传承，农耕社会的到来，引导人们走出洞穴、丛林。人们可以用劳动创造生活，把握自己的命运，同时也就开始了人工营造屋室的新阶段，并建立了以自己为中心的新秩序，真正意义上的“建筑”诞生了。

在母系氏族社会晚期的新石器时代，在仰韶、半坡、姜寨、河姆渡等考古发掘中均有居住遗址的发现。北方仰韶文化遗址多半为半地穴式，但后期的建筑已进展到地面建筑，并已有了分隔成几个房间的房屋。其总体布局有序，颇能反映出母系氏族社会的聚落特色。南方较潮湿地区，“巢居”已演进为初期的干阑式建筑。如长江下游河姆渡遗址中就发现了许多干阑建筑构件，甚至有较为精细的卯、启口等。

浙江余姚河姆渡的干阑木构誉为华夏建筑文化之源。它距今约六、七千年，是我国已知的最早采用榫卯技术构筑木结构房屋的一个实例。已发掘部分是长约 23m、进深约 8m 的木构架建筑遗址，推测是一座长条形的、体量相当大的干阑式建筑。木构件遗物中有柱、梁、枋、板等，许多构件上都带有榫卯，有的构件还有多处榫卯。可以说，河姆渡的干阑木构已初具木构架建筑的雏形，体现了木构建筑之初的技术水平，具有重要的参考价值与代表意义。这种古代原始住宅形式一直延续至今，广泛分布于西南广大少数民族地区(图 1.1)，尤以云南西双版纳傣族民居最为典型。其结构特点是：先架空立柱设梁铺板，建造一个坚固的底架，然后在其上建房，即所谓“悬虚构屋”。干阑式木结构与楼阁建筑形式的出现有渊源关系。

图 1.1 干阑式木结构建筑

半坡母系氏族部落聚落遗址位于西安城东六公里，呈南北略长、东西较窄的不规则圆形。整个聚落由三个不同的分区所组成，即居住区、氏族公墓区及陶窑区。居住用房和大部分经济性房屋，集中分布在聚落的中心，构成整个布局的重心——居住区。围绕居住区有一条深、宽各为 5～6m 的壕沟，以之为聚落的防护设施。沟外为氏族公墓区及陶窑区。

居住区内居住建筑有平面圆形和方形两种。就建筑风格及构造方式而言，又可分为半穴居式和地面木架建筑式。

半坡遗址是一个氏族部落的聚落所在。居住区是以氏族集结的小区为基础、“大房子”作为中心来组织的，这座大房子是氏族部落的公共建筑，氏族部落首领及一些老幼都住在这儿，部落的会议、宗教活动等也在此举行。“大房子”与所处的广场，便成了整个居住区规划结构的核心。再结合对墓葬区、陶窑区布局分析，可以看出半坡氏族聚落无论其总体，还是分区，其布局都是有一定章法的，这种章法正是原始社会人们按照当时社会生产与社会意识的要求经营聚落生活的规划概念的反映。其建筑形式也体现着原始人由穴居生活走向地面生活的发展过程。

随着生产力的发展，人们对建筑物的要求也日益多样化和复杂化。有了商品交换，出现了店铺、钱庄乃至现代化的商场、百货公司、交易所、银行、贸易中心。交通的发展，出现了从驿站、码头直到现代化的港口、车站、地下铁道、机场。科学文化发展，又出现了从书院、家塾直到现代化的学校、博物馆、艺术中心和科学研究建筑。阶级的分化，出现了供统治阶级住的宫殿、府园、庄园、别墅，供统治者灵魂“住”的陵墓以及神“住”的庙宇。生产发展了，出现了作坊、工场以至现代化的大工厂。

随着社会的发展，房屋早已超出了一般居住范围，建筑类型日益丰富；建筑技术不断提高，建筑的形象发生着巨大的变化。

总体说来，从古到今，建筑的目的是取得一种人为的环境，供人们从事各种活动。建筑不但提供人们一个有遮掩的内部空间，同时也带来了一个不同于原来的外部空间，建筑物能和周围的树木、道路、围墙组成院落，也能和其他房屋一起形成街道、村镇。建筑包含建筑物和构筑物。建筑物是供人们在其中生产、生活或其他活动的房屋或场所。如住宅、学校、影剧院等。构筑物是人们不在其中生产、生活的建筑。如水塔、烟囱、堤坝等。

一个建筑物可以包含有各种不同的内部空间，但它同时又被包含于周围的外部空间之中，建筑正是这样以它所形成的各种内部的、外部的空间，为人们的生活创造了工作、学习、休息等多种多样的环境。几千年的实践已证明，建筑和社会的生产方式、生活方式有着密切的联系，和社会的科学技术水平、文化艺术特征有着密切的联系，如同一面镜子一样反映出人类社会生活的物质水平和精神面貌，反映出它所存在的那个时代的特征。建筑又是一种多技术组合的工程，是为着某种使用上的目的，而需要通过物质材料和工程技术去实现的，它是人类社会的一项物质产品。

可是建筑又有不同于其他工程的特点，建筑的目的在于为人的各种活动提供良好的环境，一个人一生的绝大部分时间都是在与建筑有关的各种空间（包括室内室外的）中度过的。

建筑满足人们的物质需要，又满足人们的精神需要；它既是一种物质产品，又是一种艺术创作。建筑正是以它的形体和它所构成的空间给人以精神上的感受，满足人们一定的审美要求，这就是建筑艺术的作用。建筑艺术指建筑美观问题以及它更深刻的内涵，如反映建筑时代的精神面貌，表达一定历史时期的经济技术水平，又是民族文化传统的组成部分。

因此，建筑体型和立面设计的要求反映在以下几个方面：

①要反映建筑功能和类型特征；

②要体现材料、结构与施工技术特点；

③符合规划设计要求并与环境相结合；

④掌握建筑标准和相应的经济指标；

⑤符合建筑造型和立面构图规律。

1.1.1　建筑与人类的社会发展进程

建筑业发展初期，人们从利用天然材料到烧制砖瓦，建造木结构、石结构、砖石结构等建筑，随着科学技术迅速发展，建筑材料、施工技术、施工设备不断更新和完善，同时人们对建筑物的要求也日益多样化和复杂化，混凝土体系和钢结构体系也日益成熟，出现许多新颖、独特的建筑类型。它们在使用功能、建筑规模、结构形式、平面组合及体型、建筑技术与艺术等方面都得到很大的发展，形成了不同用途、不同时代、不同地区、不同民族的建筑风格。

建筑和社会的生产方式、思想意识以及地区的自然条件有关，社会生产方式的变化使建筑不断发展，下面以几个有代表性的建筑物为例：

埃及·吉萨(Giza)金字塔群

古埃及奴隶主的陵墓，正方形底座，全部用规则的石灰岩块砌成。建造这样巨大的建筑在以部族为单位的原始社会是不可想象的，只有在奴隶社会，才有可能提供那样大量而集中的劳动力。数十万奴隶使用简陋的工具，被迫分批进行集中劳动，历时30年修建了人类历史上第一批巨大的纪念性建筑。耸立在荒漠中的金字塔，以其庞大无比的简单几何形象作为奴隶主绝对权力的象征，深刻地反映了奴隶社会的生产关系。

公元前3100年左右，尼罗河下游冲积三角洲平原的吉萨(Giza)建造了三座大金字塔，是古埃及金字塔最成熟的代表。它们都是精确的正方锥体，形式极其单纯，塔很高大，而脚下的祭祀厅堂和其他附属建筑物相对很小，塔的形体不受障碍地充分表现了出来。

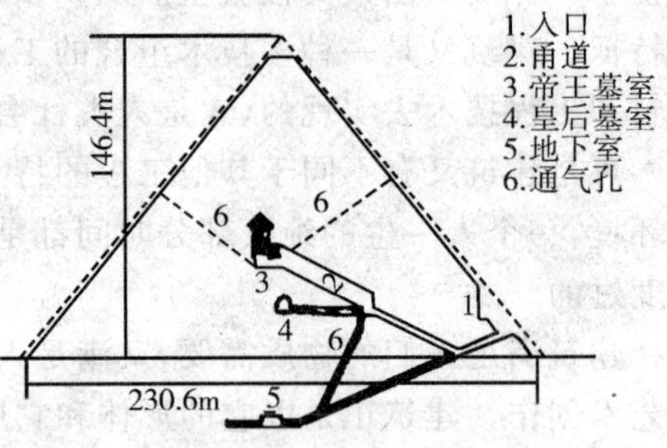

图1.2 金字塔剖面

所有厅堂和围墙等附属建筑物不再模仿木柱和芦苇的建筑形象，采用了完全适合石材特点的简洁的几何形，方正平直，交接简捷，同金字塔本身的风格完全统一。纪念性建筑物的典型风格形成了，艺术形式与材料、技术之间的矛盾也同时克服了。石建筑终于抛弃了对木建筑的模仿而有了自己的形式和风格。

法国·巴黎圣母院(Notre Dame,Paris)

欧洲中世纪封建社会的宗教建筑。它使用了石、金属、彩色玻璃等多种材料,采用了一种叫骨架券和飞券结构的建造技术,这说明封建社会比奴隶社会的生产力又得到了发展,能够为建筑提供较多的材料和技术。而建筑内外的许多繁琐装饰,又多少反映了那个社会的工匠手工业劳动特点。

天堂是基督徒最向往的去处,高耸的尖塔、密集的垂直线条、阳光与彩色玻璃窗所造成的飘渺虚幻的室内气氛,正好体现了这种超世脱俗的愿望。中世纪的教堂曾经是当时居民的生活中心,是城镇的标志和象征。

巴黎圣母院 (Notre Dame, Paris),1163 年始建,13 世纪中叶完成西面的钟楼,此后屡经改建的著名的哥特式教堂建筑。教堂宽约 47m,深约 125m,内部可容万人。它使用了尖券、骨架拱和飞扶壁,是哥特式教堂的成熟作品,但从它的六分拱顶和粗壮圆柱来看,仍带有早期哥特式的特点。其正面构图完整,雕饰精美,中心 13m 直径的玫瑰窗尤为著名,这个立面是以后许多教堂的范本。

图 1.3　巴黎圣母院图

图 1.4　哥特式建筑剖面

中国·北京故宫

一进进院落、一座座厅堂，都围绕着一条明确的中轴线进行布局。它华丽壮观、壁垒森严，又等次分明。作为封建社会的最高统治中心，它生动地反映出社会的阶级关系，同时又说明了社会生产力对建筑的限制。落后的技术造就了豪华的殿堂，建筑绝大部分采用了天然材料，沿用数千年之久的木结构构架形式没有多大改变。

美国·纽约世界贸易中心(World Trade Center, New York)

近代资本主义社会的超高层建筑，由两座并立的塔式摩天楼和四幢七层建筑组成，建于1967～1973年。两座塔式大厦均为110层，另加地下室6层，地面以上建筑高度为411m(1350英尺)。

内部除垂直交通、管道系统外均为办公面积与公共服务设施。纽约世界贸易中心大楼全部用钢结构，外表用铝合金板饰面。高塔平面为正方形，边长为63.5m，外观为方柱体，结构体系为外柱承重，9层以下外柱距为3m，9层以上外柱距为1m，窗宽为0.5m。大厦核心部分为电梯井，每座大厦共设电梯108部。设备层分别设在第7、8、41、42、75、76、108、109层。第110层为屋面桁架层。在第44及78层上分别设有“高空门厅”，并有银行、邮局、餐厅等服务设施。

其中一座大厦的屋顶上装有电视塔，塔高100.6m。另一座大厦屋顶开放，供人登高游览。在地下室部分设有地下铁道车站和商场，并有四层汽车库，可停车2000辆。

该建筑表现了现代资本主义社会高度发展的技术力量，商业贸易建筑在城市中的急剧发展，各种托拉斯企业的摩天大楼“争高斗妍”，表现出现代化国际都会的城市特色。该双塔建筑已在2001年9月11日的恐怖袭击事件中被摧毁。

图1.5　纽约世界贸易中心

1.1.2　建筑物的分类、分级及防护

1.1.2.1　建筑物的分类

按使用性质:生产性建筑——工业建筑、农业建筑;工业建筑指工业生产性建筑,如生产厂房、辅助生产厂房等;农业建筑指农副业生产建筑,如粮仓、畜禽饲养场等。非生产性建筑——民用建筑,民用建筑根据建筑物的使用功能,又可为居住建筑和公共建筑两大类。居住建筑有住宅、公寓、宿舍等。公共建筑有学校、图书馆、食堂、医院、商店等。

按承重结构材料:砖木结构——砖(石)砌墙体、木楼板、木楼盖的建筑。砖混结构——砖墙、钢筋混凝土楼板、钢(木)屋架或钢筋混凝土屋面板建造的建筑。钢筋混凝土结构——建筑物的主要承重构件全部采用钢筋混凝土,如装配式大板、大模板、滑模等工业化方法建造的建筑,钢筋混凝土的高层、大跨、大空间的建筑。钢－钢筋混凝土结构——如钢筋混凝土梁、柱、钢屋架组成的骨架结构厂房。钢结构——如全部用钢柱、钢屋架建造的厂房。其它结构——如生土建筑、塑料建筑、充气建筑等。

按层数:住宅建筑——1～3层为低层建筑;4～6层为多层;7～9层为中高层;10～30层为高层。公共建筑及综合性建筑——建筑总高在24m以下为非高层建筑;总高大于24m为高层建筑(不包括高度超过24m的单层主体建筑);总高超过100m的住宅或公共建筑均为超高层建筑。工业建筑——单层厂房、多层厂房和混合层厂房。按防雷分为一、二、三类。

1.1.2.2　建筑物的分级

以主体结构确定的建筑物,按耐用年限可分四级:一级,耐用年限超过100年的重要建筑和高层建筑;二级,耐用年限为50～100年的一般性建筑;三级,耐用年限为25～50年的次要建筑;四级,耐用年限少于15年的临时建筑。

1.1.2.3　建筑物的防护

建筑防护是为了防止建筑物在使用过程中受到各种人为因素和自然因素的影响或破坏所采取的安全措施。如建筑防火、建筑防热、建筑防寒、建筑抗震、建筑防水、建筑防潮、建筑电磁屏蔽、建筑防辐射线、建筑防爆、建筑泄爆、建筑防尘、建筑防雷、建筑防腐蚀等。

(1)建筑防火:防止或减少建筑物火灾的发生及其危害的措施。包括火灾前的预防和火灾时的措施两方面,前者主要为确定建筑物合适的耐火等级和耐火构造,控制可燃物数量及分隔易起火部位等;后者主要为保持防火间距,划分防火分区,设置疏散设施及排烟、报警、灭火设备等。建筑物应根据其耐火等级选定构件材料及构造方式,并按

照防火规范的各项要求进行防火设计。设计时须保证主体结构的耐火稳定性，还应使隔墙、吊顶及装修等具有必要的耐火能力。建筑物之间应保持一定的防火间距，建筑内部则需划分防火分区。公共建筑的安全出口一般不能少于两个，影剧院、体育馆等人员密集场所，还应设置更多的出口。建筑物中应有良好的通风、排烟设施，同时还应根据需要设置报警和灭火设备。有爆炸危险性的厂房及库房，还应有防爆泄压的措施。

现行《建筑设计防火规范》(GBJ16-87)把建筑物的耐火等级划分成四级。一级的耐火性能最好，四级最差。性质重要的或规模宏大的或具有代表性的建筑，通常按一、二级耐火等级进行设计；大量性的或一般的建筑按二、三级耐火等级设计；次要的或临时建筑按四级耐火等级设计。

(2)建筑防热：抵挡夏季室外热作用，防止室内过热所采取的建筑设计综合措施。其主要内容有：在城市规划中，正确地选择建筑物的布局形式和建筑物朝向；在建筑设计中，选用适宜的有效的围护结构隔热方案；采用合理的窗户遮阳方式；争取良好的自然通风；注意建筑环境的绿化等以创造舒适的室内生活、工作环境。

(3)建筑防寒：建筑保温俗称建筑防寒。通过建筑手段减少室内热量损失的综合技术措施。建筑保温对保证冬季室内热环境质量、节约采暖能源有重要作用。一般应从综合措施和外围护结构保温两方面入手。①综合措施：在总体规划中合理布置房屋位置、朝向，使其在冬季能获得充分的日照而又不受冷风袭击；在单体设计时，应在满足功能要求的前提下采用体型系数小的方案；②外围护结构保温：凡有保温要求的房屋外围护结构应有合乎规定的热阻。采暖的民用建筑的外墙和屋顶等的总热阻应根据技术经济分析确定，但不得小于最小总热阻。窗户是建筑保温的关键部位，应提高窗的气密性，改进窗的材料及构造。地面除应有一定热阻以控制热损失以外，为减少人脚的接触热损失，应选用吸热系数小的构造，用热渗透系数小的材料做面层。消除热桥的保温措施，也是重要的环节。

(4)建筑抗震：又称建筑防震。为避免或减轻地震对建筑物的危害所采取的措施。受地震影响地区的地面和各类建筑物受地震影响的程度为地震烈度，中国把地震烈度分为12度。在1～5度时，一般的建筑物不受损失或损失很小。而在10～12度时，对建筑物的破坏很大，应按有关专门规定设计。因此，建筑抗震措施一般指应用于6～9度地区。抗震构造措施主要有：①建筑体型、平面、立面布置宜规则、对称，建筑质量分布和刚度变化要均匀。②按抗震设计规范设置防震缝、抗震圈梁、构造柱、芯柱及抗震支撑系统等。③选择适宜的楼层类型，加强楼层和楼梯间的整体性。④加强各构件间的联结，如纵横墙之间；承重墙与非承重墙之间；板与板之间；板与梁之间；板、梁与墙之间等。⑤处理好非结构构件(如围护墙、隔墙、装修等)与主体结构的连接。⑥注意单层空旷房屋(如影剧院、俱乐部、礼堂等)和土、木、石结构房屋的特点，有针对性地采取有效的抗震措施。

(5)建筑防水：为了避免水对建筑物的危害，在外围护结构和地下室等部位所采取的防御措施。包括防水构造处理和防水材料的选择。常用的防水构造方法有构造防水和材料防水两种。构造防水是利用构件自身的形状及相互搭接来达到防水的目的，主要用于构件自防水屋面、装配式建筑外墙板接缝等。材料防水则是利用材料的不透水性来覆盖和密闭构件及缝隙，常用于屋面、外墙、地下室等处的防水。防水材料种类很多，主要有沥青类、塑料与橡胶类及防水混凝土类。沥青质防水卷材在地下、水工、工业及其他建筑中应用很普遍。塑料与橡胶防水材料包括薄膜、涂料、防水剂、嵌缝密封材料等。防水混凝土主要用于地下水工建筑及屋面工程等。

(6)建筑防潮：采用建筑方法防止建筑物受潮的技术措施。包括：①为了防止潮气和地面下渗水对建筑物墙体、地面等部位的侵蚀而采取的一种措施。通常采取设置防潮层的方式。可用防水砂浆、防水混凝土、防潮涂料、卷材等作为防潮层材料。②减少蒸汽渗透，防止水蒸汽在结构内部或围护结构表面结露的措施。一般可采用增大围护结构热阻、采用呼吸性内饰面、使用隔蒸汽层、作表面防水层、增设通风排气通道等。

(7)建筑电磁屏蔽(见第六章)：建筑设计中所采取的隔离电磁波干扰和防止电磁波外泄的技术措施。电磁屏蔽技术是20世纪40年代发展起来到50年代日趋完善的。其作用一是防止外来电磁波干扰，二是防止室内电磁波外泄。电磁波按照干扰作用的特性，分为静电感应、磁力线和电磁波干扰三类，根据它们的特性，在建筑空间内采取相应的构造措施，将高导电率的金属材料作成各种形式的壳体或网罩同外围护结构结合在一起，使之具有隔离电磁波的性能。按空间的构成形式，分为固定式、活动房间式、装配笼式、挂贴式(即在室内表面挂贴金属板材)和外套屏蔽层房间式。金属外壳的构造可采用金属平板、带孔金属板、单层或双层金属丝网、金属板与金属丝网复合层及蜂巢形金属网。

(8)建筑防辐射线：从建筑设计方面对有辐射源的建筑物所作的避免辐射伤人的防护措施。主要从建筑选址、建筑布局、屏蔽材料选择及构造设计等方面综合考虑。根据放射性物质的性能、对人体的接触方式等不同情况采取相应的防护措施。依放射源照射的方式，一般分为内照射和外照射两种，外照射主要是X、Y射线的防护，通常用重金属，如铅、铁及重混凝土等作屏蔽隔离措施和加大防护距离，如工业探伤、医用照射等。内照射主要是α、γ射线的防护，设计时要创造便于消除放射性物质污染的环境、良好的通风换气条件和防止对周围环境的污染，如放射性同位素实验室及工作室。在实际工作中，两类照射有时并非绝对分开，故应根据生产性质、操作情况和剂量大小分别予以考虑。

(9)建筑防爆：对有爆炸危险的厂房、库房等建筑进行的防爆设计。有爆炸危险性的建筑宜为单层，当必须为多层时应将爆炸危险生产部位放在顶层。此部位宜靠外墙设置，还应以防爆墙把爆炸危险部位与有明火部位以及其他部位分隔开，防爆墙上必须设洞口时应安装防爆门窗。防爆建筑耐火等级应为一或二级，并宜采用钢筋混凝土结构，如采用钢结构时应有耐火保护层。当建筑体积和爆炸介质威力均较小时也可采用混合结构，但应有壁柱、圈梁等加固措施。为避免阳光直射或聚焦引起燃烧爆炸，应采取设遮阳、百叶窗及磨砂玻璃门、窗等措施。为消除火花引起爆炸，建筑应采用不发生火花的沥青砂浆或菱苦土等地面，并应采用符合防爆要求的电气设备，以及采取良好的通风排气措施等。为减轻爆炸对建筑造成巨大破坏，还应采取泄爆措施，以迅速释放爆炸的能量。同时，还应设置不少于两个的安全出口，并应采用封闭楼梯间。另外，尚需配备室内外消防给水系统，火灾危险性大的部位还须按规范分别设置自动喷水灭火设备、雨淋灭火设备等。

(10)建筑泄爆：建筑发生爆炸时，能迅速释放爆炸能量，使承重结构所受压力得以减轻而免遭破坏的泄压措施。轻质的墙体、屋顶和窗户都可作泄压面，其总面积与建筑体积的比值称为泄压比(m^2/m^3)，一般采用0.05～0.10，爆炸介质的爆炸下限较低或爆炸威力较强时应采用较大的比值。设计中优先考虑以轻质屋盖作泄压面，常用的是石棉瓦下铺钢筋网或金属薄板等屋面。还宜设易于泄压的门窗及轻质墙体与之配合，有可能时宜采取更为有利的开敞或半开敞厂房的形式。木质门窗泄压较好，轻质墙多采用波形石棉水泥瓦制作，以上泄压面应布置在靠近爆炸的部位，且不应面对人员集中的场所及主要交通要道。泄压的门窗均应向外开启，并能在轻微的内部压力作用下自动打开，如采取弹簧、磁力或摩擦等形式的门窗闩或锁来制约。多层建筑中如防爆工艺流程上下贯通直至顶层时，应在每层楼板上开设泄爆孔，其面积应不小于楼板面积的15%，顶层还须设轻质泄压屋顶。中国近年研制成功的防爆减压板以特定方式衬于有爆炸危险的建筑内壁上，即可有效地减低爆炸峰值压力，从而保护主体结构并大大减少生命财产的损失。

(11)建筑防尘：建筑内部空间有防止尘粒污染的要求而采取一定的防尘措施。根据使用要求可分为一般性建筑防尘和综合性建筑防尘。只采用建筑措施达到防尘要求的为一般性建筑防尘；不仅有建筑措施而且须采取空气净化措施才能达到防尘要求的为综合性建筑防尘。建筑措施系指从总平面布置、平面组合、空间处理至构造设计均力求杜绝尘粒的进入和产生。空气净化又分粗净化、中等净化和超净化。粗净化对室内空气含尘浓度无具体要求；中等净化常用单位体积空气中的含尘粒质量(mg/m^3)表示含尘浓度；超净化的建筑防尘根据单位体积空气中所含一定大小的尘粒颗粒数来表示洁净度级别。

(12)建筑防雷：为避免雷击对建筑物造成破坏而设置的外部防雷装置。外部防雷装置主要由接闪器、引下线和接地装置三部分组成。其防雷原理是通过金属制成的接闪器将雷电吸引到自身并安全导向大地，从而使建筑物免受雷击。

(13)建筑防腐蚀：为了防止工业生产中酸、碱、盐等侵蚀性物质以及大气、地面水、地下水、土壤中所含的侵蚀性介质对建筑物造成腐蚀而影响建筑物的耐久性，在建筑布局、结构造型、构造设计、材料选择等方面采取防护措施。如将散发大量侵蚀性介质的厂房、仓库、贮罐等布置在地区常年主导风向的下风向、水流下游地带；采用提高钢筋混凝土承重构件的混凝土强度等级和密实性，加大保护层并涂刷防腐材料；采用防腐蚀楼地面等。

1.1.3　建筑的基本构成要素

建筑有使用要求，建筑需要技术，建筑涉及艺术。建筑虽因社会的发展而变化，但这三者却始终是构成一个建筑物的基本内容。公元前1世纪古罗马一位名叫维特鲁威(Vitruvius)的建筑师在他所写的《建筑十书》中称实用、坚固、美观为构成建筑的三要素，他在《建筑十书》中主张一切建筑物都应当恰如其分地考虑“坚固、实用、美观”。他认为建筑构图原理主要是柱式及其组合法则，建筑物“匀称”的关键在于它的局部。

1.1.3.1　建筑的功能

建筑的功能是建造房屋的首要目的，它是指建筑物在物质和精神方面必须满足的功能要求。建筑物是为人们的生产、生活活动创造良好的环境，不同的建筑物是为不同的生产和生活创造良好环境，因此为创造上述环境就是建筑的功能。建筑可以按不同的使用要求，分为居住、教育、交通、医疗……等许多类型，但各种类型的建筑都应该满足下述基本的功能要求。

人体活动尺度的要求：人在建筑所形成的空间里活动，人体的各种活动尺度与建筑空间具有十分密切的关系，为了满足使用活动的需要，首先应该熟悉人体活动的一些基本尺度(图1.6)。

人的生理要求：主要包括对建筑物的朝向、保温、防潮、隔热、隔声、通风、采光、照明

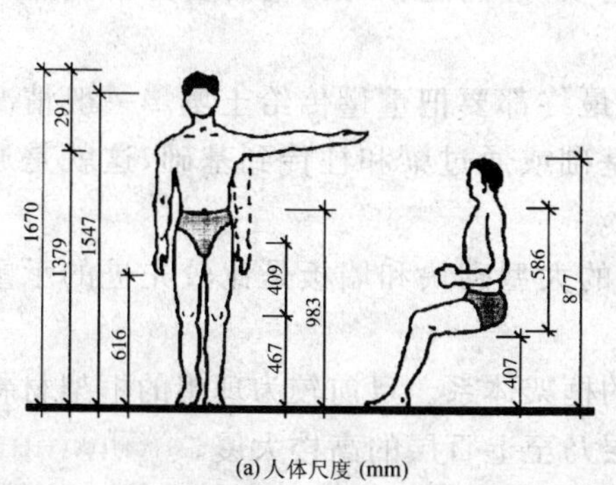

(a) 人体尺度 (mm)

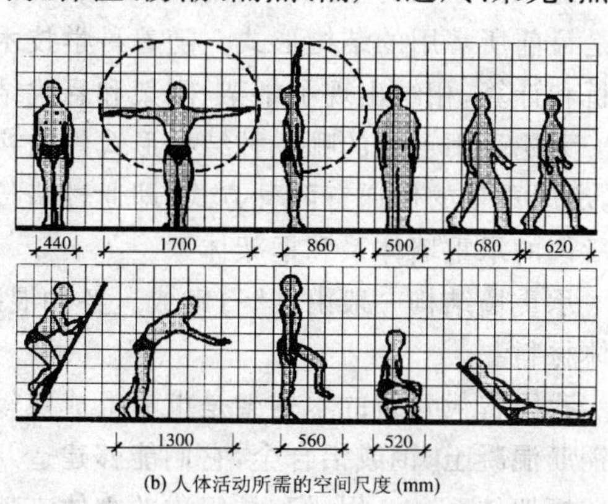

(b) 人体活动所需的空间尺度 (mm)

图1.6　人体尺度和人体活动所需的空间尺度

等方面的要求,它们都是满足人们生产或生活所必需的条件。

随着物质技术水平的提高,满足上述生理要求的可能性将会日益增大,如改进材料的各种物理性能;使用机械通风辅助或代替自然通风等等。

使用过程和特点的要求:人们在各种类型的建筑中活动,经常是按照一定的顺序或路线进行的。各种建筑在使用上又常具有某些特点,如影剧院建筑的看和听,图书馆建筑的出纳管理,一些实验室对温度、湿度的要求等等,它们直接影响着建筑的使用功能。在工业建筑中,许多情况下厂房的大小和高度可能不是取决于人的活动,而是取决于设备的数量和大小。某些设备和生产工艺对建筑的要求甚至比人的生理要求更为严格,有时两者甚至是互相矛盾的,如食品厂的冷冻车间,纺织厂对湿度的要求等。而建筑的使用过程也常是以产品的加工顺序和工艺流程来确定的。这些都是工业建筑设计中必须解决的功能问题。

建筑有许多部分,要根据各部分的各自功能要求及其相互关系,组合成若干相对独立的区或组,使建筑布局分区明确,使用中联系密切的区或组彼此靠近,而相互干扰的区或组应加以分隔。

1.1.3.2 物质技术条件

建筑的物质技术条件主要是指房屋用什么建造和怎样去建造的问题,是建造房屋的条件和手段。它一般包括建筑的材料、结构、施工技术和建筑中的各种设备等。

建筑结构:结构是建筑的骨架,它为建筑提供合乎使用的空间并承受建筑物的全部荷载,抵抗由于风雪、地震、土壤沉陷、温度变化等可能对建筑引起的损坏。结构的坚固程度直接影响着建筑物的安全和寿命。

柱、梁、板和拱券结构是人类最早采用的两种结构形式,由于天然材料的限制,当时不可能取得很大的空间。利用钢和钢筋混凝土可以使梁和拱的跨度大大增加,它们仍然是目前所常用的结构形式。随着科学技术的进步,人们能够对结构的受力情况进行分析和计算,相继出现了桁架、刚架和悬挑结构。

无论采用上述的哪一种结构形式建造房屋,最终都要把重量传给土壤。一般情况下,房屋重量的传递有两种方式,即通过墙传到基础或通过梁和柱传到基础,这就是通常所说的承重墙体系和框架体系。

承重墙结构一般由砖、石砌成。各种混凝土的大型砌块和墙板是比较先进的承重墙体材料。

我国古代建筑的木构架是世界上成熟较早的框架体系。目前较为理想的框架材料是钢筋混凝土、钢或铝合金,它们能够建造几十层乃至上百层的高楼大厦。

框架体系——用梁和柱组成的立体支架来承受重量,墙只起隔断作用。

承重墙体系——墙既起着承重作用又起分隔作用。

建筑材料：仅就以上介绍已可看到建筑材料对于结构的发展有多么重要的意义，砖的出现，使得拱券结构得以发展，钢和水泥的出现促进了高层框架结构和大跨度空间结构的发展，而塑胶材料则带来了面目全新的充气建筑。

同样，材料对建筑的装修和构造也十分重要，玻璃的出现给建筑的采光带来了方便，油毡、高分子聚合材料的出现解决了平屋顶的防水问题，而用胶合板和各种其他材料的饰面板则正在取代各种抹灰中的湿操作。建筑材料基本可分为天然的和非天然的两大类，它们各自又包括了许多不同的品种，为了"材尽其用"，首先应该了解建筑对材料有哪些要求以及各种不同材料的特性。强度大、自重小、性能高和易于加工，这是建筑对材料的理想要求。

建筑施工：建筑物的建造是通过施工，把设计变为现实。建筑施工一般包括两个方面。①施工技术：工人的操作熟练程度、施工工具和机械、施工方法等。②施工组织：材料的运输、进度的安排、人力的调配等，施工质量的好坏也取决于管理人员、设计人员和施工人员的职业道德和责任心。

由于建筑的体量庞大，类型繁多，同时又具有艺术创作的特点，许多世纪以来，建筑施工一直处于手工业和半手工业状态，只是在20世纪初，建筑才开始了机械化、工厂化和装配化的进程。装配化、机械化和工厂化可以大大提高建筑施工的速度，但它们必须以设计的定型化为前提。

工程设计中的一切意图和设想，最后都要受到施工实际的检验。因此，工程设计人员不但要在设计工作之前周密考虑建筑的施工方案，而且还应该经常深入现场，了解施工情况，以便协同施工单位，共同解决施工过程中可能出现的各种问题。

1.1.3.3　建筑形象

建筑形象可以简单地解释为建筑的观感或美观问题，是建筑内外空间组合、建筑型体、立面式样、建筑材料质感、色彩等方面的综合表现。如前所述，建筑构成我们日常生活的物质环境，同时又以它的艺术形象给人以精神上的感受。我们知道，绘画通过颜色和线条表现形象，音乐通过音阶和旋律表现形象。那么，什么是建筑形象的表现手段呢？建筑有可供使用的空间，这是建筑区别于其他造型艺术的最大特点。和建筑空间相对存在的是它的实体所表现出的形和线；建筑通过各种实际的材料表现出它们不同的色彩和质感；一幅画却只能通过纸、笔和颜料再现对象的色彩和质感；光线和阴影(天然光或人工光)能够加强建筑的形体的起伏凹凸的感觉，从而增添它们的艺术表现力。这就是构成建筑形象的基本手段。古往今来，许多优秀的匠师正是巧妙地运用了这些表现手段，从而创造了许多优美的建筑形象。和其他造型艺术一样，建筑形象的问题涉及到文化传统、民族风格、社会思想意识等多方面的因素，并不单纯是一个美观的问题，但是一个良好的建筑形象，却首先应该是美观的。

§1.2 民用建筑

民用建筑主要按建筑的使用功能分为居住建筑和公共建筑两种。各种形式的住宅均属于居住建筑。公共建筑种类繁多，其中如电影院、剧场、体育场（馆）等属于观演性建筑；车站、航空港、航运码头等属于交通性建筑；博物馆、美术馆等属于展览性建筑；此外尚有商业性建筑、文教性建筑、医疗性建筑、旅游性建筑、园林建筑，以及以精神功能为主的纪念性建筑等。

民用建筑要满足上述物质和精神的功能要求，就必须通过建筑的内外空间划分和建筑构造方法去实现。建筑构造是研究建筑物的构成、各组成部分的组合原理和构造方法的学科。其主要任务是：根据建筑物的使用功能、技术经济和艺术造型，通过构造技术手段，提供合理的构造方案和措施，设计实用、坚固、经济、美观的构配件并将它们组合成房屋整体，并作为建筑设计的技术依据和保证。构成一幢建筑物，一般由承重结构、围护结构和装修装饰配件等几个部分组成。按它们的部位和功能的不同，通常又可分为屋顶、墙柱、楼地层、楼梯、门窗和基础六个大部分。例如坡屋顶，其中屋架、檩条是承重结构，承受屋面和风雪等荷载，同时又是房屋上部横向稳定结构；屋面是房屋上部的围护结构，应能防雨、保温、隔热，它的形式、用料和色彩又是房屋造型、美观的重要条件；顶棚是室内上部空间装修的界面，也是室内照明、保温和装饰的一个重要方面。房屋的其他各组成部分均有类似的情况。所以，进行建筑设计时，在建筑构造上要综合考虑结构的选型、材料的选用、构配件的制造、施工的方法以及技术经济和艺术处理等各方面问题，处理好整体和局部的关系，为建筑工程的实施提供合理和科学的条件。

构成建筑物的主要部分是基础、墙或柱、楼地层、屋顶、楼梯和门窗。此外，一般建筑还有台阶、坡道、阳台、雨篷、散水以及其他各种配件和装饰部分。

1.2.1 基础构造

基础是房屋最下面的部分，埋在自然地面以下。其作用是承受房屋的全部的荷载，并把这些荷载传给下面的土层——地基，因此，基础必须坚固、稳定并能抵御地下各种有害因素的侵蚀。基础下面承受压力的土层或岩层称地基，地基按土层性质不同分为两大类，即天然地基和人工地基。天然地基指不须人工处理就有足够的承载能力的天然岩土层。人工地基是指必须经过人工处理，使其强度提高后才能满足承载能力的建筑地基。人工地基的加固方法通常有压实法、换土法、打桩法和化学加固法等。基础与地基对房屋的安全和使用年限占很重要的地位。如设计不良，可使建筑物下沉或出现墙身开裂，以及使建筑物倾斜或倒塌，造成极大损失，而且补救也较困难。房屋基础的强度与稳定性取决于：①基础的材料强度；②基础的形状及底面积大小；③地基性质；④

施工质量。

基础埋深：是指室外地坪至基础底面的垂直距离，简称基础埋深。建筑室外地坪分为自然地坪和设计地坪。自然地坪是指施工地段现有地坪；设计地坪是指按照设计要求工程竣工后，室外场地经垫起或开挖后形成的地坪。为了使基础安全可靠，基础应埋置一定的深度，影响房屋基础埋深的因素主要有：①建筑物上部荷载的大小；②地基土质的好坏；③地下水位的高低；④冻土层厚度；⑤新旧建筑相邻交接处。

1.2.1.1　基础的类型

按使用材料分，有灰土基础、砖基础、毛石基础、混凝土基础和钢筋-混凝土基础；按埋置深度分，有深基础、浅基础、不埋基础；按受力性能分：有刚性基础、柔性基础；按构造形式分：条形基础、独立基础、满堂基础（筏板基础、箱形基础）和桩基础（见图 1.7～1.11）。

图 1.7　刚性基础

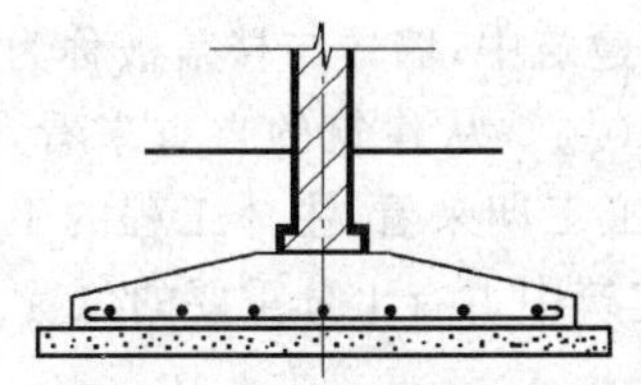

图 1.8　钢筋混凝土基础图

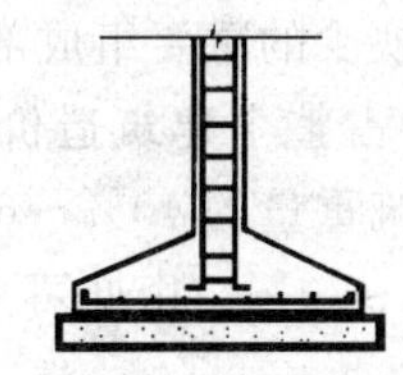
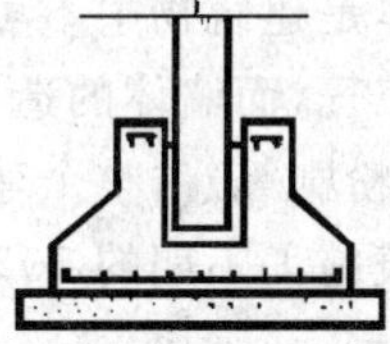

图 1.9　独立基础

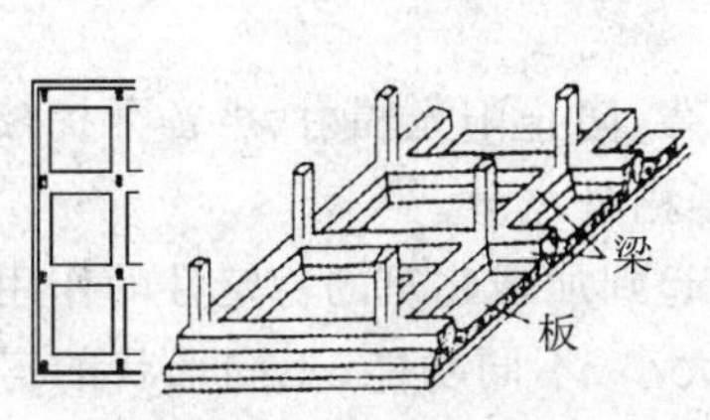

图 1.10　筏板基础

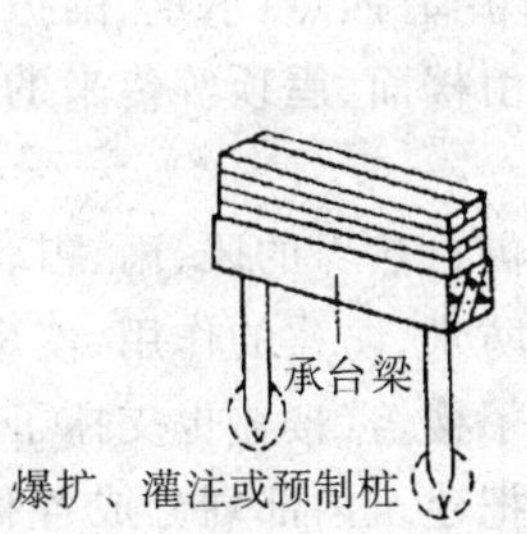

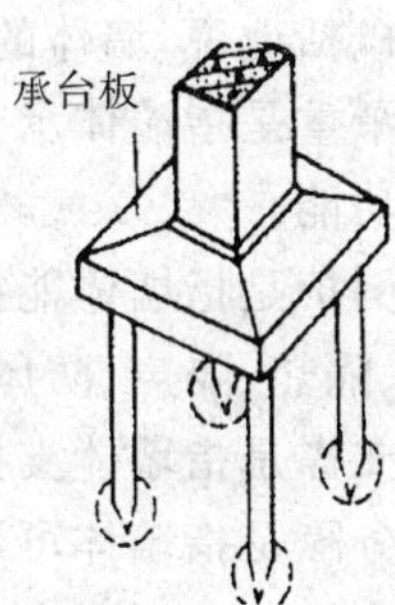

图 1.11　桩基础

1.2.1.2 基础的特殊构造处理

基础埋深不同时，基础做成踏步状逐渐过渡，踏步的高度不大于 500mm，踏步的长度不小于 2 倍的踏步高度(如图 1.12)。

当设备管道(给排水、煤气、热力等)穿越条基，如位置位于基础墙体时，可在基础墙上留孔(见图 1.13a)；如位置位于基础大放脚时，应将此段基础大放脚相应加深(见图 1.13b)。为防止建筑物沉降压断管道，在管顶与预留孔上部留出不小于建筑物最大沉降量的距离，一般不小于 150mm。

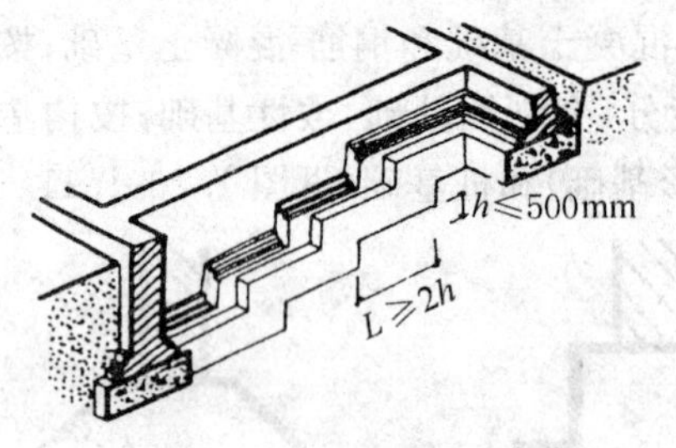

图 1.12 不同埋深基础的处理

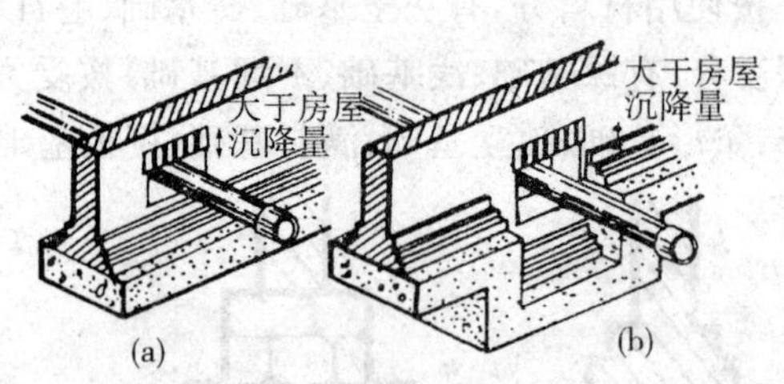

图 1.13 管道穿越基础
(a)穿越基础墙 (b)穿越大放脚

1.2.2 墙体构造

墙体是建筑物中不可缺少的重要组成部分，在大量建筑中，墙体与楼盖被称为建筑的主体工程，而墙体的造价占整个建筑造价的 30%～40%。从建筑的自重来看，墙体重量(含粉刷等)占整个建筑重量的 40%～65%。从施工工期来看，主体工程的工期占整个建筑施工工期的 50%～70%。由此可见，墙体在建筑中占有十分重要的位置。

1.2.2.1 墙体的作用

概括地说，墙体的作用有四点：承重、围护、支撑、分割。

承重是指墙体承受由楼面、屋顶等传来的水平荷载、竖直荷载及自重，所以它具有承重功能。

围护是指墙体能抵御自然界的风、雨、雪、霜的侵袭，防止阳光辐射、声音干扰，起到保温、隔热、隔声、防风、防水、防盗的作用，使房屋有了内外之分。

支撑是指墙体支撑了楼盖(楼盖也支撑了墙体)，起到加强建筑的稳定性的作用。

分隔是指墙体可以把建筑内部划分成各种不同大小、不同功能、不同形状的房间，以适应人的使用要求。

1.2.2.2　墙体的类型

①按墙体所居位置可把墙体分为内墙和外墙两种。外墙是指建筑物四周与自然界交接的墙体；内墙则是指建筑物内部的墙体。

②按受力情况可把墙体分为承重墙和承自重墙。承重墙是指墙体除了承担自重以外，还要承受由梁、板等传来的其他荷载；承自重墙又分为自承重墙和隔墙，承自重墙仅承担自身重量，不承担外部荷载。

③按墙体布置方向分可把墙体分为纵墙和横墙两种。纵墙是指与房屋长轴线（常用英文字母 A,B,C,…编号的轴）一致的墙，两纵墙间的距离常称为房间的进深。横墙是指与房间短轴线（常用阿拉伯数字 1,2,3,…编号的轴）方向一致的墙，两横墙的距离常称为房间的开间。习惯上，外纵墙为檐墙；外横墙称为山墙。

④按墙体的构成材料可分为砖墙、石墙、砌块墙、混凝土墙、钢筋混凝土墙、轻质板材墙等，个别地区还有如土墙（干打垒）、木墙、竹墙等地方材料墙体。

⑤墙体的砌筑方式可以分为石砌墙和空斗墙，空斗墙的砌筑方法如图 1.14 所示。

1.2.2.3　墙体的要求

①强度要求：墙体的强度取决于砌块及砂浆强度及砌筑的质量；其具体数值应通过计算确定。

②稳定性要求：墙体的稳定性要求通常用墙体的高厚比来控制。在高厚比确定后，可通过增加墙体的厚度、加设附墙垛子、加设构造柱、加设圈梁等方法来增强稳定性。

③热工要求：在严寒地区，墙体的保温性能要求通过计算来确定。为了使墙体具有隔热能力，可选用导热系数小的材料砌墙，也可砌空心墙，或把墙体内表面粉刷成白色，满足热反射要求。

④隔声要求：墙体的隔声能力与单位面积的重量（密度）有关。墙体越厚，隔声能力越强。在设计中可依据不同的隔音要求，选用不同墙体厚度。

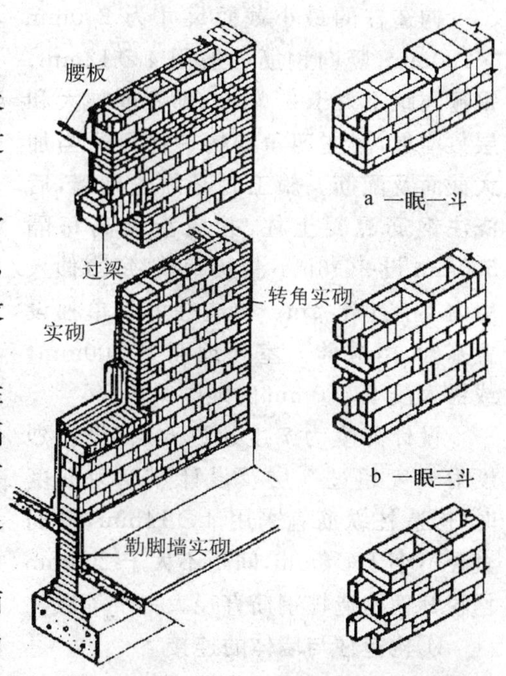

图 1.14　空斗墙砌筑示意图

⑤防火要求：墙体材料及墙体厚度应符合防火规范规定的燃烧性能和耐火极限。若建筑的长度和面积增大，还应设置防火墙，把建筑分成若干段，以防火灾蔓延。

1.2.2.4 圈梁

圈梁的作用是增加房屋的整体刚度和稳定性，减轻地基不均匀沉降对房屋的破坏，抵抗地震力的影响。圈梁设在房屋四周外墙及部分内墙中，处于同一水平高度，其上表面与楼板面平，像箍一样把墙箍住。

①断面尺寸：圈梁的截面高度不应小于 120mm，宽度同墙厚。

②配筋：不得少于 4∅8mm，房屋的屋盖部位圈梁配筋不得少于 4∅10mm。

1.2.2.5 构造柱

构造柱是防止房屋倒塌的一种有效措施。多层砖房构造柱的设置部位是：外墙四角、错层部位横墙与外纵墙交接处、较大洞口两侧、大房间内外墙交接处。除此之外，由于房屋的层数和地震烈度不同，构造柱的设置要求也有所不同。

钢筋混凝土构造柱的构造示意如图 1.15 所示。

构造柱的最小截面尺寸为 240mm×180mm，竖向钢筋一般用 4∅12mm，钢箍间距不大于 250mm，随烈度加大和层数增加，房屋四角的构造柱可适当加大截面及配筋。施工时必须先砌墙，后浇注钢筋混凝土柱，并应沿墙高每隔 500mm 设 2∅6mm 拉接钢筋，每边伸入墙内不宜小于 1m。构造柱可不单独设置基础，但应伸入室外地面下 500mm，或锚入浅于 500mm 的地圈梁内。

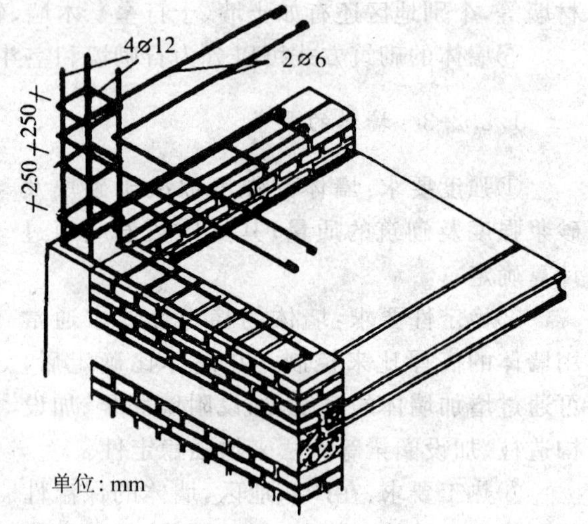

图 1.15 转角处钢筋混凝土构造柱、圈梁与墙体连接

设计烈度为 7 度超过 6 层、设计烈度为 8 度超过 5 层及设计烈度为 9 度时，构造柱纵筋宜采用 4∅14mm，箍筋直径不小于∅8mm，间距不大于 200mm，并且一般情况下房屋四角的构造柱钢筋直径均较其他构造柱钢筋直径大一个等级。

①构造柱与墙体的连接

a. 沿柱高度方向每隔 250mm 留有马牙搓，在混凝土浇筑后，混凝土与墙体相互咬合，使构造柱与墙体形成一个整体。构造柱现浇混凝土的等级不低于 C15 级，常选用 C20 级、C25 级、C30 级。

b. 沿柱的高度方向每隔 500mm 设每 120mm 墙不少于 1∅6mm 拉接筋，与墙体压砌。其伸入墙体内的压长不宜小于 1m，若遇到门窗洞口压长不足 1m 时，则应有多长压多长。

②构造柱的锚固

构造柱不单设基础，但应伸入室外地坪以下 500mm 的基础内，或锚固于浅于室外地坪以下 500mm 的地圈梁内。

1.2.2.6　变形缝

建筑物由于温度变化、地基不均匀沉降以及地震等因素的影响，使结构内部产生附加应力和变形，处理不当，将会造成建筑物的破坏、产生裂缝甚至倒塌。为了避免和减少对建筑物的破坏，预先在这些变形敏感部位将结构断开，预留缝隙，以保证各部分建筑物在这些缝隙中有足够的变形宽度而不造成建筑物的破损。这种将建筑物垂直分割开来的预留缝统称为变形缝。变形缝有三种形式：即伸缩缝、沉降缝和防震缝。

①伸缩缝（亦称温度缝）

a. 伸缩缝的设置：建筑物因受温度变化的影响而产生热胀冷缩，致使建筑物出现不规则破坏，为预防这种情况，常沿建筑物长度方向每隔一定距离或结构变化较大处预留缝隙，这条缝即为伸缩缝。

伸缩缝要求把建筑物的墙体、楼板层、屋顶等地面以上部分全部断开（见图 1.16）。基础部分因受温度变化影响较小，不需断开。缝宽一般为 20～30mm。

b. 伸缩缝构造

墙体伸缩缝构造：墙体伸缩缝一般做成平缝、错口缝、企口缝和凹缝等截面形式（见图 1.17）。

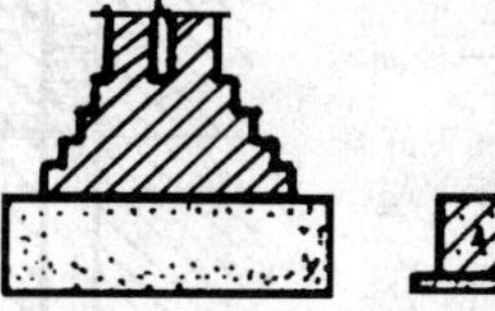
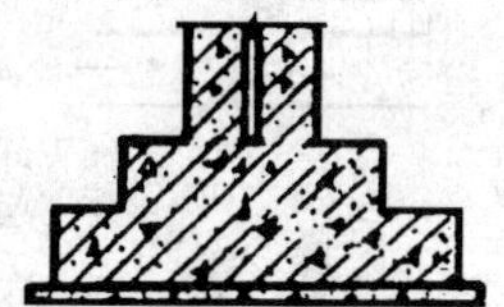

图 1.16　伸缩缝、抗震缝基础处理

变形缝外墙一侧常用浸沥青的麻丝或木丝板及泡沫塑料条、橡胶条、油膏等有弹性的防水材料塞缝；内墙可用具有一定装饰效果的金属片、塑料片或木盖缝条覆盖。楼地层伸缩缝构造：楼板层变形缝的位置和大小应与墙体、屋面变形缝一致。在构造上要求面层和结构层完全脱开，在上下表面做盖缝条，盖缝条应能满足缝两侧构件自由变形，且能满足防水要求。在缝内填塞有弹性的松软材料，用金属调节片封缝；地面变形缝的位置、大小则应根据建筑物的使用情况而定（见图 1.18）。

屋顶伸缩缝构造：屋顶伸缩缝常见的有等高屋面伸缩缝和高低屋面伸缩缝两种。不上人屋面一般在伸缩缝两侧加砌矮墙；上人屋面则用嵌缝油膏嵌缝并注意泛水处理。

②沉降缝

a. 沉降缝的设置

沉降缝是为了预防建筑物各部分由于不均匀沉降引起的破坏而设置的变形缝。沉降缝与伸缩缝不同处在于从建筑物基础底面至屋顶全部断开。沉降缝的宽度随地基情

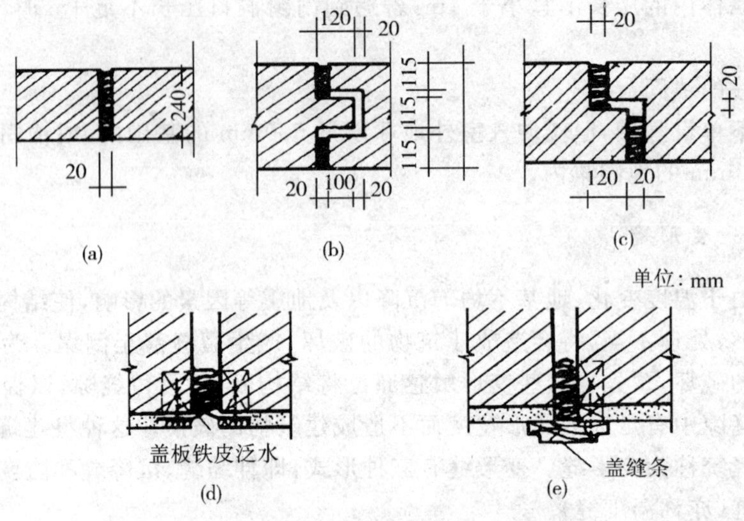

图 1.17　伸缩缝处墙体构造

(a)平口缝　(b)企口缝　(c)高低缝

(d)外墙面缝口盖镀锌铁皮　(e)内墙面缝口盖盖缝条

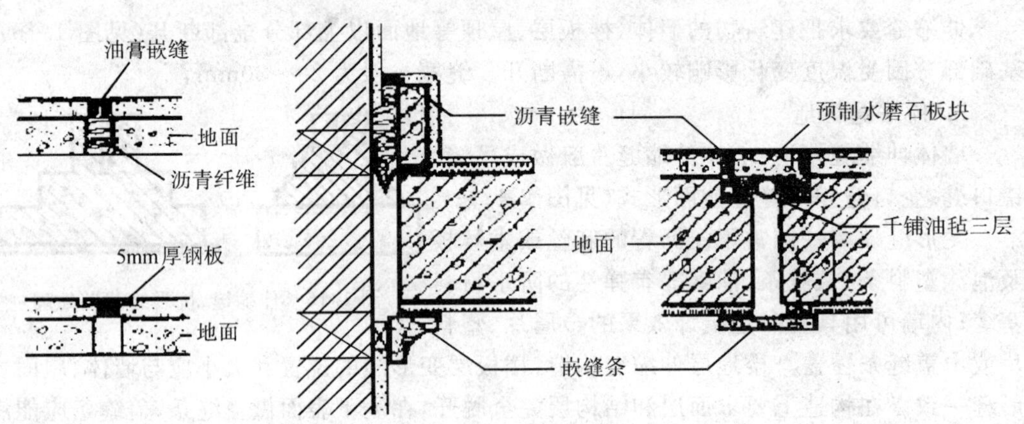

图 1.18　楼地面伸缩缝

况和建筑物高度的不同而不同，一般为 50～70mm。

b. 沉降缝构造

沉降缝一般兼起伸缩缝的作用，其构造与伸缩缝基本相同，但盖缝条及调节片构造必须能保证在水平方向和垂直方向自由变形，屋顶沉降缝应充分考虑不均匀沉降对屋面泛水带来的影响，可用镀锌铁皮做调节。沉降缝在基础处的处理方案有双墙式(见图 1.19)和悬挑式两种。

③防震缝

a. 防震缝的设置

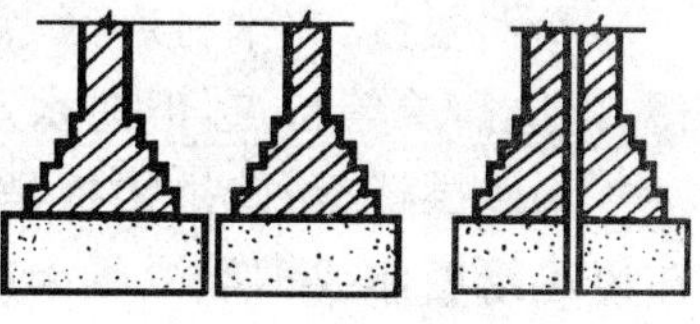
图 1.19　双墙式沉降缝

在地震区，当建筑物立面高差在 6m 以上，或建筑物平面型体复杂，或建筑物有错层且楼板高差较大，或建筑物各部分的结构刚度、重量相差悬殊时，应设置防震缝。防震缝同伸缩缝、沉降缝统一布置，并满足防震缝的设计要求。一般情况下，防震缝基础可不分开，但在平面复杂的建筑中，当与震动有关的建筑物各相连部分的刚度差别很大时，也须将基础分开。防震缝的宽度一般取 50～100mm。

b. 防震缝构造

防震缝在墙体、楼地层及屋顶各部分的构造基本上和伸缩缝、沉降缝相同，因缝口较宽，盖缝防护措施应处理好。

1.2.3　楼地层构造

房屋的水平承重和分隔构件，包括楼层和首层地面两部分，楼层把建筑空间在垂直方向划分为若干层，将其所承受的荷载传给墙或柱，楼板搁置在墙上，对墙也有水平支撑作用。因此，楼板应具有足够的强度、刚度和隔声性能，同时还具有一定的防潮防水性能，地面应具有耐磨、防潮、防水和保温性能。

首层地面直接承受各种使用荷载，并把这些荷载传给下面的土层、地基。

楼板是房屋的水平承重构件，它具有承重、分隔、支撑、隔音、保温、隔热等功能。它主要有楼板结构层、楼面面层、板底天棚几个组成部分。

地面是建筑物底部与地表连接处的构造层，它直接承受其表面上的各种物理化学作用，并把上部荷载通过垫层扩散给地基。

1.2.3.1　楼板的类型（图 1.20）

①钢筋混凝土楼板：这是现在大量建筑广泛采用的一种楼板，它具有强度高、刚性好、耐久、防水、防火等优点。

钢筋混凝土楼板又可分为装配式钢筋混凝土楼板和现浇钢筋混凝土楼板。

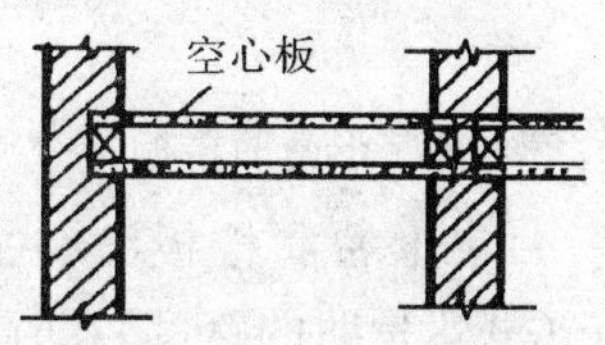

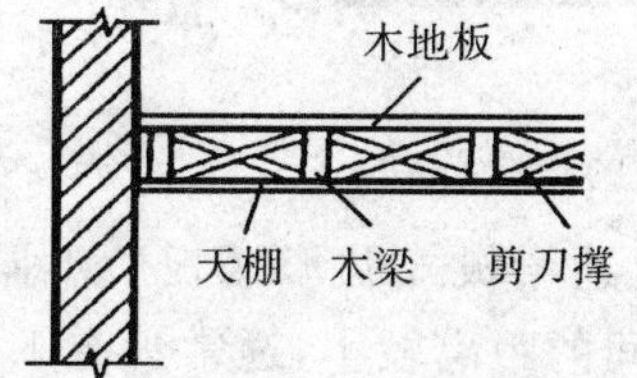

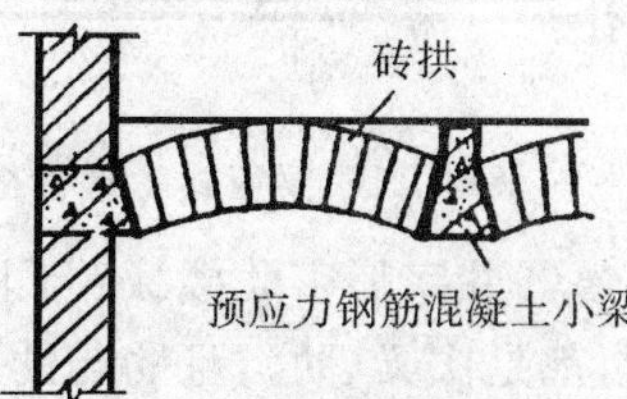

图 1.20　楼板的构造类型

②木楼板：在木材产区，常采用木材作楼板。木楼板具有强度较高、重量轻、施工方便、构造简单等特点，但防水及耐腐蚀性能较差。

③砖拱楼板：砖拱楼板是由普通砖砌筑成拱形形成拱状楼板，楼面水平荷载通过拱体传递给墙体或钢筋混凝土梁。砖拱楼板具有节约钢材、水泥等优点，但自重大，顶棚不够平整。

1.2.3.2　对楼板的要求

①强度要求：楼板应有足够的强度，足以承担楼面活载及恒载。楼板强度应经计算来确定。

②刚度要求：在有足够的强度的同时，楼板还应有足够的刚度。在楼面荷载的作用下，楼板的变形量不超过规定值。楼板的刚度要经验算确定。

③防水(火)、隔声(热)、保温等要求：楼面是供人活动的场所，因此，楼板应具有不渗水、不漏水、有一定防火耐火能力、上下层声音不相互干扰以及保温、隔热等功能。

④经济性要求：楼板材料应经济，并尽力做到就地取材。楼板材料的档次应与所建房屋标准相适应，尽量降低造价。

1.2.3.3　现浇钢筋混凝土楼板

现浇钢筋混凝土楼板主要分为板式、梁板式、井字形密肋式、无梁式四种。

①板式楼板：整块板为一厚度相同的平板。根据周边支撑情况及板平面长短边边长的比值，又可把板式楼板分为单向板、双向板和悬挑板几种。

②梁板式肋形楼板由主梁、次梁(肋)、板组成。它具有传力线路明确、受力合理的特点。当房屋的开间、进深较大，楼面承受的弯短较大，常采用这种楼板(见图 1.21)。

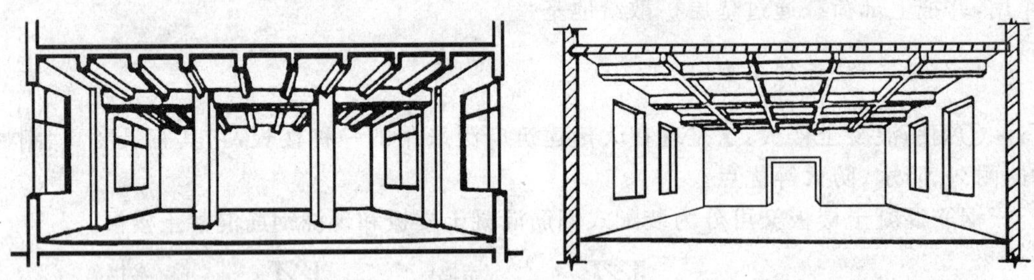

图 1.21　梁板式肋形楼板的构造　　　　图 1.22　井字形密肋楼板

③井字形密肋楼板：与上述梁板式肋形楼板所不同的是，井字形密肋楼板没有主梁，都是次梁(肋)，且肋与肋间的距离较小，通常只有 1.5～3m(也就是肋的跨度)，肋高也只有 180～250mm，肋宽 120～200mm。当房间的平面形状近似正方形，跨度在 10m

以内时，常采用这种楼板。井字形密肋楼板具有顶棚整齐美观，有利于提高房屋的净空高度等优点，常用于门厅、会议厅等处(见图 1.22)。

④无梁楼板：顾名思义，这种楼板只有板没有梁。荷载经板、托板和柱帽传递给柱子。它的柱网一般都布置成正方形，间距为 6m。板的厚度较大，可达 120～220mm。无梁楼板多用于楼面活载较大($5kN/m^2$ 以上)的建筑，如商店、图书馆、仓库、展览馆等建筑(见图 1.23)。

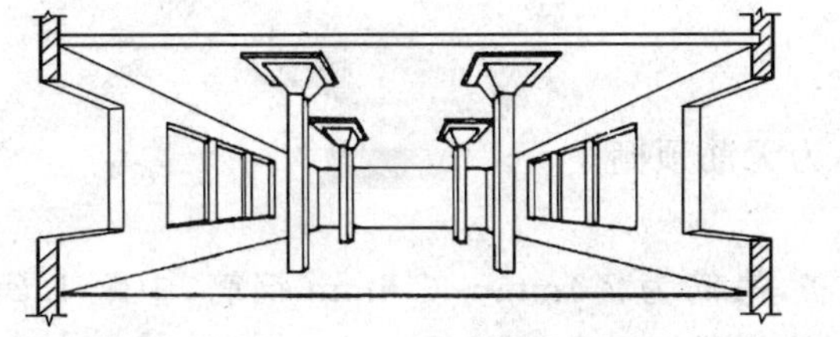

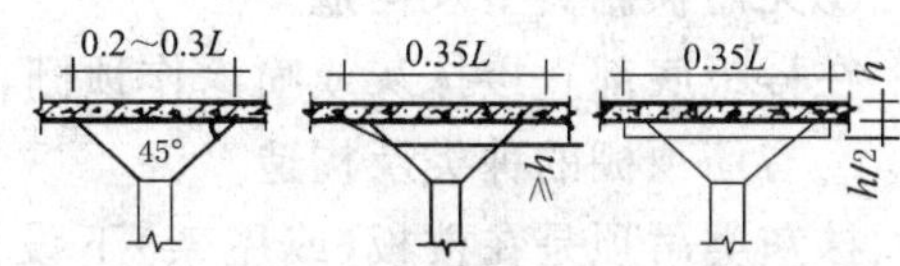

图 1.23　无梁楼板的构造

1.2.3.4　预制装配式钢筋混凝土楼板

预制装配式钢筋混凝土楼板是在工厂或现场预制好楼板(其尺寸一般是定型的)，然后人工或机械吊装到房屋上经座浆灌缝而成。预制装配式钢筋混凝土楼板具有施工速度较快、改善工人劳动条件、减少模板量及施工湿作业等优点，是目前大量建筑如住宅、宿舍、办公楼等经常采用的一种楼板。

1.2.3.5　楼地面构造

楼地面是底层地面与楼层地面的总称。楼地面直接与人、与物接触，供人活动、放置物品，因此，对楼地面的材料选择、构造处理，必须恰当。

①楼地面的组成及要求：建筑物的楼地面一般都是由承担荷载的结构层和满足使用要求的饰面层两个主要部分组成。有些房间由于有其他要求(如保温、隔音、防静电、敷设管道等)，楼地面中还设有其他层次。

a. 基层：基层是地面的最下层，它承受垫层传来的荷载，因而要求它坚固、稳定。实铺地面的基层为地表回填土，它应分层夯实，其压缩变形量不得超过允许值。

b. 垫层：垫层承受面层传来的荷载，并将这些荷载传递给基层。垫层起到承上启下的作用。根据垫层材料的性能，可把垫层分为刚性垫层(如混凝土)和柔性垫层(如砂、粉煤灰)两种。

c. 面层：即楼地面表面层。通常人们以面层材料的名称给楼地面命名。面层直接承受各种物理及化学作用，因此面层材料应具有耐磨、平整、易清洁、不起尘、防水、吸热系数小等功能。

②楼地面的种类及构造：按面层材料及施工工艺，可把楼地面分为整体楼地面、块料楼地面、木质楼地面、涂布楼地面、铺贴楼地面及地毯等几种。

1.2.3.6　顶棚构造

顶棚也称天棚或天花板。在单层房屋中，它位于承重结构（如屋架）的下方；在多层或高层楼房中，它们位于楼板面的下方。按顶棚的构造方式不同可把顶棚分为有筋顶棚和无筋顶棚两大类。

①无筋顶棚类型及构造

在楼板底部直接抹灰或喷涂作顶棚，称为无筋顶棚。

②有筋顶棚的种类及构造

抹灰类吊顶是在楼板（或屋架）下设吊筋，吊筋为∅4mm～∅6mm 钢筋，中距 1.2～1.5m，吊顶面层与结构层间应设刚性杆件支撑，以防顶棚受风力向上活动（见图 1.24）。

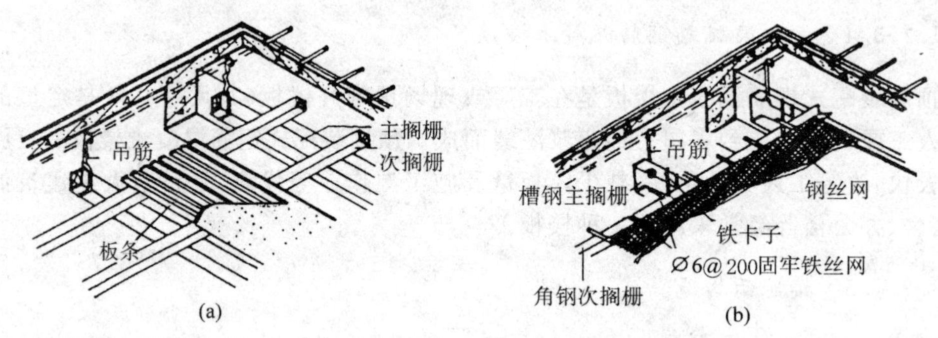

图 1.24　吊顶构造

(a)现浇板底板条顶棚　(b)现浇板底钢丝网顶棚

板材类吊顶与抹灰类吊顶的主要区别是顶棚表面层材料不同。根据需要，板材类吊顶表面层可选用胶合板、纤维板、钙塑板、石膏板、硅钙板、矿棉吸音板、金属薄板、玻璃等。采用板材吊顶，需在板材接缝处设压条，并可根据需要对板材面进行油漆。抹灰类吊顶有板条面抹灰和钢丝网面抹灰等，具体做法见图 1.24(a)、(b)。

1.2.3.7　阳台与雨篷

①阳台：阳台是楼房中人们与室外接触的场所。根据其功能，阳台可分为生活阳台和晒台两类。晒台一般与居室相连，其朝向一般朝南，是供人们眺望室外景色，晾晒衣物之用；生活阳台一般与厨房或卫生间相连，主要为烧火做饭、卫生清理等家务服务。根据阳台的建筑形式，可把阳台分为全凸式阳台、半凸式阳台、全凹式阳台和挑外廊（如图 1.25 所示）。

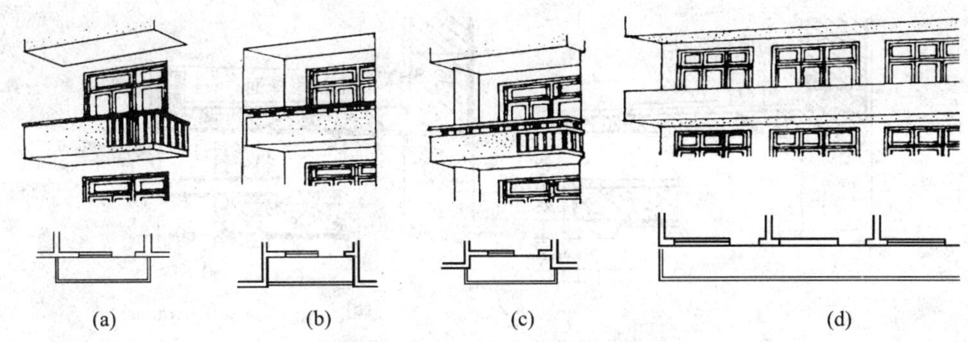

图 1.25　阳台的建筑类型
(a)全凸式　(b)全凹式　(c)半凸式　(d)挑外廊

a. 阳台的承重构件

全凸式阳台属悬挑构件,全凹式阳台的阳台板常为简支板。凸阳台按其支撑方式的不同可分为楼板外伸式、挑梁外伸式、楼板压重式、压梁式四种形式。

b. 阳台栏杆栏板扶手

阳台的栏杆(栏板)及扶手是阳台的安全围护设施,既要求能够受一定的侧压力,又要求有一定的美观性。阳台栏杆(栏板)高度常用 1.1m,若是高层建筑,栏杆(栏板)高度还应增高并考虑阳台的封闭,当采用栏杆时,为防止儿童从栏杆缝隙中落下,栏杆净间距不得大于 110mm,并且不能选用易攀登的图案。

栏杆(栏板)的形式按其所用材料可分为金属栏杆、混凝土栏杆或栏板、砖砌栏杆或栏板等几种;按其建筑形式又可分为空心栏杆、实心栏板和混合栏杆三种。

②雨篷:雨篷设于建筑入口处,起到挡雨、保护建筑物外开门不受雨淋的作用。雨篷凸出建筑外墙面,属悬挑构件,其中最简单的是过梁悬挑板式(见图 1.26a)和悬挑梁板式(见图 1.26b)。

1.2.4　屋面构造

屋顶是房屋最上部的承重兼围护结构,应具有足够的强度、刚度及防水、保温、隔热等性能,满足相应的使用功能和美观要求,为建筑提供适宜的内部空间环境。屋面的作用一是阻隔雨水、风雪对室内的影响,并将雨水排除;二是防止冬季室内热量散失,夏季太阳热辐射进入室内。作为承重构件则承受屋面的全部荷载,并把这些荷载传给墙或柱。

1.2.4.1　屋顶的形式

按所使用的材料,屋顶可分为钢筋混凝土屋顶、瓦屋顶、金属屋顶、玻璃屋顶等;按屋顶的外形和结构形式,又可分为平屋顶、坡屋顶、悬索屋顶、薄壳屋顶、拱屋顶、

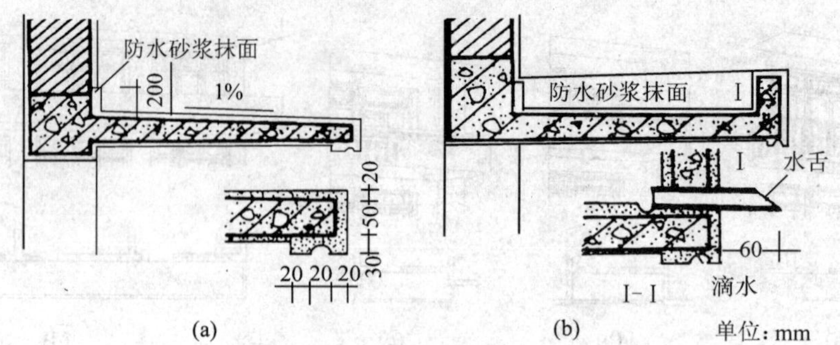

图 1.26　雨篷构造

(a)过梁悬挑板式雨篷　　(b)悬挑梁板式雨篷

折板屋顶等形式的屋顶；

按屋面坡度：1∶3～1∶1 瓦屋面；1∶5～1∶2 波瓦屋面；1∶10～1∶4 金属皮瓦屋面；1∶50～1∶10平屋面。

①平屋顶

大量民用建筑一般采用混合结构或框架结构，结构空间与建筑空间多为矩形，这种情况下采用与楼盖基本类同的屋顶结构，就形成平屋顶。平屋顶应有一定的排水坡度，一般把坡度小于 5%的屋顶称为平屋顶。

②坡屋顶

坡屋顶是我国的传统屋顶形式，广泛应用于民居等建筑。现代的某些公共建筑考虑景观环境或建筑风格的要求也常采用坡屋顶。

坡屋顶的常见形式有：单坡、双坡屋顶，硬山及悬山屋顶，四坡歇山及庑殿屋顶，圆形或多角形攒尖屋顶等，如图 1.27 所示。

坡屋顶的坡度一般为 20°～30°，结构大多数为屋架支撑的有檩体系，较平屋顶受力复杂。

③其他形式的屋顶

民用建筑有时也采用曲面或折面等其他形状特殊的屋顶，如拱屋顶、折板屋顶、薄壳屋顶、桁架屋顶、悬索屋顶、网架屋顶等(如图 1.28 所示)。

1.2.4.2　屋顶的功能要求

①防水要求

作为围护结构，屋顶最基本的功能是防止渗漏，因而屋顶构造设计的主要任务就是解决防水问题。一般通过采用不透水的屋面材料及合理的构造处理来达到防水的目的，同时也需根据情况采取适当的排水措施，将屋面积水迅速排掉，以减少渗漏的可能。

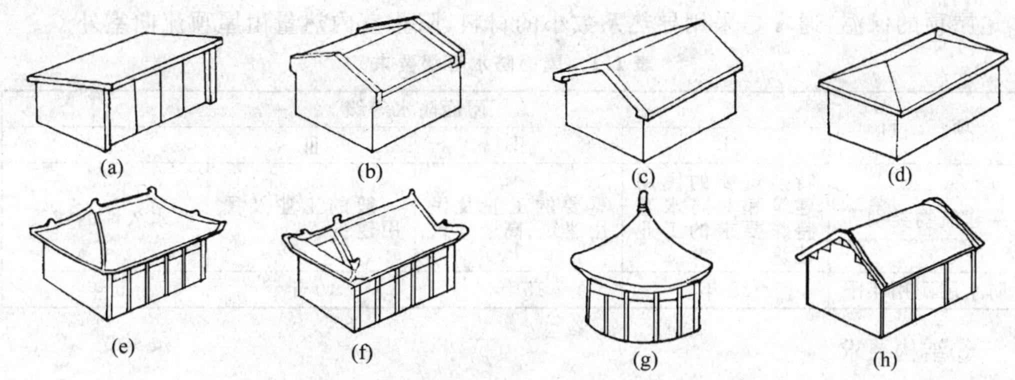

图 1.27　坡屋顶

(a)单坡;(b)硬山;(c)悬山;(d)四坡;(e)庑殿;(f)歇山;(g)攒尖;(h)卷棚

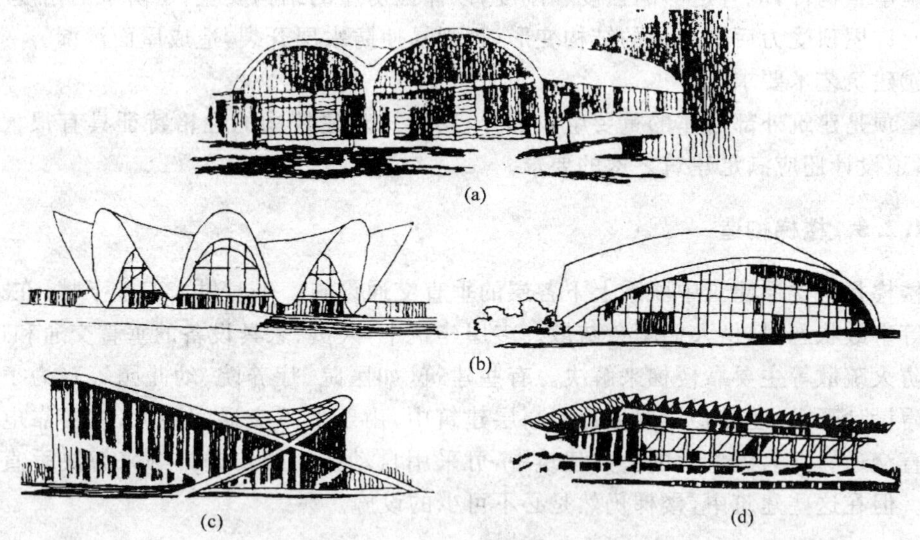

图 1.28　其他形式的屋顶

(a) 拱屋顶;(b) 薄壳屋顶;(c) 悬索屋顶;(d) 折板屋顶

因而,一般屋面都需做一定的排水坡度。

防水要求根据建筑物的性质、重要程度、使用功能要求及防水耐久年限等,将屋面防水划分为四个等级,各等级均有不同的设防要求(详见表 1.1)。

②保温隔热要求

在寒冷地区的冬季,室内需要采暖,屋顶应有良好的保温性能,以保持室内温度;在南方,夏季气温高、湿度大,如果屋顶的隔热性能不好,大量的热量就会通过屋顶传入室内,影响人们的工作和休息;在处于严寒与炎热地区之间的中间地带,对高标准建筑也需做保温或隔热处理。

屋顶的保温，通常是采用导热系数小的材料，阻止室内热量由屋顶流向室外。

表 1.1　屋面防水等级要求

项　目	屋面防水等级			
	Ⅰ	Ⅱ	Ⅲ	Ⅳ
建筑物类别	特别重要的民用建筑和对防水有特殊要求的工业建筑	重要的工业及民用建筑、高层建筑	一般的工业及民用建筑	非永久性的建筑
防水层耐用年限	25 年	15 年	10 年	5 年

③结构要求

屋顶要承受风、雨、雪等荷载及其自重。如果是上人的屋顶，还要承受人和家具等活荷载。屋顶将这些荷载传递给墙柱等构件，与它们共同构成建筑的受力骨架，因而屋顶也是承重构件，应有足够的强度和刚度，以保证房屋的结构安全；从防水的角度考虑，也不允许屋顶受力后有过大的结构变形，否则易使防水层开裂，造成屋面渗漏。

④建筑艺术要求

屋顶是建筑外部形体的重要组成部分，其形式对建筑物的性格特征具有很大的影响，屋顶设计还应满足建筑艺术的要求。

1.2.5　楼梯构造

楼梯是有楼层建筑中联系上下各层的垂直交通设施。平时供人们上下楼；在火灾、地震等事故状态时，供人们紧急疏散。多层建筑中，人员、家具设备的垂直交通和运输、安全防火疏散等主要靠楼梯来解决。有些建筑（如医院、疗养院、幼儿园等），为了满足无障碍设计要求，还需要设置坡道。高层建筑中，由于上下交通间距大，主要靠电梯上下垂直交通。在人流量大的公共建筑中，可采用自动扶梯及传送带等来解决垂直交通问题。但在这些建筑中，楼梯仍然是必不可少的设施。

1.2.5.1　楼梯的组成

楼梯是由楼梯梯段、楼梯休息平台、栏杆（板）扶手等三大部分组成（见图 1.29）。

楼梯段：楼梯段是由踏步组成的。踏步的水平面称为踏面，其宽度为踏步宽。踏步的垂直面称为踢面，其高度称为踏步高。每一楼梯段的级数一般不应多于 18 级，以防行人上下过于疲劳。若建筑上需要楼梯某一跑的级数超过 18 级，可在楼梯段中部加设休息平台；每一楼梯段的级数也不应少于 3 级，以防行走时容易踩空。若建筑上需要楼梯某一跑的级数少于 3 级，可将此段楼梯改做成坡道。上下楼梯段之间的间隙称为楼梯井，楼梯井宽度大，转弯半径大，通行较舒适。公共建筑的楼梯井，因通行人员多，不宜过小，一般不小于 120mm。专用楼梯，通行人员较少，楼梯井尺寸较小或不设。

休息平台：休息平台是指楼梯段与楼面连接的水平部分及楼梯段中部的水平部分，它主要用作缓解上下楼梯的疲劳。为了使楼梯休息平台处不致形成瓶颈，要求休息平台的净宽应大于或等于楼梯梯段。

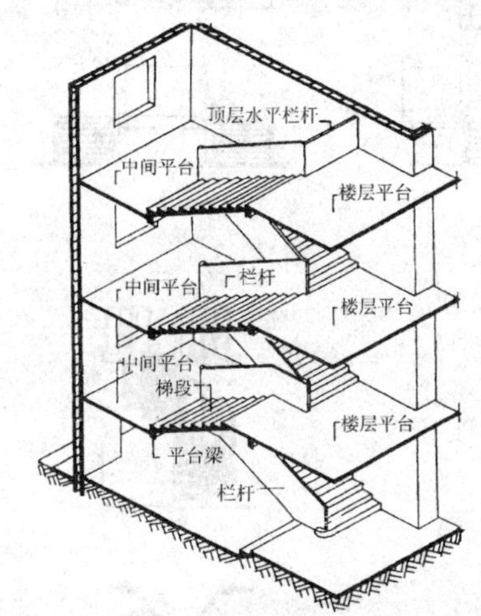

图 1.29　楼梯的组成

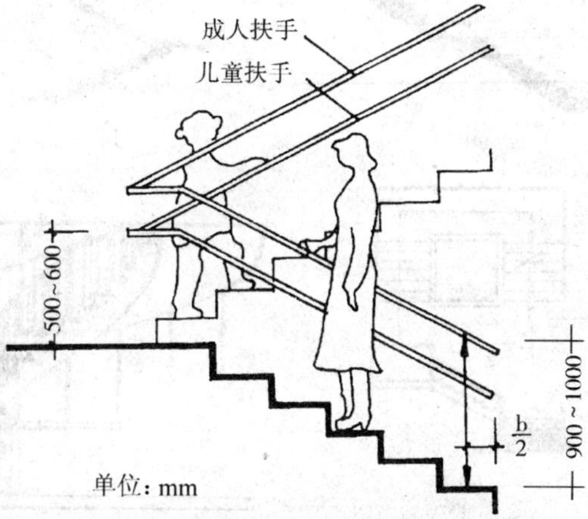

成人扶手
儿童扶手
500~600
900~1000
$\frac{b}{2}$
单位：mm

图 1.30　扶手、栏杆的高度位置图

栏杆(板)、扶手：为保证人们上下楼梯的安全，在楼梯段临近楼梯井的一侧应设安全栏杆(板)，栏杆(板)顶部(或中部)的扶手供人上下时扶持。人流量大的公共建筑，通行人员情况较复杂，在楼梯段靠墙一侧也应设置扶手。考虑到儿童上下需要，楼梯栏杆(板)上除设置供成人使用的扶手外，还应在其中部设置第二扶手，以供儿童使用。若楼梯段的宽度很大，还应考虑在梯段中部加设栏杆(板)扶手(如图 1.30 所示)。楼梯到顶后其顶部临空一侧应考虑设栏杆(板)封闭，此段栏杆(板)的高度应不小于1000mm。

1.2.5.2　楼梯的类型

按所在位置，楼梯可分为室外楼梯和室内楼梯两种；

按使用性质，楼梯可分为主要楼梯、辅助楼梯、疏散楼梯、消防楼梯等几种；

按所用材料，楼梯可分为木楼梯、钢楼梯、钢筋混凝土楼梯等几种；

按形式，楼梯可分为直跑式、双跑式、双分式、双合式、三跑式、四跑式、曲尺式、螺旋式、圆弧形、桥式、交叉式等数种。

楼梯的形式视使用要求、在房屋中的位置、楼梯间的平面形状而定。图 1.31 是常见楼梯的平面形状。

直跑式(也称单跑式)：楼梯构造简单，楼梯间的宽度较小，长度较大，每跑级数较多，上下楼不需转弯，常用于层高较小的建筑中。

双跑式楼梯：普遍采用的一种楼梯形式。由于第二跑折回，其所占长度(进深)较

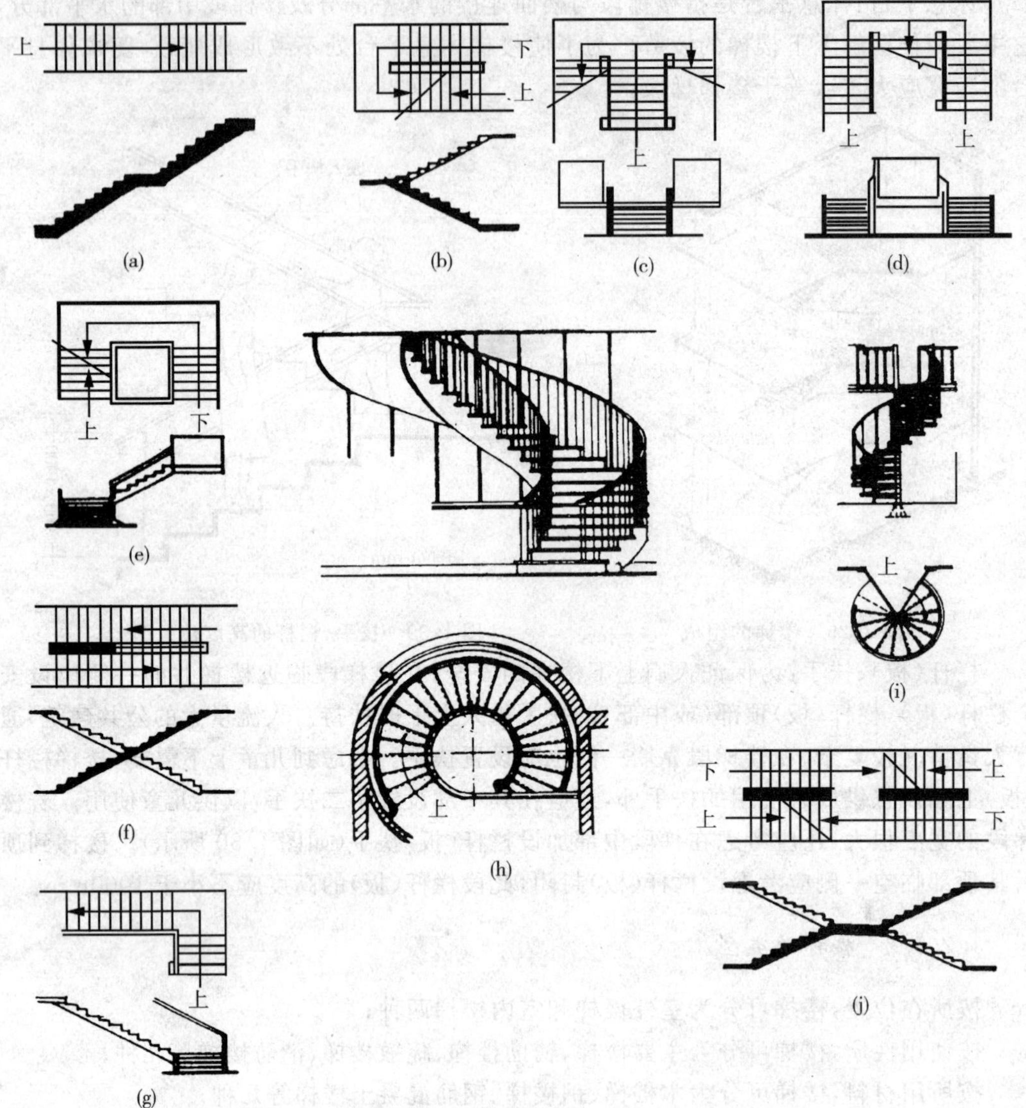

图 1.31　楼梯的种类

(a)直跑楼梯;(b)双跑楼梯;(c)双分式楼梯;(d)双合式楼梯;(e)三跑楼梯;(f)交叉楼梯;(g)曲尺楼梯;(h)圆形楼梯;(i)螺旋形楼梯;(j)桥式楼梯

小,易与房屋进行平面组合,因而被广泛用于各类建筑中。

双分式和双合式:相当于两个双跑式楼梯并肩排列。双分式楼梯第一跑为加宽的楼梯段,到中间休息平台后分成两个较窄的梯段;双合式与双分式正好相反,第一跑为两个较窄梯段，到休息平台后合成一个较宽梯段。这种楼梯常用于公共建筑，并可通过在楼梯间入口处悬挂上下指示牌，起到组织上下人流，不致人流互相碰撞的作用。

三跑式及四跑式楼梯有较大的楼梯井，其中三跑式楼梯的楼梯井还可结合布置电梯间。这两种形式楼梯，上下楼行人的转弯半径较大，行走较舒适，但占地面积大。由于中间的楼梯井尺寸大，不适用于住宅及中小学校，以防儿童攀登出现安全事故。这种楼梯主要用于办公等公共建筑。

曲尺形楼梯，上下楼只需转一个弯，且转弯半径较大，常用于公共建筑中。

圆弧形、螺旋形楼梯外观漂亮，具有很强的装饰性，但其施工制作难度较大，一般只用于公共建筑的门厅或塔式建筑中。

桥式楼梯是两个双跑式楼梯背靠背连接在一起，行人可从不同方向上下楼梯，楼梯本身可以起到组织、引导人流的作用，常用于办公建筑或住宅中。

交叉式楼梯是两个直跑楼梯交叉放置，行人可从两个不同方向上下，常用于公共建筑中。

1.2.6 门窗

1.2.6.1 窗的种类

门和窗是建筑物围护结构中的重要组成部分，位于建筑物外墙上的门窗在建筑造型上起着重要作用。门窗要求具有开关灵活，关闭紧密，坚固耐用等特点。

窗的主要作用是采光、通风、接受日照及供人们向室外眺望；门的主要作用是起到交通联系和分隔不同空间，同时也具有安全疏散的功能。

除了上述作用以外，由于窗和门是建筑物围护结构的一部分，因而还具有保温、隔声、隔热、防雨雪、防盗等功能。

按所用的材料，窗可以采用木材、钢、铝合金、玻璃钢、塑料、钢筋混凝土等几种。

按开启方式，可把窗子分为平开窗、推拉窗（上下推拉、左右推拉）、悬窗（上悬、中悬、下悬）、固定窗等几种形式。按镶嵌材料，可以把窗分为玻璃窗、百叶窗、纱窗、防火窗、防爆窗、保温窗、隔音窗等几种（见图 1.32）。

1.2.6.2 门的种类

按门所用的材料，可分为木材、钢（含钢玻、钢框木扇等）、铝合金、玻璃、塑料、钢筋混凝土等。

按开启方式可把门分为平开门（内开、外开）、弹簧门（内外开）、推拉门、转门、折叠门、自动门等，如图 1.33 所示。按门板的材料，可把门分为镶板门、拼板门、纤维板门、胶合板门、百页门、玻璃门、纱门等。

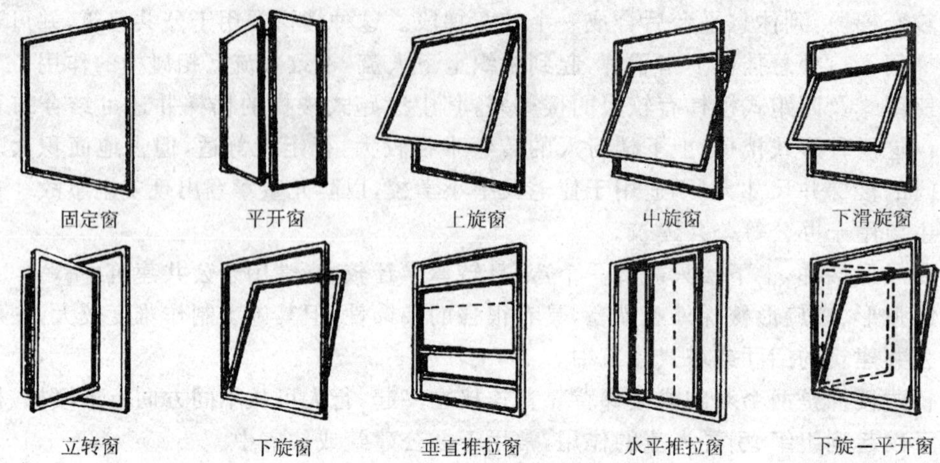

图 1.32 窗的开启方式

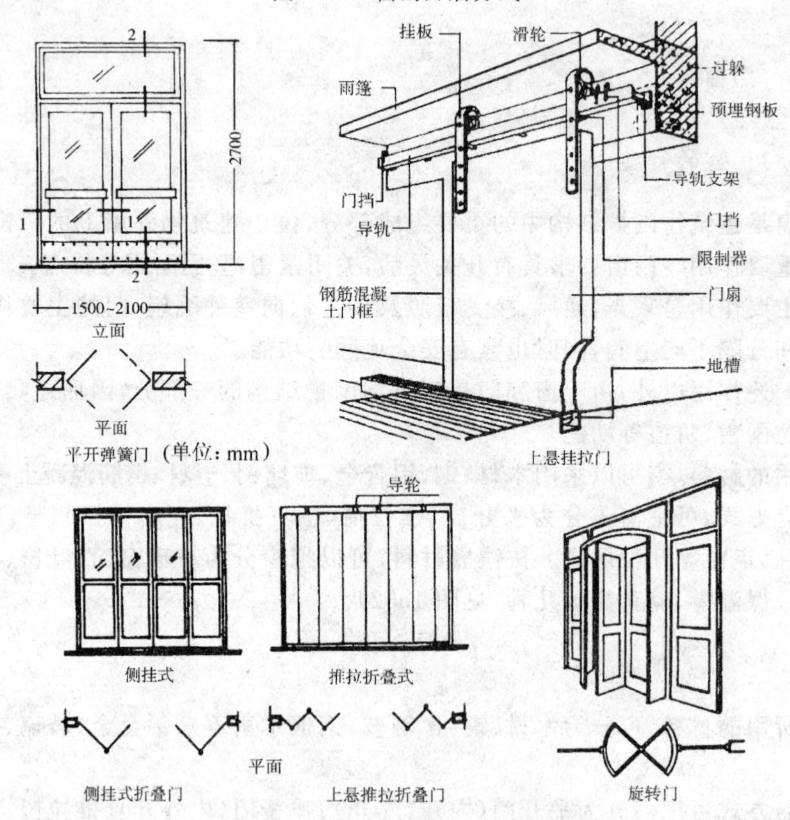

图 1.33 门的开启方式

§1.3　工业建筑

工业建筑起源于工业革命最早的英国，随后在美国、德国以及欧洲的几个工业发展较快的国家广泛应用，大量厂房的兴建对工业建筑的发展起了重要的推动作用。我国在解放后新建和扩建了大量工厂和工业基地，在全国已形成了比较完整的工业建筑体系。

1.3.1　工业建筑的特点和分类

1.3.1.1　工业建筑的特点

工业建筑由于生产工艺的要求，内部的空间形式和生产环境与民用建筑有很大的差异。如：畅通的大空间；大吨位的内部起重运输设备；有的生产时散发出大量热量和烟尘；有的生产要求室内温湿度恒定；有的生产要求环境洁净；有的生产时滴冒的一些腐蚀介质等，从而使工业建筑具有不同于民用建筑的许多具有各自特点的构件。如广泛采用的非承重外墙、大面积屋顶、多种类型的天窗、大尺寸门窗、承受重荷及抗化学侵蚀的地面等。

工业建筑是进行工业生产的房屋，在其中根据一定的工艺过程及设备组织生产。它与民用建筑一样具有建筑的共同性，在设计原则、建筑技术及建筑材料等方面有相同之处，但由于生产工艺不同、技术要求高，对建筑平面空间布局、建筑构造、建筑结构及施工等，都有很大影响。因此，在工业建筑设计中必须注意以下几方面的特点：

①工业建筑必须紧密结合生产，满足工业生产的要求，并为工人创造良好的劳动卫生条件，以利提高产品质量及劳动生产率。

②工业生产类别很多、差异很大，有重型的、轻型的；有冷加工、热加工；有的要求恒温、密闭，有的要求开敞……这些对建筑平面空间布局、层数、体型、立面及室内处理等有直接的影响。因此，生产工艺不同的厂房具有不同的特征。

③不少工业厂房有大量的设备及起重机械，不少厂房为高大的敞通空间，无论在采光、通风、屋面排水及构造处理上都较一般民用建筑复杂。

1.3.1.2　工业建筑分类

随着科学技术及生产力的发展，工业生产的种类越来越多，生产工艺亦更为先进复杂，技术要求也更高，相应地对建筑设计提出的要求亦更为严格，从而出现各种类型的工业建筑。可归纳为如下几种类型：

(1) 按用途分

①主要生产厂房：生产主要成品半成品的车间，如锻、铸、金属加工、装配车间；

②辅助生产厂房：为主要生产车间服务的车间，如木模、机修车间；

③动力用厂房：供应全厂或部分车间动力使用的建筑物，如热电站、锅炉房、变电站、氧气站、压缩空气站；

④仓储建筑：存放原料、半成品、成品用的建筑物和车辆库房；

⑤技术设备用的建筑物和构筑物：如水泵房、水塔、烟囱、储罐、油库、冷却塔、栈桥等；

⑥全厂性建筑：厂区办公室、食堂、中央实验室等。

（2）按厂房内部状态分

①热加工车间：在生产中散发大量的热量、烟尘，如炼钢、轧钢、铸工车间；

②冷加工车间：在正常温湿度条件下进行生产，如机械加工车间、装配车间等；

③有侵蚀性介质作用的车间：在生产中会受到酸、碱、盐等侵蚀性介质的作用，如化工厂和化肥厂中的某些车间；

④恒温、恒湿车间：在温湿度波动很小的环境中生产，如纺织、精密仪表车间；

⑤洁净车间：在生产中，产品对室内空气的洁净度要求很高，除通过净化处理，厂房的围护应严密，以防止大气中的灰尘侵入，如集成电路车间、精密仪表的微型零件加工车间等。

（3）按厂房层数分

①单层厂房：单层厂房分单跨和多跨，多用于有大型生产设备、震动设备或重型起重运输设备的车间；

②多层厂房：用于在垂直方向组织生产和工艺流程的生产企业以及设备、产品较轻的企业；

③层次混合的厂房：同一厂房内既有单层跨又有多层跨。

（4）按承重材料构件分

①混合结构：由砖墙和钢筋混凝土屋架或屋面大梁组成，也由砖柱和木屋架或轻钢及组合屋架组成；

②钢筋混凝土结构：这种结构坚固耐久，可预制装配，可现浇；与钢结构相比可节约钢材，造价较低，但自重大，抗振性能不如钢结构；

③钢结构：主要承重结构全部用钢材做成，这种结构抗振性能好，构件较轻，建设速度快，易腐蚀、耐火性能差。

（5）按厂房结构类型分

空间结构体系：更能够使材料发挥空间受力性能以达到节约建材、减少结构自重、加大空间跨度的目的，如薄壳结构、悬索结构、网架结构等；

平面结构体系：由横向骨架和纵向联系构件组成，横向骨架有两种主要结构形式即排架和刚架结构，纵向联系构件是指屋面板、吊车梁、联系梁、支撑系统。

1.3.2 工业建筑设计的任务及要求

1.3.2.1 工业建筑设计的任务

建筑设计人员根据设计任务书和工艺设计人员提出的生产工艺资料，设计厂房的平面形状、柱网尺寸、剖面形式、建筑体型；合理选择结构方案和围护结构的类型，进行细部构造设计；协调建筑、结构、水、暖、电、气、通风等各工种。

1.3.2.2 工业建筑设计应满足的要求

(1) 满足生产工艺的要求

生产工艺是工业建筑设计的主要依据，生产工艺对建筑提出的要求就是该建筑使用功能上的要求。因此，建筑设计在建筑面积、平面形状、柱距、跨度、剖面形式、厂房高度以及结构方案和构造措施等方面，必须满足生产工艺的要求。同时，建筑设计还要满足厂房所需的机器设备的安装、操作、运转、检修等方面的要求。

(2) 满足建筑技术的要求

①工业建筑的坚固性及耐久性应符合建筑的使用年限。由于厂房静荷载和活荷载比较大，建筑设计应为结构设计的经济合理性创造条件，使结构设计更利于满足坚固和耐久的要求。

②由于科技发展日新月异，生产工艺不断更新，生产规模逐渐扩大，因此，建筑设计应使厂房具有较大的通用性和改建扩建的可能性。

③应严格遵守《厂房建筑模数协调标准》及《建筑模数协调统一标准》的规定，合理选择厂房建筑参数(柱距、跨度、柱顶标高等)，以便采用标准的、通用的结构构件，使设计标准化、生产工厂化、施工机械化，从而提高厂房建筑工业化水平。

(3) 满足建筑经济的要求

①在不影响卫生、防火及室内环境要求的条件下，将若干个车间(不一定是单跨车间)合并成联合厂房，对现代化连续生产极为有利。因为联合厂房占地较少，外墙面积相应减小，缩短了管网线路，使用灵活，能满足工艺更新的要求。

②建筑的层数是影响建筑经济性的重要因素。因此，应根据工艺要求、技术条件等，确定采用单层或多层厂房。

③在满足生产要求的前提下，设法缩小建筑体积，充分利用建筑空间，合理减少结构面积，提高使用面积。

④在不影响厂房的坚固、耐久、生产操作、使用要求和施工速度的前提下，应尽量降低材料的消耗，从而减轻构件的自重和降低建筑造价。

⑤设计方案应便于采用先进的、配套的结构体系及施工方法。但是，必须结合当地

的材料供应情况，施工机具的规格和类型，以及施工人员的技能来选择施工方案。

(4) 满足卫生及安全要求

应有与厂房所需采光等级相适应的采光条件，以保证厂房内部工作面上的照度；应有与室内生产状况及气候条件相适应的通风措施。排除生产余热、废气，提供正常的卫生、工作环境。对散发出的有害气体、有害辐射、严重噪声等应采取净化、隔离、消声、隔声等措施。美化室内外环境，注意厂房内部的水平绿化、垂直绿化及色彩处理。

1.3.3 单层工业厂房结构组成

厂房建筑的主要承重骨架是由支撑各种荷载作用的构件所组成，通常称为结构。厂房结构的坚固、耐久除了与所组成构件本身的强度有关外，还要靠结构构件连接在一起，组成一个结构空间来保证。

1.3.3.1 单层厂房结构类型

单层厂房的承重结构，主要有排架结构和刚架结构两种形式。

(1) 排架结构

排架结构由横向排架和纵向排架两个方向骨架体系组成。从厂房纵向列柱来看，由柱、基础、基础梁、吊车梁、联系梁(墙梁或圈梁)、柱间支撑、屋盖支撑及屋面板等构件构成纵向排架结构，保证了横向排架的稳定性，形成了厂房的整个骨架结构系统，具有整体刚度和稳定性(图 1.34)。

图 1.34 排架结构

(2) 刚架结构

这种作法是将屋架(屋面梁)与柱子合并成为一个构件。

柱子与屋架(屋面梁)连接处为一整体刚性节点，柱子与基础的连接为铰接(如图 1.35 所示)。

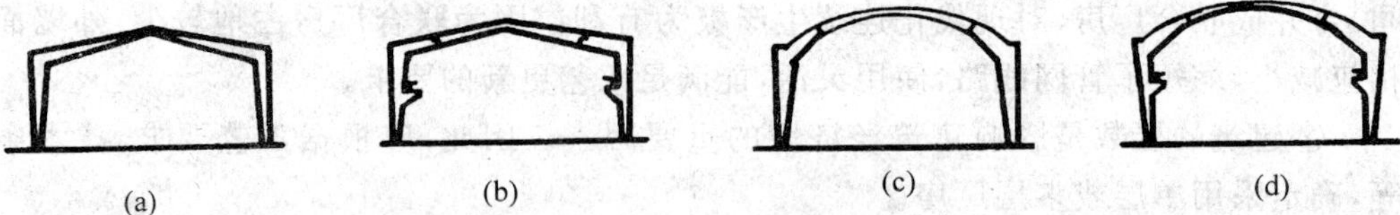

图 1.35 刚架结构

(a)人字形刚架；(b)带吊车人字形刚架；(c)弧形拱刚架；(d)带吊车弧形拱刚架

1.3.3.2 单层厂房结构组成

单层工业厂房的结构组成一般分为两种类型,即墙体承重结构和骨架承重结构。

墙体承重结构是外墙采用砖墙、砖柱的承重结构,这种结构造价低、施工方便,但只适用于厂房跨度不大、不高,吊车荷载较小的中、小型厂房。

骨架承重结构是由钢筋混凝土构件或钢构件组成骨架的承重结构。厂房的骨架由下列构件组成,墙体仅作围护作用。

①屋盖结构:包括屋面板、屋架(或屋面梁)及天窗架、托架等。屋面板直接铺在屋架或屋面梁上,承受其上面的荷载(包括屋面板自重、雪、积灰及施工等荷载),并把这些荷载通过屋面板传给屋架。

屋架是屋盖结构的主要承重构件,屋面板上的荷载、天窗荷载都要由屋架(屋面梁)承担,屋架(屋面梁)搁置在柱子上。

②吊车梁:吊车梁安放在柱子伸出的牛腿上,它承受吊车自重、吊车最大起重量以及吊车刹车时产生的纵、横向水平冲力,并将这些荷载传给柱子。

③柱子:是厂房结构的主要承重构件,它承受着屋盖、吊车梁、墙体上的荷载,以及山墙传来的风荷载(通过山墙抗风柱的顶端,传给屋架,再由屋架分别传给柱子)等。

④基础:它承担作用在柱子上的全部荷载,以及基础梁上部分墙体荷载,并由基础传给地基。柱基础采用独立式基础。

⑤外墙围护系统:它包括厂房四周的外墙、抗风柱、墙梁和基础梁等。这些构件所承受的荷载主要是墙体和构件的自重以及作用在墙体上的风荷载等。

⑥支撑系统:支撑系统包括柱间支撑和屋盖支撑两大部分,其作用是加强厂房结构的空间整体刚度和稳定性,它主要传递水平风荷载以及吊车产生的冲切力。

1.3.4 单层工业厂房的主要结构构造

1.3.4.1 基础及基础梁、柱

基础用来支撑柱子和基础梁,并将荷载传递给地基。基础梁搁置在基础上(如图1.36所示),它直接支撑着外墙。

①基础:单层工业厂房的基础一般做成独立柱基础,其形式有杯形基础、板肋基础、薄壳基础等。当结构荷载比较大而地基承载力又较小时,则可采用杯形基础或桩基础等。

②基础梁:单层工业厂房中当柱为支撑构件,外墙仅作围护墙时,为避免柱与墙的不均匀沉降,墙身一般支撑在基础梁上,基础梁的两端放在杯形基础杯口上。

通常基础梁截面为倒梯形,顶面一般低于室内地面60mm左右,基础梁底回填土

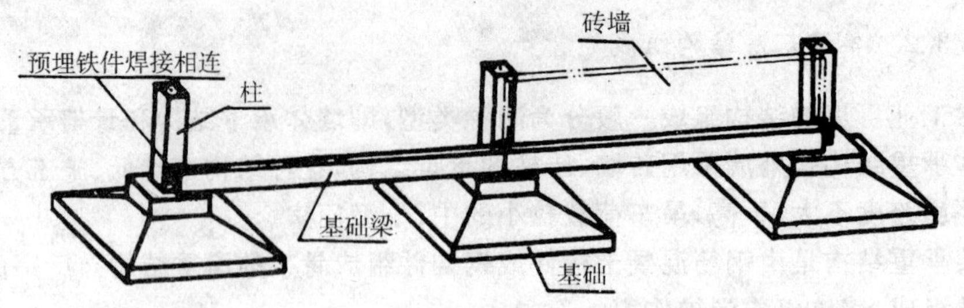

图 1.36 基础及基础梁、柱

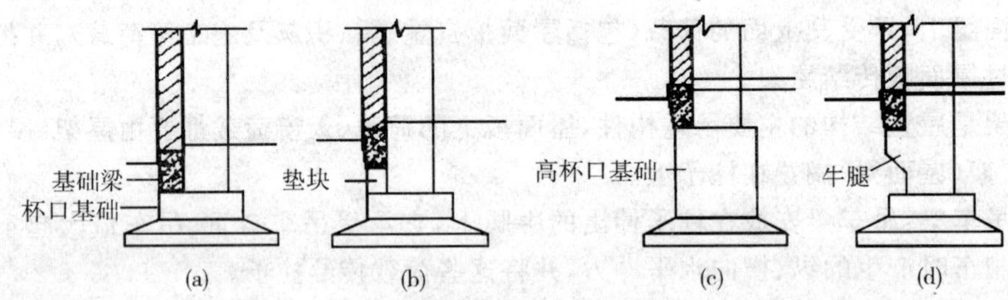

图 1.37 基础梁的设置

虚铺而不夯实，或留 100mm 左右的空隙。基础梁的设置方式(如图 1.37 所示)：

a. 当基础埋深不大时，基础梁搁在杯口基础顶面上或放在杯口上的垫块上。

b. 当基础埋置深度大时，基础梁可搁置于高杯口基础的顶面或柱的牛腿上。

③柱

a. 承重柱：承重柱(即排架柱)是厂房的竖向承重构件，它承受垂直荷载和水平荷载，并且将这些荷载连同自重全部传递至基础。

柱子从位置上区分，有边列柱、中列柱、高低跨柱等。

柱按材料可分为钢柱、钢筋混凝土柱、砖柱等。砖柱的截面一般为矩形，钢柱的截面一般采用格构形。

目前钢筋混凝土柱应用较广泛，单层工业厂房的钢筋混凝土柱基本上可分为单肢柱、双肢柱两大类。单肢柱的截面形式有矩形、工字形、工字形带孔柱等(图 1.38a、b、c)。双肢柱是由两肢矩形截面或圆形截面柱用腹杆连接而成(图 1.38 d、e、f)。平腹杆制作方便，节省材料，便于安装各种不同管线；斜腹杆比平腹杆的受力性能更为合理。双肢管柱在离心制管机上成型，质量好，便于拼装。但预埋件较多，与墙体连接不如工字形柱方便。也可在钢管内注入混凝土做成管柱。双肢柱一般应用于大吨位吊车的厂房中。

由于柱有现浇和预制两种施工方法，因此，柱与基础的连接方法也有所不同。当柱为现场捣制时，应在基础顶面留出插筋，插筋的数量与柱中纵向受力钢筋相同，其伸出

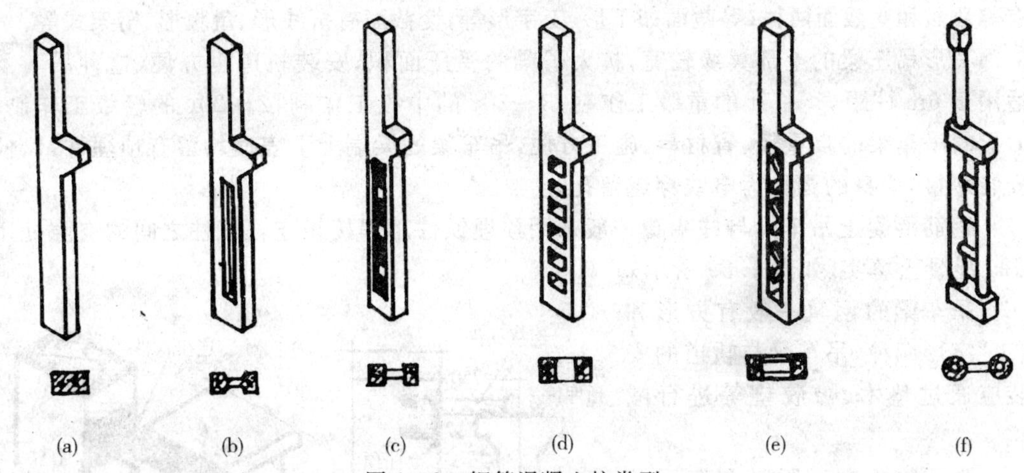

图 1.38　钢筋混凝土柱类型

(a)矩形；(b)工字形；(c)工字形带孔；(d)平腹杆；(e)斜腹杆；(f)双肢管柱

长度应根据柱的受力情况、钢筋规格及钢筋接头的方法来确定。当柱为预制时，基础的顶部应做成杯口，柱安装在杯口内，这种基础称为杯形基础。其杯口尺寸应稍大于柱截面尺寸，一般杯口底应比柱每边大 50mm，杯口顶比柱每边大 7.5mm，基础底部厚度应不小于 200mm；杯壁厚度一般也不小于 200mm。基础顶面的标高至少应低于室内地坪 500mm。

b. 抗风柱：单层工业厂房的山墙面积较大，所受到的风荷载也较大，因此必须在山墙上设置抗风柱，山墙上的风荷载一部分由抗风柱传至基础，另一部分则由抗风柱上端通过屋盖系统传到厂房的纵向排架中去。

厂房高度及跨度不大时，抗风柱可采用砖柱制作，其他一般采用钢筋混凝土柱。

抗风柱除了按外墙与柱的连接方式压砌钢筋外，在抗风柱的顶部留有预埋铁件与折形弹簧板焊接在一起并与屋架上弦连接在一起。在垂直方向应允许屋架和抗风柱有相对的竖向位移，同时屋架与抗风柱间应留有不小于 150mm 的空隙。当厂房沉降较大时可采用螺栓连接。

1.3.4.2　吊车梁、联系梁与圈梁

(1) 吊车梁

单层工业厂房一般都设有桥式吊车(梁式吊车)，需要在柱子的牛腿处设置吊车梁。吊车在吊车梁上铺设的轨道上行走。吊车梁直接承受吊车的自重和起吊物件的重量，以及刹车时产生的水平荷截。吊车梁由于安装在柱子之间，它亦起到传递纵向荷载，保证厂房纵向刚度和稳定的作用。

吊车梁一般用钢筋混凝土做成，也可用型钢及砖拱等制作。常见的吊车梁截面形式

有等截面和变截面两种;等截面如丁形、工字形等,变截面有折线形、鱼腹形、桁架式等。

T 形吊车梁的上部翼缘较宽,扩大了梁的受压面积,安装轨道也方便,这种吊车梁适用于 6m 柱距,5～75t 的重级工作制,3～30t 的中级工作制,2～20t 的轻级工作制。T 形的吊车梁的自重轻、省材料、施工方便,吊车梁的梁端上下表面均留有预埋件,以便安装焊接,梁身的圆孔为电线穿越留孔。

钢筋混凝土吊车梁与柱牛腿一般采用预埋铁件用焊接相连,梁、柱之间的空隙处用 C20 混凝土填实(如图 1.39 所示)。

吊车梁的钢轨一般有方形和"工"字形两种,吊车梁与轨道的安装应通过垫木、橡胶垫等进行减震。

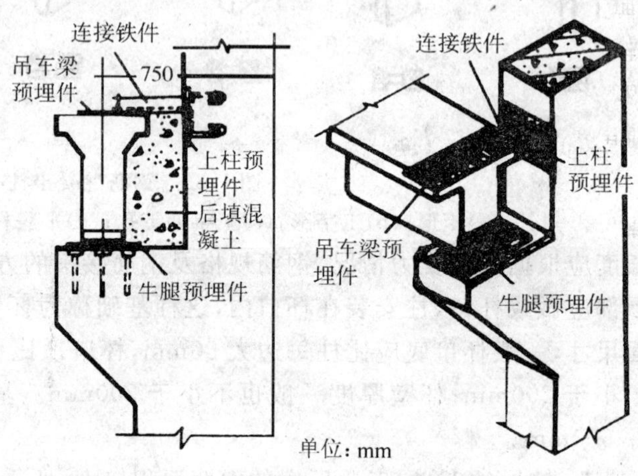

图 1.39 钢筋混凝土吊车梁与柱的连接

为了防止在运行时刹车不及而撞到山墙上,应在吊车梁的末端设置车挡(止冲装置),连接方法如图 1.40 所示。

(2)联系梁与圈梁

联系梁是厂房纵向柱列的水平联系构件,设在柱与柱之间,常做在窗口上皮,并代替窗过梁。联系梁的作用是加强结构的纵向刚度、传递风力和承受其上面的一部分墙体的重量。当墙体高度超过 15m 时,则应设置联系梁,以便使墙体分段由联系梁承受,并将荷载传递给柱子。

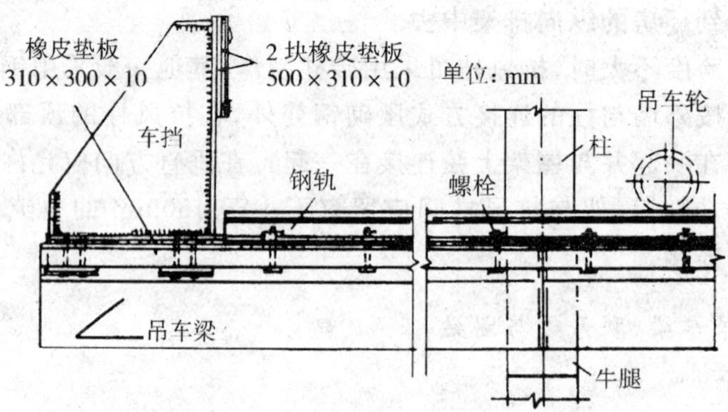

图 1.40 吊车梁上的车挡

联系梁有承重与非承重两种。非承重联系梁主要作用是增强厂房的纵向刚度、传递风荷载,而不起将墙体重量传给柱子的作用,因此它与柱的连接一般只需用螺栓或钢筋与柱拉结即可，而不必将它搁置在柱的牛腿上。承重的联系梁除了可以起非承重联系梁的作用外，还承受墙体重量，并传给柱子，因此它应搁置在柱的牛腿上并用焊接或螺栓使之与柱牢固地连接，联系梁的截面形式有矩形和 L 形，分别用于 240mm 和 365mm 的砖墙中。

圈梁的作用是将墙体同厂房的排架柱、抗风柱连在一起，以加强整体刚度和稳定性。可设置一道或几道圈梁，按照上密下疏的原则每 5m 左右加一道，其断面高度应不小于 180mm，配筋数量主筋为 4∅12mm，圈梁箍筋为∅6mm@250mm。圈梁应与柱子伸出的预埋筋进行连接（如图 1.41）。

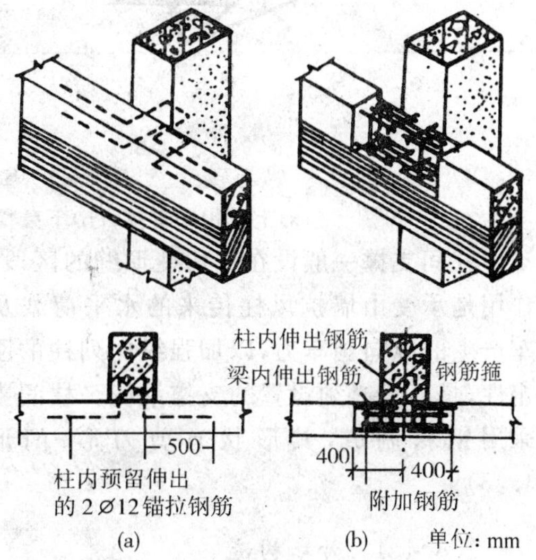

图 1.41　圈梁与柱的连接

(a)现浇钢筋混凝土圈梁；(b)预制现浇接头

圈梁的位置通常设在柱顶或吊车梁、窗过梁等处，圈梁应在墙体内并搁在墙上。单层工业厂房的联系梁一般为预制的，圈梁一般是现浇的。

1.3.4.3　支撑系统

在单层工业厂房结构中，支撑的主要作用是联系各主要承重构件以形成空间骨架，保证和提高厂房结构和构件的承载能力、稳定性和刚度，并传递一部分水平荷载。支撑有屋盖支撑和柱间支撑两大部分。

(1) 屋盖支撑

屋盖支撑主要是为了保证屋架上下弦间杆件在受力后的稳定性，并能传递山墙受到的风荷载。

①水平支撑：这种支撑布置在屋架上弦和下弦之间，沿柱距横向布置或沿跨度纵向布置。水平支撑分为：上弦水平支撑、下弦水平支撑、纵向水平支撑、纵向水平系杆等，如图 1.42。

②垂直支撑：垂直支撑主要保证屋架与屋架在使用和安装阶段的侧向稳定，并能提高厂房的整体刚度（如图 1.43 所示）。

(2) 柱间支撑

为了加强纵向边列柱的刚度和稳定性，有效地传递荷载，通常在厂房中间的一个柱间内设有柱间支撑。柱间支撑用钢材制作，通常为交叉形式，交叉倾斜角一般为 350～550mm（如图 1.44 所示），因此在施工时必须将预埋件正确地设置在柱上。

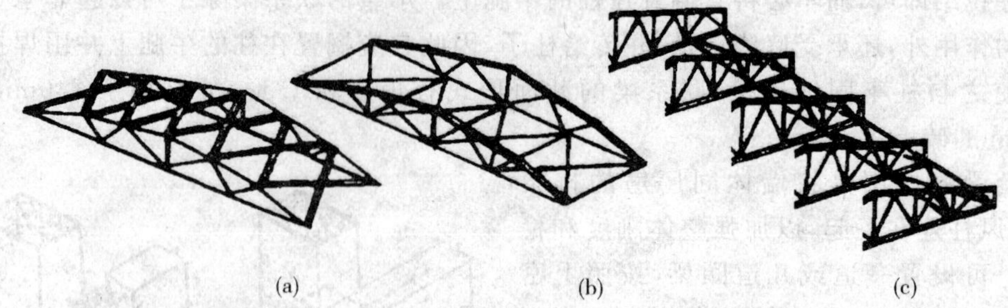

图 1.42 屋盖的水平支撑

(a)上弦水平支撑;(b)下弦横向水平支撑;(c)纵向水平支撑

柱间支撑一般设在厂房变形缝的区段中部,其作用是承受山墙抗风柱传来的水平荷载及传递吊车产生的纵向刹车力,以加强纵向列柱的刚度和稳定性,是厂房必须设置的支撑系统。柱间支撑一般采用钢材制成,其形状有剪刀形、门形等(图 1.45)。

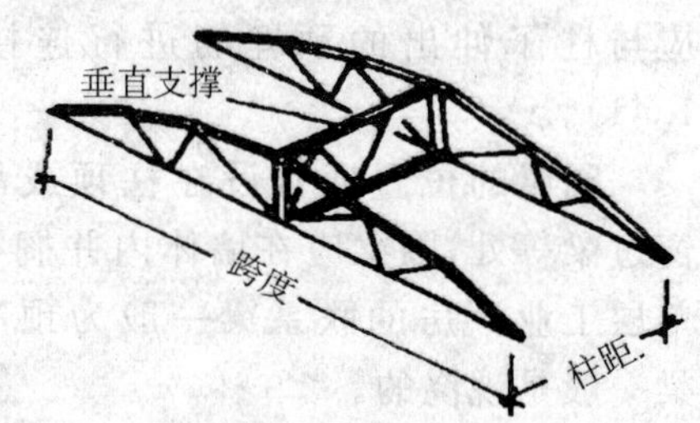

图 1.43 屋盖的垂直支撑

1.3.4.4 外墙构造

单层厂房承重结构和构造外墙是厂房中的重要组成部分,外墙在满足挡风、阻雨、保温、隔热的同时,还要保证墙体有足够的刚度和稳定性。外墙按受力情况分为承重墙和非承重墙,按所用材料和构造方式分块材墙和

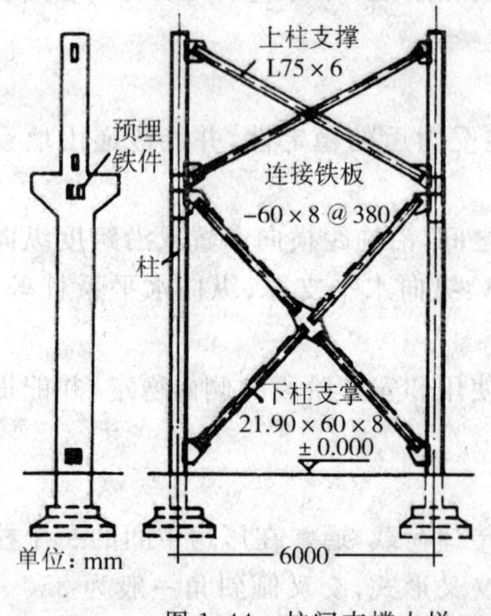

图 1.44 柱间支撑大样

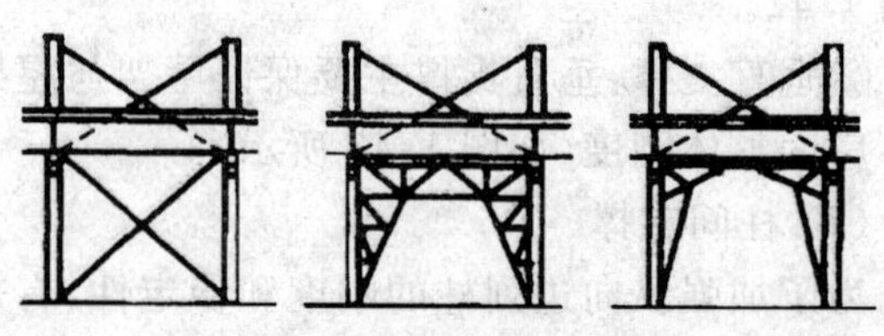

图 1.45 柱间支撑式样

板材墙。

(1) 块材墙体

①承重砖墙 承重砖墙是由墙体加壁柱承受厂房的屋顶和起重运输设备的荷载和风荷载,它常用条形基础,并在适宜位置设圈梁。承重砖墙只适用于跨度小于 15m、吊车吨位在 5t 以下的厂房(如图 1.46 所示)。

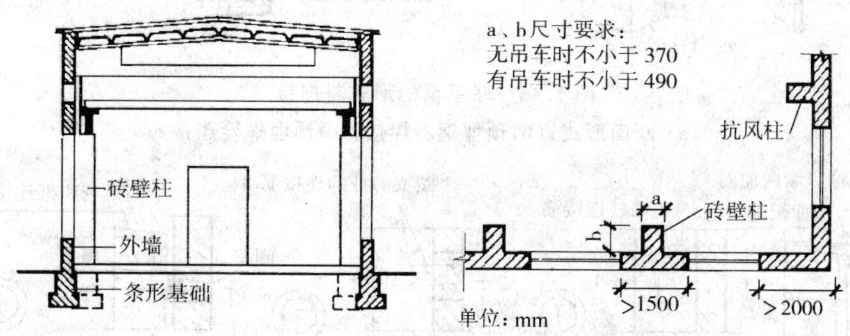

图 1.46 单层厂房承重砖墙

②非承重砖墙 非承重砖墙是单层厂房常用的外墙类型,厂房采用排架结构来承受荷载,而外墙只起围护作用。墙体重量通常由杯口基础上的基础梁承担,当墙高超过 15m 时,上部砌体荷载由搁置在柱上部牛腿上的联系梁支撑(见图 1.47)。

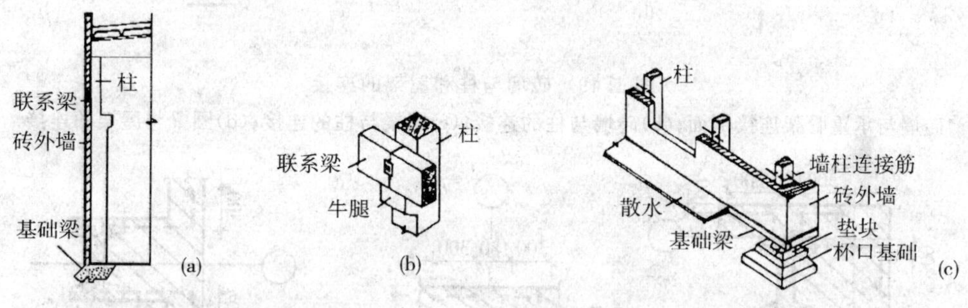

图 1.47 非承重砖墙构造

(a)外墙剖面;(b)联系梁与柱的连接;(c)砖墙的支撑与墙柱的连接

③联系梁的形式与连接(见图 1.48)

联系梁截面一般有矩形和 L 形两种,L 形用于一砖半厚的墙体,它与柱子的连接是由柱上的牛腿支撑,再与预埋件焊接或用预埋螺栓连接。

④墙与柱和屋架的连接

为保证外墙的整体性和稳定性,墙与柱和屋架必须有可靠的连接。最常用的做法是沿柱高每隔 500～600mm 平行伸出两根∅6mm 钢筋砌入砌体水平灰缝中,圈梁与屋架及柱也要进行连接,具体做法如图 1.49 和图 1.50 所示。

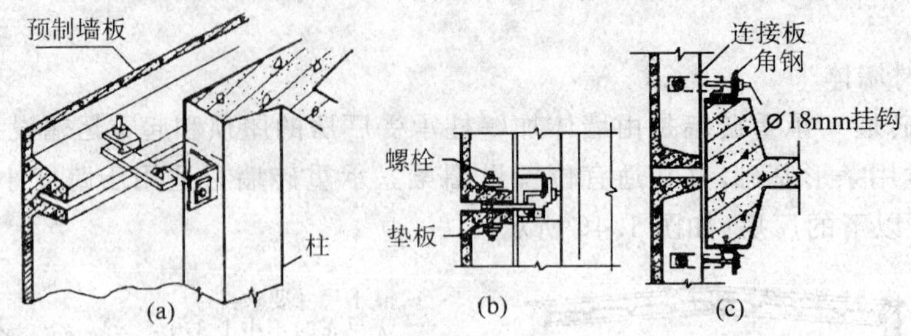

图 1.48　联系梁的形式与连接

(a) 断面形式；(b)预埋钢板焊接；(c)预埋螺栓连接

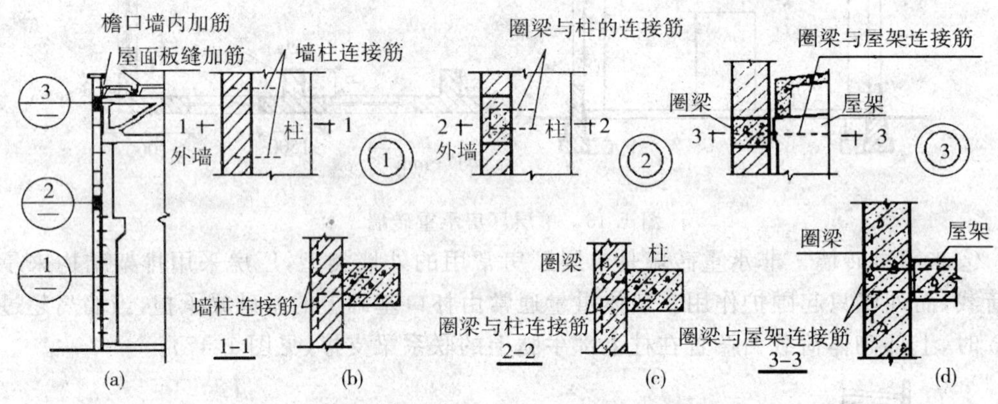

图 1.49　砖墙与柱和屋架的连接

(a)砖墙与承重骨架连接剖面；(b)砖墙与柱的连接；(c)圈梁与柱的连接；(d)圈梁与屋架的连接

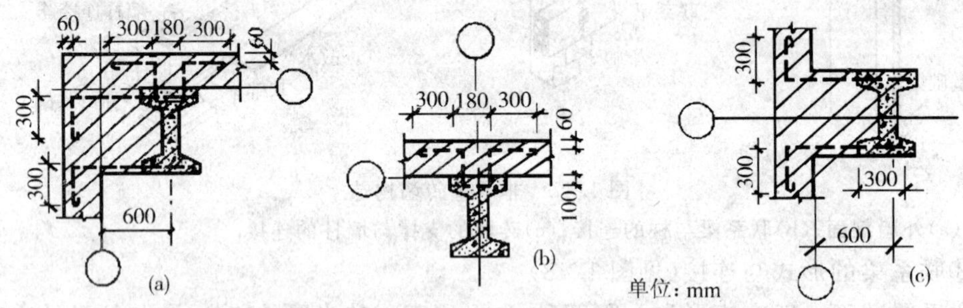

图 1.50　不同位置砖墙与柱的连接

(a)端部排架边柱；(b)排架边柱与外墙的连接；(c)端部排架中柱与墙的连接

(2)板材墙

厂房的围护结构采用大型墙板，可以加快厂房建设，减轻劳动强度，还可以利用工业废料，从而少占农业用地。墙体自重轻，抗震性能好。

(3)其他类型外墙板

①石棉水泥波形瓦 自重轻、施工简便、造价低、防火、有绝缘耐腐蚀的优点，但强度低、较脆、温度变化时易碎裂，不适宜用于高温、高湿和有较大振动的厂房。

②压型钢板外墙是将压型钢板固定在与柱相连的金属墙梁上。

③开敞式外墙上的挡雨板，当厂房的外墙为开敞式或半开敞式时，为防止雨水飘入室内须设挡雨板。

§1.4 高层建筑

高层建筑在 19 世纪末就已出现，但是真正在世界上得到普遍的发展还是 20 世纪中叶的事，尤其是 1960 年代后，它犹如雨后春笋，已逐渐遍布世界各国。

高层建筑得到发展主要是由于资本主义国家城市人口高度集中，市区用地紧张，地价昂贵，迫使建筑不得不向高空发展；其次是高层建筑占地面积小，在既定的地段内能最大限度地增加建筑面积，扩大市区空地，有利城市绿化，改善环境卫生；同时由于城市用地紧凑，可使道路、管线设施相对集中，节省市政投资费用；在设备完善的情况下，垂直交通比水平交通方便，可使许多相互有关的机构放在一座建筑物内，便于联系，在建筑群布局上，高低相间，点面结合，可以改善城市面貌，丰富城市艺术；在资本主义国家，垄断资产阶级为了显示自己的实力与取得广告效果，彼此竞相建造高楼，也是一个重要因素；此外，由于社会生产力的发展和广泛地进行科学试验的结果，特别是电子计算机与现代先进技术的应用，为高层建筑的发展提供了科学基础。

关于高层建筑的概念，各国并不统一，过去一般是指七层以上的建筑，1972 年国际高层建筑会议规定按建筑层数多少划分为四类：

第一类高层：9～16 层(最高到 50m)；

第二类高层：17～25 层(最高到 75m)；

第三类高层：26～40 层(最高到 100m)；

第四类高层：超高层建筑，40 层以上(100m 以上)。

1.4.1 高层建筑的发展

高层建筑的发展是和垂直交通问题的解决分不开的。回顾 19 世纪中叶以前，欧美城市建筑的层数一般都在六层以内，这就明显地反映了受垂直交通的局限。自从 1853 年奥蒂斯在美国发明了安全载客升降机以后，高层建筑的实现才有了可能性(1853 年美国发明蒸汽动力升降机，1887 年发明电梯)。

高层建筑的发展过程大致可以分为二个阶段：

第一个阶段是从 19 世纪中叶到 20 世纪中叶，随着电梯系统的发明与新材料新技术的应用，城市高层建筑不断出现。19 世纪末，美国的高层建筑已达到 29 层 118m 高。在二十世纪初，美国高层建筑的高度继续大幅度上升，1911～1913 年在纽约建造的渥尔华斯大厦（Woolworth Building），高度已达 52 层，241m。1931 年在纽约建造号称 120 层的帝国州大厦（帝国大厦），高 381m，在 1970 年代前一直保持着世界最高的记录。在第二次世界大战期间，高层建筑的发展曾受到一定的影响。

第二个阶段是在 20 世纪中叶以后，特别是 1960 年代以后，随着资本主义经济的上升，以及发展了一系列新的结构体系，使高层建筑的建造又出现了新的高潮，并且在世界范围内逐步开始普及，从欧美到亚洲、非洲都有所发展。

总的来看，高层建筑发展的特点是：高度不断增加，数量不断增多，造型新颖，特别是办公楼、旅馆等公共建筑尤为显著。

1.4.2 高层建筑的布局特点

由于大城市的畸形发展，高层建筑在城市中的布局多是自发形成。如纽约的高层建筑都集中于曼哈顿岛，芝加哥的高层建筑多分布在密歇根湖的沿岸，上海的高层建筑多分布在市中心和陆家嘴一带。在这些城市的市中心区内，人口高度集中，建筑密度很大，加上楼高路窄，阳光稀少，交通极为拥挤，造成了一系列不良的后果。

近些年来，人们逐步认识到高层建筑的发展对城市环境的影响，因此，各国政府已开始注意高层建筑在城市总体中的规划。例如巴黎就将高层住宅区分别集中于东北部与东南郊，以保护古城原有的风貌；莫斯科的高层住宅区也都集中于西南郊；上海市正在考虑城市规划限高的问题。

高层建筑的体形，归纳起来，大致可以分为两类：板式与塔式。板式高层建筑除了平面为一字形外，还有 T 形、H 形、弧形等等；塔式高层建筑的平面有三角形、方形、矩形、圆形、多瓣形、Y 形、十字形等。

高层建筑进深较大，中间设有电梯井作结构核心，在建筑物的四周多设有低层的附属建筑。正方形平面的边长可大到 60～70m。因考虑结构受力的原因，高层建筑以平面对称，外形简单为原则，并尽可能做到平面体形方整。布置平面的方位除考虑日照朝向外，还注意避开主导风向，以利于抗风。低层建筑采用的复杂体形，在高层建筑中是不适宜的。

目前国外高层建筑的平面布置愈来愈朝向大空间发展，以适应多功能的需要；建筑造型简洁，减少外部装饰，便于工业化的施工。例如在高层建筑中的办公楼，租用者都按其需要灵活隔断。故高层建筑设计时，一是把柱距做得较大，一般为 12～15m，柱子截面通常用宽翼工字钢或闭口箱形。二是不论钢骨架或钢筋混凝土结构，所有楼板都采用现浇混凝土板（平板或带肋板），支撑在钢桁架或空腹次梁上，有利于大量管线通过。

1.4.3　高层建筑的结构体系

高层建筑的结构体系在近些年来有很大的发展，主要表现在研究解决抗风力与地震力的影响方面获得了显著的成就。为了满足高层建筑基本刚度的要求，一般规定在其承受风荷载时位移不得超过允许限制 1/300～1/600 高度。因此，传统的以抗竖向荷载为主的框架体系对于高层建筑就不够理想，每增加一层，单位面积的用钢量就增加很多，越高越贵，这就形成了“高度消耗”(Premium for height)，或称之为“高度加价”。

高层建筑结构类型有砖石结构、钢筋混凝土结构、钢结构以及钢和钢筋混凝土组合结构。

1.4.3.1　*砖石结构*

由于砖石结构强度较低，尤其抗拉和抗剪性较差，难以抵抗高层建筑中因水平力作用引起的弯距和剪力，在地震区一般不采用。我国最高的砖石结构为 9 层。

1.4.3.2　钢筋混凝土结构

我国高层建筑结构的材料以钢筋混凝土为主，近期钢结构也被逐步地应用于高层建筑中。采用钢筋混凝土和钢结构建造的结构，如框架结构、剪力墙结构、框架—剪力墙结构和筒体结构等。

钢筋混凝土结构体系有：

抗剪墙体系(Shear Wall)；

抗剪墙框架相互作用体系(Shear wall Frame Interaction)；

框架筒体系(Framed Tube)；

套筒体系(Tube in Tube System)。

(1)框架结构，框架是柱子与柱相连的横梁所组成的承重骨架(图 1.51)。框架中的梁和柱除了承受楼板、屋面传来的竖向荷载外，还承受风或地震产生的水平荷载。框架结构的优点是建筑平面布置灵活，可以形成较大的空间，能满足各类建筑不同的使用和生产工艺要求。当建筑层数大于 15 层或在地震区建造高层建筑时，不宜选用框架结构。

(2)剪力墙结构，全部由剪力墙承重的一种结构体系。剪力墙结构墙体多，不容易布置面积较大的房间；这种体系侧向刚度大，侧移小，被称为刚性结构体系。

剪力墙结构是具有一定规律性布置的墙体结构。剪力墙既承受竖向荷载，也承受侧向荷载，尤其保证结构在水平力作用下的空间刚度，因为钢筋混凝土剪力墙体的刚度比梁、柱的刚度大。

剪力墙的布置原则：

a. 剪力墙应沿建筑物的两个方向布置，宜布置在建筑区段的两端、楼梯、电梯间、

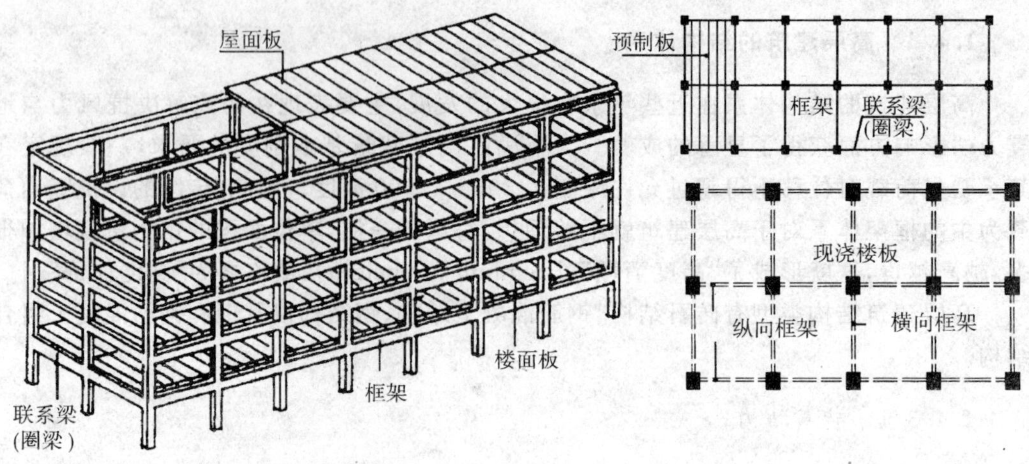

图 1.51　框架结构体系

楼盖洞口两侧及单面刚度变化大的部位。

b. 剪力墙最好能连在一起，组成刚度较大的平面。剪力墙的布置实例如图 1.52。

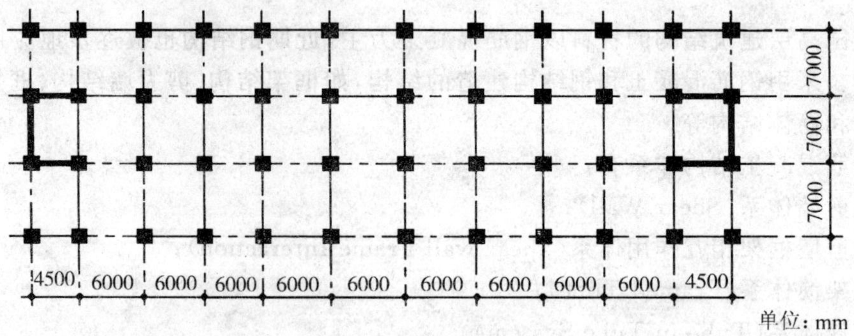

图 1.52　剪力墙的布置

c. 剪力墙之间的距离不宜超过建筑物宽度的 3 倍，在设计抗震烈度不超过 8 度时，纵横方向的剪力墙总配置量可按 $50\mathrm{mm/m^2}$，即每平方米的建筑面积，剪力墙的净长度为 50mm。

d. 为了便于施工，最好不在防震缝两侧设置剪力墙。

e. 剪力墙最好贯穿建筑物全高。当顶层有大房间不便设置剪力墙时，应尽可能设置在外墙。

f. 剪力墙应尽量减少开洞，必须开洞时，应在洞口周边用钢筋进行补强。剪力墙的布置应力求均匀对称，底层剪力墙如需开大洞，更需考虑平面的对称，尽可能使平面的质量中心与刚度中心相接近，以减少水平力作用下产生的扭矩。

g. 剪力墙的厚度不小于墙高的 1/30，并且不小于 120mm，应与两侧柱的截面成一定的比例。剪力墙结构的建造层数可达 30～40 层(结构实例见图 1.53)。

图 1.53　广州白天鹅宾馆

(3)框架—剪力墙结构,框架和剪力墙两种结构共同组合在一起而形成的结构体系,房屋的竖向荷载通过楼板分别由框架和剪力墙共同负担,而水平荷载则由刚度较大的剪力墙来承受。该结构广泛用于高层办公建筑和旅馆建筑,一般适用于 15～30 层的高层建筑。

(4)筒体结构,筒体是由若干片纵横交接的框架或剪力墙所围成的筒状封闭骨架,每一层楼面又加强了各片框架或剪力墙之间的相互连接,形成一个空间构架,使整个骨架具有比单片框架或剪力墙好得多的空间刚度。根据筒体布置可分为单筒、筒中筒、框筒、成束筒。单筒结构常与框架一起形成框架—筒体结构。

套筒又称"筒中筒",利用电梯、楼梯等井道,形成剪力核心,并利用这个中心作抗风构件。通过楼层,将中心筒体与外面筒体连接,使内外两筒共同作用形成套筒结构体系。套筒综合了框架—筒体与剪力核心两者的优点,剪力核心代替了内柱,大大减小了剪力变形,增加了外筒体的刚度。钢筋混凝土套筒的经济高度可达 60 层,钢框套筒可达 80 层。

群筒是在建筑平面较大、周边较长、外墙在风力作用下变形大等情况,将内部剪力墙分成群筒结构形式,这种群筒结构的内部剪力墙成为外筒的支点。由于群筒中的各个单元,都有自己的强度和刚度,所以可以形成不同体型和不同高度。图 1.54 为群筒建筑的外观图。

1.4.3.3　钢结构

钢结构具有自重轻,强度高,抗震性能好,安装方便,施工速度快,并能适应大空间、多用途的各种建筑。由于用钢量大,造价高的特点,所以,钢结构一般在 30 层以上的高

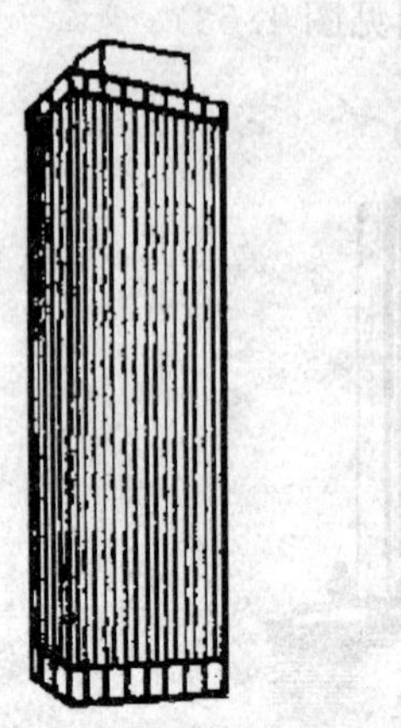
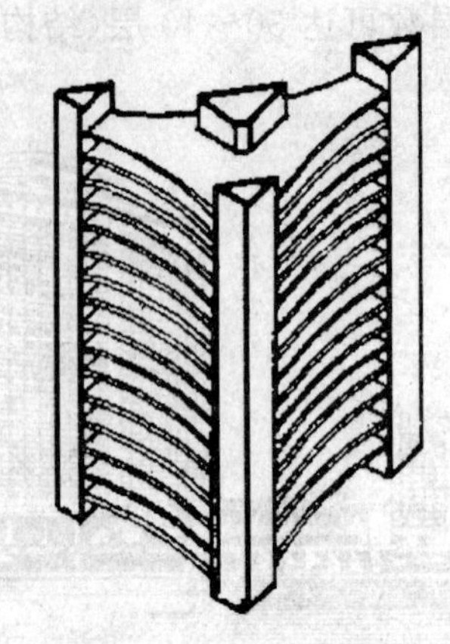
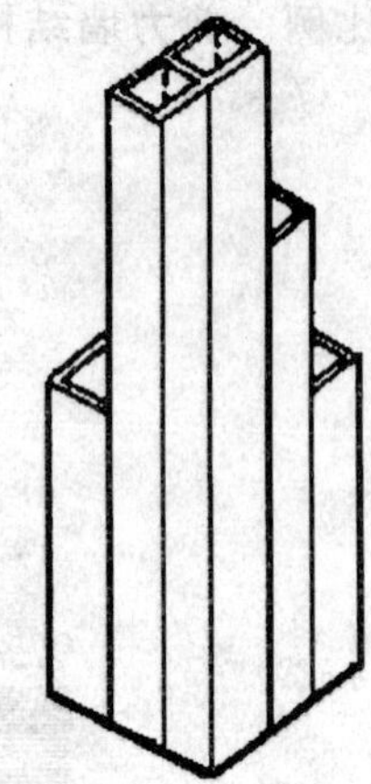

图 1.54 筒体结构

层建筑中采用。钢结构体系有：

(1)剪力桁架与框架相互作用的体系(Shear Truss Frame Interaction)；

(2)有刚性桁带的剪力桁架与框架相互作用体系(Shear Truss Frame Interaction with Rigid Belt Trusses)；

(3)框架筒体系(Framed Tube)；

(4)对角桁架柱筒体系(Column Diagonal Truss Tube)；

(5)束筒体系(Bundled Tube System)。

1.4.3.4 钢和钢筋混凝土组合结构

施工时，先安装一定层数的钢框架，利用钢框架承受施工荷载，然后，用钢筋混凝土把外围的钢框架浇灌成外框筒体来抵抗水平荷载。这种结构的施工速度与钢结构相近，但用钢量比钢结构少，耐火性能较好。如美国休斯顿商业中心大厦，79 层，305m 高。

1.4.4 高层建筑的节点构造

1.4.4.1 框架结构的节点构造

现浇钢筋混凝土框架由混凝土现浇成整体连接，不存在接头处理；装配式或部分现浇、部分装配的钢筋混凝土框架有连接节点，节点所受的力，往往比其他部位要大一些，受力情况也比较复杂。传统的节点作法是在现场将节点区的钢筋焊接或搭接，将钢箍加密加粗，用混凝土浇筑成一个整体，这种做法比较复杂，既费人工又增加造价。近年来，为了进一步提高装配化水平，更大限度地减少湿作业，广泛采用了浆锚节点及新型接头方法。

(1)柱子与基础连接节点

①杯形基础：基础作成杯口形，柱子插入基础并用混凝土或沥青麻丝将柱卧牢(图 1.55 a) 。

②浆锚基础：基础留出浆锚孔，柱下端有插筋，柱子预留筋插入浆锚孔后，灌注膨胀水泥砂浆(图 1.55b) 。

③短柱基础：柱与基础同时浇注，使柱子高出地面 1000mm 左右，并留有插筋(图 1.55 c)。

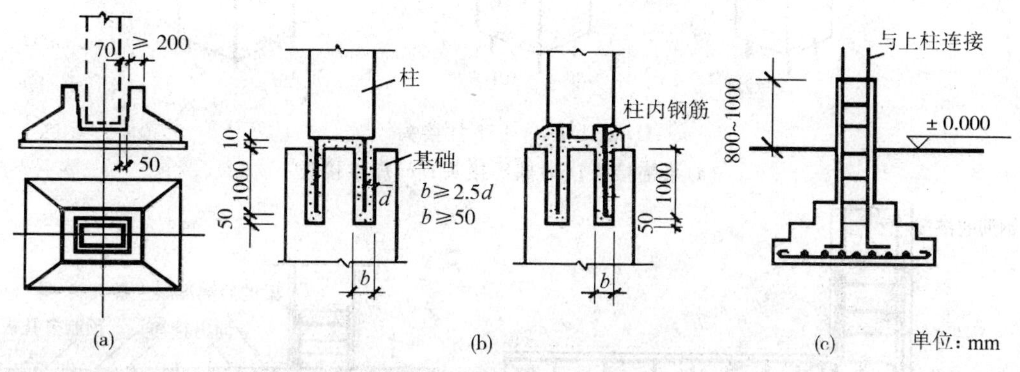

图 1.55　柱与基础的三种作法

(2)装配式上、下柱连接节点

①浆锚接头：下柱预留四个浆锚孔，上柱伸出四根插筋(锚筋)，插筋插入浆锚孔后，灌入高强度快硬膨胀砂浆(图 1.56a)。浆锚节点构造简单，施工方便，同时也具有较好的抗震性能。对浆锚材料的基本要求是高强、早强、微膨胀。根据试验研究，快硬水泥砂浆及浇筑水泥砂浆适宜于作浆锚材料；普通硅酸盐水泥砂浆硬化时体积收缩，一般不宜用作浆锚材料。

②榫式接头：下柱留有连接钢筋，上柱下端作有榫头，柱子对齐后，钢筋焊接，如图 1.56b 所示。

③焊接接头：两个构件利用预埋和附加铁件，通过焊接连接，如图 1.56 c 所示。

(3)梁、柱及梁板柱的连接节点

①现浇框架梁柱连接节点，如图 1.57 所示。

②装配整体式框架梁柱连接节点，如图 1.58 所示。

③装配式框架梁柱叠压浆锚节点。

图 1.59a 是梁柱叠压浆锚节点，孔洞留在梁上，上、下柱各伸出 4 根钢筋，锚入梁内。柱中伸出的钢筋应采用变形钢筋。图 1.59b，是梁柱榫式节点。

④装配板柱框架节点。板柱框架构件类型少，施工方便，由于楼板底面平齐，对建筑平面划分也灵活方便。一般楼板的平面形式为正方形或长宽接近的矩形，板的四个

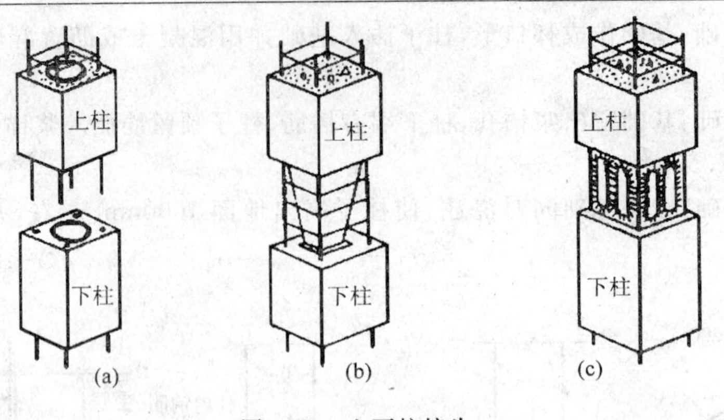

图 1.56　上下柱接头
(a)浆锚接头;(b)榫氏接头;(c)焊接接头

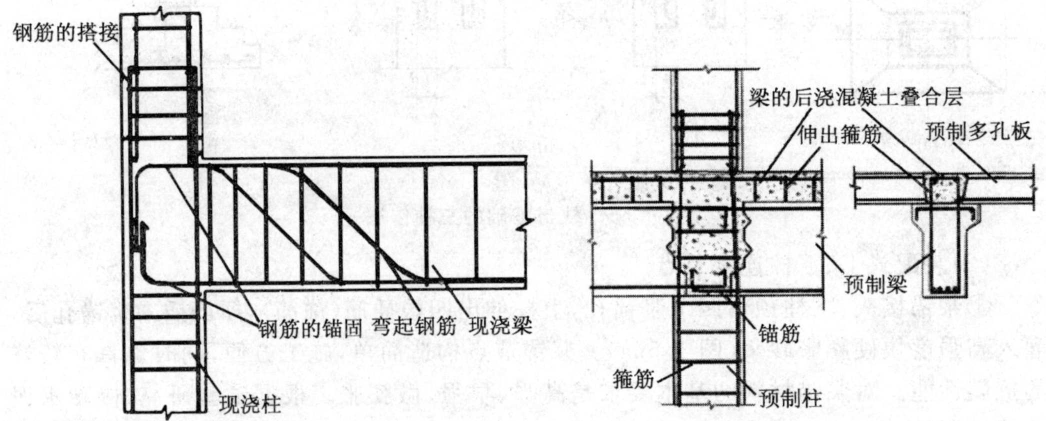

图 1.57 现浇框架梁柱连接节点　　图 1.58 装配式框架梁柱连接节点

角即为四个支点。板柱框架的节点构造见图 1.60。为了使楼板底面平整,可以把楼板搁置在上、下柱之间,楼板及上、下柱均留孔,插入钢筋后,灌浆锚接,见图 1.60a。常采用柱四周挑出牛腿,形成一个支撑楼板的平台,但这种构造形式,柱子的制作比较复杂,楼板底面也不平整,见图 1.60b、c。

板柱框架结构的另一种节点形式是采用后张预应力摩擦支撑节点,见图 1.60 d、e。作法是在楼板接缝处留槽,通过柱子的预留孔穿过预应力钢筋,张拉后用混凝土把槽填平,钢筋把柱和楼板压紧,靠摩擦力平衡楼板传来的垂直荷载。

1.4.4.2　高层建筑楼板形式

高层建筑室内多为大空间,竖向抗风构件的间距较大,所以楼板对传递水平力具有重要作用。高层建筑常用楼板形式有钢筋混凝土平板、无梁楼板、肋梁楼板、密肋楼板

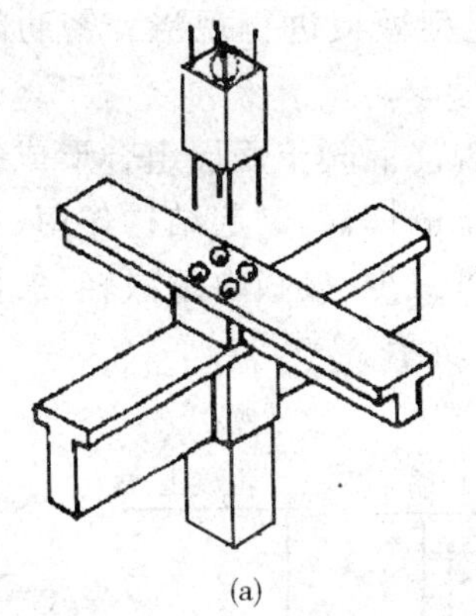

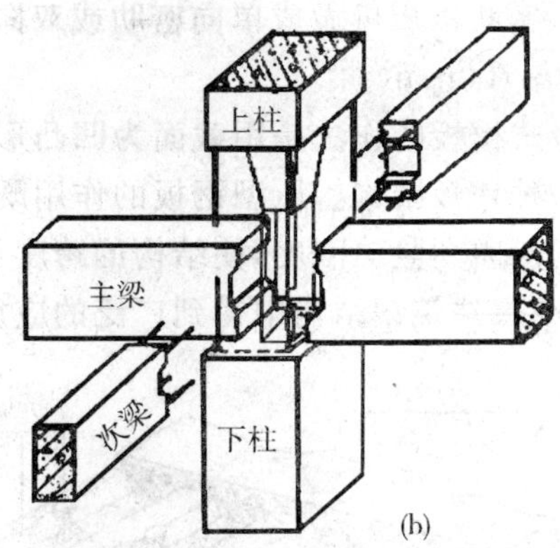

(a)　　(b)

图 1.59　梁柱连接节点

(a)梁柱叠压浆锚节点；(b)梁柱榫式节点

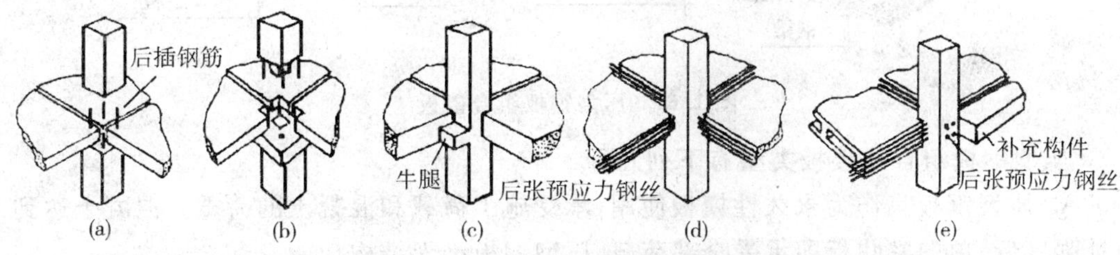

图 1.60　板柱框架节点构造示意图

(a)短柱插筋浆锚；(b)短柱承台节点；(c)长柱双侧牛腿；

(d)后张预应力板柱节点；(e)后张预应力板柱边跨补充构件

和压型钢板组合楼板等。建筑物高度大于 50m 时应采用现浇楼板，小于 50m 时可采用预制楼板，但顶层和开洞过多的或平面较复杂的楼层仍应采用现浇楼板。结构转换层也应采用现浇楼板。

支撑在墙体上的钢筋混凝土平板分为现浇平板、预制实心板或空心板和叠合板。平板适用于跨度较小的居住建筑和公共建筑。普通混凝土平板的跨度不宜大于 6m，预应力混凝土平板则不宜大于 9m。现浇平板宜用定型模板或用预应力混凝土薄板作为永久性模板。跨度不宜大于 9m。

钢筋混凝土肋梁楼板宜现浇，也可采用预制板和现浇梁形成装配整体式肋梁楼板。当采用框架剪力墙结构时，应在预制板面铺一层混凝土整浇层，以增强楼板的整体性。整浇层厚度通常为 40mm 厚，若在整浇层中埋设备管线时应适当加厚。

肋梁间距不大于 1.5m 的钢筋混凝土楼板称为密肋楼板，适用于中等跨度的公共建筑。普通混凝土密肋楼板的跨度不宜超过 9m，预应力混凝土密肋楼板的跨度则不大于 12m。密肋楼板可做成单向密肋或双向密肋，采用定型模板进行现浇。密肋间距通常为 600～700mm。

组合式楼板的作法是用截面为凹凸形压型钢板与现浇混凝土面层组合形成整体性很强的一种楼板结构。压型钢板的作用既为面层混凝土的模板，又起结构作用，从而增加楼板的侧向和竖向刚度，使结构的跨度加大、梁的数量减少、楼板自重减轻、加快施工进度，在高层建筑钢结构中得到广泛的应用，如图 1.61 所示。

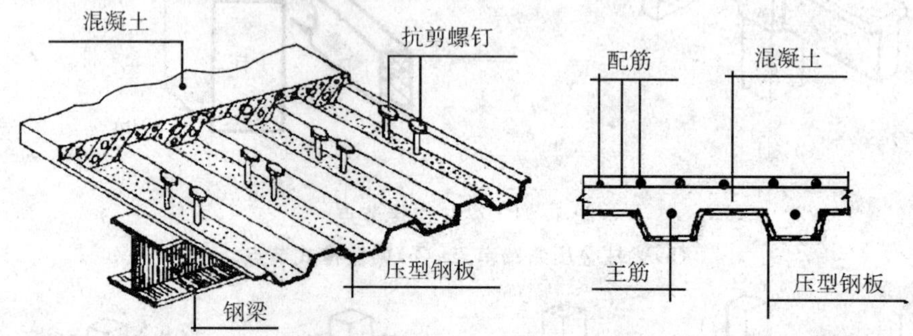

图 1.61　压型钢板组合楼板

压型钢板组合式楼板类型有下列几种：

A. 压型钢板只作为永久性模板使用，承受施工荷载和混凝土的荷重。混凝土达到设计强度后，单向密肋板即承受全部荷载，压型钢板已无结构功能。

B. 压型钢板承受全部静荷载和动荷载，混凝土层只用作耐磨面层，并分布集中荷载。混凝土层可使压型钢板的强度增大 90%，工作荷载下刚度提高。

C. 压型钢板既是模板，又是底面受拉结构。其结构性能取决于混凝土层和钢板之间的粘结式连接。

压型钢板的跨度可为 1.5～4m，最经济的跨度为 2～3m。为适应不同跨度和荷载，各国均有其产品系列。截面高度一般为 35～120mm，重量一般为 100～270N/m^2。

1.4.5　高层建筑的内部设备

1.4.5.1　高层建筑中给排水设备

水泵间是供水系统中不可缺少的部分，高层建筑中由于供水系统的不同，设置单个或多个水泵房。一般水泵房设置在一层或地下室、半地下室，有时也设在楼层。另外还需要设置周转水箱或水池。

1.4.5.2　电话机房的要求

高层建筑的总机室即是一个人工电话站或自动电话站。电话站的地板最好采用架空活动地板，以便敷设线路。如采用水泥楼地板时，除留出线沟外，应铺上橡皮或塑料地板。高层建筑中电话线路敷设一般要求采用电话电缆穿金属管沿墙或楼板暗敷设。

1.4.5.3 有线广播

公共建筑应设有线广播系统。系统的类别应根据建筑规模、使用性质和功能要求确定，一般可分为：公共广播系统具有背景音乐广播、公共事务广播、火灾事故广播功能。

背景音乐的主要作用是掩盖噪声并创造一种轻松和谐的听觉气氛，由于扬声器分散均匀布置，无明显声源方向性，且音量适宜，不影响人群正常交谈，是优化环境的重要手段之一。公共事务广播系统可以起到宣传、播放通知、找人等作用。公共广播的火灾事故广播功能作为火灾报警及联动系统在紧急状态下用以指挥、疏散人群的广播设施，在建筑弱电的设计中有举足轻重的作用。本功能要求扩声系统能达到需要的声场强度，以保证在紧急情况发生时，可以利用其提供足以使楼内可能涉及区域的人群能清晰地听到警报、疏导的语音。

1.4.5.4 共用天线电视系统(CATV)

共用天线电视系统，它是若干台电视机共同使用一套天线设备，这套公共天线设备将接收来的广播电视信号，先经过适当处理(如放大、混合、频道变换等)，然后由专用部件将信号合理地分配给各电视接收机。由于系统各部件之间采用了大量的同轴电缆作为信号传输线，因而 CATV 系统又叫做电缆电视系统。有了 CATV 系统，电视图像将不会因高山或高层建筑的遮挡或反射，出现重影或雪花干扰，人们可以看到很清晰的电视节目。天线位置选择：

(1)选择在广播电视信号场强较强、电磁波传输路径单一的地方，宜靠近前端(距前端的距离不大于 20m)，避开风口。

(2)天线朝向发射台的方向不应有遮挡物和可能的信号反射，并尽量远离汽车行驶频繁的公路，电气化铁路和高压电力线路等。

(3)安装在建筑物的顶部或附近的高山顶上。由于它高于其他的建筑物，遭受雷击的机会就较多，因此，一定要安装避雷装置，从竖杆至接地装置的引下线至少用两根，从不同方位以最短的距离泄流引下，接地电阻应小于 4Ω，当系统采用共同接地时，其接地电阻不应大于 1Ω。

(4)群体建筑系统的接收天线，宜位于建筑群中心附近的较高建筑物上。

(5)高层建筑中共用天线的安装。

共用天线杆要固定在屋顶上，按位置预埋钢板，将天线杆焊在钢板上加以固定，天线上信号则经由同轴电缆穿越屋面进入建筑物，为此必须在屋面上预埋穿越钢管，如图 1.62 所示。

共用天线系统的接收天线部分，为了保证接收电视屏幕上的图像清晰，必须提高接收信号强度，尽可能减少噪声干扰电平。所以天线杆一般不装在电梯井上部和靠近主要交通干道一侧。在安装前要用场强计在现场测定场强最佳而干扰波和反射波影响最小的地位。为了防雷，可在杆顶加避雷针，并同建筑物的防雷接地体作电气连接，以保证良好的接地效果。

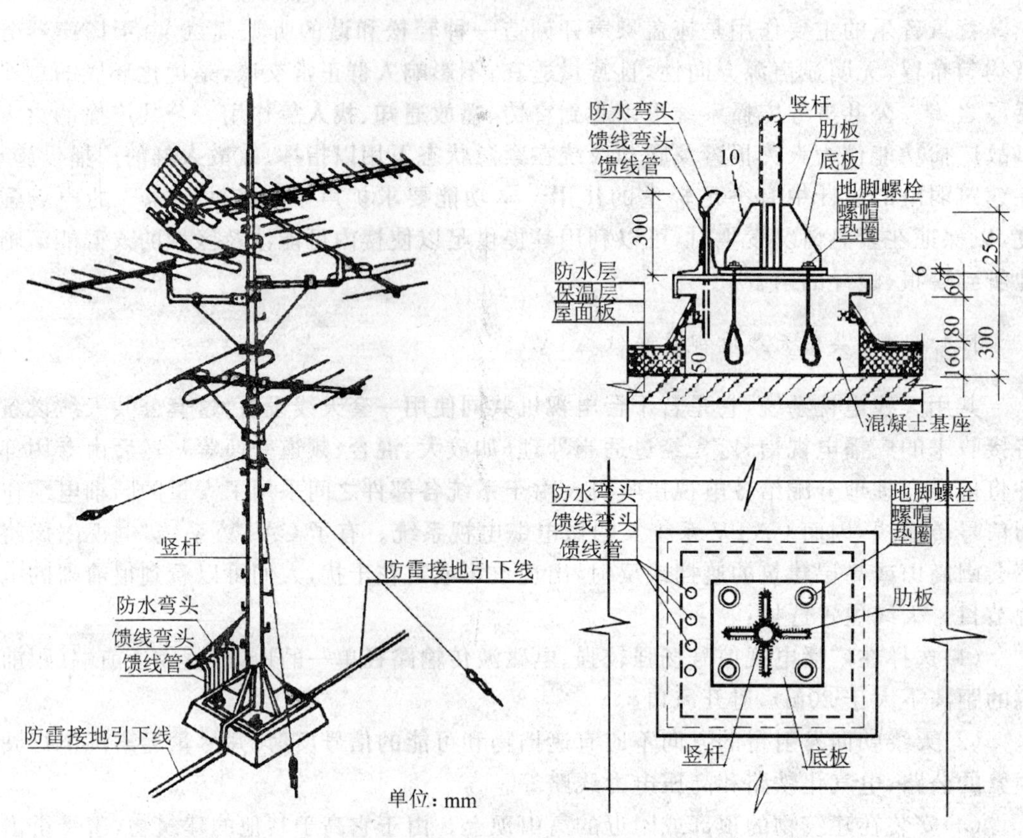

图 1.62 CATV 共用天线安装

1.4.5.5 闭路应用电视系统(CCTV)

闭路应用电视系统一般由摄像、传输、显示及控制等四个主要部分组成，根据具体工程要求可按下列原则确定：

(1)摄像机应安装在监视目标附近不易受外界损伤的地方，安装高度，室内 2.5～5m 为宜，室外 3.5～10m 为宜，不得低于 3.5m。

(2)系统的监控室，宜设在监视目标群的附近及环境噪声和电磁干扰小的地方。

(3)监控室的使用面积一般为12～50m^2。室内温度宜为16～30℃，相对湿度宜为40％～65％，根据情况可设置空调。

1.4.5.6　呼应信号

(1)护理呼应信号。主要满足患者呼叫护士的要求，各管理单元的信号主控装置应设在医护值班室。

(2)候诊呼应信号。主要满足医生呼叫就诊患者的要求。

寻叫呼应信号，主要满足大中型医院寻呼医护人员的要求。

寻叫呼应信号的控制台宜设在电话站内，由值机人员统一管理。

(3)旅馆呼应信号。一至四星级旅馆及服务要求较高的招待所，宜设呼应信号。满足旅客呼叫服务员的要求。

(4)住宅(公寓)呼应信号。根据保安、客访情况，宜设住宅(公寓)对讲系统。对讲机—电门锁保安系统；可视—对讲—电门锁系统；闭路电视保安系统。

(5)无线呼应系统。在大型医院、宾馆、展览馆、体育馆(场)、演出中心，民用航空港等公共建筑，根据指挥、调度、服务需要，宜设置无线传呼系统。

按呼叫程式可分无线播叫和无线对讲两种方式，无线呼叫系统应向当地无线通讯管理机构申报。

(6)医院、旅馆的呼应(叫)信号装置应使用50V以下安全工作电压，一般采用24V。

1.4.5.7　公共信号显示装置

现代社会已进入信息时代，信息传播占有越来越重要的地位，同时人们对于视觉媒体的要求也越来越高，要求传播媒体传播信息直观、迅速、生动、醒目。

电子信息显示系统的作用是一方面可以播放大楼事务介绍、实事新闻、通知等，会起到良好的宣传效果，另一方面可以配合音视频设备播放电视、LD、VCD、DVD、录像等，起到装饰环境、烘托气氛的作用。

另外，还可以充分利用大楼的社会地位和影响，承接各种广告业务，通过电子信息显示系统播放多媒体广告，起到为业主创收的作用。

(1)体育馆(场)应设置计时记分装置。

(2)民用航空港、中等以上城市火车站、大城市的港口码头、长途汽车客运站，应设置班次动态显示牌。

(3)大型商业、金融营业厅，宜设置商品、金融信号显示牌。

(4)中型以上火车站、大型汽车客运站、客运码头、民用航空港、广播电视信号大楼，以及其他有统一计时要求的工程，宜设时钟系统。

对旅游宾馆宜设世界时钟系统。母钟站宜与电话机房、广播电视机房合并设置,并应避开强烈振动、腐蚀、强电磁干扰的环境。

1.4.5.8　可视对讲系统

高层楼宇访客可视对讲系统是现代楼宇住宅物业管理系统中一个很重要的组成部分,它主要针对住宅楼的管理特点进行综合功能规划,如内部电话通讯、住户报警、住户数据库等,把单纯访客开门提升到综合管理层面上,对住宅安全管理、方便住户起到积极的作用。

1.4.5.9　设备层布置及空间的利用

设备层,是指将建筑物某层的全部或大部分作为安装空调、给排水、电气、电梯机房等设备的楼层,一般在 30m 以下的建筑,设备层通常设在地下室或顶层。但由于考虑设备的耐压大小以及风道和设备尺寸所占用的空间等因素,有时还要求布置中间设备层。空调设备、各种管道与建筑结构、构造有密切关系,要充分利用空间,使技术和美观统一。如建筑物吊顶空间、中空楼板、双层梁中间的空间的利用等,如图 1.63。

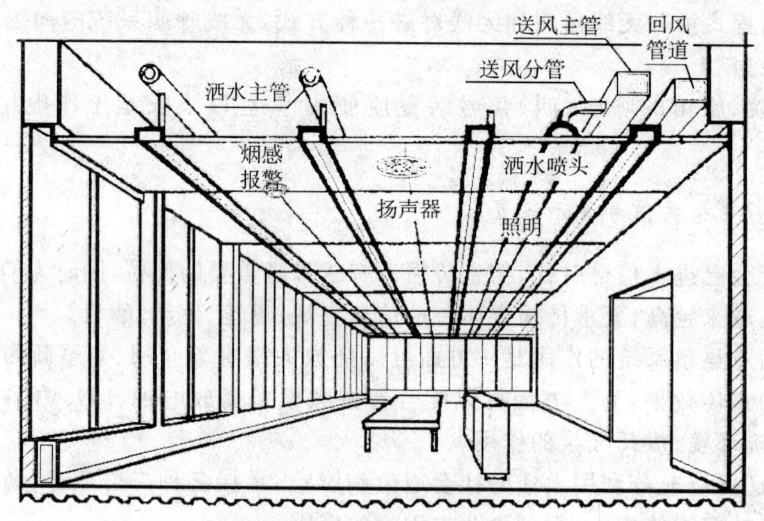

图 1.63　建筑物顶部空间的利用

1.4.5.10　高层建筑的垂直交通

电梯是高层建筑中主要的垂直交通工具。电梯分客梯、货梯和专用电梯;电梯由轿厢、平衡锤和起重设备三部分组成。

电梯运行速度快,可以节省时间和人力。在大型宾馆、医院、商店、政府机关办公楼可以设置电梯。对于高层住宅则应该根据层数、人数和面积来确定。

§1.5 智能建筑

美国公布《21世纪的技术:计算机、信息和通信》研究报告书指出:“信息技术未来的应用将建立在互联网络的基础之上,并且具有良好的人机交互能力和多维处理能力。在技术上,发展的重点是将是虚拟技术、协同工作技术、可视化技术;在应用上,必须密切结合应用需求,强调综合集成。”专家认为,以下各项高新技术将在21世纪的智能建筑中具有广泛的应用和持续的发展前景。

(1)网络技术

基于Web的Intranet网络技术正成为建筑物或企业内部的信息主干网络的主流形式。

(2)控制网络技术

控制网络技术正向体系结构的开放性网络互联方向发展。开放性控制网络具有标准化、可移植性、可扩展性和可操作性,其发展从现场控制总线走向控制网络是一个必然趋势。

(3)智能卡技术

智能卡体积小、存储容量大、携带与使用方便、安全性与可靠性好、可脱机运行、一卡多用等优越性能越来越突出。在智能建筑中采用智能卡系统进行智能建筑的保安门禁的巡逻管理、停车场收费管理、物业收费与管理、商业消费与电子钱包、人事与考勤管理已经越来越普遍。而这些功能通过一张智能卡就可实现“一卡通”。

(4)可视化技术

在智能建筑内的数字视频点播和会议电视,均是采用可视化技术向建筑物内的网络桌面系统提供视像的传输、交互和服务的功能。

(5)移动办公技术

应用移动办公技术可以使在家或旅行途中的办公人员如同在自己的办公室里一样,可以随时随地进入公司的办公流程,及时处理文件和阅读资料;参加公司召开的电视会议,参与发言和讨论,甚至通过家庭智能化技术,远程操作办公室的办公器材或遥控家中的电器设备。

(6)家庭智能化技术

20世纪90年代初,一些经济比较发达的国家先后提出了“智能住宅”的概念。通过家庭智能化技术,实现家庭中各种与信息相关的通信设备、家用电器和家庭保安装置通过家庭总线技术(HBS)连接到一个家庭智能化系统上(图1.64),进行集中的或异地的监视、控制和家庭事务性管理,并保持这些家庭设计与住宅环境和谐协调。一个由家庭智能化系统构成的高度安全性、生活舒适性和通信快捷性的信息化与自动化居住空间，将可以满足21世纪信息社会中人们追求快节奏的工作方式，以及与外部保持完全开放的生活环境的要求。

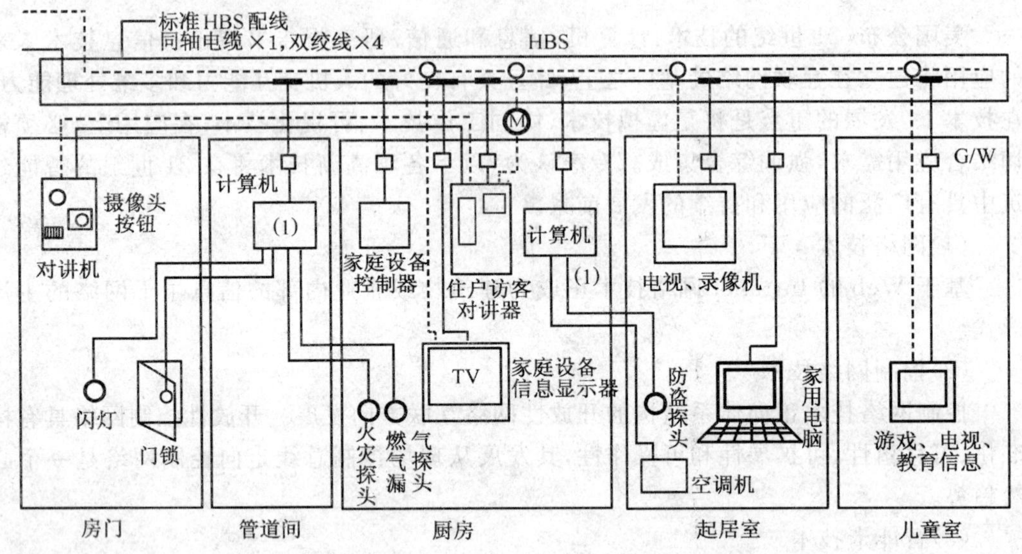

图 1.64　家庭智能化总线系统（HUB）

（7）无线局域网技术

这是一项20世纪90年代初兴起的一项极有实用价值的新技术。该技术利用微波、激光、红外线作为传输媒介，摆脱了线缆的束缚。采用无线局域网技术既可以节省铺设线缆的昂贵开支，避免了线缆端接的不可靠性，同时又可以满足计算机在一定范围内可以任意更换地理位置的需要，特别是无线局域网与移动通信和卫星通信的结合，将发挥更大的作用。因而其技术的发展正日益受到人们的关注和重视。

（8）数据卫星通信技术

数据卫星又称为小型数据卫星站（VSAT），VSAT的出现，将通信终端延伸到办公室和家庭，其发展的本质是将通信卫星技术引向多功能、智能化、设备小型化，同时综合应用多波束覆盖、星载处理技术、地面蜂窝移动通信和计算机软件技术。在21世纪，数据卫星通信技术的发展将会产生新的飞跃。

（9）双向电视传输技术

可以实现电视信号由前端向用户端自上而下的正向发送（下行传输），同时也可以实现信号由用户端自下而上的反向发送（上行传输）。下行转输主要是电视信号和数据信息，上行传输的是计算机终端的数据信息，或控制键盘产生的控制或状态信号，以及将这些信号转换成易于在双向电视传输线路上传输的信号形式，并通过电缆调制器、机顶盒实现信息的交互。双向电视传输技术不但可以传输高质量的电视节目画面，同时也使智能建筑内的传统 CATV 电缆电视传输线路，改造为可以提供交互信息与数据传输的宽带高速网络，为今后在智能建筑内实施“三网合一”（即电视网、电话网、计算机网）的综合传输模式提供预留网络接口。

随着现代高新技术的发展和广泛应用，一些尖端科技也将在智能大厦领域大显身手。例如，激光通信技术、机器人技术、远程教育技术、虚拟社区技术、远程医疗技术等等都将在智能大厦中发展重要作用。

1.5.1　智能建筑特点

智能建筑是通过对建筑物的 4 个基本要素，即结构、系统、服务和管理，以及它们之间的内在联系，以最优化的设计，提供一个投资合理又拥有高效率的幽雅舒适、便利快捷、高度安全的环境空间。智能建筑物能够帮助大厦的主人，财产的管理者和拥有者等意识到，他们在诸如费用开支、生活舒适、商务活动和人身安全等方面得到最大利益的回报。

1.5.1.1　智能建筑的优点

(1)创造了安全、健康、舒适宜人和能提高工作效率的办公环境

在发达国家，人们把会导致居住者头痛、精神萎靡不振，甚至频繁生病的大楼称之为“患有楼宇综合症”(Sick Building Sydrome)的大厦。而智能建筑首先确保安全和健康，其防火与保安系统均已智能化；其空调系统能监测出空气中的有害污染物含量，并能自动消毒，使之成为“安全健康大厦”。智能大厦对温度、湿度、照明度均加以自动调节，甚至控制色彩、背景噪声与味道，使人们像在家里一样心情舒畅，从而能大大提高工作效率。

(2)节能

以现代化的商厦为例，其空调与照明系统的能耗很大，约占大厦总能耗 70%。在满足使用者对环境要求的前提下，智能大厦应通过其“智慧”，尽可能利用自然光和大气冷量(或热量)来调节室内的环境，以最大限度减少能源消耗。按日程安排确定的程序，区分“工作”与“非工作”时段，对室内的环境实施不同标准的自动控制，下班后自动降低室内的照度与温湿度控制标准，已成为智能大厦的基本功能。利用空调与控制等行业的最新技术，最大限度地节省能源是智能建筑的主要特点之一，其经济性也是该类建筑得以迅速推广的重要原因。

(3)能满足多种用户对不同环境功能的要求

智能建筑要求其建筑设计必须具有智能功能，除支持 3A 功能的实现外，必须是开放式、大跨度框架结构，允许用户迅速而方便地改变建筑物的使用功能或重新规划建筑

平面。室内办公所必需的通信与电力供应也具有极大的灵活性，通过结构化综合布线系统，在室内分布着多种标准化的弱电与强电插座，只要改变跳接线，就可以快速改变插座的功能，如变程控电话为计算机接口等，在有些环境中还有无线解决方案作为强有力的补充。

(4)现代化的通信手段与办公条件

在信息时代，时间就是金钱。在智能建筑中，用户通过国际直拨电话、可视电话、电子邮件、电视会议、信息检索与统计分析等多种手段，可及时获得全球性金融商业情报、科技情报及各种数据系统中的最新信息；通过国际计算机通信网络，可以随时与世界各地的企业或机构进行商贸等各种业务工作。空前的高速度，大大的有利于决策与竞争，这就是现代化公司或机构竞相租用或购买智能大厦的原因。为此，大型公共建筑智能化必需优先发展，智能型写字楼、办公楼与综合楼等，广泛用于商业、工业、交通业、科研、政府办公与医院等场所。

(5)现代安全、舒适、便捷的要求

在发达地区，越来越多的单身贵族与职业妇女置身竞争而无暇处理家务，为适应这种社会发展的需要，智能住宅应运而生。其主要特点是：通过自动防火、门禁与防盗系统保证安全性；通过中央监控系统保证家庭环境的健康与舒适；通过计算机通信网络宽带技术，使通信、咨询与社会服务实现智能化；应用多媒体等高新技术，提供了学习、娱乐与工作的良好环境并实现了自动管理家务。家务劳动完全自动化，自动烹调、水电煤气自动节能运行与自动计费、商品咨询与购物不出门。空气对流、日照、气味、风雨声与鸟鸣的控制技术，使人如置身于大自然中……

智能建筑的发展是科学技术和经济水平的综合体现，它已成为一个国家、地区和城市现代化水平的重要标志之一。在我国步入信息社会和国内外在加速建筑信息高速公路的今天，智能建筑变成为城市中的“信息岛”或“信息单元”，它是信息社会最重要的基本设施之一。

1.5.2 智能建筑的概念

智能建筑是信息时代的必然产物，建筑物智能化程度随科学技术的发展而逐步提高。当今世界科学技术发展的主要标志是4C技术(即Computer计算机技术、Control控制技术、Communication通信技术、CRT图形显示技术)。将4C技术综合应用于建筑物之中，在建筑物内建立一个计算机综合网络，使建筑物智能化。4C技术仅仅是智能建筑的结构化和系统化。

1.5.2.1 智能建筑定义

智能建筑在不同的发展阶段，对于不同的国家，不同的人，有着不同的含义。各个国家及有关组织按照各自对智能建筑的理解所给出的定义，归纳起来，具有代表性的大致有以下几种：

美国智能建筑协会定义：智能建筑是指通过将建筑物的结构、系统、服务和管理四项基本要求以及它们之间的内在关系进行最优化，从而提供一个投资合理的，具有高效的、舒适的、便利的环境的建筑物。

日本智能建筑协会定义：智能建筑是指具备信息通讯、办公自动化信息服务以及楼宇自动化各项功能的，便于进行智力活动需要的建筑物。

新加坡国家智能建筑研究机构定义：智能建筑是指在建筑物内建立一个综合的计算机网络系统，该系统应能将建筑物内的设备自控系统、通讯系统、商业管理系统、办公自动化系统，以及智能卡系统和多媒体音像系统集成为一体化的综合计算机管理系统。该系统应能对建筑物内部实现全面的管理和监控，包括设备、商业、通讯及办公自动化方面的管理。

欧洲智能建筑协会定义：智能建筑是使其用户发挥最高效率，同时又以最低的保养成本，最有效的管理其本身资源的建筑。

国际智能建筑协会定义：智能建筑必须是在将来新的要求产生时，可以导入相适应的新技术的建筑。

我国华东建筑设计研究院对智能建筑的定义：智能建筑以建筑为平台，兼备通信、办公、建筑设备自动化，集系统结构、服务、管理及它们之间的最优化组合，向人们提供一个高效、舒适、便利的建筑环境（图 1.65）。

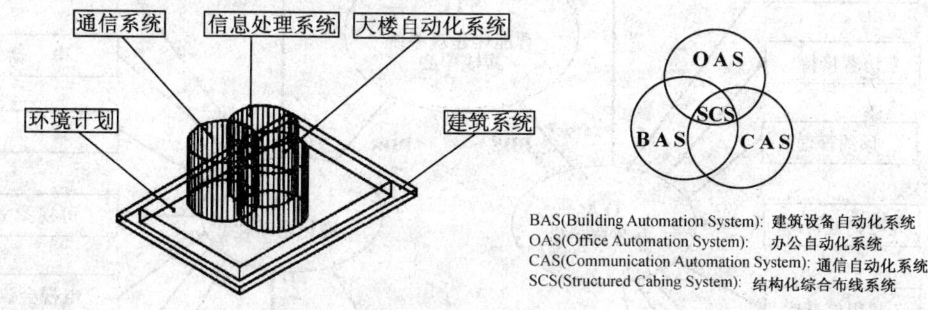

图 1.65　智能建筑定义图解

总之，虽然各个国家对智能建筑的定义各有不同，但他们发展智能建筑的目的却是相同的，那就是要集经济性、效率性、舒适性、功能性、信赖性和安全性于智能建筑一身，使之构成有机统一的服务整体，更好、更完善地为人类活动服务。

智能建筑物能够帮助大厦的主人，财产的管理者和拥有者等意识到，他们在运营的费用开支、生活舒适、商务活动和人身安全等方面得到最大利益的回报。

建筑智能化的目的是：应用现代 4C 技术构成智能建筑结构与系统，结合现代化的服务与管理方式给人们提供一个安全、舒适的生活、学习与工作环境空间。

智能建筑物物业管理，不但包括原传统物业管理的内容，即日常管理、清洁绿化、安全保卫、设备运行和维护，也增加了新的管理内容。固定资产管理、租赁业务管理、租房事务管理，同时赋予日常管理、安全保卫、设备运行和维护新的管理内容和方式。

1.5.2.2 建筑智能化结构组成

智能建筑的基本内涵是以综合布线系统为基础，以计算机网络为桥梁，综合配置建筑及建筑群内的各功能子系统，全面实现对通信网络系统、办公自动化系统、建筑及建筑群内各种设备（空调、供热、给排水、变配电、照明、电梯、消防、公共安全）等的综合管理。其结构组成见图 1.66。

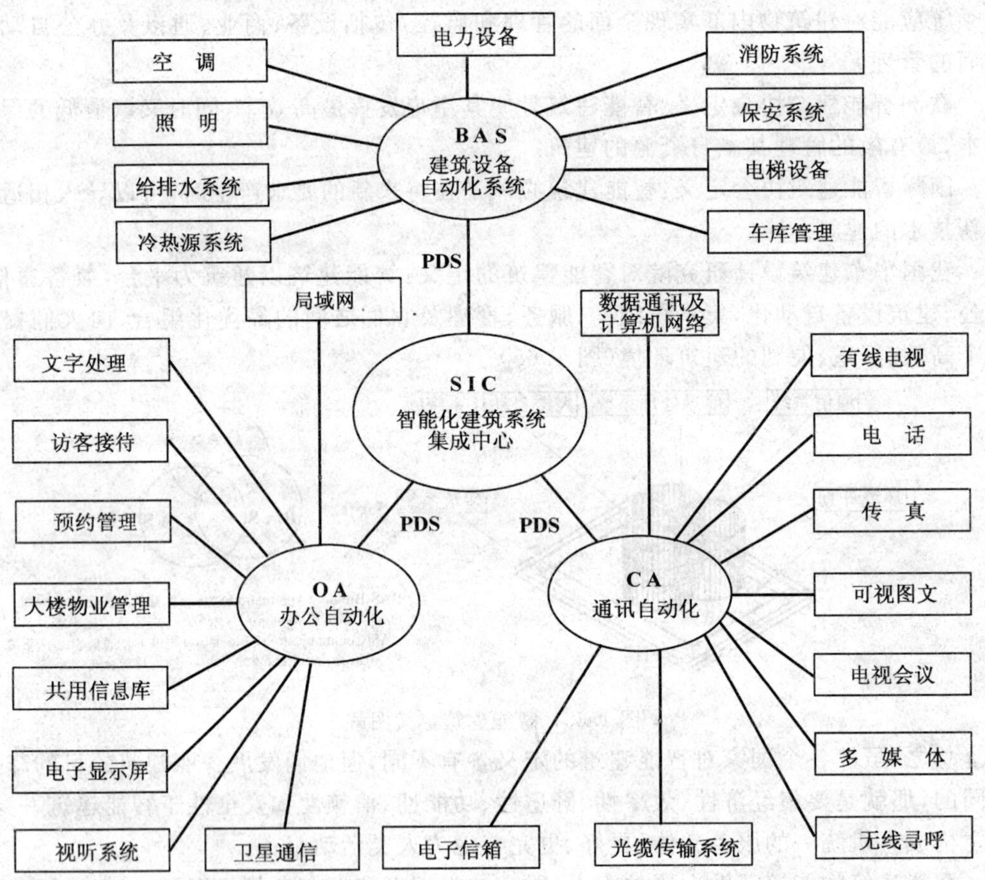

图 1.66 建筑智能化结构组成

(1)建筑设备自动化系统 BAS(Building Automation System)

将建筑物或建筑群内的电力、照明、空调、给排水、防灾、保安、车库管理等设备或系统以监视、控制和管理为目的,构成综合系统。

(2)通信网络系统 CNS(Communication Network System)

它是楼内的语音、数据、图像传输的基础,同时与外部通信网络(如公用电话网、综合业务数字网、计算机互联网、数据通信网及卫星通信网等)相联,确保信息通畅。

(3)办公自动化系统 OAS(Office Automation System)

办公自动化系统是应用计算机技术、通信技术、多媒体技术和行为科学等先进技术、使人们的部分办公业务借助于各种办公设备,并由这些办公设备与办公人员构成服务于某种办公目标的人机信息系统。

(4)综合布线系统 GCS(Generic Cabling System)

综合布线系统是建筑物或建筑群内部之间的传输网络。它能使建筑物或建筑群内部的语音、数据通信设备、信息交换设备、建筑物物业管理及建筑物自动化管理设备等系统之间彼此相联,也能使建筑物内通信网络设备与外部的通信网络相联。

(5)系统集成 SI(System Integration)

它是将建筑物内不同功能的智能化子系统在物理上、逻辑上和功能上连接在一起,以实现信息综合、资源共享。

1.5.3 楼宇自控系统(BAS)

楼宇自动化系统主要对智能建筑的所有机电装置和能源设备高度自动化和智能化的集中管理,它通过计算机对各子系统进行监测、控制、记录、实现分散节能控制和科学管理,为用户提供良好的工作环境,也为管理者提供更方便的管理手段。楼宇自动化系统主要包括:空调监控系统、给排水监控系统、变配电监控系统、热力站监控系统、照明监控系统、安全防范监控系统、消防灭火报警监控系统、背景音乐系统和广播系统等。

楼宇自控系统采用集散控制系统,本系统使管理者在中央控制室内就可实现对整座大楼内机电设备的监控和相应的各种现代化管理。楼宇自控系统中央管理工作站作为大楼的机电设备运行信息的交汇与处理中心,对汇集的各类信息进行分析、归类、处理和判断,采用最优化的控制手段,对各设备进行分布式监控和管理,使各子系统和设备始终处于有条不紊、协调一致的高效、有序的状态下运行。

系统作用:分散控制,集中管理,节能,降耗的作用。

监控范围:对空调系统、新风机组、制冷机组、冷却塔、风机盘管、照明回路、变配电、电梯等系统进行信号采集和监测、控制,实现设备管理系统自动化。

达到效果:有效节省电能、大量节省人力、延长设备使用寿命、有效加强管理、保障设备与人身的安全。

总体来讲，一座大楼中的各种设备(如冷水机组、空调机组、电梯等)都是消耗产品，设备每天要消耗电能，要花钱维护保养，总有一天会报废，业主的投资是无法收回的，惟有楼宇自控系统能给业主节约资金，也就是能回收资金的设备。

1.5.3.1 建筑设备运行管理的监控

(1)暖通空调系统的监控

对制冷系统，由于冷冻机本身带有一系列的控制和保护，因此，对制冷系统的自动控制主要是针对冷却水泵、冷冻水泵、冷却塔以及阀门等的控制以及该系统的顺序起停。对于新风机组，DDC 控制器控制和监测的参数主要有：控制新风进入系统的风门，其控制可利用两个 D_0 点来进行。监测过滤器两边的压差，即可得知过滤器清洁状态如何，一旦压差超过一定值，则给出一个 D_1 信号，通知人员进行清洁处理。对于阀门和温、湿度的控制和监测，阀门开度控制为 A_0，温度和湿度值为 A_1，另外，风机的起停控制及状态、故障等为 D_0 和 D_1 信号，风机的状态是取自风机两端的压差值。对于空调机组，还需要监测其回风温度。由于本工程采用的是变风量控制，对于变风量系统的新风和空调机系统，还需对风机进行变风量控制。另外，变风量系统中的每一个 VAV BOX，其本身就是一个小型的 DDC 控制器。

(2)给排水系统监控

智能探头将周围环境中的烟雾浓度或温度等物理量转变为电信号，并连续向主控机报告，探头为监视模块。

第一种能监视触发装置电路且可编址的设备。它可与非智能型探测器以及接触型装置相接口，如：水流开关、手动报警按钮、排烟阀等。

第二种为控制模块，它是控制和管理报警设备的电路。用于触发警铃或其他需控制动作的设备。例如，分励脱扣、防火卷帘门、排烟阀开启、消防泵动作、排烟风机动作、加压阀和加压风机动作等等。

第三种则是隔离模块。它起到回路中短路保护的作用，使在某处发生的故障不会影响别处设备的工作，提高系统的可靠性。

在联动系统中，自动喷淋和消火栓系统，除了报警系统可采用模块控制外，还有专门的硬线拉到水泵房的这两种泵的控制柜内。另外，对于排烟风机、加压风机、防火卷帘门也同样如此，除系统中有控制模块控制外，还有硬线直接控制。对于防排烟系统，当火灾发生时，报警控制主机接收到火灾信号并确认后，立即开启排烟风机和打开着火层以及着火层的上、下层的排烟阀；灭火后先停排烟风机，后关闭排烟阀。对于加压送风系统，当火灾发生时，控制主机接收到火灾信号并确认后，立即开启加压送风机和打开着火层及其相邻上、下层的送风阀，以保证消防前室和楼梯间为正压状态，防止烟气的侵入，保证人员安全疏散。

当发生火灾时，报警控制主机将有关新风、空调机组停止运行，并切断火灾相关层的正常照明电源。系统发出指令，将所有电梯降至首层，消防电梯降至首层待命。紧急广播系统在火灾时，向着火层及上、下相邻层进行广播（当地下层发生火灾时，向首层及全部地下层广播，首层发生火灾时，向全部地下层及首层、二层进行广播）。楼内设置的消防电话，可向消防及有关人员提供通话，便于火灾的扑救工作。

对于给排水系统的监控，则是监测水池和屋顶水箱的液位，决定是否到达启泵或停泵的条件，或是否达到报警的超高或超低水位。另外就是对水泵（生活泵或排污泵）的起停、状态和故障的控制和监视。这种控制与监测，与空调系统相比，并无什么节能的效果。空调系统采用DDC控制，可使系统达到最佳运行效果，从而节能效果明显。给排水的这些设备的监控，便于设备的控制或轮换工作。例如生活泵系统，当屋顶水箱的液位下降到该起动水泵时，无论是采用传统的控制还是DDC控制，都要起泵，当达到高水位时，均需停泵。一种是传统的液位计，信号一般传到就地控制箱处，DDC系统则传到中心。一旦系统有什么故障，在中心能很快获得信息。

(3)供配电与照明系统监控

对于变配电系统的监视，由于受到供电部门限制，因此不能进行任何控制。但是，对于照明系统，则可以对前面所提到的那些内容进行控制，同时起着节省人力和节省电能的效果。根据大楼不同区域的照明，先从配电回路上加以分开，以便采用较合理的点数来控制全楼公共区域和室外的照明。

变配电系统用电设备的分类：智能大厦的用电设备尽管较多，但根据功能可分为三类，即保安型（必保型）、保障型和一般型。

保安型负荷是保证智能大厦内的人身和建筑智能化设备安全，必须确保可靠运行的负荷。如消防水泵、消防电梯、正压送风机、排烟风机、应急照明、消防控制和联动系统及其他的智能型系统的设备。应保证供电的安全性和可靠性，消防设备应设双电源末端自动切换装置。高层和超高层建筑，除对计算机等智能化系统的设备配置UPS不间断电源装置外，还须为消防负荷（一级）配置自启动柴油发电机组。

柴油发电机组供给低压应急电源的配电屏与市电配电屏应分开布置，消防用的应急电源配电屏为红色，在发生火情时，应由消防中心发出指令，切断市电投入应急电源，以确保消防设施的正常运行。市电电源与应急电源的两路低压电源采用电磁拖动机械闭锁的双投开关，避免电源切换时发生误操作。作为应急用的柴油发电机组应采用IT接地系统，在机组发生故障时，只发出故障信号而不切断电源，以保证火灾时消防设施的电源供给。

用电负荷配电线路的选择：智能大厦内用电设备较多，用电负荷较大，其中空调负荷约占总用电量的45%，照明负荷为30%，其他各类动力负荷为25%。

配变电系统及配电方式：智能大厦内变电所内配置的中压柜、变压器、低压配电柜及静电电容补偿柜除电气参数符合国家强制性标准外，还应该是无油、不燃、高分断、零飞弧的。使得配电电源从防火方面保证了消防中心、消防电梯、消防泵、排烟风机、正压风机等消防设备以及智能化设备的必保电源的安全性和可靠性。

10kV 中压柜，以中置式柜代替了手车式开关柜。手车柜互换性差而中置柜内真空断路器的互换性为 100%。中置柜内部用电镀金属隔板分隔为断路器室、主母线室、互感器电缆室、继电仪表室和小母线室，各隔离室均有良好接地，设有排气的压力释放通道。即使真空断路器室被击穿烧毁，也不会影响其他小室的安全，大大缩小了故障范围。

为节约非经营面积，中置柜已紧凑和小型化，中置柜中不仅开关本体无油、不燃，还与楼宇自动化联网，采用智能型中压断路器，实现无人值班的配变电所综合自动化。

低压配电系统是智能建筑组成部分之一。配电系统的管理与楼宇自动化联网，构成完整的自动化监控系统，并有保护、切换、隔离指示、远程操作、自动打印报表等功能，可靠地完成各种自动化要求，提高低压配电系统可靠性、缩短故障时间。

采用智能型开关，短路、过载、过电压、欠电压、接地故障可提前预告，避免了人工误操作，低压智能开关选用阻燃型、高分断、零飞弧的断路器其低压配电柜的电气火灾已被杜绝，更为安全和可靠。

①智能建筑的配电方式

在低压配电系统中，消防设备、智能化设备的配电均应采用放射式配电接线方式。该配电方式可靠性高，特点是由低压配电电源的母线上用一条专用的配电线路送至一台用电设备或动力配电箱配电，线路的投入、切除及其故障不影响其他线路正常工作，而其他线路故障也不影响专用线路正常工作。对消防设备、重要的智能设备还要求设置两路低压电源末端切换装置。由供电部门外线电缆，先进入电缆分界小室，在分界室内，架起一钢平台，将环网柜设在平台上。在高低压柜的后上方，安装电缆桥架，将高低压电缆分别敷设在各自的桥架内。从柜内出线的电缆，在从电缆桥架至柜顶这一段，根据电缆数量的多少以及电缆的粗细，采用小些的桥架（或称金属线槽）连接，因此，在变配电室内从视觉上看，显得整齐，大方。另外考虑到变配电室设备运行的环境温度以及设备的发热情况，除采取机械送排风外，还专门设置柜式空调机，使变配电室的环境温度控制在 30℃以下，创造出一个舒适的工作环境。

为了监测的自动化，变配电室选用一个 DDC 的工作站，对高低压系统设有电流、电压、有功功率、功率因数的监测。对高压进、出线断路器和联络断络器以及低压主进、联络开关和大容量的出线开关的状况进行监视；对变压器温度监测和异常值报警。

另外，对备用发电机房的柴油发电机进行监测。

②智能建筑的动力系统

从设计角度分工，一般还是习惯于将除照明以外的其他负荷归结为动力系统中，尽管其用电价格有时会有区别。动力系统主要包括：制冷系统，空调系统，送、排风系统，给、排水系统，消防拴泵、自动喷淋泵系统、电梯等等。这部分设备，均由控制室内的变压器供电。在控制室内，设有环网柜，从变配电室高压出线，直接进入环网柜，再出线至变压器。环网柜为下进下出线，其余设备仍采用上进上出方式，引出控制室的电缆采用电缆桥架敷设的方式。

动力控制采用的是DDC系统，其控制系统比以往传统的控制方式相比，要简单许多，尤其是对于两台设备，一用一备，或只一台使用，满足不了要求时，第二台再投入使用。这在采用传统继电控制方式中，其中的连锁及备用比较复杂。而采用DDC系统，则可视之为每台设备为一个独立的系统，由DDC系统来统一管理，发出相应的指令，哪台设备运行，哪台备用，下一次又是如何轮换。所以，仅仅需要考虑每一台设备的控制，考虑运行和就地控制。其他的联动等问题，则由软件来完成。

③智能建筑的照明系统

在照明系统中，每个照明单元留有一个小配电箱，供其照明和插座用电，另外还给该单元内的变风量控制的VAV BOX供电。在每层的电气竖井内的总配电箱的主进开关，设有分励脱扣装置，以满足在火灾情况下，由消防系统切断正常照明电源。分励脱扣装置选用直流24V型，完全和消防系统的电源匹配，因而省去了不必要的电源转换或不同电压等级的电源隔离措施。所有的正常照明，在竖井内部是采用插接母线供电。

1.5.3.2 火灾报警与消防联动控制、电梯运行管制

火灾报警系统在现代智能建筑中起着极其重要的安全保障作用。火灾报警系统属于智能大厦系统的一个子系统，但其又在完全脱离其他系统或网络的情况下独立正常运行和操作，完成自身所具有的防灾和灭火的功能，具有绝对的优先权。

(1)火灾报警系统的结构

先进的火灾报警系统(FAS)采用模块化结构的控制主机，并运用双CPU技术，大大提高了系统的可靠性。同时其主机的大液晶显示屏，提供的信息量大，操作方便。系统应可纳入智能探测器，烟温复合探测器等，并具有大容量软地址设定的功能，采用智能型数据总线技术提供报警的精确性和准确性，并具有可通过控制主机通讯与BMS系统集成系统联网的能力。

(2)火灾报警系统(FAS)的组成

火灾报警系统(FAS)是一个独立的系统。由独立的消防控制室、控制主机、探测器、控制模块等组成。火灾报警系统具有自己的网络和布线系统，以实现在任何情况下，该系统都可以独立运行、操作和管理。

随着计算机和网络技术的发展，火灾报警系统与楼宇监控管理系统联网，以实现对火灾报警系统的二次监视和信息共享；并通过提供综合保安管理系统(SMS)、楼宇设备自控系统(BAS)、广播系统(PA)以及有线/无线通讯系统等相应的联动功能，来提高防

范火患和降低火灾损失的能力。

因此,智能化火灾报警系统应具有联网和提供通讯接口界面的能力。一般联网的方式是由网关提供与BMS网络的连接和协议的转换,以实现火灾监控管理工作站与BMS系统工作站同处同一并行处理分布式计算机网络中,通过BMS系统的工作站CRT图形控制器实时显示火灾报警的位置和状态,并提供BMS系统以至IBMS的集成联动功能。因此,可以视BMS系统监控管理中心是火灾报警系统(FAS)的二次管理中心。

(3)火灾报警联动控制功能

火灾报警系统(FAS)通常具有火灾报警功能、自动喷淋灭火功能、气体灭火、报警联动功能等。

对消防广播的切换、警铃开启、楼层非消防电源及空调风机电源切除及打开楼层送风阀,关闭防火卷帘门,电梯控制,开启送风及排烟机,以及气体和泡沫自动灭火设备、消防泵等采用总线联动集中控制,即采用总线联动控制方式控制。采用此种联动方式,具有集中、直接、高效、稳定、无误动作联动控制等特点。

根据现场的需求,火情传感器主要是感烟传感器和感温传感器,从物理作用上区分,可分为离子型、光电型。从信号方式区分,可分为开关型、模拟型及智能型。所有这些传感采测器对现场的火情加以监测,及时将现场数据经过控制网络向控制器汇总。获得火情后,系统采取必要的措施。除了应有的系统间联系,消防系统也需具备直接反应的能力。这时候,智能区域控制器经控制网络对防火卷帘门、电梯、灭火剂、钢瓶、消防水泵、电动门等联动设备,下达启动或关闭的命令,以使火灾得到即时控制,损失减小到最低程度。火灾智能区域控制器是整个消防自动控制系统的核心,它监测整个控制网络上的各个设备(传感器、执行器、显示器等),并根据具体情况,对各方面获得的数据子以汇总、分析、计算,能够在它的显示界面上及时揭示火情发生的位置,火灾的程度及已采取的措施等,使工作人员全面了解现场采取的必要措施。

1.5.3.3 公共安全技术防范

公共安全防范系统简称安防系统,包括闭路电视监控系统、防盗报警系统、门禁系统、巡更系统、周界防范系统等,采用多种方式构成大楼多方位、立体化的综合保安防护体系,保证大楼内设备、人员的安全。它能够在第一时间内做出相应判断和动作,并以视觉、听觉或其他感受方式告知管理与保安人员事故现场所发生的各种情况,使之对安全事故现场有效地做出快速反应。并将所发生事件的全过程以视频记录方式进行备份记录,为处理事故现场提供了确实可靠的法规依据。

(1)闭路电视监控系统

闭路电视监控系统是大楼安全系统的一部分,是智能建筑必备之系统,闭路电视监控系统主要是辅助保安人员对于大厦内的现场实况进行实时监视。通常情况下多台电视摄像机监视楼内的重要场所（如财务室、档案室等）、公共场所（如大堂、地下停车场等）、重要的出入口处（如楼层通道）等处的人员活动情况，当保安系统发生报警时，会联动摄像机开启并将该报警点所监视区域的画面切换到主监视器或屏幕墙上，并且同时启动录像机记录现场实况。

闭路电视监控系统可以自动地管理外部报警信号，也可以由选定的监视器依照程序进行显示。系统能够监视摄像机的图像信号电平，如果摄像机出现故障，闭路电视监控系统会及时作出报警反应并记录下故障。

闭路电视监控系统的外围设备，可以通过系统辅助通讯接口进行联动控制。例如门禁、灯光系统等都可以直接由闭路电视监控系统控制台控制，系统设计时应使它可以适应各种场合的应用。

①电视监控系统：闭路电视监控系统的前端设备为彩色摄像机、镜头、云台、防尘罩和支架、解码箱（图 1.67）。

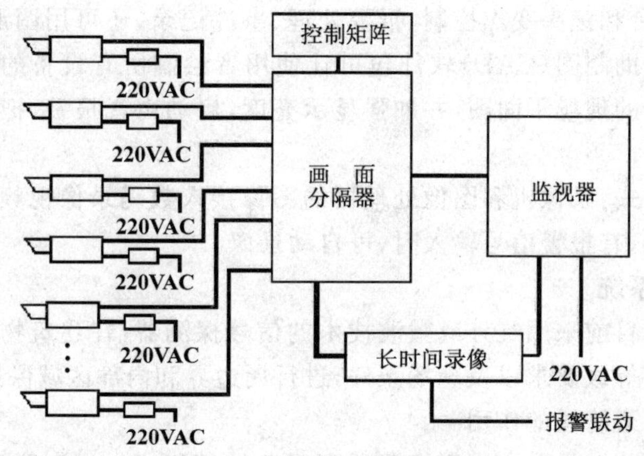

图 1.67　闭路电视监视系统

②摄像机的选择：智能大厦目前选用的摄像机多采用高清晰度（480 电视水平线）的彩色摄像机。

③云台及解码箱的分布：有些摄像机监视的面积较大，需配备全方位云台，带动摄像机上下左右转动扫描需监视的地方。解码箱用于控制云台、变焦镜头，触发报警时启动现场灯光，云台需配解码箱，解码箱控制摄像机附近的灯光，在设有云台的楼层，每层安装一个解码箱，用于专门控制摄像机附近的灯光。

④与终端的连接：摄像机摄取的彩色图像通过线路传送到监控中心，连接到矩阵切换器的输入端子，通过操作键盘选择，可在彩色监视器和电脑屏幕上显示图像。

⑤终端控制设备组成部分：系统主机选用矩阵切换/控制系统，系统主机采用大规

模集成电路、新型的模块式处理结构，接口功能齐全，配置灵活，只需把所要数量的输入、输出模块插入 19 英寸[①]标准机柜，各机柜之间通过简单连线即可实现任何形式的组合，而机柜内的机械结构和电气连线不须改动，菜单综合设置，系统可与图形化用户界面软件一起使用。可用图形显示现场平面图，简化摄像机调用和位置识别，提供完整的系统控制。特别适合于大中型系统。

⑥系统辅助设备：控制码发生/分配器、报警接口、系统操作键盘、AD 图形化用户界面。

⑦系统操作原理：分布于大楼的报警探测器和彩色摄像机全部连线到监控中心，将图像和报警信号传送到矩阵切换器和电脑，对摄像点和各防区进行编号。解码箱都有一个地址，由箱内的微型开关设置组合，这个地址应与相应摄像机的内部编号一致。

系统的操作要经过主控键盘或者电脑键盘来完成，键盘和电脑都有操作口令，有利于限制无关人员使用系统。

电脑多媒体可以代替系统中的操作键盘，在多媒体用户控制界面可提供摄像机至监视器的控制，云台和镜头变焦控制、报警处理、事件记录、还可用图形表示系统设备。结合彩色计算机辅助制图（CAD）软件包可让使用者绘制所有设备的现场平面图。报警时自动显示有关的现场平面图，并加强显示亮度，启动声音报警，把指定的摄像机导引到监视器上。

⑧图像保存方式：录像机和图像处理器的图像接入数码录像视频管理系统。通过录像机报警触发端，有报警信号输入时，可自动录像。

（2）防盗报警系统

防盗报警系统目前采用红外或微波技术的信号探测器，在建筑物中根据不同位置的重要程度和风险等级要求以及现场条件，进行周边界和内部区域保护，该系统起到防止非法侵入的第二道防线的作用。

防盗报警系统前端设备由报警探测器和紧急按钮组成。探测器可选用红外/微波双鉴探测器。在非常重要的地方，则选用四源红外被动探测器，其灵敏度极高，适合安装在封闭性极好而又极重要的部门，再加装震荡感应器。报警探测器都连接到监控中心的报警接口设备上，再连到矩阵切换器，通过中心电脑多媒体用户控制界面对各防区进行布防和撤防，发生报警时电脑立即响应，并启动现场的灯光。在布防状态下，当有人进入防区则触发报警，同时控制现场的灯光照明，安装在走廊和进出口处的摄像机便可以摄取现场的图像。根据需要在楼层安装警笛，报警时发出警笛声。防盗报警系统设备主要包括以下部分：

①集中报警控制器：通常设置在安全保卫值勤人员工作的地方，保安人员可以通过

---

① 1英寸＝2.54cm

该设备对保安区域内各位置的报警控制器的工作情况进行集中监视。通常该设备与计算机相连,可随时监控各子系统工作状态。

②报警控制器:通常安装在各单元大门内附近的墙上,以方便有控制权的人在出入单元时进行设防(包括全布防和半布防)和撤防的设置。

③门磁开关:安装在单元的大门、阳台门和窗户上。当有人破坏单元的大门或窗户时,门磁开关将立即将这些动作信号传输给报警控制器进行报警。

④玻璃破碎探测器:主要用于周界防护,安装在单元窗户和玻璃门附近的墙上或天花板上。当窗户或阳台门的玻璃被打破时,玻璃破碎探测器探测到玻璃破碎的声音后即将探测到的信号给报警控制器进行报警。

⑤红外探测器和红外/微波双鉴器:用于区域防护,通常安装在重要的房间和主要通道的墙上或天花板上。当有人非法侵入后,红外探测器通过探测到人体的温度来确定有人非法侵入,红外/微波双鉴器探测到人体的温度和移动来确定有人非法侵入,并将探测到的信号传输给报警控制器进行报警。管理人员也可以通过程序来设定红外探测器和红外/微波双鉴器的等级和灵敏度。这种探测器性能可靠,具有智能性,能过滤小动物经过引起的干扰,误报率较低,根据具体情况选用吸顶式或者挂墙式,与周围的装修相协调,做到实用又美观。

⑥紧急呼救按钮:主要安装在人员流动比较多的位置,以便在遇到意外情况时可按下紧急呼救按钮向保安部门或其他人进行紧急呼救报警。

⑦报警扬声器和警铃:安装在易于被听到的位置,在探测器探测到意外情况并发出报警时,报警探测器能通过报警扬声器和警铃来发出报警声。

⑧报警指示灯:主要安装在单元住户大门外的墙上,当报警发生时,可让来救援的保安人员通过报警指示灯的闪烁迅速找到报警用户。

(3)智能一卡通系统

智能建筑中应用的一卡通系统,已经覆盖了人员身份识别、宾客资料管理、员工考勤、电子门锁管理、出入口门禁管理、水电气三表数据远传和收费管理、车场收费及车辆进出管理、员工食堂售饭管理、员工工资及福利管理、人事档案及人员调度管理、商场及餐厅娱乐场所的电子消费管理、图书资料卡及保健卡管理、电话收费管理等等。

在智能建筑中智能卡的使用者主要是该建筑物物业管理公司的员工和保安员、业主和客户、外来消费的贵宾和游客。

智能卡系统具有下述功能:制卡、发卡,及所有 IC 卡的制作、发放、挂失、补发、注销等。

宾馆客房 IC 卡门锁管理。宾馆客房开门信息的统计、分析、汇总、打印等,实现分级别、分区域、分时段管理。

门禁点监控管理。包括电梯通道、消防通道以及重要出入口,可以在指定时段按授权进入允许的楼层或地段。实时监控,随时设置统关、统开,或指定若干通道开关,可随时查询、统计、分析出入信息档案。

巡更点巡检和信息管理。巡更人员警卫服务是在固定地点或岗位设置 IC 卡读写器,警卫或服务员定时将本人的卡触碰探头,以确认身份和报告平安。

物业和楼宇设备管理。包括水、电、气、通信费用结算,房屋、场地租金结算等,还可以用卡采集某些楼宇设备的状态信息或输入一些控制信息。餐饮、娱乐、健身等非现金消费管理,确认身份、确认消费权限和最大消费额,可作记账收费系统,也可用作预付费卡。

人事工资和考勤管理。通过发放员工卡,实现对员工的培训、管理和考查,对人员流动及工作状态实行实时跟踪管理,提高员工工作效率。

停车场管理。包括车位分配管理、出入管理、收费管理等;此外还有食堂凭卡售饭和特殊服务收费管理。

目前,VOD 系统的客房控制器中,嵌入 IC 卡读卡器,客人在点拨视频节目前,用宾客卡确认身份,VOD 系统的前端就可以按宾客的内、外宾身份提供片源,同时也解决了双人标准客房谁点播由谁付费的问题。

智能一卡通系统的组成:智能一卡通系统配置包括控制器、感应器、感应卡、制卡机、收款机、接口转换器、传输设备、系统管理软件和通信软件等。

该系统网络结构由两部分组成:实时控制域和信息管理域。低速、实时控制域采用传统的控制网 RS-485 或先进的 LanWork 控制网络作为分散的控制设备、数据采集设备之间的通信连接;各智能卡分系统的工作站和上位机则居于系统的高速管理信息域,这里涉及了大量的数据传递,可满足各种管理的需要,构造了高级的数据网络环境,系统主干采用 Ethernet 网,通过路由器、主干光缆或电缆,双绞线连接局域网和广域网。

一卡通系统的数据处理方式为:应用程序接受用户的输入,各智能卡应用设备读写器读取用户卡的信息,应用程序执行相应语句完成对服务器端的数据库访问,对数据进行转换和操作,然后将执行结果返回客户端,完成相应的管理或控制。

智能卡的分类:智能卡一般可分为接触式、非接触式。

接触式智能卡读卡器必须要有插卡槽和触点。以供卡片插入接触电源,具有使用寿命短,系统难以维护,基础设施投入大等缺点,但发展较早。

非接触式智能卡又称射频卡,是近几年发展起来的新技术。它成功地将射频识别技术和 IC 卡技术结合起来,将具有微处理器的集成电路芯片和天线封装于塑料基片之中。读写器采用 兆频段及磁感应技术,通过无线方式对卡片中的信息进行读写并采用高速率的半双工通信协议。其优点是使用寿命长,应用范围广,操作方便、快捷,但也存在成本高,读写设备复杂,易受电磁干扰等缺点。目前,非接触式卡片的有效读取距离一般为 100～200mm,最远读取距离可达数米(应用在停车场管理系统)。

目前在国内、外市场上，出现了一种在IC卡基础上发展起来的高科技产品——TM卡。该卡可以安全、可靠地使用十年以上，采用单总线通信，不需要读写设备输出电能，与读写设备的连接只有外壳的两极，具有较好的校验、容错、高速数据传输、保密、数据存储功能。TM卡有效克服了接触式和非接触式IC卡易于损坏、锁卡、读写设备复杂，易受干扰和环境影响等缺点。除具有上述卡的共同优点外，还具有可靠性更高，使用寿命更长，设备投资更小，维护方便，环境适应能力强等突出特点。

(4)保安人员巡查系统

保安巡更系统采用现代电子技术实现保安人员巡逻的电子化，通过设置巡更路线，并将保安人员的巡更时间、巡更地点及路线记录在案，能更好地监督保安人员的工作情况，使得处理突发事件的能力大大加强，给小区一个更安全的生活空间。

(5)汽车库综合管理系统

智能建筑对所有车辆进行自动车卡管理，内部车辆租用车卡，计费车辆在入口处领取临时车卡。入口处安装感应读卡器、自动发卡机、挡车器、中英文电子显示屏、车满灯箱、彩色摄像等设备。

出口处安装感应读卡器、中央管理电脑、POS机、挡车器、中英文电子显示屏等设备。

内部车在入口处直接验卡，临时车应操纵自动发卡机取得临时卡。对于临时车辆，如果满位灯箱元显示，车辆才可以进入。

车辆在入口处验卡后，图像捕捉系统通过摄像机记录下该车的彩色图像，挡车器抬起挡臂，同时通过查询数据库传输给载车电梯车辆应去的楼层信号。车辆驶出载车电梯后，电梯门外的感应线圈给出关门信号，载车电梯关门后回到首层等候下一辆车。

车辆驶出车库时也应在验卡机处验卡，岗亭内电脑屏幕会马上出现车辆进入车库的照片，以备值班员进行核对。对临时车辆，系统软件确认车卡正确后，根据其进入时间与现在时间，按照由工作人员预先设定的收费率(可任意调整)算出应缴纳的费用，LED显示屏同时会显示应交的停车费。司机交费，给出商业票据并确认后，值班员可打开挡车器放行，该费用可在主机内记录在案以备核查；对内部车辆，系统可设定是否需要值班员确认再放行。若临时车尾随内部车辆跟出，系统将发出报警声通知管理员处理。当车辆正常驶入时，入口LED屏显示应停的层数和车位；当车辆正常驶出时，出口LED屏对临时停车显示应缴的金额，对内部车显示问候语。由工作人员在指定地点(如中央控制室)按一定的规则租发月票、季票、VIP卡(收取一定押金)及储值卡(按次计费)。针对用户情况每一种卡均可设置在任意时间(年、月、星期、早晚时间、出入口等)范围内有效。同时输入计算机车主姓名等身份信息 与车位号。每辆车进入车库时，系统自动关闭该卡的入库权限，同时赋予该卡出库权限，即只有该车驶出后才能再进入。可防止利用该卡重复进入。当然在出口处也有同样的机制防止一卡多用。车主泊车后，随身携带车卡，可防丢车、盗窃。

(6)家庭三防系统

小区内住户家中各种探测器的信号集中传输到物业管理中心，由管理中心通过监控主机对住户家中可能发生的警情(火灾、匪警、煤气泄漏等)和紧急求助信号进行集中监测，并及时作出反应。家庭三防系统功能如下：

磁控开关：当有人非法闯入打开门时，磁控开关告警，并将告警信号传输给智能控制器，智能控制器鸣叫告警。

红外探测器：当有人非法闯入红外探测区域，红外探测器告警，并将告警信号传输给智能控制器，智能控制器鸣叫告警。

紧急求助按钮：当住户家中有紧急事情急需帮助时，可按动紧急求助按钮，求助信号会传输到物业管理中心，物业管理中心将派人员给予帮助。

1.5.3.4 电子信息查询系统

电子信息查询系统的展示内容可以包括大楼总体情况介绍、内部功能区分布、主要部门联系电话等。还可以根据今后的实际需要添加内容，如提供广告或其他服务信息等。并可具有图像、文字、声音、视频等多媒体方式。

电子信息查询系统现采用触摸查询一体机，使用先进的声波触摸技术，输入信息十分简单、方便、迅捷，与其他多媒体技术配合运用，使用者就可以通过丰富多彩的触摸界面进行轻松活泼的人机交互；再加上其信息量大而全，且检索信息速度快，能满足不同用户的各种信息查询需求。

1.5.3.5 会议系统

现代化的智能建筑中拥有较多的会议场所，有专门的会议室、报告厅，还有用作临时会议场所的多功能厅等。

会议场所主要用于举行各种会议或报告，在功能上满足数字会议管理及同声传译、灯光控制、会议讨论、即席发言、会议扩声、视频显示等要求。既能满足内部会议的需要，也可以满足高级别的电子会议的需要，如对外直播的会议、记者招待会、国际性大型会议等。

1.5.3.6 数字程控交换机系统

智能建筑中采用全数字程控交换机，应能满足大楼范围内的语音、数据、图像、窄带、宽带多媒体业务。

数字程控交换机应用范围包括以下内容：

语音通信：国际、国内及本地话音通信并能通过本设备可以实现多功能服务，提高通信能力和服务质量。

传真通信:通过数字程控交换机,可连接各类传真机,大大提高文本传真的质量。

综合业务数字网通信:通过数字程控交换机实现综合业务数字网通信业务。

语音邮箱服务:通过交换机内语音邮箱,自动存储用户话音,交换机用户可授权提取语音信箱里的内容,提高大楼通信自动化的水准。

1.5.3.7　中央集成管理系统

大楼的中央集成是将建筑物内的若干个既相对独立又相互关联的系统组成具有一定规模的大系统的过程,这个大系统不是各个子系统的简单堆积,而是把现有的分离设备、功能、信息组合到一个相互关联的、统一的、协调的系统之中,从而能够把先进的高技术成果,巧妙灵活地运用到现有的智能建筑系统中,以充分发挥其更大的作用和潜力。

中央集成管理系统工程分成综合信息系统集成(IBMS)实时楼宇自动化和监控专业子系统集成(BMS)两个层次。

1.5.4　智能建筑通信网络

智能建筑的核心是系统集成 SI(System Integration):系统集成的基础是智能建筑中的通信网络。随着计算机技术和通信技术的发展和信息社会的到来,迫使现代建筑观念不得不更新。在信息化社会中,一个现代化大楼内,除了具有电话、传真、空调、消防与安全监控系统外,各种计算机网络、综合服务数字网等都是不可缺少的。只有具备了这些基础通信设施,新的信息技术(如电子数据交换、电子邮政、会议电视、视频点播、多媒体通信等)才有可能进入大楼。使其成为一个名副其实的智能建筑。

随着分布式智能建筑控制系统技术的日益成熟和应用普及,在 BAS 中控制将进一步分散,在网络中传递的将更多的是管理信息,系统的集成则越显得重要。另一方面,由于人们信息需求量的激增,以及计算机技术带来的多媒体终端等先进的终端技术,制约智能建筑的智能化水平的往往在于它的通信网络。也就是说,通信网络技术水平的高低制约着智能建筑的智能程度。为此,智能建筑中的通信网络的设计是完成建筑智能化工程的重点所在。

1.5.4.1　智能建筑通信网络综合布线系统

综合布线系统的设计范围包括电话系统和计算机系统两部分。系统提供高速和高宽带的传输能力,以满足楼内信息传输的需要,尤其是数据系统的高速数据传输的要求能适应现代和未来技术的发展。

综合布线系统具备运行的高度可靠性,对于特别重要的部分,采用冗余备份来保证线路的万无一失。能适应各种计算机网络体系结构的需要。设备变迁时有高度的灵活性、管理的方便性。

综合布线系统中除去固定于建筑物内的水平线缆外其所有的接插件都是积木式的标准件，系统的扩充升级容易。保护用户一次性投资，维护费用极低，使整体投资达到最少。

1.5.4.2 智能建筑计算机网络系统

在智能建筑中，通信自动化、办公自动化和管理自动化将是非常重要的组成部分，无论是高速传输处理语音、文字、图像、数据，还是便捷处理日常事物及管理决策都离不开高性能计算机网络系统的支持。

智能数据网络则是建立在按客户需要提供不同级别通信服务的智能模型之上，能根据各种应用和用户的具体要求调整所提供的带宽和服务质量。“千兆交换作主干，百兆交换到桌面”成为目前网络基础设施的基本构架，在此基础上结合光纤到桌面和无线网络方式，组成现代化的计算机网络系统。

总体上说，智能建筑的通信网络有两个功能，第一是支持各种形式的通信业务；第二是能够集成不同类型的办公自动化系统和楼宇管理自动化系统，形成统一的网络并进行统一的管理。

(1)智能建筑中的通信业务

①电话/传真：包括内部直拨，通过 PBX 与楼外公共交换网连接后通话。发展成为以 PBX 为中心组网形成 2B+D 话音和信令通道，使电话用户线具有综合功能；利用电话线进行楼内传真以及与楼外的传真，还可以通过发展而成的楼内综合业务数字网(ISDN)的用户线进行楼内之间或楼内外的传真。

利用电话线路同时传递图像与语音信息。这种系统使用简单，无需特殊线路，每秒可传送 10 帧彩色图像，并且价格相对低廉，同时还可通过大楼 PBX 进入公用电话网，同外部进行通信。

利用公用电话线路的会话型图像通信。利用这种通信系统，键入所需信息代码，传送至数据库计算机，主机收到该代码后，即在数据库中查找所需的信息，并将信息回送屏幕显示出来。

②访问 INTERNET 网络：大楼的局域网的主干网具有访问 INTERNET 的信息通道，这就为大楼内的用户访问 INTERNET 提供了条件。

通过计算机网络及其交换系统实现点对点(计算机)的文字或语音通信，即通过对计算机屏幕的“书写”或直接通过计算机的音响系统实现双方的通信或对话。与之相应的电子信箱、语音信箱则是通过计算机的存贮系统实现“留信”或“留言”。

③会议电视：会议电视系统可支持大楼中各单位，各部门之间通信的要求。

通过通信手段把相隔两地或几个地点的会议室连接在一起，传递图像和伴音信号，使与会者产生身临其境的感觉。

将计算机引入图像通信，使得通信各方不仅可以面对面进行交谈，还可以根据要求随时交换资料和文档，真正实现通信的交互性。桌面会议系统设有电子黑板，使会议各方可在同一块电子黑板上完成信息交互，并可对电子黑板随时打印，还可以重播会议片断和收录会议过程。

④多媒体通信：多媒体通信是通过计算机网络系统实现同时获取、处理、编辑，存储和展示两个以上不同类型信息媒体（包括文字，语音，图形，图像）的传送，其最重要的基础必须要具备宽带的网络系统。

⑤公用数据库系统：与大楼业务有关的资料可通过大楼的数据库查询，也可通过 WAN 查询，数据类型可以是数据、文字、静、动态图像。

楼内各种办公文件的编辑、制作、发送、存贮与检索，并规定不同用户对各类文档的查询权限。

与网络联机的多媒体终端及各种声、像设备，提供各类业务学习与培训。

⑥触摸屏咨询及大屏幕显示系统：安装在大厅，多个触摸屏咨询系统安放在大厅不同位置，以声，像，图表等多种方式向用户介绍大厦业务及其他信息。

⑦人事、财务、情报、设备、资产等事务管理：将工作人员的素质、特长、单位、财务收支情况，文件、合同、通知、新技术、新业务、设备资源及其使用情况统统存入数据库中，以便随时查询，实现事务管理科学化。

这些业务的实现对通信网络的需求往往不同，已发展成熟的各种网络几乎都是针对特定的网络业务，而目前基于 ATM 的宽带综合局域网技术日益成熟，使得在局域网内实现相当多的业务的综合传输交换成为可能。

智能建筑中的通信网络通常分为主干网和部门子网。主干网是连接部门子网、数据传输速率较高的网络。部门子网是为完成各个部门特定目的而组建的局域网，它一般多种多样。

通常情况下在智能建筑中作主干网的有以下一些网络技术：FDDI、100Base-T、100VG-AnyLAN、ATM 等。我们认为，从技术及产品日益成熟和通信网络发展方向来看，使用 ATM 技术作为主干网是一种优选方案。

作为智能建筑中的部门子网，往往根据部门需求选择多种多样的网络。这可分为普通局域网、高速局域网和 PBX 网三种。在智能建筑中这三种子网往往共存。

（2）智能建筑通信网络系统

图 1.68 是一种智能建筑通信网络系统。主干网络是以 ATM 交换机为中心的 ATM 网络，有以下特点：

①这是一种高速率网络，每个端口速率高达 25～155Mbps，这种带宽使各个子网之间的通信畅通无阻，而且各个端口专用带宽，使用户的带宽竞争局限在子网范围内，

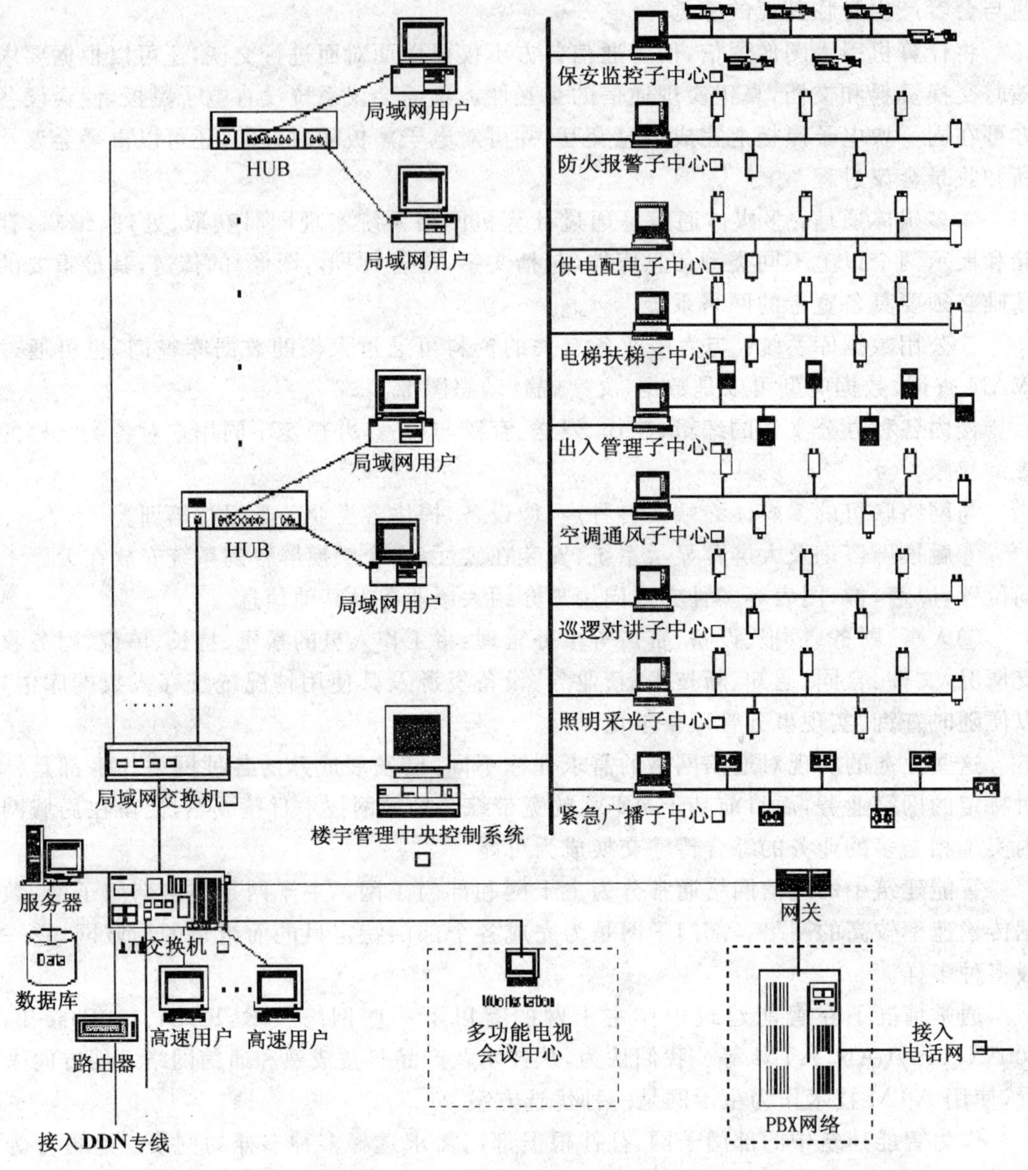

图 1.68　一种智能建筑通信网络系统

因此，子网数目的增加不会影响已存用户的业务质量。

②采用局域网仿真技术使已有的局域网技术可以平滑无缝地接入主干网构成互联网。基于原有局域网的应用可以不加修改地在 ATM 互联网上运行。

③ATM 网络与传统局域网的无缝连接，进一步减少了网络之间的桥、路由器、网

关及 HUB 等协议转换设备，使网络的延伸、配置、监视变得相当容易。这一点是其他主干网技术不可比拟的。

④采用虚拟局域网技术，可以方便地构成虚拟局域网，不同虚拟局域网之间就像通过网桥连接的局域网。而且，网络管理员可以将地域不集中、连接在不同集线器上的同一部门之间的设备构成一个局域网，这样，网段的物理位置不再影响其逻辑子网，它能够带来的好处是：每个部门可以拥有自己的虚拟局域网，它不受其他部门的网络通信影响；通信网络上任何位置的主机、服务器等从一个虚拟局域网移动到另外一个虚拟局域网不需要任何物理上的变动；同时，物理上变动的网络设备也可以维持在相同的虚拟局域网上不变。这对智能建筑租用用户来说是相当优越的。

⑤ATM 网络采用永久虚通路和交换虚通路来管理网络连接，这样网络延伸变得简单，而且永久虚通路的配置可以保证不同业务的带宽要求。交换虚通路的采用可以简化网络管理员的网络设置工作。交换虚通路的标准化使不同厂家的 ATM 产品的互连变得简单。

⑥ATM 是 B—ISDN 的标准转移模式，因此主干网与广域网的连接也可以归结为 ATM 与 ATM 的连接，这样智能建筑通信网可以与广域网无缝连接。

⑦ATM 网络采用分布式网络结构使它作为主干网有很高的稳定性。

它采用完全连接网状拓扑来避免网络单点失效，它的网络控制分布存在于各个网络节点，端到端多路由连接，网络可以实现自重构，这些使网络能应付各种灾难情况，在智能建筑出现意外时能确保通信网络畅通。

⑧ATM 是一种开放式网络结构，ITU-T、ATM 论坛分别制定了一系列网络技术标准，这些使 ATM 网络能够兼容连接过去、现在和将来的各种网络。因此，采用 ATM 作为主干网可以适应将来网络技术的发展，使网络生存周期增长，网络等效性价比增加。

若干个大容量服务器（多媒体服务器）直接接入 ATM 网络，可满足多客户机与服务器的多媒体通信对网络带宽的要求。部门子网一般设计为交换模块式局域网，最常用的是 10Base-T，它不但是物理上的星型连接，而且使用非屏蔽双绞线作为传输媒质，这非常适合智能建筑综合布线的情况。对于多用户部门，可使用多交换模块组成多网段的部门子网。而对于有高速要求的部门来说，则可组建高速局域网，高速局域网有 100Base-T 和 FDDI 和 ATM 工作组网等。通过局域网交换机可将所有局域网部门子网接入主干网。如果部门子网的高速用户数量不多，最好将高速宽带终端用户直接接入主干网，通过 ATM 网络的虚拟局域网功能，将一些高速宽带终端用户与一些部门子网组建成虚拟局域网。PBX 网是以电路交换方式交换话音为主的网络。目前配备有 N-ISDN 功能的 PBX 交换机综合了电路交换和分组交换方式，可以综合交换话音和数据。在智能建筑中，使用 N-ISDN PBX 作电话网的交换节点具有明显的优点：可以方便地将远端和孤立的数据终端通过 N-ISDN 与主干网的网关接入通信网络;可以方便地与公用 N-ISDN 的连接,实现对广域网的低速访问;2B+D 和 30B+D 的速率接口可以充分满足用户对外部数据资源的访问,实现用户电报、高质传真、高质电话、可视电话等业务;专用线路业务可以满足特殊用户保密要求,以及实现紧急报警等。PBX 网络自成一体,又可通过网关与主干网相连。多功能电视会议中心主要包括数字化投影电视和音响系统及同声传译系统,在智能建筑的设计中,通过网络互连技术,将相应的语音和图像信息传送给相关的子网或公共网,实现信息共享,这样可使智能建筑具有更高的品质。楼宇管理自动化系统网络在逻辑上是独立的,中央监控系统监控和管理整个 BAS,通过以太网接口,中央监控系统接入主干网络,可向有关终端传送监视和报警信息。通过主干网和 PBX 网络接入楼外通信系统。

1.5.4.3 综合布线系统

综合布线系统为弱电系统(除火灾报警系统外)的总协调工作。将楼宇自控系统、通讯、计算机系统以及保安监控系统、会议电视系统、金融信息系统等综合在一起。产品的选型有:

(1)信息插座

数据及话音用插座均选用五类 RJ45 模块插座,根据跳线架上的接线,既可接电话,也可接计算机,具备通用性,插座选用有单孔和双孔型。从信息点的分布,原则上是按每 10 平方米为一个工作区,每个工作区内设有一个话音,一个数据点。由于大厦是出租和出售型办公楼,用户及其办公室内的装修一般在设计阶段尚不确定,因此采用了地面线槽的方式。从线槽内敷设三类和五类线缆至信息插座。

(2)水平布线

由各层接线间至各个工作区子系统的电缆,根据需要,话音部分选用三类非屏蔽双绞线四对八芯线,它可支持 10MHz 的传输速率,完全满足语音、以太网以及 ISDN 传输要求。数据线选用五类非屏蔽双绞线四对八芯线,它可支持高达 155MHz 传输速率。

对于楼宇自控的信息点,选用的为三类非屏蔽双绞线四对八芯线,因为就目前楼宇自控系统的信号传输速率,普遍都在 10MHz 以下,就算采用以太网为基础的大楼控制系统,也只需要 10MHz。

(3)垂直干线

话音用的垂直干线,采用 N 对非屏蔽双绞线,根据各层信息点的数量,计算出垂直干线的数量,因此,自地下一层的主配线架 MDF 至各层的垂直干线,各有一至四根不等。

保安系统采用 N 对三类非屏蔽双绞线,自首层的 MDF 引至各层接线间。

电视会议的垂直干线,采用五类非屏蔽双绞线,自地下一层的 MDF 引至各层各有二根。

楼宇自控系统的垂直干线，采用25对三级非屏蔽双绞线，自楼宇自控室的MDF引至各层接线间各一根。

数据传输则采用多模光缆作为垂直干线，其优点是：用多模光缆可突破双绞线在长度上的限制；保密性能好，对金融业的客户更显信心；对未来高速率的传输有一长远的保障。

由于智能大厦多属于出租和出售型办公楼，很难在设计中对所有的用户情况了解清楚，因此在系统设计中，考虑在每层预留部分保安监视点，便于用户加装设备。另外还预留今后装设防盗系统的手动报警器及红外、微波或超声波探测器和电子门锁，如读卡机等的节点。

干线的接合方式，采用点对点接合方式，由MDF线经电缆桥架进入弱电竖井，再经弱电竖井，以放射方式至各层接线间的分配线架（IDF）。主干光纤则由光纤跳线架经弱电竖井至各层的光纤分跳线架，再经过光纤/双绞线适配器，连至各层的电缆跳线架上。

本章思考与练习

1. 民用建筑如何进行分类？
2. 建筑物的等级是怎样划分的？
3. 简述建筑工程的三段设计？
4. 建筑构造的研究内容是指下述何者？请选择。
   A. 建筑构造是研究建筑物构成和结构计算的学科
   B. 建筑构造是研究建筑物构成、组合原理和构造方法的学科
   C. 建筑构造是研究建筑物构成和有关材料选用的学科
   D. 建筑构造是研究建筑物构成和施工可能性的学科
5. 什么是地基，什么是基础，两者是同一概念吗？
6. 人工地基的主要处理方法有哪些？
7. 影响基础埋深的主要因素是什么？
8. 对于不同埋深的基础及管道穿越基础时，基础应如何处理？
9. 墙体的作用是什么？
10. 对墙体的基本要求是什么？
11. 勒脚的位置及常见做法是什么？
12. 墙身防潮层的作用、位置及常见做法是什么？
13. 说明散水的宽度、坡度、变形缝设置的要求，并列举常见做法。
14. 圈梁的设置数量、位置、常见做法及搭接补强方法如何？
15. 墙身变形缝的构造方式如何？
16. 简述构造柱的设置位置、断面尺寸、配筋及与墙体连接方式。

17. 砖砌体的砌体拉接筋有什么具体要求？

18. 关于金属管道穿越地下室侧墙时的处理方法，下述哪些是对的？选择正确的一组。

Ⅰ. 金属管道不得穿越防水层

Ⅱ. 金属管道应尽量避免穿越防水层

Ⅲ. 金属管道穿越位置应尽可能高于最高地下水位

Ⅳ. 金属管道穿越防水层时只能采取固定方式方法

A. Ⅰ　B. Ⅱ、Ⅲ　C. Ⅲ、Ⅳ　D. Ⅱ、Ⅲ、Ⅳ

19. 圈梁的作用有下述哪些？选择正确的一组。

Ⅰ. 加强房屋整体性　Ⅱ. 提高墙体承载力

Ⅲ. 减少由于地基不均匀沉降引起的墙体开裂　Ⅳ. 增加墙体稳定性

A. Ⅰ、Ⅱ、Ⅲ　B. Ⅰ、Ⅱ、Ⅳ　C. Ⅱ、Ⅲ、Ⅳ　D. Ⅰ、Ⅲ、Ⅳ

20. 常用楼盖种类有哪些？

21. 对楼板的要求是什么，是不是每一种楼板都要满足这些要求，为什么？

22. 常见装配式钢筋混凝上楼板有哪几种？

23. 楼地面组成及各部分要求是什么？

24. 用构造图表示常用楼面及地面构造做法。

25. 用构造图表示常用顶棚的构造做法。

26. 按结构形式，可把阳台分为哪几类？

27. 对阳台栏杆(板)的基本要求是什么？

28. 阳台、外廊拦板最小高度，(　　)尺寸是正确的？选择正确的答案。

A. 多层建筑中最小高度为 90cm　B. 多层建筑中最小高度 100cm

C. 多层建筑中最小高度为 105cm　D. 高层建筑中最小高度为 125cm

29. 常见屋顶的类型有哪些？

30. 屋顶的组成及各部分作用是什么？

31. 屋顶保温与隔热层是不是同一概念？

32. 平屋顶屋顶起坡方式有哪几种，各有什么优缺点？

33. 屋顶防水方式有哪几类？

34. 柔性防水屋顶的构造层次有哪些，在构造上有什么具体要求？

35. 楼梯的组成及各组成部分要求是什么？

36. 楼梯的宽度由哪些因素确定？

37. 某建筑属公共建筑，层高 3200mm，楼梯间开间 3000mm，进深为 5400mm，试设计一双跑楼梯。

38. 现浇钢筋混凝土楼梯主要有哪几种，它们之间有何区别？

39. 预制装配式钢筋混凝土楼梯有哪几种，其楼梯踏步与休息平台梁处构造节点大样如何？

40. 门窗的主要作用是什么？

41. 平开木窗的组成部分有哪几个，每一组成部分的构造要求是什么？

42. 什么是工业建筑、车间和构筑物？工业建筑的特点及分类如何？

43. 单层厂房结构组成有哪几个部分？各部分组成的构件又有哪些？其主要作用如何？

44. 横向排架结构和刚架结构各有哪些特点？

45. 基础梁搁置在基础上的方式有哪几种？各有什么要求？

46. 单层厂房结构中联系梁与圈梁有什么不同？各有什么作用？

47. 吊车梁的作用是什么？它与柱是怎样连接的？

48. 什么是高层建筑和超高层建筑？

49. 简述高层建筑常见的结构体系。

50. 简述智能建筑与现代技术的关系。

第二章　雷电危害与建筑物防雷分类

由1995年9月至1996年8月的观测资料表明，每年全球约12亿个闪电，即每秒平均37个，75％的闪电出现于30°N～30°S之间。闪电时放电电流平均为2.5×10^{4}A，它引起短时间内极度发热。云对云和云对地雷击时，电磁感应能在邻近的电线或其他导体中产生电流；雷击时的通断作用，引起雷击通道周围的电磁场产生和消失，此作用在电路感生电流，雷击时雷电泄流通道内瞬间通过的大电流产生不可忽视的电压降。

§2.1　雷电的形成

雷电是雷雨云之间或云地之间产生的放电现象，雷雨云是产生雷电的先决条件。在30000℃的温度下，一束闪电其电流的能量能够把大多数的金属烧出一个洞，或把一棵坚固的树干粉碎成数千块碎片，这种炽热的能量甚至能够将地下的沙质土壤熔化，形成一种特殊的被称为闪电熔岩的岩石。挪威人认为，这种闪电熔岩可以证明闪电就是“雷神的鱼叉”。

然而，闪电的灼热实际上是由对流层在气温低于－18℃的上层的冰粒碰撞的结果。这种反复的碰撞是来自于经太阳照射后的地球表面热量释放的产物。热与冷，前与后，雷暴就是由位于对流层上下不同部位温度的差异共同作用造成的结果。

即使在1000多米高的最小的积云，都能够产生雷暴，但是这种概率较小，它要求云层有特殊的环境。在一片云层形成过程中，水蒸气变成液体并释放出热量，这使得云层中的空气温度升高，并使云层更有浮力，如果此时周围的空气温度相对较低，那么这块云层就会继续上升。如果云层要形成雷暴，就要快速地经过含水的积云聚集阶段而直接变成水滴。雷暴云砧能够以极快的速度向上膨胀，有时甚至超过每小时160km。

当低层空气受阻于温度较高的空气一段时间，就经常会形成最猛烈的雷暴，并同时引起表面热量和湿气的集结。当其他大气干扰云层将中层空气推开，云层就会向上快速移动，这种雷暴通常能达到6000m的高度。在热带地区，位于3000m处的风暴几乎能冲破永久性阻碍，甚至能够达到21000m的高度。

当雷暴达到如此高的高度时它们就会充满冰晶和大的冰块，这些被称为软雹。闪电是云层和地面间或云层的不同部分间的大规模放电产生的。冰会储存能量，以至于在寒冬有时也会产生闪电。但是雷暴比暴风雪更容易并更频繁地生成闪电，因为它们不仅有冰块，还有上升的气流。

在雷暴的上升气流中，冰块快速地上升且相互撞击，从而形成电荷。就如同在一块干燥的空气中，气球与头发摩擦时会产生电一样。较轻的晶体上升得最快，并位于云层的高处，它们在撞击中生成正离子，较重的软雹则成为负离子，占据着云层的中间。负离子软雹通常在4500m的高空盘旋，在那里，温度一般在−15℃以下。

在冰的上升气流中，离子的分离会增强，直至在云的缝隙处发生放电现象，大部分闪电在云层内不同的区域间会重新分化成电荷。在热带地区，几乎每一次触及地面的闪电在云层中都会发生10次闪电，在中纬度地区，比率就会小一些。而在云层中或是在晴朗的天气里闪电都不太常见。

2.1.1　雷暴云的形成

雷暴云是闪电的主要产生源，当云中局部电场超过约400 kV/m时，就会发生闪电放电。

典型的雷暴云是具有强烈上升气流和下沉气流的(积雨)云。这种云垂直伸展较高，顶部可呈砧或鬃状；底部较暗，时有悬球状结构。单个积雨云的主体水平尺度在1～20km左右。雷暴云的发展与热气团在不稳定环境中的对流抬升有关。

当地表被太阳加热，部分能量将转移给低层大气并加热地表附近的空气，被加热后的低层暖湿空气密度减小，在不稳定的垂直大气中逐步上升。由于气压随高度降低，因而空气在上升过程中不断膨胀，并将内部的热能转化为势能，从而导致温度下降。如果气团继续上升，冷却的结果将使水汽凝结到漂浮在空气中的固态凝结核上，由此形成了气团内部杂乱无章的小水滴，这就是“云”，由于这种云由液态水滴组成，称为暖云。

空气上升后，云四周较稠密的干冷空气将下沉，从而形成了以环型的上升气流和下沉气流为特征的对流单体(见图2.1)。上升气团的垂直渗透高度受大气稳定度、周围空气混合后的稀释度以及摩擦力三个因素的制约。如果对流能够继续进行，则将发展成为几千米厚的旺盛积雨云，并可以大于10 m/s的垂直速度上升。在气流上升过程中，由于各种原因导致水滴增长，所形成的水滴可分为两种类型：一是半径为10～100μm的小水滴(云滴)，它保持悬浮状态，并随气流而上升；另一种是雨滴，它的尺寸较大，并具有等于或大于上升气流(5～10 m/s)的相对下降速度。这些雨滴的半径为0.1～1mm，有的甚至可达4mm。

每千克空气中一般有0.1～1g的液态水含量。具有强大上升气流且发展旺盛的积状云云体，云高不停地增长，直到它们遇到大气中的热稳定层才终止。稳定的平流层常限制了大多数雷暴发展的最终高度。当上升云体遇到稳定层时，其垂直运动往往要发生偏转，并将失去积状云的外貌，而呈现为环型扁平状云顶。

雷雨云是由暖湿空气的快速上升气流所生成的积云引发的，一旦空气冷却到露点，对流作用使快速上升的暖湿空气形成云。雷雨云是对流云发展的成熟阶段，它往往是

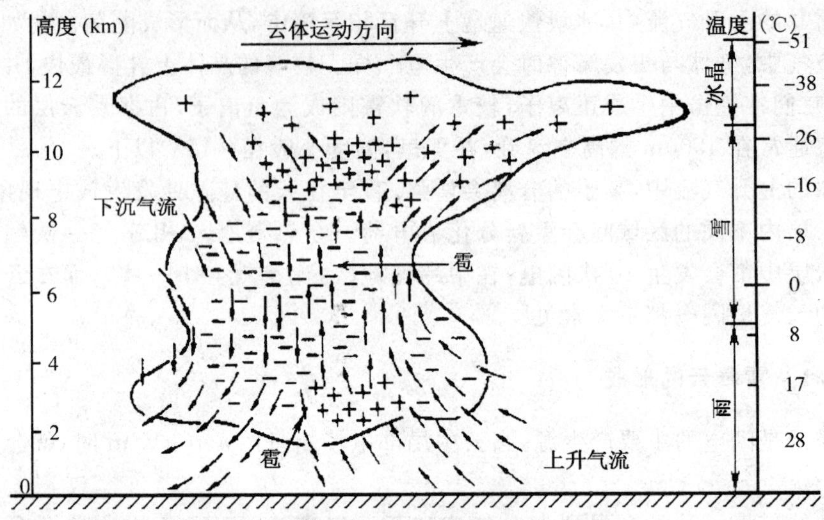

图 2.1　雷暴云形状、高度和对流风场

从积云发展起来的。

发展完整的对流云，其发展过程可以分为以下三个阶段：

(1)形成阶段：这一阶段主要是从淡积云向浓积云发展。云的垂直尺度有较大的增长，云顶轮廓逐渐清楚，呈圆菇状或菜花形，云体耸立成塔状。这样的云我们在盛夏常常看到。在形成阶段中，云中为比较规则的上升气流，在云的中、上部为最大上升气流区。上升气流的垂直廓线呈抛物线型。在形成阶段，一般不会产生雷电。

(2)成熟阶段：从浓积云发展成积雨云，就伴随有雷电活动和降水，当雨水和冰晶大到足可以克服上升气流时，降雨产生，这是成熟阶段的象征。在成熟阶段，云除了有规则的上升气流外，同时也有系统性的下沉气流。上升气流通常在云移动方向的前部，往往可在云的右前侧观测到最强的上升气流。上升气流一般在云的中、上部达到最大值，可以超过 25～30m/s(见图 2.2)。

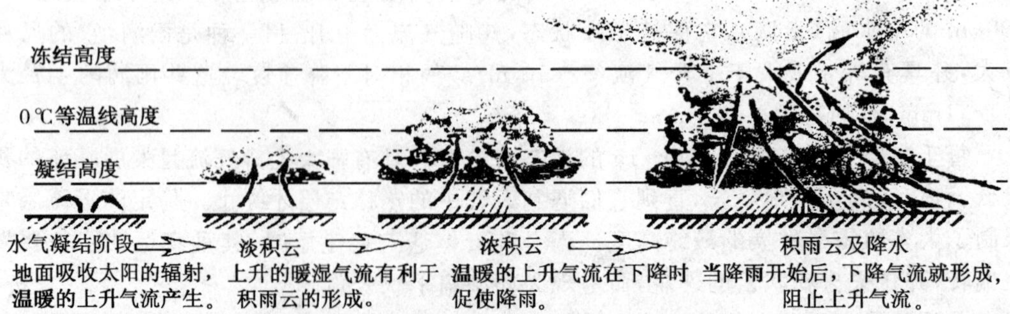

图 2.2　一块雷雨云的形成及气流结构示意图

(3)消散阶段:一阵电闪雷鸣、狂风暴雨之后,当不能提供温暖的、潮湿的空气时,雷雨云就进入了消散阶段。这时,云中已为有规则的下沉气流所控制,云体逐渐崩溃,云上部很快演变成中、高云系,云底有时还有一些碎积云或碎层云。

图 2.3 表示出不同种类的闪电,有云层内闪电、云-大气闪电、云际闪电和云-地闪电,闪电是依据产生它的积雨云中电离子的种类不同而确定的,有 80%以上的闪电是隐藏在云后产生的。

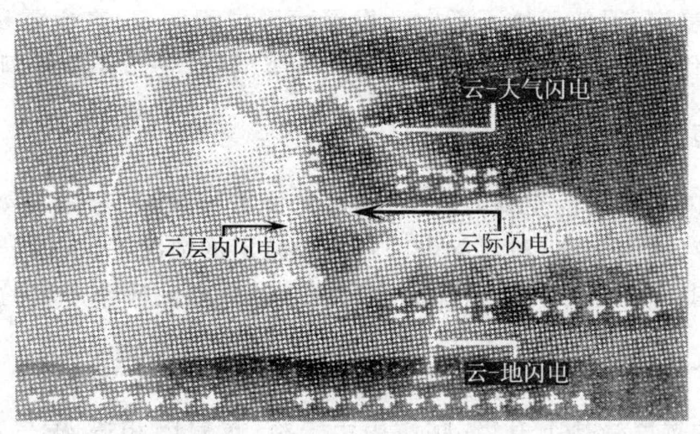

图 2.3　不同种类的闪电形式

一般情况下,雷暴大体上随 500hPa 高度上气流方向运行,其速度平均为 30～40km/h。春秋季大于夏季,夜间大于白天,因为春秋季南北温差大,高空引导气流强。夜间多锋面雷暴,本身移动迅速,所以夜间雷暴比白天移动得快,但地形对雷暴移动有影响,一般是:

①积雨云遇山地阻挡,由于迎风面有上升气流影响,使雷暴在山地的迎风面停滞少动。

②当积雨云受山脉阻挡时,雷暴即沿山脉走向移动,如山脉有缺口,则雷暴顺着山口移动。

从一些典型地区对雷雨云的观测,雷雨前后气象变化可归纳出下列一些规律:

①湿度。雷暴前由于上升气流大量携走水汽,地面相对湿度减小,但当雷暴阵风与降水出现后,相对湿度迅速增大到接近 100%,雷暴过后,相对湿度又稍下降。

②气压。雷暴前气压是一直下降的,破了日变化规律。雷暴降水出现时气压急速上升;仅几分钟后就转为急降,在记录纸的曲线上出现一个明显的圆顶,通常称为“雷暴鼻”。由于冷空气下沉而导致的气压上升是很激烈的,可达 1hPa/min。

③温度。雷暴前气温不断升高,一旦出现雷暴降水,气温猛烈下降,这是由于下沉冷空气及雨滴蒸发吸热所致,温度变化可达 10℃左右。这种气温急剧变化与气压的变化有近似负相关性,气压急升时气温迅速下降,气压达最高值时,气温达最低值,随后气

压下降时，气温又稍回升。

④风。雷暴前地面风较弱，低层空气自四周向云体辐合。当雷暴降水出现时，风向突转，风速突增，这是降水时雨滴下降牵动气流所致。所以雷暴降水前后，风向随之发生明显变化。

⑤降水。雷暴开始时阵性降水强度很大，然后缓慢减小。

⑥云与雷电现象。一般在雷暴出现前，可以观测到堡状和絮状高积云，这些云的出现表示空中的不稳定，促使云体不断向上发展而形成积雨云，产生雷暴。雷暴来临前，首先常可观测到伪卷云，紧跟着来临的是巨大乌黑的积雨云，伴随着闪电与雷声。

2.1.2 雷雨云起电原理

雷雨云起电的学说目前主要有以下几种：水滴破裂效应、吸电荷效应、水滴冻冰效应、温差起电效应、感应起电、对流起电。在各种特定的情况下，雷雨云的生成和起电真正的原因可能是其中的某一种也可能是多种机理的共同效应而产生的。

2.1.2.1 水滴破裂效应

地面、水面的湿气受热上升后，在空中由于冷、热气团相遇，湿气凝结成水滴或冰晶，在其运动过程中水滴受气流碰撞而破裂，在水滴破裂过程中，形成微小的水滴带负电，而较大的水滴带正电，这种分裂过程可能在具有强烈涡流的气流中发生，上升气流将带负电的水滴集中在雷云的上部，或沿水平方向集中到相当远的地方并形成大块的带负电的雷云；带负电的雷云在大地表面感应有正电荷。带正电的水滴以雨的形式降落到地面，或者保持悬浮状态，这样，雷云与大地间就形成一个大的电容。当电场强度不大时，还不能使大气击穿而放电。可是个别突出部分，电荷密度较大，也可能形成雷云与这些突出部分放电。当电场强度很大，超过大气的击穿强度时，即发生了雷云与大地间的闪电（大气放电），形成一般所说的雷击。

在云层中有许多水滴在温度低于 0℃时仍不冻结，这种水滴叫过冷水滴。过冷水滴是不稳定的，只要轻轻地震动一下，马上就会冻结成冰粒。当过冷水滴与霰粒碰撞时，会立即冻结，这叫撞冻。当发生撞冻时，过冷水滴的外部立即冻成冰壳，但它内部仍暂时保持着液态，并且由于外部冻结释放的潜热传到内部，其内部液态过冷水的温度比外面的冰壳高。温度的差异使得冻结的过冷水滴外部带正电，内部带负电。当内部也发生冻结时，云滴就膨胀分裂，外表皮破裂成许多带正电的小冰屑，随气流飞到云的上部，带负电的冻滴核心部分则附在较重的霰粒上，使霰粒带负电并停留在云的中、下部。

2.1.2.2 吸电荷效应

实际测量各地地面大气电场强度是因时因地而异的。由此可知，大气电场并不是惟一决定地球带电，还与空间电荷分布有关，人们通过长期考察得知大气中总是含有大量正、负离子，使大气具有微弱导电性能。这些带电粒子的生成、运动和不同带电离子的分离和聚集是大气显电性、产生大气电场和电流，导致大气中雷电产生的重要原因。

①大气带电粒子的形成

大气是由几层物理性能不同的部分构成的，按高度可以划分为：热层（电离层）、中间层、平流层和对流层。我们研究的雷电现象主要考虑发生在十几千米以下的对流层。因此，低层大气带电离子的形成是我们关注的对象。概括起来，大气带电离子的形成是由于地壳中放射性物质辐射的射线，大气中放射性物质辐射的射线和来自地球外空的宇宙射线作用于空气分子，使空气分子电离而产生了大气带电粒子。

②大气电流的产生

大气分子受各种射线的电离得到的大气带电离子的浓度是随时间、地点以及大气离子的移动而变化的，使得大气离子浓度的空间分布不均匀，尽管如此，若同一浓度分布区，正负离子均匀分布、混合在一起，宏观不显电性。实际情况却不是这样，因为除电离源能产生的正负离子外，大气层上部有云雾降水产生的其他带电离子，下方有树枝、花草尖端放电产生的电荷，还有沙暴、雪暴、火山爆发、输电线路电晕放电、工厂排放的带电离子等等，它们受到电场、重力、对流等因素的非对称的作用，使得大气中各处的正、负电荷的分布不均匀，势必使任何局部空间都不是中性的，显示有净的体电荷分布。

若在体积为 V 的大气中携带总的正电荷为 Q^+、负电荷为 Q^-，则大气体电荷密度 ρ 为：

$$\rho=\frac{Q^+ + Q^-}{V}$$

晴天，大气正（或负）离子在大气电场力作用下运动，大气体电荷随气流流动的影响以及大气湍流扩散的影响产生的流动形成了晴天大气电流。因此，若用晴天大气电流密度表示晴天大气电流，它应该是：

$$J=J_C+J_W+J_t$$

其中 J_C 为在电场作用下的传导电流密度，J_W 为在大气对流影响下的对流电流密度，J_t 为在大气湍流和扩散影响下的扩散电流密度。

概括起来，大气带电离子的形成是由于地壳中放射性物质辐射的射线、大气中放射性物质辐射的射线和来自地球外空的宇宙射线作用于大气分子，使大气分子电离而产生了大气带电粒子（见图 2.4）。此外，太阳辐射中波长小于 100nm 的紫外线、闪电、火山爆发、森林火灾、尘暴和雪暴等，局部范围还有人工产生的，如火箭、飞机、工厂产生的离子。以上所有能使大气分子电离的物质统称为电离源。

由于宇宙射线或其他电离作用，大气中存在正负离子，又因为空间存在电场，在电场的作用下正负离子在云的上下层分别积累，从而使雷雨云带电，又称感应起电。

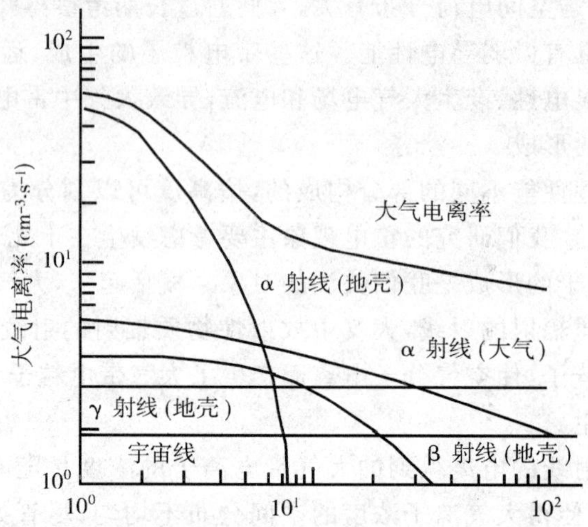

图 2.4　各种电离源产生的大气电离率随高度的分布

2.1.2.3　水滴冻冰效应

结霜起电是由于在冰、水共存区，软雹表面覆盖着一层过冷水滴构成的液面，当冰晶和软雹相碰时，软雹暖结霜表面与冰晶冷结霜表面之间产生温度差，从而导致了电荷的转移，结霜软雹与冰晶之间相对扩散增长率以及它们之间的相互作用是决定电荷转移的重要因子，而增长率取决于温度、局地过饱和度、液态水含量和冰晶尺度。这些因子的不同配置将引起不同极性的电荷转移，所以存在一个反转温度。实验室实验结果发现：①主要的电荷传输与冰晶和软雹之间的碰撞过程紧密相关，起电作用区主要发生在过冷水滴浓度较高的区域；②每次碰撞的电荷传输量与冰晶的尺度有很强的依赖性，对直径为 100μm 的冰晶，碰撞时电荷的转移量为 $1\times10^{-15}\sim50\times10^{-15}$ C；③对 1g/m^3 的液态水含量反转温度在 $-10\sim-20$℃之间。这些实验室试验结果与野外实际观测结果具有很好的一致性。

水滴在结冰过程中会产生电荷，冰晶带正电荷，水滴带负电荷，当上升的气流把冰晶上的水分带走时，就会导致电荷的分离，而使雷雨云带电。

2.1.2.4　温差起电假说

实验证明在冰块中存在着正离子(H^+)和负离子(OH^-)，在温度发生变化时，离子发生扩散运动并相互分离。两片初始温度不同的冰晶被带到一起，而后又被分开，则温度较高的冰晶获得负电荷(OH^-)而较冷的冰晶获得相等数量的正电荷(H^+)，这是因为较活跃并带有正电荷的氢离子向温度梯度降低的方向扩散，而较稳定被带有负电荷的 OH^- 离子较多地存在于温度较高的部分。由于冰晶和霰粒子常在云强烈起电的情况下出现，又因过冷水滴在增大中释放潜热，霰粒子温度一般比环境温度稍暖，所以小冰晶与霰粒子之间的碰撞有利于温差起电。

霰粒是由冻结水滴组成的，呈白色或乳白色，结构比较松脆。由于经常有过冷水滴与它相撞冻结并释放出潜热，故它的温度一般要比冰晶高。在冰晶中含有一定量的自由离子（OH^-或H^+），离子数随温度升高而增多。

由于霰粒与冰晶接触部分存在着温差，高温端的自由离子必然要多于低温端，因而离子必然从高温端向低温端迁移。离子迁移时，较轻的带正电的氢离子速度较快，而带负电的较重的氢氧离子（OH^-）则较慢。因此，在一定时间内就出现了冷端H^+离子过剩的现象，造成了高温端为负，低温端为正的电极化。当冰晶与霰粒接触后又分离时，温度较高的霰粒就带上负电，而温度较低的冰晶则带正电。在重力和上升气流的作用下，较轻的带正电的冰晶集中到云的上部，较重的带负电的霰粒则停留在云的下部，因而造成了冷云的上部带正电而下部带负电。

积雨云中的冰晶和雹粒在对流的碰撞和摩擦运动中会造成温度差异，并因温差起电，带电的离子又因重力和气候作用而分离扩散，最后达到一定的动态平衡。

在雷暴中，负电荷区存在于环境温度为$-5\sim-15$℃的区域中，而正电荷主要散布于云中更高的区域。

2.1.2.5　感应起电

在感应起电机制中，外部电场引起降水粒子的电极化，极化强度取决于所涉及粒子的介电常数。在晴天电场下，电场方向自上而下。在垂直电场中下落的降水粒子被极化后，上部带负电荷，下部带正电荷。同这些较大的降水粒子相碰撞后的小冰晶或小水滴就获得正电荷，随上升气流向上，从而发生了电荷的转移过程，使得云粒子带正电荷、降水粒子带负电荷。

图 2.5 给出了在垂直电场中极化的云粒子和冰粒之间经弹性碰撞而产生电荷分离过程的示意图。带负电荷的雨滴或冰粒由于具有较大的重量而下降，并加强原来的电

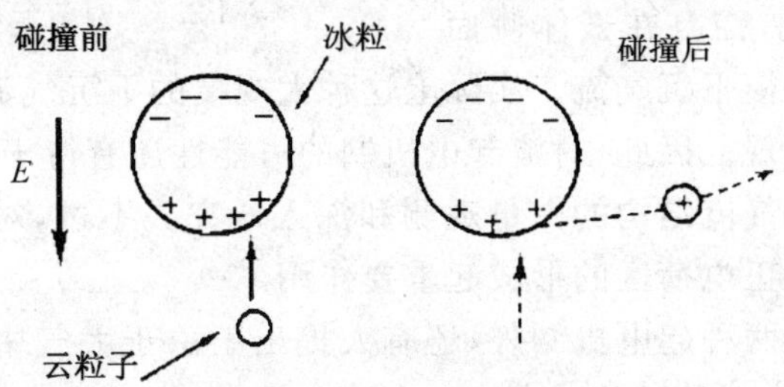

图 2.5　云粒子与极化的降水粒子弹性碰撞而获得电荷过程的示意图

场。大、小粒子之间电荷交换的数量随电场的增强而增加，该效应由正反馈维持，正反馈使原电场增强，直至增强到水滴所携带最大电荷的极限值，并伴有闪电，或者重力被电力所抵消，才使大颗粒停止下降。实验室的实验表明，感应过程只有当环境电场高于10 kV/m时才有显著作用。

2.1.2.6 对流起电假说

在对流云初始阶段，大气中总是存在着大量的正离子和负离子，在云中的水滴上，电荷分布是不均匀的：最外边的分子带负电，里层带正电，内层与外层的电位差约为0.25V。为了平衡这个电位差，水滴必须"优先"吸收大气中的负离子，这样就使水滴逐渐带上了负电荷。当对流发展开始时，较轻的正离子逐渐被上升气流带到云的上部；而带负电的云滴因为比较重，就留在下部，造成了正负电荷的分离。

假定云中电荷不是来自于水成物的起电和重力沉降，而是来自云外的大气离子和地面尖端放电产生的电晕离子，正、负电荷在垂直气流的作用下被分离。图 2.6 给出了对流起电机制的示意图。存在于晴天区域的正空间电荷由上升气流带入云内并附着于云粒子上，形成一个净正电荷区域。该电荷的电场可使这块云的周围或电离层中的负离子流向云的表面，使得云的外围部分带上负电荷。云内部猛烈的上升气流和云外部相应的下沉气流，将正电荷运送至云的顶部，而负电荷则被运送至云的较低层。

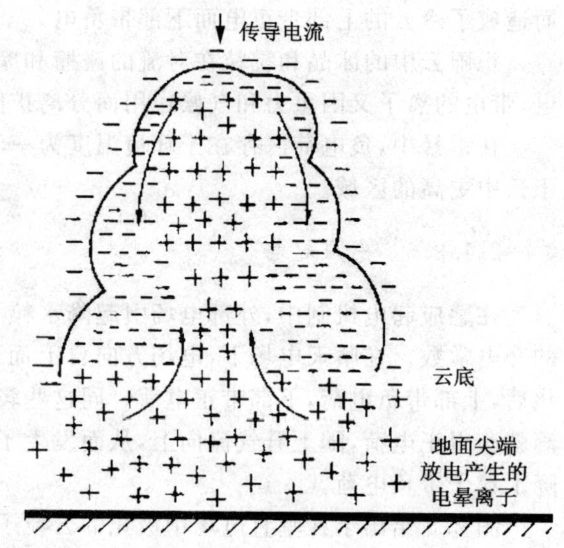

图 2.6 对流起电机制示意图

对流起电机制不仅要求积雨云内部存在强烈的上升气流，而且在云体侧面还要存在强烈的大规模下沉气流。实际上这种大规模的下沉气流一般只在形成大雨的雷暴消散阶段才能出现。因此，对流起电机制的可能性还有待于进一步探索，特别是有待于积雨云电结构和气流结构的大量观测和深入研究。不过，对流起电机制有可能对积雨云云底附近较弱正电荷区的形成起重要作用。

除了上述冷云的两种起电机制外，还有人提出了由于大气中的水滴含有稀薄的盐分而产生的起电机制。当云滴冻结时，在冰的晶格中可以容纳带负电荷的氯离子(Cl^-)，却排斥带正电荷的钠离子(Na^+)。因此，水滴已冻结的部分就带负电，而未冻结的外表面则带正电(水滴冻结时，是从里向外进行的)。由水滴冻结而成的霰粒在下落过程中，摔掉表面还来不及冻结的水分，形成许多带正电的小云滴，而已冻结的核心部分则带负电。由于重力和气流的分选作用，带正电的水滴被带到云的上部，而带负电的霰粒则停留在云的中、下部。在热带地区，有一些云整个云体都位于0℃线高度以下区域，因而只含有水滴而没有固态冰粒子。这种云叫做暖云或"水云"。暖云也会出现雷电现象。在中纬度地区的雷暴云，云体位于0℃等温线以下的部分，就是云的暖区。在云的暖区里也有起电过程发生。

在雷雨云的发展过程中，上述各种机制在不同发展阶段可能分别起作用。但是，最主要的起电机制还是由于水滴冻结造成的。大量观测事实表明，只有当云顶呈现纤维状丝缕结构时，云才发展成雷雨云。飞机观测也发现，雷雨云中存在以冰、雪晶和霰粒为主的大量云粒子，而且大量电荷的累积即雷雨云迅猛的起电机制，必须依靠霰粒生长过程中的碰撞、撞冻和摩擦等才能发生。

2.1.3　电闪雷鸣

如果我们在两根电极之间加很高的电压，并把它们慢慢地靠近，当两根电极靠近到一定的距离时，在它们之间就会出现电火花，这就是所谓"火花放电"现象。

雷雨云所产生的闪电，与上面所说的火花放电非常相似，只不过闪电是转瞬即逝，而电极之间的火花却可以长时间存在。因为在两根电极之间的高电压可以人为地维持很久，而雷雨云中的电荷经放电后很难马上补充。由于电荷的不断积累，当聚集的电荷达到一定的数量时，不同极性的云块之间、云与地面之间的电场强度不断增大，这就形成了很强的电场。电场强度平均可以达到每米几十千伏。这么强的电场，足以把云内外的大气层击穿，当某处的电场强度超过空气可能承受的击穿强度时，就发生云间放电或云地放电。于是在云与地面之间或者在云的不同部位之间以及不同云块之间激发出耀眼的闪光。这就是人们常说的闪电。

肉眼看到的一次闪电，其过程是很复杂的。当雷雨云移到某处时，云的中下部是强大的负电荷中心，云底相对的下部地面变成正电荷中心，在云底与地面间形成强大电场。当电荷越积越多，电场越来越强时，云雾大气会发生电击穿，气体分子使其游离而产生大量离子，并且有气体发光现象，通常称这部分导电的气体为流光或流注。在电场的作用下，这逐级往下方弯曲延伸的流注称为梯级先导或梯式先导。当梯级先导离地面一定高度时，其头部与地面之间空气间隙被击穿，主放电即回击过程开始，回击以更高的速度从地面驰向云底，发出光亮无比的光柱，这就是第一次闪击。相隔数秒之后，从云中一根暗淡的光柱，携带巨大电流，沿第一次闪击的路径飞驰向地面，称直窜先导或箭式先导，当它离地面一定距离时，地面再向上回击，再形成光亮无比的光柱，这即第二次闪击。接着又类似第二次那样的第三、四次闪击，成一次闪电全过程。在闪电的极短时间内，窄狭的闪电通道上要释放巨大的电能，因而形成强烈的爆炸，产生冲击波，然后形成声波向四周传开，这就是雷声或说“打雷”。

不同极性的电荷通过一定的电离通道互相中和，产生强烈的光和热，在放电通道中所发生的强光，称之为“闪”；闪电通路中的空气突然剧烈增热，使它的温度高达15000～20000℃，因而造成空气急剧膨胀，通道附近的气压可增至一百个大气压以上。紧接着，又发生迅速冷却，空气很快收缩，压力减低。这一骤胀骤缩都发生在千分之几秒的短暂时间内，所以在闪电爆发的一刹那间，会产生冲击波。冲击波以5000m/s的速度向四面八方传播，在传播过程中，它的能量很快衰减，而波长则逐渐增长。在闪电发生后0.1～0.3 s，冲击波就演变成声波，这就是我们听见的雷声。

还有一种说法，认为雷鸣是在高压电火花的作用下，由于空气和水汽分子分解而形成的爆炸性气体发生爆炸时所产生的声音。雷鸣的声音在最初的十分之几秒时间内，跟爆炸声波相同。这种爆炸波扩散的速度约为5000m/s，之后的0.1～0.3s，它就演变为普通声波。

人们常说的炸雷，一般是距观测者很近的云对地闪电所发出的声音。在这种情况下，观测者在见到闪电之后，几乎立即就听到雷声；有时甚至在闪电的同时即听见雷声。因为闪电就在观测者附近，它所产生的爆炸波还来不及演变成普通声波，所以听起来犹如爆炸声一般。

如果云中闪电时，雷声在云里面多次反射，在爆炸波分解时，又产生许多频率不同的声波，它们互相干扰，使人们听起来感到声音沉闷，这就是我们听到的闷雷。一般说来，闷雷的响度比炸雷来得小，也没有炸雷那么吓人。

拉磨雷是长时间的闷雷。雷声拖长的原因主要是声波在云内的多次反射以及远近高低不同的多次闪电所产生的效果。此外声波遇到山峰、建筑物或地面时，也产生反射。有的声波要经过多次反射，这多次反射有可能在很短的时间间隔内先后传入我们的耳朵。这时，我们听起来就觉得雷声沉闷而悠长，有如拉磨之感。

雷云的放电大多数是重复性的，一次雷电平均包括3～5次放电，由于雷云巨大体积中的大量电荷无法一次放完，第一次在雷云的最低层发生放电，重复的放电都是沿第一次放电的通路发展的，随后的放电是从较高的云层或相邻区域发生。每次雷云放电所耗费的时间达十分之几秒。放电所需时间为0.00015～0.0001s，全部放电过程所需时间包括重复放电，约1.13s。雷云一次放电所耗电能平均为300kW·h 。

雷云开始放电时，放电电流急剧增大，在闪电到达地面的瞬间，雷电流高达200～300kA，最大可达430kA；雷电通道两端电位差可达上万伏；雷电流所到之处会引起强烈的电磁、热能和机械效应。常见的雷电形式有片状雷、线状雷(带状雷)、球状雷电、联珠状闪电和蛛状闪电等。

2.1.3.1　片状雷

云间放电多为片状雷，由于云间线状闪电被云体遮住，闪电的光照亮了上部的云，闪电呈现出片状的亮光。片状闪电也是一种比较常见的闪电形状，它看起来好像是在云面上有一片闪光。这种闪电可能是云后面看不见的火花放电的回光，或者是云内闪电被云滴遮挡而造成的漫射光，也可能是出现在云上部的一种丛集的或闪烁状的独立放电现象。片状闪电经常是在云的强度已经减弱，降水趋于停止时出现的。

2.1.3.2　线状雷

雷云与大地之间的放电，多以线状形式出现而称线状雷。通常雷云的下部带负电，上部带正电，由于雷云的负电的感应，使附近的地面感应出大量的正电荷，从而使地面与雷云之间形成强大的电场。和雷云间放电现象一样，当某处积聚的电荷密度很大，造成空气的电场强度达到电离的临界值时，就触发线状闪电落雷。线状闪电与其他放电不同的地方是它有特别大的电流强度，平均可以达到几万安培，在少数情况下可达20万安培。这么大的电流强度，可以毁坏和摇动大树，有时还能伤人。当它接触到建筑物的时候，常常造成“雷击”而引起火灾。

带状雷是线状雷的一种，是在闪电过程中恰巧有水平大风吹过闪电通道，将几次线状闪电的放电通道吹分开来，肉眼看去闪电通道变宽了。带状闪电由连续数次的放电组成，在各次闪电之间，闪电路径因受风的影响而发生移动，使得各次单独闪电互相靠近，形成一条带状，带的宽度约为10m。这种闪电如果击中房屋，可以立即引起大面积燃烧。

2.1.3.3　球状雷电

球状雷电简称球雷、球闪。球雷是一种彩色的火焰状球体，通常表现为100～300mm直径的橙色或红色球体，有时可能是黄色、绿色、蓝色或紫色，最大的直径也有达到1000mm；球雷存在的时间为百分之几秒到几分钟，通常为3～5s之间，辐射功率小于200W。

球雷自天空降落时，声音较小，有时无声，有时发出嗞嗞的声音，只有在飘落和跳跃的过程当中遇到物体或电气设备时才会发出震耳的爆炸声。物体在爆炸中受到破坏并产生臭氧、二氧化氮或硫磺的气味。

球雷自天空垂直下降后，有时在距地面1m左右的高度，沿水平方向以1～2m/s的速度上下跳跃；有时球雷在距地面0.5～1m的高处滚动，或突然升起2～3m，因此，民间常称之为滚地雷。球雷常常沿着建筑物的孔洞或未关闭的门窗进入室内，或沿垂直的建筑竖井（通风井、烟囱等）滚进楼房，大部分遇带电体消失。

直到现在，世界上被认为可靠的球形雷照片只有1939年Norinder拍摄和发表的照片，见图 2.7、2.8。

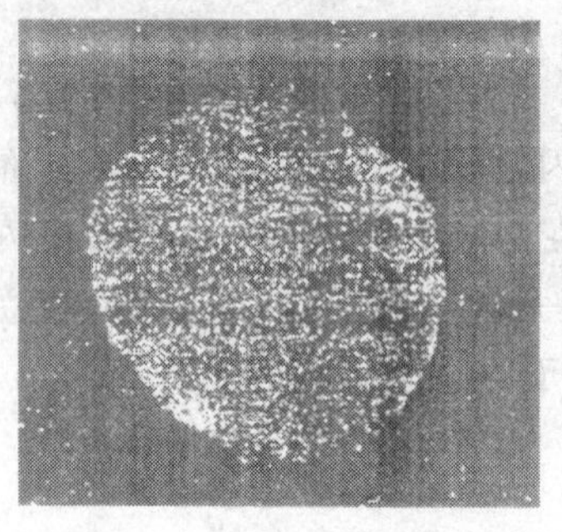

图 2.7　圆球状球形雷

图 2.8　彗星状球形雷

图 2.9　联珠状闪电

球雷在遇到物体时会引起易燃物的燃烧（如纸张、衣、被和家具等），爆炸气体和液体会产生爆炸，造成人畜的伤亡。为防止球雷入室，可在烟囱和通风管口处安装带接地保护的金属网，网眼不大于 4cm^2、引下线为 2～2.5mm 直径的接地镀锌铁丝。

2.1.3.4　联珠状闪电

很少见的一种闪电，有人认为它是一串球雷组成。联珠状闪电看起来好像一条在云幕上滑行或者穿出云层而投向地面的发光点的联线，也像闪光的珍珠项链。有人认为联珠状闪电似乎是从线状闪电到球状闪电的过渡形式。联珠状闪电往往紧跟在线状闪电之后在原通道上接踵而至，几乎没有时间间隔。联珠状闪电持续时间比地闪长得多，熄灭时间也缓慢，见图 2.9。

2.1.3.5　蛛状闪电

蛛状闪电特指在雷暴云的消散阶段或层状降雨阶段观测到的发生于云底附近具有大范围水平发展、多分叉放电通道的壮观放电现象。之所以被称为“蛛状”闪电是因为这种放电在云下面以较一般闪电发展明显慢的速度和多级分叉的形式前进，每一通道的发展特征类似于蜘蛛的爬行。肉眼看到的蛛状闪电景象十分壮观，根据观测经验，这种闪电一般并不经常出现。目前，尚无系统观测及统计结果。在我国南方较旺盛发展的雷暴云消散期，曾利用普通摄像机观测到这种蛛状放电现象。

Mazur 等（1998）曾经对发生于佛罗里达的一次大而准稳态发展的雷暴系统消散期发生的一次云闪和两次正地闪中的蛛状闪电进行了光学、电场变化、VHF 电磁辐射和干涉仪定位同步观测，得到了蛛状闪电发展的详细图像。

图 2.10 是发生于雷暴消散期的蛛状闪电通道照片。他们发现蛛状闪电的发展类似于负地闪中的负先导，其水平发展速度约为 $2\times10^5\sim4\times10^5$ m/s。Mazur 等（1998）指出蛛状闪电实际上是在地面电场强度的极性转换期发生的云闪和地闪的一部分。蛛状闪电同

时具有发生于通道分叉头部的脉冲性发光和由连续电流流动保持的通道连续发光。

图 2.10　蛛状闪电通道照片(Mazur 等,1998)

2.1.4　地闪的结构

通常情况下,一半以上的闪电放电过程发生在雷暴云内的正、负电荷中心区之间,称作云内放电过程,云内闪电与发生几率相对较低的云间闪电和云—空气放电一起被称作云闪。另一类闪电则是发生于云体与地面之间的对地放电,称为地闪。

雷云与大地之间的放电,简称云地放电,多以线状形式出现而称线状雷;带负极性的雷云和正极性的大地(含地面上的建、构筑物等)之间发生的地闪称为负极性雷击,它由向下移动的负极性先导激发,因此向地面输送负电荷。带正极性的雷云和负极性的大地(含地面上的建、构筑物等)之间发生的地闪称为正极性雷击,正极性雷击,它由下行先导激发,先导携带正电荷,因此向地面输送正电荷。在雷云对地放电中,75%~90%的地闪是负极性雷击。

在讨论地闪之前,先要特别说明的是已得到大家公认的关于方向或一些量的正负的规定。由于闪电是起源于云,因此各种规定就取云作为主体来考虑。云中带有正电也有负电,如果是正电荷放电,就称它为正极性云,正极性云下方的电场的方向规定为正,这就是说从高空指向地面的方向规定为正,它恰与地面的法线方向相反。自然,云中正电荷在电场作用下流动的方向是正,也就是说电流的正方向是自云流向下方大地。

向下的先导把正电荷往下输送产生正电流,或者是把负电荷往下输送产生负电流,电荷和电流的极性是一致的。

但是从地面发出的向上先导就不然,它向上输送正电荷所产生的应是负电流,而向上输送负电荷时产生的却是正电流,这在防雷工程上考虑问题时要留心,不要弄混了。

下面谈谈如何分类和给以名称,如果只考虑电流的方向和先导的方向,则只有四种差别,即只可分为 4 类。但是回击是闪电中的主要角色,前面我们说到闪电,在先导之后必有回击,即主放电,可是实际情况下却偶尔遇到没有回击的事实。

1975 年 Berger 首先把地闪以分类标称,把无回击的闪电记做 a,有回击的记做 b。可以作如下 8 种定义(图 2.11～2.14):

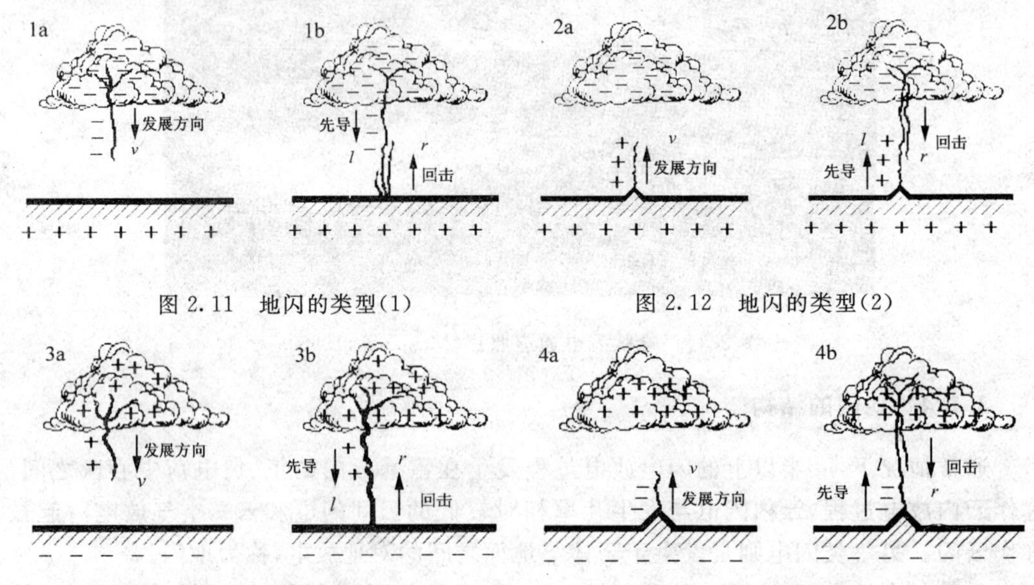

图 2.11　地闪的类型(1)　　图 2.12　地闪的类型(2)

图 2.13　地闪的类型(3)　　图 2.14　地闪的类型(4)

①1a 型:这是在没有极高建筑物的开阔地区的主要情况,先导带负电,若先导不落地,就无回击,而成为云内放电。

②1b 型:定名“向下负闪电”。前面讨论的就是这一类,Schonland 专门对它作研究,我们常称之为“下行负雷”。

③2a 型:放电始于高耸的接闪器,如塔尖、特高楼房或山顶,然后发展为向上先导,先导带正电,塔尖等物成了阳极,学术上取名为“向上正先导连续负放电”。

④2b 型:开始阶段与 2a 型相同,而后出现闪击,与 1b 型相同,包括有先导和回击,定名为“向上正先导多闪击负闪电”,在帝国大厦和圣萨尔瓦托山对这一类型作了研究,常称为“上行负雷”,北京中央电视台发射塔的闪电情况,即为此例。

⑤3a 型:相当于 1a 型,由于先导不落地,是一种云内放电。

⑥3b 型:这类闪电在山区极罕见,圣萨尔瓦托山连续观测 5 年未曾记录到,而在卢加诺湖岸拍到了一张照片实例,定名为“向下正闪电”,或称为“下行正雷”。

⑦4a 型:向上先导始于高耸的接地体,如高层大厦尖顶,成为阴极,先导带负电,流入地的电荷为正,电流也为正,持续时间相当长,为连续电流。1966 年 Berger 首先在圣萨尔瓦托山观测到,定名为“向上负先导连续正电流闪电”(山地型)。

⑧4b 型:开始阶段与 4a 型同,但在先导后 4～25ms,就发生极其强烈的回击,1966 年 Berger 和 Vogelsangar 首先在圣萨尔瓦托山观测到,后来 Berger(1975 年)作了详尽探讨。认为这一向上负先导以极长的"连接先导"向上伸展,直至与云内闪电会合,引发向上先导,而后才产生非常强烈的放电回击。定名为"向上负先导脉冲正电流闪电",或简称"脉冲正电流闪电"(山地型),我国常称之为"上行正雷"。

从上面描述中,可见真正的地闪只有 6 种,另 2 种是云闪。正雷很少见但它又比较强烈,特别是"上行正雷"是最强烈的。

地闪过程与长火花放电过程十分相似,放电基本为流光过程。图 2.15 所示是常见地闪负极性闪电的典型结构图。当云中负电荷中心的电场强度达到 10^4 V/cm 左右,云雾大气就会发生电离击穿,新电离出的电子又在强电场作用下获得足够大动能撞击气体分子使其游离,而产生更多的正离子和电子,这一过程称为电子雪崩,这部分被电离的气体就成为导电介质,并具有气体发光现象,通常称这部分导电的气体为流光或叫流注。

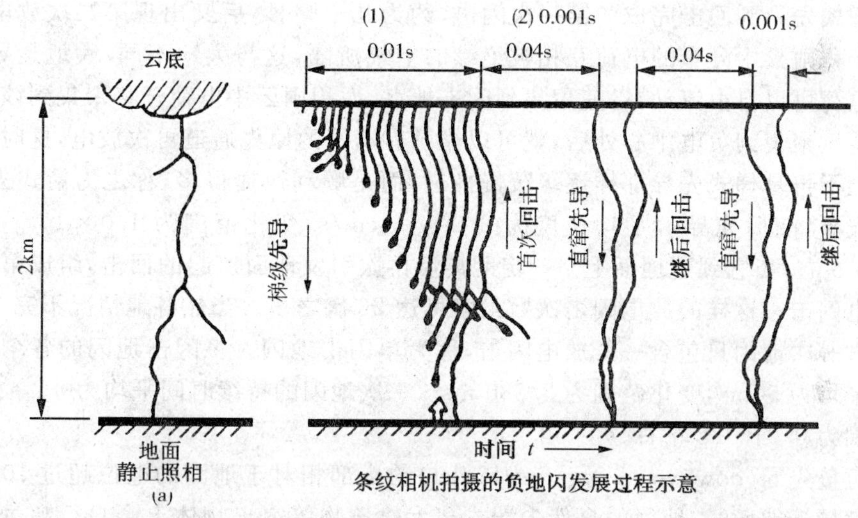

图 2.15　地闪结构的典型情况

这种导电气体是逐级往下方延伸的,因为电子雪崩导电,是靠电场给予的动能去碰撞前方的气体分子,它基本上沿着电场作用力的方向(注意:电子是负电荷,积雨云负电中心向地面的电场方向是垂直地面向上的)。

但是,由于运动的惯性和碰撞的概率,每个电子的速度方向因很多随机因素造成导电气体的向下发展方向并不垂直向下。这一段暗淡的光柱是一条弯曲有分叉的折线段,逐渐向下方推进,称它为梯级先导或梯式先导。它向下推进的平均速度为 1.5×10^7 cm/s左右,其变化范围为1.0×10^7 cm/s ～ 2.6×10^7 cm/s左右。而单个梯级的推进速度要大得多,一般为 5×10^9 cm/s 左右。单个梯级的长度平均为 50m 左右,其变化范围为3～200m左右。各梯级间的间歇时间平均为50μs左右，其变化范围为30～125μs左右。梯式先导的通道直径较大，其变化范围为1～10m左右。单个梯级较长也较亮，而后逐渐变短变暗。当具有负电位的梯式先导到达离地约3～50m时，可形成很强的地面大气电场，就会引发地面产生回击。它实际上是引起地面空气产生向上的流光，这流光与下行的先导相接通，就形成一个直通云中负电荷区的导电通道，地面电荷就迅速流入这个通道冲向云中，由于大地是导体，地面电荷全部可集中到通道，所以电流很大，形成很亮的光柱。回击的推进速度也比梯式先导要快得多，平均为5×10^{9}cm/s，其变化范围为$2\times10^{9}\sim2\times10^{10}$cm/s左右。回击通道的直径平均为几厘米，其变化范围为0.1～23cm。回击峰值电流可达10^{4}A左右，是中和云中负电荷的主要过程。回击通道温度可达10^{4}K量级。地闪所中和的云中负电荷绝大部分在先导放电过程中储存在先导的主要通道和分枝中。回击过程中，地面的正电荷不断把这些负电荷中和掉，我们常称回击为主放电或主闪电。

由梯式先导到回击完成的第一次闪击，约为几十毫秒，后又出现第二次放电闪击。这是由于积雨云中分布的电荷互相被绝缘的空气所隔，这与大地不同，大地是导体，地面上的电荷可以自由流动，迅速聚集到闪击地点，而积雨云中电荷迁移聚集到该点需要时间。待重聚集到负电中心处后，就可以循已有离子的原先通道再次放电，这时云中发出的流光不再是梯式先导那样逐级缓慢推进，而是顺利快捷得多，称之为箭式先导(或叫直窜先导、随后先导)，平均速度为2.0×10^{9}cm/s，变化范围为$1.0\times10^{8}\sim2.1\times10^{9}$cm/s左右，当它到达地面上空一定距离后再次引发地面窜起的回击，组成第二个完整的放电闪击。这样的放电闪击次数最多可达26次之多。当然各地情况不完全一样，有些地方一次地闪只包含一个放电闪击，称为单闪击地闪。多闪击地闪的各个闪击之间间隔平均为50ms，变化范围为3.380 ms。一次地闪的持续时间平均为0.2 s左右，其变化范围为0.01～2s左右。

下行负先导(downward negative leader)的头部相对于地面的电位超过10^{7}V。当先导头部接近地面时，地面的自然尖端或高大建筑物等突出物体上会自行超过空气的击穿电场，并在这些突出物体上诱发一个或几个上行的放电即上行先导(upward leader)。由此产生所谓的连接过程(attachment process)。当一个或几个这样的上行先导在地面上方几十米的地方与下行先导相接时，先导头部的电位突然碰到很近于地电位的上行先导，这时首次回击过程便开始了。

地电位波(即回击)沿着已经电离的先导通道连续向上传播，在接近地面时，回击上行的速度大约为光速的三分之一，并随高度而衰减，从地面到通道顶部的时间一般是100μs。回击在地面附近产生的峰值电流约为30kA，这就是首次回击的大电流脉冲，它从0到峰值的上升时间约为几微秒。从地面测量到的电流在50μs内下降到峰值的一半。几百安培的电流在几毫秒到几百毫秒内将持续沿着通道流动。回击能量的迅速释放将加热原先的先导通道，成为回击通道。由观测及室内实验证明，回击通道的电流核心为1cm左右。通道的温度在瞬间达到30000K，由此产生的高压使通道迅速扩张，并产生冲击波，最终变成雷声。回击有效地将原来沉积在先导通道中的电荷以及在通道顶部的电荷输送到了地面，产生的随着时间的电场变化可以从亚微秒量级到几毫秒。

现在，以负极性雷击为例说明地闪结构和过程(见图2.16)。

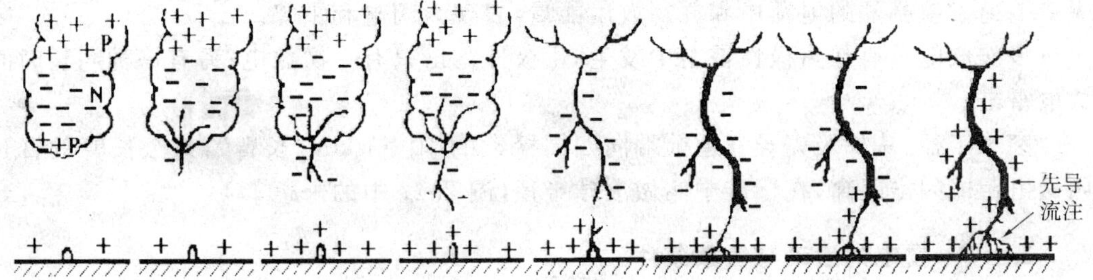

图2.16　地闪全过程

在负极性雷云的感应下，地面呈现出正极性电荷，并且随着电场分布的变化可以迅速集中到某个地点。此时雷云与大地电场之间的空气依然绝缘，没有形成导电通道，对地闪电无法发生。于是，在大气电场强度达到一定程度时，大气中的电子有足够大的动能撞击空气分子，使其电离并加入撞击，为形成雷电通道作准备。

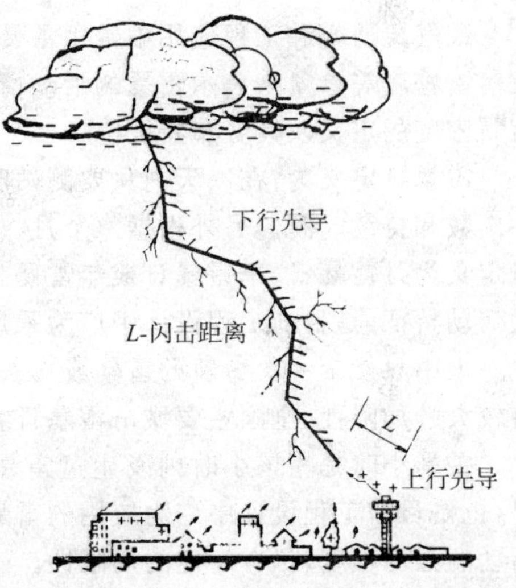

图2.17　负极性下行先导雷击发展示意

以图2.17所示，放电开始时，其微弱发光的通道以100～1000km/s的平均速度以断续脉冲形式向地面延伸(雷电随着通道的开辟向地面下探放电)，形成梯级先导，这一阶段称为先导放电；每级的长度约为10～200m(平均为25m左右)，各级间隔为10～100μs(平均为50μs)，先导放电表现为树枝分叉状，这种位于先导前端的树枝分叉状通道称为流注，流注沿一条电阻最小的通道前进，遇到阻力时便随时改变前进的路线，于是空中出现不同形状的枝状闪电。经历多次放电，消失，再放电，再消失之后，梯级先导的通道前端已接近地面10～100m，这时，它的趋向受到地面上物体的影响，从通道前端向四周伸出10～100m的“长臂”探索，一旦接触到地面物体或与地面提前先导相会便会发生闪击，从地面物上冲一股明亮的光柱，沿放大主通道到达雷云，完成一次回击放电或主放电；几十毫秒之后，由雷云中伸出一条较暗的光柱，沿已开辟的主放电通道冲向地面，这就是第二次回击放电，以及第三、第四次，最多达 26 次放电。这些分支状的先导放电通道往往只有一条放电分支能达到地面（或建筑物）。即在先导接近地面时，由于该部位的空间场强的增加，通常地面（或建筑物）突出处会被激发出现正电荷的上行先导向天空发展迎击下行先导。当下行先导到达地面或与上行先导回合时，雷雨云中与大地所聚集的大量电荷发生剧烈的电荷中和并释放出能量，表现为闪电和雷鸣。

多次放电只有在负极性雷击中发生；正极性雷击只有一次放电；另有一种叫长时间放电雷击。

滚球半径：从梯级先导通道前端向四周探索的 10～100m“长臂”，这个长臂的臂长叫做击距或闪击距离，在标准中叫做滚球半径（图 2.17 中的击距 L）。

2.1.5 雷电的活动与气象条件

雷电活动的强度是因地区而异的，某一地区的雷电活动强度，通常用年平均雷电日这一数字来表示。

在气象研究和工程应用中常用雷暴季节、雷暴持续期、雷暴月、雷暴日、雷暴小时以及落雷密度等参量来表示雷暴的活动情况。这里只介绍最常用的雷暴日、雷暴小时和落雷密度的定义及其分布特征。

雷暴日定义为：在一天内只要测站听到雷声则为一个雷暴日，而不论该天雷暴发生的次数和持续时间。另外根据一个月、一个季度或一年中某一地区发生的雷暴日数可以定义为月雷暴日、季雷暴日或年雷暴日。它们在一定程度上可以反映对应期间雷暴的活动特征，是目前工程设计中广为采用的雷暴活动参量。但由于雷暴日本身不能反映一天中只发生一次短暂的雷暴或几次雷暴，还是持续时间很长的雷暴，因此在使用中有较大的局限性（全国主要城市雷暴日统计数据见附录一）。

雷暴小时是指该小时内发生过雷暴。它比雷暴日更可靠地反映了雷暴的活动情况，也是目前工程设计中广为应用的雷暴活动参量。但是仍然无法区分该小时内雷暴活动的强弱程度，仍有一定的局限性。

理想的雷电活动参量是闪电密度。闪电密度包括总闪电密度和落雷密度。总闪电密度是指一年中单位面积地（海）面上空所发生的各类闪电的次数，单位为：次/（平方千米·年）或次/（km^2·a）。总闪电密度较为精确地反映了全年雷暴活动的多少。落雷密度也称地闪密度，为一年中单位面积地面（或海面）所发生的对地闪电的次数，单位为：次/（平方千米·年）或次/（km^2·a），落雷密度较为精确地反映了危害较严重的对地闪电活动的频数。

雷暴活动参量的气候资料是对气象台站（或其他雷暴观测台站）的雷暴观测资料进行多年统计平均后的结果，雷暴观测资料的统计平均年份愈长，雷暴活动参量的气候代表性愈好。通常，需对至少 10 年的雷暴观测资料进行统计平均，才能获得较好的气候代表性。气象台站对雷暴的观测实际为对雷电的观测，并把离台站较近可听到雷声的闪电定义为当地雷暴，有时亦可只闻雷声而不见闪电。雷暴观测记录了雷暴的起、止时间以及相应时刻的雷暴方位等，当两次闻雷的时间间隔超过 15min 后，则重新记录雷暴的起、止时间以及相应时刻的雷暴方位等。气象台站把听不到雷声的远处闪电定义为闪电，或称远闪。进行雷暴活动气候统计时，不包括远闪的观测资料。

闪电密度和落雷密度一般要借助探测仪器来获得。早期的闪电密度常采用闪电计数器来得到，由于闪电计数器的探测范围有限，而且不能够区分闪击到地面的闪电，因此要得到落雷密度的数据，必须借助其他的观测手段。

目前最先进也是最可取的闪电密度和落雷密度获得方法是卫星携带的闪电探测系统和地面闪电定位系统。随着微电子技术的发展和探测资料的积累，自 20 世纪 70 年代末以来，相继出现了各种能够确定雷电发生位置的探测系统。并逐渐在许多国家布网，落雷密度可以很方便的通过雷电定位网络得到的资料分析获得。这种办法在测得落雷密度的同时，还可以连续监测雷暴的活动情况，是目前国际上普遍采用的办法。

我国年平均雷电日分布大致可以划分为四个区域(见图 2.18)：

西北地区年平均雷电日一般在 15 日以下；长江以北大部分地区(包括华北)年平均雷电日一般在 15～40 日之间；长江以南地区年平均雷电日在 40 日以上；北纬 23°以南地区年平均雷电日均超过 80 日；海南岛及雷州半岛地区，是我国雷电活动最剧烈的地区，年雷电日高达 120～130 日。

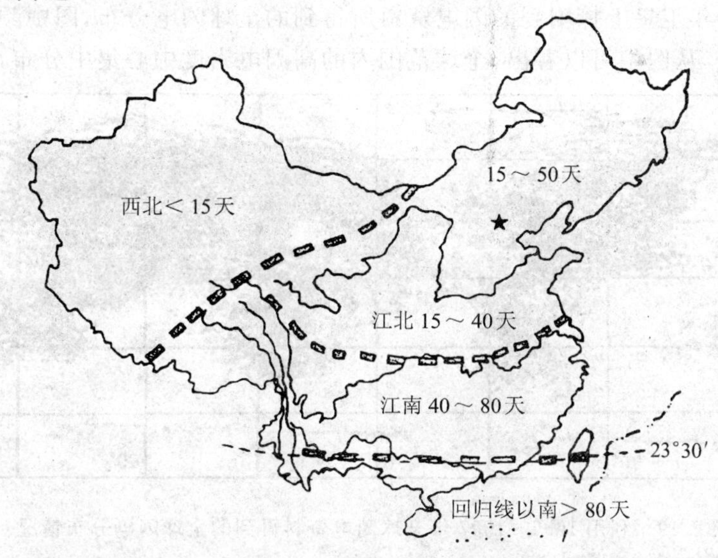

图 2.18　全国雷电日分区示意

雷暴日等级的划分如下：

根据年雷暴日数，将雷暴发生地区划分为：少雷区、多雷区、高雷区、强雷区。

少雷区：年雷暴日平均值在 20d 及以下的地区；

多雷区：年雷暴日平均值大于 20d，不超过 40d 的地区；

高雷区：年雷暴日平均值大于 40d，不超过 60d 的地区；

强雷区：年雷暴日平均值超过 60d 以上的地区。

雷电活动的强弱程度与落雷概率是两个不同的概念，实际情况是，即使在同一地区，雷电活动也有所不同，有些地方受到局部气象条件的影响，雷电活动可能比临近地区强得多。所以，当我们需要了解某一个地方的雷电活动程度的时候，不仅要考虑它的地理位置，还要注意当地的地形和局部气象情况，并对当地历史上落雷事故做些调查研究，这对于我们采取正确的防雷措施是有益的。

根据前人的不断总结，雷电活动一般规律大致如下：

①热而潮湿的地区比冷而干燥的地区雷暴多；②雷暴频数是山区大于平原，平原大于沙漠，陆地大于湖海；③雷暴高峰月在七、八月份，活动时间大都在 14～22 时，各地区雷暴的极大值和极小值多数出现在相同的年份。

全球平均年雷暴日的地理分布较为复杂，其分布特征与大气环流、海陆分布、地形和地貌、冷暖洋流以及局地条件等因素有关。20 世纪 70 年代末以来，随着多种雷电探测技术的发展，对全球闪电活动的探测成为了可能。气象卫星携带的闪电探测器，可以通过探测闪电放电产生的可见光和近红外辐射来确定全球的闪电活动。图 2.19 是利用 1995～1997 年卫星上探测到的闪电资料所得到的全球闪电分布，图中颜色越黑表明闪电密度越大。从图中可以看出，全球范围内的高闪电密度中心集中分布在陆地上。

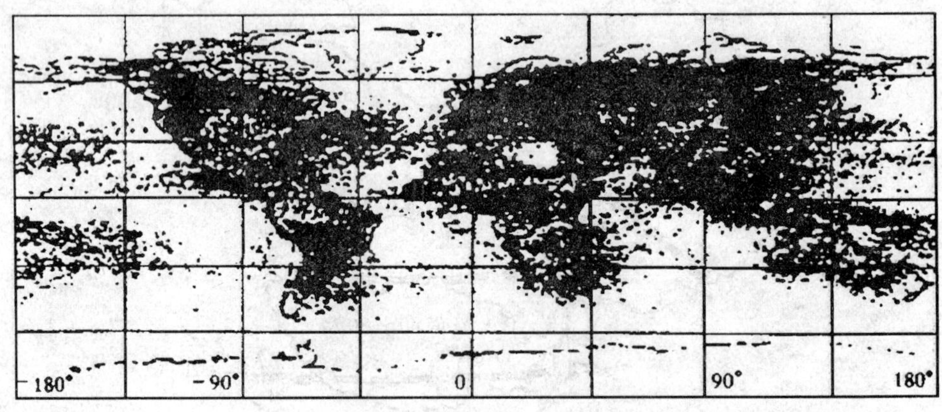

图 2.19 利用 1995～1997 年全球闪电资料得到的全球闪电分布情况

全球平均年雷电活动的地理分布大致具有三个特征：

①平均年雷暴活动一般随纬度增加而递减。平均年雷暴日和落雷密度的高值区多

位于纬度小于30°的陆地上，在大陆的赤道地区平均年雷暴日可达100～150天。

而在北纬70°以北和南纬60°以南地区，平均年雷暴日减少到1天以下，甚至没有雷暴日(图2.20)。在热带地区为75～100天，中纬度地区约为30～80天。Goodman and Christian(1993)利用1986～1987年的卫星资料发现在20°S～20°N之间是闪电活动的峰值区域。

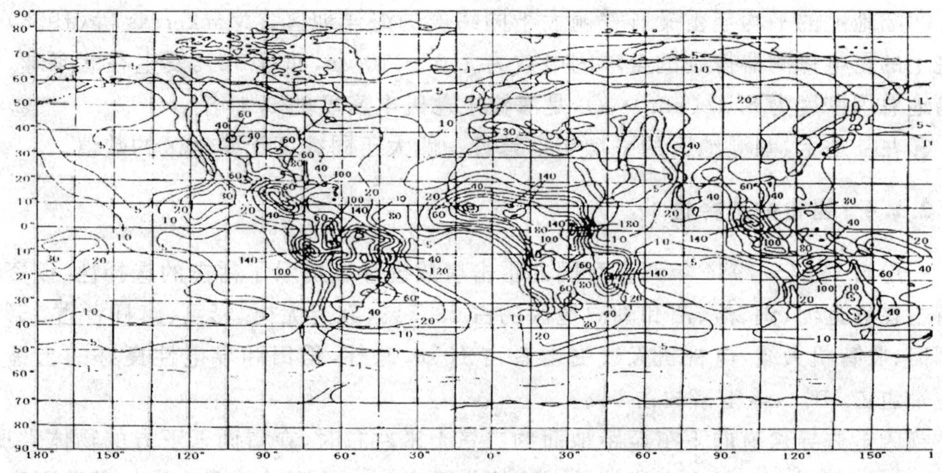

图2.20　全球雷电闪光密度

(选自BS6651,1992《构筑物避雷的实用规程》)

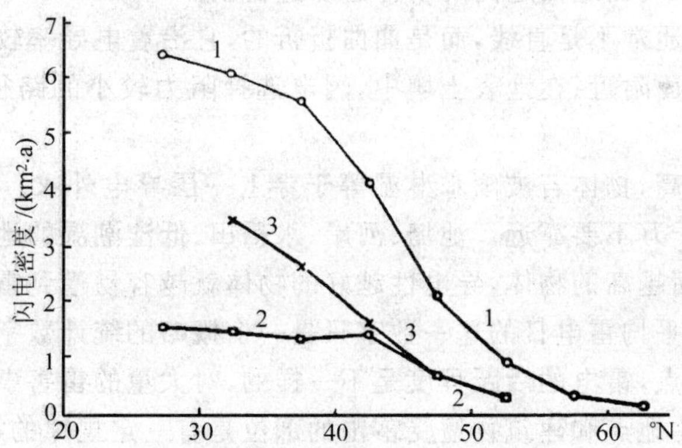

图2.21　25°N～50°N之间的闪电密度和落雷密度随纬度的变化

Mackerras等(1998)曾经利用1986～1991年定点卫星上的闪电探测器得到的59.9°N～27.3°S范围内的闪电资料，得到了25°N到50°N之间的闪电密度和落雷密度随纬度的变化，并与Orville(1994)利用美国的闪电定位网络(NLDN)得到的落雷密度进行了对比，结果如图 2.21。

图中曲线 1 是利用卫星资料得到总闪电密度，曲线 2 是由曲线 1 得到的地闪密度，曲线 3 是 Orville(1994)利用美国的闪电定位网络(NLDN)得到的闪电密度。尽管在 30°N～40°N 之间得到闪电密度数有一定的差别，但是闪电密度随纬度增加而减少的趋势是十分明显的。

②陆地上的平均年雷暴日普遍大于同纬度的海洋地区。Mackerras 等(1998)利用卫星上的雷电探测器得到的全球闪电数为 $2.05\times10^{9}/a$，而且 54%发生在北半球，平均的陆地总闪密度为 $8.3/(km^{2}\cdot a)$，是海洋上总闪电密度的 3.4 倍。

③在陆地上，潮湿地区的平均年雷暴日一般大于同纬度干旱地区的数值。

2.1.6 雷击的选择性

一份自 1954～1984 年调查我国的雷击事故统计表揭示了雷击的选择性，该资料表明雷击在靠近河、湖、池、沼和潮湿地区的占 23.5%，靠近大树、杉篙、旗杆者占 15%，靠近烟囱、收音机天线、电视机天线受击者占 10%，此外，稻田和导电性良好的土壤交界的地带也占 10%，球雷事故占 5%。

当闪电先导通道向下窜至距地面约二三十米左右时，在雷雨云下方的物体尖顶(或尖端)处发生主放电，以几百安培的电流把雷雨云与大地间的气隙击穿。在地面突出物上方发生回闪放电的概率最大，因为在地面导体尖端处附近聚集的导电粒子最多，那里的电场最强。因此，突出地面越高的物体越易遭雷击。

闪电放电通道通常不是直线，而是曲曲折折的，它沿着电导率较强的带电微粒聚集的路径伸展。在地面附近、在地表土壤中，闪电选择阻力较小的路径，也就是导电率较好的路径前进。

水的电导率较高，物体若被雨水淋湿等于穿上一层导电外衣。因此，在雷雨时，淋湿的树木、墙壁等千万不要靠近。池塘、河岸、水稻田、低洼潮湿的地方都极易落雷。

总之，突出地面越高的物体，导电性越好的物体就越容易遭到雷击。

某一地区的年平均雷电日的这一数字只是一个概略的统计数字，现实的状况是，在同一地区的不同地点，雷电的活跃程度是不一样的，对大量的雷害事故的统计资料和实验研究证明，雷击的地点和建筑物遭受雷击的部位是有一定规律的，这些规律称为雷击的选择性。通常雷击受下列因素的影响：

2.1.6.1 与地质构造有关，即与土壤的电阻率有关

如果土壤中的电阻率分布不均匀，则土壤电阻率小的地方易受雷击，而电阻率较大且岩石含量较多的土壤被雷电击中的机会就小得多；在不同电阻率的土壤交界地段易受雷击。雷击经常发生在有金属矿藏的地区、河岸、地下水出口处、山坡与水面(或水

田)接壤地区。这是由于在雷电先导的放电过程中,土壤中的先导电流是在沿着电阻率较小的路径流通。而电阻率较大的岩土表面只是被带电荷的雷云感应积聚了大量与雷云相对应的异性电荷。

地质条件是雷击选择性的主要因素。

①电阻率小的土壤,由于其导电性好,所以易于为雷电流提供低阻抗通路。如:大型盐场、河床、池沼、苇塘等,坐落于这些地区的建筑物易遭受雷击。

②土壤电阻率有突变的地点,如岩石与土壤的交界处、山坡与稻田的交界处,雷击多落于土壤和稻田处;地表土壤中粘土的电导率高于砂土的电导率,因此,放电的发展并不决定于当地的表面地形,而决定于地质构造中上层粘土的厚薄。

③地下埋有金属导电矿床(如金属矿)处和金属管线较密集处更易落雷。

2.1.6.2　与地面上的设施情况有关

凡是有利于雷云与大地建立良好的放电通道者易受雷击,这是影响雷击选择性的重要因素。在旷野中,即使建筑物并不是很高,但由于它比较孤立、突出,因此也比较容易遭受雷击。

从烟囱冒出的热气柱和烟气有时含有导电粒子和游离气团,它们比一般空气易于导电,就等于加高了烟囱的高度,这也是烟囱易于遭受雷击的原因之一。

建筑物的结构、内部设备情况对雷电发展也有关系:金属结构的建筑物、内部有大量金属物体的厂房或内部经常潮湿的房屋,由于这些地方具有良好的导电性能,因此比较容易遭受雷击;此外,我们还注意到大树、枯老的树木、输电线、高架电线及其他高架金属管道等容易遭受雷击。

2.1.6.3　地形和地物条件

从地形来看,凡是有利于雷云的形成和相遇条件的易遭受雷击。我国大部分地区山地的东坡、南坡较北坡、西北坡易受雷击,山中的平地较峡谷容易受雷击。从建筑物所处地理位置来看,建筑物群中的高耸建筑物和空旷地区的孤立建筑物较易引雷。对靠山和临水的地区,临水一面的低洼潮湿地点和山口或风口的特殊地形构成的雷暴走廊的地点易于受雷击。从地物看,铁路集中的枢纽和终端,高压输电线架空线路转角处,由于容易产生大量感应电荷,从而易遭雷害。

2.1.6.4　建筑物结构及其所附属构件条件

建筑物结构材料所能积蓄电荷量的多少直接影响建筑物接闪的频率。当建筑物结构中,如墙、板、梁、柱和基础内的钢筋较多时,容易积累大量电荷。又如金属屋顶、金属构架、电梯间和水箱等也是积蓄大量电荷的部位。此外,附属在建筑物上的突出物,如电视天线、旗杆、屋顶金属柱杆等都容易接闪。建筑物上部排气的烟道、透气管、天窗和工厂排出导电尘埃的烟囱及废气管等也容易接闪。

建筑物内部安装的大型金属设备和通入建筑物内的架空和地下金属管线等都可积蓄大量电荷。

上述关于雷电活动规律、雷击选择性以及土壤电阻率的相关因素等都是防雷设计必须充分调查的重要参数。因地制宜,充分调研,合理设计才能较好地减少雷击的危险性。

§2.2　雷电的危害

从地球进化史看,雷电的出现早于人类的起源,甚至早于生物的出现,并且与首次产生氨基酸有关,这可能是生物进化过程中不可缺少的一环。闪电也可能是人类第一个火种的源泉。

人们很久以来就了解闪电放电有固氮作用,使大气中的氮变成氮氧化物,成为植物包括农作物生长可吸收的化合物。自然界的闪电火花有几千米长,温度很高,有不少氮和氧化合生成二氧化氮。闪电时生成的二氧化氮溶解在雨水里变成浓度很低的硝酸。它一落到土壤中,马上和其他物质化合,变成硝石。硝石是很好的化肥。有人计算过每年每平方千米的土地上有100～1000g闪电形成的化肥进入土壤。一般认为,闪电产生的氮肥可能只占全球实际消耗的少部分。闪电导致臭氧的产生,在一定程度上,有利于人类。

闪电引燃林火,只要不过度,也会对森林生态平衡起到良好的调节作用,它抑制一种植物的过度生长,又保持土壤的肥力。

雷电的破坏作用主要是雷电流引起的,它的危害基本上可分为三种类型:一是直击雷的作用,即雷电直接击在建筑物或设备上发生的强加热效应作用和电动力作用;二是雷电的二次作用,通常称为间接雷害,即雷电流产生的静电感应作用和电磁感应作用;三是雷电对架空线路或金属管道的作用,所产生的雷电波可能沿着这些金属导体、管路,特别是沿天线或架空电线将高电位引入室内与造成反击。

雷电闪击过程中产生了强大的雷电流和高电位,因此按功率为电位与电流之积计算,雷电具有极强大的功率,从而形成一次爆炸过程。雷电直击到地面的建筑和各种生物上,因其电效应、热效应和机械效应会造成严重的破坏和灾害。雷电的强大破坏力,主要是由于它把雷云蕴藏的能量在极短的几十微秒中释放出来,它的功率巨大,但是放电时间太短,以功率乘以时间得出的能量数值却不大,只有几十千瓦小时。

雷电有着自己的特点:它带有随机性、局域性、分散性、突发性、瞬时性及三维性,这些鲜明特点,一方面使得对它的深入了解有了难度,另一方面也较难引起全社会的关注。有的雷害是由于人们的疏忽及无知造成的,因为雷害对某一点而言概率极低,往往是百年一遇或更少，大多数人往往不在意，加上有些人不求甚解，这就有了隐患。

雷害分为直接雷害和间接雷害。所谓直接（击）雷害指的是在雷击点处直接由落地雷引起的雷害。在该点以外空间的雷害就是该落地雷造成的间接雷害。需注意的是落地雷本身产生直接、间接两种雷害，而非两种雷各自产生一种雷害。这种直接由落地雷主放电通道接触而产生的破坏，可导致人员伤亡、物体燃烧、爆炸、腐蚀、变形和其他因强电流磁力（电动力）、高气压冲击波引起的结构性破坏。这类破坏一般会留下十分明显的痕迹。它所涉及的能量为雷击放电的电能直接转换而来，能量密度较高。

直接（击）雷害：主要在雷电流通道内造成的人畜伤亡以及因雷击引起的爆炸、着火造成的。城市化进程使户外受害率下降，在发达国家，直击雷所造成的人员伤亡是以户外受雷击为主，表现在与体育运动、旅行、休闲活动以及露天矿山、农牧活动有关。要避免这类破坏只有使受击物体能抗拒一定的强加热及电动力效应等，来达到安全而无损地消耗及泄放雷电能量。

间接雷害：一次对地雷击，由于是脉冲放电，占有很宽频带的强脉冲电流通过主通道。同时，这个强电流脉冲还必然会产生其他一些电磁效应，除了静电、磁感应效应外，还有传导效应（如入地电流引起的电位差产生的电流）以及因电荷的加速度造成的电磁辐射。在距主放电通道远处，辐射场将起主导作用。产生这种电磁脉冲场辐射（有称闪电电磁脉冲 LEMP）的落地雷，它会产生传导型电流、感应电压及放电、感应电流等等。这些电磁现象作用在电气系统上有可能造成永久性破坏或搅乱正常工作。雷击间接伤害在于能使环形导体被感应产生出火花放电，导致在易燃易爆环境中引发灾难，而且涉及的电力系统本身因其受破坏还会引起强大得多的能量的介入（如电源短路），导致更大的灾难。虽然间接雷电的能量远小于直接雷害，但它可以波及雷电源区外几千米甚至更远，所以，间接雷害的范围远大于直接雷害。

2.2.1　强加热效应和电动力作用

雷电流的机械力作用能使被击物体破坏，这是由于被击物在雷击点处缝隙中的气体和水分在雷电流作用下剧烈膨胀、水分急剧蒸发而引起被击物爆裂；树液将汽化以致引起树干劈裂；混凝土材料细孔中的含水急剧蒸发，引起混凝土块碎裂；如果有易挥发可燃气体或液体，此热量极易使其点燃，引起大的爆炸和火灾。此外，静电斥力、电磁推力也有很强的破坏作用。前者是指被击物上同性电荷之间的斥力，后者是指雷电流在拐角处或雷电流相平行处的推力。

2.2.1.1　热效应作用

闪电击中地面物，闪电电流产生焦耳－楞次热效应，虽然电流峰值很高，但作用时间很短，只能产生局部瞬时高温，强大的雷电流通过被雷击的物体时会产生很高的温度而发生熔化、汽化或燃烧现象，可以使较小体积的金属熔化。在回击阶段，雷云对地放电的峰值电流可达数倍 10^5 A 以上，瞬间功率可达 10^{11} W 以上，在这一瞬间，它将在其通路上造成强加热效应，在通过大气（即放电通道）时可使通道中空气温度瞬间升到30000℃以上。与雷电通道直接接触的金属因高温而熔化的可能性很大，因此在雷电流通道上遇到可燃物质时，会引发火灾。根据焦耳定律，一次闪击的雷电流发出的热量（Q）：

$$Q = R\int_0^t i^2 \, dt$$

式中：Q 发热量，J；

i 雷电流，A；

R 雷电流通道的电阻，Ω；

t 雷电流持续的时间，s。

雷电流作用的时间很短，散热可以忽略，在电流通路上由电流引起的温升（ΔT）为：

$$\Delta T = \frac{Q}{mc}$$

式中：ΔT 温升，K；

m 通过雷电流的物体的质量，kg；

c 通过雷电流的物体的比热容，J/(kg·K)。

由于雷电流很大，通过的时间又短，如果雷电击在树木或建筑物构件上，被雷击的物体瞬间将产生大量热，又来不及散发，以致物体内部的水分大量变成蒸汽，并迅速膨胀，产生巨大的爆炸力，造成破坏；在瞬间，能量便以热能、机械能（包括声波、冲击波）和电磁能（包括光能）等方式散布开。当雷电流通过金属体时，根据公式可以算出其温度，如果金属导线的截面积不够大时，也可使其熔化。

许多新技术设备受损，特别是微电子技术的产品，如大规模和超大规模集成电路接口和模块的损坏，是闪电电流的热效应所致。

2.2.1.2 雷电冲击波效应作用

由于雷电通道中空气受热急剧膨胀，并以超声速度向四周扩散，其外围附近的冷空气被强烈压缩形成“激波”。被压缩空气的外界称为“激波波前”。“激波波前”到达的地方，空气密度、压力和温度都会突然增加。“激波波前”过后，该区域内空气压力下降，直到低于大气压力。这种“激波”在空气中传播，会使附近的建筑物受到破坏，人、牲畜受到伤害，这种冲击波的作用就如同炸药在爆炸时对附近的建筑物、人和牲畜的损害一样。雷雨云的庞大体积因迅速放电而收缩，当雷雨云内电应力（约 100V/cm）突然解除时，一部分带电雷云的流动压力将减少到 0.3mm 汞柱（约 40Pa）的程度，这样就形成了稀疏区和压缩区，它们以零点几赫兹到几赫兹的频率向外传播，这就形成了次声波，次声波对人、牲畜有伤害作用。

2.2.1.3　电动力作用

由物理学可知，在载流导体周围空间存在磁场，在磁场里的载流导体会受到电磁力的作用，导体受到的电磁作用力叫做电动力。

如果导线 A、B 都有电流，那么导线 A 的电流会在它的周围空间产生磁场，而导线 B 在导线 A 所产生的磁场里将受到电磁力的作用。同理，导线 B 上的电流也会在它的周围空间形成磁场，导线 A 在该磁场里，也会受到电磁力的作用。这样两根载流导体相互间有作用力存在，我们把这种作用力叫做电动力。

由于雷电流的峰值很大，作用时间短，产生的电动力具有冲力特性。首先要考虑二条平行导体流过同方向的闪电电流时相互的电动力问题。这在利用钢筋混凝土墙体内的钢筋作引下线或者一般的引下线与接地体连接端就遇到这一情况。其作用力的分布，是相互吸引的，所以建筑物施工时，钢筋采用金属绑线扎紧而并非焊接，从力学上看倒是可以允许的。这种绑扎连接有较大的接触电阻，产生局部高温，反而可能被雷电流熔接。但是也可能因表面锈蚀而接触不良产生电火花，对于有易燃物或爆炸危险的建筑物，这是危险的，在这种情况下，就应采取焊接施工法，把钢筋全部焊接。当一高电流沿着靠得很近的平行导线或沿着带有锐弯的单一导线放电时，会产生显著的机械力。这种电动力作用时间极短，远小于导体的机械振动周期，导体在它的作用下常出现炸裂、劈开的现象。

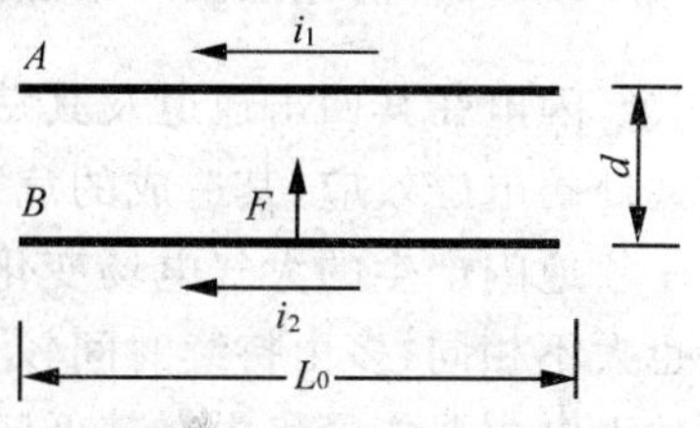

图 2.22　雷电流通过平行导线时在导线上的电动力

根据安培定律推导，如图 2.22 所示，两根平行的导体，当 A、B 上分别通以电流 i_1、i_2(kA)，AB 的距离为 d(m) 时，每米导线所受的作用力按下式计算：

$$F = 1.02\,\frac{2l_0}{d} i_1 \times i_2 \times 10^{-8}$$

当式中 l_0 为 1m 时，如图 2.22，假设雷击的瞬间两导线的电流 i_l 和 i_2 都等于 80kA，两导线的距离为 50cm。

$$\begin{aligned} F &= 1.02\,\frac{2l_0}{d} i_1 \times i_2 \times 10^{-8} \\ &= 1.02\,\frac{2\times 1}{0.5} \times 80000 \times 80000 \times 10^{-8} \\ &= 261.12(\mathrm{kg}) \end{aligned}$$

计算结果表明，这两根导线每米都受到 261.12kg 的力。由电工学可知，这两根导线受到的力有迫使它们靠拢的趋势。因此雷击的时候，由于电动力的作用，也有可能使导线弯曲折断。

同样，在同一根导线或金属构件的弯曲部分有电流通过的时候，如图 2.23 所示，其中流过 *AO* 段的电流产生的磁场可使 *BO* 段金属构件受到电动力；流过 *BO* 段的电流产生的磁场，可使 *AO* 段构件受到电动力，当电动力足够大的时候也会使构件受到破坏。

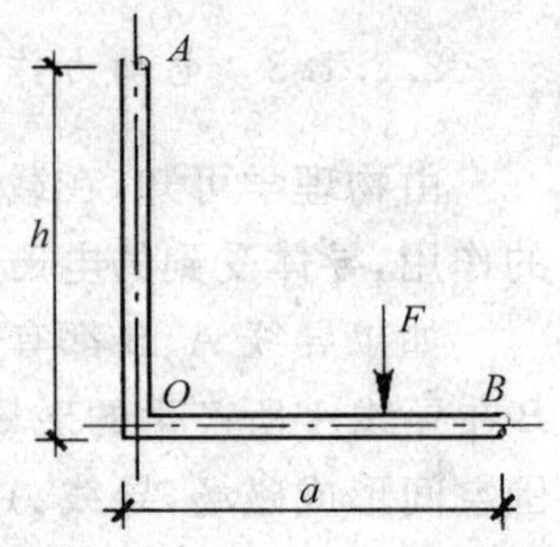

图 2.23　雷电流通过弯曲导线时，导线上的电动力

由安培定律推导可知，凡拐弯的导体或金属构件，在拐弯部分将受到电动力作用，它们之间的夹角越小，受到的电动力越大；当拐弯的夹角为锐角时受到作用力最大，钝角较小。故接闪器及其引下线不应出现锐角的拐弯，尽可能采用钝角拐弯，在不得已采用直角拐弯时应加强构件强度，尤其是引下线一般应尽可能采用弧形拐弯，俗称“软连接”，这样可使构件受到的应力较小，而且不集中在一点，雷击造成的损失就相对小些。

2.2.2　静电感应和电磁感应作用

闪电在其回击通道及其贴近处产生强大的机械效应、加热效应外，也产生可波及较远处的电磁效应，其造成的危害及对它的抵御已构成了人类与雷电之间的密切关系。

地闪产生的大气电场变化逐渐以辐射场分量为主，频率为 1～100MHz 时，其特征也大不相同，多由持续时间较长的振荡波序列组成。地闪因有强回击过程，使地闪产生的天电主要能量集中在甚低频波段。云闪因无回击过程，所以它产生的天电的低频部分很弱，由此可以判断接受到的天电是否落地闪所发出的。雷电放电时，在附近的导体上产生静电效应和电磁感应，使导体产生火花引起爆炸或火灾。

当金属屋顶、输电线路或其他导体处于雷云和大地之间所形成的电场中时，导体上就会感应出与雷云性质相反的大量电荷(简称束缚电荷)。雷云放电后，云与大地间的电场突然消失，导体上的电荷来不及立即流散，因而产生很高的对地电位。这种对地电位称为“静电感应电压”。

此时，导体上的束缚电荷变成自由电荷，向导体的两端流动，形成感应过电压波。高压输电线上的感应过电压可达到 300～400kV，但一般配电线路，由于悬挂高度底，漏电大，感应过电压大致不超过 100kV。为了防止静电感应电压的危害，应将金属屋顶、房屋中的大型金属物品全部给予良好的接地处理。

由于雷电流具有较大的幅值(雷电流升高的速度)，在它周围的空间里，会产生强大的变化电磁场。处于这一电磁场中的导体会感应出很高的电动势，它可以使构成闭合回路的金属物体产生强大的感应电流。如果回路中有些地方接触不良时，就会产生局部发热，若回路有间隙时，就会产生火花放电。这对于存放易燃、易爆物品的建筑物是极为危险的。为了防止电磁感应引起的不良后果，应该将所有互相靠近的金属物体很好地连接起来。

2.2.2.1　静电感应作用

当空间有带电的雷云出现时，雷云下的地面及建筑物等，都由于静电感应的作用而带上相反的电荷。由于从雷云的出现到发生雷击（主放电）所需要的时间相对于主放电过程的时间要长得多，因此大地可以有充分的时间积累大量电荷。然而当雷击发生后，雷云上所带的电荷，通过闪击与地面的异种电荷迅速中和，而某些局部，例如架空导线上的感应电荷，由于与大地间的电阻比较大，而不能在同样短的时间内相应消失，这样就会形成局部地区感应高电压，这电压从雷击开始随时间的推移而下降，它符合 RC 电路放电的规律，即：

$$V_C = V_e^{\frac{t}{RC}} \qquad V = \frac{Q}{C}$$

式中：　V_C　雷击发生后，局部高电压地区与大地之间瞬间的电压，V；

V　发生闪击那一瞬间，即 $t=0$ 的那一瞬间，局部高电压地区对大地间的电压，V；

R　高电压局部地区对大地的散流电阻，Ω；

C　局部高电压的地区对雷云之间的电容，F；

Q　局部高电压地区积累的电荷量，C；

t　以发生闪击瞬间为零，闪击发生后延续的时间，s。

这样形成的局部地区感应高电压在高压架空线路可达 300～400kV，一般低压架空线路可达 100kV。电信线路可达 40～60kV，建筑物也可以产生相当高的有危险的电压。这种由静电感应产生的过电压对接地不良的电气系统有破坏作用，对于建筑物内部的金属构架与接地不良的金属器件之间容易发生火花，对于存放易燃物品的建筑物，如汽油、瓦斯、火药库以及有大量可燃性微粒飞扬的场所，如亚麻及粮食加工企业等有引起爆炸的危险。1986 年我国某亚麻厂就是因为这一疏忽发生爆炸，造成极严重的损失，这是沉痛的教训。

2.2.2.2　电磁感应作用

由于雷电流有极大峰值和陡度，在它周围的空间有强大的变化的电磁场，处在这电磁场中的导体会感应出较大的电动势。如果在雷电流引下线附近放置一个开口的金属环，如图 2.24 所示，环上的感应电势足以使气隙 a、b 间放电，放电时 a、b 间即产生火花，这些火花可以引起易燃物品着火，和易燃气体爆炸。如果回路中有导体接触不良，也会使回路过热，引起易燃物品燃烧，酿成火灾。防止的办法是把互相靠近的金属物品用金属很好地连接起来。雷电的电磁感应引起火灾的例子也不少。

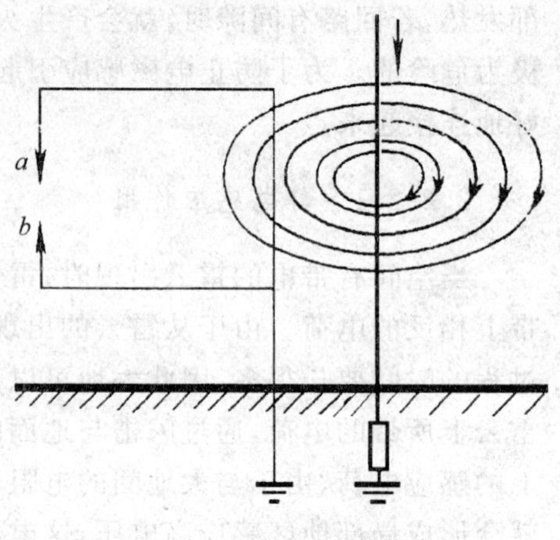

图 2.24　电磁感应原理图

由雷电引起的静电感应和电磁感应统称为间接雷害。又叫二次雷击，它对人、畜都有一定的危险。

为了防止感应雷高电压发生，应将建筑物的金属屋顶、建筑物内的大型金属物品等，给以良好的接地处理，以便感应电荷能迅速地流向大地。对较大的开口金属环，应用金属将开口处连成闭合环，防止在缺口处形成高电压和放电火花。

2.2.2.3　间接雷害的分析

一般来说，间接雷没有直击雷那么猛烈，但它发生的几率比直击雷高得多。因为直击雷只发生在雷云对地闪击时才会对地面造成灾害，而间接雷则不论雷云对地闪击，或者雷云对雷云之间闪击（据观测资料介绍，雷云对雷云间闪击比雷云对地闪击几率高得多），都可能发生并造成灾害。

此外，直击雷一次只能袭击一两个小范围的目标，而一次雷闪击可以在比较大范围内多个小局部同时发生感应雷过电压现象，并且这种感应高电压可以通过电力线、电话线等金属导线传输到很远，致使雷害范围扩大。云对云和云对地雷击时，电磁感应能在邻近的电线或其他导体中产生电流，雷击时的通断－通断作用，引起雷击点周围的电磁场产生和消失，此作用在电话线电线和设备内的电路中感生电流。弄清雷电闪击时，感应体和雷电闪击时的主电流（或避雷针）的距离，以及雷电流对时间的一次导数与感应电势的关系，对分析和预防感应雷害有重要意义。为简明起见，以图 2.25 为例作理论分析。

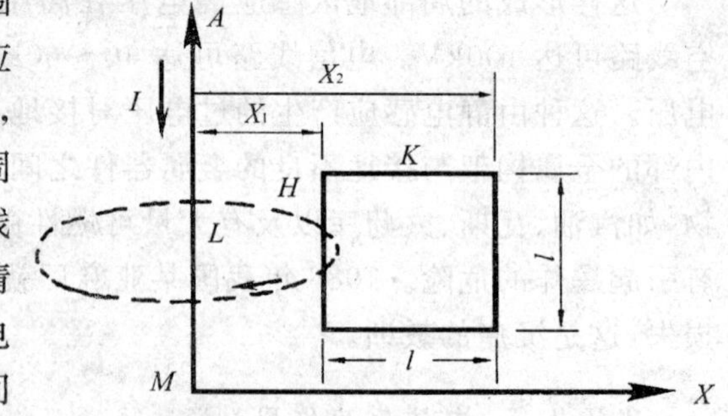

图 2.25　避雷针附近的金属环

图 2.25 中，设引下线（电流通道）AM 与一个有气隙的正方形金属环处于同一平面上，x_1 为正方形方框与避雷针（闪击电流）的距离，x_2 是方框的另一边与避雷针（电流

注）的距离，金属环的边长为 l。

由电磁感应定律可知，开口金属环上最大感应电压：

$$E_m = -M\frac{\mathrm{d}I}{\mathrm{d}t}$$

如果不考虑电压的方向，则

$$E_m = M\frac{\mathrm{d}I}{\mathrm{d}t}$$

式中：E_m　感应电势，V；

M　互感系数，H；

$\frac{\mathrm{d}I}{\mathrm{d}t}$　闪击电流变化率，A/s。

根据电磁场理论：

$$\Phi \cdot H \cdot \mathrm{d}L = I$$

$$2H \cdot \pi \cdot X = I$$

$$H = \frac{I}{2\pi X}$$

$$\mathrm{d}\Phi = B \cdot \mathrm{d}S = \mu_0 \cdot H \cdot \mathrm{d}S$$

因

$$\mathrm{d}\Phi = \mu_0 \cdot H \cdot l \cdot \mathrm{d}X$$

则

$$\Phi = \int_{x_1}^{x_2} \mu_0 \cdot H \cdot l \cdot \mathrm{d}X = \frac{\mu_0 \cdot I \cdot l}{2\pi}\int_{x_1}^{x_2} \frac{\mathrm{d}X}{X}$$

又因

$$M = \frac{\Phi}{I} = \frac{\mu_0 \cdot l}{2\pi}\int_{x_1}^{x_2} \frac{\mathrm{d}X}{X} = \frac{\mu_0 \cdot l}{2\pi}[\ln X]_{x_1}^{x_2} = \frac{\mu_0 \cdot l}{2\pi}\ln\frac{X_2}{X_1}$$

式中：H　磁场强度，A/m；

B　磁感应强度，T；

Φ　穿过金属环的磁通量，Wb；

M　互感系数，H；

μ_0　空气磁介常数，$\mu_0 = 4\pi \times 10^{-7}$ (H/m)；

l　矩形金属环的长和宽，m；

L　闭环积分线路，m；

X_1、X_2　（见图 2.25），m；

S　矩形金属环的面积，m^2。

因 $X_2 = l + X_1$，代入上式得

$$M = 2 \times 10^{-7} l \cdot \ln\frac{l + X_1}{X_1}$$

由此可知，在避雷针（闪击电流）附近开口金属环上最大感应电势

$$E_m = 2 \times 10^{-7} l \cdot \ln \frac{l + X_1}{X_1} \cdot \frac{\mathrm{d}I}{\mathrm{d}t}$$

若避雷针(闪击电流)与金属环之间的夹角为 α，则上式改为：

$$E_m = 2 \times 10^{-7} l \cdot \ln \frac{l + X_1}{X_1} \cdot \frac{\mathrm{d}I}{\mathrm{d}t} \cdot \cos\alpha$$

设图 2.25 中的金属环边长 $l = 5\mathrm{m}$，则金属环开口 K 的电压与金属环—避雷针距离之间的关系如图 2.26 所示。

在图 2.26 中，闪击电流峰值分别选 50kA、100kA(这是较普通的闪击电流峰值)。通常雷电闪击电流波形前沿为 2～5μs，现取：2.5μs 。

从图 2.26 可以看出一个即使只有 5m×5m 的开口金属框，在雷电流峰值为 100kA 时，距离雷击点 200m 也可以感应到 1kV 左右的电压，在潮湿环境下，零点几毫米的气隙就可能被击穿，发生有害的火花。

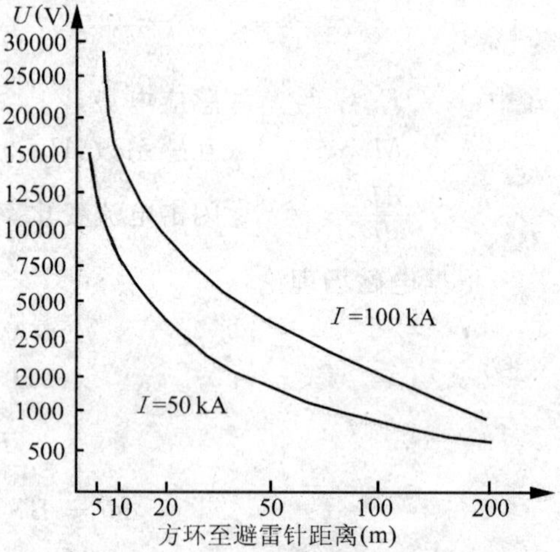

图 2.26　5m×5m 金属环上的开口感应电势

2.2.3　高电位引入与反击

闪电电流产生的高电压击中避雷针时，雷电流沿着接闪器、引下线和接地体流入大地，并且在它们上面产生很高的电位。主要物理机制是地面的大量电荷在强电场的作用下，向上方闪电通道产生强烈的回击运动，引下线的断开丝毫中断不了闪电电流，向上方回击的电荷将击穿断口冲向积雨云，在中断处产生电火花或电弧，引下线各点对地产生高电压是由回击的闪电电流所决定。

闪电电流产生的极高电位对建筑物或仪器设备的“反击”现象，是非常重要的问题。如果防雷装置与建筑物内外电器设备、电线或其他金属管线的绝缘距离不够，它们之间就会产生放电现象，这种情况称之为“反击”。反击的发生，可能引起电气设备绝缘被破坏，金属管道被烧穿，甚至会引起火灾、爆炸及人身伤亡事故。

各种电器都要接安全地线，电子仪器、计算机均要接信号地线，这些地线与防雷地线常靠近埋设，因此闪电电流在防雷地线上的高压就可能对其他地线“反击”而导通，于是这些设备的地线反而成为电压很高的高压端，它与电源线之间的电势相对关系反转，两者间的高电压足以击穿各种电子元器件。这种“反击”，不仅损坏电器和电子设备，也会使各种室内金属管线带上高电压而造成人身事故。此外它产生的闪络、电火花或电弧还会导致火灾。

为了防止其他事故发生，应使防雷装置与建筑物金属导体和其他设施之间，保持一定距离。

2.2.3.1　高电位引入

雷电引入高电位是指直击雷或间接雷从输电线、通信电缆、无线电天线等金属的引入线引入建筑物内，发生闪击而造成的雷击事故。这种事故的发生率很高，而且往往事故又严重。

直击雷电压低则几百万伏，高则几千万伏，甚至更高，即使间接雷往往也有几万伏乃至几十万伏，雷击电流往往是几十千安，甚至几百千安。它确实会产生很大的破坏力。高电位沿导线输入是用电设备被雷击的原因，高电位输入造成的雷击事故，占雷击事故的大多数，所以凡是有用电装置的地方，都必须对高电位输入加以防备。

由于雷电对架空线路或金属管道的作用，所产生的雷电波形成的高电位引入造成的事故，在雷电危害事故中占相当大的比例，它引起雷电火灾和人身伤亡的事例是很多的。随着我国电气化的迅速发展，电气用具的广泛使用，防止高电位引入的问题越来越引起重视。

2.2.3.2　雷电反击

雷电反击通常是指接受直击雷的金属体（包括接闪器、接地引线和接地体）在接闪瞬间与大地间存在很高的电压 U，这电压对与大地连接的其他金属物品发生闪击（又叫闪络）的现象称为反击。此外，当雷击到树上时，树木上的高电压与它附近的房屋、金属物品之间也会发生反击。对于一般只有几十米长的单根接闪器引下线上电压 U 可按下式计算：

$$U = i R_i + L_0 l \frac{\mathrm{d}i}{\mathrm{d}t}$$

式中：
- i　雷电流，kA；
- R_i　接地装置冲击电阻，Ω；
- L_0　单位长度电感，约 1.55μH/m；
- l　引下线的长度，m；
- $\frac{\mathrm{d}i}{\mathrm{d}t}$　雷电流陡度，kA/μs。

由上式可知，全部电压由两部分组成，一部分是雷电流瞬时值的电阻压降，另一部分是雷电流在电感上的压降，它与雷电流的陡度有关。我们知道，雷电流和雷电流波形的陡度是不同的，它们作用于空气间隙的击穿强度也不同。

对于电阻压降，空气击穿强度约为 500～600kV/m。而对电感压降则为前者的两倍，约 1000～1200kV/m。沿木材、砖石等非金属材料的表面闪络强度为上述两种电压强度的$\frac{1}{2}$，即分别为 250 kV/m 和 500 kV/m。

为了防止反击的发生，一般应使防雷装置与建筑物金属体间隔一定距离，使它们之间间隙的闪络电压大于反击电压。即：

$$E \cdot S \geqslant U_{反击}$$

式中 E 为间隙绝缘介质的击穿强度，kV/m；S 为绝缘间隙距离，m。

由于雷电电压的大小是在很大范围变化的，为了使各种建筑物能有效地防止雷电反击，在具体做法上各国都有不同的要求。

西方有些国家对避雷装置与建筑物金属体间规定要保留一定间隙，而我国在规范中对不同种类建筑物的间隙距离分别作了明确规定。在因为条件限制而无法达到所规定的间隔尺寸时，应把避雷引线与金属体用金属导线连接起来，使它们成为等电位体而避免发生闪击。

对房屋周围的高大树木都应留有足够距离，以免树木与房屋间发生雷电反击。

2.2.4　跨步电压(U_{step})

当雷电流经地面雷击点或接地体，流散入周围土壤时，在它周围形成电压降落。如果有人在接近接地体附近行走，就会受到雷电流所造成的"跨步电压"的危害。跨步电压对于赤脚或穿湿布鞋的人特别危险(图 2.27)。

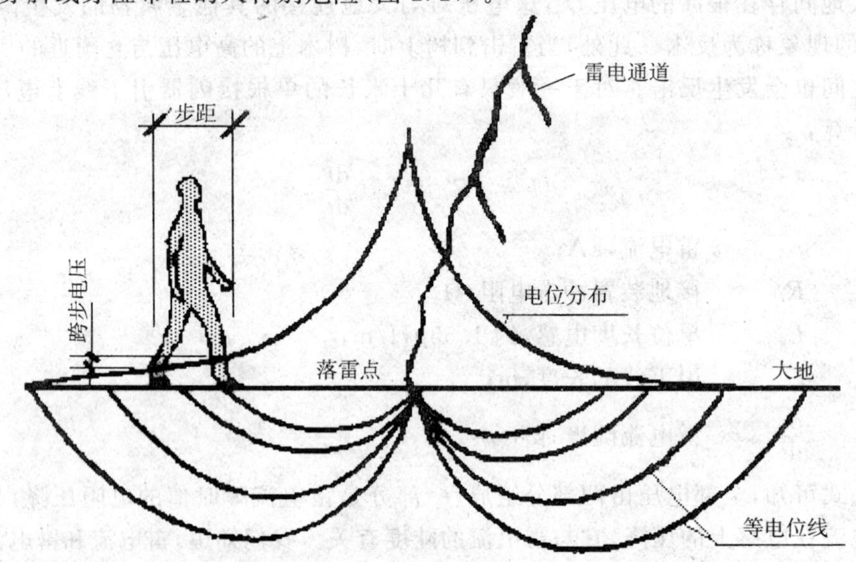

图 2.27　落雷点喇叭形的电位和跨步电压

2.2.5 接触电压(U_{tou})

当雷电流经引下线和接地装置时，由于引下线本身和接地装置都有阻抗，因而会产生较高的电位差，这种电压有时高达几万伏，甚至几十万伏。这时如果有人或牲畜接触引下线或接地装置，就会受到雷电流所产生的“接触电压”的危害。必须注意，不仅仅是在引下线和接地装置上才发生接触电压，当某些金属导体与防雷装置连通，或者这些金属导体与防雷装置的绝缘距离不够，受到反击时，也会出现这种现象。

为了保证人和牲畜的安全，可将引下线和接地装置尽可能安装在人畜不易接触的地方，并在可能的条件下将引下线在人易接触到的部位，加以绝缘或隔离起来，以确保安全。

2.2.6 旁侧闪络

当电流通过防雷系统接地电极的电阻放电时，它要产生一个电阻性电压降，这个电压降可能将防雷系统的电位瞬间提高到相对于真实大地的一个高值。它也能在接地电极周围产生一个对人和动物有危险的高电压梯度。以同样的方式，由于雷电脉冲的陡峭前缘，防雷系统的电感必须予以考虑。

防雷系统中最终总的电压降则是电阻性和电感性电压分量的算术和。防雷系统上的闪击点可被提高到(相对于邻近金属来说)一个高的电压。因此有来自防雷系统对构筑物上或构筑物中任何其他金属闪络的危险。如果发生这样的闪络，雷电流的部分是通过外面的装置(比如管路和导线)来放电的，这样一来，闪络就对构筑物的内部物体造成危险。

旁侧闪络和上面讲的接触雷击共同点都是雷电没有直接击中受害人，而是击中受害人附近的物体，由于被雷击物体带高电位，而向它附近的人闪击放电。旁侧闪络与接触雷击不同的是：旁侧闪击是受害人根本没有直接接触受雷击的物体，只是在它的附近，而直接被雷击的物体的高电压击穿附近的空气触及受害人，如图 2.28 所示，而接触雷击是受害者身体的某部分与直接受雷击物体接触或由于较远的地方的物体受雷击，通过金属线直接把高电位输送，或感应产生高电位以致发生旁侧闪络造成人员伤亡。

另一种旁侧闪络是由于雷云或雷电先导高电位通过分布电容 C_1 对附近的建、构筑物的结构电容(如金属屋顶对地电容 C_2)充电，形成高电位，发生对人闪击的现象。如图 2.29 所示，雷雨时，一个人在一间铁皮屋顶的棚子里避雨，当雷电先导发展到附近时，金属屋顶对地电位升高到 U_2，由电工学的基本原理可知：

$$U_2 = U_1 \frac{C_1}{C_1 + C_2}$$

当屋顶与人头部之间的电位差 U_2 有可能大到足以使屋顶与人身发生闪络时，棚底下的人便遭闪络雷击，而棚子不受雷击。

图 2.28　人在大树下发生的旁侧闪络

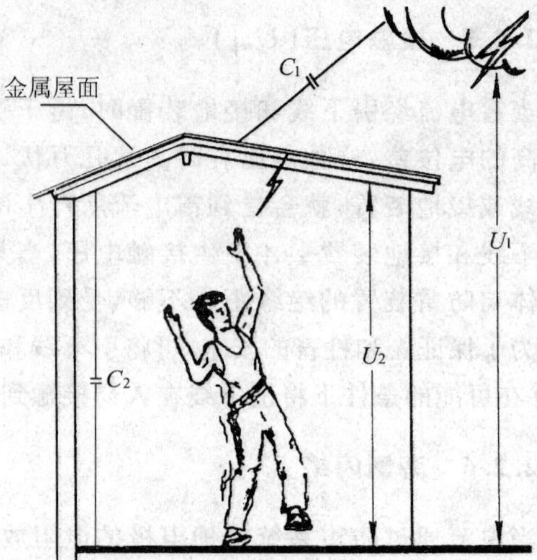

图 2.29　雷雨时在棚底发生的旁侧闪络

上述闪电击中人体的作用可以导致纤维性心脏颤动和雷击产生心室纤维性颤动直接导致心脏停止跳动，心脏停止供血是闪电产生的生理效应的最主要危险。闪电的第二个生理效应是使呼吸停止。造成呼吸停止又可分为两种情况：第一种是电流通过胸部，使肌肉收缩，阻碍了呼吸，由于雷电流持续时间不过十分之几毫秒，所以人能很快恢复呼吸，没有生命之危。第二种则是雷电流通过脑下部的呼吸中枢，人就要长期停止呼吸了。不过这种情况，常可以在雷击后进行人工呼吸抢救过来，只要没有停止血液循环或发生其他并发症。

这两种最重要的致死效应都是属于功能性的，在组织上无变化可寻踪，所以在雷击致死后难以判断当场雷击的作用。

2.2.7　随着科技的发展雷电主要危害的对象发生哪些变化

雷电破坏作用表现在：强大的电流、炽热的高温、猛烈的冲击波、剧变的电磁场和强烈的电磁辐射等物理效应。雷电造成危害的类型有：雷击火灾、雷击伤亡、雷击建筑物、雷击供电系统、雷击弱电电子设备等。

当人类社会进入电子信息时代后，雷灾出现的特点与以往有极大的不同，雷电灾害对各种类型建筑均有不同的后果（见表 2.1），可以概括为：

①受灾面大大扩大，从电力、建筑这两个传统领域扩展到几乎所有行业，尤其是与高新技术关系密切的领域，如航天航空、国防、邮电通信、计算机、电子工业、石油化工、金融证券等。通信设施和电子设备遭雷击的事故呈直线上升；屡屡造成通讯中断、电视停播、空中航路和机场关闭，损失远远超过雷击火灾事故。

②从二维空间入侵变为三维空间入侵。从闪电直击和过电压波沿线传输变为闪电的脉冲电磁场从三维空间入侵到任何角落，造成灾害，因而防雷工程已从防直击雷、雷电感应直到防雷电电磁脉冲(LEMP)等雷电灾害。

③雷灾的经济损失和危害程度大大增加了，受袭击对象本身的直接经济损失有时并不太大，而由此产生的间接经济损失和影响却难以估计。

产生上述特点的根本原因，也就是关键性的问题是雷灾的主要对象已集中在微电子器件设备上。雷电的本身并没有变，而是科学技术的发展，使得人类社会的生产状况和生活方式发生了改变。微电子技术的应用已渗透到各种生产和生活的各个领域，微电子器件极端灵敏这一特点很容易受到无孔不入的LEMP的作用，造成微电子设备的失控或者损坏。因此，当今时代的防雷工作的重要性、迫切性、复杂性大大增加了，雷电的防御已从直击雷防护到系统防护，我们必须站在时代的新高度来认识和研究现代防雷技术，提高人类对雷灾防御的综合能力。

表 2.1　雷击对各类建筑所造成的危害

类　别	建筑类型	雷电造成的后果
一般建筑物	住宅	电气设施的绝缘击穿，着火及材料损坏。损坏一般局限于处于雷击点或雷电通道的物体。
	农村建筑	主要危险是着火及危险的跨步电压；次要的危险是停电造成的后果以及由于通风及饲料供给系统等电子控制系统的故障，而对牲畜的生命造成危害。
	剧院、学校、百货商店、体育馆	电气设施(如照明系统)的损坏很可能引起恐慌。火警系统的故障导致灭火工作的延误。
	银行、保险公司、商业公司等	如上栏，另外由于通讯中断、计算机故障及数据丢失所产生的问题。
	医院、疗养院、监狱	如上栏，另外受特别护理的病人的问题及援救不能行动人员的困难。
	工业建筑	由于工厂存放物的不同而产生的一些另外的后果，从微小损害到不可接受的损害，甚至停产。
	博物馆及考古现场	不可复原文化遗产的损失。
具有有限危险性建筑物	电信站、发电厂、有着火危险的工业建筑	不可接受的对公众服务的中止。由于着火等原因而对紧邻的周围事物构成的间接危害。
对周围构成危险的建筑物	炼油厂、加油站、火工品工厂、弹药工厂	引起工厂及其周围着火及爆炸。
对环境构成危险的建筑物	化学工厂、核电厂、生化实验室及生化工厂	由于工厂着火及发生故障而对当地及全球环境构成危害。

§2.3　雷电流

2.3.1　全球电路和地球与雷雨云之间的电荷输送

全球电路概念是在电导大气的基础上产生的。电离层和地面构成一个球形电容器，如假定地面电位为零，则电离层电位平均约为＋300 kV。全球雷暴活动相当于一个发电机，向上连接电离层，向下连接导电地面，雷暴不断地向电离层充电，从而维持了全球电路的平衡。由于银河宇宙射线对大气的电离作用，而且大气随高度逐渐稀薄，因此低层大气中大气电导率随高度增加而呈指数增大。雷暴产生的放电电流将大部分从云顶流出，向上流入电离层，并在远离雷暴的晴天区域产生一个连续稳态电流，从电离层通过电导大气流入地面，完成全球电流循环。

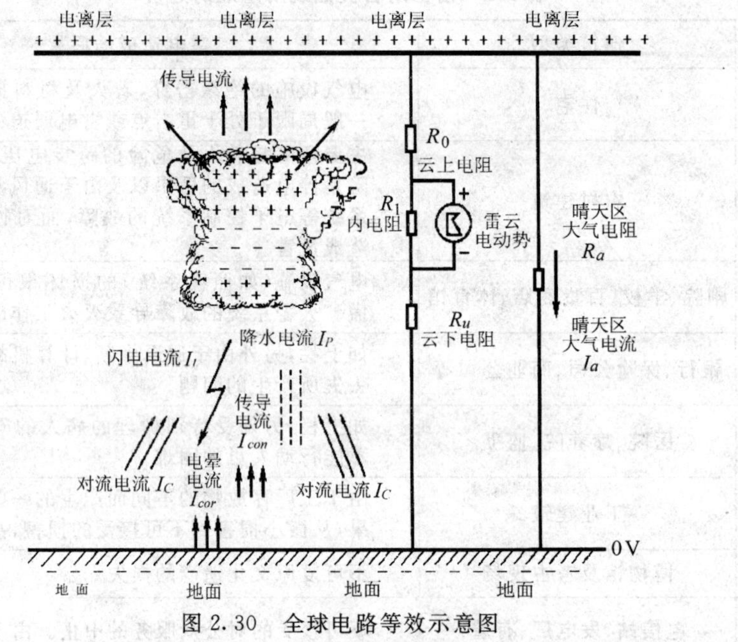

图 2.30　全球电路等效示意图

图 2.30 给出了全球电路的等效示意图。地球和雷雨云之间的电荷输送由闪电放电、尖端放电以及降水电流三者共同来完成。到达地面的闪电放电，常常将负电荷输送到地球，其每次平均值为 20C。Brooks(1925)在总结全球年雷暴发生率的基础上，结合每一个雷暴平均发生的闪电数目，给出了对全球闪电发生频数的最早估计。他认为全球发生的闪电数约为 100 次/s，这是对全球雷电活动的最早也是卫星出现之前的惟一定量估计。

之后，随着卫星的出现，特别是20世纪90年代以来，随着星载雷电探测手段的不断发展，对全球雷暴和雷电的估计越来越多。Mackerras 等(1998)得到的数据为65次/s；Orville 和 Spencer(1979)得到的数据为123次/s；Turman 和 Edgar(1982)得到的数据为80次/s，而且 Orville 和 Henderson(1986)还发现陆地和海洋的闪电发生比例为7.7∶1。

按照Brooks(1925)给出的闪电产生率100次/s来计算，假定总闪电数中有30%为地闪，则总电流相当于600A，即向地面输送电荷的闪电电流密度为$1\mu A/km^2$左右，是晴天电流的三分之一。在雷暴下方的强电场中，由于地表上凸出物体(如树木、草丛以及其他植物或人工尖端等)的电晕放电提供了丰富的离子源，因此尖端放电是由地球向上垂直输送电荷的主要途径。据估计，在雷暴下方电场最强的区域，由尖端放电向上输送的电流密度最大为$0.02A/km^2$。由降雨输送到地球的电荷量随降水强度和性质以及地理位置的不同等得到的结果有较大的差别。但无论如何，一般由降雨带到地面的净电荷量都为正值。平均来看，雷暴下的电流密度为$1mA/km^2$。活跃在雷暴下方的尖端放电电流是雷暴电荷对地面的主要泄放途径，而闪电泄放可能仅仅是一个次要的补充。

2.3.2　雷电流的测量

由于雷电是一种放电现象，其放电通道内部的情况难以直接测量。人们主要是依靠雷电发射光谱及其变化来推测。放电引起发热发光，用光学方法测定发光的时空几何变化可用于推测放电的发展，包括其中的电离情况。摄影(包括高速摄影)、摄像是研究雷电过程的重要工具。另一方面，高速光电记录又可作为辐射光强的测量并用作推测放电剧烈程度的一种有效手段。这是因为它可以提供更高速度的记录。随着光电转换元件速率的提高，利用多个元件布阵的方式现已得到相当高速的粗略图像及其变化的记录。

放电本身又是一个电磁过程，最终是电荷的转移和中和，但其间有很多变化。就目前所测到的情况看，一次测量可维持1s左右，并且应该能够反映几十纳秒中发生的变化。如果要测量全过程的电流，其最困难的是传感器要处于通道上，而且要能测到几万安以致几十万安的电流且动态范围要相当大。人类真正能测到自然直击雷电流的数目极为有限，其中相当一部分还是在人工建造的高构筑物上测到的，很大部分是用磁钢棒测得的，很难满足现代技术和研究的要求。电磁辐射场(即所谓的雷电电磁脉冲，LEMP)也是研究兴趣所在，因为它比较容易测定。由它也可适当地推测雷电过程的情况，同时，又是产生间接雷害的重要部分。几十年来，实际用在雷电研究上的主要是测定雷电的辐射电磁场。开始时，由于技术原因，把测快速变化与测慢速变化分开，近年来由于高速大动态范围及大容量存贮技术的进展，已可满足测量需要。

为了弥补单点测量推测通道过程上的不足，往往用多点同步观测。由于GPS全球定位系统的普及,测量所要求的精度也已基本满足。但问题仍然是必须用一些理想化的简化的假定去推测放电过程。云中电参量的测量,包括遥感方法均无突破。

闪电密度和落雷密度一般要借助探测仪器来获得。早期的闪电密度常采用闪电计数器来得到,由于闪电计数器的探测范围有限,而且不能够区分闪击到地面的闪电,因此要得到落雷密度的数据,必须借助其他观测手段。

目前,最先进也是最可靠的闪电密度和落雷密度获得方法是卫星携带的闪电探测系统和地面闪电定位系统。随着微电子技术的发展和探测资料的积累,自 20 世纪 70 年代末以来,相继出现了各种能够确定雷电发生位置的探测系统。并逐渐在许多国家布网,落雷密度可以很方便的通过雷电定位网络得到的资料分析获得。这种办法在测得落雷密度的同时,还可以连续监测雷暴的活动情况,是目前国际上普遍采用的办法。

目前被国际上普遍认可的雷电定位方法大致可分为五种。

第一种,是改进了的门控磁脉冲定向法,如已经商业化并有广泛应用的地闪定向仪(DF),它能识别典型的对地闪电的 LF(低频)频段辐射电磁场波形,测定放电波形的峰值和方位。多站 DF 布网则可确定闪电发生的位置。

第二种,是工作在 LF 频段的长基线 TOA(时间到达法)技术,如闪电定位及跟踪系统(LPATS),该系统也已经商业化,并在个别区域有应用。

第三种,是工作在 VHF(甚高频)频段的干涉仪方法,已在法国商业化,其特点是可以同时探测云闪和地闪,并可了解放电的大致过程,但探测距离较短。

第四种,是工作在 VHF 频段的 TOA 技术,如 LDAR 系统。

第五种,是利用雷声差探测闪电通道的技术,它是一种更局地的网络。

2.3.3 雷电参数

2.3.3.1 雷电

雷电的主放电存在的时间极短,约 50～100μs,主放电的过程是逆着先导通道发展,速度约为光速的 1/20～1/2,主放电的电流可达几十万安,是全部雷电流中最主要部分。其雷电的放电过程见图 2.31,多重雷发展过程见图 2.32。

2.3.3.2 雷电可能出现的情况

大量的观测表明,雷电流具有单极性脉冲的特性,大约有 75%～90%的雷电流是负极性的。雷电流是流过雷击点的电流,通常每次雷击平均包括 3～4 次放电,一次闪击中雷电流的最大值为峰值电流(I)。在闪电中雷击有短时雷击(short strock)、长时间雷击(long strock),可能出现的情况有三种(见图 2.33)。

在防雷设计中,需要提出一些参数来描述雷电放电的特性。由于雷电放电与海拔、

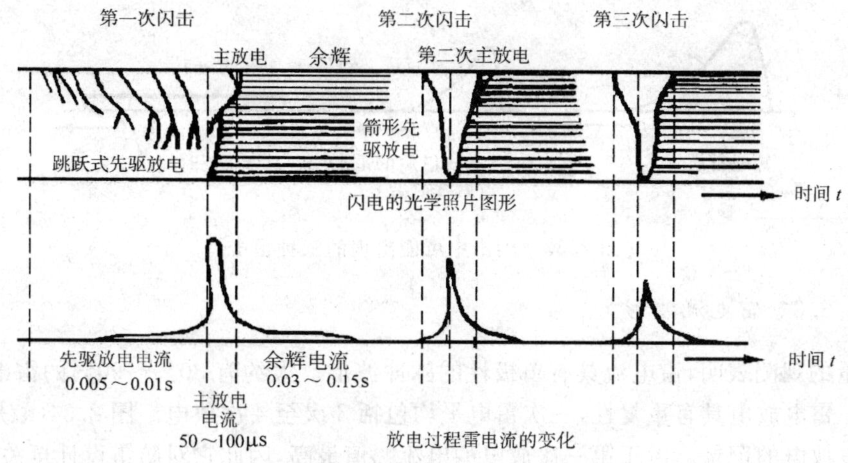

图 2.31　雷电的放电过程示意图

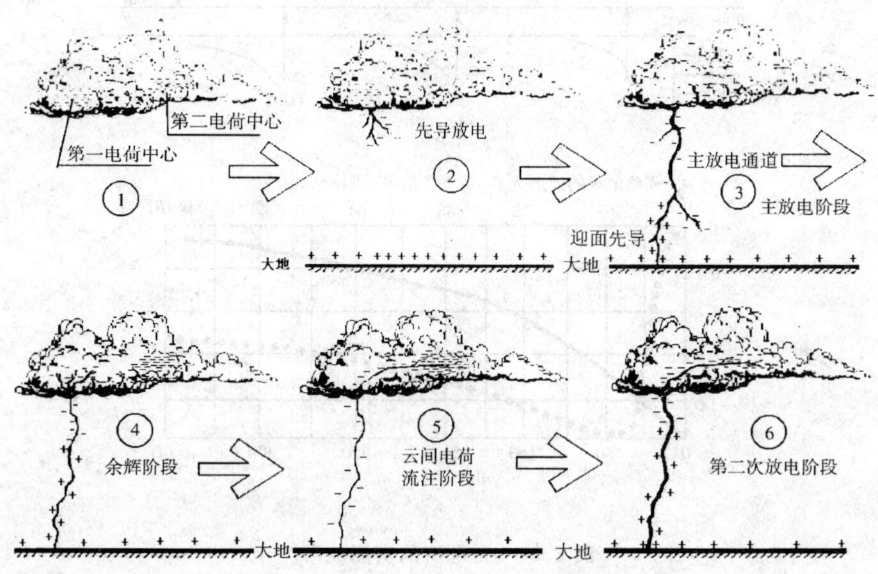

图 2.32　多重雷发展过程

气象和地质等许多自然因素有关，在很大程度上具有随机性，因此，描述放电特性的这些参数也具有明显的统计特征。世界上许多国家都在其典型地区对雷电进行了长期的观测，积累了丰富的测量资料，并对此进行统计处理，得出了雷电参数的统计数据，这些数据主要包括雷电日和雷电小时、地面落雷密度和雷电波形等。雷电参数通常是在高空物体上所作的测量获得的，规范给出的数据与上行和下行两种闪击有关，同时也将所记录的雷电参数的统计假定为对数正态分布。

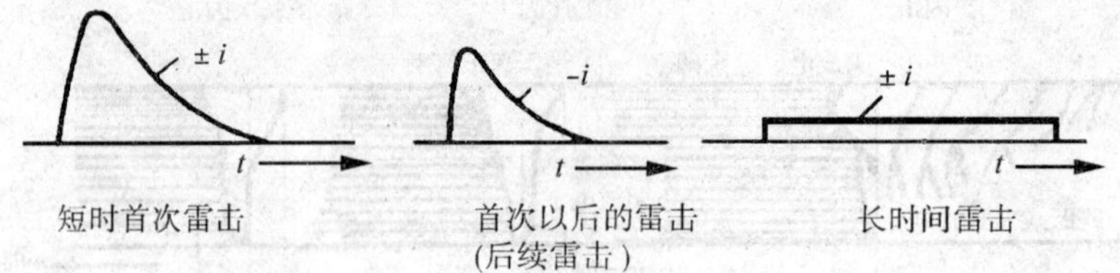

图 2.33　闪击中可能出现的三种雷击

2.3.3.3　雷电流波形

大量的观测表明，雷电流具有单极性的脉冲波形。大约有 80%～90%的雷电流是负极性的。雷电放电具有重复性，一次雷电平均包括 3 次至 4 次放电。图 2.34(a)是一个含三次重复放电的记录。由于第一次放电的电流幅值最高，因此它对防雷设计至关重要。

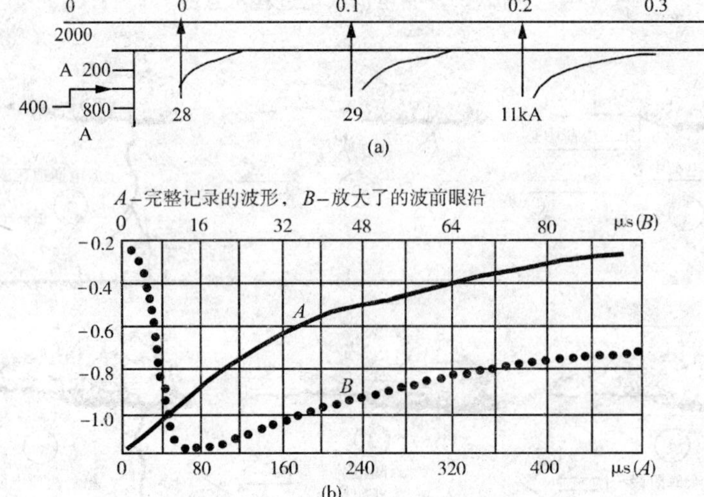

图 2.34　雷电流的实测波形

(a)是一个含三次重复放电的记录；

(b)一组负极性雷电第一次放电雷电流实测波形

图 2.34(b)给出了一组负极性雷电第一次放电时的雷电流实测波形，其纵坐标是以电流最大值作为基值的比值。这里，波形 B（虚线）是对 10 次实测取平均而得到的，其时间范围取得较小，以侧重展示雷电流的波前部分；波形 A 则是对 88 次实测雷电波形取平均而求得的，其时间范围取得较大，以反映雷电流波形的全貌。由此可见，第一次放电的电流幅值最大，因此，在建筑物的防雷设计中，第一次放电的波形参数的应用较为重要。

①波头时间与波长时间

在防雷分析与设计中，雷电脉冲波形的波头和波长时间必须有明确的定义，对于几种常用的雷电脉冲波形来说，它们波头和波长时间的定义方法是相同的，差别仅在于确定波头时间的作图取点位置不同而已。现以一个雷电流波形波头与波长时间的作图确定为例，说明这种定义方法。

如图 2.35 所示，先由纵轴上的 0.1、0.9 和 1.0 三个刻度分别作三条平行于横轴的平行线，前两条平行线分别与波形曲线的波头部分相交于 A、B 两点，过 A、B 两点作一条直线，该直线与第三条平行线和横轴分别交于 C、D 两点，由 C 点引横轴的垂线，其垂足 E 点与 D 点之间的时间即定义为波头时间，用 T_1 表示。

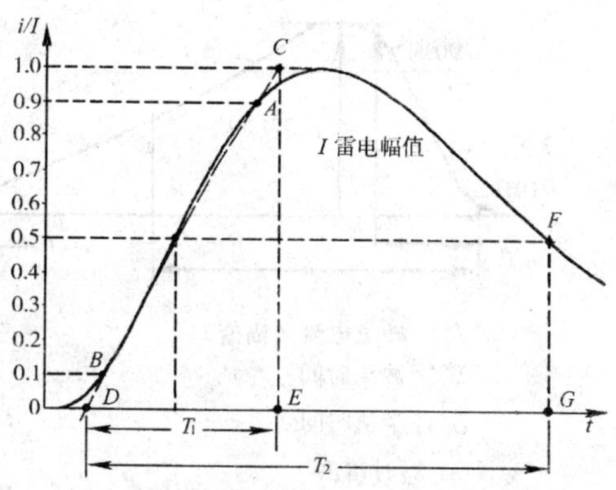

图 2.35　波头和波长时间定义的作图方法示意

为了定义波长时间，再由纵轴上 0.5 刻度作横轴的平行线，该平行线与波形曲线的波尾部分相交于 F 点，从 F 点引横轴的垂线，其垂足 G 点与 D 点之间的时间即定义为波长时间，用 T_2 表示。

由于波长时间也是波形曲线衰减到半幅值所需要的时间，它习惯上也被称为半幅值时间。在定义了波头和波长时间后，单极性雷电流脉冲波形可记为 T_1/T_2，这里的 T_1 和 T_2 一般采用 μs 作单位。由雷电流提供的总电荷可按以下积分来计算：

$$Q=\int_0^{\infty} i(t)\,\mathrm{d}t$$

②雷击参数定义

对于建筑防雷设计来说，一般是将雷击分为首次和后续雷击两种情况，并规定相应的波形参数。

雷击是闪击中的一次放电过程，每次雷击的雷电流是流入雷击点的电流，雷电流的参量应符合表 2.2～2.4 的规定。

雷击参数的定义按图 2.36 确定。雷电的机械效应和热效应与电流峰值（I）、电荷量（Q_S）及单位能量（W/R）有关。

由感应电压引起的损害与雷电流的波前部分的雷电流陡度（$\mathrm{d}i/\mathrm{d}t$）有关。

对雷电流的电荷量 Q_s 和单位能量可近似按公式 2.1 计算：

$$Q_s=\frac{1}{0.7}\times I\times T_2\qquad (\mathrm{C})\tag{2.1}$$

$$\frac{W}{R}=\left(\frac{1}{2}\right)\times\left(\frac{1}{0.7}\right)\times I^2\times T_2\qquad (\mathrm{J})\tag{2.2}$$

式中　I　雷电流幅值(A)；

　　T_2　半值时间(s)。

雷电流的波前陡度(di/dt)：在指定的时间段的起始点处的雷电流之差值[$i(t_C)-i(t_D)$]除以时间段[t_C-t_D]，波形见图 2.36。

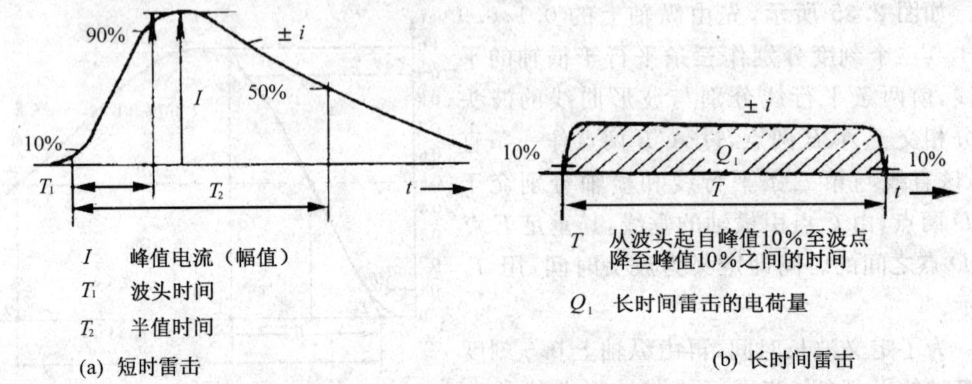

图 2.36　雷击参数定义

表 2.2　首次雷击的雷电流参数

雷电流参数	防雷建筑物的类别		
	一类	二类	三类
I 幅值(kA)	200	150	100
T_1 波头时间(μs)	10	10	10
T_2 半值时间(μs)	350	350	350
Q_S 电荷量(C)	100	75	50
W/R 单位能量(MJ/Ω)	10	5.6	2.5

注：1. 因为全部电荷量 Q_S 的本质部分包括在首次雷击中，故所规定的值考虑合并了所有短时间雷击的电荷量。
2. 由于单位能量 W/R 的本质部分包括在首次雷击中，故所规定的值考虑合并了所有短时间雷击的电荷量。

表 2.3　首次以后雷击的雷电流参数

雷电流参数	防雷建筑物的类别		
	一类	二类	三类
I 幅值(kA)	50	37.5	25
T_1 波头时间(μs)	0.25	0.25	0.25
T_2 半值时间(μs)	100	100	100
I/T_1 平均陡度(kA/μs)	200	150	100

表 2.4　长时间雷击的雷电流参数

雷电流参数	防雷建筑物的类别		
	一类	二类	三类
Q_l 电荷量(C)	200	150	100
T 时间(s)	0.5	0.5	0.5

2.3.3.4　闪击

闪击分为向下闪击(downward flash)和向上闪击(upward flash)。

向下闪击开始于雷云向大地产生的向下先导。一向下闪击至少有一首次短时雷击,其后可能有多次后续短时雷击并可能含有一次或多次长时间雷击。

对平原和低建筑物典型的向下闪击,其可能有四种组合(见图 2.37)。

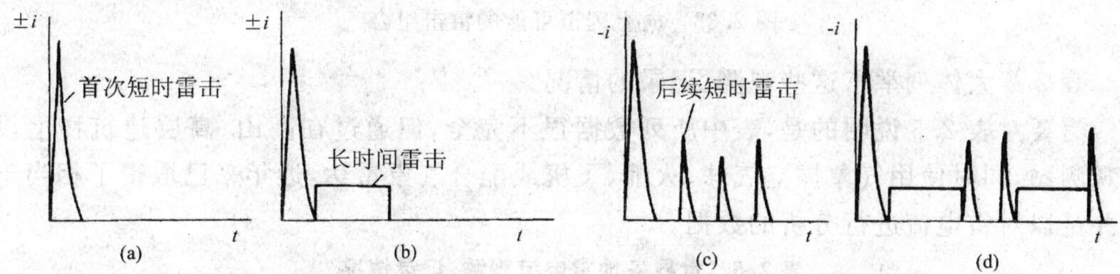

图 2.37　向下闪击可能的雷击组合

向上闪击开始于一接了地的建筑物向雷云产生的向上先导。一向上闪击至少有一首次的长时间雷击,其后可能有多次后续短时雷击并可能含有一次或多次长时间雷击。

对约高 100m 的高层建筑物典型的向上闪击,其可能有五种组合(见图 2.38)。

从 1750 年到 1900 年前后约 150 年期间,人类虽然通过试验证实了"雷就是电",却苦于缺少对雷电流参量的具体了解,因而闪电防护的研究是建立在"近似异想天开的想法"的基础上。直到 1900 年前后英国人和德国人率先使用移动胶卷的闪电照相法,乃至以后的磁钢棒法,采用高速阴极射线示波器等等一系列手段,且经全球范围和长期闪电观测、记录,在大量资料分析的基础上,才对雷电有所认识。

2.3.3.5　常见的雷电波形

国际电工委员会第 81 委员会在 IEC61024-1-1(1992)和 IEC61312-1(1995)中相继公布了雷电流参量和雷电流波形图,这一成果已被国标《建筑物防雷设计规范》GB50057-1994(2000 年版)所采用,见表 2.2。表 2.2 中的全部参量值是从大量观测、记录中分析得出的。

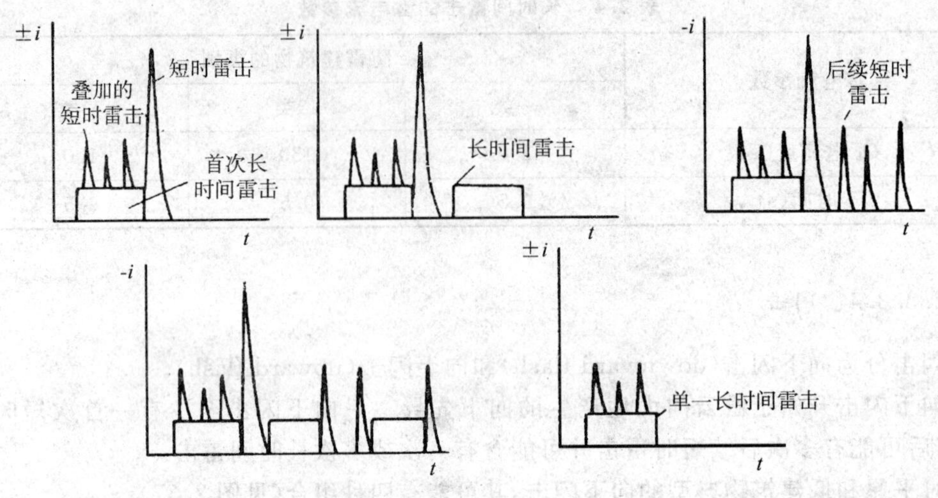

图 2.38 向上闪击可能的雷击组合

表 2.5 大体列举了这些观测、记录的情况。

需要对表 2.5 说明的是，表中所列数据很不完全，但通过在高山、高层建筑物上设置观测站，同时使用气象探空气球、火箭、飞机或配合气象雷达，近年来已取得了相当丰富并足以对雷电流进行分析的数据。

表 2.5 世界各地雷电流观测、记录情况

观测站址	时间	记录下的雷闪次数			说明
		负闪	正闪	总次数	
圣萨尔瓦托山（瑞士）	1946～1954 年 1955～1962 年 1963～1974 年	204 324 838	57 46 129	261 370 967	观测站位于卢加诺湖上，高于湖面 640m，海拔 914m。设有两个高为 70m 和 90m 的塔
纽约帝国大厦（美国）	1952 年 1962 年	72 58	12245	84 303	大厦高 380m，自 1939 年用来记录雷电闪击
莫斯科电视塔（前苏联）	1968～1972 年（四年半时间）	94	49	143	塔高 537m，发生雷闪 143 次，拍下 83 次，有 41 次完整记录
福利尼奥（意大利）	1975 年	17	10	27	该站建于 1969 年，1970 年又建蒙塔—奥尔萨站
比勒陀利亚（南非）	1956 年 1977 年		6	530 6	60m 塔。

续表

观测站址	时　间	记录下的雷闪次数			说　明
		负　闪	正　闪	总次数	
前桥(日本关东)	1958 年			17	
布里斯班(澳大利亚)	1964～1967 年			24	
奥兰多(美国)	1955 年			54	
索科罗(美国新墨西哥州)	1939～1940 年 1961 年			312 600	可供分析资料 187 份
剑桥(英国)	1947～1949 年			393	
新加坡	1956～1961 年			39	
伊巴丹(尼日利亚)	1970～1971 年			88	
兰州(中国)	1986～1987 年	1109	112	1221	

一份对不同国家的 123 份清晰的波形图进行全面分析证实：没有一幅雷电流的波形是雷同的。尽管波形不同却发现始终有相似的电流上升前沿，也可以用电流幅值到半峰值点来表征雷电流波形。

图 2.39～2.42 和表 2.6 给出了这些分析数据和结果。

表 2.6　雷电参量分析(K. Berger1975 年)

记录次数	参量	大于表中数值所占百分比		
		95%	50%	5%
89	首次负闪 $T_1(\mu s)$	1.8	5.5	18
19	正闪 $T_1(\mu s)$	3.5	22	200
90	首次负闪 $T_2(\mu s)$	30	75	200
16	正闪 $T_2(\mu s)$	25	230	2000

对大量雷电监测数据的分析表明，首次雷击的雷电流典型波形为 10/350μs。出现在电气和电子系统中雷电暂态过电压波形，随避雷系统结构和雷电环境的不同而不同，对于防雷设计和保护装置的实验来说，通常规定一些标准的雷电过电压波形(标准雷电过电压脉冲波形 1.2/50μs；衰减震荡波形的波头时间为 0.5μs，其振荡主频为 100kHz；

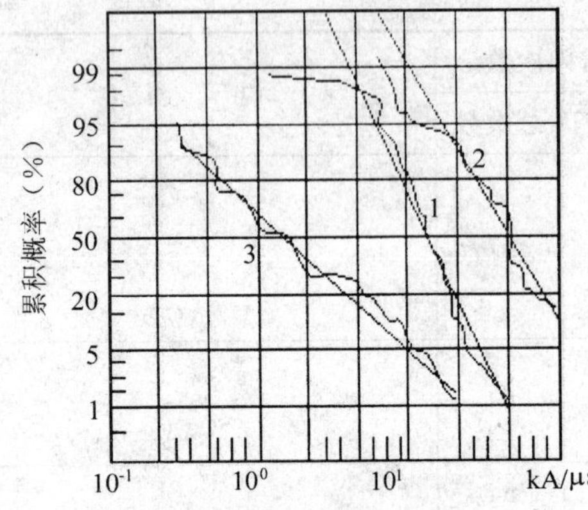

图 2.39　雷电流最大上升率的累积概率分布

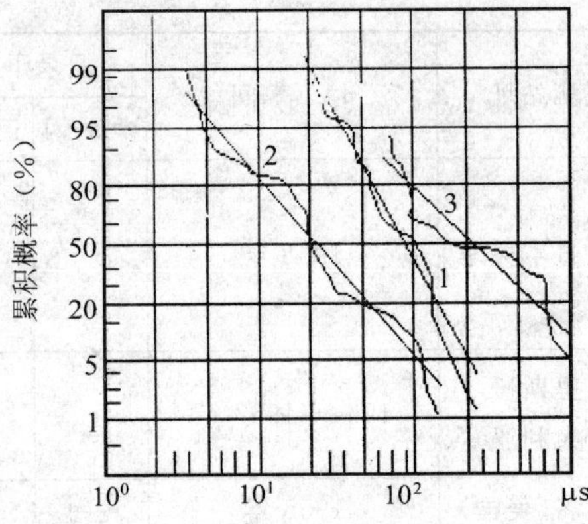

图 2.40　雷电流半峰值时间的累积概率分布

(Berger 等,1975)　1　第一负闪击；　2　随后负闪击；　3　正闪击

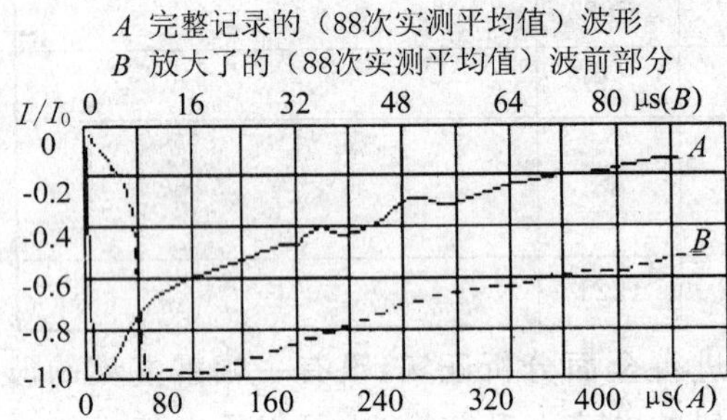

图 2.41　负闪时的平均电流波形

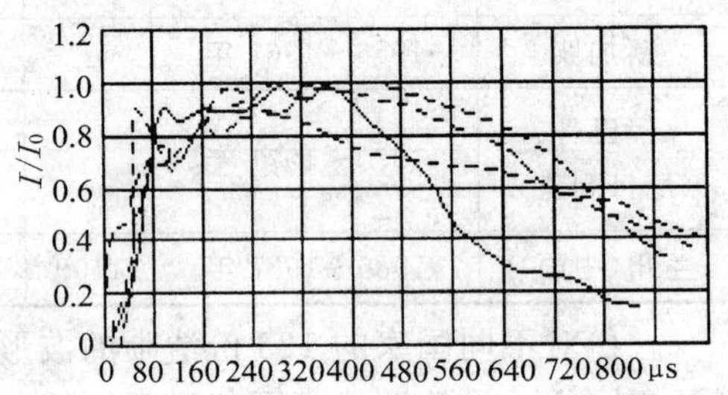

图 2.42　典型正极性电流波形

线路上雷电暂态过电压波形 10/1000μs 等），供设计和实验使用。

2.3.3.6　闪电的电荷量

闪电电荷是指一次闪电中正电荷与负电荷中和的数量。这个数量直接反映一次闪电放出的能量，也就是一次闪电的破坏力。

闪电电荷的多少是由雷云带电情况决定的，所以它又与地理条件和气象情况有关，也存在很大的随机性。从大量观测数据表明，一次闪电放电电荷 Q 可从零点几库仑到一千多库仑。然而在一次雷击中，在同一地区它们的数量分布符合概率的正态分布。第一次负闪击的放电量在十多库仑者居多。

§2.4　建筑物的防雷分类

2.4.1　建筑物防雷分类

根据国家质量技术监督局、中华人民共和国建设部联合发布的《建筑物防雷设计规范》GB50057-1994 的相关条款，建筑物应根据其重要性、使用性质、发生雷电事故的可能性和后果，按防雷要求分为三类。

2.4.1.1　第一类防雷建筑物

凡在建筑物中制造、使用或贮存炸药、火药、起爆药、火工品等大量爆炸物质；因电火花而引起爆炸，会造成巨大破坏和人身伤亡者；

具有 0 区或 10 区爆炸危险环境的建筑物；

具有 1 区爆炸危险环境的建筑物，因电火花而引起爆炸，会造成巨大破坏和人身伤亡者。

2.4.1.2　第二类防雷建筑物

国家级的重点文物保护建筑物；

国家级的会堂、办公建筑物、大型展览建筑和博览建筑物、大型火车站、国宾馆、国家级档案馆、大型城市的重要给水水泵房等特别重要的建筑物；

国家计算中心、国际通讯枢纽等对国民经济有重要意义且装有大量电子设备的建筑物；

制造、使用或储存爆炸物质的建筑物，且电火花不易引起爆炸或不致造成巨大破坏和人身伤亡者；

具有 1 区爆炸危险环境的建筑物，且电火花不易引起爆炸或不致造成巨大破坏和人身伤亡者；

具有 2 区或 11 区爆炸危险环境的建筑物；

工业企业内有爆炸危险的露天钢质封闭气罐；

预计雷击次数大于 0.06 次/a 的部、省级办公楼及其他重要或人员密集的公共建筑物；

预计雷击次数大于 0.3 次/a 的住宅、办公楼等一般性民用建筑物。

2.4.1.3　第三类防雷建筑物

省级重点文物保护建筑物及省级档案馆；

预计雷击次数大于或等于 0.012 次/a，且小于或等于 0.06 次/a 的部、省级办公建筑物及其他重要或人员密集的公共建筑物；

预计雷击次数大于或等于 0.06 次/a，且小于或等于 0.3 次/a 的住宅、办公楼等一般性民用建筑物；

预计雷击次数大于或等于 0.06 次/a 的一般性工业建筑物；

根据雷击后对工业生产的影响及产生的后果，并结合当地气象、地形、地质及周围环境等因素，确定需要防雷的 21 区、22 区、23 区火灾危险环境；

在平均雷暴日大于 15d/a 的地区，烟囱、水塔等孤立的高耸建筑物高度在 15m 及以上的；在平均雷暴日小于或等于 15d/a 的地区，烟囱、水塔等孤立的高耸建筑物高度在 20m 及以上的，为第三类防雷建筑物。

2.4.2 爆炸物质与危险环境的划分

2.4.2.1 爆炸物质

炸药——黑索金、特屈儿、三硝基甲苯、苦味酸、硝铵炸药等；

火药——单基无烟火药、双基无烟火药、黑火药、硝化棉、硝化甘油等；

起爆药——雷汞、氮化铅等；

火工品——引信、雷管、火帽等。

旧规范中有关爆炸火灾危险场所的分类名称按现在新的爆炸火灾危险环境的分区名称修改，其相对应的关系见表 2.7。

表 2.7 爆炸火灾危险环境新旧分类对应关系

原分类级别	Q-1	Q-2	Q-3	G-1	G-2	H-1	H-2	H-3
新的分区名称	0 区	1 区	2 区	10 区	11 区	21 区	22 区	23 区

因为 1 区跨越 Q-1 和 Q-2 两个级别，因此，1 区建筑物可能划为第一类防雷建筑物，也可能划为第二类防雷建筑物。

(1)当工艺要求布置在地下或半地下时，在易燃液体的蒸气与空气的混合物的比重重于空气，又无可靠的机械通风设施的情况下，爆炸性混合物就不易扩散，该泵房就要划为 1 区爆炸危险环境。

(2)如该泵房系大型石油化工联合企业的原油泵房，当泵房遭雷击就可能会使工厂停产，造成巨大经济损失和人员伤亡时，这类泵房应划为第一类防雷建筑物；如该泵房系石油库的卸油泵房，平时间断操作，虽因雷电火花可能引发爆炸造成经济损失和人员伤亡，但相对来说要少得多，则这类泵房可划为第二类防雷建筑物。

(3)有些爆炸物质，不易因电火花而引起爆炸，但爆炸后破坏力较大，如小型炮弹库、枪弹库以及硝化棉脱水和包装等均属第二类防雷建筑物。

危险环境可划分为爆炸性气体环境、爆炸性粉尘环境、火灾危险环境。

2.4.2.2　爆炸性气体环境

(1)爆炸性气体环境应根据爆炸性气体混合物出现的频繁程度和持续时间,按下列规定进行分区:0 区:连续出现或长期出现爆炸性气体混合物的环境;1 区:在正常运行时可能出现爆炸性气体混合物的环境;2 区:在正常运行(正常运行是指正常的开车、运输、停车,易燃物质产品的装卸,密闭容器盖的开闭,安全阀、排放阀以及所有工厂设备都在其设计参数范围内工作的状态)时不可能出现爆炸性气体混合物的环境,或即使出现也仅是短时存在的爆炸性气体混合物的环境。

符合下列条件之一时,可划为非爆炸危险区域:没有释放源并不可能有易燃物质侵入的区域;易燃物质可能出现的最高浓度不超过爆炸下限值的10%;在生产过程中使用明火的设备附近,或炽热部件的表面温度超过区域内易燃物质引燃温度的设备附近;在生产装置区外,露天或开敞设置的输送易燃物质的架空管道地带,但其阀门处按具体情况定。

(2)爆炸危险区域的划分应按释放源级别和通风条件确定,并应符合下列规定:0 区:存在连续级释放源的区域;1 区:存在第一级释放源的区域;2 区:存在第二级释放源的区域。

其次应根据通风条件调整区域划分:当通风良好时,应降低爆炸危险区域等级,当通风不良时应提高爆炸危险区域等级。局部机械通风在降低爆炸性气体混合物浓度方面比自然通风和一般机械通风更为有效时,可采用局部机械通风降低爆炸危险区域等级。在障碍物、凹坑和死角处的局部提高其爆炸危险区域等级。利用堤或墙等障碍物,限制比空气重的爆炸性气体混合物的扩散,可缩小爆炸危险区域的范围。

爆炸危险区域内的通风,其空气流量能使易燃物质很快稀释到爆炸下限值的25%以下时,可定为通风良好。采用机械通风在下列情况之一时,可不计机械通风故障的影响:一是对封闭式或半封闭式的建筑物应设置备用的独立通风系统;二是在通风设备发生故障时,设置自动报警或停止工艺流程等确保阻止易燃物质释放的预防措施,或使电气设备断电的预防措施。

2.4.2.3　爆炸性粉尘环境

(1)对于生产、加工、处理、转运或贮存过程中出现或可能出现爆炸性粉尘、可燃性导电粉尘、可燃性非导电粉尘和可燃纤维与空气形成的爆炸性粉尘混合物环境分为下列四种:一是爆炸性粉尘,这种粉尘即使在空气中氧气很少的环境中也能着火,呈悬浮状态时能产生剧烈的爆炸,如镁、铝、铝青铜等粉尘。二是可燃性导电粉尘,与空气中的氧起发热反应而燃烧的导电性粉尘,如石墨、炭黑、焦炭、煤、铁、锌、钛等粉尘。三是可燃性非导电粉尘，与空气中的氧起发热反应而燃烧的非导电性粉尘，如聚乙烯、苯酚树脂、小麦、玉米、砂糖、染料、可可、木质、米糠、硫磺等粉尘。四是可燃纤维，与空气中的氧起发热反应而燃烧的纤维，如锦花纤维、麻纤维、丝纤维、毛纤维、木质纤维、人造纤维等。

(2)爆炸性粉尘环境危险区域①应根据爆炸性粉尘混合物出现的频繁程度和持续时间，按下列规定进行分区。10 区：连续出现或长期出现爆炸性粉尘环境；11 区：有时会将积留下的粉尘扬起而仍然出现爆炸性粉尘混合物的环境。

为爆炸性粉尘环境服务的排风机室，应与被排风区域的爆炸危险区域等级相同。

2.4.2.4　火灾危险环境

(1)生产、加工、处理、转运或贮存过程中出现或可能出现下列火灾危险物质之一：闪点高于环境温度的可燃液体；在操作过程中的温度高于可燃液体闪点的情况下，有可能泄漏但不能形成爆炸性气体混合物的可燃液体。不可能形成爆炸性粉尘混合物的悬浮状、堆积状可燃粉尘或可燃纤维以及其他固体状可燃物质。

在火灾危险环境中能引起火灾危险的可燃物质宜为下列四种：一是可燃液体，如柴油、润滑油、变压器油等；二是可燃粉尘，如铝粉、焦炭粉、煤粉、面粉、合成树脂粉等；三是固体状可燃物质，如煤、焦炭、木等；四是可燃纤维，如棉花纤维、麻纤维、丝纤维、毛纤维、木质纤维、合成纤维等。

(2)火灾危险区域划分应根据火灾事故发生的可能性和后果，以及危险程度及物质状态的不同，按下列规定进行分区。21 区：具有闪点高于环境温度的可燃液体，在数量和配置上能引起火灾危险的环境。22 区：具有悬浮状、堆积状的可燃粉尘或可燃纤维，虽不可能形成爆炸混合物，但在数量和配置上能引起火灾危险的环境。23 区：具有固体状可燃物质，在数量和配置上能引起火灾危险的环境。

2.4.3　建筑物年预计雷击次数

选择建筑物的防雷分类的目的在于减少建筑物被保护空间遭受直接雷击的损害风险。雷击损害取决于多种因素，其中有被保护空间的具体用途、存放的物质和设备、建筑材料等。

2.4.3.1　建筑物年预计雷击次数计算式

$$N = kN_gA_e \tag{2.3}$$

---

① 爆炸危险区域的划分应按爆炸性粉尘的量、爆炸极限和通风条件确定。符合下列条件之一时，可划为非爆炸危险区域：一是装有良好除尘效果的除尘装置，当该除尘装置停车时，工艺机组能连锁停车；二是设有为爆炸性粉尘环境服务，并用墙隔绝的送风机室，其通向爆炸性粉尘环境的风道设有能防止爆炸性粉尘混合物侵入的安全装置，如单向流通风道及能阻火的安全装置；三是区域内使用爆炸性粉尘的量不大，且在排风罩内或风罩下进行操作。

式中　N　建筑物预计雷击次数(次/a)；

k　雷击次数校正系数，在一般情况下取1；在下列情况下取相应数值：位于旷野孤立的建筑物取2；金属屋面的砖木结构建筑物取1.7；位于河边、湖边、山坡下或山地中土壤电阻率较小处、地下水露头处、土山顶部、山谷风口等处的建筑物，以及特别潮湿的建筑物取1.5；

N_g　建筑物所处地区雷击大地的年平均密度[次/(km^2 · a)]；

A_e　与建筑物截收相同雷击次数的等效面积(km^2)。

2.4.3.2　雷击大地的年平均密度应按下式确定

$$N_g = 0.024T_d^{1.3} \tag{2.4}$$

式中 T_d 为年平均雷暴日，根据当地气象台、站资料确定(d/a)。

2.4.3.3　建筑物等效面积 A_e

建筑物等效截收面积定义为与建筑物具有相同的年直接雷击次数的大地表面积，其面积应为其实际平面向外扩大后的面积。其计算方法应符合下列规定：

① 当建筑物的高 $H<100$m 时，其每边的扩大宽度和等效截收面积应按下列公式计算确定(图2.43)：

$$\begin{aligned} D &= \sqrt{H(200-H)} \\ A_e &= [LW+2(L+W)\cdot\sqrt{H(200-H)}+\pi H(200-H)]\cdot 10^{-6} \end{aligned} \tag{2.5}$$

式中　D　建筑物每边的扩大宽度(m)；

L、W、H　分别为建筑物的长、宽、高(m)。

当建筑物的高 $H\geqslant 100$m 时，其每边的扩大宽度应按等于建筑物的高 H 计算；建筑物的等效面积应按下式确定(图2.44)：

$$A_e = [LW+2H(L+W)+\pi H^2]\cdot 10^{-6} \tag{2.6}$$

②当建筑物各部位的高不同时，应沿建筑物周边逐点算出最大扩大宽度，其等效面积 A_e 应按每点最大扩大宽度外端的连接线所包围的面积计算(图2.45)。

例题：南京市郊某孤立宿舍楼建筑物如图2.46、2.47所示，计算其等效截收面积、年预计雷击次数。

解：$L=43.2$m、$W=12.9$m、$H=21.5+1.1=22.6$m，建筑高 H 为22.6m小于100m。

1. 等效截收面积为：

$$\begin{aligned} A_e &= [LW+2(L+W)\cdot\sqrt{H(200-H)}+\pi H(200-H)]\cdot 10^{-6} \\ &= [43.2\times 12.9+2\times(43.2+12.9)\times\sqrt{22.6\times(200-22.6)}+3.14 \\ &\quad \times 22.6\times(200-22.6)\times 10^{-6} \end{aligned}$$

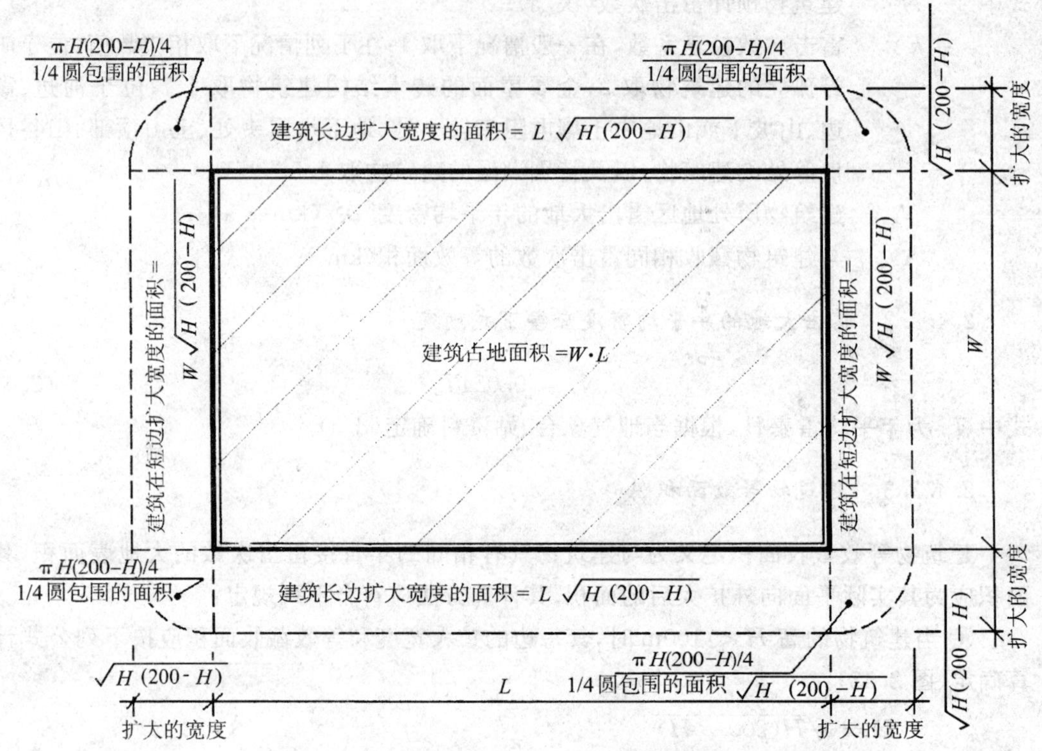

图 2.43　建筑物的等效面积（ $H<100\text{m}$ ）

注：建筑物平面扩大后的面积 A_e 如图中周边虚线所包围的面积

$$=[557.28+7104.3+12595.4]\times10^{-6}=20256.98\times10^{-6}(\text{km}^2)$$

2. 雷击大地的年平均密度： $N_g=0.024T_d^{1.3}=0.024\times34.4^{1.3}=2.39$ [次/(km² · a)]

3. 建筑物年预计雷击次数： $N=kN_gA_e=2\times2.39\times20256.98\times10^{-6}=0.0968$ (次/a)

2.4.4　IEC 中防雷装置(LPS—Lightning Protection System)保护级别的选择

2.4.4.1　年平均大地雷击密度

用每年每平方千米雷击大地次数表述的年平均大地雷击密度应通过测量加以确定。如果得不到年平均大地雷击密度（ N_g ）资料，可以应用以下的关系式来估算：①

$$N_g=0.04\cdot T_d^{1.25}\qquad[\text{次}/(\text{km}^2\cdot\text{a})]$$

式中 T_d 为从年平均雷电日数分布图中获得的每年雷暴日数。

① 该关系式因气候条件的变化而异

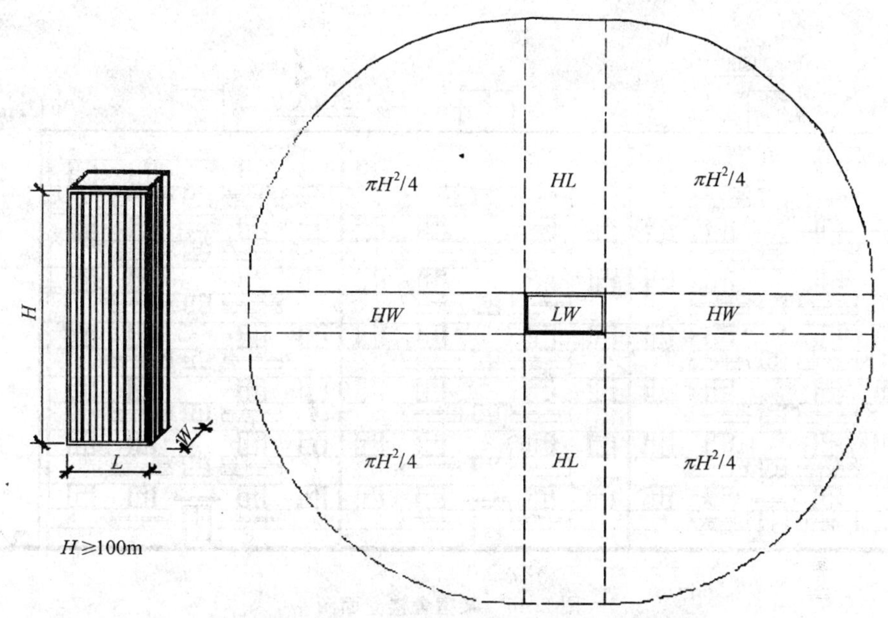

图 2.44　建筑物的等效面积（$H\geqslant 100$m）

注：建筑物平面积扩大后的面积 A_e 如图中周边虚线所包围的面积。

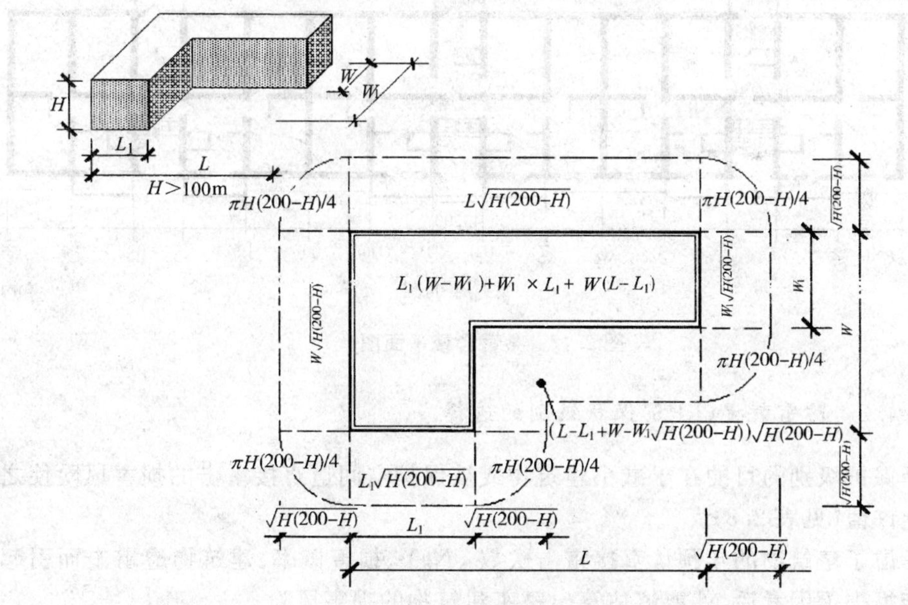

图 2.45　建筑物的等效面积示意

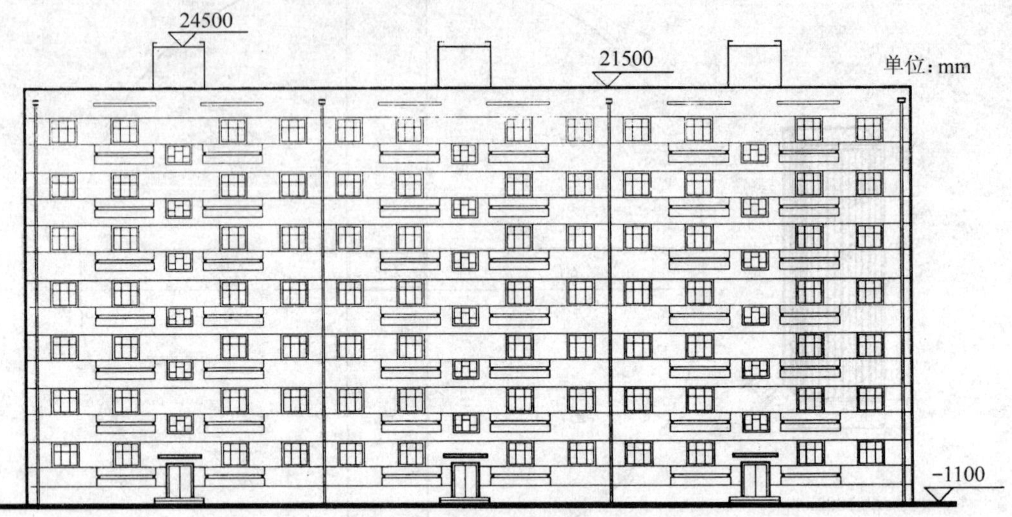

图 2.46　某宿舍楼立面图

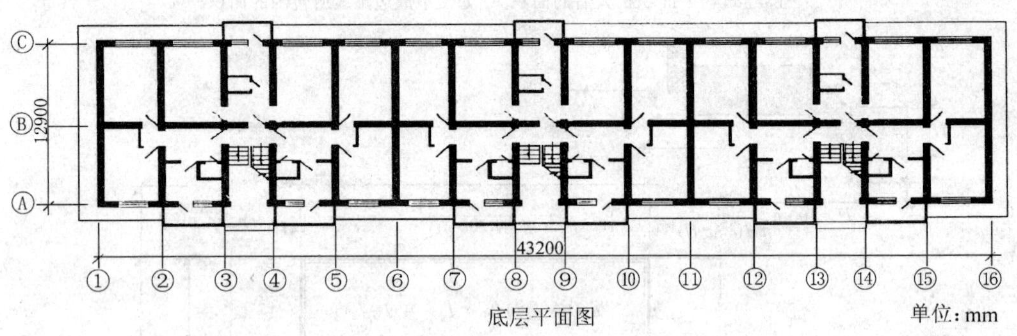

图 2.47　某宿舍楼平面图

2.4.4.2　防雷装置(LPS)保护级别的选择

选择保护级别的目的在于减小建筑物或被保护空间遭直接雷击的损害风险使之低于最大允许值(见表 2.8)。

在考虑了建筑物的年预计直接雷击次数（N_d）、损害概率、建筑物遭雷击而引起的平均可能损失等因素后,就能够估算出每座建筑物的损害风险。

表 2.8　雷电流参数与保护级别的关系

雷电参数	保护级别		
	Ⅰ	Ⅱ	Ⅲ～Ⅳ
电流峰值 I(kA)	200	150	100
总电荷量 Q_{total}(C)	300	225	150
脉冲电荷量 $Q_{impulse}$(C)	100	75	50
单位能量 W/R(kJ/Ω)	10000	5600	2500
平均陡度 $di/dt_{30\%/90\%}$(kA/μs)	200	150	100

注：有一些情况，在风险评估时必须考虑间接雷击。

损害取决于多种参数，其中有：被保护空间的用途及其存放物（人及物）、建筑材料以及为减小雷电造成的间接后果而采取的措施。也就是说建筑物是根据雷电造成的间接后果加以分类的。

一旦选定了所涉建筑物的损害风险的最大允许值，就能估算出能引起建筑物受损的可接受的最大年平均雷击次数（N_c）。

因此，可以根据被保护建筑物的年预计平均雷击次数（N_d）以及建筑物的可接受的最大年平均雷击次数（N_c），来选择需提供的 LPS 的适当的保护级别。

2.4.4.3　建筑物的可接受的最大年平均雷击次数（N_c）

当雷击损失涉及人员、文化及社会损失时，由国家委员会负责确定 N_c 值。

当雷击损失仅涉及私人财产时，可由建筑物业主或 LPS 的设计人员确定 N_c 值。

通过考虑如下的诸因素后而作的损害风险的分析就可确定出 N_c 值：①

——建筑类型；

——是否存放易燃、易爆物质；

——为减小雷电造成的间接后果而采取的措施；

——雷击损害所涉及的人员数量；

——所涉及的公众服务的类型及重要性；

——被损坏的物品的价值；

——其他因素（见表 2.1 雷击对各类建筑所造成的危害）。

2.4.4.4　建筑物的年平均预计直接雷击次数（N_d）

建筑物的年平均预计直接雷击次数（N_d）可由下式确定：

$N_d = N_g \cdot A_e \cdot 10^{-6}$　　次/a

① 在某些特殊情况下，地方条例可强制确定 N_c 值

式中： N_g 建筑物所处地区的年平均大地雷击密度[次/(km² · a)]

A_e 建筑物的等效截收面积(m²)；

建筑物的等效截收面积定义为与建筑物具有相同的年直接雷击次数的大地表面面积。对孤立建筑物，等效截收面积 A_e 是以一条斜率为 1∶3 的直线，与建筑物的顶部相接触，并绕建筑物旋转，直线与地面相交得出的边界线所包围的大地面积(平坦地区见图 2.48，丘陵地区见图 2.49a 及 d)。

对于复杂的地形(见图 2.49 的 b 及 c)，将轮廓线的某些特征段用直线或圆弧来代替就能够使作图简化。

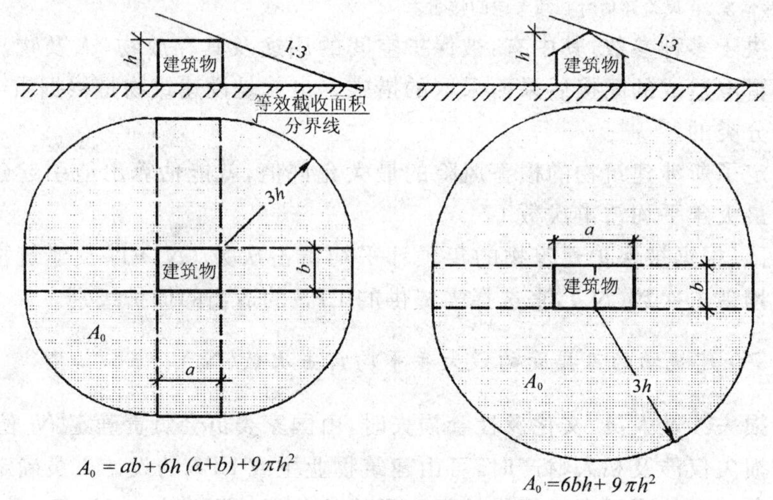

图 2.48 平坦地带建筑物的等效截收面积

如果建筑物周围物体与建筑物的距离小于 $3(h+h_s)$ 时，周围物体将显著地影响建筑物的等效截收面积。h 是所考虑建筑物的高度，h_s 是周围物体的高度。

在此情况下，建筑物及紧邻物体的等效截收面积互相重叠，建筑物的等效截收面积 A_e 将缩至与邻近物体距离为 $X_S = [d + 3(h_s - h)]/2$ 的地方。

式中 d 为建筑物与紧邻物体间的水平距离(见图 2.50)。

只有那些对雷电应力有足够耐受能力的永久性的物体才需加以考虑。

在任何情况下，都假定等效截收面积的最小值等于建筑物本身在水平面上的投影面积。

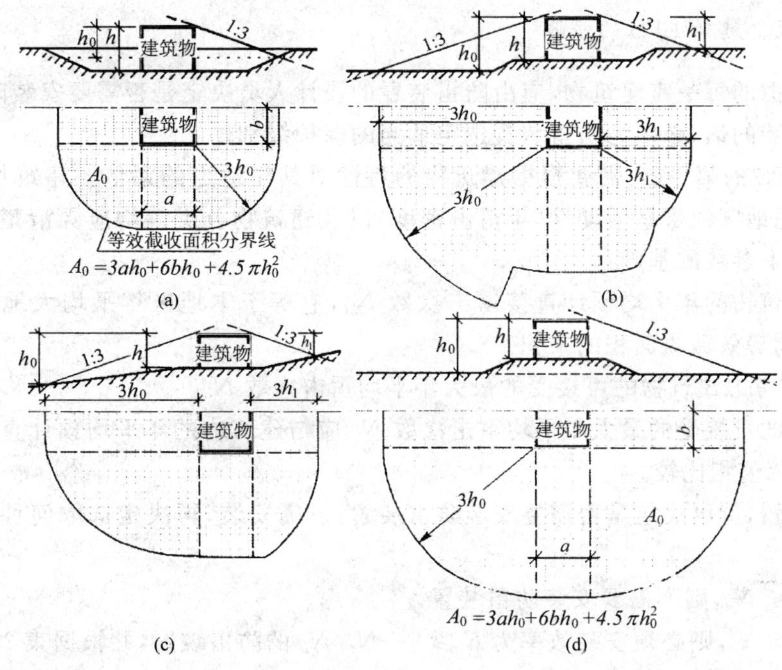

图 2.49　在复杂地形中建筑物的等效截收面积

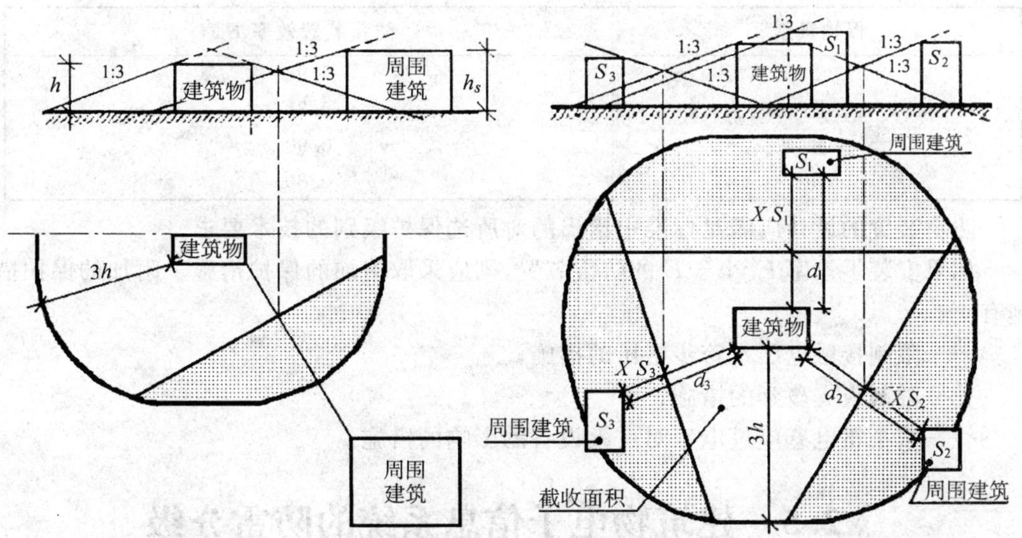

图 2.50　附近有其他建筑物时建筑物的等效截收面积

2.4.4.5 选择 LPS 的步骤

对所考虑的每一座建筑物，应由防雷装置的设计人员决定是否需要安装防雷装置。如果需要安装的话，必须为防雷装置选定适当的保护级别。

选择 LPS 的第一步，需要根据建筑物的特性对其作适当的评估。建筑物的尺寸、位置、所考虑地区的雷暴活动性(年雷击密度)以及建筑物分类等均应弄清楚。这些数据是估算以下参数的基础：

——建筑物的年平均预计直接雷击次数 N_d，它等于本地区年平均大地雷击密度 N_g 与建筑物等效截收面积的乘积。

—— 所考虑建筑物的可接受的最大年平均雷击次数 N_c。

建筑物的可接受的最大年平均雷击次数 N_c 应与建筑物的年平均预计直接雷击次数 N_d 的实际值相比较。

通过比较，就可决定是否需要安装防雷装置。若需安装，再决定选取何种类型的防雷装置。

如 $N_d \leqslant N_c$，则不需要安装防雷装置。

如 $N_d > N_c$，则必须安装效率为 $E \geqslant 1 - N_c/N_d$ 的防雷装置，并根据表 2.9 选择适当的保护级别。

表 2.9 对应于各种保护级别的防雷装置效率

保护级别	防雷装置效率 E
Ⅰ	0.98
Ⅱ	0.95
Ⅲ	0.90
Ⅵ	0.80

防雷装置的设计应满足标准中给出的对所选保护级别的技术要求。

如果安装了效率 E' 小于 E 的防雷装置，则应采取附加的保护措施。附加的保护措施有：

——限制接触电压及跨步电压的措施；

——限制火灾蔓延的措施；

——减小雷电感应过电压对灵敏设备的影响的措施。

§2.5 建筑物电子信息系统的防雷分级

以信息技术为核心的高科技迅速发展，由于信息系统的电磁兼容能力低，抗雷电电磁脉冲过电压的能力十分脆弱，在闪电环境下易损性较高，为了消除这一公害，人们采用了各种防雷保护措施，以求信息系统安全，但其结果是有的雷电防护措施取得了预期的防雷效果，保证了电子信息系统的安全；而有的则反遭雷击，损失更大。究其原因就在于不同的防雷保护方法，其保护对象、保护重点、保护措施都是截然不同的，如不能正确地应用，必然会造成不良的后果。

2.5.1　电子信息系统的雷害特点

电子信息设备不同于一般的电气设备，因为电气设备具有较高的抗感应脉冲过电压的能力，而电子信息设备则不具备这种能力。在雷电的威胁中，电子信息系统具有以下特点。

2.5.1.1　电子信息设备易受感应脉冲过电压的袭击

由于电子信息设备是集电脑技术与微电子技术于一身的产品，它的信号工作电压也越来越低，现已降到 10V 以下，有的已降到 5V 以下，所以这种产品的电磁兼容能力很差，很容易受感应脉冲过电压的袭击。

2.5.1.2　电子信息设备受雷击的概率较高

一般电气设备主要是防直击雷的危害，直击雷的概率相对较低；而电子信息设备不但要防直击雷的危害，而且更要防雷电感应的危害，而雷电感应的概率要比直击雷高得多，因为雷电感应除由直击雷产生外，还包括远处放电的电磁脉冲感应，而直击雷所产生的雷电感应作用可达数百米之远，所以电子信息设备受闪电危害的概率较高。

2.5.1.3　系统复杂、设备较多、线路较长

电子信息系统是由信息采集、加工处理、传输、检索等众多环节组成的，系统较复杂、设备较多、价格也较昂贵。由于系统环节多、接口多、线路长等原因，给雷电的耦合提供了条件，例如一个信息系统，不但有电源进线接口，还有信号输入/输出接口、天馈线接口等，这些接口的线路较长，正符合闪电耦合的需要，是感应脉冲过电压容易侵入的原因，也是感应脉冲过电压侵入的主要通道。

2.5.2　建筑内部雷击风险与防护分级

电子信息系统的雷电防护，应按综合防雷系统的要求进行设计。必须坚持“预防为主、安全第一”的指导方针。为确保防雷的科学性、先进性，在设计前宜做现场雷电环境评估。

在进行建筑电子信息系统的防雷工程设计时，应在认真调查地理、地质、土壤、气象、环境条件、雷电活动规律、雷击事故受损原因、系统设备的重要性、发生雷灾后果的

严重程度以及被保护物的特点等的基础上分别采取相应的防护措施。

电子信息系统的防雷设计应遵照《建筑物电子信息系统防雷技术规范》(GB50343-2004)所给出的《雷击风险评估方法》进行分级。坚持全面规划、综合治理、技术先进、优化设计、多重保护、经济合理、定期检测、随机维护的原则进行综合设计、施工及维护。

2.5.2.1　雷击风险评估应遵循的原则

电子信息系统所在建筑物均应按《建筑物防雷设计规范》GB50057-94 的规定，安装外部防雷装置。

电子信息系统的防雷设计应采用直击雷防护、雷电感应防护，即包括等电位连接、屏蔽、合理布线、共用接地系统和安装浪涌保护装置等措施进行综合防护。

2.5.2.2　雷击风险评估

电子信息系统的防雷宜考虑环境因素、雷电活动规律、雷击事故受损原因、系统设备的重要性、发生雷灾后果的严重程度等因素进行雷击风险评估。

从而将信息系统雷击电磁脉冲的防护分为 A、B、C、D 四级，并分别采取相应的防护措施。

2.5.2.3　电子信息系统雷击电磁脉冲防护分级计算方法

(1)建筑物年预计雷击次数(N)可按下式确定

$$N = k \cdot N_g \cdot (A_e + A_e') = k \cdot (0.024 \cdot T_d^{1.3}) \cdot (A_e + A_e') \tag{2.7}$$

式中，k 为校正系数，在一般情况下取 1，在下列情况下取相应数值：位于旷野孤立的建筑物取 2；金属屋面的砖木结构的建筑物取 1.7；位于河边、湖边、山坡下或山地中土壤电阻率较小处、地下水露头处、土山顶部、山谷风口等处建筑物，以及特别潮湿的建筑物取 1.5。N_g 为建筑物所处地区雷击大地的年平均密度[次/(km^2·a)]；T_d 为年平均雷暴日。根据当地气象台、站资料确定(d/a)；A_e 为建筑物截收相同雷击次数的等效面积(km^2)；A_e' 为建筑物入户设施(电源线、信号线)的截收面积。

(2) 等效面积 A_e，其计算方法应符合下列规定

① 当建筑物的高度 $H < 100$m 时，其每边的扩大宽度(D)和等效面积(A_e)应按下列公式计算确定

$$D = \sqrt{H(200 - H)} \tag{2.8}$$

$$A_e = [LW + 2(L + W) \cdot \sqrt{H(200 - H)} + \pi H(200 - H)] \cdot 10^{-6} \tag{2.9}$$

式中 L、W、H 分别为建筑物的长、宽、高(m)。

②当建筑物的高 $H \geqslant 100$m 时，建筑物的等效面积应按下式确定：

$$A_e = [LW + 2H(L+W) + \pi H^2] \cdot 10^{-6} \quad (2.10)$$

③当建筑物各部位的高不同时，应沿建筑物周边逐点计算出最大的扩大宽度，其等效面积 A_e 应按每点最大扩大宽度外端的连线所包围的面积计算。建筑物扩大后的面积如图 2.43 中周边虚线包围面积。

④入户设施的接收面积 A_e' 见表 2.10。

表 2.10　入户设施的截收面积

电源设施类型	有效截收面积 $A_e' \times 10^{-6}$ (km²)
低压电架空电缆	$2000 \times L$
高压架空电线(至现场变电站)	$500 \times L$
低压埋地电缆	$2 \times d_s \times L$
高压埋地电缆(至现场变电站)	$0.1 \times d_s \times L$
数据线类型	
架空信号线	$2000 \times L$
埋地信号线	$2 \times d_s \times L$
无金属铠装或金属芯线的光纤电缆	0

注：L 是线路从所考虑建筑物至网络的第一个分支点或相邻建筑物的长度，单位：m，最大值为 1000m，当 L 值无法预知时，应采用 L＝1000m。d_s 数值上等于土壤电阻率(Ω · M)，单位：m，最大为 500m。

(3)因直击雷和雷击电磁脉冲引起电子信息系统设备损坏的可接受的最大年平均雷击次数 N_c 按下式确定

$$N_c = 5.8 \times 10^{-1.5}/C \quad (2.11)$$

式中 C 为各类因子，$C = C_1 + C_2 + C_3 + C_4 + C_5 + C_6$

C_1 为信息系统所在建筑物材料结构因子。当建筑物屋顶和主体均为金属材料时，C_1 取 0.5；当建筑物为砖混结构时，C_1 取 1.5；当建筑物为砖木结构时，C_1 取 2.0；当建筑物为木结构时，C_1 取 2.5。

C_2 为信息系统重要程度因子。等电位连接和接地以及屏蔽措施较完善的设备，C_2 取 0.5；使用架空线缆的设备，C_2 取 1.0；集成化程度较高的低电压微电流的设备，C_2 取 3.0。

C_3 为电子信息系统设备耐冲击类型和抗冲击能力因子。本因子与设备耐受各种冲击的能力有关，与采用的等电位连接及接地措施有关，与供电线缆、信号线屏蔽状况有关，可原则分为：

一般，C_3 取 0.5；通常指设备为 GB/T16935.1-1997 中所指的 Ⅰ 类安装位置的设备，且采用了较完善的等电位连接、接地、电缆屏蔽措施。

较弱，C_3 取 1.0；Ⅰ 类安装位置的设备，但使用了架空线缆，因而风险较大。

相当弱，C_3 取 3.0；相当弱指设备集成化程度很高，通过低电压；微电流进行逻辑运算的计算机或通讯设备。

C_4 为电子信息系统设备所在雷电防护区(LPZ)的因子。设备在 LPZ2 或更高层雷电防护区内时,C_4 取 0.5;设备在 LPZ1 区内时,C_4 取 1.0;设备在 $LPZ0_B$ 区内时,C_4 取 1.5～2.0。

C_5 为电子信息系统发生雷击事故的后果因子。信息系统业务中断不会产生不良后果时,C_5 取 0.5;信息系统业务原则上不允许中断,但在中断后无严重后果时,C_5 取 1.0;信息系统业务不允许中断,中断后会产生严重后果时,C_5 取 1.5～2.0。

C_6 表示区域雷暴等级因子。少雷区,C_6 取 0.8;多雷区,C_6 取 1;高雷区,C_6 取 1.2;强雷区,C_6 取 1.4。

2.5.2.4 建筑物电子信息系统雷击电磁脉冲防护等级的确定

(1)雷击电磁脉冲防护等级

依据公式

$$E = 1 - N_c/N \tag{2.12}$$

$$\begin{aligned} E &= 1 - N_c/N \\ &= 1 - 5.8 \times 10^{-1.5} / [k \times (0.024 \times T_d^{1.3}) \times (A_e + A_e') \times C] \\ &= 1 - 241.67 \times 10^{-1.5} / [k \times T_d^{1.3} \times (A_e + A_e') \times (C_1 + C_2 + C_3 + C_4 + C_5 + C_6)] \end{aligned} \tag{2.13}$$

当 $E > 0.98$ 时,定为 A 级;当 $0.90 < E \leqslant 0.98$ 时,定为 B 级;当 $0.80 < E \leqslant 0.90$ 时,定为 C 级;当 $E \leqslant 0.80$ 时,定为 D 级。

(2)电子信息系统设备对雷击电磁脉冲防护按表 2.11 防护等级进行选择

表 2.11 不同等级的电子信息设备对 LEMP 防护等级的选择

LEMP 防护等级	电子信息系统设备
A 级	对建筑物防雷安全有严格要求、对 LEMP 敏感度高、要求将瞬时过电压限制到很低水平、重要和昂贵的电子信息设备; 用于国家级、省部级、国际通信枢纽以及其他重要的信息系统的电子信息设备,如大型计算中心、移动机站、通信枢纽、大型医疗电子设备等
B 级	对建筑物防雷安全有较严格要求的电子信息系统; 用于智能建筑物内的通信、安全监管、火灾自动报警与消防联动等系统;中型医疗电子设备
C 级	对建筑物防雷安全有基本要求的电子信息系统; 用于建筑物内的有线广播、闭路电视、家用电器等设备
D 级	除上述 A、B、C 级以外的电子信息系统

2.5.2.5 电子信息系统防雷电电磁脉冲防护中低压配电系统各级电涌保护设置

(1)A 级宜在低压配电系统中采取 3～4 级 SPD 进行保护;

(2)B 级宜在低压配电系统中采取 2～3 级 SPD 进行保护;

(3)C、D 级宜在低压配电系统中采取 1～2 级 SPD 进行保护。

2.5.2.6 计算机网络系统的防雷与接地应符合下列规定

(1)进、出建筑物的传输线路上浪涌保护器的设置;

(2)A 级防护系统宜采用 2 级或 3 级信号浪涌保护器;

(3)B 级防护系统宜采用 2 级信号浪涌保护器;

(4)C、D 级防护系统宜采用 1～2 级信号浪涌保护器。

(5)各级浪涌保护器分别安装在直击雷非防护区($LPZ0_A$)或直击雷防护区($LPZ0_B$)与第一防护区(LPZ1)及第一防护区(LPZ1)与第二防护区(LPZ2)的交界处。

本章思考与练习

1. 雷电是怎样形成的?

2. 闪电是如何形成的? 闪电的形式有哪几种?

3. 常见的闪电形式有(　　)、(　　)、(　　)和(　　)。

4. 简述云地放电的结构和过程。

5. 闪电电流方向(　　)称为负地闪。

6. 地闪是指(　　)。

A. 云与大地相接触的放电现象　　B. 不与大地相接触的放电现象

C. 云内电荷间的放电现象

7. 向上负地闪是(　　)。

A. 先导向上,地闪电流方向向下　　B. 先导向上,地闪电流方向向上

C. 先导向下,地闪电流方向向上　　D. 先导向上,地闪电流方向向下

8. 地闪梯级先导的梯级步长平均为(　　)。

A. 100m　B. 30m　C. 50m　D. 500m

9. 当具有负电位的梯式先导到达地面附近,离地约 5～50m 时,可形成很强的地面大气电场,使地面的正电荷向上运动,并产生从地面向上发展的正流光,这就是(　　)。

10. 通常雷暴云上部荷(　　),下部荷负电荷,云底荷少量正电荷。

11. 晴天大气传导电流是大气离子在(　　)作用下形成的电流。

12. 大气中哪些现象说明大气中存在电场?

13. 什么是片状雷?

14. 什么是线状雷?

15. 什么是球状闪电?

16. 什么是联珠状闪电?

17. 什么是蛛状闪电?

18. 地闪箭式先导平均时间为(   )。

A. 20 ms　　B. 20 μs　　C. 2 ms　　D. 40 μs

19. 电荷从负极向正极移动时形成的流光称为(   )。

A. 正流光　　B. 负流光　　C. 反向流光　　D. 正向流光

20. 地闪的峰值电流出现于哪个阶段?(   )

A. 梯式先导　　B. 回击　　C. 箭式先导　　D. 间歇阶段

21. 试述雷声的形成。

22. 根据闪电流方向、先导方向简述地闪的类型。

23. 解释闪电通道是如何形成的?

24. 什么是直击雷?

25. 什么是雷电感应?

26. 什么叫雷电的反击现象?

27. 从雷云密布到发生闪电的整个过程中,通常会发生哪些物理现象?

28. 滚球半径指的是什么?

29. 雷电破坏主要有哪几种类型?

30. 雷电对人类的主要危害有(   )、(   )、(   )和(   )。

31. 什么叫跨步电压?

32. 雷电流也是电流,它具有电流所具有的一切效应。但雷电流又是一种特殊的电流,它具有很大的破坏作用。请解释下列现象所对应的效应。

A. 设计上指出“凡是闪电电流有可能流过的导体必须避免弯成直角或锐角,在弯曲处要用较牢固的机械固定法”;

B. 雷电使树木劈裂;

C. 雷电造成树林火灾;

D. 一名妇女在拧开水龙头放水时,恰好落地雷击中自来水管,倒地后几分钟就死亡。

33. 雷电的危害是由雷电流的各种效应所引起,请列举四种以上雷电流的效应。

34. 某证券公司设在一般建筑物内,直击雷情况下,可能造成的后果是(   )。

A. 消防系统故障导致灭火工作的延误　　B. 电气设施的损坏,很可能引起恐慌

C. 由于通信中断造成混乱　　D. 计算机故障及数据的丢失造成损害

35. 什么是云闪?

36. 闪击分为(   )和(   )。

37. 试描述雷电出现最大陡度的情况,根据雷电的闪击及其可能的雷击组合,分析在各种雷击组

合中，雷电应该出现最大陡度的瞬间。雷电压的波形中，波头时间、半峰值时间的定义。

38. 什么是雷电流？雷电流有哪些参数？画出典型波形加以说明。

39. 闪电中可能出现的三种雷击是(　　)。

A. 短时首次雷击　B. 感应雷击　C. 向上闪击(上行雷)　D. 后续雷击

40. 第一、第二、第三类防雷建筑物首次雷电流幅值分别为(　　)kA、(　　)kA、(　　)kA，其雷电流陡度 di/dt 分别为(　　)kA/μs、(　　)kA/μs、(　　)kA/μs。

41. 建筑物防雷设计，应在认真调查(　　)、(　　)、(　　)环境等条件和(　　)规律以及(　　)的特点的基础上，详细研究防雷装置的形及其布置。

42. 防雷建筑物的分类是根据其(　　)、(　　)、发生雷电事故的(　　)和(　　)，按防雷要求分为(　　)类。

43. 图 2.51、图 2.52 中某科研所独立的一幢三层办公楼，周围为水稻田，现要求计算该办公楼的年预计雷击次数(当地年雷击天数 95 天)，并判断该建筑物的防雷分类。

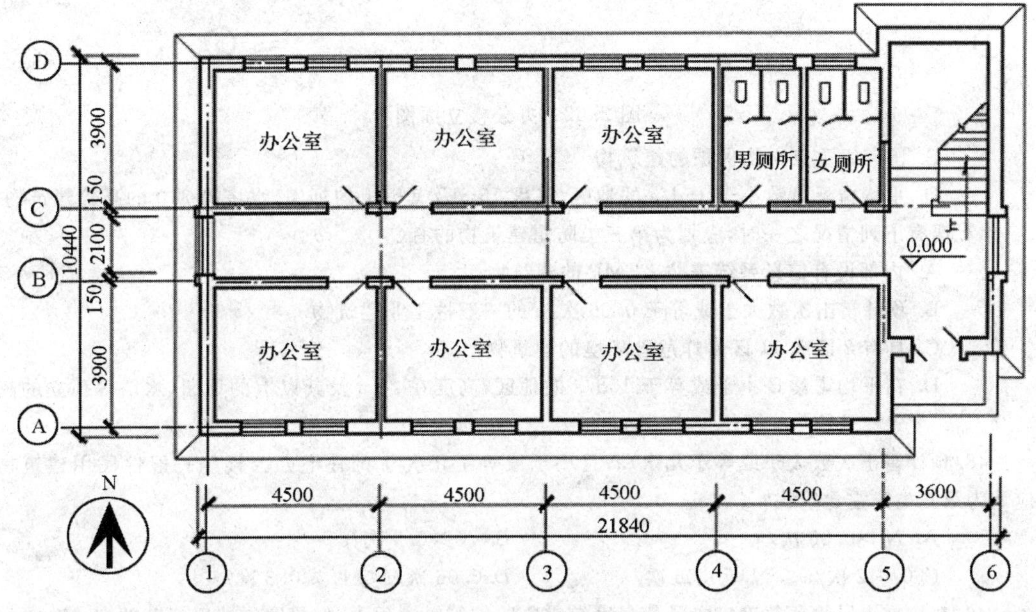

图 2.51 办公楼平面图

44. 设在湖边的某疗养院，其建筑群高 30m、长 100m、宽 40m，计算其预期年雷击次数，并判断其属哪类防雷建筑物(当地年雷暴日为 40 天)。

45. 某市平均雷暴日为 50 天($T_d^{1.3}=161.68$)，图 2.53 中某住宅楼位于市区，现要求计算判断该建筑物的防雷分类。

46. 下列属于第二类防雷建筑物的是(　　)。

A. 具有 0 区或 10 区爆炸危险环境的建筑物

B. 国家级会堂、办公建筑物、大型火车站等

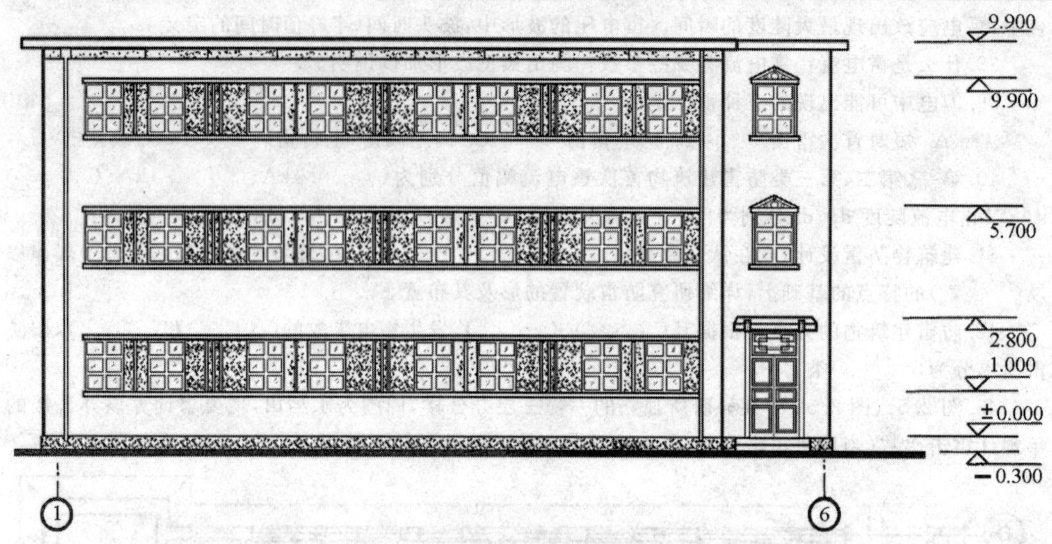

图 2.52　办公楼立面图

C. 国家级重点文物保护的建筑物

D. 平均雷暴日数小于 15d/a 的地区、高度 15m 及其以上的烟囱、水塔等孤立的高耸建筑物

47. 遇有下列情况之一时，应划为第三类防雷建筑物的有(　　)。

A. 内部设有信息系统需防 LEMP 的建筑物

B. 预计雷击次数大于或等于 0.06 次/a 的一般性工业建筑物

C. 具有 2 区或 11 区爆炸危险环境的建筑物

D. 在平均雷暴日小于或等于 15d/a 的地区，高度在 20m 及其以上的烟囱、水塔等孤立的高耸建筑物

48. 预计雷击次数大于或等于几次/a，且小于或等于几次/a 的住宅办公楼等一般性民用建筑物应划为第三类防雷建筑物？(　　)。

A. $N>0.06$ 次/a　　B. $N>0.3$ 次/a

C. 0.012 次/a $\leqslant N \leqslant$ 0.06 次/a　　D. 0.06 次/a $\leqslant N \leqslant$ 0.3 次/a

49. 在按雷击风险评估确定电子信息系统雷电防护等级过程中，如果防雷装置拦截效率 ($E=1-N_C/N$) $0.90<E\leqslant 0.98$ 时，应定为(　　)级。

A. A 级　　B. B 级　　C. C 级　　D. D 级

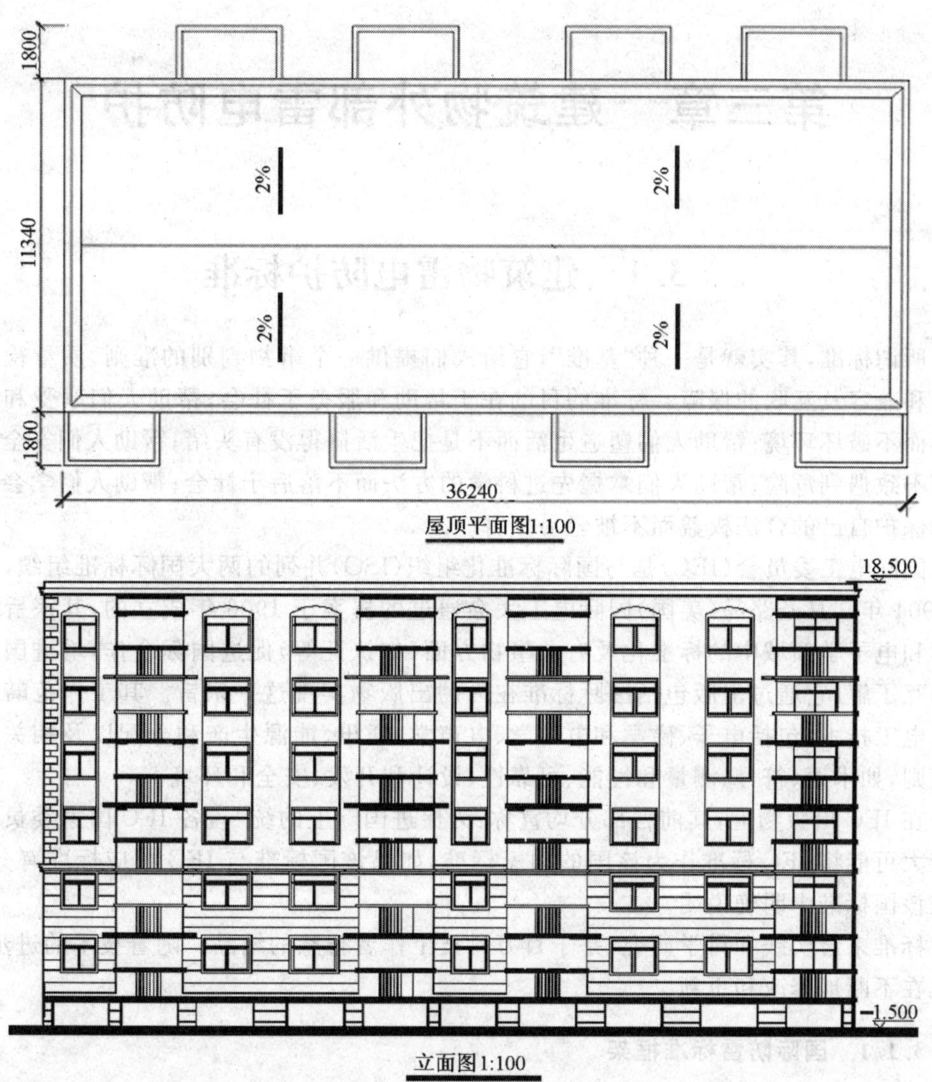

图 2.53　住宅楼平立面图

第三章 建筑物外部雷电防护

§3.1 建筑物雷电防护标准

所谓标准，其实就是一种“基准”，它给人们提供一个事物判别的准则、质量检测的依据和兼容及互联的保障。标准的目的在于帮助和服务于社会，帮助人们享受和利用环境而不破坏环境；帮助人们塑造生活而不是把生活搞得没有头绪；帮助人们安全地生活而不致遇到危险；帮助人们掌握先进科学的方法而不落后于社会；帮助人们学会用法律来保护自己的合法权益而不被轻易损害。

国际电工委员会(IEC)是与国际标准化组织(ISO)并列的两大国际标准组织，它是由1904年9月圣路易(美国)国际电工大会通过的提案于1906年成立的，其宗旨是在电学和电子学领域中的标准化及有关事物方面(如认证等)促进国际合作，增进国际间的相互了解，它通过出版包括国际标准在内的出版物实现这一宗旨。其工作范畴覆盖所有电工技术，包括电子、磁学和电磁学、电声学、通讯、能源生产和分配以及相关的一般原则，如术语、符号、测量和性能、可靠性、设计和开发、安全和环境。

在IEC出版物上，其前言部分均宣称：为促进国际上的统一，各IEC国家委员会应尽最大可能将IEC标准作为该国的国家标准，如果该国标准与IEC相应标准有分歧，应在该国标准中明确说明。

标准来自实践和科学研究，是千百万科技工作者智慧的结晶。随着技术的进步，标准也在不断地修改和更新。

3.1.1 国际防雷标准框架

IEC/TC81(第81技术委员会——防雷)是从1980年开始工作的，其主要技术内容是防雷。1990年发布第一项标准《建筑物防雷》之后，陆续出版了如下系列防雷标准(或草案)。

①IEC61024系列(直击雷防护系列)

②IEC61312系列(雷击电磁脉冲防护系列)

③TC81还出版(或以草案形式)了关于通信线路防雷标准(IEC61663)，雷击损害危险度确定的标准(IEC61662)和模拟防雷装置各部件效应的测量参数(IEC61819)等。

由于IEC内部的分工和配合在IEC/TC37、TC64和TC77同期出版了相关的标准，形成对 TC81 标准的补充和完善。

④IEC60364 系列（建筑物电气设施）

⑤IEC61643 系列（接至低压配电系统的浪涌保护器）

3.1.2　中华人民共和国标准

我国国家标准分为强制性（GB）标准和非强制性（GB/r）标准，后者又称自愿性或推荐性标准，由设计或使用单位自愿选用。除国家标准外，尚有行业标准（电力标准 DL、建设部标准 JGJ/T、邮电标准 YD、军标 JB、公安标准 GA、交通标准 JT、铁道标准 TB 等）。行业标准也有自愿性标准，如 TB/T。此外，尚有地方标准 DB、工程标准化协会标准 CECS 等。在各种标准中最有权威性的标准是强制性国家标准 GB，当某些标准间互不兼容，互不一致时，规定应以强制性标准为准。

我国的建筑物防雷标准最早为 GBJ57-83。1994 年 11 月由原起草人林维勇先生按 IEC61024-1 进行了修订，即《建筑物防雷设计规范》GB50057-94。这个标准是目前我国防雷技术标准中最具权威性的标准，它结合我国的地理环境、气象条件、经济发展水平并考虑到过去长期使用的标准的延续性。其适用范围为新建建筑物的防雷设计，不适于天线塔、共用天线电视接收系统、油罐、化工户外装置的防雷设计。常与防雷设计规范同时使用的还有《民用建筑电气设计技术规范》（JGJ/T16-92），该规范于 1993 年由中国建筑东北设计研究院主编，经建设部批准为推荐性行业标准。JGJ/T16-92 中建筑物及电气防雷内容适用于民用建筑防雷设计。

在雷击电磁脉冲的防护上，国外直到 1995 年才颁布了 IEC61312-1 雷击电磁脉冲的防护 · 第一部分通则。

GB50057-94《建筑物防雷设计规范》局部修改条文、GBJ74-84《石油库设计规范》局部修改条文、《通信局（站）雷电过电压保护工程设计规范》、《计算机信息系统防雷规范》、《气象台（站）雷电防护技术规范》、《新一代天气雷达站系统的雷电防护工程技术规范》均大量采用了 IEC 和 ITU 等标准技术。

在 1995 年前后，部分国标、行标也涉及到 LEMP 的防护问题，仅以计算机房防雷为例先后有：

《计算机场地安全要求》	GB9361-88，	1988 年
《电子计算机机房设计规范》	GB50174-93，	1993 年
《民用建筑电气设计规范》	JGJ/T16-92，	1993 年
《计算机场地通用规范》	GB/T2887-2000，	1989 年
《建筑物电子信息系统防雷技术规范》	GB50343-2004，	2004 年

3.1.3 国外防雷技术标准简介

目前已颁布的 61024-1、2、3 和 1-1、1-2 都是外部防雷标准，但均与内部防雷关联。IEC61024-2 对高于 60m 的建筑物提出了防雷的附加条件，IEC61024-3 对易燃易爆场所提出了附加条件。

有些国外标准，如美国防火协会（NFPA780：1992）的《雷电防护规程》；

英国标准（BS6651：1992）的《构筑物避雷的实用规程》；

日本工业标准 JIS(A 4201 -1992)《建筑物等的避雷设备（避雷针）》。

上述防雷标准也同样的对船舶、风力发电站、体育场、大帐篷、树木、桥梁、停泊的飞机、储罐、海滨游乐场、码头乃至露天家畜养殖场的外部防雷做出了规定。

特别要提出的是，一些标准对石头山地的接地装置在很难达到规定的低阻值时做出这样的规定：在地面平铺环型扁钢，并与被保护物的引下线在四个方向连接，环型地的半径不应小于 5m，这种等电位连接方式同样能起作用。

3.1.4 常用的标准图集介绍

(1) 国家建筑标准设计《防雷与接地安装》GJBT516。

①99D562《建筑物、构筑物防雷设施安装》；

②86D563《接地装置安装》；

③D565《独立避雷针》　第一分册，钢筋结构独立避雷针；

第二分册，钢筋混凝土环形独立避雷针；

④86SD566《利用建筑物金属体做防雷及接地装置安装》；

⑤97SD567《等电位联结安装》。

(2) 建筑安装工程施工图集《电气工程》：第 13 节　防雷及接地装置安装。

(3) 建筑设备设计施工图集《电气工程》：第 17 节　防雷装置。

§3.2 建筑物雷电防护技术

在欧洲中世纪也有相当多的人把雷电当做神的意志，认为只能靠祈祷或者敲响教堂里的钟，才能避免闪电的袭击。1718 年 4 月 14 日法国布列塔尼城一夜之间 24 个教堂遭雷击，其中一个被彻底毁了，2 名司钟员毙命。

在 1750 年 5 月《绅士杂志（Gentleman's Magazine）》的脚注中，富兰克林（Benjamin Franklin 1706～1790）已指出，用尖端导体来保护房屋。1751 年富兰克林出版了著作《电的实验与观察》，指出："关于尖端的功能的知识，可以为人们利用来保护房屋、教堂、船等避免闪电袭击，其方法是在这些物体的最高顶上固定一支更高的镀金的磨尖铁棒，在其下端接一导线挂在建筑物外通到地下，对于船则是通到水中。”这书出版后，在欧洲大陆迅速流传，产生很大影响，不少人照他的见解进行实验。

图 3.1　富兰克林的雷电实验

1752 年 9 月富兰克林在自己家里装了一个特殊设计的避雷针，引下线从房内穿过，在房内这段线的中间断开，断头处各装上一个金属小铃，铃间相距 6 英寸(约 15cm)，在其间有一个用丝线挂起的钢球，雷雨云过屋顶时，感应的电荷可以通过铃与钢球间放电而形成通路，铃声显示出这一装置感应电流的情况(图 3.1)。他长期观察以了解云中的闪电和避雷针的性能，他在 1753 年出版的《Poor Richard's Almanack》一书中正式宣布了避雷针的发明，并作了详细的描述。

但是，这个新事物在推广过程中仍免不了神学的阻碍，有人认为在教堂尖顶上装铁棒是亵渎上帝，不想装避雷针，而且把上百吨的军用炸药贮存在有拱顶的教堂大厅里，以求得上帝的保护，认为这是最安全的。1767 年闪电击中了威尼斯一个贮放了几百吨炸药的教堂的拱顶，引起大爆炸，3000 人丧生，威尼斯城大半被毁。1856 年罗得岛一个教堂发生类似灾祸，4000 人丧生。

1784 年慕尼黑出版的一本书统计：33 年内有 386 个教堂的尖顶遭雷击，共有 103 个教堂的司钟员在钟楼内敲钟时死于雷击。意大利威尼斯城的圣马可钟楼(Campanile of San Marco)从 1388～1762 年间就有 9 次被毁于雷击。还有另一种情况，由于科学上的错误认识而拒绝避雷针的，如东印度公司的理事会认为避雷针有产生高电位的危险，下令苏门答腊岛上的 Malaga 要塞拆去避雷针，1782 年闪电点燃了要塞贮放的 400 桶炸药，造成巨灾。

避雷针的发明，无论在哲学上、科学上还是在人类的经济生活上，都是一件重大的事件，发明者不是在欧洲盛行电学研究的地方，而是在工业刚刚起步、电学刚刚传入的美洲，为一个刚刚涉足电学的印刷商人富兰克林所发明，这是颇值得后人深思的，这里有必然性的规律。

3.2.1　外部防雷装置及其作用

必须注意到的是，到目前为止还没有任何一种装置(或方法)能阻止雷电的产生，也没有能阻止雷击到建筑物上的器具和方法。采用金属材料拦截雷电闪击(接闪装置),使用金属材料将雷电流安全地引下并泄入大地,是目前惟一有效的外部防雷方法。防雷保护是一个系统工程,其第一道防线便是受雷(或称接闪)、引流(或称引下)、接地(散流系统),也就是外部防雷装置。

自富兰克林通过风筝试验发明避雷针以后,避雷针(包括避雷线、避雷带、避雷网)已经成为规范化的、普遍采用的常规避雷手段。

众所周知,常规避雷针的原理是吸引(更准确地讲是拦截)下行的雷电通道,并将雷电流经过引下线及接地装置疏导至大地,使避雷针保护范围内的物体免遭直接雷击。因此,在专业术语上,不使用"避雷"的术语,而称为"雷电拦截"。如果拦截失败,则称为"雷电绕击"或"屏蔽失败"。习惯上把避雷针(包括避雷线、避雷网、避雷带)、接地引下线和接地装置统称为常规防雷装置。

长期的运行经验表明,常规的防雷方法是有科学依据的,是有效的。只要按照正确的办法实施(如接地及引下线安装以及相应的过电压保护措施),可以把雷击造成的损失控制到可以接受的程度。常规防雷以外的避雷方法为非常规防雷方法,非常规防雷方法有:放射性避雷针、消雷器、火箭引雷、激光束引雷装置、排雷器、水柱引雷、与被保护物绝缘的外引雷和主动式避雷针等。

3.2.2 避雷针防雷法

避雷针防雷法,亦称富兰克林法。这是一种最古老、最传统的防雷方法。此种避雷装置包括安装在建筑物最高点(也可以独立设置)的接闪器(即金属杆避雷针)、引下线及接地装置。在 GB50057-94 中说明:避雷针、避雷带(线)、避雷网是直接接受雷击的,统称为接闪器。

避雷针的作用是吸引雷电而不是躲避或排斥雷电,因此,避雷针实质上是引雷针,它使雷电触击其上而使建筑物得以保护。当雷电击中避雷针(或避雷带)时由于引下线的阻抗,强大的雷电流可能导致防雷系统带上高电位可能造成接闪器和引下线向周围设备(设施)跳火反击,从而造成火灾或人身伤亡事故。强大的电流泻入大地,在接地极周围出现的跨步电压的危险也要引起足够的注意。

在《中国大百科全书》中,避雷针的定义是"将雷电引向自身并泄入大地使被保护物免遭直接雷击的针形防雷装置"。

《中国土木建筑百科辞典》中,避雷针(lightning rod)的定义是:安装在建筑物最高处或单独设立在杆塔顶上防雷的杆状金属导体。利用其高耸空间造成较大的电场梯度,将雷电引向自身放电。它可由一根或多根组成防雷保护区(见图 3.2)。

避雷针(网、带、线)在日本标准中叫"受雷部",说它是为遭受雷击所用的金属体。

上述定义与 IEC 标准术语词典中 Lightning Conductor 一词(译为"避雷针:装在建

筑物上，将雷电流释放到大地中去的金属棒或金属条”)是一致的。

图 3.2 是避雷针防雷法示意图。避雷针可提供一个雷电只能击在避雷针上而不能破坏以它为中心的伞形保护区（同样的原因，避雷带提供的是一个屋脊形的保护区）。

图 3.3 是几种避雷针的形状。从建筑美学的角度而言，避雷针的形状在外观上应与建筑物的设计风格、造型以及耐用年数相协调，使之与建筑本身达到和谐统一。

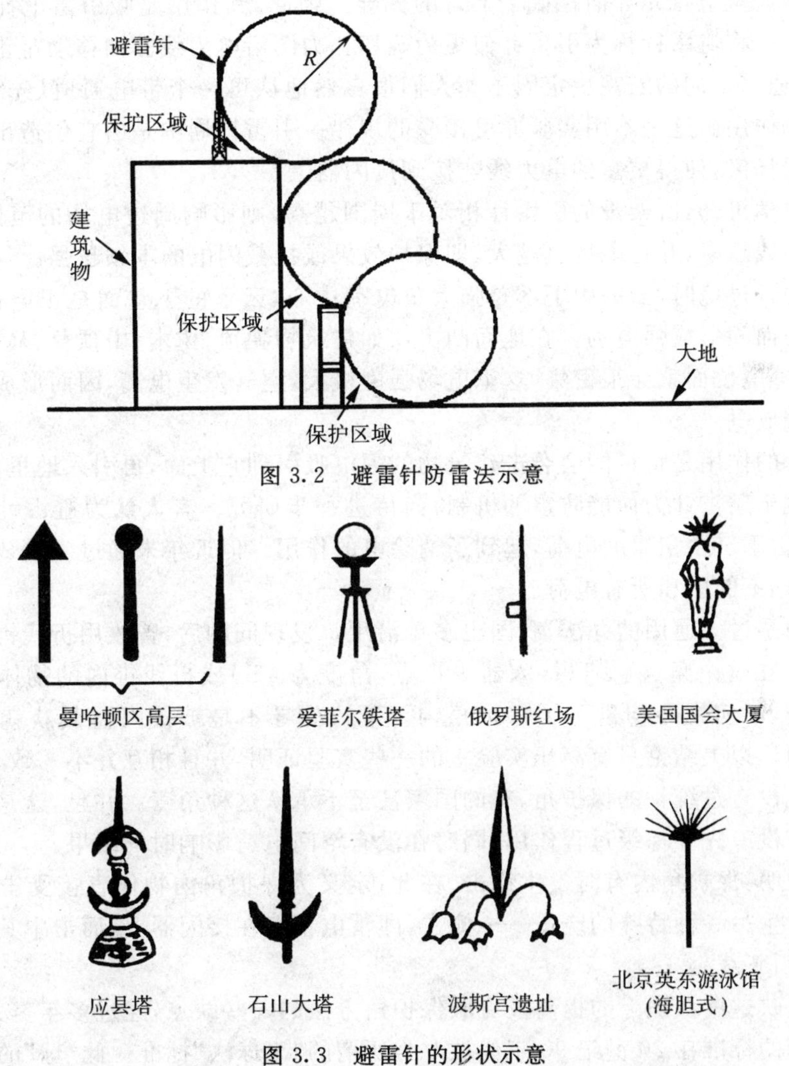

图 3.2 避雷针防雷法示意

图 3.3 避雷针的形状示意

3.2.2.1 尖端放电与避雷针

在强电场作用下，物体曲率大的地方(如尖锐、细小的顶端，弯曲很厉害处)附近，电场强度剧增,致使这里空气被电离而产生气体局部放电现象,称为电晕放电。而尖端放电为电晕放电的一种,专指尖端附近空气局部电离而产生气体放电的现象。

人们很早就用高压放电试验来说明尖端比周围物体更易于吸引放电,但人们认识引雷针尖端(工程术语称为接闪器)的作用实际上仍是基于认为放电受电场作用。

对于直接雷害,长久以来均采用避雷针。实际上,从雷电接地过程看,避雷针比被保护物容易产生上行先导而拦截了下行的先导。因此,其作用是吸引雷电而不是躲避它或排斥它。将避雷针称为引雷针似更为确切。力图沿电力线方向移动是雷电入地的原因,也是通道走向的宏观决定因子。人们很自然地认可一个带电通道(先导)的运动必然受电场作用。这是不用实验亦可接受的规律。引雷针周围是由它创造出的电力线密集区或强场区,使得更多的电力线连接到接闪器上。

由静电学可知,所架设的引雷针相对于周围越高,则影响周边电场的范围越大,或抓住的电力线越多,并且电场也越大,即保护效果或拦截闪电的本领越强。

当雷雨云过境时,云的中下部是强大负电荷中心,云下的下垫面是正电荷中心,于是在云与地面间形成强电场。在地面凸出物如建筑物尖顶、树木、山顶草、林木、岩石等尖端附近,等电位面就会很密集,这里电场强度极大,空气发生电离,因而形成从地表向大气的尖端放电。

避雷针的作用是将可能会袭击建筑物的闪电吸引到它上面,再引入地里,借以保护建筑物。关于避雷针为何能防雷的机制,尚待进一步研究。有人认为避雷针的尖端放电,中和了雷雨云中积累的电荷,起到了消除电的作用。但近年来通过尖端放电电量计算得知,它远不能中和所有电荷。

保护角是过去通用的办法,我国也多年沿用。发现问题后,曾改用折线锥角代替直线保护角。在这个角(例如以接闪器为顶点,角度为 45°)或折线锥内的物体均受到接闪器的保护,任何先导均进不了保护角内。下行先导不是被接闪器截获就是击中角(锥)外大地。以上结论只有高压实验室的一些实验证明,并且相互并不一致。结果,国际上从来也没有过统一的保护角,有的国家甚至不承认这种角度。并且,这是在不考虑电流峰值或没有先导梯级过程作用,同时在没有空间电荷影响时的结果。

实践说明:保护角内有时发生绕击(在此,定义为保护角内物体直接受击),引雷针过高时可发生另一种特殊的绕击——侧击,即雷电不打在接闪器上,而击中其针尖下部(一般称为引下线)。

为了反映这些认识上的提高及克服保护角方法的一些缺点,经过多年努力与积累,对于保护角的标准在 20 世纪 90 年代被改为所谓的“滚球法”标准。此“球”的半径对应于某一雷击峰值电流下的击距。中国 1994 年的新标准 GB50057-94 已与国际标准接轨,其中对于不同的防雷等级采用了不同的滚球半径,分成 30m、45m 和 60m 三个级别,适用于不同类别防雷的要求。

可以这么设想:滚球接触于接地的起引雷作用且可产生上行先导的物体(包括引雷针、带及可起泄流入地的钢或钢筋混凝土建筑物)外表等,它所形成的圆弧曲面段与上述物体表面间即形成一保护空间。事实上由于相应的入射先导不可能进入此保护范围而引起上行先导,而在到达前已使与球相接的接地体产生迎面先导。可见,球半径越小,可保护的空间也越小,适用于保护更小的雷击电流,其安全性更高一些。

另外,如果接地建筑物和引雷针高于所选防雷级别所对应的滚球半径,标准GB50057-94认为其超过滚球半径部分的任何其他物体不受直接保护作用。这就解释了较高建筑物的侧击及一些绕击情况。对直击雷的防护采用这种设计,会提高安全度并更合理。

滚球法不足之处是:没有考虑接闪器尖端的作用,它不分辨不同尖端可能有不同的增强引雷作用,使设计有可能偏保守,而被保护物可能的不同吸引作用则会使受击可能性增加;另外,仍然无法考虑的是空间电荷及先导的脉冲跳跃性的可能作用,空间电荷的存在与不均匀分布会产生一定的影响。事实上,高于滚球半径的接闪器,并非多余,它本身的引雷性能会改善一些,同时,其引下线也可兼起引雷作用,从而改善了保护。

引雷针的高度是决定其防护效果的主要根据。但是实践中从结构可靠安全角度看,总是希望它越低越好。从建筑美观与费用看,一般也不希望有高出建筑物很多的独立装置。

现代建筑物防直接雷击时广泛采用引雷带、引雷网及多引下线系统。一些钢筋混凝土的房屋包括其深埋地下的基础桩已由实践证明为良好的接闪、引下分流及接地装置。除了直接效应外,雷电还有非直接效应,如其电磁辐射也会造成破坏。非直接效应在直击雷入地附近最为强烈。在建筑物内,密集的钢筋网还形成了一定对称分流的电磁屏蔽结构,十分有利于削弱建筑物内部的电磁场,从而改善内部防雷环境。为了进一步改善屏蔽,一些要求高的场合,应该对窗户等开口作特殊处理,以减少电磁辐射的入侵。另外,还可在墙体内部作增强屏蔽的设计。

考虑到直击雷会在分流、引下线系统上造成高的瞬间对地电位,要防止对邻近接地体的反击或相关的现象。为此要适当地采取均压(等电位)绑扎措施,其实质是使有关点的电位也随之浮动,减少相互间发生间隙火花的可能性。对于高层建筑这一点特别重要。

简言之,近代建筑物防雷采用了合理的拦截(接闪)装置、带有分流的引下线系统、适宜的屏蔽和均压措施及良好的接地装置。但是,由于我们要对付的是一无孔不入的空间过程,而雷电强度变化又很大,要百分之百地安全,不是代价太大,就是会与其他要求相矛盾,而只能取其折中解决方法,并使避雷元器件的性能予以进一步改善。

3.2.2.2 避雷针的应用

①避雷针保护范围的疑问:世界不少研究雷电的专家对避雷针能向其邻近建筑物

提供多大的保护范围作了系统研究，得出的结论是对一根垂直避雷针无法获得一个十分肯定的区域。避雷针在实际运行中的大量运行经验，也证明了避雷针保护范围所存在的问题。

例如：中国某油库采用有十余根避雷针联合保护油罐区，但雷击时未起到作用而引起爆炸；广东某变电站内装有 5 根避雷针联合保护，避雷针设计保护范围内的母线仍遭受雷击，造成广东大面积停电；莫斯科 537m 高的电视塔，雷曾绕击塔顶下 200m 和 300m 的塔身，甚至打到离塔水平距离 150m 外的地面。据报道，除了塔体本身吸引雷电外，"绕击雷"击坏设备的事故也不少，其附近 1.5km 内雷击率比莫斯科市平均雷击率高 2.5～4 倍，这都表明过高的避雷针保护不了其自身的下部。

②感应过电压问题：由于避雷针有吸引雷电的本领，所以雷击次数就会提高，即使雷电被吸引到针上而没有落到被保护物上，在强大的雷电流沿针而下流入地中的过程中，会在被保护物上形成感应过电压而造成事故。

电磁感应过电压是由雷电流周围的磁场所感生的，它与雷电流的大小及变化速度成正比，与到雷击处的距离成反比。现行一些建筑物的自然屏蔽装置如构筑物中的钢筋网等对电磁感应或电磁干扰的屏蔽作用几乎是无效的，而现行有效的屏蔽(60dB 以上)需用 100 目(每平方英寸的网孔数)的全封闭双层铜网的六面体，这显然是难以做到的。不少弱电设备的损坏及油罐区遇雷起火事故，都是由感应过电压而造成的。

应该指出，目前工程上采用的 3cm×3cm 单层钢板网六面屏蔽的措施，并不能有效地屏蔽雷电干扰，仍会使微波通信、计算机等设备产生误动。

③反击问题：当雷电被吸引到针上，将有数十或数百千安的高频雷电流通过避雷针及其接地引下线和接地装置，此时针和引下线的电位很高，若其与被保护物之间的距离小于安全距离时，会由针及其引下线向被保护物发生反击，损坏被保护物。按照《建筑物防雷设计规范》要求，防雷装置的接闪器和引下线宜与建筑物内的金属物体隔开，保持一定距离。实际上这些规定在大多数情况下是难以实现的。

3.2.3 法拉第笼式保护法

1876 年英国防雷协会会议上马克斯威尔(J. C. Maxwell)为避免在建筑物上安装避雷针而可能吸引更多的雷云放电，提倡使用避雷带和法拉第笼。这一发展曾为富兰克林所预见，他曾建议在建筑物上装设"沿屋脊的中间线"。

现代钢筋混凝土的建筑物内有纵横交错的钢筋，在没有浇筑混凝土前就像一个大铁笼子，完全可以将屋面的钢筋引到女儿墙以上明装避雷带，利用多根垂直钢筋为引下线，利用基础结构钢筋为接地装置。而且结构内部纵横交错、密密麻麻的钢筋还可以对雷电空间磁场起到初级屏蔽保护作用。

但要注意到，有些建筑的基础防水层使用了橡胶或其他合成物，有绝缘作用，此时宜在地面将主钢筋多条与水泥护坡桩内钢筋连接，最好是用一扁钢将护坡桩的钢筋连成一圈。

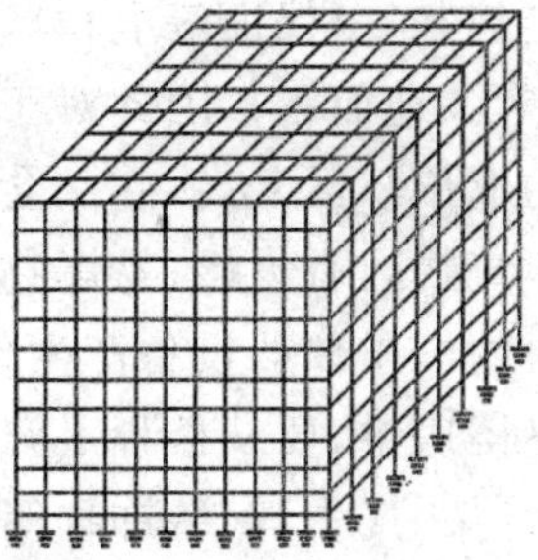

图 3.4 所示，这种防雷方法的基本思路是建筑物被垂直和水平的导体（钢筋或铜带）包围起来，形成一个法拉第保护笼，但建筑物内部与外界有通道，建筑外壳上留有空隙、转角和突出部位，不可能做到天衣无缝。

图 3.4　法拉第笼式保护法示意

3.2.4　现代防雷技术措施

现代防雷技术措施简单地可归结为 ABCDEGS 七个字，中文意思是“躲”(Avoid)、“等电位连结”(Bonding)、“传导”(Conducting)、“分流”(Dividing)、“消雷”(Eliminating)、“接地”(Grounding)和“屏蔽”(Shielding)。

在现代防雷工程技术上采用“躲”的措施，是一条非常重要的经济有效的措施。例如，1989 年 8 月 12 日 9 时 55 分黄岛雷击引起特大火灾的这一事故，是有可能用“躲”的，因为早在雷击半个多小时前，中科院空间中心的雷电组已在他们的雷电监测系统中看到锋面雷暴的移动趋势，落雷点从济南地区移向青岛，可以比较准确地估计到黄岛地区何时将要落雷。如果油管局工人按石油防雷规范要求，在落雷之前半小时停止向油罐进油，以尽可能降低油罐体内空气的含油汽量，星星之火不一定能引燃空气。待雷雨云过了该地区，然后开始进油工作，也就可能“躲”过这一雷灾。在航天部门的火箭发射场，几乎毫无例外地采用“躲”，发射场的雷电预警系统根据电场探测系统显示，如果火箭所穿行的空间的大气电场已超过引发闪电的限值时，预警系统就发出警告，火箭发射工作就立即中止，把应该保护的设备立即加以防雷保护，所有地面人员进入防雷保护区内，使得闪电无法肆虐。

对于一些野外移动的设备、野外作业的单位，最经济有效的防雷措施就是“躲”。有些固定建筑物的防雷，由于设备条件、经费等原因，特别是高山顶的各类台站，一时无法按防雷规范的要求装备防雷设施，迫于无奈，只得在雷雨来临时拉闸走人，躲开了事，这样做，既保护了设备又保证人员的安全，这种“躲”是恰当的办法。

还有另一种“躲”是积极性的。这就是在建筑选址、规划时考虑防雷，躲开多雷区或易落雷的地点，这样做可以减少防雷的费用，免于日后陷入困境。例如美国的肯尼迪航天中心、日本的种子岛航天中心、我国的西昌火箭发射中心都坐落在多雷区，当年尚不清楚雷电的危害，选址时考虑别的需要，忽略了这个因素，以致美国的火箭发射屡出重大雷击事故，损失惨重，此后只得采用消极的“躲”的措施了。现在我国正在发展微波通信网，从微波天线塔和微波站屡遭雷害的事件中认识到：通信干线和微波站的选址需要“躲”开多雷区或易落雷的地点。为此需要事前作好勘察调查工作。

等电位连接，从物理学讲，就是把各种金属物用粗的导线焊接起来，或把它们直接焊接起来，以保证等电位。雷电流的峰值非常大，其流过之处都立即升至很高的电位（相对大地而言），因此对于周围尚处于大地电位的金属物会产生旁侧闪络放电，又使后者的电位骤然升高，它又会对其附近的尚处在大地电位的设备或人产生旁侧闪络。如果建筑物内有易燃、易爆物，就必引起爆炸和大火。这种放电产生的脉冲电磁场则会对室内的电子仪器设备产生作用，所以等电位连接是防雷措施中极为关键的一项。对于一座楼房讲，要从楼顶上开始，逐层地做起，现代的高楼顶上有各种金属物，包括各种天线、灯架、广告牌、装饰物等等，都要与接闪器连接，达到等电位。

等电位连接也包括物体和结构件之间或者同一物体的各部分金属外套之间作导电性的连接。在航天系统中，这是极为重要的。因为结构连接处如不是良好的电气连通，接触电阻所产生的电位降常可以引起电火花放电，它可以损坏联结部位的表层或导致火灾。

完善的等电位连接，也可以消除因地电位骤然升高而产生的“反击”现象，这在微波站天线塔遭到雷击后是常常遇到的。

传导的作用是把闪电的巨大能量引导到大地下耗散掉，当然也可以研究其他办法来吸收、耗散它的能量，不使它对被保护的对象产生破坏作用。同样，避雷针虽不会爆炸，但引导闪电入地的导线流有巨大电流，会产生感应电磁场，也可能损坏设备。所以传导措施必须与其它各种防雷措施联合起来，才是万全之策。

分流的做法：凡是从室外来的导体（包括电力电源线、电话线、信号线或者这类电缆的金属外套等）都要并联一种避雷器至接地线。不仅是在入户处，在每个需要作防雷保护的仪器设备的入机壳处都要安装。它的作用是把沿导线传入的过电压波在避雷器处经避雷器分流入地，也就是类似于把雷电流的所有入侵通道堵截了，而且不只一级堵截，可以多级堵截。因为分流的作用只能拦截建筑物上空的闪电，而对于远处落雷产生的过电压波沿各种导体的入侵是无能为力的，这一防线就靠分流措施。

长期以来，人们试图用“消雷”的方法来限制雷电的危害。消雷的设想是从防雷装置尖端向空间释放离子电流以降低雷暴云与装置尖端之间的电场强度，并在防雷装置上方形成；由于离子云，使装置周围的电场变得较先前均匀，导致电场强度有所降低。从防雷装置尖端发出的离子电流在向上运动过程中，既可能与随气流向上运动的极性相反的大气起电电流相中和，起到削减起电电流的作用；又在其接近雷云时，与从雷云扩散出来的极性相反的散失电流相中和，起到增大散失电流的作用，从而抑制雷云电压的增长速度并降低雷云电压最终可能达到的数值。

消雷分为激光消雷、导体消雷、半导体消雷，经多年的实践，尚没有任何一个权威的研究结果可以显示消雷产品防止被保护物遭受雷击的效果可以达到厂商的宣传。

接地是闪电能量的泄放入地，虽然接地措施在防雷措施中是配角，如果没有它，等电位连结、传导、分流三个防雷措施就不可能达到预期的效果，因此它是防雷措施的基础，接地的妥当与否，成为历来防雷技术上特别受重视的项目，各种防雷规范都作出明确的规定。它又是最费工、费钱、费力的防雷措施，是防雷工程的重点和难点，避雷装置安全检测的主要工作就是围绕它进行的。

屏蔽就是用金属网、箔、壳、管等导体把需要保护的对象包裹起来，从物理意义上讲，就是把闪电的脉冲电磁场从空间入侵的通道阻隔起来，力求“无隙可钻”。显然，这种屏蔽作用不是绝对的，需要考虑实际情况并依据经济原则来选择，还要估计到直击雷的能量所造成的熔穿破坏的概率，确定屏蔽材料的厚度等等。

各种屏蔽都必须妥善接地，所以措施“BCDGS”五者是一个有机联系的整体防卫体系，全面实施才能达到万无一失的效果。

现代防雷技术围绕“ABCDEGS”措施，还要有各种技术设备。如要做好“躲”，需要有电场仪、雷电监测定位系统等；“分流”所用的设备，即形形色色的“避雷器”。它是随着现代科技的发展而发展起来的一种防雷设备，又随着高技术设备防雷的需要而发展，出现了一些新的高技术系列产品，品种、规格很多，可以说是现代防雷技术设备的主角。必须对它有一个全面的比较清楚的认识。

§3.3　建筑物防直击雷措施

GB50057-1994 防雷装置定义是：接闪器、引下线、接地装置、过电压保护器及其连接导体的总和。

国际电工委员会 IEC61024-1 标准中《Protection of Structures Against Lightning》Part 1：General Principles 对防雷装置(LPZ)的定义是：用于对某一空间进行雷电效应防护的整套装置。它由外部防雷装置和内部防雷装置二部分所组成，在特定情况下防雷装置可由外部防雷装置或内部防雷装置组成。外部防雷装置由接闪器、引下线和接地装置组成；内部防雷装置是除外部防雷装置外的所有能减少需防雷的空间内雷电流电磁效应的措施。

NFPA780《雷电防护规程》(1992 年版)定义雷电防护系统是一套包括接闪器、导体、接地装置、连接导体、浪涌抑制装置和其他为使系统完整而需要的连接件或配件的复杂系统。

英国标准 BS6651：1992《构筑物避雷的实用规程》中指出，防雷系统是用于使一构筑物预防雷电效应的导体的整个系统。

日本工业标准 JIS《建筑物等的避雷设备(避雷针)》A 4201-1992 中指出避雷设备(避雷针)：它是由受雷部、避雷导线及接地极等组成的避雷用设备的总称。其目的是为了防止因雷击而发生的火灾、破损或对人畜的伤害。

所谓建筑物外部防雷就是防直击雷、雷电侧击、雷电反击等内容。

直击雷：雷云与大地之间直接通过建(构)筑物、电气设备或树木等放电称为直击雷。强大的雷电流通过被击物时产生大量的热量，而在短时内又不易散发出来。所以，凡雷电流流过的物体，金属被熔化，树木被烧焦，建筑物被炸裂。尤其是雷电流流过易燃易爆物体时，会引起火灾或爆炸，造成建筑物倒塌、设备毁坏及人身伤害的重大事故。

防直击雷的措施：防直击雷采取的措施是引导雷云对避雷装置放电，使雷电流迅速流入大地，从而保护建(构)筑物免受雷击。防直击雷的避雷装置有避雷针、避雷带、避雷网、避雷线等。对建筑物屋顶易受雷击部位，应装避雷针、避雷带、避雷网进行直击雷防护。

如屋脊装有避雷带，而屋檐处于此避雷带的保护范围以内时，屋檐上可不装设避雷带。

保护人身和财产不受雷电危害的基本原则就是提供一种能使雷电放电电流进入大地或离开大地，而不造成破坏或损失的手段。低阻抗通路就是这样一种办法，雷电放电电流容易从这种低阻抗通路中流过，而不容易从建筑材料，像木材、砖、瓦和石料等形成的高阻抗通路中流过。当雷电放电电流从高阻抗通路中流过时，由于发热和电流流通期间产生的机械力，会造成破坏。大多数金属导电性能都很好，如果具有足够大的过渡截面，那么它实际上既不受发热的影响，也不受机械力的影响，是最理想的低阻抗通路材料。由金属构成的这种通路必须由接地装置到接闪器保持其连续性。在选择导体材料时，要考虑保证在一个较长的时间内雷电防护导体的完整性。非铁材料，像铜和铝在大多数大气条件下不生锈、不腐蚀，是理想的导体材料。

建筑物外部防雷系统由三个基本部分组成，它们共同构成了一条低阻抗通路，它们是：

①位于屋顶和其他较高部位上的接闪器；

②接地装置系统；

③连接接闪器和接地装置的导体(引下)系统。

只要安装位置及状况正确，这三个基本部分便能保证雷电放电电流在接闪器和接地装置之间流通，而不是造成任何破坏和危险。

接闪器：外部防雷装置中用于拦截雷电闪击的那一部分。

引下线：外部防雷装置中用于将雷电流从接闪器传导至接地装置的那一部分。

接地装置：外部防雷装置中用于将雷电流传导及散流入地的那一部分。接地体是接地装置的一部分，它直接与大地有电气接触并将雷电流散流入大地。环形接地体是在地下或地面环绕建筑物构成一闭合环路的接地体。

3.3.1 接闪器

接闪器也称空气端子(air terminal)。

3.3.1.1 第一类防雷建筑物的接闪器采用独立装设避雷针或架空避雷线(网)

避雷针是安装在建筑物突出部位或独立装设的针形导体。通常采用镀锌圆钢或镀锌钢管制成。

避雷线是通常用于装设在架空输电线路上的导线，一般采用截面不小于 35mm² 的镀锌钢绞线。在用于第一类防雷建筑物的外部防雷时，也同样用于防雷保护。

架空避雷网相当于架设在屋面上空纵横敷设的避雷带组成的网格(图 3.5)。

①第一类防雷建筑采用安装独立避雷针或架空避雷线(网)，使被保护的建筑物及风帽、放散管等突出屋面的物体均处于接闪器保护范围内，架空避雷网的网格尺寸不应大于 5.0m×5.0m 或 6.0m×4.0m。

独立避雷针及其接地装置与道路或建筑物的出入口等的距离应大于 3m。当小于 3m 时，应采取均压措施或铺设卵石或沥青地面。独立避雷针的接地装置与建筑物接地网的地中距离不应小于 3m。

②排放有爆炸危险的气体、蒸汽或粉尘的放散管、呼吸阀、排风管等的管口外的以下空间应处于接闪器的保护范围内：当有管帽时应按表 3.1 确定；当无管帽时，应为管口上方半径 5m 的半球体，接闪器与雷闪的接触点应设在上述空间之外。也就是说接闪器与雷闪的接触点处于该空间点的正上方空间之外(图 3.5)。

排放有爆炸危险的气体、蒸汽或粉尘的放散管、呼吸阀、排风管等，当其排放物达不到爆炸浓度、长期点火燃烧、一点火就燃烧时，以及发生事故时排放物才达到爆炸浓度的通风管、安全阀，接闪器的保护范围可以保护到管帽，无管帽时可以保护到管口。

表 3.1　有管帽的管口外处于接闪器保护范围内的空间

装置内的压力与周围空气压力的压力差(kPa)	排放物的比重与空气相比较	管帽以上的垂直高度(m)	距管口处的水平距离(m)
<5	重于空气	1	2
5～25	重于空气	2.5	5
≤25	轻于空气	2.5	5
>25	重或轻于空气	5	5

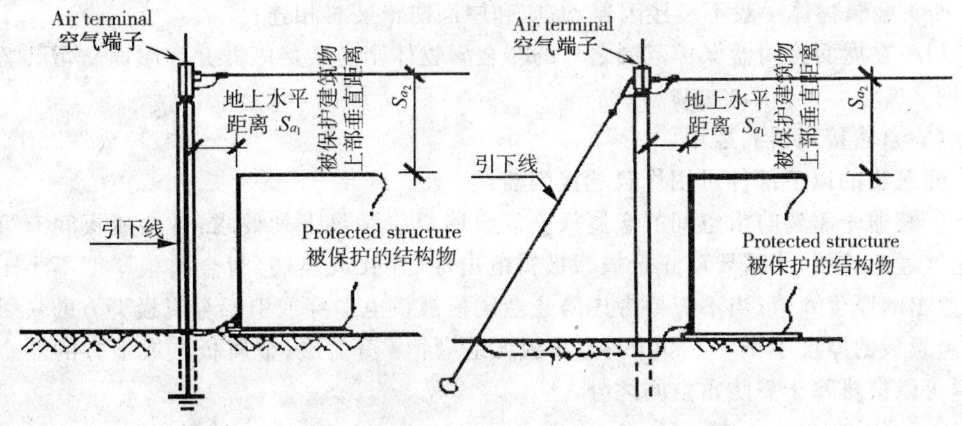

图 3.5　架空避雷线网与被保护建筑物的距离示意图

3.3.1.2　第二类防雷建筑物的接闪器采用避雷针或避雷线(网)

(1)避雷网(带)

宜采用装设在建筑物上的避雷网(带)或避雷针或由其混合组成的接闪器作保护，避雷网(带)应沿屋角、屋脊、屋檐和檐角等易受雷击的部位敷设，并应在整个屋面组成≤10m×10m 或≤12m×8m 的网格，避雷针应与避雷带互相连接。

(2)突出屋面的放散管、风管、烟囱等物体，应按下列方式保护：

①排放具有爆炸危险的气体、蒸汽或粉尘的突出屋面的放散管、呼吸阀和排风管等管道应符合第一类防雷建筑物的第②条的要求。

储存可燃蒸气或能够释放出可燃蒸气的液体的地上(顶盖固定)常压储罐具有铆接、焊接或螺栓连接的顶盖，有支承或没有支承结构，用来储存能够释放出可燃性蒸气的液体的常压储罐，如果满足下列条件，则可以认为自身就是具有防雷保护能力的。

(a)钢板之间的所有接缝都是铆接、焊接或用螺栓连接的；

(b)所有通进罐体中的接管，在进入罐体的结合点上与罐体都是金属连接的；

(c)所有气体或蒸气通口都是封密的，或当在储存条件下罐内存放的液体能形成可燃蒸气与空气的混合气体时，有防火保护措施；

(d)罐体顶盖的厚度最少为 4mm；

(e)罐体顶盖是用铆接、焊接或用螺栓连接法与罐体连接在一起的。

②排放无爆炸危险的气体、蒸汽或粉尘的放散管、烟囱 1 区、11 区和 2 区爆炸危险场所的自然通风管等，装有阻火器装置的排放爆炸危险气体、蒸汽或粉尘的放散管、呼吸阀、排风管等管道除了应符合第一类防雷建筑物的第三条的要求外，其防雷保护还应符合下列要求：

(a) 金属物体一般不装接闪器，但应和屋面防雷装置相连；

(b) 在屋面接闪器保护范围之外的非金属物体则应装接闪器并和屋面防雷装置相连(图 3.6)。

(3)自然接闪器的运用

建筑物的以下部件可用作自然接闪器：

①覆盖于需要防雷空间的金属板。该金属板应满足下列要求：各金属板间有可靠的电气通路连接；当需要防止金属板被雷电击穿(穿孔或热斑)时金属板厚度不小于表 3.2给出的厚度 δ 值；当不需要考虑防止金属板被雷电击穿或引燃金属板下方的易燃物时，金属板的厚度不小于 0.5mm；金属板无绝缘物[①]覆盖层；金属板上或上方的非金属材料可以被排除于需防雷空间之外。

---

① 薄的油漆层或 0.5mm 沥青或 1mm 聚氯乙烯层不被看做绝缘物。

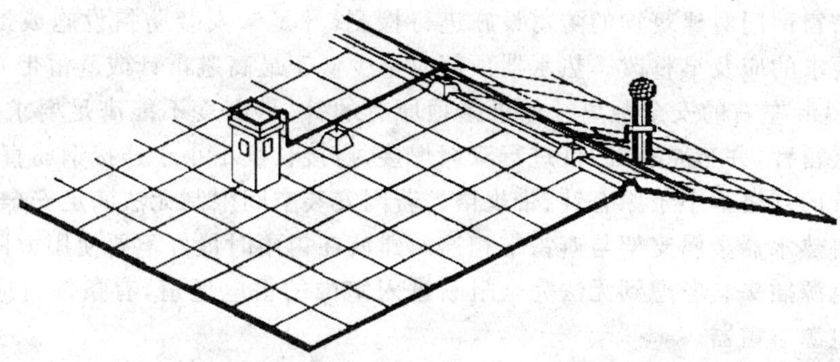

图 3.6　金属、非金属物体与屋面防雷装置相连

②当非金属屋顶可以被排除于需防雷空间之外时，其下方的屋顶结构的金属部件（如桁架、相互连接的钢筋网等）。

③建筑物的排水管、装饰物、栏杆等金属部件，当其截面不小于对标准接闪器部件所规定的截面。

④厚度不小于 2.5mm 的金属管、金属罐，且雷击击穿时不会发生危险或其他不可接受的情况。

⑤厚度不小于表 3.2 所给出厚度 δ 值的金属管、金属罐，且雷击点内表面温度升高不构成危险。

表 3.2　用作接闪器的金属板或金属管的最小厚度

材　料	厚　度 δ(mm)
钢　铁	4
铜	5
铝	7

3.3.1.3　第三类防雷建筑物的接闪器采用避雷网(带)或避雷针

第三类防雷建筑物防直击雷的措施，宜采用装设在建筑物上的避雷网(带)或避雷针或由这两种混合组成的接闪器；避雷网(带)应按图 3.38，沿屋角、屋脊、屋檐和檐角等易受雷击的部位敷设；并应在整个屋面组成不大于 20m×20m 或 24m×16m 的网格。平屋面的建筑物，当其宽度不大于 20m 时，可仅沿周边敷设一圈避雷带。

突出屋面的金属物体和非金属物体的保护方式应参照图 3.6 所示的方法。

目前，太阳能热水器主要安装在多层住宅顶上，遭受雷击的危险较为突出，而在一般情况下住宅防雷设施的设计也未考虑对屋顶太阳能热水器的防护。因此，要减少雷击隐患，可考虑下列补救措施：降低太阳能热水器的安装高度，加高避雷针的高度。但首先应由防雷部门对建筑物的防雷设施进行检测，凡是未安装防雷设施或虽安装但不符合防雷要求的应及早整改。热水器顶部应至少低于最高避雷针或避雷带 60cm，并与针、带保持 1m 左右的安全距离。如果屋顶原有的针、带高度不能满足要求，则应加高（或加装）避雷针，并与原有针、带进行双面焊接，搭接长度不小于连接钢筋直径的 6 倍，加装避雷针的规格不小于原有针、带规格。若因安装空间限制无法满足安全距离要求，也可考虑将热水器金属支架与避雷带相连。建议在雷雨时最好不要使用太阳能热水器并拔掉其电源插头。考虑到无法完全阻断进入室内的雷电通道，有条件时应在电源线路上安装电源避雷器。

建筑物屋顶上装有风机、热泵、航空灯等电气设备时，把设备外壳与避雷带连成一体是通常的做法，但往往忽视了重要的一点：即这些电气设备的电源线未加防护不能直接与配电装置相连接。

GB50169-92（电气装置安装工程接地装置施工及验收规范）2.5.3 作了如下规定：装有避雷针和避雷线的构架上的照明灯电源线，必须采用直埋于土壤中的带金属护层的电缆或穿入金属管的导线。电缆的金属护层或金属管必须接地，埋入土壤中的长度应在 10m 以上，方可与配电装置的接地网相连或与电源线、低压配电装置相连接。

如果与避雷装置连成一体的电气设备的外壳，如再与屋内的接地线相连会出现如下结果：因为屋顶遭到雷击时，雷电流就会从避雷带→屋顶电气设备外壳→屋内电气设备外壳，使屋内电气设备外壳出现高电位，这是极其危险的，因此屋顶电气设备的外壳已与避雷装置连成一体后，若再与屋内接地线相连，必须在室内实行等电位联结才安全。

能否用铜绞线作为女儿墙上的避雷带：用铜绞线作为女儿墙上的避雷带，虽然造价比圆钢大得多，但对把雷电流引入到地下是有利的，除了铜导线的电阻比圆钢电阻小之外，还有以下优点：

a. 从趋肤效应考虑，用铜绞线有利。雷电流是瞬间的大电流，其趋肤效应是极其明显的，铜绞线的表面积远大于铜棒（圆钢）的表面积，因此有利于雷电流的流动。

b. 从接头多少考虑，用铜绞线有利。铜棒（圆钢）长度是受运输条件限制的，屋顶避雷带必须用许多根铜棒接起来，增加了接头。铜绞线的长度几乎不受限制，从避雷效果考虑，当然接头越少越好。对铜绞线的连接应采用化学熔焊法。

3.3.2　接闪器的安装

接闪器的安装主要包括避雷针的安装和避雷带（网）的安装。

3.3.2.1　避雷针的安装

避雷针的安装可参照全国通用电气装置标准图集执行（D562、D565）。图 3.7 为避雷针在山墙上安装和避雷针在屋面上安装示意图。

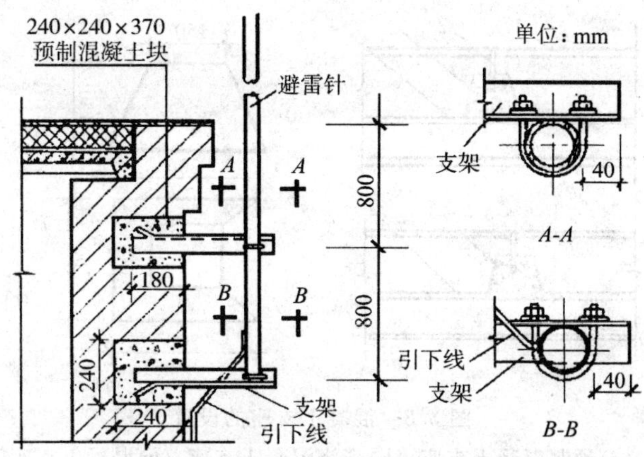

图 3.7　避雷针在瓦屋顶砖砌山墙上安装

①建筑物上的避雷针和建筑物顶部的其他金属物体应连接成一个整体。

②为了防止雷击避雷针时雷电波沿电线传入室内，危及人身安全，不得在避雷针构架上架设低压线路或通讯线路。装有避雷针的构架上的照明灯电源线，必须采用直埋于地下的带金属护层的电缆或穿入金属管的导线。

③避雷针及其接地装置，应采取自下而上的施工程序。先安装集中接地装置，后安装引下线，最后安装接闪器。

3.3.2.2　避雷带和避雷网的安装

①明装避雷带(网)安装

避雷带适于安装在建筑物的屋脊、屋檐(坡屋顶)或屋顶边缘及女儿墙(平屋顶)等处，对建筑物易受雷击部位进行重点保护。

a. 避雷带在屋面混凝土支座上的安装

避雷带(网)的支座可以在建筑物屋面面层施工过程中现场浇制，也可以预制再砌牢或与屋面防水层进行固定。混凝土支座设置，如图 3.8 所示。

屋面上支座的安装位置是由避雷带(网)的安装位置决定的。避雷带(网)距屋面的边缘距离不应大于 500mm。在避雷带(网)转角中心严禁设置避雷带(网)支座。

在屋面上制作或安装支座时，应在直线段两端点(即弯曲处的起点)拉通线，确定好中间支座位置，中间支座的间距为 1～1.5m，相互间距离应均匀分布，在转弯处支座的间距为 0.5m。

b. 避雷带在女儿墙或天沟支架上的安装

避雷带(网)沿女儿墙安装时，应使用支架固定。并应尽量随结构施工预埋支架，当条件受限制时，应在墙体施工时预留不小于 100mm×100mm×100mm 的孔洞，洞口的

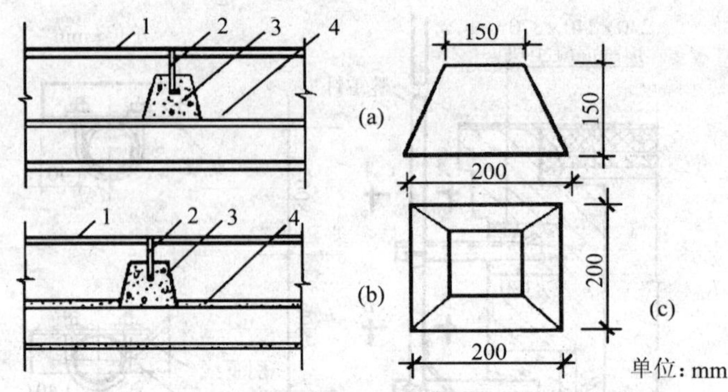

图 3.8　混凝土支座的设置

(a)预制混凝土支座；(b)现浇混凝土支座；(c)混凝土支座

1—避雷带；2—支架；3—混凝土支座；4—屋面板

大小应里外一致，首先埋设直线段两端的支架，然后拉通线埋设中间支架，其转弯处支架应距转弯中点 0.25～0.5m，直线段支架水平间距为 1～1.5m，垂直间距为 1.5～2m，且支架间距应平均分布。

女儿墙上设置的支架应与墙顶面垂直。在预留孔洞内埋设支架前，应先用素水泥浆湿润，放置好支架时，用水泥砂浆浇注牢固，支架的支起高度不应小于 150mm，待达到强度后再敷设避雷带(网)，如图 3.9 所示。

避雷带(网)在建筑物天沟上安装使用支架固定时，应随土建施工先设置好预埋件，支架与预埋件进行焊接固定，如图 3.10 所示。

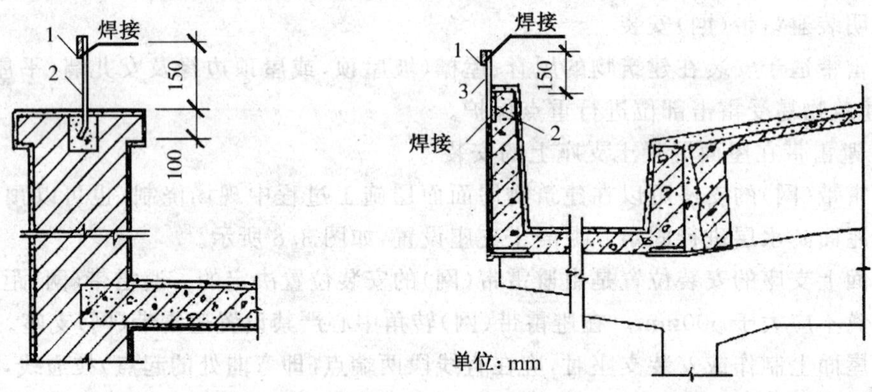

图 3.9　避雷带在女儿墙上安装

1. 避雷带；2. 支架

图 3.10　避雷带在天沟上安装

1. 避雷带；2. 预埋件；3. 支架

c. 避雷带在屋脊或檐口支座、支架上安装

避雷带在建筑物屋脊和檐口上安装，可使用混凝土支座或支架固定。使用支座固定避雷带时，应配合土建施工，现场浇制支座。浇制时，先将脊瓦敲去一角，使支座与脊

瓦内的砂浆连成一体；如使用支架固定避雷带时，需用电钻将脊瓦钻孔，再将支架插入孔内，用水泥砂浆填塞牢固，如图 3.11 所示。

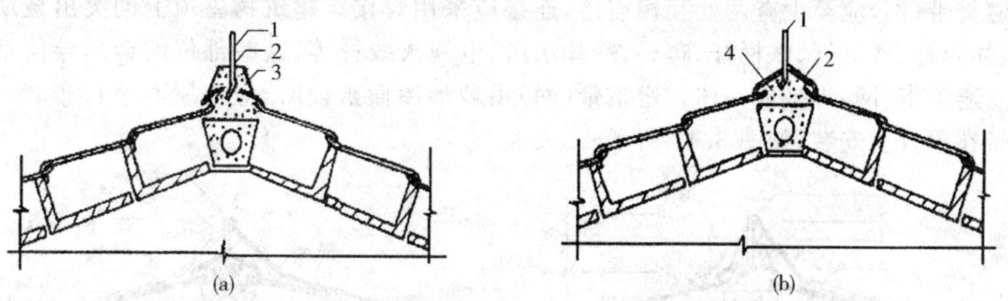

图 3.11　屋脊上支持卡子安装　(a)用支座安装；(b)用支架安装

1. 避雷带；2. 支架；3. 支座；4. 1∶3 的水泥砂浆

在屋脊上固定支座和支架，水平间距为 1～1.5m，转弯处为 0.25～0.5m。避雷带沿坡形屋面敷设时，也应使用混凝土支座固定，且支座应与屋面垂直。

d. 明装避雷带(网)敷设

明装避雷带(网)应采用镀锌圆钢或扁钢制成。圆钢或扁钢在使用前，应进行调直加工。将调直后的圆钢或扁钢，运到安装地点，提升到建筑物的顶部，通顺平直地沿支座或支架的路径进行敷设，如图 3.12 所示。

在避雷带(网)敷设的同时，应与支座或支架进行卡固或焊接连成一体，并同防雷引

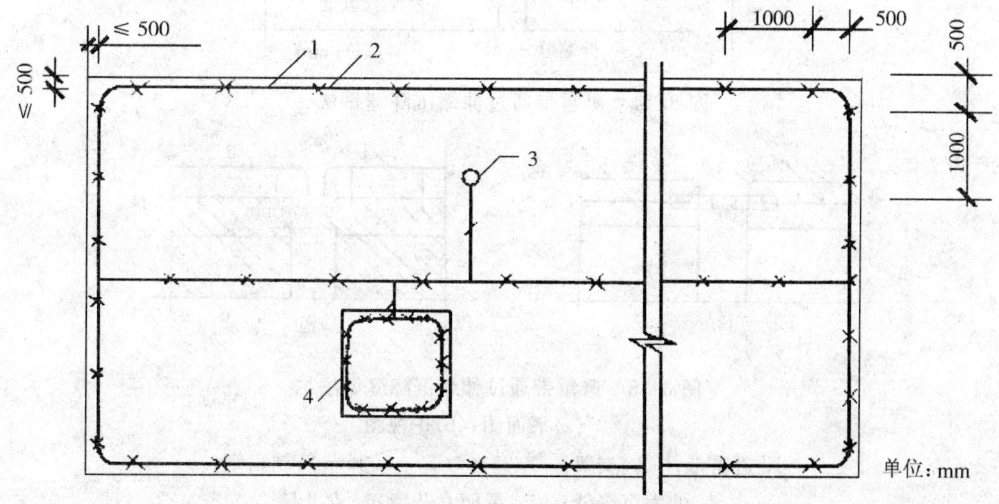

图 3.12　避雷带在挑檐板上安装平面示意图

1. 避雷带；2. 支架；3. 凸出屋面的金属管道；4. 建筑物凸出物

下线焊接好。其引下线的上端与避雷带(网)的交接处,应弯曲成弧形再与避雷带(网)并齐进行搭接焊接。如避雷带沿女儿墙及电梯机房或水池顶部四周敷设时,不同平面的避雷带(网)应至少有两处互相连接,连接应采用焊接。建筑物屋顶上的突出金属物体,如旗杆、透气管、铁栏杆、爬梯、冷却水塔、电视天线杆等,这些部位的金属导体都必须与避雷带(网)焊接成一体。避雷带(网)沿坡形屋面敷设时,应与屋面平行布置。避雷带在屋脊上安装,如图 3.13 所示。

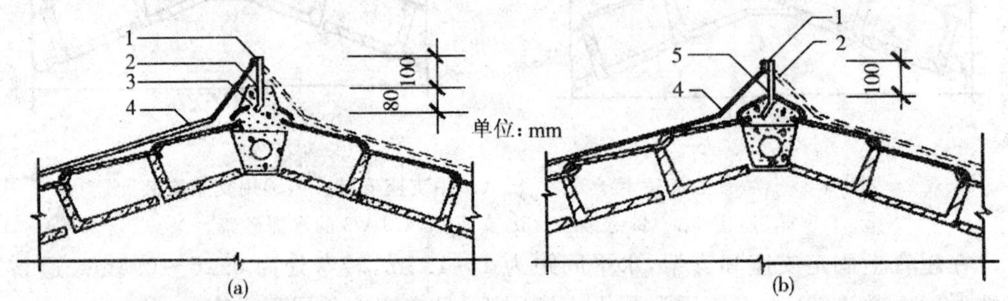

图 3.13　避雷带及引下线在屋脊上安装　(a)用支座固定;(b)用支架固定

1. 避雷带;2. 支架;3. 支座;4. 引下线;5. 1:3 水泥砂浆

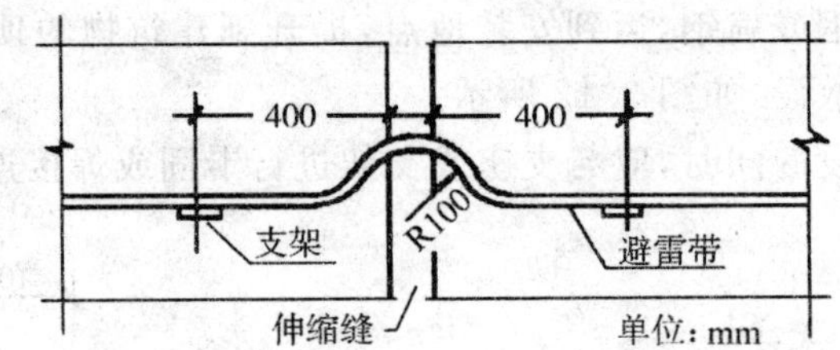

图 3.14　避雷带通过伸缩沉降缝做法一

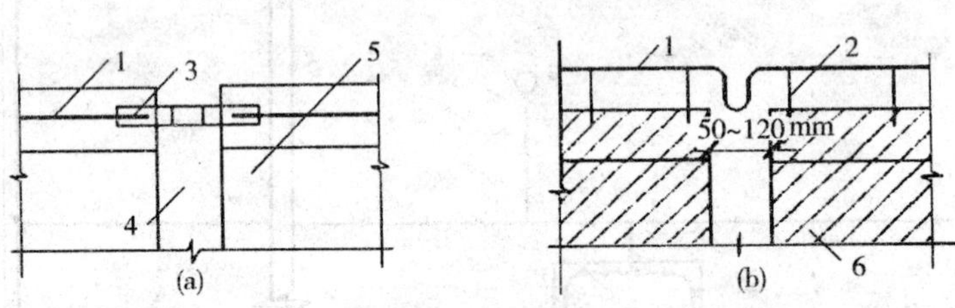

图 3.15　避雷带通过伸缩沉降缝做法二

(a)平面图;(b)正视图

1. 避雷带;2. 支架;3. 25×4, L =500mm 跨越扁钢;

4. 伸缩沉降缝;5. 屋面女儿墙;6. 女儿墙

避雷带(网)在转角处应随建筑造型弯曲,一般不宜小于 90°,弯曲半径不宜小于圆钢直径的 10 倍,或扁钢宽度的 6 倍,绝对不能弯成直角。

e. 避雷带通过伸缩沉降缝的做法

避雷带通过建筑物伸缩沉降缝处，应将避雷带向侧面弯成半径为 100mm 的弧形，且支持卡子中心距建筑物边缘距离减至 400mm，如图 3.14 所示。

也可以将避雷带向下部弯曲，如图 3.15 所示。

安装好的避雷带(网)应平直、牢固，不应有高低起伏和弯曲现象，平直度每 2m 检查段允许偏差值不宜大于 3‰，全长不宜超过 10mm。

②暗装避雷带(网)的安装

暗装避雷网是利用建筑物内的钢筋做避雷网，暗装避雷网较明装避雷网美观，越来越被广泛利用，尤其是在工业厂房和高层建筑中应用较多。

a. 用建筑物 V 形折板内钢筋作避雷网

建筑物有防雷要求时，可利用 V 形折板内钢筋作避雷网。折板插筋与吊环和网筋绑扎，通长筋应和插筋、吊环绑扎。折板接头部位的通长筋在端部预留钢筋头 100mm 长，便于与引下线连接。引下线的位置由工程设计决定。

等高多跨搭接处通长筋与通长筋应绑扎。不等高多跨交接处，通长筋之间应用∅8mm 圆钢连接焊牢，绑扎或连接的间距为 6m。V 形折板钢筋作防雷装置，如图 3.16 所示。

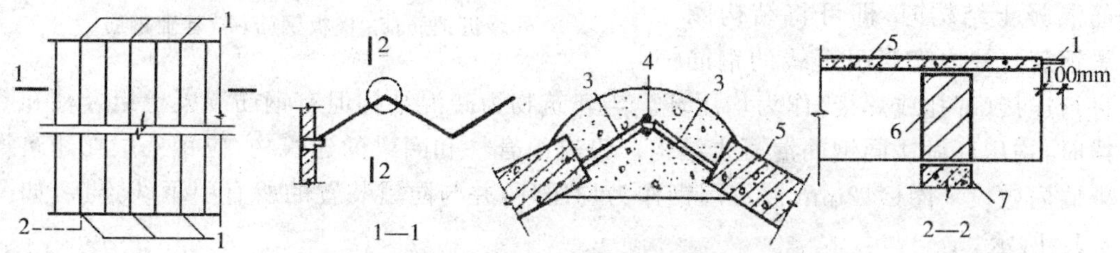

图 3.16 V 形折板钢筋作防雷装置示意图

1. 通长筋预留钢筋头； 2. 引下线； 3. 吊环(插筋)；
4. 附加通长∅6mm 筋； 5. 折板； 6. 三角架或三角墙； 7. 支托构件

b. 用女儿墙压顶钢筋作暗装避雷带

女儿墙上压顶为现浇混凝土时，可利用压顶板内的通长钢筋作为建筑物的暗装避雷带；当女儿墙上压顶为预制混凝土板时，就在顶板上预埋支架设避雷带。用女儿墙现浇混凝土压顶钢筋作暗装避雷带时，防雷引下线可采用不小于∅10mm 的圆钢。

在女儿墙预制混凝土板上预埋支架设避雷带时，或在女儿墙上有铁栏杆时，防雷引下线应由板缝引出顶板与避雷带连接。引下线应与女儿墙压顶内通长钢筋用∅10mm 圆钢做连接线进行连接。

c. 高层建筑暗装避雷网的安装

暗装避雷网是利用建筑物屋面板内钢筋作为接闪装置，将避雷网、引下线和接地装置三部分组成一个笼式避雷网。

由于土建施工做法和构件不同，屋面板上的网格大小也不一样，现浇混凝土屋面板其网格均小于 30cm×30cm，而且整个现浇屋面板的钢筋都是连成一体的。如果采用明装避雷带和暗装避雷网相结合的方法，是最好的防雷措施，即屋顶上部如有女儿墙时，为使女儿墙不受损伤，在女儿墙上部安装避雷带与暗装避雷网再连接起来，如图 3.17 所示。

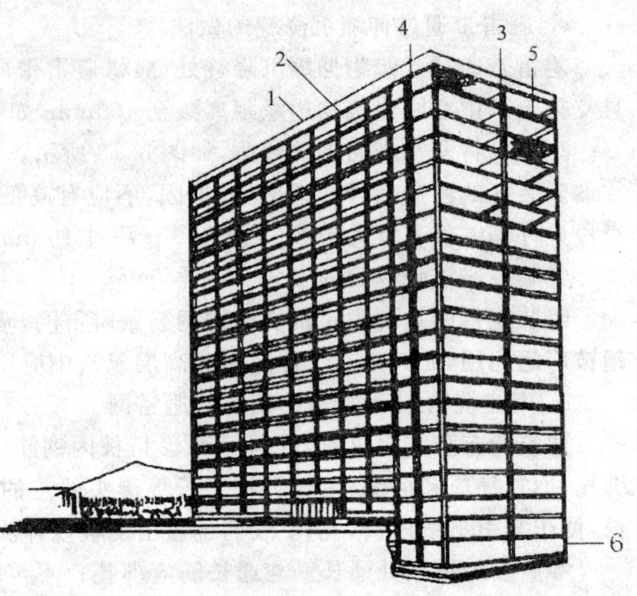

图 3.17　框架结构笼式避雷网示意图

1. 女儿墙避雷带；2. 屋面钢筋；3. 柱内钢筋；4. 外墙板钢筋；5. 楼板钢筋；6. 基础钢筋

对高层建筑物，一定要注意防备侧向雷击和采取等电位措施。应在建筑物首层起每三层设均压环一圈。当建筑物全部为钢筋混凝土结构时，即可将结构圈梁钢筋与柱内充当引下线的钢筋进行连接（绑扎或焊接）作为均压环。当建筑物为砖混结构但有钢筋混凝土组合柱和圈梁时，均压环做法同钢筋混凝土结构。没有组合柱和圈梁的建筑物，应每三层在建筑物外墙内敷设一圈∅12mm 镀锌圆钢作为均压环，并与防雷装置的所有引下线连接，如图 3.18 所示。

3.3.3　引下线

3.3.3.1　第一类防雷建筑物的引下线

引下线是连接防雷接闪装置和接地装置的一段导线。其作用是将雷电流引入接地装置。引下线可以是有若干条并联的电流通路，其电流通路的长度应是最短的。在第一类防雷建筑物采用独立避雷针或架空避雷线（网）时，其避雷针杆塔和架空避雷线（网）的各支柱处应至少设一根引下线。对金属制成或有焊接、绑扎连接钢筋网的杆塔（或支柱），宜利用其作引下线。

①独立避雷针和架空避雷线（网）的支柱及其接地装置至被保护建筑物及与其联系的管道、电缆等金属物之间的水平距离：为防止雷电流流过防雷装置时所产生的高电位对被保护的建筑物或与其有联系的金属物发生雷电反击，应使防雷装置与这些物体保

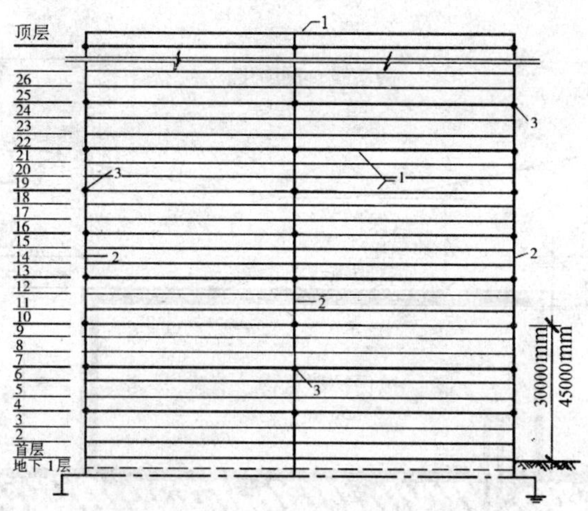

图 3.18　高层建筑物避雷带(网或均压环)引下线连接示意图
1. 避雷带(网或均压环);2. 防雷引下线;
3. 防雷引下线与避雷带(网或均压环)的连接处

持一定的距离。

独立避雷针和架空避雷线(网)的支柱及其接地装置至被保护建筑物及与其联系的管道、电缆等金属物之间的距离(图 3.19),应符合下列表达式的要求,但不得小于 3m。

a. 地上部分:

当 $h_x < 5R_i$ 时,

$$S_{a_1} \geqslant 0.4(R_i + 0.1h_x) \tag{3.1}$$

当 $h_x \geqslant 5R_i$ 时,

$$S_{a_1} \geqslant 0.1(R_i + h_x) \tag{3.2}$$

b. 地下部分:

$$S_{e_1} \geqslant 0.4R_i \tag{3.3}$$

式中: S_{a_1}　空气中距离(m);

S_{e_1}　地中距离(m);

R_i　独立避雷针或架空避雷线(网)支柱处接地装置的冲击接地电阻(Ω);

h_x　被保护物或计算点的高度(m)。

②架空避雷线至屋面和各种突出屋面的风帽、放散管等物体之间垂直距离(图 3.19),应符合下列表达式的要求,但不小于 3 m:

当 $(h + \frac{l}{2}) < 5R_i$ 时,

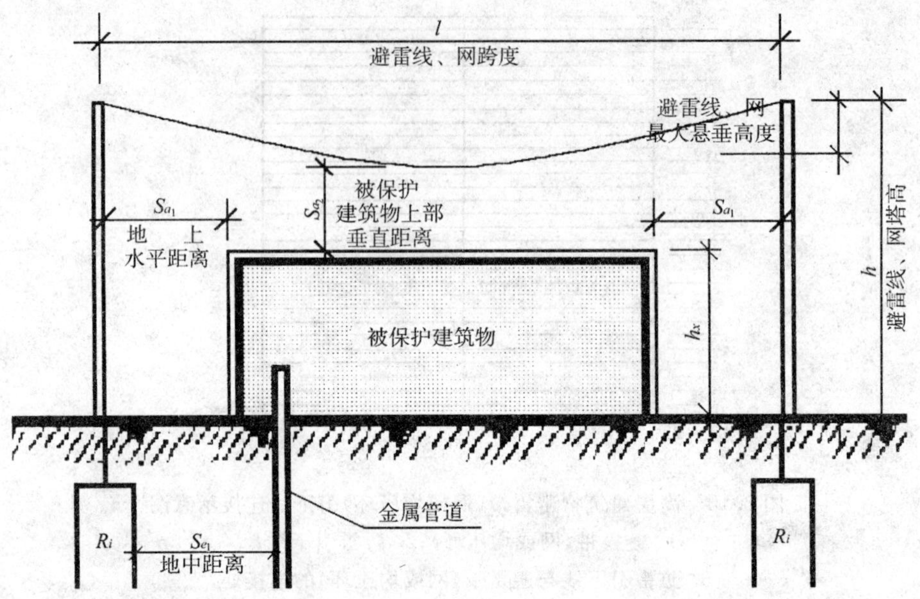

图 3.19　防雷装置至被保护物的距离

$$S_{a2} \geqslant 0.2R_i + 0.03(h + \frac{l}{2}) \tag{3.4}$$

当 $(h + \frac{l}{2}) \geqslant 5R_i$ 时，

$$S_{a_2} \geqslant 0.05R_i + 0.06(h + \frac{l}{2}) \tag{3.5}$$

式中：　S_{a_2}　　避雷线(网) 至被保护物的空气中距离(m)；

　　　　h　　避雷线(网) 支柱高度(m)；

　　　　l　　避雷线的水平长度(m)。

③架空避雷网至屋面和各种突出屋面的风帽、放散管等物体之间的垂直距离(图 3.19),应符合下列表达式的要求,但不小于 3m ：

当 $(h + l_1) < 5R_i$ 时，

$$S_{a_2} \geqslant \frac{1}{n}[0.4R_i + 0.06(h + l_1)] \tag{3.6}$$

当 $(h + l_1) \geqslant 5R_i$ 时，

$$S_{a2} \geqslant \frac{1}{n}[0.1R_i + 0.12(h + l_1)] \tag{3.7}$$

式中：　l_1　　从避雷网中间最低点沿导体至最近支柱的距离(m)；

　　　　n　　从避雷网中间最低点沿导体至最近不同支柱并有同一距离 l_1 的个数。

④当树木高于建筑物且不在接闪器保护范围内时，树木与建筑物之间净距不应小于5m。

3.3.3.2　第二类防雷建筑物的引下线

第二类防雷建筑物引下线不应少于两根，其间距不宜大于18m。当仅仅利用建筑物四周的钢柱或柱子中钢筋作为引下线时，可按建筑物开间的轴线尺寸设置引下线，但引下线的平均间距不应大于18m。建筑物的以下部件可用作自然引下线：

a. 建筑物内的金属设施。在金属设施的各部件间的电气连接应可靠（如采用铜焊、熔焊、卷边压接、螺钉或螺栓连接等）、截面尺寸应满足标准引下线的截面尺寸要求；

b. 建筑物的金属框架；

c. 建筑物的互联钢筋；

d. 建筑物外部金属立面结构、外廊围栏及附属结构。尺寸满足引下线的要求，厚度不小于0.5mm；垂直方向各部件间的电气连接应可靠各个金属部件间的间隙不超过1mm，而且两部件间搭接部分至少为100cm²。

如果钢结构建筑物的金属框架或建筑物的互联钢筋用作引下线时，不需要装设水平环形连接导体。

除采用自然引下线（即利用建筑物内部金属体）的情况外，也可采用人工引下线，每根人工引下线在与接地装置连接处应设断接卡。断接卡安装的高度应便于在作测量时能够用工具拆开，平时应接通。

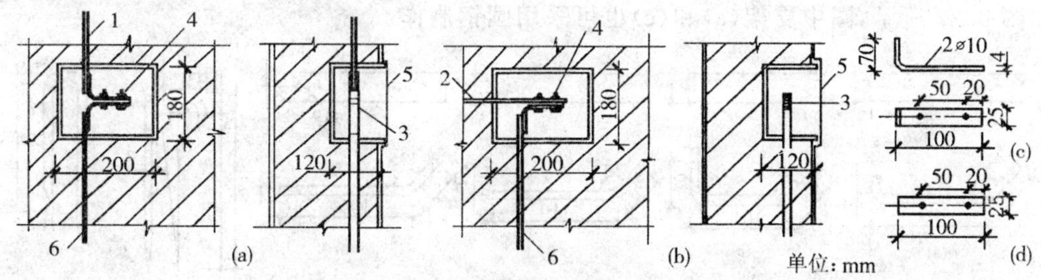

图3.20　暗装引下线断接卡子安装

（a）专用暗装引下线；（b）利用柱筋作引下线；（c）连接板；（d）垫板

1. 专用引下线；2. 至柱筋引下线；3. 断接卡子；4. $M10\times30$ 镀锌螺栓；5. 断接卡子箱；6. 接地线

①断接卡安装：设置断接卡子的目的是为了便于运行、维护和检测接地电阻。

采用多根专设引下线时，为了便于测量接地电阻以及检查引下线、接地线的连接状况，宜在各引下线上于距地面0.3～1.8m之间设置安装断接卡。断接卡应有保护措施。

断接卡子有明装和暗装两种，明装断接卡子为防止人为损坏及便于加装保护套管，安装高度应距地面1.5～1.8m，断接卡子可利用－40mm×40mm或－25mm×4mm的

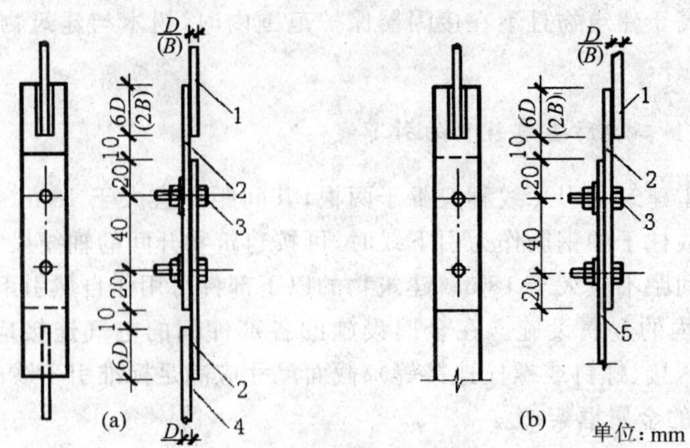

图 3.21　明装引下线断接卡子安装

(a)用于圆钢连接线；(b)用于扁钢连接线。D 为圆钢直径；B 为扁钢宽度

1. 圆钢引下线；2. 25×4，$L=90\times6D$ 连接板；3. $M8\times30$ 镀锌螺栓；

4. 圆钢接地线；5. 扁钢接地线

镀锌扁钢制作，断接卡子应用两根镀锌螺栓拧紧，见图 3.20 和图 3.21。

②明敷引下线的敷设

防雷引下线是将接闪器接受的雷电流引到接地装置，引下线有明敷和暗敷两种。

a. 明敷引下线支持卡子及其预埋

由于引下线的敷设方法不同，使用的固定支架也不尽相同，各种不同形式的支架，如图 3.22 所示，图中支架(a)和(c)也可采用圆钢制作。

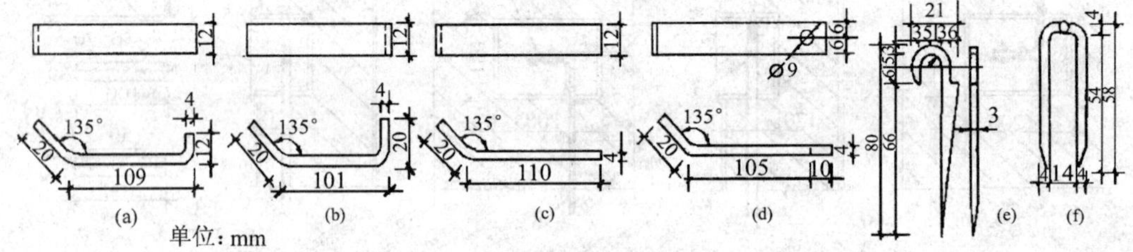

图 3.22　引下线固定支架

(a)固定钩一；(b)固定钩二；(c)托板一；(d)托板二；(e)卡钉；(f)方钉卡

明装引下线应按设计位置在建筑物主体施工时，预埋支持卡子，然后将引下线固定在支持卡子上。卡子之间的距离为 1.5～2m。

b. 明敷引下线明敷设

明敷引下线调直后，固定于埋设在墙体上的支持卡子内，固定方法可用螺栓、焊接或卡固等，如图 3.23 所示。

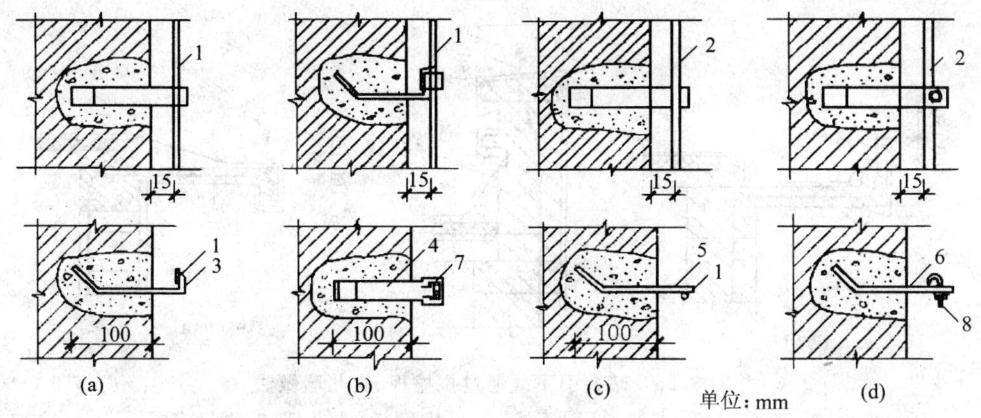

图 3.23 引下线固定安装

(a)用一式固定钩安装；(b)用二式固定钩安装；(c)用一式托板安装；(d)用二式托板安装

1. 扁钢引下线；2. 圆钢引下线；3. $12\times4,L=141$ 支架；4. $12\times4,L=141$ 支架；5. $12\times4,L=130$ 支架；6. $-12\times4,L=135$ 支架；7. $-12\times4,L=60$ 套环；8. $-M8\times59$ 螺栓

引下线路径尽可能短而直，当通过屋面挑檐板等处，在不能直线引下而要拐弯时，不应构成锐角转折，应做成曲径较大的慢弯。引下线通过挑檐板和女儿墙的做法，如图 3.24 所示。

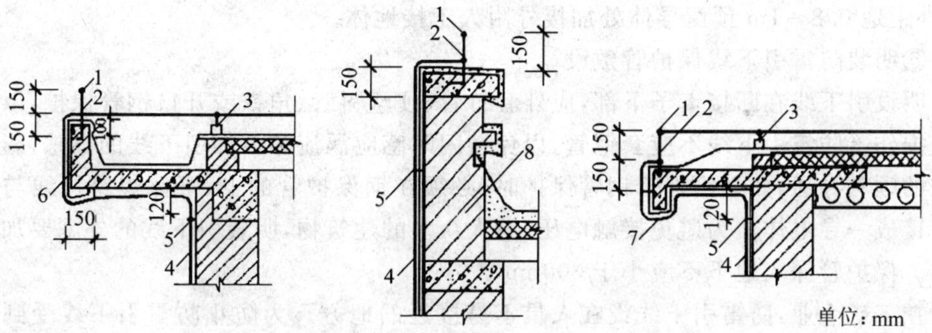

图 3.24 明装引下线经过挑檐板、女儿墙做法

1. 避雷带；2. 支架；3. 混凝土支座；4. 引下线；
5. 固定卡子；6. 现浇挑檐板；7. 预制挑檐板；8. 女儿墙

③引下线沿墙或混凝土构造柱暗敷设

引下线沿砖墙或混凝土构造柱内暗设，应配合土建主体外墙（或构造柱）施工。将钢筋调直后先与接地体（或断接卡子）连接好，由下至上层放（或一段段连接）钢筋，敷设路径尽量短而直，可直接通过挑檐板或女儿墙与避雷带焊接，如图 3.25 所示。

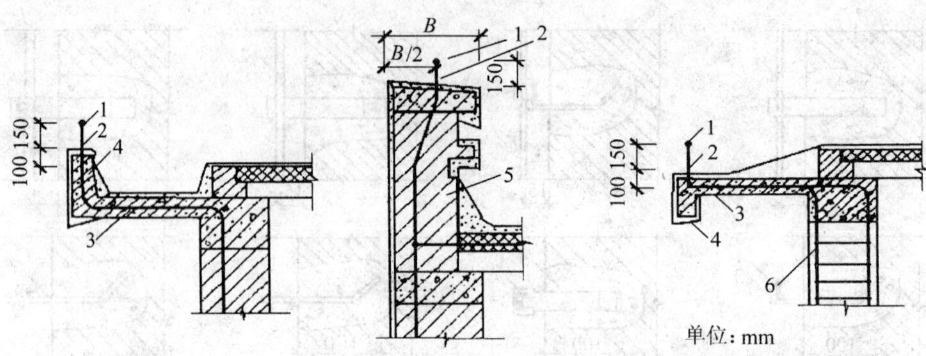

图 3.25　暗装引下线通过挑檐板、女儿墙做法

1. 避雷带；2. 支架；3. 引下线；4. 挑檐板；5. 女儿墙；6. 柱主筋

④利用建筑物钢筋做防雷引下线

防直击雷装置的引下线应优先利用建筑物钢筋混凝土中的钢筋，不仅可节约钢材，更重要的是比较安全。

由于利用建筑物钢筋做引下线，是从上而下连接一体，因此不能设置断接卡子测试接地电阻值，需在柱（或剪力墙）内作为引下线的钢筋上，另焊一根圆钢引至柱（或墙）外侧的墙体上，在距散水坡 1.8m 处，设置接地电阻测试箱。

在建筑结构完成后，必须通过测试点测试接地电阻，若达不到设计要求，可在柱（或墙）外距地 0.8～1m 预留导体处加接外附人工接地体。

⑤明装防雷引下线保护管敷设

明设引下线在断接卡子下部，应外套竹管、硬塑料管、角铁或开口钢管保护，以防止机械损伤。防雷引下线不应套钢管，以免接闪时感应涡流和增加引下线的电感，影响雷电流的顺利导通，如必须外套钢管保护时，必须在钢保护管的上、下侧焊跨接线与引下线连接成一导电体。为避免接触电压，游人众多的建筑物，明装引下线的外围要加装饰护栏。保护管深入地下不应小于 300mm。

在工矿企业，防雷引下线设在人员不易接近的地方。为防止防雷引下线受到机械外力损坏，可用角钢或钢管加以保护，如图 3.26 所示。当用钢管保护时，在钢管两端应把钢管管口和防雷引下线焊成一体，如不焊接，则雷击时的钢管感应电抗大，不利于把雷引到地下。钢管的上口应封口，防止管内积水。

在住宅区，防雷引下线应采用硬塑料管保护，塑料管的上口也应封口。

保护管或保护角钢应用铁卡子固定在墙上，铁卡子离地面或离保护管上口的距离为 300～400mm，铁卡子一般用－25mm×4mm 镀锌扁钢加工。

当利用混凝土内钢筋、钢柱等自然引下线并同时采用基础接地体时，可不设断接卡，但利用钢筋作引下线时应在室内外的适当地点设若干连接板，该连接板可供测量、

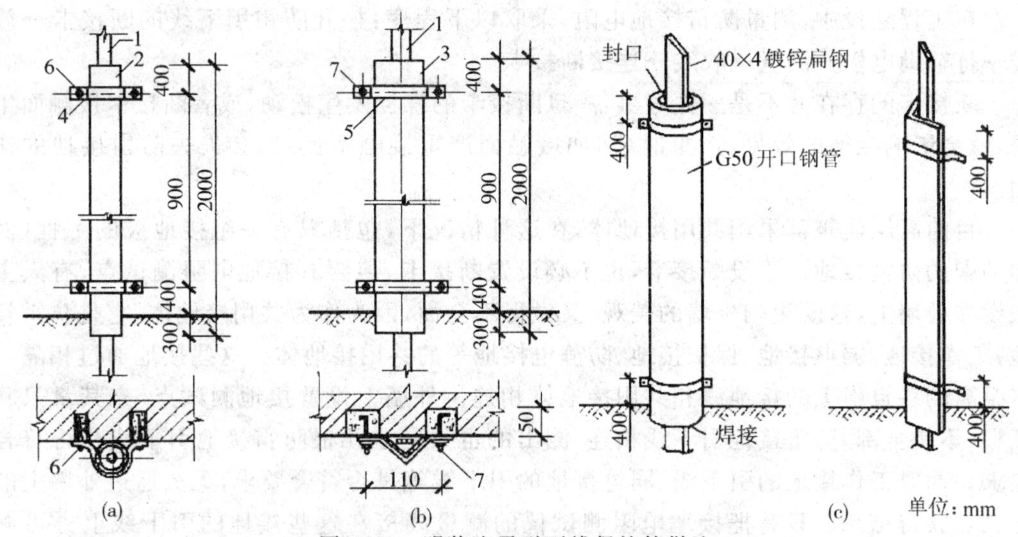

图 3.26　明装防雷引下线保护管做法

(a)开口钢管保护；(b)角钢保护；(c)引下线保护管立体图

1. 明敷引下线(－40mm×4mm)；2. 开口钢管(G50)；3. 角钢；

4. 钢管卡子；5. －25mm×4mm；L＝180 卡子；6. 塑料胀管；7. M8×180 地脚螺栓

接人工接地体和作等电位连接用。当仅利用钢筋作引下线并采用埋于土壤中的人工接地体时，应在每根引下线上距地面以下不低于 0.3m 处设接地体连接板。连接板处宜有明显标志。

a. 有多根引下线时，并不都必须设置断接卡。例如，利用建筑物结构柱内主钢筋作为防雷引下线，并利用钢筋混凝土桩内钢筋作为接地极时，不应设置断接卡。为了测量接地电阻，在混凝土桩打入地下后，测量每根桩的接地电阻，然后把所有桩用圆钢(直径最小为 10mm，通常用 16mm)或扁钢(最小截面为－25mm×4mm，通常用－40mm×4mm)连成一体，再测量总接地电阻。为了在建筑物投入使用后检查接地电阻，可在建筑物近地端引出检测点，即从引下线主钢筋上焊出接地线至检测点，此检测点可为钢板，在上面焊一只接地螺栓。

b. 断接卡并非一定就要设置在 1.5～1.8m 处。一般在公共场合，如住宅区，防雷引下线明敷时，应把断接卡设置在 1.5～1.8m 处；暗敷时，为不影响建筑物的外观，断接卡可设在近地端的墙内(一般为距地 300～400mm)。

当防雷引下线既未设置断接卡，又未设置检测点时，若检查接地电阻，可用导线把建筑物顶上的避雷带或避雷针引至地面进行测量，测量结果需减去导线的电阻。

问题：采取联合接地体时，防雷接地引下线为什么不设置断接卡？

防雷接地是减少雷击危害的基本措施。要确保接地可靠，接地电阻的测量是一项十分重要的工作。

在工程建设中，测量防雷接地电阻，采取以下程序：松开防雷引下线的断接卡→放线→打辅助电极→测量→收线→连接断接卡。

断接卡的存在并不是一件好事，一旦断接卡的螺栓发生松动，或者断接卡接触面生锈，就会影响接地的效果，严重时（例如接触面严重接触不良）就会失去防雷接地的作用。

目前高层建筑都采用共用接地体，在这种情况下，包括只有一组接地极的工程（例如烟囱的防雷接地），不设断接卡，也不必设置断接卡，但要有接地电阻测试点，有人主张设在外墙上，这既影响外墙的美观，又做得不全面，因为作为共用接地体，它是防雷接地、工作接地、弱电接地、保护接地、防静电接地等的共用接地体。这些接地通过相隔一定距离的各自引上的接地线和共用接地体相连。外墙上设置接地测试点，充其量只和几根（不是全部）防雷接地引下线相连，测出的也只是这几根防雷接地引下线是否符合要求。而对工作接地的引下线、弱电接地的引下线等是否符合要求，无法通过外墙上的测试点获得结果。只有把接地电阻测试仪的测量线接在这些接地的引下线上方可测出，而这些接地的引下线都在室内，并且不准和防雷引下线靠近，以免雷击时遭到雷电流的反击。

因此，测量共用接地体的接地电阻，可从任何一根接地引下线测出，不必在外墙上设置测试点。

⑥引下线各部位的连接

引下线需要在中间接头时，应进行搭接焊接，其搭接长度应符合规范要求。且明装引下线的接头处应错开支持卡子。焊接处焊缝应饱满并有足够的机械强度，不得有夹渣、咬肉、裂纹、虚焊、气孔等缺陷。

3.3.3.3 第三类防雷建筑物的引下线

第三类防雷建筑物防直击雷的引下线不应少于两根，但周长不超过 25m 且高度不超过 40m 的建筑物可只设一根引下线。引下线应沿建筑物四周均匀或对称布置，其间距不应大于 25m。当仅利用建筑物四周的钢柱或混凝土柱中的钢筋作为引下线时，可按跨度设引下线，但引下线平均距离不应大于 25m。

为了减少发生危险的放电火花的可能，引下线布置必须尽量做到引下线是接闪器的延续。

引下线导体的保护：位于人行通道、车辆通道、学校游戏场、牲畜圈养场、公共通道和其他类似场所的下行导体必须加以保护，防止物理损坏和位移。如果这类导体从铁质金属材料导管中通过（见图 3.26），则导体必须在管道的顶部和底部都固定住。引下线导体至少在地平面以上 1.8m 的距离内必须保护。埋入腐蚀性土壤中的引下线导体必须通过加防腐套的办法加以保护，保护范围从地面以上 0.9m 处开始，一直到伸入地下的整个长度。

沿着或在钢筋混凝土或结构钢立柱中布置的引下线导体，必须在立柱的上端和下端都与立柱中的钢筋或钢构件连接起来。当钢立柱中的钢构件非常长时，中间还必须固定，固定点之间的距离不得超过60m。这种连接必须使用连接件，或连接或焊接在钢构件上。使用PVC(聚氯乙烯)套管或其他非金属线槽，也不能省掉这种连接，除非能保证导体充分地分开，满足等电位的要求。除了这种情况，必须采取措施保证垂直向下平行导体的中间固定。

导体必须牢固地固定在沿其布置的结构件上，固定点的间隔不得超过1m。根据要求可以使用钉子、螺钉、螺栓或胶来固定，固定必须牢固不得破断。紧固件的材料必须与导体材料相同，或与导体有相同抗腐蚀能力。

砌筑结构中用来固定雷电防护系统的锚固件的直径至少为6mm。锚固件的设置须仔细。放置锚固件的孔必须有正确的尺寸，必须用适当工具加工。这类孔最好位于砖、石或其他砌体上，而不要布置在砂浆缝的地方。锚固件安装要紧密没有缝隙，这样外面潮气才不能进去，可以减少由于冻结造成的破坏的机会。

用圆钢作为防雷引下线时，其直径最小为8mm；装设在烟囱上的引下线，由于高度高，考虑到维护不方便，为达到延长使用寿命的目的，圆钢的最小直径为12mm；利用建筑物钢筋混凝土中的钢筋作为防雷引下线时，考虑到雷电流的热效应会对混凝土起破坏作用，为此加大载流导体的截面积，用两根直径为16mm及以上的钢筋或四根10mm及以上的钢筋作为防雷引下线，由于每根混凝土柱子内的主钢筋数量都超过四根，因此加大防雷引下线的截面并不增加工程的材料费用。

目前建筑工程中，已广泛采用混凝土柱子内的主钢筋作为防雷引下线，在施工时要注意如下问题：

a. 柱子内主钢筋直径为16mm及以上时，应利用两根钢筋作为一组防雷引下线。

b. 柱子内主钢筋直径为10mm及以上时，应利用四根钢筋作为一组防雷引下线。

c. 柱子内用作防雷引下线的主钢筋应位于建筑物的外侧。

d. 主钢筋采用压力熔焊时，主钢筋的连接点不必再焊跨接圆钢；主钢筋若采用绑扎连接，则需用同截面的圆钢进行跨接焊接。

e. 利用基础桩作为联合接地体，主钢筋作为防雷引下线时，主钢筋不准设断接卡，也不必在外墙上设置测试点。

3.3.4　接地装置

接地装置是指埋入土壤中或混凝土基础中作散流用的金属导体。接地体分人工接地体和自然接地体两种。自然接地体即兼作接地用的直接与大地接触的各种金属构件，如建筑物的钢结构、行车钢轨、埋地的金属管道(可燃液体和可燃气体管道除外)等。人工接地体即是直接打入地下专作接地用的经加工的各种型钢或钢管等。按其敷设方式可分为垂直接地体和水平接地体。接地线是从引下线断接卡或换线处至接地体的连接导体。

接地是防雷的基础,标准规定的接地方法是采用金属型材铺设水平或垂直地极,在腐蚀强烈的地区可以采用镀锌和加大金属型材的截面积的方法抗腐,在接地极不易受机械力破坏的情况下,也可以采用非金属导体做地极,如石墨地极和硅酸盐水泥地极。更合理的方法是利用建筑物的基础钢筋做地极,有事半功倍之效。

电流均是通过接地体以半球形状向地中流散。接地电阻分为工频接地电阻和冲击接地电阻,工频接地电阻是指接地装置流过工频电流时所表现的电阻值,冲击接地电阻是指接地装置流过雷电冲击电流时所表现的电阻值。就防雷的角度讲,对接地电阻的认识已有变化,对地网布置格局的要求更高,对阻值要求放松,在 GB50057-94 中只强调了各种建筑的地网形式,而没有阻值要求,这是由于在等电位原理的防雷理论中,地网只是一个总的电位基准点,并不是绝对的零电位点。要求地网形状是为了等电位的需要,而要求阻值就不符合逻辑了,当然在条件许可时,获得低的接地电阻总没有什么错。另外供电和通信对接地电阻有要求,那已超出防雷技术的范围。

接地电阻主要受土壤电阻率和接地极表面与土壤接触电阻有关,在构成地网时与形状和地极数量也有关系,降阻剂和各种接地极无非是改善地极与土壤的接触电阻或接触面积。但土壤电阻率起决定作用,其他的都较易改变,如果土壤电阻率太高就只有采用工程浩大的换土或改良土壤的方法才能有效,其他方法都难以奏效。

3.3.4.1 第一类防雷建筑物的接地装置

独立避雷针、架空避雷线或架空避雷网应有独立的接地装置,每一根引下线冲击接地电阻不宜大于 10Ω。在土壤电阻率高的地区,可适当增大冲击接地电阻。

在一般情况下规定接地电阻不宜大于 10Ω 是适宜的,但在高土壤电阻率地区,要求低于 10Ω 可能给施工带来很大的困难。故规定在满足安全距离的前提下,允许提高接地电阻值。此时,虽然接闪装置的支柱距建筑物远一点,接闪器的高度亦相应增加,但可以给施工带来很大方便,而仍保证安全。在高土壤电阻率地区,这是一个因地制宜而定的数值,它应综合接闪器增加的安装费用和可能做到的电阻值来考虑,不宜作硬性的规定。

①防直击雷接地装置应围绕建筑物敷设成环形接地体,每根引下线的冲击接地电阻不应大于 10Ω,并应和电气设备接地装置及所有进入建筑物的金属管道相连,此接地装置兼作防雷电感应之用(见内部防雷章节)。

②关于共同接地:由于防雷装置直接装在建、构筑物上,要保持防雷装置与各种金属物体之间的安全距离已成为不可能。此时,只能将屋内各种金属物体及进出建筑物的各种金属管线,进行严格的接地,而且所有接地装置都必须共用,并进行多处连接,使

防雷装置和邻近的金属物体电位相等或降低其间的电位差，以防反击危险。

从防雷观点出发，较好的方法是采用共用接地装置，它适合供所有接地之用(例如防雷、低压电力系统、电讯系统)。

③为了将雷电流流散入大地而不会产生危险的过电压，接地装置的布置和尺寸比接地电阻的特定值更重要。通常建议采用阻值较低的接地装置。防直击雷的环形接地体宜按下方法敷设(注：按本方法敷设接地体时可不计及冲击电阻值)：

a. 当土壤电阻率 ρ 小于 500Ω · m 时，对环形接地体所包围的面积的等效圆半径 $r=\sqrt{\frac{A}{\pi}}$ 大于或等于 5m 的情况(即接地体所包围的面积 $A\geqslant 78.53\text{m}^2$)，环形接地不需要补加接地体；对等效半径 $r=\sqrt{\frac{A}{\pi}}$ 小于 5m 的情况($A<78.53\text{m}^2$)，每一处引下线应补加水平接地体或垂直接地体。

当单独补加水平接地体时，其长度应按下式确定：

$$l_r = 5-\sqrt{\frac{A}{\pi}} \tag{3.8}$$

式中：　l_r　补加水平接地体的长度(m)。

　　　A　环形接地体所包围的面积(m^2)。

当单独补加垂直接地体时，其长度应按下式确定：

$$l_v = \frac{5-\sqrt{\frac{A}{\pi}}}{2} \tag{3.9}$$

式中：　l_v 为补加垂直接地体的长度(m)。

由以上公式可知，当单独补加垂直接地体时，其长度相当于单独补加水平接地体时的一半。

b. 当土壤电阻率 ρ 为 500～3000Ω · m 时，对环形接地体所包围的面积的等效圆半径 $\sqrt{\frac{A}{\pi}}\geqslant\frac{11\rho-3600}{380}$(m) 的情况，环形接地不需要补加接地体；对等效圆半径 $\sqrt{\frac{A}{\pi}}<\frac{11\rho-3600}{380}$(m)的情况，每一处引下线应补加水平接地体或垂直接地体。

当单独补加水平接地体时，其长度应按下式确定：

$$l_r = \left(\frac{11\rho-3600}{380}\right)-\sqrt{\frac{A}{\pi}} \tag{3.10}$$

当单独补加垂直接地体时，其长度应按下式确定：

$$l_v = \frac{\left(\frac{11\rho-3600}{380}\right)-\sqrt{\frac{A}{\pi}}}{2} \tag{3.11}$$

对于环形接地体(或基础接地体),其所包围的面积的平均几何半径 r 应不小于 l_1,即 $r \geqslant l_1$,l_1 示于图 3.27;当 $l_1 > r$ 时,则必须增加附加的水平放射形或垂直(或斜形)导体,其长度 l_r(水平)为 $l_r = l_1 - r$ 或其长度(垂直)为 $l_v = \frac{l_1 - r}{2}$。

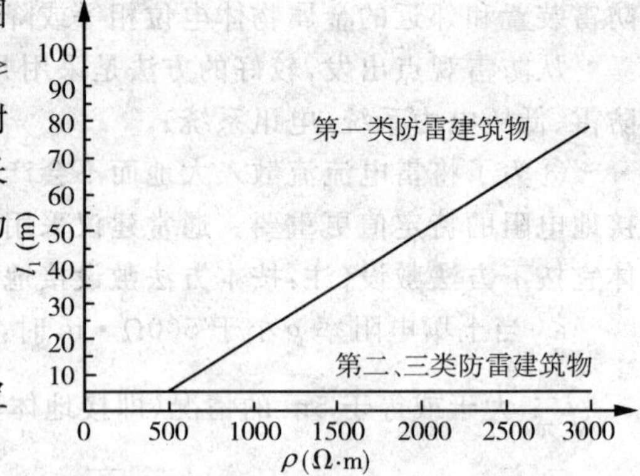

图 3.27 按防雷类别确定的接地体最小长度

3.3.4.2 第二类防雷建筑物的接地装置

①共用同一接地装置情况

防直击雷的接地宜和防雷电感应、电气设备、信息系统等接地共用同一接地装置,每根引下线的冲击接地电阻不应大于 10Ω,并应与埋地金属管道相连;当不共用、不相连时,两者间在地中的距离应符合下列表达式的要求,但不小于 2m:

$$S_{e_2} \geqslant 0.3 k_c R_i \tag{3.12}$$

式中: S_{e_2} 地中距离(m);

k_c 分流系数(见附录二),单根引下线时为 1;两根引下线以及接闪器不成闭合环的多根引下线应为 0.66;接闪器成闭合环或网状的多根引下线应为 0.44;

R_i 每根引下线的冲击接地电阻(Ω)。

②利用建筑物金属体做防雷及接地装置

利用钢筋混凝土柱和基础内钢筋作引下线和接地体,现已较为普遍。利用建筑物的钢筋作为防雷装置时应符合下列规定:

a. 建筑物宜利用钢筋混凝土屋面、梁、柱、基础内的钢筋作为引下线。

钢筋混凝土建筑物的钢筋体偶尔采用焊接连接,此时,提供了肯定的电气贯通。它们将保证全部雷电流经过许多次再分流流入大量的并联放电路径。经验表明,这样一种建筑物可容易地被利用作为防雷装置的一部分。利用屋顶钢筋作接闪器,其前提是允许屋顶遭雷击时混凝土会有一些碎片脱开以及小块防水、保温层遭破坏。但前提是这种轻微损坏应对建筑结构无影响,发现时加以修补就可以了。

利用建筑物的金属体做防雷装置的其他优点是安全、可靠、使用周期长、维修费用低,同时可不采用镀锌钢材也不影响建筑的立面装饰效果。由于避雷装置全部或大部分埋设在建筑结构构件内或是利用建筑本身的金属构件,因此,利用建筑物金属体做防雷及接地装置可以看作该装置的使用寿命与建筑物本身是相同的,在工程的施工时,会给工程施工企业自查和监理的旁站检查以及隐蔽验收的工作增加一些交接验收的环节。但是，一旦采用该方法确实是一劳永逸的事。对业主而言，当建筑物完工交付后，在建筑物的使用年限内，只要花费很少的检查、检测费用，对损坏和腐蚀的避雷装置进行简单的维修和油漆，便可以确保继续使用。

目前，有许多建筑物的避雷设施无人进行检查和维护，这有多方面的原因。就防雷装置本身，如果长时间无人检查、检测和维护，接闪器以及接闪器与引下线的连接处易损坏、腐蚀。当雨季来临时，接闪器接闪将会造成雷击灾害。

b. 当基础采用硅酸盐水泥和周围土壤的含水量不低于4%及基础的外表面无防腐层或有沥青质的防腐层时，宜利用基础内的钢筋作为接地装置。

钢筋混凝土的导电性能，在其干燥时，是不良导体，电阻率较大，但当具有一定湿度时，就成了较好的导电物质，电阻率可达100～200Ω·m。潮湿的混凝土导电性能较好，是因为混凝土中的硅酸盐与水形成导电性的盐基性溶液。混凝土在施工过程中加入了较多的水分（通常在施工时，混凝土配合比中用水量为190kg/m³左右），成形后结构中密布着很多大大小小的毛细孔洞，因此就有了一些水分储存。当混凝土埋入地下后，地下的潮气，又可通过毛细管作用吸入混凝土中，保持一定湿度。根据我国的实际情况，土壤一般可保持有20%左右的湿度，即使在最不利的情况下，也有5%～6%的湿度。

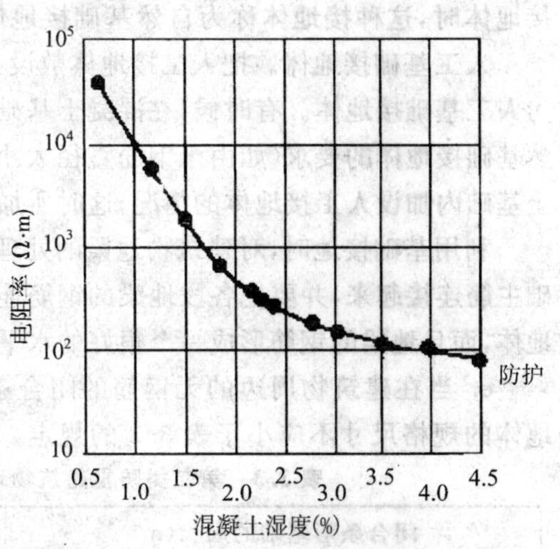

图 3.28 混凝土湿度对其电阻率的影响

如建筑工程中常用的硅酸盐水泥（亦称波特兰水泥）、普通水泥（代号P·O）、矿渣水泥（代号P·S）、火山灰水泥（代号P·P）、粉煤灰水泥（代号P·F）就是以硅酸盐为基料的水泥。如图3.28所示，是以硅酸盐为基料的水泥配制而成混凝土的湿度与电阻率的关系曲线，在混凝土的真实湿度的范围内（从水饱和到干涸），其电阻率的变化约为520倍。在重复饱和与干涸的整个实验过程中，没有观察到各记录点值的位移，也即每一湿度有一相应的电阻率。含水量定为不低于4%应是当地历史上一年中最早发生雷闪时间以前的含水量，而不是夏季的含水量。

c. 敷设在混凝土中作为防雷装置的钢筋或圆钢，当仅有一根时，其直径不应小于10mm。被利用作为防雷装置的混凝土构件内有箍筋连接的钢筋，其截面积总和不应小于一根直径为10mm钢筋的截面积。

d. 利用基础内钢筋网作为接地体时，在周围地面以下距地面不小于0.5m，每根引下线所连接的钢筋表面积总和应符合下列表达式的要求：

$$S \geqslant 4.24k_c^2 \tag{3.13}$$

式中 S 为钢筋表面积总和(m^2)；k_c 为流入该引下线所连接接地体的分流系数。

在高层建筑中，利用柱子和基础内的钢筋作为引下线和接地体，具有经济、美观和有利于雷电流流散以及不必维护和寿命长等优点。将设在建筑物钢筋混凝土桩基和基础内的钢筋作为接地体时，此种接地体常称为基础接地体。利用基础接地体的接地方式称为基础接地。基础接地体可分为以下两类：

自然基础接地体。利用钢筋混凝土基础中的钢筋或混凝土基础中的金属结构作为接地体时，这种接地体称为自然基础接地体。

人工基础接地体。把人工接地体敷设在没有钢筋的混凝土基础内时，这种接地体称为人工基础接地体。有时候，在混凝土基础内虽有钢筋但由于不能满足利用钢筋作为自然基础接地体的要求(如由于钢筋直径太小或钢筋总表面积太小)，也有在这种钢筋混凝土基础内加设人工接地体的情况，这时所加入的人工接地体也称为人工基础接地体。

利用基础接地时，对建筑物地梁的处理是很重要的一个环节。地梁内的主筋要和基础主筋连接起来，并要把各段地梁的钢筋连成一个环路，这样才能将各个基础连成一个接地体，而且地梁的钢筋形成一个很好的水平接地环，综合组成一个完整的接地系统。

e. 当在建筑物周边的无钢筋的闭合条形混凝土基础内敷设人工基础接地体时，接地体的规格尺寸不应小于表 3.3 的规定。

表 3.3　第二类防雷建筑物环形人工基础接地体的规格尺寸

闭合条形基础的周长(m)	扁钢(mm)	圆钢，根数×直径(mm)
≥60	4×25	2×∅10
≥40 至<60	4×50	4×∅10 或 3×∅12
<40	钢材表面积总和≥4.24m²	

注：当长度相同、截面相同时，宜优先选用扁钢；采用多根钢筋时，其敷设净距不小于直径的 2 倍；利用闭合条形基础内的钢筋作接地体时可按表校验。除主筋外，可计入箍筋的表面积。

确定环形人工基础接地体尺寸的几条原则：

(a) 在相同截面、同一长度下，所消耗的钢材重量是相同的，但是，扁钢的表面积总是大于圆钢的，所以，建议优先选用扁钢。

(b) 在截面积总和相等的情况之下，多根圆钢的表面积总是大于一根的，所以，在满足所要求的表面积的前提下，建议优先选用多根圆钢。

(c) 圆钢直径选用∅8mm、∅10mm、∅12mm 三种规格，选用大于∅12mm 圆钢一是浪费材料，二是施工时不易于弯曲，因此，在敷设人工接地体时，圆钢直径经常选用∅8mm、∅10mm 钢筋。

(d) 混凝土电阻率取 100Ω·m,这样,混凝土内钢筋体有效长度为 $2\sqrt{\rho}=20$m,即从引下线连接点开始,散流作用按各方向 20m 考虑。

(e) 当建筑物周长≥60m,按 60m 考虑,设三根引下线,此时,$k_c=0.44$,另外还有 56%的雷电流从另两根引下线流走,每根引下线各占 28%。设这 28%从两个方向流走,每一方向流走 14%。

因此,与第一根引下线连接的 40m 长接地体(一个方向 20m,两个方向共计 40m),共计流走总电流的(0.44+0.14+0.14=0.72)72%,即在公式 3.13、3.14 的 $4.24\,k_c^2$ 和 $1.89\,k_c^2$ 中的 $k_c=0.72$。

(f) ≥40m 至<60m 周长时按 40m 长考虑,$k_c=1$,即按 40m 长流走全部雷电流考虑。

(g) <40m 周长时无法预先定出规格和尺寸,只能按 $k_c=1$ 由设计者根据具体长度计算,并按以上原则选用。

根据以上(a)~(g)七条原则所计算的结果列于表 3.4。

表 3.4　确定环形人工基础接地体的计算结果

周长(m)	k_c 值	环形人工基础接地体的表面积	
		第二类防雷建筑物	第三类防雷建筑物
≥60	0.72	$4.24\,k_c^2=2.2\text{m}^2$	$1.89\,k_c^2=0.98\text{m}^2$
		4mm×25mm 扁钢 40m 长的表面积=2.32 m² 2×∅10mm 圆钢 40m 长的表面积总和=2.513 m²	1×∅10mm 圆钢 40m 长的表面积=1.257 m²
≥40 至 <60	1	$4.24\,k_c^2=4.24\text{m}^2$	$1.89\,k_c^2=1.89\text{m}^2$
		4mm×50mm 扁钢 40m 长的表面积=4.32 m² 4×∅10mm 的=5.03 m² 3×∅12mm 的=4.52 m²	4mm×20mm 扁钢 40m 长的表面积=1.92 m² 2×∅8mm 的=2.01 m²
注：采用一根圆钢时,其直径不应小于 10mm。			

国家标准 GB 50169-92《电气装置安装工程接地装置施工及验收规范》2.4.2 提出,接地体(线)的焊接应采用搭接焊,其搭接长度必须符合下列规定:扁钢为其宽度的两倍(且至少三个棱边焊接)。当扁钢之间以宽度的两倍进行搭接时,搭接面有两个长边(沿扁钢长度方向)和两个短边(沿扁钢宽度方向),对搭接面的焊接,规范只指出至少三条边。当焊三条边时,是焊两长一短,还是两短一长,规范未作具体说明。

在避雷带安装时,窄边向上,如果采取焊接两长一短,雨水则会从扁钢的侧面,即从未焊的短边这一方向渗入搭接部位的内表面,加快扁钢锈蚀;若采取焊接两短一长,且位于下面的长棱边不焊,则雨水难以进入,减轻了腐蚀作用。因此从防雨水锈蚀这一点出发，应该采取焊两短一长，且下面一长棱边不焊，使雨水无法在扁钢内积存。因此从施工工艺合理性这一点出发，应该采取两短一长的焊接方法。

在扁钢引下线搭接焊时，若焊三个棱边，应焊两条长边，一条短边（下口的短边不焊，焊上口的短边）。对埋地的扁钢接地线则应采取四周焊。

f. 构件内有箍筋连接的钢筋或成网状的钢筋，其箍筋与钢筋的连接，钢筋与钢筋的连接应采用土建施工的绑扎法连接或焊接。单根钢筋或圆钢或外引预埋连接板、线与上述钢筋的连接应焊接或采用螺栓紧固的卡夹器连接。构件之间必须连接成电气通路。

整个建筑物的槽形、板形、块形基础的钢筋表面积总是能满足对钢筋表面积的要求。

混凝土内的钢筋借绑扎作为电气连接，当雷电流通过时，在连接处是否可能由此而发生混凝土的炸裂？为了澄清这一问题，瑞士高压问题研究委员会进行过研究，认为钢筋之间采用普通金属扎丝连接对防雷保护来说是完全足够的，而且确证：在任何情况下，在这样连接附近的混凝土决不会碎裂，甚至出现雷电流本身把绑在一起的钢筋焊接起来，如点焊一样，通过电流以后，一个这样的连接点的电阻下降为几个毫欧的数值。许多国家的建筑物防雷规范和标准均允许利用绑扎连接的钢筋体作为防雷装置。

③土壤电阻率 ρ 小于或等于 3000Ω · m 时

当土壤电阻率 ρ 小于或等于 3000Ω · m 时，在防雷的接地装置同其他接地装置和进出建筑物的管道相连的情况下，防雷的接地装置可不计及接地电阻值，但其接地体应符合下列规定之一：

a. 防直击雷的环形接地体的敷设应符合第一类防雷建筑物防直击雷措施第 7 条的要求，但土壤电阻率 ρ 的适用范围应放大到小于或等于 3000Ω · m。

b. 在符合第二类防雷建筑物的防直击雷措施第 5 条规定的条件下，利用槽形、板形或条形基础的钢筋作为接地体，当槽形、板形基础钢筋网在水平面的投影面积或成环的条形基础钢筋所包围的面积 $A \geqslant 80\text{m}^2$ 时，可不另加接地体。

c. 在符合第二类防雷建筑物的防直击雷措施第 5 条规定的条件下，对 6.0m 柱距或大多数柱距为 6.0m 的单层工业建筑物，当利用柱子基础的钢筋作为防雷的接地体并同时符合下列条件时，可不另加接地体：

(a) 利用全部或绝大多数柱子基础的钢筋作为接地体，保证地面电位分布均匀；

(b) 柱子基础的钢筋网通过钢柱、钢屋架、钢筋混凝土柱子、屋架、屋面板、吊车梁等构件的钢筋或防雷装置互相连成整体，保证雷电流较均匀分配到雷击点附近各作为引下线的金属导体和各接地体上；

(c) 在周围地面以下距地面不小于 0.5m，每一柱子基础内所连接的钢筋表面积总和大于或等于 0.82m^2 以保证混凝土基础的安全性。

3.3.4.3 第三类防雷建筑物的接地装置

①冲击接地电阻

每根引下线的冲击接地电阻不宜大于 30Ω,但对第三类防雷建筑物中的预计雷击次数 0.012 次/a$\leqslant N = kN_gA_e <$0.060 次/a 的省、部级办公建筑物及其他重要或人员密集的公共建筑物的引下线的冲击接地电阻则不宜大于 10Ω;其接地装置宜与低压电气设备、电信系统等接地装置共用。防雷的接地装置宜与埋地金属管道相连。当不共用、不相连时,两者间在地中的距离不应小于 2m。在共用接地装置与埋地金属管道相连的情况下,接地装置宜围绕建筑物辐射成环形接地体。

为了将雷电流散流入大地而不在接地装置上产生过电压,接地装置的形状为:一个或多个环形接地体,垂直(或倾斜)接地体,水平接地体或自然(基础)接地体。

②利用建筑物金属体做防雷及接地装置

建筑物宜利用钢筋混凝土屋面板、梁、柱和基础的钢筋作为接闪器、引下线和接地装置,并应符合规范第二类防雷建筑物的防直击雷第五条②、③、⑥款和下列的规定:

a. 利用基础内钢筋网作为接地体时,在周围地面以下距地面不小于 0.5m,每根引下线所连接的钢筋表面积总和应符合下列表达式的要求:

$$S \geqslant 1.89k_c^2 \tag{3.14}$$

式中 S 为钢筋表面积总和(m^2);k_c 为流入该引下线所连接接地体的分流系数。

b. 当在建筑物周边的无钢筋的闭合条形混凝土基础内敷设人工基础接地体时,接地体的规格尺寸不应小于表 3.5 的规定。

表 3.5 第三类防雷建筑物环形人工基础接地体的规格尺寸

闭合条形基础周长(m)	扁钢(mm)	圆钢,根数×直径(mm)
≥60		1×Ø10
≥40 至<60	4×20	2×Ø8
<40	钢材表面积总和≥1.89 m²	

注: 当长度相同、截面积相同时,宜优先选用扁钢;采用多根圆钢时,其敷设净距离不小于直径的两倍;利用闭合条形基础内的钢筋作接地体时可按本表校验。除主筋外,可计入箍筋的表面积。

③土壤电阻率 $\rho <$3000Ω · m 的情况

在防雷的接地装置同其他接地装置和进出建筑物的管道相连的情况下,防雷的接地装置可不计及接地电阻值,其接地体应符合规范中第二类防雷建筑物的防直击雷第 6 条的规定,但其②③款应改为在符合第三类防雷建筑物的防直击雷第三条规定的条件下及其③款(c)项所规定的钢筋表面积总和改为大于或等于 0.37m²。

对于大地的电阻率高的山地、砂地等,按规定,接地电阻值不能保证时,每一根引向下方的导线,其长度为5m以上。与避雷导线具有同等以上截面积的铜线,要埋设4根以上作为埋设地线,从被保护物起呈放射状,以0.5m以上的深度埋设在地下。再次沿着被保护物的外围,以相同的深度通过埋设的环状埋设地线与上述埋设地线进行并联以代替接地极。

对建筑在潮湿土壤和岩石地基上的建筑物,虽然希望减小接地电阻,但这并不是最重要的。在潮湿土壤地基的情况下,如果地基的土壤电阻率正常,在40～500Ω·m之间,那么一块伸入地下3.0m的接地体的电阻将为15～200Ω。经验表明,对于一座小型长方形建筑物,两块这样的接地体就够了。在这种情况下,接地系统还是比较简单的,也不需要投入很多的资金。

在岩石的地基条件下,不可能安装通常意义上的接地连接,这是因为大多数种类的岩石都具有高电阻率,要实现有效的接地就必须考虑其他办法。最有效的办法就是在建筑物四周的岩石表面上布设一张很大的金属丝网,把引下线连接在它上面。在这样的安排下,在一定距离内对地的电阻可能还很高,但整个建筑物上的电位都基本相同,就像坐落在土壤地基上的情况一样,保护效果也基本相同。

总的说来接地安排取决于土壤特性、导体伸入地下的深度范围、上层的深度、埋置金属丝网的土壤层的导电性好坏等。在需要铺设金属丝网的地方,如果土层深度不足,则需要添加土层,以达到需要的保护效果。需要的土层深度主要由安装设计人员来决定,地下金属导体埋置越深,保护效果就越好。

在有条件的情况下,接地体还应该有地下的分枝,分枝至少要离开建筑物外墙的基础600mm,否则墙壁易受破坏。

3.3.5　人工接地装置的安装

3.3.5.1　接地体的安装

①接地体的加工

垂直接地体多使用角钢或钢管,一般应按设计所提数量和规格进行加工。其长度宜为2.5m,两接地体间距宜为5m。通常情况下,在一般土壤中采用角钢接地体,在坚实土壤中采用钢管接地体。为便于接地体垂直打入土中,应将打入地下的一端加工成尖形。其形状如图3.29所示。

为了防止将钢管或角钢打劈,可用圆钢加工一种护管帽套入钢管端,或用一块短角钢(约长10cm)焊在接地角钢的一端,如图3.30所示。

②挖沟

装设接地体前,需沿接地体的线路先挖沟,以便打入接地体和敷设连接这些接地体的扁钢。接地装置需埋于地表层以下,一般接地体顶部距地面不应小于0.6m。

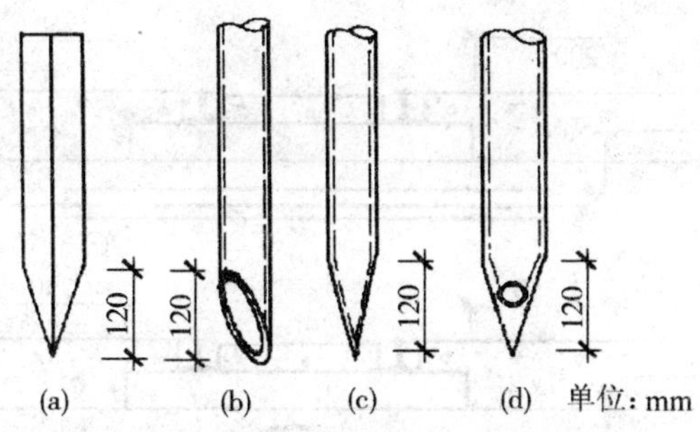

图 3.29　接地体端部加工形状

(a)角钢接地体(b)斜面形钢管接地体

(c)扁尖形钢管接地体(d)圆锥形钢管接地体

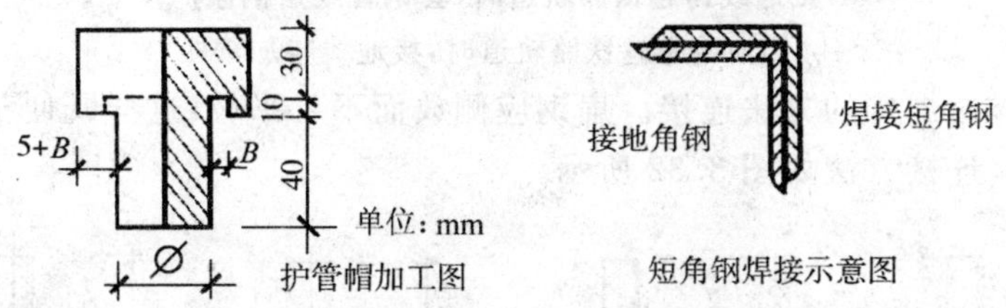

图 3.30　接地钢管和角钢顶部的加固方法

按设计规定的接地网的路线进行测量划线，然后依线开挖，一般沟深 0.8～1.0m，沟的上部宽 0.6m，底部宽 0.4m，沟要挖得平直，深浅一致，且要求沟底平整，如有石子应清除。挖沟时如附近有建筑物或构筑物，沟的中心线与建筑物或构筑物的距离不宜小于 2m。

③敷设接地体

沟挖好后应尽快敷设接地体，以防止塌方。接地体一般采用手锤打入地中，接地体与地面应保持垂直，防止接地体与土壤产生间隙，增加接地电阻影响散流效果。

3.3.5.2　接地线敷设

接地线分人工接地线和自然接地线。人工接地线在一般情况下均应采用扁钢或圆钢，并应敷设在易于检查的地方，且应有防止机械损伤及防止化学腐蚀的保护措施。从接地干线敷设到用电设备的接地支线的距离越短越好。当接地线与电缆或其他电线交叉时，其间距至少要维持 25mm。在接地线与管道、公路、铁路等交叉处及其他可能使接地线遭受机械损伤的地方，均应套钢管或角钢保护，当接地线跨越有震动的地方，如铁路轨道时，接地线应略加弯曲，以便震动时有伸缩的余地，避免断裂。如图 3.31 所示。

①接地体间连接扁钢的敷设

垂直接地体间多用扁钢连接。当接地体打入地中后，即可将扁钢放置于沟内，依次

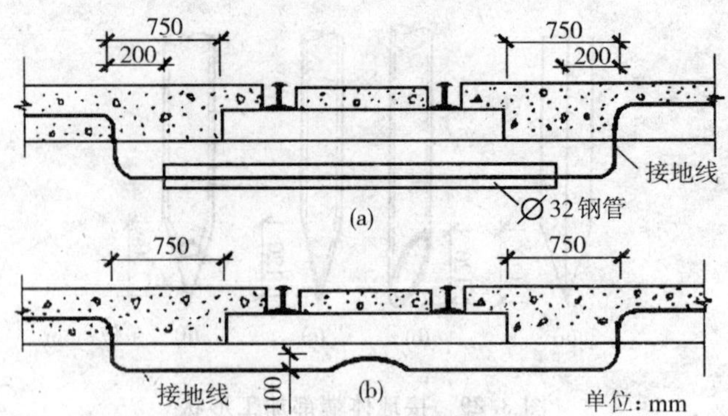

图 3.31　接地线跨越轨道敷设

(a)接地线跨越铁路轨道时，套钢管或角钢保护；

(b)接地线跨越铁路轨道时，接地线略加弯曲

将扁钢与接地体用焊接的方法连接。扁钢应侧放而不可平放，这样既便于焊接，也可减小其散流电阻。连接方法如图 3.32 所示。

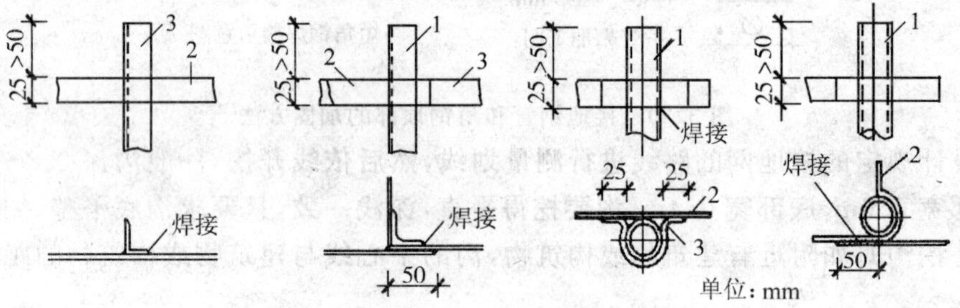

图 3.32　接地体与连接扁钢的焊接

1. 接地体；　2. 扁钢；　3. 卡箍

接地体与连接线焊好之后，经过检查确认接地体埋设深度、焊接质量、接地电阻等均符合要求后，即可将沟填平。

②接地干线与接地支线的敷设

接地干线与接地支线的敷设分为室外和室内两种，室外的接地干线和支线是供室外电气设备接地使用的，室内的是供室内的电气设备使用的。

室外接地干线与接地支线一般敷设在沟内，敷设前应按设计要求挖沟，然后埋入扁钢。由于接地干线与接地支线不起接地散流作用，所以埋设时不一定要立放。接地干线与接地体及接地支线均采用焊接连接。接地干线与接地支线末端应露出地面 0.5m，以便与接地线相连。敷设完后即回填土夯实。

室内的接地线一般多为明敷，但有时因设备接地需要也可埋地敷设或埋设在混凝土层中。明敷的接地线一般敷设在墙上、母线架上或电缆的桥架上。敷设方法如下：

a. 埋设保护套管和预留孔。接地扁钢沿墙敷设时，有时要穿过楼板或墙壁，为了保护接地线且便于检查，应在配合土建墙体及楼地面施工时，在设计要求的尺寸位置上，预埋保护套管或预留出接地干线保护套管的孔。

b. 预埋固定钩或支持托板。明敷在墙上的接地线应分段固定，固定方法是在墙上埋设固定钩或支持托板，然后将接地线(扁钢或圆钢)固定在固定钩或支持托板上，固定方法可参考图 3.23。也可埋设膨胀螺栓，在接地扁钢上钻孔，用螺帽将扁钢固定在螺栓上。

固定钩或支持托板的间距，水平直线部分一般为 1.0～1.5m，垂直部分为 1.5～2.0m，转弯部分为 0.5m。沿建筑物墙壁水平敷设时，与地面保持 250～300mm 的距离，与建筑物墙壁间应有 10～15mm 间隙。

c. 敷设接地线。当固定沟或支持托板埋设牢固后，即可将调直的扁钢或圆钢放在固定钩或支持托板内进行固定。在直线段上不应有高低起伏及弯曲等现象。当接地线跨越建筑物伸缩缝、沉降缝时，应加设补偿器或将接地线本身弯成弧状，如图 3.33 所示。

接地干线过门时，可在门上明敷设通过，也可在门下室内地面暗敷设通过，其安装如图 3.34 所示。

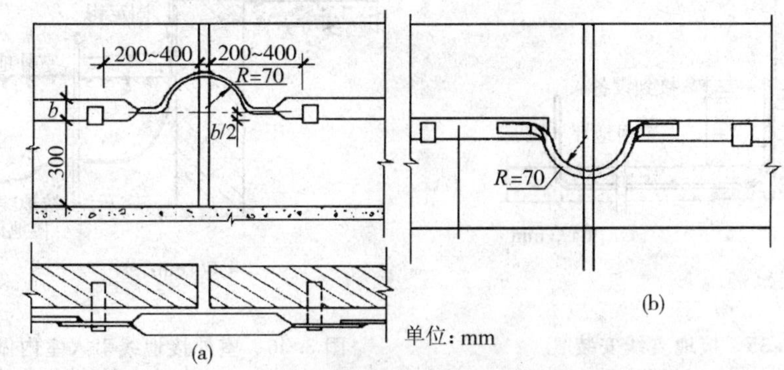

图 3.33　接地线跨越建筑物变形缝做法

接电气设备的接地支线往往需要在混凝土地面中暗敷设，在土建施工时应及时配合敷设好。敷设时应根据设计将接地线一端接电气设备，一端接距离最近的接地干线。所有电气设备都需要单独地敷设接地支线，不可将电气设备串联接地。室内接地支线做法，如图 3.35 所示。

室外接地线引入室内的做法如图 3.36 所示。为了便于测量接地电阻，当接地线引入室内后，必须用螺栓与室内接地线连接。

3.3.5.3　接地体(线)的连接

接地体(线)的连接一般采用搭接焊，焊接处必须牢固无虚焊。有色金属接地线不能采用焊接时，可采用螺栓连接。接地线与电气设备的连接亦采用螺栓连接。

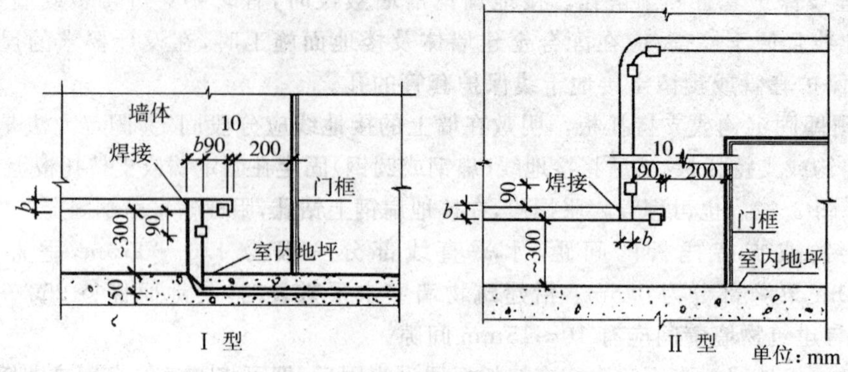

图 3.34　接地线过门板安装

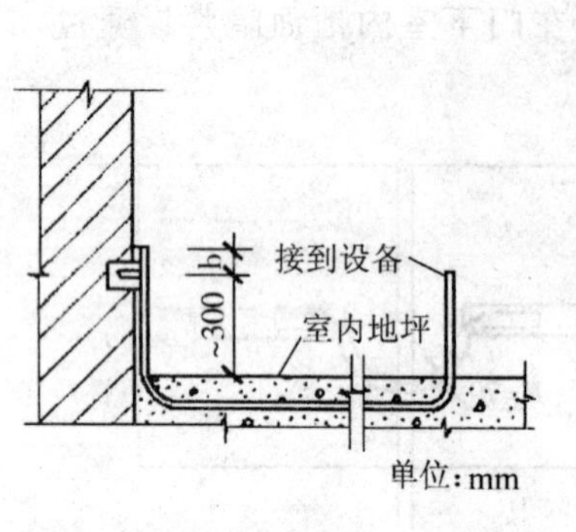

图 3.35　接地支线安装

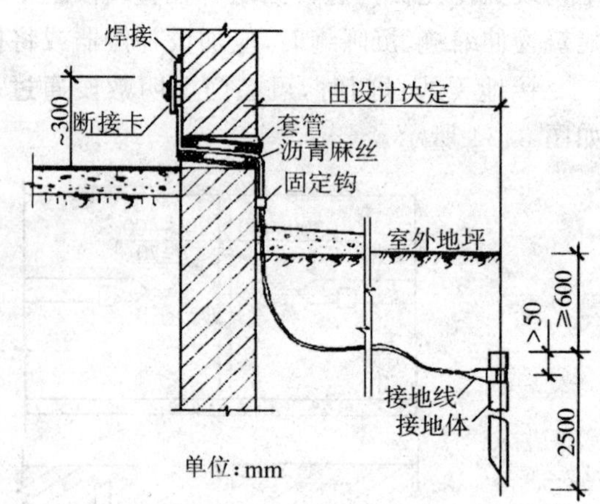

图 3.36　室外接地线引入室内做法

接地体(线)连接时的搭接长度为:扁钢与扁钢连接为其宽度的两倍,当宽度不同时,以窄的为准,且至少 3 条边焊接;圆钢与圆钢连接为其直径的 6 倍;圆钢与扁钢连接为圆钢直径的 6 倍;扁钢与钢管(角钢)焊接时,为了连接可靠,除应在其接触部位两侧进行焊接外,还应焊以由扁钢弯成的弧形(或直角形)卡子,或直接将接地扁钢本身弯成弧形(或直角形)与钢管(或角钢)焊接。

3.3.6　防直击雷的其他措施

3.3.6.1　钢质封闭气罐

有爆炸危险的露天钢质封闭气罐,当壁厚不小于 4mm 时,可不装设接闪器,但应接地,且接地点不少于两处,两接地点距离不大于 30m ,冲击接地电阻不大于 30Ω。

当防雷的接地装置符合第二类防雷建筑物防直击雷的措施第六条的规定时,可不计及其接地电阻值。

放散管和呼吸阀的保护应符合第一类防雷建筑物防直击雷的措施第二条的要求。

例如：浮顶罐保护要求

当罐顶相当高以及罐内存放的液体有挥发时，雷击顶部开口的浮顶罐的边缘，能引起火灾。和上述情况类似，当罐体内有可燃性蒸气时，浮顶罐边缘直接遭雷击，也能发生火灾。罐顶低矮的储罐也有失火的可能。这种密封火(Seal fire)常发生在密封有少量泄漏的部位上。防止直接雷击造成点燃的有效办法是严实的密封。

雷击能在浮顶罐的密封处引起着火，在具有浮动罐顶和密封位于固定罐体之下的这种情况发生的机会更多。当罐体具有符合环保要求的第二道密封时能够形成类似的蒸发空间。引燃可能是直接由雷击引起的，也可能是由于带电荷的云块向地面或向其他云团放电，在罐顶上产生的感应电荷突然放电引起的。

当罐体的浮顶使用位于蒸发空间中的悬挂机构时，罐顶必须通过罐体周围间隔不大于3m的最直接的电通路与密封靴(Shoes of the Seal)实现电的连接。这种电流通路必须由规格为0.4mm× 50mm的柔性不锈钢丝带或电流容量相等又耐腐蚀的其他材料组成。金属靴必须与罐体保持接触，并不得有孔洞(例如腐蚀孔)。在密封处没有蒸发空间时则罐体不需要这种雷电分流通路。在密封处有防护板挡着的情况下，防护板必须与罐体保持接触。

在罐体上有两道密封(第一道和第二道密封)的场合下，在两道密封之间的空间内可能有处在可燃范围内的蒸气与空气的混合气体，如果这种密封的设计包括有导电的材料，并且在该空间内存在放电间隙，或由于罐顶运动能形成火花间隙，则必须安装分流通路，并使分流导体直接与第二道密封以上的罐体接触。分流导体的间隔不得大于3m，而且其结构物必使得不管浮动罐顶处在什么位置，浮动罐顶和罐之间都能保持良好的金属接触。

3.3.6.2　烟囱

砖烟囱、钢筋混凝土烟囱，宜在烟囱上装设避雷针或避雷环保护。装设在烟囱顶端的避雷环，其截面不得小于100mm^2。多支避雷针应连接在闭合环上。当非金属烟囱无法采用单支或双支避雷针保护时，应对称布置三支高出烟囱口不低于0.5m的避雷针。

高度不超过40m的烟囱，可只设一根引下线；超过40m时应设两根引下线。可利用螺栓连接或焊接的一座金属爬梯作为两根引下线用。

金属烟囱应作为接闪器和引下线。金属烟囱铁板的截面积完全足以导引最大的雷电流。当制作烟囱的铁板不需要考虑遭雷击可能发生穿孔时，铁板厚度就不应该小于0.5mm，而实际采用的铁板厚度总是大于0.5mm，故对金属烟囱铁板的厚度无需提出要求。

金属烟囱本身的连接(每段与每段的连接)通常采用法兰盘螺栓连接,这对于一般烟囱的防雷已足够,即使雷击时有火花发生,也基本上不会有任何危险。

3.3.6.3　建筑物易受雷击的部位

建筑结构上最易遭受雷击的部分是那些比周围物体高的突出部分,像烟囱、通风系统、旗杆、尖塔、水箱、塔体、屋顶上的栏杆、升降机的通道、山墙、天窗、防护墙等。平顶建筑的屋顶边缘也是易受雷电袭击的地方。要确定建筑物易受雷击的部位,需根据建筑物的屋面坡度加以确定(图 3.37)。

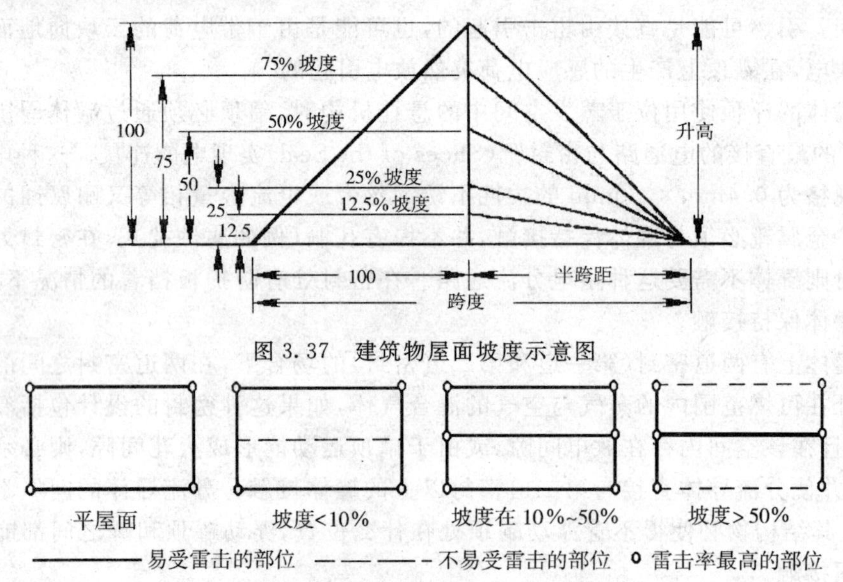

图 3.37　建筑物屋面坡度示意图

图 3.38　建筑物易受雷击的部位

①平屋顶或坡度不大于 1/10 的屋面:檐角、女儿墙。图 3.38 中平屋顶。

②坡度大于 1/10 小于 1/2 的屋面:屋角、屋脊、檐角、屋檐。图 3.38 中屋面坡度 10%~50%。

③坡度不小于 1/2 的屋面:屋角、屋脊、檐角。图 3.38 中屋面坡度>50%。

④图 3.38 中屋面坡度>50%,在屋脊有避雷带的情况下,当屋檐处于屋脊避雷带的保护范围内时,屋檐可不设避雷带。

在各种类型屋面上安装接闪器(空气端子)的位置见图 3.39。接闪器的安装位置要仔细考虑,要顾及所有能够产生放电的部分和区域。接闪器最好直接位于最易遭雷击的那部分结构的上面,并构成直接通向大地的通路,而不要试图把放电电流引向不易受雷击的部分。接闪器必须超出结构足够高,以避免由于电火花造成的火灾。

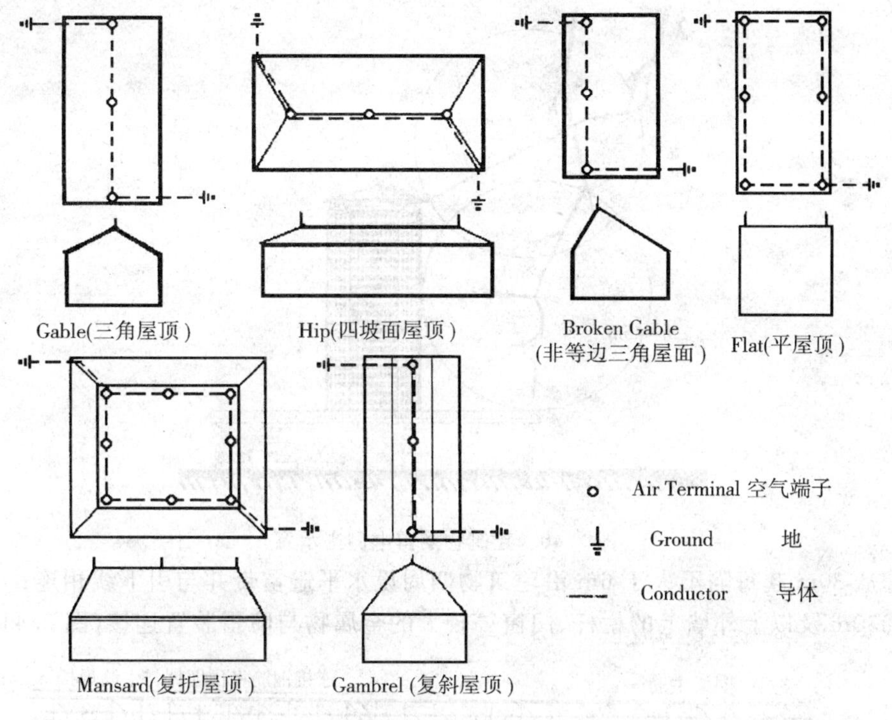

图 3.39　不同屋面坡度的建筑物接闪器的布置

§3.4　建筑物防雷电侧击措施

当建筑物高度超过滚球半径的高度时,建筑物的侧面会遭受雷电侧击(图 3.40),因此建筑物应采取措施防雷电侧击,通常沿建筑物四周设水平避雷带(均压环),均压环可以明设,也可以暗设,在高层建筑施工中一般采用暗敷,当上升到设计要求设置均压环时,配合土建施工,绕建筑物外墙一周,采用－25mm×4mm 的扁钢作均压环,如同在女儿墙上暗敷设避雷带,并紧贴外墙面,将扁钢固定外墙的所有钢筋混凝土柱的钢筋骨架外侧,与作防雷引下线的所有主钢筋进行可靠焊接,使整个高层建筑起到防雷、均压、屏蔽作用,形成一个大型的“法拉第”笼。处于均压环上下的金属门、窗(铝合金门、窗)等金属构件,均须用不小于∅10mm 的钢筋与就近的防雷引下线或均压环可靠连接。铝合金门窗可以通过扁钢与其固定件螺栓连接,扁钢再与∅10mm 钢筋焊接。

3.4.1　第一类防雷建筑物防雷电侧击措施

第一类防雷建筑物高度超过 30m 时,应采取以下防雷电侧击措施:

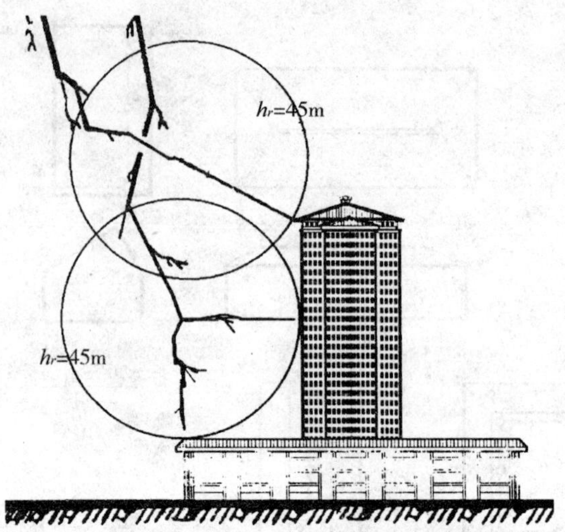

图 3.40　建筑物受雷电侧击示意

①从 30m 起每隔不大于 6m 沿建筑物四周设水平避雷带并与引下线相连；

②30m 及以上外墙上的栏杆、门窗等较大的金属物与防雷装置连接(图 3.41)。

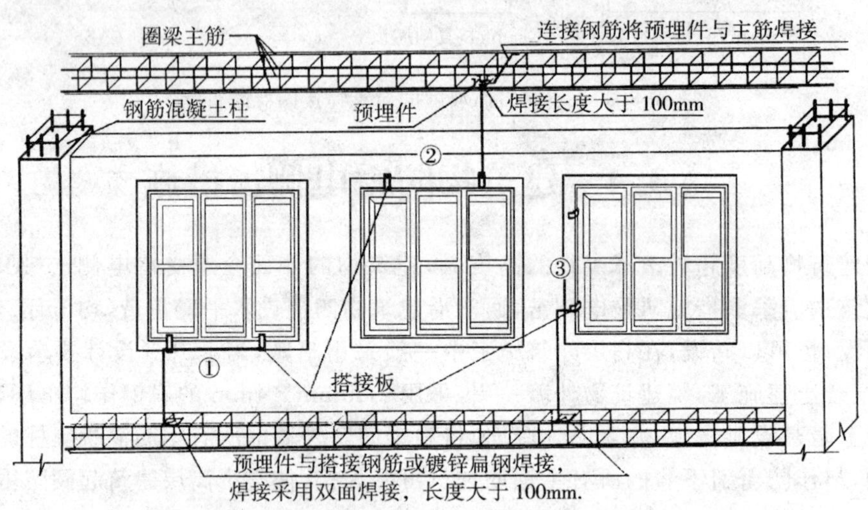

图 3.41　高层建筑物防雷电侧击内部措施

3.4.2　第二类防雷建筑物防雷电侧击

由于较高的避雷针和高层建筑物在其顶点以下的侧面均有遭到雷击的记载，因此，希望考虑高层建筑物上部侧面的保护。

第一,侧击具有短的吸引半径,也即小的滚球半径 h_r,其相应的雷电流也是较小的;

第二,高层建筑物的建筑结构通常能耐受这类小电流的侧击;

第三,建筑物遭受侧击损坏的记载尚不多,这点真实地证实前两点的实在性。

因此,对高层建筑物上部侧面雷击的保护不需另设专门接闪器,而利用建筑物本身的钢构架、钢筋体及其他金属物。高度超过 45m 的钢筋混凝土结构、钢结构建筑物,尚应采取以下防侧击和等电位的保护措施:

(1) 钢构架和混凝土的钢筋应互相连接。

(2) 应利用钢柱或柱子钢筋作为防雷装置引下线。

(3) 应将 45m 及以上外墙上的栏杆、门窗等较大的金属物与防雷装置连接;将窗框架(见图 3.41、图 3.42)、栏杆、表面装饰物等较大的金属物连到建筑物的钢构架或钢筋体进行接地,这是首先应采取的防雷电侧击的预防性措施。

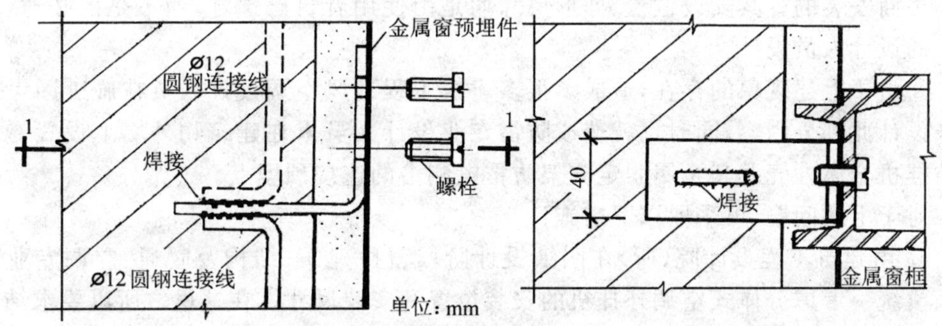

图 3.42　金属窗与防雷装置连接大样

(4) 垂直敷设的金属管道及金属物的顶端和底端与防雷装置连接。

垂直管道及类似物在顶端和底端与防雷装置连接,其目的在于等电位。由于两端连接,使其与引下线成了并联路线,因此,必然参与导引一部分雷电流。

3.4.3　第三类防雷建筑物防雷电侧击

高度超过 60m 的建筑物,其防雷电侧击和等电位的保护措施应符合第三类防雷建筑物防雷电侧击的规定并应将 60m 及以上外墙上的栏杆、门窗等较大的金属物与防雷装置连接(见图 3.41、图 3.42)。国内砖烟囱的高度通常都没有超过 60m。国家标准图也只设计到 60m。60m 以上就采用钢筋混凝土烟囱。对第三类防雷建筑物高于 60m 的部分才考虑防雷电侧击。

钢筋混凝土烟囱的钢筋应在其顶部和底部与引下线和贯通连接的金属爬梯相连,宜利用钢筋作为引下线和接地装置,可不另设专用引下线。钢筋混凝土烟囱其本身已有相当大的耐雷水平。故不提防雷电侧击问题。

例如高层建筑防雷电侧击设计中应当考虑的一个问题：随着消费水平的提高，家用空调机进入住宅及办公楼也越来越多，其中分体式空调机由于其所独有的优点，而在此类机中占有较大比例。通过观察高层建筑分体式空调机的使用情况，发现存在着绝大多数建筑物外墙上的空调外挂机金属外壳及其金属支架，均未与建筑物的防雷装置连接问题。即安装使用的外挂空调机未采取《建筑物防雷设计规范》GB50057-94 中要求的防雷电侧击措施。根据此规范中防雷电侧击的要求："第二类防雷建筑物，45m 及以上外墙的栏杆、门窗等较大的金属物与防雷装置连接（规范第 3.3.10 条）；第三类防雷建筑，60m 及以上墙上的栏杆、门窗等较大的金属物与防雷装置连接（规范第 3.4.10 条）"。对于防雷电侧击，在《民用建筑电气设计规范》JGJ/T16-92 中 12.3.10 条和 12.4.8 条中也提出了类似要求。造成上述问题的主要原因有以下两点：

①分体式空调机的安装均是在建筑物交工验收后住户或房间使用者自行找生产厂或销售商安装的。其安设位置、外形尺寸均是由使用者自己选定，而不是由暖通、空调专业的设计人员设计。

②由于上述现象的存在，造成了很多建筑工程通风空调设计人员在施工图设计阶段未设计此部分内容，同时也就造成防雷专业设计人员未在建筑物外墙上设置专供空调外挂机金属外壳及其金属固定支架防雷电侧击的连接预埋点。

对于上述问题，可采取以下措施：

a. 由建筑工程设计院（所）在图纸设计阶段就由建筑、结构及暖通、空调专业的设计人员统一考虑分体式空调外挂机的安装位置和安装尺寸。在这里之所以要求结构专业人员给予配合是因为外挂机具有一定的重量，其安装部位应避开非承重墙，以避免安装部位的墙体的强度过低，使外挂机使用后从墙体上坠落。

b. 在分体式空调外挂机的安装位置确定后，由防雷专业的设计人员根据防雷电侧击的要求，自结构的梁柱中引出防雷用的圆钢或扁钢至每个空调外挂机的安装位置，并预留一个或两个明露螺栓，以供用户安装空调的外挂机及其固定支架防雷电侧击。

§3.5 建筑物防雷电反击措施

所谓雷电反击，就是当防雷装置受到雷击时，在接闪器、引下线和接地极上都会产生很高的电位，如果建筑物内的电气设备、电线和其他金属管线与防雷装置的距离不够时，它们之间就会产生放电，这种现象称之为反击。其结果可能引起电气设备绝缘破坏，金属管道烧穿，从而引起火灾、爆炸及电击等事故。

防止反击的措施有两种。一种是将建筑物的金属物体（含钢筋）与防雷装置的接闪器、引下线分隔开，并且保持一定的距离。另一种是，当防雷装置不易与建筑物内的钢筋、金属管道分隔开时，则将建筑物内的金属管道系统，在其主干管道处与靠近的防雷装置相连接，有条件时，宜将建筑物每层的钢筋与所有的防雷引下线连接。

当把电气部分的接地和防雷接地连成一体后，使其电位相等就不会受到反击。

因此在防雷设计时应考虑到直击雷会在引下线系统上造成高瞬间对地电位，要防止对邻近接地体的反击或相关现象的出现。

3.5.1　第二类防雷建筑物防雷电反击

①当金属物或电气线路与防雷的接地装置之间不相连时，其与引下线之间的距离应按下列表达式确定(图 3.43)：

当 $l_x < 5R_i$

$$s_{a_3} \geqslant 0.3k_c(R_i + 0.1l_x) \tag{3.15}$$

当 $l_x \geqslant 5R_i$

$$S_{a_3} \geqslant 0.075k_c(R_i + l_x) \tag{3.16}$$

式中：　S_{a_3}　　空气中距离(m)；

　　　R_i　　引下线连接的冲击接地电阻值(Ω)；

　　　l_x　　引下线计算点到地面的长度(m)，见图 3.43。

②当金属物或电气线路与防雷的接地装置之间相连或通过电涌保护器(SPD—Surge Protective Device)相连时，其与引下线之间的距离应按下列表达式确定：

$$S_{a4} \geqslant 0.075k_c l_x \tag{3.17}$$

式中：　S_{a4}　　空气中距离(m)

　　　l_x　　引下线计算点到连接点的长度(m)，见图 3.43。

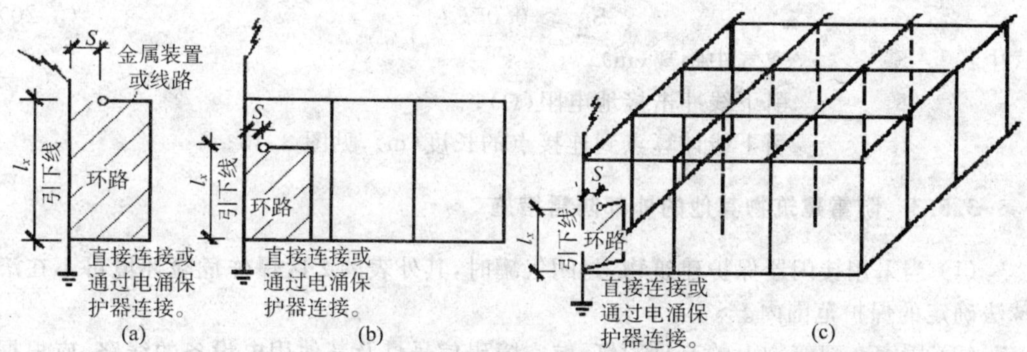

图 3.43　确定各种装置至防雷装置距离用的一维、二维、三维结构

(a)单根引下线，$k=1.0$；(b)两根引下线及接闪器不成闭合环路的多根引下线，$k=0.66$；(c)接闪器成闭合环或成网状的多根引下线，$k=0.44$

当利用建筑物结构内的钢筋或钢结构作为引下线，同时建筑物结构内的大部分钢筋、钢结构等金属物与被利用的部分连成整体时，金属物或线路与引下线之间的距离可

不受限制。

③当金属物或线路与引下线之间有自然接地或人工接地的钢筋混凝土构件、金属板、金属网等静电屏蔽物隔开时，金属物或线路与引下线之间的距离可不受限制。

④当金属物或线路与引下线之间有混凝土墙、砖墙隔开时，混凝土墙的击穿强度应与空气击穿强度相同；砖墙的击穿强度应为空气击穿强度的 1/2。当距离不能满足①、②条的要求时，金属物或线路应与引下线直接相连或通过过电压保护器相连。

3.5.2　第三类防雷建筑物防雷电反击

防止雷电流流经引下线和接地装置时产生的瞬时高电位对附近金属物或电气线路的反击，当金属物或电气线路与防雷接地装置之间不相连时，其与引下线之间的距离按下列表达式计算：

当 $l_x < 5R_i$ 时，

$$s_{a_3} \geqslant 0.2k_c(R_i + 0.1l_x) \tag{3.18}$$

当 $l_x \geqslant 5R_i$ 时，

$$s_{a_3} \geqslant 0.05k_c(R_i + l_x) \tag{3.19}$$

式中：　S_{a_3}　空气中距离(m)；

　　　R_i　引下线冲击接地电阻(Ω)；

　　　l_x　引下线计算点到地面的长度(m)，见图 3.43。

当金属物或电气线路与防雷接地装置相连或采用 SPD 相连时，其与引下线之间距离应按下列表达式计算：

$$S_{a_4} \geqslant 0.05k_c l_x \tag{3.20}$$

式中：　S_{a_4}　空气中距离(m)；

　　　R_i　引下线冲击接地电阻(Ω)；

　　　l_x　引下线计算点到连接点的长度(m)，见图 3.43。

3.5.3　防雷建筑物其他的外部防雷措施

(1) 当采用接闪器保护建筑物、封闭气罐时，其外表的 2 区爆炸危险环境可不在滚球法确定的保护范围内。

(2) 固定在建筑物上的节日彩灯、航空障碍信号灯及其他用电设备的线路，应根据建筑物的重要性采取相应的防雷电波侵入的措施，并应符合以下的规定：

①无金属外壳或保护网罩的用电设备宜处在接闪器的保护范围内，不宜布置在避雷网之外，并不宜高出避雷网。当无金属外壳或保护网罩的用电设备不在接闪器的保护范围内时，其带电体遭雷击的可能性比处在保护范围内的大得多，而带电体遭直接雷击后可能沿导体将高电位引入室内。当采用避雷网时，根据避雷网的保护原则，被保护

物应处于该网保护之内并不高出避雷网。

②从配电盘引出的线路宜穿钢管。钢管的一端宜与配电盘的外壳相连；另一端宜与用电设备的外壳、保护罩相连，并宜就近与屋面防雷装置相连，当钢管因连接设备而中间断开时宜设跨接线。

穿钢管和两端连接的目的在于使其起到屏蔽、分流和趋肤作用。通常，由于配电盘外壳已按电气安装要求作了接地，不管该接地与防雷接地是否共用，这时保护钢套管实际上与防雷装置的引下线并联，各自起到了分流作用，当防雷装置或设备金属外壳遭雷击时均有一部分雷电流经钢管、配电盘外壳入地。这部分雷电流将对钢管内的线路感应出与其在钢管上所感应出的电压同值，即 $L\frac{\mathrm{d}i}{\mathrm{d}t}=M\frac{\mathrm{d}i}{\mathrm{d}t}$，故 $L=M$。因此，可降低线路与钢管之间的电位差。当雷电击中带电体，同时带电体与钢管短接时，由于钢管的集肤作用（雷电流的频率达数千赫兹）和上述的互感电压将使雷电流从钢管流走，管内线路无电流。

③在配电盘内，宜在开关的电源侧与外壳之间装设电涌保护器（电源的 B、C 级保护）。

由于白天开关处于断开状态，节日彩灯在其不使用的期间内，开关均处于断开状态，当防雷装置或设备金属外壳遭雷击时，开关电源侧的电线、设备与钢管和配电盘外壳之间可能产生危险的电位差，故宜在开关的电源侧装设电涌保护装置。

(3)粮、棉及易燃物大量集中的露天堆场，宜采用防直击雷的措施。当其年计算雷击次数大于或等于 0.06（次/a）时，宜采用独立避雷针或架空避雷线防直击雷。独立避雷针和架空避雷线保护范围的滚球半径 h_r 可取 100m。在计算雷击次数时，建筑物的高度可按堆放物可能堆放的高度计算，其长度和宽度可按堆放物可能堆放的长度和宽度计算。

(4) 在独立避雷针、架空避雷线（网）的支柱上严禁悬挂电话线、广播线、电视接收天线及低压架空线等。以前在调查中发现，有的单位把电话线、广播线以及低压架空线等悬挂在独立避雷针、架空避雷线立杆以及建筑物的防雷引下线上，这样容易造成高电位侵入，这是非常危险的。

(5) 外脚手架避雷措施

①接闪器：接闪器即避雷针，用直径为 12mm 的镀锌钢筋制作，设在房屋四角的脚手架立杆上，高度不小于 1m，并将所有最上层的横杆全部连通，形成避雷网路。在垂直运输架上安装接闪器时，应将一侧的中间立杆加高出运输构架顶端不小于 2m，并在该立杆下端设置接地线。

②接地线：即引下线可采用截面 $12\mathrm{mm}^2$ 的铜导线。

接地线的连接应保证接触可靠。与脚手架的钢管连接，应采用两道螺栓卡箍，保持接触面不小于 $10\mathrm{cm}^2$。连接时应将接触表面的油漆及氧化层清除，显露金属光泽，并涂以中性凡士林。在有振动的地方采用螺栓连接时，应加设弹簧垫圈等防松措施。

接地线与接地极的连接，采用焊接，焊接点长度应为接地线直径的6倍以上。

③接地极

接地极的材料：接地装置的使用期在六个月以上时，采用钢接地极。垂直接地极用长度为2m，直径20mm的圆钢。水平接地极用长度3m，直径12mm的圆钢或利用与大地有可靠连接的金属结构作为接地极。

接地极的设置：应满足离接地极最远点内脚手架上的过渡电阻不超过10Ω的要求，如不能满足此要求时，应缩小接地间距。

接地电阻(包括接地导线电阻加散流电阻)不得超过20Ω。如果一个接地极的接地电阻不能满足20Ω的限值时，对于水平接地极应增加长度；对于垂直接地极则应增加个数，其相互间距离不应小于3m，并用直径不小于8mm的圆钢加以连接。

接地极埋入地下的最高点，应在地面以下不浅于50cm。埋设接地极时，应将新填土夯实。且接地极不得设置在干燥的土层内。

接地装置在设置前要根据接地电阻限值、土的湿度和导电特性等进行设计，对接地方式和位置选择、接地极和接地线的布置、材料选用、连接方式、制作和安装要求等作出具体规定。装设完成后要用电阻表测定是否符合要求。

接地极的位置，应选择在人们不易走到的地方，以避免和减少跨步电压的危害和防止接地线遭受机械损伤。同时应注意与其他金属物体或电缆之间保持一定的距离(一般不小于3m)，以免发生击穿造成危害。

(6) 幕墙防雷接地安装与质量控制

①幕墙的防雷接地装置的接地电阻应小于20Ω。

②玻璃幕墙的防雷接地装置严禁与建筑物防雷系统串联。

③幕墙的防雷接地装置设防应严格遵守设计方案和技术要求。

④避雷带，应采用暗装避雷网，利用建筑物钢筋与建筑物设防的防雷接地装置并联在一起。其暗装避雷网的钢筋应与主体结构预埋件连接在一起。

⑤暗装引下线，当利用钢筋砼柱子的钢筋作为引下线时，不少于4根柱子，每根柱子至少要有2根主筋焊接连接作为引下线，利用引下线的钢筋的引出线与幕墙龙骨相连接(图3.44a、b)。

⑥防雷装置的各部位的连接点应牢固可靠。钢筋与钢筋的连接应焊接。焊接搭接长度不得小于钢筋直径的6倍，并应双面焊接。焊缝不应有夹渣、咬肉、气泡及未焊透现象。焊接处应认真清除洁净后，进行涂刷樟丹油一遍，二道油性涂料。

⑦幕墙防雷装置的各种铁件均应镀锌。镀锌层要均匀，安装后无脱落现象。

⑧幕墙防雷装置的引下线应设断接卡子(暗装时可引到接地电阻测定箱中)。

(7) 建筑防雷、接地施工特点

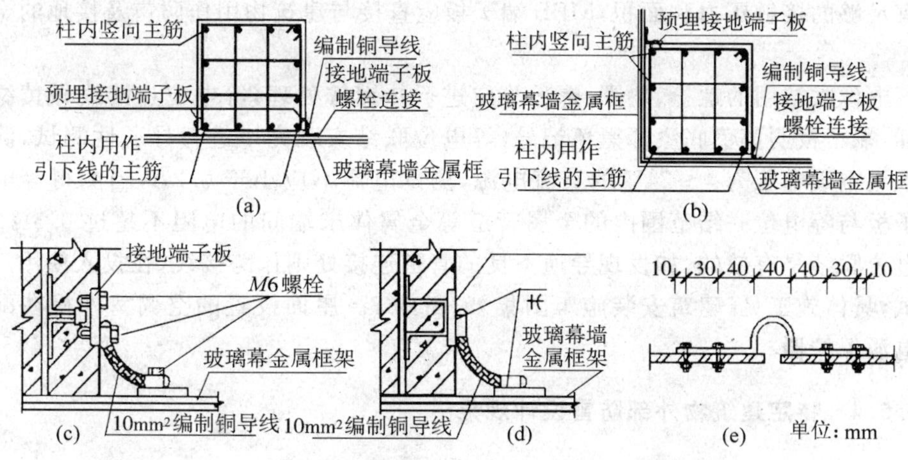

图 3.44 玻璃幕墙金属框架与防雷装置连接

(a)玻璃幕墙金属框架与边柱引下线连接；(b)玻璃幕墙金属框架与角柱引下线连接；(c)接地端子板的螺栓连接；(d)接地端子板的熔焊连接；(e)幕墙框架的跨接

a. 施工工艺流程

接地体 → 接地干线 → 引下线暗敷 → 避雷带

b. 施工方法及技术要求

接地装置施工在建筑物条形基础及整板基础的基础梁钢筋绑扎后立即进行，不论是冷挤压、对焊还是绑扎的钢筋在基础外围一圈及有引下线的柱子处钢筋接头都应用∅10mm 钢筋焊接连通。

引下线在施工时，用作引下线的钢筋所有接头均用∅10mm 钢筋焊跨接，上部与避雷带焊接、下部与接地装置焊接。引下线在钢筋施工时，用色漆在作为引下线的钢筋上做好色标，以免和别的非引下线钢筋混淆。

屋面避雷带施工时，接头处钢筋搭接长度应大于跨接钢筋直径的 6 倍，双面满焊。避雷带支撑点间距不大于 1.0m，支撑点距转弯处不大于 0.5m。

工作接地、保护接地、防雷接地合用一个接地装置，按照电气装置共用接地装置要求，总接地电阻值应不大于 1Ω，达不到时应按《建筑安装施工图集》86D563-4 增加人工接地。

根据设计要求，工程做总等电位联结，在每一层强电井内设分等电位端子箱，距地 0.3m，将建筑物内可供联结的 PE 线、电气装置接地干线、金属管道干线及其他装置的外露可导电部分等通过各层的分电位联结端子箱与总等电位端子箱联结起来，接地装置通过 40mm×4mm 镀锌扁钢与总配电房内的总电位端子箱相连。MEB 接地端子板采用紫铜板，等电位联结线采用接线鼻子压接后与端子板螺栓连接，接触面应光洁，并且要有足够的接触压力和面积，MEB端子板应直接与建筑物用作防雷及接地的金属体连通。

等电位联结用的螺栓、垫圈、螺母等应进行热镀锌处理，等电位连接线做黄绿相间的色标，端子板刷黄色底漆标黑色记号，等电位联结安装完毕进行导通性测试，测试用电源采用空载电压为4～24V的直流电源，测试电流不应小于0.2A，当测得等电位联结端子板与等电位联结范围内的金属管道等金属体末端间的电阻不超过0.3Ω时，认为等电位联结是有效的，如发现导通不良的管道连接处则作跨接线，在投入使用后定期作测试，具体施工见《建筑安装施工图集》97SD567。屋面设置的空调室外机在配电箱内设电涌保护器。

3.5.4 特定建筑物外部防雷设计规范：

3.5.4.1 电影院、剧场建筑

按《建筑防雷设计规范》二类建筑物防雷保护措施要求设计防雷装置。

3.5.4.2 博物馆建筑《博物馆建筑设计规范》JGJ 66-91

大型馆（建筑规模大于10000m^2）；中型馆（建筑规模为4000～10000m^2）；小型馆（建筑规模小于4000m^2）。

注：建筑规模仅指博物馆的业务及辅助用房面积之和，不包括职工生活用房面积。

大型馆不应低于二级防雷，中、小型馆不应低于三级防雷。珍品库房应为一级防雷。

3.5.4.3 办公建筑《办公建筑设计规范》JGJ67-89

办公建筑按高度划分应符合以下规定：

①建筑高度24m以下为低层或多层办公建筑；②建筑高度超过24m而未超过100m为高层办公建筑；③建筑高度超过100m为超高层办公建筑。

重要办公建筑、部（省）级行政办公建筑和建筑高度超过50m的高层办公建筑应为二类防雷建筑；此外需有防雷措施的办公建筑为三类防雷建筑。

3.5.4.4 公路汽车客运站《公路汽车客运站建筑设计规范》JGJ60-89

表3.6 公路汽车客运站建筑设计规模

规　模	日发送旅客折算量（人次）
一级	7000～10000
二级	3000～6999
三级	500～2999
四级	500以下
注：公路汽车客运站应设防雷装置，一、二级站为二类；三、四级站为三类。	

3.5.4.5　公园建筑《公园设计规范》CJJ 48-92

公园的防雷范围包括：建筑物、供电设施和游览活动设施。园内游乐设备如观览车、架空索道等以及通往山顶的山路金属护栏，要根据不同地区、不同设施具体解决，或是在雷雨天停止开放以防发生雷击伤人事件。

本章思考与练习

1. 综合防雷应包括（　　）和（　　）两部分。

2. 何谓外部防雷？何谓内部防雷？

3. 直击雷防护目的是什么？按现代防雷技术要求，直击雷防护采用哪些措施？

4. 何谓防雷装置（以 GB50057-94 规范为准）？

5. 应当安装防雷装置的范围，请选择。（　　）

A. 建筑物防雷设计范围规定的一、二、三类防雷建（构）筑物

B. 石油、化工生产或者储存场所

C. 电力生产设施和输配电系统

D. 邮电通信、交通运输、广播电视、医疗卫生、金融证券、计算机信息等社会公共服务系统的主要设施

E. 按照法律、法规、规章和有关技术规定，应当安装防雷装置的其他场所和设施

6. 任何物体如受直接雷击，从放电过程看，必须自该物体上发出向上的迎面先导。并与下移梯级先导相联结。避雷针的原理是它作为高出建筑物的接地导体，比其保护物更容易发出迎面先导，也就更容易截住梯级先导，使回击电流通过避雷针系统安全人地。因此，避雷针及其衍生的各种室外避雷系统实际上是个（　　），请选择。

A. 防雷系统　　B. 避雷系统　　C. 引雷系统　　D. 消雷系统　　E. 避雷针系统

7. 现代防雷技术主要有几种？

8. 防范直击雷常用的接闪器有（　　）、（　　）、（　　）、（　　）。

9. 什么是避雷网？

10. 什么是避雷线？

11. 什么是避雷针？

12. 有一金属罐体（属建筑物一类防雷），顶部有一散风管，无管帽，排放有爆炸危险的粉尘，设有独立针保护，该独立针至少保护到散风管上方（　　）m，水平距离（　　）m。

13. 第一类防雷建筑物、第二类防雷建筑物、第三类防雷建筑物的避雷网各有什么特征？作为接闪器的避雷网其尺寸有什么规定？

14. 架空避雷线和避雷网宜采用截面不小于（　　）mm^2 的镀锌钢铰线，请选择。

A. 20　　B. 50　　C. 35　　D. 15

15. 能否用铜绞线作为女儿墙上的避雷带？

16. 混凝土构件是否可以作为接闪器？

17. 接闪器可采用下列材料制成（　　），请选择。

A. 避雷针长 1～2m 时，圆钢直径为 12mm，钢管直径 20mm。

B. 避雷带（网）用圆钢直径不小于 8mm，扁钢截面不小于 $48mm^2$，厚度不小于 4mm。

C. 架空避雷线用截面不小于 $35mm^2$ 的镀锌钢绞线

D. 钢管壁厚不小于 2.5mm，但钢管、钢罐一旦被雷击穿，其介质对周围环境造成危险时，其壁厚不小于 4mm。

18. 避雷网、避雷带宜选用圆钢或扁钢，优先选用圆钢。其中圆钢直径不应小于（　　）mm。

19. 第三类防雷建筑物防直击雷接闪器采用的网格尺寸应不大于（　　），请选择。

A. 6m×6m 或 5m×5m　　B. 10m×10m 或 12m×8m

C. 20m×20m 或 16m×24m　　D. 15m×15m 或 12m×8m

20. 装有避雷带的屋顶上，安装风机、热泵等电气设备后，如何进行防雷措施？

21. 第一类防雷建筑物、第二类防雷建筑物、第三类防雷建筑物的引下线各有什么要求？

22. 第二类防雷建筑物引下线不应少于（　　）根，并应沿建筑物（　　）或（　　），其间距不应大于（　　）m。

23. 请判断，第三类防雷建筑物周长不超过 25m，且高度不超过 40m，可只设一根引下线。（　）

24. 用混凝土柱子内主钢筋作为防雷引下线时要注意什么？

25. 明敷防雷引下线近地端为什么要加以保护？

26. 独立避雷针的杆塔，架空避雷线的端部和架空避雷网的各支柱处应至少设（　　）根引下线。对用（　　）制成或有焊接，（　　），连接钢筋网的杆塔，支柱宜利用其作为引下线。

27. 采用多根人工引下线时，为了便于测量接地电阻以及检验引下线接地的连接状况，宜在各引下线距地面的（　　）处设置（　　）。在易受机械损坏的地方，地上（　　）m 至地下（　　）m 的一段接地线（引下线）加保护措施。

28. 防雷引下线设置断接卡的目的是什么？利用建筑物内部的钢筋作防雷引下线和接地体时，防雷接地引下线为什么不设置断接卡？

29. 防雷引下线的截面为什么有不同的规定？

30. 金属油罐在防直击雷方面有什么要求？

31. 金属油罐必须（　　）防雷接地，其接地点不应少于（　　）处，其间弧形距离不应（　　），接地体距罐壁的距离应大于（　　）。

32. 对独立避雷针的接地装置设置位置有什么要求？

几种常用的接地装置的作法是（　　）和（　　）。

33. 埋地的钢筋混凝土基础为什么可以作为接地体？

34. 第一类防雷建筑物、第二类防雷建筑物、第三类防雷建筑物的接地电阻各有什么要求？

35. 何谓接地装置？接地装置敷设有哪些要求？

36. 明敷接地线的安装应符合哪些要求？

37. 接地体（线）的连接有哪些规定？

38. 接地扁钢应焊接哪三个棱边？

39. 第二类防雷建筑物每根防雷引下线的冲击接地电阻不应大于(　　)Ω，请选择。

A. 10　　B. 20　　C. 30　　D. 40

40. 请判断，在独立避雷针、架空避雷线(网)的支柱上严禁悬挂电话线、广播线、电视接收天线及低压架空线。(　　)

41. 请填空，有一高度 50m 的砖结构烟囱，应设(　　　)根防雷引下线，引下线采用圆钢时应不少于(　　)。

42. 防雷电侧击的主要措施是什么？各类建筑物之间有什么明显的不同？

43. 请填空，有一座属于第二类防雷建筑物的高层大厦，高度为 92m，在设计时应采用防雷电侧击措施：

从(　　　)m 起每隔不大于(　　　)m 沿建筑物四周设(　　　)；

从(　　)m 及其以上外墙上的栏杆、门窗等较大的金属物与(　　)。

44. 什么叫均压环？在建筑防雷设计时，对均压环的设计有什么要求？

45. 避雷系统存在引下线的电阻和电感及接地电阻，当大电流在极短的时间内通过它时，会产生很大的对地电压，此时，如有任何接地体与它相距接近到一定程度，就会引起击穿，导致发生(　)，请选择。

A. 侧击　　B. 反击　　C. 绕击　　D. 直击

46. 何谓雷电反击？防雷电反击主要措施有哪几条？

47. 第二类防雷建筑物中，2.7m 高的设备外壳采用过电压保护器将电气线路与防雷接地装置相连时，电气线路与引下线之间的距离最小为多少才不至于发生反击事故？第三类防雷建筑物中，当未采用过电压保护器将电气线路与防雷接地装置相连时，电气线路与引下线之间的距离最小为多少才不至于发生反击事故？

48. 利用建筑物钢筋混凝土中的结构钢筋作防雷网时，为什么要将电气部分的接地和防雷接地连成一体，即采取共同接地方式？

49. 有一栋高 28 层的大楼，层高 3.6m，在第 19 层中安放有计算机设备，问该设备至少应离外墙多少米？(注：该大楼接闪器成闭合的多根引下线，但大楼的钢结构没有连成整体。)

50. 当土壤的电阻率为 $\rho \leqslant 3000\Omega \cdot m$ 时，各类防雷建筑物防直击雷的接地体敷设的辅助措施如何？

第四章 接闪器保护范围

在雷电先导阶段，避雷针(线)顶部聚积电荷，在发展先导和避雷针(线)顶端之间通道中建立了强电场，避雷针(线)迎面先导的产生和发展大大加强该通道中的场强，最后闪电选定击中避雷针(线)，称为引雷(拦截)成功；布置在靠近避雷针(线)的被保护物比避雷针(线)低，由于避雷针(线)的屏蔽和迎面先导作用，所以被保护物遭受雷击的概率很小。

被保护物处在避雷针的保护范围内，由于雷电的路径受很多偶然因素的影响，故仍不能保证绝对不遭受直接雷击，一旦遭到雷击称为引雷(拦截)失败，引雷(拦截)失败的概率通常称为绕击率。

利用避雷针(线)可实现直击雷保护。虽然这方法不是主动的，但能提供 99.5%至99.9%保护效果。美国推荐性的 IEEE Std 142-1991 规定的避雷针保护范围，滚球半径(击距)为 30 m 时，大约在保护范围内遭受雷击概率(绕击率)为 0.1%，滚球半径(击距)采用 45m 时，绕击率大约为 0.5%。

避雷针(线)的引雷(拦截)效率，即对被保护物的保护作用(保护范围)，与雷电极性、雷电通道电荷分布、空间电荷分布、先导头部电位、放电定位高度、避雷针数量和高度、被保护物高度及其相互之间位置，以及当时的大气条件和地理条件等因素有关。一般来说，地理条件(包括地形地貌和地质结构)影响先导阶段电场分布，从而影响到主放电的发展；大气条件是，空气湿度和温度愈高，避雷针(线)保护效果愈小；雷电流幅值(即放电定位高度)愈大，避雷针(线)引雷(拦截)范围愈大，也即保护范围愈大。

§4.1 滚球法计算

雷电放电开始时为先导放电，梯级先导前端接近地面数十米时，它的趋向受到地面上物体的影响，从先导前端向四周伸出 10～100m 的“长臂”探索，一旦接触到地面物体或与地面提前先导相会便会发生闪击，这个“长臂”的臂长叫做击距或闪击距离，电气—几何学根据雷电的这一特性，将先导前端假定为球体的球心，闪击距离为球体的半径，即滚球半径。

避雷针(线)的防雷保护作用，在于它能在闪击距离内把雷电引向自身并安全泄入大地：在雷电先导阶段，避雷针(线)顶部聚积电荷，使先导前端和避雷针(线)顶端之间通道中形成了很大的电场强度，避雷针(线)迎面先导的产生和发展大大加强该通道中的场强，致使雷电击中避雷针(线)的概率比被保护物高，又由于避雷针(线)的屏蔽和迎面先导作用，所以被保护物遭受雷击的概率很小。

滚球法是想象空中有一个半径为 h_r(第一类、第二类、第三类防雷建筑物滚球半径 h_r 分别为 30m、45m 和 60m)的球体，沿需要防直接雷击的部位滚动，当球体表面触及接闪器(包括被利用作为接闪器的金属物)，或只触及接闪器和地面(包括与大地接触并能承受雷击的金属物)，而不触及需要保护的部位时，则该部分就得到接闪器的保护。

当避雷针位于建筑物顶部时，建筑物顶部的接地金属物、其他接闪器(如女儿墙上的避雷带)都应看作地面。

滚球原理：想象在第二类防雷建筑物周围空间有一个半径为 45m 的滚动着的球，该滚球的保护区域是一个半径为 45m 的滚动着的球不能挤进去的空间，当球体与地面相切或与雷电防护接闪器接触时，两接触点之间的所有空间以及球体下面的空间都属于保护区的范围。当选择的球体与两个或多个接闪器相接触时，也能形成一个保护区域，而且该区域还包括球体下面，接闪器之间的空间(见图 4.1)。在用滚动球体原理决定保护区域时，必须考虑球体的所有可能的位置。

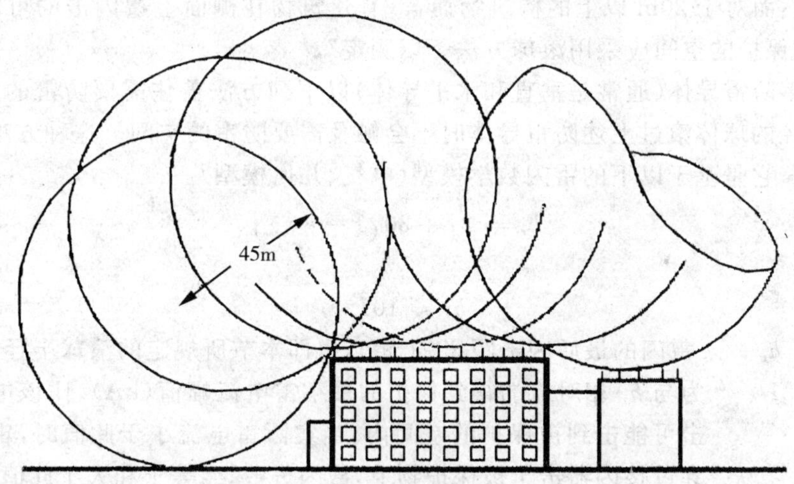

图 4.1　半径为 45m 的滚球在建筑物上的移动轨迹

对于高度超出地面或某一较低的接闪器以上 45m 的结构，当滚动着的球体与结构的某一垂直表面接触，并与较低的接闪器接触或与地面相接触时，保护区域应考虑为球体下面，接触点之间的空间。该保护区域还局限于较低接闪器水平平面以上的空间，除非还有别的办法使其扩大(例如使滚动球体与地面相切)。

被保护区域是这样一个空间，避雷针吸引雷电直接闪击自己来防止在该空间中遭受直接雷电的闪击。一个假设半径为 45m 的球体滚越建筑物的整体，凡球体所能够接触到的部位，均能遭到雷击。球体所不能接触到的部位，则认为已由建筑物其他部分给予保护。

1777 年 5 月伦敦附近的一座火药库因雷击而受损，该库的避雷针是由富兰克林等人组成的委员会设计的，事后发现该避雷针在雷击发生时没有截闪，从而提出了避雷针保护范围的局限性。在 20 世纪 70 年代，德国、英国、法国、美国等欧美国家还在分别采取不同的计算方法，包括圆柱体、圆锥体、特殊圆锥体等等，有些甚至不提保护范围。我国当时执行 GBJ57-83 标准，使用了 30°、45°、60°角的圆锥体。按此法计算，避雷针越高则其覆盖的保护范围就越大。而事实上却不是这样，许多高耸的铁塔或建筑物上的避雷针不但无法按圆锥体实现保护，往往自身的中部和底部还会遭遇雷击。在巴黎爱菲尔铁塔的中部就架设了向外水平伸出的避雷针，以防备侧面袭来或绕过铁塔顶部避雷针的“绕击雷”。

从 20 世纪 80 年代起，经过讨论和研究，世界上大多数国家（除日本仍使用 45°、60°保护角圆锥体外，见日本标准 JIS A4201 1992）均已采用滚球法计算保护范围。

1992 年颁布的英国标准《构筑物避雷的实用规程》BS6651 中明确指出：“对高度超过 20m 的构筑物而言，高度在 20m 以下的任何避雷针的保护角均会是与较低的构筑物相同的。然而对于 20m 以上的构筑物而言，有建筑物在侧面上遭闪击的可能性，可推荐的是，被保护的空间应采用滚球方法予以测定”。

用许多防雷导体（通常是垂直和水平导体）以下列方法盖住需要防雷的空间，即用一给定半径的球体滚过上述防雷导体时不会触及需要防雷的空间。这种方法通常被称为滚球法。它是基于以下的雷闪数学模型（电气、几何模型）：

$$h_r = 2I + 30(1 - e^{-\frac{1}{6.8}})$$

或简化为：

$$h_r = 10I^{0.65} \tag{4.1}$$

式中：h_r　雷闪的最后闪击距离（击距），也即本节所规定的滚球半径(m)。

I　为与 h_r 相对应的得到保护的最小雷电流幅值(kA)。比该电流小的雷击可能击到被保护的空间内。当实际雷电流小于此值时，雷闪有可能穿过接闪器击于被保护物上，截闪失败；当等于和大于此值时，雷闪将击在接闪器上，又称截闪成功。

在电气、几何模型中，雷先导的发展起初是不确定的，直到先导头部电压足以击穿它与地面目标间的间隙时，也即先导与地面目标的距离等于击距时，才受到地面影响而开始定向。

与 h_r 相对应的雷电流按(4.1) 公式整理后为 $I = \left(\frac{h_r}{10}\right)^{1.54}$，以表 4.1 中的 h_r 值代入，由于第一类防雷建筑物确立 $I = 5.4\text{kA}$，二类为 $I = 10.1\text{kA}$，三类为 $I = 15.8\text{kA}$，由此计算出第一类防雷建筑物的 $h_r = 30\text{m}$；第二类 $h_r = 45\text{m}$；第三类 $h_r = 60\text{m}$。

在使用滚球半径的尺度上，我国标准与国际标准是有差别的。IEC 标准将防雷级别分为Ⅰ～Ⅳ类，其滚球半径分别为 20m、30m、45m 和 60m。GB50057-94 标准将防雷级别分为第一类、第二类和第三类，其滚球半径分别为 30m、45m 和 60m，均大于国际标准，露天堆场滚球半径则放宽到 100m。对于国家标准与国际标准的分歧，起草人已在条文说明中进行了技术说明。我们认为这样修改除技术原因外，尚有经济上的原因。因为采用滚球法后，保护范围比过去小很多，对一些经常采用独立避雷针和架空避雷线的单位在经济上压力较大，因此折衷处理，在 IEC 标准中也认为：外部防雷是在绝对保护与耗费之间的折衷方案。

此外，一些行业标准尚采用保护角和折线法计算保护范围，可以认为：在一定高度范围内，使用保护角和折线法计算保护范围与用滚球法计算值是相近的，但超出一定高度后，两者差距较大。从维护国家标准的统一性和权威性出发，采用国家标准是必要的。

雷云放电总是朝地面电场梯度最大的方向发展，避雷针靠其高耸空中的有利位置，造成较大的电场梯度，把雷云引向自身放电，从而对周围物体起了保护作用。避雷针一般用来保护建筑物与构筑物露天的配电装置、发电机的配电线路、烟囱、冷却水塔、储存爆炸性或可燃性材料的仓库等建筑物。

接闪器保护范围是以滚球法为基础，其优点是：①除独立避雷针、避雷线受相应的滚球半径限制其高度外，凡安装在建筑物上的避雷针、避雷线(带)，不管建筑物的高度如何，都可采用滚球法来确定保护范围。例如，首先在屋顶四周敷设一避雷带，然后在屋顶中部根据其形状任意组合避雷针、避雷带，取相应的滚球半径的一个球体，在屋顶滚动，只要球体只接触到避雷针或避雷带，而没有接触到要保护的部分，就达目的。这是以前的避雷针、线的保护范围方法无法比拟的优点。②根据不同类别选用不同的滚球半径，区别对待。它比以前只有一种保护范围合理。③对避雷针、避雷线(带)采用同一种保护范围(即同一种滚球半径)，这给设计工作带来种种方便之处，使两种形式任意组合成为可能。

表 4.1　接闪器的布置

建筑物的防雷类别	滚球半径 h_r (m)	避雷网格尺寸(m)
第一类防雷建筑物	30	≤5×5 或≤6×4
第二类防雷建筑物	45	≤10×10 或≤12×8
第三类防雷建筑物	60	≤20×20 或≤24×16

表 4.1 并列两种方法。它们是各自独立的，不管这两种不同方法所限定的被保护空间可能出现的差别。在同一场合下可以同时出现两种形式的保护方法。例如，在建筑物屋顶上首先已采用避雷网保护方法布置完后，有一突出物高出避雷网，保护该突出物的方法之一是采用避雷针并用滚球法确定其是否处于避雷针的保护范围内，但此时，

可以将屋面作为地面看待，因为前面已指出，屋顶已用避雷网方法保护了；反之，也一样。又例如，屋顶已采用避雷网保护，为保护低于建筑物的物体，可用上述避雷网四周的导体作避雷线看待，用滚球法确定其保护范围是否保护到低处的物体。

§4.2 避雷针保护范围计算

4.2.1 单支避雷针保护范围

如图 4.2 所示，当避雷针的高度 $h \leqslant h_r$（滚球半径）时：距地面 h_r 处作一平行于地面的平行线；以针尖为圆心，h_r 为半径作弧线交于平行线 A、B 两点；以 A、B 两点为圆心，以 h_r 为半径作弧线，该弧线与针尖相交并与地面相切。从此弧线起到地面止，就是保护范围。保护范围是一个对称的曲面锥体。

单支避雷针的保护范围计算步骤：

(1) 距地面 h_r 高度作一平行于地面的平行线。

(2) 以针尖为圆心，h_r 为半径，作弧线交于平行线 A、B 两点。

(3) 分别以 A、B 为圆心，h_r 为半径作弧线，该弧线与针尖相交并与地面相切。从此弧线起到地面上就是保护范围。

(4) 避雷针在 h_x 高度的 xx' 平面和地面上的保护半径按下列方法确定：

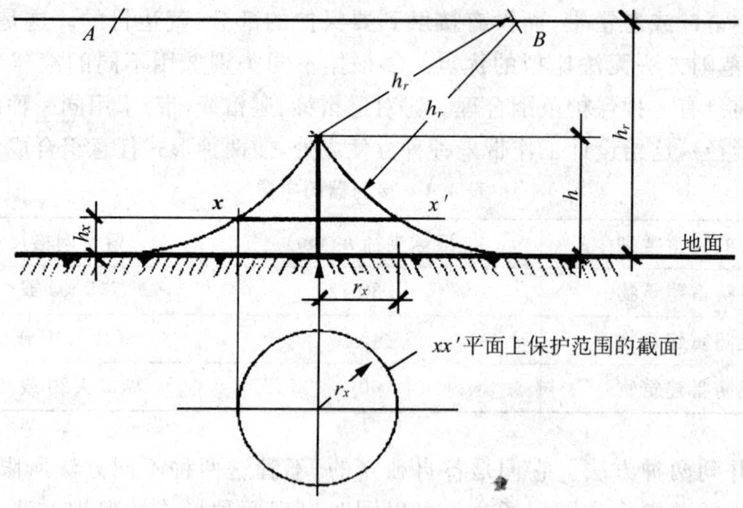

图 4.2 单支避雷针的保护范围

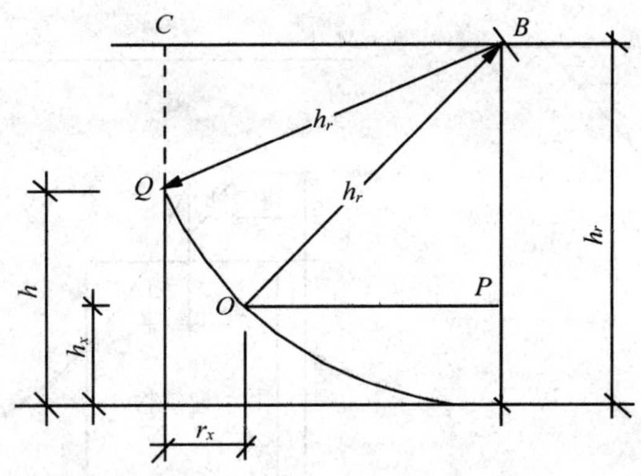

图 4.3　单支避雷针的保护范围计算简图

①按照上述要求，画出计算简图(图 4.3)：

由计算简图可知：

$$\sqrt{h_r^2-(h_r-h_x)^2}=OP$$

$$\sqrt{h_r^2-(h_r-h)^2}=CB$$

$$r_x=CB-OP=\sqrt{h_r^2-h_r^2+2h_rh-h^2}-\sqrt{h_r^2-h_r^2+2h_rh_x-h_x^2}$$

②根据上述推导，单支避雷针的保护范围的计算式确定如下：

$$r_x=\sqrt{h(2h_r-h)}-\sqrt{h_x(2h_r-h_x)} \tag{4.2}$$

$$r_0=\sqrt{h(2h_r-h)} \tag{4.3}$$

式中：　r_x　避雷针在 h_x 高度的 xx' 平面的保护半径；

h_r　滚球半径；

h_x　被保护物的高度(m)；

r_0　避雷针在地面上的保护半径 。

例一：第二类防雷建筑物，计算单支避雷针的保护范围时，滚球半径为 45m，若避雷针离地高度为 45m，代入上式得避雷针在地面上的保护半径为 45m；若避雷针的高度为 8m(图 4.4)代入上式得：

$$r_0=\sqrt{h(2h_r-h)}=\sqrt{8(2\times45-8)}=25.6(\text{m})$$

若单支避雷针的高度大于滚球半径，则避雷针在地面上的保护半径等于滚球半径，即：

$$r_0=h_r$$

例二：某公司在地面上有两台高 2.35m 的天线，相距 3.6m，为了保护这两台天线，在其中间装一支避雷针，问此避雷针的高度应为多高？

本例属第二类建筑物，因此滚球半径取 45m，假定取避雷针本体的高度为 8m，则避雷针的离地高度小于滚球半径，因此代入公式得：

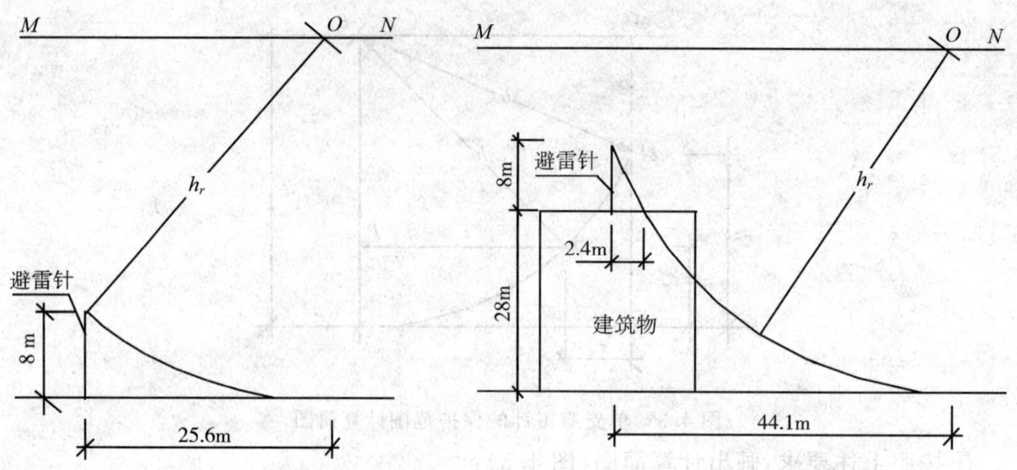

图 4.4 单支 8.0m 避雷针的保护范围计算　　图 4.5 单支 8.0m 避雷针安装在屋面的保护范围

$$r_x = \sqrt{8(2\times 45-8)} - \sqrt{2.35(2\times 45-2.35)} = 11.2\text{m}$$

本例两台天线相距 3.6 m，避雷针设在中间，则避雷针的保护范围要达到 3.6/2＝1.8 m 时，天线才受到保护，避雷针为 8m 时，保护范围为 11.2m，因此得到保护。

例三：假定某建筑物属于第二类防雷建筑物，高 28m，屋顶长 50m，宽 10m，女儿墙高 1m，屋顶中央架设了一根高 8m 的避雷针，不设避雷网、避雷带，求避雷针在建筑物顶部的保护范围（图 4.5）。

本例避雷针的实际高度为 36m（28＋8＝36m），小于滚球半径（45m），屋顶离地高度为 28m，用公式计算避雷针在离地 28m 处的保护半径：

$$\begin{aligned} r_{28} &= \sqrt{36(2\times 45-36)} - \sqrt{28(2\times 45-28)} \\ &= 44.1 - 41.7 \\ &= 2.4(\text{m}) \end{aligned}$$

在屋顶上敷设避雷网及在女儿墙上装避雷带，同样采用单支独立避雷针的方法计算。此时建筑物的顶部用避雷网、避雷带托住滚球，因此建筑物的顶部也成了"地"。如果在 1m 高的女儿墙上架设了避雷带，其结果如何呢？

在离避雷针距离为 10m，高为 1m 的女儿墙上敷设了避雷带，如图 4.6 所示，由于避雷带的敷设，托住了滚球，此时确定了保护范围，应以女儿墙上的避雷带作为"地"，在计算保护范围时，以这个"地"作一平行于与它距离为 h_r（45m）的平行线；再以避雷针针尖为圆心，h_r 为半径，作弧线交于平行线；以交点为圆心，h_r 为半径作弧线，该弧线 AF 与针尖相交并与女儿墙的避雷带相切。由图 4.6 可看出，避雷针至避雷带的一段弧线 AF 外的屋面都是保护区。

如果要在这保护区内设置高 2.35m 的天线，应设在什么位置，不能用公式计算。因为 OF 和屋面之间不是垂直关系。此时避雷针 h 为 7m(AE)，代入式(4.3) 得：

$$r_0 = \sqrt{h(2h_r - h)} = \sqrt{7(2\times 45 - 7)} = 24\text{m}$$

如果在 G 点（EG 为 24m）敷设避雷针带，则滚球先和 G 点接触，其保护范围 AG 比 AF 大，用作图法可清楚地看出。为了求得天线设在何位置才能受到保护，可用作图法，画一条和屋面平行的线 MN，和弧线 AF 的交点以外，即是保护区。

必须注意：即使安装在保护区内的金属物体，也必须和避雷带相连。

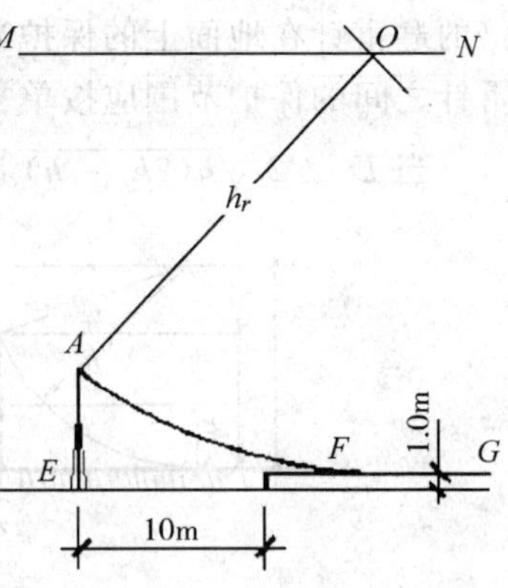

图 4.6　女儿墙上避雷带的作用

(5) 图 4.7、4.8 为单支避雷针保护范围立体图。

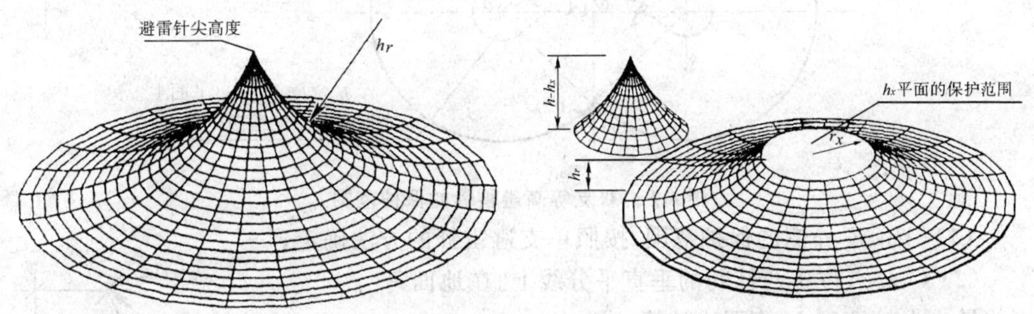

图 4.7　单支避雷针的保护范围立体图　　　图 4.8　单支避雷针在 h_x 高度的保护范围

注：1994 年 11 月 1 日以前的规范，是以 GBJ57-83《建筑防雷设计规范》为依据的。例如 JGJ46-88《施工现场临时用电安全技术规范》4.4.2，单支避雷针的保护范围按 60°计算；又例如 1990 年 7 月出版的《高层建筑电气设计手册》(陈一才编著)，对第一类高层建筑物，单支避雷针的保护范围按 45°计算，第三类高层建筑物按 60°计算。从 1994 年 11 月 1 日起，GBJ57-83 废止，执行 GB 50057-94《建筑物防雷设计规范》，这是强制性国家标准，它采用滚球法确定单支避雷针的保护范围。滚球半径按建筑物防雷类别不同而取不同值：第一类防雷建筑物的滚球半径为 30m；第二类防雷建筑物的滚球半径为 45m；第三类防雷建筑物的滚球半径为 60m。

4.2.2　双支等高避雷针的保护范围

双支避雷针之间的保护范围是按照两个滚球在地面从两侧滚向避雷针，并与其接触后两球体的相交线而得出的。保护范围立体图形见图 4.12、4.13。

在避雷针高度 h 小于或等于滚球半径 h_r 时，当两支避雷针的距离 D 大于或等于两倍的避雷针在地面上的保护半径时，滚球则可以在地面上从两针中间自由滚动，双支避雷针之间的保护范围应按单支避雷针的方法确定。

当 $D<2\sqrt{h(2h_r-h)}$ 时，应按下列方法确定(见图 4.9)：

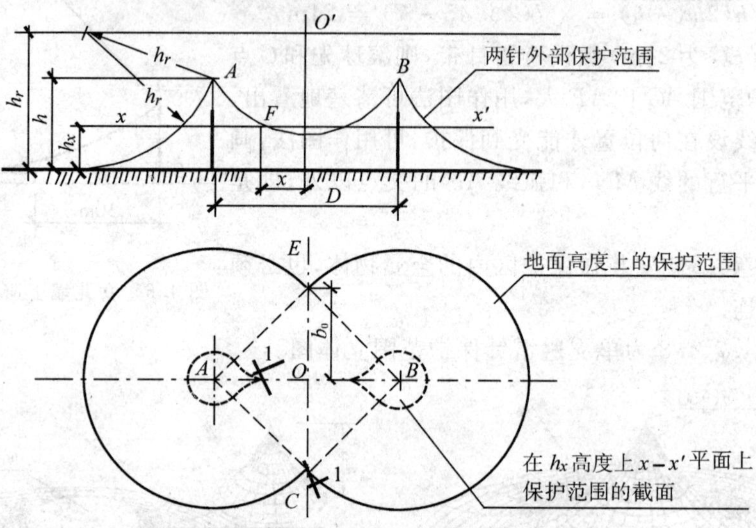

图 4.9　双支等高避雷针的保护范围

(1) ABCE 外侧的保护范围，按照单支避雷针的方法确定；

(2) C、E 点位于两针间的垂直平分线上。在地面每侧的最小保护宽度 b_o 按下式计算：

$$b_0=CO=EO=\sqrt{h(2h_r-h)-\left(\frac{D}{2}\right)^2} \quad (4.4)$$

在 AOB 轴线上，距中心线任一距离 x 处，其在保护范围上边线上的保护高度 h_x 按下式确定：

$$h_x=h_r-\sqrt{(h_r-h)^2+\left(\frac{D}{2}\right)^2-x^2} \quad (4.5)$$

该保护范围上边线是以中心线距地面 h_r 的一点 O' 为圆心，以 $\sqrt{(h_r-h)^2+\left(\frac{D^2}{2}\right)}$ 为半径所作的圆弧 AB。

图 4.10　双支等高避雷针的保护范围中的 1.1 剖面图

(3) 两针间 AEBC 内的保护范围，ACO 部分的保护范围按以下方法确定：在任一保护高度 h_x 和 C 点所处的垂直平面上，以 h_x 作为假想避雷针，按单支避雷针的方法逐点确定(见图 4.10 剖面图)。确定 BCO、AEO、BEO 部分的保护范围的方法与 ACO 部分的相同。

(4) 确定 $x-x'$ 平面上保护范围截面的方法：以单支避雷针的保护半径 r_x 为半径，

以 A、B 为圆心作弧线与四边形 AEBC 相交；以单支避雷针的($r_0 - r_x$)为半径，以 E、C 为圆心作弧线与上述弧线相接。见图 4.9 中的粗虚线以及图 4.13 立体图。

(5) 双支等高避雷针在 AOB 铅垂面的保护范围的计算简图。

在 $h \leqslant h_r$ 情况下：根据图 4.9，当 $D \leqslant 2\sqrt{h(2h_r - h)}$ 时，AEC 和 BEC 外侧按单支避雷针方法确定；C、E 点位于两针间连线的垂直平分线上，在 AOB 轴线上，与中心线任意一距离 x 的 F 点处其保护范围上边缘的保护高度 h_F 作如下的推导，见图 4.11。

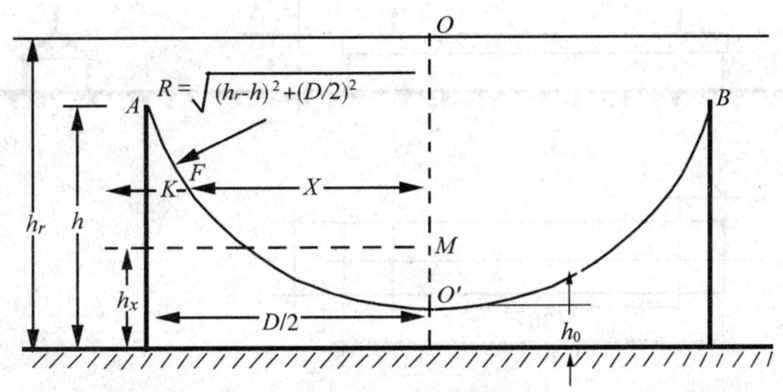

图 4.11　双支等高避雷针保护范围的计算简图

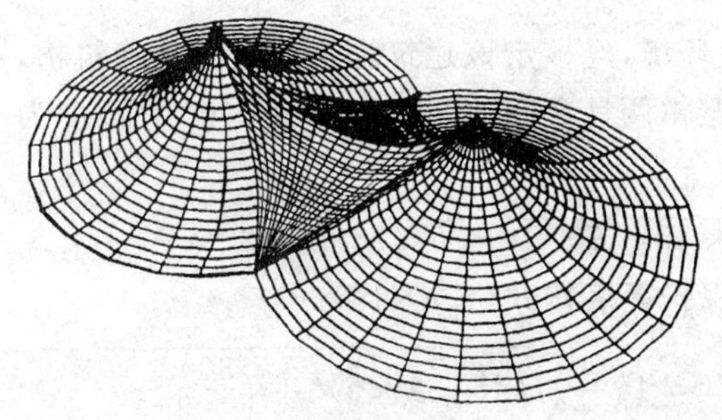

图 4.12　双支等高避雷针的保护范围立体图 ($D < 2\sqrt{h(2h_r - h)}$)

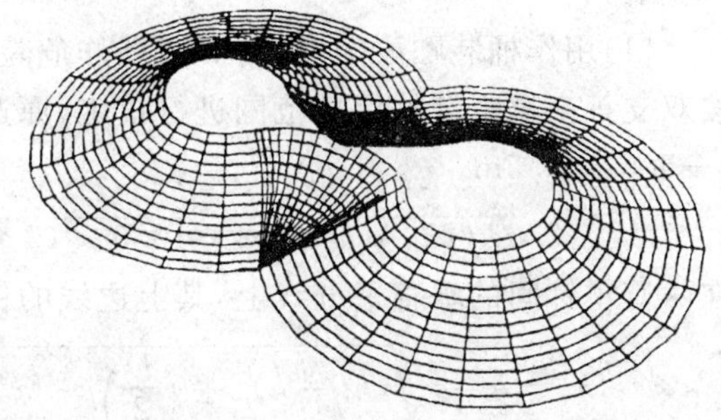

图 4.13　双支等高避雷针在 h_x 高度的保护范围 (在 $D < 2\sqrt{h(2h_r - h)}$ 时，h_x 高度的保护范围的情况)

半径为 R 的圆弧曲线 $AO'B$ 上任意一点 F，假想在该点有一支避雷针，其高度为 h_F，F 点就是避雷针针尖。由图 4.11 可知，圆弧曲线 $AO'B$ 的半径为：

$$R = \sqrt{(h_r - h)^2 + (D/2)^2}$$

$$h_F = h_r - \sqrt{R^2 - X^2} = h_r - \sqrt{(h_r - h)^2 + (D/2)^2 - X^2}$$

即在圆弧曲线 $AO'B$ 上任意点 F 的高 $h = h_F$($x = 0$ 时为 h_0)

$$h = h_r - \sqrt{(h_r - h)^2 + (D/2)^2 - X^2}$$

$$h_0 = h_r - \sqrt{(h_r - h)^2 + (D/2)^2}$$

例四：图 4.14，一座旧建筑物为坡屋顶，屋长 40m，宽 8m，脊高 5.5m，檐高 3.5m，采用双支避雷针保护，避雷针装在屋脊上 $D=30$m，针高 5m。经测量接地电阻为 30Ω。现用作桶装贮漆间或用作非桶装贮漆间时，需分别对该建筑物进行防雷技术核定，并要求提出审核结论。

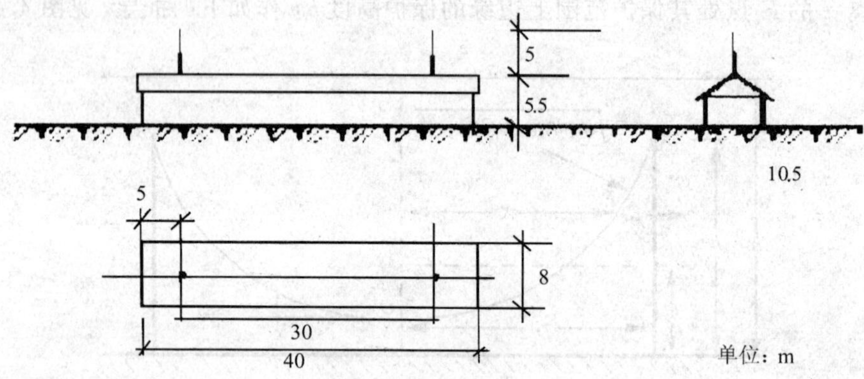

图 4.14 双支避雷针保护

解：

(1)用作桶装贮漆间时，为 2 区爆炸危险环境，经核定该建筑为第二类防雷建筑物，按双支等高避雷针的保护范围进行核定，原避雷两针之间的间距为 $D=30$m，针高度为 5+5.5=10.5m。

$$2\sqrt{h(2h_r - h)} = 2\sqrt{10.5 \times (2 \times 45 - 10.5)} = 57.78\text{m} > 30\text{m}$$

在两避雷针间的垂直平分线上，其上边线的保护高度按式(4.5)计算

$$h_x = h_r - \sqrt{(h_r - h)^2 + \left(\frac{D}{2}\right)^2 - x^2} = 45 - \sqrt{(45 - 10.5)^2 + \left(\frac{30}{2}\right)^2}$$

$$= 7.38\text{m} > 5.5\text{m}(\text{满足要求})$$

在山墙的屋脊部位 $h_x = 5.5$m 时，

$$r_x = \sqrt{h(2h_r - h)} - \sqrt{h_x(2h_r - h_x)} = \sqrt{10.5 \times (2 \times 45 - 10.5)}$$

$$- \sqrt{5.5 \times (2 \times 45 - 5.5)} = 7.33\text{m} > 5.0\text{m}(\text{满足要求})$$

在避雷针的垂直平分线位置，屋檐的 $h_x = 3.5$m，虚拟避雷针的高度为 7.38m 时，

$$r_x = \sqrt{h(2h_r - h)} - \sqrt{h_x(2h_r - h_x)} = \sqrt{7.38 \times (2 \times 45 - 7.38)}$$

$$- \sqrt{3.5 \times (2 \times 45 - 3.5)} = 7.29\text{m} > 4.0\text{m}(\text{满足要求})$$

结论一：经防雷审核，用作桶装贮漆间时，原有避雷针可满足要求。

(2) 用作非桶装贮漆间时，为 1 区爆炸危险环境，经核定该建筑为第一类防雷建筑

物，按双支等高避雷针的保护范围进行核定，原有避雷两针之间的间距为 $D=30\text{m}$，避雷针高度为 10.5m，不符合第一类防雷建筑物对接闪装置布置要求。

结论二：经防雷审核，用作非桶装贮漆间时，原有避雷针不满足要求。

例五：图 4.15，一混合结构房屋，屋长 60m，宽 10m，脊高 5.9m，檐高 3.4m，如何考虑避雷？

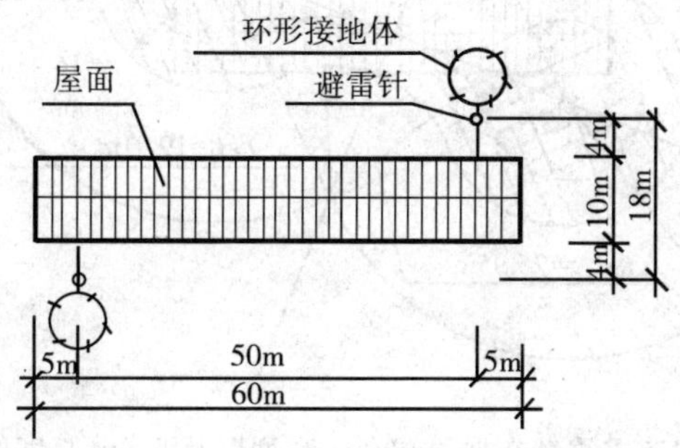

图 4.15　双支避雷针保护例题

解：

经审定该建筑物为第三类防雷建筑物。

如图 4.15 所示：房屋长、而宽度不大时，可选用双支等高独立避雷针保护(如房屋长且宽时可选用多支避雷针保护)。为了安全起见，避雷针离开建筑物 3m 以上，按 4m 设置；

避雷针距建筑物山墙端部 5m，为防止跨步电压及防接触电压，避雷针不要立在人行道上。

房屋的屋檐是最突出的部位。只要避雷针能够保护屋檐，则对整个房屋起保护作用。设避雷针在房屋两侧成斜线布置，两针中间的最小保护宽度如图所示。

$h_r=60\text{m}$，$h=12.3\text{m}$，$S_{a2}=4\text{m}$，$W=10\text{m}$，$L=60\text{m}$，$H_1=3.4\text{m}$，$H_2=5.9\text{m}$

①计算地面保护半径：

$$r_0=\sqrt{h(2h_r-h)}=\sqrt{12.3\times(2\times60-12.3)}=36.39\text{m}$$

②两针之间的距离

$$D=\sqrt{18^2+50^2}=53.14\text{m}<2\times36.39\text{m}$$

③在 $H_1=3.4\text{m}$ 的高度时，$r_1=16.48\text{m}$，作图 4.16 画出保护范围。

④在 $H_2=5.9\text{m}$ 高度的保护半径，$r_2=10.44\text{m}$，作图 4.16 画出两针在该高度的保护范围。

⑤结论：

a. 5.9m 高度上的中段屋脊不在保护范围内。

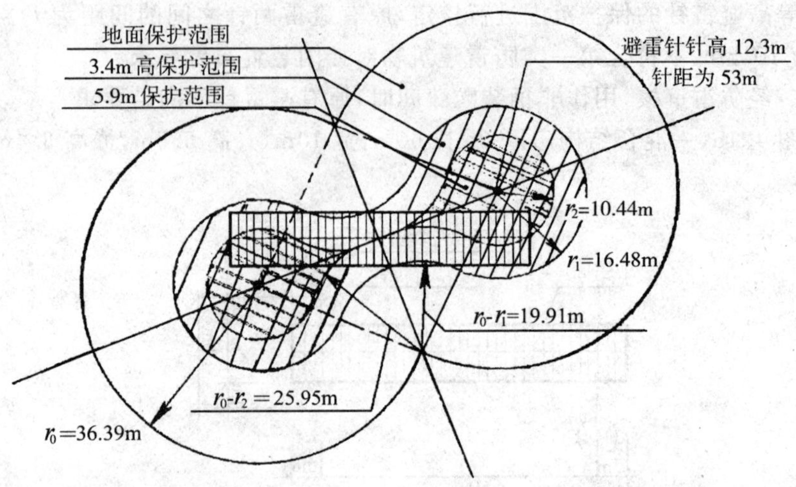

图 4.16　双支避雷针在地面、3.4m 高度以及 5.9m 高度的保护范围

b. 3.4m 高度上的中段屋檐不在保护范围内。

c. 修改方案是：①加高避雷针；②改用避雷线。

例六：图 4.17、4.18：有七层钢筋混凝土结构的平顶办公大楼，楼房呈“U”形布置，其正面长度为 81m，侧面长度为 30.4m，楼房宽度为 12.8m，顶层标高 28.2m 的外墙处有屋面圈梁环绕，屋面上有 3.0m 高电梯机房，女儿墙高出屋面 1.3m，房屋的挑檐伸出屋面 1.2m，房檐部分标高 28.2m。

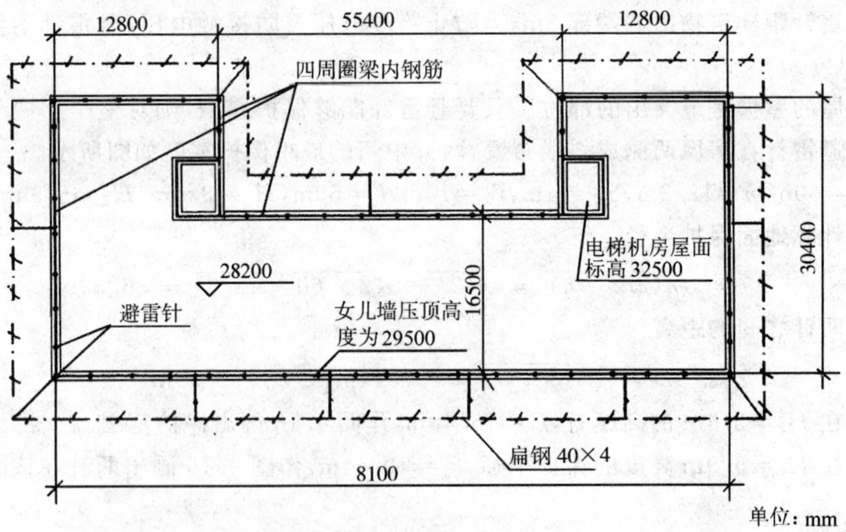

图 4.17　七层办公楼防雷平面图

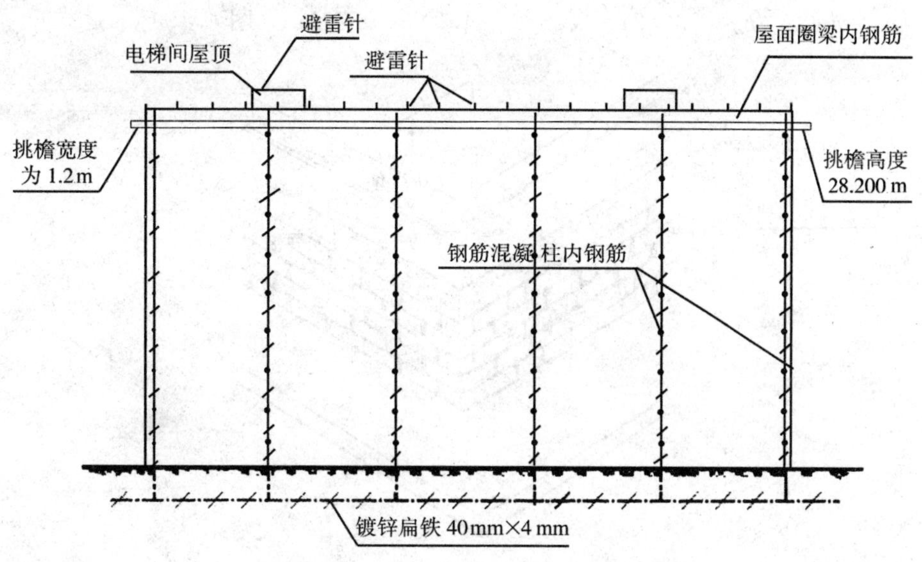

图 4.18　七层办公楼防雷立面图

解：

经审定该建筑物为第三类防雷建筑物。

根据经验，本类型建筑物最易遭受雷击的部位是檐角、女儿墙及突出的电梯机房，因此首先应在这些地方装设避雷针装置。为了保护屋顶上的檐角、女儿墙及突出的电梯机房，故采用多针保护方式设计，其计算方法均按双支避雷针保护作法，求得双支避雷针中间保护范围最低有效高度，最后确定避雷针的高度。

(1) 计算保护挑檐的装针高度：

欲使双支避雷针装设得最短，并且美观，以在女儿墙上配合墙垛(或构造柱)装针最为理想。在女儿墙安装避雷针的最大间距 $a=8.5\text{m}$，为保护挑檐先求在两针中间保护范围的最低有效高度 h_x。已知房檐的高度 $h_x=28.2\text{m}$，挑檐伸出屋面 $b_x=1.2\text{m}$。对两支等高避雷针在 h_x 平面上的最小保护宽度 b，可由式(4.2)确定：

$$r_x=1.2\text{m}=\sqrt{h(2h_r-h)}-\sqrt{h_x(2h_r-h_x)}$$

$$=\sqrt{h\times(2\times 60-h)}-\sqrt{28.2\times(2\times 60-28.2}$$

$$h^2-120h+2712.31=0$$

$$h_1=\frac{120+\sqrt{120^2-4\times 2712.31}}{2}=89.79(\text{m})$$

$$h_2=\frac{120-\sqrt{120^2-4\times 2712.31}}{2}=30.21(\text{m})$$

根据计算，挑檐高 28.2m，女儿墙高 1.3m，因此安装避雷针有效高度为：

$$h_a = 30.21 - (28.2 + 1.3) = 0.71\text{m} \quad (\text{图 } 4.19)$$

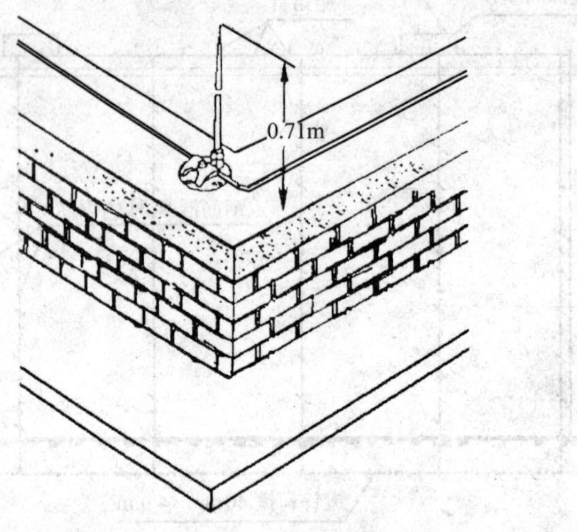

图 4.19　单支避雷针保护檐角

(2) 校验双针保护女儿墙、平顶及檐口，求避雷针针距。

①女儿墙顶的标高为 28.2 + 1.3=29.5m，计算方法采用两支等高避雷针的保护范围的方式，针距为 $D=8.5\text{m}$，避雷针高度为 30.21m。

$$2\sqrt{h(2h_r - h)} = 2\sqrt{30.21 \times (2 \times 60 - 30.21)} = 104.16\text{m} > 8.5\text{m}$$

确定在两避雷针间的垂直平分线上女儿墙部位的保护高度，其上边线的保护高度按式(4.5)计算：

$$h_x = h_r - \sqrt{(h_r - h)^2 + \left(\frac{D}{2}\right)^2 - x^2} = 60 - \sqrt{(60 - 30.21)^2 + \left(\frac{8.5}{2}\right)^2}$$

$$= 29.91\ \text{m} > 29.5\ \text{m}(\text{满足要求})$$

②两针最大的距离 16.5m。屋面的标高为 28.2m，计算方法采用两支等高避雷针的保护范围的方式，确定在两避雷针间的垂直平分线上屋面部位的保护高度，其上边线的保护高度按式(4.5)计算

$$h_x = h_r - \sqrt{(h_r - h)^2 + \left(\frac{D}{2}\right)^2 - x^2} = 60 - \sqrt{(60 - 30.21)^2 + \left(\frac{16.5}{2}\right)^2}$$

$$= 29.09\text{m} > 28.2\text{m}(\text{满足要求})$$

由上述计算得出这样一个结论，避雷针安装高度取高出女儿墙 0.75m 即可保护女儿墙、挑檐和平顶。具体布置，正面装设 11 支避雷针，针距 8.1m；侧面装设 5 支避雷针，针距为 7.6m；背面装设 9 个避雷针。屋顶上中间和两侧三个突出的电梯机房，因面

积较小,采用避雷带保护。电梯间与避雷针之间的防雷保护可把电梯间顶部避雷带当做避雷针看待,均在保护范围。

③檐角部位,按单支避雷针保护计算。

针高30.21m,檐口的标高为28.2m。

避雷针到檐角的水平距离为$1.2\times\sqrt{2}=1.697$m。

计算方法采用单支等高避雷针的保护范围的方式,确定在两避雷针间的垂直平分线上屋面部位的保护高度,其上边线的保护高度按式(4.2)计算:

$$r_x=\sqrt{h(2h_r-h)}-\sqrt{h_x(2h_r-h_x)}=\sqrt{30.21(2\times60-30.21)}$$
$$-\sqrt{28.2(2\times60-28.2)}=52.08-50.88=1.2\text{ m}<1.697\text{m}$$

由上述计算得出这样一个结论,避雷针安装高度取高出女儿墙0.7m时不能保护檐角,因此,需要加高避雷针高度,经计算避雷针高度由0.71m加高至1.8m时方能满足要求。

(3) 引下线要求

利用钢筋混凝土结构中平均小于或等于20m间隔的外墙柱子钢筋作防雷引下线,要求每根柱子内必须焊接两根主筋,作为引下线。本工程设计,办公室南墙采用6根引下线,引下线平均距离为16m;办公室东西两侧墙采用3根引下线,引下线平均距离为15.2m;办公室北墙采用7根引下线,引下线距离分别为12.8m,21.6m,20m,20m,21.6m,12.8m。

四边女儿墙上的避雷针、电梯机房上的避雷带以及屋顶上部的金属物,均需焊接在屋面的圈梁主筋上,圈梁内的主筋必须与作为引下线的柱内主筋焊成一体。

施工时,圈梁、构造柱的主筋均应涂上标记以防接错。

(4) 接地要求

尽可能利用建筑物的基础钢筋作为防雷装置的自然接地体。

如果原设计未考虑采用自然接地体,需要增加接地体时可采用以下方法补救:接地体采用40mm×4mm的镀锌扁钢,围绕全楼最外圈作封闭式接地体,每条引下线均需与接地体焊成一体。

接地体离开建筑物3m以外,埋入地下1～1.5m以下。

接地体四周1m范围内,须填充好砂质粘土或黄土,不得充填砂、石及垃圾。

室内所有大型金属构件(如电梯轨道等)、埋地金属管线等,均需接地,并与防雷装置焊成一体。

电气设备的工作接地与保护接地,应与防雷装置焊成一体,采用同一个总接地网,总接地电阻不大于4Ω。

4.2.3　双支不等高避雷针保护范围

双支不等高避雷针的保护范围，在 h_1 小于或等于 h_r 和 h_2 小于或等于 h_r 的情况下，当 $D \geqslant \sqrt{h_1(2h_r - h_1)} + \sqrt{h_2(2h_r - h_2)}$ 时，应各按单支避雷针所规定的方法确定；当 $D < \sqrt{h_1(2h_r - h_1)} + \sqrt{h_2(2h_r - h_2)}$ 时，应按下列方法确定(图 4.20)。

①ABCE 外侧的保护范围，按照单支避雷针的方法确定；

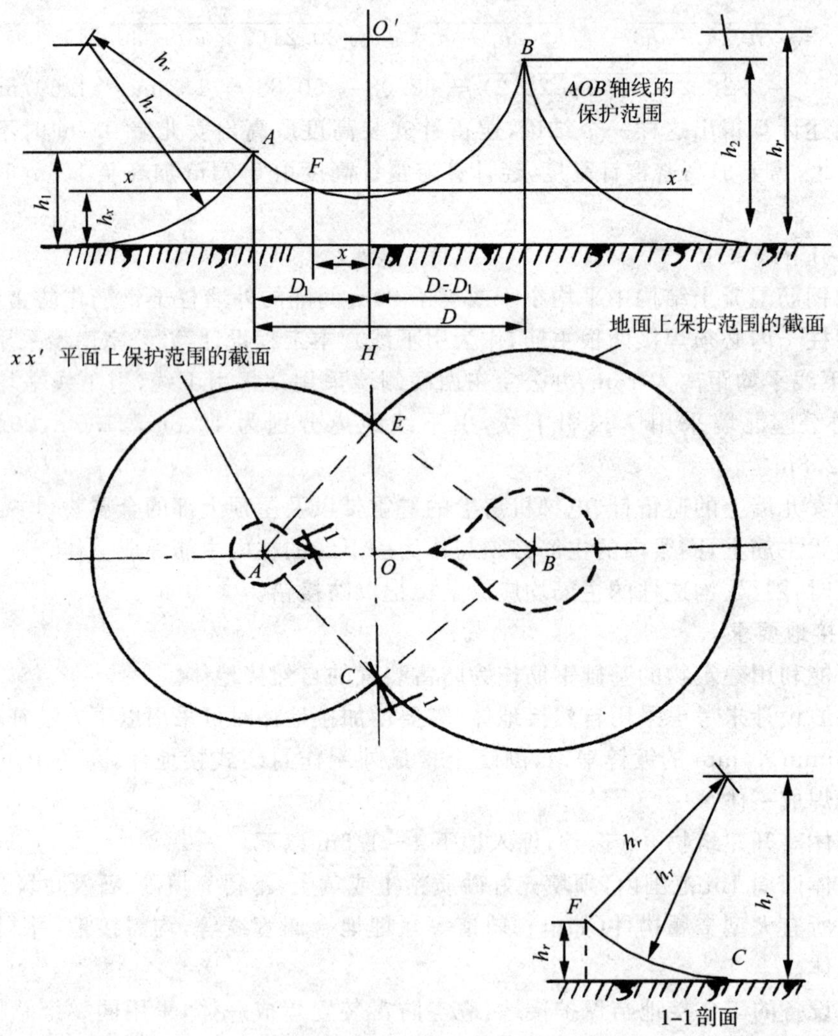

图 4.20　双支不等高避雷针的保护范围

② CE 线或 HO' 线的位置按下式计算：

$$D_1 = \frac{(h_r - h_2)^2 - (h_r - h_1)^2 + D^2}{2D} \tag{4.6}$$

③在地面上每侧的最小保护宽度 b_0 按下式计算

$$b_0 = CO = EO = \sqrt{h_1(2h_r - h_1)} \tag{4.7}$$

④ 在 AOB 轴线上，A、B 间 保护范围上边线按下式确定：

$$h_x = h_r - \sqrt{(h_r - h_1)^2 + D_1^2 - x^2} \tag{4.8}$$

式中：x 距为计算点 CE 线或 HO' 线的水平距离。

该保护范围上边线是以 HO' 线上距地面 h_r 的一点 O' 为圆心，以 $\sqrt{(h_r - h)^2 + D_1^2}$ 为半径所作的圆弧 AB。

⑤ 两针间 $AEBC$ 内的保护范围，ACO 与 AEO 是对称的，BCO 与 BEO 是对称的，ACO 部分的保护范围按以下方法确定：在 h_x 和 C 点所处的垂直平面上，以 h_x 作为假想避雷针，按单支避雷针的方法确定(见图 4.20 的 1-1 剖面图)。确定 AEO、BCO、BEO 部分的保护范围的方法与 ACO 部分的相同。

⑥ 确定 $x \sim x'$ 平面上保护范围截面的方法(与双支等高避雷针相同)：以单支避雷针的保护半径 r_x 为半径，以 A、B 为圆心作弧线与四边形 $AEBC$ 相交；以单支避雷针的 $(r_o - r_x)$ 为半径，以 E、C 为圆心作弧线与上述弧线相接(见图 4.21 中的虚线)。

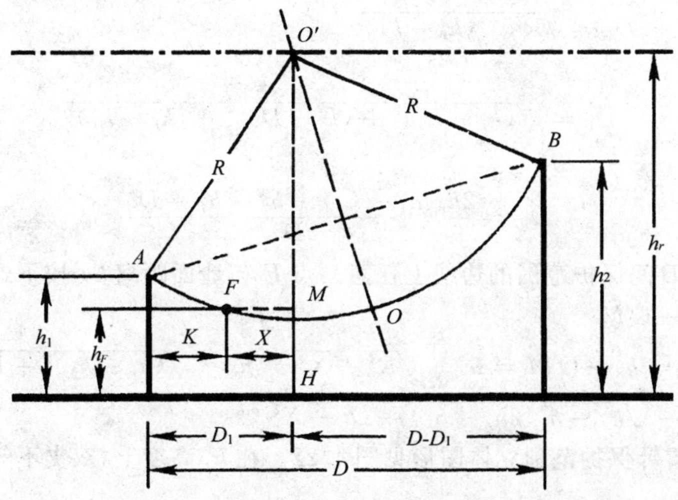

图 4.21　双支不等高避雷针保护范围的计算简图

⑦双支不等高避雷针在 $AO'B$ 铅垂面上保护范围的计算简图(图 4.22)

在 $h_1 \leqslant h_r$ 和 $h_2 \leqslant h_r$ 情况下：

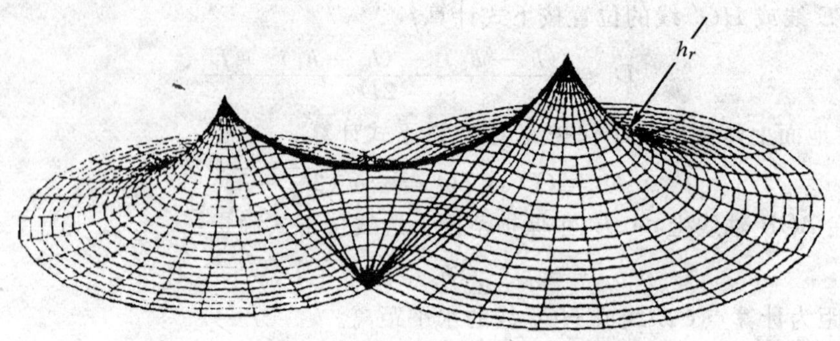

图 4.22　双支不等高避雷针保护范围的立体图

当 $D \geqslant \sqrt{h_1(2h-h_1)}+\sqrt{h_2(2h_r-h_2)}$ 时，各按单支避雷针方法确定；

当 $D<\sqrt{h_1(2h-h_1)}+\sqrt{h_2(2h_r-h_2)}$ 时：

①$AEBC$ 外侧按单支避雷针方法确定；

② CE 线、HO' 按下列方法确定：

由图可知：

$$R=\sqrt{(h_r-h_2)^2+(D-D_1)^2}=\sqrt{(h_r-h_1)^2+D_1^2}$$

$$D-D_1=\sqrt{R^2-(h_r-h_2)^2}$$

$$D_1=\sqrt{R^2-(h_r-h_1)^2}$$

将 R 代入，可得：

$$D_1=\sqrt{(h_r-h_2)^2+(D-D_1)^2-(h_r-h_1)^2}$$

整理后得：

$$D_1=\frac{2h_r(h_1-h_2)+h_2^2-h_1^2+D^2}{2D}$$

在 AOB 上，A、B 间保护范围的边线上任意一点 F 与地面距离 h_F 按下式确定：

$$h_F=h_r-O'M$$

$$h_0=h_F=h_r-O'M=h_r-\sqrt{R^2-X^2}=h_r-\sqrt{(h_r-h_1)^2+D_1^2-X^2}$$
$$=h_r-\sqrt{h_r^2-h_1(2h_r-h_1)+D_1^2-X^2}$$

双支不等高避雷针保护范围立体图形见图 4.22。在 h_x 高度上，双支不等高避雷针保护范围见图 4.23。

4.2.4　矩形布置四支等高避雷针的保护范围

矩形布置四支等高避雷针的保护范围，在 $h \leqslant h_r$ 的情况下，当 $D_3 \geqslant 2\sqrt{h_1(2h_r-h)}$ 时，应各按双支等高避雷针的方法确定；当 $D_3<2\sqrt{h_1(2h_r-h)}$ 时，应

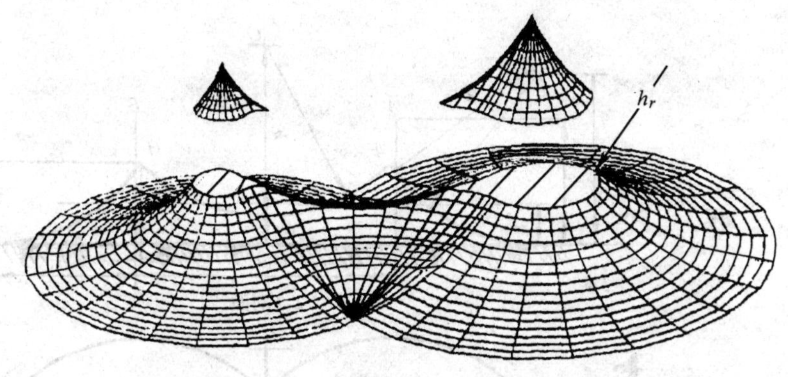

图 4.23　双支不等高避雷针在 h_x 高度保护范围

按下列方法确定(图 4.24)。

(1) 四支避雷针的外侧各按双支避雷针的方法确定；

(2) 对角线 B、E 避雷针连线上的保护范围见图 4.24 的 1-1 剖面图，外侧部分按单支避雷针的方法确定。

两针的保护范围按以下方法确定：

① 以 B、E 两针针尖为圆心、h_r 为半径作弧相交于 O 点。

② 以 O 点为圆心、h_r 为半径作圆弧，与针尖相连的这段圆弧即为针间保护范围。

③ 保护范围最低点的高度 h_0 按下式计算：

$$h_0 = \sqrt{h_r^2 - \left(\frac{D_3}{2}\right)^2} + h - h_r \tag{4.9}$$

(3) 图 4.24 的 2-2 剖面的保护范围，以 P 点的垂直线上的 O 点[距地面高度为 $(h_r + h_0)$]为圆心，h_r 为半径作圆弧与 B、C 和 A、E 双支等高避雷针在该剖面的外侧保护范围延长圆弧相交于 F、H 点。

F 点(H 点与此类同)的位置及高度可按下列计算式确定：

$$(h_r - h_x)^2 = h_r^2 - (b_0 + x)^2 \tag{4.10}$$

$$(h_r + h_0 - h_x)^2 = h_r^2 - \left(\frac{D_1}{2} - x\right)^2 \tag{4.11}$$

(4) 确定图 4.24 的 3-3 剖面的保护范围的方法与 2-2 剖面部分的相同。

(5) 确定四支等高避雷针中间在 h_0 到 h 之间 h_y 高度 yy' 平面上保护范围截面的方法：以 P 点为圆心、$\sqrt{2h_r(h_y - h_0) - (h_y - h_0)^2}$ 为半径作圆或圆弧，与各双支避雷针在外侧所作的保护范围截面组成该保护范围截面(见图 4.24 中的虚线)。

矩形布置的四支等高避雷针保护范围的立体图形见图 4.25，在距地面 h_x 高度上的保护范围立体图形见图 4.26。

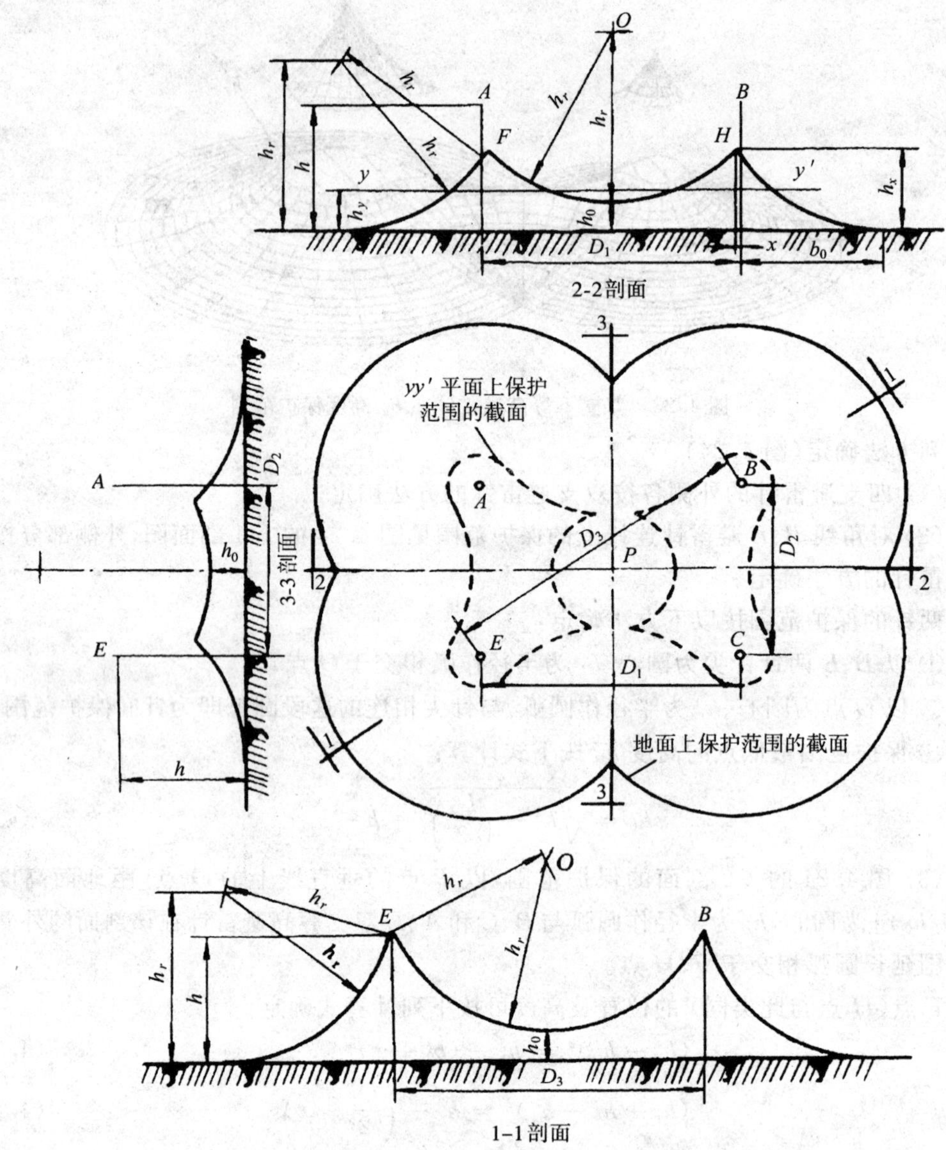

图 4.24　四支等高避雷针的保护范围

采用滚球法时，也可根据立体几何和平面几何的原理，再用图解法并列出计算式解算而得出，见图 4.27。

问题 1：建筑物屋面上高于水平避雷带的物体如何保护？

在处于较为显著位置的建筑物屋面上，常安装有广告牌、发射或接收天线等高出水

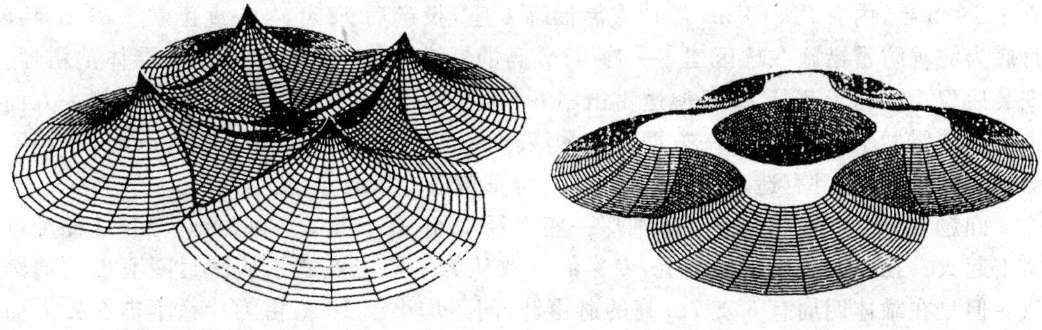

图 4.25 矩形布置四支等高避雷针时的保护范围

图 4.26 矩形布置四支等高避雷针在 h_x 高度平面上的保护范围

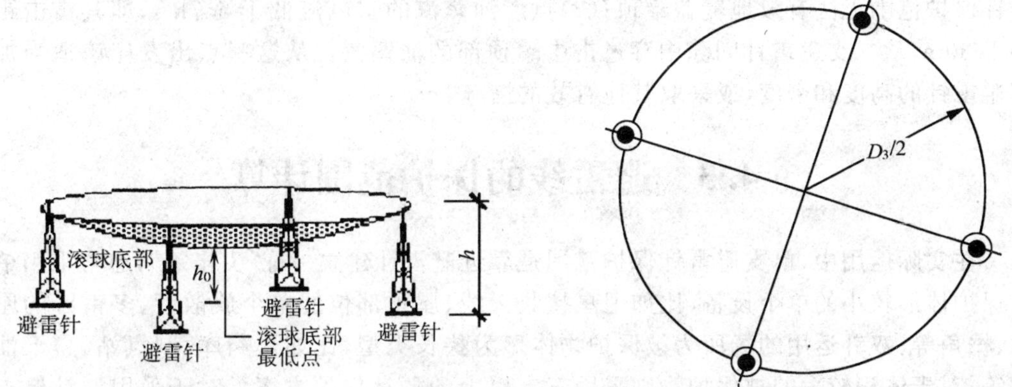

图 4.27 矩形布置四支等高避雷针在四针中部滚球架设示意

平避雷带的物体，这些物体通常会先行接闪而损坏。GB50057-94 规定：在屋面接闪器保护范围之外的非金属物体应装设接闪器实行保护，金属物体可不装接闪器，但应与屋面防雷装置相连。

考虑到有些金属物体直接接闪可能会对建筑物内的信息设备产生较大的过电压，因此，最好采用既与屋面防雷装置相连又装接闪器的方式。在国标图 97X700-7 中标明突出屋面的天线应"加避雷针保护"。此时，接闪器的保护范围计算(条件是屋面有合格的避雷带)可从屋面避雷带算起，即以屋面为±0.000(即等效地面)，之后做距避雷带 h_r 的平行线，计算对屋面的保护范围①。

问题 2：在油库区安装高于 30m 的避雷针塔，又在油罐上安装避雷针有什么作用？

在一些油罐区常可见到高耸的铁塔，塔上架设有避雷针或消雷器。某输油泵站建

① 此保护锥体的下限在屋面避雷带高度，不得下延。

立于 1978 年,内有 $2\times10^4m^3$ 浮顶式储油罐 8 座,投产后 12 年内一直正常。1990 年 6 月底为完善防雷措施在罐区建了一座 65m 高的铁塔,上边安装 BS-3 型半导体消雷器。安装后仅 10 天,于 7 月 10 日便遭雷击,1994 年 4 月 19 日第 2 次遭雷击。此例一方面证实了消雷器不能消雷,另一方面可以从滚球法得出解释:当铁塔高于 30m 时,不但不会扩大保护半径,且有造成大气电场畸变,诱发雷击的负面作用。

问题 3:1999 年 8 月,某市炼油厂一座直径 40m、高 15m 的 $20000m^3$ 浮顶式储油罐雷击起火。在事故分析现场会上,专家们一致认为是雷击点燃了从密封圈泄出的油蒸汽。但是在罐体四周有 6 支 7m 高的避雷针,间距均小于 18m,雷为什么不击在针上而穿过针击中了处于针包围的罐顶呢?

可能有两个原因:(1)用滚球法计算,雷击在避雷针的保护范围之外,也就是说,避雷针保护范围无法有效地覆盖罐顶;(2)点燃油蒸汽的雷电流低于 5.7kA,即其雷击距小于 30m,从二支避雷针间隙中穿过击中罐顶部的油蒸汽。从这一点出发应该适当加高避雷针的高度和密度,或采取其他有效的措施。

§4.3 避雷线的保护范围计算

在实际运用中,单支避雷针保护范围是靠近避雷针建立一栋“尖帐篷”,通常采用单针保护体形较小的单个设备,比如卫星接收天线、屋顶部位的单个放散管、多雷区的屋角、檐角等;双针运用的场所为被保护物体形为狭长类型,比如炸药库、制氢站、露天油罐等;对于体积较大的被保护物则采用三支以上的群针保护方案。对于采用群针保护存在困难或被保护物面积较大时,经常考虑采用避雷线来取代群针保护方案,单根避雷线用于狭长类型被保护物,两根以上的避雷线用于体积较大的被保护物。

4.3.1 单根避雷线的保护范围

当避雷线的高度 $h\geqslant 2h_r$ 时,无保护范围;当避雷线的高度 $h<2h_r$ 时,应按下列方法确定(图 4.28)。

确定架空避雷线的高度时应计及避雷线张拉时的弧垂影响。在无法确定弧垂的情况下,当等高支柱间的距离为 40m 时弧垂为 1.6m;距离为 60m 时弧垂为 2.4m;距离为 80m 时弧垂为 3.2m;距离为 120m 时弧垂为 4.8m;距离为 160m 时弧垂为 6.0m;距离为 200m 时弧垂为 8.0m。单根避雷线保护范围按以下方法确定:

①距地面 h_r 处作一平行于地面的平行线;

② 以避雷线为圆心,h_r 为半径,作弧线交于平行线的 A、B 两点;

③ 以 A、B 为圆心,h_r 为半径作弧线,该两弧线相交或相切并与地面相切。从该弧线起到地面止就是保护范围;

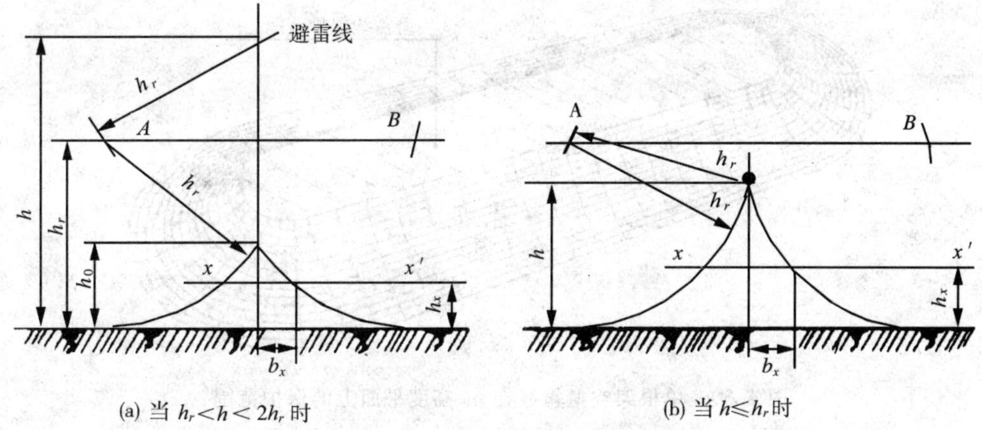

4.28　单根架空避雷线的保护范围

④当 $h_r < h < 2h_r$ 时，保护范围最高点的高度 h_0 按下式计算：

$$h_0 = 2h_r - h \tag{4.12}$$

⑤避雷线在 h_x 高度的 $x \sim x'$ 平面上的保护宽度，按下式计算：

$$b_x = \sqrt{h(2h_r - h)} - \sqrt{h_x(2h_r - h_x)} \tag{4.13}$$

式中：　b_x　避雷线在 h_x 高度的 $x \sim x'$ 平面上的保护宽度(m)；

　　　　h　避雷线的高度(m)；

　　　　h_r　滚球半径，按各类防雷建筑物确定(m)；

　　　　h_x　被保护物的高度(m)。

⑥避雷线两端的保护范围按单支避雷针的方法确定，保护范围立体图见图 4.29、4.30。

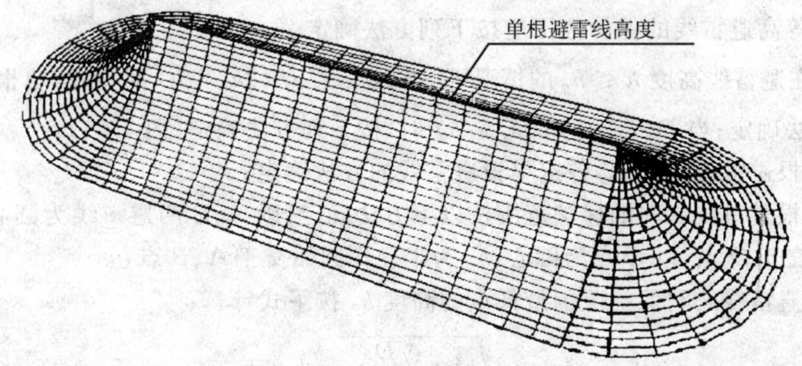

图 4.29　单根架空避雷线的保护范围

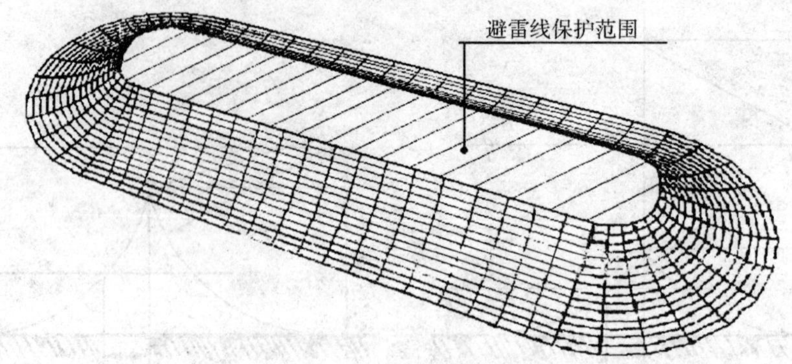

图 4.30　单根架空避雷线在 h_x 高度平面上的保护范围

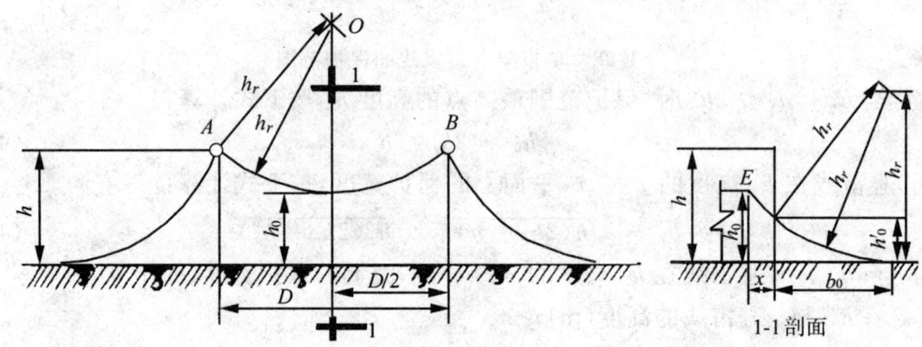

图 4.31　两根等高避雷线在 $h \leqslant h_r$ 时的保护范围

4.3.2　两根等高避雷线的保护范围

两根等高避雷线的保护范围应按下列方法确定。

(1) 在避雷线高度 $h \leqslant h_r$ 的情况下，当 $D \geqslant 2\sqrt{h(2h_r - h)}$ 时，各按单根避雷线所规定的方法确定；当 $D < 2\sqrt{h(2h_r - h)}$ 时，按下列方法确定(图 4.31)：

① 两根避雷线的外侧，各按单根避雷线的方法确定；

② 两根避雷线之间的保护范围按以下方法确定：以 A、B 两避雷线为圆心，h_r 为半径作圆弧交于 O 点，以 O 点为圆心、h_r 为半径作圆弧交于 A、B 点；

③ 两避雷线之间保护范围最低点的高度 h_0 按下式计算：

$$h_0 = \sqrt{h_r^2 - \left(\frac{D}{2}\right)^2} + h - h_r \tag{4.14}$$

④避雷线两端的保护范围按双支避雷针的方法确定，但在中心上 h_0 线的内移位置按以下方法确定(图 4.31 的 1-1 剖面)：

以双支避雷针所确定的中点保护范围最低点的高度 $h_0' = h_r - \sqrt{(h_r-h)^2+\left(\frac{D}{2}\right)^2}$ 作为假想避雷针，将其保护范围的延长弧线与 h_0 线交于 E 点。

内移位置的距离 x 也可按下式计算：

$$x = \sqrt{h_0(2h_r - h_0)} - b_0 \tag{4.15}$$

式中 b_0 按式(4.4)确定。两线间保护范围立体图见图 4.32。

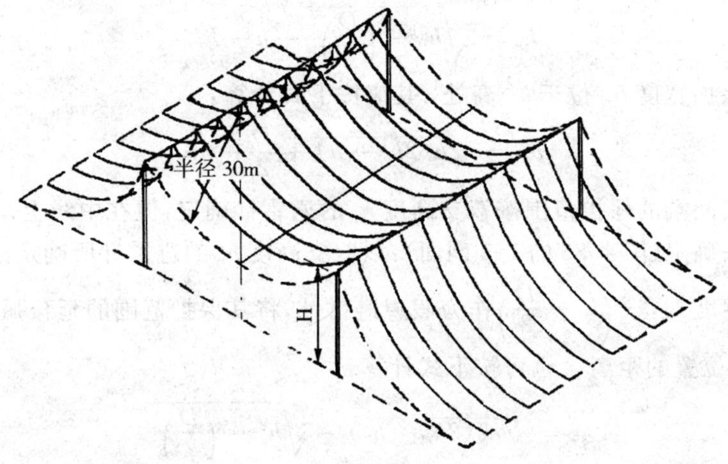

图 4.32　两根等高避雷线之间在高度小于 h_r 时的保护范围立体图

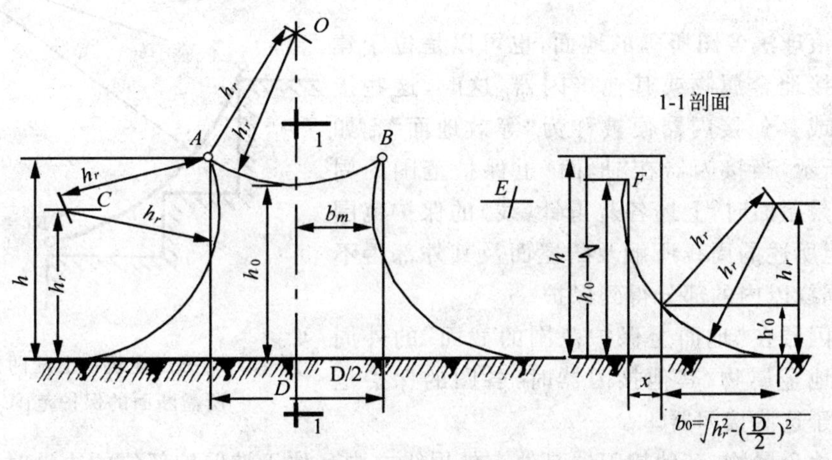

图 4.33　两根等高避雷线在高度 $h_r < h < 2h_r$ 时的保护范围

(2) 避雷线高度 $h_r < h < 2h_r$，而且避雷线之间的距离 $2\left[h_r - \sqrt{h(2h_r-h)}\right] < D < 2h_r$ 的情况下，按下列方法确定(图 4.33)。

① 距地面 h_r 处作一与地面平行的线；

② 以避雷线 A、B 为圆心，h_r 为半径作弧线相交于 O 点并与平行线相交或相切于 C、E 点；

③ 以 O 点为圆心、h_r 为半径作弧线交于 A、B 点；

④ 以 C、E 为圆心、h_r 为半径作弧线交于 A、B 并与地面相切；

⑤ 两避雷线之间保护范围最低点的高度 h_0 按下式计算：

$$h_0 = \sqrt{h_r^2 - \left(\frac{D}{2}\right)^2} + h - h_r \tag{4.16}$$

⑥最小保护宽度 b_m 位于 h_r 高处，其值按下式计算：

$$b_m = \sqrt{h(2h_r - h)} + \frac{D}{2} - h_r \tag{4.17}$$

⑦避雷线两端的保护范围按双支高度 h_r 的避雷针确定，但在中线上 h_0 线的内移位置按以下方法确定（图 4.33 的 1-1 剖面）：以双支高度 h_r 的避雷针所确定的中点保护范围最低点的高度 $h_0 = \left(h_r - \frac{D}{2}\right)$作为假想避雷针，将其保护范围的延长弧线与 h_0 线交于 F 点。内移位置的距离 x 也可按下式计算：

$$x = \sqrt{h_0(2h_r - h_0)} - \sqrt{h_r^2 - \left(\frac{D}{2}\right)^2} \tag{4.18}$$

4.3.3 等效地面

上述滚球法各图所画的地面，也可以是位于建筑物上的接地金属物或其他接闪器，这时，这些接地金属物或其他接闪器便被称为“等效地面”。如图 4.34 所示，当接闪器在“地面”上保护范围的周线触及的是屋面时，上述各避雷针（线）的保护范围仍有效，但所述的周线所触及的屋面及其外部得不到保护，周线以内的部分得到保护。

当接闪器在“地面上保护范围的截面”的外周线触及接地金属物、其他接闪器时，各图的保护范围均适用于这些接闪器。

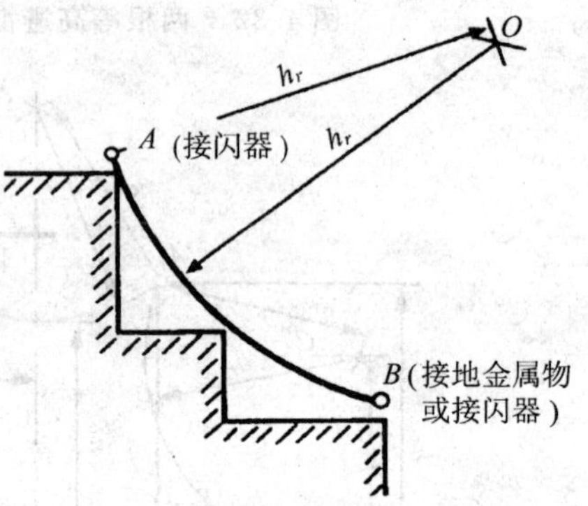

图 4.34 确定建筑物上任两接闪器所需断面的保护范围

当接地金属物、其他接闪器是处在外周线之内且位于被保护部位的边沿时，应按以下方法确定所需断面的保护范围（见图 4.34）：

① 以 A、B 为圆心，h_r 为半径作弧线相交于 O 点；

② 以 O 点为圆心、h_r 为半径作弧线 A、B，弧线 A、B 就是保护范围的上边线。

例七：露天堆草场的防雷工程设计示例

某县准备利用一场地做露天草库，草库占地面积为100m×120m，草库设计堆高为14m，请进行该草库的防雷设计。

解：按照规范3.5.5条规定：粮、棉及易燃物大量集中的露天堆场，宜采用防直击雷的措施，当其年计算雷击次数大于或等于0.06(次/a)时，宜采用独立避雷针或架空避雷线防直击雷。独立避雷针和架空避雷线保护范围的滚球半径 h_r 可取100m。

4.3.3.1　雷击次数计算

$L=120\text{m}\qquad W=100\text{m}\qquad H=14\text{m}\qquad T_d=25\text{d/a}$

$N_g=0.024\ T_d^{1.3}=0.024\times 25^{1.3}=1.58$ 次/(km²·a)

$$A_e=[LW+2\cdot(L+W)\cdot\sqrt{H(200-H)}+\pi H\cdot(200-H)]\cdot 10^{-6}$$
$$=[120\times 100+2\times(120+100)\times\sqrt{14(200-14)}+\pi\times 14\times(200-14)]\cdot 10^{-6}=0.031(\text{km}^2),\quad 取\ K=2.0;$$

则 $N=KN_gA_e=2.0\times 1.58\times 0.031=0.1$ 次/a >0.06 次/a

因此，应采用独立避雷针或架空避雷线的方式作防雷保护设计，同时，滚球半径 $h_r=100\text{m}$。

4.3.3.2　矩形布置四支等高避雷针保护计算

在对被保护物进行分析后，确定采用矩形布置四支等高避雷针的方式进行防雷保护设计。

a. 预选针高为30m的GFL1-9型避雷针塔(总重量为1923.1kg)。

$h=30\text{m},h_x=14\text{m},h_r=100\text{m}$。针塔外部的防雷保护半径为

$$r_x=\sqrt{h(2h_r-h)}-\sqrt{h_x(2h_r-h_x)}$$
$$=\sqrt{30(2\times 100-30)}-\sqrt{14(2\times 100-14)}=20.38\text{m}$$

取20m。四针布置见图4.35。

$$2\sqrt{h(2h_r-h)}=2\sqrt{30\times(2\times 100-30)}=142.83\text{m}$$
$$D_3=\sqrt{2}\times(100-2\times 8.2)=118.22\text{m}<142.83\text{m}$$

中部 O 点保护高度

$$h_0=\sqrt{h_r^2-\left(\frac{D_3}{2}\right)^2}+h-h_r=\sqrt{100^2-\left(\frac{118.22^2}{2}\right)}+30-100=10.66\text{m}<14\text{m}$$

不满足要求，将避雷针塔高提高到35m。

b. 改用35m的GFL1-13型避雷针塔(总重量为2426.9kg)。

$h=35\text{m},h_x=14\text{m},h_r=100\text{m}$。针塔外部的防雷保护半径为

$$r_x=\sqrt{35(2\times 100-35)}-\sqrt{14(2\times 100-14)}=24.96\text{m},取\ 24\text{m}。$$

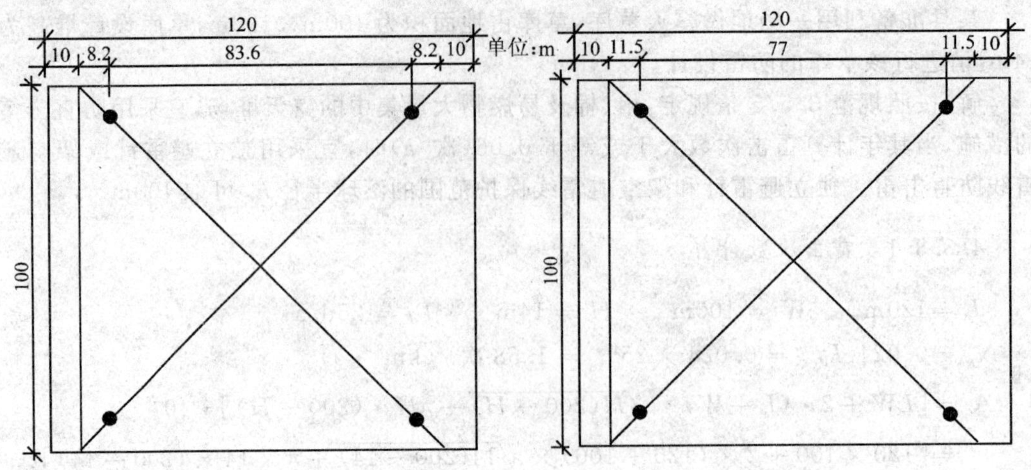

图 4.35　避雷针塔布置(一)　　　图 4.36　避雷针塔布置(二)

四针布置见图 4.36。

$$2\sqrt{h(2h_r-h)}=2\sqrt{35\times(2\times100-35)}=151.99\text{m}$$

$$D_3=\sqrt{2}\times(100-2\times11.5)=108.89\text{m}<151.99\text{m}$$

中部 O 点保护高度：

$$h_0=\sqrt{100^2-\left(\frac{108.89^2}{2}\right)}+30-100=18.88\text{m}>14\text{m}\quad\text{满足要求。}$$

计算两针中部保护高度

两针间距离：$D_1=D_2=100-11.5\times2=77\text{m}$

根据$(h_r+h_0-h_x)^2=h_r^2-\left(\frac{D_1}{2}-x\right)^2$计算出两针中间保护高度 h_0；

$$(100+h_0-35)^2=100^2-\left(\frac{77}{2}\right)^2$$

$$h_0=27.29\text{m}$$

计算两针中部外侧的保护半径 $h=27.29$ m，$h_x=14$m，$h_r=100$m。

$$\begin{aligned}r_x&=\sqrt{27.29(2\times100-27.29)}-\sqrt{14(2\times100-14)}\\&=68.65-51.03=17.62\text{m}\\&11.5\text{m}<r_x=7.62\text{m}<21.5\text{m}\end{aligned}$$

不能全部满足要求，改用避雷线保护法。

4.3.3.3　避雷线保护计算

在对被保护物进行分析后，确定选用避雷线塔进行防雷设计。

预选用的避雷线塔为 25 m 高的 GFW1-3 型，单塔重量为 1701kg，跨度为 120m。

①计算线外的保护宽度

$h=25\text{m}, h_x=14\text{m}, h_r=100\text{m}$。针塔外部的防雷保护宽度为

$$b_x=\sqrt{h(2h_r-h)}-\sqrt{h_x(2h_r-h_x)}$$
$$=\sqrt{25\times(2\times100-25)}-\sqrt{14\times(2\times100-14)}=15.11\text{m}$$

取 15m。　　$2\sqrt{h(2h_r-h)}=2\sqrt{25\times2\times100-25}=132.29\text{m}$ 两避雷线间的距离为 $D=120-2\times15=90\text{m}<132.29\text{m}$

②计算两避雷线之间的保护范围最低点的高度

$$h_0=\sqrt{h_r^2-\left(\frac{D}{2}\right)^2}+h-h_r=+\sqrt{100^2-\left(\frac{90}{2}\right)^2}+25-100=14.30\text{m}>14\text{m}$$

满足要求(避雷线塔布置见图 4.37)。

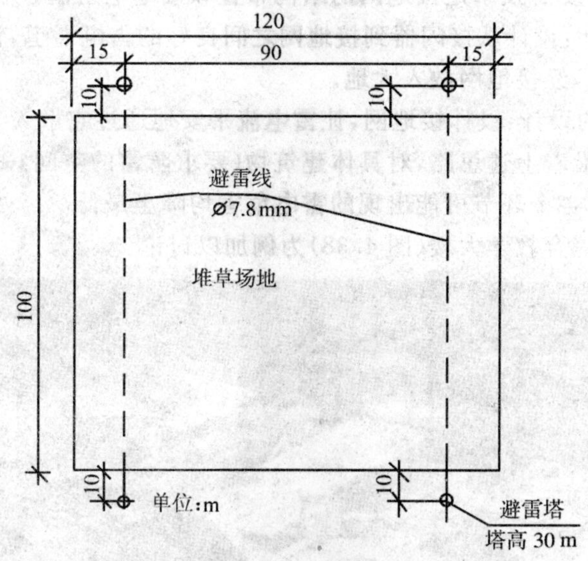

图 4.37　避雷线塔布置图

考虑跨度为 120m 的避雷线，其最大弧垂为 4.8m，因此在选用避雷线塔时，应选用 30m 高的 GFW1-5 型，单塔重量为 2218.7kg，四塔重量为 8874.8kg。

避雷线采用直径为 7.8mm 的钢绞线，跨度为 120m，单线重量为 35.6kg，双线重量为 71.2kg。地基础承载力标准值为 150kN/m^2。

接地电阻不大于 10Ω，环形水平接地的环形圆直径不小于 5m，实际水平、垂直接地体的设计待土壤电阻率测定数据完成后另行计算。

§4.4　采用滚球法计算保护范围设计示例

4.4.1　设计内容

滚球法计算保护范围防雷设计包括：

(1) 需要保护空间的确定：建筑物的保护空间是根据建筑物易受雷击的部位、需要保护的部位以及需要保护的设备在建筑物内外布置的位置等确定；

(2) 接闪器设计：其目的是控制落雷点。由雷电理论可知，不让雷云发生闪击是不可能的，防雷的任务是把雷击点引导到无害的部位，避免出现在危险的部位。

接闪器的作用实质上是吸引雷电，但更重要的是要安全地把雷电送走，这就需要良好的接地网，其中重要的技术是接地网的结构布置和接地电阻值。

(3) 引下线设计：设计从接闪器到接地网之间良好的雷电通道，让雷电流沿最短的垂直通道（即引下线）经接地网散入大地。

(4) 接地装置的设计：设计接地网，让雷电流平安地通过它散入大地。

防雷设计就是沿着上述思路，对具体建筑物（要求防雷的空间）采取相应措施，使得建筑物外部、内部的各个环节可能出现的雷电危害均降至最低。

下面我们以某综合教学大楼（图 4.38）为例加以讨论。

图 4.38　综合教学大楼鸟瞰图

4.4.2　环境综述

综合教学大楼位于南京北郊，建筑红线南北长约225m，东西宽约110m。场地为新开发的校区，综合教学大楼是位于旷野孤立的建筑物，南京市年雷暴日数35.1d/a。

综合教学大楼总平面布局见图4.39。

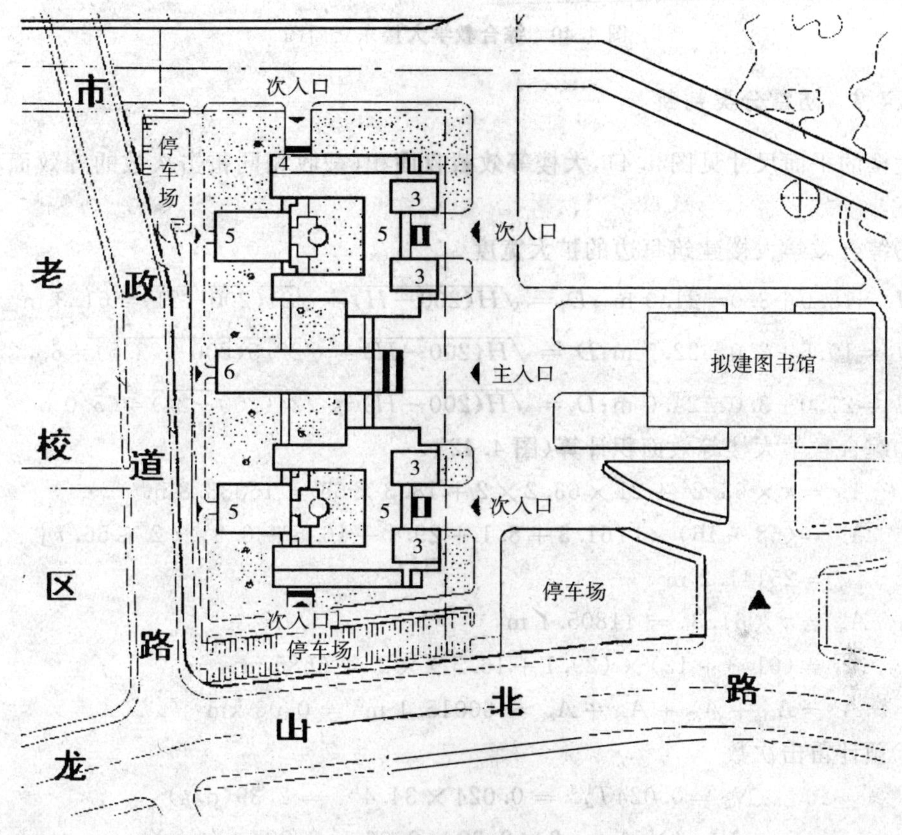

图4.39　综合教学大楼总平面图

本建筑共分为三个部分，南北两个各自独立的教学楼和一个中部教学楼。南北教学楼首层架空作为自行车停车场，中部教学楼共六层。建筑三个部分用连廊贯通围合成多种“个性”空间。

综合教学大楼东立面图见图4.40。各屋顶的相对标高分别为18.000m、19.500m、21.000m，装饰金属球标高为30.000m。

综合教学大楼建筑平面图见图4.41，建筑物总尺寸南北长171.6m，东西宽92.0m。

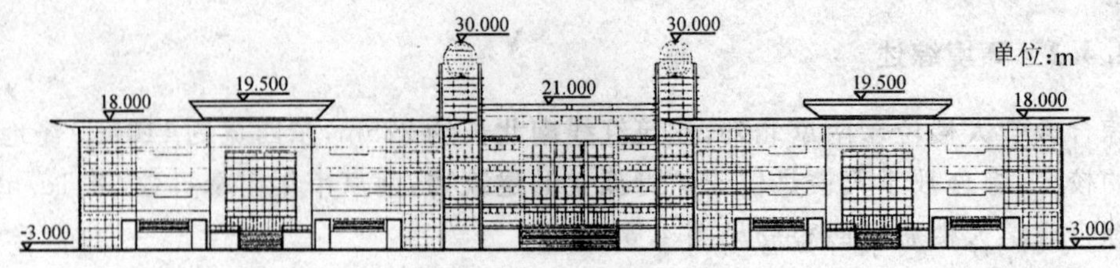

图 4.40 综合教学大楼东立面图

4.4.3 防雷分类判断

大楼的平面尺寸见图 4.41,大楼等效截收面积(截收相同雷击次数的等效面积)计算如下:

①综合教学大楼建筑每边的扩大宽度

$H_1=18.0+3.0=21.0\ \text{m}$;$D_1=\sqrt{H(200-H)}=\sqrt{21(200-21)}=61.3\ \text{m}$

$H_2=19.5+3.0=22.5\ \text{m}$;$D_2=\sqrt{H(200-H)}=\sqrt{22.5(200-22.5)}=63.2\ \text{m}$

$H_3=21.0+3.0=24.0\ \text{m}$;$D_3=\sqrt{H(200-H)}=\sqrt{24(200-24)}=65.0\ \text{m}$

②综合教学大楼等效面积计算(图 4.42)

$$A_{e1}=\pi\times 63.2^2+21\times 63.2\times 2+18.3\times 65=16383.8\ \text{m}^2$$

$$A_{e2}=(68+16)\times[(61.3+8.1+29.1+16.5+6.3)\times 2+56.7]=25141.2\ \text{m}^2$$

$$A_{e3}=\pi\times 61.3^2=11805.1\ \text{m}^2$$

$$A_{e4}=(61.3+12)\times(29.1+16.5)\times 2=6685\ \text{m}^2$$

$$A_e=A_{e1}+A_{e2}+A_{e3}+A_{e4}=60015.1\ \text{m}^2=0.06\ \text{km}^2$$

③预计雷击次数

$$N_g=0.024T_d^{1.3}=0.024\times 34.4^{1.3}=2.39(\text{d/a})$$

$$N=kN_gA_e=2\times 2.39\times 0.06=0.287\ (\text{次 /a})$$

经计算综合教学大楼预计雷击次数大于 0.06 次/a,且属人员密集的公共建筑物,所以将该综合教学大楼划为第二类防雷建筑物。采用第二类防雷建筑物的防雷措施。

④确定滚球半径和接闪器的布置方式

由于该综合教学大楼确定为第二类防雷建筑物,所以布置接闪器采用 45m 的滚球半径,接闪器全部采用避雷针塔与屋面避雷带的组合方式。

4.4.4 设计思路

教学大楼由五层的南北楼、六层的中楼三大部分组成,它们中间有两个不锈钢装饰

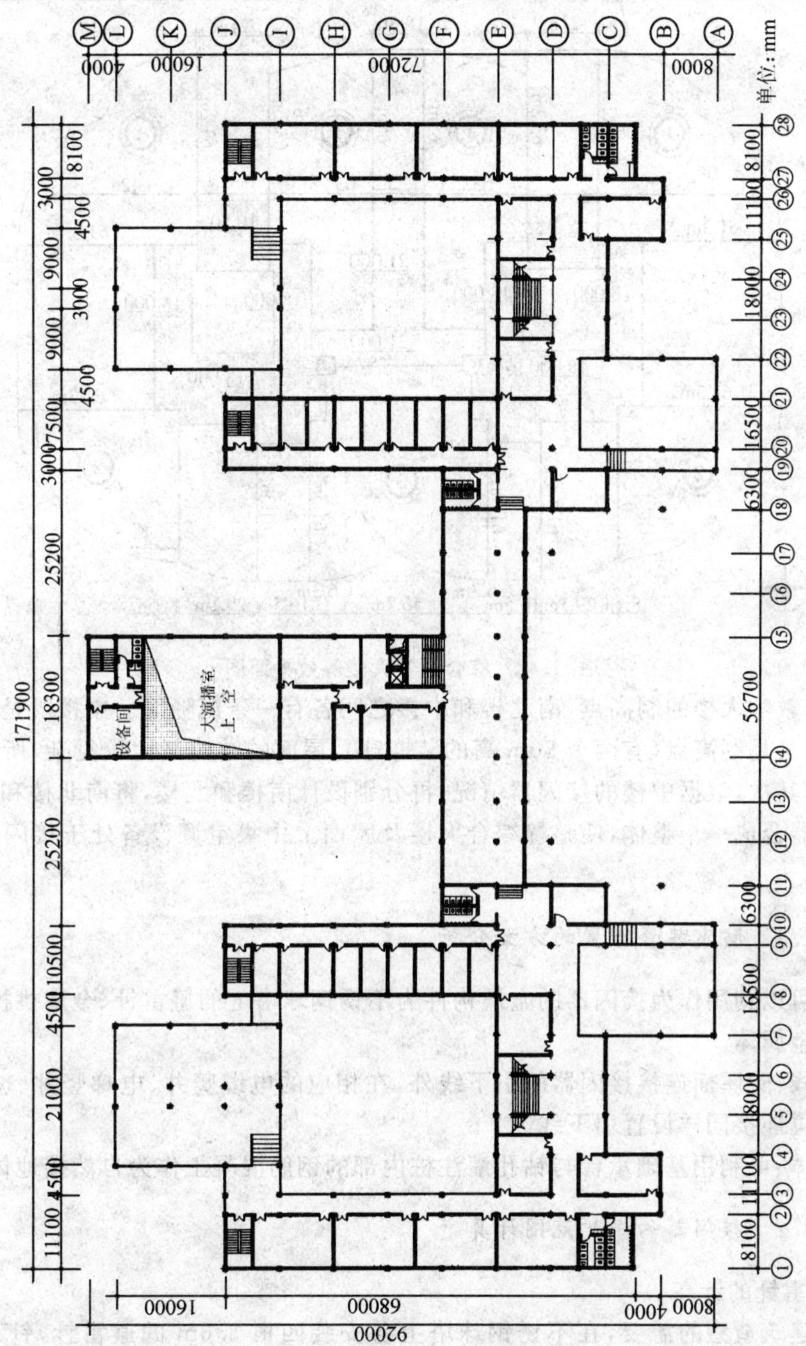

图 4.41　综合教学大楼楼层平面图

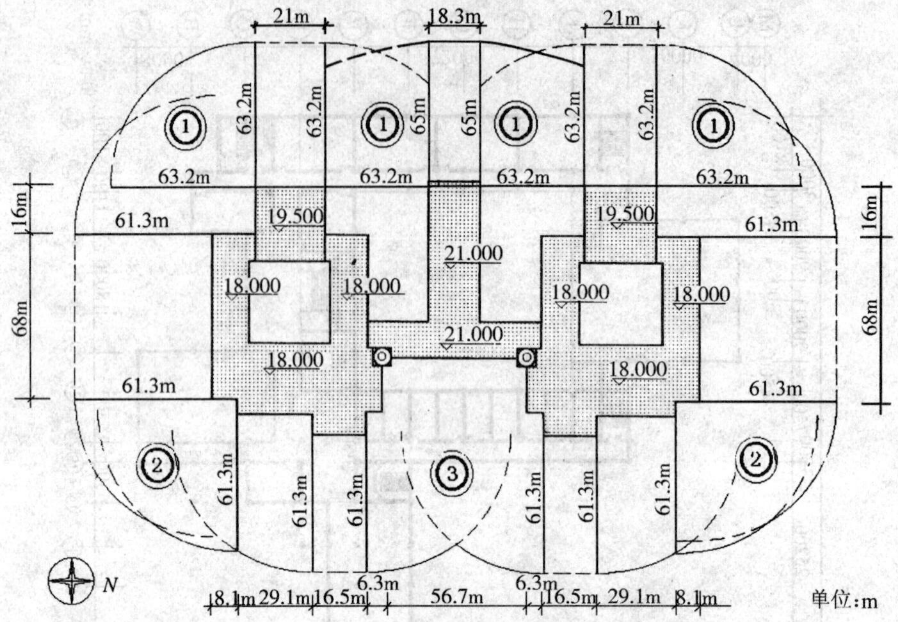

图 4.42　综合教学大楼等效平面图

球，是综合教学大楼的制高点，南北楼和中楼之间各有一条沉降缝。中楼既是整座建筑物的主体，又是制高点(有两个 30m 高的装饰球)，屋面的结构又比较复杂，所以我们先解决中楼；其次，根据中楼的接闪器情况，再分别设计南楼和北楼，将南北楼和中楼三部分的接闪器合成一个整体，使整幢综合大楼及屋面上中央空调设备处于接闪器的保护范围之内。

4.4.4.1　防雷装置布置的方案分析

屋面可以利用作为接闪器的金属构件为不锈钢球塔上的避雷针、金属挑檐、屋面水冷机组的金属体。

引下线:除屋面连接接闪器的引下线外，在相应的电缆竖井、电梯竖井、玻璃幕墙、各层等电位连接同样设置引下线。

接地体:可利用基础承台与钻孔灌注桩内部的钢筋混凝土作为自然接地体。

4.4.4.2　接闪器的保护范围计算

a. 避雷针的针高

根据建筑造型的需要，在不锈钢球塔上各安装四根 3.6m 的避雷针，针顶高度为 29.600m(图 4.43)。

由于屋顶采用金属网架制作，所以屋面可以视为等效地面，南北楼屋面高度为

19.5m，中楼屋面高度为 21.0m。

相应避雷针的高度分别在南、北楼为：29.6－19.5＝10.1m；

相应避雷针的高度在中楼为：29.6－21＝8.6m；

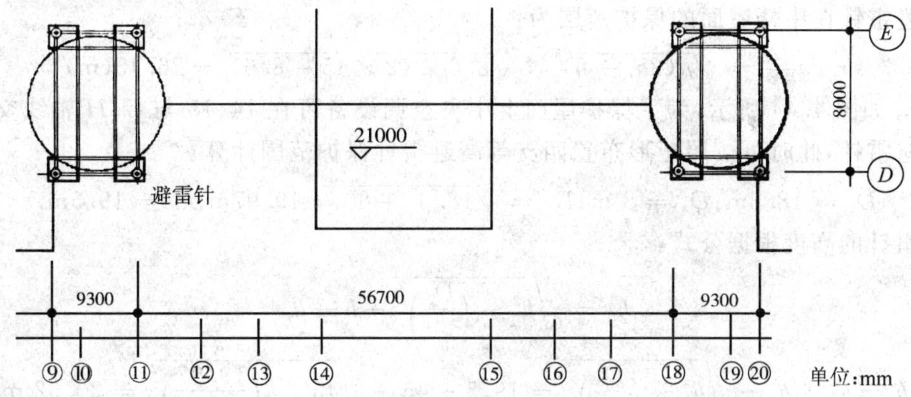

图 4.43　综合教学大楼中楼屋顶避雷针布置平面图

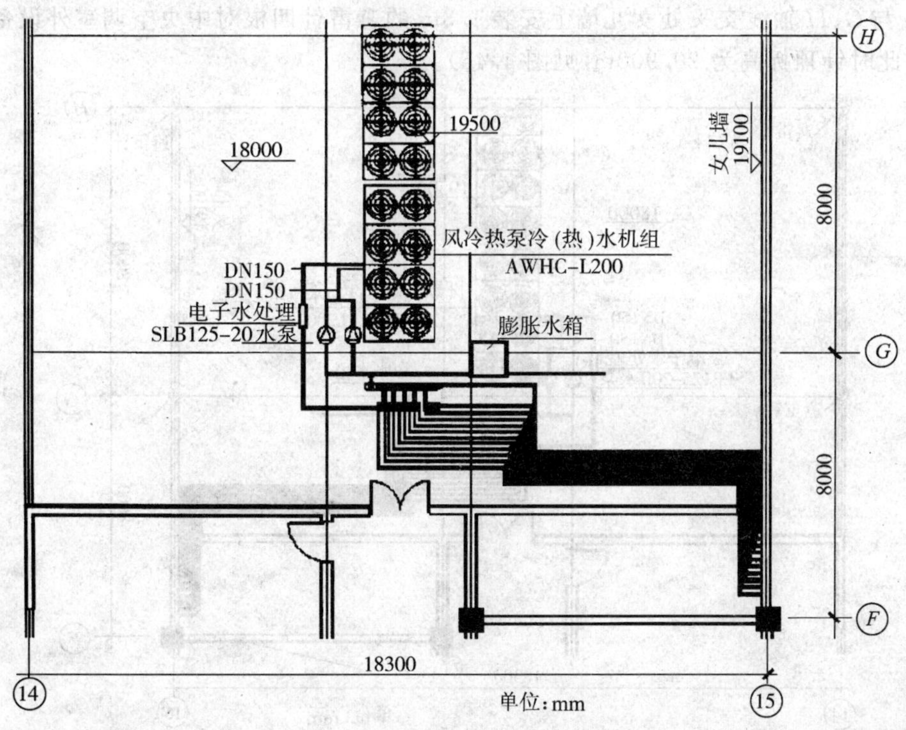

图 4.44　综合教学大楼屋顶设备局部平面图

b. 避雷针的保护范围

避雷针在南、北楼屋面的保护范围为：

$$r_{0南、北楼屋面} = \sqrt{h(2h_r - h)} = \sqrt{10.1 \times (2 \times 45 - 10.1} = 28.4(\text{m})$$

避雷针在中楼屋面的保护范围为：

$$r_{0中楼屋面} = \sqrt{h(2h_r - h)} = \sqrt{8.6 \times (2 \times 45 - 8.6)} = 26.45(\text{m})$$

c. 如图 4.44 所示，为了保护屋面上中央空调设备可在 14、15 与 G、H 轴线交叉处设置避雷针，此时可按照矩形布置四支等高避雷针保护范围计算。

$$D_1 = 18.3\text{m}; D_2 = 8\ \text{m}; D_3 = \sqrt{18.3^2 + 8^2} = 19.97\text{m}; h_0 = 19.5\text{m}。$$

求避雷针的高度根据公式：

$$h_0 = \sqrt{h_r^2 - \left(\frac{D_3}{2}\right)^2} + h - h_r$$

$$h = h_0 + h_r - \sqrt{h_r^2 - \left(\frac{D_3}{2}\right)^2} = 19.5 + 45 - \sqrt{45^2 - \left(\frac{19.97}{2}\right)^2} = 20.62\ \text{m}$$

放置中央空调室外设备的屋面标高为 18.000m，女儿墙高度为 19.100m，因此，可在 14、15 与 G、H 轴线交叉处女儿墙上安装 1.8m 的避雷针四根对中央空调室外设备进行保护，此时针顶标高为 20.900m(见图 4.45)。

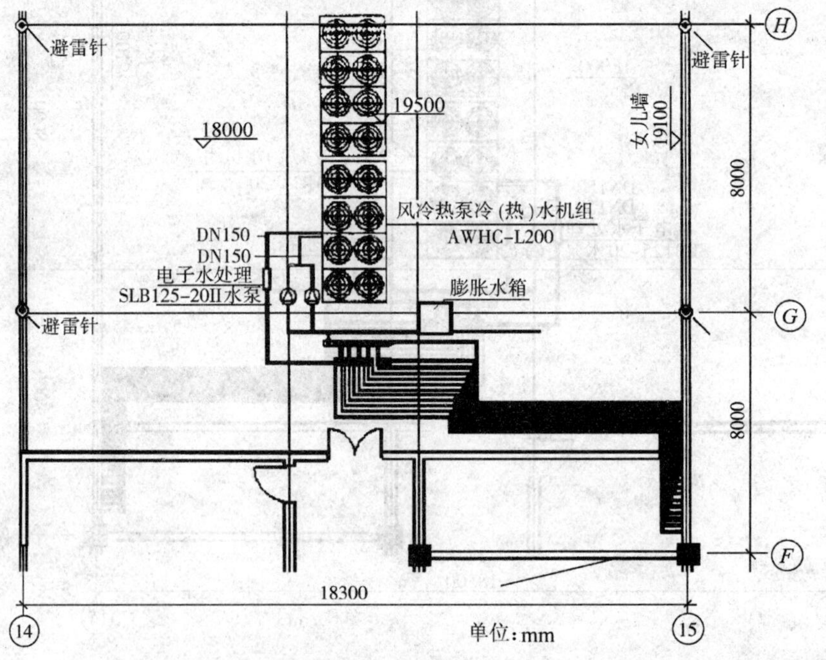

图 4.45 综合教学大楼中央空调室外设备避雷针布置平面图

接闪器的布置：屋面装设在建筑物上的避雷网(带)、避雷针及金属屋面混合组成接闪器，屋面避雷网网格不大于10m×10m；

突出屋面的金属物体应和屋面防雷装置相连，在屋面接闪器保护范围之外的非金属物体应装接闪器，并和屋面防雷装置相连。

4.4.4.3　接地体

综合教学楼所处的地理位置原是一片开阔的耕地，是砂质粘土，经在大楼建设场地上的六个测点测量地电阻率平均值为 $1.86\times10^2\Omega\cdot m$，六个测量值与平均值接近，可将该地的电阻率视作均匀。因为该综合大楼的周长有840m左右，如果我们利用建筑物基础内∅20mm钢筋作为接地体，使大楼底部形成一个闭合的均压带。

根据公式5.22水平接地体的接地电阻

$$R=\frac{\rho}{2\pi l}\left(\ln\frac{l^2}{hd}+A\right)=\frac{1.86\times10^2}{2\pi\times840}\left(\ln\frac{840^2}{1.6\times0.02}+1.69\right)=0.655(\Omega)$$

式中：ρ　土壤的电阻率，$\Omega\cdot m$；

l　接地体长度，m；

h　水平接地体埋深，m；

d　接地体直径或等效直径，m；

A　水平接地体的形状系数，见表5.16。

上面的计算结果表明，这个接地系统中的水平接地体所起的作用——接地电阻0.655Ω，已经达到规范的要求了，余下垂直接地体的部分计算可省去。

利用综合教学楼的桩基础、承台与地梁作为接地体，利用立柱主筋作引下线。

我们只计算了自然基础中外圈地梁的接地电阻，已经达到规范的要求了。事实上，我们利用基础作避雷的接地体时，是将地桩中的钢筋、承台中的底部双向钢筋以及除了外圈地梁的其他辅助梁的钢筋都一齐利用的。可见，该综合大楼如利用钢筋混凝土基础作为自然接地体，其接地体电阻比人工接地体小得多，好处是显而易见的。

本章思考与练习

1. 建筑物防雷设计接闪器的保护范围的方法是(　　　)，请选择。

A. 保护角法　　B. 滚球法　　C. 折线法　　D. 避雷网格

2. 何谓滚球法?

3. 用滚球法计算避雷针保护范围时，一类建筑物其滚球半径为(　　　)m；二类建筑物为(　)m；三类建筑物为(　　　)m。

4. 用滚球法确定防雷装置的保护范围，需要了解(　　　)数据。

A. 建筑物的防雷类别　　B. 防雷装置的高度

C. 被保护物的高度　　D. 被保护物至防雷装置的水平距离

5. 单支避雷针的保护范围按什么方法计算?

6. 单支避雷针在地面上的保护范围有多大?

7. 如何计算在某高度上单支避雷针的保护范围?

8. 把 5m 的避雷针装在建筑物的顶部其在建筑物顶部的保护范围为多大? 请解释。

9. 请解释，同样高度的避雷针，装在屋顶上，为什么保护范围有大有小?

10. 如何扩大避雷针在建筑物顶部的保护范围?

11. 避雷针高度的设计，是否高度越高，保护范围和效果越好? 请说明其设计原理。

12. 露天棉花堆场采用独立避雷针防直击雷时，其滚球半径可取(　　　)，请选择。

A. 30m　　B. 60m　　C. 100m　　D. 120m

13. 有一根 20m 高的避雷针，在其周围露天堆放约 4m 高的棉花，其堆放范围如何划定?

14. 有一个储存硝化棉的仓库，长 21m，宽 7.5m，要求设独立针保护，请设计绘制该仓库的保护范围(注：要求独立针离仓库不小于 3m，比例：1∶300)。

15. 有一炸药库，库内有三个金属立罐，罐壁厚 6mm，罐体连散风管(有帽)在内高 4m，直径 8m，库区有防火墙保护，墙高 1.5m(如图 4.46 所示)。要求在防火墙外设若干独立针保护，以对炸药实行避雷全保护，(独立针离防火墙不小于 3m，库区内不准有任何空隙部分)。

请设计并绘制炸药库的避雷设施平面图，要求算出独立针位置、避雷针高度，绘出避雷保护线及二针间保护剖面图。(提示：罐内压力与周围空气压力差＜5kPa，排放物比重重于空气)。

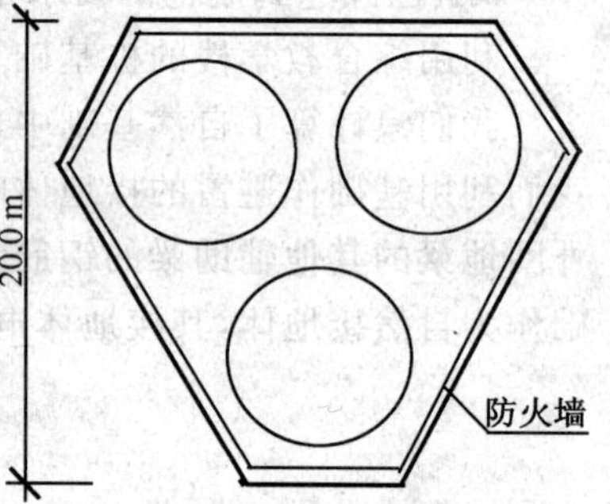

图 4.46　炸药库三个金属立罐平面布置

16. 某具有 1 区环境的工业厂房，位于年平均雷暴日为 40 天的河边，楼长 $L=40$m，宽 $W=18$m，高 $H=15$m，请设计该建筑物直击雷防护。

17. 某市平均雷暴日为 40 天，市区有一建筑物高 28m，顶部长 50m，宽 10m，女儿墙高 1m，在其顶上安装一支 8m 高的避雷针，不设避雷网、避雷带，预计这座建筑物每年可能遭受的雷击次数是多少? 能否得到安全保护?

18. 某工厂现要建一露天库区用于堆放造纸原料，造纸原料的最大堆放高度为 4.6m。目前有 30m 避雷针三根，现提出，如何布置避雷针，可使露天仓库的保护面积最大？

19. 某农场现要建一临时露天库区用于堆放粮食，粮食的最大堆放高度为 3.6m。目前，农场有 30m 避雷针四根，现提出，如何设计这四支避雷针的布置，可使露天仓库的保护面积最大？如果该露天仓库为一矩形，其边长为多少？

20. 如图 4.47，有一预计雷击次数大于 0.3 次/a 的库房四栋，要求设计避雷针对该库房进行防雷保护。设计要求：避雷针的布置；避雷针的高度；对库房的保护的计算。

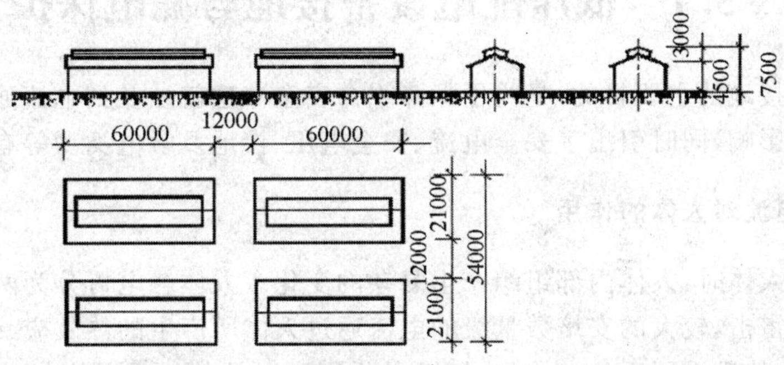

图 4.47　某四栋库房的平面布置及立面图

21. 某市某建筑物爆炸物存放，长 15m，宽 9m，高 5.5m，安装两支 18m 高的避雷针（接地电阻为 8Ω），请计算这座建筑物是否处在保护范围？

22. 某工厂现要建一露天库区用于堆放棉麻原料，最大堆放高度为 4.0m。目前有 35m 避雷线塔四根，避雷线 120m。现提出，如何布置避雷线塔，可使露天仓库的保护面积最大？

第五章 接地与接地电阻

§5.1 低压配电设备接地与漏电保护

低压配电接地的主要目的,是为了保障生命安全。这就涉及到电流通过人体时,对人体有些什么影响,同时引出了安全电流、安全电压、接地及触电类型等有关概念。

5.1.1 电流对人体的作用

电流通过人体时,人体内部组织产生复杂的变化。人体触电可分为两种情况:一种是高压触电或雷击,较大的安培数量级的电流通过人体所产生的热效应、化学效应和机械效应,将使人体遭受严重的电灼伤、组织炭化坏死以及其他难以恢复的永久性伤害。另一种是低压触电,在数十至数百毫安电流作用下,人的机体产生病理性、生理性反应,轻的有刺痛感,或出现痉挛、血压升高、心律不齐以致昏迷等暂时性的功能失常,重的可引起呼吸停止、心跳骤停、心室纤维性颤动等危及生命的伤害。

根据国际电工委员会(IEC)提出的科研新成果,我国规定人体触电后最大的摆脱电流即安全电流为 30 mA(50 Hz 交流),但这是指触电时间不超过 1s,因此,这个安全电流值也称为 30 mA · s。研究表明:如果通过人体电流不超过 30mA · s 时,对人身机体无损伤,不致引起心室纤维性颤动和器质损伤;如达到 50 mA · s 时,对人就有致命危险;达到 100mA · s 时,一般要致人死命。

安全电流主要与下列因素有关:

①触电时间:触电时间超过 0.2 s 时,致颤电流值急剧降低。

②电流性质:直、交流和高频电流触电对人体的危害程度是不同的,以 50～100Hz 的电流对人体的危害最为严重。

③电流路径:电流对人体的伤害程度主要取决于心脏受损程度。不同路径的电流对心脏有不同的损害程度,电流从手到脚,特别是从手到手对人最为危险。

5.1.1.1 安全电压和人体电阻

安全电压,就是不致使人直接致死或致残的电压。我国国家标准 GB3805-83 规定的安全电压等级和选用如表 5.1 所示。

表 5.1　安全电压(GB3805-83)规定

安全电压(交流有效值)		选用举例
额定值(V)	空负荷上限值(V)	
42	50	在有触电危险的场所使用手持电动工具等。
36	43	在矿井、多导电粉尘等场所使用的行灯等。
24	29	供某些人体可能偶尔接触的带电设备选用
12	15	
6	8	

实际上,从触电安全的角度来说,安全电压与人体电阻是有关系的。人体电阻由体内电阻和皮肤电阻两部分组成,体内电阻约 500Ω,与接触电压无关。皮肤电阻随皮肤表面的湿度、洁净程度和接触电压而变。从触电安全角度考虑,人体电阻(含接触电阻和体内电阻)一般取下限 1700Ω(平均为 2000Ω)。由于安全电流取 30mA,而人体电阻取 1700Ω,因此人体允许持续接触的安全电压为:

$$U = 30\text{mA} \times 1700\Omega \approx 50\text{V}$$

这 50V 称为一般正常环境条件下允许持续接触的安全最高电压。

5.1.1.2　触电对人体的伤害形式

触电的类型和案例千奇百怪,对人体的伤害部位也无奇不有,但对人体的伤害方式可归纳为两种:电击和电伤。

①电击:是指电流流过人体时反应在人体内部造成器官的损伤,而在人体外表不一定留下电流痕迹,人们将这种触电现象叫做电击。电击的危险性最大,一般死亡事故都是出于电击。

②电伤:是指由于电流的热效应、化学效应、机械效应以及在电流作用下熔化或蒸发的金属微粒等侵袭人体皮肤。使局部皮肤受到灼伤和皮肤金属化的伤害,严重的也可以致人死亡。电伤不是将人体内部器官损伤。

电击可分三种形式。第一种是单相触电。在低压系统中,人体触电是由于人体的一部分直接或通过某种导体间接触及电源的一相,而人体的另一部分直接或通过导体间接触及大地,使电源和人体及大地之间形成了一个电流通路,这种触电方式为单相触电(如图 5.1 所示)。第二种是两相触电。在低压系统中,人体两部分直接或通过导体间接分别触及电源的两相,在电源与人体之间构成了电流通路,这种触电方式称为两相触电。不管是单相触电或是两相触电,如果电流通过人体心脏,都是最危险的触电方式。两相触电方式如图 5.2 所示。

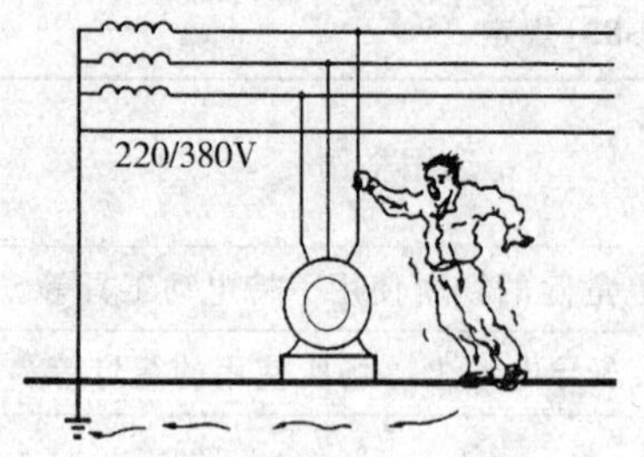

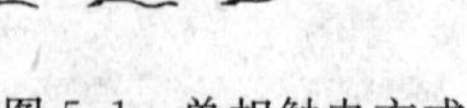

图 5.1 单相触电方式

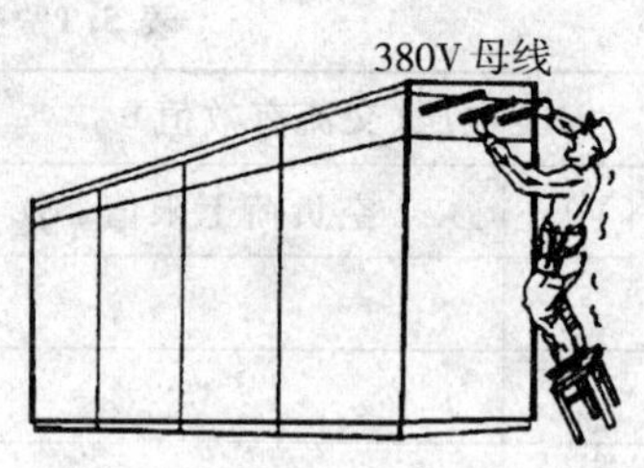

图 5.2 两相触电方式

第三种是跨步电压触电。当人的两脚踩在不同电位点时,使人体承受的电压称为跨步电压。在高压接地点附近地面电位很高,距接地点越远则电位越低,其电位曲线如图 5.3 所示。当有故障电流(或雷电流)通过接地装置(或防雷接地装置)流入大地时,人、畜在其附近行走,所承受的跨步电压超过安全电压时,将对人、畜造成伤害。这种类型的触电防护一般是采取措施降低跨步电压,并将接地系统装设在僻静的地方。如无条件,为保证人身安全,就在经常有人出入的地方,采用高绝缘路面(如沥青碎石路面)。

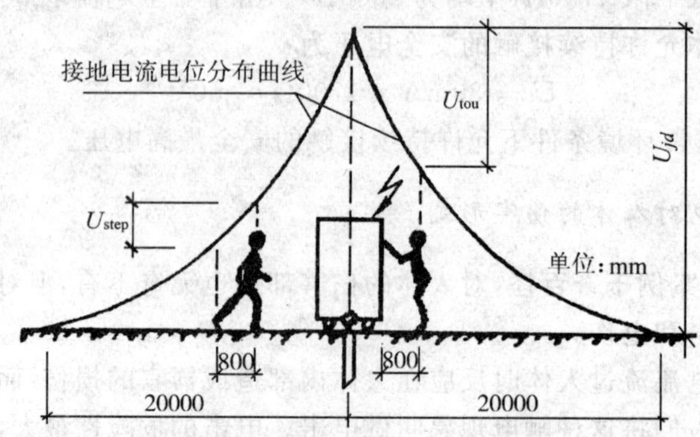

图 5.3 跨步电压(U_{step})和接触电压(U_{tou})

由于高压系统中电压高,相线之间或相线与地之间,当距离到达一定值时,空气被击穿。所以,在高压系统中,除了人体直接或通过导体间接地触及电源会发生触电以外,当人体直接或通过导体间接地接近高压电源时,电源与人之间的介质被高压击穿也会导致触电。人体在高压电源周围发生触电的危险间距与空气介质的温度、湿度、压强、污染情况以及电极形状和电压高低有关。

5.1.1.3 影响触电严重程度的因素

(1)电流和人体电阻:影响触电严重程度的因素主要是电流,电流的大小取决于人体的电阻及触电电压。每个人体的电阻各不相同,人体各部位的电阻也不相同,如人体的皮肤、皮下脂肪、骨筋和神经的电阻大,肌肉和血液的电阻小,一般情况下,人体的电阻为 1～2 kΩ，由人的年龄、职业、性别、体形（高、矮、胖、瘦）等条件所决定。

人体的电阻不是一成不变的，而是随着皮肤的状况（潮湿或干燥）、接触电压高低、接触面积大小、电流值及其作用时间的长短而变化的。皮肤越潮湿，人体电阻越小；接触电压越高，人体电阻越小；接触面积越大，人体电阻也越小。人体电阻还与温度、气候、季节有关。寒冷干燥的冬季，人体电阻大；夏季和雨季，气温高、空气潮湿，人体电阻小。

当人体接触电气设备或电气线路的带电部分并有电流流过人体时，人体将会因电流的刺激而产生危及生命的医学效应。当人体触电时，将产生生理变化。我国规定不大于 36V 的安全电压，小于 10mA 的安全电流，对人是不会造成生命危险的。虽然触电者会感觉麻木，但自已可以摆脱电流。而电流大于 10mA 时，人的肌肉就可能发生痉挛，时间一长，就有伤亡的危险。

(2)触电的时间：电击伤害的轻重还与电流通过人体的时间有关，如图 5.4 所示。

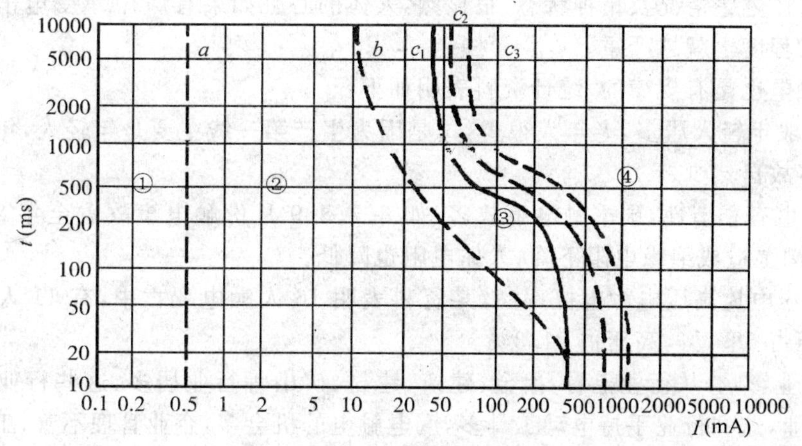

图 5.4　电流对人体伤害程度效应区域图

图中①区为无反应区，在此区域内，人一般没有反应；②区为无有害生理危险区，在此区前段人体开始有点麻木，到后段区域则人体会产生轻微痉挛，麻木剧痛，但可以摆脱电源；③区为非致命纤维性心室颤动区，在此区域里，人体会发生痉挛，呼吸困难，血压升高，心脏机能紊乱等反应。此时摆脱电源能力已较差；④区为可能发生致命的心室颤动的危险区，在此区域内，人已无法脱离电源，甚至停止呼吸，心脏停止跳动。

一方面，电流通过人体的时间越长，人体电阻越低；另一方面，人的心脏每收缩扩张一次，中间约有 0.1s 的间歇，这 0.1s 对电流最敏感，假如这一瞬间电流通过心脏，即使电流很小也会引起心脏室纤维性颤动，乃至人体窒息。如果电流不在这一瞬间通过心脏，即使电流较大，也不会使人窒息或被电死。可见，人体触电时间在 1s 以上也是人体的一个生死关（因人的心脏跳动一般在 60～90 次/min）。心脏每跳动一次后休息 0.1s，在休息这一瞬间有电流通过心脏则十分危险。触电时间达 1s 必然经过危险点。

国际上公认，触电时间与流入人体的电流之乘积如果超过 30mA·s，就会发生人体触电死亡事故。

(3)电流的频率：国际电工委员会(IEC)的标准明确指出，人体触电后的纯医学效应与触电电流的种类、大小、频率和流经人体的时间有关。在交流供电系统中，低频比高频危险，而 50Hz 属于低频。

(4)电流的路径：电流通过心脏部分越多，情况自然越严重，一般从右手到左手 至地最严重，从手指头经过手掌到该手的另一指头则较轻。

(5)环境影响：周围环境潮湿与否及摆脱电源空间的大小对触电程度也有影响，特别是在金属容器中工作，人的脚直接踩在金属容器上，电流很容易通过人体。所以在金属容器中用手持式灯具照明应把电压调在 12V。

(6)触电部位的压力：压力越大，则接触电阻就越小，因此触电的危险性就越大。

(7)人体健康情况及精神状态：很显然，人体的心脏如果有病，. 承受电击的能力就差，危害的程度也就越严重。

(8)触电也是有规律的，统计资料表明如下：

a. 一般年轻人居多，老年人很少，这是因为生产第一线主要是年轻人，年岁大的人经验多，事故自然少。

b. 触电有季节性，雨季触电事故多，如 6、7、8、9 月份触电事故占全年 80%以上。因为气候潮湿造成绝缘电阻下降，人体电阻也降低。

c. 低压电比高压电触电概率高，某资料表明 16 人触电死亡中，有 11 人触的是低压电，低压占 68.7%，高压占 31.3%。

d. 行业影响，从行业上看，冶金、建筑、建材、矿山等行业居多，这些行业属于劳动密集型产业，这些行业手持电动工具多，漏电触电的机会多，企业管理不善，工人简单培训后就上岗，甚至不经培训就上岗。

5.1.1.4　相关基本概念

安全超低电压 (safety extra-low voltage)　按国际电工委员会标准规定的线间或线对地之间不超过交流 50V(均方根值)的回路电压。该回路是用安全隔离变压器或具有多个分开绕组的变流器等手段与供电电源隔离开的。上述数值相当于中国标准规定的安全电压系列的上限值。

安全电流 (safe current)　流过人体不会产生心室纤颤而导致死亡的电流。其值工频应为 30 mA 及以下，在有高度危险的场所为 10 mA，在空中或水面作业时则为 5mA。

安全电压 (safe voltage)　人体长期保持接触而不致发生电击的电压系列。按工作环境情况，中国标准规定的额定值等级交流为 42V、36V、24V、12V、6V；空载上限值交流为 50V、43V、29V、15V、8V。在使用上述电压标准时，还应满足以下几点：除采用独立电源外，供电电源的输入与输出电路必须实行电路上的隔离；工作在安全电压下的电路，必须与其他电器系统和任何无关的可导电部分实行电器上的隔离；当电器设备采用 24V 以上的电压时，必须采取防直接接触带电体的保护措施，其电路必须与大地绝缘。

安全距离　(safe distance)　为防止触电和短路事故而规定的人与带电体之间、带电体相互之间、带电体与地面及其他物体之间所必须保持的最小距离，是根据不同结构形式和不同电压等级下空气放电间隙再加上一定的安全裕度而确定的。

5.1.2　电力设备工作接地的一般要求

(1) 为了保护人身和设备的安全，电力设备宜接地或接零。三线制直流回路的中性线宜直接接地。

(2) 不同用途和不同电压的电气设备，除另有规定者外，应使用一个总的接地体，接地电阻应符合其中最小值的要求。

(3) 如因条件限制，做接地有困难时，允许设置操作和维护电力设备用的绝缘台。绝缘台的周围，应尽量使操作人员没有偶然触及外物的可能。

(4) 低压电力网的中性点可直接接地或不接地。380/220V 低压电力网的中性点一般直接接地。

(5) 中性点直接接地的低压电力网，应装设能迅速自动切除接地短路故障的自动保护装置。

在中性点直接接地的低压电力网中，电力设备的外壳宜采用接零保护，即接零。

由同一发电机、同一变压器或同一段母线供电的低压线路，不宜同时采用接零、接地两种保护方式。

在低压电力网中，全部采用接零保护确有困难时，也可同时采用接零和接地两种保护方式，但不接零的电力设备或线段，应装设能自动切除接地故障的装置(如漏电流保护装置)。在泵站、人防等潮湿场所或条件特别恶劣场所的供电网中，电力设备的外壳应采用接零保护。

(6) 在中性点直接接地的低压电力网中，除另有规定者和移动式设备外，零线应在电源处接地。

在架空线路的干线和分支线的终端及沿线每一千米处，零线应重复接地。

电缆和架空线在引入车间或大型建筑物处，零线应重复接地(但距接地点不超过 50m 者除外)，或在屋内将零线与配电屏、控制屏的接地装置相连。

高低压线路共杆架设时，在共杆架设的两端杆上，低压线路的零线应重复接地。

中性点直接接地的低压电力网中以及高低压共杆的电力网中，钢筋混凝土杆的铁横担和金属杆应与零线连接，钢筋混凝土杆的钢筋宜与零线连接。

电力设备接地装置的接地电阻最大允许值见表5.2。

表5.2 电力设备接地装置的接地电阻最大允许值

接地装置名称	接地电阻最大允许值(Ω)
3～10kV配、变电所高低压共用接地装置	4
低压电力设备接地装置	4
单台容量≤100kVA或并列运行总容量≤100kVA的变压器、发电机等电力设备的共用接地装置	10
3～10kV线路在居民区的钢筋混凝土杆的接地装置	30
配电线路零线每一重复接地装置	10

注：在采用接零保护的低压电力网中，系指变压器的接地电阻，而用电设备只进行接零，不做接地；在电力设备接地装置的接地电阻允许达到10Ω的低压电力网中，每一重复接地装置的接地电阻不应超过10Ω，但重复接地不应少于3处；接地是保证电力系统、电气设备正常运行和人身安全的重要技术措施。

交流电：1000V以上为高压，1000V以下为低压；直流电：1200V以上为高压，1200V以下为低压。

5.1.3 设备接地的基本概念

接　地：电力设备、杆塔或过电压保护装置用接地线与接地体连接，称为接地。电气设备在运行中，如发生接地短路，则短路电流通过接地体向地中流散。试验证明：在离开单根接地体或接地板20m以外的地方，该处的电位近乎等于零，我们把电位等于零的地方称做电气上的“地”。

接地体：埋入地中并直接与大地接触的金属导体，称为接地体。兼作接地体用的直接与大地接触的各种金属构件、金属井管、钢筋混凝土建构筑物的基础、金属管道和设备等称为自然接地体。

接地线：电力设备、杆塔的接地螺栓与接地体或零线连接用的在正常情况下不载流的金属导体，称为接地线。

接地装置：接地体和接地线的总和，称为接地装置。

过电压保护接地：消除过电压和消除雷击和过电压的危险影响而设的电压保护装置的接地。

防静电接地：消除生产过程中产生的静电而设的接地。

屏蔽接地：防止电磁感应而对电力设备的金属外壳、屏蔽罩、屏蔽线的外皮或建筑物金属屏蔽体等进行的接地。

工频接地电阻：工频接地电阻是指接地装置流过工频电流时所表现的电阻值。

冲击接地电阻：冲击接地电阻是指接地装置流过雷电冲击大电流时所表现的电阻值。

5.1.3.1 接地、接地装置和接地电阻

电气设备的某部分与大地之间作良好的电气连接，称为接地。

如图 5.5(左图)所示,与大地直接接触的金属物体,称为接地体或接地极。连接接地体与设备接地部分的导线,称为接地线。接地体与接地线组成接地装置。当电气设备发生接地故障时,如图 5.5(右图)所示,有故障电流经接地体成半球形向大地流散,接地装置的流散电阻称为接地电阻。

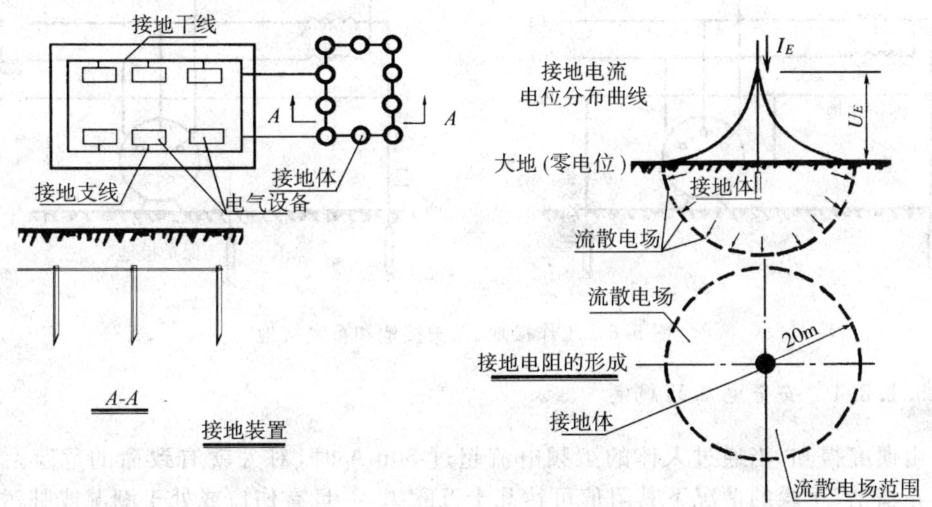

图 5.5　接地装置和接地电阻示意图

5.1.3.2　工作接地和保护接地

①工作接地:在电力系统中,为保护电力设备达到正常工作要求的接地,称为工作接地。如图 5.6 的中性点直接接地的电力系统中,变压器中性点接地或发电机中性点接地均为工作接地。

②保护接地:为保护人身安全、防止间接触电,如图 5.6 所示,将设备的外露可导电部分进行接地,称为保护接地。保护接地的形式有两种:一种是设备的外露可导电部分经各自的接地保护线分别直接接地;另一种是设备的外露可导电部分经公共的保护线接地。高压电力设备的金属外壳、钢筋混凝土杆和金属杆塔,由于绝缘损坏有可能带电,为了防止这种电压危及人身安全,把电气设备不带电的金属部分与接地体之间作良好的金属连接叫保护接地。电力设备金属外壳等与零线连接则称为保护接零,简称接零。

5.1.3.3　重复接地

如图 5.6 所示,在中性线直接接地系统中,为确保保护线安全可靠,除在变压器或发电机中性点处进行工作接地外,还在保护线其他地方进行必要的接地,称为重复接地。

重复接地可以降低漏电外壳的对地电压:　　$U_d = R_c \cdot U_L$

式中：U_d 漏电外壳的对地电压，V；

R_c 重复接地电阻，Ω；

U_L 发生短路时，在零线产生的电压压降，V；

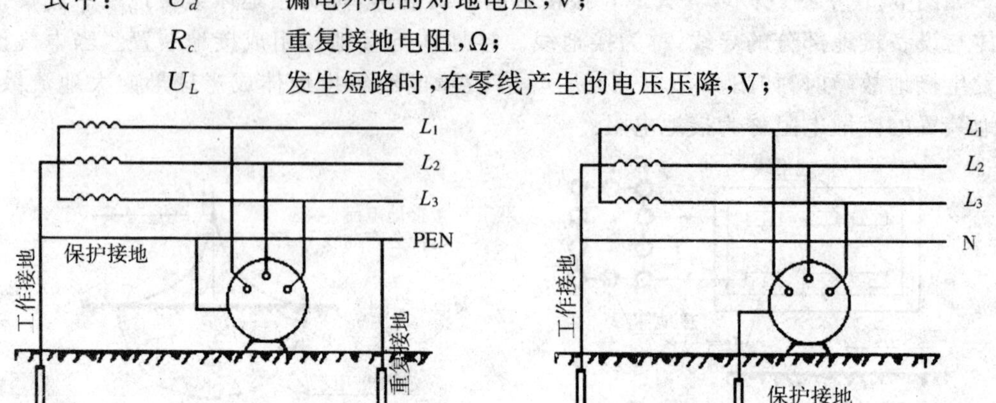

图 5.6 工作接地、保护接地和重复接地

5.1.3.4 安全电压的规定

由研究得知，当通过人体的工频电流超过 50mA 时，对人就有致命的危险。人的皮肤在清洁、干燥的情况下其阻值可达几十万欧姆，一旦有伤口或处于潮湿或脏污状态时，却降为 800～1000Ω。

根据上述研究结果，我国规定的安全电压为：在没有高度危险的场所为 65V ，在高度危险的场所为 36V；在特别危险的场所为 12V。

5.1.3.5 国际电工委员会(IEC)对系统接地的文字代号规定

第一个字母表示电力系统的对地关系：

T 一点直接接地；

I 所有带电部分与地绝缘，或一点经阻抗接地。

第二个字母表示装置的外露可导电部分的对地关系：

T 外露可导电部分对地直接电气连接，与电力系统的任何接地点无关；

N 外露可导电部分与电力系统的接地点直接电气连接（在交流系统中，接地点通常就是中性点）。

后面还有字母时，这些字母表示中性线与保护线的组合：

S 中性线和保护线是分开的；

C 中性线和保护线是合一的。

5.1.3.6 接地保护与接零保护的几种接线方式

(1) 电力设备的下列金属部分，除另有规定者外，均应接地或接零 ：

变压器、电机、电器、携带式及移动式用电器具等的底座和外壳；

电力设备传动装置；

互感器的二次绕组；

配电屏与控制屏的框架；

屋内外配电装置的金属构架和钢筋混凝土构架，以及靠近带电部分的金属围栏和金属门；

交、直流电力电缆接线盒、终端盒的外壳和电缆的外皮、穿线的钢管等；

装有避雷线的电力线路杆塔；

在非沥青地面的居民区内，无避雷线（接地短路电流）的架空电力线路的金属杆塔和钢筋混凝土杆塔；

装在配电线路杆上的开关设备、电容器等电力设备；

铠装控制电缆的外皮、非铠装或非金属护套电缆的 1～2 根屏蔽芯线。

(2) 电力设备的下列金属部分，除另有规定者外，可不接地或不接零：

在木质、沥青等不良导电地面的干燥房间内，交流额定电压 380V 及其以下、直流额定电压 440V 及其以下的电力设备外壳，但当维护人员可能同时触及电力设备外壳和接地物件时以及爆炸危险场所除外；

在干燥场所，交流额定电压 127V 及其以下、直流额定电压 110V 及其以下的电力设备外壳，但爆炸危险场所除外；

安装在配电屏、控制屏和配电装置上的电气测量仪表、继电器和其他低压电器的外壳，以及当其发生绝缘损坏时，在支持物上不会引起危险电压的绝缘子金属底座；

安装在已接地的金属构架上的设备如套管等（应保证电气接触良好），但爆炸危险场所除外；

额定电压 220V 及其以下的蓄电池室内的支架；

与已接地的机床底座之间有可靠电气接触的电动机和电器的外壳，但爆炸危险场所除外；

由工业企业区域内引出的铁路轨道。

5.1.3.7　低压电力网的接地

根据国际电工委员会(IEC)第 64（建筑电气装置）技术委员会（TC64）的规定，低压电力网的接地方式主要有以下几种。

低压配电系统按保护接地的形式不同分为：IT 系统、TT 系统和 TN 系统；其中 IT 系统和 TT 系统的设备外露可导电部分经各自的保护线直接接地（过去称为保护接地）TN 系统的设备外露可导电部分经公共的保护线与电源中性点直接电气连接（过去称为接零保护）。

(1) IT 系统

如图 5.7 所示，IT 系统的电源中性点是对地绝缘的、或经高阻抗接地，而用电设备的金属外壳直接接地。

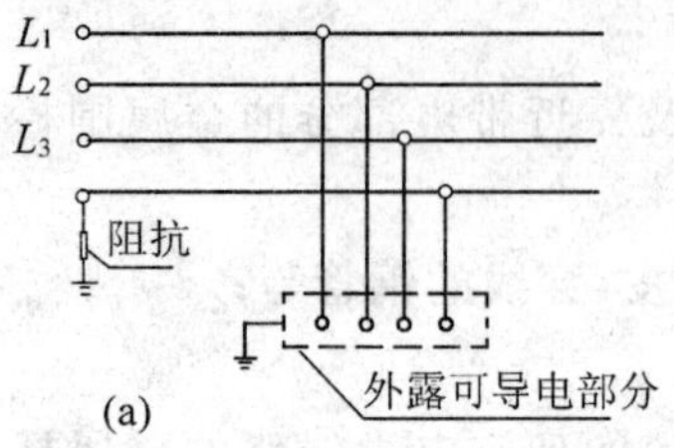

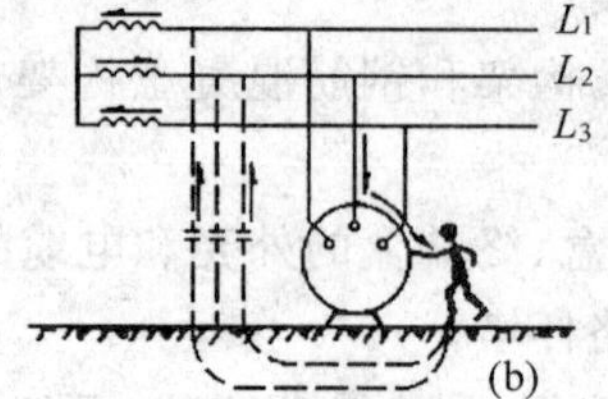

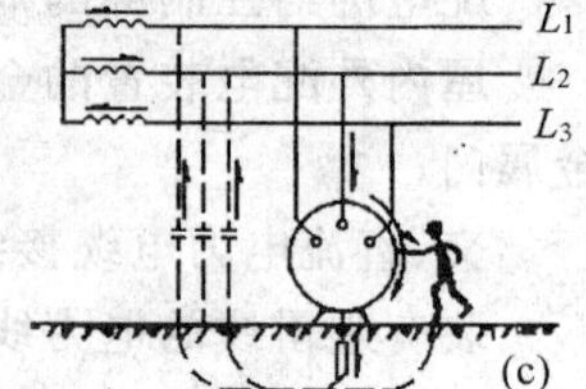

图 5.7　IT 系统

IT 系统的工作原理是：若设备外壳没有接地（如图 5.7 (b)所示），在发生单相碰壳故障时，设备外壳带上了相电压，如此时有人触摸外壳，就会有相当危险的电流流经人身与电网和大地之间的分布电容所构成的回路。而设备的金属外壳有了保护接地后如图 5.7 (c)所示，由于人体电阻远比接地装置的接地电阻大，在发生单相碰壳时，大部分的接地电流被接地装置分流，流经人体的电流很小，此时，故障电流为非故障相的对地电容电流，其接触电压不超过 50V，从而对人身安全起了保护作用。

IT 系统适用于环境条件不良，易发生单相接地故障的场所，以及易燃、易爆的场所，如煤矿、化工厂、纺织厂等，多用于井下和对不间断供电要求较高的电气装置。

(2) TT 系统

如图 5.8(a)所示，TT 系统的电源中性点直接接地，用电设备的金属外壳亦直接接地，且与电源中性点的接地无关。图中 PE(Protective Earthing)为保护接地。TT 系统的工作原理是：当发生单相碰壳故障时，接地电流经保护接地的接地装置和电源的工作接地装置所构成的回路流过，此时如有人触摸带电的外壳，由于保护接地装置的电阻远小于人体的电阻，大部分的接地电流被接地装置分流，从而对人身起保护作用。

但 TT 系统在确保安全用电方面还存在不足之处，主要有下面两个问题：

a. 在采用 TT 系统的电气设备发生单相碰壳故障时，接地电流并不很大，往往不能使保护装置动作，这将导致线路长期带故障运行。

在图 5.8(b)中，若工作接地的电阻 R_N 和保护接地的电阻 R_E 均为 4Ω，则在发生单相碰壳时，接地电流 I_E 为：

$$I_E = \frac{220}{R_N + R_E} = 27.54(\text{A})$$

这个数值的接地电流足以使额定电流大于 6A 的熔丝熔断，或令瞬时脱扣器额定电流大于 18A 的自动开关跳闸，这样线路就会长期带故障运行。同时故障设备外壳的电压 U_E 可达到 110V ($U_E = I_E R_E$)。此外，由于电流中性点的电位发生偏移，使非故障相的电压高于 220V，这对人身安全和设备正常运行都是十分不利的。

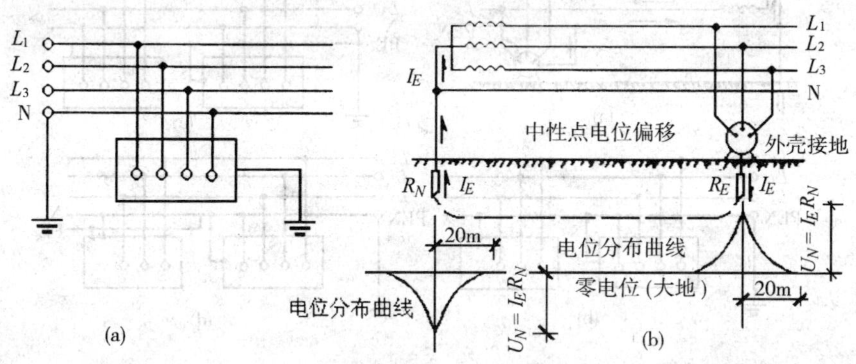

图 5.8　TT 系统

(a)TT 系统示意图　(b)发生单相碰壳时的电位分布示意

b. 当 TT 系统中的用电设备只是由于绝缘不良引起漏电时，因泄漏电流往往不大（仅为毫安级），不可能使线路的保护装置动作，这也导致漏电设备的外壳长期带电，增加了人身触电的危险。

因此，TT 系统必须加装漏电保护开关，方能成为较完善的保护系统。目前，TT 系统广泛应用于城镇、农村居民区、工业企业和由公用变压器供电的民用建筑中。

(3) TN 系统

如图 5.9(a)所示是 TN 系统的工作原理示意图。

TN 系统：接地故障属金属性短路，故障电流大，一般的过电流保护电器，能达到切断故障回路的要求；当电气设备发生单相碰壳时，故障电流经设备的金属外壳形成相线对保护线的单相短路，这将产生较大的短路电流，令线路上的保护装置立即动作，将故障部分迅速切除，从而保护人身安全和其他设备或线路的正常运行。

TN 系统的电源中性点直接接地，并有中性线引出。按其保护线的形式，TN 系统又分为：TN-C 系统、TN-S 和 TN-C-S 系统三种。

a. TN-C 系统（三相四线制）：因其保护线（PE）与中性线（N）合为 PEN 线，具有更简单、经济的优点，是广泛应用的系统；运行中 PEN 线不仅要通过正常负荷电流，有时尚有三次谐波电流通过，因此在 PEN 线上产生的压降将呈现在用电设备的外壳和线路的金属套管上，当发生 PEN 线断线或对大地有短路事故时，将呈现出更高的对地故障电压，由于同一装置内 PEN 线是相通的，故此一建筑物内产生的故障电压将会沿 PEN 线窜至其他建筑物内，从而使事故范围扩大。故障电压超过安全值，不仅电击伤人，也能对地放电引起爆炸和火灾。

TN-C 系统的接地的适用范围：三相负荷基本平衡的一般工业企业建筑应采用 TN-C 系统；具有爆炸、火灾危险的工业企业的建筑、矿井、医疗建筑和没有专职电工维

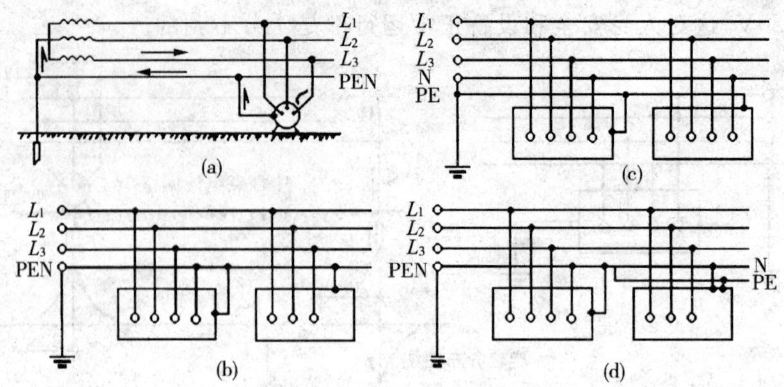

图 5.9　TN 系统

(a)TN 系统的工作原理；(b)TN-C 系统；(c)TN-S 系统；(d)TN-C-S 系统

护的普通住宅和一般民用建筑不应采用 TN-C 系统；由于 PEN 线带有电位，对供电给数据处理设备和精密电子仪器设备的配电系统不宜采用 TN 系统。

在变压器或发电机中性点直接接地的 380/220V 三相四线低压电网中，将正常运行时不带电的用电设备的金属外壳经公共的保护线与电源的中性点直接电气连接。

如图 5.9(b)所示为 TN-C 系统，由图可见整个系统的中性线(N)和保护线(PE)是合一的，该线又称为保护中性线(PEN)。其优点是节省了一条导线，但在三相负载不平衡或保护中性线段，开始会使所有用电设备的金属外壳都带上危险电压。在一般情况下，如果扩充装置和导线截面选择适当，TN-C 系统是能够满足要求的。

b. TN-S 系统(三相五线制)：PE 线不通过正常电流，因此 PE 线和设备外壳不带电位(它只在发生接地故障时才带电位)；TN-S 系统，不能解决对地故障电压蔓延和相线对地短路引起中性点电位升高或位移等问题。

这种系统多用于对安全可靠性要求较高、设备对抗电磁干扰要求较严或环境条件较差的场所使用。对新建的大型民用建筑、住宅小区，特别推荐使用 TN-S 系统。

TN-S 系统的接地的适用范围：可较安全地用于民用建筑中，也适用于供电给数据处理设备和精密电子仪器设备的配电系统。

如图 5.9(c)所示为 TN-S 系统，由图可见整个系统的 N 线和 PE 线是分开的。其优点是 PE 线在正常情况下没有电流通过，因此不会对接在 PE 线上的其他设备产生电磁干扰。此外，由于 N 线与 PE 线分开，N 线即使是出现了断线也不会影响 PE 线的保护作用。但 TN-S 系统耗用的导电材料较多，投资较大。

c. TN-C-S 系统(三相四线与三相五线混合系统)：TN-C-S 系统是民用建筑中最常用的接地系统。通常电源线路中用 PEN 线，进入建筑物后分为 PE 线和 N 线，这种系统电路结构简单，又保证一定的安全水平，最适用于分散的民用建筑(小区建筑)。由于电源线路中的PEN线上有一定的电压降，该电位仍将呈现在设备金属的外壳上，由于建筑物内设有专门的PE线，因而消除了TN-C的一些不安全因素。

PEN线分为PE和N线后，N线应使之对地绝对绝缘，且再也不能与PE线合并或互换，否则它仍然属于TN-C系统。为防止在应用中PE线和N线混淆，国家标准GB7947-87中规定，对PE线和PEN线应有黄绿相间的色线加以区别。

TN-C-S系统的接地的适用范围：适用于小区民用建筑。如图5.9(d)所示为TN-C-S系统，系统中有一部分中性线和保护线是合一的；而有一部分是分开的。这种系统兼有TN-C系统和TN-S系统的特点，常用于配电系统末端环境较差或对电磁抗干扰要求较严的场所。

在TN-C、TN-S和TN-C-S系统中，为确保PE线或PEN线安全可靠，除在电源中性点进行工作接地外，对PE线和PEN线还必须进行必要的重复接地。PE线和PEN线上不允许装设熔断器和开关。

d. TT系统与TN-S系统的比较：在TT系统内，由于设备金属外壳(设备的外露可导电部分)系采用单独的接地体接地，它和电源的接地在电气上没有联系，由于各个建筑物都有各自的接地极，PE线间互不连通，从而杜绝了危险过电压沿PE线自户外窜入建筑物内的危险，因此，它被规定为城市公用低压电网向用户供电的接地系统。TT系统也适用于对接地要求较高的数据处理和电子设备的供电。因为即使采用TN-S系统，也会因装置的正常泄漏电流引起微量电位变化，影响精密仪器设备的正常工作，而TT系统的用电设备，则因其和电源的接地在电气上无联系，因而不会发生这类问题。

TT系统可以用于农村建筑，由于现阶段农村用电负荷分散，线路长，TN系统因故障电流小，现今的过电流保护手段，尚难以在规定的时间切断故障，从而失去了优越性，而TT系统可以就地打入人工接地极，避免了从电源单独引来PE线的麻烦。除此之外，漏电保护器的问世，也解决了TT系统保护不灵敏的问题。

TT系统的接地的适用范围：适用于符合供用电规则规定的低压供电条件的用户；适用于符合供用电规则规定的低压供电条件的农村用户。

在同一供电系统中，不能同时采用TT系统和TN系统保护。如图5.10所示，图中左侧设备采用TN系统接地，右侧设备采用TT系统接地，在采用TT系统保护的设备发生碰壳时，接地电流经接地电阻和零电位电阻形成回路。如接地电流较小，保护装置未能动作，这将使N线的电位升高为$U_N = I_E R_N$。采用TN系统保护的设备金属外壳因而都带上了电压U_N，接触这些设备的人就会有触电的危险。

问题1：变电所接地网能与附近厂房的接地网及防雷接地网相连吗？

变电所的接地网允许与同一电源系统的厂房的接地网相连，它们之间不相连时应相隔10m以上，以避免一个接地网出现高电位时，蔓延到另一接地网。不允许与不同电源系统的接地网相连。当同一机组采用不同电源系统时，可采用同一接地装置。

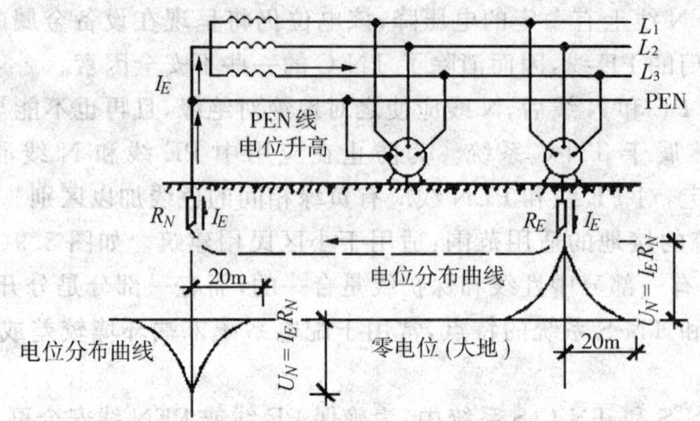

图 5.10　同时采用 TT 和 TN 系统的危险情况

厂房内设备的接地装置允许和厂房的防雷接地装置在地下相连，即成为联合接地装置，其接地电阻必须不大于上述两个接地装置中任意一个的接地电阻值，一般取不大于 1Ω。

问题 2：TN-C 系统中，防雷接地利用基础金属框架作接地极，电阻为 0.2Ω，此金属框架能否作为 PEN 线的重复接地？

重复接地通常要求不大于 10Ω，金属框架的接地电阻为 0.2Ω，可以作为重复接地。防雷接地与重复接地合用一个接地极的条件是：该接地极的电阻不大于 1Ω。由于金属框架的接地电阻为 0.2Ω，所以防雷接地可合用同一个接地装置。

重复接地和防雷接地不能利用同一根钢筋接到基础金属框架上。若某根钢筋混凝土柱内的主钢筋作为防雷引下线，此柱内其他钢筋就不要用作重复接地的引下线，以免雷击时雷电流传至设备上，发生危险。同样，某根钢筋柱内的主钢筋用作重复接地引下线时，该柱内其他钢筋不要用作防雷引下线。

问题 3：TT 系统中，防雷接地能否和保护接地合用一个桩基础为接地极？

TT 系统中，PE 线的保护接地与电源的工作接地是分开的。工程设计用建筑物桩基础作为防雷接地极和 PE 线的保护接地极是可以的，但不能把防雷引下线和保护接地引下线在地面上连成一体后与地下接地极相连，因为雷击时雷电流通过防雷引下线入地的同时，也会沿着防雷引下线和 PE 线的连接点，由 PE 线分流到 PE 线保护的设备上，如果该楼层未采用等电位措施，人员触及就会遭到雷击。

PE 线的保护接地的引下线应单独和接地极相连，PE 线的引下线和防雷引下线相距越远越好，要求 10m 以上，达到雷电流沿防雷引下线入地后，让雷电流流散到地中，就不会从 PE 线的引下线中扩散到设备外壳上。

问题 4：低压架空线引入建筑物时，为什么要将进户杆的瓷瓶铁横担接地？

发生雷击时，雷电波往往会沿架空电线进入室内。为防止雷电流进入室内，将固定瓷瓶的铁横担接地，就使横担与导线之间形成一个放电保护间隙，其放电电压约40kV。

当雷电流沿架空电线侵入时，瓷瓶上发生沿表面放电，将雷电流导流入地，大大降低架空电线上的电位，将高电位限制在安全范围以内。

为此 SDJ4-79《架空配电线路设计技术规程》第 58 条作了如下规定：为防止雷电流沿低压配电线路侵入建筑物，接户线上的绝缘子铁脚直接接地，其接地电阻不宜大于30Ω。公共场所（如剧院和教室等）的接户线以及由木杆或木横担引下的接户线，绝缘子铁脚应接地。

5.1.4　漏电保护装置

漏电保护器是根据不平衡电流动作的原理制成的，它是一种灵敏度很高的装置。漏电保护器也称剩余电流动作保护器。对于照明线路，无论是采用 TN 系统还是采用 TT 系统保护，都有不足之处。如在 TN 的三种系统中，对线路绝缘损坏所引起的漏电，其保护装置就不一定动作了。

在家用电器种类日益增多，使用愈来愈普遍的情况下，在各种保护系统中再加装漏电保护装置，其优点是十分明显的。

漏电开关作为防止触电事故和发生火灾的安全保护装置，正在我国逐步推广。漏电开关有电压动作型和电流动作型两种。电压动作型漏电开关由于工作性能差，精度低，脱扣线圈容易烧毁等缺点，已经淘汰不用；电流动作型高灵敏度漏电开关是目前最常用的一种。

电流动作型漏电开关一般由零序电流互感器、漏电脱扣器和带有过载与短路保护的自动开关组成。当被保护回路出现漏电故障时，相电流的矢量不等于零，出现零序电流。零序电流达到规定值便使脱扣器动作，达到保护的目的。

5.1.4.1　漏电开关的应用范围

①使用手持电动工具及移动电气设备的场所，特别是建筑工地等施工现场的移动设备及有易燃易爆气体、液体场所的电气设备，包括照明、电热箱、检修试验设备等。

②环境特别恶劣或潮湿场所（如锅炉房、食堂、地下室及浴室）的电气设备。

③每幢住宅的总电源进线开关（防止电气火灾），每套住宅除装在高位的空调外的插座回路。

④由 TT 系统供电的用电设备。

⑤与人体直接接触的医疗电气设备（但急救和手术用电设备等除外）。

⑥公用建筑如旅馆、饭店、影剧院、淋浴池、浴室、办公楼、医院、学校的实验室等场所的电气回路及电气设备。

⑦家用电器。特别是我国一般住宅内的配电线路虽有接零保护，但洗衣机、电冰箱、落地扇、电烫斗等经常使用的家用电器，容易使绝缘损坏或受潮，发生漏电事故，所以，宜在进户线的电度表后安装漏电开关。

5.1.4.2　漏电开关的选择

我国生产的漏电开关类型较多，为了保证使用安全可靠，所选用的漏电开关，首先必须符合 GB6829-86《漏电电流动作保护器(剩余电流动作保护器)》。在选择时，除按低压自动开关的条件选用外，最重要的是确定其动作电流值。

所选用漏电开关的动作电流要大于线路及电气设备的正常运行泄漏电流。漏电开关的动作电流越小，安全保护性能越高；但任何配电线路和用电设备都有一定的正常泄漏电流，当所选漏电开关动作电流小于网络正常工作的泄漏电流时，漏电开关将无法投入运行，或因为误动作而破坏供电的可靠性。所以选用漏电开关时不可无限制提高漏电开关的灵敏度。

为便于选用，可按经验公式进行计算：

对于单相回路：

$$I_{dz}=\frac{I_{js}}{200} \tag{5.1}$$

对于三相回路：

$$I_{dz}=\frac{I_{js}}{100} \tag{5.2}$$

式中　I_{dz}　漏电开关动作电流(mA)；

I_{js}　线路工作(计算)电流(A)；

对于额定电压为 220V 的居民住宅，一般选用 DZL-18-20 型集成电路漏电开关作为家用电源开关较为合适，其额定电流 20A，动作电流一般为 30mA，分断时间小于 0.1s，可以满足一般家庭用电的要求。

在医院中使用的医疗设备，因经常与病人接触，易发生触电事故，且伤害程度要比正常人更为严重。因此，应在配电回路装设动作电流为 10mA 的高灵敏度漏电开关。

目前，我国多采用如图 5.11 所示的二级漏电保护方式；其第一级保护装在主干线，主干线电流在 150A 以下时，漏电保护开关的动作电流可选 100mA，主干线电流在 150A 以上时，动作电流可选用 300mA，动作时间 0.1～0.2s。第二级保护装在支线或线路末端的用电设备处，动作电流应小于 30mA，动作时间小于 0.1s。采用分级保护可实现保护选择，缩小故障范围，也便于检查故障。

5.1.4.3　低压漏电保护器

图 5.12 为电流动作型漏电保护器的工作原理示意图。

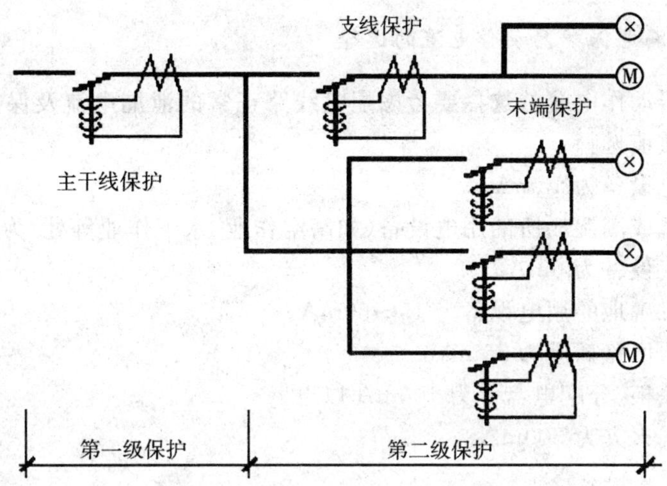

图 5.11 分级漏电保护示意图

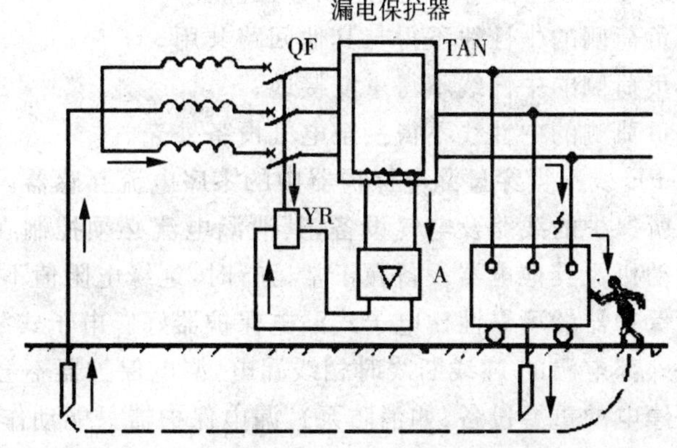

图 5.12 电流动作型漏电断路器工作原理

它是由零序电流互感器 TAN、放大器 A 和低压断路器(低压自动开关)QF 等 3 部分组成。设备正常运行时,电路三相电流对称,三相电流相量和为零,因此零序电流互感器 TAN 的铁心中没有磁通,其二次侧没有电压。

如果设备发生漏电或单相接地故障时,由于主电路三相电流的相量和不为零,零序电流互感器 TAN 的铁心中就有零序磁通,其二次侧就有电流,该电流经放大器 A 放大后,通入自动开关脱扣器线圈 YR,使低压断路器 QF 跳闸,切除故障电路,避免发生触电事故。

5.1.4.4 漏电保护器动作电流的选择

漏电保护器动作电流的选择要考虑配电线路正常的泄漏电流及保护器的用途，动作电流按下列数值选择：

①手握用电设备为 15mA。

②环境恶劣或潮湿场所的用电设备(如高空作业、水下作业等处)为 6～10mA。

③医疗电气设备为 6mA。

④建筑施工工地的用电设备为 15～30mA。

⑤家用电器回路插座为 30mA。

⑥成套开关柜、分配电盘等为 100mA 以上。

⑦防止电气火灾为 300mA。

5.1.4.5 使用漏电保护器注意事项

为保证漏电保护器的正常工作，应注意以下几点：

①漏电保护器负荷侧的中性线不得与其他回路共用。

②漏电保护器负荷侧的中性线不得重复接地。

③漏电保护器负荷侧的中性线不得接至电气设备外壳。

④任何情况下 PE 线不得穿过漏电保护器中的零序电流互感器。

⑤漏电保护器所保护的线路及电气设备，其泄漏电流必须控制在允许范围内。漏电保护器保护的电动机及其他电器设备在正常运行时，绝缘电阻值不应小于 0.5MΩ。

⑥电磁式漏电保护器的可靠性比电子式漏电保护器好。电子式漏电保护器的动作需要辅助电源。当外部电源的 N 线断线时相线漏电，漏电保护器不会动作。

⑦对于不允许停电的重要设备(如消防泵)，漏电保护器只能动作于信号，不能动作于跳闸。

⑧装设漏电保护器后，用电设备外露可导电部分仍应接地。

5.1.5 特殊场所中的安全保护

国际电工委员会(IEC)将浴室列为电击危险大的特殊场所，这是因为人在沐浴时遍体湿透，人体阻抗会大大下降，沿金属管导入浴室的电压达 10～20V 时，即足以使人发生心室纤维性颤动而致死。现在城市中建筑物多是钢筋混凝土结构，楼顶的接闪器均与建筑物内钢筋连接，一旦遭雷，雷电流会沿这些钢筋引下，泄入建筑物的基础钢筋网而入地。为防止电击事故，《低压配电设计规范》采用国际标准规定了建筑物总的等电位(MEB)连接，局部等电位(LEB)连接和辅助等电位(SEB)连接措施，还特别编制了《等电位连接安装》(97SD567)标准图。图中有卫生间局部等电位连接示例(一)、(二)。

具体做法就是将卫生间内一切金属物体含浴盆(金属物)、下水管、地漏、给水管、热水管、采暖管、金属扶手、金属毛巾杆、浴帘金属杆、浴巾架等均连接到 LEB(局部等电位连接)端子板上,使之达到等电位。这样一旦有电流流过,因卫生间内相关金属物体处于等电位状态,即消除了危险的电位差,人在雷击发生时是安全的。

在一些发达国家,不要求做人工接地体,但住宅楼内如不作总等电位连接和浴室内的 LEB,非但业主不予验收,当地电力公司也会以电气上不安全为由拒绝供电。金属浴盆必须带有连接等电位母排的接线端子,没有接线端子的浴盆、铸铁管是不能在市场上销售的。

目前广泛使用的节能太阳能热水器的主要金属部件多设在楼顶,一旦遭到雷击,大量高电压的雷电流沿金属水管及热水进入浴室,如恰恰有人在沐浴,则后果不堪设想。

在《建筑物防雷设计规范》中的第 3.2 条规定凸出屋面高于避雷带的物体,如果是金属物体则应与屋面防雷装置连接;如果是非金属物体,应在接闪器(避雷针)保护范围内,否则应加装接闪器的保护。这一规定的目的是利用避雷针拦截雷电,尽量减少热水器遭雷击的几率。同时,使金属物体与屋面防雷装置连接,为下一步实现等电位连接作好准备。

特殊场所中的安全防护涉及面广,如矿井、金属容器内部安全操作、医疗场所的安全防护以及娱乐场所的安全防护等。现仅对浴室、泳池加以介绍。

5.1.5.1　装有澡盆和淋浴盆的场所

装有澡盆和淋浴盆的场所安全保护所采取的措施或要求,应根据所在不同区域而定,区域的划分见图 5.13。

①澡盆和淋浴盆(间)区域的划分

装有澡盆或淋浴盆的浴室内部空间区域划分是根据四个区域的尺寸制定的(见图 5.13、图 5.14)。

0 区:是指澡盆或淋浴盆的内部;1 区的限界是:围绕澡盆或淋浴盆的垂直平面,或对于无盆淋浴,距离淋浴喷头 0.60m 的垂直平面,地面和地面之上 2.25m 的水平面;2 区的限界是:1 区外界的垂直平面和 1 区之外 0.60m 的平行垂直平面,地面和地面之上 2.25m 的水平面;3 区的限界是:2 区外界的垂直平面和 2 区之外 2.40m 的平行垂直平面,地面和地面之上 2.25m 的水平面。

所定尺寸已计入墙壁和固定隔墙的厚度,见图 5.13(b)、(d)、(f)。

②建筑物除采取总等电位联结外尚应进行辅助等电位联结。

辅助等电位联结必须将 0、1、2 及 3 区所有装置外可导电部分,与位于这些区内的外露可导电部分的保护线连接起来并经过总接地端子与接地装置相连。

在 0 区内,只允许用标称电压不超过 12V 的安全超低压供电,其安全电源应设于 3

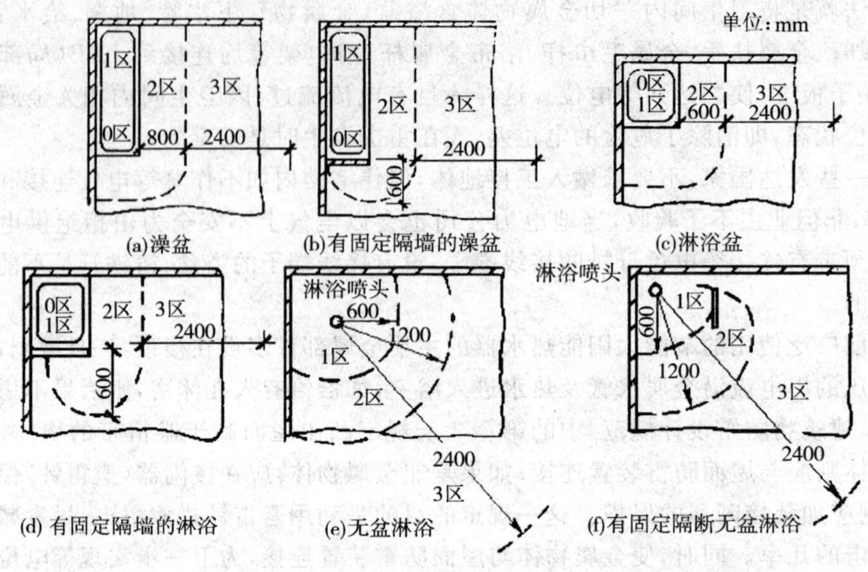

图 5.13　浴室区域平面尺寸

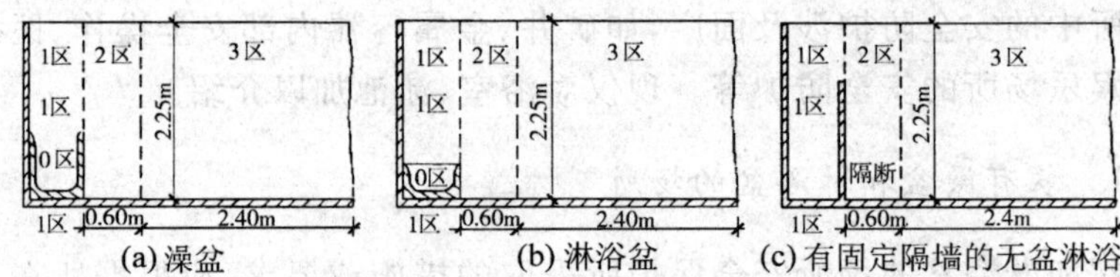

(a) 澡盆　(b) 淋浴盆　(c) 有固定隔墙的无盆淋浴

图 5.14　浴室区域立面尺寸

区以外的地方。

在使用安全超低压的地方，不论其标称电压如何，必须用以下方式提供直接接触保护，保护等级至少是 IP2X 的遮栏或外护物，或能耐受 500V 试验电压历时 1min 的绝缘。

不允许采取用阻挡物及置于伸臂范围以外的直接接触保护措施；也不允许采用非导电场所及不接地的等电位联结的间接接触保护措施。

③在各区内所选用的电气设备必须至少具有以下保护等级：

在 0 区内：　IPX7①

在 1 区内：　IPX5

在 2 区内：　IPX4(在公共浴池内为 IPX5)

---

① IPXX 国际防护等级标准(符合 GB4208-84 及 IEC529-76)：IP(INTERNATIONAL PROTECTION)为国际防护等级标准，其后有两位数字“XX”，第一位数字表示装置的防尘能力，称为第一位特征数字；第二位数字表示装置的防水能力，称为第二位特征数字。如只需单独标志一种防护形式等级时，则被略去数字的位置以“X”补充。

在 3 区内：　　　IPX1（在公共浴池内为 IPX5）

在 0、1、2 及 3 区内宜选用加强绝缘的铜芯电线或电缆。在 0、1 及 2 区内，不允许非本区的配电线路通过；也不允许在该区内装设接线盒。开关和控制设备的装设，须符合以下要求：

a. 在 0、1 及 2 区内，严禁装设开关设备及辅助设备。在 3 区内如安装插座，必须符合以下条件才是允许的：

由隔离变压器供电。

由安全超低压供电。

由采取了漏电保护措施的供电线路供电，其动作电流 I_{dz} 值不应超过 30mA。

b. 任何开关的插座，必须距淋浴间门边 0.6m 以上。

c. 当未采用安全超低压供电及其用电器具时，在 0 区内，只允许采用专用于澡盆的电器；在 1 区，可装设水加热器；在 2 区，只可装设水加热器及Ⅱ级照明器。

d. 埋在地面内用于场所加热的加热器件，可以装设在各区内，但它们必须要用金属网栅（与等电位接地相连的）或接地的金属罩罩住。

④卫生间的等电位连接见图 5.15，该等电位连接采用“S”型的连接，各卫生洁具、管道均与 LEB 相连，LEB 与建筑物的钢筋网相连。

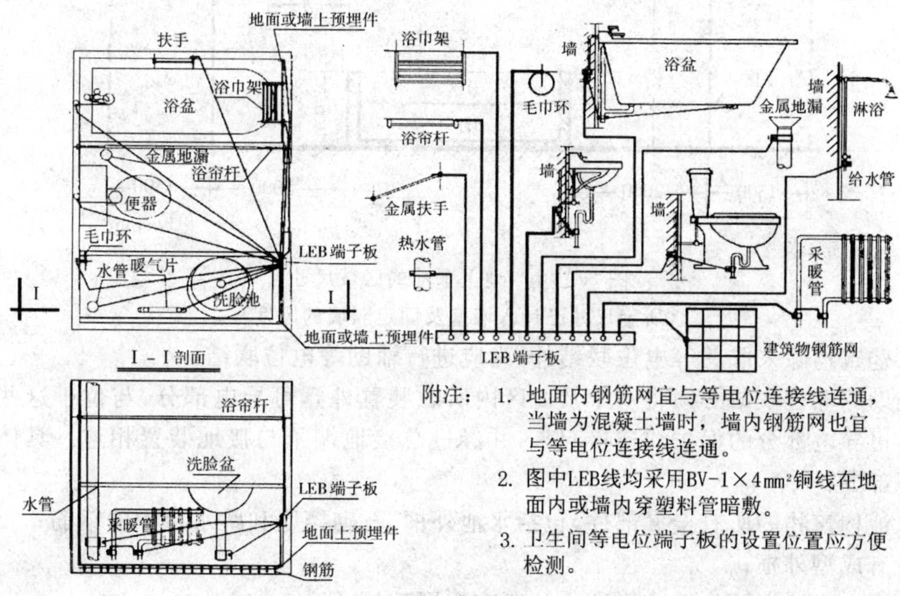

图 5.15　卫生间的等电位连接示意

5.1.5.2　游泳池

安全保护所采取的措施或要求，应根据所在不同区域而定，区域的划分见图 5.16 a、图 5.16 b。

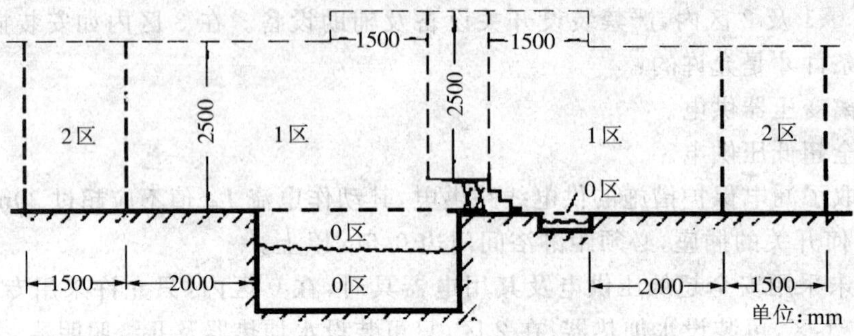

图 5.16 a　游泳池和涉水池区域尺寸

（所定尺寸已计入墙壁及固定隔墙的厚度）

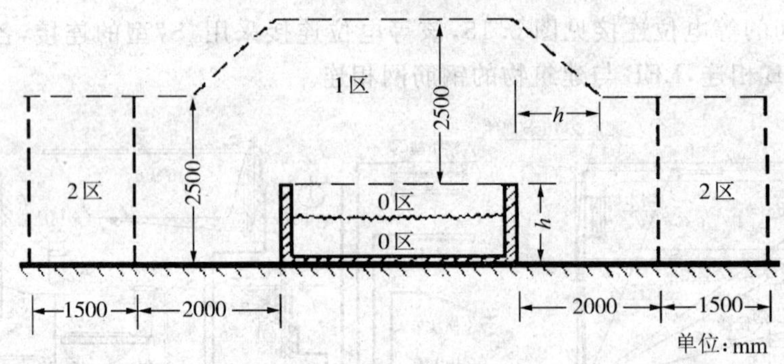

图 5.16 b　地上水池的区域尺寸

（所定尺寸已计入墙壁及固定隔墙的厚度）

①建筑物除采取总等电位联结外，尚应进行辅助等电位联结。

辅助等电位联结必须将 0、1 及 2 区内所有装置外露可导电部分，与位于这些区内的外露可导电部分的保护线连接起来，并经过总接地端子与接地装置相连。具体应包括如下部分：

水池构筑物的所有金属部件，包括水池外框、石砌挡墙和跳水台中的钢筋；

所有成型外框；

固定在水池构筑物上或水池内的所有金属配件；

与池水循环系统有关的电气设备的金属配件，包括水泵电动机；

水下照明灯的电源及灯盒、爬梯、扶手、给水口、排水口及变压器外壳等；

采用永久性间壁将其与水池地区隔离的所有固定的金属部件；

采用永久性间壁将其与水池地区隔离的金属管道和金属管道系统等。

②在 0 区内，只允许用标称电压不超过 12V 的安全超低压供电，其安全电源应设在 2 区以外的地方。

在使用安全超低压的地方，不论其标称电压如何，必须用以下方式提供直接接触保护：保护等级至少是 IP2X 的遮栏或外护物，或能耐受 500V 实验电压历时 1min 的绝缘。

不允许采取阻挡物及置于伸臂范围以外的直接接触保护措施，也不允许采用非导电场所及不接地的等电位联结的间接接触保护措施。

在各区内所选用的电气设备必须至少具有以下保护等级：

在 0 区内：　　IPX8

在 1 区内：　　IPX4

在 2 区内：　　IPX2，室内游泳池时

　　　　　　　IPX4，室外游泳池时

在 0、1 及 2 区内宜选用加强绝缘的铜芯电线或电缆。

在 0 及 1 区内，不允许非本区的配电线路通过，也不允许在该区内装设接线盒。

开关、控制设备及其他电气器具的装设，须符合以下要求：

在 0 及 1 区内，严禁装设开关设备及辅助设备。

在 2 区内如装设插座只在以下情况是允许的：

a. 由隔离变压器供电。

b. 由安全超低压供电。

c. 由采取了漏电保护措施的供电线路供电，其动作电流 I_{dz} 值不应超过 30mA。

在 0 区内，只有采用标称电压不超过 12V 的安全超低压供电时，才可能装设用电器具及照明器（如水下照明器、泵等）。

在 1 区内，用电器具必须由安全超低压供电或采用 I 级结构的用电器具。

在 2 区内，用电器具可以是：

a. Ⅱ级。

b. Ⅰ级，并采取漏电保护措施，其动作电流值 I_{dz} 值不应超过 30mA。

c. 采用隔离变压器供电。

水下照明灯具的安装位置，应保证从灯具的上部边缘至正常水面不低于 0.5m。面朝上的玻璃应有足够的防护，以防人体接触。

对于浸在水中才能安全工作的灯具，应采取低水位断电措施。

埋在地面内场所加热的加热器件，可以装设在 1 及 2 区内，但它们必须要用金属网栅（与等电位接地相连的）或接地的金属罩罩住。

喷泉、喷水池、装饰展览池等亦应采取安全保护措施，具体可参照本规定的内容执行。

③游泳池和涉水池区域的划分

游泳池和涉水池的区域划分是根据三个区域划分的尺寸制定的(见图 5.16 a 及图 5.16 b)。

0 区:是指水池的内部。1 区的限界是:距离水池边缘 2m 的垂直平面、地面或预计有人占用的表面和地面或表面之上 2.50m 的水平面;在游泳池设有跳台、跳板、起跳台或滑槽的地方,1 区包括由位于跳台、跳板及起跳台周围 1.50m 的垂直平面和预计有人占用的最高表面之上 2.50m 的水平面所限制的区域。2 区的限界是:1 区外界的垂直平面和距离该垂直平面 1.50m 的平行平面,地面或预计有人占用的表面和地面或表面之上 2.50m 的水平面。

④游泳池等电位连接见图 5.16 c。该示意图中等电位连接采用“S”型等电位连接方式,热水管、扶手、采暖管等均与 LEB 连接,LEB 与钢筋网相连。

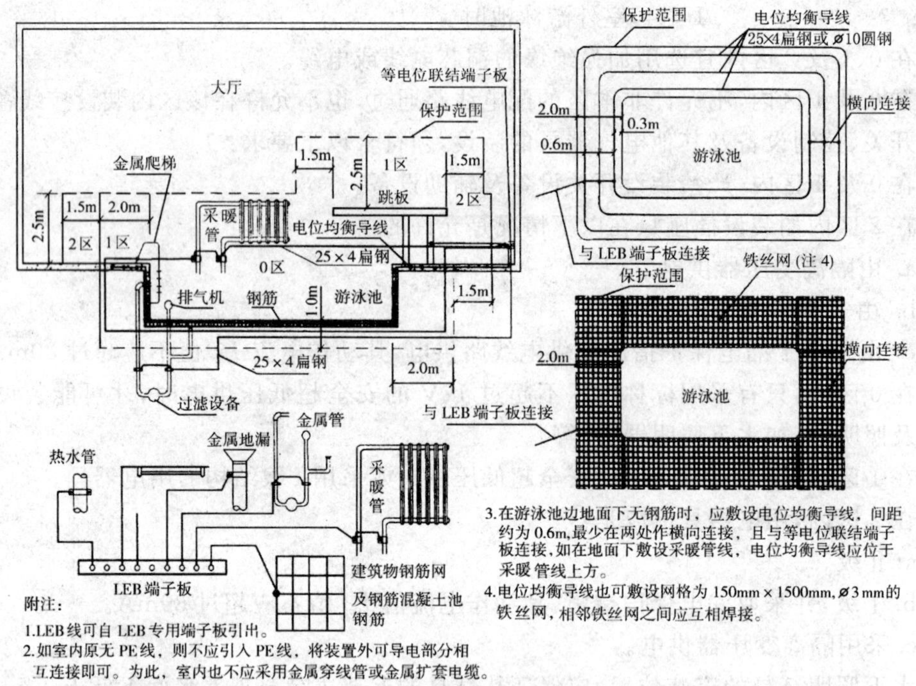

图 5.16 c 游泳池的等电位连接示意

5.1.5.3 防微电击采用等电位连接方式

医疗电气设备和医用电子仪器广泛应用于临床诊断和治疗的同时,也不可避免地导致了医疗电击事故的发生。医疗电击事故由以下几方面原因造成:由于病重或麻醉的原因,病人失去知觉,此时,一旦由于医疗电气设备因绝缘损坏或老化,泄露电流造成电击，病人不能做出正常反应；有的医疗电气设备需刺透病人皮肤进行治疗，刺伤处的皮肤电阻很小，或病人因大量出汗，皮肤比较潮湿，电阻大为下降，一旦电击，皮肤不能起到防护作用；有些医疗电气设备的电极经常贴附在人体皮肤上或直接插入人体体内，比如进行生物电测的病人往往需要用导电膏来减少皮肤电阻，插入口腔和直肠的电子体温计正好旁路了人体电阻；有的手术需要多种医疗电气设备（或部件）同时接于患者身上，一旦某个设备漏电，就可能使患者触电；由于手术或治疗的需要，医疗电气设备某个部件插入体内作用于心脏，电流全部直接通过心脏，如超过 50mA 即有发生心室纤颤的危险。此电流如此微小，以至医疗电气设备无故障时的正常泄露电流如果稍大都可致人死命。

由于医疗场所的特殊性，IEC 规定医疗电气设备允许通过患者的漏电流值为：

电流通过皮肤时，正常状态为 100μA 及以下；单一故障状态 500μA 及以下。

电流通过心脏时，正常状态为 10μA 及以下；单一故障状态为 50μA 及以下。

通常，把由插入人体内部的电子仪器产生的泄露电流造成的电击称为微电击。微电击电压较低，电流可能很微小，是由人体内部流出体外的，这种电击现象的发生很可能电子仪器仍处于正常工作状态，医务人员往往不易察觉而使电击延续时间较长，由于电击是在人体内部发生，距离心脏又很近，致人死命的可能是很大的。用等电位连接方式来防止微电击，是目前常用的有效措施。手术室的局部等电位连接采用的常规措施，如图 5.17、5.18 所示。

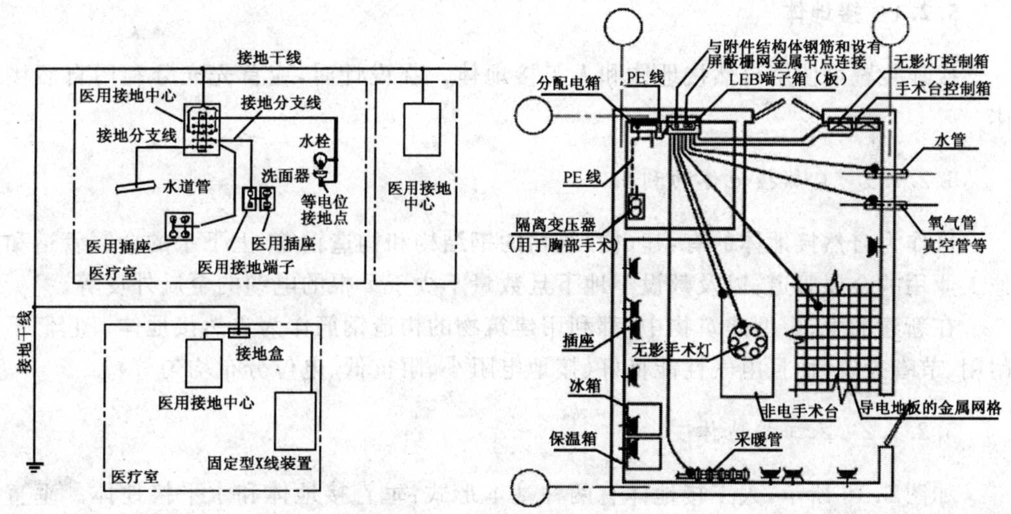

图 5.17　手术室的等电位连接图

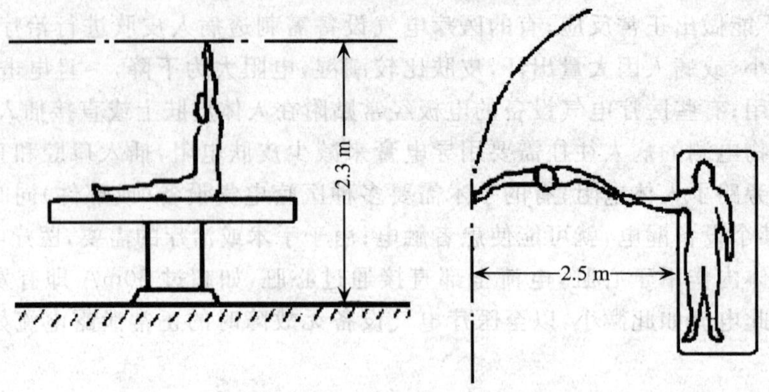

图 5.18　手术室内等电位连接范围

§5.2　接地装置

为了达到接地的目的,人为地埋入地中的金属件如钢管、角钢、扁钢、圆钢等称为人工接地体;兼作接地体用的直接与大地接触的各种金属构件、金属井管、钢筋混凝土建构筑物的基础、金属管道和设备等称为自然接地体。电力设备或杆塔的接地螺栓与接地体或零线连接用的金属导体,称为接地线。接地体和接地线的总和称为接地装置。

5.2.1　接地体

接地装置可使用自然接地体和人工接地体。在设计时,应首先充分利用自然接地体。

5.2.1.1　自然接地体的利用

可作为自然接地体的有:建(构)筑物的钢结构和构造钢筋、上下水的金属管道和其他工业用的金属管道;以及敷设于地下且数量不少于 2 根的电缆的金属外皮等。

在新建的大、中型建筑物中,都利用建筑物的构造钢筋作为自然接地体。它们不但耐用、节省投资,而且电气性能良好(接地电阻小、阻抗低、电位分布均匀等)。

5.2.1.2　人工接地体

如图 5.19 所示,人工接地体有两种基本形式:垂直接地体和水平接地体。垂直接地体多采用截面为 L50mm×50mm×4mm,长度为 2500mm 的镀锌角钢;水平接地体多采用截面为－40mm×4mm 的镀锌扁钢。

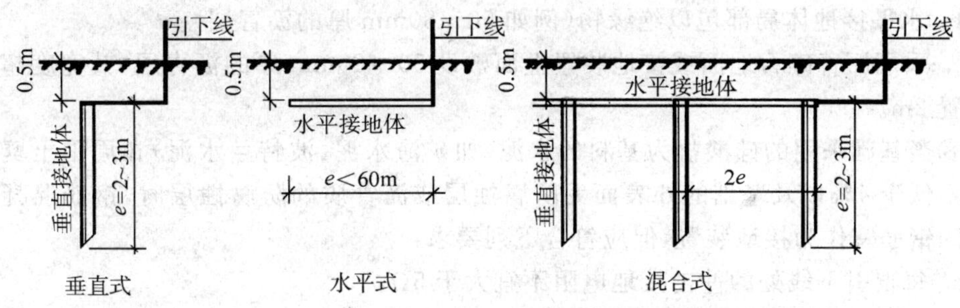

图 5.19　人工接地体

5.2.1.3　各类接地构件的材料特点和要求：

①垂直接地体，宜采用镀锌圆钢、镀锌钢管、镀锌角钢等；如水平埋设接地体，宜采用镀锌扁钢、镀锌圆钢等，人工接地体的尺寸不应小于以下数值：

圆钢直径为 10mm；

扁钢截面为 $100mm^2$；

扁钢厚度为 4mm；

角钢厚度为 4mm；

钢管壁厚为 3.5mm。

②接地体应镀锌，焊接处应涂防腐漆。在腐蚀性较高的土壤中，还应适当加大其截面或采用其他的防腐措施。

③垂直接地体的长度一般为 2.5m，为了减少相邻接地体的屏蔽效应，垂直接地体间的距离及水平接地体间的距离一般为 5m，当受场地的限制时可适当减小。

④接地体埋置深度不宜小于 0.6m，接地体应远离由于高温影响（如烟道等）使土壤电阻率升高的地方。

⑤当防雷装置引下线在两根及以上时，每根引下线的冲击接地电阻，均应满足各防雷建筑物所规定的防直击雷装置的冲击接地电阻值。

⑥对伸长形接地体，在计算接地电阻时，接地体的有效长度（从接地体与引下线的连接点算起）应按下式计算

$$L_e = 2\sqrt{\rho} \tag{5.3}$$

式中：　L_e　　有效长度（m）；

　　　　ρ　　接地体周围介质的土壤电阻率（Ω · m）。

⑦为降低跨步电压，防直击雷的人工接地装置距建筑物入口处及人行道不应小于 3m，当小于 3m 时应采取下列措施之一：

a. 水平接地体局部深埋不应小于 1m。

b. 水平接地体局部包以绝缘物(例如 50～80mm 厚的沥青层)。

c. 采用沥青碎石地面或接地装置上面敷设 50～80mm 厚的沥青层,其宽度超过接地装置 2m。

⑧当基础采用的硅酸盐为基料的水泥(如矿渣水泥、波特兰水泥)和周围土壤的含水率不低于 4%以及基础的外表面无防腐蚀层或沥青质的防腐蚀层时,钢筋混凝土基础内的钢筋宜作为接地装置,但应符合下列要求:

a. 每根引下线处的冲击接地电阻不宜大于 5Ω。

b. 敷设在钢筋混凝土中的单根钢筋,其直径不应小于 10mm。被利用作为防雷装置的混凝土构件内用于箍筋连接的钢筋,其截面积总和不应小于一根直径为 10mm 钢筋的截面积。

c. 应在与防雷引下线相对应的室外埋深 0.8～1.0m 处由被用作引下线的钢筋上焊接出一根直径为 12mm 的镀锌圆钢或 40mm×4mm 镀锌扁钢用作工作接地:该工作接地可供在电力系统中运行设备需要的接地(如中性点接地)。与变压器或发电机直接接地的中性点连接的中性线称为零线,将零线上的一点或多点与地再次做电气连接称为重复接地。

5.2.1.4 各类接地体的设计要求

钢接地体的最小规格见表 5.3。电力线路杆塔的接地引下线,其截面不应小于 $50mm^2$,并应热镀锌。敷设在腐蚀性较强的场所或 $\rho \leqslant 100\Omega \cdot m$ 的潮湿土壤中的接地装置,应适当加大截面或热镀锌。

表 5.3 钢接地体和接地线的最小规格

种类	规格	地上		地下
		屋内	屋外	
圆钢	直径(mm)	5	6	8
扁钢	截面(mm^2)	24	48	48
扁钢	厚度(mm)	3	4	4
角钢	厚度(mm)	2	2.5	4
钢管	壁厚(mm)	2.5	2.5	3.5

注: 为减少相邻接地体的屏蔽作用,垂直接地体的间距不宜小于其长度的 2 倍,水平接地体的相互间距可根据具体情况确定,但不宜小于 5m。

①交流电力设备应充分利用自然接地体接地。

②利用自然接地体和外引接地装置时,应用不少于两根导体在不同地点与人工接

地体相连接，但对电力线路除外。

③直流电力回路中，不应利用自然接地体作为电流回路的零线、接地线或接地体。直流电力回路专用的中性线、接地体以及接地线不应与自然接地体连接。

④自然接地体的接地电阻值符合要求时，一般不敷设人工接地体，但发电厂、变电所和有爆炸危险场所除外。当自然接地体在运行时连接不可靠以及阻抗较大不能满足接地要求时，应采用人工接地体。

⑤当利用自然、人工两种接地体时，应设置将自然接地体与人工接地体分开的测量点。

⑥人工接地体水平敷设时一般用扁钢或圆钢，垂直敷设时一般用角钢或钢管。

5.2.2　接地线

①交流电力设备的接地线，应尽量利用金属构件、普通钢筋混凝土构件的钢筋、穿线的钢管和电缆的铅、铝外皮等，此时，另设的钢接地线截面一般不小于 $16mm^2$。

②在爆炸危险场所内电气设备的金属外壳应可靠的接地，在 0 区、10 区场所内所有的电气设备，以及 1 区、2 区场所内除照明灯具以外的其他电气设备，应使用专门的接地线。该接地线若与相线敷设在同一保护套管内时，应具有与相线相等的绝缘。此时爆炸危险场所内的金属管道、电缆的金属外皮等，只能作辅助接地线。

1 区场所内的照明灯具和 2 区、11 区场所内的所有电气设备，可利用有可靠电气连接的金属管道系统或金属构件作为接地线，但不能利用输送爆炸危险物质的管道。

为了提高接地的可靠性，接地干线宜在爆炸危险不同方向不少于两处与接地体相连。

③接地线一般采用钢质的，但移动式电力设备的接地、三相四线制的照明电缆的接地芯线以及采用钢接地线有困难时除外。接地线的截面，应符合载流量、短路时自动切除故障段及热稳定的要求，且不应小于表 5.4 的要求。

在地下不得利用裸铝导体作为接地体或接地线。

④低压电力设备的铜或铝接地线的截面不应小于表 5.5 的数值。

表 5.4 钢、铝、铜接地线的等效截面(mm^2)

钢	铝	铜	钢	铝	铜
15×2	—	1.3～2	40×4	25	12.5
15×3	6	3	60×5	35	17.5～25
20×4	8	5	80×8	50	35
30×4 或 40×3	16	8	100×8	70	42.5～50

表 5.5 低压电力设备的铜或铝接地线的最小截面(mm^2)

接地线的种类	铜	铝
明设裸导体	4	6
绝缘导线	1.5	2.5
电缆的接地芯线或具有公共保护外皮的多芯导线的接地芯线	4	1.5

⑤中性点直接接地的低压电力设备，为保证自动切除线路故障段，接地线和零线的截面应保证在导电部分与被接地部分或与零线之间发生单相接地短路时，低压电力网任意一点的最小短路电流不应小于最近处熔断器额定电流的四倍(0 区、1 区、10 区爆炸危险场所内为 5 倍)或不应小于自动开关瞬时或短延时动作电流的 1.5 倍。接地线和零线在短路电流的作用下应符合热稳定的要求。

⑥为使电流自动切除故障段，接地线及用作接地线的电导，一般不小于本线路中最大的相线电导的 1/2；但如能符合对短路电流值和热稳定条件的要求时，电导亦可小于相线电导的 1/2。

⑦中性点直接接地的低压电力设备的专用接地线或零线宜与相线一起敷设。钢、铝、铜接地线的等效截面见表 5.4，接地线截面一般不大于下面数值：钢，$80mm^2$；铝 $70mm^2$；铜 $50mm^2$。

⑧不得使用蛇皮管、保温管的金属网或外皮以及低压照明网络的导线铅皮作接地线。在电力设备需要接地的房间内，这些金属外皮应接地，并应保证其全长为完好的电气通路，接地线应与金属外皮用螺栓连接或低温焊接。

⑨携带式用电设备应采用专用芯线接地，此芯线严禁同时用来通过工作电流，严禁利用其他用电设备的零线接地。

10携带式用电设备的接地芯线，应采用多股软铜线，其截面不应小于 1.5 mm^2。

5.2.3 接地线的连接

①接地线连接处应焊接：如采用搭接焊，其焊接长度必须为扁钢宽度的 2 倍或圆钢直径的 6 倍。架空线零线的连接，可采用与相线相同的方式。潮湿的和有腐蚀性蒸汽或气体的房间内，接地装置的所有连接处应焊接。如不宜焊接，可用螺栓连接，但应采取可靠的除锈措施。

②如利用钢管作接地线，钢管连接处应保证有可靠的电气连接。所有的暗敷钢管和中性点直接接地，电力网中的明敷钢管，应在管接头两侧焊接跨接线。如利用穿线的钢管作接地线时，引向电力设备的钢管与电力设备之间，应有可靠的电气连接。在中性点非直接接地的电力网中，明敷的钢管可采用丝接的管接头或跨接线连接。

③接地线与管道等伸长接地体的连接处应采用焊接。如焊接有困难，可采用卡箍，

但应保证电气接触良好。管道上表计和阀门等处均应敷设跨接线。

④接地线与接地体连接,宜采用焊接;接地线与电力设备连接,可采用螺栓连接或焊接。用螺栓连接时应设防松螺帽或防松垫片。

⑤直接接地或经消弧线圈接地的主变压器、发电机的中性点与接地体或接地干线的连接,应采用单独的接地线。

⑥每个电力设备应以单独的接地线与接地干线相连接。严禁在一条线上串接几个需要接地的设备。

§5.3 土壤的电阻率

一般情况下,需要计算接地装置的工频接地电阻(以下简称接地电阻。只是在需要区分冲击接地电阻时,才标明工频),对于防雷、暂态过电压保护的接地装置,则要计算其冲击接地电阻。

5.3.1 土壤电阻率的测定

在计算接地电阻时,应考虑土壤干燥或冻结等季节变化的影响,从而使接地电阻在不同季节中均能保证达到所要求的值。但是,防雷接地装置接地电阻,可以只考虑在雷雨季节中土壤干燥状态的影响。

当计算接地体的接地电阻时应预先实测土壤电阻率。

5.3.1.1 土壤电阻率的测定

①一般要求:选择干燥期测试;选择气温较低、少雨季节;在设备附近选择测试点;测试深度应在地表面 3m 以下,取平均值。

②大地自然电阻率的测试方法

要正确知道某点土壤的电阻率,现场测量是最有效的方法。测量大地电阻率通常采用的方法有三电极法和四电极法,由于四电极法比三电极法更为准确,现在一般采用四电极法,四电极法又叫文纳四电极法,该方法是弗朗克·文纳(Frank Wenner)在 1915 年发表的方法。

大地自然电阻率的测试电路如图 5.20 所示,将四根电极 (C_1、P_1、P_2 和 C_2) 排成直线等距打入地下,对电流极 C_1、C_2 通以电流 I,测定电压极 P_1 与 P_2 间的电压 U,则得到电阻值 $R = U/I$ (Ω·m),其土壤的电阻率为:

$$\rho = 2\pi aR(\Omega \cdot \text{m}) = 200\pi aR(\Omega \cdot \text{cm}) \tag{5.4}$$

电极打入深度 d 应大于间距 a 的 1/20。如果增大 a,电阻率亦随之增加时,则地表具有很高的电阻率。实测的接地电阻值或土壤电阻率,要乘以表 5.6 所列季节系数 Ψ_1、

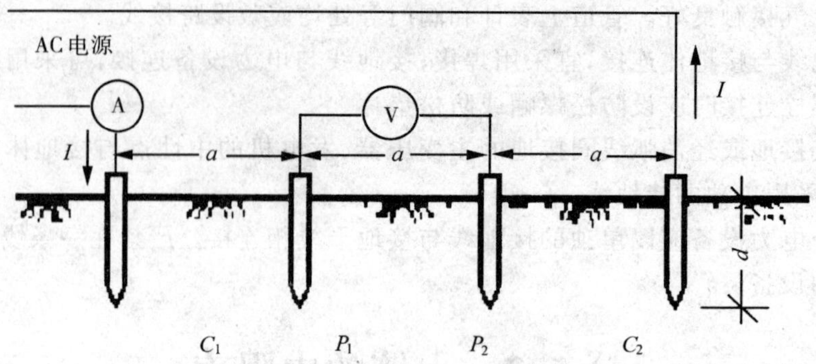

图 5.20　大地自然电阻率的测定电路

Ψ_2 或 Ψ_3 进行修正。Ψ_1:测量前数天下过较长时间的雨,土壤很潮湿时用之;Ψ_2:测量时土壤较潮湿,具有中等含水量时用之;Ψ_3:测量时土壤干燥或测量前降雨不大时用之。

表 5.6　各种土壤的季节系数

土壤性质	深　度(m)	Ψ_1	Ψ_2	Ψ_3
粘　　土	0.5 ～ 0.8 0.8 ～ 3	3 2	2 1.5	1.5 1.4
陶　土	0～2	1.4	1.4	1.2
沙砾盖于陶土	0～2	1.8	1.2	1.1
园　　地	0～3	—	1.3	1.2
黄　　砂	0～2	2.4	1.6	1.2
杂似黄砂的沙砾	0～2	1.5	1.3	1.2
泥　　炭	0～2	1.4	1.1	1.0
石　灰　石	0～2	2.5	1.5	1.2

5.3.1.2　土壤电阻率应包括的因素

①土质种类;②土质含水溶解的物质及其浓度;③温度;④土质颗粒的大小;⑤土质组织情况。如无实测资料时,也可参考表 5.7 中所列数值。

5.3.1.3　土壤电阻率与温度湿度的关系

土壤电阻率 ρ 和它沿地层深度的变化规律是选择接地装置型式和决定它的尺寸的主要根据。土壤电阻率的数值与土壤的结构(如黑土、粘土和沙土等)、土质的紧密程度、湿度、温度等,以及土壤中含有可溶性的电解质(如酸、碱、盐等)有关。由于成份是多种多样的,因此不同土壤的土壤电阻率的数值往往差别很大。自然状态中的岩石、矿石及土壤,或多或少地含有溶解盐的间隙水,如图 5.21 所示,水分中溶解盐的浓度愈高,具有离子导电性能也就越强,土壤电阻率 ρ 也就低。

影响土壤电阻率的最主要因素是湿度。试验表明,土壤含水量增加时,电阻率急剧下降；当土壤含水量增加到20%～25%时，土壤电阻率将保持稳定。

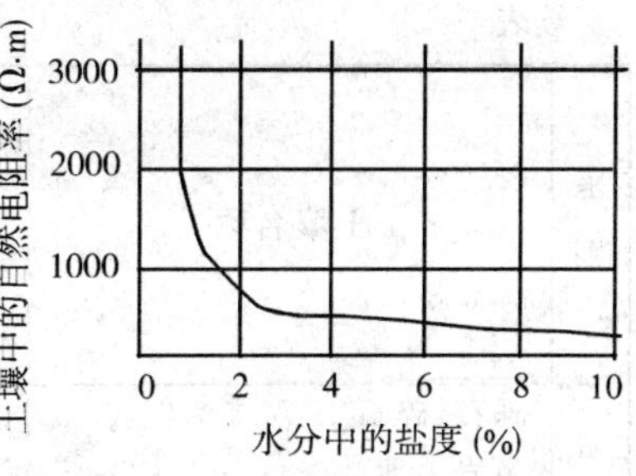

图 5.21　水中盐分与土壤自然电阻率的关系

土壤电阻率也受温度的影响。当土壤温度升高时，其电阻率下降。在0℃时土壤由于水分冻结而使电阻率迅速增加。土壤电阻率这些特性在接地装置设计中有重要的实用意义。一年之中，在同一地方，由于气温和天气的变化，土壤中含水量和温度都不相同，因此土壤电阻率也不断地在变化，其中以表层土最为显著。所以接地装置埋得深一些对稳定接地电阻有利，通常最少埋深为0.5～1m。至于是否应埋更深，那就要看更深的土壤电阻率的大小，很多地方深层土壤电阻率是很高的，埋得太深反而使接地电阻增加，或增加接地工程的费用。

表 5.7　土壤和水的电阻率参考值(Ω·m)

类别	土壤名称	土壤电阻率近似值	电阻率的变化范围		
			较湿时（一般地区、多雨区）	较干时（少雨区、沙漠区）	地下水含盐碱时
土	陶粘土	10	5～20	10～100	3～10
	泥炭、泥炭岩	20	10～30	50～300	3～30
	沼泽地	40	——	——	——
	捣碎的木炭	50	300～1000	——	——
	黑土、圆田土、陶土、白垩土	60	300～1000	50～300	10～30
	粘　土	100	30～300	80～1000	10～30
	砂质粘土	200	100～200	250	30
	黄　土	300	100～1000	>1000	30～100
	含砂粘土、砂土	——	300	——	——
	河滩中的砂	——	350	——	——
	煤	400	——	——	——
	多石土壤	500(30%湿度)	——	——	
	上层红色风化粘土、下层红色页岩，表层土夹石、下层砾石	600(15%湿度)	——	——	——
砂	砂、沙砾	1000	250～1000	1000～2500	——
	砂层深度大于10m、地下水较深的草原；地面粘土深度≤1.5m、底层多岩石	1000	——	——	——

续表

类别	土壤名称	土壤电阻率近似值	电阻率的变化范围		
			较湿时（一般地区、多雨区）	较干时（少雨区、沙漠区）	地下水含盐碱时
岩石	砾石、碎石	5000	——	——	——
	多岩山地	5000	——	——	——
	花岗岩	200000	——	——	——
混凝土	在水中	40～50	——	——	——
	在湿土中	100～200	——	——	——
	在干土中	500～1300	——	——	——
	在干燥的大气中	12000～18000	——	——	——
矿	金属矿石	0.01～1	——	——	——
水	海　水	1～5	——	——	——
	湖水、池水	30	——	——	——
	泥水、泥炭中的水	15～20	——	——	——
	泉　水	40～50	——	——	——
	地下水	20～70	——	——	——
	溪　水	50～100	——	——	——
	河　水	30～280	——	——	——
	污秽的水	300	——	——	——
	蒸馏水	1 000 000	——	——	——

计算防雷接地装置时，应取雷雨季节中无雨水时最大的土壤电阻率，一般按下式计算：

$$\rho = \rho_0 \Psi$$
$$R = R_0 \Psi$$

式中： Ψ 　季节系数（表 5.6 所列 Ψ_1、Ψ_2 或 Ψ_3）；

ρ_0、R_0 　为实测值；

ρ、R 　为计算值。

在计算接地电阻时，应考虑土壤干燥或冻结等季节变化的影响，从而使接地电阻在不同季节中均能保证达到所要求的值。但避雷接地装置的接地电阻，可只考虑在雷雨季节中土壤干燥状态的影响。

§5.4　接地体的接地电阻

接地电阻包括：①接地线的电阻和接地极的自身电阻；②接地极的表面与其所接触土壤之间的接触电阻；③电极周围的土壤所具有的电阻值。其中③是最重要的，接地电阻的主要部分是包围电极的大地电阻。

5.4.1　接地电阻

接地体或自然接地体的对地电阻和接地线电阻的总和，称为接地装置的接地电阻。接地电阻的数值等于接地装置对地电压与通过接地体流入地中电流的比值。通过接地体流入地中冲击电流求得的接地电阻，称为冲击接地电阻；按通过接地体流入地中工频电流求得的电阻，称为工频接地电阻。

利用电缆的金属外皮或金属水管等做接地体时，其接地电阻值如表 5.8、表 5.9 和 5.10 所列。

表 5.8　直埋铠装电缆金属外皮的接地电阻值

电缆长度(m)	20	50	100	150
接地电阻值(Ω)	22	9	4.5	3
注：①本表编制条件为：土壤电阻率 100Ω·m，3～10kV，3×(70～185)mm^2 铠装电缆，埋深为 0.7m 时。②当 ρ 不是 100Ω·m 时，表中电阻值应乘以换算系数：50Ω·m 时为 0.7；250Ω·m 时为 1.65；500Ω·m 时为 2.35。③当 n 根截面相近的电缆埋设在同一壕沟中时，如单根电缆接地电阻为 R_0，则总电阻为 $R_0/\sqrt{n}$。				

表 5.9　直埋金属水管的接地电阻值(Ω)

长　度(m)		20	50	100	150
直埋地金属管公称直径	25～50mm	7.5	3.6	2	1.4
	70～100mm	7.0	3.4	1.9	1.4
注：本表编制条件为：土壤电阻率 100Ω·m，埋深为 0.7m。					

表 5.10　钢筋混凝土电杆接地电阻估算值

接地装置形式	杆塔型式	接地电阻估算值(Ω)
钢筋混凝土电杆的自然接地	单　杆	0.3ρ
	双　杆	0.2ρ
	拉线单、双杆	0.1ρ
	一个拉线盘	0.28ρ
N 根水平射线($n<12$，每根长约 60m)	各型杆塔	$\frac{0.062\rho}{n+1.2}$
注：表中 ρ 为土壤电阻率，Ω·m。		

5.4.2 接地极的接地电阻

各种接地极的接地电阻按下述公式计算：

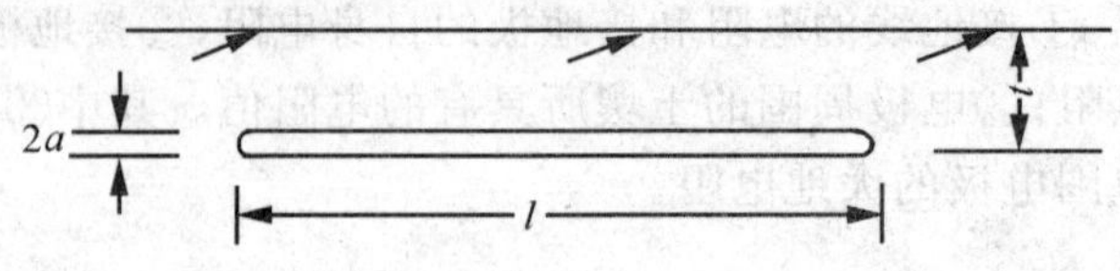

图 5.22 单根接地棒

5.4.2.1 接地棒(水平埋设)

①一根接地棒时(图 5.22)，接地电阻按下式计算：

$$R=\frac{\rho}{2\pi l}\left(\ln\frac{l^2}{2at}\right)\quad(\Omega)\tag{5.5}$$

式中：R 一根接地棒的接地电阻，Ω；

t 埋设深度，m；

l 接地棒的埋入长度，cm；

a 接地棒半径，cm；

ρ 大地自然电阻率，Ω·m。

②多根接地棒时，接地电阻按下式计算：

$$R_n=K\frac{1}{\sum\limits_{n-1}^{n}\frac{1}{R}}\tag{5.6}$$

式中：R_n 多根接地棒的接地电阻，Ω；

K 综合系数，见表 5.11；

n 埋设接地棒根数。

表 5.11 综合系数 K 值

深 度 (m)	间 距(m)					
	0	0.5	1	2	3	4
0.61	2.00	1.20	1.11	1.05	1.03	1.01
1.52	2.06	1.35	1.20	1.15	1.10	1.05
3.05	2.04	1.36	1.25	1.17	1.12	1.07

5.4.2.2 埋地电线

埋地地线的接地电阻按下式计算(美国工程师学会资料)：

$$R = \frac{\rho}{2\pi L}\left[\ln\frac{2l}{a} + \ln\frac{l}{t} - 2\right] \quad (\Omega) \tag{5.7}$$

式中：　R　埋设地线的接地电阻，Ω；

L　$l/2$，(m)；

t　埋设深度，m；

l　埋设地线长度，m；

a　埋设地线半径；

ρ　大地自然电阻率，Ω·m。

5.4.2.3　接地网

适用于大的接地电流，且有敷设场地的一种接地装置(图 5.23)。接地网的接地电阻按下式计算：

$$R = \rho\left(\frac{1}{4r} + \frac{1}{L}\right) \quad (\Omega) \tag{5.8}$$

式中：　R　网状地线的接地电阻，Ω；

r　等效半径，cm；$r=\sqrt{\frac{a\times b}{\pi}}$；

L　接地网全长，cm。$L=b(n+1)+a(m+1)$。

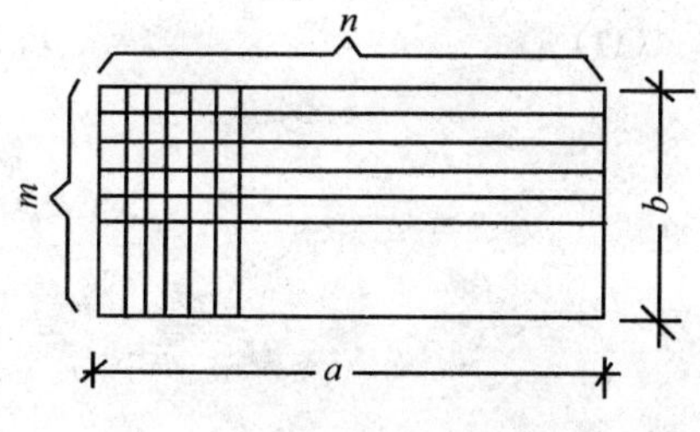

图 5.23　接地网

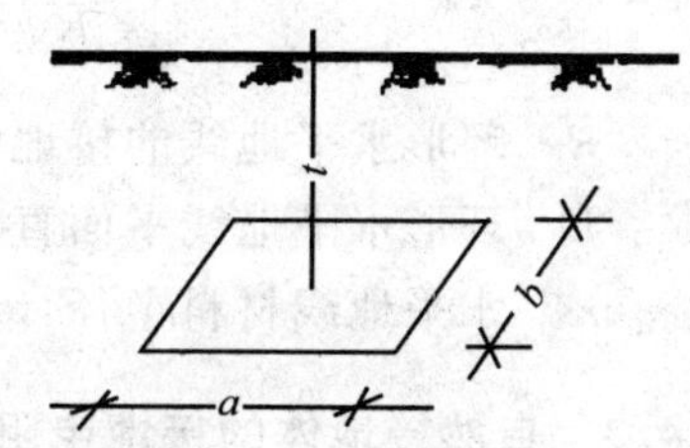

图 5.24　接地板

5.4.2.4　接地板

接地板(图 5.24)的接地电阻按下式计算：

$$R = \frac{\rho}{2\pi t}\ln\frac{r+t}{r} \quad (\Omega) \tag{5.9}$$

式中：　R　接地板的接地电阻，Ω；

t　埋地深度，cm；

ρ　大地自然电阻率，Ω·m；

r 等效半径,cm;$r=\sqrt{\dfrac{a\times b}{2\pi}}$。

5.4.2.5 圆环状水平地线

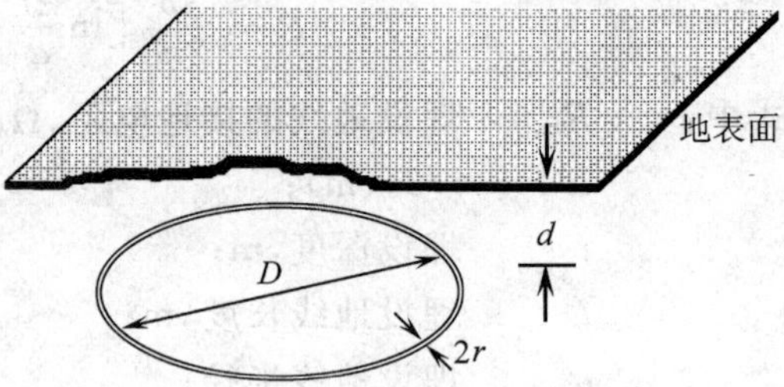

①潜埋环形水平地线(图 5.25)

$$R=\frac{\rho}{\pi^2 D}\ln\frac{4D}{r}\quad(\Omega)\qquad(5.10)$$

地表面

d

D

$2r$

图 5.25 环形水平地线

式中: R 环形水平地线的接地电阻,Ω;

D 环形平面直径,m;

r 水平地线材料半径,m。

②底面下埋深为 d(m)的环形水平地线

$$R=\frac{\rho}{2\pi^2 D}\ln\frac{8D^2}{rd}\quad(\Omega)\qquad(5.11)$$

式中: R 环形水平地线的接地电阻,Ω;

D 环形水平地线平面直径,m;

r 水平地线材料半径,m;

d 水平地线埋深,m。

③深埋环形水平地线

$$R=\frac{\rho}{2\pi^2 D}\ln\frac{4D}{r}\quad(\Omega)\qquad(5.12)$$

式中: R 环形水平地线的接地电阻,Ω;

D 环形水平地线平面直径,m;

r 水平地线材料半径,m。

5.4.3 自然接地体的接地电阻

利用建、构筑物基础中的金属结构作为接地体,就称为基础接地体(或自然接地体)。它可以节省金属、减少土方开挖及回填工程量,而且,由于其中金属结构受混凝土的保护,使用寿命较长,故维修工程量也较小。

应该注意的是,当利用钢筋混凝土构件和基础内钢筋作为接地装置时,构件或基础内钢筋的接点应焊接,确保各构件或基础之间连接成电气通路;进出钢筋混凝土构件的导体与其内部的钢筋体的每个连接点必须焊接,并且还需与构件的主筋焊接。

①垂直圆柱形钢筋混凝土接地体的接地电阻。

a. 在均质土壤中的接地电阻按下式计算:

$$R=\frac{1}{2\pi l}\left(\frac{\rho_1}{K_1}\ln\frac{4l}{d}+\frac{\rho-\rho_1}{K_2}\ln\frac{4l}{d_1}\right)(\Omega)\qquad(5.13)$$

式中：ρ　土壤的电阻率，Ω·m；

ρ_1　混凝土的电阻率，Ω·m；

d_1　圆柱形混凝土体的直径，m；

d　接地体（圆柱形混凝土体内钢筋）的直径，m；

l　接地体（钢筋体或圆柱形混凝土体）埋设在地面下的长度，m；

K_1,K_2　接地体和混凝土体计算系数，分别按$\frac{d}{2l}$和$\frac{d_1}{2l}$从表5.12中查出。

表5.12　接地体和混凝土计算系数 K_1 和 K_2

$\frac{d}{2l},\frac{d_1}{2l}$	0.1	0.2	0.3	0.4	0.5	0.6	0.7	0.8
K_1,K_2	1	0.98	0.95	0.9	0.82	0.74	0.65	0.55

b. 在两层不同土壤中的接地电阻（相当于将一个接地体分成两个假定单元接地体的并联接地电阻）按下式计算：

$$\left.\begin{aligned} R &= \frac{R_1R_2}{R_1+R_2}(\Omega) \\ R_1 &= \frac{1}{2\pi l_1}\left[\rho_1\ln\frac{4l}{d}+(\rho-\rho_1)\ln\frac{4l}{d_1}\right](\Omega) \\ R_2 &= \frac{1}{2\pi(l-l_1)}\left[\rho_2\ln\frac{4l}{d}+(\rho_3-\rho_2)\ln\frac{4l}{d_1}\right](\Omega) \end{aligned}\right\} \tag{5.14}$$

式中：R_1,R_2　第一个及第二个假定单元的电阻，Ω；

ρ,ρ_3　上、下层土壤的电阻率，Ω·m；

ρ_1,ρ_2　埋设在上、下层土壤中混凝土的电阻率，Ω·m；

l_1　上层土壤厚度，m；

d_1　圆柱形混凝土体的直径，m；

d　接地体（圆柱形混凝土体内钢筋）的直径，m；

l　接地体（钢筋体或圆柱形混凝土体）埋设在地面下的长度，m。

②水平敷设的圆柱形钢筋混凝土接地体的接地电阻按下式计算：

$$R=\frac{\rho_1}{2\pi l}\ln\frac{d_1}{d}+\frac{\rho}{2\pi l}\ln\frac{l^2}{d_1h} \tag{5.15}$$

式中：h　水平接地体（钢筋体或圆柱形混凝土体）埋深，m；

ρ　土壤的电阻率，Ω·m；

ρ_1　混凝土的电阻率，Ω·m；

d_1　圆柱形混凝土体的直径，m；

d　接地体（圆柱形混凝土体内钢筋）的直径，m；

l　接地体(钢筋体或圆柱形混凝土体)埋设在地面下的长度,m。

③水平敷设成闭合矩形的圆柱形钢筋混凝土接地体的接地电阻按下式计算:

$$R=\frac{\rho_1}{2\pi l}\ln\frac{d_1}{d}+\frac{\rho}{5\pi l}\left(\ln\frac{l^2}{d_1 h}+A\right)\ (\Omega) \tag{5.16}$$

式中:　h　水平接地体(钢筋体或圆柱形混凝土体)埋深,m;

l　接地体的长度,m,接地体成闭合矩形时为周长;

A　闭合矩形接地体的形状系数(见表5.13);

ρ　土壤的电阻率,Ω·m;

ρ_1　混凝土的电阻率,Ω·m;

d_1　圆柱形混凝土体的直径,m;

d　接地体(圆柱形混凝土体内钢筋)的直径,cm。

表5.13　闭合矩形接地体的形状系数 A 值

长短边比	1	1.5	2	3	4	5	6	7	8	9	10
A 值	1.69	1.76	1.85	2.10	2.34	2.53	2.81	2.93	3.12	3.29	3.42

当钢筋混凝土体断面是矩形时,则式(5.15、5.16)中 d、d_1 为等效直径,其值等于 $\frac{2(a+b)}{\pi}$(m),其中 a 和 b 分别为混凝土体或钢筋体矩形横截面的长、短边之长(m)。

④ 倒 T 形钢筋混凝土基础的接地电阻按下式计算:

$$R=\frac{R_1 R_2}{0.9(R_1+R_2)}\quad(\Omega) \tag{5.17}$$

$$R_2=\frac{a k_h \rho}{4 d_p}\quad(\Omega) \tag{5.18}$$

式中:　R_1　该基础上部垂直圆柱形钢筋混凝土体的接地电阻,计算公式见(5.13);

R_2　该基础下部平板形钢筋混凝土体的接地电阻;

ρ　土壤的电阻率,Ω·m;

d_p　平板形钢筋混凝土体的钢筋网的直径或等效直径,m;

k_h　考虑混凝土层影响的系数,其值一般可取1;

a　埋设影响系数,其值为 $1+\frac{2}{\pi}\arcsin\frac{d_p}{\sqrt{16t^2+d^2}}$,$t$ 为钢筋网埋设深度,m。

当平板形钢筋混凝土体中的钢筋网截面是矩形时,d_p 为等效直径,其值为 $1.13\sqrt{ab}$(m),其中 a、b 为矩形的长、短边的长度,m。

⑤水工构筑物钢筋混凝土接地体的接地电阻按下式计算:

$$R = \frac{4\rho_s}{S}(\Omega) \tag{5.19}$$

式中：ρ_s　水的电阻率，Ω·m；

S　混凝土与水接触的表面积，m^2。

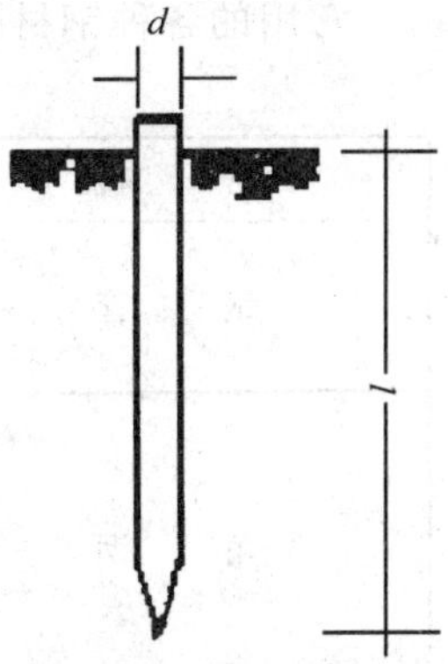

5.4.4 人工接地体的接地电阻

5.4.4.1 垂直接地体接地电阻(见图 5.26)的计算

当 $l \gg d$ 时：

$$R = \frac{\rho}{2\pi l}\ln\frac{4l}{d} \quad (\Omega) \tag{5.20}$$

图 5.26 垂直接地体示意图

式中：ρ　土壤的电阻率，Ω·m；

l　接地体的长度，m；

d　接地体的直径或等效直径，m，型钢的等效直径见表 5.14。

表 5.14 型钢等效直径

种类	圆钢	钢管	扁钢	角钢
简图	●	◎	▬	┓
d	d	$d' = 1.2\,d$	$b/2$	等边时：$d = 0.84b$ 不等边时：$d = 0.71\sqrt{b_1 b_2 (b_1^2 + b_2^2)}$

在实用中，垂直接地体一般长度 2.5m，顶端埋于地面之下 0.5～0.7m。此时单根垂直接地体接地电阻的计算公式可简化为：

$$R = K\rho \quad (\Omega) \tag{5.21}$$

式中：K　简化计算系数，见表 5.15；

ρ　土壤的电阻率，Ω·m。

5.4.4.2 水平接地体接地电阻的计算

$$R = \frac{\rho}{2\pi l}\left(\ln\frac{l^2}{hd} + A\right) \quad (\Omega) \tag{5.22}$$

式中：ρ　土壤的电阻率，Ω·m；

l　接地体长度，m；

h　水平接地体埋深，m；

d　接地体直径或等效直径，m，见表 5.14；

A　水平接地体的形状系数，见表 5.16；

常用的各种钢材的单根直线水平接地体电阻值见表 5.17。

表 5.15 单根垂直接地体的简化计算系数 K 值

材料	规格(mm)	直径或等效直径(m)	K 值
钢管	∅50	0.06	0.30
	∅40	0.048	0.32
角钢	40×40×4	0.0336	0.34
	50×50×5	0.042	0.32
	63×63×5	0.053	0.31
	70×70×5	0.059	0.30
	75×75×5	0.063	0.30
圆钢	∅20	0.02	0.37
	∅15	0.015	0.39
注： 表中 K 值按垂直接地体长 2.5m、顶端埋深 0.8m 计算。			

表 5.16 水平接地体形状系数 A 值

形状	—	└	人	┼	✳	✳	□	○
A	0.000	0.378	0.867	2.14	5.27	8.81	1.69	0.48

表 5.17 单根直线水平接地体的接地电阻值(Ω)

接地体材料及尺寸(mm)		接地体长度(m)											
		5	10	15	20	25	30	35	40	50	60	80	100
扁钢	40×4	23.4	13.9	10.1	8.1	6.74	5.8	5.1	4.58	3.8	3.26	2.54	2.12
	25×4	24.9	14.6	10.6	8.42	7.02	6.04	5.33	4.76	3.95	3.39	2.65	2.20
圆钢	∅8	26.3	15.3	11.1	8.78	7.3	6.28	5.52	4.94	4.10	3.47	2.74	2.27
	∅10	25.6	15.0	10.9	8.6	7.16	6.16	5.44	4.85	4.02	3.45	2.70	2.23
	∅12	25.0	14.7	10.7	8.46	7.04	6.08	5.34	4.78	3.96	3.40	2.66	2.20
	∅15	24.3	14.4	10.4	8.28	6.91	5.95	5.24	4.69	3.89	3.34	2.62	2.17

5.4.4.3 复合接地体的接地电阻

以水平接地体为主且边缘闭合的复合接地体的接地电阻为：

$$R=\frac{\sqrt{\pi}}{4}\cdot\frac{\rho}{\sqrt{S}}+\frac{\rho}{2\pi l}\ln\frac{l^2}{1.6hd\times10^4}\quad(\Omega)\qquad(5.23)$$

式中： ρ 土壤的电阻率，Ω·m；

S 接地网总面积，m^2；

l　　接地体的长度，包括垂直接地体在内，m；

d　　接地体直径或等效直径，m，见表 5.14；

h　　水平接地体埋深，m。

以垂直接地体呈“一”字形布置的复合接地体工频接地电阻可查表 5.18。

表 5.18　人工接地装置工频接地电阻值

<table>
<tr><th rowspan="3">形　式</th><th rowspan="3">简　　图</th><th colspan="4">材料尺寸(mm)及用量(m)</th><th colspan="3">土壤的电阻率，Ω·m</th></tr>
<tr><th rowspan="2">圆钢
∅20</th><th rowspan="2">钢管
∅50</th><th rowspan="2">角钢
50×50×5</th><th rowspan="2">扁　钢
40×4</th><th>100</th><th>250</th><th>500</th></tr>
<tr><th colspan="3">工频接地电阻(Ω)</th></tr>
<tr><td>单根</td><td>0.8m
2.6m</td><td>2.5</td><td>2.5</td><td>2.5</td><td></td><td>30.2
37.2
32.4</td><td>75.4
92.9
81.1</td><td>151
186
162</td></tr>
<tr><td>2 根</td><td>5m</td><td></td><td>5.0</td><td>5.0</td><td>2.5
2.5</td><td>10.0
10.5</td><td>25.1
26.2</td><td>50.2
52.5</td></tr>
<tr><td>3 根</td><td>5m 5m</td><td></td><td>7.5</td><td>7.5</td><td>5.0
5.0</td><td>6.65
6.92</td><td>16.6
17.3</td><td>33.2
34.6</td></tr>
<tr><td>4 根</td><td>5m 5m 5m</td><td></td><td>10.0</td><td>10.0</td><td>7.5
7.5</td><td>5.08
5.29</td><td>12.7
13.2</td><td>25.4
26.5</td></tr>
<tr><td>5 根</td><td rowspan="6">5m ---- 5m</td><td></td><td>12.5</td><td>12.5</td><td>20.0
20.0</td><td>4.18
4.35</td><td>10.5
10.9</td><td>20.9
21.8</td></tr>
<tr><td>6 根</td><td></td><td>15.0</td><td>15.0</td><td>25.0
25.0</td><td>3.58
3.73</td><td>8.95
9.32</td><td>17.9
18.6</td></tr>
<tr><td>8 根</td><td></td><td>20.0</td><td>20.0</td><td>35.0
35.0</td><td>2.81
2.93</td><td>7.03
7.32</td><td>14.1
14.6</td></tr>
<tr><td>10 根</td><td></td><td>25.0</td><td>25.0</td><td>45.0
45.0</td><td>2.35
2.45</td><td>5.87
6.12</td><td>11.7
12.2</td></tr>
<tr><td>15 根</td><td></td><td>37.5</td><td>37.5</td><td>70.0
70.0</td><td>1.75
1.82</td><td>4.36
4.56</td><td>8.73
9.11</td></tr>
<tr><td>20 根</td><td></td><td>50.0</td><td>50.0</td><td>95.0
95.0</td><td>1.45
1.52</td><td>3.62
3.79</td><td>7.24
7.58</td></tr>
<tr><td colspan="9">注：表中人工接地装置工频接地电阻值按接地体埋深为 0.8m，土壤电阻率为 100Ω·m 计算。</td></tr>
</table>

5.4.4.4　人工接地体接地电阻简易计算式(见表5.19)

表5.19　人工接地体接地电阻(Ω)简易计算式

接地体的形式	简易计算式	备　注
垂直式	$R \approx 0.3\rho$	长度3m左右的接地体。
单根水平式	$R \approx 0.3\rho$	长度60m左右的接地体。
复合式(接地网)	$R\approx 0.5\frac{\rho}{\sqrt{S}}=0.28\frac{\rho}{r}$或 $R\approx\frac{\sqrt{\pi}}{4\sqrt{S}}+\frac{\rho}{l}=\frac{\rho}{4r}+\frac{\rho}{l}$	1.　S大于100m²的闭合接地网; 2.　r为与接地网面积等值的圆的半径,即等效半径,m; 3.　ρ为土壤的电阻率,Ω·m; 4.　l为接地体的长度,包括垂直接地体在内,m。

§5.5　接地体的冲击接地电阻

测量接地电阻所依据的基本原理是欧姆定律,只要测量电流和端电压这两个物理量,就可以用欧姆定律求出电阻值。也可以用电桥法测量,测量起来稍费事,而读数可以更精确了。

可是,在测大地的流散电阻时却出现了问题。先来看看"电阻"这个概念,它的定义是欧姆所定义的,即一个物体通过给定的电流时,它的端电压与给定的电流之比。因此对于大地的流散电阻也应照此概念来进行。最初电力系统是为了安全而设置接地,所以对大地通以工频电流,测量此电流在大地中产生的电压,求出二者的比值。几十年来电力系统都是用摇表测大地的电阻的,用的是工频电流。

对于防雷工作来说工频电流显然是不合适的,应该用闪电的冲击电流,这时,大地流散电阻应该是以冲击电压,除以冲击电流,两者的商就是大地的冲击电阻了。这里当然是指冲击电压和冲击电流的峰值。实际上发生闪电时不易测量,只能用人工模拟雷电的冲击电流来代替。实验的结果发现这样测得的电阻值,与用工频电流测得的值有差别,于是对大地的流散电阻有了两种概念,即冲击电阻与工频电阻。

冲击电阻是接地体在泄散高幅值冲击电流时,接地体周围土壤放电击穿时产生火花效应表现的电阻值。冲击接地电阻是指接地装置流过雷电冲击电流时所表现的电阻值。

实验表明,同一地方的流散电阻,其冲击电阻值常小于工频电阻值。在雷电冲击电流作用下,一方面接地体周围的放电游离会使接地体的等效截面或等效半径增大,导致接地电阻降低;另一方面如接地体较长,其在传输雷电波过程时的分布参数效应将使接地电阻增大。因此，冲击接地电阻也并不总是小于工频接地电阻。

闪电对大地产生火花效应，冲击接地电阻是在火花效应下大地表现出来的电阻。因此，通常的仪表不易准确测得冲击接地电阻，这是因为仪表所通入大地的电流太小，与闪电电流完全不同。防雷规范中所规定的接地电阻，指的是冲击接地电阻，但是，我们用接地电阻测量仪器所测得的数值却是工频接地电阻。工程上测冲击接地电阻，是根据建筑防雷设计规范，把工频电阻值乘以换算系数就行了。

5.5.1　引起接地冲击电流的原因

①架空地线遭受直击雷；
②避雷器动作；
③静电容量通过设备流入；
④协调间隙动作；
⑤设备的绝缘破坏。

5.5.2　接地装置冲击接地电阻与工频接地电阻的换算

按通过接地体流入地中冲击电流求得的接地电阻，称为冲击接地电阻。

按通过接地体流入地中工频电流求得的电阻，称为工频接地电阻。

(1)接地装置冲击接地电阻与工频接地电阻的换算应按下式确定：

$$R_{\sim} = AR_i \tag{5.24}$$

式中：　$R_{\sim}$　接地装置各支线的长度取值小于或等于接地体的有效长度 l_e 或者有支线大于 l_e 而取其等于 l_e 时的工频接地电阻（Ω）[①]；

A　换算系数，其数值应按图 5.27 确定；

R_i　所要求的接地装置冲击接地电阻(Ω)。

(2) 接地体的有效长度应按下式确定：

$$l_e = 2\sqrt{\rho} \tag{5.25}$$

式中　l_e　接地体的有效长度，应按图 5.28 计量(m)；

ρ　敷设接地体处的土壤电阻率(Ω · m)。

(3) 环绕建筑物的环形接地体应按以下方法确定冲击接地电阻：

① 当环形接地体周长的一半大于或等于接地体的有效长度 l_e 时，引下线的冲击接地电阻应为从与该引下线的连接点起沿两侧接地体各取 l_e 长度算出的工频接地电阻（换算系数 $A=1$）。

② 当环形接地体周长的一半 l 小于 l_e 时，引下线的冲击接地电阻应为以接地体的

① l 为接地体最长支线的实际长度，其计量与 l_e 类同。当它大于 l_e 时，取其等于 l_e。

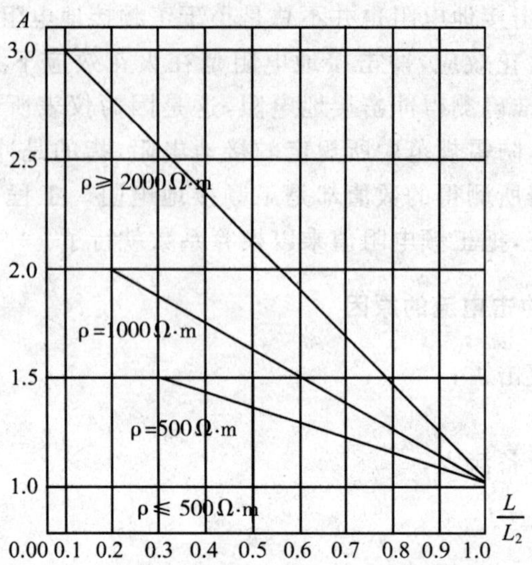

图 5.27　冲击接地电阻与工频接地电阻的换算系数 A

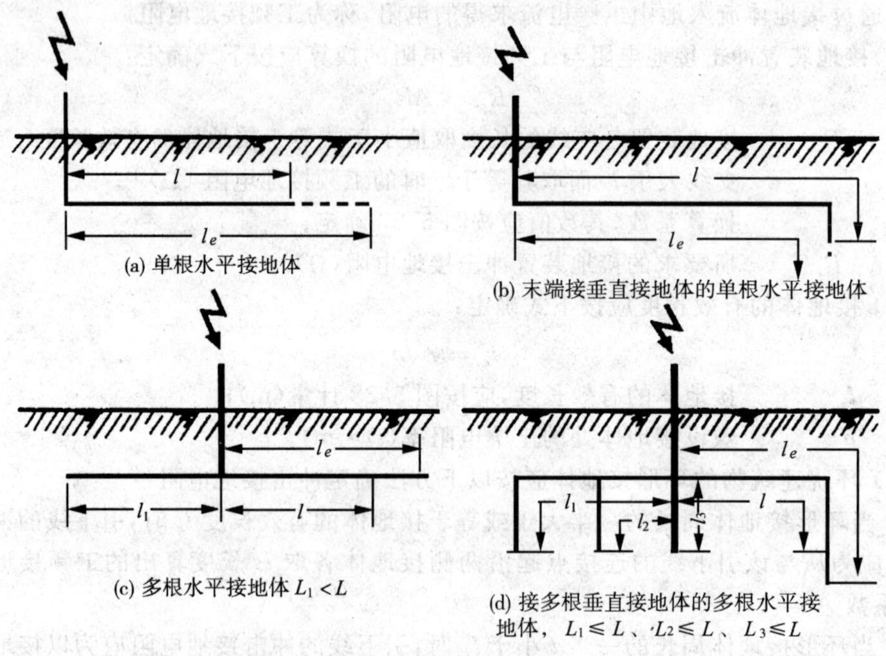

图 5.28　接地体有效长度的计量

实际长度算出工频接地电阻再除以 A 值。

(4) 与引下线连接的基础接地体

与引下线连接的基础接地体，当其钢筋从与引下线的连接点量起大于 20m 时，其冲击接地电阻应为以换算系数 $A=1$ 和以该连接点为圆心、20m 为半径的半球体范围内的钢筋体的工频接地电阻。

(5) 关于换算公式(5.24)中的 A 值，实际上是冲击系数 α 的倒数。

(6) 关于换算系数 A 的说明

① 当接地体达有效长度时 $A=1$(即冲击系数等于 1)；因再长就不合理，冲击系数 >1。

② 从图 5.29 可看出，当 $\rho=500(\Omega\cdot\text{m})$ 时 $\alpha=0.67$(即 $A=1.5$)；如果相对应的接地体长度为 13.5m，其 $l_e=2\sqrt{\rho}=44.7\text{m}$。所以 $\frac{l}{l_e}=\frac{13.5}{44.7}=0.3$。

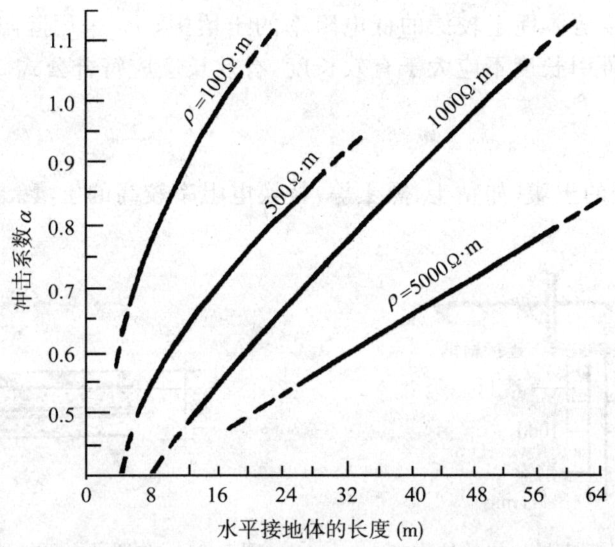

图 5.29　在 20kA 雷电流的条件下水平接地体的冲击系数 α

(20～40mm 宽扁钢或直径 10～20mm 圆钢)

在图 5.29 中，20kA 雷电流的条件下水平接地体可看出，α 值几乎随长度的增加而线性增大。所以，其 A 值随 $\frac{l}{l_e}$ 为 0.3 与 1 之间的变化从 1.5 下降到 1 也表现为线性变化。

$\rho=1000(\Omega\cdot\text{m})$ 和 $\rho=2000(\Omega\cdot\text{m})$ 时，A 值曲线的取得与上述方法相同。

当 $\rho=1000(\Omega\cdot\text{m})$，$\alpha=0.5$ 即 $A=2$ 时，l 的长度为 13m，$l_e=2\sqrt{1000}=63\text{m}$，

所以$\frac{l}{l_e}=\frac{13}{63}=0.2$。

当$\rho=2000(\Omega\cdot m)$，$\alpha=0.33$，即$A=3$时，从图5.29估计出l的长度约为8m，$l_e=2\sqrt{2000}=89m$，所以$\frac{l}{l_e}=\frac{8}{89}=0.1$。

③混凝土在土壤中的电阻率取100Ω·m，接地体在混凝土中的有效长度为20m。所以，对基础接地体取20m半球体范围内的钢筋体的工频接地电阻等于冲击接地电阻。

§5.6 高土壤电阻率地区的降低接地电阻的措施

国标GB50057-1994第4.3.4条规定：在高土壤电阻率地区降低防直击雷接地电阻宜采用下列方法：

a. 换土；b. 接地体埋于较深的低电阻率的土壤中；c. 采用降阻剂；d. 采用多支线外引接地装置，外引长度不应大于有效长度，有效长度应符合公式5.25要求。

5.6.1 换土

用电阻率较低的土壤（如粘土、黑土等）替换电阻率较高的土壤。做法见图5.30和5.31。

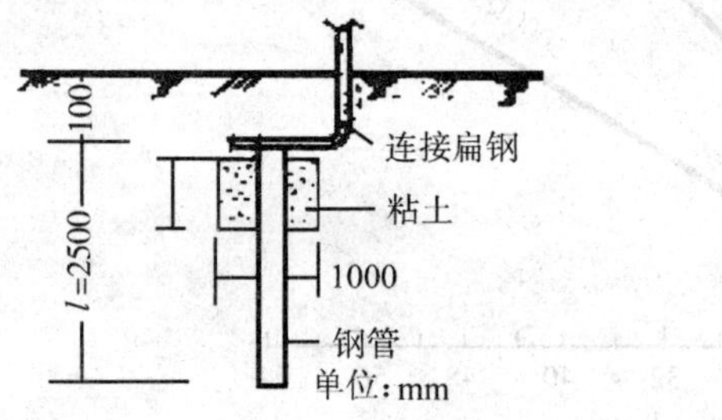

图5.30 在埋设垂直接地体的坑内换土

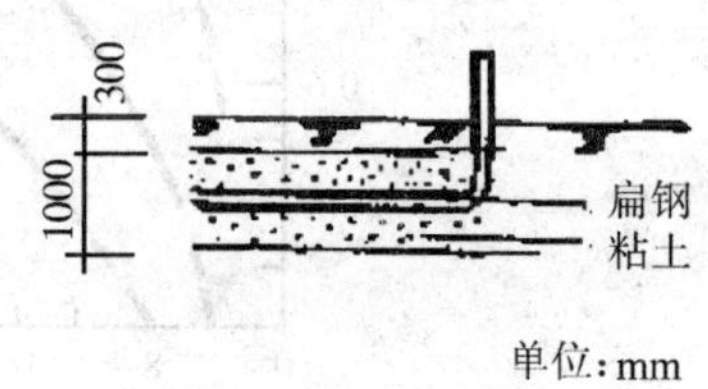

图5.31 在埋设水平接地体的坑内换土

5.6.2 对土壤进行化学处理

这种方法中所需的化学物往往带有腐蚀性，且易流失，一般不得已时才采用。常用的化学物有炉渣、木炭、氮肥渣、电石渣、石灰、食盐等。

5.6.2.1 垂直接地体

将化学物和土壤混合后填入坑内夯实，做法见图5.32，坑的几何尺寸见图5.33。根据计算和实验，雷电流最大电位梯度发生在离接地体表面0.5～1.0m处，故埋

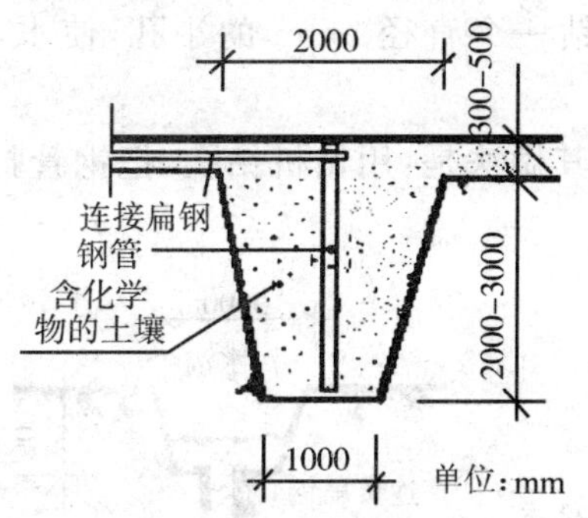

图 5.32　垂直接地体坑内土壤化学处理

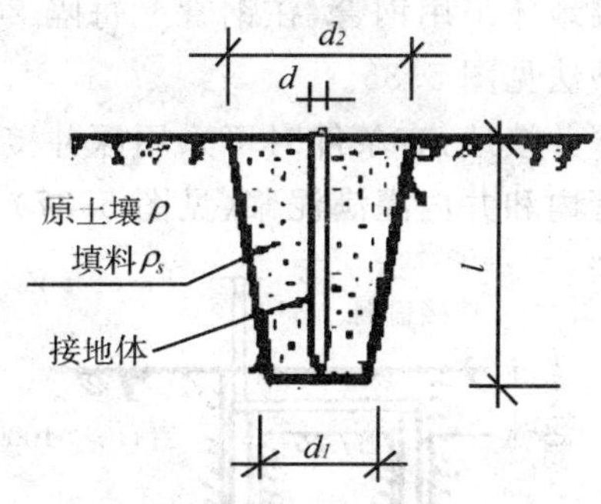

图 5.33　接地体坑的几何尺寸

设垂直接地体坑的直径无需过大，一般可取坑底直径 d_1 为 1m，坑口直径 d_2 为 2m，垂直接地体长度 l 为 2～3m。如垂直接地体直径为 d(m)，按照图 5.33 所示尺寸，则接地电阻可按下式计算：

$$R=\frac{\rho_1}{2\pi l}\ln\frac{d_1}{d}+\frac{\rho}{2\pi l}\ln\frac{4l}{d_1}\quad(\Omega)\tag{5.26}$$

式中：ρ、ρ_1 为原土壤及填料的电阻率，Ω·m。

5.6.2.2　水平接地体

埋设水平接地体地沟的几何尺寸见图 5.34，其中水平接地体与沟壁的水平间距 b_1 可取 0.5m。水平接地体接地电阻按下式确定：

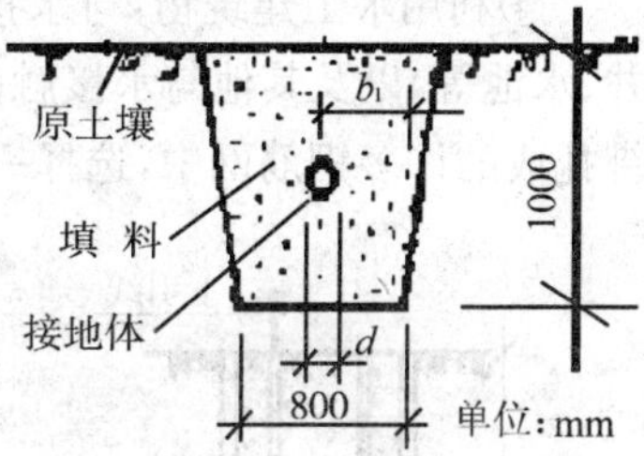

当为圆钢时，

$$R=\frac{\rho_1}{2\pi l}\ln\frac{1}{d}+\frac{\rho}{2\pi l}\ln\frac{1}{b_1}\quad(\Omega)\tag{5.27}$$

图 5.34　水平接地体地沟的几何尺寸

当为扁钢时，

$$R=\frac{\rho_1}{2\pi l}\ln\frac{2l}{b}+\frac{\rho}{2\pi l}\ln\frac{1}{b_1}\quad(\Omega)\tag{5.28}$$

式中　l　水平接地体长度，m；

d　圆钢直径，m；

b　扁钢宽度，m。

5.6.3　其他降低电阻的措施

①深埋接地体：当地下深处的土壤或水电阻率较低时，可采用深埋接地体来降低接地电阻值，其做法见图 5.35。

②污水引入：为降低接地体周围土壤的电阻率，可将无腐蚀性的污水引到埋设接地

体处。接地体采用钢管，在钢管上每隔 20cm 钻一个直径 5mm 的小孔，使水渗入土壤中。其做法见图 5.36。

③深井接地：有条件时可采用深井接地。其做法是：用钻机钻孔，把钢管打入井内，再向钢管内和井内灌满泥浆（见图 5.37）。

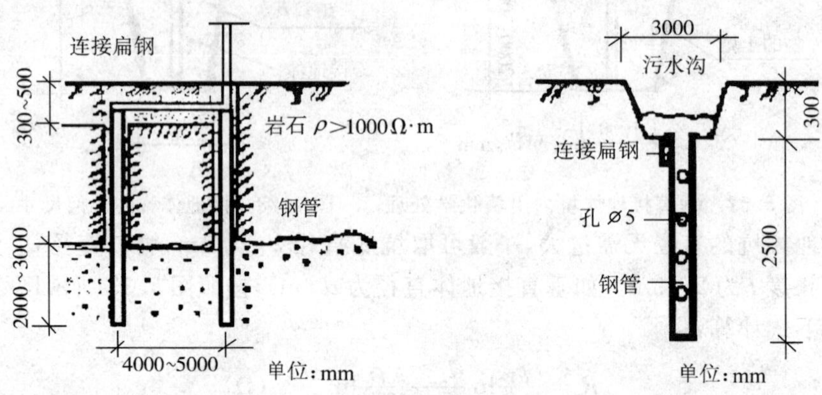

图 5.35　深埋接地体　　　　图 5.36　污水引入接地体处

④利用水工建筑物：与水接触的钢筋混凝土体作为流散介质充分利用水工建筑物（水井、水池等）以及其他与水接触的金属部分作为自然接地体，可在水下钢筋混凝土结构物内绑扎成的许多钢筋网中，选择一些纵横交叉点加以焊接，并与接地网连接起来，见图 5.38。

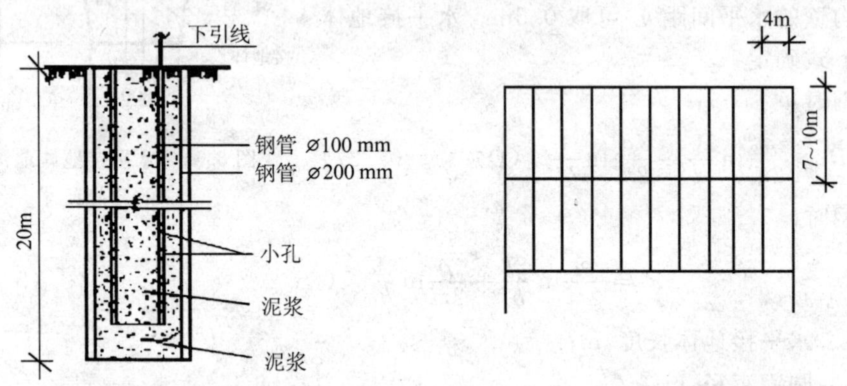

图 5.37　深井接地示意图　　　　图 5.38　水中敷设的接地装置（水下接地网）

当利用水工建筑物作为自然接地体仍不能满足要求时，或者利用水工建筑物作为自然接地体有困难时，应优先在就近的水中（河水、池水等）敷设外引（人工）接地装置（水下接地网）见图 5.38。接地装置应敷设在水的流速不大之处或静水中，并要回填一些大石块加以固定。

水下接地网的接地电阻值可按下式计算：

$$R = 0.025\rho_3 K \quad (\Omega) \tag{5.29}$$

式中：　ρ_3　　水的电阻率，Ω·m；

　　　　K　　接地电阻计算系数，由图 5.39、5.40 查得。

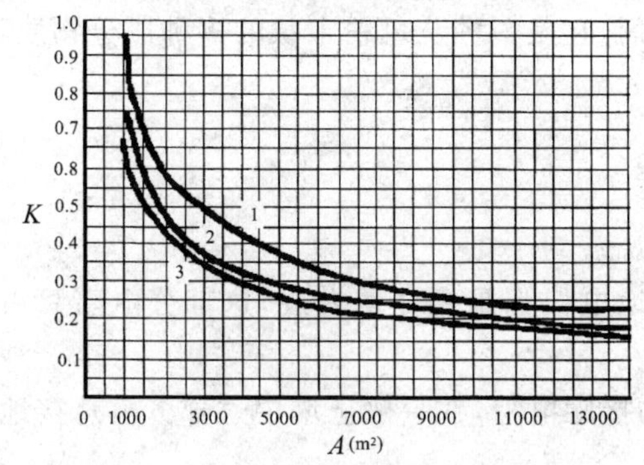

图 5.39　河床为卵石层的水下接地网接地电阻计算系数曲线

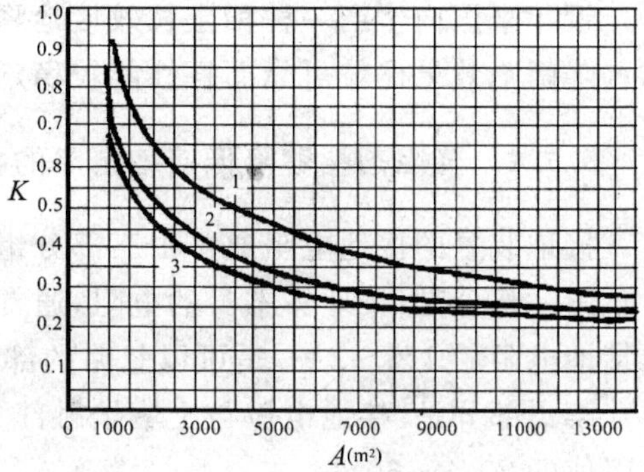

图 5.40　河床为岩石层的水下接地网接地电阻计算系数曲线

图 5.39、5.40 中，1－水深为 10m；2－水深为 20m；3－水深为 30m；K－接地电阻计算系数；A－接地网面积。

5.6.4　利用化学长效降阻剂

长效降阻剂是由几种物质配制而成的化学降阻剂，是具有导电性能良好的强电解质和水分。这些强电解质和水分被网状胶体所包围，网状胶体的空格又被部分水解的胶体所填充，使它不至于随地下水和雨水而流失，因而能长期保持良好的导电状态。垂直敷设棒状接地体与水平敷设板状接地体填充降阻剂的方法见图 5.41、5.42。

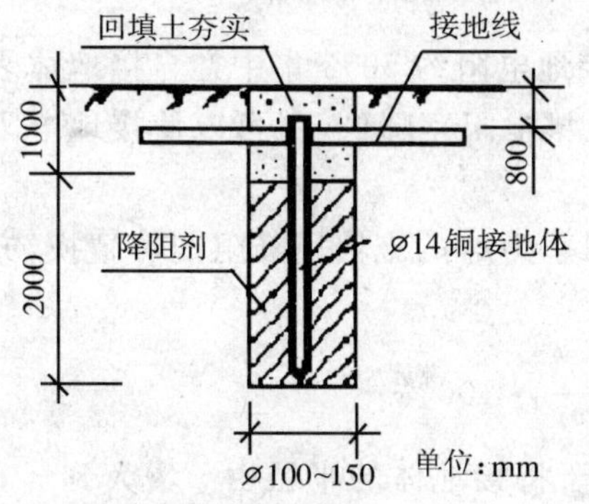

图 5.41　在敷设棒状接地体的洞内充填降阻剂

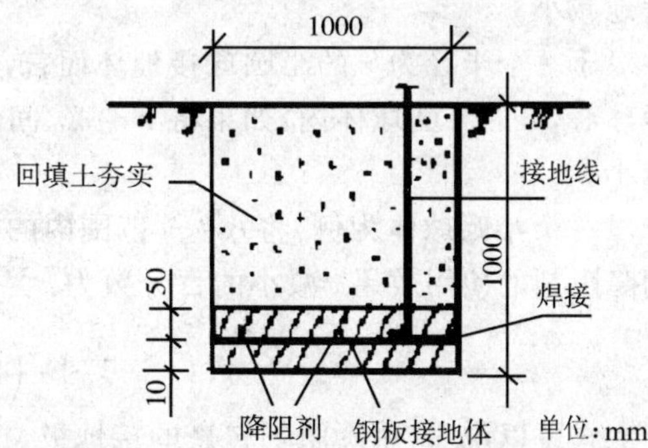

图 5.42　在敷设板状接地体的坑内充填降阻剂

§5.7 降阻剂与接地电极

近年来国内生产一种稀土长效接地降阻剂，它是一种灰色粉末状的多种成分物质，这种降阻剂效果比较可靠而且性能较稳定。

5.7.1 降阻剂能够降低接地电阻的机理

接地装置的接地电阻通常由三部分组成：

第一部分是：接地体本身的电阻，通常接地电极都是用金属做成，这部分电阻只占总接地电阻的1%～2%，是可以忽略的部分；

第二部分是：接地电极与土壤接触部分的接触电阻，在一般土壤中这部分占总接地电阻值的20%～60%；

第三部分是：电流经接地极流入土壤后流散时的电阻，这部分流散电阻由土壤电阻率决定。

很明显，电极与土壤的接触电阻与其接触面积成反比关系。但是接地体的接地电阻应该是接触面的接触电阻加流散电阻，所以接地体的接地电阻与接触界面的面积成减函数关系。

由于一般土壤电阻率都在 $10^2 \sim 10^3 \Omega \cdot m$ 之间，而降阻剂的电阻率已能作到 $10^0 \Omega \cdot m$（稀土降阻剂可以做到 $0.2 \sim 0.5 \Omega \cdot m$），所以将降阻剂敷在接地电极和自然土壤之间就有如增大了接地电极的直径一样，由于接地体几何尺寸的增加，而使接地电阻减小。这效果包括两个方面：一是相当于增大了接地体的几何尺寸；二是降阻剂刚刚浇灌时是半流体状态，使它与周围的土壤接触紧密，减小了接触电阻，从而使接地电阻显著地减小。

对于一个半径为 r 的半圆球接地体而言，其接地电阻约50%集中在自接地体表面至距球心 $2r$ 的半圆球体内，如果将 $r \sim 2r$ 间的土壤电阻率降低，就可以使接地电阻大大减小。

以一个半圆球体为例，将 $r \sim r_1$ 范围内的电阻率为 ρ_2 的土壤用降阻剂 ρ_1 置换，亦可得到降阻剂的使用效果。减小的百分数为：

$$\Delta R = \left(1 - \frac{r}{r_1}\right) \cdot \left(1 - \frac{\rho_1}{\rho_2}\right) \cdot 100\%$$

上式可以说明，用降阻剂包裹的接地极，相当于将接地体的半径由 r 增大到 r_1，由于接地体几何尺寸的增加，而使接地电阻减小。实践证明，使用降阻剂大约可以使接地电阻减小10%～40%。因为土壤有一定的硬度和粒径，土壤本身之间就存在一定的气隙，当与金属电极相接触时不可避免地增加接触电阻。而降阻剂本身的粒径较土壤颗粒小,可以加工成半流体,充填在电极和土壤之间,对两者都有良好的亲和力,就能有效地减小接触电阻。这就是降阻剂的降阻机理。

在稀土降阻剂的设计配方中,考虑地下水和地中电流的作用,选用导电率仅次于金属的碳元素为载体,辅以电阻率极小的铜族元素外,还有过渡元素和碱土金属元素,这些元素的适当配比和加工,再添加铜系稀土元素作为催化剂、激活剂,前一些元素极易形成水合离子化合物,在稀土元素和地中电流的作用下就能形成导电性能良好的电解质。正因为稀土降阻剂这一特殊功能,使稀土降阻剂呈良好的负阻特性。即随着电流密度、电流波形陡度的增加而电阻率自动下降。

5.7.2　降阻剂的长效性问题

无论军工、民用、建筑,其接地装置都必须做到:一要安全,二要持久。一般都要求接地装置在 15 年以上。那么,降阻剂能否满足这一要求?

①稀土降阻剂在研制、生产中应考虑到地下工程应用的主要特点是必须考虑到地中电流和地下水的作用,尤其是后者对降阻剂的影响是比较明显的,而且一年四季地下水、土壤含水量的变化也是很大的,一般担心的是随着雨水的浸袭,一些导电性物质是否会溶解、流失。针对这个问题在配方材料中所有配料其比重都大于 1,可以和水构成水合离子化合物,但不溶解于水,部分配料能吸收水分并形成结晶水,、也不会水解溶化。并且在成品前添加少量的固化剂,既便于保水性的改善,也易于形成渗水层帷幕,尽管环境含水量变化范围较大,而降阻剂的含水量基本能稳定在 25%~45%左右。在产品试验时作抽样试验,加工成标准试样后再自然通风干燥 72 小时,在其成形后作比较、测量,最后还将试样置于静水中浸泡 35 天,结果应证明降阻剂功能不会因地下水及雨水的浸润而流失。

电阻率和导电性能要做到一点不变,目前还不可能,但变化的范围小于可以接受的季节系数。

②地中电流影响。稀土降阻剂在置于接地系统后,必然要受地中电流的影响。除了正常工作接地中的三相不平衡的工频电流外还有地中杂散电流、无线电通信、视频和天电干扰,只是幅值是极其有限的。

5.7.3　温度对降阻剂的影响

降阻剂在接地系统中正常时通过的线电流密度一般在每平方米数十微安到数毫安之间,然而当出现工频接地短路或需要接地短路时其线电流密度可达每平方米数百乃至数千安,此时虽然不可能使整个接地系统的温度上升到 100℃以上,但是在电流深入点或局部接触不良处有可能接近或超过此值。为此,除进行将试样置于恒温干燥箱内作脱水试验检查外,还进行过试样环境温度下的载流试验,使其因载流而引起温升,并达到 120℃,证实试样不会开裂和有其他不良反应的生成物出现。试样的电性能不变,仍可反复载流,并仍然具有良好的负阻特性。

5.7.4 大电流冲击对降阻剂的影响

所谓冲击系数是指大电流冲击下呈现的冲击阻抗和工频电流下的工频接地电阻的比值。一般在进行避雷保护接地设计时都会涉及这一问题。通常自然土壤中的接地装置其冲击系数常小于 1.0 的,这是因为自然土壤中土壤的电场强度超过某一极限就会使周围的土壤击穿形成火花放电区,从而扩大了接地电极的等效截面,使总体呈现阻抗降低,显然这对于被保护设备是有利的。20 世纪 70 年代日本的长效降阻剂在这方面不够理想,大电流冲击特性试验表明冲击系数近于 1.0,加上施工工艺较为复杂,售价过高,而丧失了应用价值。稀土降阻剂则在配方设计上作了考虑,但是否能达到预期要求,仍然能保持自然土壤的良好特性甚至更有改善,只有实践才能作出公正的判断。

5.7.5 降阻剂对金属电极的影响

接地电极的金属一般都采用钢材,个别的是铜,它们的腐蚀,一般和周围介质的酸价(pH 值)有关,也和它们在土中的电极表面电势有关。

试验结果表明:铜、镀锌铁和普通钢材的腐蚀特性是不一样的。pH 值越小,腐蚀速率越快,但不是线性关系而包裹了稀土降阻剂的接地电极,其外部多了一层蔽护隔离层,腐蚀速率一般要较未包裹降阻剂的小 1/4～1/2,可以起到相当好的延缓腐蚀作用。

5.7.6 降阻剂对环境和生态的影响

稀土降阻剂本身是无臭味的黑褐色粉剂,不含有害金属元素如汞、铅、镉、砷、钴,在产品使用中和人体接触也不会引起不适或其他不良反应,对水质和土壤不会造成污染。

应当注意的是,采用降阻剂,只是降低接地体与土壤界面的接触电阻,对可以吸收水分的土壤还可以在接地体附近土壤混入一些带电离子的物质,以期降低土壤的电阻率 ρ,但是如果地层中为大块的岩石,则降阻剂就无能为力。

曾有某变电站的接地网,虽然放了大量降阻剂,但由于地层是大块花岗岩,结果接地电阻还是达不到技术要求。碰到这种情况时,只有采用等电位法,放宽对接地电阻值的要求。土壤电阻率高的地方使用降阻剂的效果好,土壤电阻率低的地方使用降阻剂效果不够明显。

5.7.7 接地电极的抗腐蚀

接地网长期埋在地下,尤其是电阻率 ρ 较低的地方,一般都是比较潮湿并且还含有一些可溶性的电解物质、酸、碱、盐等成份,这些水分和电解物质对接地体会产生腐蚀作用。为了减少接地体被腐蚀,可选用化学稳定性较好的铜,但铜的价格太贵,一般不允许使用大量的铜作为接地电极。目前普遍使用的镀锌钢制品作为接地体,仍不能完全解决接地极被腐蚀的问题。应该特别注意的是,当铜和铁两种金属构成地网连接在一起的时候,铁的接地体被腐蚀的速度将大于没有与铜接地网连接时被腐蚀的速度,所以同一个接地网内采用两种或多种金属连接是应该谨慎的。其次,多股绞合线比同样截面积的单股线容易被腐蚀,故不应用多股线作接地体。德国和芬兰的防雷保护规程是禁止在地中使用多股绞合线作地网的。

5.7.7.1　电解现象和腐蚀

如果两种不同金属材料的接地体一起埋在潮湿的土壤中,通常在这两个接地体间就可以测出电位差。这是由于两种材料的所谓"电极电位"不同而产生的。

表 5.20　常用金属材料的电极电位

(单位为 V,在温度+25℃以及与标准氢电极比较离子活性为 1 时)

元　素	符　号	电位差	元　素	符　号	电位差
钙	Ca	−2.84	镍	Ni	−0.230
镁	Mg	−2.38	锡	Sn	−0.140
铝	Al	−1.66	铜	Cu	+0.337
锰	Mn	−1.05	银	Ag	+0.800
锌	Zn	−0.763	铅	Pb	+0.800
铁	Fe	−0.44	金	Au	+1.420

表 5.20 给出了一些材料的电极电位值。由表 5.20 可以看出铜的电极电位是+0.337V,铁的电极电位是−0.44V。故铜与铁混合组成的电极之间可以测得 0.337−(−0.44)=0.777V 的电位差。并且铜为正极,铁为负极。如果把两电极用铜线连接在一起,将有直流电流从铜经过连接导线流向铁;而且在土壤中电流由铁流向铜,电流的大小与两极间的电位差成正比,与两电极间的电阻成反比。这个电阻等于或小于这两个地极各自接地电阻之和。由铁电极流向土壤的电流,使每个铁原子失去了两个电子而成为正离子。

$$Fe-2e=Fe^{2+}$$

因为正离子离开铁电极,使铁电极的部分金属被带走了,这就是铁地极被腐蚀的机理。所带走的铁可根据法拉第电化当量定律算出,对于铁电极损失量是 2.084g/(A·h)。假定两电极间的电阻是 10Ω,电流为 0.078A,以 10 年计,从铁极带走的数量约为 14kg。

接地系统的焊接点被腐蚀到一定的程度,就会造成接触不良,接地系统的作用就会大大地降低。由此可见,用不同的金属组成的接地电极将会发生比较严重的后果,如果用铜作接地极,同时又与镀锌的自来水管相接时,就会发生自来水管严重被腐蚀的现象。同理，任何两种不同的金属埋在地下，使它们有良好的电气连接也会发生同样的现象，即负电极将很快地被腐蚀。不过这种灾难性的后果，往往是多年以后才被注意到。瑞典曾发生一起这样的事故，有一根钢筋混凝土的电线杆，当初是将其基础直接埋在地中(自然接地)，后来考虑需要改善输电线的避雷性能，增加了扁铜接地电极来减少其接地电阻，几年之后发现杆脚已经严重腐蚀。当时，如果接地极采用镀锌钢材就可以避免这一事故。

5.7.7.2　接地系统的防腐蚀措施——阴极保护法

上面谈到两种不同的金属埋入地下，如果把它们作良好的电气连接，就形成一个“电池”，其中较活泼的金属为负电极，由于它的原子失去了电子而成为带正电的阳离子而离开电极，使该金属电极失去一部分(受到腐蚀)；相反，不甚活泼的金属电极由于带正电缘故更不容易失去电子，不会成为游离的金属阳离子，所以，它会比接成“电池”前更难于受腐蚀，从而得到保护。

阴极保护法有两种，其中一种是消耗阴极保护阳极的方法叫无源法。如图 5.43(a)所示，这种方法是以消耗锌来保护铁。如果用更活泼的金属镁来取代锌将会有更好的效果，不过由于较活泼的锌、镁等金属是不断被腐蚀的，所以必需定期检查更新辅助地极。

阴极保护法的另一种叫有源法。如图 5.43(b)所示，是把直流电源(可以用交流电源整流后获得)的负极接到需要保护的接地体上，再将直流电源的正极接到一个辅助地极上，辅助地极可以是一个不耐腐蚀可以更换的地极。例如可以用钢材做成，也可以用抗腐蚀材料(例如石墨)做成。但后一种情况施加的电压必须比前一种大约高两伏。由于需要保护的地极总是接上人工负电位而不容易产生正离子，不容易被腐蚀，所以接地体便得到保护。对于那些要求永久性防腐蚀的重要建筑物如重要的水利工程设施、大型建筑物或地处带酸性土壤的建筑物应考虑对接地装置采用防腐蚀措施。

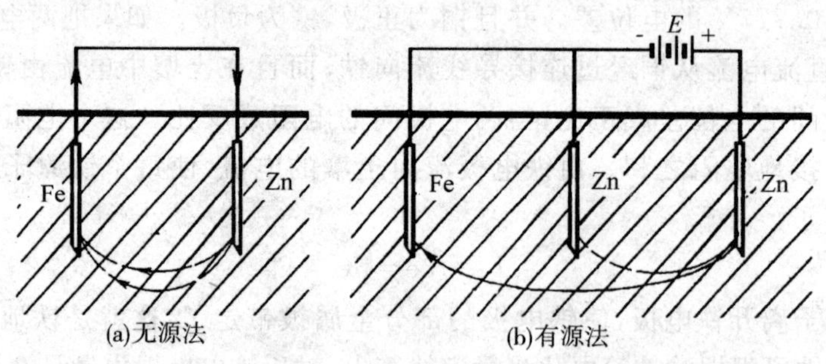

图 5.43　铁一锌系统的阴极保护原理

有些部门设计接地网的时候喜欢采用铜接地电极，这对于酸性较强的土壤，用铜接地体的目的在于防腐蚀，这是合理的；如果纯粹为了降低接地电阻，那是没有意义的，因为接地体的电阻一般只占总接地电阻的 2%左右。在非酸性特别强的土壤里用镀锌钢接地电极，只要施工工艺合理，通常可以安全运行 30 年左右。

特别需要提醒的是：一个地网由多种金属构成，或多个用不同金属构成的接地网，用金属连结成一个统一地网时，由于各种金属的电位差，形成电池效应，使较活泼的金属更快被腐蚀，如铜和铁组成的接地网中的铁，比单纯铁的地网更快被腐蚀。

5.7.8　建筑电气快装长效接地装置 LRCP

LRCP 长效降阻防蚀剂具有能持续降阻的潜效功能，施工完成后仍能继续降阻，直至降至施工完成后初期阻值的 50%。该产品长效期大于 50 年。

当选用表 5.21 中单根接地体，而相应电阻值不能满足工程设计要求时，应采用多根（N 根）接地体组成复合接地体，其接地电阻值 R_f 与复合接地体的效应系数 K 有关，即：

$$R_f = \frac{R}{NK}$$

式中　K　　复合接地体的效应系数（见表 5.21）；

　　　R_f　　复合接地体的工频接地电阻（Ω）；

　　　R　　单根接地体的工频接地电阻（Ω）；

　　　N　　接地体根数。

建筑电气快装长效接地装置的施工安装做法见图 5.44～5.50。

表 5.21　不同复合接地体组合型式的效应系数表

单根接地体组合根数 N	3	4	6
组成接地装置型式（接地体间连接均应焊接）	1 2 3	1 2 3 4	1 2 3 4 5 6
复合接地体效应系数 K	0.75～0.96	0.65～0.80	0.60～0.75

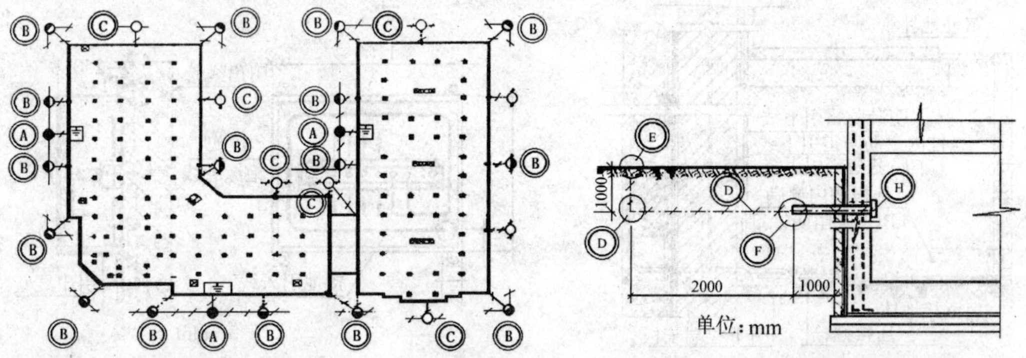

图 5.44　建筑电气快装长效接地平面示意　　图 5.45　建筑电气快装长效接地剖面示意

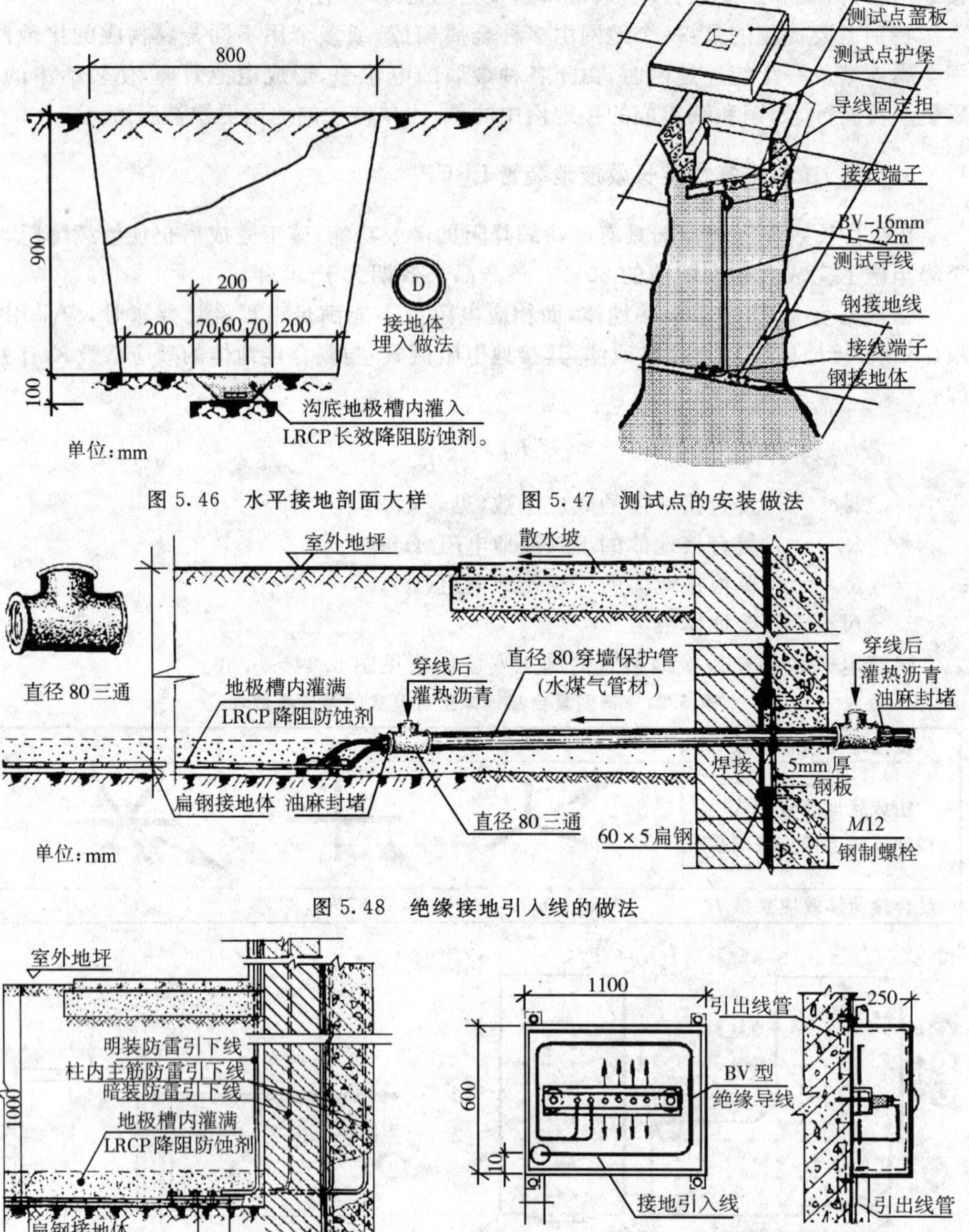

图 5.46　水平接地剖面大样　　图 5.47　测试点的安装做法

图 5.48　绝缘接地引入线的做法

图 5.49　钢接地体与防雷引下线安装做法　　图 5.50　接地端子箱(总母线)做法

本章思考与练习

1. 电气上的"地"是指什么?

2. 何谓保护接零?

3. 何谓接触电压?

4. 何谓跨步电压?

5. 大地地和电气地有什么区别?

6. 大地地的电位和电气地的电位有什么区别?

7. 什么叫对地电压、接地电压和跨步电压?

8. 何谓接地?

9. 接地极的接地电阻与设备的接地电阻有什么区别?

10. 接地按作用分为哪几类?

11. 接地有什么作用?

12. 短路和接地故障有什么区别?

13. 高压系统的接地制式按接地方式分类有哪几种?

14. 何谓工作接地?

15. 何谓保护接地?

16. 何谓防雷接地?

17. 何谓防静电接地?

18. 触电对人体构成的伤害形式有哪些?

19. 触电电流的大小对人体生命安全有什么危害?

20. TN-C、TN-C-S、TN-S、IT 和 TT 系统供电方式各有什么特点?电力设备的接地按目的分为几种?

21. 为防止间接触电,TN、TT、IT 系统要采取哪些保护措施?

22. 绘图说明低压配电 TN 系统中 TN-S、TN-C、TN-C-S 的异同点?

23. 电源采用 TN 系统时,从建筑物内总配电盘(箱)开始引出配电线路和分支线路必须采用(　　)系统。

A. TT　　B. IT　　C. TN-C　　D. TN-C-S　　E. TN-S

24. 电子计算机机房应采用下列四种接地方式:(　　),(　　),(　　)和(　　)。

25. 在低压配电系统的接地制式中,IEC 规定,接地制式由两个字母表示,其中第二个字母 T 或 N 表示的是(　　)。

26. 电子信息系统设备采用 TN 交流配电系统时,配电线路和分支线路为什么必须采用 TN-S 系统的接地方式?

27. IT 接地制式中电源变压器的中性点能否直接接地?

28. IT 系统为什么不希望配出中性线?

29. 变压器中性点不直接接地能否判定是 IT 制?

30. 某大型车间要求工作接地电阻 4Ω,防静电接地电阻 10Ω,防雷冲击接地电阻 30Ω,采取 TN

制，接地网如何设计？

31. 电子计算机信息系统机房分哪几种接地方式？各自规定的接地电阻是多少？

32. 漏电保护器工作原理是什么？

33. 使用漏电保护器要注意什么问题？

34. 什么是超低压配电？

35. TN-C系统中，防雷接地利用基础金属框架作接地极，电阻为0.2Ω，此金属框架能否作为PEN线的重复接地？

36. TT系统中，防雷接地能否和保护接地合用一个桩基础为接地极？

37. 安全电压电源有几种形式？

38. 下列哪组叙述是错误或不全面的？（　　）

A. 电气装置的接地系统是由接地极和接地线组成的

B. 接地装置是接地体和接地线的总和

C. 接地极是埋入土壤中或混凝土基础中作流散用的导体

D. 接地线是电气装置设施的接地端子与接地体连接用的金属导电部分

39. 下列哪一种组合均属功能性接地？（　　）

Ⅰ. 发电机中性点和变压器中性点接地的屏柜外壳接地

Ⅱ. 电子设备的信号接地，功率接地及广播与通讯设备的正极接地

Ⅲ. 屏蔽接地，防静电接地，防电化腐蚀接地

Ⅳ. 发电机中性点接地，直流电路逻辑接地，变压器中性点接地

A. Ⅰ，Ⅱ　　B. Ⅰ，Ⅳ　　C. Ⅱ，Ⅳ　　D. Ⅰ，Ⅲ

40. 下列哪一种组合均属保护性接地？（　　）

Ⅰ. 电气设备外露导电部分和装置外导电部分以及发电机中性接地的屏、柜外壳接地

Ⅱ. 防雷接地，逻辑接地，功率接地

Ⅲ. 屏蔽接地，信号接地，防电化腐蚀接地

Ⅳ. 过电压保护接地，防静电接地

A. Ⅰ，Ⅲ　　B. Ⅱ，Ⅳ　　C. Ⅱ，Ⅲ　　D. Ⅰ，Ⅳ

41. 什么是接地故障？

42. 接地故障保护有何作用？其保护电器应如何选用？

43. 下列叙述中，哪条叙述是错误的或不全面的？（　　）

A. 3～35kV配变电所高低压宜共用接地系统，接地电阻不宜大于4Ω。由单台容量不超过100kVA或使用同一接地装置并联运行且总容量不超过100kVA的变压器或发电机的低压电力网中，电力装置的接地电阻不宜大于10Ω。

B. 3～35KV线路在居民区的钢筋混凝土电杆、金属杆塔的接地系统，接地电阻不应大于30Ω。

C. 低压配电线路的PE线或PEN线的每一处重复接地系统，接地电阻不应大于10Ω。

D. 在电力设备接地装置的接地电阻允许达到10Ω的电力网中，每处重复接地的电阻值不应大于30Ω，此时重复接地不应少于2处。

44. 下列叙述哪个是错误的？（　　）

A. 安装在电器屏柜上未接地的金属框架上的电器和仪表金属外壳，应接地或接保护线。

B. 采用电气隔离保护方式的电气设备及装置外可导电部分应接地或接保护线。

C. 电力设备传动装置应接地或接保护线。

D. 电缆的金属外皮乃电力电缆接线盒的金属外壳应接地或接保护线。

45. 下列哪组叙述是错误的？（　　）

A. 单相负荷比较集中的场所，产生三次谐波电流的设备场所，防火，防爆有要求的场所，宜采用 TN-S 系统。

B. 有信息处理设备、各变频设备的场所、三相负荷不平衡的场所，宜采用 TN-C 系统。

C. 低压供电远离变电所的建筑物，对接地要求高的精密电子设备和数据处理设备，以及对环境要求防火，防爆的场所，宜不采用 TT 系统。

D. 有不间断供电要求的场所，对环境有防火，防爆要求的场所，宜采用 IT 系统，但在一般工业与民用低压电网中不宜采用。

46. 下列哪一种组是全部正确的？（　　）

Ⅰ. TN-C-S 系统电气装置外露导电部分应采用保护线，但不宜与系统的接地点，即中性点连接。

Ⅱ. TN、TT 系统为电源侧直接接地系统，IT 系统为电源侧不接地系统。

Ⅲ. TN 系统为装置外露导电部分与电源接地有电气连接。TT 系统为装置外露可导体部分与电源接地无直接连接。而是通过大地连接。

Ⅳ. IT 系统外露导电部分不应集中接地，应单独接地或成组接地。

A. Ⅰ，Ⅱ　　B. Ⅰ，Ⅳ　　C. Ⅱ，Ⅲ　　D. Ⅱ，Ⅳ

47. 下列哪一种组合是正确的？（　　）

Ⅰ. 电气装置外可导电部分，可作保护中性线(PEN)。

Ⅱ. PEN 线兼有 PE 线和 N 线的作用，其截面应按 PE 线或 N 线两者的要求确定。

Ⅲ. IT 系统在无特殊要求情况下，不宜配出中性线。

Ⅳ. TN、TT、IT 三种制式，在工程中应确定其中一种制式。在同一电源同一建筑物的不同场所不宜使用另一种制式。

Ⅴ. 征得有关部门同意的金属水管和煤气管道可作为保护线。

A. Ⅰ，Ⅱ，Ⅲ　　B. Ⅱ，Ⅲ，Ⅳ　　C. Ⅰ，Ⅱ，Ⅴ　　D. Ⅱ，Ⅲ，Ⅴ

48. 下列哪一种组合是错误的？（　　）

Ⅰ. TN-C 系统，能直接装设 RCD 保护。

Ⅱ. TN-S 系统中，若装设 RCD，则其 N 线不必通过 RCD。

Ⅲ. IT 系统宜采用 RCD 作为接地故障保护。

Ⅳ. TN-C-S 主要由过电流保护器作接地故障保护，如某部分接地故障保护不满足要求时，可采用局部等电位连接，也可增设 RCD 保护。

Ⅴ. TT 系统适用 RCD 作为接地故障保护。

A. Ⅰ，Ⅱ，Ⅲ　　B. Ⅱ，Ⅲ，Ⅳ　　C. Ⅲ，Ⅳ，Ⅴ　　D. Ⅰ，Ⅳ，Ⅴ

49. 下面哪一种组合是全部正确的？（　　）

Ⅰ. 手握式电气设备接地故障保护，当发生单相接地时，自动断开电源的时间不应超过 5s 或接触电压不应超过 50V。

Ⅱ. 手握式电气设备的保护线，可采用单股铜线，其截面应符合有关规范规定。

Ⅲ. 手握式电气设备的插座上应有专用的接地插孔，而且所用插头的结构应能避免将导电触头误作接地触头使用。

Ⅳ. 手握式电气设备插座和插头的接地触头应在导电触头接通之前连通并在导电触头脱开后才断开。

Ⅴ. 手握式电气设备的插座，其接地触头和金属外壳应有可靠的电气连接。

A. Ⅰ，Ⅱ，Ⅲ　　B. Ⅰ，Ⅱ，Ⅳ　　C. Ⅱ，Ⅲ，Ⅴ　　D. Ⅲ，Ⅳ，Ⅴ

50. 下面哪组叙述是错误的？（　　）

A. 医疗及诊断电气设备，应根据使用功能要求采用保护接地，功能性接地，屏蔽接地等接地或不接地等型式。

B. 在电源突然中断后，有招致重大医疗危险的场所，应采用 IT 系统的供电方式。

C. 凡需设置保护接地的医疗设备，应采用 TN-S 系统的供电。与人体直接接触的医疗电气设备，宜设置漏电保护装置，包括急救和手术用电设备。

D. 医疗电气设备在有的场所采用 TT 系统，但应装漏电保护器。

51. 下面哪种组合的叙述是全部正确的？（　　）

Ⅰ. 浴室或淋浴室除在建筑物采取总等电位连接外还应采取局部等电位连接与辅助等电位连接。

Ⅱ. 游泳池若其范围内原无"PE"线时，可与其范围外的"PE"线连接。

Ⅲ. 桑拿浴室供电线路除满足绝缘和耐高温要求外，线路的敷设应采用金属护套管敷设。

Ⅳ. 接地干线应在爆炸危险区域不同方向不少于两处与接地体连接。

A. Ⅰ，Ⅱ　　B. Ⅱ，Ⅲ　　C. Ⅲ，Ⅳ　　D. Ⅰ，Ⅳ

52. 何谓安全超低电压？

53. 何谓安全电流？

54. 何谓安全电压？

55. 接地装置由哪几部分组成？

56. 直流电气装置的接地，能否利用自然接地极？

57. 什么叫土壤电阻率？

58. 土壤电阻率是如何测定？

59. 土壤电阻率受哪些因素的影响？

60. 影响大地电阻率的因子有哪些？简述大地电阻率的测量和计算方法。

61. 什么是工频接地电阻？

62. 接地电阻是否就是接地体的电阻？接地电阻的一般性质是什么？

63. 直埋铠装电缆在进入建筑物前埋地 50m，根据所学的知识，描述该电缆的金属外皮的接地电阻预计有多大？

64. 如图 5.51，通讯站地网平面图，经测试，该站的土壤电阻率为 1000Ω · m。请分别计算通讯铁塔地网、机房地网、变电站地网的水平接地体的接地电阻；计算联合接地体的接地电阻；计算联合接地体的冲击接地电阻。

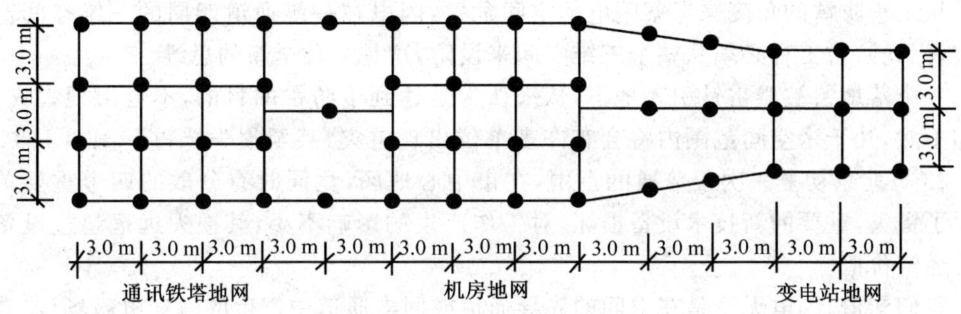

图 5.51　通讯站地网平面图

65. 经现场测定，雷达站场地的土壤电阻率为 1500Ω · m。按照雷达设备要求，接地电阻不大于 4Ω，请设计一个雷达站的人工接地体，并画出接地体的平面尺寸，接地体的细部尺寸和具体的施工要求。

66. 如何计算人工接地体工频接地电阻值？

67. 不同形状以水平为主的复合接地体工频接地电阻近似值如何计算？其形状系数各为多少？

68. 什么是冲击接地电阻？

69. 某厂区测得土壤电阻率为 1000Ω · m，用接地电阻表测得独立避雷针接地电阻为 14.0Ω，引下线接地点至接地体最远端为 12.6m，求独立针的冲击接地电阻为多少？

已知：l/l_e 与 A 在 $\rho=1000\Omega\cdot m$ 的对应关系为：

l/l_e	1.0	0.8	0.6	0.4	0.2
A	1.0	1.3	1.5	1.8	2.0

70. 在高土壤电阻率地区，降低接地电阻通常采用哪些方法？

71. 在一相对高度为 40m 的花岗岩山头，需要设置一雷达站，雷达站的主要设备为天线、雷达伺服机房、配电机房和发电机房。试编制一个完整的外部防雷方案。

72. 为降低工作接地的接地电阻，采用铜接地极，而对重复接地，为了降低造价，采用角钢接地极，这种做法是否值得推广？

73. 直流系统的接地装置不宜敷设在能产生腐蚀性物质的地方，为什么？

74. 为什么直流电力回路不应利用自然接地体作为电流回路的零线、接地线或接地体？

75. 直流电气装置的接地，能否利用自然接地极？

76. 阴极保护装置通常采用什么材料？为什么？

第六章 建筑物内部雷电防护

从工程防雷的角度来考察闪电的空间危害,闪电在一维通道四周的三维空间产生危害,因此防雷工程必须从整个三维空间来设防,这是一种全新的思维。

一个落地雷被避雷针引入地下,从来认为是达到了防雷的目的,不会出现雷灾,现在却不然,几千米空间范围内将会有许多单位出现雷灾,甚至损失严重。例如 1994 年 5 月 23 日北京初夏一次很普通的雷雨,在市中心地区,竟同时有分散的四个重要单位发生了雷灾,重要的新技术设备损坏,对工作产生的影响不小,其损失远远超过设备本身的经济价值。

我们知道,闪电无论是在空间的先导通道或回击通道中产生的瞬变电磁场,或者是闪电进入地上建筑物的避雷系统以后所产生瞬变的电磁场,都会在空间一定范围内产生电磁作用,它可以是法拉第电磁感应定律所决定的电磁感应作用,也可以是脉冲电磁辐射,它是在三维空间范围里对一切电子设备发生作用,可以是对闭合的金属回路产生感应电流,也可以在不闭合的导体回路产生感应电动势,由于其瞬变时间极短,所以感生的电压可以很高,以致产生电火花。在闪电通过的避雷针的附近,这种空间的瞬变脉冲电磁场的作用当然比较强烈些。从富兰克林发明避雷针以来,闪电的这种空间的雷电电磁脉冲(常用 LEMP 代表)一直是存在的,只是迄今未被人们所觉察和注意,其原因是它成灾的概率小,也因为当时社会的科技水平尚不能生产出能感受到 LEMP 作用的设备。

建筑内部防雷系统是防止雷电和其他形式的过电压侵入设备中造成毁坏,这是外部防雷系统无法保证的。当建筑物直接遭受雷击或其附近区域发生雷击时,由雷电放电引起的电磁脉冲和暂态过电压波会通过各种途径侵入建筑物内,危及建筑物内的各种设备的安全可靠运行。为了实现内部避雷,对于侵入室内雷害的治理是多方面的,需要采取综合防护措施,对进出各保护区的电线、金属管道等都要连接避雷及过压保护器,这些措施主要包括泄流、均压、接地、屏蔽和隔离等。

各类防雷建筑物的内部防雷按照表 6.1 规定采取相应措施。

表 6.1 建筑物的内部防雷措施应采用 GB50057-1994 的条款

防雷类别	第一类防雷建筑物	第二类防雷建筑物	第三类防雷建筑物
防雷电感应	3.2.2	3.3.7	——
防雷电波侵入	3.2.3	3.3.9	3.4.9
防雷击电磁脉冲	6.1～6.4		
等电位连接	3.1.2		

§6.1　建筑物内部防雷电感应

6.1.1　雷电感应

从雷云密布到发生闪电的整个过程中，同时会出现三种物理现象：静电感应、电磁感应、电磁波辐射。

在发生雷击过程中，短促而强大的雷电流及其在空间产生的雷电电磁脉冲会通过传导、感应和耦合等方式在建筑物内部各电气系统(电网和数据线路)中产生不同强度的瞬态过电压。

电网和数据线路中瞬态过电压产生的原因：在大多数的情况下是由于电气设备中的开关过程和静电放电而产生的。此外，因雷击放电和与此相关的电磁感应而导致电气及电子设备的毁坏，这种受损情况在保险公司的统计表中列在首要的位置。

6.1.1.1　瞬态电位抬高的危害

建筑物在遭受直接雷击到外部防雷系统时，在(图 6.1)外部防雷系统的任意一点处均有瞬态电位的抬高，该点瞬态电位的抬高可表示为：

$$U = U_R + U_L = IR_i + L_0 \cdot h_x \cdot \frac{\mathrm{d}i}{\mathrm{d}t}$$

式中：　U_R　雷电流流过防雷装置时接地装置的阻抗性压降(kV)；

U_L　雷电流流过防雷装置时接地装置的感抗性压降(kV)；

R_i　接地装置的冲击接地电阻(Ω)；

$\frac{\mathrm{d}i}{\mathrm{d}t}$　雷电流的陡度(kA/μs)，可从表 2.2 ～ 2.4 查得；

I　雷电流幅值(kA)，可从表 2.2 ～ 2.4 查得；

L_0　为单位引下线长度上的寄生电感。

由上式可见，瞬态电位 U 含两部分压降，即取决于雷电流瞬时值的接地电阻的阻抗性压降和取决于雷电流波头上升陡度与引下线寄生电感乘积的感抗性压降。

由于雷电流的幅值及其波头上升陡度 $\frac{\mathrm{d}i}{\mathrm{d}t}$ 很大，U 可以达到很高的幅值。闪电电流在引下线、接地体或建筑物的金属管道等导体上产生非常高的电压，而没有闪电流流过的建筑物、室内的管道、线路、设备或人体仍保持与大地等电位，如果引下线与其周围电气设备之间安全距离不够，且设备又不与避雷针系统共地，则两者之间就会出现很高的电压并会发生放电击穿，造成反击现象。

电子设备安置在由金属网封闭的屏蔽房间内，屏蔽金属网与建筑物接地系统有可

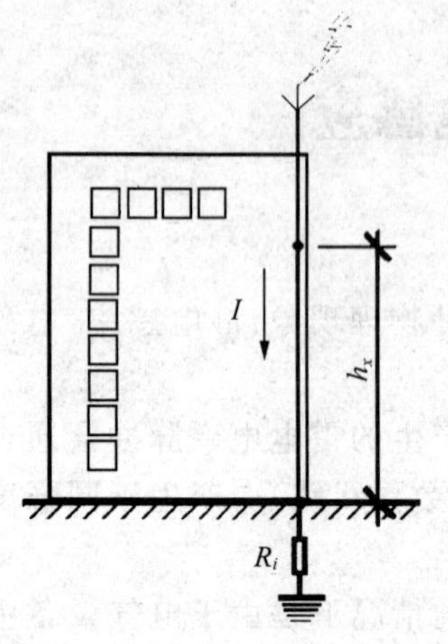

图 6.1　避雷针系统的任意一点处瞬态电位

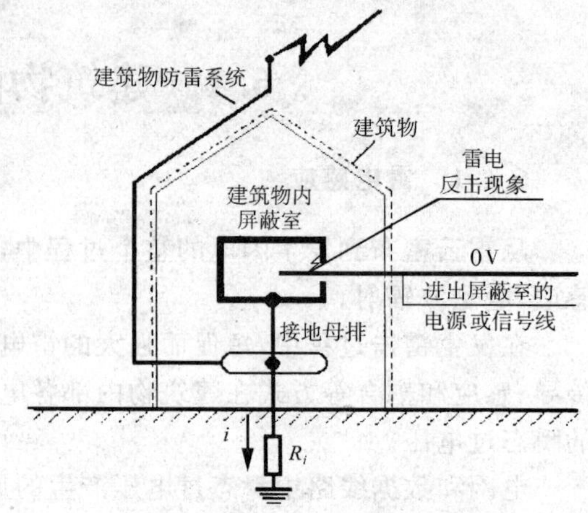

图 6.2　屏蔽室留孔处雷电反击

靠连接，为了让室内电子设备与远处电子设备间进行信号传输，通常在屏蔽房间墙体与楼面上留孔或穿洞，以供信号线进出(图 6.2)。

当发生直接雷击时，雷电流流过屏蔽室接地连线的寄生电感和接地电阻时，将产生很高的瞬态压降，使屏蔽室的瞬态电位被抬高，而来自远处的信号线此时尚处于零电位，则在小孔处，屏蔽体与信号线之间将出现很高的电位差。这一高电压很容易将两者之间空气间隙击穿，使信号线上也带上高电位，该高电位将会直接损坏室内的电子设备，它也将沿信号线传输到远处线路终端，侵害终端处的电子设备(图 6.2)。

瞬态电位的抬高还会造成邻近尚未受雷击的建筑物内引起反击。在图 6.3 中，如果相邻近的建筑物均与同一供水管道或其他地下金属结构物有接地连接时，这样相邻建筑物的接地实际上就是连在一起的。当其中一座建筑物遭受雷击时，雷电流将通过

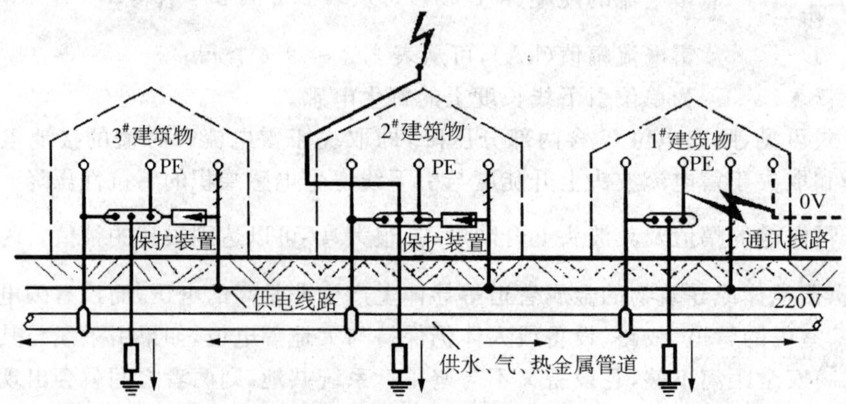

图 6.3　建筑物的地电位反击

建筑物的防雷系统的引下线和接地连线与供水管道或其他地下金属结构物等进入各建筑物的共同接地体，使相邻建筑物的瞬态电位都抬高，于是在没有采取瞬态过电压保护措施的相邻建筑物中，带高电位的地线将会对其附近的电源线和通讯线发生反击，使得与这些线路相连接的电气或电子设备受到瞬态高电位的损害。

各种电器都要接安全地线，电子仪器、计算机均要接信号地线，这些地线与防雷地线常靠近埋设，因此闪电电流在防雷地线上的高压就可能对其他地线“反击”而导通，于是这些设备的地线反而成为电压很高的高压端，它与电源线之间的电势相对关系反转，两者间的高电压足以击穿各种电子元器件。

6.1.1.2　雷电电磁脉冲造成回路瞬态感应使电位抬高的危害

回路中的感应过电压属于磁场感应。

在建筑物中，大量布设着各种导体线路，如电源线、电视电缆、数据通信线、广播、电话、监控、报警巡更等。由于这些线路的布置错综复杂，它们在建筑物内部的不同空间位置上构成许多回路，由于这些回路的存在，使得建筑物内的各种电子设备遭受雷电危害的机会大大增加(图 6.4)。

当建筑物遭受直接雷击或建筑物附近发生雷击时，在防雷系统雷电通道中的雷电流将在建筑物内部空间产生瞬态磁场脉冲波，这种磁场脉冲波干扰上述这些回路后，将在回路中感应出瞬态过电压，危及与这些回路相连接的设备。

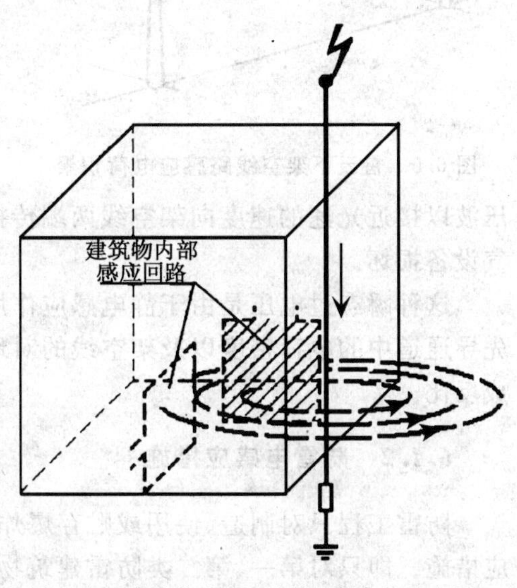

图 6.4　建筑物内部不同回路感应过电压

6.1.1.3　雷击造成线路感应瞬态高电位的危害

线路感应过电压属于静电电场感应。

如果一条架空线路(供电线路或通信线路)位于雷击点附近时，在负极性雷放电的先导阶段，先导通道中充满了负电荷，它对架空线产生静电感应作用，使架空线上距先导通道最近的部分集中累积起正电荷(图 6.5、图 6.6)。

这些正电荷受到先导通道中负电荷的束缚，而架空线上的负电荷将被排斥到线路的远端，经线路泄漏电阻或系统中性点入地。

随着雷电先导发展到达地面后，当主放电开始，先导通道中的负电荷被自下而上迅速中和，从而使架空线上原先被束缚的正电荷迅速释放，形成瞬态过电压波，这种过电

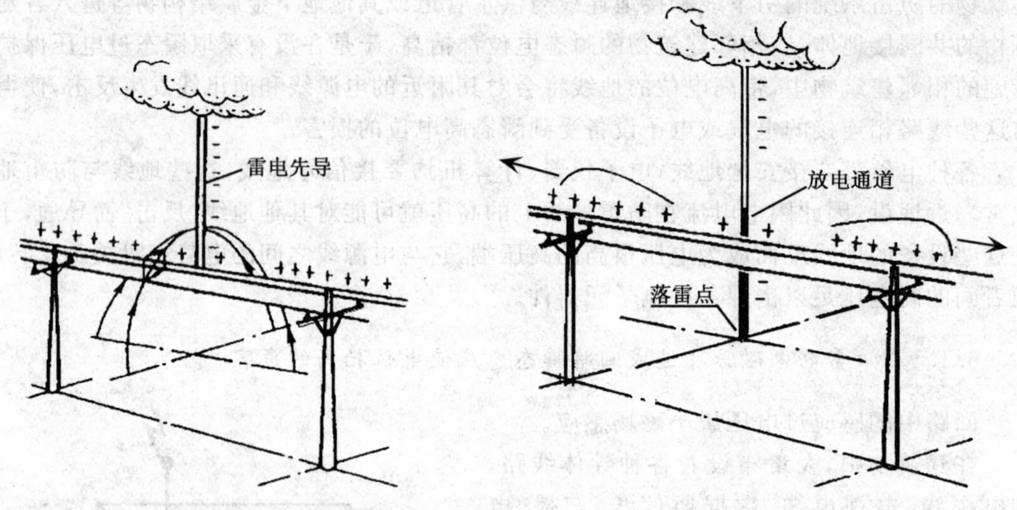

图 6.5 雷云下架空线路感应电荷积聚　　图 6.6 雷云下架空线路的感应过电压波

压波以接近光速的速度向架空线两端传播，侵入建筑物内，将线路端部连接的电子或电气设备损坏。

这种瞬态过电压是由于静电感应作用引起的，研究表明，过电压静电分量的幅值与先导通道中的电荷密度以及架空线的对地高度成正比，与雷击点到架空线的最短距离成反比。

6.1.2 防雷电感应措施

防雷工程只对制造、使用或贮存爆炸物质的建筑物和爆炸危险环境采取防雷电感应措施。即只对第一、第二类防雷建筑物具有爆炸危险环境部分采取防雷电感应措施。其他防雷建筑物可以不用采取措施防雷电感应。雷电感应的危险在于它可能出现感应出相当高的电压，由此发生火花放电引发爆炸事故。

在普通的建筑物中，通常不带电的金属物体上由于雷电感应的原因，产生出火花放电，在常规的情况下，由于其能量小，时间极短，因此，不会引发火灾事件；而在 220V/380V 系统的带电金属体上的雷电感应，由于采取防雷电波侵入和防雷电反击的措施，因此，在带电金属体上的雷电感应问题也就得到解决。

关于环路中感应电压、电流和能量的计算，详见附录三。

6.1.2.1 第一类防雷建筑物防雷电感应措施

①为防止静电感应产生火花，建筑物内的金属物（如设备、管道、构架、电缆外皮、钢屋架、钢窗等较大金属构件）和突出屋面的金属物（如放散管、风管等）均应接到防雷电

感应的接地装置上(即实现等电位联结,见图 6.7);

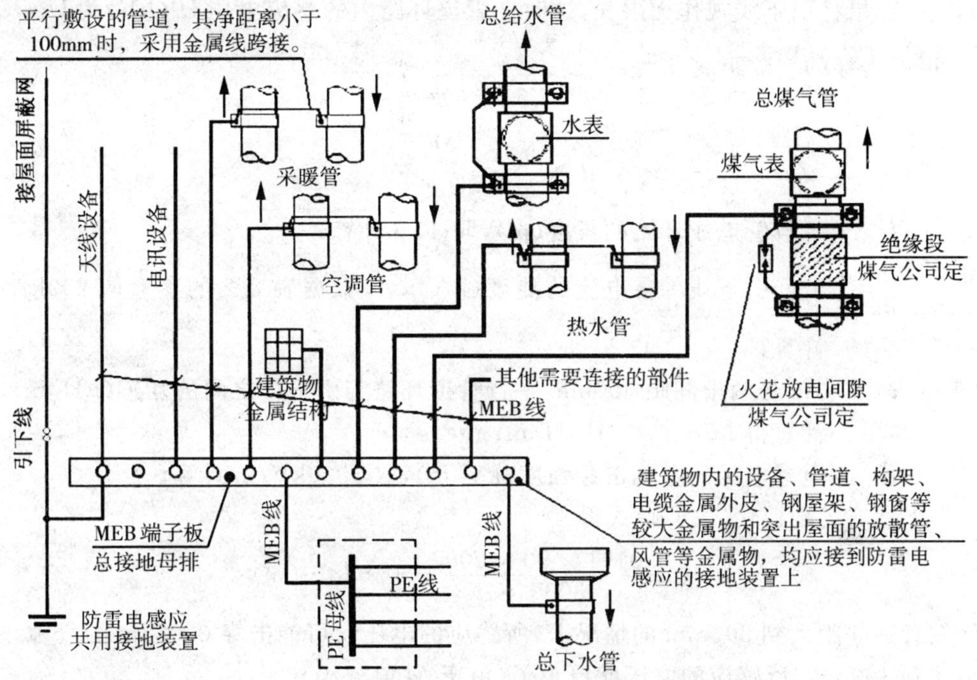

图 6.7　建筑物防雷电感应等电位连接措施

金属屋面和钢筋混凝土屋面(其中结构钢筋宜采用绑扎或焊接成电气闭合回路)沿周边每隔 18～24m 应由引下线接地一次;

现场浇制或预制构件组成的钢筋混凝土屋面,其钢筋宜绑扎或焊接成闭合回路,并应每隔 18～24m 采用引下线接地一次。

被保护建筑物内的金属物接地,是防雷电感应的主要措施。

不同类型屋面的处理:金属屋面或钢筋混凝土屋面内的钢筋进行接地,有良好的防雷电感应和一定的屏蔽作用;对于钢筋混凝土预制构件组成的屋面,要求其钢筋接地有时会遇到困难,但希望施工时密切配合,以达到接地要求。

②为防止电磁感应产生火花,平行敷设的长金属物如管道、构架和电缆外皮等,其相互间净距小于 100mm 时应每隔 20～30m 用金属线跨接(实现等电位联结,见图 6.7)。

净距小于 100mm 的交叉处及管道连接处(如弯头、阀门、法兰盘等),应用金属线跨接(实现等电位联结,见图 6.7)。

距离小于 100mm 的平行长金属物,每隔不大于 30m 互相连接一次,考虑到电磁感应所造成的电位差只能将几厘米的空隙击穿(计算结果如下),当管道间距超过 100mm 时,就不会发生危险。交叉管道亦作同样处理(实现等电位联结,见图 6.7)。

两根间距 300mm 的平行管道，与引下线平行敷设，距引下线 3m 并与其处于一个平面上。如果将引下线视作无限长，这时在管道环路内的感应电压 U (kV) 为 $U = Ml\frac{di}{dt}$，它可能击穿的气隙距离 d 为：

$$d = \frac{U}{E_L} = \frac{Ml\,\frac{di}{dt}}{E_L} \tag{6.1}$$

式中 l 平行管道成环路的长度(m)，取 30m 计算；

$\frac{di}{dt}$ 流经引下线的雷电流的陡度(kA/μs)，根据表 2.2 的参量取 200kA/μs 计算；

M 1m 长两根间距 300mm 平行管道环路与引下线之间的互感(μH/m)，经计算得 $M = 0.0191\mu H/m$；

E_L 电感电压的空气击穿强度(kV/m)，取 3000kV/m 计算。

将上述有关数值代入(6.1)式得

$$d = \frac{0.0191 \times 30 \times 200}{3000} = 0.038 \quad (m)$$

即使在管道间距大到 300mm 的情况下，所感应的电压仅可能击穿 0.038m 的气隙。若间距减到 100mm，所感应的电压就更小了(由于 M 值减小)。

连接处过渡电阻不大于 0.03Ω 时，以及对有不少于 5 根螺栓连接的法兰盘可不跨接。

③防雷电感应的接地装置应和电气设备接地装置共用，其工频接地电阻不应大于 10Ω。防雷电感应的接地装置与独立避雷针、架空避雷线或避雷网的接地装置之间的距离应符合公式(3.1)、(3.2)、(3.2)的要求。

由于已设有独立避雷针(线或网)，因此，流过防雷电感应接地装置的只是数值很小的感应电流。在金属物已普遍接地的情况下，电位分布均匀。因此，规定工频接地电阻不大于 10Ω。在共用接地装置的场合下，接地电阻只要满足各自要求的阻值就可以，不要求达到更低的接地电阻。

室内接地干线与防雷电感应接地装置的连接，不应少于两处。

6.1.2.2 第二类防雷建筑物防雷电感应措施(实现等电位联结，见图 6.7)

①建筑物内的设备、管道、构架等主要金属物(不含钢筋混凝土构件内的钢筋)，应就近接至防直击雷接地装置或电气设备的保护接地装置上，可不另设接地装置。

②为防止电磁感应产生火花，平行敷设的长金属物如管道、构架和电缆外皮等，其相互间净距小于 100mm 时应每隔 20～30m 用金属线跨接。净距小于 100mm 的交叉处及

管道连接处(如弯头、阀门、法兰盘等),应用金属线跨接,但长金属物连接处可不跨接。

③建筑物内防雷电感应的接地干线与接地装置的连接不应少于两处。

§6.2　建筑物内部防雷电波侵入

雷电波侵入的高电位源有三种:

第一种是直击雷直接击中室外的金属导线,使闪电的高电压以脉冲波的形式沿导线侵入室内;

第二种是来自间接雷的电磁脉冲(云间或云地闪电形成的静电感应和电磁感应),在导线金属体上感应产生几千伏到几十千伏的高电位,然后以脉冲波的形式沿着导线传播而侵入室内;

第三种是由于云地闪电击在建筑物上或建筑物附近时,因雷电流通过引下线流入接地体时,在接地体上会发生几十千伏至几百千伏的高电压,这种形式的高电位可通过电路中的零线、保护接地和综合布线中的接地线,以脉冲波的形式侵入室内,并沿着导线传播,殃及更大的范围。

高电位引入是雷电高压通过金属导线引入室内造成破坏的雷害现象。这种雷害现象占雷害的绝大部分,按《建筑物防雷设计规范》GB50057-94 的规定,凡是有防雷要求的建筑物均应考虑防雷电波侵入。

6.2.1　第一类防雷建筑物防雷电波侵入

(1) 低压线路宜全线采用电缆直接埋地敷设,在入户端应将电缆的金属外皮、钢管接到防雷电感应的接地装置上。当全线采用电缆直接埋地敷设有困难时,在入户端可采用一段金属铠装电缆引入,直接埋地的长度应符合式 6.2 要求,但不应小于 15m。

$$l \geqslant 2\sqrt{\rho} \tag{6.2}$$

式中:　l　金属铠装电缆或护套穿钢管埋于地中的长度(m);

　　　ρ　埋电缆处的土壤电阻率(Ω·m);

电力电缆埋地施工时,接地线卡箍内部垫以 2mm 的铝带,电缆钢铠与接地线卡箍相接触的部分应刮擦干净,以保证接触可靠,其安装方法见图 6.8。

在电缆与架空线连接处还应装阀型避雷器。避雷器、电缆金属外皮和绝缘子铁脚应连在一起接地,冲击接地电阻不应大于 10Ω。

说明(第二类防雷建筑物防雷电波侵入也相同):为了防止雷击线路时高电位侵入建筑物造成危险,低压线路宜采用电缆埋地引入,不得将架空线路直接引入屋内;当全长采用电缆有困难时,允许在入户前从架空线上换接一段有金属铠装的电缆或护套电缆穿钢管埋地引入。

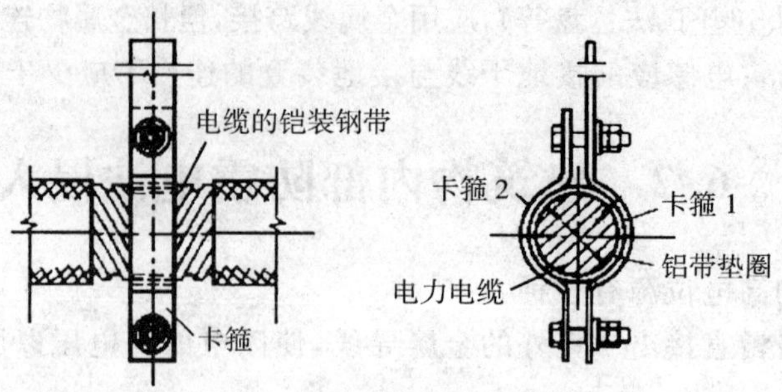

图 6.8 利用电缆包皮作为接地线的装设方法

这时,需要强调的是,电缆首端必须装设避雷器并与绝缘子铁脚、金具、电缆外皮等共同接地,入户端电缆外皮、钢管必须接到防雷电感应接地装置上,电缆段才能起到应有的保护作用。

当雷电波到达电缆首端时,避雷器被击穿,电缆外导体与芯线接通。一部分雷电流经首端接地电阻入地,一部分雷电流流经电缆。

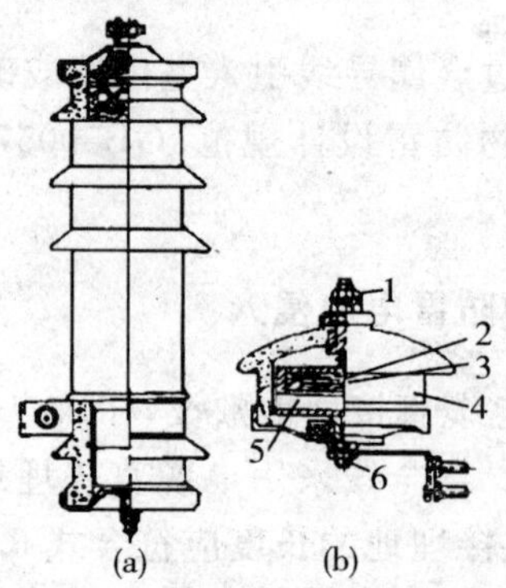

图 6.9 高低压阀型避雷器(a、FS4-10 型 b、FS-0.38 型)

1. 上接线端;2. 火花间隙;3. 云母垫圈;4. 瓷套管;5. 阀片;6. 下接线端。

如图 6.9 所示,(a)和(b)分别是我国生产的 FS4-10 型高压阀型避雷器和 FS-0.38 低压阀型避雷器,图中所示避雷器通常安装在变压器的高压侧和低压侧。

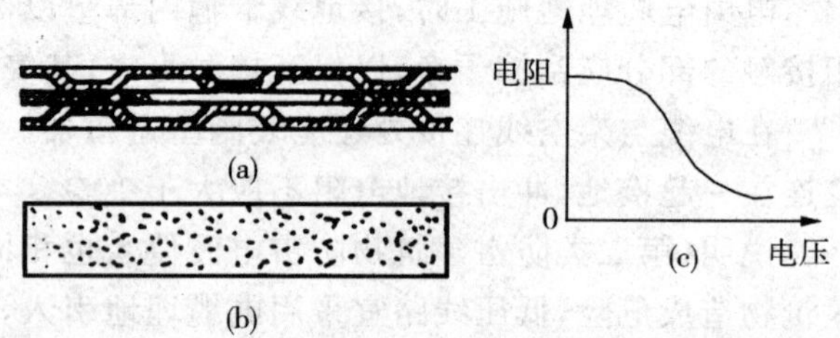

图 6.10 阀型避雷器组成部件及特性

如图 6.10 所示,阀型避雷器由火花间隙(a)和阀片(b)组成,装在密闭的瓷套管内,火花间隙用铜片冲制而成，每对间隙用云母垫圈隔开。

正常的情况下，火花间隙阻止线路正常工频电流通过，在雷电过电压的作用下，火花间隙被击穿放电。阀片是用电工用的金刚砂（或称碳化硅）颗粒组成的。

如图 6.10(c)所示，避雷器部件具有非线性特性，正常电压时，阀片电阻很大；过电压时，阀片电阻变得很小。因此，阀型避雷器在线路上出现过电压（如雷电波）时，其火花间隙击穿，阀片能使雷电流顺畅地向大地泄放。

由于雷电流属于高频（通常为数千赫兹），产生趋肤效应，流经电缆的电流被排挤到外导体上去。此外，流经外导体的雷电流在芯线中产生感应反电势，从理论上分析在没有集肤效应下将使流经芯线的电流趋向于零。

埋地电缆长度不小于 $2\sqrt{\rho}$(m) 是考虑电缆金属外皮、铠装、钢管等起散流接地体的作用。接地体在冲击电流下，其有效长度为 $2\sqrt{\rho}$(m)。

此外，又限制埋地电缆长度不应小于 15m。这是考虑架空线距爆炸危险环境至少为杆高的 1.5 倍，设杆高一般为 10m，1.5 倍就是 15m。

当土壤电阻率过高，电缆埋地长度过长时，可采用换土及其他降阻措施，使 ρ 值降低，来缩短埋地电缆的长度。

(2) 架空金属管道，在进入建筑物处，应与防雷电感应的接地装置相连。距离建筑物 100m 内的架空管道，还应每隔 25m 左右接地一次，冲击接地电阻不应大于 20Ω，并宜利用金属或钢筋混凝土支架的焊接、绑扎钢筋网作为引下线，其钢筋混凝土基础可作为接地装置。

埋地或地沟内的金属管道，在进出建筑物处亦应与防雷电感应的接地装置相连。

6.2.2　第二类防雷建筑物防雷电波侵入

(1) 低压线路全长采用埋地电缆或敷设在架空金属线槽内的电缆引入时，在入户端应将电缆金属外皮、金属线槽接地。对制造、使用或储存爆炸物质的第二类防雷建筑物内的金属物尚应与防雷的接地装置相连。

通常，对于进入室内的各种金属管道，如水管、供热管、供气管以及通讯、信号和电源等电缆金属（屏蔽）护套都要进行等电位连接，如图 6.11 所示，电源电缆和信号电缆中各带电导线上的保护元件或保护装置实际上起着暂态均压的作用，当雷电暂态过电压波沿电源线或信号线侵入室内时，这些保护元件和装置的动作限压，使得电源线或信号线与其附近金属管道之间不会出现较大的暂态电位差。

在电源的各级保护（图 6.12）电气接地装置与防雷的接地装置共用或相连的情况下：当低压电源线路采用全长电缆或架空线换电缆引入时，宜在电源线路引入的总配电箱处装设电涌保护器（SPD）；当配电变压器设在本建筑物内或附设于外墙处时，在高压侧采用电缆进线的情况下，宜在变压器高、低压侧各相上装设避雷器；在高压侧采用架

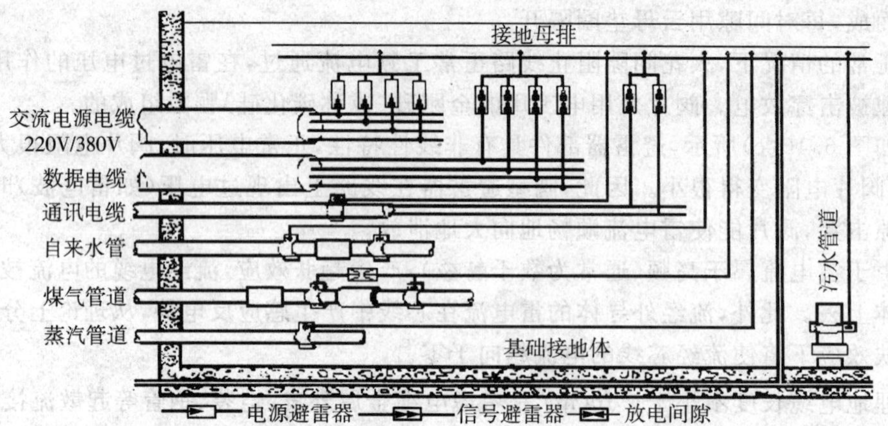

图 6.11 各种金属管道及电缆护套的等电位连接

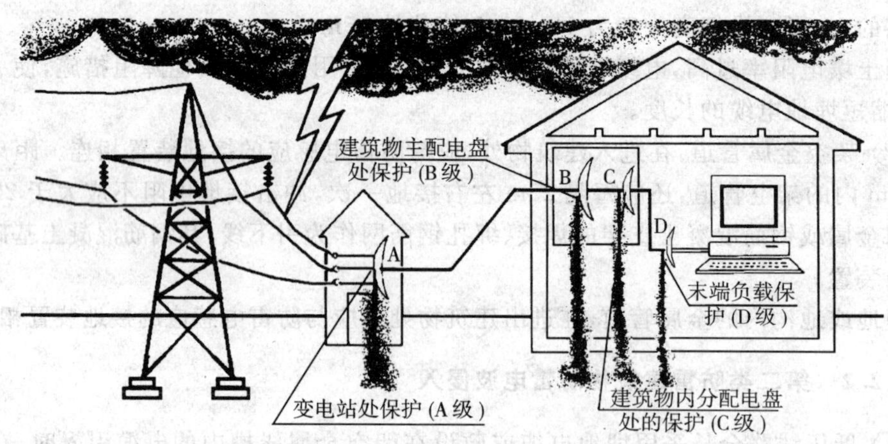

图 6.12 配电线路的分级保护

空进线的情况下，除按国家现行有关规范的规定在高压侧装设高压避雷器（图 6.13）外，尚宜在低压侧各相上装设低压避雷器。

当变压器附近的建筑物防雷装置接受雷闪时，接地装置电位升高，变压器外壳电位也升高。由于变压器高压侧各相绕组是相连的，对外壳的雷击高电位说来，可看做处于同一低电位，外壳的高电位可能击穿高压绕组的绝缘，因此，应在高压侧装设避雷器。当避雷器被击穿时，高压绕组则处于与外壳相近的电位，高压绕组得到保护。另一方面，由于变压器低压绕组的中心点与外壳在电气上是连接在一起的，当外壳电位升高时，该电位加到低压绕组上，低压绕组有电流流过，并通过变压器绕组的电磁感应使高压侧可能产生危险的高电位。若在低压侧装设避雷器，当外壳出现危险的高电位时，低压避雷器动作放电，大部分雷电流经避雷器流过，因此，保护了高压绕组。

(2) 对制造、使用或储存爆炸物质的建筑物,且电火花不易引起爆炸或不致造成巨大破坏和人身伤亡者;具有1区爆炸危险环境的建筑物,且电火花不易引起爆炸或不致造成巨大破坏和人身伤亡者;具有2区或11区爆炸危险环境的建筑物,其低压电源线路应符合下列要求:

①低压架空线应改换一段埋地金属铠装电缆或护套电缆穿钢管直接埋地引入,其埋地长度应符合(6.2)表达式的要求,但电缆埋地长度不应小于15m。入户端电缆的金属外皮、钢管应与防雷的接地装置相连。在电缆与架空线连接处尚应装设避雷器。避雷器、电缆金属外皮、钢管和绝缘子铁脚、金属器具等应连在一起接地,其冲击接地电阻不应大于10Ω。

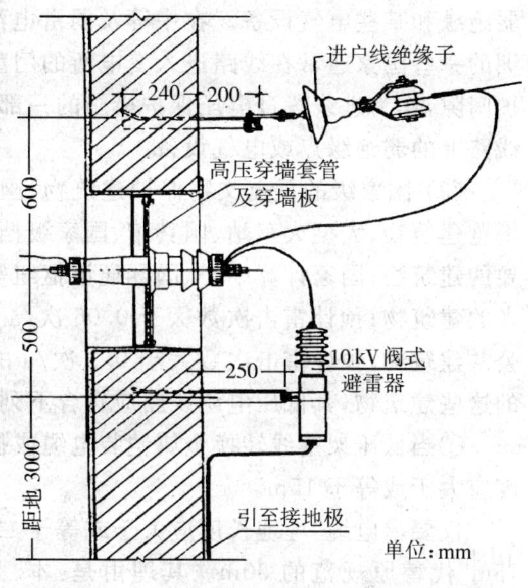

图 6.13　10kV 架空引入线安装阀型避雷器

②平均雷暴日小于30d/a地区的建筑物,可采用低压架空线直接引入建筑物内,但应符合下列要求:

a. 在入户处应装设避雷器或设2～3mm的空气保护间隙,并应与绝缘子铁脚、金具连在一起接到防雷的接地装置上,其冲击接地电阻不应大于5Ω。

b. 入户处的电杆绝缘子铁脚、金属器具应接地,靠近建筑物的电杆,其冲击接地电阻不应大于10Ω。

③保护间隙,一种由一对金属电极及其间的空气间隙组成的过电压限制器。保护间隙的电极一般有环形、棒形和角形三种,使用时将保护间隙与被保护设备相并联,通常一个电极接高压,一个电极接地。当电极间距离很小(30mm及以下)时,为防止间隙被外物短路而误动,有时在接地引下线上还串联有辅助间隙。当受过电压作用时,保护间隙被击穿放电,将过电压波的能量导入大地,避免被保护设备因电压升高而击穿。

保护间隙具有陡峭的伏秒特性,不易与被保护设备的绝缘特性配合,而且由于空气间隙放电的分散性,放电电压也不太稳定。在保护间隙放电将过电压波能量导入大地的同时,电力系统中的工频短路电流(即工额续流)也将流过间隙。由于保护间隙一般没有熄灭工频续流电弧的能力,因此保护间隙的动作将在中性点有效接地系统中构成单相对地短路,此时必须由断路器切断电源,使电极间的电弧熄灭后才能恢复供电。保护间隙的放电还会使过电压波被截断,危及系统中变压器等电气设备绕组的绝缘。

尽管如此,由于保护间隙结构极为简单,价格低廉,仍然被用来保护输电线路上的弱绝缘和某些电气设备。在中等及弱雷电活动地区，保护间隙有较好的运行效果。欧洲的一些国家通常在线路进入变电所的门型塔绝缘子串上并联一对环状电极，构成保护间隙，作为进线段过电压保护措施的一部分。在实际运用中，保护间隙主要用来保护线路上的弱绝缘点或电气设备。

(3) 国家级的重点文物保护建筑物；国家级的会堂、办公建筑物、大型展览建筑和博览建筑物、大型火车站、国宾馆、国家级档案馆、大型城市的重要给水水泵房等特别重要的建筑物；国家计算中心、国际通讯枢纽等对国民经济有重要意义且装有大量电子设备的建筑物；预计雷击次数大于 0.06 次/a 的部、省级办公楼及其他重要或人员密集的公共建筑物；预计雷击次数大于 0.3 次/a 的住宅、办公楼等一般性民用建筑物。所述的这些建筑物，其低压电源线路应符合下列要求：

①当低压架空线转换金属铠装电缆或护套电缆穿钢管直接埋地引入时，其埋地长度应大于或等于 15m。

仅要求电缆“埋地长度应大于或等于 15m”代替原规范的 50m。其理由是：本类建筑物不是爆炸危险类，要求可低些；原规范中 50m 埋地电缆的要求不合理。

②当架空线直接引入时，在入户处应加装避雷器，并将其与绝缘子铁脚、金具连在一起接到电气设备的接地装置上(图 6.14)。

(4) 架空和直接埋地的金属管道在进出建筑物处应就近与防雷的接地装置相连；当不相连时，架空管道应接地，其冲击接地电阻不应大于 10Ω。第二类防雷建筑物中具有爆炸危险环境的建筑物，其引入、引出该建筑物的金属管道，在进出处应与防雷的接地装置相连；对架空金属管道尚应在距建筑物约 25m 处接地一次，其冲击接地电阻不应大于 10Ω。

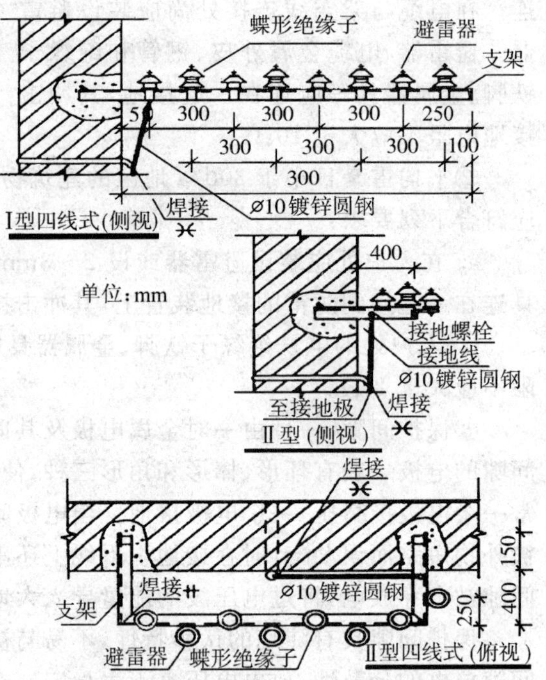

图 6.14　架空线路防止高电位侵入措施

架空金属管道在入户处与防雷接地相连或独自接地，当雷直击其上，引入屋内的电位，与雷直击于屋顶接闪器相似。对爆炸危险类，距建筑物约 25m 处还接地一次，再加上附近各管道支架的泄流作用，对建筑物的安全更可靠。

6.2.3　第三类防雷建筑物防雷电波侵入

(1) 对电缆进出线，应在进出端将电缆金属外皮、钢管等与电气设备接地相连。当电缆转换为架空线时，应在转换处装设避雷器；避雷器、电缆金属外皮和绝缘铁脚、金属器具等应连在一起接地，其冲击接地电阻不宜大于 30Ω。

(2) 对低压架空进出线，应在进出处装设避雷器并与绝缘铁脚、金属器具等连在一起接到电气设备的接地装置上。当多回路架空进出线时，可仅在母线或总配电箱(柜)处装设一组避雷器或其他形式的过电压保护器，但绝缘铁脚、金属器具应接到接地装置上(图 6.14)。

根据调查，沿低压架空线路侵入高电位而造成的事故占总雷害事故的 70%以上。因此，防直击雷和防高电位侵入的措施必须结合起来考虑。以前在调查中发现，有些建筑物虽然采取了防直击雷措施，但用电设备仍被雷打坏，例如海南岛某农机厂就是在建筑物上装设了避雷针，但车间内的用电设备仍被雷打坏。由于高电位引入而造成的事故，绝大部分为木电杆线路。钢筋混凝土电杆线路由于电杆的自然接地起了作用，发生事故者很少。据调查发现，进户线绝缘子铁脚采取了接地措施后没有发现雷击死亡事故。

如果只将绝缘子铁脚接地，仅在铁脚与导线之间形成一个放电保护间隙，其放电电压约为 40kV，这对保护人身安全是可靠的，但要保护低压电气设备和线路就不够了，因室内低压电气设备和线路的耐冲击电压 IEC 规定最大为 6kV，那么，在绝缘子放电之前，可能室内的电气设备或线路已被击穿，故要增设避雷器来保护室内的电气设备和线路。

(3) 进出建筑物的架空金属管道，在进出处应就近接到防雷或电气设备的接地装置上，或独自接地，其冲击接地电阻不宜大于 30Ω。

6.2.4　将高压雷电脉冲的幅值降低的措施

由于雷电高压脉冲是雷害中损坏设备最多的，所以对雷电高压引入的防备必须予以足够重视，在工程上往往要根据设备的重要性和其对高电压的耐受能力采用一级或多级设防。其中第一级设防是把高压雷电脉冲的幅值降低，其办法是：

6.2.4.1　输电线路接地法(380V/220V 低压架空线路防雷接地)

①中性点直接接地的低压电力网中采用接零保护时，零线宜在电源处接地；架空线路的干线和分支线的终点以及沿线每 1km 处零线应重复接地(图 6.15)；当架空线在引入车间或大型建筑物处且距接地点超过 50m 时，零线也应重复接地。重复接地电阻要求如下：

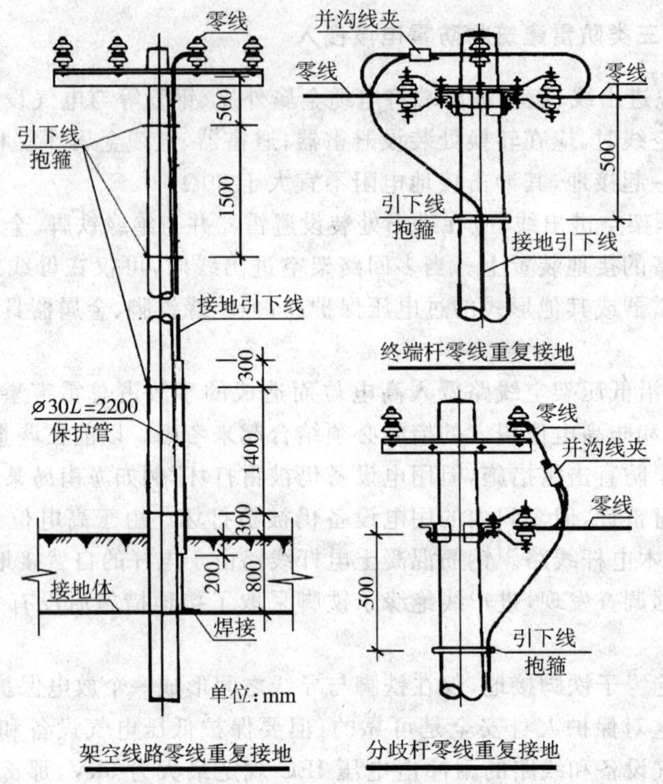

图 6.15 输电线路接地法

a. 总容量为 100kVA 以上的变压器，其接地装置的接地电阻不应大于 4Ω；每个重复接地装置的接地电阻不应大于 10Ω。

b. 总容量为 100kVA 及以下的变压器，其接地装置的接地电阻不应大于 10Ω；每个重复接地装置的接地电阻不应大于 30Ω，且重复接地不应少于 3 处。零线的重复接地应充分利用自然接地体。

②为防止雷电波沿低压配电线路侵入建筑物，接户线上的绝缘子铁脚宜接地，其接地电阻不宜大于 30Ω。公共场所（如剧场和教室）的引入线，绝缘子铁脚应接地。如低压配电线路的钢筋混凝土电杆的自然接地电阻不大于 30Ω 时，可不另设接地装置。符合下列条件之一者绝缘子铁脚可不接地：

a. 年平均雷暴日数不超过 30d/a 的地区。

b. 低压线被建筑物屏蔽的地区。

c. 引入线与低压干线接地点距离不超过 50m 的地方。

d. 土壤电阻率在 200Ω · m 及以下的地区。

在可能的情况下，进户线应尽量采用有金属屏蔽层的电缆直接埋地或穿金属管进线。在雷电高发地区，建筑物周围为开阔地或建筑物内有精密电子设备和电子计算机时，埋地的电缆长度不应小于 $2\sqrt{\rho}$ (m)（ρ 为土壤电阻率），其绝对长度不应小于 15m，并要求从架空线转接埋地电缆的接线段和埋地电缆进户接总配电箱的输出端，都接装避雷器。避雷器的接地端、电缆的金属屏蔽层、钢套管都必须连接到防雷电感应的接地装置上。

当雷电波到达电缆前端（输入端）时，避雷器被击穿，电缆外层导体与电缆芯线接通。一部分雷电流经电缆前端接地电阻流入大地；另一部分雷电流流经电缆芯。由于雷电流高频谐波相当丰富，产生集肤效应，流经电缆芯线的雷电流被排挤到电缆外层导体。同时，流经外层导体的电流在芯线中产生感应反电势，使流经电缆芯上的电流小到趋于零，这样，电缆芯的雷电流就被抑制到很小。

6.2.4.2　相线与地线间并联电容器法

架空电线进入建筑物处装设保护电容器对雷电感应出的高电压引入有良好的防护效果，但对直击雷则无能为力，原因是直击雷能量太大，电容器承受不了。相线与地线间并联电容器法对雷电感应作用的原理是：

当天空出现雷云的时候，地面即感应出与它相反的电荷，显然架空电线上也感应到与地面大致密度相同的电荷。设其电量为 Q，当闪击使雷云与大地之间的电荷迅速中和而使雷云与大地之间的电场消除，由于架空线与大地之间有较大的电阻而不能及时使它上面的电荷消除，这就使架空线与大地之间形成感应高电压，该电压为：

$$V_G = \frac{Q}{C_e} \tag{6.3}$$

式中：C_e　架空线对大地之间的电容，该电容很小，通常只有百分之几微法；

Q　导线与大地间存储的电荷。

如果在架空线引入建筑物的连接处与大地之间接入一个电容器 C，即使只有 1μF，也可以使架空线路的引入高电压降低到原来的几十分之一。这时的感应电压为：

$$V_G = \frac{Q}{C_e + C} \tag{6.4}$$

如果接入电容 C 的容量再大些，感应电压将可以降到更低。

在架空电线安装并联电容器防止感应雷的优点是时间响应为零，因为电容的瞬变电流是超前于电压的；其次是可以使雷电压波形变钝，钝波形比尖波形危害要小。

并联电容器对直击雷无能为力，但将电容器与保护间隙合并使用会得到更好的效果。因为放电间隙的电流通流容量很大，从几千安到几十千安（参阅避雷器内容），但它有时间滞后，它们并联使用互补其短，对防止高电压引入能起到很好的作用。架空电线进户和埋地电缆进户端也可以用氧化锌避雷器来防止高电压引入。它的时间响应小于 50ns。

当采用电容器与其他器件并联避雷时，电容器的耐受电压应高于所并联器件的残压。

6.2.4.3　变压器隔离法

在电源线和信号传输线上安装变压器可以对雷电高电压引入起到有效的抑制作用(见图6.16)。

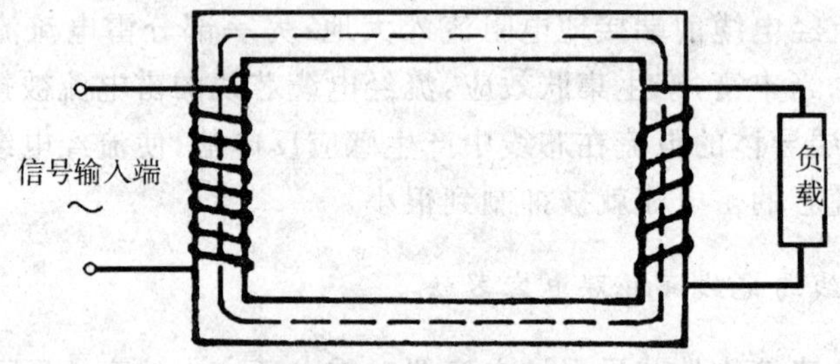

图6.16　隔离变压器

根据变压器方程：

$$E_M = 4.44 f N B_M S \tag{6.5}$$

式中：E_M　变压器原(副)边电势，V；

f　电源(信号源)频率，Hz；

N　原(副)边线圈的匝数；

B_M　铁芯材料的磁感应强度，Wb/m^2；

S　铁芯的截面积，m^2。

由式(6.5)可知，当强大的雷电波输入变压器时，由于雷电波电压比变压器正常的电压高很多倍，使得激励的磁感应强度远远大于铁芯允许通过的最大磁感应强度 B_M，因而变压器铁芯饱和，变压器的磁—电变换暂时失效，雷电高电压不能传输到变压器的副绕组，从而保护了用电设备。所以，凡是装了变压器的电子仪器比未装变压器的电子仪器被雷击损坏的概率小得多。此方法也称之为隔离变压器法。

§6.3　建筑物内部防雷电电磁脉冲

随着电子技术日益向高频率、高速度、宽频带、高精度、高可靠性、高灵敏度、高密度(小型化、大规模集成化)、大功率、小信号运用和复杂化方向发展，电磁干扰已成为系统和设备正常工作的突出障碍，因而开展电磁兼容性研究日显重要。一些国家成立了专门机构，制订专门标准，对此进行管理，一切电子设备必须经过专门机构的鉴定和批准才能进入市场；电力系统和电力设备的设计需要考虑电磁兼容问题。一些国际组织制订并推荐有关的标准或建议，一些学术机构，如国际大电网会议增设电磁兼容专业组，开展科研和交流，以推进电磁兼容的研究。

电磁兼容性(electromagnetic compatibility，缩写 EMC)

电力系统、电子系统或电工设备以规定的安全逾度，在指定的电磁环境中按照设计要求工作的能力，是反映电子系统性能的重要指标之一。系统能电磁兼容意味着无论是在系统内部，还是对其所处的环境，系统都能如预期的那样工作。电磁兼容性包括两个方面的含义：①电力系统、电子系统或电工设备之间在电磁环境中相互兼顾和兼容；②电力系统、电子系统或电工设备在自然界电磁环境中，能承受干扰源的作用，按照设计要求正常工作。

6.3.1　雷电电磁脉冲

对电气和电子设备造成损害的无用信号的电磁现象统称电磁干扰或电磁噪声。

电磁干扰分两大类，一类是人为干扰源：如高压电源、大功率脉冲设备等所产生的无线电干扰；如空中飞行的飞机、汽车车轮与地面摩擦、人在地毯上行走或脱穿毛皮及化纤衣服都会积累静电，产生的静电电压可高达数千伏甚至数百千伏；微波设备如高功率微波发射机、雷达等所辐射的电磁干扰；核爆炸时产生的极强电磁脉冲；计算机等电子设备和系统本身也向外辐射电磁干扰信号，在电子设备内部电路中所有元器件和导线都流过大小不等的电流，周围就存在电场和磁场，变化电场产生瞬变磁场。计算机以高速度变化的脉冲形式工作，每根导线和元器件周围都存在变化的电磁场，从而形成计算机内部和设备间的电磁干扰场。

另一类是自然干扰源。主要有雷电放电、宇宙射线、银河系及超远星系的射电干扰和高能粒子、太阳黑子活动产生的太阳异常噪声和磁暴及其他天体和气象活动，如雷暴、尘暴、电晕放电、晴天霹雳和火山爆发等。雷电是常见的大气层中强电磁干扰源。

雷电电磁干扰主要通过两种方式传送到被干扰对象。一种是传导耦合，闪电干扰通过各种导线、金属体、电阻和电感及电容等阻抗耦合至电子设备的输入端，然后再进入设备。还可以通过公共接地阻抗和公共电源耦合。

另一种是辐射耦合，闪电电磁辐射通过空间以电磁场形式耦合到电子设备的天线上、电缆设备上。雷电干扰是造成计算机硬件损坏的主要根源之一，也是造成通信系统设备损坏的根本原因之一。在雷电发生区的计算机和其他电子设备，由雷电电磁脉冲造成的故障和损坏是常见的一种故障，大部分事故是雷电电磁脉冲经电源线和信号线侵入设备造成的。

随着计算机技术和现代网络通讯技术的发展，计算机网络的联接导线便成为接收天线接受雷电的电磁辐射。有的电子设备的金属外壳被塑料外壳取代，对雷电电磁辐射的屏蔽作用减弱。所有这些因素都是造成近年来电子设备遭受雷电侵扰损害的原因。

闪电放电电流随时间并非均匀变化，一次闪电往往由成千上万个脉冲组成，雷电脉冲电流向外辐射电磁波。这种辐射虽然也随距离增大而减少，但是衰减比较缓慢，它与距离的一次方成反比。

雷雨云对地放电实质上是雷雨云中的电荷向大地的突然释放过程。一次闪电平均包含有上万个脉动放电过程，电流脉冲平均幅值为几万安培，持续时间几十到上百微秒。闪电通道大约有几百米至几千米长，在先导—主放电过程中，它们向外辐射高频和甚高频电磁能量，这就是雷电电磁脉冲。

6.3.2 防雷电电磁脉冲

(1) 一个信息系统是否需要防雷电电磁脉冲，应在完成直接、间接损失评估和建设、维护投资预测后认真分析综合考虑，做到安全、适用、经济。

(2) 在设有信息系统的建筑物需防雷电电磁脉冲的情况下，当该建筑物没有装设防直击雷装置和不处于其他建筑物或物体的保护范围内时，宜按第三类防雷建筑物采取防直击雷的防雷措施。在要考虑屏蔽的情况下，防直击雷接闪器宜采用避雷网。

防雷电电磁脉冲是在建筑物遭受直接雷击或附近遭雷击的情况下，线路和设备防过电流和过电压，即防在上述情况下产生的电涌(Surge)。

若建筑物已按防雷分类列入第一、二或三类防雷建筑物，它们已设有防直击雷装置。在不属于第一、二或三类防雷建筑物的情况下，用滚球半径 60m 的球体在所涉及的建筑物四周及上方滚动，当不触及该建筑物时，它即处在其他建筑物或物体的保护范围内；反之，则不处于其保护范围内。

(3) 在工程的设计阶段不知道信息系统的规模和具体位置的情况下，若预计将来会有信息系统，应在设计时将建筑物的金属支撑物、金属框架或钢筋混凝土的钢筋等自然构件、金属管道、配电的保护接地系统等与防雷装置组成一个共用接地系统，并应在一些合适的地方预埋等电位连接板。

现在许多建筑物工程，在建设初期甚至建成后，仍不能确定其用途，而许多这样的建筑物大多被用来出租。由于防雷电电磁脉冲的措施中，建筑物的自然屏蔽和各种金属物以及其与以后安装的设备之间的等电位连接是很重要的，若建筑物施工完成后，再回过来实现所规定的措施是很困难的。

若按规定实施了防雷电电磁脉冲的措施，以后只要合理选用和安装 SPD 以及做符合要求的等电位连接，整个措施就完善了，做起来也较容易。

(4) 为了分析估计在防雷装置和做了等电位连接的装置中的电流分布，通常做法是将雷电流看成一个电流发生器，它向防雷装置导体和与防雷装置做了等电位连接的装置注入可能包含若干雷击的雷电流。

6.3.3　防雷区(LPZ)

将建筑物需要保护的空间划分为几个防雷保护区，有利于指明对雷电电磁脉冲(LEMP)有不同敏感度的空间，有利于根据设备的敏感性确定合适的连接点。其分区示意图见图6.17、6.18。

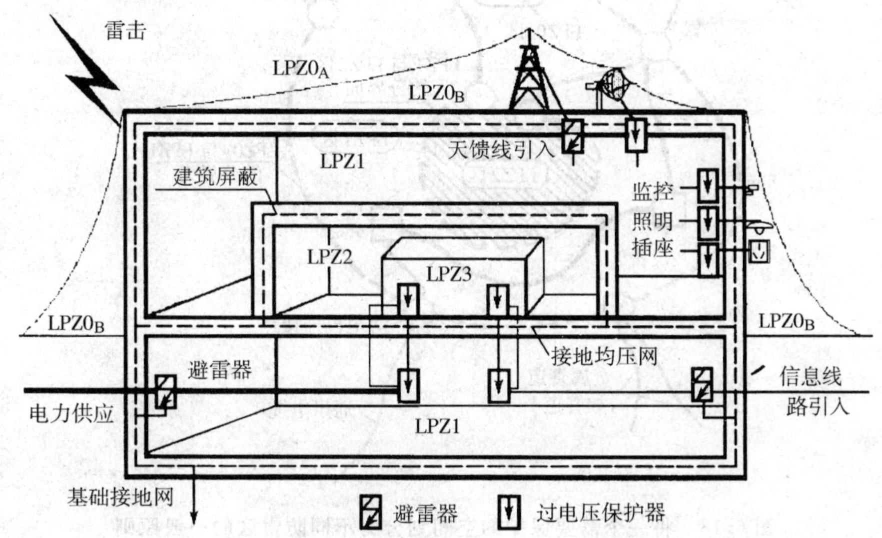

图6.17　将建筑空间划分为不同防雷区

(1) 防雷保护区应按下列原则划分

①LPZ0 在本区内的物体处于直接雷击下，这里的导体可能传导全部的雷电流。LPZ0区内产生未衰减的电磁场。

②$LPZ0_A$ 区：本区内的各物体都可能遭到直接雷击和导走全部雷电流；本区内的电磁场强度没有衰减。

③$LPZ0_B$ 区：本区内的各物体不可能遭到大于所选滚球半径对应的雷电流直接雷击，但本区内的电磁场强度没有衰减。

④LPZ1 区：本区内的各物体不可能遭到直接雷击，雷电感应流经各导体的浪涌电流比 $LPZ0_B$ 区更小；本区内的电磁场强度可能衰减，这取决于屏蔽措施。

⑤LPZ2 本区内是具有更高屏蔽要求的空间，如屏蔽室内或金属机壳内。

⑥LPZ n+1后续防雷区①：当需要进一步减小流入的电流和电磁场强度时，应增设后续防雷区，并按照需要保护的对象所要求的环境区选择后续防雷区的要求条件。

① n=1、2、…

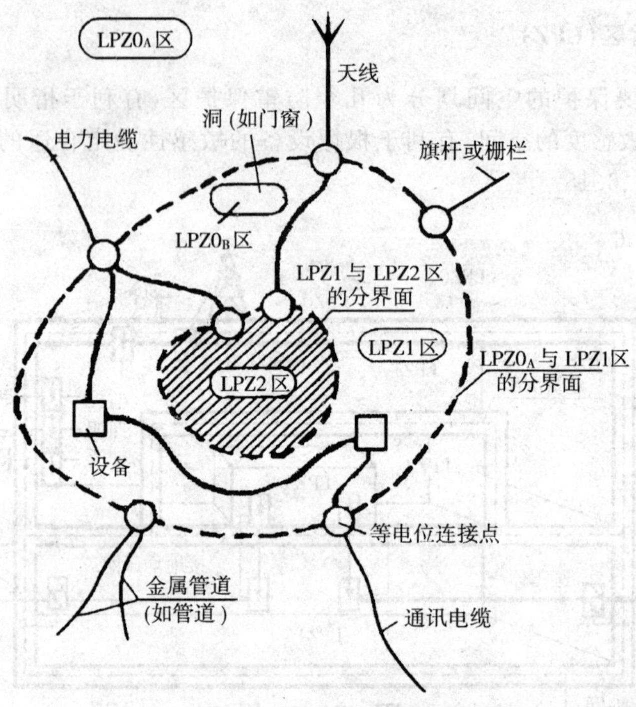

图 6.18　将一个需要保护的空间划分为不同防雷区的一般原则

按照 IEC1312-1(LPZ)的概念，当电气线路穿过两防雷区交界处时要求安装电涌保护器，根据设备的不同位置和耐压水平，可将保护级别分为三级或更多，但保护器必须很好的配合，以便按照它们耐能量的能力在各电涌保护器之间分配可接受的承受值使原始的闪电威胁值有效地降至需要保护的设备的耐电涌能力。

将需要保护的空间划分为不同的防雷区，以规定各部分空间不同的雷击电磁脉冲的严重程度和指明各区交界处的等电位连接点的位置。

各区以在其交界处的电磁环境有明显改变作为划分不同防雷区的特征。

通常，防雷区的数越高电磁场强度越小。

建筑物内电磁场受到如窗户这样的洞和金属导体(如等电位连接带、电缆屏蔽层、管子)上电流的影响以及电缆路径的影响。

将需要保护的空间划分成不同防雷区的一般原则见图 6.18。

将一建筑物划分为几个防雷区和做符合要求的等电位连接的例子见图 6.19，此处所有电力线和信号线从同一处进入被保护空间 LPZ1 区，并在设于 $LPZ0_A$ 或 $LPZ0_B$ 与 LPZ1 区界面处的等电位连接带 1 上做等电位连接。

这些线路在设于 LPZ1 与 LPZ2 区界面处的内部等电位连接带 2 上再做等电位连接。

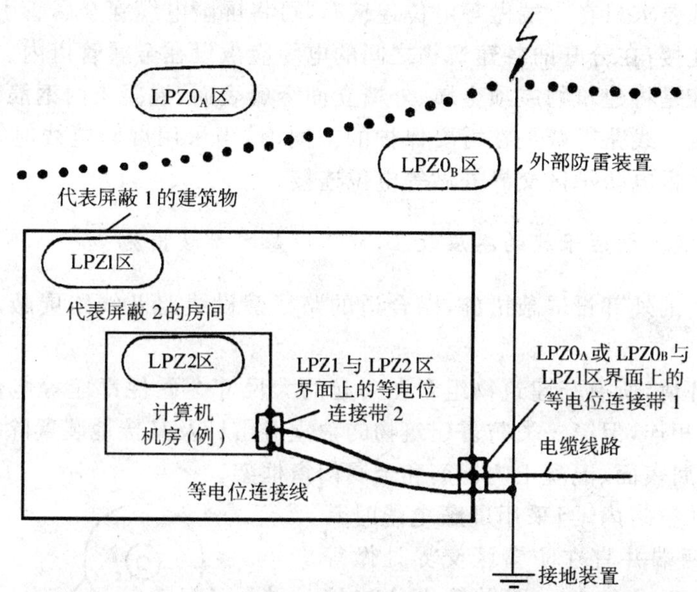

图 6.19　将建筑物划分为几个防雷区和做符合要求的等电位联结的例子

将建筑物的外屏蔽 1 连接到等电位连接带 1，内屏蔽 2 连接到等电位连接带 2。LPZ2 是这样构成的：使雷电流不能导入此空间，也不能穿过此空间。

按照电磁兼容(EMC)原理将建筑物内部空间划分为几个防雷保护区(LPZ)，有以下几个方面的实际意义：

a. 可以通过公式计算出各 LPZ 内雷击电磁脉冲(LEMP)的强度，并依据计算结论采取相应的屏蔽保护措施；

b. 可以确定等电位连接的位置；

c. 可以确定不同 LPZ 交界处选用电涌过电压保护器的具体型号和参数；

d. 可以确定各种管线的避雷方案和避雷器的选用；

e. 可以确定敏感性设备的位置和合适的连接点；

f. 可以确定在不同 LPZ 交界处等电位连接导体的选用。

(2) 在两个防雷区的界面上应将所有通过界面的金属物做等电位连接，并宜采取屏蔽措施。

注：$LPZ0_A$ 与 $LPZ0_B$ 区之间无界面。

6.3.4　屏蔽、接地和等电位连接的要求

屏蔽是减少电磁干扰的基本措施。为减少感应效应宜采取以下措施：建筑外部屏蔽措施、线路敷设于合适的路径、线路屏蔽，这些措施宜联合使用。为改进电磁环境，所有与建筑物组合在一起的大尺寸金属件都应等电位连接在一起，并与防雷装置相连。

当计算机网络系统要求只在一端做等电位连接时，可将屏蔽电缆穿金属管引入，金属管在一端做等电位连接；在分开的各建筑物之间的电缆应敷设在金属管道内。

建筑外部屏蔽是将建筑物屋顶金属、外墙立面金属表面、混凝土内钢筋和金属门窗框架作等电位连接。线路屏蔽是在需要保护的空间内，当采用屏蔽电线时其屏蔽层应至少在两端并宜在雷电防护区交界处做等电位连接。

6.3.4.1　为减少电磁干扰的感应效应，宜采取基本屏蔽措施

建筑物和房间的外部设屏蔽措施，以合适的路径敷设线路及线路屏蔽。这些措施宜联合使用。

为改进电磁环境，所有与建筑物组合在一起的大尺寸金属件都应等电位连接在一起，并与防雷装置相连，但第一类防雷建筑物的独立避雷针及其接地装置除外。如屋顶金属表面、立面金属表面、混凝土内钢筋和金属门窗框架。

在需要保护的空间内，当采用屏蔽电缆时其屏蔽层应至少在两端并宜在防雷区交界处做等电位连接，当系统要求只在一端做等电位连接时，应采用两层屏蔽，外层屏蔽按前述要求处理。

为了降低雷击时辐射屏蔽使计算机的工作失效概率和元器件损坏概率，就需要用建筑物屏蔽的方式使计算机得到良好的屏蔽保护。通常，应将计算机设备的金属外壳有效接地，使其发挥一定的屏蔽作用，对于从隔离变压器或稳压装置到机房配电盒的电源线应采用屏蔽电缆或穿金属管屏蔽。在机房中，空调设备的电源线和控制线也要穿金属管屏蔽或采用金属桥架屏蔽，对于重要的计算机系统要采取对设备进行屏蔽乃至对整个机房进行屏蔽。

在分开的各建筑物之间的非屏蔽电缆应敷设在金属管道(或桥架)内，如敷设在金属管、金属格栅或钢筋成格栅形的混凝土管道内，这些金属物从一端到另一端应是电气贯通的，并分别连到各分开的建筑物的等电位连接带上。电缆屏蔽层应分别连到这些带上，当电缆屏蔽层能负荷可预见的雷电流时，该电缆可以不敷设在金属管道内。钢筋混凝土建筑物等电位连接的例子见图 6.20。

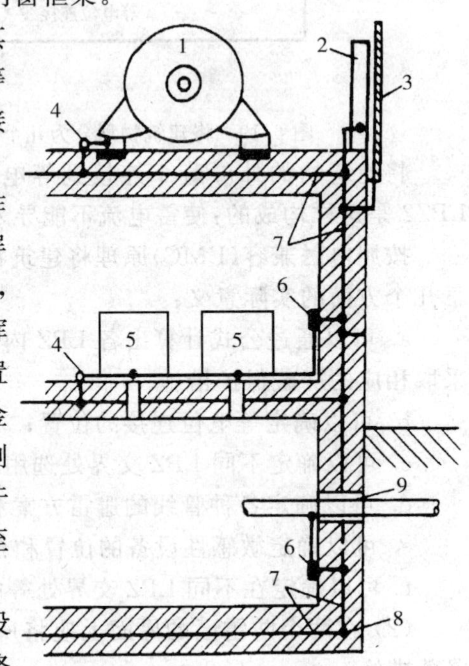

图 6.20　钢筋混凝土建筑等电位连接的例子

1 电力设备；2 钢支柱；3 立面的金属盖板；4 等电位连接点；5 电气设备；6 等电位连接带；7 混凝土内的钢筋；8 基础接地体；9 各种管线的共用入口

办公建筑物设计防雷区、屏蔽、等电位连接和接地的例子见图6.21。

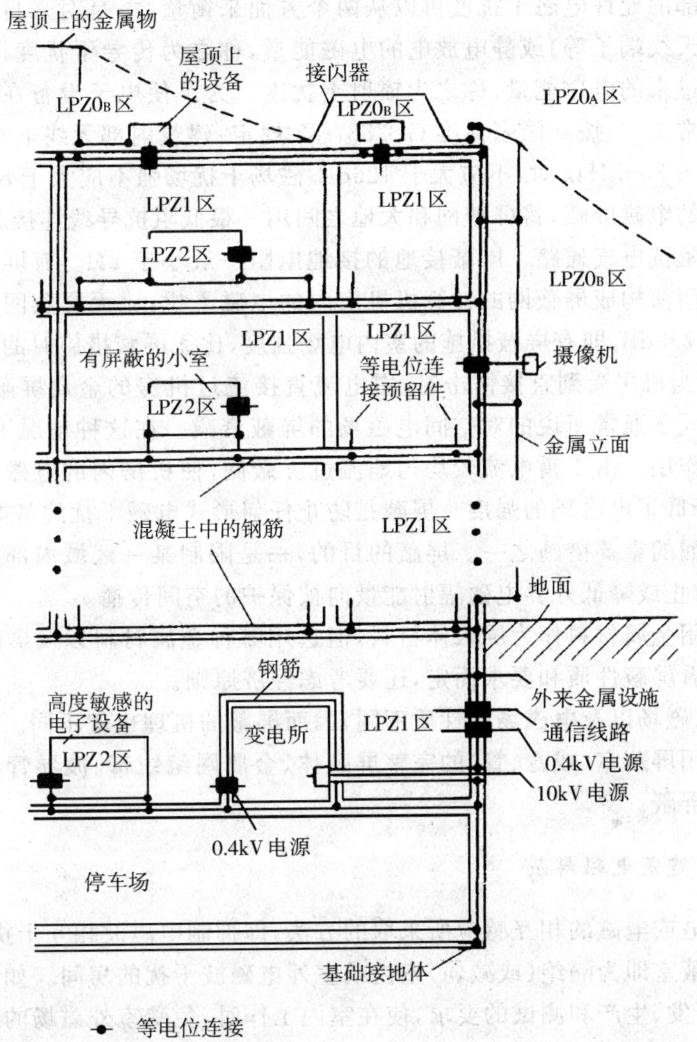

图6.21　办公建筑物设计防雷区、屏蔽、等电位连接和接地的例子

电子设备中大量采用半导体器件和集成电路，这些电子和微电子元器件是十分脆弱的。由雷击产生的瞬态电磁脉冲可以直接辐射到这些元器件上，也可以在电源或信号线上感应出瞬态过电压波，沿线路侵入电子设备，使电子设备工作失灵或损坏。利用屏蔽体来阻挡或衰减电磁脉冲的能量传播是一种有效的防护措施，电子设备常用的屏蔽体有设备的金属外壳、屏蔽室的外部金属网和电缆的金属护套等，采用屏蔽措施对于

保证电子设备的正常和安全运行是十分重要的。

建筑物内部的允许电磁干扰度可以从两个方面来衡量：一是对来自导线（电源线、信号传输线和天线端子等）或静电放电的电磁能量，称之为传导干扰度；二是对通过空间电磁场耦合过来的电磁能量，称之为辐射干扰度。为了使电子设备在其所处的电磁环境中能够正常工作，按照国家标准 GB2887-82 规定：建筑内部无线电干扰场强，在频率范围为 0.15～500MHz 时，不应大于 126dB，磁场干扰场强不应大于 800A/m。所以要求做好机房的电磁屏蔽，将屏蔽网和大地之间用一根低阻抗导线连接起来，形成高频干扰信号的低阻抗电气通路。屏蔽接地的接地电阻一般小于 2Ω。有屏蔽网如利用建筑主筋和金属门窗构成屏蔽网的计算机机房内的电磁干扰，比无屏蔽网的办公室的电磁场强度小了 7.5dB，即有屏蔽措施的室内电场强度，比无屏蔽措施时的电场强度减少 2.4 倍。不过，当机房受到直接雷击时，雷电流直接流过机房的金属屏蔽线，其屏蔽网的作用此时不同于通常所说的对空间电磁场的屏蔽衰减。在这种情况下，实际上屏蔽网起到均流的作用。由于雷电流较均匀地流过屏蔽网，使机房内的电磁场有相互抵消的作用，从而降低了电磁场的强度。屏蔽是防止任何形式电磁干扰的基本手段之一，也是防止信息泄漏的重要措施之一。屏蔽的目的，一是限制某一区域内部的电磁能量向外传播，二是防止或降低外界电磁辐射能量向被保护的空间传播。

一般都采用金属材料作为屏蔽体材料，但选用哪种金属材料以及屏蔽体采取哪种结构形式等要看屏蔽性质和要求而定，还要考虑经济原则。

由于电场、磁场以及电磁场的性质不同，因而屏蔽的机理也就不同。按屏蔽的要求不同可分别采用屏蔽室（或盒、管）的完整屏蔽体、金属网编织带、波导管及蜂窝结构的非完整屏蔽体屏蔽。

6.3.4.2　建筑电磁屏蔽

为防止静电或电磁的相互感应所采取的方法，即抑制电磁波相互干扰的措施，叫做屏蔽。建筑屏蔽室即为隔绝（或减弱）室内或室外电磁波干扰的房间。如在无线电技术中，为了满足研发、生产和测试的要求，使在室内工作时，免受室外磁场的干扰或防止自身辐射的信号泄漏到室外，常需将工作室进行屏蔽。

电磁屏蔽技术是 20 世纪 40 年代发展起来到 50 年代日趋完善的，其作用一是防止外来电磁被干扰，二是防止室内电磁波外泄。电磁波按照干扰作用的特性分为静电感应、磁力线和电磁波干扰。根据它们的特性，在建筑空间内采取相应的构造措施，将高导电率的金属材料作成各种形式的壳体或网罩同外围护结构结合在一起使之具有隔离电磁波的性能。按空间的构成形式分为固定式、活动房间式、装配笼式、挂贴式（即在室内表面挂贴金属板材）和外套屏蔽层房间式。金属外壳的构造可采用金属平板、带孔金属板、单层或双层金属网、金属板与金属丝网复合层及蜂巢形金属网。

(1) 屏蔽室的布置位置

屏蔽室的布置首先应该考虑远离干扰源，因而必须了解屏蔽室的周围环境。在多层厂房或高层建筑中，屏蔽室可以优先布置在底层或地下室。好处是地面对电磁波有吸收作用、可以缩短接地引线及降低接地电阻等。

屏蔽室在楼层中应注意要远离电梯间、通风机房和空压机房等。

在电子、仪表及轻工业类的多层厂房中，由于屏蔽室尺寸一般不大，常可布置在楼层元件车间或装配车间中，使其尽量靠近所服务的生产工段。

为减少建造费用，在工艺许可条件下，尽量使屏蔽室集中布置。

屏蔽室布置要避免与潮湿房间相邻，防止屏蔽材料受潮损坏。

为了减少电磁波的泄漏，屏蔽室不应设在有变形缝和多管穿行的部位。

屏蔽室的大小应由它的用途、测试对象、人员多少、造价以及使用空间的多少而定。一般不宜过大，这样不仅能节约土建费用，而且从屏蔽技术考虑，亦较容易处理。当测试大型对象时(如汽车、大型联动机等)，可采用大面积的屏蔽室。但当测试对象较小时，则可采用笼式屏蔽室。它的面积较小，常可独立布置在车间里面，可靠近所服务的生产工段，对使用和维修都较方便，是目前国内外较常采用的形式。

(2) 屏蔽室的材料选用

屏蔽材料对屏蔽效能起决定性的作用，应通过计算后再行选用。屏蔽室的类型按照使用的材料可分为金属板密闭式屏蔽室、穿孔金属板或单层金属网屏蔽室、双层或多层金属网屏蔽室及金属薄膜屏蔽室等。

不同的金属材料具有不同的导电率和导磁率，在满足电磁屏蔽效能情况下，要使选择的材料具有厚度小和一定的机械强度。

为保证屏蔽效能，在构造处理上，要使屏蔽室的墙体、地面及天棚等六面形成一个封闭的无缝整体，防止电磁波的泄漏。

在一般情况下宜采用各种外表面镀锌、镀镍或镀塑的钢丝网。微波屏蔽时常采用铜丝网或紫铜丝网，其孔目为20～22目/in①。

由于所使用材料的规格及建筑结构的限制必须将屏蔽材料进行拼接，拼接的质量直接关系到屏蔽效能，施工中应引起重视。

除上述和厂房建筑结合在一起的屏蔽室外，当所需空间不大时，可采用装配式屏蔽室。它是由轻钢骨架或木构架承重，外围覆盖金属网片或金属板材所组成。具有维修拆装方便和布置灵活 的优点，更能适应生产工艺更改变动的需要。

通常，建筑物房间的混凝土墙中的结构钢筋及门窗的金属框尚未有效电气连接而构成完整的屏蔽笼。因此，为防止雷电产生的电磁脉冲的静电或电磁感应，将房屋墙壁

① 1in=2.54cm

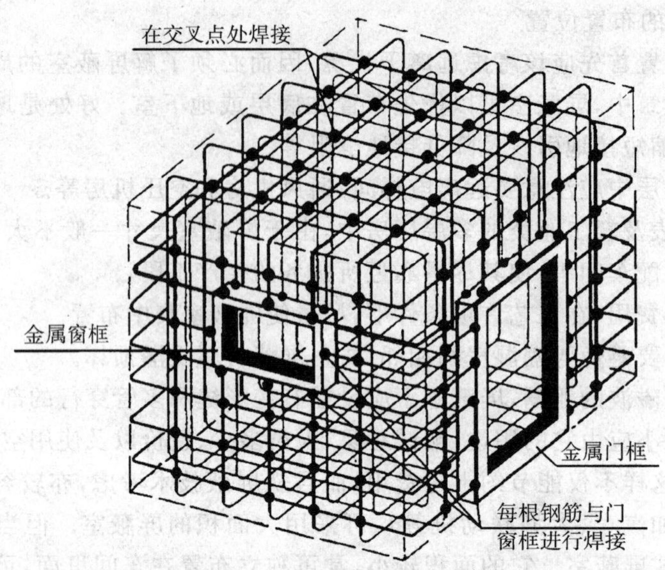

图 6.22 钢筋与金属门窗框的电气连接构成的大空间屏蔽

中的结构钢筋在相交处采用电气连接(对于大型建筑物来说,在每一个钢筋交叉点上真正焊接是不可能的,但是,通过紧密接触或铁丝绑扎,绝大多数点可以做到自然连接。),并与金属门窗框焊接,如图 6.22 所示,初步构成一个带门窗开口的屏蔽金属笼,则门窗等开口处将成为电磁脉冲进入室内的主要途径。

为了改善房间的屏蔽效果,在金属门窗上分别加装金属网并与门窗框进行电气连接,这样便构成了一个完整的屏蔽笼,该屏蔽笼在导体结构上虽然是稀疏的,但它毕竟可以构成对电磁脉冲辐射的初级屏蔽室。在室内沿墙壁四周再做一圈保护接地环,沿该接地环每隔一定距离与屏蔽笼上的结构钢筋进行有效的电气连接。

随着科学技术的发展,对屏蔽室的要求是:具有较高的屏蔽效能和对频段较宽的适应能力(频率范围在 10~18kMHz 以上);屏蔽还应是多功能的(如无反射、洁净等)。

电磁波进入屏蔽室有两种途径:一种是穿过金属板或金属网屏蔽层,另一种是通过屏蔽层的接缝(即门、窗、管道缝隙)。因此,屏蔽室要尽可能少开门窗,对已开门窗需作屏蔽处理。

6.3.4.3 屏蔽的种类

①辐射屏蔽:在发生雷击时,由雷电暂态电流产生的暂态电磁脉冲变化是很快的,能使在其附近一定范围内的未屏蔽电子设备受到干扰和损坏。由国外进行的模拟试验表明:在不加屏蔽的条件下,使计算机工作失效的脉冲磁感应强度 $B_f = 0.07 \times 10^{-4}$ T,使计算机元器件损坏的脉冲磁感应强度 $B_d = 2.4 \times 10^{-4}$ T。参考这些数据,可以进一步

估计雷电脉冲磁场对计算机引起的工作失效率和元器件损坏率。

考虑雷电主放电形成的最大脉冲磁感应强度为：

$$B = \frac{I_m}{2\pi rk}$$

式中　I_m　为雷电流幅值(kA)；

r　为计算机到雷击点的地面水平距离(km)；

k　系数，取为 7.96×10^5。

取雷电流幅值出现的概率为：

$$P(I_m) = 10^{-\frac{I_m}{88}} \approx e^{-\frac{I_m}{38.2}}$$

则在离雷击点地面距离为 r 处的计算机工作失效概率为：

$$P_f(r) = e^{\frac{2\pi rkB_f}{38.2}}$$

造成计算机元器件损坏的概率为：

$$P_d(r) = e^{\frac{2\pi rkB_d}{38.2}}$$

例如：在距离计算机 60m 处发生雷击时，计算机工作失效的概率为：

$$P_f(0.06) = 0.95$$

计算机元器件损坏的概率为：

$$P_d(0.06) = 0.15$$

为了降低雷击时计算机的工作失效概率和元器件损坏概率，就需要对计算机采取良好的屏蔽措施。通常，应将计算机设备的金属外壳有效接地，使其发挥一定的屏蔽作用，对于从隔离变压器或稳压装置到机房配电盒的电源线应采用屏蔽电缆或穿金属管屏蔽。在机房中，空调设备的电源线和控制线也要穿金属管屏蔽，对于重要的计算机系统要采取对设备进行屏蔽乃至对整个机房进行屏蔽。

②磁场屏蔽：磁场屏蔽是为了消除或抑制由磁场耦合引起的干扰。

先考虑低频磁屏蔽。磁力线或磁通量所通过的路径叫磁路，类比于电流，电流在导体中流动时主要取低电阻率的电路流动。同样，磁通主要集中通过低磁阻的磁路。物质的磁导率越高，磁阻越低。铁磁性材料，如铁、镍钢、坡莫合金等，它们的磁导率 μ 要比空气的磁导率大几百甚至几千倍，因此铁磁材料的磁阻比空气磁阻小得多，屏蔽体壳内集中了大部分磁力线，起到了磁屏蔽作用，如图 6.23 所示。

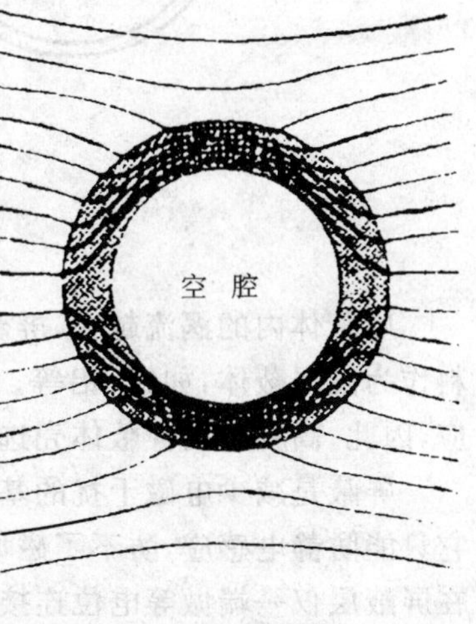

图 6.23　磁屏蔽

磁场屏蔽不同于静电场屏蔽，屏蔽体接地与不接地都不会影响磁屏蔽效果。但由于磁屏蔽材料一般采用高磁导率金属，而它对电场也有屏蔽作用，所以通常也把磁屏蔽体接地。

此外，由于空气的磁导率很小，磁阻很大，因此，当磁屏蔽室（或盒）需要开狭缝时，狭缝的方向必须与磁通的方向一致，不能与磁通方向垂直，否则磁屏蔽效果就将受到影响。

对于高频磁场，磁屏蔽原理与低频磁场不同。由于高频磁场的感应作用，在屏蔽体壳表面层内产生感应电流（或涡电流），感应电流也要产生磁场。

我们用图 6.24 的例子来说明高频磁场的磁屏蔽原理。图 6.24(a)示出一铁氧体材料的磁芯，外套以线圈，在线圈外侧套上一个与其同轴的屏蔽导体圆筒。线圈流有图示方向的高频电流 i(t 时刻)。线圈中电流产生的磁场的磁力线方向如图 6.24(b)中的一组实线所示，这磁场的磁通量穿过了由屏蔽套筒所围的回路，由电磁感应定律知，在屏蔽套筒壳表面层内便产生了感应电流，此感应电流所产生的磁通抵制原磁通的变化。感应电流磁场的磁力线方向如图 6.24(b)中的虚线所示，从而使屏蔽套筒外部空间磁场衰减。

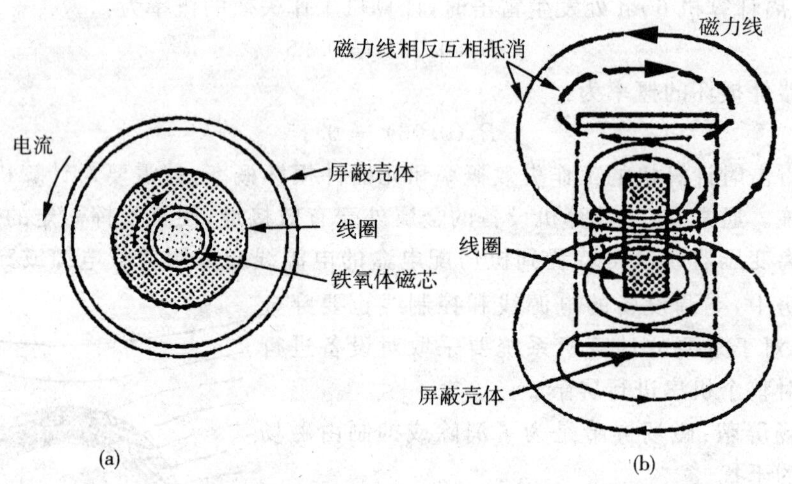

图 6.24　高频磁场屏蔽

屏蔽体内的涡流越大，屏蔽效果就越好。因此，高频磁场屏蔽一般应选用良导体材料作为磁屏蔽体，如铜、铝等。由于高频磁场感应的涡电流在导体表面层产生集肤效应，因此，高频磁场屏蔽体壳选用薄金属材料就可满足屏蔽要求了。

屏蔽是减少电磁干扰的基本措施。屏蔽层仅一端做等电位连接而另一端悬浮时，它只能防静电感应，防不了磁场强度变化所感应的电压。为减少屏蔽芯线的感应电压，在屏蔽层仅一端做等电位连接的情况下，应采用有绝缘隔开的双层屏蔽，外层屏蔽应至少在两端做等电位连接。在这种情况下外屏蔽层与其他同样做了等电位连接的导体构成环路，感应出电流，因此产生可减低源磁场强度的磁通，从而基本上抵消掉无外屏蔽层时所感应的电压。

③电磁场屏蔽：一般在远离干扰源的空间，单纯的电场或磁场是少见的，干扰是以电场、磁场同时存在的高频电磁场辐射的形式发生的。在远场条件下，不管干扰源性质如何都可看做平面电磁波传播，电场分量和磁场分量同时存在，因此，应同时考虑电场和磁场的屏蔽。

雷电电磁脉冲在远场条件下可看做平面电磁场传播，应采用电磁屏蔽。

从电磁屏蔽的作用过程来看，电磁屏蔽效果就是指电磁波在穿过屏蔽层时能量衰减的程度。屏蔽体对电磁波的衰减屏蔽有三种不同机理：

a. 空气中传播的电磁波到达屏蔽体表面，由于空气与金属交界面波阻抗不同，对入射波产生反射，这种反射与屏蔽体的厚度无关，只要波阻抗不一样即可。

b. 未被反射而进入屏蔽体内的电磁波能量在继续传播时，由于电磁场在导体内感应产生涡流，因此将消耗部分能量，此能量将被屏蔽体材料吸收。

c. 在屏蔽体内尚未吸收掉的电磁波能量再被另一金属与空气界面反射折回屏蔽体内，在两界面间重复反射多次。

总之，屏蔽是抑制和降低设备电磁干扰能量的手段之一，设计合理的屏蔽室(盒、管)将有效地抑制雷电电磁辐射干扰。

6.3.4.4 大空间屏蔽

在建筑物或房间的大空间屏蔽是由诸如金属支撑物、金属框架或钢筋混凝土的钢筋等自然构件组成的，这些构件构成一个格栅形大空间屏蔽(图 6.25)，穿入这类屏蔽的导电金属物应就近与其做等电位连接。

当对屏蔽效率末做试验和理论研究时，磁场强度的衰减应按下列方法计算。

①在闪电击于格栅形大空间屏蔽以外附近的情况下，当无屏蔽时所产生的无衰减磁场强度 H_0，相当于处于 LPZ0 区内的磁场强度(图 6.26)，应按下式计算：

$$H_0 = i_0/(2 \cdot \pi \cdot S_a)\ (\mathrm{A/M}) \tag{6.6}$$

式中 i_0 雷电流(A)，按表 2.2；

S_a 雷击点与屏蔽空间之间的平均距离(m)(图 6.26)。

当有屏蔽时，在格栅形大空间屏蔽内，即在 LPZ1 区内的磁场强度从 H_0 减为 H_1，其值应按下式计算：

$$H_1 = H_0/10^{SF/20}\ (\mathrm{A/m}) \tag{6.7}$$

式中，SF 为屏蔽系数(dB)，按表 6.2 的公式计算。

表 6.2 的计算值仅对在 LPZ1 区内距屏蔽层有一安全距离 $d_{S/1}$ 的安全空间 V_s 内才有效(见图 6.25)，$d_{S/1}$ 应按下式计算：

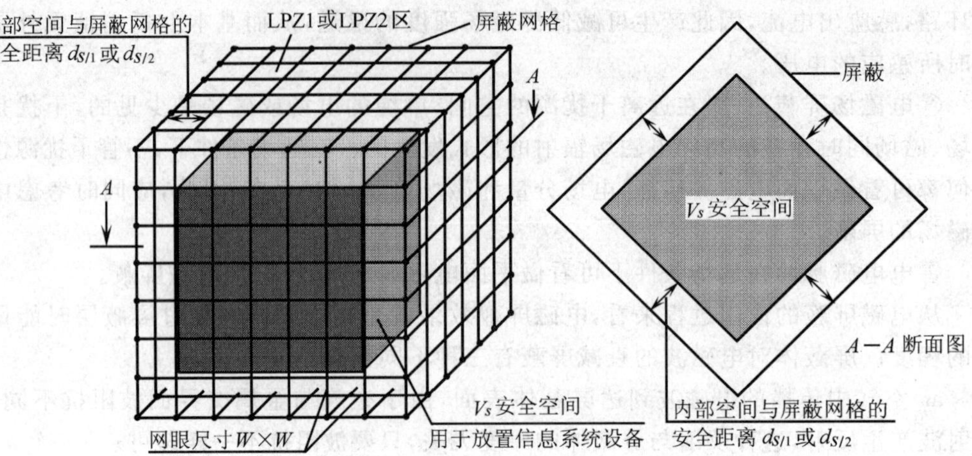

图 6.25　在 LPZ1 或 LPZ2 放置信息设备的空间

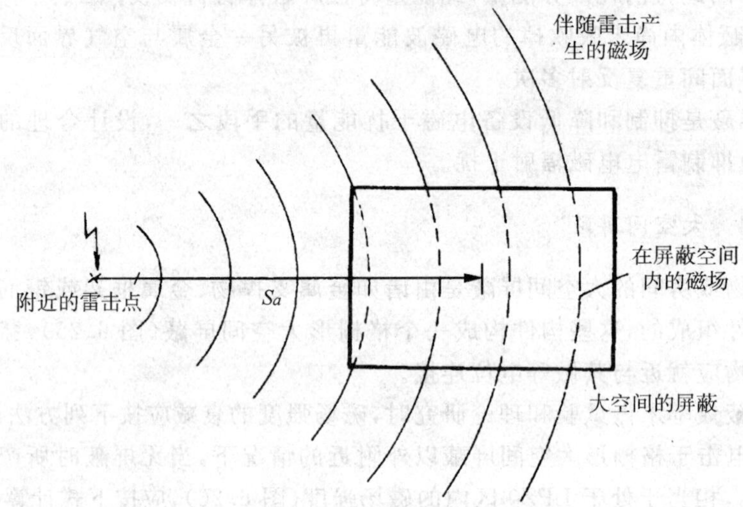

图 6.26　附近雷击时的环境情况（S_a 雷击点至屏蔽空间的平均距离）

$$d_{S/1} = w \cdot SF/10(\mathrm{m}) \tag{6.8}$$

式中，w 为格栅形屏蔽的网格宽(m)。

②在闪电直接击在位于 $LPZ0_A$ 区的格栅形大空间屏蔽上的情况下，其内部 LPZ1 区内 V_s 空间内某点的磁场强度 H_1 应按下式计算：

$$H_1 = K_H \cdot i_0 \cdot W / (d_W \cdot \sqrt{dr})\ (\mathrm{A/m}) \tag{6.9}$$

式中　i_0　　雷电流(A)，按表 2.2；

　　　d_r　　被考虑的点距 LPZ1 区屏蔽顶的最短距离(m)；

d_w　被考虑的点距 LPZ1 区屏蔽壁的最短距离(m)；

k_H　形状系数$(1/\sqrt{m})$，取 $k_H = 0.01(1/\sqrt{m})$；

w　LPZ1 区格栅形屏蔽的网格宽(m)。

式(6.9)的计算值仅对距屏蔽格栅有一安全距离 $d_{s/2}$ 的空间 V_s 内有效，$d_{s/2}$ 应符合下式的要求：

$$d_{S/2} = w \quad (m) \tag{6.10}$$

表 6.2　格栅形大空间屏蔽系数

材　料	SF (dB)	
	25kHz(见注 A)	1MHz(见注 B)
铜/铝	$20 \cdot \lg(8.5/w)$	$20 \cdot \lg(8.5/w)$
钢(见注 C)	$20 \cdot \lg[(8.5/w)/\sqrt{1+18\times10^{-6}/r^2}]$	$20 \cdot \lg(8.5/w)$
注：A. 适用于首次雷击的磁场；B. 适用于后续雷击的磁场；C. 导磁系数 $\mu_r \approx 200$；D. w 一格栅形屏蔽的网格宽(m)，适用于 $w \leqslant 5$m；r 一格栅形屏蔽网格导体的半径(m)。		

信息设备应仅安装在 Vs 空间内。

信息设备的干扰源不应取紧靠格栅的特强磁场强度。

③流过包围 LPZ2 区及以上区的格栅形屏蔽的分雷电流将不会有实质性的影响作用，处在 LPZ_n 区内 LPZ_{n+1} 区的磁场强度将由 LPZ_n 区内的磁场强度 H_n 减至 LPZ_{n+1} 区内的 H_{n+1}，其值可近似地按下式计算：

$$H_{n+1} = H_n / 10^{SF/20} \text{(A/m)} \tag{6.11}$$

其中　SF　由表 6.2 计算出的屏蔽系数 (dB)；

　　　H_n　LPZ_n 区内的磁场强度　(A/m)。

式(6.11)适用于 LPZ_{n+1} 区内距其屏蔽有一安全距离 $d_{s/1}$ 的空间 V_s；$d_{S/1}$ 应按式(6.8)计算；形状系数 k_H 中的$(1/\sqrt{m})$为其单位。

④静电屏蔽：静电屏蔽是为了消除和抑制静电场的干扰。

为使某一区域内的静电场电力线不泄漏到外部，采用原不带电的金属屏蔽罩 B(图 6.27)，带电体 A 带电荷 Q，由静电感应使 B 的内表面感生 $-Q$ 电荷，外表面感生 $+Q$ 电荷，再将屏蔽体 B 接地，B 的外表面感生电荷 $+Q$ 导入大地，B 外部电场消失，因此 B 具有屏蔽作用(图 6.27)。可见仅单纯采用将导体包起来的办法，实际上根本起不到屏蔽作用，必须将屏蔽导体接地。

为防止被保护空间受外部静电场干扰，用屏蔽导体把该空间包围(如图 6.28)。如果屏蔽导体各处等电位，那么内部就无电场存在。从原理上说，屏蔽导体可不接地，但实际应用中的屏蔽导体，它内部空间的导体和外部是不可能完全隔离的，多少总有直接

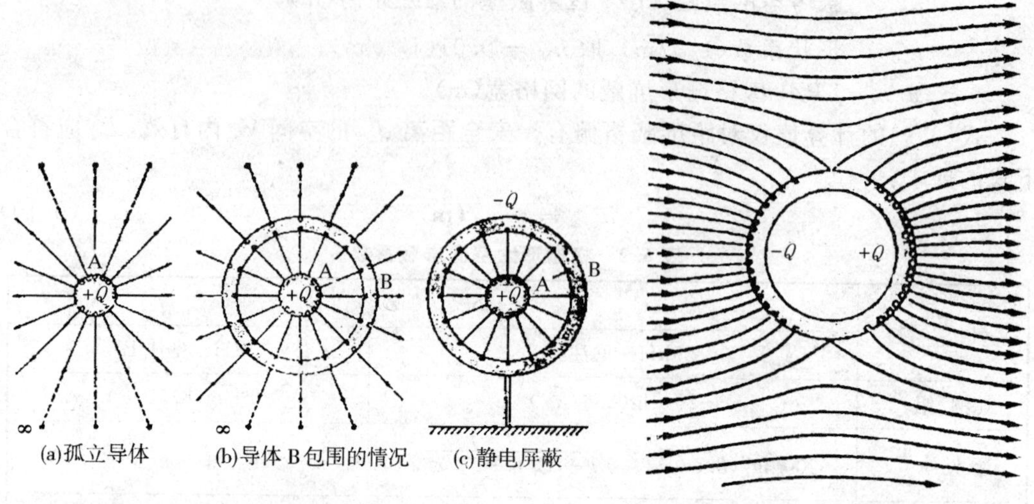

(a)孤立导体　(b)导体 B 包围的情况　(c)静电屏蔽

图 6.27　内部静电屏蔽原理

图 6.28　外部静电屏蔽原理

或间接的静电耦合，因此屏蔽是不完善的，这就会有电场侵入内部空间，为防止这种现象，屏蔽导体应接地。

⑤室内屏蔽措施

建筑物室内电子系统（尤其是那些高精尖电子设备）对雷电产生的电磁脉冲干扰是十分敏感的，需要特别注意它们的屏蔽问题。因为配备于室内的各种电子系统在功能、组成、结构和安装位置等方面的不同，所采取的屏蔽措施也因具体情况而异，难以概括为一个比较统一的模式，这里仅就一个较为典型的室内数据处理系统的屏蔽问题加以讨论。

如图 6.29 所示，室内数据处理系统含四个数字设备，系统中既有电源线，又有未屏蔽和屏蔽的数据信号线，这些线路与各设备相连，同时又进出房间内外，该房间还开有门窗，房间混凝土墙中的结构钢筋及门窗的金属框尚未有效电气连接而构成完整的屏蔽笼。因此，由雷电产生的电磁脉冲能比较容易地通过电源线、信号线或通过直接辐射侵害系统中各数字设备。对于该数据处理系统可采取以下屏蔽措施：

a. 将房屋墙壁中的结构钢筋在相交处电气连接，并与金属门窗框焊接，如图 6.22 所示，初步构成一个带门窗开口的屏蔽笼，其中的门窗开口将是电磁脉冲进入室内的直接空间途径。

b. 门窗的开口几何尺寸对整个房间屏蔽效果的影响见图 6.30，在该图中，磁场衰减效能指的是在房间的中央位置，为了改善房间的屏蔽效果，在门窗上分别加装金属网并与门窗框实施有效的电气连接，这样就构成了一个完整的屏蔽笼，该屏蔽笼在导体结构上虽然是稀疏的，但它毕竟可以构成对电磁脉冲辐射的初级屏蔽。

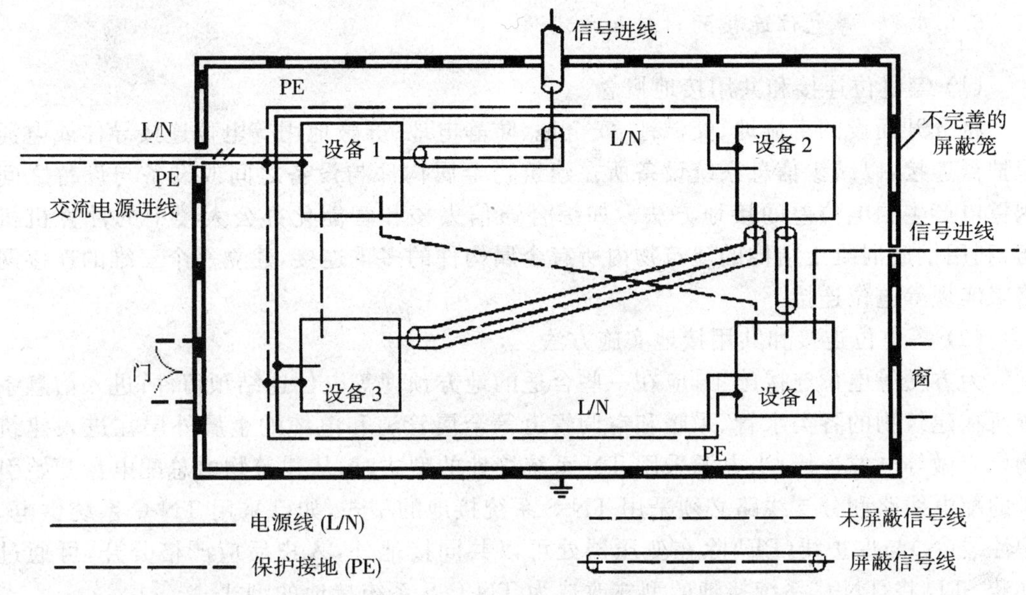

图 6.29　室内数据处理系统

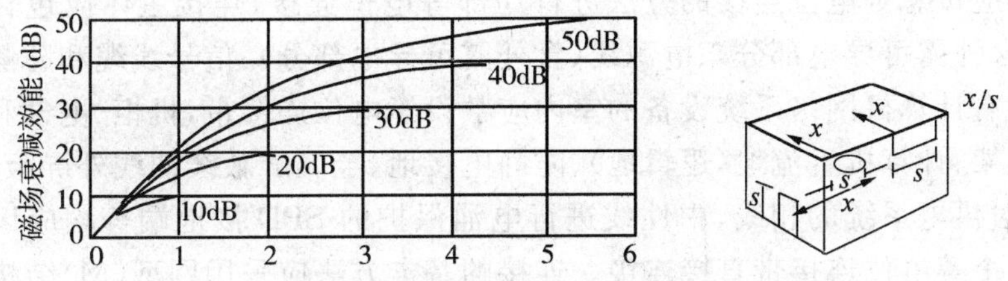

图 6.30　门窗开口对房间屏蔽效果的影响

c. 在室内沿墙壁四周再做一圈保护接地环，沿该接地环每隔一定距离与屏蔽笼上的结构钢筋进行有效的电气连接。

d. 将各数字设备的外壳就近与接地环连接，交流电源的保护地线(PE)也要与接地环相连，并保持与电源线平行。

e. 另外，将室内屏蔽信号电缆的护套与接地环和保护地线以及设备外壳等就近相连接，在未屏蔽信号线上加装短路环，短路环的两端也要与设备外壳、保护地线和接地环等相连接，如图 6.29 所示。

通过以上五个屏蔽措施的落实，使得室内数据处理系统具有了抗拒来自室内外雷电电磁脉冲的屏蔽能力，但从综合防护的角度来看，还需要采取瞬态过电压防护措施与之相配合，即在各电源进线或信号进线的出入口处加装相应的电源或信号保护装置，在各数字设备的输入与输出端加装保护元件，以便从整体上构成对雷电危害的系统保护。

6.3.4.5 等电位连接的材料和方法

(1) 等电位连接和共用接地概念

将分开而设的直流地、交流地、安全地、防静电地、屏蔽地用等电位连接导体或电涌保护器连接,以减少信息系统设备所在建筑物金属构件与设备之间或设备与设备之间因雷电产生的电位差的接地方法。如综合通信大楼和智能化办公大楼中的计算机机房,利用钢筋混凝土结构的建筑物内所有金属构件的多重连接,建立一个三维的连接网络来实现等电位连接。

(2) 等电位连接和共用接地实施方法

为方便等电位连接施工,应在一些合适的地方预埋等电位连结预留件;进入信息系统所在建筑物的各类水管、采暖和空调管道等金属管道和电缆的金属外层在进入建筑物处应做等电位连接;当电源采用 TN 系统接地的型式时,从建筑物内总配电盘开始引进的配电线路和分支线路必须采用 TN-S 系统接地的型式,如已采用 TN-C 系统供电,中性线(N)与保护线(PE)除在变压器处可以共同接地外,入户后应严格分开,可通过加装 SPD 将 TN-C 系统接地的型式改造为 TN-C-S 系统接地的型式。

在建筑物入户处,即 LPZ0 与 LPZ1 区交界处进行总等电位连接后,在后续的雷电防护区交界处应按总等电位连接的方法进行局部等电位连接,连接主体应包含信息系统设备本身(含外露可导电部分)、电源线(含外露可导电部分)、信号线缆和防静电金属地板等。在设有计算机网络系统设备的室内应敷设等电位连接带,机柜、电气和电子设备的外壳和机架、计算机直流地(逻辑地)、防静电接地、金属屏蔽线的线外屏蔽层、交流地(PE 线)和对供电系统的相线、中性线进行电涌保护的 SPD 接地端等均应以最短的距离就近与这个等电位连接带直接连接。连接的基本方法应采用网型(M)结构或星型(S)结构。网型结构的环型等电位连接带应每隔 5m 与接地系统连结。其原则构成如图 6.31 中所示。当采用 S 型等电位连接网络时,计算机网络系统的所有金属组件除在等电位连接点,即 ERP(接地基准点)处,均应与共用接地系统的各组件有足够的绝缘(大于 10kV,1.2/50μs)。当采用 M 型等电位连接网络时,信息系统的所有金属组件不应与共用接地系统绝缘,可以通过多点连接组合到共用接地系统中。在复杂的信息系统中,可以将 S 和 M 组合在一起。

(3) IEC60536-2 对等电位连接导体提出如下基本要求

a. 能耐受由于设备内部故障电流可能引起的最高热效应及最大的电动应力;

b. 具有足够低的阻抗,以避免各部分间显著的电位差;

c. 能耐受可预见的机械应力,热效应及环境效应(含腐蚀效应);

d. 可移动的导体连接件(铰链和滑片等)不应是两部分间唯一的保护连接件,能满足 a、b、c 条者除外;

e. 在预计移开设备某一部件时，不应切断其余部件的保护联结，这些部件的电源事先已切断者除外；

f. 当耦合器或插头插座能控制保护联结和向设备组件供电的所有导体的开断，保护联结应在供电导体断路（或接通）之后（或之前）切断（或接通）；

g. 保护联结导体应宜于识别。等电位连接可以使用焊接、螺栓连接和熔接三种方法。当使用螺栓连接时要考虑螺栓松动的问题，一般应用铜鼻子将连接线焊牢后栓紧。

连接材料一般推荐使用铜材，是因其导电性能和强度都比较好，使用多股铜线的弯曲也比较方便。但使用铜材与建筑物内结构钢筋连接时，可能会因铜的电位（+0.35V）与铁的电位（−0.44V）不同而形成原电池，产生电化学腐蚀。因此在土壤中（基础钢筋处）连接，要避免使用裸铜线，最好使用同一金属（钢材）为宜。

等电位连接导体的尺寸与其所在位置，与估算流过的雷电流的量相关。为了满足等电位连接标准，规定了各种材料的最小截面为：

直击雷引下线（mm^2）：　铜 16、　铝 25、　铁 50

LPZ0 与 LPZ1 区（mm^2）：　铜 16、　铝 25、　铁 50

LPZ1 与 LPZ2 区（mm^2）：　铜 6、　铝 10、　铁 16

等电位连接端子板（母排）的最小截面不小于 50 mm^2（铜或镀锌钢板）。

在实际工程中，为了醒目和便于检测维修，等电位连接线应使用外皮为黄绿相间的线缆，并在工程完成后使用专用仪器对等电位连接的有效程度进行测试，实际上所测的阻值主要为接触电阻。

在实施等电位连接的平面（如计算机房防静电地板下），在敷设接地母排后，应将母排（铜带或扁钢）就近与建筑物内钢筋焊接，母排与主钢筋焊接的间距一般不应大于 5m。

6.3.4.6　等电位连接与共用接地方式

①每幢建筑物本身应采用共用接地系统，其原则构成示于图 6.31。

②当互相邻近的建筑物之间有电力和通信电缆连通时，宜将其接地装置互相连接。

在图 6.31 中：

a. 防雷装置的接闪器以及可能是建筑物空间屏蔽的一部分（如金属屋顶）；

b. 防雷装置的引下线以及可能是建筑物空间屏蔽的一部分（如金属立面、墙内钢筋）；

c. 防雷装置的接地装置（接地体网络、共用接地体网络）以及可能是建筑物空间屏蔽的一部分（基础内钢筋和基础接地体）；

d. 内部导电物体，在建筑物内及其上的金属装置（不包括电气装置），如电梯轨道，吊车，金属地面，金属门框架，各种服务性设施的金属管道，金属电缆桥架，地面、墙和天花板的钢筋；

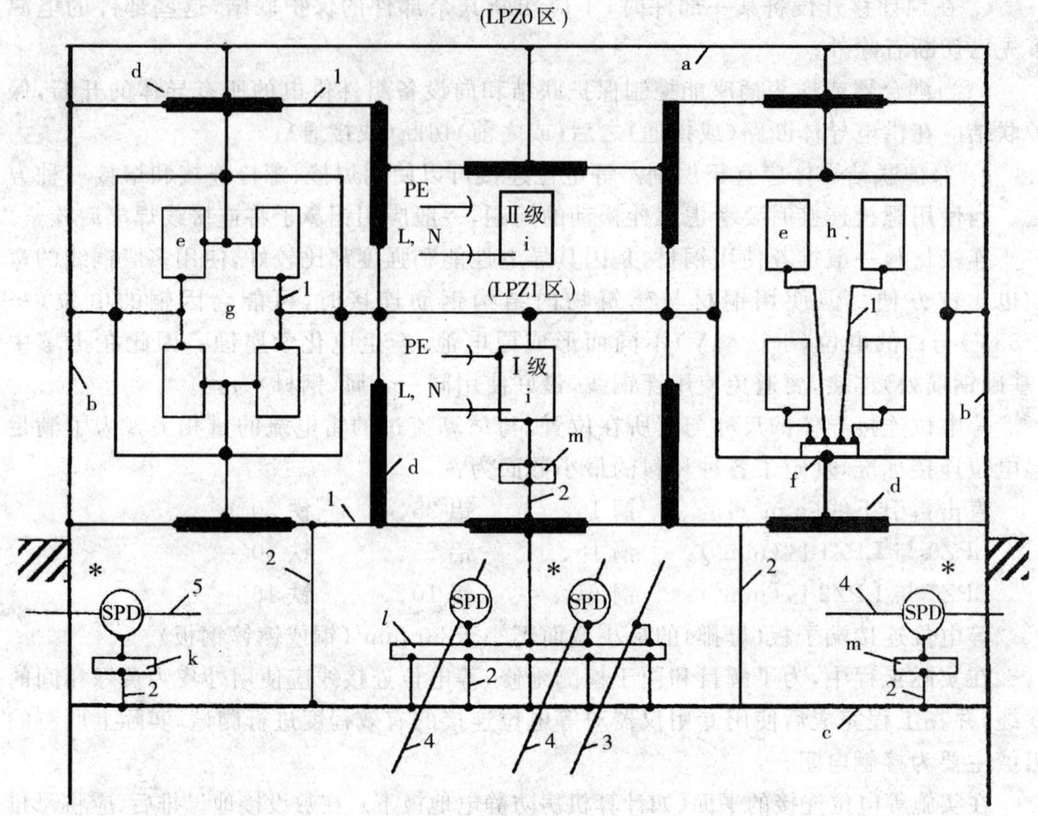

图 6.31　接地、等电位连接和共用接地系统的构成

e.（局部）信息系统的金属组件，如箱体、壳体、机架；

f. 代表局部等电位连接带（单点连接）的接地基准点（ERP）；

g.（局部）信息系统的网形等电位连接结构；

h.（局部）信息系统的星形等电位连接结构；

i. 固定安装的Ⅰ级设备（引入 PE 线）和Ⅱ级设备（不引入 PE 线）；

等电位连接带：

k. 主要供电力线路的、供电力设备等电位连接用的总接地端（总接地带、总接地母线、总等电位连接带），也可用作共用等电位连接带；

l. 主要供信息线路和电线用的、供信息设备等电位连接用的等电位连接带（环形等电位连接带、水平等电位连接导体，在特定情况下，采用金属扳），也可用作共用等电位连接带，用接地线多次接到接地系统上做等电位连接（典型值为每隔 5m 连一次）：

m. 局部等电位连接带：1）等电位连接导体，2）接地导体，3）服务性设施的金属管道，4）信息线路或电缆，5）电力线路或电缆。

6.3.4.7　等电位连接的位置与分流

穿越各防雷区界面的金属物和系统，以及在一个防雷区内部的金属物和系统均应在界面处做符合下列要求的等电位连接。等电位连接的目的在于减小需要防雷的空间内各金属物与各系统之间的电位差。

①所有进入建筑物的外来导电物均应在 $LPZ0_A$ 或 $LPZ0_B$ 与 LPZ1 区的界面处做等电位连接。当外来导电物、电力线、通信线在不同地点进入建筑物时，宜设若干等电位连接带，并应将其就近连到环形接地体、内部环形导体或此类钢筋上，它们在电气上是贯通的并连通到接地体，含基础接地体。

对各类防雷建筑物，各种连接导体的截面不应小于表 6.3 的规定。

表 6.3　各种连接导体的最小截面(mm^2)

材料	等电位连接带之间和等电位连接带与接地装置之间的连接导体，流过大于或等于 25% 总雷电流的等电位连接导体	内部金属装置与等电位连接带之间的连接导体，流过小于 25% 总雷电流的等电位连接导体
铜	16	6
铝	25	10
铁	50	16

当建筑物内有信息系统时，在那些要求雷击电磁脉冲影响最小之处，等电位连接带宜采用金属板，并与钢筋或其他屏蔽构件做多点连接。

在 $LPZ0_A$ 与 LPZ1 区的界面处做等电位连接用的接线夹和电涌保护器，应采用表 2.2～2.4 的雷电流参量估算通过它们的分流值。当无法估算时，可按以下方法确定(图 6.32)：

全部雷电流 i 的 50% 流入建筑物防雷装置的接地装置；

另外的 50%，即 i_s 分配于引入建筑物的各种外来导电物、电力线、通信线等设施。流入每一设施的电流 i_i 等于 i_s/n，n 为上述设施的个数。

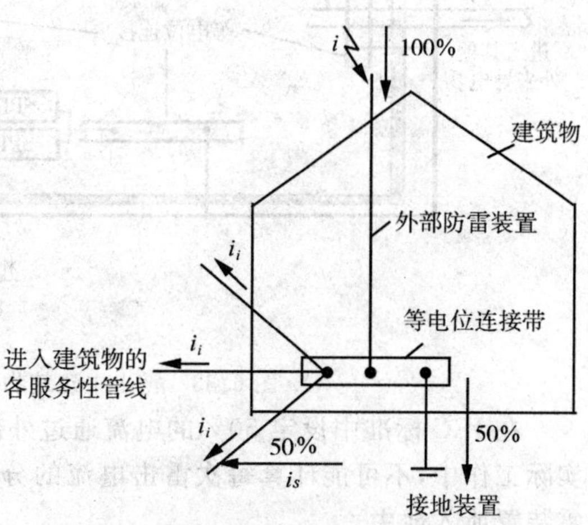

图 6.32　进入建筑物的各种设施之间的雷电流分配

流经无屏蔽电缆芯线的电流 i_V 等于电流 i_i 除以芯线数 m，即 $i_V = i_i/m$（见图 6.32）；对有屏蔽的电缆，绝大部分的电流将沿屏蔽层流走。尚应考虑沿各种设施引入建筑物的雷电流。应采用以上两值的较大者。

在 $LPZ0_B$ 与 LPZ1 区的界面处做等电位连接用的接线夹和电涌保护器仅应按上述方法考虑雷电击中建筑物防雷装置时通过它们的雷电流；可不考虑沿全长处在 $LPZ0_B$ 区的各种设施引入建筑物的雷电流，其值仅为感应电流和小部分雷电流。

现仅以图 6.33 作为一个例子，说明雷电流进入建筑物后的分流情况。

在图 6.33 中，通过低压配电线路进入建筑物的雷电流仅为全部雷电流的 17%，并且在相线和中性线上各为 8.5%。

假定该建筑物为第一类防雷建筑物，那么在每一相线或中性线上安装的 SPD 的放电参数 I_{imp}（最大冲击电流）达到 200kA×8.5%＝17kA≈20kA（10/350μs）即能满足要求。

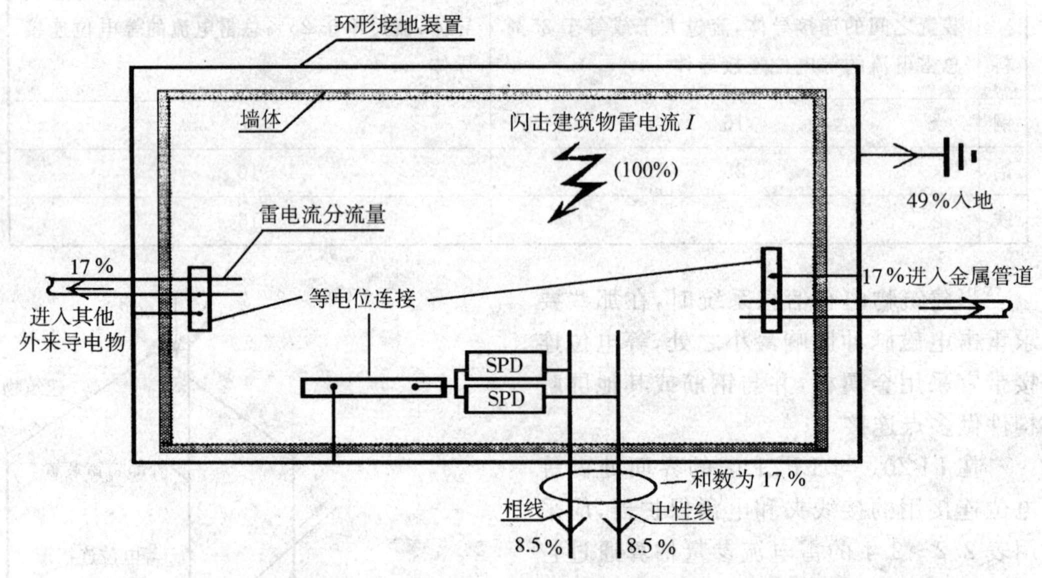

图 6.33 雷击中建筑物外部设施时的电流分配

在 IEC 标准中设定 50%的电流通过外部防雷装置泄入地中，余下的 50%称 i_s，在实际工作中，不可能计算每次雷击电流的分配，但可以设定有 50%的电流通过外部防雷装置泄入地中。

i_s 平均分配于进入建筑物的各种设施（外来导电物、电力线和通信线等），流入每一设施中的电流 $i_i = i_{s/n}$，此处 n 为上述设施的个数。

为估算流经无屏蔽电线芯线的电流 i_v，电缆电流 i_i 要除以芯线数 m，即 $i_v = i_i/m$。所以，在防雷工程设计时需认真计算分流系数，充分利用分流这一理论，做到在尽可能节约的情况下达到安全防护的目的。

②各后续防雷区界面处的等电位连接

穿过防雷区界面的所有导电物、电力线、通信线均应在界面处做等电位连接。应采用一局部等电位连接带做等电位连接，各种屏蔽结构或设备外壳等其他局部金属物也连到该带。

用于等电位连接的接线夹和电涌保护器应分别估算通过的雷电流。

所有电梯轨道、吊车、金属地板、金属门框架、设施管道、电缆桥架等大尺寸的内部导电物，其等电位连接应以最短路径连到最近的等电位连接带或其他已做了等电位连接的金属物，各导电物之间宜附加多次互相连接。

③信息系统的所有外露导电物应建立一等电位连接网络。由于实现的等电位连接网络均有通大地的连接，每个等电位连接网不宜设单独的接地装置。

图 6.34，一信息系统的各种箱体、壳体、机架等金属组件与建筑物的共用接地系统的等电位连接应采用以下两种基本形式的等电位连接网络之一：S 型星形结构和 M 型网形结构。当采用 S 型等电位连接网络时，信息系统的所有金属组件，除等电位连接点外，应与共用接地系统的各组件有大于 10kV、1.2/50μs 的绝缘强度。

通常，S 型等电位连接网络可用于相对较小、限定于局部的系统，而且所有设施管线和电缆宜从 ERP（接地基准点）处附近进入该信息系统。

S 型等电位连接网络应仅通过惟一的一点，即接地基准点（ERP）组合到共用接地系统中去形成 S_S 型等电位连接（图 6.34）。在这种情况下，设备之间的所有线路和电缆当无屏蔽时宜按星形结构与各等电位连接线平行敷设，以免产生感应环路。

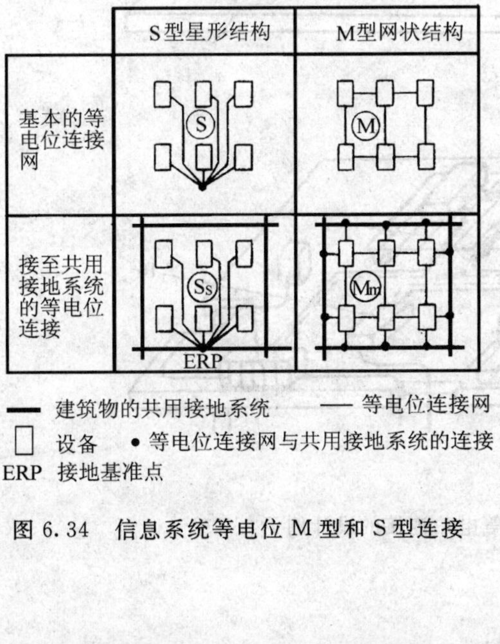

	S型星形结构	M型网状结构
基本的等电位连接网	S	M
接至共用接地系统的等电位连接	S_S ERP	M_m

━ 建筑物的共用接地系统　　— 等电位连接网
□ 设备　• 等电位连接网与共用接地系统的连接
ERP 接地基准点

图 6.34　信息系统等电位 M 型和 S 型连接

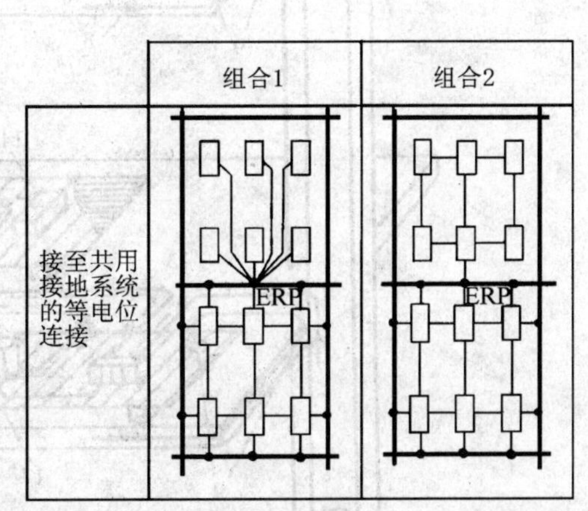

图 6.35　信息系统网状结构等电位连接组合

用于限制从线路传导来的过电压的电涌保护器，其引线的连接点应使加到被保护设备上的电涌电压最小。

当采用 M 型等电位连接网络时，一系统的各金属组件不应与共用接地系统各组件绝缘。M 型等电位连接网络应通过多点连接组合到共用接地系统中去，并形成 M_m 型等电位连接。

通常，M 型等电位连接网络宜用于延伸较大的开环系统，而且在设备之间敷设许多线路和电缆，以及设施和电缆从若干处进入该信息系统。

图 6.35，在复杂系统中，M 型和 S 型等电位连接网络这两种型式的优点可组合在一起。

一个 S 型局部等电位连接网络可与一个 M 型网状结构组合在一起（见图 6.35 的组合 1）。

一个 M 型局部等电位连接网络可仅经一接地基准点（ERP）与共用接地系统相连（见图 6.35 的组合 2），该网络的所有金属组件和设备应与共用接地系统各组件有大于 10kV、1.2/50μs 的绝缘，而且所有设施和电缆应从接地基准点附近进入该信息系统。

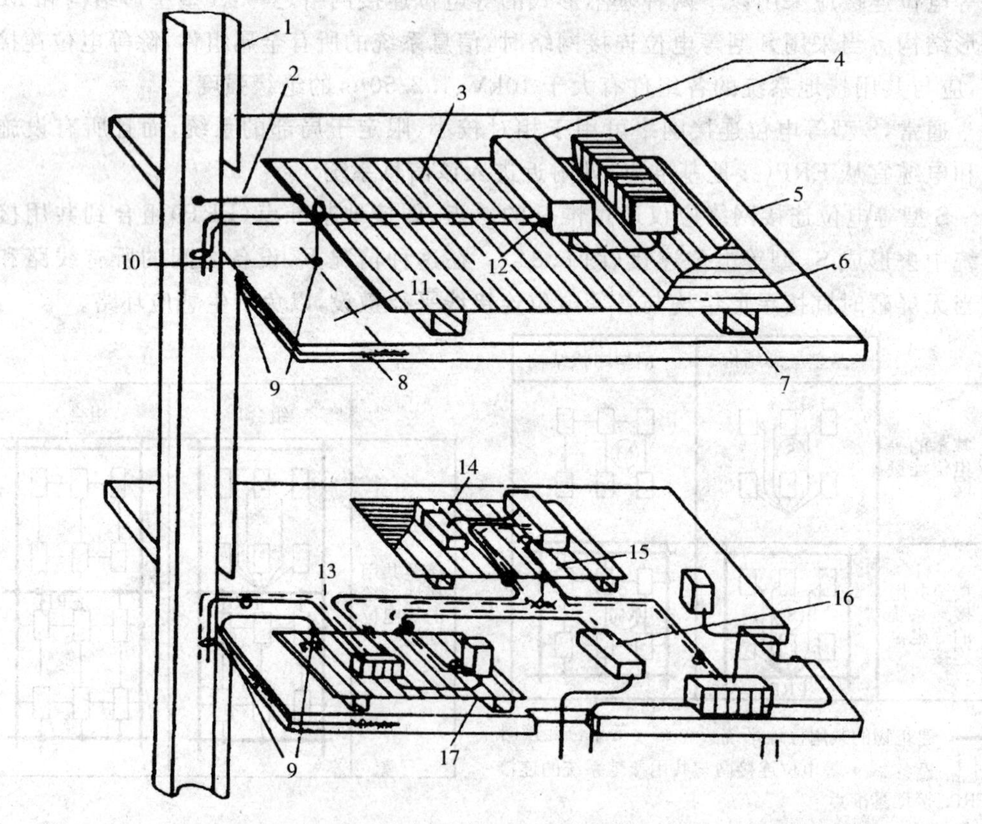

图 6.36 建筑物内混合等电位连接的设计例子

低频率和杂散分布电容起次要影响的系统可采用这种方法。

当采用S型等电位连接网络时，信息系统的所有金属组件应与共用接地系统的各组件有大于10kV、1.2/50μs绝缘强度的例子见图6.36。加绝缘的目的是使外来的干扰电流不会进入所涉及的电子装置。

图6.36中：

1. 低阻抗电缆管道，建筑物共用接地系统的一个组合单元；
2. 单点连接点与电缆管道之间的连接；
3. LPZ2区；
4. LPZ3区，由设备屏蔽外壳构成，即系统组Ⅰ的机架；
5. 钢筋混凝土地面；
6. 等电位连接网络Ⅰ；
7. 等电位网络Ⅰ与建筑物共用接地之间的绝缘物，绝缘强度大于10kV、1.2/50μs；
8. 钢筋混凝土地面；
9. 电缆管道、等电位连接网络Ⅰ、系统组Ⅱ与地面钢筋的等电位连接；
10. 单点连接点Ⅰ；
11. LPZ1区；
12. 连到机架的电缆金属屏蔽层；
13. 单点连接点Ⅱ；
14. 系统组Ⅱ；
15. 单点连接点Ⅲ；
16. 采用一般等电位连接的原有设备和装置；
17. 系统组Ⅱ。

6.3.4.8　信号传输线和电源线的屏蔽

强大的雷电电磁脉冲能够在信号线或电源线等线路上感应出瞬态过电压波，过电压波将沿线路传输，侵入线路所端接的电子仪器和设备。为了防止由此而造成的设备损坏，所有的信号线及低压电源线都应采用有金属屏蔽层的电缆，没有屏蔽的导线应穿铁管加以屏蔽。

屏蔽层阻挡和衰减电磁脉冲的性能不仅与屏蔽层的材料和屏蔽层上网眼大小有关，而且还与屏蔽层的接地方式有关。就瞬态过电压防护而言，需要信号线或电源线的屏蔽层沿线路多点接地或至少应在线路的首、末两端接地。当采用多点接地后，各接地点之间的屏蔽层与地之间形成回路，低频干扰电流的电磁场可能会有一部分透过屏蔽层，在电缆的芯护套回路中产生低频干扰，这就要求屏蔽层沿线路只能采取单点接地。但是，从安全的角度来看，电缆屏蔽层（护套）采用单点接地是不可取的。环形接地体和内部环形导体应连到钢筋或金属立面等其他屏蔽构件上，宜每隔 5m 连接一次。

如图 6.37 所示，建筑物 1 和建筑物 2 各有自己的独立接地系统，设它们的集中接地电阻分别为 R_1 和 R_2，这两座楼中的电子设备 A 和 B 通过一条屏蔽电缆连接起来。在图 6.37(a)中，电缆的屏蔽层在建筑物 2 中单点接地，且与建筑物 2 中的电子设备 B 共同在此接地。

现假设建筑物 1 遭受雷击，如果有 10kA 的雷电瞬态电流流过建筑物 1 的接地电阻 R_1，取 $R_1=4\Omega$，则建筑物 1 的地电位将抬高到 40kV，而此时建筑物 2 的接地电阻 R2 中尚无瞬态电流流过，其地电位近似为零，建筑物 1 中电子设备 A 的外壳也保持零电位，于是它与建筑物 1 接地体之间将存在 40kV 的瞬态电压。这样高的电压作用将直接会造成电子设备 A 的损坏，严重时还会造成建筑物 1 中操作人员的伤亡。

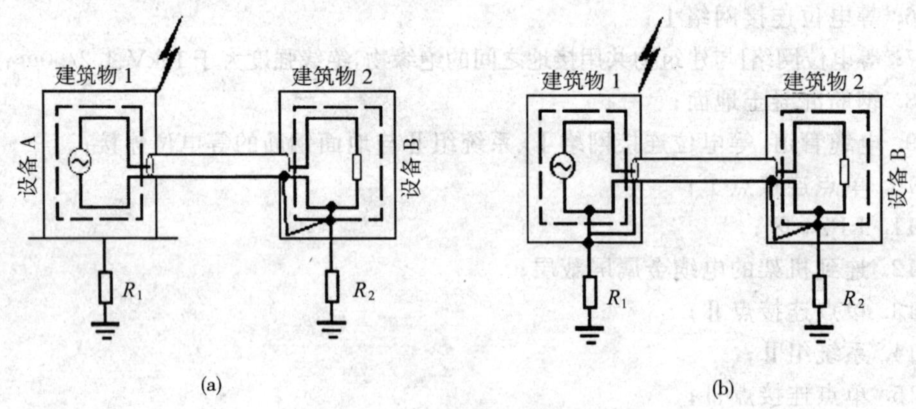

图 6.37 屏蔽电缆接地

当改用图 6.37(b)所示的两点接地时，就可以避免这种危害。建筑物 1 和建筑物 2 中的电子设备 A 和 B 及电缆屏蔽层分别在各建筑物就近接地。

现再设建筑物 1 遭受雷击，雷电瞬态电流将通过建筑物 1 接地电阻 R_1、电缆屏蔽层及建筑物 2 接地电阻 R_2 入地。在这一瞬态过程中，建筑物 1 和建筑物 2 的地电位及两楼中电子设备 A 和 B 外壳电位也有相应的抬高，这样在各楼中的电子设备外壳与接地体之间就不会出现较高的瞬态电压，也就不会对楼内的电子设备及操作人员构成威胁。在图 6.37(b)中，为了防止由多点接地所产生的低频干扰，可将电缆穿入金属管内或采用双屏蔽电缆，将金属管或双屏蔽电缆的外屏蔽层的两端与两电子设备外壳分别连接并就近接地，金属管内的电缆单屏蔽层或双屏蔽电缆的内屏蔽层可以采用一端接地，这样既可保证安全，又有利于抑制低频干扰。

另外，在建筑物内进行电子系统的布线时，要注意避免出现较大的线路回路，典型的情况是由电源线与信号线所构成的大回路，如图 6.38(a)所示，这种回路面积如果过大，雷电电磁脉冲穿过回路时将感应出很高的暂态电压，危及与线路端接的设备。

一种可行的方式是按图 6.38(b)来布置信号线和电源线，这样就大大地减小了两者所构成回路的面积。同时，信号线与电源线要采用屏蔽电缆，如果有必要的话，还应对回路所在房间采取屏蔽措施，以抑制电磁脉冲对回路的感应作用。

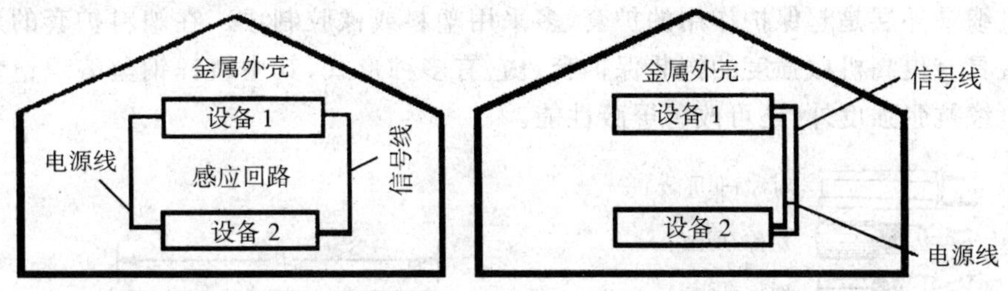

图 6.38　线路构成回路及其限制

(a)电源线与信号线构成大回路；(b)电源线与信号线平行布置构成小回路

a. 雷电对信号传输线的危害

各种形式的信号传输线在现代科学技术中起着十分重要的作用，它们是构成微电子设备和系统不可缺少的元件。各种有线通信、无线通信设备内部连接和天线的馈电线都必须使用信息传输线。信息传输线使用不只局限于通信系统，在电子计算机系统中它也是重要的组成部分。以计算机为中心的数据处理和传输网络将使用越来越多的传输线。在传输线中广泛采用的是同轴电缆、带状电缆等。而光纤通信是使用光信号传递信息，通信容量大、传输衰减低，它的抗干扰能力强。

随着信息传输线的广泛使用，其受雷电侵袭的概率也相应增加。架空通信电缆比架空电源线更易受雷电损坏，因为它的绝缘强度比电源线弱。埋地的通信电缆常出现雷击故障，它受雷电危害一般有以下几种形式：

(a)雷电直接击中地下电缆外皮。

(b)雷击地面建筑物或大树，雷击点与电缆之间的电场强度超过土壤击穿强度，于是从雷击点到电缆发生雷电流短路击穿放电。

(c)电缆附近地面物遭雷击，雷电辐射的电磁场在电缆外导体上产生感应电压和电流。

b. 电缆的屏蔽作用

在通信、广播、电视、微波中继等领域的无线电发射或接收设备的天线馈电线以及各种电子设备的机内连线或相互连线，普遍使用射频电缆，其中同轴射频电缆(以下简称电缆)应用最多，我们主要介绍它的结构和性能。

图 6.39 所示是射频同轴电缆的几种主要结构。内导体是主要导电元件之一，因此要求它要有较好的导电特性，主要采用铜、铝等导电材料制成。其形状有单股实心、多股绞线和管状等。

外导体既起导电作用又起屏蔽作用，多采用金属材料，可做成编织网、管状、皱纹管等形状。

两层导体之间是绝缘材料介质层，常用聚乙烯绝缘层。

电缆最外层是起保护作用的护套，多采用塑料或橡胶制成。在塑料护套的外面又套一层具有更高机械强度的铠装保护套。它有多种形式，其中镀锌钢丝编织铠装除可增大电缆抗张强度外，还可改善屏蔽性能。

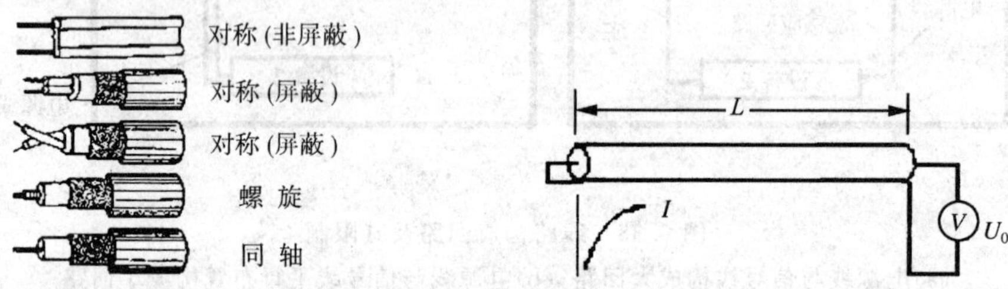

图 6.39 射频电缆结构形式

图 6.40 电缆转移阻抗

电缆屏蔽性能可用它的转移阻抗来表示。转移阻抗用下述方法定义，见图 6.40，电缆芯与外皮屏蔽层在一处短接，外皮流有电流 $I(\omega)$，此变化的电流在电缆另一侧产生的感应电压 $U_0(\omega)$，则转移阻抗 Z 为

$$Z=\frac{U_0(\omega)}{I(\omega)L} \qquad (\Omega/\mathrm{m})$$

式中 L 为电缆的长度；ω 为电流的角频率。

转移阻抗越低，表明电缆的屏蔽性能越好。一般的编织外导体射频电缆屏蔽性能最差，频率为 30MHz 以下时，Z 大于 100Ω/m 以上，双层编织外导体 Z 下降为 3～6Ω/m。

c. 电缆的抗干扰能力

电缆的屏蔽性能还与电缆外导体是否接地以及它的敷设状况有关。用图 6.41 来说明，图中为一根单芯线内导体同轴电缆，其外皮未接地，它平行敷设于一根干扰导线之侧。

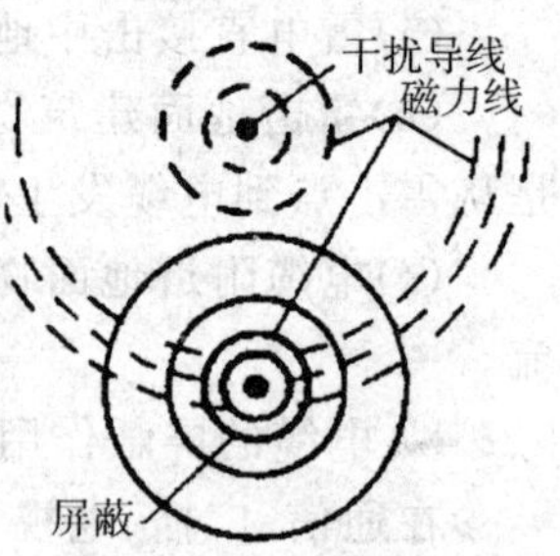

图 6.41 电缆抗干扰能力

当干扰导线中流过瞬态电流时，它产生的磁力线如图中一组同心圆（虚线）所示，根据电磁感应定律，穿过芯线中的磁通量的变化将在芯线中产生对地感应电压。若外屏蔽层导电良好，并在电缆两端接地，则在芯线与外导体回路中感应电流产生的磁通将抵制干扰磁通的变化，使芯线和屏蔽层内的磁通减少。为充分发挥电缆的屏蔽作用，除屏蔽层应有良好导电性能外，屏蔽还应在两端接地。

d. 地下电缆线路防雷措施

从电缆特性来说，它的屏蔽效果取决于它的转移阻抗和绝缘层介质的绝缘强度。因此应选用转移阻抗小的电缆。

为减小地下电缆遭受直接雷击和雷电电磁感应在电缆外皮引起的感应电流等的危害，可在地下电缆上方约30cm处敷设两条与电缆平行的接地金属导体。我国使用的地下屏蔽线一般用截面积不小于50mm^{2}的镀锌钢线。其作用原理与架空输电线上方的避雷线相似。

地下电缆埋设时，应远离易接闪的孤立大树、高塔、电杆等物体。实际无法做到时，可于上述物体四周埋设一般的钢铰线，但电缆与上述物体距离近(<5m)时，不宜埋设。

为实现电缆线路的均压连接，在各条电缆之间应做横向连接线，而在每条电缆的接头处、端头处做跨接线满足等电位要求，以减少或避免外皮间因雷电流产生的电位差而跳火。

为实现电缆的接地，应埋设防雷接地装置。将电缆线路每隔一定距离做接地，引下线与电缆垂直，一旦遇雷击，雷电流可安全泄流入地。

本章思考与练习

1. 什么是雷电感应？这些效应有什么危害？
2. 雷电电磁脉冲造成回路感应瞬态电位抬高有何危害？
3. 第二类防雷建筑物为防止电磁感应产生火花，平行敷设的长金属物具体做法如何？
4. 什么是暂态电位抬高？什么是感应过电压？为什么对在建筑内部的线路还要防雷？
5. 某建筑物上安装了4m高的避雷针，引下线长50m，避雷针和引下线的电感分别为1.2μH/m和1.5μH/m，接地冲击电阻为4Ω，计算当雷击电流为50kA，波头时间为0.25μs时，在52m和32m高度处的对地电位是多少？
6. 为了防止雷击电流流过防雷装置时所产生的高电位对被保护的建筑物或与其有联系的金属物发生反击，应使防雷装置与这些物体之间保持一定的安全距离。由图6.42知：$I=50$kA；$t=0.25\mu$s；$L_0=1.5\mu$H/m；$R=10\Omega$。

请计算图6.42中不同高度$h_{x_1}=100$m时的引下线对地电位U_{100}，$h_{x_2}=30$m时的引下线对地电位U_{30}。

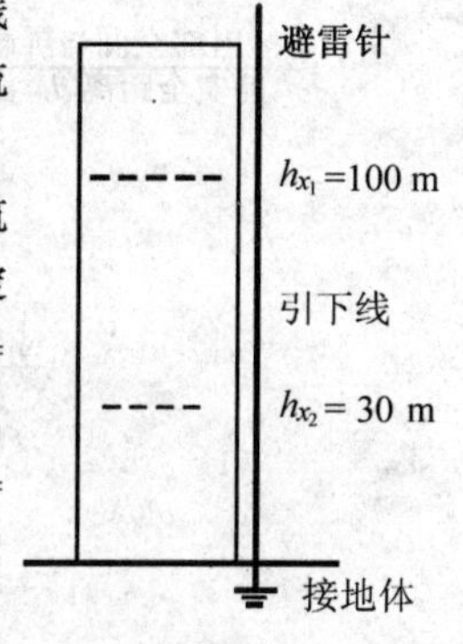

图6.42

7. 架空线路上的感应过电压是如何产生的，怎样计算？
8. 过电压有哪些类型？它对于电力系统有哪些危害？
9. 变电站内装设有哪些防雷设备？

10. 什么是雷电波侵入？雷电波侵入的高电位源有哪些？

11. 第一类防雷建筑物防雷电波侵入的措施是什么？

12. 将高压雷电脉冲的幅值降低的具体做法有哪几条？

13. 雷电过电压是通过什么方式向远处电子设备转移的？

14. LEMP 含义是什么？EMD 的含义是什么？EMC 的含义是什么？

15. 什么是信息系统？

16. 一根埋地铠装电源电力电缆在进户前应采取哪些屏蔽措施？

17. 简述线缆屏蔽的意义及方法。

18. 为什么要对设备进行屏蔽保护？屏蔽分哪几类？

19. 为减少电磁干扰的感应效应，宜采取的基本屏蔽措施有哪些？

20. 为减少电磁干扰，屏蔽室的布置该如何考虑？常用屏蔽室的做法有哪些？

21. 建筑物的雷电防护区如何划分？雷电防护区划分的意义是什么？

22. 叙述防雷区中 $LPZ0_A$、$LPZ0_B$、LPZ1 和 LPZn+1 的定义并说明划分 LPZ 有何意义。

23. 直接雷击对信息系统的瞬态耦合有哪几种不同的机理，耦合受哪些因素的影响？

24. 电子信息系统设备采用 TN 交流配电系统时，配电线路和分支线路为什么必须采用 TN-S 系统的接地方式？

25. 什么是等电位连接？在防雷区之间的交界处应如何做等电位处理？

26. 电子计算机房在何种情况下共地？在何种情况下单独接地？

27. 什么是接地基准点？

28. 某信息系统设备在一砖木结构的建筑物内，设备耐冲击磁场强度为 100A/m。当在距设备 30m 处落入一幅值达 21kA 的闪电时，设备能承受闪电产生的磁场强度吗？请通过计算加以说明。如设备不能承受应采用何种技术措施？

29. 设图 6.43 中，雷电流 $I_0=100$kA，落雷点距建筑物的计算点为 $S_a=83$m，$\mu_0=4\pi\times10^{-7}$，建筑物衰减系数 $SF=7.9$dB。求：无屏蔽空间的磁感应强度 B 和经建筑物初步衰减后的磁感应强度。

30. 有一栋 16 层二类防雷框架结构的建筑物，该楼设有 15 根引下线，计算机放在第 10 层的

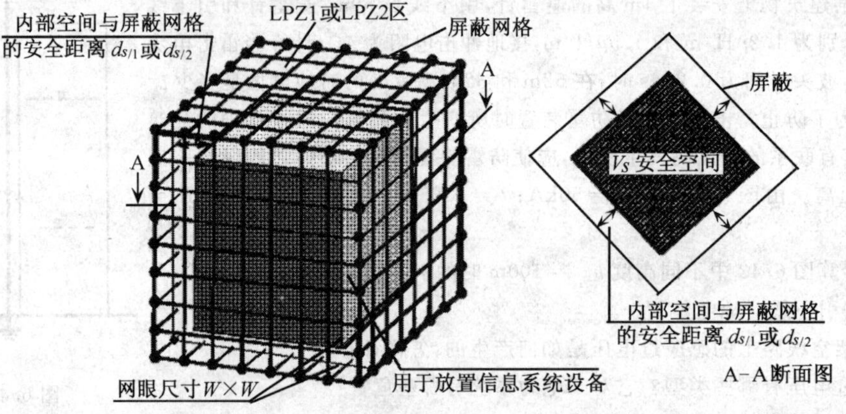

图 6.43

LPZ1 区中，计算机房的六面体由∅12mm 的网格 1m×1m 组成，计算机离楼顶为 2m，离四壁最短距离，①邻近 100m 情况下发生首次雷击，求计算机房 LPZ1 区中的磁场强度和安全距离。②直击雷击中该大楼（注：首次雷击），求计算机房 LPZ1 区中的磁场强度和安全距离。

31. 画出 S 型和 M 型接至共用接地系统的等电位连接结构的模型图？

32. 第一类防雷建筑物金属屋面周边每隔（ ）应采用引下线接地一次。

33. 请填空，第二类防雷建筑物的接地装置与埋地金属管道不相连时，两者间地中距离应用公式（ ）计算，但不应小于（ ），请选择。

A. 1m B. 2m C. 3m D. 5m

34. 第二类防雷建筑物中符合 GB50057 第 2.0.3 条四．五．六款的建筑物，对架空引入、引出的金属管道应在距建筑物约 25m 处接地一次，其冲击接地电阻值不应大于（ ）。

A. 5Ω B. 8Ω C. 10Ω D. 20Ω

35. 雷击在输电线路上感应出的①（ ）过电压能够沿②（ ）进入建筑物，危及建筑物内的③（ ）和④（ ）。为了保证⑤（ ）与⑥（ ）的安全，需要在输电线路上装设过电压的抑制设备，这类设备就是⑦（ ）。

36. 在平均雷暴日大于 30d/a 地区的第二类防雷建筑物中，应采用以下（ ）措施防雷电波侵入。

A. 低压架空线应转换金属铠装电缆或护套电缆穿钢管直接埋地引入，埋地长度应不小于 15m。

B. GB50057 第 2.0.3 条四．五．六款所规定的建筑物，在架空线与埋地连接处的电杆上应装避雷器。

C. 低压线路应全长采用埋地电缆或敷设在架空金属线槽（盒）内引入。

D. 架空和直接埋地的金属管道在进入建筑物处应就近与防雷的接地装置相连。

37. 在（ ）情况下，低压架空线可直接引入室内。

A. 第一类防雷建筑物

B. 第二类防雷建筑物 2.0.3 条第一、二、三、八、九款所规定的建筑物

C. 第三类防雷建筑物

D. 第二类防雷建筑物中 2.0.3 条第四、五、六款所规定的建筑物

38. LEMP 是以①（ ）②（ ）两种形式耦合影响设备，屏蔽是减少电磁干扰（场形式）的基本措施，因为利用金属屏蔽体③（ ）④（ ）和⑤（ ）可衰减加在设备上的电磁干扰和过电压能量。

39. 对雷电电磁脉冲屏蔽具体可分为：①（ ），②（ ）③（ ）屏蔽。

40. 为减少电磁干扰的感应效应，宜采取以下（ ）的基本屏蔽措施。

A. 以合适的路径敷设供电和电信线路，线路屏蔽

B. 在分开的各建筑物之间的非屏蔽线缆应敷设到金属管内，并分别连到各分开建筑物的等电位连接带上

C. 所有与建筑物组合在一起的大尺寸金属物件都应等电位连接在一起

D. 入户处的缆线应采取两层屏蔽，外层屏蔽应至少在两端并宜在防雷区交界处做等电位连接

41. 等电位连接可分成为①(　　　　)、②(　　　　)和③(　　　　)三种。

42. 抗电磁干扰的措施主要有①(　　　　)、②(　　　　)、③(　　　　)、④(　　　　)、⑤(　　　　)、⑥(　　　　)、⑦(　　　　)。

43. 屏蔽按原理分为①(　　　　)、②(　　　　)和③(　　　　)三种。对雷击电磁脉冲的屏蔽具体可分为④(　　　　)、⑤(　　　　)、⑥(　　　　)、⑦(　　　　)四种。

44. 对于线缆屏蔽，当采用非屏蔽电缆时，应敷设在金属管道内并埋地引入，金属管应电气导通，并应在雷电防护区交界处做等电位连接并接地。其埋地长度应符合(　　　　)表达式要求，但不应小于(　　　　)m。

45. 下面(　　　　)叙述是错误的？

A. 磁屏蔽体的接地。主要应考虑接地点的位置以避免形成环路产生接地环流而发生磁干扰。

B. 电磁屏蔽体的接地。是为了减少电磁感应的干扰和静电耦合，保证人身安全。

C. 静电屏蔽的接地是为了把金属屏蔽体上感应的静电干扰信号直接导入地中，同时减少分布电容的寄生耦合，保证人身安全。

D. 屏蔽线缆均应多点接地，至少在其两端接地。

46. 屏蔽层一端等电位连接，另一端悬浮时，它只能防(　　　　)，防不了磁场强度变化所感应的电压。请填空。

47. 所有进入建筑物的外来导电物应在 $LPZ0_A$ 或 $LPZ0_B$ 与 LPZ1 的界面处做①(　　　　)。当外来导电物、电力线、通信线在不同地点进入建筑物时，宜做若干等电位连接并应就近连到②(　　　　)。

48. 楼层内信息系统等电位连接网络结构为网型结构时称(　　　　)。

A. P 型　　B. S 型　　C. W 型　　D. M 型

49. 在闪电直接击在位于 LPZ0A 区的格栅形大空间屏蔽上的情况下，其内部 LPZ1 区某点的磁场强度 H_1 与下列参数有关系(　　　　)。

A. 格栅形屏蔽的网格宽度　　B. 格栅形屏蔽网格导体的半径

C. 该点与距 LPZ1 区屏蔽顶的最短距离　　D. 该点与距 LPZ1 区屏蔽壁的最短距离

50. 请写出图 6.44 中雷电流的分配比例：分配在信号线、各种管线上和电力线上的雷电流，总和的(　　　　)%；分配在接地装置上的雷电流为(　　　　)%。

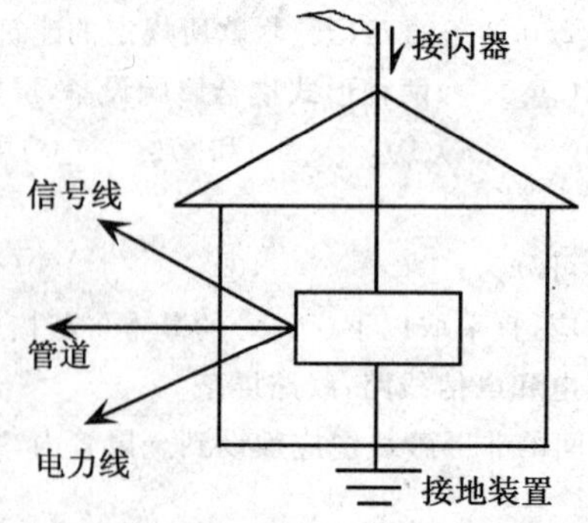

图 6.44

第七章　防雷器件与线路保护

对现代建筑物内部的电子设备而言，最常见的雷电危害不是由于直接雷击引起的，而是由于雷击发生时在电源和通讯线路中感应的电流浪涌引起的。一方面由于电子设备内部结构高度集成化，从而造成设备耐压、耐过电流的水平下降，对雷电（包括雷电感应和操作过电压浪涌）的承受能力下降，另一方面由于传输信号的路径增多，系统较以前更容易遭受雷电波侵入。浪涌电压可以从电源线或信号线等途径窜入电子设备，要很好地保护电气和电子系统，重要的是在电磁兼容性保护区内设置一套包含全部有源导线在内的完整的电位补偿系统。

电源和通信网络线大部分在室内传输，为什么还要防雷呢？

这是由于雷击发生时产生巨大的瞬变电磁场，在 1km 范围内的所有金属环路，如网络金属连线等都会感应到极强的感应雷击；当电源线或通信线路传输过来雷击电压时，或感容性负载（如空调机）正常启动关机时也会产生相应的大小不等的感应过电压；还有建筑物的地线系统在泄放雷电流时，所产生的强大瞬变电流，对于网络传输线路来说，所感应的过电压已经足可以一次性破坏网络。

即便不是特别高的过电压，不能够一次性破坏设备，但是每一次的过电压冲击都会加速网络设备的老化，影响数据的传输和存储。这种不断重复的过程是一种量变，直至某一次过电压时形成质变，彻底损坏网络设备。

近年来，用户与保险公司要求在电气和电子设备中安装过压放电器和雷击电流放电器的呼声越加强烈，其原因是由过电压造成的损失越来越多，而新的电器和设备却越来越敏感。根据这种市场需求，在过去的十余年间有许多公司加强了对过压保护的研究，因而有大量过压保护系列产品问世；能满足 10/350μs 脉冲电流的雷击电流放电器、用于二次配电的可插式过压放电器、电器电源保护装置直到电源滤波器的所有技术要求的产品系列。

系统的防雷方案必须从雷击的各个可能的引入途径进行防护，在完成雷击风险评估后，首先是对网络、电源需做系统防护，然后对接入网络设备的所有线路进行分析。例如，专线线路、网络线路，并根据网络形式检查需要安装的位置和数量。在智能建筑中，CAS（通信网络及程控交换机系统）、PDS（结构化布线系统）、SAS（安全防范技术保障系统）、CATVS（有线电视系统）、PAS（公共、紧急广播系统）、FAS（火灾自动报警及消防联动系统）、BAS（楼宇设备控制管理系统）、OAS（办公自动化系统）、会议扩声系统、电子公告牌、多媒体查询系统以及楼宇管理信息集成系统等各系统分别勘察分析需要安装的位置和数量。就网络系统而言，有些公司的方案中可能会推荐仅在主服务器端安装网络防雷器，这种安装方式不太好，由于局部的保护会在雷击来临时造成整个网络的电位不平衡，导致雷击通过中间设备向装有网络防雷器的地点泄放，可能会造成雷击点到网络防雷器间的所有设备损坏。同样防雷产品系列应包括用于所有电路，即除电源外，还应包括用于测量、控制、调节技术电路和电子数据处理传输电路以及适用于无线和有线通讯的放电器，以便客户选择使用。正常情况下，简单而草率地把过电压放电器装在各种线路中并不意味着是最优的过压保护。只有综合考虑到系统中所有的过电压的可能，并在保护措施上有所侧重，通过正确的选择、合理的布局以及正确安装才能使放电器达到预期效果。

高电位是以瞬态过电压的形式沿导线传播，通常也称为电涌或称之为浪涌。电涌也被称为突波、瞬态过电压，是电路中出现的一种短暂的电流、电压波动，在电路中通常持续时间为微秒级。在 220V 电路系统中持续瞬间（百万分之一秒）出现 5000 或 10000V 的电压波动，即为电涌或瞬态过电。电涌来自两方面，即外部电涌和内部电涌。

来自外部的电涌：最主要的来源是雷电，当云层中有电荷集蓄，云层下的地表集蓄了极性相反的等量电荷时，将引起雷电放电，其后的情况就象一个大电池组或一个大电容器的放电那样，云层和地面间的电荷电位高达数百万伏，发生雷击时，以千安量级的电流经过所有的设备和大地返回云层，从而完成了电的通路。外部电涌的另一个来源是电力公司的公用电网开关在电力线上产生的过电压。这种电涌由雷电或公用电网开关的投切引起，这两类有害的电源扰动常常是取道重要或贵重的设备。都可扰乱或破坏计算机、信息处理系统和其他敏感的电气设备的工作，引起停工或永久性设备损坏。

在线路高度暴露地段发生 210kA 的雷击电流（有记录的最大值之一）的机会只占总雷击机会的 0.5%。如此大的雷击电流极少出现在建筑物电源进线处，但仍须重视对这种外来电涌的防范。

来自内部的电涌：88%的电涌产生于建筑物内部的设备，来自内部的电涌是经常发生的，诸如来自空调机、空压机、电弧焊机、电泵、电梯、开关电源和其他一些感性负荷的电涌。

含有浪涌阻绝装置的产品可以有效地吸收突发的巨大能量，以保护连接设备免于受损。这种装置被称为避雷器、浪涌保护器，也叫防雷保护器，是一种为各种设备、仪器仪表、通讯线路提供安全防护的电子装置。当电气回路或者通信线路中因为外界的干扰突然产生尖峰电流或者电压时，浪涌保护器能在极短的时间内导通分流，从而避免浪涌对回路中其他设备的损害。

§7.1　防雷器件

7.1.1　电介质的伏秒特性

7.1.1.1　齐纳效应和雪崩效应

将一块电介质(绝缘体)放在电场内,当电场的电压升高到一定值时,该电介质或其局部首先变成了良导体,这种现象叫击穿。电介质被击穿以后,如果撤销外加电场,它又能够恢复原来的绝缘状态,这一现象,叫做暂时性击穿(或称为齐纳效应);当外电场撤除之后,绝缘再也不能恢复的叫做永久性击穿(或称为雪崩效应)。

同样形状的不同介质,击穿时所需加的电压是不一样的;同一块介质要使它击穿,当加上高电压时间的长短不同时,所需的电压的高低也不一样。例如,某一块介质,如果在它上面加上 500V 电压,经过一分钟它就击穿了。如果加电压半分钟使之击穿,它可能要 1000V。如果加电压 1.0s 击穿,它可能要 5000V。如果加电压为 0.1s,则可能要 10,000V 才击穿。这样,要使某一介质击穿所需要加的电压与加电压的时间的关系,称为该介质的伏秒特性。

7.1.1.2　电介质的伏秒特性

电介质的伏秒特性可用高压实验方法求得,求取时首先要保持标准的冲击波形不变,逐级升高电压。电压较低时,一般击穿在波尾(热击穿)。电压较高时,放电时间减至很少,击穿可能发生在波头。波尾击穿时,以冲击电压峰值为纵坐标,放电时间作为横坐标;在波头击穿时,还是以放电时间为横坐标,但是以击穿时的电压作为纵坐标。这样,每级电压下只有一个放电时间,便可以绘制伏秒特性(如图 7.1 所示)。

所谓伏秒特性带,是由于放电时间有分散性,即每级电压下可得一系列的放电时间,所以实际上伏秒特性是以上、下包络线为界的一个带状区。工程上采用 50%伏秒特性,或称为平均伏秒特性,如图 7.2 所示。

当放电电压小于下包络线,横坐标所示数值的概率为 0,大于上包络线的所示数值概率为 100%。在上、下限间选择一个数值,使放电概率等于 50%,即每一电压下,多次冲击放电时间小于它的恰好占一半,这个数值称为 50%概率放电时间(注意:并非放电时间具有该数值的概率等于 50%)。以 50%概率放电时间为横坐标(纵坐标仍为该电压值)连成曲线,就是所谓 50%伏秒特性。同理,上、下包络线应分别称为 100%和 0 伏秒特性。伏秒特性对于区分不同设备绝缘的冲击击穿特性具有重要意义。

若如图 7.3 所示,间隙 S_1 的 50% 冲击击穿电压高于另一间隙 S_2,则在同一电压作用下,S_2 都先于 S_1 击穿,若将两个间隙(或设备)并联,S_2 就可以对 S_1 起到保护作用。如

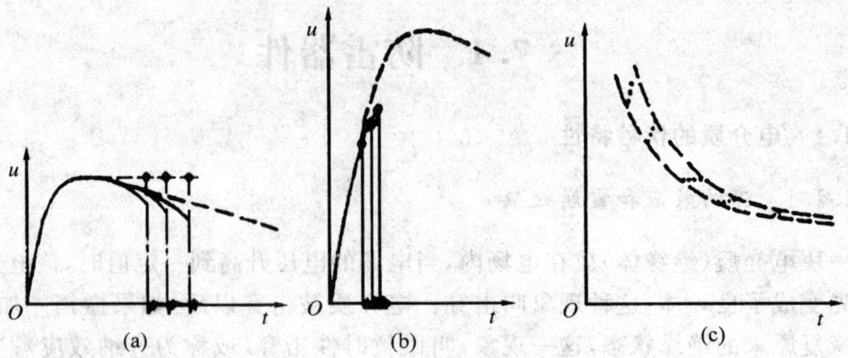

图 7.1　伏秒特性绘制方法示意

(a) 波尾击穿；(b) 波头击穿；(c) 伏秒特性带

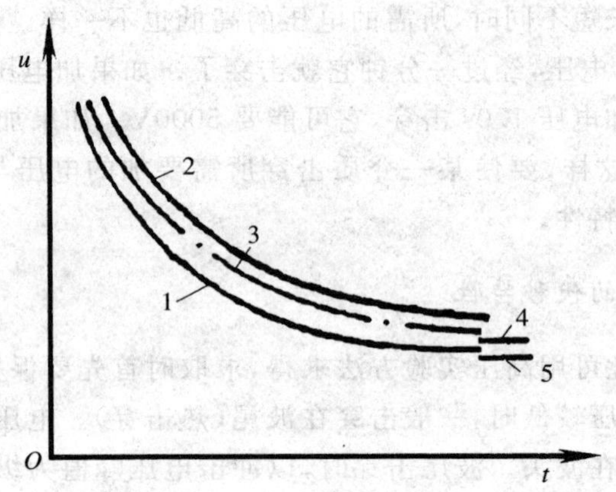

图 7.2　50%伏秒特性

1. 4%伏秒特性；2. 100%伏秒特性；3. 50%伏秒特性；

4. 50%冲击击穿电压；5. 0%冲击击穿电压(即静态击穿电压)

果 S_2 是击穿后可以恢复的避雷器，它就可以起到永久保护设备 S_1 的作用，这就是避雷器能够保护设备的原理。

注意：如图 7.4 所示，S_1 和 S_2 伏秒特性发生相交，则在冲击电压较低时，S_2 能够对 S_1 起保护作用，但在高峰值电压时，S_2 就不能对 S_1 起保护作用了，反而 S_1 先于 S_2 击穿。由此可知，为了保证避雷器能够在全时域范围内保护设备不受雷击，它的冲击伏秒特性必须在用电器冲击伏秒特性的下方，这是选择避雷器的原则，但是这一原则一般只能由避雷器生产厂家提供保证。

电器设备击穿(电介质击穿)可分为电击穿、热击穿、化学击穿三种。由固体击穿理论可知，雷电击穿主要是电击穿。电击穿的特点是电压作用时间短，击穿电压高，介质温度不高，击穿场强与电压均匀程度有密切关系，与周围环境温度几乎无关。电压击穿

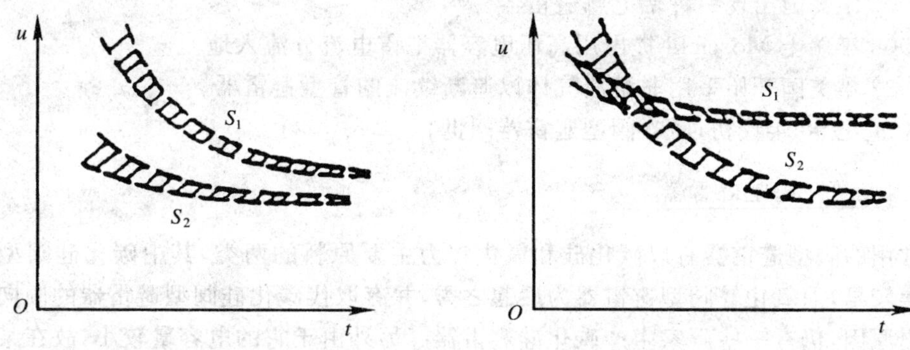

图 7.3　不相交的两条伏秒特性　　　　图 7.4　两个伏秒特性发生交叉的情况

一般都是在波头段击穿(图 7.1b),而热击穿和化学击穿是波尾击穿(图 7.1a)。

7.1.2　避雷器

避雷器,又叫做过电压限制器,它的作用是把已侵入电力线、信号传输线的雷电高电压限制在一定范围之内,保证用电设备不被高电压冲击击穿。常用的避雷器种类繁多,但归纳起来可分为四大类:(1) 阀型;(2) 放电间隙型;(3)高通滤波型;(4)半导体型。

1887 年伦敦市筹资百万英镑建设供电公司,标志着电力供应由分散的一家一户发电转变为由中心电站集中供电的开始,输电网迅速扩展,高电压输电网的过电压保护和防雷就成为电力系统的极为重要的项目,于是 19 世纪 90 年代就有 E. Tomson 发明的磁吹间隙,以它保护直流电力设备,这可以说是磁吹避雷器的前身。

1901 年德国制成串联线性电阻限流的角形间隙,可以说是阀型避雷器的前身。

此后由于电力工业的大发展,电力系统成为建筑行业之后防雷需求最为迫切的部门,对雷电的研究,主要在这一行业进行。

这里有两个重要原因:第一,电力系统需要研究过电压保护和高压绝缘问题,这与防雷的研究,在物理上是相似的;第二,为了研究的需要必须建立高电压实验室,因此为人工模拟雷电的实验研究提供了物质条件。所以 20 世纪中期,电力系统高压实验室的研究为防雷作出了很重要的贡献,今天我们关于雷电的认识,很多来源于这些研究结果。

架空电线上直击雷和感应雷产生的过电压波沿线侵入建筑物内造成设备损坏、破坏房屋和人身伤亡等现象,这是富兰克林年代所不可能见到的。这是科技发展带来的新的雷灾,当然富兰克林的避雷针无法对付它,需要一种完全不同的思路来防止这种雷灾,那就是在过电压波入侵被保护设备之前把它导入地,为此而设计出来的避雷装置就是避雷器。

1907 年美国出现一种铝电解避雷器。

1908 年瑞士 Moscicki 提出用高压电容器把雷电流分流入地。

1922 年美国开始采用非游离气体以遮断续流的管型避雷器。

20 世纪 50 年代初，磁吹阀型避雷器问世。

7.1.2.1 阀型避雷器

常用的阀型避雷器有以碳化硅和氧化锌为主要原料的两类，其中碳化硅阀型避雷器用得较早，而氧化锌阀型避雷器为后起之秀，并有取代碳化硅阀型避雷器的倾向。由于历史原因，仍有一些厂家生产碳化硅避雷器。另外由于它的电容量较小，故在某些通信系统中，为了减少插入损耗，也继续采用碳化硅避雷器。

1968 年，日本松下电气公司制成金属氧化物电涌吸收器。

1972 年，日本制成无间隙氧化锌避雷器。由于它比碳化硅避雷器有更理想的伏安特性，因此，氧化锌避雷器首先在中压电力网使用，以后逐步用到高电压和低电压电网上。目前 500kV 的氧化锌避雷器已得到普遍应用。在我国 220/380V 低压电力系统和更低电压的氧化锌压敏电阻器件是 20 世纪 80 年代后期才大批生产和应用的。因此，氧化锌避雷器是目前最新型，技术上被认为最先进的避雷器。

另外，由于氧化锌阀片中有百分之几存在漏电流不稳定，以至接入电网一段时间后发生自动爆炸。所以有些厂家在氧化锌阀片与电网之间串联一个空气间隙，使氧化锌阀片在非雷击时有空气间隙与电网隔开，避免漏电流引起自爆。

同时，由于有氧化锌阀片串连，又避免单纯气隙放电管产生的续流现象，使避雷效果和电网正常运作得到改善。串连间隙避雷器的缺点是响应时间等于气隙响应时间与氧化锌阀片响应时间之和，即响应时间比气隙响应时间稍长了些。

阀型避雷器是性能较好的一种避雷器，使用比较广泛，其外形和结构如图 7.5 所示，它的基本元件是火花间隙和阀片，装在密封的瓷套内。火花间隙用铜片冲制而成，每对间隙用 0.5～1mm 厚的云母垫圈隔开。在正常情况下，火花间隙阻止线路工频电流通过，但在雷电过电压作用下，火花间隙就被击穿放电。阀片是由陶料粘固起来的电工用金刚砂（碳化硅）颗粒制成的，它具有非线性特性。正常电压时，阀片的电阻很大；过电压时，阀片的电阻变得很小。因此，阀型避雷器在线路上出现雷电过电压时，其火花间隙击穿，阀片能使雷电流迅速对大地泄放。但雷电过电压一消失，线路上恢复工频

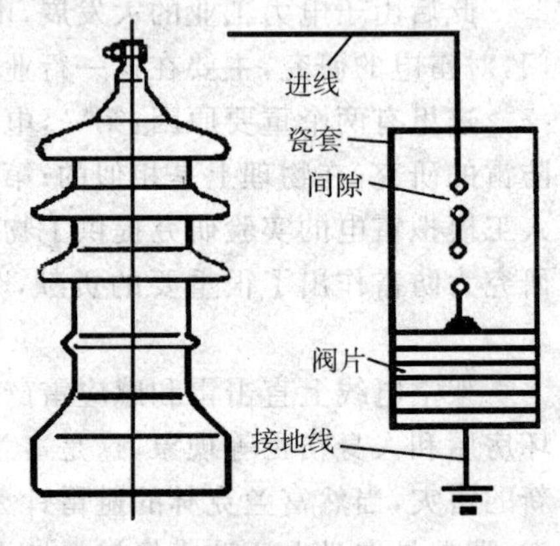

图 7.5 阀式避雷器外形及结构图

电压时，阀片便呈现很大的电阻，使火花间隙绝缘迅速恢复而切断工频续流，从而保证线路恢复正常运行。

金属氧化物避雷器是以微粒状的金属氧化锌晶体为基体，在其间充填氧化铋和其他掺杂物，这种非线性电阻有很好的伏安特性，在工频电压下呈现极大的电阻，因此工频续流很小，不需间隙熄灭由工频续流所产生的电弧。

①氧化锌避雷器的工作原理

氧化锌避雷器主要由氧化锌(ZnO)压敏电阻构成。每一块压敏电阻从制成时起就有它的一定的开关电压(压敏电压)，当加在压敏电阻两端的电压低于该数值时，压敏电阻呈现高阻值状态；如果把它并联在电路上，该阀片呈现断路状态；当加在压敏电阻两端的电压高于压敏电压值时，压敏电阻即被击穿，呈现低阻值，甚至接近短路状态。然而，压敏电阻这种被击穿状态是可以恢复的。即当高于压敏电压的电压被撤销以后，它又恢复高阻状态。其开关特性如图 7.6 所示。

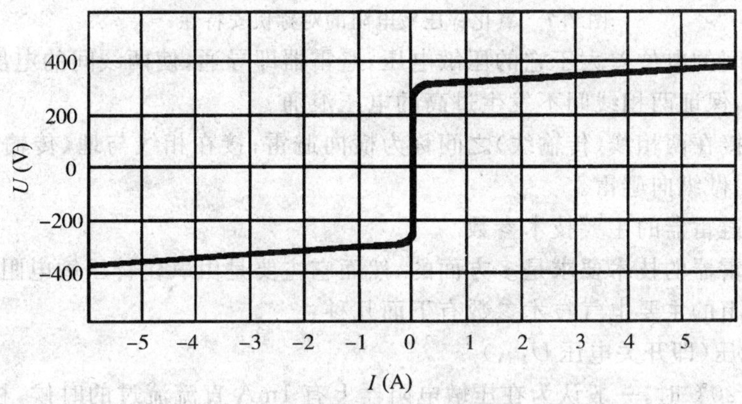

图 7.6　氧化锌压敏电阻的开关特性

氧化锌避雷器中的基本元件氧化锌(ZnO)压敏电阻是非线性电阻。压敏电阻的伏安特性常采用电流指数为横坐标、电压为纵坐标来绘制。图 7.7 为氧化锌压敏电阻典型的对称伏安特性，它在 10^{-8}～10^{4} A 的电流范围内大致划为三个区段：转折区、工作区和上升区。转折区内，氧化锌压敏电阻中电流很小(10^{-8}～10^{-4} A)，呈现为开路状态；工作区内，氧化锌压敏电阻对过电压发挥箝位限压作用，此时呈现出电流大、动态电阻小的状况；上升区内，氧化锌压敏电阻严重过载，箝位功能恶化，亦称之为过载区。

当电力线被雷击时，雷电波的高电压使压敏电阻击穿，雷电流通过压敏电阻流入大地，使电力线上的雷电压被箝制在安全范围内。当雷电波过后，压敏电阻恢复高阻状态，电力线恢复正常输电。同样，氧化锌避雷器也可用于其他低电压的通信电线上。如果把氧化锌避雷器接在三相交流电源的两条相线之间时，当雷电波在两条相线通过时，

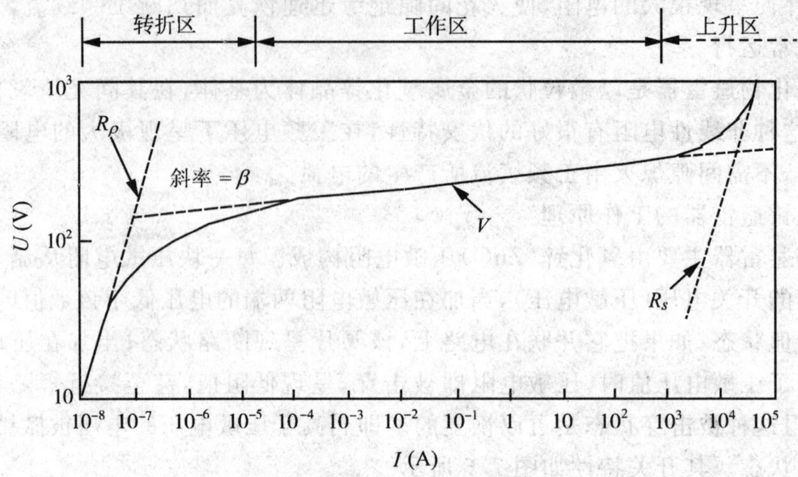

图 7.7　氧化锌压敏电阻的对称伏安特性

只要两条相线间的电位差大于它的压敏电压，避雷器即导通，使两线间的电压箝制在压敏电压值附近，保证两相线间不发生过高的电压浪涌。

把避雷器接在两相线（传输线）之间称为横向避雷；接在相线与地（传输线与地）之间的连接法，叫做纵向避雷。

②氧化锌避雷器的主要技术参数

氧化锌避雷器的技术要求是多方面的，然而它主要是由氧化锌压敏电阻片构成，而氧化锌压敏电阻的主要电气技术参数有下面几种：

a. 压敏电压（即开关电压 U_{1mA}）

当温度为 20℃时，一般认为在压敏电阻器上有 1mA 直流流过的时候，相应加在该压敏电阻器两端的电压叫做该压敏电阻器的压敏电压。压敏电压可用压敏电阻测试仪测量。

当压敏电阻通过 1mA 以下电流时，工程上认为避雷器未开通。

在非雷击情况下，接在电网上的避雷器应该只有几微安电流通过，避雷器处于不导通状态。所以实际电网的峰值电压应比压敏电压要低，习惯上取电网峰值电压为压敏电压的 0.7。由于压敏元件的标称电压数值允许有 ±10％的误差，电网电压与标称系统电压也允许 ±10％的误差，交流电峰值电压为有效值的 $\sqrt{2}$ 倍，因此，避雷器压敏元件的压敏电压应按如下公式计算：

$$V_N \geqslant \frac{V_{NH} \times \sqrt{2}}{0.7} \times 1.2 = 2.424\, V_{NH} \tag{7.1}$$

式中：　V_N　避雷器压敏电压值，V；

　　　　V_{NH}　电网额定电压（有效值），V。

例如：220V 交流电源应选择避雷器的压敏电压标称值是：

$$V_N \geqslant \frac{V_{NH} \times \sqrt{2}}{0.7} = 534(\text{V})$$

因为压敏元件没有这一电压等级，只好选择偏高一些，故选择 560V 或 600V 的标称值的压敏器件。选低了容易发生自爆，选高了会使残压升高，降低保护效果，影响用电器安全。

目前，各厂家选择阀片时采用的压敏电压值不一样，有些照搬国外资料选用 470V。甚至更低的电压，这不符合我国目前电网和有关技术的实际情况，防雷检测部门应对其产品实测鉴定。

用在各种不同电压的地方也可以按上面介绍的方法计算选择避雷阀片。

直流电源不存在有效值与峰值的互换计算问题，所以选用在直流电源中使用的压敏元件的压敏电压值可按下式计算：

$$V_N \geqslant \frac{V_{HN}}{0.7} \times 1.2 \tag{7.2}$$

b. 残压

所谓残压是指雷电波通过避雷器时避雷器两端最高瞬时电压。它与所通过的雷电波峰值电流和波形有关。上面讲过避雷器犹如一个电压限幅器，它的输入端上的雷电压峰值虽然有上万伏，甚至几万伏，但经过避雷器就被大大地削减，削减后的峰值电压就是残压。同样一块氧化锌压敏电阻器，用不同波形的冲击电流和不同冲击电压峰值测到的残压都不同。按照 GB11032-1989 规定，对用于 220V 电压和 10kA 等级的阀片，必须采用 8/20μs 仿雷电波冲击，冲击电流的峰值为 1.5kA 时，残压不大于 1.3kV 为合格。因为残压是直接加在用电器两端的瞬间最高电压，与用电器的安全有直接关系。

残压比的定义是：

$$残压比 = \frac{残压}{压敏电压}$$

按照我国有关规范规定，10kA 通流容量的氧化锌避雷阀片，满通流容量时用 8/20μs 仿雷电流波冲击，残压比应＜3。按此计算 10kA/620V 的阀片在 8/20μs 仿雷电波冲击时，它的残压值应该是：

$$残压 \leqslant 压敏电压 \times 3 = 620 \times 3 = 1860(\text{V})$$

实际上，各厂家的产品的残压比相差较远，同一厂家生产的不同型号产品的残压比相差也很远，所以，使用单位有必要给予复检。

引入残压比的概念，使所有电压等级的压敏电阻片，对残压有一个统一的衡量标准。

③通流容量

避雷器的通流容量是指避雷器允许通过雷电波最大峰值电流量。

如果低压避雷器是以防雷电感应为目的，其通流容量一般为 3～5kA 就可以了。

如考虑到阀片老化和偶然会遇到直击雷直接击中室外的金属导线，使闪电的高电压以脉冲波的形式沿导线侵入袭击时，可采用 10kA 的通流容量，这是合理的。尤其是用在野外的架空线路上还应选得更大些。

④漏电流

将合适的避雷器接到电源上，在正常情况下，应该是没有电流通过的，但是，实际上除空气间隙外，各种避雷器接到规定等级的电网上总有微安数量级的电流通过，这电流称为漏电流。

对于 220V 电网上 10kA 通流容量的氧化锌避雷器阀片按国家规定，漏电流不得大于 30μA，且漏电流越小越好。

漏电流的害处在于流过高电阻值的氧化锌阀片时，会发出一定热量，当漏电流大到一定程度后，阀片发生的热量大于散热量，阀片温度就升高，使阀片漏电流进一步加大，由此恶性循环是导致阀片爆炸的直接原因。

目前，各厂家生产的 220V 电网用的 10kA 的阀片漏电流实际上只有几微安，甚至有些做到零点几微安。但应特别注意，更重要的是漏电流必须稳定，不允许工作一段时间后漏电流自动升高。当阀片接入电网后，漏电流自动爬升者应予淘汰。宁愿要初始漏电流稍大一些的阀片，也不要漏电流自动爬升的阀片。因为漏电流自动爬升，有可能升到不允许的范围，相反初始漏电流虽然稍大些，但它稳定，而且在安全范围以内，反而没有问题。

⑤响应时间

所谓响应时间是指避雷器两端加上的电压等于压敏电压时，由于阀片内的齐纳效应和雪崩效应需要延迟一段时间后，阀片才能完全导通，这段延长的时间叫做响应时间或时间响应。氧化锌避雷器时间响应≤50ns(即 10^{-9}s)，比碳化硅避雷器和气隙避雷器都短。

同一电压等级的避雷器，用相同形状的仿雷电波冲击，在冲击电流峰值相同的情况下，响应时间越短的避雷器的残压越低，也就是说避雷效果越好，避雷器的品质越高。一般不直接测量避雷器的响应时间，而是根据用一定形状的仿雷电冲击波来冲击后所得到的残压来推算出来的。

总的来讲，氧化锌避雷器比气体放电管和碳化硅等避雷器有以下优点：

a. 开关电压范围宽(6V～1.5kV)；

b. 反应速度快(ns 级)；

c. 通流容量大(2kA/cm^2)；

d. 无续流；

e. 寿命长。

7.1.2.2　避雷器的老化与损坏

氧化锌避雷器，理论推证在正常工作条件下，它的寿命应该有 30～50 年，但是，由于生产工艺等原因，使产品参数存在差异，因此，在使用新产品时，除了要作必要的测试外，装上电网后，还应作定期检测。尤其是在装上电网后的第一个雷暴季节，必须重复检测一次。

在检测中，当发现阀片漏电流超过 20μA 时，建议更换。当漏电流比上一次测试增加两倍以上，绝对值虽然不超过 10μA，也应该更换。当连续两次复测漏电流（每次间隔一周以上），均爬升者，不管数值是多少，一般都应更换。此外，由于经受雷击后，阀片一般都会老化，当阀片测到的压敏电压值降低至原来的 90％以下时，该阀片应视为损坏，必须更换。

这些测试应使用同一部压敏电阻测试仪测量（压敏电阻测试仪也可以测量漏电流），故有条件的防雷检测所，都应配备该仪器，以便对厂家产品进行复检和对用户避雷器进行年检。

7.1.2.3　氧化锌避雷器存在的问题

氧化锌避雷器存在的问题实际上就是压敏电阻存在的问题。

目前各压敏电阻生产厂家的产品普遍存在的问题是同一批产品的技术参数分散的问题，这直接影响到产品的质量和成本。其次是压敏电阻器的寄生电容比较大，这样会大大影响到它在高频、超高频领域的应用。此外，压敏电阻老化以后不容易发现，这样就影响到工作可靠性。

7.1.2.4　阀式避雷器的安装

阀式避雷器应垂直安装，每一个元件的中心线与避雷器安装点中心线的垂直偏差不应大于该元件高度的 1.5％。如有歪斜可在法兰间加金属片校正，但应保证其导电良好，并将其缝隙用腻子抹平后涂以油漆。避雷器各连接处的金属接触平面，应除去氧化膜及油漆，并涂一层凡士林或复合脂。室外避雷器可用镀锌螺栓将上部端子接到高压母线上，下部端子接至接地线后接地。但引线的连接，不应使避雷器结构内部产生超过允许的外加应力。接地线应尽可能短而直，以减小电阻，其截面应根据接地装置的规定选择。

避雷器在安装前除应进行必要的外观检查外，还应进行绝缘电阻测定、直流泄漏电流测量、工频放电电压测量和检查放电记录器动作情况及其基座绝缘。氧化锌避雷器的选用可参见相关手册。

7.1.3　放电管与放电间隙

7.1.3.1　管型避雷器

管型避雷器由灭弧管(产气管)、内部间隙和外部间隙三部分组成,其结构原理如图 7.8 所示。

为了保证管型避雷器可靠地工作,在选择管型避雷器时,开断续流的上限应不小于安装处短路电流最大有效值(考虑非周期分量);开断续流的下限值不应大于安装处短路电流的可能最小值(不考虑非周期分量),管型避雷器外部间隙的最小值为:6kV,8mm;8kV,10mm;10kV,15mm。

管型避雷器一般只用于线路上,在变配电所内一般都采用阀型避雷器。

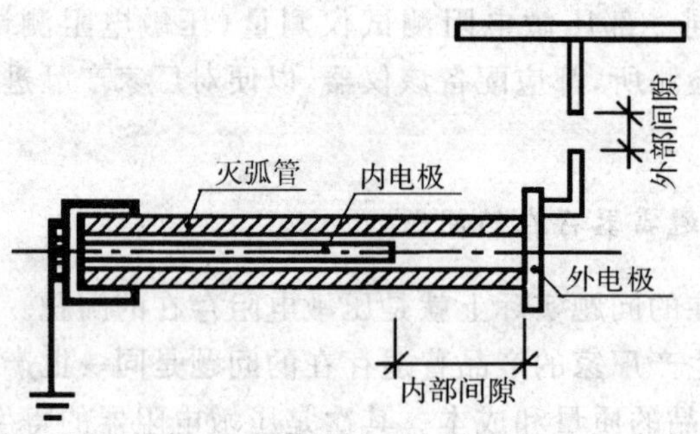

图 7.8　管型避雷器示意

7.1.3.2　保护间隙

保护间隙是最简单最经济的一种防雷设备,它的结构简单成本低,维护方便,但保护性能较差,灭弧能力小,容易造成接地或短路故障,引起线路开关跳闸或熔断器熔断,造成停电事故。所以对于装有保护间隙的线路上,一般要求装设自动重合闸装置或自重合熔断器与其配合,以提高供电可靠性。

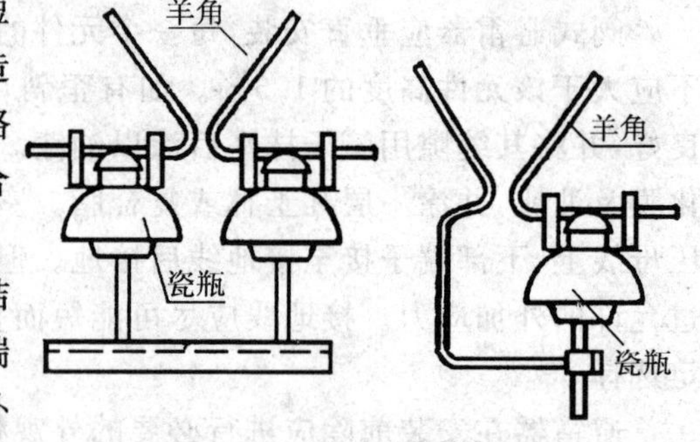

图 7.9　角型保护间隙

图 7.9 所示是常见的两种角型间隙的结构图,俗称羊角避雷器。当角型间隙的一端接线路,另一端接地柱时,为了防止间隙被外物(如鼠、鸟、树枝等)短接而发生接地故障,通常在其接地引下线中串联一个辅助间隙,这样即使主间隙被外物短接,也不致造成接地短路事故。

保护电力变压器的角型间隙，一般都装在高压熔断器的内侧，即靠近变压器的一边。这样在间隙放电后，熔断器能迅速熔断，以减少变电所供电线路的断路器的跳闸次数，并缩小停电范围。

保护间隙在运行中应加强维护检查，特别要注意其间隙是否烧坏，间隙距离有无变动，接地是否完好等。

7.1.3.3　放电管

所谓放电间隙是把暴露在空气中的两块相互隔离一段空气间隙的金属物作为避雷放电的装置，通常把其中一块金属接在需要防雷的导线上，例如电源的相线，另一块金属与地线连接。当雷电波的高电位侵入电源的相线时，首先在间隙处击穿，使间隙的空气电离，形成短路，雷电流通过间隙的短路流入大地，而此时间隙两端的电压却很低，因而达到减低雷电压的目的。通常用在不同电压等级的地方，间隙的宽度可以调节，在电力系统最常用的角式避雷器便是其中的一种。由于放电间隙的放电电压容易受天气、温度、湿度和大气污染程度的影响，电网中要求放电电压较稳定的地方都采用放电管。

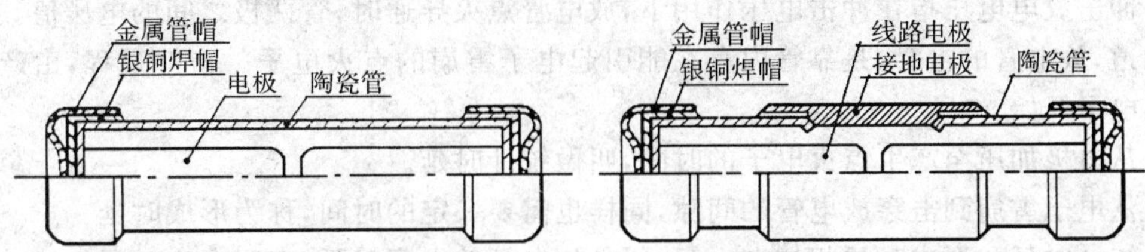

图 7.10　陶瓷二极放电管结构示意　　图 7.11　陶瓷三极放电管结构示意

把一对相互隔开的冷阴电极，封装在玻璃或陶瓷管内，管内再充以一定压力的惰性气体（如氩气），就构成了一只放电管。用玻璃管封装的放电管叫玻璃放电管，用陶瓷管封装的称为陶瓷放电管（见图 7.10、图 7.11）。

放电管的作用是限制线路的过电压，当如图 7.12 在线路终端接放电管 P_T，一旦终端两条导线间出现超过放电管点火电压时，放电管便立即点火放电，从原来的开路状态变成近乎短路的状态，几千伏的线间电压即降剩几十伏。假若把放电管接在导线与大地之间，如图 7.12 的 P_{X_1}、P_{X_2}，则线路的过电压同样受到抑制，雷电流将经放电管流入大地。放电管的点火放电特性，尤如在线路上接入了电子开关。线路上的过电压冲击直接控制着这种开关的通、断，从而起到限制过电压的作用（见图 7.13）。

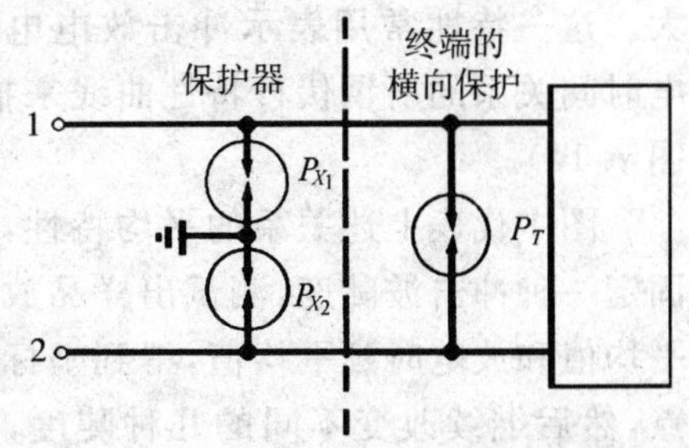

图 7.12　终端采用放电管保护

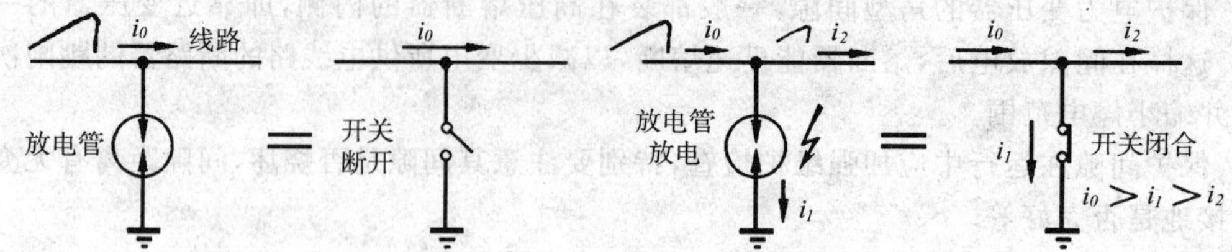

图 7.13　放电管的开关等效

要使放电管能很好地限制过电压，就应对下列的主要参数提出相应的要求，这些参数分别是静态放电电压、冲击放电电压、辉光和电弧压降、熄弧电压、维持电流、熄弧时间、工频耐流能力、冲击耐流能力、极间绝缘电阻、极间电容等。

静态放电电压一般是由厂家给出的，用户也可根据特殊需要提出要求。静态放电电压指的是放电管在直流电情况下开始放电的电压值，如常见的 RL-350 玻璃放电管，其静态放电电压便是 350V。放电管放电电压的高低，在电极形状确定之后，决定于极间距离与管内气体压力的乘积，管内气压一旦改变，管的放电电压也随之改变。

冲击放电电压指在冲击电压作用下，放电管点火导通时，管两极之间的电压值。我们知道，放电管的击穿，是靠管内存在能引起电子雪崩的点火电子。击穿过程，由产生点火电子开始。

从电极加压至产生点火电子的时间，叫做统计时延。

从电子雪崩到击穿放电管的间隙，同样也需要一定的时间，称为形成时延。

统计时延和形成时延相加在一起，便是放电管的击穿时延，也叫响应时间。

冲击电压与静态电压的区别，在于冲击电压源的电压幅值是随时间作迅速变化的，在达到静态击穿电压时开始酝酿击穿，经过击穿时延，真正击穿时冲击电压已升至更高的值，所以放电管击穿导通时的电极间电压，比静态放电电压高很多。

冲击电压波陡度愈大，两者相差就愈大。这一特性常用表示冲击放电电压和放电时间关系的所谓伏秒特性曲线来描述（见图 7.14）。

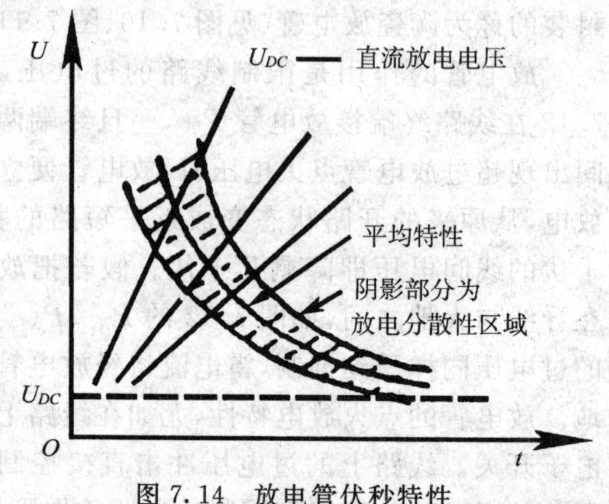

图 7.14　放电管伏秒特性

图中代表上述关系的平均特性，是通过固定一种冲击波陡度，测试出样品放电电压平均值和放电时延平均值，得到坐标上的一点，然后继续改变不同的几种陡度，把相应的点也测试出来，再连接所有测试点而得到的。为了示出管子击穿电压和放电时延的分散性，又常在图中平均特性曲线的上下方，各画出一条曲线，它们之间的带形阴影区，代表了占95%的测试的范围。阴影范围愈窄，说明放电管放电愈稳定，保护性能也愈好。

从曲线的平直程度，可以判断放电管特性是否优良。因为放电管点火时延愈小，放电电压愈低，表明管愈易击穿，冲击放电电压也愈接近静态放电电压，所以伏秒特性就显得平直些。其次，从原理上说，设备如要受放电管保护，放电管就应在设备绝缘尚未击穿之前先行放电。换句话说，在图7.14中，无论什么情况，由被保护物绝缘击穿电压和击穿时延确定的所有坐标点都应位于放电管伏秒特性的上方。

但如果我们没有从伏秒特性的整体上，而是仅考虑某一冲击波陡度能否满足保护要求的话，那末，当被保护物绝缘的伏秒特性与保护元件的伏秒特性可能出现如图7.15那样，并相交于C点时，当被保护物部分伏秒特性位于保护物伏秒特性下方，即在C点右面一段特性范围内，被保护物将失去保护且无法预先知道。这从保护角度上看当然是不允许的。

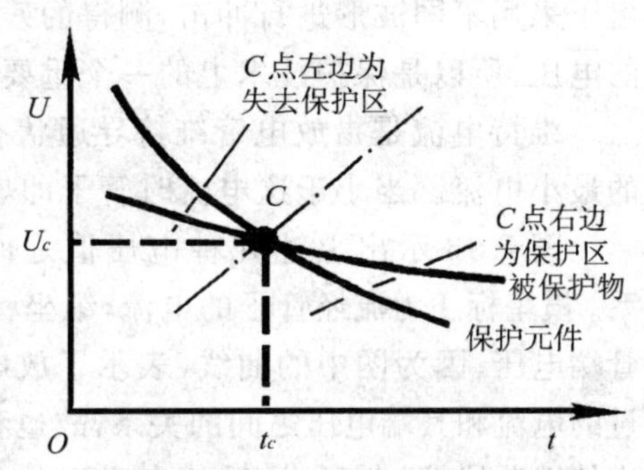

图7.15 伏秒特性的相交

伏秒特性越平坦、放电电压越稳定的放电管，将有利于简化保护措施，降低成本，使保护系统发挥最大的保护效果。经研究，放电管的金属电极用料、表面及形状、管内充入的气体类别、管内气体的压力、电极间隙等，都会成为影响放电管伏秒特性的平直度及放电分散性的因素。可以这样说，提高放电管质量的一项主要工作，就在于如何根据这些因素，设法在管子里面，造出一个易于生成点火电子的环境来，为此，有的工厂在管内加入少量放射性元素，以便达到目的。

CCITT(国际电信联盟电信标准化部门现改名ITU-T)的《电信装置保护用气体放电管的特性》K.12建议中所推荐的放电管冲击放电电压值见表7.1，表中给出相应的静态放电电压值供参考比较。

表7.1 K.12建议中推荐的放电电压值

直流放电电压/V			冲击放电电压/V	
标 称	最 小	最 大	100V/μs	1000V/μs
230	180	300	700	900
250/1	200	450	700	900
250/2	200	300	700	900
300	255	345	700	900
350/1	265	600	1000	1100
350/2	290	600	900	1000

辉光和电弧压降，是反映放电管导通放电期间的特性的参数。放电管放电期间，依放电电流大小，有辉光放电和电弧放电的区别。

辉光放电和电弧放电没有严格的界限。放电电流较小时，例如 10mA 左右，放电管处于辉光放电阶段，此时的管压降为辉光压降，像 RL-350 放电管，其值约为 200V 左右。

倘若放电电流大致 1A 以上，则为电弧放电阶段，此时的管压降称为电弧压降，约 30～60V。电弧放电时，放电电流即使有很大变化，但管端电压几乎维持不变。

在保护技术上，要常用到残压的概念，所谓残压，是指冲击放电管两端的峰值电压。由于采用不同波形进行冲击，测得的残压值是不同的。由于它是直接加在被保护物上的电压，所以是保护技术上的一个重要参数。

维持电流是指放电管维持导通状态必需的最小电流。当小于这电流时管子即熄弧。

图 7.16 示出上述几种电压值之间的关系。横坐标 I 为流经管子的电流，纵坐标 U 为管端电压。因为图中的曲线，表示了放电管通过的电流和其端电压之间的关系，故也称作伏安特性曲线。图中 U_0 为管的直流放电电压，$A \sim B$ 段为辉光压降，$B \sim C$ 段为电弧压降。

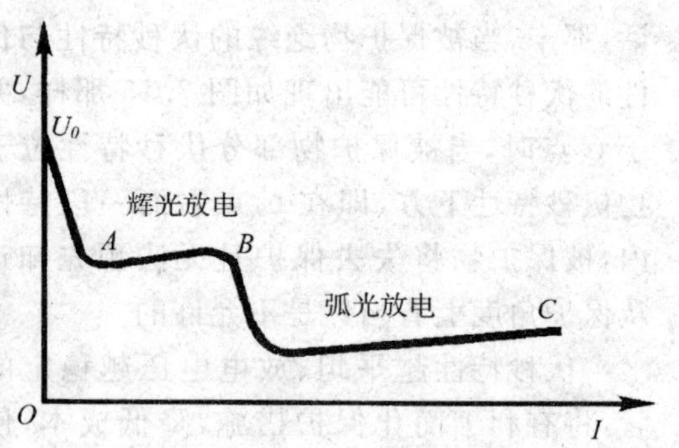

图 7.16　放电管伏安特性

熄弧时间，是指冲击过后，放电管恢复到正常绝缘所需要的时间，其值愈小愈好。目前的管子，按 CCITT 推荐的试验方法，要求短至 0.15s。太长的时间会影响通信，是不允许的。

工频耐流能力和冲击耐流能力都是管子工作能力的表征。前者代表在一定时间内，管子所能通过的最大工频电流值。对一定的管子，如通过电流时间愈长，则它们所能耐受的电流愈小。RL-350 玻璃放电管，工频耐流能力约为 5A 、5s。只有约 80%的直流型熔丝低于这一指标。因此，当熔丝位于放电管线路侧时，对于工频来说，只能做到熔丝基本上保护了放电管。陶瓷放电管耐流能力则高得多，约 30A 、3s。

冲击耐流能力表明放电管耐受脉冲电流的能力，视冲击波持续的时间长短的不同而不同，但总体而言，放电管耐受脉冲电流的能力比工频耐受电流的能力大得多。

通常先规定一标准波形及电流，用不发生损坏或失效所能耐受的脉冲电流次数来表示。当脉冲电流波超过其耐冲击能力时，可能会使放电管的引线熔断、玻璃或陶瓷管爆裂或裂开漏气，致使放电电压明显增高。对于 20/40μs 波，RL-350 玻璃放电管的一次耐冲击能力最大可达到近 3kA，但也有不少管子因电极引出线处压伤或接触电阻较大，只要 1kA 多或近 2kA 的冲击电流（均为 20/40μs），就可造成管子断线失效。陶瓷放电管在同样波形冲击下，耐冲击能力可达 20kA 以上。

据南非资料介绍，用在架空裸线路上的放电管，如果线路位于雷电活动强烈的地区，若欲让放电管能连续多年有可靠的动作，放电管本身必须同时经受表 7.2 规定的各种冲击而不会损坏。接于架空裸线和架空电缆终端的避雷元件，如能耐受一次 20kA 的冲击电流（波形为 5/100μs），则除了发生终端雷电直击外，其他情况均能够承受。

表 7.2 中提出高、中、低三档耐流值是因为金属电极放电管容易在大的冲击电流下损坏。

表 7.2　放电管耐冲击试验标准

冲击次数	电流峰值/A	波形/μs
8	5000	5/100
20	1000	5/100
500	50	10/1000

极间绝缘电阻和极间电容均是为使保护器不致引起电路损耗和反射太大而提出的指标。极间绝缘电阻一般要求在 1000MΩ 以上，极间电容一般在 20pF 以下，目前的陶瓷放电管的极间电容实际上只有 3～5pF 左右，甚至更小。

上面主要介绍二极放电管与保护性能有关的一些主要技术指标。但两只二极放电管分别装在一个回路的两根导线上，有时会出现不同时放电的现象，使两导线之间出现电位差。为了使两根导线上的二极放电管能接近同一时间放电，减少两线之间的电位差（即线间电压，也常称横向电压），又研制了三极放电管（见图 7.17）。

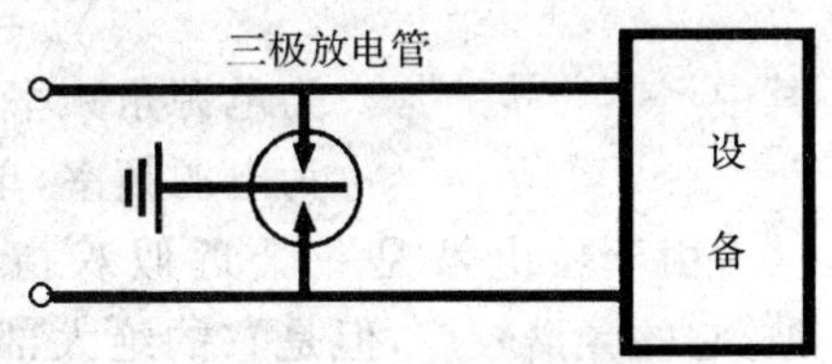

图 7.17　三极放电管的保护

三极放电管可以看作是由两只二极放电管合并一起构成的。三极放电管中间的一极作为公共地线，另两极分别接在回路的两条导线上。当一线的电极先对接地极放电时，产生的电弧激活了另一尚未放电间隙的放电环境，迫使该间隙提前产生点火电子，因而也在极短时间内对地放电。试验表明，利用这一原理制成的三极放电管，两电极放电的时间差可减少为 0.15～0.2μs。

下面介绍国产陶瓷放电管的型号说明和技术指标。

型号说明举例：

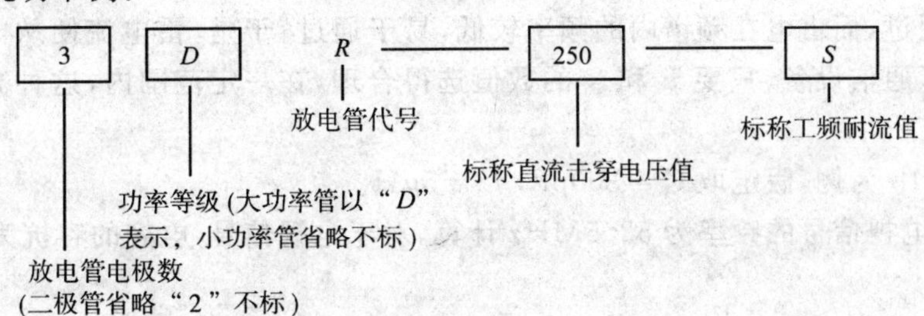

3R-250-5 为小功率三极放电管，直流击穿电压为 250V，工频耐流为 5A。

为了表征三极管两间隙放电的时间不对称性，在三极管的指标中，除了包括有二极管的技术指标外，还具有某些特有的技术指标，如规定了两个电极放电时间差和由此产生的横向雷电压幅值等。

放电管从玻璃封装发展到陶瓷封装，在技术上取得了很大进步，不仅大幅度提高了耐大电流能力，而且其体积可做得很小（只及 RL-350 玻璃放电管的 1/10～1/20），大大有利于小型化。

7.1.4 高通滤波器

由电工理论可知，电路上的阻抗由电阻、电感、电容三种形式元件组成，其中电阻值与频率无关，电容器的容抗与频率成反比：

$$X_c = \frac{1}{\omega \cdot C} = \frac{1}{2 \cdot \pi \cdot f \cdot C} \tag{7.3}$$

电感器的感抗与电源频率成正比：

$$X_L = \omega \cdot L = 2\pi \cdot f \cdot L \tag{7.4}$$

其中 ω 为电源角频率，单位为 rad/s；

f 为电源频率，单位为 Hz。

由于雷电波是一个近似双指数函数的波，它的频谱较广，但是它的绝大部分能量分布在几十千赫以下（见 §2.3“雷电流”），最大频率在 1000Hz 以内。而通信采用的频率比较高，如我国无线电电视中心频率为 52.5～954MHz，由于雷电波与通信频率相差很远，所以，可以利用电抗与频率相关的特点，把信号与雷电波分离的办法，使雷电波引入大地而基本上不损耗信号，保护设备安全。

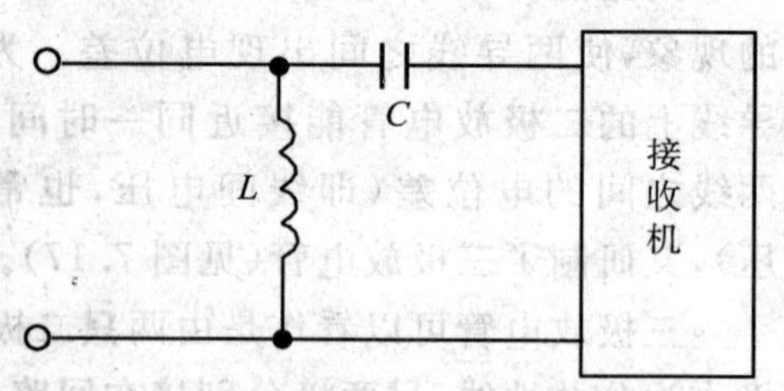

图 7.18 *LC* 雷电流分流避雷电路

如图 7.18 所示，对一个高频信号进入用电器前加一个电感和电容（*LC* 网络），由于信号是高频，很易通过电容器 C 进入用电器，而雷电波的频率分布在较低频段上，通过较小电容的电容器会产生很大压降；相反，由于信号频率比较高，在电感 L 上的压降较大，不易通过，而雷电在频谱内的频率较低，易于通过。于是，雷电流便从电感器流入大地，保护了通信设备。只要 L 和 C 的数值选得合理，在一定范围内，这种方法是可取的。

以图 7.18 为例，假定取 $C = 300\text{pF}$，$L = 5\mu\text{H}$。

以无线电视信号的频率为 52.5MHz 计算，对于电视信号，电容的容抗为：

$$X_C=\frac{1}{2\pi\cdot f\cdot C}=\frac{1}{2\pi\times 52.5\times 10^{6}\times 300\times 10^{-12}}\approx 10(\Omega)$$

由雷电波的频谱可知，≤15kHz 的频率的能量积累占总能量 95%以上。

现雷电波以 15kHz 的频率计算，对雷电波的电抗为：

$$X_C=\frac{1}{2\pi\cdot f\cdot C}=\frac{1}{2\pi\times 15\times 10^{3}\times 300\times 10^{-12}}\approx 4\times 10^{4}(\Omega)$$

由此可见，雷电波的电抗为信号电抗的 4000 倍。

由上面的计算可知雷电波通过电容 C 要受到 $4\times10^{4}\Omega$ 的电抗阻碍，而信号只有 10Ω 的电抗阻碍，相反，电感器对于信号电抗：

$$X_L=2\pi fL=2\pi\times 52.5\times 10^{6}\times 5\times 10^{-6}\approx 1650(\Omega)$$

对于雷电波电抗：

$$X_L=2\pi fL=2\pi\times 1.5\times 10^{3}\times 5\times 10^{-6}\approx 0.5(\Omega)$$

雷电波受到的电抗只是信号电抗的大约 1/3000。由此可见，经过这样的 LC 网络后，雷电波将被分流入地，而信号损失很小。

LC 分流法的优点是成本低、可靠性高，但是它始终存在着一定的插入损耗和驻波问题，对于频率较高的频道和有分布电感、分布电容问题而信号较弱的共用天线网络，可能会使屏幕的清晰度受到轻微的影响。

对于单一频率的无线电发射电台和接收电台，可以用下面这种办法避雷。

由电工理论可知：LC 串联电路谐振时，电路的电抗为零，LC 并联谐振时，其电抗等于无穷 大，故可以利用串联谐振和并联谐振这一特性对单一频率的发射电台和接收电台进行避雷（如图 7.19、图 7.20 所示）。

若电台的中心频率为 f_0，角频率为 $\omega_0=2\pi f_0$，当调整到电路谐振时，电路的感抗和容抗应有：

$$\omega_0 L=\frac{1}{\omega_0\cdot C}$$

得：

$$2\pi f_0 L=\frac{1}{2\pi\cdot f_0\cdot C}$$

得：

$$f_0=\frac{1}{2\pi\sqrt{L\cdot C}}\tag{7.5}$$

由电工理论得知，当 LC 电路谐振频率 f_0 等于电源频率时，串联谐振电路的阻抗等于电路的电阻。而 LC 串联电路的电阻只有接线电阻和电容器的损耗，是小到可以忽略的部分。对于非谐振频率的电流，则显示高阻抗，并且距离谐振频率越远，阻抗越大。

因此，串联谐振电路对电台的信号阻抗趋于零，而对雷电流则显高阻抗，使雷电流

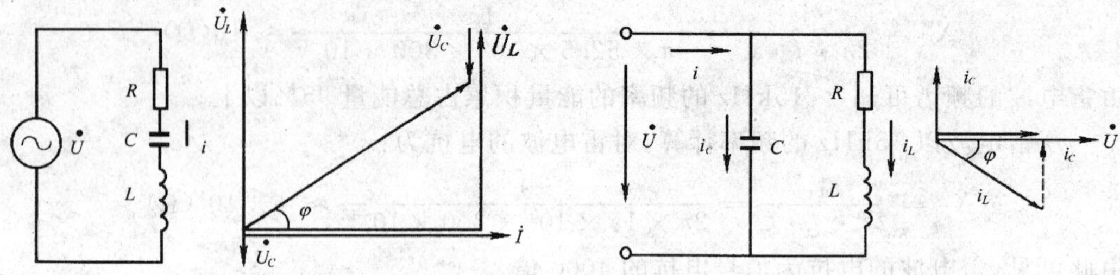

图 7.19 理想的 RCL 串联电路　　图 7.20 电感与电容器组成的并联电路

不能进入电台。相反，并联谐振电路对谐振频率的电流显高阻抗并趋于无穷大，对非谐振频率的电流显低阻抗，并且与谐振频率相距越远阻抗越低。所以，对电台的信号显高阻抗，让它不能流入大地，以免信号损失，对于雷电流则显低阻抗，让它充分流入大地，以免损坏设备。

用谐振器作避雷器的做法，设备简单，但是由于在超高频和甚高额的情况下，分布电容和分布电感往往起重要作用，要调到准确谐振不容易。另外由于环境因素的变化，要保持电路谐振频率不变也不容易，这会给工程带来一定的困难。

中长波通信电台，由于天线比较长，避雷比较好的办法是在天线 $\lambda/2$ 长的地方（λ 为波长）接地，因为 $\lambda/2$ 长的点的信号电位是零，在该点接地，对信号没有损失，而雷电流可以通过这点泄放入大地，使设备得到保护。

7.1.5 半导体防雷器件

压敏电阻避雷器的极间电容较大，在高频、超高额、甚高频电路中，往往因极间电容太大而在使用时受到限制。此外，压敏电阻器的残压往往是压敏电压的 3 倍左右，对晶体器件电路还嫌太高。对于有晶体器件和集成电路的仪器设备，除了使用以上讲过的避雷器外，有时还要求有多级保护，在电路板上再加上一级保护。习惯上把安装在电源输入处或信号传输线输入端最前面的避雷器称为前置级避雷或称第一级避雷。在前置级后面设置的避雷装置分别称为第二级、第三级…… 它们的作用是把前置级避雷器泄漏进来的残余雷电压、雷电流进一步泄放，使其残压进一步降低。现代电子设备往往都采用多级防雷保护，以确保设备安全和运行准确。半导体避雷器件往往都是放在最后几级。最后一级保护又叫末级保护或精细保护。

稳压二极管、开关二极管是比较早被用作电子电路末级保护的元件。稳压二极管能够保护其他晶体管，是靠它的伏秒特性起箝位作用，如图 7.21、7.22 所示。当二极管承受反向电压，即位于 $0 \sim U_z$ 之间的时候，二极管呈高电阻，管子中流过很小的电流。当反向电压超过 U_z 的时候，流经二极管的电流迅速增加，进入低电阻导通状态，从高电阻状态到低电阻状态的延时只有 μs 数量级，二极管一旦导通后，外加电压只要不使

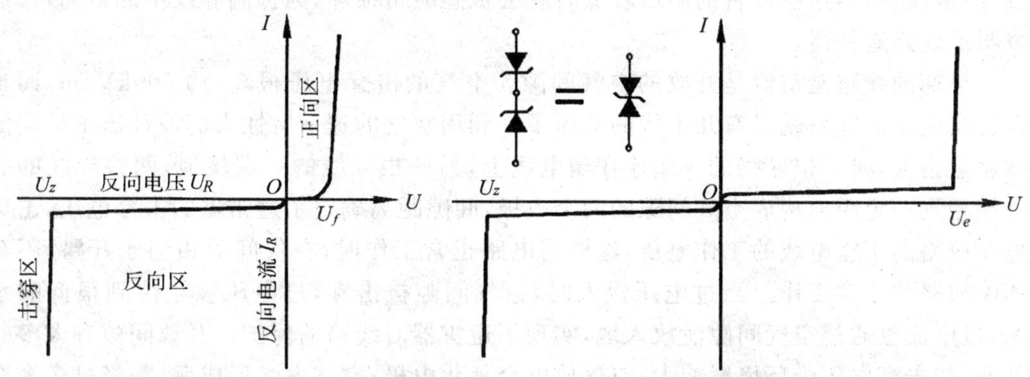

图 7.21　半导体二极管伏安特性　　　图 7.22　稳压二极管的串联运用

二极管击穿，电流不大于最大电流，二极管两端电压就大体上保持在 U_z 附近，这样残余的雷电电压就被箝制在 U_z 附近，当高电压脉冲过后，二极管又恢复高阻状态。如果两只稳压二极管的阴极按图 7.22 作相反极性串联相接，就成为双阳极管，这时可以正负对称箝位，也可作为两极性过电压限幅。

稳压二极管的反向击穿是在强电场作用下，PN 结共价键的共价电子被首先拉出成为载流电子（齐纳作用）和电子在电场中加速到足够高速，撞击到其他原子时，把它的价电子撞出原子核控制范围以外，成为自由电子，这些自由电子再撞击其他原子，产生更多自由电子，而形成电流通道，这样的过程叫做“雪崩”。

稳压二极管的击穿一般都包含齐纳过程和雪崩过程。4V 以下的稳压二极管以齐纳为主，7V 以上的稳压二极管以雪崩为主，5～8V 之间的二极管通常同时具有齐纳和雪崩击穿过程。由于稳压二极管齐纳过程和雪崩过程的响应动作快的明显优点，并且它的伏秒特性亦较为稳定，二极管的温度系数又极小（例如硅刚结稳压二极管的温度系数每 10℃为 1%，并且管子损坏又多呈短路状态，能及时发现），在瞬态过电压的保护应用中，稳压二极管特别适合于用作多级保护电路中的最末几级保护元件。

§7.2　电涌保护器(SPD)的使用

电的普遍使用促进了防雷产品的发展，当高压输电网为千家万户提供动力和照明时，雷电也大量危害高压输变电设备。高压线架设高、距离长、穿越地形复杂，容易被雷击中。避雷针的保护范围不足以保护上千千米的输电线，因此避雷线作为保护高压线的新型接闪器就应运而生。

在高压线获得保护后，与高压线连接的发、配电设备仍然被过电压损坏，人们发现这是由于“感应雷”在作怪。雷电在高压线上感应起电涌，并沿导线传播到与之相连的发、配电设备，当这些设备的耐压较低时就会被感应雷损坏，为抑制导线中的电涌，人们发明了线路避雷器。

早期的线路避雷器是开放的空气间隙。空气的击穿电压很高，约 500kV/m，而当其被高电压击穿后就只有几十伏的低压了。利用空气的这一特性人们设计出了早期的线路避雷器，将一根导线的一端连在输电线上，另一根导线的一端接地，两根导线的另一端相隔一定距离构成空气间隙的两个电极，间隙距离确定了避雷器的击穿电压，击穿电压应略高于输电线的工作电压，这样当电路正常工作时，空气间隙相当于开路，不会影响线路的正常工作。当过电压侵入时，空气间隙被击穿，过电压被箝位到很低的水平，过电流也通过空气间隙泄放入地，实现了避雷器对线路的保护。开放间隙有太多的缺点，如击穿电压受环境影响大；空气放电会氧化电极；空气电弧形成后，需经过多个交流周期才能熄弧，这就可能造成避雷器故障或线路故障。

以后研制出的气体放电管、管式避雷器、磁吹避雷器在很大程度上克服了这些缺点，但他们仍然是建立在气体放电的原理上。气体放电型避雷器的固有缺点：冲击击穿电压高；放电时延较长（微秒级）；残压波形陡峭（dV/dt 较大）。这些缺点决定了气体放电型避雷器对敏感电气设备的保护能力不强。

半导体技术的发展为我们提供了防雷新材料，比如稳压管，其伏安特性是符合线路防雷要求的，只是其通过雷电流的能力弱，使得普通的稳压管不能直接用作避雷器。早期的半导体避雷器是以碳化硅材料做成的阀式避雷器，它具有与稳压管相似的伏安特性，但通过雷电流的能力很强。不过很快人们又发现了金属氧化物压敏电阻（MOV），其伏安特性更好，并具有响应时间快、通流容量大等许多优点。因此，目前普遍采用 MOV 线路避雷器。随着通信的发展，又产生了许多用于通信线路的避雷器，由于受通信线路传输参数的约束，这一类避雷器要考虑电容和电感等影响传输参数的指标。但其防雷原理与 MOV 基本一致。

按照 GB50057-94 对电涌保护器（浪涌保护器）（Surge protective device，SPD）的定义：目的在于限制瞬态过电压和分走电涌电流的器件。它至少含有一非线性元件。

过电压（overvoltage）：峰值大于正常运行下最大稳态电压的相应峰值的任何电压。

过电压又分为短时过电压（temporary overvoltage）（工频过电压）和瞬态过电压（transient overvoltage）（投切过电压）。SPD 常常与避雷器相混淆，国家标准已颁布避雷器的内容和专门的检测单位，它们主要应用于高压系统。

7.2.1 SPD 的分类

SPD 可按几种不同方法进行分类：

7.2.1.1　按使用非线性元件的特性分类

①电压开关型 SPD(Voltage switching type SPD)：无浪涌出现时，SPD 呈高阻状态；当冲击电压达到一定值时(即达到火花放电电压)，SPD 的电阻突然下降变为低值。常用的非线性元件有放电间隙，气体放电管、开关型 SPD(闸流管)和三端双向可控硅元件作为这类 SPD 的组件。有时称这类 SPD 为“短路开关型”或“克罗巴型”SPD。开关型 SPD 具有大通流容量(标称通流电流和最大通流电流)的特点，特别适用于易遭受直接雷击部位的雷电过电压保护(即 $LPZ0_A$ 区)，有时可称雷击电流放电器。

②电压限制型 SPD(Voltage limiting type SPD)：当没有浪涌出现时，SPD 呈高阻状态；随着冲击电流及电压的逐步提高，SPD 的电阻持续下降。常用的非线性元件有压敏电阻、瞬态抑制二极管作为这类 SPD 的组件。这类 SPD 又称“箝压型” SPD，是大量常用的过电压保护器，一般适用于户内，即 IEC 规定的直击雷防护区($LPZ0_B$)、第一屏蔽防护区(LPZ1)、第二屏蔽防护区(LPZ2)的雷电过电压防护。IEC 标准要求将它们安装在各雷电防护区的交界处。

③组合型 SPD(Combination type SPD)：由电压开关型元件和箝压型(限压型)元件混合使用，随着施加的冲击电压特性不同，SPD 有时会呈现开关型 SPD 特性，有时呈现箝压型 SPD 特性，有时同时呈现两种特性。

7.2.1.2　按 SPD 的端口型式分类

根据在不同系统中使用的需求，SPD 生产厂商可以把 SPD 制造成一端口或两端口的型式。

两端口(又称双口)SPD：具有两组端口的 SPD，一般与被保护电路串联连接，或使用接线柱连接，在输入端与输出端之间有特意设置的串联阻抗 (见图 7.23)。

从图 7.23 上可以看出，无论 SPD 从外表上看是否串接或并联在被保护电路中，SPD 的非线性元件实质上都是与被保护电路处于并联状态，当其动作时，能将被保护电路中的电涌电流通过 SPD 分流泄入地中。

7.2.1.3　按使用的性质分类

由于雷电过电压和投切过电压(过去常称为操作过电压)可能沿供(配)电线路侵入，雷电过电压可能沿信号线(含电话线)或天馈线侵入，因此安装在不同的系统中的 SPD 必须满足不同系统的特殊要求。这样，生产厂商又可按使用性质将 SPD 分为：电源系统 SPD、信号系统 SPD 和天馈系统 SPD。由于信号系统和天馈系统有专门的教材和课程进行讲述，因此，在本章中有关信号系统 SPD 和天馈系统 SPD 的部分省略。

此外，还可以根据安装的环境(位置)分为室内用或户外用；按可接触性分为可接触

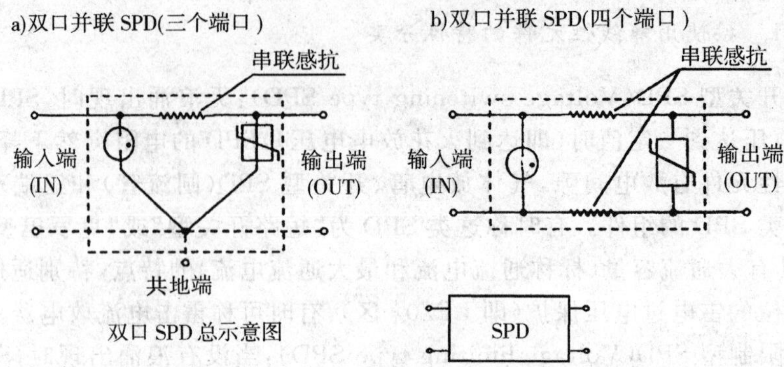

图 7.23　两端口(又称双口)SPD

或不可接触;依照安装方式分为固定式或卡接可移式等等。

7.2.2　表征 SPD 的技术参数

在 1998 年 2 月 IEC 颁布的标准《低压系统的电涌保护器 第 1 部分 性能要求及测试》(IEC61643-1)中规定了用于低压配电系统的 SPD 的使用环境是:

1000VAC(交流)50/60Hz 和 1500VDC(直流)以下电路系统中的 SPD,使用高度不超过海拔 2000m,贮备和使用时的环境温度应在－5℃～40℃之间,特殊情况下可扩展到－40℃～70℃之间,相对湿度在常温下为 30%～90%。

在此范围之外的恶劣环境下和使用于户外或暴露在日光中或处在其他辐射源之下的 SPD 应有特别的设计要求,这是设计者、制造厂商和用户要特别注意的。

7.2.2.1　在 IEC61643-1 的第 6 章中要求制造厂商对客户必须提供下列信息内容

a)制造厂家、商标及模块型号;
b)安装位置类别;
c)端口数;
d)安装方法;
e)最大持续工作电压 U_c(每一种保护方式一个值)及额定频率;
f)制造商声称的各保护方式的放电参数及试验类别:

Ⅰ类试验 I_{imp}
Ⅱ类试验 I_{max}
Ⅲ类试验 U_{oc}

g)Ⅰ类及Ⅱ类试验中的额定放电电流值 I_n(每一保护模式一个值);
h)电压保护水平 U_p(每一保护模式一个值);
i)额定负载电流;

j)外壳提供的保护水平(IP 代码);

k)短路承受能力;

l)备用过电流保护装置的最大推荐额定值(如果有);

m)断路器动作指示;

n)具有特殊用途产品的安装位置;

o)端口标志(进、出口端标志);

p)安装指南(如:连接、机械尺寸、引线长度等);

q)电网电流类型:直流(d.c)交流(a.c)及频率或两者都可应用;

r)Ⅰ类试验中的能量指标(W/R);

s)温度范围;

7.2.2.2 SPD 在低压配电系统中技术参数的名称解释

(1)保护模式:SPD 可连接在 L(相线)、N(中性线)、PE(保护线)间,如 L-L、L-N、L-PE、N-PE,这些连接方式称为保护模式,它们与供电系统的接地型式有关。按《低压配电设计规范》GB50054-95 规定,供电系统的接地型式可分为:

TN-S 系统(三相五线)、TN-C 系统(三相四线)、TN-C-S 系统(由三相四线改为三相五线)、IT 系统(三相三线)和 TT 系统(三相四线,电源有一点与地直接连接,负荷侧电气装置外露可导电部分连接的接地极与电源接地极无电气联系)。

(2)额定电压 U_n:是制造厂商对 SPD 规定的电压值。在低压配电系统中运行电压(标称电压)有 220VAC、380VAC 等,指的是相对地的电压值也称为供电系统的额定电压,正常运行条件下,供电终端电压波动值不应超过±10%,这些是制造商在规定 U_n 值时需考虑的。

在 IEC60664-1 中定义了实际工作电压(Working Voltage):在额定电压下,可能产生(局部地)在设备的任何绝缘两端的最高交流电压有效值或最高直流电压值(不考虑瞬态现象)。

(3)最大连续工作电压 U_c:指能持续加在 SPD 各种保护模式间的电压有效值(直流和交流)。U_c 不应低于低压线路中可能出现的最大连续工频电压。选择 230/400V 三相系统中的 SPD 时,其接线端的最大连续工作电压 U_c 不应小于下列规定:

TT 系统中

$$U_c \geqslant 1.5\,U_0 \tag{7.6}$$

TN、TT 系统中

$$U_c \geqslant 1.1\,U_0 \tag{7.7}$$

注 1:在 TT 系统中 $U_c \geqslant 1.1\,U_0$ 是指 SPD 安装在剩余电流保护器的电源侧;$U_c \geqslant 1.5\,U_0$ 是指 SPD 安装在剩余电流保护器的负荷侧。

注 2：U_0 是低压系统相线对中性线的电压，在 230/400V 三相系统中 $U_0 = 230V$。

对以 MOV(压敏电阻)为主的箝压型 SPD 而言，当外部电压小于 U_c 时，MOV 呈现高阻值状态。如果 SPD 因电涌而动作，在泄放规定波形的电涌后，SPD 在 U_c 电压以下时应能切断来自电网的工频对地短路电流。这一特性在 IEC 标准中称为可自复性。

上边提到的 $U_c \geqslant 1.5\ U_0$、$U_c \geqslant 1.1\ U_0$、$U_c \geqslant U_0$ 等标准引自 IEC603645-534，从我国供电系统实际出发，此值应增大一些，有专家认为原因是国外配电变电所接地电阻规定为 1～2Ω，而我国规定为 4～10Ω，因而在发生低压相线接地故障时另两相对地电压常偏大且由于长时间过流很易烧毁 SPD。但 SPD 的 U_c 值定的偏大又会因产生残压较高而影响 SPD 的防护效果。

也有些专家认为，虽然变电所接地电阻较大，但在输电线路中实现了多次接地，多次接地的并联电阻要低于变电所的接地电阻值，因此 $U_c \geqslant 1.1\ U_0$ 即可满足要求。

(4)点火电压：开关型 SPD 火花放电电压，是在电涌冲击下开关型 SPD 电极间击穿电压。

(5)残压 U_{res}：当冲击电流通过 SPD 时，在其端子处呈现的电压峰值。U_{res} 与冲击电涌通过 SPD 时的波形和峰值电流有关。为表征 SPD 性能，经常使用 U_{res}/U_{as} = 残压比这一概念，残压比一般应小于 3，越小则表征着 SPD 性能指数越好。

(6)箝位电压 U_{as}：当浪涌电压达到 U_{as} 值时，SPD 进入箝位状态。过去认为箝位电压即标称压敏电压，即 SPD 上通过 1mA 电流时在其两端测得的电压。而实际上通过 SPD 的电流可能远大于测试电流 1mA，这时不能不考虑 SPD 两端已经抬高的 Ures(残压)对设备保护的影响。从压敏电压至箝位电压的时间比较长，对 MOV 而言约为 100ns。

(7)电压保护水平 U_p(保护电平)：一个表征 SPD 限制电压的特性参数，它可以从一系列的参考值中选取(如 0.08、0.09、……1、1.2、1.5、1.8、2……8、10 kV 等)，该值应比在 SPD 端子测得的最大限制电压大，与设备的耐压一致。U_p、U_n、U_c 之间关系参见图 7.24。

(8)限制电压测量值：当一定大小和波形的冲击电流通过 SPD 时在其端子测得的最大电压值。

(9)短时过电压 U_T：保护装置能承受的，持续短时间的直流电压或工频交流电压有效值，它比最大连续工作电压 U_C 要大。

(10)电网短时过电压 U_{TOV}：电网上某一部件较长时间的短时过电压，一般称通断操作过电压。U_{TOV} 一般等于最大连续供电系统实际电压 U_{CS} 的 1.25 到 1.732 倍。

(11)电压降(百分比)：$\Delta U = [(U_{in} - U_{out})/U_{in}] \times 100\%$

其中：　U_{in}　指双口 SPD 输入端电压，

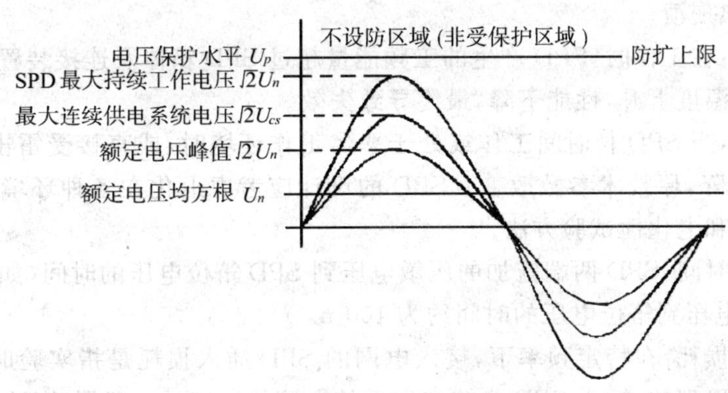

图 7.24 U_p、U_n 和 U_c 相关曲线

U_{out} 指双口 SPD 输出端电压，通过电流为阻性负载额定电流。

(12) 最大连续供电系统电压 U_{cs}：SPD 安装位置上的最大的电压值，它不是谐波也不是事故状态的电压，而是配电盘上的电压变及由于负载和共振影响的电压值升(降)，且直接与额定电压 U_n 相关。U_{cs} 一般等于 U_n 的 1.1 倍。

(13)额定放电电流 I_n：8/20μs 电流波形的峰值，一般用于Ⅱ类 SPD 试验中不同等级，也可用于Ⅰ、Ⅱ类试验时的预试。

(14)脉冲电流 I_{imp}：由电流峰值 I_{peak} 和总电荷 Q 定义(见 IEC61312 中雷电流参数表)。用于Ⅰ类 SPD 的工作制测试，规定 I_{imp} 的波形为 10/350μs，也可称之为最大冲击电流。

(15)最大放电电流 I_{max}：通过 SPD 的电流峰值，其大小按Ⅱ类 SPD 工作制测试的测试顺序而定，$I_{max} > I_n$，波形为 8/20μs。

(16)持续工作电流 I_c：当对 SPD 各种保护模式加上最大连续工作电压 U_c 时，保护模式上流过的电流。I_c 实际上是各保护元件及与其并联的内部辅助电路流过的电流之和。

(17)续流 I_f：当 SPD 放电动作刚刚结束的瞬间，跟着流过 SPD 由电源提供的工频电流。续流 I_f 与持续工作电流 I_c 有很大区别。

(18)额定负载电流：由电源提供给负载，流经 SPD 的最大持续电流有效值(一般指双口 SPD)。

(19)额定泄放电流 I_{sn}：此值与当地雷电强度、电源系统型式、有无下一级 SPD 及被保护设备对电涌的敏感程度有关，SPD 的 I_{sn} 决定其尺寸大小和热容量。

(20)泄漏电流：由于绝缘不良而在不应通电的路径上流过的电流。SPD 除放电间隙外，在并联接入电网后都会有微安级的电流通过，常称为漏电流。当漏电流通过 SPD(以 MOV 为主的)时，会发出一定热量，致使发生温漂或退化，严重时还会造成过热爆炸，又称热崩溃。

(21)温漂：在工作时，SPD 产生的工频能量超过 SPD 箱体及连接装置的散热能力，导致内部元件温度上升，性能下降，最终导致失效。

(22)退化：当 SPD 长时间工作或处于恶劣工作环境时，或直接受雷击电流冲击而引起其性能下降，原技术参数改变。SPD 的设计应考虑退化在各种环境中的期限，并采用运行测试和老化性试验方法。

(23)响应时间：SPD 两端施加的压敏电压到 SPD 箝位电压的时间（如(6)所说明的 MOV 从压敏电压到箝位电压的时间约为 100 ns ）。

(24)插入损耗：在特定频率下，接入电网的 SPD 插入损耗是指实验时在插入点处接通电源立即出现的，插入 SPD 之前和以后的电压的比值。一般用 db 表示。

(25)两端口 SPD 负载端耐冲击能力：双口 SPD 能承受的从输出口引入由被保护设备产生的冲击的能力。

(26)热稳定性：当进行规定试验引起 SPD 温度上升后，对 SPD 两端施加最大持续工作电压，在指定环境温度下，在一定时间内，如果 SPD 温度逐渐下降，则说明 SPD 具有良好的稳定性。

(27)外壳保护能力(IP 代码)：设备外壳提供的防止与内部带电危险部分接触及外部固体物体和水进入内部的能力（具体标准见 IEC60529）。

(28)承受短路能力：SPD 能承受的可能发生的短路电流值。

(29)过电流保护装置：安装在 SPD 外部的一种防止当 SPD 不能阻断工频短路电流而引起发热和损坏的过电流保护装置（如熔丝、断路器）。

(30)SPD 断路器：当 SPD 失效时，一个能把 SPD 同电路断开的装置，它能防止当 SPD 失效时，接地短路故障电流损坏设备，且应能指示 SPD 失效状态。

(31)漏流保护装置(RCD)：一种当漏电流或不平衡电流达到一定值时便断开电路接点的机械开关或组件，又称剩余电流保护器。

(32)退辐装置：当对 SPD 施加工频电压并进行冲击试验时，一个阻止冲击反馈到供电网的装置。

(33)定型试验：当一个新产品设计定型后，必须进行一系列的试验来建立本身的性能指标及论证是否符合有关标准。之后，只要设计及性能不变，则不必重做定型试验，而只需做一些相关试验。

(34)例行试验：对每个 SPD 或其部件进行的检查其是否符合设计要求的试验。

(35)接收试验：贸易时，由用户和制造商协商同意对 SPD 或对订购品抽样进行的试验。

(36)冲击试验分类

Ⅰ类试验：对样品进行额定放电电流 I_n、1.2/50μs 冲击电压、最大冲击电流 I_{imp} 的试验(仅对Ⅰ类 SPD)。

Ⅱ类试验:对样品进行额定放电电流 I_n,1.2/50μs 冲击电压和最大放电电流 I 的试验(仅对Ⅱ类 SPD)。

Ⅲ类试验:对样品进行混合波(1.2/50μs,8/20μs)试验。

(37)1.2/50μs 电压脉冲:一个电压脉冲,其波头时间(从 10%峰值上升到 90%峰值的时间)为 1.2μs;半峰值时间为 50μs。

(38)8/20μs 电流脉冲:一个电流脉冲,其波头时间为 8μs,半峰值时间为 20μs。

(39)混合波:由发生器产生的开路电压波形为 1.2/50μs 波,短路电流波形为8/20μs 电流波。当发生器与 SPD 相连,SPD 上承受的电压、电流大小及波形由发生器内阻和 SPD 阻抗决定。开路电压峰值与短路电流峰值之比为 2Ω(相当于发生器虚拟内阻 Z_f)。短路电流用 I_{sc} 表示,开路电压用 U_{oc} 表示。

(40)Ⅰ类试验中单位能量指标 W/R:电流脉冲 I_{imp} 流过 1Ω 电阻时,电阻上消耗的能量。数值上等于电流脉冲波形函数平方的时间积分,$W/R=\int i^2\mathrm{d}t$。

(41)SPD 最大承受能量 E_{max}:SPD 未退化时能承受的最大能量,又称 SPD 的耐冲击能量。

说明:上述参数及定义主要源自 IEC 低压配电系统的 SPD 标准。

7.2.3　电涌过电压保护器(SPD)的选用原则

随着信息网络的高速发展,系统内电子设备的数量和规模在不断扩大,电子器件的集成度越来越高,电子设备的工作电压也愈低,因此耐过压能力也就降低,当电子设备一旦受到浪涌过电压(雷电过电压、操作过电压等)的袭击时,遭遇破坏和干扰影响的几率也大大增加。当有多个电气系统共存于建筑物内时,电子设备的引雷通道有四个方面:

①电源系统;②天线和馈线系统(略);③信号系统(略);④接地系统(略)。

合理的屏蔽和接地是减少浪涌过电压对人身及设备破坏的根本前提和途径,为保证电子设备免受浪涌过电压的破坏,在建筑物的屏蔽和接地措施达不到保护相应电气及电子设备的要求时,为减少电磁脉冲破坏的强度,应根据实际情况在上述四个方面加装多级浪涌过电压防护器(SPD),既不影响设备的正常工作,又将浪涌过电压限制在相应设备的耐压等级范围内。

国标《建筑物防雷设计规范》(GB50057-94)未对 SPD 的选用作出详细规定,根据 IEC 标准,结合近年来 SPD 在各领域内使用的经验,提出如下建议,供实际工作中参考选用,作为执行相关行业标准的补充,待有关国标公布后,再按新国标执行。

7.2.3.1　电源系统 SPD 装设的选用原则(表 7.3、表 7.4)

如果电气设备由架空线供电,或由埋地电缆引入段短于 15m 的架空线供电,该地区雷电涌压大于 6000V 且雷电日每年超过 25d,应在电源进线处装设 SPD;若该地区雷电涌压在 4000V 与 6000V 之间,宜在电源进线处装设 SPD;当有重要的电子设备安装于建筑物内时,应在电源进线处和电子设备供电处根据设备耐过压的能力装设多级 SPD。

表 7.3　$LPZ0_A$ 区电源的第一级保护 SPD 的选用

$LPZ0_A$ 区	一类防雷建筑 电源的第一级保护 (在总进线的配电箱前)	二类防雷建筑 电源的第一级保护 (在总进线的配电箱前)	三类防雷建筑 电源的第一级保护 (在总进线的配电箱前)
SPD	≥60～80kA	≥40～60kA	≥35～40kA

表 7.4　在 $LPZ0_A$ 区以外电源的各级保护 SPD 的选用

$LPZ0_A$ 区以　外	电源的二级保护 (在 UPS 或分配电箱前)	电源的三级保护 (在重要设备配电系统前)	电源的四级保护 (在电子设备工作电源前)
SPD	≥40kA	≥40～60kA	≥35～40kA

①冲击通流容量 I_n

冲击通流容量 I_n 反映了 SPD 的耐雷能力,其值应不小于装设部位预期最大的浪涌电流幅值 I_0。

电源系统的 I_0 详细计算可根据建筑物防雷等级和各接地(如该建筑物的接地系统、水管、电力接地系统等)的欧姆定律分流作用计算确定,建议:

$LPZ0_A$ 区采用 10/350μs 波形(主要作用是泄放直击雷的能量);

$LPZ0_A$ 以外采用 8/20μs 波形(主要作用是限制感应过电压的电压幅值)。

由供电部门直接低压供电的用户,其位于 $LPZ0_A$ 区以外时,进户配电箱装设的 SPD 其浪涌电流 I_n 每极不应小于 5kA。

建筑物内用电点的 I_0 详细计算还应计入各接地系统引下线和配电线路阻抗的限流作用的影响。

②限制电压 U_r

限制电压 U_r 反映了 SPD 限制浪涌过电压的能力,其值应不大于所保护对象的雷电(脉冲)电压耐压等级,保护电气设备免受过电压的损坏;同时为免除 SPD 动作对保护设备正常工作的影响,其值应尽量接近所保护对象的网络标称电压。SPD 的 U_r 测量应遵照行标《GA173-1998》。

③漏泄电流 I_L

漏泄电流 I_L 反映了 SPD 在非动作状态时对接地系统正常工作的影响程度，其值应尽量小；满足相应产品检测标准，并应自备（或附加）漏泄超标时 SPD 自动切除功能。

系统所有 SPD 的总漏泄电流不应大于该系统设计预留容许值，并采用 RCD 电器进行后备保护。

④最大长期工作电压 U_c

并联在电源回路中的 SPD，其 U_c 应能满足回路电源电压不平衡和不稳定的实际需要，其值应根据配电系统采用的不同接地形式（TN、TT、IT）决定。

TN 系统，U_c 应不小于 1.1 倍系统供电相电压。

TT 系统，高压侧 10kV 系统不接地，当 SPD 前有 RCD 保护时，U_c 应不小于 1.5 倍系统供电相电压。当 SPD 前无 RCD 保护时，U_c 应不小于 1.1 倍系统供电相电压，并应参照图 7.27 及表 7.7 进行设置。

IT 系统，U_c 应不小于系统供电线电压。

应注意不能片面提升 U_c 值而影响 SPD 对浪涌电压的防护效果。

⑤长期工作电流 I_e 和短路工作电流 I_c

串联在电源回路中的 SPD，其 I_e 和 I_c 应能满足所在回路电源侧保护电器过流保护封闭曲线（长短延时及瞬动）的要求。

⑥防高压系统接地故障耐受能力

TT 系统中高压侧 10kV 网络为接地系统时，若变电所内的设备外壳保护接地和低压侧的 N 线系统接地未分开设置，高压侧接地故障引起低压侧暂态过电压的时间将大大超过雷电暂态过电压时间，此时低压侧的压敏型 SPD（U_c 应不小于 1.1 倍系统标称相电压）应加装在 L 线和 N 线上，并在 N 线和 PE 线间加装相应放电电压及热容量的 SPD。

⑦防工频过电流能力

当并联在电源回路中的 SPD 对浪涌电压动作后，应能保证自动切断来自电源侧的工频对地短路电流，或者 SPD 及其相关引线能耐受电源侧的工频对地短路电流，直至电源侧短路保护电器动作（长短延时及瞬动）为止，否则在 SPD 回路应加装相应的短路保护电器，加装的短路保护电器亦应能耐受 SPD 浪涌电流的冲击而不动作，且不损坏。

7.2.3.2　接地系统 SPD 装设的选用原则

建筑物内配电系统采用 TN-S 系统时，电子系统的接地可采用共用接地系统，电子设备各类接地系统之间不用加装 SPD，采用直接等电位连接。

若受设备、规范或实际情况的限制，电子设备采用独立接地极，或者虽采用共用接地系统，但要求单点接地，设备处不同接地系统的接地需相互绝缘，不能作直接等电位连接时，为防止不同的地电位之间浪涌过电压造成对电子设备的损害，需在不同接地系统的接地端子间加装 SPD。

①冲击通流容量 I_n：冲击通流容量 I_n 反映了 SPD 的耐雷能力，其值应不小于装设部位预期最大的浪涌电流幅值 I_0，I_0 的详细计算可根据建筑物防雷等级和各接地及屏蔽系统的欧姆定律分流作用计算确定。该类 SPD 一般不装在 $LPZ0_A$ 区，其浪涌电流波形按 8/20μs 标定。

②限制电压 U_r：限制电压 U_r 反映了 SPD 限制浪涌过电压的能力，其值应不大于所保护对象的耐压等级。

③标称导通电压 U_n：标称导通电压 U_n 反映了 SPD 对浪涌过电压起作用的灵敏程度，使 SPD 导通前的过电压不大于所保护对象的耐压等级。

7.2.3.3 TN 系统 SPD 装设的选用原则：U_c 应不小于 1.1 倍系统供电相电压(图 7.25，表 7.5)

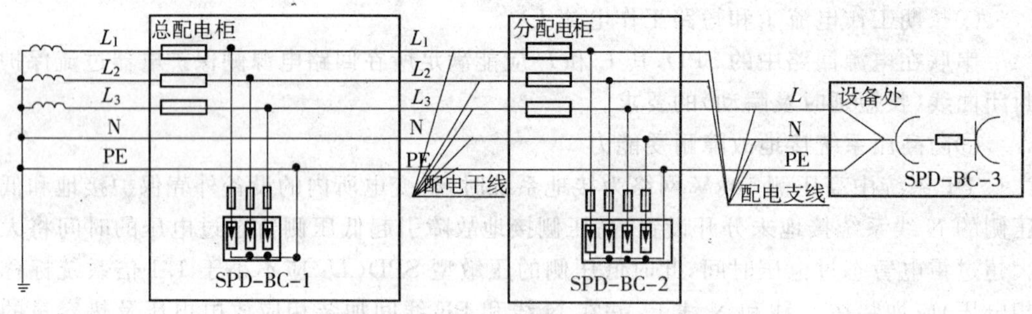

图 7.25 TN-S 系统过电压保护方式

表 7.5 TN-S 过电压保护方式中电涌保护器选型表

编 号	SPD	设计要求
SPD-BC-1	电源电压保护器 SPD	高压侧不接地，网际标称电压 380V，设备耐压 6kV，浪涌电流 40kA(10/350μs)
SPD-BC-2	电源电压保护器 SPD	设备耐压 1kV，浪涌 10kV(8/20μs)
SPD-BC-3	电源电压保护器组合 SPD 插座	设备耐压 0.5kV，浪涌电流 5kA(8/20μs)

7.2.3.4　TT 系统(图 7.26、7.27,表 7.6、7.7)

高压侧 10kV 系统不接地,当 SPD 前有 RCD 保护时,U_c 应不小于 1.5 倍系统供电相电压。当 SPD 前无 RCD 保护时,U_c 应不小于 1.1 倍系统供电相电压,并应参照图 7.26、图 7.27 及表 7.6、表 7.7 进行设置。

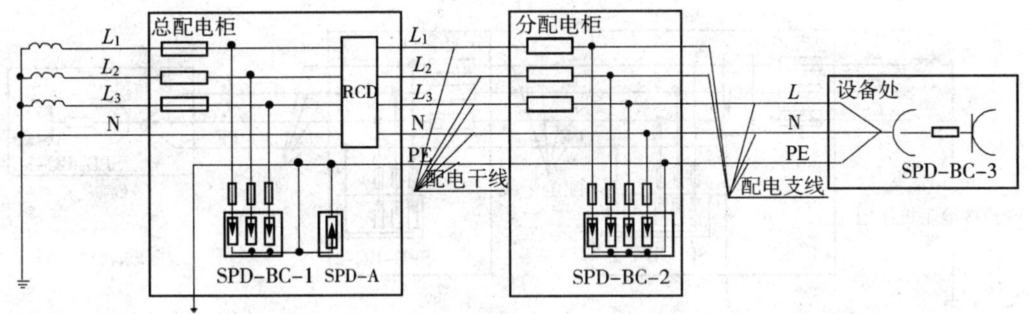

图 7.26　TT 系统过电压保护方式之一

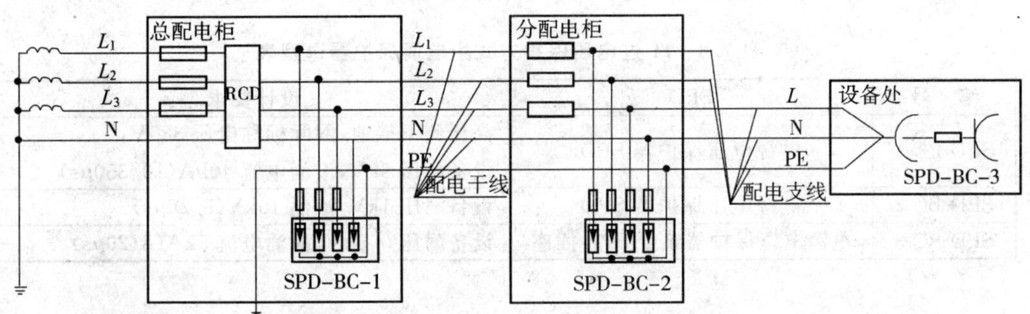

图 7.27　TT 系统过电压保护方式之二

表 7.6　TT 过电压保护方式中电涌保护器选型表一

编　号	SPD	设计要求
SPD-BC-1	电源电压保护器 SPD	高压侧不接地,网际标称电压 380V, 设备耐压 6kV,浪涌电流 40kA(10/350μs)
SPD-BC-A	电源电压保护器	长时间工频电流
SPD-BC-2	电源电压保护器 SPD	设备耐压 1kV,浪涌 10kV(8/20μs)
SPD-BC-3	电源电压保护器组合 SPD 插座	设备耐压 0.5kV,浪涌电流 5kA(8/20μs)

表 7.7　TT 过电压保护方式中电涌保护器选型表二

编　号	SPD	设计要求
SPD-BC-1	电源电压保护器 SPD	高压侧不接地，网际标称电压 380V，设备耐压 6kV，浪涌电流 40kA(10/350μs)
SPD-BC-2	电源电压保护器 SPD	设备耐压 1kV，浪涌 10kV(8/20μs)
SPD-BC-3	电源电压保护器组合 SPD 插座	设备耐压 0.5kV，浪涌电流 5kA(8/20μs)

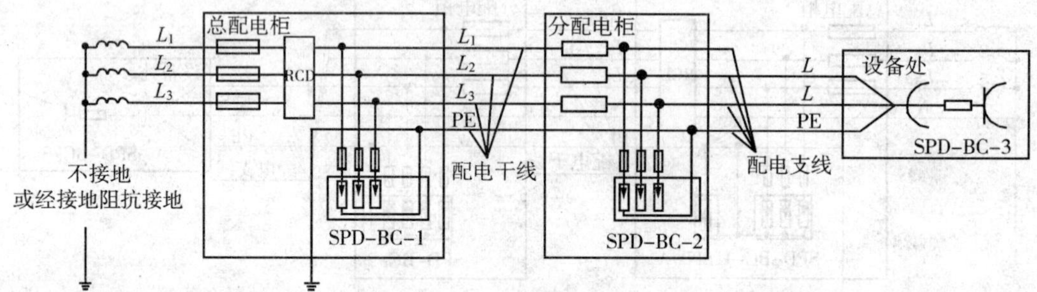

图 7.28　IT 系统过电压保护方式

7.2.3.5　IT 系统，U_c 应不小于系统供电线电压(图 7.28，表 7.8)

表 7.8　IT 过电压保护方式中电涌保护器选型表

编　号	SPD	设计要求
SPD-BC-1	电源电压保护器 SPD	高压侧不接地，网际标称电压 380V，设备耐压 6kV，浪涌电流 40kA(10/350μs)
SPD-BC-2	电源电压保护器 SPD	设备耐压 1kV，浪涌 10kV(8/20μs)
SPD-BC-3	电源电压保护器组合 SPD 插座	设备耐压 0.5kV，浪涌电流 5kA(8/20μs)

7.2.4　SPD 的选用步骤

一般来说，SPD 的选择有如下六个步骤(图 7.29)：

① U_C、U_T 和 I_C

关于 U_C 在不同供电系统中的取值已在本文中说明。U_T 是 SPD 能承受的短时过电压值，在理论上是一直线。但在实际中常因一些量(电源频率、直流过压)可能随时间变化，使得在一定的时间间隔内(一般在 0.05～10s 间)，会超过最大连续工作电压 U_C，因此选用 U_T 值应考虑大于 U_{TOV}。但事实上，要求一个 SPD 既要有较高的耐短时过电压能力同时又能提供低保护等级是不可能的，只有比较而舍取，或采用多级保护。

当外加连续工作电压 U_C 时，通过 SPD 的最大连续工作电流值为 I_C。为避免过电流保护设备或其他保护设备(如 RCD)不必要动作，I_C 值的选择非常有用。

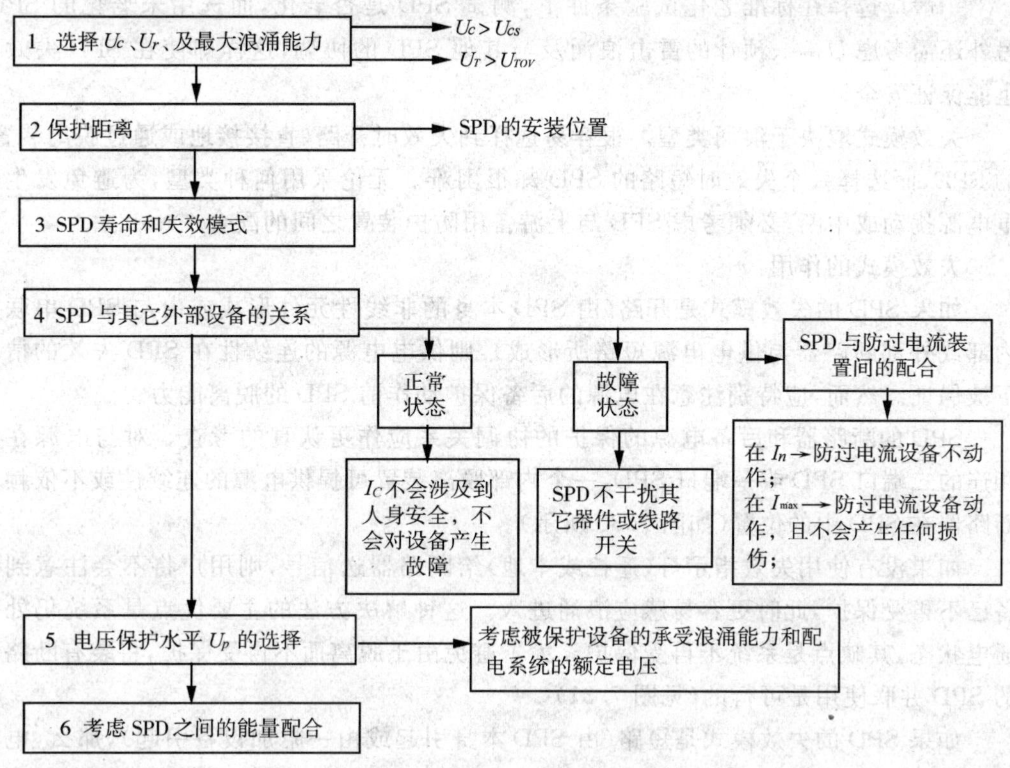

图 7.29　SPD 的选用步骤

②保护距离

主要指 SPD 的安装位置。一般 SPD 应安装在低压供电系统在建筑物的入口处，多指在变压器的低压侧(特别说明：在公共配电系统中安装 SPD 必须取得公共配电系统管理部门如供电局的批准)的配电盘上。当配电盘与用电设备距离较远或用电设备需要多重保护时，SPD2、SPD3 应尽可能靠近被保护设备并在防雷区交界处做等电位连接。

③SPD 的寿命和失效模式

SPD 的寿命是指其在使用期限内耐受规定的冲击能力。由于浪涌类型及浪涌出现的频率不同，SPD 的寿命可以很长也可以很短。事实上，如果一个最大放电电流 I_{max} 为 20kA(8/20μs)的 SPD，在安装几秒钟后便遭受了一个 30kA(8/20μs)的雷击电流，这个 SPD 可能会损坏！这种情况下，SPD 的实际使用寿命只有几秒钟！这种极端的情况说明预期寿命只可能是通过标准化测试得到的，而由厂家提供的预期使用寿命没有任何保证。

惟一可能的途径是进行寿命长短的比较。在先前的例子中，两个最大放电电流分别为 10kA 和 20kA(8/20μs)的 SPD 在几秒钟后都将会损坏，但一般来说，第二个 SPD

的寿命应该比第一个 SPD 的寿命长。

一般应选择在标准老化试验条件下，测试 SPD 是否老化，而选用未老化的 SPD。另外还需考虑 U_{TOV} 、预计的雷击浪涌及与其他 SPD 的协调，这样即使在 SPD 失效时也能保证安全。

失效模式取决于浪涌类型。很容易选择到失效时开路(直接接地或通过脱离装置)的 SPD，而选择一个失效时短路的 SPD 却很困难。无论采用何种类型，为避免发生供电电源扰动或中断，必须考虑 SPD 与上游备用防护装置之间的配合。

失效模式的作用：

如果 SPD 的失效模式是开路(由 SPD 本身的非线性元件形成或由与 SPD 串联的内部或外部断路器与供电电源短路所形成)，则供电电源的连续性在 SPD 失效的情况下被保证。然而，应特别注意在电源的后备保护动作前 SPD 的脱离能力。

SPD 的断路器和后备电源的保护的协调关系应作更认真的考查。对与电源在线相连的二端口 SPD 或一端口 SPD，一个内部脱离装置可提供电源的连续性或不依赖于断路器在 SPD 中的位置(如图 7.30 所示)。

如果没有使用失效指示灯(遥控或本地)给断路器送信号，则用户将不会注意到设备已不再受保护，此时更容易感应浪涌进入。这种解决方法的主要优点是系统仍处于通电状态，其缺点是系统不再受保护。为了避免由于脱离而不再受保护，将装有断路器的 SPD 并联使用是可行的(见图 7.31)。

如果 SPD 的失效模式是短路(由 SPD 本身引起或由一附加设备引起)，那么，电源供电将由于系统的后备保护而中断。这种解决方法的优点是系统受到保护，主要缺点是系统不再被供电。除非，制造商申明一种特定的失效模式(即假设 SPD 能承受上述两种失效模式)，这时为了得到一种失效模式(短路或开路情况)，一般可使用附加设备(如过电流断路器)。

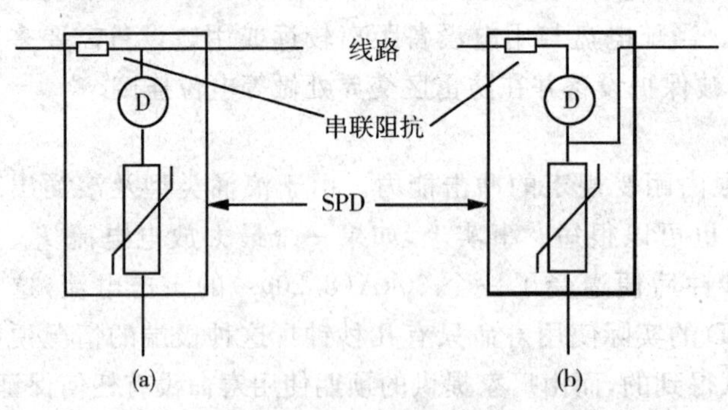

图 7.30 双口 SPD 的脱离装置

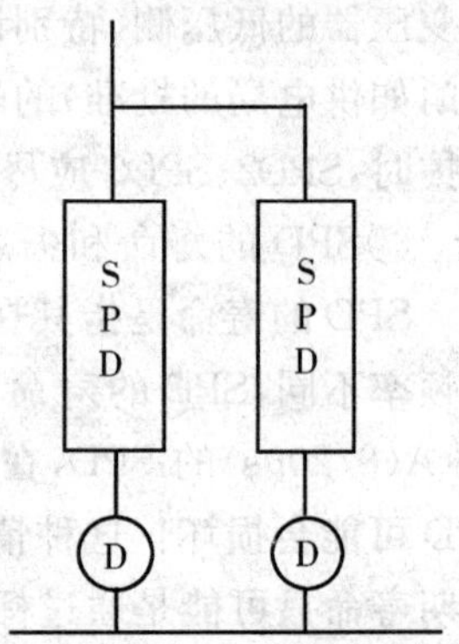

图 7.31 SPD 并联使用

模糊状态是在 SPD 的失效过程中出现的一个短时间的状态。为了产生一个明确的状态(短路或开路),需要更多的附加设备(如热脱离装置)。

④SPD 与其他外部设备的关系

在正常状态下 I_C 应不会造成任何人身安全危害(非直接接触)或设备故障(如 RCD)。一般情况下对 RCD,I_C 应小于额定残压电流值($I_{\Delta n}$)的 1/3。如果 SPD 安装在 RCD(或熔断器、断路器)的负荷侧,则不能对由于浪涌引起的障碍跳闸、无意识动作或设备损坏提供任何保护。

在故障状态下,为了不引起 SPD 与其他器件(如 RCD、断路器等)相互干扰,SPD 应配有必要的脱离装置。

SPD 与防过电流装置间的配合应达到在额定放电电流 I_n 下,过电流设备不动作(断路器未断开或熔丝未融化)。但当电流很大(如 I_{max})时,过流保护设备必须动作。对有复位功能的过电流保护设备(如熔断器),在发生浪涌之后应能立即恢复正常状态。

在这种情况下,在过流保护设备的响应时间内,所有浪涌将流过 SPD。因此,SPD 应有足够的能量承受力。由于这种现象引起的损坏不应认为 SPD 已失效,因为此时设备仍被保护。如果用户不允许供电中断,则应该使用特殊配置或使用特殊过流保护设备。

说明 1:对于强电流暴露环境,如外部防雷装置和架空输电线,过流保护装置允许在 I_n 时动作,如果 I_n 高于设备中所使用的保护装置的实际承受能力,此时应根据承受浪涌能力来选择 SPD 的额定放电电流。

说明 2:如使用开关型的 SPD 发生火花放电,其工作性能将降低,除非开关类型 SPD 为自熄式,否则较大的残压和续流对设备会产生不利影响,这就有必要与 SPD 入口处的过流保护系统协调。

⑤电压保护水平的选择

在选择 SPD 的最佳电压保护水平时,应考虑被保护设备的浪涌承受力和系统的额定电压。电压等级值越低,则保护性能越好。电压保护水平主要受到 U_C、U_T、SPD 的退化以及与其他 SPD 的协调等因素的限制。

说明:电压保护水平与Ⅰ类试验规定的 I_{peak}、Ⅱ类试验规定的 I_n 相关。Ⅲ类试验中电压保护水平由混合波试验(U_{OC})来定义。

⑥被选择的 SPD 与其他 SPD 间的协调关系

a. 综述

如上所述,为了使被保护设备承受的浪涌减少至设备可接受的值(较低的保护水平),有时需要安装两个(甚至更多)SPD。

为了获得两个(或更多的)SPD 共同耐受电涌冲击值,需要根据它们的各自耐受电涌冲击值及其他特征进行协调(可参见图 7.32)。

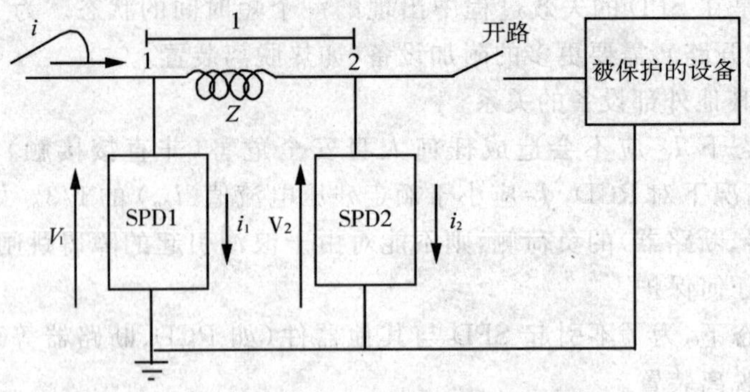

图 7.32　使用两个 SPD 的例子

两个 SPD 间的阻抗 Z（一般为电感）可以是一个物理器件或代表一定长度线的电感（一般为 $1\mu H/m$），当 Z 为一个实际阻抗时（物理器件），导线的电感因与阻抗 Z 相比较小可忽略。图 7.32 中 Z 代表了上述两种情况。事实上，由 SPD 至汇流排（等电位连接带）的电流回路也存在一定阻抗且发生的频数很大。当两个 SPD 间未插入一特定阻抗时（物理器件），见图 7.34，在这种情况下，电感 Z 表示两个 SPD（$Z/2$）与回路（$Z/2$）之间连续的电感。若两 SPD 之间距离为 10m 长，则意味着两个 SPD 增加了 5m 的回路长度。

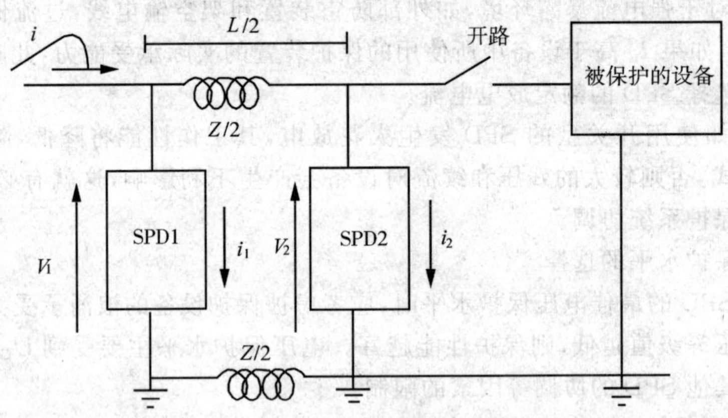

图 7.33　SPD 间无阻抗的情况

b. 协调问题

协调问题可简单地归纳为要解决以下问题：假设有一个浪涌电流 i 进入时，电流 i 中哪部分将流过 SPD1、又有哪一部分将流过 SPD2？另外，这两个 SPD 能否耐受这个浪涌电流？

为了更好地解决这些问题，图 7.34 给出了由一个电感器连接的两个氧化锌压敏电阻

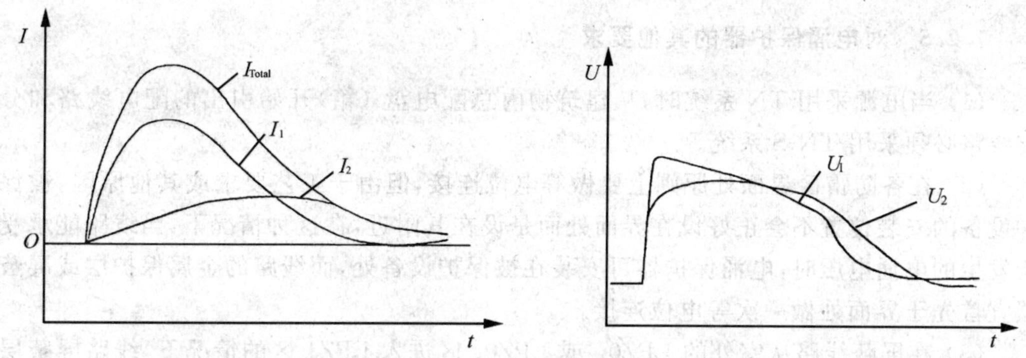

图 7.34　两个氧化锌压敏电阻的协调

之间协调的典型例子，SPD2 的 U_p 值较低，由于电感影响，浪涌的绝大部分波头浪涌电流流过 SPD1。在一定的时间后流过 SPD2 的电流将逐渐增加，这个时间决定于电感及 SPD2 的特性。

如果两个 SPD 之间的距离和两者之间的传播时间由浪涌持续时间决定较短促，电感器影响可忽略不计，SPD2 则可能过载。图 7.34 给出了总电流、通过 SPD1 和 SPD2 的电流及 SPD1 和 SPD2 两端的电压。

较好的协调可以通过选择 SPD 使 I_2 降到合理的(可接受的)值、考虑 SPD 之间的阻抗使 SPD 之间进行较好的协调，这种方法自然将使 SPD2 的残压降至期望值。

应该避免采取下述协调方法：对 SPD2 进行超裕度的设计，如果 I_2 过大，则因 EMC 扰动将对建筑物内其他设备干扰，只考虑电流值的方面协调问题还不够，有必要根据能量进行协调。

为了确保两个 SPD 之间很好地协调，必须满足以下需要，称为能量法则：当出现的浪涌小于 SPD1 最大承受能力 (E_{max1}) 时，由 SPD2 耗散的能量应小于或等于 SPD2 的最大承受能量 (E_{max2})。其中，最大承受能量 (E_{max}) 定义为 SPD 未退化时能承受的最大能量。E_{max} 可由试验结果得出 Ⅰ 类试验电流为 I_{imp}、Ⅱ 类试验电流为 I_{max} 时，工作负载试验中所测量到的能量。或通过厂家提供的数据如 I_{max}(Ⅱ 类试验）或 I_{peak}(Ⅰ 类试验)、$U_{res}(I_{max})$ 或 $U_{res}(I_{peak})$ 等获得 E_{max} 的值。

两个 SPD 间的距离 l 与起退耦元件作用的电感 L 相关。这个电感 L 可以退耦。另一种退耦方法是在两个 SPD 间安装一个电感阻抗器件。

通常需要处理两类浪涌的协调：与长波浪涌的协调(与Ⅰ类试验中使用的一样)；与短波浪涌的协调(与Ⅱ类试验中使用的一样)。

说明：应该强调，两个协调好的 SPD 的最大能量承受能力至少应等于两个 SPD 中最低的能量承受力。当只使用了一个 SPD，但随后又需连接一个新的 SPD，必须保证得到了恰当的协调。

7.2.5 对电涌保护器的其他要求

(1) 当电源采用 TN 系统时,从建筑物内总配电盘(箱)开始引出的配电线路和分支线路必须采用 TN-S 系统。

(2) 在各防雷区界面处原则上要做等电位连接,但由于工艺要求或其他原因,被保护设备的安装位置不会正好设在界面处而是设在其附近,在这种情况下,当线路能承受所发生的电涌电压时,电涌保护器可安装在被保护设备处,而线路的金属保护层或屏蔽层宜首先于界面处做一次等电位连接。

(3) 在屏蔽线路从室外的 $LPZ0_A$ 或 $LPZ0_B$ 区进入 LPZ1 区的情况下,线路屏蔽层的截面 S_C 应符合下式规定:

$$S_C \geqslant i_i \rho_c l_C 10^6 / U_b (\mathrm{mm}^2) \tag{7.9}$$

式中 i_i 流入屏蔽层的雷电流(kA),按图 6.33 确定;

ρ_c 屏蔽层的电阻率(Ω·m),20℃时铁为 138×10^{-9} Ω·m,铜为 17.24×10^{-9} Ω·m,铝为 28.264×10^{-9} Ω·m;

l_C 线路长度(m),按表 7.9 确定;

U_b 线路绝缘的耐冲击电压值(kV),电力线路按表 7.10 确定;通信线路,纸绝缘为 1.5kV,塑料绝缘为 5kV。

表 7.9 按屏蔽层敷设条件确定的线路长度

屏蔽层敷设条件	l_C (m)
屏蔽层与电阻率 ρ(Ω·m)的土壤直接接触	当实际长度 $>8\sqrt{\rho}$ 时,取 $l_C = 8\sqrt{\rho}$; 当实际长度 $<8\sqrt{\rho}$ 时,取 l_C = 线路实际长度
屏蔽层与土壤隔离或敷设在大气中	l_C = 建筑物与屏蔽层最近接地点之间的距离

表 7.10 电缆绝缘的耐冲击电压值

电缆的额定电压(kV)	绝缘的耐冲击电压 U_b (kV)
<0.05	5
0.22	15
10	75
15	95
20	125

注:当流入线路的雷电流大于以下数值时,绝缘可能产生不可接受的温升。

对屏蔽线路 $I_i = 8\,S_C$

对无屏蔽的线路 $I_i' = 8n'S_C'$

式中 I_i 流入屏蔽层的雷电流(kV);

S_C 屏蔽层的截面(mm^2);

I_i'　　流入无屏蔽线路的总雷电流(kA)；

n'　　线路导线的根数；

S_C'　　每根导线的截面(mm^2)。

(4) 电涌保护器必须能承受预期通过它们的雷电流，并应符合以下两个附加要求：

①通过电涌时的最大箝压，有能力熄灭在雷电流通过后产生的工频续流；②在建筑物进线处和其他防雷区界面处的最大电涌电压，即电涌保护器的最大箝压加上其两端引线的感应电压应与所属系统的基本绝缘水平和设备允许的最大电涌电压协调一致。为使最大电涌电压足够低，其两端的引线应做到最短。

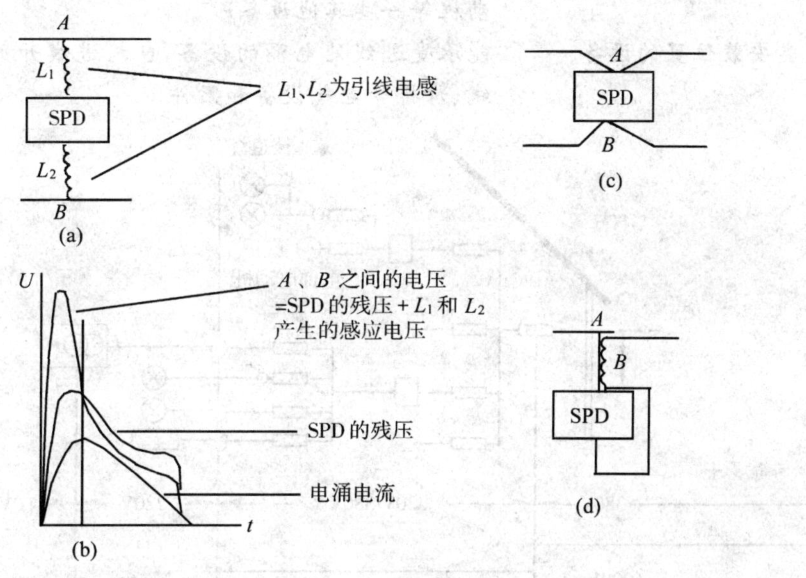

图 7.35　SPD 连接引线的影响

如图 7.35 中的 a、b 图所示，当引线长，产生的由连接线寄生电感提供的压降分量大，严重地削弱了保护装置的箝位限压作用，可能时，也可采用图 7.35 中的 c、d 图接线(详见减小寄生电感的措施)。

在不同界面上的各电涌保护器还应与其相应的能量承受能力相一致。

当无法获得设备的耐冲击电压时，220/380V 三相配电系统的设备可按表 7.11 选用。

表 7.11　220/380V 三相系统各种设备绝缘耐冲击过电压额定值

设备位置	电源处的设备	配电线路和最后分支线路的设备	用电设备	特殊需要保护的设备
耐冲击过电压类别	Ⅳ类	Ⅲ类	Ⅱ类	Ⅰ类
耐冲击电压额定值(kV)	6	4	2.5	1.5

注:IEC60364-4-443 中四类耐雷或投切过电压区域示意图(图 7.36)

Ⅰ类安装位置的设备	Ⅱ类位置后的电子设备、信息设备等特殊设备,需要将瞬态过电压限制到特定水平的设备;
Ⅱ类安装位置的设备	Ⅲ 类位置后的电气用具、移动设备等,如家用电器、手提工具和类似负荷;
Ⅲ类安装位置的设备	Ⅳ 类位置后的固定安装设备,如配电盘、断路器,包括电缆、母线、分线盒、开关、插座等的布线系统,以及应用于工业的设备和永久接至固定装置的固定安装的电动机等一些其他设备;
Ⅳ类安装位置的设备	能承受进线处电涌的设备,包括进线开关、电缆、架空线、母排等电气设备和附件。

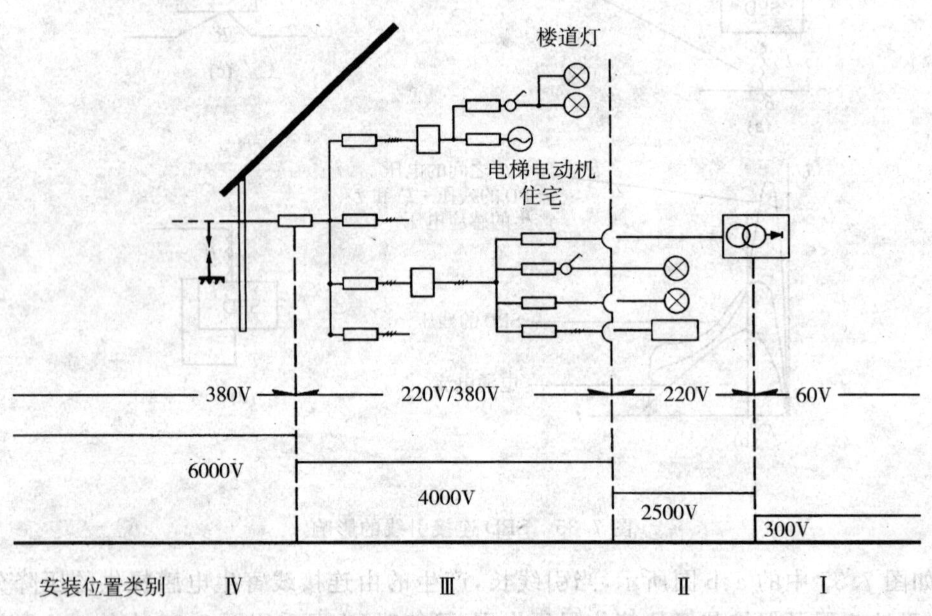

图 7.36　四类耐雷或投切过电压区域示意图

(5) 选择 220/380V 三相系统中的电涌保护器时,首先要区分低压配电系统的型式,是 IT、TT 还是 TN,

其最大持续运行电压 U_C 应符合下列规定。

① 按图 7.37 接线的 TT 系统中,U_C 不应小于 $1.55U_0$。

②按图 7.38 和图 7.39 接线的 TN 和 TT 系统中,U_C 不应小于 $1.15U_0$(系数 1.15 中 0.1 考虑系统的电压偏差,0.05 考虑电涌保护器的老化)。

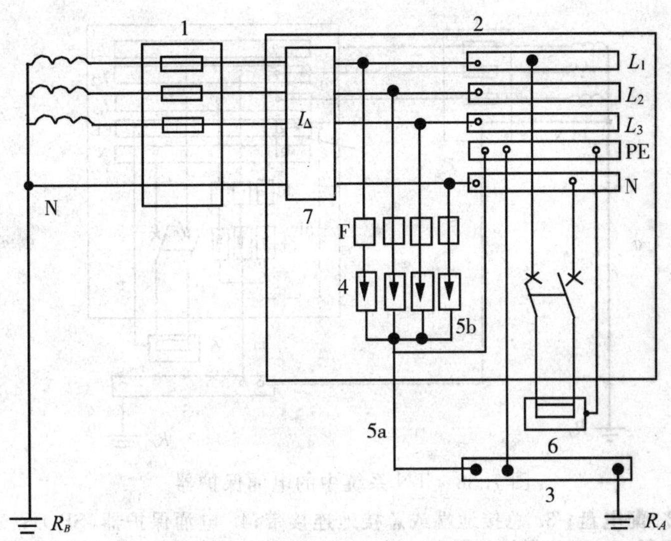

图 7.37 TT 系统中电涌保护器安装在剩余电流保护器的负荷侧

1. 装置的电源；2. 配电盘；3. 总接地端或总接地连接带；4. 电涌保护器(SPD)；5. 电涌保护器的接地连接，5a 或 5b；6. 需要保护的设备；7. 剩余电流保护器，应考虑通雷电流的能力；F. 保护电涌保护器推荐的熔丝、断路器或剩余电流保护器；R_A. 本装置的接地电阻；R_B. 供电系统的接地电阻。

③按图 7.40 接线的 IT 系统中 U_C 不应小于 1.15U_0(U_0 为线间电压)。(系数 1.15 中 0.1 考虑系统的电压偏差，0.05 考虑电涌保护器的老化。)

(6) 在供电的电压偏差超过所规定的 10%以及谐波使电压幅值加大的场所，应根据具体情况对氧化锌压敏电阻 SPD 提高最大持续电压 U_C 值。要综合考虑 U_C 值与产品的使用寿命、电压保护水平有关；U_C 选高了，寿命长了，但电压保护水平，即 SPD 的残压也相应提高。

(7) 在 $LPZ0_A$ 或 $LPZ0_B$ 区与 LPZ1 区交界处，在从室外引来的线路上安装的 SPD，应选用符合 I 级分类试验(即通过 SPD 的 10/350μs 雷电流幅值)的产品。

当线路有屏蔽时，通过每个 SPD 的雷电流可按上述确定的雷电流的 30% 考虑。SPD 宜靠近屏蔽线路末端安装。以上述得出的雷电流作为 I_{peak} 来选用 SPD。

当按上述要求选用配电线路上的 SPD 时，其标称放电电流 I_n 不宜小于 15kA。

现举例说明如何在 $LPZ0_A$ 或 $LPZ0_B$ 区与 LPZ1 区交界处选用所安装的 SPD。

图 6.32 中，一幢建筑物属于第二类防雷建筑物，从室外引入水管、电力线、信息线。电力线为 TN-C-S，其入口防雷区的界面处在电力线路的总配电箱上装设三台 SPD，在此以后改为 TN-S 系统。因为是第二类防雷建筑物，按表 2.2 和表 2.3，首次雷击和首

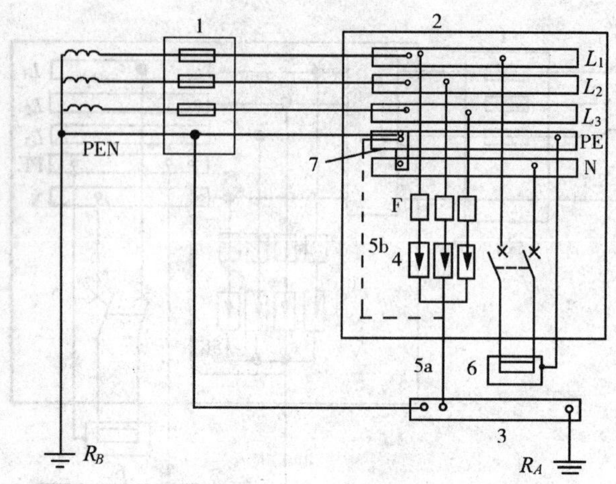

图 7.38 TN系统中的电涌保护器

1. 装置的电源；2. 配电盘；3. 总接地端或总接地连接带；4. 电涌保护器（SPD）；5. 电涌保护器的接地连接，5a 或 5b；6. 需要保护的设备；7. PE 与 N 线的连接带；F. 保护电涌保护器推荐的熔丝、断路器或剩余电流保护器；R_A. 本装置的接地电阻；R_B. 供电系统的接地电阻

注：当采用 TN-C-S 或 TN-S 系统时，在 N 与 PE 线连接处电涌保护器用三个，在其以后 N 与 PE 线分开处安装电涌保护器时用四个，即在 N 与 PE 线间增加一个，类似于图 7.38。

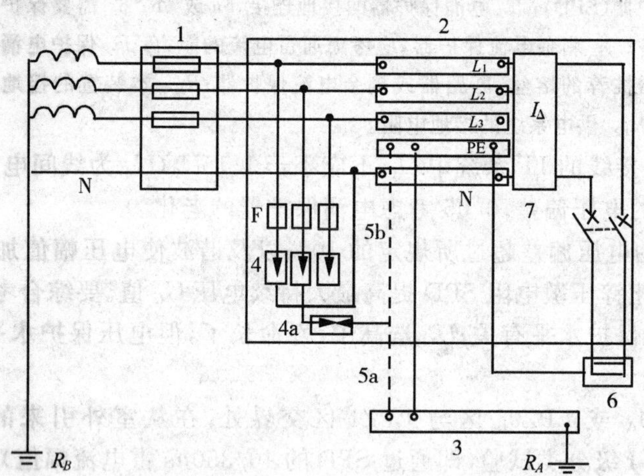

图 7.39 TT 系统中电涌保护器安装在剩余电流保护器的电源侧

1. 装置的电源；2. 配电盘；3. 总接地端或总接地连接带；4. 电涌保护器（SPD），4a. 电涌保护器或放电间隙；5. 电涌保护器的接地连接，5a 或 5b；6. 需要保护的设备；7. 剩余电流保护器，可位于母线的上方或下方；F. 保护电涌保护器推荐的熔丝、断路器或剩余电流保护器；R_A. 本装置的接地电阻；R_B. 供电系统的接地电阻

注：当电源变压器高压侧碰外壳短路产生的过电压加于 4a 设备时不应动作。在高压系统采用低电阻接地和供电变压器外壳、低压系统中性点合用同一接地装置以及切断短路的时间小于或等于 5s 时，该过电压可按 1200V 考虑。

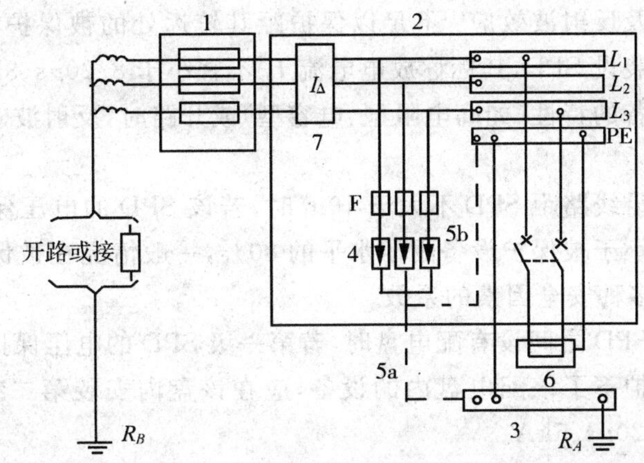

图 7.40 IT 系统中电涌保护器安装在剩余电流保护器的负荷侧

1. 装置的电源；2. 配电盘；3. 总接地端或总接地连接带；4. 电涌保护器(SPD)；5. 电涌保护器的接地连接，5a 或 5b；6. 需要保护的设备；7. 剩余电流保护器，应考虑到通雷电流的能力；F. 保护电涌保护器推荐的熔丝、断路器或剩余电流保护器；R_A. 本装置的接地电阻；R_B. 供电系统的接地电阻。

次雷击以后雷击的雷电流幅值分别为 150kA 和 37.5kA，波头时间分别为 10μs 和 0.25μs，半值时间分别为 350μs 和 100μs。

按图 6.32 电源线上雷电流得 $i_{i_1}=150\ \text{kA}/2/3=25\ \text{kA}$ 和 $i_{i_2}=37.5\ \text{kA}/2/3=6.25\ \text{kA}$。

每个 SPD 通过的电流为 $i_{V_1}=25/3=8.3\ \text{kA}$ 和 $i_{V_2}=6.25/3=2.1\ \text{kA}$。

所以，选用 *I* 级分类试验的 SPD 时，其 $i_{\text{peak}}>8.3\text{kA}(10/350\mu\text{s})$。

当电力线有屏蔽层时，所选用的 *I* 级分类试验的 SPD，其 $i_{\text{peak}}>0.3\times 8.3\ \text{kA}=2.5\ \text{kA}$。

对 I 级分类试验的 SPD，在其电压保护水平为 4kV 的情况下，当 SPD 上、下引线长度为 1m 时(电感为 1μH/m)，电流最大平均陡度为：

$i_{V_2}/T_1=2.1/0.25=8.4\text{kA}/\mu\text{s}$(线路无屏蔽层)

和 $i_{V_2}/T_1=0.3\times 2.1/0.25=2.52\text{kA}/\mu\text{s}$ (线路有屏蔽层)。

因此，最大电涌电压(图 7.35 中(a) 图 *A*、*B* 之间的电压)为

$U_{AB}=4\text{kV}+8.4\times 1=12.4\text{kV}$ (无屏蔽层)

和 $U_{AB}=4\text{kV}+2.52\times 1=6.52\text{kV}$ (有屏蔽层)。

(8) 在按上述第 7 条要求安装的 SPD 所得到的电压保护水平加上其两端引线的

寄生电感上电压以及反射波效应①不足以保护距其较远处的被保护设备的情况下，尚应在被保护设备处装设 SPD，其标称放电电流 I_n 不宜小于 8/20μs、3kA。

根据被保护设备的特性（如高电阻型、电容型）或开路时，反射波效应最大可将侵入的电涌电压加倍。

当被保护设备沿线路距 SPD 不大于 10m 时，若该 SPD 的电压保护水平加上其两端引线的感应电压小于被保护设备耐压水平的 80％，一般情况在被保护设备处可不装 SPD。80％是考虑多种安全因素的系数。

(9) 当安装的 SPD 之间设有配电盘时，若第一级 SPD 的电压保护水平加上其两端引线的感应电压保护不了该配电盘内的设备，应在该盘内安装第二级 SPD，其标称放电电流不宜小于 8/20μs、5kA。

(10) 在考虑各设备之间的电压保护水平时，若线路无屏蔽尚应计及线路的感应电压，应按附录五计算，雷电流参量应按表 2.3 选取。在考虑被保护设备的耐压水平时宜按其值的 80％考虑。

(11) 在一般情况下，当在线路上多处安装 SPD 且无准确数据时，电压开关型 SPD 与限压型 SPD 之间的线路长度不宜小于 10m，限压型 SPD 之间的线路长度不宜小于 5m。

7.2.6 寄生电感问题

电流流过导线时能够在其周围建立磁场，从电路的角度来看，各种导线都有电感。一般地说，每米长的直导线（直径在 0.5～2mm 范围）电感约为一到几个微亨，在高频情况下，由于受集肤效应的影响，导线电感有所下降。在暂态过电压保护装置中，各种元器件都是直接或间接地采用导线连接起来的，凡是在保护装置中起到不希望其存在的导线或元件电感常被视为寄生电感。

7.2.6.1 寄生电感的危害

寄生电感的数值一般虽然很小，但由于雷电暂态电流的变化很快，能够在寄生电感上产生数值可观的压降。寄生电感的存在能够增大放电管、压敏电阻和雪崩二极管等非线性限压元件的箝位电压，使其后面的被保护电子设备或器件不能耐受，并由此导致它们的失效或损坏。因此，必须在保护装置中尽可能地减小寄生电感，以改善保护效果，提高保护可靠性。

例如，在图 7.41 中，对用户原有交流电源进线配电盒加设防雷保护装置，出于安装方便的目的，将保护装置设置于配电箱外侧，再通过导线连接到配电箱内，这样保护装

① 由流动波的反射理论可知当暂态过电压波通过 SPD 进入被保护设备电源线后，由于设备电路与导线上的寄生电感能够产生与来波同极性的反射波，来波与反射波叠加，将升高远端设备前端的电压。

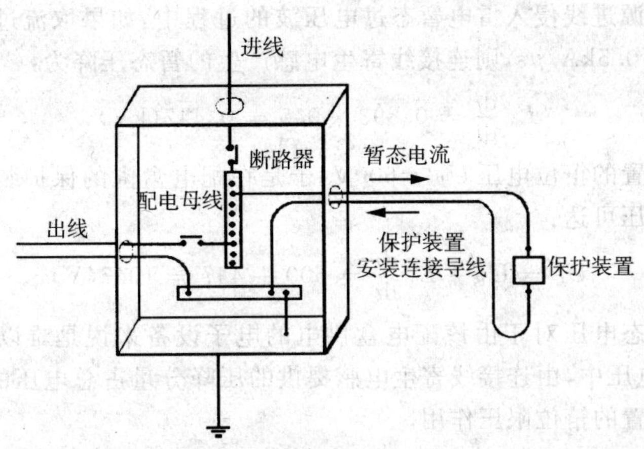

图 7.41　电涌保护器安装在电源进线箱侧

置就具有较长的一段连接线。在估计这段连接线对保护装置保护效果的影响之前，需要确定这段连接线的寄生电感，对于这种悬垂窄环状的连接线寄生电感，可按等值矩形法加以估算，其表达式为：

$$L_0 = 0.2S\left[\ln\frac{2S}{r} - (2\ln\frac{S}{\sqrt{A}} + \eta) + \frac{1}{4}\right] \quad (\mu\text{H}) \tag{7.10}$$

上式中 L_0 为连接线的寄生电感(μH)，S 为悬垂窄环的周长(m)，A 为与悬垂窄环形状接近的等值矩形面积(m^2)，r 为导线半径(m)，η 为一个与比值 $S/\sqrt{A}$ 有关的因子，其值按表 7.12 选取。

在图 7.41 中，设保护装置两条连接线的平均长度为 0.6m，线间平均距离为 0.04m，导线的半径为 0.0013m，则连接线构成的悬垂窄环周长及其等值矩形面积分别为：

$$S = 2\times 0.6 + 2\times 0.04 = 1.28 \quad (\text{m})$$

$$A = 0.04\times 0.6 = 0.024 \quad (\text{m}^2)$$

则 S 与 $\sqrt{A}$ 的比值为：

$$\frac{S}{\sqrt{A}} = \frac{1.28}{\sqrt{0.024}} = 8.26$$

查表 7.13 用插入法，可得 η=0.127，将以上各参数代入式(7.10)得连接线的寄生电感为：

$$\begin{aligned} L_0 &= 0.2S\left[\ln\frac{2S}{r} - \left(2\ln\frac{S}{\sqrt{A}} + \eta\right) + \frac{1}{4}\right] \\ &= 0.2\times 1.28\left[\ln\frac{2\times 1.28}{0.0013} - \left(2\ln\frac{1.28}{\sqrt{0.024}} + 0.127\right) + \frac{1}{4}\right] \\ &= 0.893(\mu\text{H}) \end{aligned}$$

在抑制沿电源进线侵入雷电暂态过电压波的过程中，如果取流过保护装置的暂态电流上升陡度为0.5kA/μs，则连接线寄生电感产生的暂态压降为：

$$L_0 \frac{\mathrm{d}i}{\mathrm{d}t} = 0.893 \times 0.5 = 0.447(\mathrm{kV})$$

再取保护装置的箝位电压 U_P =600V，于是在配电盒内的保护装置两连接线端之间的实际箝位电压可达：

$$U_C = U_P + L_0 \frac{\mathrm{d}i}{\mathrm{d}t} = 600 + 447 = 1047(\mathrm{V})$$

这样高的暂态电压对于由该配电盒供电的电子设备来说是难以耐受的。十分清楚，在这一暂态电压中，由连接线寄生电感提供的压降分量占总电压的42.7%，它严重地削弱了保护装置的箝位限压作用。

表 7.12　η 的取值表

$S/\sqrt{A}$	η
∞	0
9.392	0.0140
6.957	0.0258
5.939	0.0355
5.367	0.0438
4.427	0.0565
4.243	0.0714
4.131	0.0755
4.064	0.0782
4.025	0.0798
4.006	0.0807
4.000	0.0809

7.2.6.2　减小寄生电感

通常，减小寄生电感主要有以下几种方式：

①尽量缩短连接引线的长度；

②尽量减小由连接引线形成回路的面积；

③采用多条并联泄放暂态电流的路径。

在一个多级保护电路中，减小首、末两级保护支路中的寄生电感是至关重要的。在暂态过电压作用期间，暂态大电流主要靠第一级保护支路来泄放，该级支路中电流的上升陡度 $\mathrm{d}i/\mathrm{d}t$ 是相当大的，这就需要该级支路中的寄生电感具有很小的数值，才能不致给后续各级保护支路增大箝位压力。而最后一级保护支路直接决定着整个多级保护电路的保护水平，只有尽可能减小该级支路中的寄生电感，才能向其后面的被保护电子设备提供可以耐受的箝位电压。

在建筑物内，保护装置总是需要与地相连才能在暂态抑制过程中发挥泄流与限压作用，但在很多情况下，由于受室内电子设备实际所在空间位置的限制，保护装置的允许安装点与室内接地母线之间往往存在着一定的距离，在这段距离上的接地引线寄生电感是影响保护装置实际箝位限压效果的又一个重要因素。如果接地引线寄生电感数值较大，则保护装置实际箝位电压也就较高，典型的例子见图 7.41，就会使得其后面被保护电子设备无法耐受而导致损坏，因此必须尽可能地减小接地引线的寄生电感，以求最大限度地提高保护装置对雷电暂态过电压的防护可靠性。

对于电源保护装置的安装也可以通过被保护电源线的延伸部分来缩短安装连线长度，减小与保护装置串联的寄生电感，三种典型的安装方式见图 7.42。

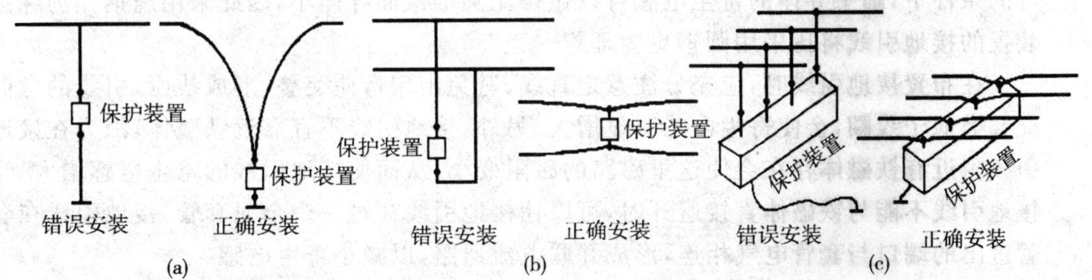

图 7.42　电源保护装置的典型安装连线方法

接地引线的寄生电感在很大程度上与引线导体截面的几何形状有关，保护装置常用的接地引线截面主要有圆形和矩形两种，现分别估算这两种导体的寄生电感。

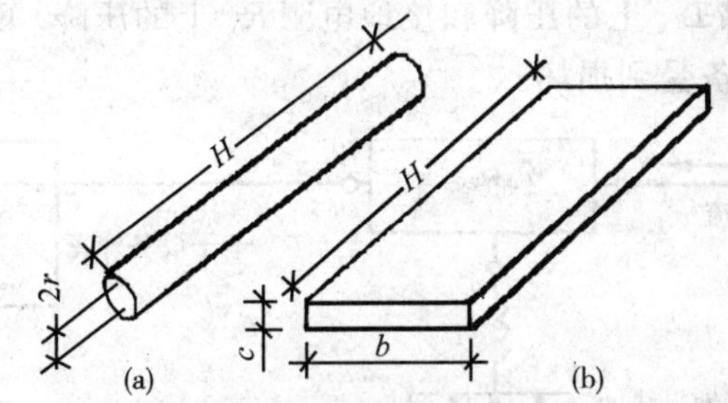

图 7.43　两种截面的导体

对于一段圆形截面的导体，如图 7.43(a)所示，其寄生电感可按下式来估算：

$$L_0 = 0.002H\left(2.303\lg\frac{2H}{r} - 0.75\right) \tag{7.11}$$

上式中 L_0 为寄生电感(μH)，H 和 r 分别为导体的长和半径 (cm)。对于作为实际接地引线的圆形截面导体而言，其半径 r 一般要比其长度 H 小几个数量级，即 r 与 H 之间的可比性非常小。由式(7.11) 可知，这种圆形导体的寄生电感，主要由其长度 H 来决定，其半径 r 即使是成倍地增加，相应的 L_0 也无明显的减小。因此，要减小这种导体的寄生电感，就得缩短导线的长度，这一要求往往会受到实际空间条件的制约，常难以实施。

再来看矩形截面的扁导体带，如图 7.43(b)所示，其寄生电感可估算如下：

$$L_0 = 0.002H2.303\lg\frac{2H}{b+c} - 0.2235\frac{b+c}{H} \tag{7.12}$$

上式中 L_0 为扁导体带的寄生电感(μH)，H、b 和 c 分别为扁导体带的长、宽和厚度(cm)。对于用作实际接地引下线的扁导体带来说，其宽度虽然比其长度 H 小，但以不再像圆形截面导体那样，其 b 与 H 之间的可比程度已比较大。

由式(7.12)可知，在长度 H 一定时，适当增大宽度 b，可以有效地减小寄生电感 L_0。通过对圆形截面导体和矩形截面扁平导体带寄生电感的估算可以看到，在长度相等的条件下，扁平导体的寄生电感可以做得比圆形截面导体小，因此采用扁钢作为保护装置的接地引线将比采用圆钢更为理想。

在布置接地引线时，应充分注意走直线，避免出现弯曲交叠，形成线匝，引线的弯曲交叠类似于线圈，会使寄生电感明显增大。另外，接地引线不宜靠近铁磁体，因为在接地引线附近有铁磁体存在会使这里磁路的磁阻变小，从而使接地引线的寄生电感增大。当接地引线不能与铁磁体直接避开时，可以让接地引线穿过一个金属套管，接地引线在套管进出的端口与套管电气相连，形成并联电流通路，以减小寄生电感。

在一些电源系统和电子系统分开接地的场合，如果保护装置的接地引线较长，则需要考虑调整接地方式。例如在图 7.44 中，电源保护装置的接地引线较长，在抑制沿电源线袭来的雷电暂态过电压波时，保护装置安装点对实际地的电压(含保护装置箝位电压、接地引线寄生电感 L_{0g} 上的压降和接地电阻 R_g 上的压降)可能会相当高，很容易使后面的被保护电子设备受到损坏。

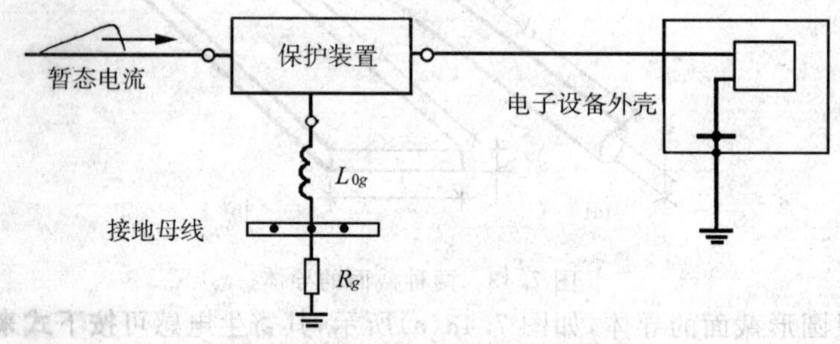

图 7.44　电子设备接地引线较长的状况

为此可采用图 7.45 所示的接地方式，将电子设备的接地端与保护装置的接地端连接后再通过引线与接地母线相连接，这样在电子设备的电源输入端与其接地端之间就避开了原来保护装置那段接地引线寄生电感上的压降和接地电阻上的压降，从而有效地改善了保护装置的实际箝位效果。

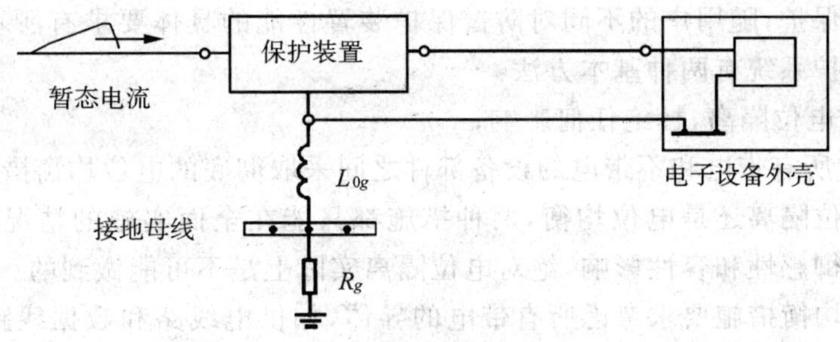

图 7.45　电子设备接地引线的改善状况

§7.3　供配电系统的防雷

供建筑物的交流电源通常是由城市电网引入的。当雷击于电网附近或直击于电网时，能够在线路上产生过电压波，这种过电压波沿线路传播进入户内，通过交流电源系统侵入设备，造成设备的损坏。同时，雷电过电压波也能从交流电源侧或通信线路传播到直流电源系统，危及直流电源及其负载电路的安全。随着各种电子设备广泛用于各类建筑物中，对电子设备电源系统的防雷保护问题正普遍受到关注。

电力线路在输入建筑前可能已遭受过直击雷和雷电感应，直击雷击中高压电力线路，经过变压器耦合为低压后入侵建筑物的供电设备；云地闪电击中建筑物或建筑物附近时，雷电流通过引下线流入接地体，在接地体上会发生几十千伏至几百千伏的高电压，这种形式的高电位可通过电路中的零线、保护接地和综合布线中的接地线，以脉冲波的形式侵入室内，并沿着导线传播，殃及更大的范围。另外，低压线路也可能会被雷击中传播过电压。在 220/380V 电源线上出现的雷电过电压平均可达 10000V，对电子系统能造成毁灭性打击。

当距机房几百千米的远方发生了雷击时，雷击浪涌通过线路以接近于光速传输，经变电站的衰减，到达计算机设备时可能仍然有上千伏，这个高压时间很短，只有几十到几百微秒，可能不足以烧毁设备，但对于计算机内部的半导体元器件却有很大的损害，随着这些损害的积累，计算机也逐渐变得越来越不稳定，有可能造成重要数据的丢失。

计算机商业设备制造商协会(CBEMA)制定了国际标准，该标准是 IBM 等计算机制造商们设计、制造计算机的依据。中国的行业标准规定：使用 220/380V 电力系统的计算机所能承受的过电压不高于 2000V。

7.3.1　对保护装置的基本要求

电源系统的过电压是电网中的操作过电压、静电放电以及雷电放电时形成的。电源系统的防雷保护，随用户的不同对防雷保护装置性能的具体要求有所不同。建立有效的过电压保护系统有两种基本方法：

a. 绝对的电位隔离，杜绝任何影响；

b. 或者在所有带电和不带电的设备部件之间采取彻底的电位均衡措施。

不论是电位隔离还是电位均衡，两种措施都只能在全面实施的情况下才起作用。如果还必须抗御感性和容性影响，绝对电位隔离实际上是不可能做到的。

全面电位均衡措施要求考虑所有带电的导体，如供电线路和数据线路等等。为此需要若干过电压放电器。一旦出现过压，这些过电压放电器必须在极短的时间内充当所谓的“理论击溃点”短接二个不同电位的点。

在正常工作情况下，保护装置接入后对所在电源系统正常运行的影响应降低到可以忽略不计的程度。它们将在毫微秒范围造成短路，短路持续时间是以微秒数量级来计量的，并且还取决于过压持续时间，这就要求在正常运行时保护装置中的并联（纵向）元件应具有非常大的阻抗，而串联（横向）元件应具有非常小的阻抗。

通常，电路保险丝在这种情况下很少动作，如果动作也是因为低阻抗电压源的电网后续电流的缘故，这也从另一个角度说明，保险丝不能胜任过压保护的任务。因此，要求保护装置应具有良好的箝位效果。在设计允许的最大雷电暂态电流作用下，保护装置的箝位电压水平应接近所在系统的最高运行电压。这里的接近一般指的是 1～3 倍于系统最高运行电压，其具体倍数取决于被保护电子设备的过电压耐受能力。

保护元件的安装连接线的长度应尽可能减小，以减小纵向并联支路的寄生电感，降低保护装置安装点处的实际箝位水平。在系统正常运行时，保护装置中流过的泄漏电流要很小，以减缓保护装置自身的老化，并减小对系统正常运行的影响程度。为此，既要限制保护装置中并联保护元件的稳态泄漏电流值，又要限制保护装置中电源引线端对地之间的寄生电容值。

过压抑制的一级措施是屏蔽、接地、电位均衡措施以及分开安装铺设可能相互影响的导线。一级措施还同样包括改善电路分配（即从相线 L_1、L_2 或者 L_3 各馈电线中选用一根只用于电子设备供电）以及使用不间断电源等。

在实际工作中，上述一级措施的理想状态是无法实现的。如果有过压侵入电路的可能性，则还是必须加装过压放电器。

采用过压放电器是过压抑制的二级措施。在没有超出放电器设定参数的前提下，借助这种过压放电器可以将瞬变量降低到对被保护设备不构成危险的程度。放电器可以多次排放包括频率通常很高的冲击电流。这里提及的过压以及放电器冲击电流皆是以瞬变量形式出现的。

除了上述要求外，在电源系统中如何设置保护装置是一个值得重视的问题。原则上讲，保护装置应设置在预计暂态过电压源与被保护电子设备之间，但是在一个较为复杂的供电系统中，保护装置的设置一般应选在供电干线上为宜，这样的设置可以使由该干线供电的各支线设备负载基本上都能得到保护，而在某条支线上设置保护装置往往不能对其他支线上的设备提供保护。

例如：计算机房供电系统防护可采取以下的措施：

①引入大楼内的交流电力线宜采用地下电力电缆，其电缆金属护套的两端均应作良好的接地。

②交流供电变压器高压侧安装高压防雷器；低压侧，接大容量过流型的电源防雷器。变压器的机壳、低压侧的交流零线以及与变压器相连的电力电缆的金属外护层，应就近接地。

③配电屏引出的三根相线及零线，应接中等容通量电源防雷器 40～100kA，屏内交流零线不作重复接地。大楼内所布放的交流供电线路中的中性线（零线）汇集排，应与机架的正常不带电金属部分绝缘。

④机房的电缆金属护套在入室处应作保护接地，电缆内芯线在入室处应加装防雷器，电缆内的空載导线亦应作保护接地。

⑤大楼内所有交直流用电及配电设备均应采取接地保护。交流保护接地线应从接地汇集线上专引，严禁采用中性线作为交流保护接地线。

7.3.2　配电变压器保护

配电变压器是交流供电系统的重要设备，对配电变压器采取防雷保护措施，一方面可以防止变压器自身受到雷电过电压的损坏，提高向建筑物内设备的供电可靠性；另一方面也可以防止雷电过电压波通过变压器传播到建筑物内的电源系统，在变压器的高、低压侧均装设避雷器（图 7.46）。

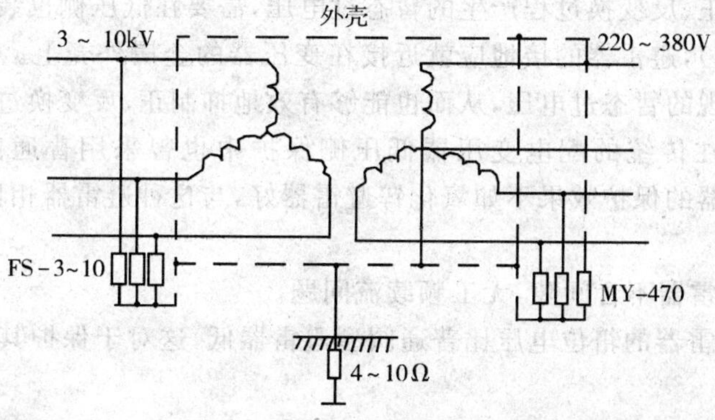

图 7.46　配电变压器的保护接线

7.3.2.1　变压器保护

高压侧通常安装三只阀型避雷器(FS-3～10),低压侧通常安装三只氧化锌避雷器(MY-470)。高压侧的三个避雷器应尽量靠近变压器,其接地端直接与变压器的金属外壳相连,以减小雷电电流在引线寄生电感上产生的压降。

当雷电过电压波沿高压线路传播到变压器时,高压侧避雷器动作,由于它们的接地端与变压器金属外壳及低压侧中性点都连在一起后接地,作用在变压器高压侧主绝缘上的电压只是避雷器的残压,而不含接地电阻及接地引下线寄生电感上的压降。通常,仅在高压侧装三只避雷器尚不能完全保护变压器,其原因在于:

①雷击于低压线路或低压线路受到附近雷击时的感应作用,使变压器低压侧绝缘损坏。

②雷击于高压线路或高压线路遭受附近雷击时的感应作用,此时高压侧三只避雷器动作,流过避雷器的雷电暂态电流会在接地电阻及接地引下线寄生电感上产生压降,这一压降会作用在低压侧中性点上,而低压侧的出线此时相当于经出线阻抗接地,因此这一压降的绝大部分加在低压绕组上,经电磁耦合,在高压绕组上将会按变压器的变比出现很高的感应电势。由于高压绕组的出线端电位此时已被避雷器固定,同时在高压绕组中感应的电位分布在中性点呈现出最高值,这样就有可能造成变压器绝缘的击穿。这种由高压侧避雷器动作在低压侧造成高电位,再通过电磁耦合变换到高压侧的过程称为反变换过程。

③低压线路遭受雷电感应或直接雷击时,雷电过电压作用于低压绕组,并按变比耦合到高压绕组。由于低压侧的绝缘裕度比高压侧大,有可能在高压侧先引起绝缘击穿,这一过程称为正变换过程。

为了抑制由正、反变换过程产生的暂态过电压,需要在低压侧也装三个低压氧化锌避雷器(压敏电阻),避雷器的接地应就近接在变压器的金属外壳上。这三个避雷器能够限制低压侧出现的暂态过电压,从而也能够有效地抑制正、反变换过程在高压侧产生的暂态过电压。在传统的配电变压器低压侧保护中也曾采用普通阀型避雷器(FS-0.25),这种避雷器的保护效果不如氧化锌避雷器好,与这种避雷器相比,氧化锌避雷器的主要优势在于:

a. 氧化锌避雷器不含间隙,无工频续流问题。

b. 氧化锌避雷器的箝位电压比普通阀型避雷器低,这对于保护其后面的电子设备是十分有利的。

c. 氧化锌避雷器自身有较大的寄生电容,其典型值约为 2nF～5nF,这种寄生电容能够与避雷器前面的低压绕组出线电感构成低通滤波器,实施对暂态过电压的有效衰减。

基于以上这些优势,氧化锌避雷器现已取代普通阀型避雷器而在配电变压器低压侧保护中获得了较为广泛地应用。

7.3.2.2　**避雷器的型号意义**

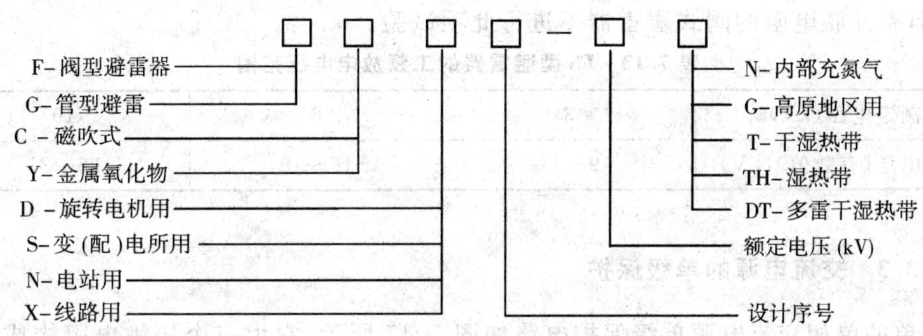

7.3.2.3　**管型避雷器安装**

管型避雷器在安装时不得任意拆开调整其灭弧间隙。安装前应仔细进行外观检查,绝缘管壁应无破损、裂痕、漆膜脱落、管口堵塞等现象,配件应齐全。同时应进行必要的试验,绝缘良好,试验合格。其安装要求是:

①避雷器应在管体的闭口端固定,开口端指向下方。当倾斜安装时,其轴线与水平方向的夹角对于普通管型避雷器应不小于15°;无续流避雷器应不小于45°;装于污秽地区时,尚应增大倾斜角度。

②避雷器安装方位,应使其排出的气体不致引起相间或对地闪络;也不得喷及其他电气设备;动作指示盖应向下打开。

③避雷器及其支架必须安装牢固,防止因受反冲力而导致变形或移位;安装应便于观察和检修。

④无续流避雷器的高压引线与被保护设备的连接线长度应符合产品的技术规定。

7.3.2.4　**阀型避雷器安装**

对于10kV及以下的变(配)电所常用的避雷器为国产FS型。这种避雷器的体积较小,安装前,应根据设计要求将金属支架和横担加工制作并装好,然后再装避雷器。

避雷器运到现场之后,首先要进行外观检查,规格型号符合设计要求,瓷体无裂缝破损,瓷套底座和盖板之间应封闭完好。因为避雷器阀片易受潮而使电阻值下降,造成工频续流增大,以至可能超过火花间隙的灭弧能力而导致阀片过热损坏或爆炸。所以要保持避雷器有良好的密封性,不得任意拆开。安装前用手轻轻摇动,避雷器里面不应有响声,如有响声,则说明内部零件固定不好,应予检修。

避雷器安装前还应进行绝缘电阻测定,直流泄漏电流测量和工频放电电压试验。

测量绝缘电阻使用2500V兆欧表，所测值对于FS型应大于2500MΩ，对于FZ型，虽没有具体规定，但应与制造厂或同一型号者测得的数值进行比较。FS型避雷器如绝缘电阻大于2500MΩ时，可不作泄漏试验。FS型避雷器的工频放电电压应在表7.13范围以内，但有并联电阻的阀式避雷器不进行此项试验。

表7.13 FS型避雷器的工频放电电压范围

额定电压(kV)	3	6	10
放电电压(有效值)(kV)	9～11	16～19	26～31

7.3.3 交流电源的单级保护

简单的单相交流电源单级保护电路如图7.47所示，它由三个压敏电阻构成，其中压敏电阻M_1和M_2用于抑制共模过电压，压敏电阻M_3用于抑制差模过电压。

差模保护(MD)：指的是相线与中性线间的保护，对TT系统和TN-S系统是必须的。

对于相线L和中线N来说，M_1和M_2是串联在它们之间，在抑制差模过电压时，L与N两线间的箝位电压将为M_1和M_2的残压之和，如果仅采用这两个压敏电阻，则它们残压之和将会对被保护的电子设备构成威胁，使之难以耐受。由于共模过电压能比较容易地通过隔离变压器或低通滤波器来进行衰减，而差模过电压则不容易通过这些设备来衰减，因此较高的差模过电压就能不受限制地传输到被保护电子设备上，造成设备的损坏，这样就需要在L与N两线之间再加一个压敏电阻M_3。在这三个压敏电阻中，M_1和M_2的型号和参数应选得一样，尤其是它们的参考电压和响应时间的实际值应尽可能地接近，不能有较大的分散性，否则会因为它们的动作不一致而将共模过电压转化为差模过电压。

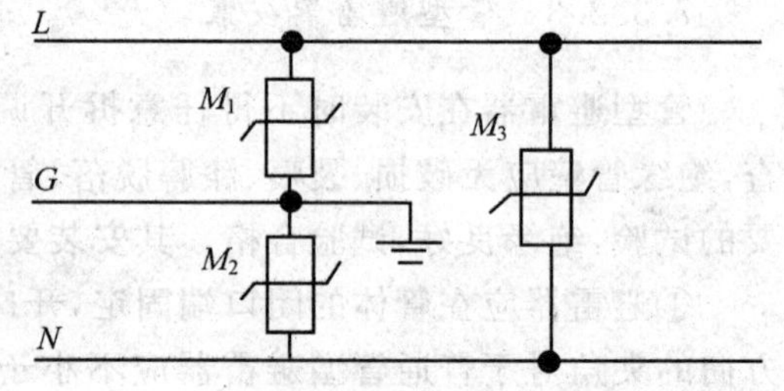

图7.47 单相交流电源的单级保护

在一些要求不太高的保护场合，可以在图7.47中酌情省去一到两个压敏电阻。例如仅用一只压敏电阻M_3来抑制差模过电压，而将共模过电压由隔离变压器或低通滤波器来抑制。如果采用两只压敏电阻的话，可以仅用M_2和M_3。

为了既能吸收雷电放电时周期长、幅值大的脉冲，又要达到较低的残压水平，应有选择地配置供电设备的保护设备。需要时可选用雷电放电器作为第一级电网保护。采用这类放电器可以排放60kA(10/350μs)或者100kA(8/80μs)的雷电电流。它们有两种同类产品，可以满足不同的要求，其主要区别在于放电能力和结构宽度不同。

为了改善保护性能，某些防雷器件也采用压敏电阻与放电管串联支路来取代单个压敏电阻(如图 7.48 所示)。

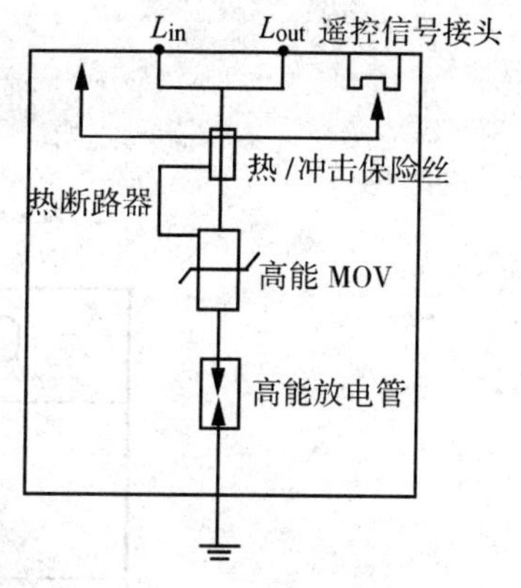

图 7.48　防雷器示意图

在电源系统正常运行时，由于放电管的隔离作用，压敏电阻几乎无泄漏电流流过，这就大大减缓了压敏电阻因长期流过泄漏电流所产生的老化现象，同时在保证可靠切断放电管工频续流的前提下，能够将压敏电阻的参考电压选得低一些，以降低其残压和箝位水平，提高对微电子设备保护的可靠性。

在这种串联支路中，对放电管的限制是首先要求它在系统最高运行电压下不能放电，为此就要求放电管的直流放电电压 U_{fd} 应大于系统最高运行电压 U_C(峰值)，在考虑了一定的裕度后，U_{fd} 可估算如下：

$$\min(U_{fd}) \geqslant 1.2\max(U_C)$$

其次，要求放电管在暂态抑制结束后能可靠灭弧，为此串联支路在系统最高运行电压作用下，压敏电阻中的电流 I_v 应小于放电管的熄弧电流值 I_e。实际上，I_v 只要在几个 ms 的短时间内低于 I_e 就有可能灭弧。但为了可靠起见，一般是让 I_v 连续低于 I_e。在估算 I_v 时，取放电管在弧区压降的典型值 20V，则压敏电阻上承受的电压为 U_C-20V，由于 U_C 一般要比 20V 大得多，所以可近似认为压敏电阻上的电压即为 U_C。

作为第二级保护，该保护单元的放电能力可达一次性 40kA(8/20μs)或者多次性 15kA(8/20μs)，它能把电压降低到对一个 230V 的负载不构成危险的水平。还可以选用带过压保护功能的保护插座或转接插头型式的保护插座，这些都可以直接接在待保护设备的进线处。

在安装布线时要注意，不要使各放电器相互之间产生耦合作用。在线路中接入电感器可以消除这种耦合作用，使一个小容量的放电器可以受到装在前级的较大容量放电器的保护。

7.3.4　交流电源的多级保护

按照防雷区的划分，当电气线路穿过两防雷区交界处时，要求安装防雷器。这些防雷器必须很好配合，以便按照它们的通流能力在各级防雷器之间分配可接受的承受值，以及保证将原始的闪电威胁值有效地减至被保护对象能够承受的安全值。

图 7.49、图 7.50 示出各种线缆(动力、信号)在防雷区交界处安装防雷器的例子，在防雷区概念下，电力配电系统应用诸 SPD 是顺序安装的。建议将电力和信息网络相互靠近进入需要保护的空间，并一起连到共用的等电位连接带上。这点对于用非屏蔽材料(木料、砖块、混凝土等)盖成的建筑物(或被保护空间)是特别重要的。

所选用的诸 SPD 及其与被保护设备组成的整体，应确保分雷电流大部分从

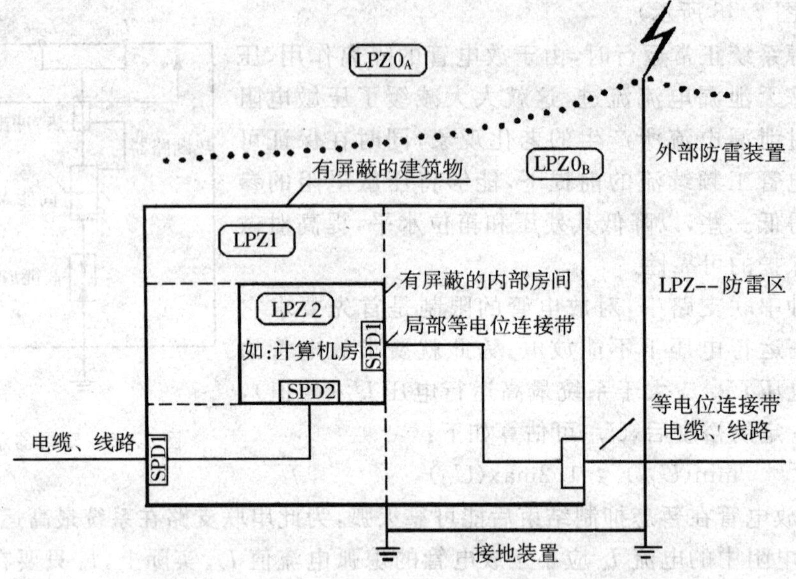

图 7.49　将一建筑物划分为几个防雷区和做符合要求的等电位连接的实例

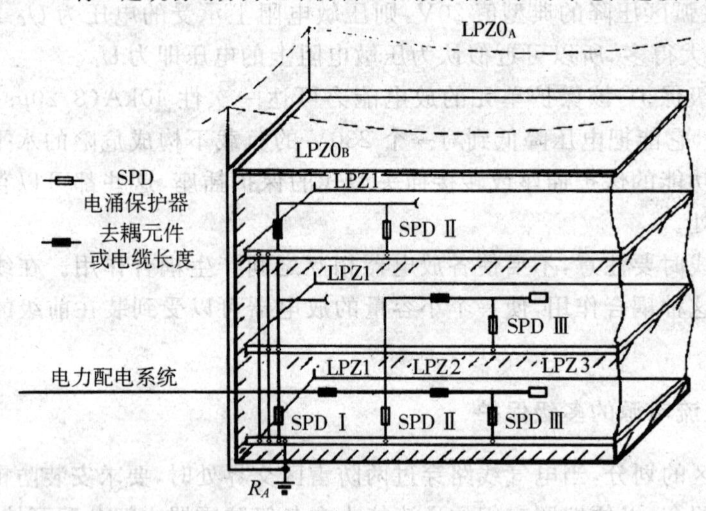

图 7.50　建筑物分为几个防雷区和耦合要求的等电位连接

$LPZ0_A$/LPZ1 交界处的接地装置流走。

一旦分雷电流的初始能量大部分已被散逸，随后的各 SPD 仅需按应付 $LPZ0_A$ 和 LPZ1 交界处的剩余威胁值加上 $LPZ0_A$ 区内电磁场产生的感应效应选型就可以。为了得到最佳的过压保护，SPD 的所有连接导线应尽量短，保证每个 SPD 等电位连接导体有最低的阻抗。

7.3.4.1 SPD的电压保护水平

从 $LPZ0_A$ 穿到 LPZ1 的线路也承担相应的分雷电流。SPD1 应在本交界处(参见图 7.50)将这些分雷电流的大部分导入大地。所采用的 SPD 的电压保护水平必须低于被保护设备的耐压能力(保护室内低压电器设备,防雷器残压 U_{res} ≤2000V)。保护敏感的信息系统必须采用较低的残压值。

在 $LPZ0_B$ 区中,由雷电流引发的电磁场起支配作用,不考虑直接雷击。

7.3.4.2 能量配合

在需要保护的系统中,所安装的 SPD 的数量取决于防雷区的划分和被保护设备的易损性。当采用多于一套 SPD 去保护设备时,就需研究这些 SPD 之间的以及与被保护设备的配合问题。

配合的一般目的,是借助于诸 SPD,将总威胁值减小到被保护设备的耐受能力以下。各个 SPD 分担的雷电浪涌不应超过其额定值。

①基本配合原则

从技术上选用下列两个一般原则之一,以实现 2 个或 2 个以上 SPD 之间的配合。

a. 借助稳态电流/电压特性的配合

除所敷设的线缆外,再不加任何去耦元件,借助于诸 SPD 的稳态电流/电压特性的配合。本原则适用于金属氧化物压敏电阻类(限压型 SPD)防雷器。

b. 采用去耦元件的配合

为配合目的,采用电感或电阻作去耦元件,而去耦元件应具备足够的耐电涌能力。

电感件主要用于电源系统,电阻件主要用于通信系统。去耦元件可采用分立设备,也可采用防雷区界面和设备之间电缆的电阻和电感。

②保护系统的基本配合方案

a、方案Ⅰ:全部 SPD 的残压 U_{res} 值相同,全部 SPD 都具有连续的电流/电压特性(如金属氧化物压敏电阻类防雷器)。

这种 SPD 之间以及与被保护设备的配合,通常是利用它们之间的线路阻抗来实现的(见图 7.51 和图 7.54)。

良好的配合,可以使雷电浪涌总威胁值(浪涌电流及能量)被诸 SPD 分段吸收(正比于各 SPD 的定额值,详见图 7.54a)并衰减到被保护设备的耐受能力以下。诸 SPD 的定额值依次递减(MOV_1>MOV_2>……),在被保护设备近旁的 SPD 的定额值最低。

b. 方案Ⅱ

全部 SPD 具有连续的电流/电压特性(如压敏电阻等)。SPD 的残压配接成台阶式,从第一个 SPD 开始,依次升高,但最后一级 SPD(图 7.52 中的 SPD3)的残压值 U_{res3}

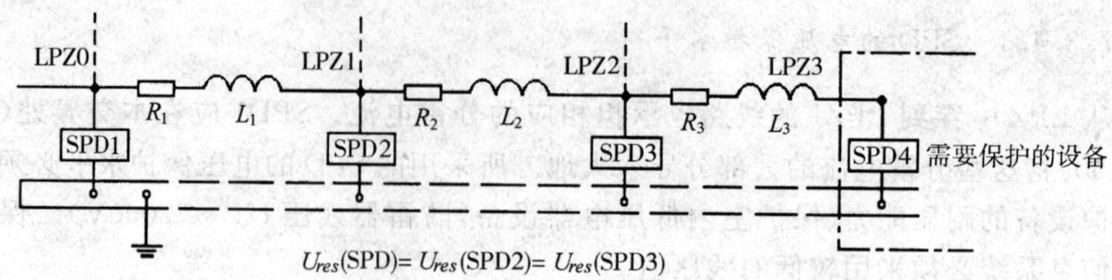

图 7.51　按方案Ⅰ的配合原则

必须低于被保护设备耐冲击电压的能力。

本方案要求装在被保护设备内的保护组件(如图 7.52 的 SPD4)残压 $U_{res4} > U_{res3}$ 。诸 SPD 通流容量定额搭配原则与方案Ⅰ相同。

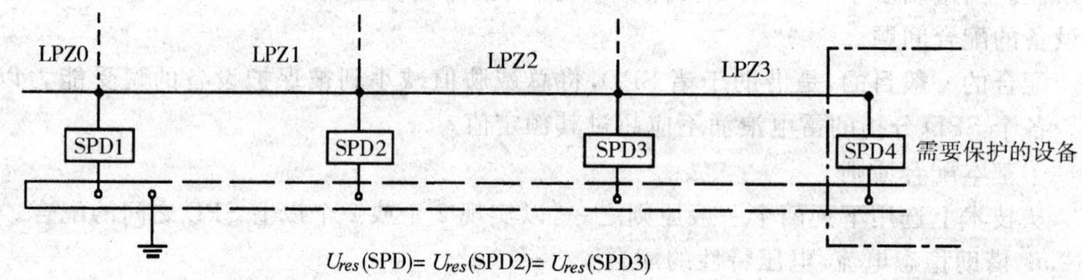

图 7.52　按方案Ⅱ的配合原则

c. 方案Ⅲ

SPD1 是具有不连续电流/电压特性的组件(开关型 SPD,如放电间隙),后续 SPD 的组件具有连续的电流/电压特性(限压型 SPD)(详见图 7.53)。

本方案的特点是,由于第一个 SPD 的“开关特性”,使雷电浪涌脉冲电流的波尾时间缩短,这样可以大大减轻后续 SPD 的通流容量。

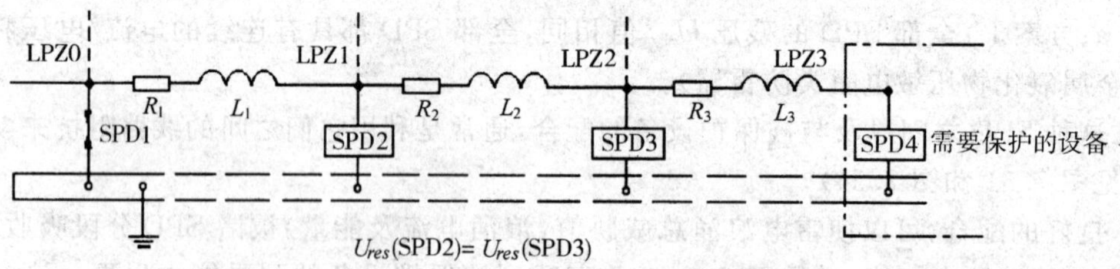

图 7.53　按方案Ⅲ的配合原则

这种配合方案要注意以下两点:

a) 放电间隙不出现火花放电(“盲点”),全部浪涌电流将通过 MOV。该 MOV 必须按此浪涌电流的能量确定其规格尺寸。

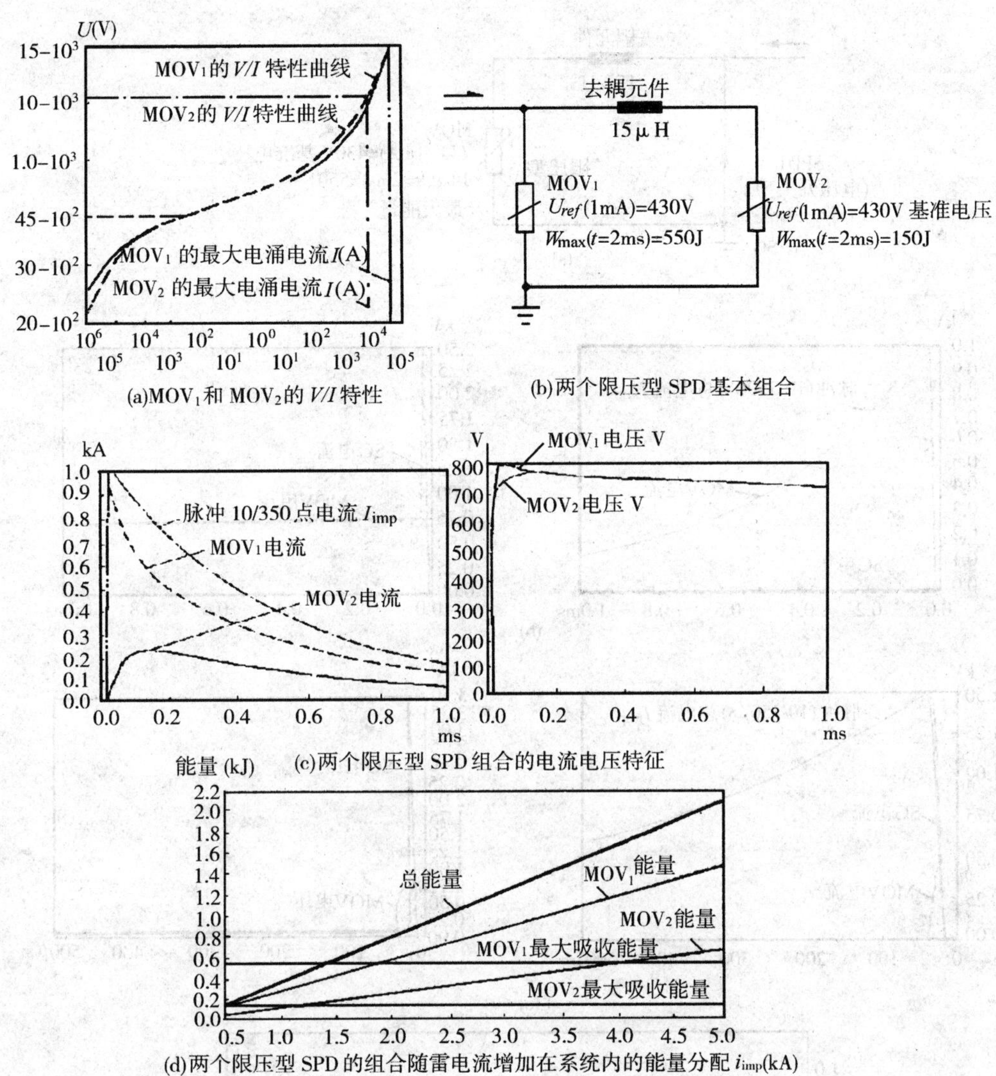

图 7.54　两个限压型 SPD 组合及性能分析

b）放电间隙出现火花放电，从而改变了加在后续 MOV 上的浪涌波形。从图 7.54(d)和 7.55(c)可看出，在良好的配合下，MOV 电流上升时间及能量比“盲点”情况下大为减少。当采用有低残压的放电间隙时，后续 MOV 的最大连续工作电压 U_C 的选择，是无关紧要的。

单级保护电路只能对暂态过电压进行一次性的抑制，应该说，在多数情况下这种保护是能够满足要求的。但是，对于一些耐压水平低的脆弱设备来说，单级保护是不能满

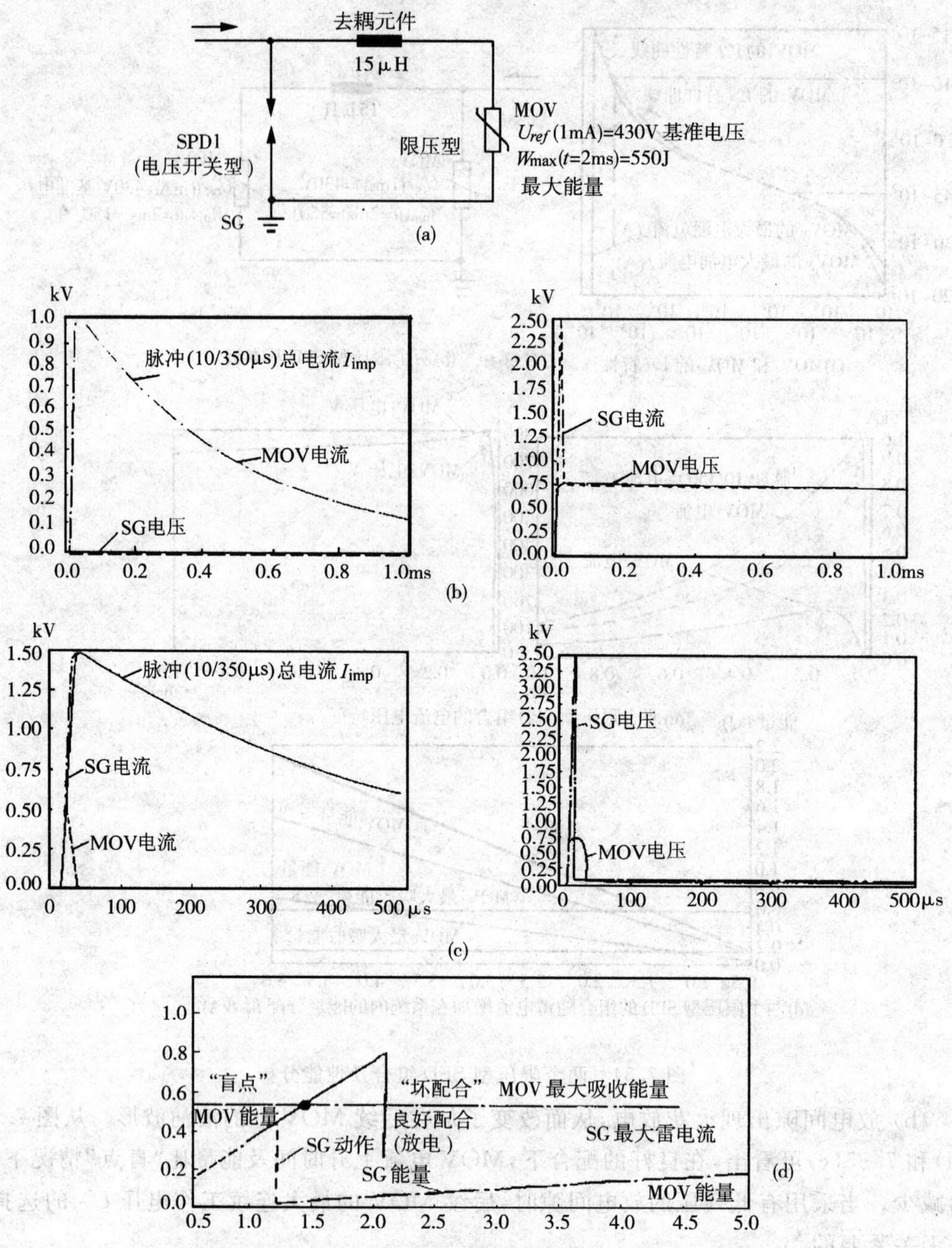

图 7.55　1 个电压开关型和 1 个限压型组合的例子

足要求的，为了提高保护可靠性，就需要采用多级保护电路。

7.3.4.3　在电压开关型(SC)SPD和限压型(MOV)SPD组合的系统中随着雷电流增加其系统能量分配的情况

多级保护电路就是充分利用各单级保护器件的特点，将它们有机地组合起来，以实现整体保护性能的优化。常见的多级保护电路一般为两级，包含泄流和箝位这两级基本环节。

第一级作为泄流环节，主要用于旁路泄放暂态大电流，将大部分的暂态能量泄放掉；第二级作为箝位环节，主要用于电压箝位，将暂态过电压限制到被保护电子设备可以耐受的水平。对于第一级泄流环节，要求所选用的保护元件具有通流容量大和耐受脉冲冲击能力强的特点。按照这一要求，放电管和压敏电阻均可作为候选元件，但用于220V/380V交流电源线路保护时，采用放电管会产生工频续流问题，它须与其他元件配合使用(如图7.55)方能胜任，而大容量的压敏电阻能较好地满足这一要求。如果单个压敏电阻的通流容量不够，可以采用若干个压敏电阻并联来提高通流容量。对于第二级箝位环节，要求所选用的保护元件的伏安特性应具有良好的非线性，且动作箝位后的残压水平要低。按照这一要求，压敏电阻和暂态抑制二极管均可作为候选元件，但暂态抑制二极管与压敏电阻相比其通流容量十分有限，且不容易与第一级保护元件的特性进行配合，所以在第二级中多采用压敏电阻。不过在一些脆弱电子设备的保护场合，由于暂态抑制二极管的非线性特性可比压敏电阻的强一些，且其箝位电压水平也较低，因此也可以选用大功率的暂态抑制二极管作为第二级保护元件。要实现第一、二级保护特性的合理配合，需要在这两级之间串入一定的元件，原则上讲，电感和电阻均可以作为候选元件。但如果采用电阻，则当被保护设备的负载电流较大时，这个电阻必须相当小，才能使正常运行时电阻上的压降很小，不致影响到被保护设备的正常工作电压，同时电阻的功率也应选得较大，以耐受较大的负载电流，这样就对电阻的选择提出了苛刻的要求，常使之难以实施。如果采用电感，在正常运行时对电感值及功率都无苛刻要求，只要求在暂态过电压脉冲冲击下电感值不能发生较明显的下降，对于这一要求，可通过对电感线圈的特殊设计和特殊绕制来达到。

7.3.4.4　SPD级间配合的计算

考虑低压配电系统的过电压防护时，一般采用多级保护，多级保护存在着一个前级保护和后级保护如何配合的问题，我们不妨用行波理论来分析一下。

在低压配电系统的过电压保护中，通常第一级采用放电间隙，以泄放大的雷电流；在第二级采用限压元件，将残压控制在设备的冲击绝缘水平以下。

由于限压元件的响应时间较快，一般为25ns左右，而放电间隙的响应时间则比较慢，约为 100ns。如何才能保证第一级保护比第二级保护先动作，以泄放大的雷电流呢？

雷电侵入波沿着电力电缆侵入，首先到达放电间隙，由于放电间隙有响应时延，侵入波将继续沿着电力电缆向前行进，我们应该保证的是在侵入波到达限压元件之前让放电间隙动作。

我们知道了波在电缆中的传播速度为 $V=1.5\times10^{8}$ m/s，放电间隙的动作响应时间 T 为 100ns，限压元件的响应时间为 25ns，那么，波在这个时间差(100－25)ns ＝ 75×10^{-9}s 内向前行进的距离 S 为：

$$S=V\times T=(1.5\times10^{8}\mathrm{m/s})\times(75\times10^{-9}\mathrm{s})=11.25\mathrm{m}$$

也就是说，如果第一级保护器件和第二级保护器件之间的距离(电缆)大于 11.25m，就能够保证前级保护先动作，从而达到将大的雷电流先泄放掉的目的。由于防雷器件的实际响应时间有一定的误差，故应将前、后级保护器件间的距离考虑得更长一些，选用 15m 是比较合适的。

如果前后两级保护均为限压型器件，响应时间均为 25ns，但考虑到其实际响应时间的误差(可假定为 25ns)，那么为了保证前级先动作，则两级保护间的距离应该为：

$$S=V\times T=(1.5\times10^{8}\mathrm{m/s})\times(25\times10^{-9}\mathrm{s})=3.75\mathrm{m}$$

在国标《建筑物防雷设计规范》GB50057-94(2000 年版)中，第 6.4.11 条规定“在一般情况下，当在线路上多处安装 SPD 且无准确数据时，电压开关型 SPD 与限压型 SPD 之间的线路长度不宜小于 10m，限压型 SPD 之间的线路长度不宜小于 5m。”另外，在信息产业部行业标准《通信局(站)雷电过电压保护工程设计规范》YD/T 5098-2001 中，第 3.7.8 条规定“当上一级 SPD 为开关型 SPD，次级 SPD 采用限压型 SPD 时，两者之间的电缆线间距应大于 10m。当上一级 SPD 与次级 SPD 都采用限压型 SPD 时，两者之间的电缆线间距应大于 5m。”

根据上面的计算，电压开关型 SPD 与限压型 SPD 之间的线路长度不小于 10m 似乎稍嫌小了些，而限压型 SPD 之间的线路长度不小于 5m 则是合适的。

在实际的工程中，有时很难保证第一级保护器件(间隙型)和第二级保护器件之间的距离(电缆)大于 15m，因此，我们经常采用集中电感来等效这个距离。这个电感的电感量为多少才合适呢？我们也可以计算一下：

导线的 $L_0\approx1.6\times10^{-6}$ H/m，为了等效 15m 长导线分布参数的电感量，集中电感应为：

$$L=L_0\times S=1.6\times10^{-6}\ \mathrm{H/m}\times15\mathrm{m}=24\mu\mathrm{H}$$

也就是说，我们可以用电感量为 24μH 的集中电感来等效 15m 长的导线。

如果前后两级均为限压型器件，按国标《建筑物防雷设计规范》GB50057-94(2000 年版)和信息产业部行业标准《通信局(站)雷电过电压保护工程设计规范》YD/T 5098-2001 的规定，两级间的距离应大于 5m。若用集中电感来等效，则电感量应为：

$$L = L_0 \times S = 1.6 \times 10^{-6}\ \mathrm{H/m} \times 5\mathrm{m} = 8\mu\mathrm{H}$$

行进波遇到电感将发生折、反射，从能量的角度出发，一部分能量被反射回去，那么折射过来继续前进的能量必然会减小。同时，电感能够使侵入波的波头陡度降低，这也是对过电压保护有利的一个因素。

以上只是举了一个利用行波理论来分析低压配电系统过电压的简单的例子。对于低压配电系统、信号系统以及天馈系统中过电压保护的很多问题，都可以应用行波理论来分析研究。

供电系统防止电涌采取下列防护措施即：在大楼低压配电室电源输入总开关后并联安装一组高能量电涌保护器，作为一级保护；在楼层配电箱的断路器后并联安装一组能量稍低的电涌保护器，作为二级保护；在电源终端配电箱的空气开关后并联安装一组能量较低的、动作电压也较低的电涌保护器，作为三级保护；对于重要的设备，如服务器（主机）、程控交换机等可在设备的供电部分加装第四级电涌保护器，作为精细保护。通过以上四级保护，就能很好地把过电压钳制到设备可以承受的范围。最大限度的减少雷电灾害。

问题 1：电源系统为什么要进行三级防雷？

第一级防雷的目的：防止浪涌电压直接从 LPZ0 传导进入 LPZ1 区，将数万至数十万伏的浪涌电压限制到 2500～3000V；

第二级防雷的目的：进一步将通过第一级防雷器的残余浪涌电压或限制到 1500～2000V，对 LPZ1～LPZ2 实施等电位连接。

第三级防雷的目的：最终保护设备的手段，将残余浪涌电压的值降低到 1000V 以内，使浪涌的能量不致损坏设备。

是否必须要进行三级防雷：应该根据被保护设备的耐压等级而定，假如两级防雷就可以做到限制电压低于设备的耐压水平，就只需要做两级保护，假如设备的耐压水平较低，可能需要四级甚至更多级的保护。

三级防雷是因为能量需要逐级泄放，传输线路会感应 LEMP（雷击电磁脉冲辐射），对于拥有信息系统的建筑物，三级防雷是一种成本较低，保护较为充分的选择。

由于雷击的能量是非常巨大的，需要通过分级泄放的方法，将雷击能量逐步泄放到大地。第一级防雷器可以对于直接雷击电流进行泄放，或者当电源传输线路遭受直接雷击时传导的巨大能量进行泄放对于有可能发生直接雷击的地方，必须进行 CLASS-I 的防雷。第二级防雷器是针对前级防雷器的残余电压以及区内感应雷击的防护设备，对于前级发生较大雷击能量吸收时，仍有一部分对设备或第三级防雷器而言仍然是相当巨大的能量会传导过来，需要第二级防雷器进一步吸收。同时，经过了第一级防雷器的传输线路也会感应雷击电磁脉冲辐射 LEMP，当线路足够长时（超过 15m）感应雷的能量就变得足够大，需要第二级防雷器进一步对雷击能量实施泄放。

经过了第二级防雷器的传输线路也会感应雷击电磁脉冲辐射 LEMP，当线路足够长时雷电感应的能量就会变得足够大，第三级防雷器是对 LEMP 和通过第二级防雷器的残余雷击能量进行保护。

因此，第三级防雷器到设备端的线路传输距离也不应超过 10m，以避免 LEMP 对设备造成的损害。

8/20μs 雷电波和 10/350μs 雷电波的区别：直击雷的电流波是 10/350μs 波形，经过电源线路传输时，线路的阻抗、感抗和容抗使得波形发生变化，逐渐变为接近 8/20μs 的波形，同时感应雷的波形通常表现为 8/20μs 波，因此对于不同的传输线路特性和传输距离，最终到达设备的电流波形会有所不同。因此会有 10/700μs、8/80μs 等等描述雷电流的方式。

问题 2：防雷器安装要求有哪些？

安装位置：电涌保护器必须安装于根据分区防雷理论要求的分区交接处。

B 级 SPD 安装在线缆进入建筑物的入口处，例如安装在电路的主配电屏上。

C 级 SPD 安装在分路配电屏上，做为基本保护的补充。

D 级 SPD(精细保护级)，需要尽可能的靠近被保护设备端进行安装。

电气连接：SPD 的连接线必须保持尽可能地短，以避免导线的阻抗和感抗产生附加的残压降。如果现场无法满足连接线的长度要求（小于 0.5m)，则电涌保护器的连接必须使用凯文方式连接，同时，必须使电涌保护器的输入线和输出线尽可能地保持较远距离的布放。已保护的线路和未保护的电路（包括接地线），绝对不可以近距离平行布放，他们的布放必须有一定空间距离或通过屏蔽装置进行隔离，以防止从未保护的线路向已保护的线路感应雷电浪涌电压。SPD 连接线的截面积和配电系统的相线（L_1，L_2，L_3）和零线(N)的截面积相同。

零线连接：当有零线连接时，它可以分流相当可观的雷电流，零线连接线的截面积应不小于 16mm^2，当然是在主配电屏上的连接，才适用该要求。当在一些用电量较小的环境中，零线的连接导体截面积可以相应选择较小的（主要与电路上的保险丝或断路器的额定电流有关）。

接地连接：电涌保护器接地线截面积的选择可依据 VDE0100，540 表 9 中的方法进行，应用公式为 SPD 接地线截面积是等电位连接排主接地线的一半；或者依据表 7.14 进行导线截面积的选择。

表 7.14 SPD 连接线和接地线线径的选择

	导线线径(mm^2，Cu)		
主电路导线线径	≤35	50	≥70
SPD 接地线	≥16	25	≥35
SPD 连接线	10	16	25

接地和等电位连接 SPD 的接地线必须和设备的接地或系统保护接地可靠地连接。在 TN 系统上，PEN/PE 导线必须和主接地排可靠连接，电力系统提供的 PEN 导线不可以作为防雷保护的单一接地。

如果系统存在雷击保护等电位连接系统，电涌保护器的接地线最终也必须和该等电位连接系统可靠地电气连接。

每一个局部的等电位排(例如：电路中的 PE 排)都必须和主等电位连接排可靠地电气连接，连接线径必须满足接地线的最小截面要求。

日常检查和维护：如果 SPD 的元器件包含有压敏电阻时，必须有工作状态指示，用于 SPD 的老化指示，保护器的状态指示需要进行日常检查。一般的，对放电间隙型 SPD 需要在 2～4 年或在直接雷击发生后进行检测。对放电间隙型 SPD 绝缘电阻值必须进行检测，在直流(DC)500V 测量电压下，绝缘电阻值必须大于 500kΩ。详细的安装指引参见随产品的技术说明。

问题 3：建筑物低压配电系统电涌保护器如何选择？

综合大楼位于某城市高新技术开发区内，大楼地下 2 层，地上 36 层，长 38m，宽 25m，高 130m，为该开发区内标志性建筑。该市雷电日为 $T_d=35.1\text{d/a}$，大楼已安装有完善的外部防雷设施。请为该大楼选择低压配电系统电涌保护器的配置。

配置该大楼低压配电系统电涌保护器应从以下几点加以考虑：

(1)电涌保护方案等级的确定

交流低压电源系统的电涌保护器的选择与配置首先应考虑其所处建筑物雷电环境、防雷状况和信息系统的重要性，进行雷击危险度分析，然后确定电涌保护等级。

根据影响防雷状况和信息系统的重要性的各种因子 ($C_1\sim C_6$ 的取值)，决定信息系统设备损坏的可接受的最大年平均雷击次数 N_c：

$$N_c=5.8\times10^{-1.5}/C \quad (次/年)$$

$$C=C_1+C_2+C_3+C_4+C_5+C_6=1.0+3.0+3.0+0.5+1.0+1.0=9.5$$

$$N_c=0.0193 \quad (次/年)$$

根据本地区雷电日 $T_d=35.1$ 计算地区雷击频度 N_g

$$N_g=0.024\times T_d^{1.3}=0.024\times35.1^{1.3}=2.45 \quad 次/\text{km}^2\cdot年$$

根据本地区雷击频度 N_g 和建筑物等效接闪面积 A_e 计算建筑物年平均接闪次数 N：

$$N=kN_gA_e$$

$$\begin{aligned}A_e&=[LW+2(L+W)H+\pi H^2]\times10^{-6}\\&=[38\times25+2(38+25)\times130+3.14\times130^2]\times10^{-6}\\&=0.070\quad\text{km}^2\end{aligned}$$

建筑物年平均接闪次数 N：

$$N = kN_g A_e = 2 \times 0.070 \times 2.45 = 0.34 \quad 次/年$$

由于 $N = 0.34$ 次/年>0.3(次/年)，根据 GB50057-94(2000 年版)判断，该综合大楼为第二类防雷建筑物。

根据信息系统设备损坏的可接受的最大年平均雷击次数 N_c 和建筑物平均接闪次数之比(N_c/N)，也就是要求用防雷设施将雷击频度减少的倍数决定需增加的防雷设施的等级(A、B、C、D)。

$$N_c/N = 0.0193/0.34 = 0.057$$

$$E = 1 - N_c/N = 0.943$$

根据 GB50343-2004 雷击风险评估，防雷拦截率 $0.90 < E \leqslant 0.98$。本工程按 B 级防护等级要求设计防雷击电磁脉冲的设施。

(2)低压电源电涌保护器的选择和配置

① 电涌保护器类型选择

A. 变压器低压侧的电涌保护器选择金属氧化物电涌保护器；

B. 对第一级可选限压型、开关型或复合型电涌保护器，但首选的应是以金属氧化物非线形压敏电阻为核心元件的限压型电涌保护器；

C. 其余各级均应以金属氧化物非线形电阻为核心元件的限压型电涌保护器；

D. 对于“3+1”接入方式(电涌保护器接于 L_1-N、L_2-N、L_3-N 和 N-G 之间)中的中性线对保护地的电涌保护器应选择以气体放电间隙为核心元件的开关型电涌保护器。

②电涌保护器级位配置

A. 为建筑物供电的变压器低压侧应配置低压电涌保护器。

如变压器和总配电柜距离小于 20m，此电涌保护器可以和建筑物内部第一级电涌保护器合并。

B. 低压侧电涌保护器应按表 7.4 的要求作分散的多级的配置。

配置原则：首先应在任意两个防雷区的交接处设置，然后再考虑同一防雷区中电源线路是否过长以至需在该区中再加一级。

C. 在重要的设备电源端口设置电涌保护器。

(3)电涌保护器接入模式

在 TN 制式中，一般情况下电涌保护器只需作共模接法，即接于相线中性线与保护地线之间。

但在 TN-S 制式的起始位置，中性线与保护地线之间无须接入电涌保护器。在 B 级防护等级中的第三级上的特别重要设备的电源端口，需做差模接入，即增加接于相线与中性线之间的电涌保护器，即采取全保护措施。

在 TT 制式中，当第一级电涌保护器位于漏电保护器之后，可作上述共模接法。当第一级电涌保护器位于漏电保护器之前，且高压系统为中心点接地系统，电涌保护器应作“3＋1”接法，即三个相线对中性线各接一个电涌保护器，中性线对保护地线再接一个电涌保护器。

在 IT 制式中，电涌保护器只作共模接法。

(4)电涌保护器最大放电电流选择

根据国家标准《建筑防雷设计规范》GB50057-94(2000 版)第二类防雷建筑物的首次雷击电流幅值 $i=150\text{kA}$，全部雷电流 i 按 50%流入建筑物防雷装置的接地装置计，另外按 1/3 分配于引入建筑物的电力电缆，电缆按 3 芯计算，则流入每芯电缆的雷电流为：

$$i_i = 0.5 \times 1/3 \times 1/3 \times i = 0.5 \times 1/3 \times 1/3 \times 150 = 8.33(\text{kA})$$

第一级按承受 90%左右的雷击能量考虑：$i=8.33\times0.9=7.5(\text{kA})$；

第二级按承受 10%左右的雷击能量考虑：$i=8.33\times0.1=0.833(\text{kA})$；

第三级按承受 5%左右的雷击能量考虑：$i=8.33\times0.05=0.417(\text{kA})$。

按有关规范要求：对第一级电涌保护器，最大(冲击)放电电流必须按 10/350μs 波形的通流要求选择。对其后几级电涌保护器，最大放电电流可以按 8/20μs 波形的通流要求选择，但必须进行折算。

IEEE PC63.41.2/D4 规定 10/350μs 与 8/20μs 的兑换率为 1∶10、即一个 I_n 为 20kA(8/20μs)的Ⅱ级分类产品，可替代 I_{imp} 为 2kA(10/350μs)的Ⅰ级分类产品。

即电涌保护器由 10/350μs 波形的通流要求推算要求的 8/20μs 波形的通流能力按保守的估计为 10 倍。所以电涌保护器最大放电电流为：

$$I_n = 10 i_i \qquad (\text{kA})$$

第一级：　$i=7.5\text{kA}(10/350\mu\text{s})$；

或　　　　$i=7.5\times10=75\text{kA}(8/20\mu\text{s})$；

第二级：　$i=0.833\times10=8.33\text{kA}(8/20\mu\text{s})$；

第三级：　$i=0.417\times10=4.17\text{kA}(8/20\mu\text{s})$。

为保证系统遭受过电压时，前级保护优先后级保护起作用，应使前后级的安装距离大于 10～15m，否则在其间串联解耦电感。

(5)电涌保护器上端短路保护器件的选择及其连接线的选择

①电涌保护器上端短路保护器件选择

各级电涌保护应接在相应的断路器、熔断器的负载端。

一般可以根据不同的产品要求选择不同的保护方式及保护器件的型号规格。

当线路负载大于 100A 或连续供电负载时，应在避雷器上端安装短路保护器件。

②电涌保护器的连接线的选择

电涌保护器的连接相线铜导线的截面积，第一级应大于 16mm^2(多股铜线)，第二级应大于 10mm^2(多股铜线),第三级应大于 6mm^2(多股铜线)。

电涌保护器的连接接地端铜导线的截面积,第一级应大于 25mm^2(多股铜线),第二级应大于 16mm^2(多股铜线),第三级应大于 10mm^2(多股铜线)。

当电涌保护器制造商有规定时可按其规定选择。

(6)电涌保护器选择的其他技术要求

①最大持续工作电压:对于 TN 制式不低于 1.15 U_0 ;

②最大放电电流:

第一级:i =7.5kA(10/350μs);选择标称放电电流 I_n =15kA(10/350μs)SPD。

或 i =75 kA(8/20μs);选择标称放电电流 I_n =80kA(8/20μs)SPD。

第二级:I_n =8.33kA(8/20μs);选择标称放电电流 I_n =40kA(8/20μs)SPD。

第三级:I_n =4.17kA(8/20μs);选择标称放电电流 I_n =20kA(8/20μs)SPD。

③保护水平(残压):应小于设备耐受电压。按建筑物防雷设计规范 GB50057-94(2000 版)选择:

第一级:U_{P1} = 4kA;

第二级:U_{P1} = 2.5kA;

第三级:U_{P1} = 1.5kA。

④电涌保护器响应时间:对第一级要求不大于 100ns,对第二级(中间级)要求不大于 50ns,对第三级(末级)要求不大于 25ns。

通过以上的几个步骤,能很好地满足在设计中选择电涌保护器以及电涌保护器的保护和接线等要求,并在实际工程中方便使用。

供电系统防止电涌采取下列防护措施:在大楼低压配电室电源输入总开关后并联安装一组高能量电涌保护器,作为一级保护;在楼层配电箱的断路器后并联安装一组能量稍低的电涌保护器,作为二级保护;在电源终端配电箱的空气开关后并联安装一组能量较低的、动作电压也较低的电涌保护器,作为三级保护;对于重要的设备,如服务器(主机)、程控交换机等可在设备的供电部分加装第四级电涌保护器,作为精细保护。通过以上四级保护,就能很好地把过电压钳制到设备可以承受的范围。最大限度地减少雷电灾害。

§7.4　信号线路雷电防护

信号电路是电子信息系统的重要组成部分。信号电路中电子设备的绝缘强度低,过电压和过电流耐受能力差,容易受到暂态过电压的危害,因此要对信号电路采取过电压防护措施。

雷电和静电放电是两种主要的浪涌噪声源,电涌电压(或电流)可能通过电源线、信号线、天馈线、地线进入系统，必须在电涌输入通道的端口上将其有效地抑制。

抑制电涌的主要手段是采用电涌保护器件，下面介绍这些保护器件以及相应的保护电路。

7.4.1　电涌保护器件

7.4.1.1　信号线路电涌保护器件的基本性能

其性能包括脉冲击穿电压、箝位电压、最大浪涌电压、最大电涌电流、响应时间、最小电容、最大绝缘电阻、工作的极性、工作温度范围和工作寿命。

7.4.1.2　充气电火花隙保护器件

充气电火花隙保护器件的优点是：可以允许高的过冲电压（1～2kV），大的放电电流（>50kA），可以应用于较高频率的电路中，因为这种器件有很高的绝缘电阻（10^9～$10^{10}\Omega$）及很小的固有电容（1～7pF）。

这种器件的主要缺点是：击穿电压较高（0.1～1kV），响应时间较长（约 100ns），这就限制了它的使用。因此，电火花隙保护器件往往被用作第一级瞬变高电压、大电流的保护器件，它必须和其他保护器件组合使用，才能达到较好的防护效果。

气体放电管是一种用陶瓷或玻璃封装且内部充有惰性气体的短路型保护元件，管体内一般装有两个或三个（或更多个）相互隔开的电极。按电极个数来划分，常把含两个电极的气体放电管称为二极放电管，把含三个电极的气体放电管称为三极放电管。

图 7.56 分别为二极放电管和三极放电管的示意，其中图 7.56 (a)为二极放电管，图 7.56 (b)为三极放电管，这两种管子的符号也示于图中。

放电管的保护机理与保护间隙类似，都是利用气体放电来限制过电压。当两电极之间施加的电压超过气体的绝缘强度时，间隙将放电击穿，呈现出短路导通状态，从而抑制了两电极之间的过电压，使得与放电管并联的电子设备或电子元器件得到保护。

图 7.57 给出了一平衡线路上采用三极放电管的保护电路，当雷电侵入波过电压以差模（出现在信号线 1 和 2 之间）形式或以共模（分别出现在信号线 1 对地和信号线 2 对地）形式侵入平衡线路终端电子设备时，三极放电管通过 $A-G$、$B-G$ 极间放电即可对过电压进行抑制。

气体放电管的优点是：通流容量大，从几安到上千安；极间电容小，不会使正常传输信号畸变，特别适合于高频电子电路的保护；开断后的极间阻抗大，约为 $10^9\Omega$，在正常电压作用下管子中漏电流很小。

气体放电管的缺点是：动作响应速度慢（动作响应时间约为 10^{-6}s 级）；放电后开断

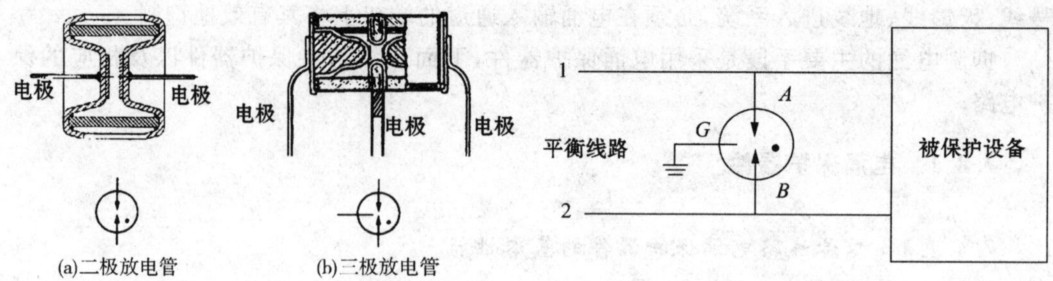

图 7.56　二极和三极放电管示意　　图 7.57　平衡线路三极放电管保护电路

较难，存在着续流问题；使用中存在着老化现象，工作寿命较短。

7.4.1.3　金属氧化物变阻器

氧化锌 SPD 是一种软限幅的器件，它的响应时间小于 25ns，在防雷设计中得到了广泛的应用。但它的最大缺点是固有电容较大，不能用于高频通路上。

信息系统防雷保护中常用的压敏电阻是一种以氧化锌为主要成分的非线性电阻，在一定温度下，其导电性能随其两端电压的增大而急剧增强。

压敏电阻的材料和伏安特性与氧化锌避雷器的阀片相同，压敏电阻与氧化锌避雷器的工作原理也相同，只是前者的体积较小，二者保护应用的场合不同而已。

压敏电阻的主要优点是：通流容量大；动作响应速度快（响应时间约为 10^{-9}s 级）；在工频及直流电路中抑制过电压结束后无续流；产品价格低廉，产品电压和电流的可调范围大。但是，压敏电阻有一个不容忽视的缺点，即它的寄生电容较大，在 1MHz 下的典型值可达几千皮法，这就使得压敏电阻难以应用于高频和超高频电子电路的过电压保护。

在信息系统中，压敏电阻通常应用于电子设备电源的初级和次级的保护，也有应用于频率不高的信号电路的保护的。

7.4.1.4　固体瞬态电压抑制器

它的优点是响应快，寿命长，但通常击穿电压低，电流容量小，所以一般只能用于最后一级电路的保护，也称细保护。

①雪崩二极管

在过电压保护中也有应用雪崩二极管的。雪崩二极管工作在反向击穿区时，管子的伏安特性如图 7.58 所示。

其中 u_B 为管子的反向击穿电压。当雪崩二极管承受反偏电压且在 $0 \sim u_B$ 范围时，管子呈现出高阻状态，流经管子的电流很小（为 μA 级）。当反偏电压超过 u_B 后，管子中的电流迅速增大，转变为低阻导通状态，从而可使过电压被箝位在 u_B 附近。雪崩二极管的反向击穿是在强反向电场作用下发生的，当反偏电压超过 u_B 后，足够强的反向电场使一小部分少数载流子得到较高的速度去撞击原子核外的价电子，并使之离开原子成了自由电子，它们又去撞击其他原子，再产生新的价电子，从而使这种游离过程以雪崩形式发展。

如果将两只管子按图 7.59 所示的方式串联或并联起来，则可用它们来抑制正、反两种极性的暂态过电压。对于这样连接的两只管子来说，无论是在正极性还是负极性过电压作用下，总是一只处于正偏区，另一只处于反向击穿限压状态。

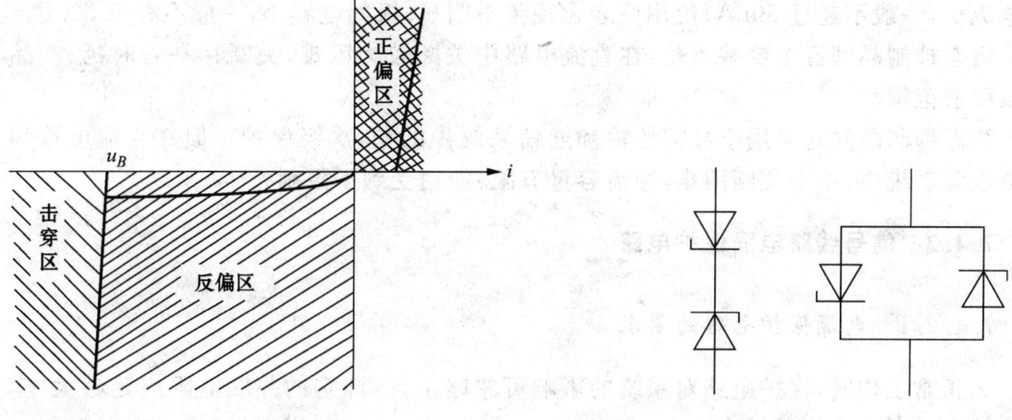

图 7.58　雪崩二极管的伏安特性　　图 7.59　雪崩二极管的串、并联电路

雪崩二极管的主要优点是：箝位电压低；动作响应速度快（响应时间的理论值可达皮秒级）；使用中不存在明显的老化现象；承受多次冲击的能力强；器件产品电压的可选范围大。

雪崩二极管主要缺点是：通流容量小；管子极间寄生电容随管子上的作用电压变化而变化，电压低时寄生电容较大。由于雪崩二极管具有响应速度快和箝位电压低等优点，它非常适合于半导体器件和电子电路的过电压保护。

②暂态抑制晶闸管

暂态抑制晶闸管是一种门极由雪崩二极管控制的可控硅型复合器件，其简化电路如图 7.60 所示。

电路图 7.60 分析

当沿线路袭来的暂态过电压使雪崩二极管反向击穿时，足够大的电流将从雪崩二极管注入晶闸管的门极，触发晶闸管迅速导通，流过大电流，实施对信号线路上暂态过电压的急剧短路，从而使过电压得到有效抑制。

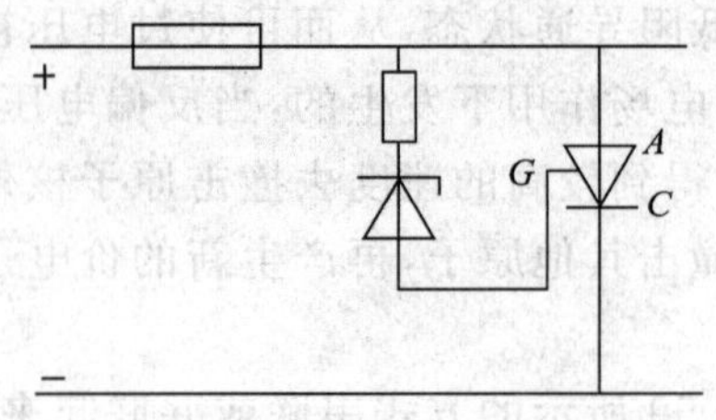

图 7.60 暂态抑制晶闸管

暂态抑制晶闸管的主要优点是:动作响应速度快(响应时间的理论值为 10^{-12} s);泄漏电流小,一般不超过 50nA;使用中老化现象不明显;极间电容小,一般不大于 50pF。

暂态抑制晶闸管主要缺点是:在直流电路中关断较为困难,关断存在着时延;产品电压可选范围小。

暂态抑制晶闸管可用于数据传输和通信系统中的初、次级保护。但在直流电路和交流电源系统中,由于关断困难,通流容量有限,使用受到了限制。

7.4.2 信号线路电涌保护电路

7.4.2.1 电涌保护电路的要求

· 正常工作时,保护电路对系统的影响可忽略不计,即它的并联电阻应足够大,串联电阻和并联电容应足够小;

· 对过载电压有良好的箝位能力,即在大瞬变电压进入电路期间,被保护电路的两端电压应接近或低于系统的最大工作电压;

· 应具有强的分流能力,保护电路能吸收最坏情况下的瞬变过程能量,而自身又不致损坏;

· 对过载电压有尽量短的响应时间;

· 在瞬变过程结束后应恢复正常,不应是不可恢复的,一次性的,并能对持续不断或连续的过载过程起保护作用而不致损坏。

· 体积小、价廉,易于维护。

电路图 7.61 分析

保护电路中,Z_1 为串联阻抗,通常是电阻器;Z_2 是并联阻抗,通常是非线性元件,如电火花隙、变阻器、固体瞬态电压抑制器和齐纳稳压二极管等。

对于低电压的保护,Z_2 可采用半导体二极管。齐纳稳压二极管的箝位电压,约为 3.5V,而磁芯开关二极管更低,约为 2V,电流约为 4A。半导体二极管的优点是:箝位电压可精确预定,且响应时间快,但它的分流能力低,不能满足电涌电流的保护要求。

因此,半导体二极管的箝位保护往往用在靠近电路输入端处。电火花隙保护器件

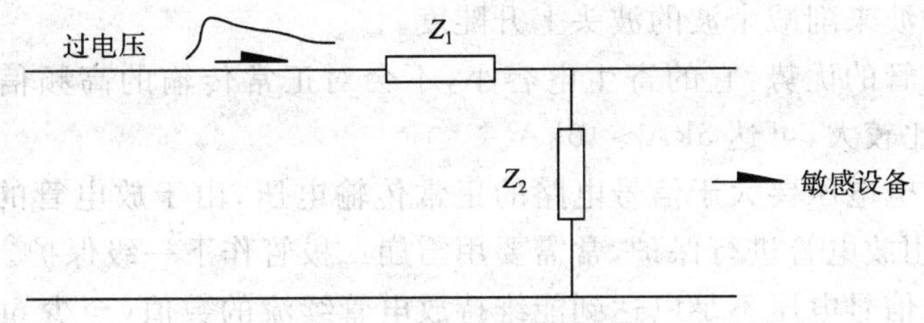

图 7.61　保护电路的一般形式

有很强的分流能力，但它的击穿电压往往偏高，响应时间长，往往用于交流电源输入端的电涌防护。现代固体瞬态电压抑制器具有宽的电压保护范围及高的浪涌电流承受能力，为电涌保护电路的设计提供了更多的灵活性。在实际装置和系统中，往往采用不同的保护器件加以组合，以达到有效可靠的防护目的。

7.4.2.2　非平衡线路信号通道输入端的保护

电路图 7.62 分析

①整个保护电路由放电管、雪崩二极管 D_1 和 D_2、电阻 R_1 和电感 L 组成一个两级的保护电路。放电管用于旁路泄放暂态大电流；D_1 和 D_2 用于箝位限压，保护后面的电子设备和元器件。第一级称为粗保护，第二级称为细保护。

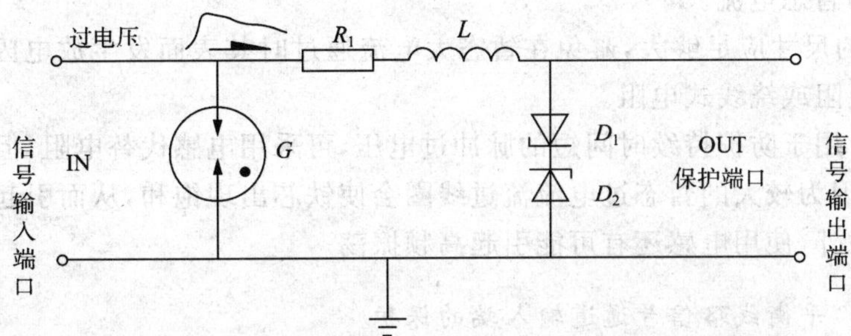

图 7.62　非平衡线路信号通道输入端的保护

②R_1、L 起到改善放电管的动作特性和促进两级保护特性配合的作用。暂态过电压来的时候，因为放电管具有较高的放电电压和较长的响应时间，并不能立即放电导通，D_1 或 D_2 先导通（取决于过电压的极性），并流过暂态电流，随着该支路暂态电流的加大，R_1、L 支路的压降也相应加大，这一压降加于放电管两端，促使放电管尽快动作放电。

③放电管放电后，提供一条旁路泄放暂态大电流的通道，同时它也起限制过电压的作用，并实施对 R_1、L、D_1、D_2 的保护。此外，放电管放电导通后呈现出低阻状态，能产

生反极性的反射波来削减来波的波头上升陡度。

④选择放电管的优势：它的寄生电容小，不会对正常传输的高频信号产生畸变作用，同时通流量比较大，可达 5kA～10kA。

G 的直流放电电压要大于信号电路的正常传输电压，由于放电管的响应时间比较长，所以不能单用放电管进行保护，常需要用雪崩二极管作下一级保护。

因为大多数信号电压不足以达到能维持放电管续流的数值（至少 60V 以上），所以在信号电路的保护中，不必拘泥于放电管的续流问题。如果在某些特殊的电路中可能存在续流问题，可在续流源与放电管之间加入像熔断器和正温度系数电阻之类的限流元件来限制续流。

⑤雪崩二极管的选择。雪崩二极管的击穿电压 U_z 应该大于信号电路的正常传输电压。但是从保护后面设备的角度来讲，又要求 U_z 尽可能低，这样才能将过电压抑制到更低的水平。

⑥电阻 R_1 的选择。

R_1 电阻值过大，当线路传输低频信号时，R_1 和被保护电路中的电阻形成分压器，使输入信号电路的信号减小；当线路传输高频信号时，R_1 的寄生电感和 D_1 和 D_2 的寄生电容以及被保护电路的入口电容形成低通滤波器，使正常传输的信号发生畸变。

如果 R_1 电阻值偏小，放电管的放电特性得不到改善，同时不能有效地抑制后面雪崩二极管中的暂态电流。

R_1 电阻的尺寸应足够大，避免在暂态大电流通过时其表面发生放电闪络，R_1 通常使用碳合成电阻或绕线式电阻。

⑦如果专用于防护持续时间短的脉冲过电压，可采用电感代替电阻，但需要慎用含铁芯的电感，因为较大的暂态过电流流过线圈会使铁芯出现饱和，从而引起电感值的大幅度减小。另外，使用电感还有可能引起高频振荡。

7.4.2.3 平衡线路信号通道输入端的保护

电路图 7.63 分析

①G 为三极放电管，起到泄放暂态大电流的作用，三极放电管 G 既能抑制共模过电压，又能抑制差模过电压。

②D_1～D_6 实施第二级箝位限压，D_1～D_4 抑制共模过电压，D_5、D_6 抑制差模过电压。D_5、D_6 是必要的，因为当两条信号线上出现极性相反的暂态过电压时，加于被保护信号电路入口处的最大差模电压可达到 $2U_z$（U_z 为管子的击穿电压）。一般来说，D_1～D_6 应具有相同的参数。

③上下两条支路上的 R、L 应具有相同的参数，以保持电路结构的对称和平衡。

④三极放电管的直流放电电压一般比较高，所以为使三极放电管 G 尽快动作，电

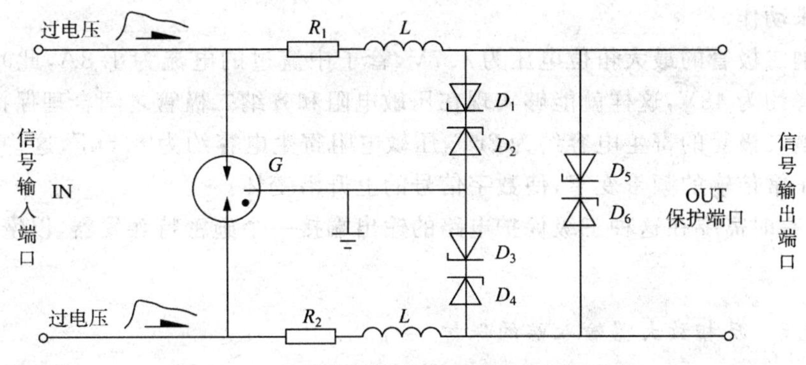

图 7.63　非平衡线路信号通道输入端的保护

感 L 是必要的，L 能在暂态过电压波到来时，产生一个反射波与来波叠加，叠加后的总电压施加于三极放电管 G 的极间，使其尽快动作。

7.4.2.4　平衡信号线路的另一种典型保护电路

电路图 7.64 分析

①压敏电阻 M_1 和 M_2 是非常重要的，处于第二级。可以在 G 动作之前直接抑制暂态过电压，对后面的齐纳二极管提供保护，又可在三极放电管 G 放电后对三极放电管 G 传来的剩余过电压进行抑制，减轻后续齐纳二极管的压力。

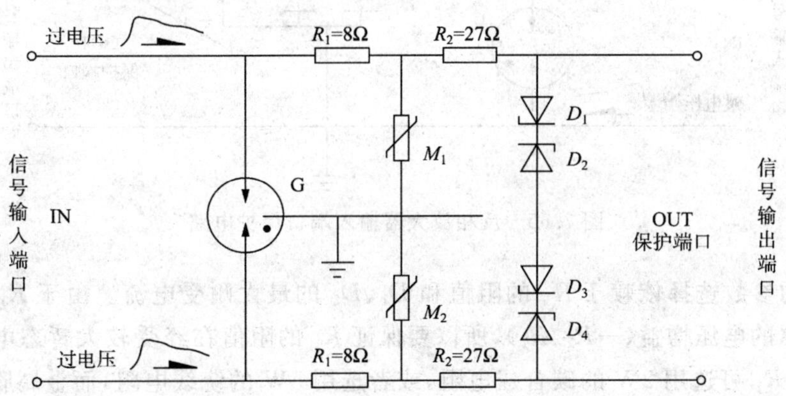

图 7.64　平衡信号线路的端口保护电路

②当三极放电管 G 的直流放电电压为 300V，压敏电阻 M 中流过的电流为 30A 时，压敏电阻两端的电压为 53V，8Ω 电阻上的压降为 240V，则三极放电管 G 的一对电极间电压为 240V+53V=293V，接近于三极放电管 G 的直流放电电压。电路中的压降为 293V，其中电阻的压降约占 80%，可见，没有这两个 8Ω 电阻，G 就很难获得足够

高的电压来动作。

③齐纳二极管的最大箝位电压为 4.7V，管子中流过的电流为 1.8A，此时，27Ω 电阻上的压降约为 48V，这样就能够实现在压敏电阻和齐纳二极管之间合理保护配合。

④齐纳二极管的寄生电容约为 2nF，压敏电阻寄生电容约为 8.5nF，这些寄生电容将使信号正常传输的频带变窄，使数字信号的上升沿变坏。

因此，有时需要在这种三级保护电路的输出端接一个施密特触发器，以恢复数字信号的波形。

7.4.2.5　反相放大器输入端的保护

电路图 7.65 分析

①D_1、D_2 能将差模过电压限制到管子的正向导通电压（约 0.7V）以下，由于 D_1、D_2 在同相端直接与地相连，所以也能起到抑制共模过电压的作用。为了提高放大器的带宽，D_1、D_2 常用开关二极管。

②R_1 的作用是抬高放电管 G 两端的电压，使 G 尽快地动作。G 动作后，G 和 R_1 一起实施对 D_1、D_2 的限流保护。

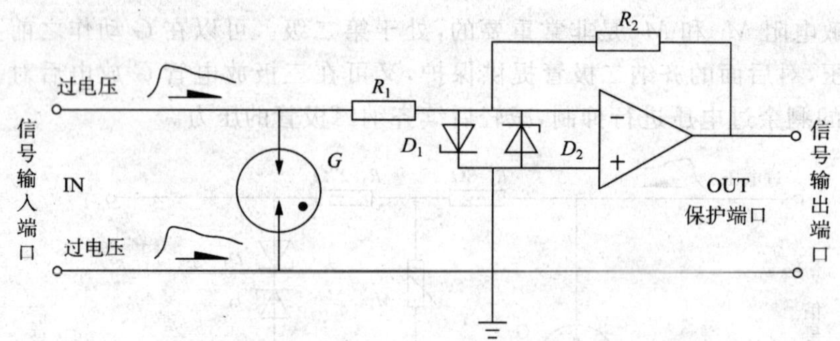

图 7.65　反相放大器输入端口保护电路

③G 的参数选择依赖于 R_1 的阻值和 D_1、D_2 的最大耐受电流。由于 R_1 的阻值决定着放大器的电压增益（$-R_2/R_1$），所以要保证 R_1 的阻值在经受较大暂态电压后不会变化，通常 R_1 可选用 2W 的碳合成电阻，或者选用 5W 的绕线电阻，而金属膜电阻一般不能用，因为金属膜电阻不能耐受较高的电压。

7.4.2.6　同相放大器的保护

电路图 7.66 分析

①普通二极管 D_1、D_2 用于防护差模过电压进入输入端。为了不影响放大器的正常输入信号，U_z+0.6V 应比 D_3 和 D_4 安装点的最高信号电压高一些（U_z 为击穿电

压）。D_3 和 D_4 起到抑制共模过电压的作用。

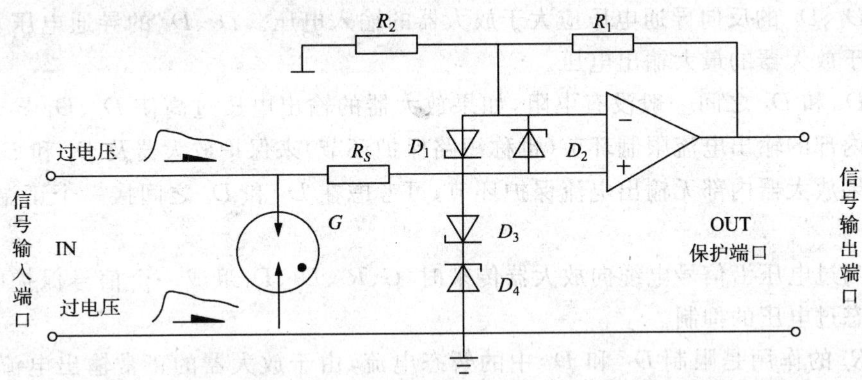

图 7.66　同相放大器输入端口保护电路

电阻 R_s 的作用是抬高 G 两极间的电压，使其尽快动作，G 导通后与 R_s 一起限制 D_3 和 D_4 中的暂态电流。

②当输入信号是低频信号时，由于放大器的输入电阻很高，R_s 对电压放大倍数不会产生很大的影响。

在高频信号情况下，R_s 的寄生电感和 D_3、D_4 的寄生电容组成的低通滤波器对高频信号产生畸变作用。如果 R_s 的阻值为 1kΩ，寄生电容按照 1nF 来估算，滤波器的时间常数为 1μs。为了减少这一时间常数，可用一个正温度系数电阻来取代 R_s。

7.4.2.7　放大器输出端的保护

电路图 7.67 分析

暂态过电压不仅能从放大器的输入端侵入放大器，也能从放大器的输出端侵入放

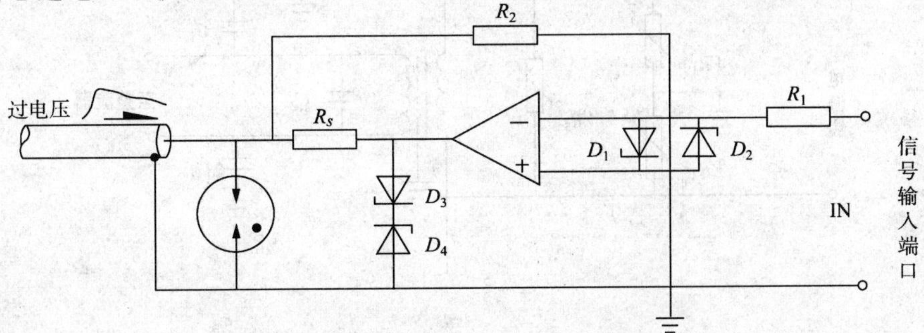

图 7.67　放大器输出端口保护电路

大器。

①D_1、D_2 的反向导通电压应大于放大器的输入电压。D_3、D_4 的导通电压 U_z 可选得略高于放大器的最大输出电压。

②D_3 和 D_4 之间一般没有电阻，如果放大器的输出电压过高使 D_3、D_4 导通，可由放大器内部的输出电流限制环节（也称短路保护环节）来保护放大器及 D_3 和 D_4。

如果放大器内部无输出电流保护环节，可考虑在 D_3 和 D_4 之间接一个正温度系数电阻。

③当过电压沿信号电缆向放大器传来时，G、R_s、D_3、D_4 组成一个信号保护电路，实施对暂态过电压的抑制。

④R_s 的作用是限制 D_3 和 D_4 中的暂态电流，由于放大器的正常输出电流要经过 R_s，所以 R_s 不能过大（过大可能起到对输出信号分压的作用），R_s 也不能过小，否则可能不能有效抑制 D_3 和 D_4 中的电流，不能抬高 G 两端的电压。要解决这一矛盾，可以用一个正温度系数电阻来代替 R_s。

⑤沿输出信号电缆传来的暂态过电压有时可经电阻 R_2 到达放大器的反相输入端，此时普通二极管 D_1、D_2 将提供保护。

7.4.2.8 直流电源的保护

瞬变干扰通过电网或通过数据线进入电源，都有可能导致直流电源的损坏，并影响到与其相连的其它负载。一个典型的直流电源包括变压器、整流器及稳压器三部分。下面将分别讨论各部分的保护方法。

①变压器和整流器的保护

电路图 7.68 分析

- 为了提高对来自电网的瞬态干扰的抑制能力，一般可采用隔离变压器。此外，

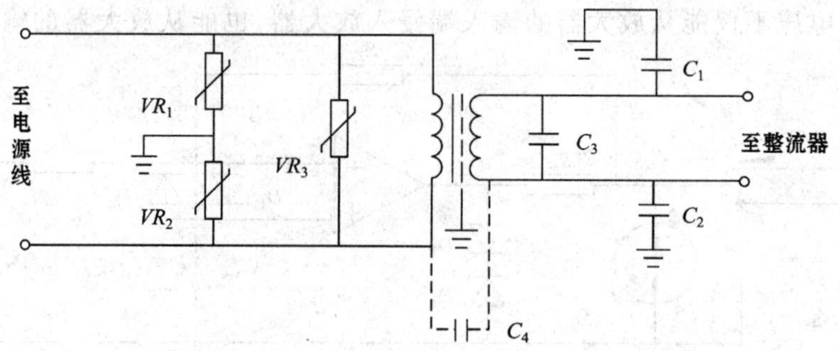

图 7.68 变压器和整流器保护电路

还经常采用变阻器和旁路电容器以抑制过压的危害，基本保护电路如图 7.68 所示。

· 电源侧主级绕组变阻器 VR_1、VR_2 用来限制过大的共模干扰电压，变阻器 VR_3 用来限制过大的差模干扰电压，由上述三组变阻器共同保护变压器的初级绕组免受过电压危害，并防止过压瞬态脉冲进入后级电路。

· 次级绕组上连接旁路电容器 C_3 是为了抑制差模干扰，C_1、C_2 是为了抑制共模干扰，典型值为 0.01μF 左右。由于隔离变压器初级和次级之间的寄生电容 C_4 很小，小于 1pF，共模干扰的衰减为：

$$U_{out}/U_{in} = C_4/(C_1 + C_2) \approx 10^{-4}$$

· 由于变阻器已把 U_{in} 的最大值限制在 300V，所以共模输出电压将小于 0.3V。

· 变阻器和旁路电容器的引线都应当尽量短，以降低同并联电容相串联的寄生电感。

②集成电路稳压器的保护

当变压器和稳压器之间有长电缆时，还可能存在某些瞬变干扰，为了保险起见，在稳压器的输入端可采用一个齐纳稳压二极管进行箝位，以防止过压，如图 7.69 所示。

电路图 7.69 分析

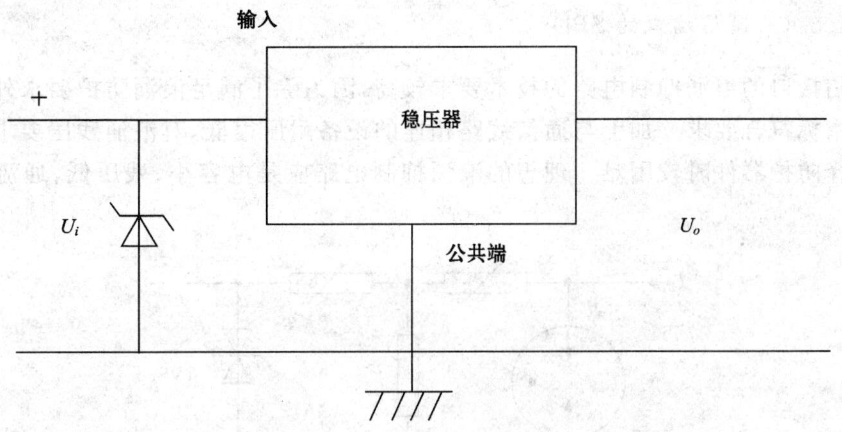

图 7.69　集成电路稳压器保护电路

当输入端短路，或电压下降时输入电压 U_i 较输出端的电压 U_o 低 0.6V 以上时，稳压器也会损坏。为了防止这种情况，可采用如图 7.70 法：随着输入端电压降低，二极管可迅速把滤波电容器的电荷泄放掉。

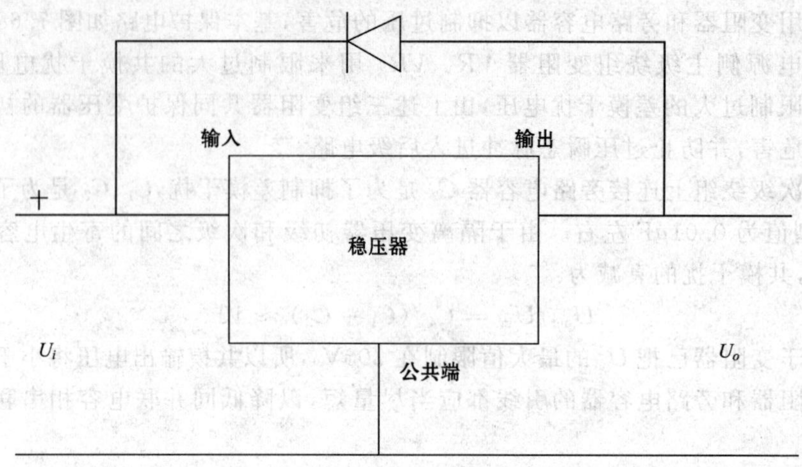

图 7.70 加载二极管的集成电路稳压器保护电路

7.4.3 信号线路电涌保护器

7.4.3.1 通信端口的 SPD

通信接口的浪涌抑制电路的技术要求较高，因为除了满足浪涌防护要求外，还须保证传输指标符合要求。加上与通信线路相连的设备耐压很低，对浪涌残压要求严格，因此在选择防护器件时较困难。理想的浪涌抑制电路应是电容小、残压低、通流大、响应快。

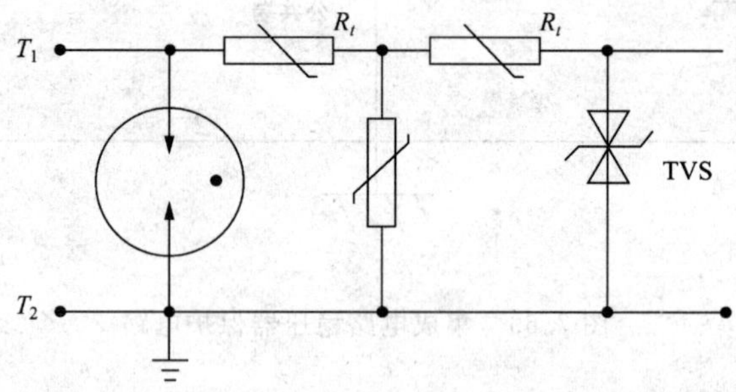

图 7.71 通信接口组合保护电路

电路图 7.71 分析

如图 7.71 所示，通信接口组合保护电路的变形，是为满足通信接口的高速信号传递的要求，该 PTC 在正常工作阻抗近似为零，对通信线路无任何不良影响，当浪涌到达时 TVS 和压敏电阻导通，大的浪涌电流通过 PTC，PTC 发热后变为高阻状态，从而分压了大的浪涌电压,保护了后续的浪涌抑制元件和通信电路;当浪涌消失后,PTC温度下降,恢复正常的低阻状态,通信电路还原到正常状态。若通信电路对接口阻抗要求较宽,可以用低阻抗电阻代替PTC,以降低线路成本。此电路适用于非平衡传输的单路通信接口。

对平衡传输的通信接口,T_2 通道也应如 T_1 通道对称加上PTC。若为多路通信接口,每路的保护电路均与此相同。对平衡传输的通信接口来说,当设备为金属外壳时,还需考虑设备与外壳地之间的浪涌冲击。各保护元件的额定电压应与通信接口的正常工作电压的峰值相适应,通流电流应与最大浪涌电流相适应。

此保护电路需要注意的是:若通信接口电路中含有绝对值超过10V的直流信号(如电话网络含有8V直流),气体放电管不可用;压敏电阻电容较大,只适用于音频通信信号传输。对不含直流的高频接口保护电路,可取消第二级的压敏电阻,这种保护电路大约可到几十兆赫兹的频率(若通信电路含有直流,应选用灭弧电压高于工作直流的气体放电管;或保护电路仅由PTC与TVS组成,此时浪涌保护能力较低)。更高频率的保护就主要是采用放电管了,否则很难满足传输要求。

对电涌的防护归根到底是对过电压进行限幅(箝位),对过大的能量进行分流泄放。任何一个种类的保护器件都有其自身的应用局限性,因此,需要组合使用。一般来说,采用两级至三级保护。

电火花隙器件由于其保护电压高,分流能力强,通常用作第一级保护。

半导体二极管(包括一般二极管和齐纳稳压二极管),由于其保护电压低,且可精确箝位,可用作直接和电路相连的保护。变阻器可用作第二级或第一级保护,它具有介于电火花隙器件和半导体二极管之间的保护电压,分流能力也很大。

在设计时,有两个问题需要注意:一是保护电路对系统的影响,即保护电路的响应时间和寄生电容。工作频率较低的电路比较容易满足要求,工作频率高的电路则难以满足要求,这是由于电火花隙器件的响应时间长、齐纳稳压二极管和氧化锌变阻器的寄生电容较大的缘故;二是强辐射对保护器件及保护电路本身造成的损伤,以至降低保护效果,甚至导致保护失败。因此,在使用电涌保护电路时,必须注意避免直接受辐射照射,同时要设法提高其抗辐射的能力。

7.4.3.2 天线端口的SPD

①天馈SPD要求

对通信设备的收发射机来说,最关心的是,接入天馈SPD应保持收发射机与天线的最佳匹配,即天馈SPD在满足频带要求的前提下,驻波系数和插入损耗应小到对收发射机和天线的匹配影响可以忽略不计。近年大多数产品将驻波比定为≤1.15,插损定为≤0.2dB,这是较佳的指标。

对天馈 SPD 追求可能的最低残压是必要的。在微波频段通信设备的收发射机(如 GSM、CDMA、TD－SCDMA、WCDMA、CDMA2000、PAS、PHS、C 和 Ku 波段的卫星通信系统等)大多用 FET 器件工作电压为 3～28V,故残压≤40V 最佳。

对雷电通流量的要求,视其通信设备的直击雷防护接地的设计情况而定。通常天馈线处于避雷针防直击雷保护下的 $LPZ0_B$ 区,但考虑到同轴电缆对雷电电磁场感应有一定的屏蔽作用以及内导体的电磁感应与同轴电缆外屏蔽的接地方式等因素相关,故合理的雷电通流量选择应≥10kA。

②天馈 SPD 的分类

表 7.15 天馈系统 SPD 按频率分类

频段	可选择的设计方案
6GHz 以上	按分布参数设计,如 λ/4 短路线、Π 或 Γ 型微波高通滤波器、带通滤波器等。(可采用同轴或微带电路,视其功率大小定)
2～6GHz	按分布参数和集中参数的混合电路设计如 $\lambda_g/4$ 短路线 Π 或 Γ 型微波高通滤波器,带通滤波器等。
300MHz～2GHz	按分布参数和集中参数的混合电路设计,如 λ/4 短路线、Π 或 Γ 型微波高通滤波器;气体放电管。
60MHz～300MHz	按分布参数和集中参数的混合电路设计,如 Π 或 Γ 型微波高通滤波器;气体放电管。
中长波～60MHz	按分布参数和集中参数的混合电路设计,采用气体放电管、放电隙等。

表 7.16 天馈 SPD 按传输功率分类

传输功率	适应的设备和频率范围	可选择的设计方案
0.5kW 以下	中长波、短波、超短波、移动通信微波通信、卫星通信等。0.1～3000MHz	按"天馈系统 SPD 按频率分类"中所叙的方案选择
kW 级	中长波、短波广播发射机;电视发射机。0.1～870MHz	气体放电管;放电隙等。Π 或 Γ 型微波高温滤波器
5kW 以上	中长波广播设备	气体放电管;放电隙等

说明:大多数雷达、大型卫星通信站等设备的工作频率高,发射功率高于 5kW,发射机几乎都在天线上。对天馈线端接设备(室内设备和室外设备的保护在避雷针保护

下的 $LPZ0_B$ 区)实际上都在小于 2000MHz 的一中频和二中频,均为小信号。故雷达发射机等大功率设备未列入其中。

③天馈 SPD 按应用分为两类,即馈电型天馈 SPD 和不馈电的天馈 SPD。

天线塔上设有放大器或天线上设置有室外单元(ODU),需通过同轴电缆内导体馈送直流电。以上情况,天馈 SPD 应保证能够通过直流电而不影响 SPD 的防雷效果。这类通信系统有:卫星通信、部分 GSM、CDMA 等移动通信系统和 GPS 等。

馈电型天馈的产品(如气体放电管或间隙方案)也可作不馈电型天馈用,而后者大部(如 $\lambda_g/4$ 短路线、未作特殊设计的高通滤波器等)不能替代前者。

④天馈 SPD 的设计原则:

· 气体放电管方案:

从 20 世纪 90 年代初期到现在国内外都在使用这种方案。其优点:气体放电管(或放电间隙)的分布电容极小(≤2pF)、设计很简单,在一段微波传输线(如同轴、微带、条带线等)上考虑设备阻抗,两端加上相应的接头,传输线内导体上并联气体放电管即可。这种方案可作馈电型或非馈电型使用。它的频带可以在 DC－2000MHz 以下可做到驻波 ≤1.2,插入损耗 ≤0.2dB 的优良指标。

其缺点:是其分布电容限制了它的上限频率和雷电通流量,而响应时间慢(≥100ns)、传输功率不同又导致残压尖峰很高(可达 500～2000V),但气体放电管导通前的尖脉冲仅 1～2μs,导通后残压仅 10～20V,雷电脉冲尖峰的压窄对设备仍有一定的保护效果。

· $\lambda_g/4$ 短路线方案:

采用这种方案明显地改变了气放管残压高的缺点,但不能用于向室外单元馈电的设备。

在数十年前对同轴线的研究中早已指出:长度为 $\lambda_g/4$(在同轴线内为空气介质时)的任意奇数倍的短路双线(同轴线按其实质来说,仍然是双线传输线)并联在同轴线时,对沿同轴线传输的信号波的阻抗是非常大的。而对于雷电波小于数十千赫兹的主要能量部分,相当于短路。但此方案带宽较窄,可采用在 $\lambda_g/4$ 短路线与同轴线并联点的两侧各接一段长度等于四分之一中心波长的同轴线阻抗变换器或其他方案来展宽频带。

· 高通滤波器方案:

雷电主要能量集中在 30kHz 以下的频段,这就给滤除雷电干扰带来很大的方便。即使是短波通信的工作频率,也比 30kHz 高十几倍。

设计超短波、微波频段的高通滤波器,仅用滤波器的原型电路(两三个电感电容构成的原型电路)就足可设计出对雷电脉冲主要能量的抑制度达 80～160dB 的高通滤波。

定性的看：Π 型高通滤波器在射频通路上的容量很小的电容，对雷电脉冲有很高的隔离度，而电容两端接地的两个电感（它相当于 $\lambda_g/4$ 短路线）则是雷电电流的最佳通路。

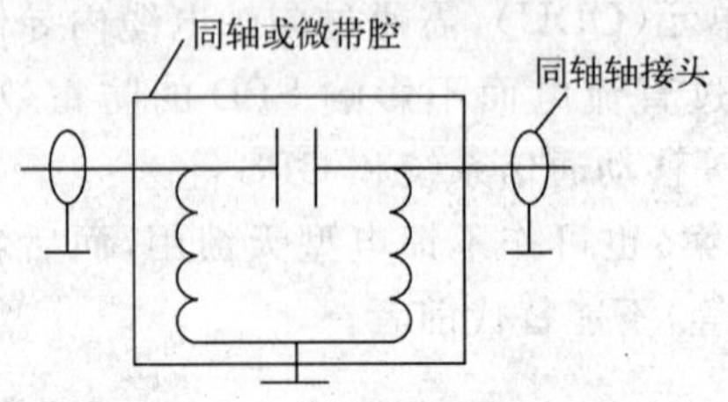

图 7.72　Π 型高通滤波器方案

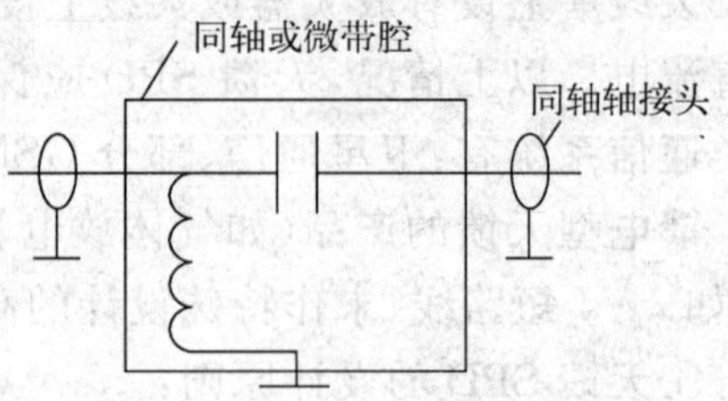

图 7.73　Γ 型高通滤波器

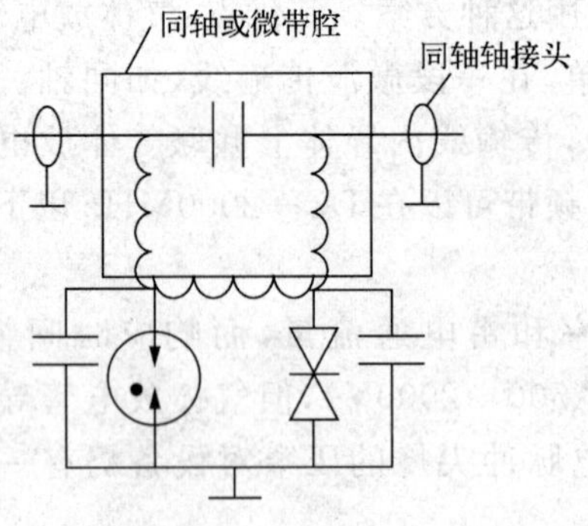

图 7.74　馈电型高通滤波器方案

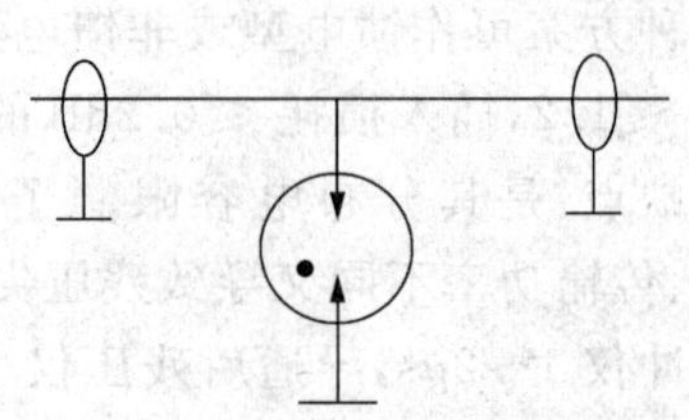

图 7.75　气放管或放电隙方案

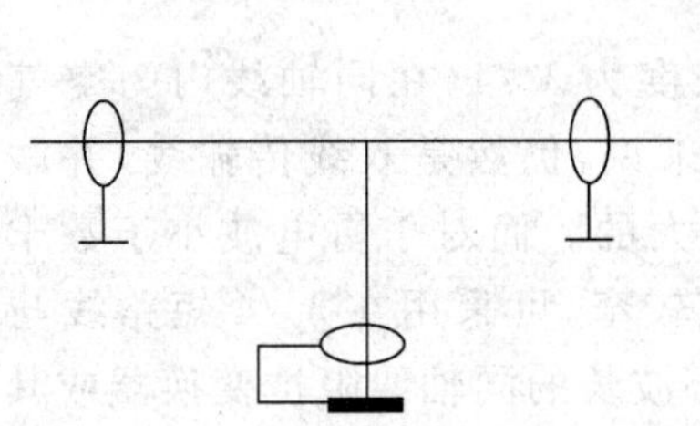

图 7.76　$\lambda_g/4$ 短路线方案图

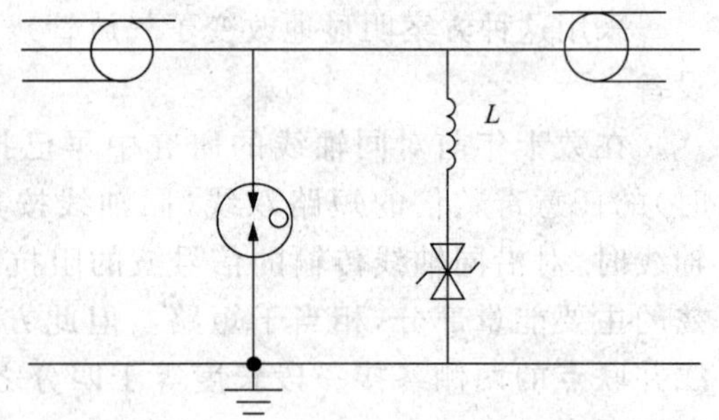

图 7.77　天线端口组合保护电路

天线端口是一类非常容易遭受浪涌损坏的接口。尽管室外高处的天线一般都应有避雷针保护，进入室内后都还有前级（雷击）浪涌保护器保护。

实际情况是，一方面，避雷针和保护器未必保护得很到位（这些保护措施失效也很难被产品用户发现，一般是出现浪涌对产品破坏之后才发现保护早已失效）；另一方面，这些室外天线很可能由用户自行安装(如农村的室外电视天线),保护措施缺失。另外,天线产品均为长期连接,连接好后,不会轻易断开。这些特点决定了天线端口很容易遭受浪涌的冲击,不幸的是,与天线端口相连的设备电路都是对浪涌非常敏感的微电子电路,因此,对天线端口的浪涌保护非常必要。

射频同轴天线端口组合保护电路如图 7.77 所示。该电路前级保护电路由气体放电管构成,后级保护电路由 TVS 与高频扼流电感 L 构成。加入电感 L 的目的是防止天线上高频信号被 TVS 极间电容短路到地。为减少保护电路的高频衰减,去掉了级间隔离电阻。这种保护电路的工作频率上限可达 2GHz。若天线端口含有直流(如给前级天线放大器供电),应选用灭弧电压高于工作直流的气体放电管。也有保护电路采用高通滤波器,因浪涌的能量频谱集中在几十赫兹到一兆赫兹之间,其能量主要集中在数十千赫兹以下,相对于天线端口的高频工作频率很低,可通过高通滤波器将浪涌从工作信号中分离加以吸收。

这两种方法都会将天线上传送的直流短路,其应用的范围有限。

7.4.3.3　其它信号/控制端口的 SPD

对其他信号/控制端口,若端口接线来自室外或线路敷设超过一定的长度,则相应端口就有遭受感应的浪涌冲击损坏的危险,也需要采取相应的浪涌抑制措施。

若工作信号为直流电平,其浪涌抑制方式可参考直流电源端口的浪涌抑制方式进行设计即可;

若工作信号为中低频信号,其浪涌抑制方式可参考通信端口的浪涌抑制方式进行设计;

若工作信号为高频信号,其浪涌抑制方式可参考天线端子的浪涌抑制方式进行设计。

但需要注意的是,若端口是由变压器或光耦隔离的,为防止变压器或光耦因浪涌击穿,除接口线线间需要浪涌抑制外,接口线对产品的接地端之间也应有相应的浪涌抑制电路。为保证内外电路的电气隔离,此处只可采用气体放电管进行浪涌抑制,为保证气体放电管浪涌击穿后能正常灭弧,变压器或光耦隔离的两端应无大于 10V 的直流电位差。

7.4.3.4　防地电位反击的 SPD

当并联型的浪涌抑制器发挥作用时,它将浪涌能量旁路到地线上。由于地线都是有一定阻抗的。因此,当电流流过地线时,地线上会有电压。这种现象一般称为地电位反击。当浪涌抑制器的地与设备的地不在同一点,设备的线路实际上没有受到保护,较高的浪涌电压仍然加到了设备的电源线与地之间。解决办法是在线路(地)与设备的外壳(地)之间再并联一只浪涌抑制器,或将两地选择在同一点。受到保护的设备与其他设备连接在一起,由于地电位反击的原因,另一台设备就要承受共模电压。这个共模电压会出现在所有连接设备1(受保护设备)与设备2(未保护设备)的电缆上。解决的方法是在互连电缆的设备2一端安装浪涌抑制器。

7.4.4 微电子设备主要技术指标

微电子设备广泛用于各种通信设备,包括计算机数据通信、终端设备、程控电话等工业监控系统的温度、流量、压力传感器、二次仪器仪表均采用微机处理各种信号。这些通信微机设备的硬件部分大多采用TTL或COMS集成电路,其工作电压均较低,对于温度、流量、压力等传感器更是mV级的弱信号。

TTL电路工作电压为5V;

COMS电路工作电压为3~18V;

监控系统的工作电压(0~10mA)为12V、(4~20mA)大约为24V;

电话拨号线工作电压为110V;

专线或租用线的工作电压为12V或24V。

计算机通信信号或信息处理广泛采用网络形式,可分为局域网、广域网等。这些网络均需要较长的网络传输线,而监控系统的一、二次表间信号传输距离也较远,一般有几十米或上百米。由于传输距离较远,传输线较长。因此,遭受感应雷击的几率也就大大增加,加之硬件设备的工作电压低,抗雷击的能力较弱。为了保证各种电子设备的安全运行,加装避雷器是十分必要的。

同样道理,程控电话也有必要加装避雷器,以保证其设备的安全运行。

选用信号电涌保护器,首选要保证加装避雷器后不会影响被保护设备的正常工作,不产生误码,丢失数据。

其次,可按以下几项来选择合适的避雷产品,工作电压、被保护设备、连接方式、传输速率、特性阻抗、保护对象。

7.4.4.1 工作电压

被保护线的信号电平或者是叠加了控制信号后的信号电平,一般有5、12、24、48、68、110、130V;

浪涌防护器,其钳制过电压的能力,应尽可能地接近被保护设备的额定工作电压。选择信号浪涌防护器的第一步是:确定设备的工作电压,这可以在设备手册中找到,但如果不知道,不要猜测。可以很容易地用电压表测出。下表显示通常的工作电压。

工作电压 U_n	应用系统
7.5 V	RS422，RS423，RS485，以太网，大多数 LANS 以太网，和局域网
7.0 V	数据电话公司(信道服务单元/数据服务单元，DDS，T1，ISDN，等)
12 V	类别 5、100Base －T、ATM155(100MHz)
18 V	RS232，令牌环，数字式 4～20mA 电流回路
27 V	ArcNet、模拟 4～20mA 电流回路
60 V	模拟、租用专用线电话公司
240 V	拨号线、调制解调器和传真机

7.4.4.2 连接方式

连接方式有：同轴的(Co－axial)BNC、SMA、SMB，非同轴式 DB9、DB15、DB25、RJ11、RJ45、CH、C31 接线端子型、X 小圆型，P 型。

7.4.4.3 工作频率

工作频率是以兆赫（MHz）来度量的。

一个适合 10MHz 的保护器不能在 100MHz 下工作。一个设计为保护有线电视同轴电缆的防护器在 1.5kMHz 的卫星传输馈线上可能无法工作。

许多办公应用系统被设定为 1 至 10MHz 范围，但运行在 100MHz 的应用系统越来越普及了。工作频率能够在设备手册中找到。

7.4.4.4 特性阻抗

双绞线用于 300Hz～4kHz 时为 600Ω，双绞线用于 4kHz～300MHz 时为 100、120 或 150Ω。

例如，RJ45 同轴电缆用于≤1GHz 时为 50Ω 或 75Ω，例如 BNC 型。同轴电缆用于＞1GHz 时为 50Ω，例如 N 型。

7.4.4.5 传输速率 bit/s

电涌保护器介入计算机信息系统传输线后，不影响系统传输时的上限数据传输速率。一般常用的传输速率有 20K、64K、2M、10M、100M、155M。

7.4.4.6 插入损耗 dB

在给定频率下过电压保护器插入前和插入后的电压、电流、功率的比率。在计算机网络中接入信号避雷器后对信号的衰减，一般要求≤0.3，≤0.5，≤3dB。

7.4.4.7　驻波系数 dB

≤1.2(同轴式)。

7.4.4.8　标称放电电流 kA

经受规定波形和规定次数的电流冲击后，仍在允许范围内的最大电流值，一般要求0.3、0.6、3、5、10kA；

7.4.4.9　限制电压 V

输入 10/700μs、6kV、150A 或 8/20μs、6kA 或 1kV 时在输出端测到的电压一般要求 25、40、80、150V。

7.4.5　微电子设备防雷产品介绍

7.4.5.1　标准 D 型串口信号避雷器

D 型串口信号避雷器用于防止 EIA/RS485、V.24/RS232、V.11/RS422 等传输系统因遭受过电压而损坏，采用全保护方式，多用于保护计算机主机、终端机、调制解调器、服务器等设备，更适用于工业自动化系统。DB9，DB25(工作电压为 12V)，按标准：DB9 的 5 脚为信号地，DB25 的 7 脚为信号地；正常情况下，避雷器的输入端为针，输出端为孔，若保护调制解调器则相反。

DB15 (工作电压为 12V)：用于保护外收发器的 AUI 端口，输入为孔，输出为针，属线对保护：2,9 ；3,10 ；5,12 ；13(12V 电源)；1,4,6,11,14 连通为电源地。

接线端子：采用 HT508R－2L 、4L 、6L 等，工作电压根据用户要求而定，可用于 485 接口总线保护、监控系统等与其相适应的设备保护，传输速率最高可达 2Mbit/s 。

标准：IEC61643－2：1998、GA173

最大放电：400A

工作电电压：±12V

工作频宽：1kHz(－0.5dB)

导通电压：18V

防护电压：＜24V

响应时间：≤10ns

技术参数见下表

图 7.78　标准 D 型串口信号避雷器

型号规格	接口形式	保护芯线	工作地	保护地
RS232/25	25 针 D 型	1—25	7	接外壳
RS232/15	15 针 D 型	1—15	5	接外壳
RS232/09	9 针 D 型	1—9	5	接外壳
RS485T	9 针 D 型	4、5、6(电源)、8、9	3	通常不接

·典型应用:工业自动化、计算机网络设备室内保护;

·特别说明:在信号线缆从室外布设到室内、或室外时,应选用放电电流较大的接线式信号避雷器。

等电位连接器

90V 用于信号线浪涌保护器,安装在电源保护地与信号浪涌保护器地线之间,以免电源地中的杂波对信号传输产生干扰。230V 用于相邻独立接地之间的连接以免与之相连的设备之间产生电位差而造成放电,以及强电与弱电保护地之间的连接。

7.4.5.2　RJ11、RJ45 网络接入信号避雷器

RJ11 网络接入信号避雷器用于保护调制解调器。工作电压为 12V 时,用于专线或租用线;工作电压为 110V 时,用于拨号线。属线对保护(保护中间一对线): RJ11(6 槽 6 针) 3,4 脚; RJ11(6 槽 4 针) 2,3 脚。输入输出均为插座,可配一段两端带 RJ11 插头的三类双绞线作信号线。

RJ45 网络接入信号避雷器,工作电压为 12V 时,用于保护调制解调器,保护线对为一对(4,5 脚);工作电压为 5V 时,用于保护集线器 HUB ,保护线对为两对(1,2 脚; 3,6 脚),传输速率为 10Mbit/s ,输入输出均为 RJ45 插座,可配一段两端带 RJ45 插头的五类双绞线作信号线。

带屏蔽 RJ45 网络接入信号避雷器,用于保护集线器 HUB ,保护线对为两对(1,2 脚; 3,6 脚),传输速率为 100Mbit/s,155Mbit/s ,输入输出均为 RJ45 插座,可配一段两端带屏蔽 RJ45 插头的带屏蔽五类双绞线作信号线。

RJ11 、RJ45 等均有与单只避雷器相同参数的组合型产品,保护 HUB 的有标准 19″ 机架 24 口产品供用户选用。

RJ 网络接入信号避雷器专门为 Modem、DDN 专线、X. 25、传真机、ISDN、ADSL 和宽带 LAN 方式等通过双绞线进行信号传输的设备而设计,以避免遭受感应过电压和操作过电压的损害。该产品输入、输出采用 RJ11、RJ45 公/母接口,串联保护。回路设计按照 IEC61643—2:1998、GA173 的要求,使得回路截面小、损耗低、保护性能好。

图 7.79 RJ 系列网络接入信号避雷器

技术参数见下表

型号规格	接口形式	额定电压 (V)	宽频 (MHz)	保护芯线	导通电压 (V)	保护电压 1kV/μs(V)
RJ11/TEL	RJ11(6P4C)	120	1	3、4	200	＜300
RJ11/TEL/4	RJ11(6P4C)	120	2	2、3、4、5	200	＜300
RJ11/DDN	RJ11(6P4C)	48	2	3、4	75	＜100
RJ11/DDN/4	RJ11(6P4C)	48	2	2、3、4、5	75	＜100
RJ11/XDSL	RJ11(6P4C)	120	8	3、4	180	＜220
RJ45/10M	RJ45	9	10	1、2、3、6	10	＜10

7.4.5.3 BNC 同轴接头

BNC 同轴接头工作电压为 5V，特性阻抗为 50Ω。

多用于细缆组网，183 米细缆可配置 30 个设备，特性阻抗为 75Ω 的用于监控系统摄像头保护，工作电压有 5V，24V 两种。

一般情况下，避雷器的输入为孔，输出为针，也可根据用户要求选择。若输入输出均为孔，则需配一根两端带针的 75Ω 电缆信号线。

图 7.80 BNC 同轴接头

7.4.6 RS－422 与 RS－485 的接地问题

电子系统接地是很重要的，但常常被忽视。接地处理不当往往会导致电子系统不能稳定工作甚至危及系统安全。RS－422 与 RS－485 传输网络的接地同样也是很重要的，因为接地系统不合理会影响整个网络的稳定性，尤其是在工作环境比较恶劣和传输距离较远的情况下，对于接地的要求更为严格。否则接口损坏率较高。很多情况下，连接 RS－422、RS－485 通信链路时只是简单地用一对双绞线将各个接口的“A”、“B”

端连接起来。而忽略了信号地的连接，这种连接方法在许多场合是能正常工作的，但却埋下了很大的隐患，这有下面两个原因：

1. 共模干扰问题

RS－422 与 RS－485 接口均采用差分方式传输信号方式，并不需要相对于某个参照点来检测信号，系统只需检测两线之间的电位差就可以了。但人们往往忽视了收发器有一定的共模电压范围，如 RS－422 共模电压范围为－7～＋7V，而 RS－485 收发器共模电压范围为－7～＋12V，只有满足上述条件，整个网络才能正常工作。当网络线路中共模电压超出此范围时就会影响通信的稳定，甚至损坏接口。

当发送驱动器 A 向接收器 B 发送数据时，发送驱动器 A 的输出共模电压为 UOS，由于两个系统具有各自独立的接地系统，存在着地电位差 UGPD。那么，接收器输入端的共模电压 UCM 就会达到 UCM＝UOS＋UGPD。RS－422 与 RS－485 标准均规定 UOS≤3V，但 UGPD 可能会有很大幅度（十几伏甚至数十伏），并可能伴有强干扰信号，致使接收器共模输入 UCM 超出正常范围，并在传输线路上产生干扰电流，轻则影响正常通信，重则损坏通信接口电路。

2.（EMI）问题

发送驱动器输出信号中的共模部分需要一个返回通路，如没有一个低阻的返回通道（信号地），就会以辐射的形式返回源端，整个总线就会像一个巨大的天线向外辐射电磁波。

由于上述原因，RS－422、RS－485 尽管采用差分平衡传输方式，但对整个 RS－422 或 RS－485 网络，必须有一条低阻的信号地。一条低阻的信号地将两个接口的工作地连接起来，使共模干扰电压 UGPD 被短路。这条信号地可以是额外的一条线（非屏蔽双绞线），或者是屏蔽双绞线的屏蔽层。这是最通常的接地方法。

值得注意的是，这种做法仅对高阻型共模干扰有效，由于干扰源内阻大，短接后不会形成很大的接地环路电流，对于通信不会有很大影响。当共模干扰源内阻较低时，会在接地线上形成较大的环路电流，影响正常通信。对此，可以采取以下三种措施：

(1) 如果干扰源内阻不是非常小，可以在接地线上加限流电阻以限制干扰电流。接地电阻的增加可能会使共模电压升高，但只要控制在适当的范围内就不会影响正常通信。

(2) 采用浮地技术，隔断接地环路。这是较常用也是十分有效的一种方法，当共模干扰内阻很小时上述方法已不能奏效，此时可以考虑将引入干扰的节点（例如处于恶劣的工作环境的现场设备）浮置起来（也就是系统的电路地与机壳或大地隔离），这样就隔断了接地环路，不会形成很大的环路电流。

(3) 采用隔离接口。有些情况下，出于安全或其它方面的考虑，电路地必须与机壳或大地相连，不能悬浮，这时可以采用隔离接口来隔断接地回路，但是仍然应该有一条地线将隔离侧的公共端与其它接口的工作地相连。

7.4.7 产品的选用和安装

通信线防雷器串联安装于线路上，因此，在选择防雷器时要保证防雷器能够起到保护作用，同时还要考虑防雷器与通信线的匹配问题，所以在防雷器的选型上主要考虑：

1. 信号避雷器工作电压、连接方式和特性阻抗应与网络的被保护端口适配；
2. 信号避雷器传输速率应高于网络的被保护端口的传输速率；
3. 信号避雷器插入损耗应满足系统设计总插入损耗允许值的预留范围；
4. 信号避雷器标称放电电流应大于装设部位预期的最大浪涌电流；
5. 信号避雷器的限制电压应不大于保护对象的耐压等级；
6. 将避雷器接到被保护的信号线路中，避雷器的输出端接到被保护设备端，切勿接反，否则会损坏避雷器；
7. 检查地网的接地电阻是否小于 4Ω；
8. 将避雷器的地线就近接到机房的母线上，地线应尽量短，地线与地网母线连接时不允许搭接及绕接，必须牢固的焊接，否则即使安装了避雷器也达不到应有保护效果。

本章思考与练习

1. 阀型避雷器、放电管、放电间隙、高通滤波器、半导体避雷器件的使用范围？
2. SPD 的分类方法？在 230V/400V 三相供电系统中 SPD 最大持续工作电压如何确定？
3. 在不同的防雷区域中，由于被保护的设备耐过压程度的差异，在实际工程运用中应如何综合考虑选择合适的低压电源线路的避雷方案？
4. 简述氧化锌避雷器的工作原理。电源系统防雷保护时，对保护装置的要求有哪些？
5. 避雷器的种类主要有哪些？
6. 放电间隙的工作原理是什么？
7. 什么是电涌保护器？
8. 氧化锌避雷器有哪些特点和用途？
9. 简述避雷器的保护原理？
10. 保护间隙的结构、原理是什么？使用中应注意哪些问题？
11. 管型避雷器的结构原理是什么？安装使用中应注意什么？
12. 低压避雷器的种类主要有哪些？
13. 什么是电介质的伏秒特性？
14. 什么是电介质的伏安特性？

15. 什么是避雷器的动作电压？

16. 什么是避雷器的压敏电压？

17. 什么是残压？

18. 什么是通流容量？

19. 建筑物入口处总配电盘上选择和安装 SPD 有何要求？

20. 试分析图 7.56 接线图中存在的问题，在工程实际应用中应采取的措施。

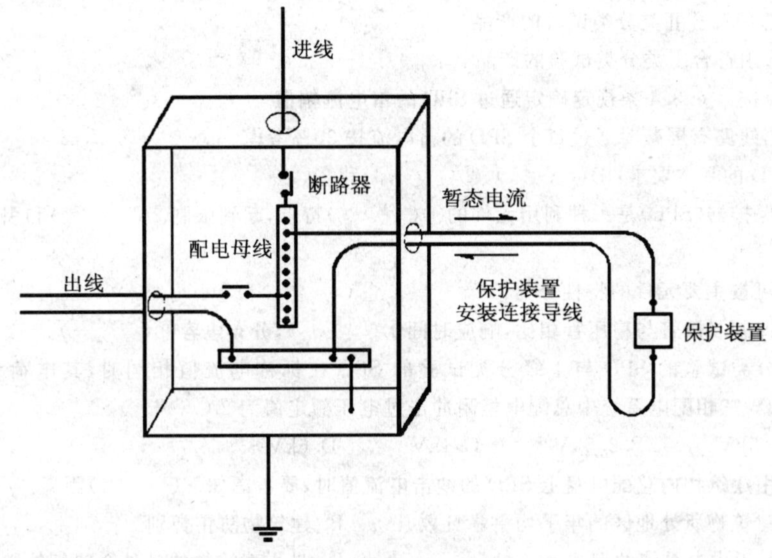

图 7.56　电涌保护器安装在电源进线箱侧

21. 什么是凯文接线？

22. 在某信息机房配电箱上安装了一限压型的 SPD，该 SPD 在 3kA(8/20μs 波形)冲击电流条件下的限制电压为 1.5kV，SPD 与相线的连线长度为 1m，与等电位连接带的连线长度为 2m，如果配电箱的电源线最大可能流过的雷电流为 3kA(8/20μs 波形)，则后端Ⅱ类用电设备承受电涌电压是多大？是否符合用电设备的耐压水平？不符合应采取什么措施？(连线单位电感 L_0 为 1μH/m)。

23. 某个第三类防雷建筑物已按规范装设了防直击雷保护系统。从其室外引入室内有自来水管和有屏蔽层的电力线路共两种，入口处属于防雷区 LPZ0 或 $LPZ0_B$ 区与 LPZ1 区的界面。电力线路为 TN-C-S 系统，总配电箱上需要装设三台 SPD 来保护耐压水平为 4kV 的设备，上下两端导线共长 0.6m，试求用来测试这种 SPD 的最小峰值电流 I_{peak}，应选 SPD 最大电压保护水平 V_p。

已知：第三类防雷建筑物，其首次雷击的雷电流幅值为 100kA，其波头为 10μs；首次以后雷击的雷电流幅值为 25kA，其波头为 0.25μs；单位连接导线电感为 1μH/m。

24. 简述建筑物电源系统的防雷方法。

25. 绘出 TN-C-S 系统中总配电盘防电涌的图，并加文字标注。

26. 什么是标称电压 U_n？

27. 什么是额定电压 U_C（最大持续操作电压）？

28. 什么是标称电流 I_n ?

29. 什么是最大放电电流 I_{max} ?

30. 什么是雷电脉冲电流 I_{imp} ?

31. 什么是 SPD 总放电电流?

32. 什么是 N-PE 保护器?

33. 在 LPZ0 区与 LPZ1 区交界处,进户线路上安装的 SPD 应符合下列(　　)要求。

A. 选用符合Ⅱ类分类试验的产品

B. 选用符合Ⅰ类分类试验的产品

C. 应按第 6.3.4 条规定确定通过 SPD 的雷电流幅值

D. 当线路有屏蔽时通过每个 SPD 的雷电流按 30%考虑

34. 对 SPD 的基本要求:①(　　　)、②(　　　)和③(　　　)。

35. 电涌保护器(SPD)是一种利用元件的①(　　　)特点,起到限制②(　　　)和引导③(　　)的器件。

36. SPD 可按主要元件的特性分为①(　　　)、②(　　　)和③(　　　)。

37. 暂态抑制二极管与稳压管相比,响应时间①(　　　),分布电容②(　　　)。

38. Ⅱ级分类试验的 SPD 与Ⅰ级分类试验的 SPD 在标称电流值相同时,其电荷量之比为①(　),220/380V 三相配电系统中总配电柜耐冲击过电压额定值为②(　　　)。

A. 1.5kV　　B. 2.5kV　　C. 4kV　　D. 6kV

39. 在选用建筑物内总配电盘上 SPD 的冲击电流值时,要考虑如下(　　　)因素。

A. 建筑物所处地区的年平均雷暴日数　　B. 建筑物防雷类别

C. 低压供电系统的型式　　D. 进入建筑物的各种金属管线数量

40. 220/380V 三相系统中耐冲击过电压为Ⅱ类的用电设备有(　　　)。

A. 家用电器　　B. 断路器　　C. 配电盘　　D. 电气计量仪表

41. 在一般情况下,当在线路上多处安装 SPD 且无准确数据时,限压型 SPD 之间的线路长度不宜小于(　　　)m。

A. 8　　B. 10　　C. 5　　D. 12

42. 在 SPD 的安装中(　　　)

A. 电源 SPD 一般并接在线路中　　B. 信号 SPD 一般串接在线路中

C. SPD 尽量靠近被保护的设备　　D. SPD 连线要粗,连线较长时,可打成环形圈以备后用

43. 什么是漏电流?

44. 电涌对计算机和其他敏感电气设备的危害方式是什么?

45. 计算机能够承受多大的电涌?

46. 综合教学大楼位于某城市郊区,大楼地上 6 层,长 108m,宽 65m,高 21m。该市雷电日为 T_d =38d/a,大楼已安装有完善的外部防雷设施。请为该大楼选择低压配电系统电涌保护器的配置。

47. 实践一:勘察学生宿舍的建筑设备情况、宿舍内部设备情况,试设计学生宿舍的电源系统防雷方案。

48. 实践二：勘察科技大楼电源系统，画出大楼电源系统（含动力、照明），根据所学知识，分析大楼信息系统、电源系统可能受到的雷电灾害，并考虑应采取的防护措施，要求写出勘察报告、设计计算、设计方案书、设计施工图。

49. 实践三：勘察综合教学大楼，画出综合大楼电源系统、网络系统、监控系统、有线电视系统、电铃控制系统，根据所学专业知识，分析大楼信息系统、电源系统可能受到的雷电灾害的评估，并考虑应采取的防护措施。

要求写出勘察报告、雷击风险评估报告、设计计算书、设计方案书、设计施工图。

50. 实践四：调查实验实习大楼的工程建设情况，考虑如何进行该工程项目的雷电防护规划，并提出自己的设想，要求写出调查报告、雷击风险评估报告、雷电防护工程建设建议书。

第八章　建筑物外部防雷设计

建筑物防雷设计的目的是保护生命和财产免遭雷电的危害，为人们提供安全的活动空间，消除人们对自然力的恐慌以及对现代技术的畏惧，因此，我们就应针对每一个防雷工程，为不同建(构)筑物、信息处理系统量身定制出不同的雷电防护方案。作为一个完整的雷电防护系统设计应包括以下几个方面：a. 建(构)筑物防雷设计；b. 电源系统防雷；c. 信号线防雷；d. 接地系统。

a. 建筑物防雷。主要是指建(构)筑物上安装的接闪器、引下线、等电位连接、屏蔽设计以及接地设计。

b. 电源系统防雷。电源系统关系到整个用电系统的安全，对电源系统通常使用多级防护。电源一级避雷器安装在离进线口最近的位置，通常安装在主配电盘的负载侧，其主要作用是去掉来自外部的浪涌。电源二级避雷器的作用是抑制通过一级避雷器的残压和内部发生的瞬态过电压。内部发生的瞬态过电压主要包括雷击产生的感应电压和操作过电压。此外，对于敏感设备和重要设备要另外加装电源避雷器进行进一步的精细保护。

c. 信号线防雷。雷电非常容易沿信号线侵入信息处理设备，从而使各种信息处理设备不能正常运转。我们根据上述情况对各种网络系统、视频监控系统、电话交换系统、办公系统、工业控制系统、计算机接口和天馈线系统提供雷电防护。

d. 接地系统。接地是将连接在一起的设备接到它所处的地表面，通过低阻抗接地体将雷电流泄放到大地，从而保证人员和设备安全。我们采用单点接地新概念及多种接地新方法，以防止地电位不平衡对设备造成的危害。

新建、扩建、改造的建筑物、构筑物和其他设施需要安装的雷电灾害防护装置(以下简称防雷装置)，应符合国务院气象主管机构规定的使用要求，并由具有相应防雷工程专业设计或者施工资质的单位承担设计或者施工。

防雷装置是指接闪器、引下线、接地装置、电涌保护器及其他连接导体。建筑防雷工程设计是一个系统工程，防雷设计包括外部防雷装置设计、内部防雷装置设计和过电压保护设计，建筑物综合防雷系统见图 8.1 所示。

①接闪器设计：是将雷电闪击引导到危害最小的部位，按照 GB50057-1994 要求，目前采用的方法是滚球法和平坦面的网格法；

②引下线设计：是设计从接闪器与接地网之间良好的引导雷电通道，让雷电流平安地通过它散入大地，主要需要设计独立防雷装置和非独立防雷装置的引下线的数目；

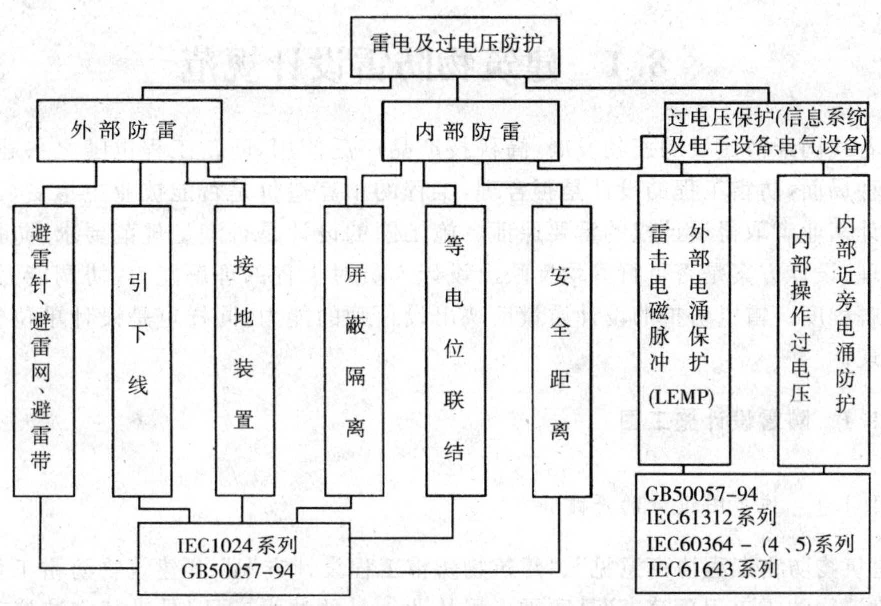

图 8.1 建筑物综合防雷系统设计框图

③接地网设计:接闪器实质上是引雷,但更重要的是要将其安全地疏散,那就是要设计一个运行良好的接地网,接地网的接地电阻值要能够满足规范和长期的安全使用的要求,需要解决的是接地装置的类型、接地电阻的稳定性、对跨步电压的预防措施以及接地体防腐蚀、降电阻等;

④等电位连接设计:做好等电位连接和内部设备的合理布置,防止雷电高电位造成反击,需要设计出足够的安全距离和各金属间的等电位连接导体;

⑤屏蔽保护措施的设计:将建筑物需要保护的设备和建筑物内部空间设计划分出几个防雷保护区,根据所设保护区采取相应的屏蔽保护措施;

⑥过电压保护的设计:防止雷击电磁脉冲通过线路引入雷电高电压浪涌、防止击坏用电设备和通信器材,选择合适的电涌保护器(SPD);

⑦电气设计:在建筑物防雷设计中,对易发生人身伤亡事故的部位,需采用安全电压、防止发生人身事故、测试土壤的电阻率、利用建筑物适宜的导电部件作防雷装置的自然部件;

⑧机械设计:考虑防雷装置各部件在自然条件下的腐蚀、在放电条件下的温升、电动力及机械强度,设计防雷装置各部件(如各种杆材、线夹、紧固件及支架)所用的材料及其尺寸。

§8.1 建筑物防雷设计规范

随着我国经济建设的蓬勃发展，高科技产品广泛使用，防雷工程也随之兴旺起来。面对这种局面，防雷工程的设计是否合理，工程的预算造价是否能被业主承受，已成为防雷设计从业者取得设计权的重要保证。施工图的设计是否满足规范要求、防护等级是否合理、设计方案是否可行等均反映出设计人员对工程的理解能力、协调能力、对规范的理解程度。雷电防护的设计质量反映出设计师的能力，同样也是设计单位整体水平的体现。

8.1.1 防雷设计施工图

8.1.1.1 施工图设计的严肃性

"建筑物防雷工程协商意见"、"建筑物防雷工程设计方案"、"建筑物防雷工程施工图"、"建筑物防雷工程预算书"是防雷工程从业人员的技术产品，是进行安装施工的主要依据，对项目完成后的质量及效果，负有相应的技术与法律责任。因此，常言"必须按图施工，未经原设计单位的同意，任何个人和部门不得擅自修改施工图纸。经协商或要求后，同意修改的，也应由原设计单位编制补充设计文件，如变更通知单、变更图、修改图等，与原施工图一起形成完整的施工图设计文件，并应归档备查。"

即便是在建筑物竣工投入使用后，施工图也是对该建筑的防雷系统进行检测、维护、修缮、更新、改造、扩建的基础资料。特别是一旦发生雷击事故，施工图则是判断技术与法律责任的主要根据。

因此，《中华人民共和国建筑法》第五十六条中规定："……设计文件应当符合有关法律、行政法规的规定和建筑工程质量、安全标准、建筑工程勘察、设计技术规范以及合同的约定。设计文件选用的建筑材料、建筑构配件和设备，应当注明其规格、型号、性能等技术指标，其质量要求必须符合国家规定的标准。"

8.1.1.2 施工图设计的承前性

防雷工程设计分为方案论证和施工图设计两个阶段。其实质可以认为是从宏观到微观、从定性到定量、从决策到实施逐步深化的过程。后者是前者的延续，前者是后者的依据。就施工图设计论，它必须以方案设计为依据，忠实于既定的基本构思和设计原则。如有重大修改变化时，应对施工草图进行审定确认或者调整设计方案，甚至重做再审。

需要提醒的是：为了保证施工图设计的顺利进行，开始前除充分准备所需的技术资料外，还应协助业主落实并提供必要的设计基础资料（详见附录七：注）。

由此可见，在进行防雷施工图设计中，通过本专业工程师和其他专业工程师间反复推敲、协调的量化过程，才能深化、修正、完善最初的设计构思，确保施工图设计不变形，才能使工程"不走样"。

8.1.1.3　施工图设计的复杂性

就一般建筑物防雷而言，防雷工程施工图的设计，往往是在建筑设计初步完成后才开始进行，防雷工程的所有外部暴露的防雷装置直接影响到建筑物的美观，同时也对建筑造型的设计、修改起到一定的作用。因此，防雷设计不仅仅是防雷工程本身的技术问题，在进行工程设计时应处理好建筑各专业工程师之间的技术支持问题，同时更取决于各专业工程师之间的配合协作。

在建筑工程设计中，建筑专业设计在施工图设计阶段，处于"龙头"地位，因为建筑的总体布局、平面构成、空间处理、立面造型、色彩用料、细部构造以及功能、防火、节能等关键设计内容依旧要在建筑专业的施工图内表达，并成为其他专业工程师设计的基础资料。但是，建筑师也要根据其他工种的"反要求"，修正、完善自己的施工图纸。

同理，其他专业工程师之间也存在着彼此"要求"和"反要求"的技术配合问题。因为本专业工程师认为最合理的设计措施，对另一专业或几个专业，都可能造成技术上的不合理甚至不可行。所以必须通过各专业工程师之间反复磋商、磨合，才能形成一套在总平面、建筑、结构、设备等诸多技术上都比较科学、合理、可靠、经济，而且施工方便的施工图设计图纸。以保证建成后的建筑物，在安全、适用、经济、美观等各方面均得到业主乃至社会的认可与好评。

8.1.1.4　施工图设计的精确性

作为防雷工程设计最后阶段的施工图设计，是相对微观、定量和实施性的设计。如果说方案和初步设计的重心在于确定想做什么，那么施工图设计的重心则在于如何做。因此，施工图设计犹如先在纸上盖房子，必须件件有交待，处处有依据。除了图纸之外，还要用设计说明、工程做法等文字和表格，系统交代有关配件、用料和注意事项。而上述种种之最终目的在于：指导施工和方便施工。由此可以断言：逻辑不清、交代不详、错漏百出的施工图，可导致施工费时费力，频繁返工，造成无法合理使用或留下隐患，经济上造成浪费或损失，也无法达到业主所期望的目标。

8.1.1.5　施工图设计的逻辑性

施工图的内容庞杂，而且要求交代详细，图纸数量必然较多。因此，图纸的编排需要有较强的逻辑性，并已基本形成了约定俗成的规律——建设部颁发的《建筑工程设计文件编制深度的规定》就是集中的体现。其目的不仅是便于设计者就本工种和其他工种之间的技术问题，进行按部就班系统地思考和绘图，更重要的是便于施工图的服务对象——施工者看图与实施，以避免施工错漏，确保工程质量（参见附录七）。

8.1.2 建筑防雷设计中采用的规范

①建筑物防雷设计执行《建筑物防雷设计规范》GB 50057-1994、《民用建筑电气设计规范》JGJ/T 16-92、《村镇建筑设计防火规范》GBJ 39-90、《剧场建筑设计规范》JGJ 57-88、《博物馆建筑设计规范》JGJ 66-91 以及《办公建筑设计规范》JGJ 67-89；

②易燃易爆场所的防雷执行《爆炸和火灾危险环境电力装置设计规范》GB 50058-92、《民用爆破器材工厂设计安全规程》GBJ 89-85、《地下或覆土火药炸药仓库设计安全规范》GB 50154-92、《烟花爆竹工厂设计安全规范》GB 50161-92、《氢氧站设计规范》GB 50177-93、《发生炉煤气站设计规范》GB 50195-94 以及《城镇燃气设计规范》GB 50028-93 等；

③石油化工的防雷执行《石油与石油设施雷电安全规范》GB 15599-1995、《石油库设计规范》GBJ 74-84、《小型石油库及汽车加油站设计规范》GB 50156-92、《石油化工企业设计防火规范》GB 50160-92 和《原油和天然气工程设计防火规范》GB 50253-94 等；

表 8.1 外部防雷设计中使用 GB50057-1994 和 JGJ/T16-92 的防雷措施对照表

	GB 50057-1994	JGJ/T 16-92
建筑物防雷分类	第 2.0.1～第 2.0.4	/
防雷等级：	/	12.2.1～12.2.4
一类防雷建筑物	第 3.2.1、第 3.2.4、第 3.2.5	/
一级防雷建筑物	/	12.3.1、12.3.2、12.3.3、12.3.7、12.3.8、12.3.10
二类防雷建筑物	第 3.3.1、第 3.3.2、第 3.3.3 第 3.3.5、第 3.3.6、第 3.3.10	/
二级防雷建筑物	/	12.4.1～12.4.5
三类防雷建筑物	第 3.4.1～第 3.4.8、第 3.4.10	/
三级防雷建筑物	/	12.5.1～12.5.5、12.5.7
接闪器	第 4.1.1～4.1.7	12.7.1～12.7.2
引下线	第 4.2.1～4.2.8	12.8.1～12.8.8
接地装置	第 4.3.1～4.3.7	12.9.1～12.9.12

④电力与用电防雷执行《民用电气设计规范》JGJ/T 16-92、《工业与民用电力装置的过电压保护设计规范》GB 64-83、《电气装置安装工程接地装置施工及验收规范》GB 50169-92、《低压配电设计规范》GB 50054-95、《交流电气装置的接地》DL/T 621-1997和《交流电气装置的过电压保护和绝缘配合》DL/T 620-1997 等；

⑤电子设备的防雷按《电子计算机房设计规范》GB50174-93、《计算站场地安全要求》GB 9361-88、《微波站防雷与接地设计规范》YD 2011-93、《通讯局(站)接地设计暂行技术规定》YDJ 26-89、《工业企业通信接地设计规范》GBJ 79-85 以及各行业标准(如国家标准 GB、电力标准 DL、石油部标准 SYN、邮电标准 YD、军标 JB、公安标准 GA、交通标准 JT、铁道标准 TB 等)的相关条文进行建筑防雷设计。

各类防雷措施对照见表 8.1、8.2、8.3。

表 8.2　内部防雷设计中使用 GB50057-1994 和 JGJ/T16-92 的防雷措施对照表

	GB 50057-1994	JGJ/T 16-92
第一类防雷建筑物	第 3.2.2、第 3.2.3	/
一级防雷建筑物	/	12.3.4、12.3.5、12.3.6、12.3.9、12.3.11
第二类防雷建筑物	第 3.3.7、第 3.3.9	/
二级防雷建筑物	/	12.4.6、12.3.7
第三类防雷建筑物	第 3.4.9	/
三级防雷建筑物	/	12.5.6、12.5.8
防雷电电磁脉冲	第 6.1～6.4	/
等电位连接	第 3.1.2	/
其他防雷保护措施	第 3.5.1、第 3.5.2、第 3.5.4	12.6.3～12.6.7

表 8.3　特种结构防雷设计中使用 GB50057-1994 和 JGJ/T 16-92 的防雷措施对照

	GB 50057-1994	JGJ/T 16-92
第二类防雷建筑物	第 3.3.11	/
微波站、电视台等	第 2.0.1～第 2.0.4	12.6.1
固定在建筑物的节日彩灯	第 3.5.4	12.6.2
其他	第 3.5.5、第 3.5.6	

表 8.4　防雷接地工程设计常用接地电阻查索表

序号	接地项目名称	接地电阻	序号	接地项目名称	接地电阻
1	一类民用建筑物防雷接地装置	≤10	10	水塔防雷接地装置	≤30
2	二类民用建筑物防雷接地装置	≤10	11	烟囱防雷接地装置	≤30
3	三类民用建筑物防雷接地装置	≤30	12	微波站、电视台的天线塔防雷接地	≤5
4	一类工业建筑物防雷接地装置	≤10	13	微波站、电视台的机房防雷接地	≤1
5	二类工业建筑物防雷接地装置	≤10	14	卫星地面站的防雷接地	≤1
6	三类工业建筑物防雷接地装置	≤30	15	广播发射台天线塔的防雷接地装置	≤0.5
7	露天可燃气体储气柜的防雷接地装置	≤30	16	广播发射台发射机房的防雷接地装置	≤10
8	露天油罐防雷接地装置	≤10	17	雷达站天线与主机工作接地共用接地体	≤1
9	户外架空管道防雷接地装置	≤20	18	雷达实验调试场防雷接地	≤1

此外，还有《计算机系统防雷保安器》GA173-1998、《计算机场地安全要求》GB2887-89、《雷电电磁脉冲的防护通则》IEC1312-1：1995、《通信局（站）雷电过电压保护工程设计规范》YD/T 5098-2001 等。国际电工委员会：建筑物防雷设计规范（IEC1024-1：1990）、雷电电磁脉冲的防护（IEC1312-1，2，3-94，95，96）、低压电力配电系统的电涌保护器（IEC1643-1）、《电磁兼容性 · EMC》（IEC1000-1995）。欧美国家防雷标准：英国 BS 6651、美国 UL 1449、德国 VDE 0675《过电压防雷保护器》、德国 VDE 0110《低压电子设备的等电位连接》、德国 VDE 0185《雷电保护系统的安装指引》。

§8.2　民用建筑物外部防雷装置设计

8.2.1　民用建筑物雷电防护方案的设计与协商

8.2.1.1　防雷建筑物场地勘察

在防雷装置的施工图设计之前，设计人员应了解被保护建筑物的建造地点、建筑使用功能、建筑初步设计、结构设计、建筑物供电方式，并对建筑物周围环境、当地气象条件、地形地貌和土壤等情况进行场地勘察。

①地理位置周围环境，如当地气象条件、年雷暴次数、计算机网络机房建筑物的结构构造情况。

②仔细勘察计算机网络布线情况，如有卫星线路、微波线路传输媒介，应具体测量馈线引下线与避雷引下线间的距离，查看室内网络布线是否符合规定、由室外进入室内的线缆的情况、综合布线系统与干扰源的距离。

③不同型号设备接口是不同的。应了解各设备在整个网络系统中的用途，仔细记录各台电子设备在整个网络系统的作用。

④网络拓扑结构与网络类型。不同的网络传输媒介不同，依据网络标准计算避雷器的插入损耗与网络最大传输距离的关系。

⑤详细记录网络远程通信方法与方式，因为不同通信方式采用的设备有很大的差别，且工作电压、频率差别较大，我们在设计时必须要考虑到箝位电压的问题，同时考虑采用哪一级保护措施等问题。

⑥供电系统线制与额定电压情况，采用频率 50Hz、电压 220/380V TN-S 系统或 TN-C-S 系统。了解额定电压下计算机系统总容量(即总功率)或者是额定电压下的总电流。外部设备中磁盘机具有较大的启动电流须特别注意。

⑦建筑物接地情况的了解。计算机机房接地应有直流工作地、交流工作地、安全保护地、屏蔽接地、防雷保护地，在勘察时应注意各个地连接方式、地网分布情况。

8.2.1.2　协商

表 8.5　与建筑设计人员需要协商的主要内容

序	协商主题	问题细节
1	防雷装置所有导体的布置	屋面造型的考虑，柱距及立面装饰
2	防雷装置各部件所用材料	引导雷电流金属材料的截面尺寸
3	所有金属管道、雨水管道、栏杆及类似物件的细节	管道、栏杆与防雷系统的最近连接
4	建筑物内或其附近可能需与防雷装置相连接的安装设备	报警系统、保安系统、内部电信系统、信号及数据处理系统、无线电及电视电路的等电位端设置方式
5	要求与防雷装置保持安全距离的任何埋地导电设施	影响接地网络布置的可能
6	可用于接地网络的大概范围	包括公用接地和单独接地等
7	建筑物防雷装置各种主要紧固件的加工、职责划分	如：那些影响主屋面织物防水性的紧固件
8	必须与防雷装置相连接的建筑物中各种导电材料	支柱、钢筋以及进出建筑物的各种金属设施
9	防雷装置的视觉效果	明装防雷装置对建筑观感的影响
10	防雷装置对建筑物结构的影响	暗装防雷装置对建筑物结构布局的影响
11	与钢筋连接的位置	外来导电部件(管道、电缆屏蔽层等）的穿入处与钢筋的连接位置

表 8.6 与公用设施部门协商的主要内容

序	协商主题	问题细节
	与消防及安全部门的协商	
1	消防、防盗报警及消防系统各部件的位置	明确需要进行防雷、等电位连接的措施
2	管道的走向、材料及密封	考虑进行跨接的方式
3	建筑物有可燃性屋面的情况下，应就防护方法达成一致	对可燃性屋面的安全保护间距的确定
	与电子系统及室外天线安装人员协商	
4	天线支架及电缆导电性屏蔽层与防雷装置的连接	评估雷击风险和防雷措施的确定
5	天线电缆及内部网络的布线走向及通用设备的安装	选择各种导线的线间距离，作好屏蔽措施
6	浪涌保护器的安装	评价环路磁场强度、感应能量
	与施工人员及安装人员的协商	
7	由施工人员提供防雷装置主要紧固件的形式、位置及数量	确定连接方式，选择防雷装置的零部件，计算工程消耗材料的数量
8	由防雷装置设计人员提供而需由施工人员安装的紧固件	也可由防雷装置承包商或防雷装置供应商提供
9	要放置于建筑物底下的防雷装置导体的位置	总等电位位置、连接方式、引线数量及走向
10	在施工阶段是否要用到防雷装置的部件	施工中，用于塔吊、井字架及其他的永久性接地网
11	钢框架结构建筑物与防雷装置间连接的固定方式	钢框架支柱数量和位置以及接地装置
12	金属覆盖层是否适合于作防雷装置的部件	在金属覆盖层适于作防雷装置部件的地方，确保覆盖物各部分电气贯通的方法以及它们与防雷装置其余部分相连接的方法
13	从地上及地下进入建筑物的各种设施的性质和位置	传输系统、电视和无线电天线及其金属支架、金属烟道、擦窗用传动装置

续表

序	协商主题	问题细节
14	防雷接地装置与电力及通讯设施连接的相互协调	确定避雷器件的型号、数量及安装方法
15	旗杆、屋面机房、水箱及其他凸出装置的位置及数量	如电梯电动机房,通风、采暖及空调机房等
16	屋顶及墙壁拟采用的建筑方法	确定固定防雷装置导体的方法,尤其是为了防止建筑物漏水
17	预留穿过建筑物的一些孔洞	以使防雷装置引下线能自由穿行
18	在建筑物钢框架、钢筋及其他金属部件上预留连接接头	在构筑物中将要使用的材料,特别是任何连续的金属预留接头和连接的方式
19	竣工后将无法接近的防雷装置各部件的检查频度	如密封在混凝土中的钢筋的隐蔽验收等
20	考虑到出现的腐蚀问题,最适合用作导体的金属材料	尤其是在不同种类金属接触点处的腐蚀问题
21	断接卡的易接近性	为了防止机械损坏或防盗而提供非金属护罩加以防护;降低旗杆或其他活动物体的高度;用于定期检查烟囱等设施的附属装置
22	编制综合了以上细节并示出所有导体及主要部件位置的图纸	绘制施工图草图和会商纪要
23	与钢筋连接点的位置	绘制施工图

在完成防雷方案初步设计后,防雷装置设计人员应与建筑物的设计与施工中所涉及的各方(包括建筑物业主)进行相关的技术协商,协商的主要内容见表8.5、8.6。

防雷装置的设计人员应会同建筑师、施工承包商、防雷装置安装人员(或防雷装置供货商)、历史顾问(涉及到需要保护的重要建筑物或文化传统的建筑物等历史问题时)、设备供应商及业主或其代表共同确定防雷装置的整个安装过程中各自的职责范围。明确防雷装置的设计与施工管理中所涉及的各方的职责是特别重要的。比如在屋面安装防雷装置部件或在建筑物基础下面作接地体连接而刺穿建筑物的防水层,这样的情况就是需明确各方职责的一个例子。

另外,还应准备一张包含上述细节的并能表示出所有导体和主要元部件位置的会商草图,并将会商的结论以一个共同签署文件的形式由职责各方共同实现。

8.2.2 建筑物外部防雷装置的设计

在大多数情况下，外部防雷装置可附着于被保护建筑物上。

当雷电流流入与防雷装置相连的内部导电部件，可能引起建筑物的损坏（有火灾及爆炸危险环境的情况）时，应采用独立防雷装置。

当雷击点或雷电流经过导体上的热效应可能损坏建筑物或被保护空间内的存放物时，防雷装置导体与可燃材料的间距，至少应为0.1m。比如：有可燃性覆盖层的建筑物和有可燃性墙体的建筑物。

外部防雷装置导体的布置对防雷装置的设计具有同样重要的意义，其布置取决于被保护建筑物的形状、所需的保护级别及所采用的几何设计方法。接闪器设计确定了建筑物的被保护空间，通常还决定了引下线、接地装置、内部防雷装置的设计。

8.2.2.1 接闪器设计

接闪装置的布置应满足 GB50057-1994 的要求。防雷装置的设计通常采用滚球法（适合于形状复杂的建筑物）和网格法（适合于平面的保护）。

①滚球法

采用滚球法确定建筑物的各个部分及区域的被保护空间。应用滚球法时，如果半径为 h_r 的球在所有可能的方向，沿地面围绕建筑物及其顶端滚动时，被保护空间没有一点与该球相接触，则接闪系统的布置是适当的。因此，滚球将只能触及到地面或接闪器或者同时接触地面及接闪器。

在建筑物的图纸上采用滚球法设计时，应从各个不同方向来考察建筑物，以保证没有任何一部分的建筑物凸出部位不被保护，这样的部分在只考察正视图、侧视图及俯视图时很可能被忽略，必须根据建筑物的形体考察剖视图。

防雷装置导体所构成的保护空间是滚球与防雷装置导体相接触，并滚过建筑物时不被滚球所充填的那部分空间。

②网格法

对平坦面的保护，如果满足以下条件就考虑采用网格法保护整个平面。

在易被雷电闪击的部位设置接闪导体；

在建筑物外侧面高度超过相关滚球半径 h_r 的地方架设接闪装置；

接闪网络的网格尺寸不大于 GB50057-1994 所规定的数值；

接闪网络的构成，应使雷电流总能有至少两条不同的至接地装置的金属导电通路，且无金属设施突出于接闪器所保护的空间之外；

按尽可能短及直接的原则布置接闪器导体。

③接闪装置类型的选择

在 GB50057-1994 中将避雷针、避雷线及避雷网格作等效看待，GB 50057-1994 并未提供选择接闪器装置类型的任何判断准则。

对独立的防雷装置及用于小型的简单建筑物或大型建筑物的一小部分的防雷装置，以采用避雷针组成的接闪装置为好。为了避免增加遭直接雷击的次数，非独立避雷针的高度应小于 3m。避雷针不适合用于高度大于所选防雷装置的保护级别对应的滚球半径的建筑物。对长宽比大于 4 的窄长条形建筑物，可能采用由避雷带构成的接闪装置更好。避雷网格导体构成的接闪装置是通用的接闪装置。

④直接装设在屋面的避雷针、避雷带或避雷网

a. 避雷针一般用镀锌圆钢或焊接钢管制成，圆钢截面不得小于 $100mm^2$，钢管厚度不得小于 3mm，其直径不应小于下列数值。

针长 1m 以下时：　　圆钢 12mm；　　钢管 20mm。

针长 1～2m 时：　　圆钢 16mm；　　钢管 25mm。

烟囱顶上的针：　　圆钢 20mm。

避雷针体要求镀锌；地脚螺栓要求安装双螺母；钢管壁厚不小于 3mm。

b. 明装避雷网和避雷带一般用镀锌圆钢或镀锌扁钢制成，其尺寸不应小于下列数值：圆钢直径 8mm；扁钢截面 $48mm^2$，扁钢厚度 4mm；

c. 明装避雷带距屋顶面或女儿墙面的高度为 10～20cm，其支点间距不应大于 1.5m，在建筑物的沉降缝处应多留出 10～20cm。当有超出屋面的通气管道、铁烟囱等均应与屋顶避雷网连接起来。

d. 除存有易燃、易爆的物品外，建筑物的金属屋面可用作接闪装置。

e. 利用建筑物钢筋混凝土屋面板作为避雷网时，钢筋混凝土板内的钢筋直径应不小于 3mm，并须连接良好。当屋面装有金属旗杆或其他金属柱时，均应与避雷带（网）连结起来。

f. 接闪器未镀锌的部分应镀锌或涂漆，在腐蚀较强的场所，还应适当加大截面或采取其他防腐措施。

g. 避雷针的顶端可做成尖形、圆形或扁形。没有必要作成三叉或四叉。

常见的成品避雷针如图 8.2～8.6 所示。

h. 砖木结构房屋，可把避雷针敷设于山墙顶部或屋脊上，用抱箍或采用对锁螺栓固定于梁上，固定部位的长度约为针高的 1/3。避雷针插在砖墙内的部分约为针高的 1/3，采用混凝土结构时，避雷针插入混凝土墙的部分约为针高的 1/4～1/5。

i. 利用木杆做接闪器的支持物时，针尖的高度须超出木杆 30cm，也可利用大树作支持物，但针尖应高出树顶。

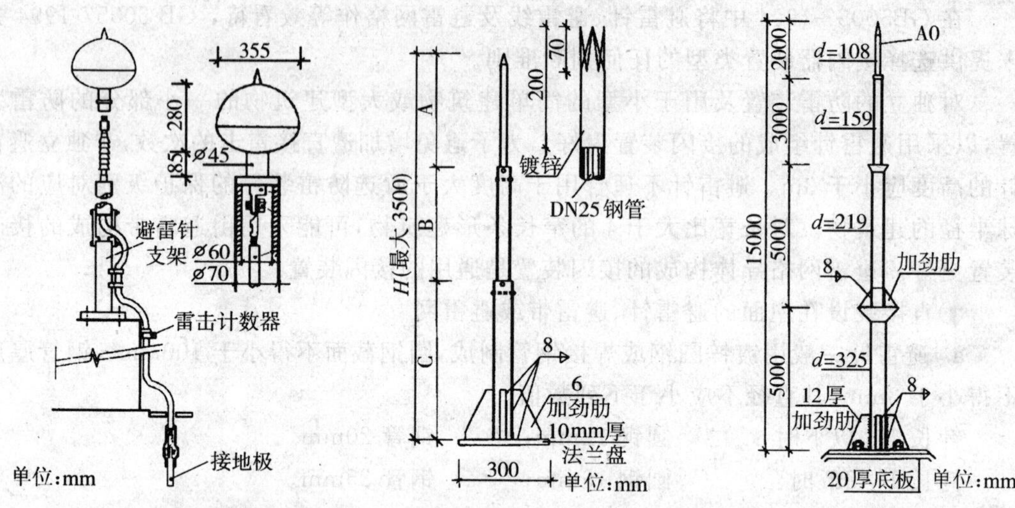

图 8.2　澳洲 ELT 公司避雷针　　图 8.3　A01 针尖制作图　　图 8.4　BXT 钢管杆避雷针

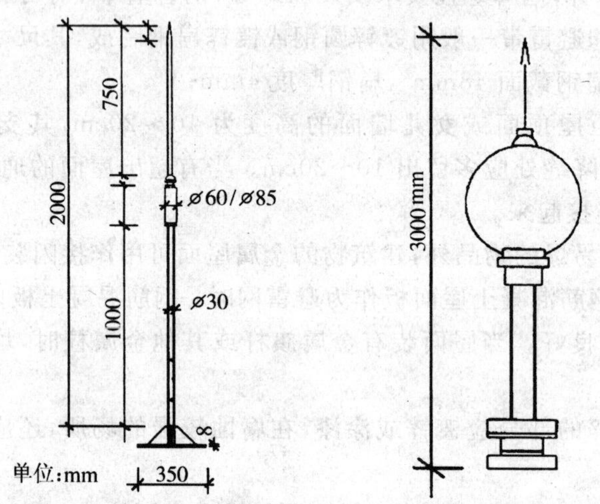

图 8.5　PULSAR 避雷针　　图 8.6　ZGU-Ⅲ避雷针

8.2.2.2　引下线的设计

在选择引下线的数量及位置时，应考虑这样的事实，即如果雷电流在若干条引下线中分流，则旁侧闪击的风险及建筑物内电磁干扰的风险也减小。因此，引下线应尽可能沿建筑物周边均匀设置并具对称的几何结构。不仅增加引下线数量可改善雷电流的分流状况，而且多个等电位互连导电环路也能改善分流状况。为了省掉与内部防雷装置的等电位连接，引下线的位置最好尽可能远离内部电路及金属部件。

引下线的设计应注意的是：引下线必须尽可能短（使其寄生电感尽可能小）；引下线之间的平均距离应满足 GB 50057-1994；引下线及等电位互连环路的几何结构对安全距离值有影响（分流系数的影响）；对悬臂式建筑物，也应就对人的旁侧闪络风险来估算安全距离。

①独立防雷装置引下线的数目

如果接闪装置由分离的杆塔上的避雷针组成，每杆塔至少需要一根引下线。杆塔由金属或互联的钢筋构成时，无需另外安装引下线；如果接闪装置由架空避雷线构成，每根避雷线的每一端至少需安装一根引下线；如果接闪装置构成架空网，每一支撑结构至少需要一根引下线。

②非独立防雷装置引下线数目

如果接闪装置由单根避雷针组成，至少需要一根引下线。如果接闪装置由多个分立的避雷针组成，每根避雷针至少需一根引下线；如果接闪装置由多根（或一根）避雷线组成，避雷线的每一端至少需一根引下线；如果接闪装置由避雷网格导体组成，至少需二根引下线，引下线沿被保护建筑物的周边布设。

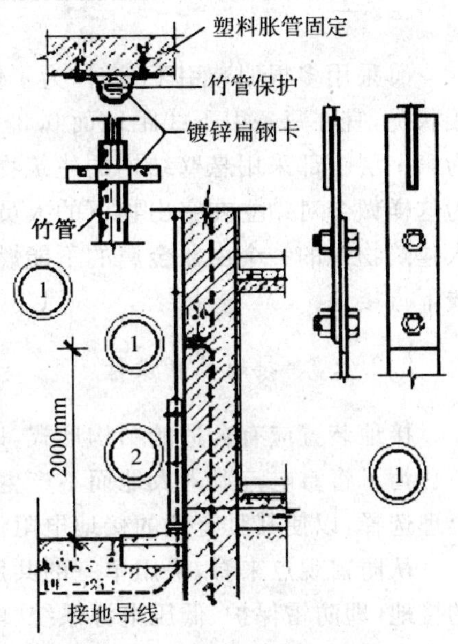

图 8.7　避雷引下线断接卡做法

③引下线一般采用圆钢或扁钢制成，其截面不应小于 48mm²；在易遭受腐蚀的部位，其截面应适当加大。为避免很快腐蚀，最好不要采用绞线作引下线。其尺寸不应小于下列数值：圆钢直径 8mm；扁钢截面 48mm²，扁钢厚度 4mm。

④建筑物的金属构件，如消防梯、烟囱的铁扒梯等可作为引下线，但所有金属部件之间均应连成电气通路。

⑤明装引下线沿建筑物外墙面敷设，从接闪器到接地体，引下线的敷设路径应尽可能短而直。根据建筑物的具体情况，不可能直线引下时，也可以弯曲，但应注意弯曲开口处的距离不得等于或小于弯曲部分线段的实际长度的 0.1 倍。

⑥一般情况下，引下线不得少于两根，其间距不大于 30m。而当技术上处理有困难时，允许放宽到 40m，最好是沿建（构）筑物周边均匀引下。但对于周长和高度均不超过 40m 的建（构）筑物，可只设一根引下线。

⑦引下线的固定支点间距不应大于 2m，敷设引下线时应保持一定的松紧度。

⑧引下线应躲开建筑物的出入口和行人较易接触的地点，以避开接触电压的危险。

⑨在易受机械损伤的地方，地上约 1.7m 至地下 0.3m 的一段引下线应加保护措施（图 8.7）。为了减少接触电压的危险，也可用竹筒将引下线包起来或用绝缘材料包缠

起来。

⑩采用多根明装引下线时，为了便于测量接地电阻以及检验引下线和接地线的连接状况，宜在每条引下线距地面 0.3～1.8m 处设置断接卡子。引下线不可利用的路径为第一层上部采用悬壁结构的建筑物，下行接地导线须不跟随该建筑的外部轮廓。因为这样做会对站立在突出物下的人员造成危险。在这样的情况下，下行接地线可被嵌入建筑物中的一个由非金属的不能燃烧的内部通道所提供的空气空间中，并且使其直线下行接地。

8.2.2.3 接地装置设计

接地装置应有合适的结构形式，以避免危险的接触电压及跨步电压。

为了将雷电流泄入大地而不产生危险的过电压，需对接地装置的形状及尺寸进行合理选择，以使其具有低的接地电阻值。

从防雷观点来看，采用单一的共用的建筑物接地装置较好，它适合于各种不同用途的接地（即防雷保护、低压电源系统、电信系统等的接地）。

接地装置应根据 GB 50057-1994 的要求进行连接。应当注意的是：当使用不同材料的接地装置相互连接时，可能出现严重的腐蚀问题。

①接地体的布置

接地体的类型及其埋深应能使腐蚀、土壤干涸及冻结等的影响减至最小程度，从而使等效接地电阻稳定。

在冻结场合下，垂直接地体最上面 1m 长的一段，建议不当作是有效的接地体。

当土壤电阻率随深度而减小以及在比垂直接地体正常埋深还深的地方出现低电阻率土壤层的特殊情况下，将接地体深埋是可取的。

当利用混凝土中的钢筋作为接地体时，必须特别注意对钢筋的互相连接，防止混凝土机械性崩裂。

在采用预应力混凝土的情况下，应考虑到由于流过雷电流而可能产生不可接受的机械应力的后果。

防雷装置的设计人员及安装人员应选择适当类型的接地体，应将接地体布置于距建筑物的出入口有足够安全距离的地方，并应与土壤中的外来导电部件相距有安全距离。如果接地装置必须安装在公众易于接近的区域时，应采取防跨步电压的专门措施（图 8.8）。为降低雷击时的跨步电压，防直击雷的接地装置应与建筑物的出入口及人行道保持 3m 以上的距离。当距离小于 3m 时，可采用“帽檐式”均压带的做法。“帽檐式”均压带与柱内避雷引下线的连接应采用焊接，其焊接面应不小于截面的 6 倍。地下焊接点应做防腐处理。“帽檐式”均压带的长度可依建筑物的出入口宽度确定。当接地装置的埋设地点距建筑物入口或人行道小于 3m 时，应在接地装置上面敷设 50～80mm 厚的沥青层，其宽度应超过接地装置2m。

②安装方式和地点的选择

接地电阻值在很大程度上决定于土壤电阻率。为了达到所要求的电阻值，应选择土壤电阻率较低的地方安装接地装置。

为了节约有色金属，降低造价，应尽量利用建筑物中的结构钢筋作为引下线和接地装置，但必须尽可能消除接触电压和跨步电压的危害。利用桩基础、整体"满堂"式基础和地梁基础内钢筋接地方式，可以起均衡电位的作用。

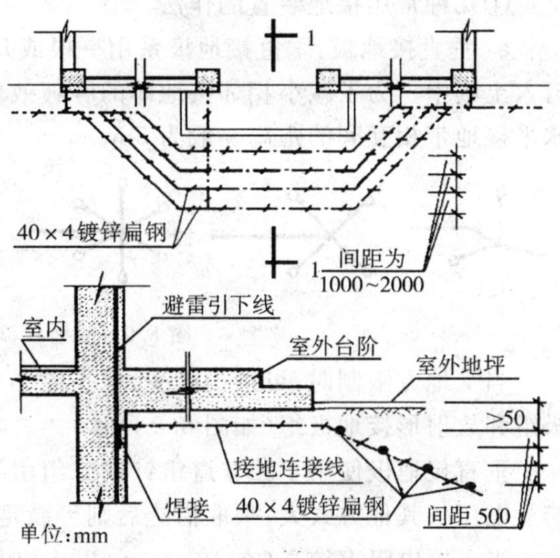

图 8.8　防跨步电压的措施

对于独立式基础，则应根据具体情况区别对待。这种情况取决于柱网间距，当柱网间距在6m以内时，基础底部一般为3～4m的方形或矩形独立基础或承台，两基础之间只有2～3m可以用作接地装置。有时，即使柱网间距较大，如建筑的首层地面中敷设有许多金属管线，仍可利用基础作为接地装置，将金属管线路与基础内钢筋连接成一体，也可起到均压作用。如果柱网间距较大，而首层地面无金属管线路或管线路很少，就应另加接地装置。

做独立接地极时，最好放在人们不常到或较少到的建筑外侧，并应远离由于高温(如烟道等)的影响而使电阻率升高的地方。

接地装置埋设的深度以在0.8～1.0m范围为宜，最少不小于0.8m。埋设接地体时，须将周围填土夯实，不得回填砖石、焦渣、炉灰之类的杂土。周圈式接地装置，可以将接地体埋设在建筑施工基槽的最外边，不须为接地体另挖施工坑，以节约人工和土方量。

一般情况下，接地体均应使用镀锌钢材，使其使用年限延长，但当接地体埋设在可能有化学腐蚀性的土壤中时，应适当加大接地体和连接件的截面，并加厚镀锌层。各焊接点必须刷漳丹油或沥青油，以加强防腐。

③接地装置的材料

除利用建筑物的自然接地体外，垂直埋设的接地体，一般采用角钢、圆钢及钢管；水平埋设的接地体及接地导线，一般采用扁钢、圆钢及方钢等。其最小尺寸如下：

垂直接地体：圆钢直径19mm；钢管直径35mm，厚3.5mm；角钢边宽40mm，厚4mm。

水平接地体及接地导线：扁钢厚4mm，截面100mm^2；方钢10mm×10mm；圆钢直径12mm。

④几种常用接地装置的作法

a. 垂直接地极：垂直接地极系用一根或几根 2.5～5m 长的角钢、圆钢或铁管，垂直打入土壤中。为了减小相邻接地体的屏蔽效应，两根垂直接地体相互间的距离或两条水平接地带相互间的距离一般为 5m。

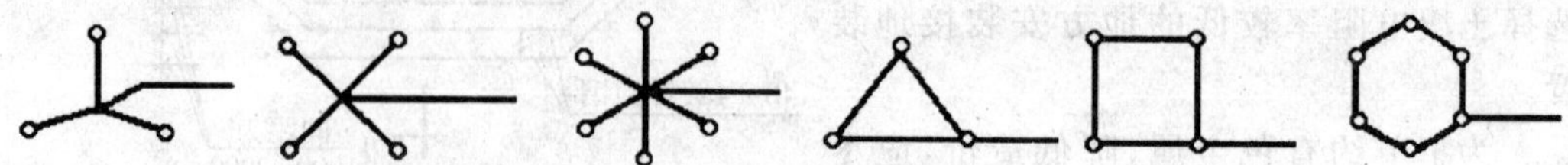

图 8.9 放射状、环状接地极组

当受地方限制时，可适当减少，但不应小于 3m。根据布置方式又可分为环形接地极组和放射形接地极组(如图 8.9 所示)。

垂直接地极使用于独立避雷针或分组引下线的接地。垂直接地方式比较经济，但跨步电压较其他方式大，采取措施后则可满足要求。

当土壤电阻率较高(在 $10^5\Omega \cdot m$ 以上)时，一般的接地方式已不能满足要求，这时可以用“换土方法”。即将接地极周围换成电阻率较低的土壤，如换成砂质黏土、耕地土壤、黑土、煤粉、木炭粉末等。再有一种作法就是“深层接地极”法，如地表面岩石层并不太厚，下部就是电阻率较低的潮湿土壤；或者，需要在建筑物内外已建成的砖石地面外敷设接地装置，在这种情况下，可先用钻孔机钻孔，再埋深层地极。其具体做法是：用∅120mm 钻机打 15m 深孔(具体深度视情况而定)，再下∅75mm 管子，四周用炭粉浆灌入。

b. 水平接地体：水平接地体有三种形式，即水平短接地体、水平延长接地体和周圈式水平接地体。

水平短接地体可在下列两种情况下使用：一是表层土壤电阻率很低，不用打垂直接地极，故一条或两条水平扁铁就可达到所要求的接地电阻值；另一种是当土质很差，土壤电阻率很高，例如卵石地带或岩石山顶，很难打入垂直接地极，此时，可利用很少浮土或剔凿出一条 30～40cm 的岩石槽，铺上水平接地体。其电阻大小是根据水平带的长短和换土的情况决定的。

水平延长接地体系指建筑物附近没有良好土壤，又难打入垂直接地极，而不太远的附近有河、湖、池、沼时，可采用延长接地体，将接地体延伸到河、湖、池、沼的水中，以降低接地电阻。但是，延伸距离最好不要超过 100m，一般应在 50m 以内，以利于雷电流的流散。

所谓周圈式水平接地体是指在建筑物的周围敷设水平接地体。周圈式水平接地体多用于长条形建筑物，它可以起到平衡电位，减少跨步电压的作用。对地下管线较长的厂房，采用这种方法更为有利。如果将其室内管线与周圈式水平接地体连结成一体，则可构成均压网。

⑤电解离子接地系统

建筑物、构筑物、智能大楼、通讯机房、计算机网络系统和室内配电等接地，若常规接地不能满足接地要求时，也可采用电解离子接地系统（图 8.10）。

⑥接地模块

低电阻接地模块（图 8.11）是以非金属材料和电解物质为主体，以金属极芯做成的新型接地体，具有接地电阻低、稳定性好、抗腐蚀、无污染、无毒害、在高土壤电阻率地区接地效果好等特点，能弥补金属接地体的不足。

8.2.2.4　连接器件

避雷系统的大多数零部件均是按技术指标设计，并符合总设计图要求的。然而，必须连接到不同形状和组成的各种各样的金属零部件的接头，因此不能是标准形式的，由于其在工程中的安装位置不同、用途不同，又有可预见的引导雷电流问题、温升问题、腐蚀问题、被机械力冲击问题，所以在必要时需对所选用的金属连接器件予以特别设计。

①连接器件在力学和电学方面的要求。

连接器件必须是力学上和电学上均能满足正常使用的，并且是能够在工程的使用环境中防腐蚀和防侵蚀的。

建(构)筑物内部的或构成一个建(构)筑物的部分的外部金属，可能必须将全部闪电电流泄放，并且它连到避雷系统上的连接器件必须具有这样的截面积，即这个截面积要不小于主导体所使用的截面积。另一方面，内部的金属不是那样容易遭受损坏，与其

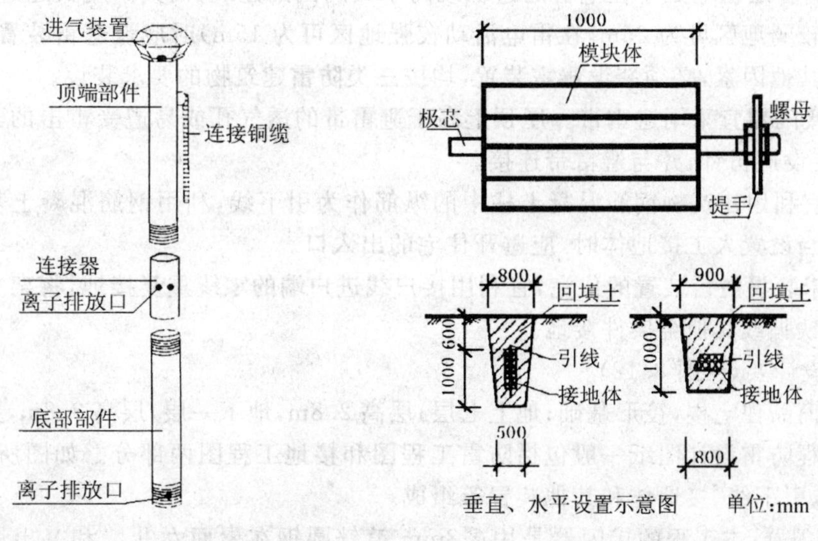

图 8.10　电解离子接地系统　　　图 8.11　接地模块

内部的金属连接的连接器，在大多数情况下仅传导总的雷电流的一部分，除了它的平衡电压的作用之外，这些连接器因此在横截面积上比所采用的主导线要小。

②提供预置设备的连接。在所有的建筑物中，在每一个楼层上，必须提供预留的机械和设备与避雷系统上的连接，预留的与气体、给排水的金属管道系统或类似的公用服务设施的连接。架空供电线路、电话和其他线路的支承件，在未得到相应专业部门许可的情况下，不得连接到避雷系统上。

③接头。不是焊接的任何接头代表着电流传导系统中的一个连续点，并且是对变化和故障敏感的一个点。相应地，避雷系统必须尽可能少的接头。接头须是力学上和电学上有效的，例如，夹紧的、(用螺钉)拧紧的、螺栓接合的、铆接的或焊接的。用重叠的接头时，对所有类型的导线来说，重叠均须不小于 20mm。接触表面须首先是清洁的并且应是用一种合适的非腐蚀性的化合物处理得抗氧化的，双金属接头须是有效清洁的，对每一类型的材料采用分别的磨料进行清洁。

所有的接头均须是防止环境中元素的腐蚀和侵蚀的，并且须提供一足够的接触面积。对螺栓连接扁钢而言，最低要求是两个 M8 螺栓或 1 个 M10 螺栓，而对铆连接头，则最低要求是 4 个直径 5mm 的铆钉。

扁钢连到厚度小于 2mm 的金属板上的螺栓连接，须对不小于 $10cm^2$ 的面积用垫片调节，并且要使用不少于两个的 M8 螺栓。

8.2.3　多层建筑(外部)防雷设计要点

(1) 当多层住宅处于住宅群的边缘或高于其周围的建筑，而其高度又超过 20m(在雷电活动较弱地区可为 25m，在雷电活动较强地区可为 15m)时应设避雷装置；根据环境条件或其他因素，必须装设避雷装置，均按三类防雷建筑物的要求装设。

(2) 接闪器宜采用避雷带。屋顶上高于避雷带的透气孔或易遭受雷击的其他突出物体，需装设避雷针，并与避雷带连接。

(3) 宜利用建筑物钢筋混凝土柱中的纵筋作为引下线，利用钢筋混凝土基础作接地装置。当设置人工接地体时，应避开住宅的出入口。

(4) 未装设防雷装置的住宅，宜利用接户线进户端的零线重复接地，将架空线末端的绝缘子铁脚或其他金属件接地。

(5) 设计要点(图 8.12)

①某商品住宅楼，筏形基础；地上七层，层高 2.8m，地下一层，层高 3.8m，共七个单元。该工程防雷设计图纸一般包括防雷工程图和接地工程图两部分。如图所示，全图由接闪器、引下线、接地体和其他装置等组成。

a. 接闪器：本工程的接闪器是用∅8mm 镀锌圆钢在屋面女儿墙和突出屋面的部分敷设明装避雷带，如图中粗实线所示。屋面金属透气管应与避雷带连接。

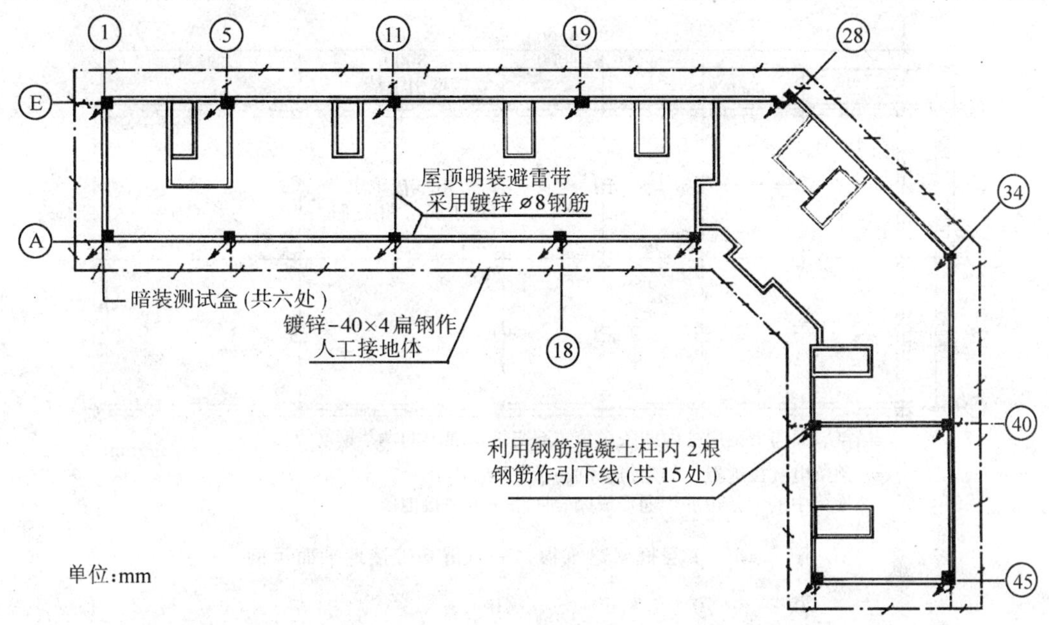

图 8.12　住宅楼防雷接地平面图

b. 引下线:如图所示位置利用每处结构暗柱中的 2 根纵筋作为引下线,共 15 处。作为引下线的钢筋应涂上颜色以示区别,每个接头均应焊接,在地下与结构筏形基础的主筋焊接,另用镀锌 40mm×4mm 的扁钢与人工接地体相焊接。

c. 接地装置:本工程接地体由两个部分所组成。其一是利用整个钢筋混凝土筏形基础作为接地体的一部分;另一部分是沿基础外侧利用镀锌－40mm×4mm 的扁钢敷设成一闭合回路的人工接地体。由自然接地体和人工接地体构成该建筑的防雷接地装置。

d. 其他部分:(A)接地电阻测试卡:如图 8.12 所示第 1、28、45 轴线有 6 处引下线的外墙距地 0.5m 处设暗装测试卡,在接地装置施工完成后,采用测接地电阻摇表在每处实测接地电阻值,本工程要求接地电阻值不大于 5Ω,否则应增加垂直人工接地体以满足接地电阻要求。(B)本工程供电电源零线的重复接地不再另做,而与建筑防雷系统共用接地装置。(C)引入建筑物的共用系统的各种金属管道均与该接地装置进行电气连接。

②多层框架建筑物防雷设计示例见图 8.13、8.14、8.15。框架结构建筑物防直击雷的设计要点如下:

a. 利用桩基础内(四角及引下线柱对应的柱)两条主筋作为垂直接地体。

b. 利用承台、地梁内两条主筋作为水平接地体,把垂直、水平接地体连通,并在－0.500m处组成环行接地体。每根引下线所连接的钢筋表面积:二类 $s \geqslant 4.24$ 倍分流系数的平方;$s \geqslant 1.89$ 倍分流系数的平方。

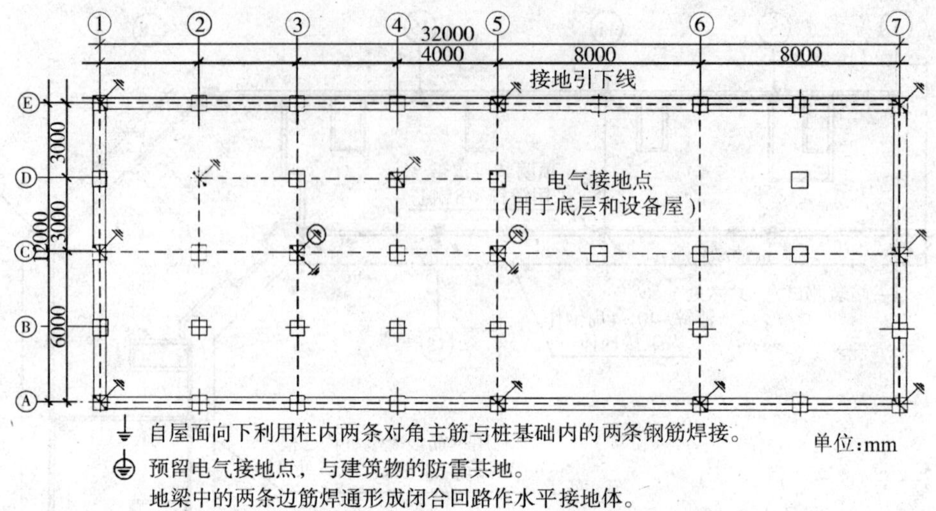

图 8.13　多层框架建筑物——防雷基础接地平面示例

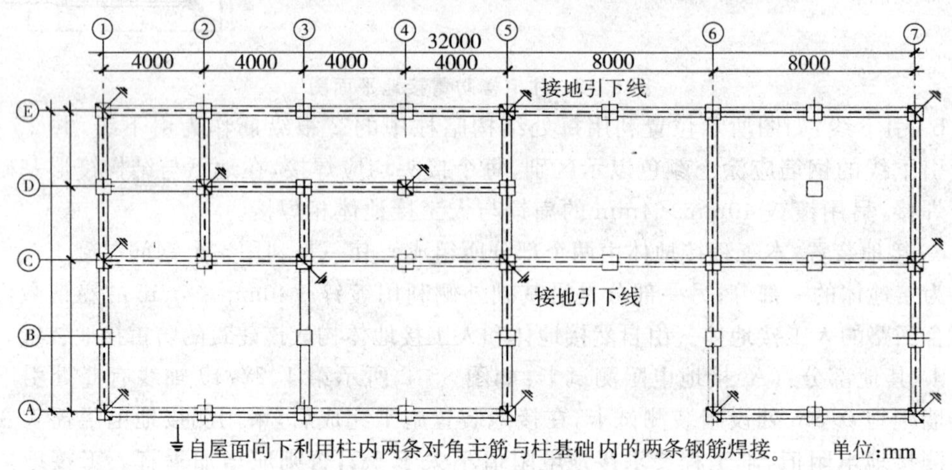

图 8.14　多层框架建筑物——标准层防雷接地平面示例

c. 用框架柱内对角线两条主筋作为引下线，要求从下到上连通，一直焊接到屋面，每层楼加箍筋。

d. 利用屋面现浇板内的钢筋组成网格（5m×5m，4m×6m，10m×10m，8m×12m，20m×20m，16m×24m）；最好利用全部板筋，效果更好。

e. 屋面防直击雷措施：沿周边设避雷带，四角设避雷短针。避雷带用∅8mm 镀锌圆钢，避雷带高为 0.15m，用∅10mm 镀锌圆钢支持卡（间距为 1.2m）焊接固定，避雷针用∅12mm 镀锌圆钢，针高 0.6m。

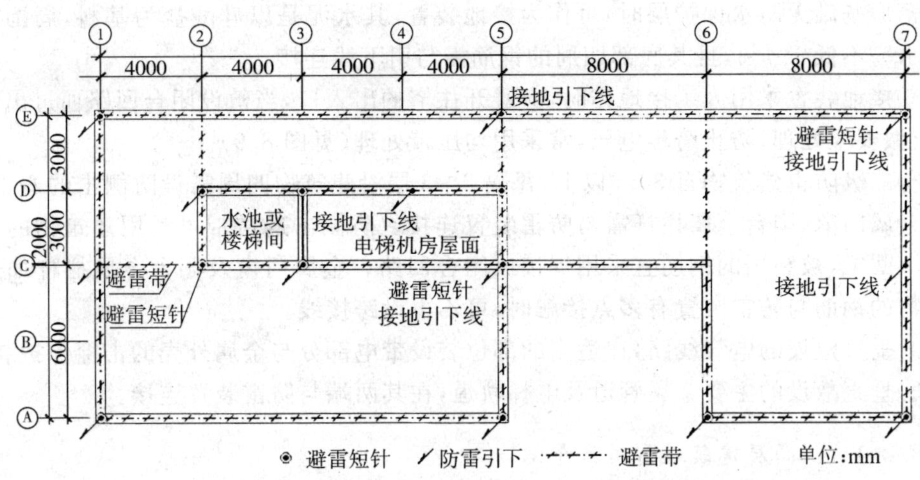

图 8.15　多层框架建筑物——屋顶防雷平面图示例

f. 高于屋面的金属物应与屋面避雷带相连，连接不少于两处。

g. 全部的金属材料必须焊接牢固，焊接处作防锈处理。

h. 防雷接地装置的接地电阻≤1Ω，民居≤4Ω。

8.2.4　高层民用建筑防雷设计

8.2.4.1　防雷装置

①JGJ/T16-92 规定，高度超过 100m 的民用建筑为一级防雷建筑物，19 层及以上的高层住宅或超过 50m 的其他建筑物为二级防雷建筑物，不足 19 层的住宅或低于 50m 的其他建筑物为三级防雷建筑。

②一般采用避雷带作接闪器，屋面任意一点距避雷带的距离应小于 10m。避雷带一般沿女儿墙敷设。电梯间、水箱间沿屋顶四周装设避雷带。突出屋面的金属透气管应与避雷带连接。

③引下线的间距不应大于 24m(19 层以下住宅可为 30m)。在建筑物的 90°突出的转角(即阳角)处均设引下线。

④可利用混凝土柱或墙板内的钢筋作为引下线。所利用的钢筋一般不少于 4 根直径 8mm 或 3 根直径 10mm 或 2 根直径 12mm。钢筋连接处宜采用焊接，引下线与外部防雷装置连接时，其引出侧处需焊接。

⑤接地装置围绕建筑物成闭合的回路，冲击接地电阻宜不大于 5Ω(19 层以下的住宅亦可根据引下线位置分别装设接地装置，其冲击接地电阻不应大于 30Ω)。当钢筋混

凝土箱形基础无防水保护层时，可作为接地装置，其水泥是以硅酸盐为基料，周围土壤的含水率不低于4%，且其底部四周的钢筋需与引下线连接。

⑥接地装置采用人工接地体时，应避开住宅的出入口，当敷设闭合回路通过出入口时，应做安全处理，防止跨步电压，常采用均压带处理(见图8.9)。

⑦二级防雷建筑物自30m以上，每隔2～3层沿建筑物四周需设防侧击的避雷带，外墙金属门窗、阳台金属栏杆需与防雷装置连接。防侧击避雷带可利用建筑物的钢筋混凝土圈梁，被利用的钢筋宜采用焊接成闭合回路。金属门窗及阳台金属栏杆如通过建筑物的钢筋与防雷装置有多点接触时，可不再设跨接线。

⑧垂直敷设的电气线路，在适当的部位装设带电部分与金属外壳的击穿保护装置。

⑨垂直敷设的主要金属管道及电梯轨道，在其两端与防雷装置连接。

8.2.4.2 高层建筑避雷措施介绍

①对直击雷的防护

有些高层建筑总建筑面积高达数万平方米、数十万平方米，建筑物的高宽比较大，建筑屋面面积相对较小，加上中间又有突出的机房或水箱，常常只在屋顶四周及水箱顶部四周明设避雷带，局部增加些避雷网以满足规范要求。

按照规程要求，接闪器可采用直径不小于∅8mm圆钢，或截面不小于48mm²、厚度不小于4mm的扁钢。在设计中，往往把最低要求看成标准数据。采用最低要求值时，在实际使用中会受到机械强度不够、耐腐蚀不足、刚度不足的影响而有碍观瞻和不能保证防雷和使用安全。因此，不上人屋面的大厦经常采用∅25mm厚壁钢管作为栏杆或用∅16mm圆钢作避雷带，外刷银粉漆；上人屋面的大厦经常采用∅32mm以上的厚壁钢管扶手，外刷银粉漆或用∅63mm、厚3mm以上的不锈钢管扶手作为避雷带；上述做法不但美观、实用，避雷效果也很好。

香港高层建筑物，一般在屋面四周及机房、水箱等突出部位，采用25mm×3mm扁铜带作为避雷带，虽然费用大，但耐久性能好，表现出耐腐蚀、电阻低、维修费用低的特点。

避雷带一般沿女儿墙及电梯机房或水箱顶部的四周敷设，不同平面的避雷带应至少有两处互相连接。连接应采用焊接，搭接长度应为圆钢直径的6倍或扁钢宽度的2倍并且不少于100mm。对于一级防雷高层建筑物，相邻引下线的间隔不大于18m，对于二级防雷高层建筑物，相邻引下线的间隔可放宽至24m，但至少不少于2根。

有时可在大厦女儿墙的拐角处增设长约1.5m的短避雷针，并且将之与女儿墙上的避雷带相结合组成接闪器。

当屋面面积较大时，或底部裙房较高而且宽时，或由于建筑物的高宽比不大等情况下，都可能会出现单靠敷设上述的避雷带也无法保护整座建筑物的情况，这时应根据实际情况增设避雷针或避雷网。

屋面上所有的金属管道和金属构件都应与避雷装置相焊接。这一点在设计和施工中常被忽视，应引起足够的注意。

电视天线的防雷处理关系到千家万户的安全问题：采用避雷针保护时，天线应距避雷针不小于 5m，防止反击，并且使天线置于避雷针保护区域内，在安排避雷针位置时，应考虑不要影响电视天线的接收效果。如不采用避雷针保护时，应把天线的金属竖杆、金属支架和同轴电缆的金属保护套管等与屋面的避雷带（网）可靠地焊接在一起。由于天线振子中点与横杆直接压接相连，横杆又与竖杆紧紧相接，因此，天线引下线实质上已与天线竖杆有电气连接，如再在同轴电缆芯线与支架间装设压敏电阻保护，实际没有意义。由于避雷针有引雷的作用，在天线竖杆上加装避雷针只能导致更多的雷击，还是不装为好。

引下线：在高层建筑中，利用柱或剪力墙中的钢筋作为防雷引下线是我国常用的方法。按照规程要求，作为引下线的一根或多根钢筋，在最不利的情况下其截面不得小于 $90mm^2$（相当于∅11mm），这一要求在高层建筑中是不难达到的。

为了安全起见，应选择∅16mm 以上的主筋作为引下线，在指定的柱或剪力墙某处的引下点，一般宜采用两根钢筋同时作为引下线。设计图纸中，用作引下线的结构柱子应作标记，如：、等，施工时应标明记号，保证每层焊接正确。

如果结构钢筋因钢材品种的含碳量高或含锰量高，经焊接会使钢筋的力学性能受到影响，或钢筋变脆或降低强度时，可改用不小于∅16mm 的辅筋和构造钢筋或者单独另设钢筋。

对于作为引下线的钢筋连接方法，目前国内有不同的看法。有的认为只要钢筋绑扎连接就已足够，当雷电流下泄时会在强迫击通连接不良处的同时还有焊接作用。在高层建筑中，作为引下线的结构钢筋，一定要坚持通长焊接，双面焊接搭接长度应不小于 100mm。

高层建筑由于高度高，一定要注意防备侧击。目前，防止侧击的做法是，在 30m 以上部位，每隔三层，沿建筑物四周敷设一道避雷带与各根引下线相焊接。避雷带可以安装在外墙抹灰层内，或者直接利用结构钢筋每隔适当的距离与楼板钢筋焊接，因此，这个避雷带实际上就是均压环。建筑物的外墙均压环（或避雷带）可利用结构圈梁中的纵向钢筋（主筋）。

接地装置：按照规程规定，一类防雷建筑物的接地装置的冲击接地电阻不超过 5Ω。由于高层建筑占地面积较小，使得高压配电装置及低压系统的接地、重复接地等较难独立设置，因此，常将这些系统合用一个接地装置，并采用均压措施。当雷电流通过接地装置散入大地时，接地装置的电位将抬高，为防止接地装置内侧形成低电位或雷电波侵入，应将引入大厦的所有金属管道均与接地装置相连。当上述接地系统共用一个接地装置时，接地电阻应不大于1Ω。

目前我国高层建筑的接地装置大多以大厦的深基础作为接地体。以基础作为接地极有以下方面的优点：

a. 接地电阻低：高层建筑广泛使用钢筋混凝土基础，当混凝土凝固后，在混凝土中留下许多微孔隙。借助毛细作用，地下水渗入其中，此时对于硅酸盐混凝土而言，导电能力增强。在混凝土基础的受力构件内，结构主筋纵横交错，经焊接或绑扎后，与具有导电能力的混凝土紧密接触，使整个基础成为具有巨大表面面积的等电位散流面。

深基础作为接地体有着很高的热稳定性和疏散电流的能力，因而使得接地电阻很低。高层建筑基础底标高很深，有的深至地下岩层，常在地下水位以下，使得接地电阻终年稳定，不受季节和气候的影响。

为了避免电解腐蚀，直流系统的接地不得利用大厦的基础。

b. 电位分布均匀，均压效果好：用大厦的桩基及承台钢筋作接地体，使整个建筑物地下形成均压网，从而使地面电位分布均匀。

c. 施工方便：可省去大量的土方开挖工程量，施工时，只要土建密切配合，及时将钢筋焊接起来即可。

d. 维护工程量少：由于避雷装置采用结构钢筋，平时这些钢筋被混凝土保护，不易腐蚀，又不受机械损伤，使得维护工作量减少到最低限度。

e. 用料省：由于采用结构钢筋作避雷装置可节约大量钢材。

接闪器、引下线及接地装置主要是为防止直击雷而设置。高层建筑的避雷带与柱子主筋相接，柱子主筋作为引下线又与每层楼板和梁的钢筋相连，最下端又与钢筋混凝土基础中的钢筋相连，对采用钢筋混凝土结构的高层建筑来说，平均用钢量为60～100kg/m^{2}左右。对于全钢结构的高层建筑来说，用钢量就更多。透过建筑的华丽外壳，向大厦内看，在高层建筑里，人们的所有活动均置身于由密密麻麻钢筋编制而成的法拉第笼内，对于防止直击雷来说，上述的防雷办法应该说是相当有效和安全可靠的。

②(内部防雷)防止雷电反击和高电位的引入

a. 防止雷电反击：大厦内的结构钢筋实际上都已或紧或松地与避雷接地装置连成一体。为了防止雷电反击，还应将建筑物内部的配电金属套管、水管、暖气管、煤气管和金属竖井、桥架等均与防雷接地装置作等电位连接；垂直敷设的电气线路，可以选择在适当的部位装设带电部分与金属支架间的击穿保护装置。各种接地装置(除另有特殊要求外)都宜连接成一体。

根据等电位原理，上述措施可使电位均衡，从而可以避免大厦产生反击的危害。

b. 防止高电位引入：对于因雷电波入侵造成建筑物内部高电位引入的可能，通常采用以下措施来防止：

尽量采用埋地电缆进户。当实际情况有困难时，架空线路应在离建筑物50m以外换成埋地电缆进户，在换线连接处装设避雷器。同时，避雷器、埋地电缆的金属外皮及架空线的绝缘子铁脚均应接地，接地冲击电阻不超过10Ω。

进入建筑物的架空金属管道，应在入户处与接地装置相连接。

低压直埋电缆线路或进入建筑物的埋地金属管道，均应在进户入口处将电缆的金属外皮、电缆的金属套管和各种金属管道与接地装置相连接。

③基础接地极的设计和施工

高层建筑基础桩基，不论挖孔桩还是冲孔桩、钻孔桩，都是将一根根钢筋混凝土柱子伸入地中，直达几十米深的岩层，桩基上部浇筑钢筋混凝土的大厦承台与桩基连成一体，承台上面是大厦的剪力墙和柱子。

在高层建筑中，基础接地装置的做法一般是：将桩基的顶部钢筋与承台主筋焊接，承台的主筋又与上面作为引下线的柱（或剪力墙）中钢筋焊接。在距室外地坪以上0.5m高度的柱子（或剪力墙）外表面预埋铁件，柱子（或剪力墙）的引下线可通过这些预埋铁件与室外人工接地体相连（假如基础接地电阻及均压效果均满足要求时，可不做人工接地体）。

当防雷接地装置与其他接地装置合用时，也应当在柱子（或剪力墙）外表面预埋铁件，把接地端引出地面。预埋件与柱子钢筋、柱子钢筋与桩基主筋之间的连接均采用焊接。

利用基础作接地装置时，为了便于进出管线的接地，应在室外地坪以下0.7m处沿建筑四周外缘预埋一些铁件或者用40mm×4mm镀锌扁钢围上一圈，这些铁件和镀锌扁钢与作为引下线的钢筋相焊接。

对于一些防水水泥做成的钢筋混凝土基础，如铝酸盐水泥等，不宜作为接地装置。对于有地下室的建筑物基础，基础如采用防水油毡及沥青包裹或其他绝缘材料包裹时，应通过预埋铁件和引下线跨越绝缘层，将柱内的引下线钢筋、垫层内钢筋和接地桩相焊接，并利用垫层钢筋和接地桩作接地装置。

在香港地区，高层建筑的防雷接地是与其他接地系统分开敷设的。接地极不利用建筑物基础，而是采用人工接地极，人工接地极一般利用∅16mm硬铜棒垂直打入地中，水平接地带和接地极间的联系采用25mm×6mm扁铜带，引下线与接地极连接段采用25mm×6mm扁铜带并穿塑料管保护，连接处砌地井保护，井上有盖板，旁边有指示牌指示接地极位置。

8.2.5　民用建筑物防雷设计说明示例

以某商务大楼为例：

(1) 本建筑物属第二类防雷建筑物(GB50057-94),按业主要求,建筑物防雷保护设计同时执行邮电部综合通信大楼工程接地防雷设计有关规定。

(2) 防直接雷击、防雷电波侵入、防侧击和等电位的措施。

①防直击雷的措施

a. 装设在建筑物上的避雷网(带)、避雷针及金属屋面混合组成接闪器,屋面避雷网网格不大于10m×10m;

b. 突出屋面的金属物体应和屋面防雷装置相连,在屋面接闪器保护范围之外的非金属物体应装接闪器,并和屋面防雷装置相连;

c. 利用建筑物钢筋混凝土柱内的钢筋作为引下线,引下线沿建筑物四周均匀布置,其平均间距不应大于 18m;

d. 安装在建筑物立面上的玻璃幕墙,预埋件与防雷引下线(或均压环)连接,焊接长度>6 D ①,预埋件与幕墙支架连接(铆钉连接不少于 3 个)。幕墙的底部及顶部必须与防雷装置做可靠连接。

②防雷电波侵入的措施

a. 进出建筑物的各种金属管道在进出处就近与防雷的接地装置连接;

b. 引出屋面的电气线路采用钢管做保护管,钢管的两端分别与配电箱外壳、用电设备外壳、保护罩做电气连接,并就近与屋面防雷装置做电气连接;在配电箱内,在开关的电源侧与配电箱外壳之间装设过电压保护器。

③防侧击和等电位的措施

a. 钢构架和混凝土的钢筋应互相连接;

b. 45m 及以上外墙的栏杆、门窗等较大金属物与防雷装置做电气连接;

c. 竖直敷设的金属管及金属物的顶端和底端与防雷装置做电气连接;

d. 30m 以下每 3 层利用混凝土圈梁内钢筋(焊接成电气环路)作为均压环,所有引下线、建筑物的金属结构和金属设备均应连到该环上;

e. 30m 以上每隔 1 层利用混凝土梁或楼板内两根主钢筋按网格尺寸不大于10m×10m相互焊接成周边为封闭式的环形带(网络交叉点及钢筋自身连接均应焊接可靠)作为均压网。

④防护措施

防止雷电流流经引下线和接地装置时产生的高电位对附近金属物或电气线路的反击,采取以下措施:

a. 建筑物的钢筋、钢结构等金属物应与引下线及接地装置做电气连接;

b. 变压器高、低压侧各相上装设避雷器。

---

① D 为用作引下线的钢筋直径。

(3)接闪器、防雷引下线和接地装置

①采用∅8mm 圆钢组成屋面避雷网(带)和避雷针及金属屋面组合而成接闪器；

②利用钢筋混凝土柱内外侧主钢筋(每柱两根)作防雷引下线；

③利用建筑物钢筋混凝土基础内两根主钢筋，按网格尺寸不大于 10m×10m 相互焊接成周边为封闭式的环形带(网络交叉点及钢筋自身连接均应焊接可靠)作为接地装置(本条执行邮电部标准)。

(4)用电设备接地与防雷接地共用接地装置，联合接地电阻不大于 1Ω。

§8.3　特殊结构建筑的外部防雷

8.3.1　移动通讯基站防雷过电压保护示例

移动通讯基站通常建于高山，属雷击频繁地带，因此移动通讯基站的防雷击过电压保护已成为当务之急。应按照国内和国际上关于防雷工程设计的要求为基站建立一个现代的防雷系统工程。

为了使移动通讯基站尽可能免遭直接雷击，有效抑制雷电过电压脉冲的侵入，根据基站防雷接地工程的方案和实际工程情况，提供了系统防雷设计方案，具体包括外部防直击雷方案、雷击过电压保护方案、等电位接地措施等。

8.3.1.1　*移动基站防雷接地设施*

移动通讯基站通常建于高山及沿海、岛屿等雷击频繁地带，且一般建有通讯铁塔高于周围建筑物，更增加了雷击的概率。

①外部防雷：大部分的基站已安装了外部防雷保护，但有的不符合标准和规范的要求，如：接闪器保护半径不符合规范要求，有的引下线截面不符合规范、没有作分流，有的已被腐蚀失效。

②内部防雷：内部防护一般存在着接地系统地网结构不合理、布线不规范、未建立均压等电位系统等问题。

③过电压的保护：对于过电压保护来说，基站通讯电源最多仅在随机的通信电源中预装了只能抑制 8/20μs 波形的浪涌冲击电流的 C 类的过电压保护器。存在着不能承受 10/350μs 波形的雷击电流，并且残压过高的问题。天馈系统的屏蔽和布线往往又不符合规范的要求，而中继系统一般在屏蔽和布线、接地上也存在问题。

所以，我们针对内部防雷保护及过电压保护，设计防雷系统。

8.3.1.2 设计方案的原则

现代意义上的防雷击过电压，强调全方位防护、综合治理、层层设防，把防雷击过电压看成一个系统工程，主要原理是通过接闪、引下、分流、接地为瞬态过电压的脉冲电流提供一条低阻抗的通道，同时尚需防止瞬态磁场和电场对设备的干扰。

设计原则主要从以下四部分着手：

①直击雷的防护：避雷针、引下线和接地体；

②屏蔽和接地措施；

③等电位联结；

④过电压保护。

其中，根据 IEC1024-1:1990，借助电位补偿布线和过电压保护器(SPD)实现雷电电磁脉冲的保护——均压等电位系统，即将外部避雷器、建筑物钢筋结构、内部安装的设备外壳、用于非电路系统的导体部分以及电气和电讯装置等联结起来，建立等电位，是实现内部防雷保护的非常重要的措施。

8.3.1.3 设计方案的依据

主要依据国家有关标准并参考国际电工委员会(IEC)、国际电信联盟(ITU)标准：

GB50174-93　电子计算机房设计规范
GB50057-94　建筑物防雷设计规范
GB50054-95　低压配电设计规范
CECS 72:97　建筑物与建筑群综合布线系统工程设计规范
YD5068-98　移动通信基站防雷与接地设计规范
YD5078-98　通信工程电源系统防雷技术规定
YD2011-93　电信专用房屋设计规范
YDJ26-89　通信局(站)接地设计暂行技术规定(综合楼部分)
IEC1312-1　雷电电磁脉冲的防护·通则
IEC61312-2　雷电电磁脉冲的防护·建筑物的屏蔽，内部等电位联结和接地
ITU-T　K 建议系列 K11,K20,K21,K27,K31,K35

8.3.1.4 设计方案

①直击雷的防护

根据移动通讯基站位置特点，依据 GB50057-94 国家标准《建筑物防雷设计规范》，参照 IEC1024-1 建筑物防雷国际标准，对于移动通信基站的建筑物，宜采用装设在建筑物上的避雷带、网、针或混合组成的接闪器，即沿屋角、房脊、屋檐和檐角等易受雷击的

部位敷设，并在整个屋面组成不大于 5m×5m、6m×4m 的网格，所有均压环采用避雷带等电位连结。通信天线防直接雷击保护措施，采用的是常规的独立避雷针。独立针接闪器采用圆钢或焊接钢管组成，其直径不应小于下列数值：针长 1～2m 时，圆钢直径为 16mm；钢管直径为 25mm。

建筑物的接闪器引下线不应小于两处，并应沿机房四周均匀对称布置，其间距不应小于 12m。利用建筑物的钢柱或立柱内钢筋作为引下线时，可按跨度设引下线，但引下线的平均间距不应大于 12m。对于高山基站独立避雷针，其引下线圆钢直径大于 10mm。防直击雷的接地，设计指标应保证可靠、安全泄流，且阻值≤4Ω。另外，对于球型闪电，建议在窗户上安装金属屏蔽网，并使用金属防盗门，来防止球形雷从这样的"洞"钻入室内。

②雷电过电压保护方案

IEC61312-2 指出："信息设备的主要干扰电磁源是雷电流 i_0 和磁场 H_0 及沿着入户的公共设施流过局部的雷电流 i_i，i_0、i_i 和 H_0 都具有相同的波形。根据 IEC1312-1 的第二章，可以认为雷电流是由首次雷击电流 i_f（10/350 μs）和后续雷击电流 i_s（0.25/100μs）所组成。"

雷电电磁脉冲属于高频（10～1000kHz）的范围，所以工频（50Hz）下的参数及定律已经不适用了。由于许多雷击过电压导致的物理现象的物理量都是电流 I 的函数，例如：$U = L\mathrm{d}i/\mathrm{d}t$，$Q = (t_2 - t_1)\int IL\,\mathrm{d}i/\mathrm{d}t$，$W = \int I^2 L\mathrm{d}i/\mathrm{d}t$，只有随时间瞬态变化的电流，才具有破坏力。

因此，过电压保护必须考虑到如何抑制（或分流）10/350μs 波形的雷电流。在 IEC 标准中说明，用 8/20μs 试验的过电压保护器其通流能量仅为以 10/350μs 波形试验的过电压保护器的 1/20。其后应有第二级、第三级乃至第四级的精细保护。各级之间的能量配合、解耦措施是必须的。

IEC TC81 把斜三角波型为 10/350μs 冲击电流称为雷击电流（lightning），8/20μs 冲击电流称为浪涌电流，是不同的概念，国内学术界称为直击雷和雷电感应。他们的瞬态电流上升斜率相差很大，库仑量 Q（10/350μs）＝20× Q（8/20μs）；W（10/350μs）＝200× W（8/20μs），TC81 将抑制 10/350μs 冲击电流的保护器称为 B 类保护器，属于三级保护的第一级，目前只有放电间隙能够做到这一点，但传统的放电间隙由于材料及形状带来的点火电压不能恒定、不能自动中断网络后续电流（工频短路电流、故障电流），所以为以往国内外的标准所禁用。目前，多家防雷器厂家使用了角型放电间隙。

雷电过电压保护的基本原理是在瞬态过电压的极短时间内，在被保护区域内的所有导电部件之间建立一个等电位，这种导电部件包括了供电系统的有源线路和信号传输线。也就是说为了保证移动基站天线免遭雷击，要在极短的时间内，将高达数十千安培的雷电流从电源传输线和信号传输线传导入地。

因此，设计时要估计一个野外移动通讯基站可能遭受最大的雷击电流，选择合理的多级保护的过电压保护器，建立一个电位补偿系统，使得被分流、传导的雷电电流以最短的路径通过电位补偿系统入地。

A. 移动通信基站最大雷击电流的估计

根据IEC1024-1中的雷击电流的电荷规定了在实践中采用(10/350μs)的波形作为雷击电流的测试脉冲，在该标准中还规定了雷击电流的三个等级：

第一级：200kA，10/350μs

第二级：150kA，10/350μs

第三级：100kA，10/350μs

虽然只有1%的雷电会达到200kA的雷电流幅值，野外移动通讯基站应按第一级考虑。由于基站外部防雷设施的引下线与建筑物自身电感的分流和电磁场自身辐射衰减，IEC规定有50%的雷电能量会由外部防雷装置引入地，剩余的100kA将会对周围导体形成干扰、感应电压。这些雷击感应电流将会根据电网的类型按照电源传输线的线数平均分布。例如：单相电源每相50kA，TN-C-S和TT网每相25kA，TN-C每相33kA。

B. 移动通信基站最大冲击电压和残压的估计

IEC规定使用波形为1.2/50μs的冲击电压作为雷击过电压的测试脉冲，由于我国的电源行业的开关电源及逆变电源主振晶体管的绝缘耐压行业标准为$550V_{dc}$，一般厂家考虑到中国电网正向10%的波动，那么对于被保护的设备的输入电压的保护，要求过电压保护的末级残压在600V左右。而进口的电源一般可以达到900～1000V。

IEC因此结论为只有分级保护才能达到这一要求。根据被保护设备的不同的安装位置和耐压程度，一般采用三级保护。

一般，采用B类加C类保护的两级保护配置，残压可降为$800V_{dc}$，采用B加C加D的三级保护，残压可降到600V。目前，市面上也出现一体化的避雷保护装置，更适合于基站的过电压保护。

C. 电网及接地

我国一些地区的10kV电网采用了经小电阻接地的接地方式，这种网络的接地故障电流(网络后续电流，工频短路电流)不是一二十安的电容电流而是几百上千安的工频大电流。

由于我国10kV配电所没有像国外变电所那样将变电所内的设备外壳的保护接地和220/380V系统N线的系统接地分开设置(TT或TN-C-S)，上述网络后续电流在变电所接地电阻上的电压降将使低压系统对地带1000～2000kV的故障电压，此电压持续时间为10kV接地短路继电器和断路器动作时间之和，约0.5～1s，此电压在TN系统内可引起人身电击的危险，在 TT 系统内则可触发电气短路事故，并且由于压敏电阻的热容量只能承受以微秒计算的过电压，不能承受毫秒级的过电压。所以，我们的配电安装设计采用 TT 方式（或将 TN-C 改为 TN-C-S，在基站室内将 10kV 送来的 PEN 分为 PE 和 N，并按照 TT 接法配电，分别在三相到 N，N 到 PE 加装过电压保护器，并且第一级和第二级保护器在 N 与 PE 间使用特别的鹰嘴式角型放电器及超低残压的同轴火花隙，作为人身安全保护器），防止人身意外。

D. 电源保护

第一级采用 B 类过电压保护器——雷击电流放电器（L-N）三只及雷电放电器（N-PE 人身安全保护器）安装在基站总配电处或者加装在单独的防雷配电柜内，再加一条专用接地电缆（直径 16mm²、长度 400mm）直接连接到均压等电位连接体处（总接地体）达到分流的目的，同时由于并联电感小于其中最小的一个电感，也进一步减小了感应过电压。这样可将 100kA，10/350μs 的雷电流大部分泄入大地，并将剩余的能量衰减为 8/20μs 的浪涌冲击电流。

第二级采用 C 类过电压保护器，同样为了防止变电站的工频网络后续电流可能导致的人身安全的问题，使用浪涌电压保护放电器 三支（L-N），人身安全保护器一支（N-PE），从与保护地线的连接端子处再连接一条接地电缆到均压等电位连接体处（总接地体）。

第三级，由于仅用两级保护系统残压仅能达到 800V，并不能完全保证 100% 的安全。采用 D 类的过电压保护器，在与前两级保护器的配合下系统残压可达 $600V_{dc}$。

E. 关于过电压保护器失效保护及失效显示

第一级保护及解耦线圈由于是采用特别金属材料制成的，原则上不会极限损坏，但是电源第二级及第三级还有信号保护器采用了许多的电子零件，由于众所周知的电子零件寿命的原因，所以存在失效的可能，又由于压敏电阻失效后会引起无法中止的网络后续电流，而热容量达到极限时会发生爆炸，所以 IEC 61643 规定压敏电阻保护器必须要有失效断路保护及失效显示。SPD 器件表面多有失效显示窗口、状态指示灯、远地监控接口（可以利用其进行声光报警或远地触发）。

F. 能量的配合

在 IEC-1312-2 中描述了多级保护的概念，并指明要采取能量配合的手段“尽量利用电缆本身具有的电流与时间的连续的变化来进行配合，也可以采用分立的器件来实现。

由于基站防雷条件所限，不能做到第一级 B 类保护器与 C 类保护器有 10m 的距离，所以只能使用解耦电感 LT-35。

G. 网络后续电流及使用空气开关

对于超过雷电放电器 FLT 自身熄弧能力的网络后续电流的终止，目前最有效的方法是使用熔断器，现在 IEC 364-4-443（大气过电压或操作过电压防护标准）中专门讨论了这个问题。由于电信系统一般为了维护的方便，愿意使用空气开关，所以在基站防雷工程中，业主要求使用空气开关来做为续流保护，结果在投入使用后，多次发生雷击后空气开关跳闸的问题（设备、过电压保护器都没有损坏），经全面研究，发现大多数雷击发生时产生的网络后续电流都远没有达到角形放电间隙 FLT 自身的熄弧能力时，空气开关就动作了。

H. 屏蔽和接地系统

理想的接地装置（包括从接闪器到接地体的引线）是没有电阻的，当雷击时，不论雷电流有多大，接地装置上的任何一点对大地的电压变化为零，这样对人和设备是绝对安全的，实际上这样的接地体是不存在的。所以根据 YDJ 26-89《移动基站的防雷与接地设计规范》的要求，基站的接地电阻值应小于 5Ω。

为了保证移动通信基站稳定可靠的工作，防止寄生电容耦合干扰，保护设备及人身的安全，解决环境电磁干扰及静电危害，都必须有良好的接地系统。

在土壤电阻率较高的环境下，一般的地极埋设难以达到所要求的电阻值，此时应采取多种措施来降低接地电阻值。如采用换土、深埋接地体、使用长效降阻剂等办法，来实现降阻和改善电阻率。接地具体措施如下：

a. 从变电站送来的供电电缆金属屏蔽层应在电源主配电柜处做屏蔽接地处理；

b. 天馈电缆、中继系统电缆必须如前所述屏蔽入户；

c. 光缆如果无金属外护层和金属加固芯，无需增加屏蔽，如有则套金属管入户；

d. 建筑物的主钢筋已形成初级屏蔽，建议在机房的窗户上设置金属屏蔽网，防止雷电电磁脉冲通过玻璃窗这样的“洞”造成干扰；

e. 如果经检测，基站的主体钢筋接地电阻值低于 1Ω，可利用主钢筋为接地极，同时在机房地板下用扁钢排与建筑物支撑柱内主钢筋连接形成间隔不大于 6m 的地网，将保护地、信号地、防静电地、工作地实行共同统一接地。

I. 等电位连接系统

利用基站地板下的等电位连接带，将外露可导电部分以 M 型进行等电位联结，以达到消除建筑物和建筑物内所有设备之间危险的电位差并减小内部磁场强度。由于基站地板下的等电位连接带与建筑物主钢筋多重连接从而建立了一个金属的法拉第笼的连接网络。在此网络中提供多条并联通路，因其具有不同的谐振频率，由大量的具有频率相关性阻抗的各条通路组合起来，就可以获得一个在所考虑频谱范围内具有低阻抗的系统。

J. 为防止计算机及其局域网或广域网遭雷击，不少单位简单地在与外部线路连接的调制解调器上安装避雷器，但由于雷电静电感应、电磁感应主要是通过供电线路、信号线路将瞬态高电位引入对设备造成破坏，因此对计算机信息系统的防雷保护首先是合理地加装电源避雷器，其次是加装信号线路和天馈线避雷器。如果大楼信息系统的设备配置中有计算机中心机房、程控交换机房及机要设备机房，那么在总电源处要加装电源避雷器。按照有关标准要求，必须在0区、1区、2区分别加装避雷器。在各设备前端分别要加装串联型电源避雷器(多级集成型)，以最大限度地抑制雷电感应的能量。同时，计算机中心的MODEM、路由器、甚至HUB等都有线路出户，这些出户的线路都应视为雷电引入通道，都应考虑加装信号避雷器。对楼内计算机等电子设备进行防护的同时，对建(构)筑物再安装防雷设施就更安全了。

8.3.2　共用电视天线及其杆、塔的防雷要点

天线杆、塔及相关建筑物，宜按第二类防雷要求统一设计防雷系统，并应符合国家现行的《建筑防雷设计规范》的规定。

天线杆及其塔必须有防雷措施，天线杆顶应安装接闪器。接闪器、天线的零电位点与天线杆、塔在电气上应可靠地连成一体，共用同一接地系统的接地装置。

天线杆、塔的防雷引下线及金属杆、塔的基部，均应与建筑物顶部的避雷网可靠连接，并至少应有两个不同方向的泄流引下线。

独立建筑的天线杆、塔和与其相关的前端设备所在建筑物间，应有避雷带将两方防雷系统连成一体。从天线杆、塔引向前端的馈线电缆，应穿金属管道或紧贴避雷带布放。金属管道及天线馈线电线的外层导体，应分别与杆、塔金属体(或避雷引下线)及建筑物的避雷系统引下线(或避雷带)间有良好的电气连接。

设置在建筑物内的共用天线电视系统同轴电缆外导体、金属穿管、设备外壳，应相互连接并接地，组成防雷电感应的户内防雷线路系统。

共用天线电视系统中，户外线路的防雷接地要求可参照《工业企业通信接地设计规范》中的有关规定执行。户外架空线路进户，应有不短于50m的吊挂钢绞线或避雷带保护。

从户外引入建筑物的共用天线电视户外电缆线路，其吊挂钢绞线、保护避雷带、金属外导体、金属穿管等，均应在建筑物引入处就近与建筑防雷引下线(或避雷带)互接。如建筑物无防雷接地系统，应专设接地装置。

接地电阻值可参照国家现行的《工业企业通信接地设计规范》中的有关规定执行。

向共用天线电视系统设备及其用户设备(如电视机)提供电力的户外线路，自户外引入系统设备和用户设备所在建筑物内时，所采取的防雷电波侵入措施应符合国家现行的《建筑防雷设计规范》的有关规定。

同一个共用天线电视系统的户内防雷系统与户外电缆线路以及户外电力线路的防雷装置，均应用同一防雷接地系统的接地装置。如建筑物本身没有避雷系统，尚应与建筑避雷系统合用同一防雷接地装置。

串装在同轴电缆线路上的有源设备，宜通过电缆远供工作电源。如就近从电力网取电，应有防雷保护措施。

在雷击区，敷设在外墙上的同轴电缆线路，宜有接地的金属管保护。

共用天线电视系统与用户有关的安全保护及防强电故障危害的安全保护，应符合国家现行的《30MHz～1GHz 声音和电视信号的电缆分配系统》标准中的有关规定。

户外设备应具有防雨、雪、冰凌的性能，或安装在箱、罩内。

天线杆、塔高于附近建筑物、地形物时，或航空等部门如有要求，应安装塔灯，塔身应涂颜色标志。在城市及机场净空区域内建立高塔，应征得有关部门同意。

8.3.3 油库的防雷设计要点

油库是指收发和储存原油、汽油、煤油、柴油、喷气燃料、溶剂油、润滑油及重油等整装、散装油品的独立或企业附属的仓库或设施。

8.3.3.1 油库的类型

油库可分为以下六类：

①地上油库：将贮油罐设置于地面上的油库。

②半地下油库：将贮油罐部分埋入地下，上面覆土的油库。

③地下油库：将贮油罐全部埋入地下，上面覆土的油库。

④山洞油库：将贮油罐建筑在人工挖的洞室或天然山洞室内的油库。

⑤水封石洞油库：利用稳定的地下水位，将油品直接封存于地下水位的容体里开挖的人工洞室中的油库。

⑥水下油库：将贮油罐建设在水下的油库。

8.3.3.2 油库的功能区

为了保证油库的安全和便于技术管理，油库的各项设施组成的功能区主要有以下几个区：

①油罐区：主要由油罐、防火堤、油泵房等组成。

②铁路装卸区：主要由铁路装卸油品设施、输油泵房、灌油间、桶装仓库、桶装站台、零位罐和计量室等组成。

③水运装卸区：主要由码头、输油泵房及计量室等组成。

④小罐区：中转罐、放空罐、黏油罐、煤油罐、工艺汽油罐、溶剂油罐和灌装罐等组成。

⑤生产作业区：主要由调油间、串桶及预热间、灌油泵房、灌油间(棚、亭)、汽车装油鹤管、桶装仓库(棚)、桶装场地及空桶场地等组成。

⑥辅助生产工作区：主要由修、洗桶间、电石间、氧气储存间、机修间、材料间、给水泵房、水塔、锅炉房、浴室、污水泵房及化验室等组成。

⑦行政管理区：主要由办公室、传达室、车库、食堂、警卫和消防人员宿舍等组成。

⑧生活区：主要指家属宿舍区。

8.3.3.3　油库的等级

根据油库储油罐的容量和桶装晶设计存放量之和，即总容量（Q）的大小，可以分为以下五个等级。

一级油库：$Q \geqslant 50000\text{m}^3$；　二级油库：$10000\ \text{m}^3 \leqslant Q < 50000\ \text{m}^3$；

三级油库：$2500\ \text{m}^3 \leqslant Q < 10000\ \text{m}^3$；　四级油库：$500\ \text{m}^3 \leqslant Q < 2500\ \text{m}^3$；

五级油库：$Q < 500\ \text{m}^3$。

8.3.3.4　油库场地选择技术

①油库的库址应符合城市规划、环境保护和防火要求。

②油库的库址应选在良好的地质条件的地方，不得选在有山崩、断层、滑坡、沼泽、流沙及泥石流的地区和地下矿藏开采后有可能塌方的地区。

③人工洞油库的库址应选在地质构造简单、岩性均匀、石质坚硬不易风化的地区，且须避开断层和密集的破碎地带。

④当油库建在靠近江河、湖泊或水库的流水地段时，库区场地的最低设计标准应高于计算最高洪水位 0.5m。

⑤油库的库址应选择在具有满足生产、消防、生活所需的水源和电源及排水条件的地带。

⑥油库应建在城市全年最小频率风向的上风方，且尽量避开雷击区。

8.3.3.5　油罐类型

油库内储存石油产品的种类很多，按构造材料可分为金属制造和非金属制造两种；以外形来分可分为立式、卧式、圆柱形、球形、椭圆形及浮顶等 7 种。

8.3.3.6　油罐的附件

油罐的附件如图 8.16 所示，主要由机械呼吸阀、液压透气阀、阻火器、测量孔、人孔、光孔、升降管、进油结合管及阀门、虹吸栓装置、卷扬机、旋梯、泡沫室及泡沫管等组成。但有的油罐可能只部分配有这些配件。

8.3.3.7　保护目的

①油品储罐需考虑防雷接地保护措施，目的是免受由于雷击火花而引起油气爆炸，

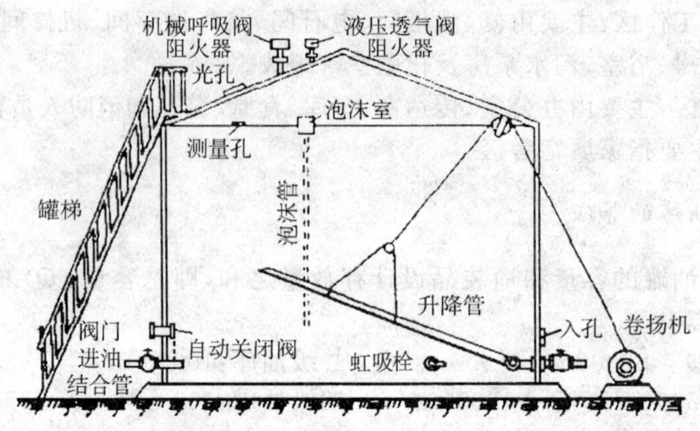

图 8.16　油罐附件装置示意图

或由此造成油罐着火。

②其次是防止油罐顶盖被雷电击中造成局部破坏，通常雷电流的能量能熔化小于4mm厚的钢板。

因此，防雷接地措施通常按照储存油品的性质和油罐的不同结构形式来考虑。

8.3.3.8　防雷等级的划分

油品的危险程度按它的闪点来划分，闪点为45℃及以下的属于易燃液体，其蒸气与空气的混合具有爆炸危险。闪点为45℃以上的属于可燃液体，一般情况下无爆炸危险，只有着火危险。凡是可燃气体都有爆炸危险。常见物品的闪点见表8.7。

表 8.7　常见石油工业产品的闪点

名　称	闪点(℃)	名　称	闪点(℃)
乙　醚	−45	戊　醇	46
汽　油	−50～30	溶剂油	37～43
二硫化碳	−45	煤　油	27～45
丙　酮	−20	柴　油	60～110
苯	−14	重　油	80
甲　苯	1	锅炉燃料油	>95
甲　醇	7	轻质汽缸油	190
乙　醇	11	润滑油	>200
丁　醇	35		

①石油工业的建筑物防雷等级划分，对可燃气体和闪点为45℃以下易燃液体的开式储罐和建筑物属一级。

②对于闪点为45℃以下带有呼吸阀的可燃液体储罐，壁厚小于5mm的密闭金属

容器和可燃气体密闭储罐属于二级。

③对于闪点大于45℃具有呼吸阀的可燃液体储罐，闪点为45℃以下但壁厚大于5mm的密闭金属容器属于三级，这类储罐无爆炸性危险。

以上接地电阻是考虑避雷针装于罐体上，如果避雷针独立安装，可降低一级。

8.3.3.9　防雷接地措施

①属于一级防雷的储罐（很少遇见），一般可装独立的避雷针，接地电阻不大于10Ω。

②属于二级防雷的储罐，可在罐顶直接安装或设独立的避雷针。从节省金属材料和经济的角度考虑，推荐采用在罐上安装方式，接地电阻不大于10Ω。在山区建设储罐其接地电阻值很难达到要求时，可以采用独立避雷针的方式，接地电阻值可降低一级(30Ω)或按具体情况考虑。

③属于三级防雷的储罐，一般做法可以不装避雷针，仅作接地即可，如对柴油等闪点在60℃以上的油品储罐就可以如此。

④在强雷地区可根据当地地面建筑物着雷情况调查，决定是否在罐顶加装避雷针，这时主要保护厚度在5mm以下的罐顶不受雷击而造成局部损坏，接地电阻值宜选择不大于30Ω。

8.3.3.10　防静电措施

油品在管道中和油罐内流动会产生摩擦静电，如不及时导走会产生静电积聚现象，往往会达数千伏危险电压。为此，管道和油罐必须有防静电接地措施，防止静电积聚。油品带静电的多少主要受以下因素影响：

①油品带电与输油管道粗糙度成正比，越粗糙越容易带电。

②空气的相对湿度越大，产生的静电荷越少。表8.8是在相同条件下装卸汽油时，空气相对湿度与油品带静电量的关系表，从表中可知，相对湿度>72%就不可能产生静电。

表8.8　空气相对湿度与油品带静电量的关系

相对湿度(%)	35～40	50	72～75
静电位(V)	10000	5000～600	基本没有

③油品在管道内的流速越快、流动的时间越长，产生的静电就越多。

④油品温度越高产生的静电荷越多，但柴油则是温度越低产生的静电荷越多。

⑤油品中含有杂质或油水混合泵送或不同的油品相混合时，静电显著增加。

⑥油品所通过的过滤网越密，产生的静电荷越多。

⑦油品流过的闸阀、弯头等越多，产生的静电荷越多。

⑧用绝缘性材料制成的容器和油管比用导电的金属制成容器和油管产生的静电荷多。

⑨电导率低的油品比电导率高的油品产生静电荷多。仅防止静电积聚的接地电阻值只要不大于 100Ω 即可，因此，一般油罐和容器的防雷接地即能满足防静电要求，不另作接地措施。

装卸油台、铁路、鹤管两端等也需有防静电接地；油槽车需有临时接地卡，以防装卸油时静电积聚；输油管线需与防感应雷电同时考虑，地上管线一般在管线两端和分岔处接地。

较长管线中间每隔 300m 左右需接地一次，管线平行间距小于 100cm 时，需每隔 20m 左右用∅8mm 圆钢互相跨接一次。

10罐区和阀室的爆炸与火灾场所划分

根据罐内油品的闪点不同，其罐区和阀室的爆炸与火灾场所的划分等级见表 8.9。

表 8.9　罐区和阀室爆炸与火灾危险场所等级

场所名称	危险物料名称	最低闪点(℃)	爆炸与火灾危险等级	
			罐区	阀室
原油罐区、阀室	原油	<28	Q-3	Q-2
汽油罐区、阀室	汽 油	<28	Q-3	Q-2
航空汽油罐区、阀室	航空汽油	<28	Q-3	Q-2
航空煤油罐区、阀室	航空煤油	28～45	Q-3	Q-2
灯油罐区、阀室	灯　油	40	Q-3	Q-2
轻柴油罐区、阀室	轻柴油	65	H-1	H-1
重柴油罐区、阀室	重柴油（农柴）	>65	H-1	H-1
润滑油罐区、阀室	润滑油	>120	H-1	H-1
燃料油罐区、阀室	燃料油	>120	H-1	H-1
重整原料油罐区、阀室	汽　油	>28	Q-3	Q-2
加氢原料油罐区、阀室	灯油、柴油	40	Q-3	Q-2
催化原料油罐区、阀室	蜡　油	>120	H-1	H-1
轻污油罐区、阀室	汽、煤、轻柴油	>28	Q-3	Q-2
重污油罐区、阀室	重柴油（渣油）	65	H-1	H-1
芳烃油罐区、阀室	苯、甲苯和二甲苯		Q-3	Q-2
液氮罐区			Q-3	Q-3
溶剂罐区	丙酮、乙醇胺 二乙二醇二醚	−19	Q-3 Q-2	Q-2
$33^{\#}$添加剂罐区	二硫化碳	<28	Q-2	
凝结液罐（地面上）	凝缩油	<28	Q-1	

注：　1. Q-3 级罐区，在低于防火堤高度装设电气设备时，应选防爆型。

　　2. 爆炸危险环境新旧分类的对应关系详见第二章表 2.7。

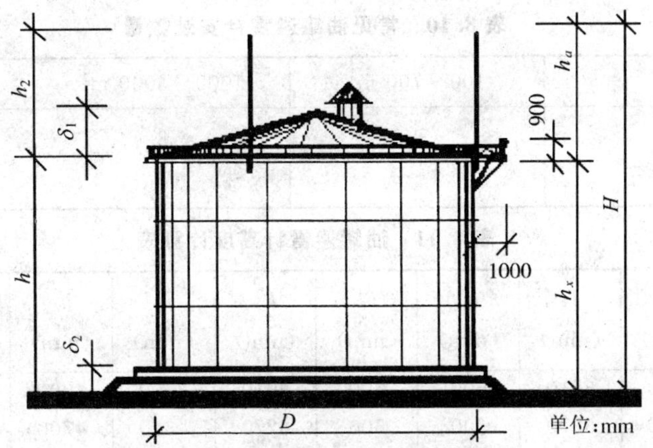

图 8.17　避雷针在油罐上安装

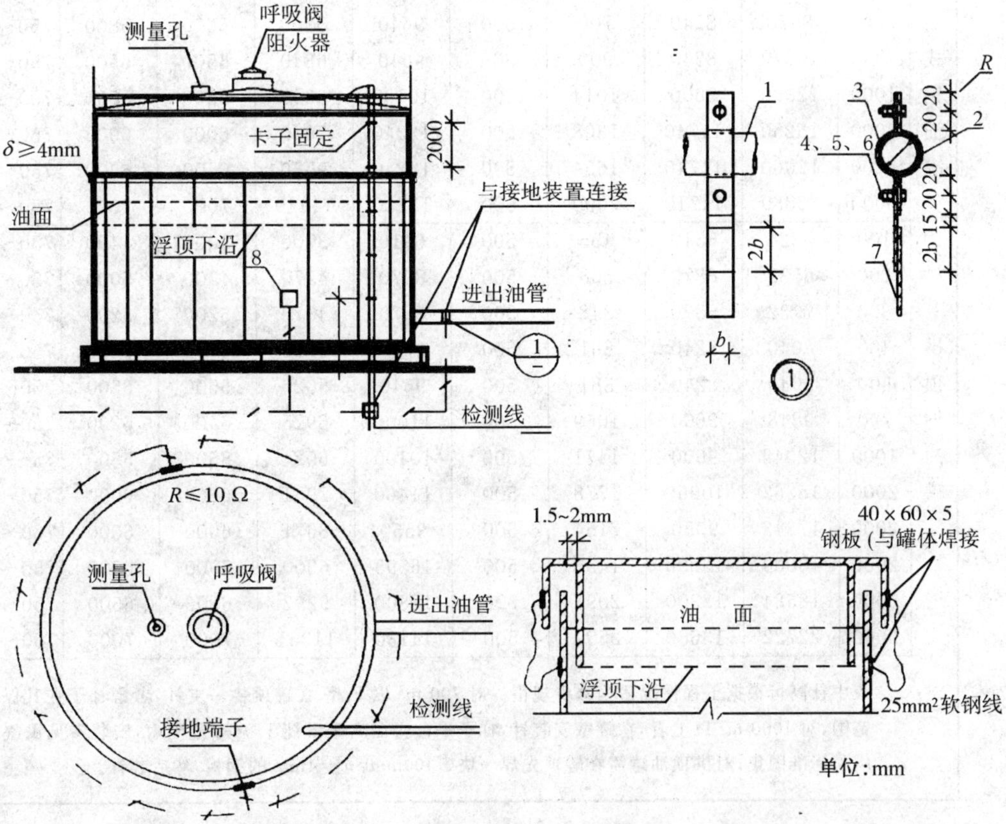

测量孔
呼吸阀
阻火器
卡子固定
2000
$\delta \geqslant 4$mm
与接地装置连接
油面
浮顶下沿
8
进出油管
1
检测线
$R \leqslant 10\ \Omega$
测量孔
呼吸阀
进出油管
检测线
接地端子
1
R
3
20 20
2
4、5、6
20 20
2b 15 20
7
$2b$
b
1.5~2mm
40 × 60 × 5
钢板 (与罐体焊接
油　面
浮顶下沿
25mm² 软钢线
单位:mm

图 8.18　浮顶油罐防雷示意图

表 8.10　常见油罐避雷针安装数量

名　称	100～700 m^3	1000～3000 m^3	5000 m^3
避雷针	1	3	4
接地联接端子	1～2	3	4

表 8.11　油罐避雷针高度计算表

油罐容量 (m^3)		D (mm)	H (mm)	δ_1 (mm)	δ_2 (mm)	h_x (mm)	r_x (mm)	h_a (mm)	h_2 (mm)	呼吸阀高度 (mm)
无力矩顶立式钢油罐	100	5330	5510	500	500	6910	3700	4000	4400	750～1100
	200	6670	6870	600	500	8270	4340	4700	5000	750～1100
	300	8000	8240	604	500	8270	5000	5200	5500	750～1100
	400	8000	8240	604	500	9640	5000	5400	5700	750～1100
	500	8670	8240	700	500	9640	5340	5600	5800	750～1100
	700	10670	8240	900	500	9640	6340	6500	6500	750～1100
	1000	12000	9600	1014	500	10100	6000	5500	5500	750～1100
	2000	15250	11740	1308	500	12240	7630	6000	6000	750～1100
	3000	19060	11740	1654	500	12240	9530	6500	6500	750～1100
	5000	22880	11710	2000	500	12210	11440	7000	7000	750～1100
拱顶钢油罐	100	5324	5510	455	500	6910	3700	4000	4400	750～1100
	200	6532	6870	558	500	8270	4270	4700	5000	750～1100
	300	7732	6870	848	500	8270	4870	5200	5200	750～1100
	400	8040	8240	881	500	9640	5020	5500	5500	750～1100
	500	9040	8240	881	500	9640	5020	5500	5500	750～1100
	700	9848	9600	1069	500	11000	6925	6400	6200	750～1100
	1000	12048	9600	1471	500	10100	6024	5500	5500	750～1100
	2000	15862	10960	1778	500	11460	7931	6000	6000	750～1100
	2000	17342	9050	2154	500	9550	8671	6000	6000	750～1100
	2000	13000	16095	1455	500	16595	6500	5500	6500	750～1100
	3000	18584	12300	2096	500	12800	9292	6500	6500	750～1100
	5000	22722	13630	2597	500	14130	11361	7000	7000	750～1100

注：　表中针高可根据工程情况适当减少规格。对 700 m^3 以下者，在罐顶装一支针，考虑梯子在其保护的范围，对 1000 m^3 以上者，在罐壁安装针，梯子平台应在离避雷针 1～4m 范围内，安装参见民气装置国家标准图集；对拱顶油罐需在罐顶先焊一块∅400mm、δ＝4mm 的钢板，然后装针。

8.3.3.11　避雷针(环)的安装(如图 8.17、8.18)

避雷针高度的计算需考虑周边和呼吸阀均在其保护范围内。另外，根据呼吸阀油气散发的安全范围，对 10000m^3 及以上的罐，避雷针尖需高出呼吸阀顶 5m；对 5000m^3 及以下的罐，避雷针尖需高出呼吸阀顶 3m。

常见油罐避雷针见表 8.10、8.11、8.12。

表 8.12　避雷针长度表

油罐容量（m^3）	避雷针总长度(mm)	避雷针各节长度(mm)		
	h_2(mm)	L_1(∅20)	L_2(∅32)	L_3(∅50)
100	4400	1400	1500	1500
200	5000	1500	1500	2000
300	5200	1500	1700	2000
400	5500	1500	2000	2000
500	5700	1500	2000	2200
700	6200	1700	2000	2500
1000	5500	1500	2000	2000
2000	6000	1500	2000	2500
3000	6500	2000	2000	2500
5000	7000	2000	2000	3000
注：　表中为考虑焊接部分长度。L_1 为上段，L_2 为中段，L_3 为下段。				

8.3.3.12　金属油罐防雷安全要求

①Q-1 级危险的贮罐及场所必须采用独立的防直击雷装置，如消雷器、避雷针或架空避雷网，其接地电阻＜5Ω。

②Q-2 级危险的贮罐，可在罐顶上装设防直击雷装置，其接地电阻＜10Ω。

③当贮罐顶板厚度＜4mm 时，应装设防直击雷装置；当贮罐顶板厚度＞4mm 时，贮罐本体可作接闪器。

④在多雷区的贮罐，即使其顶板厚度＞4mm 时，也应装设防直击雷装置。

⑤金属油罐必须作环型防雷接地，其接地点不少于两处，其间弧形距离不应＞30m，其防直击雷接地电阻≤10Ω，其防雷电感应接地电阻≤30Ω。

⑥浮顶金属油罐可不设防直击雷装置，但必须将浮顶与罐体用截面≥25mm^2 的铜绞线作电气连接，其连接点不应少于两处，其间弧形距离不应＞30m。罐体的防雷接地电阻≤10Ω。

⑦金属油罐的阻火器、呼吸阀、测量孔、人孔及透光孔等金属配件管道必须保持等电位电气通路连接。

8.3.3.13 非金属油罐的防雷安全要求

①非金属油罐应装设独立的防直击雷装置。

②独立防雷装置与被保护物的水平距离≥3m。

③若独立防雷装置采用的是避雷网时，其网格≤6m×6m，引下线不少于2根，沿四周均匀或对称布置，间距<18m，接地点不少于2处。

④非金属油罐必须装设阻火器和呼吸阀，油罐的金属配件阻火器、呼吸阀、测量孔、人孔和法兰盘等必须作电气连接并接地，且在防直击雷装置的保护范围内。

⑤防雷接地电阻≤10Ω。

8.3.3.14 人工洞石油库防雷要求

①人工洞石油库油罐的金属呼吸管道和金属通风管道露出洞外部分，应装设独立的防直击雷装置，其保护范围应高出在爆炸危险空间之外；同时，防直击雷装置距管道口的水平距离≥3m。

②进入洞内的金属管道，从洞口算起，当其洞外埋地长度>50m时，可不设接地装置；当其洞外部分不埋地或埋地长度<50m时，应在洞外作两处接地，接地点间距不得>100m，冲击电阻<20Ω。

8.3.3.15 油库电源系统防雷电波入侵的安全要求

①动力、照明和通讯线路采用铠装电缆埋地引入人工洞石油库时，若架空线转换为埋地电缆引入时，由进入点至转换处的距离不得<50m，架空线与电缆的连接处应装设防爆阻燃避雷器，避雷器、电缆外皮和绝缘子铁脚应作电气连接并接地，其冲击接地电阻≤10Ω。

②雷击区非人工洞的动力、照明和通讯线由架空线转换为地下电缆引入时，应装设防爆阻燃电源避雷器。避雷器、电缆外皮和绝缘子铁脚应作电气连接并接地，其冲击电阻≤10Ω。

8.3.3.16 油库输送系统的防雷安全要求

①汽车槽车、铁路槽车、油车在装运易燃、可燃油品时宜装阻燃器。

②卸油台应增设防感应雷的接地装置。

③雷暴时应中止装卸油品，并关闭贮器开口。

④输油管道应连接成电气通路，并进行防雷电感应接地。

8.3.3.17 油库可燃性气体放空管必须设防直击雷装置

油库可燃性气体放空管防直击雷装置的保护范围应高于管口2m。同时要求防直击雷装置距管口的水平距离应>3m。

8.3.4 烟囱的防雷接地

从烟囱或放气管里冒出的热气柱和烟气，其中含有大量导电质点和游离分子的气团，这些气团给雷电放电带来了良好的条件；又由于这种气团的上升，对雷电来说，接闪的高度等于烟囱或放气管的实际高度加上烟气气团上升的高度，这就给雷云创造了放电条件。因此雷击烟囱或放气管的事故是较易发生的。经验证明，烟囱或放气管的实际高度在15～20m以上时，就应安装防雷装置。

烟囱或放气管通常分为附在建筑物或构筑物上的和独立建造的两种。独立建造的砖烟囱、钢筋混凝土烟囱或金属烟囱的防雷引下线容易处理，可以沿烟囱明装引下线，可以利用钢筋混凝土内部的钢筋作引下线，也可以利用连续的铁爬梯做引下线。金属烟囱可不必做接闪器和引下线，只要将其下部焊接到接地装置上就可以。由于独立烟囱的客观环境有利，不需要特殊处理接触电压和跨步电压，按一般正常做法是可以的。

对于附在金属构架上的放气管和近年来大量采用的金属快装锅炉，其金属烟囱直接坐落于金属锅炉的炉体上或放气管的金属设备上，这就给操作人员带来不安全因素。如果金属烟囱接闪时，其附近的跨步电压和接触电压可能达到数十千伏以上，因此在这类情况下就应当加以特殊处理。

当厂房内或锅炉房内的地面干燥无水，可采取绝缘措施，在室内将地面夯实，敷以焦渣和碎石后，上面做一层5～8cm的沥青层。亦可采取降低接地电阻的方式，即可由金属烟囱从室外连接引下线并接到室外环形接地装置上，一是使接地电阻降低在1Ω以下；二是使环形接地装置的网格不大于20m×24m，以便使地电位平衡。如厂房较大应适当增加连接条。

当厂房内或锅炉房内的地面经常有水、潮湿，在室内应采取均压网的方式。网格宽度应在1.5m以内。为节约钢材，根据金属设备的位置，可做1.5m以内的平行线，适当加以纵线，使网格与金属设备和室外接地装置连接成一体。

除以上措施外，金属烟囱较高时，为加强烟囱的稳定性，经常要往四周拉线。要注意行人对拉线的接触电压，拉线的保护应按引下线的要求处理。

当钢筋混凝土烟囱或砖烟囱超过40m时，明装引下线不应少于两根。如为单根引下线时，则需加大截面，以防止其腐蚀或机械损伤。由于接闪装置及明装引下线经常遭受烟气的腐蚀，因此，金属部件应镀锌或刷防腐剂。

烟囱的防雷接地，其接地电阻为30Ω。

引下线：圆钢直径为 10mm，扁钢为 30mm×4mm，在烟囱出口下 3m 范围内圆钢直径为 12mm。当烟囱低于 40m 时，设一根引下线；当烟囱高于 40m 时，设两根引下线和两组接地极。可利用铁爬梯作为引下线；当为钢筋混凝土烟囱时，应把两根以上主筋与铁爬梯焊接作为引下线。

避雷针根数选择见表 8.13。

表 8.13 避雷针数量选择表

烟囱尺寸	内径(m)	1	1	1.5	1.5	2	2	2.5	2.5	3
	高度(m)	15～30	31～50	15～45	46～80	15～30	31～100	15～30	31～100	15～100
避雷针根数		1	2	2	3	2	3	2	3	3
避雷针长度(m)		1.5	1.5	1.5	1.5	1.5	1.5	1.5	1.5	1.5

8.3.5 古建筑和木结构建筑物的防雷设计要点

对古建筑和木结构建筑物的防雷具体做法及注意的一些事项如下(参见图 8.19)：

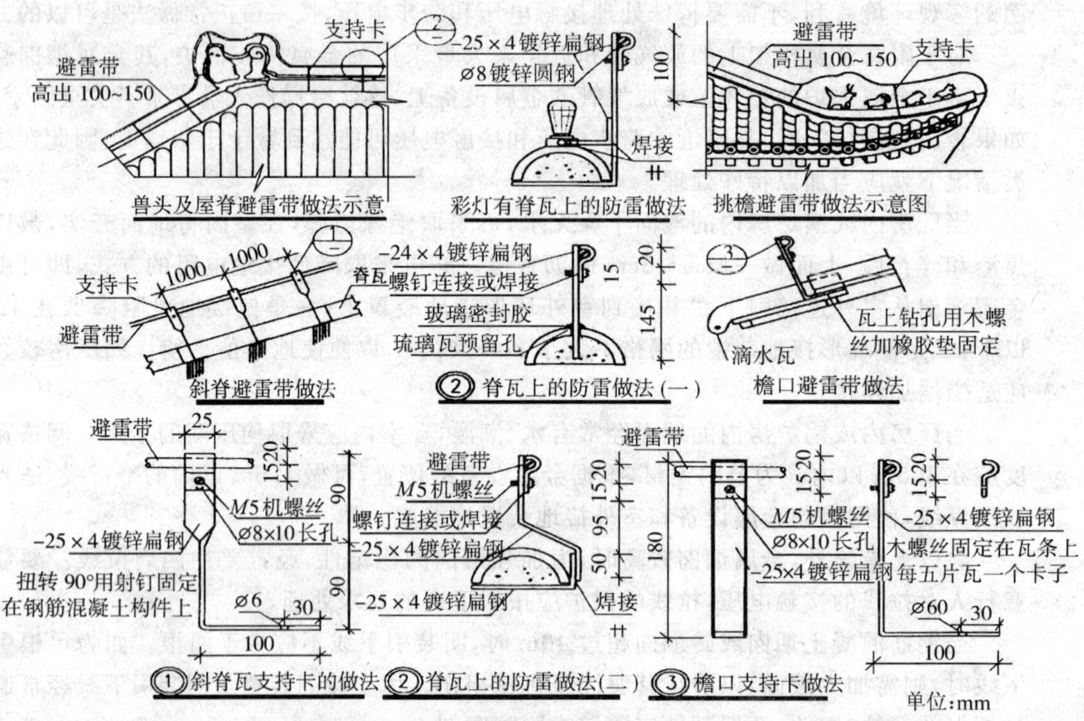

图 8.19 古建筑防雷措施图

接闪装置：首先应根据建筑物的特点选择避雷带或避雷针的安装方式，其中应着重注意引下线弯曲的两点间的垂直长度要大于弯曲部分实际长度的十分之一。

引下线：引下线少，每根引下线所承担的电流就大，容易产生反击和各种二次事故。因此两条引下线间的间距应按规范规定，一般不大于20m。如果建筑物长度短，最少不得少于两条。

接地装置：应根据建筑物的性质和游人情况选择接地装置的方式和位置，必要的地点要做均压措施。房屋宽度窄时采用水平环形接地装置较易拉平电位，采用垂直独立接地装置时，其电位分布曲线很陡，容易产生跨步电压，故其顶端应埋深在1m以下。

防球雷措施：对重要的古建筑，除防直击雷外，还应考虑防球雷措施。一种可行的方式是安装金属屏蔽网并可靠的接地。如达不到这种要求时，最低限度门窗应安装玻璃，使其不要有孔洞，以防球雷沿孔洞钻进室内。此外，还应注意附近高大树木引来的球雷，因此要考虑高大树木距建筑物的距离。

雷电的二次灾害：有些古建筑和木结构建筑内部安装了照明、动力、电话、广播等设备。连接这些设备室内和室外的管、线，应注意与建筑防雷系统之间的距离，距离过小时，易产生反击，即引起雷电的二次灾害。尤其室外的各种架空线路容易引入高电位，应加装避雷器。实际状况是，许多建设和施工单位对雷电所产生的危害重视不够，安装架空线路时没有考虑线路与防雷系统的关系，这是很危险的。

8.3.6　有爆炸和火灾危险的建(构)筑物的防雷

加油站、液化气站、天然气站、输油管道、储油罐(池)、油井、弹药库等易燃易爆场所，如果缺少必要的防雷电设施，将会因雷电灾害造成重大的损失。这类场所除安装防直击雷的设施外，对储气(油)罐(池)及管道、设备等还必须安装防雷电静电感应、防雷电电磁感应的装置。

有爆炸危险的建筑物防雷(见表8.14)：对存放有易燃烧、易爆炸物品的建筑，由于电火花可能造成爆炸和燃烧，对于这类建筑的防雷要求应当严格。要考虑直击雷、雷电感应和沿架空线侵入的高电位。除按一般的要求外，避雷针或避雷网的引下线还应加密，每隔18～24m应做一根。

防雷系统和内部的金属管线或金属设备的距离不得小于3m，如不能满足要求时，必须将所有大型金属设备、金属结构及金属管线与防雷系统连成闭合回路，不得有放电间隙。

对所有平行或交叉的金属构架和管道应在最接近处进行电气跨接，一般每隔20～24m跨接一次。

采用避雷针保护时，必须高出有爆炸性气体的放气管管顶3m，其保护范围也要高出管顶1～2m。

如建筑物附近有高大的树木时，若不在保护范围内，树木应和建筑物保持 3～5m 的净距，以防止接闪时产生反击。

有火灾危险的建筑物防雷：农村的草房、木板房屋、谷物堆场以及贮存有易燃烧材料的建筑物，如亚麻、棉花、稻草、干草的仓库等，都属于有火灾危险的房屋。这些房屋最好用独立避雷针保护。如果采用屋顶避雷针或避雷带保护时，在屋脊上的避雷带应支起 0.6m，斜脊屋檐部分连接条应支起 0.4m，所有防雷引下线应支起 0.1～0.15m。防雷装置的金属部件不应穿入屋内或贴近草棚上，以防止由于反击而引起火灾。电源进户线及屋内电线都要与防雷系统有足够的绝缘距离，否则应采取保护措施。

表 8.14　有爆炸和火灾危险的建筑物具体的防雷分类和防雷措施

场所名称	危险物料名称	爆炸与火灾危险区	防雷类别	防雷措施
大型油库	原油、汽油、煤油	2 区	一类	避雷针(线)
中小型油库	原油、汽油、煤油	2 区	二类	避雷针(线)
中小型重油库	柴油、润滑油	2 区	三类	避雷针(线)
汽车加油站	汽油、柴油	2 区	二类	避雷针(带)
乙炔站	乙炔	2 区	二类	避雷针(带)
氧气站	氧气	2 区	二类	避雷针(带)
大氢气间	氢气	2 区	一类	避雷针(线)
中小氢气间	氢气	2 区	二类	避雷针(线)
大型液化储罐区	液化气	2 区	一类	避雷针(线)
中小型液化储罐区	液化气	2 区	二类	避雷针(线)
大型芳烃油罐区	苯、甲苯、二甲苯	2 区	一类	避雷针(线)
中小型芳烃油罐区	苯、甲苯、二甲苯	2 区	二类	避雷针(线)
大型芳烃油罐区	苯、甲苯、二甲苯	2 区	一类	避雷针(线)
大型石化工厂油泵房	原油、汽油	2 区	一类	避雷针(线)
烟花、爆竹生产车间	黑火药、烟火药	1 区	一类	避雷针(线)
烟花、爆竹成品仓库	黑火药、烟火药	1 区	二类	避雷针(线)

注：大型油库、大型液化储罐区指罐区储油量、储气量＞10000m³。

8.3.6.1　*石油化工金属储罐的防雷*

①石油化工方面的金属储罐，包括石油及其各种由它制成的油品和液化烃、可燃液体以及可燃气体等方面的金属贮罐。

②石油化工方面的金属储罐防直击雷措施，应符合下列要求：

a. 金属储罐必须作环型防雷接地，其接地点不应少于两处，其间弧形距离不应大于30m，接地体距罐壁的距离应大于3m。每一接地点的冲击接地电阻不应大于10Ω。

b. 金属贮罐的壁厚＜4mm时应装设防直击雷设施，如设独立针或在罐体上设避雷针，当壁厚≥4mm时，可不装设防直击雷设施，但在多雷区（年平均雷暴日数大于40天地区），也可装防直击雷设施。

c. 固定顶金属油罐（容器）附件（如呼吸阀、安全阀）必须装设阻火器。

d. 金属储罐的阻火器、呼吸阀、测量孔、入孔、透光孔等金属附件必须保持等电位连接。

8.3.6.2　阴极保护装置

①阴极保护装置在地下金属储罐上的应用

阴极保护装置是一种用于地下金属储罐防腐蚀的特殊装置。它通常采用镁（锌）合金作为埋地的阳极。因为镁（锌）合金是一种比铁活跃的元素，当经过特殊加工的镁（锌）合金块与被保护的金属（铁）储罐连接后，镁（锌）合金的负离子通过连接导体不断移向埋在地下的金属储罐，使金属储罐得到一定量的镁（锌）合金的负离子，成为阴极，而镁（锌）合金不断失去负离子，显示阳极的特性。就是因为这些活跃的负离子连续不断地移向金属储罐，从而补偿了储罐的腐蚀，而镁（锌）合金经过多年使用后，使自己失去了防腐能力，牺牲了自己，所以这种装置又叫牺牲镁（锌）阳极、保护阴极（罐体）的一种装置。

被保护的埋地金属储罐，必须高度绝缘不接地（金属罐的表层经过多层次的加玻璃布和油漆的处理），因而埋地金属罐是无防雷接地装置的，但是连接储罐的管道，在通向另一端加压间时，中间必须加绝缘法兰。所以在检测时应注意：在绝缘法兰靠近储罐的一端是不接地的，不必测量接地电阻值，而在绝缘法兰通向加压间的一端是接地的，要测量其接地电阻值。

②阴极保护装置的地下金属储罐的检测验收

a. 查阅设计图纸，了解阴极保护装置的设计要求与工艺情况。

b. 检查输气管的有关部位是否加绝缘法兰，并用万用表测量绝缘法兰两端的绝缘性能。

c. 检测绝缘法兰通向加压间端管道的接地电阻值。

d. 检查埋地金属罐的呼吸阀、放散管是否处于独立针保护之下，并按独立针的要求进行检测验收。

e. 储存易燃油品金属油罐爆炸危险区域范围，见图8.20～图8.24。

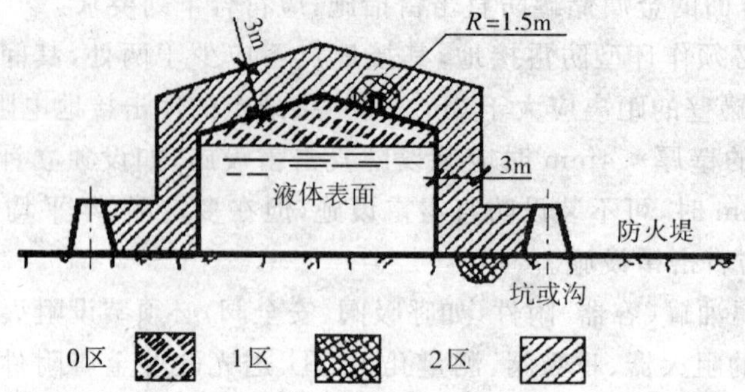

图 8.20 贮存易燃油品的立式固定顶油罐爆炸危险区域范围

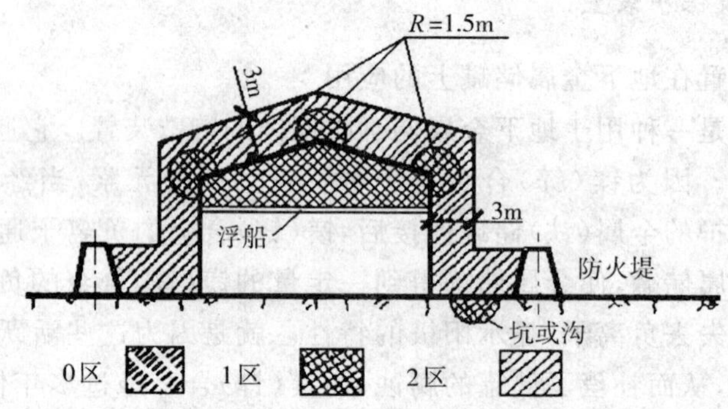

图 8.21 贮存易燃油品的内浮顶油罐爆炸危险区城范围

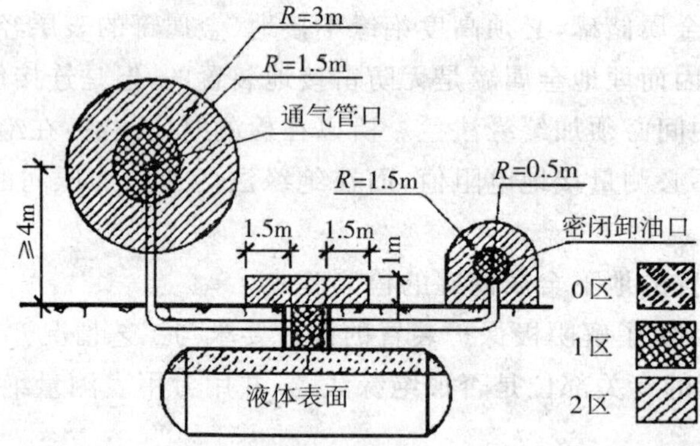

图 8.22 贮存易燃油品的地下卧式油罐爆炸危险区域范图

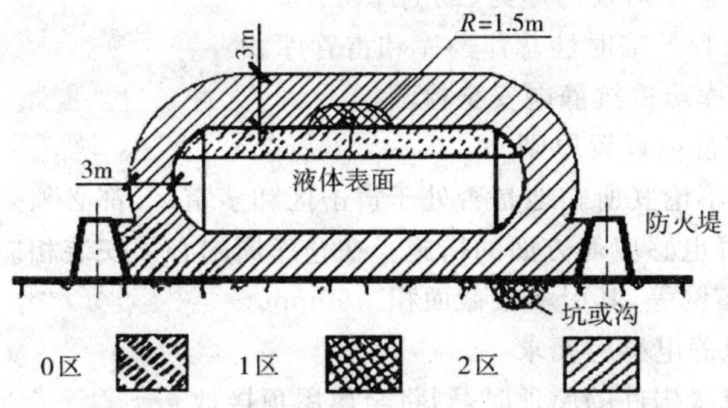

图 8.23　储存易燃油品的地上卧式油罐爆炸危险区域范围

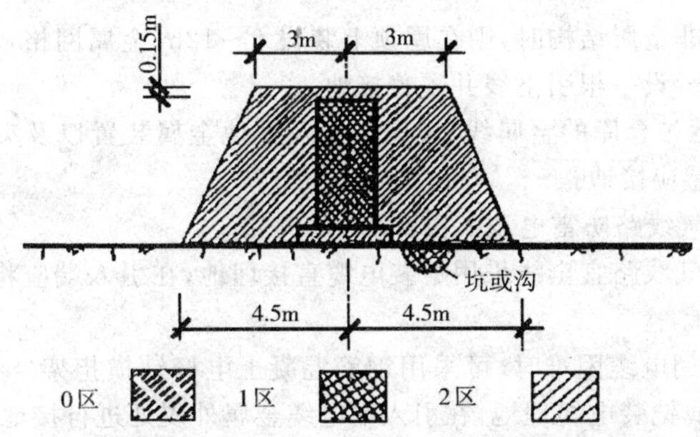

图 8.24　易燃油品室外加油机爆炸危险区域范围

8.3.6.3　爆炸物品仓库防雷

爆炸物品仓库是指储存火药、炸药、弹药及火工品的仓库和化学试剂仓库中储存炸药试剂的库房。

①爆炸物品仓库的类型

a. 火化工生产的成品仓库：指火药、炸药、雷管、火帽、导火线及弹药等制成品的储存仓库，也称之为火化工厂总仓库。

b. 弹药厂的原材料仓库是指本身不生产炸药、雷管，但在制造引线、装填炮弹、手榴弹或压制炸药块的生产中需要储存大量炸药雷管的仓库。

c. 物资供应部门的爆破器材储存仓库。

d. 使用爆破器材的厂矿、独立或联合设置的爆炸器材储存仓库。

e. 火炮试验场、靶场附设的弹药仓库。

f. 化学试剂总仓库附设的炸药、试剂库房。

g. 大型爆破工程的临时性总炸药库和雷管库。

②爆炸物品仓库防雷抗静电安全检测

a. 仓库防雷抗静电设置原则

爆炸物品仓库不论其所在地是否处于雷击区和多雷区，都必须采取防直击雷、防雷电波入侵、防雷电静电感应等方面的措施。在仓库周围必须安装相应的防直击雷装置，如避雷针、架空避雷网等，其引下线截面积＞$50mm^2$。

b. 仓库防雷电静电感应要求

a）当库房为金属构件的屋顶时，则将金属屋顶接地。

b）当库房为钢筋混凝土屋顶时，则将屋顶的钢筋焊接成 6～12m 网格并连成电气通路，然后接地。

c）当屋顶为非金属结构时，则在屋顶上装设 6～12m 金属网格，然后，在沿房纵向两侧每隔 12～24m 设一根引下线并妥善接地。

d）仓库、转运站仓库的金属线、金属门窗及其他金属装置以及突出在外的金属物体均应做防雷电感应接地。

c. 仓库的电气线路防雷电波入侵要求

a）仓库的电气线路宜全线采用铠装电缆直接埋地，在引入端应将电缆金属外皮进行防雷电感应接地。

b）当全线采用电缆困难时，可采用钢筋混凝土电杆铁横担架空线，但必须换接成长度≥50m 的金属铠装电缆埋地，在引入端电缆金属外皮处进行接地。

c）在电缆与架空线的换接处，应装设防爆阻燃避雷器并与金属外皮、绝缘子铁脚等连接在一起接地。

d）在雷电频繁区，电缆与架空线的换接处应装设处于断开状态的隔离刀闸。

e）雷击区、仓库区的通讯线须安装避雷器。

d. 仓库防雷抗静电接地装置要求

a)防直击雷接地电阻＜10Ω，防雷电感应和防雷电波入侵的接地电阻＜5～10Ω。

b)防直击雷的接地装置与库房的距离≥3～5m，与防雷电波入侵和防雷电静电感应接地装置之间距离＞3～5m。

8.3.7 建筑工地的防雷设计要点

高大建筑物的施工工地的防雷问题是值得重视的。由于高层建筑物施工工地四周的起重机、脚手架等突出很高，万一遭受雷击，不但对施工人员的生命有危险，而且很易引起火灾，造成事故，因此必须引起各方面有关人员的注意。

8.3.7.1　建筑工地的防雷措施

高层楼房施工期间，应该采取如下的防雷措施：

a. 施工时应提前考虑防雷施工程序。为了节约钢材，应按照正式设计图纸的要求，首先做好全部接地装置。

b. 在开始架设结构构架时，应按图纸规定，随时将混凝土柱子内的主筋与接地装置连接起来，以备施工期间柱顶遭到雷击时，使雷电流安全地流散入地。

c. 沿建筑物的四角和四边竖起的竹木脚手架或金属脚手架上，应做数根避雷针，并直接接到接地装置上，使其保护到全部施工面积。其保护角可按60°计算。针长最少应高出脚手架30cm，以免接闪时燃烧木材。在雷雨季节施工时，应随竹木的接高，及时加高避雷针。

d. 高于50m的起重机的最上端必须装设避雷针。

e. 应随时使施工现场正在绑扎钢筋的各层地面构成一个等电位面，以避免遭受雷击时的跨步电压。由室外引来的各种金属管道及电缆外皮，都要在进入建筑物的进口处，就近连接到接地装置上。

8.3.7.2　外脚手架防电避雷措施

①防漏电

a. 电缆线与钢管脚手架应进行包扎隔绝。

b. 钢脚手架采取接地处理

a）在钢脚手架上施工的电焊机、混凝土振动器等，要放在干燥木板上，操作者要戴绝缘手套，穿绝缘鞋，经过钢脚手架的电线要严格检查并采取安全措施。电焊机、振动器外壳要采取保护性接地或接零措施。

b）夜间施工操作的照明线通过钢脚手架时，应使用电压不超过12V的低压电源。

②防雷

a. 接闪器：接闪器即避雷针，用直径为12mm的镀锌钢筋制作，设在房屋四角的脚手架立杆上，高度不小于1m，并将所有最上层的横杆全部连通，形成避雷网路。在垂直运输架上安装接闪器时，应将一侧的中间立杆接高，出顶端不小于2m，并在该立杆下端设置接地线。

b. 接地极

a）接地极的材料：采用钢材。垂直接地极用长度为2m、直径20mm的圆钢。水平接地极用长度3m、直径12mm的圆钢或利用与大地有可靠连接的金属结构作为接地极。

b）接地极的设置：应满足离接地极最远点内脚手架上的过渡电阻不超过10Ω的要求，如不能满足此要求时，应缩小接地间距。

c）接地电阻(包括接地导线电阻加散流电阻)不得超过 20Ω。如果一个接地极的接地电阻不能满足 20Ω 的限值时,对于水平接地极应增加长度;对于垂直接地极则应增加个数,其相互间距离不应小于 3m,并用直径不小于 8mm 的圆钢加以连接。

d）接地极埋入地下的最高点,应在地面以下不浅于 0.5 m。埋设接地极时,应将新填土夯实,且接地极不得设置在干燥的土层内。

c. 接地线

a）引下线可采用截面 $12mm^2$ 的铜导线。

b）接地线的连接应保证接触可靠。与脚手架的钢管连接的接地连接线,应用两道螺栓卡箍,保持接触面不小于 $10cm^2$。连接时应将接触表面的油漆及氧化层清除,使其露出金属光泽,并涂以中性凡士林。在有振动的地方采用螺栓连接时,应加设弹簧垫圈等防松措施。

c）接地线与接地极的连接,采用焊接,焊接点长度应为接地线直径的 6 倍以上。

d. 注意事项

a）接地装置:在设置前要根据接地电阻限值、土壤湿度和导电特性等进行设计,对接地方式和位置选择、接地极和接地线的布置、材料选用、连接方式、制作和安装要求等作出具体规定。装设完成后要用电阻表测定是否符合要求。

b）接地极的位置,应选择在人们不易走到的地方,以避免和减少跨步电压的危害和防止接地线遭受机械损伤。同时应注意与其他金属物体或电缆之间保持一定的距离(一般不小于 3m),以免发生击穿造成危害。

c）接地装置的使用期在六个月以上时,采用钢接地极。

d）在施工期间遇有雷击或阴云密布将有大雷雨时,钢脚手架上的操作人员应立即离开。

8.3.8 建筑物屋顶彩灯的防雷设计要点

在建筑物屋顶上装有风机、热泵、彩灯、航空灯等电气设备时,把设备外壳与避雷带连成一体是通常的做法,但往往忽视了重要的一点:即这些电气设备的电源线未加防护不能直接与配电装置相连接。

GB50169-92(电气装置安装工程接地装置施工及验收规范)2.5.3 作了如下规定:装有避雷针和避雷线的构架上的照明灯电源线,必须采用直埋于土壤中的带金属护层的电缆或穿入金属管的导线。电缆的金属护层或金属管必须接地,埋入土壤中的长度应在 10m 以上,方可与配电装置的接地网相连或与电源线、低压配电装置相连接。

与避雷装置连成一体的电气设备的外壳,如再与屋内的接地线相连会出现如下结果:因为屋顶遭到雷击时,雷电流就会从避雷带→屋顶电气设备外壳→屋内电气设备外壳,使屋内电气设备外壳出现高电位,这是极其危险的,因此屋顶电气设备的外壳已与避雷装置连成一体后，若再与屋内接地线相连，必须在室内实行等电位联结才安全。

8.3.8.1　屋顶彩灯防雷

彩灯一般都安装在建筑物最上部和建筑物外侧边缘的轮廓线上，如果建筑物没有避雷带，它实际上会起避雷带的接闪作用。

目前彩灯的安装方法有两种：一种是固定式，铁管穿线，裸灯泡外加透明彩灯罩，彩灯罩上方 10～15cm 处加装避雷带，由于电线穿在铁管内，在接闪时线路得到保护；另一种是临时安装，彩灯沿建筑物轮廓线明配线，裸灯泡，避雷带高出彩灯线路支架 10～15cm。根据经验，不论采取哪种安装方法，当雷击避雷带时，雷击点附近 10m 左右的灯泡都可能损坏，穿在铁管中的线路可以得到保护，而不穿铁管的明配线或穿入非金属管的线路，都会遭到不同程度的损坏。实践证明，即使在彩灯上面安装了避雷带，彩灯电源仍有受到雷电波破坏的危险。因此，对彩灯的电源，必须采取防止事故扩大的措施。

对于采用暗装避雷网作为防雷装置的高层建筑物，可将彩灯的配电线路用铁管或铅皮电缆敷设，电缆的外导体在上端与避雷网就近连接，下端与共用的接地系统连接。应在建筑物上部将彩灯的芯线和电缆外导体之间接以避雷器或放电间隙，借以控制放电部位，减少线路损坏。此外，最好用隔离变压器供电，如不用隔离变压器，则低压配电柜要加装避雷器保护，并加强进线段的保护措施。

8.3.8.2　航空障碍灯的防雷

在高层建筑顶部安装航空障碍灯见图 8.25。航空障碍灯的金属配管应与避雷带相连，且金属配管进入室内后应断开，避免把雷电流引入室内。若航空障碍灯的电源线需考虑防雷时，只要在电源线上装设避雷器，避雷器的接地端与避雷带相连。

当航空灯采用光导纤维传送光时，则不必采取上述措施。例如，上海东方明珠广播电视塔的航空灯，强光从下面通过不导电只导光的光导纤维传送到高空，向天空发出强光信号，对这种光导纤维就不必采取避雷措施。

8.3.9　通讯设备、收音机的防雷设计要点

突出于屋顶上部的收音机天线及通讯设备天线（如微波天线）和其他高出屋顶并和室内设备有管线连接的突出物（如气象风速仪等），都是容易接闪的（见图 8.26）。

为确保这些室内设备和有关人员的安全，通常的做法是利用天线的金属支撑杆兼做避雷针。支撑杆的顶端应高出天线足够长，使天线各部位都处于杆顶的防雷保护范围内（即杆顶上部加装适当长度的避雷针）。金属支撑杆一定要和就近的防雷引下线连接，为了可靠起见，应以最短距离与防雷系统连接 2～3 根连接条。当接收天线采用屏蔽电缆馈线时，这些馈线的屏蔽管及金属外皮应在上端与接地的金属支撑杆相连。为了防

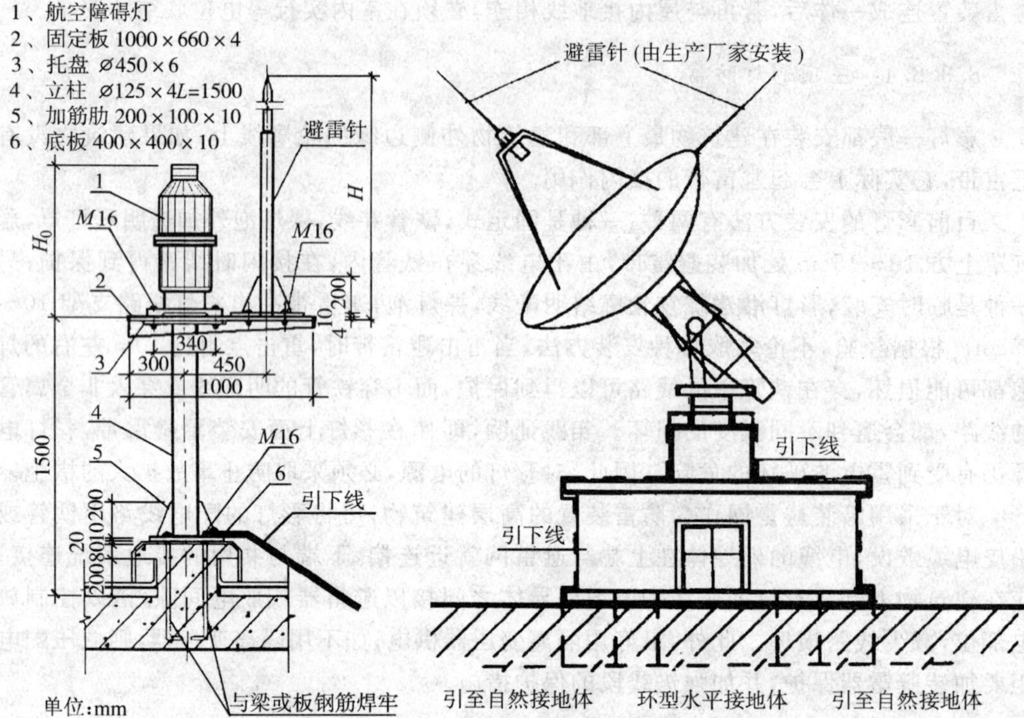

图 8.25　航空障碍灯在屋顶上安装　　　　图 8.26　卫星地面站防雷接地示意

止馈线与电源线路之间产生高电压,宜在电源线与屏蔽管间装设放电间隙或避雷器。

除了天线的防雷问题以外,装有重要的通讯设备和电子设备的建筑物,它们的防雷设计还应注意以下事项:

当通讯系统与防雷系统采用共用接地时,为保证通讯系统不受电力系统高次谐波的影响,可将通讯系统的金属外导体与电力系统及防雷接地系统用多处放电间隙隔离,或在线路上加装氧化锌压敏电阻、齐纳二极管等,并应根据需要考虑它的灵敏度。这样,平时电力系统的高次谐波不致侵入通讯系统,而在雷电接闪时又等于共同接地。这样既保证通讯质量,又保证了安全。

8.3.10　电视台和微波站的防雷

在民用建筑上装设微波天线、电视发射天线、卫星接收天线、广播发射和接收天线以及共用电视接收天线等。对这些弱电系统的防雷问题,各相关行业的行业标准都有明确的规定,这些标准都有一个统一的要求:"如天线架设在房屋等建筑物顶部,天线的防雷与建筑物的防雷应纳入同一防雷系统……"弱电设备的防雷主要是以均压为主,建筑物的电源处理、接地方式和选材等都与弱电设备有关,当解决弱电设备的电源与接地、电源接地与前端进行均压诸问题时，不综合考虑是不行的。

各种天线的同轴电缆的芯线，都是通过匹配器线圈与其屏蔽层相连，所以，芯线实际上与天线支架、保护钢管处于同一电位。当建筑物防雷装置或天线遭雷击时，由于保护管的屏蔽作用和趋肤效应，同轴电缆芯线和屏蔽层无雷电流流过。当雷击天线支架时，由于天线支架已与建筑物防雷装置最少有两处连在一起，大部分雷击电流沿建筑物防雷装置数条引下线流入大地，其中少量的雷电流经同轴电缆的保护钢管流入大地。由于雷电流的频率高达数千赫兹，属于高频范畴，产生趋肤效应，所以这部分雷电流被排挤到同轴电缆的保护钢管上去了。此时电缆芯中产生感应反电势，从理论上讲在没有趋肤效应下，将使流经芯线的电流趋向于零。

同轴电缆芯线和屏蔽层与钢管之间的电位差没有横向电位差，而仅有纵向电位差。该值为流经钢管的雷电流与钢管耦合电阻的乘积，钢管的耦合电阻比其直流电阻小得多。

(1) 天线塔：天线防直击雷的避雷针可固定在天线塔上，塔的金属结构也可以作为接闪器和引下线。塔的接地电阻一般不大于 5Ω。可利用塔基基坑的四角埋设垂直接地体，水平接地体应围绕塔基做成闭合环形与垂直接地体相连。

塔上的所有金属构件和部件(如航空障碍信号灯具、天线的支杆或框架、反射器的安装框架等)都必须和铁塔的金属结构用螺栓连接或焊接。波导管或同轴传输电缆的金属外皮和敷设电缆、电线的金属保护管道，应在塔的上、下两端及每隔 12m 处与塔身金属结构连接，在机房内应与接地网相连。塔上的照明灯电源线应采用带金属铠装的电缆，或将导线穿钢管敷设。电缆的金属外皮或钢管至少应在上、下两端与塔身相连，并应水平埋入地中，埋地长度应在 10m 以上才允许引入机房(或引至配电装置和配电变压器)。

(2) 机房防雷：机房一般位于天线塔避雷针的保护范围以内。如果不在其保护范围内，则沿房顶四周应敷设闭合环形避雷带，可用钢筋混凝土屋面板和柱子内的钢筋作引下线。在机房外地下应围绕机房敷设闭合环形水平接地体。在机房内应沿墙壁敷设环形接地母线(用铜带 120mm×0.35mm)。机房内各种电缆的金属外皮、设备金属外壳和不带电的金属部分、各种金属管道等，均应以最短的距离与环形接地母线相连。室内的环形接地母线与室外的闭合接地带和屋顶的环形避雷带之间，至少应用 4 个对称布置的连接线互相连接，相邻连接线间的距离不宜超过 18m。在多雷区，室内高 1.7m 处沿墙一周应敷设均压环，并与引下线连接。机房的接地网与塔体的接地网间，至少应有两根水平接地体连接，总接地电阻不应大于 1Ω。引入机房内的电力线、通信线应有金属外皮或金属屏蔽层或敷设在金属管内，并要求埋地敷设。由机房引出的金属管、线也应埋地敷设，在机房外埋地长度不应小于 10m。微波站防雷接地见图 8.27。

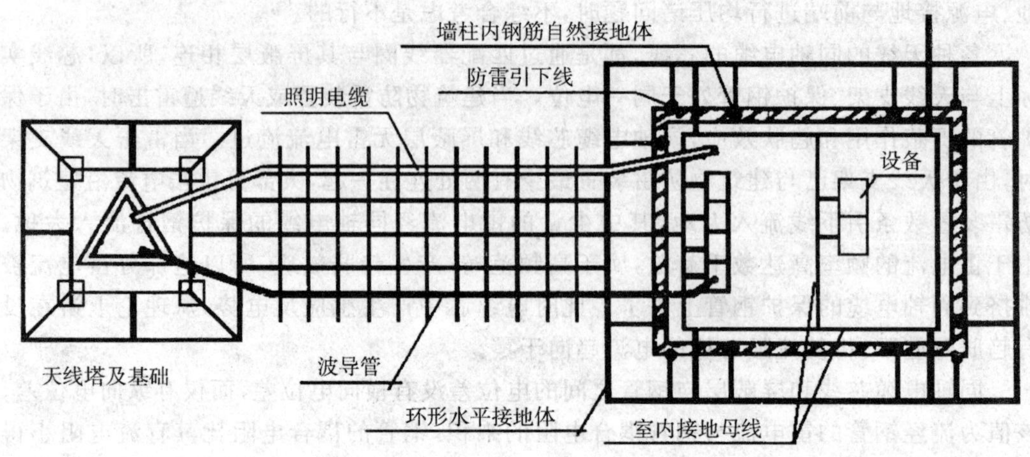

图 8.27　微波站防雷接地示意

§8.4　建筑防雷课程设计指导

8.4.1　建筑物防雷设计内容

①接闪器设计，其目的是控制落雷点。由雷电理论可知，不让雷云发生闪击是不可能的，防雷的任务是把闪击引导到无害的部位发生，避免发生在危险的部位；

②接闪器实质上是把雷电引了进来，但更重要的是要安全地把它送走，那就是良好的接地网，其中重要的技术是接地网的结构与接地电阻值；

③设计从接闪器到接地网之间良好的雷电通道，让雷电流平安地通过它散入大地；

④做好等电位连接，防止高电压反击；

⑤防止通过金属线路引入雷电高电压浪涌、防止击坏用电设备和通信器材，更要注意防止发生人身伤亡事故。

建筑物防雷设计就是沿着上面五点思路，对具体建筑物(要求防雷的空间)采取具体措施使其逐点得以实现。

8.4.2　建筑物防雷设计步骤

①确定该防雷建筑物所处的地理环境和近十年的气象情况。

②确定接闪器的方式和滚球半径。

根据建筑物的组合情况，找出合理的设计思路：避雷针布置的具体方案、避雷带布置的具体方案；避雷针、避雷带布置两种方案比较。

方案一:接闪器用避雷针。

避雷针竖得越高,虽然保护范围有所增大(不成正比例),但施工的难度因此增大,风压对针的稳定度的影响也大大增加,况且,避雷针太高又会影响建筑物的外观,并会在建筑物上出现不受保护的盲区。从《建筑物防雷设计规范》(GB50057-94)中我们知道,避雷针的高度到了大于"滚球半径"两倍时,再将针加高,在理论上和实践上都是不可行的,它必须增加防止雷电侧击(或绕击)的措施。同时,如果建筑物屋面的结构是复杂的(现代建筑物为了造型美观的需要,往往是相当复杂的),会给避雷针的设计和施工带来很多困难,甚至变成"群针林立"的局面,这在经济上也是不合算的。

方案二:接闪器用避雷带。

它与建筑物的外观造型比较协调,特别是屋面结构比较复杂的建筑物更显出它的优势,无论设计与施工都比较方便。从经济角度讲,也是比较合算的。当然建筑物"超高"时,也要采取防止侧击的措施。

在接闪器的选择上,用针、用带或是针带结合是没有一成不变的结论的,只能根据建筑物的实际情况、客户的要求来选定。此外,投资的合理性问题也是需要考虑的。

③引下线

④接地装置

水平接地体的接地电阻:引下线和接地网是假设建筑物土建主体工程基本完成后重新设计防直击雷系统的,只要我们把上述的三个部分按有关规范和规程的规定充分焊接好,是可以达到防直击雷的目的的。

⑤利用综合大楼的自然基础作接地体,利用立柱主筋作引下线,如果我们在建筑物施工前做好用自然基础作接地体和利用立柱主筋作引下线的设计就可以省事多了,并且可以省去大量的钢材和资金。施工时按《规范》规定焊接成合理的电气回路(也可以用有效的绑扎),再在屋面钢筋上焊接一个暗装避雷网,然后按照介绍的其中一个方案的接闪装置焊接好就可以了。

⑥验证建筑物自然基础的接地电阻是否达到《规范》的要求。计算自然基础中外圈地梁的接地电阻。

⑦关于均衡接地和等电位连接

A. 均衡接地

均衡接地的问题我们不但在理论上要有充分的认识,在设计防雷系统和施工时,也要付诸实现。

因此我们要把建筑物的接地网焊接成闭合环,还要想办法把建筑物内附近的所有金属物,如混凝土内的钢筋、电力系统的零线、电缆金属屏蔽层、自来水管、煤气管以及其他金属管道、机械设备外壳等等做好可靠的电气连接,使它们形成一个良好的等电位体。实在不可以连接的,要有足够的规定距离。

B. 屋面金属物的等电位连接。除了做好均衡接地外,对于屋面上的金属物也不应忽略,如进出水池的自来水管、消防管道及其他金属管道、金属旗杆、金属装饰物和金属广告架等等也要与接闪装置做好可靠的等电位连接。

⑧电气线路的过电压、过电流限制是等电位连接的组成部分

对于楼房安放总电源的地方,必须在建筑施工图上明确要求预留主钢筋作电源接零线用。其余如通信系统的工作接地、保护接地都由此引出,以便达到统一接地的目的。对于电源线从架空线转入埋地,和从埋地转为架空的转折处均安装避雷器。实验室用电源的传输线和各种通信电缆应该穿金属管埋地引入,埋地的长度不应短于 $2\sqrt{\rho}$(ρ 为该地段的土壤电阻率,单位为 Ω·m),埋地的实际长度按规范要求,电源线不应小于 15m,通信线不应小于 50m。

8.4.3 防雷设计说明的内容

①设计依据

应说明本项目防雷设计引用的依据。如:《建筑物防雷设计规范》(GB50057-94);IEC61024-1《建筑物防雷》;IEC61312《雷电电磁脉冲防护》;以及依据的行业防雷标准,如《微波站防雷与接地设计规范》YD2011-93。

②防雷类别

依据引用规范进行的防雷分类结果,以及确定分类设计的其他原因和条件。一般可分为:(1)一类、一级;(2)二类、二级;(3)三类、三级。

③接地装置

A. 自然接地体

a. 利用建筑物的基础结构钢筋作防雷接地体(包括桩钢筋、基坑钢筋或桩台分布筋、地梁钢筋、柱钢筋),利用图中标示的桩内二条以上钢筋和承台钢筋作垂直接地极,利用地梁的二条钢筋(面筋)通长焊接作水平接地极。要求分布筋与分布筋之间、分布筋与柱筋(桩钢筋)焊接导通,把地梁钢筋之间、地梁钢筋与柱钢筋焊接导通,使整个基础钢筋连成一个网格型接地体。

b. 每根防雷引下线上距地面不低于 0.3m 处,用≥∅12mm 镀锌圆钢或 −40mm×4mm 扁钢焊出 1m,用作基础接地极与进出金属管道或增补接地极的连接。

c. 用作引下线的结构柱子应作标记,并通长焊接。

B. 人工接地体

a. 垂直接地体用镀锌∠50×50×5,长度 2.5m,间距为 5m,不小于 3m。

b. 水平接地体用 −40mm×4mm 镀锌扁钢或>∅12mm 的镀锌圆钢,长度≤ $2\sqrt{\rho}$。

c. 沿建筑物周边布置。埋设深度应大于 0.5m,一般取 0.8m。

d. 做法见施工大样图。

C. 该项目接地体的应用形式

即电气设备接地、保护接地和防雷接地等，是采用全共用接地体形式、部分共用接地体形式、还是分设形式应明确：若防雷接地与保护接地共地，设备接地设独立接地，两地网之间相距应大于 20m。

D. 接地电阻值应有明确要求

根据该项目建筑物内设备情况而定，一般应小于 1Ω，若项目所在地土壤电阻率太大时可适当放宽，但应与引用的设计规范相符，通常有：(1)1Ω；(2)4Ω；(3)5Ω；(4)10Ω；(5)30Ω。

④引下线布置

A. 利用图中标示的柱内的两条对角主筋(>∅16mm)作防雷引下线，其上端与接闪装置(避雷针、网、带)，下端与接地装置通长焊接连通。柱内引下线钢筋应与地梁内用作水平接地极的主筋、该柱承台底板钢筋及其桩体用作垂直接地体的钢筋焊接连通。中间环节应利用箍筋设置短路环。

B. 沿建筑外墙暗敷在粉刷层内。用≥∅10mm 镀锌圆钢或截面积大于 80mm^2 的扁钢。

C. 沿建筑物外墙明敷，并经最短路径接地，用≥∅8mm 镀锌圆钢或截面积大于 48mm^2 的扁钢，优先采用扁钢。在各条引下线上距地面 0.3～1.8m 之间装设断接卡；在易受机械损坏和人身接触的地方，地面上 1.7m 至地下 0.3m 的一段接地线应采取暗敷或镀锌角钢、改性塑料管或橡胶管等保护措施。

D. 烟囱上的引下线应采用≥∅12mm 的镀锌圆钢或截面积大于 100mm^2 且厚度≥4mm 的扁钢，当烟囱高度超过 40m 时，应设两根引下线。

E. 利用建筑物金属构件，如金属烟囱、消防梯等焊件作防雷引下线。

F. 引下线间距一般为：(1)12m；(2)18m；(3)25m。提倡尽可能设置多一些引下线，以减小电磁脉冲强度和提高有效使用面积。

⑤均压环(雷电侧击防护措施)

A. 高层建筑自 (1)30m；(2)45m；(3)60m 以上，每隔一层利用建筑物外圈梁的二条主筋，通长焊接，构成闭合环路，并与所有的引下线连通。当该建筑为综合性建筑物时，可根据需要从首层直至最顶层设置均压环。

B. 自 (1)30m；(2)45m；(3)60m 以上外墙上的栏杆、金属门窗、空调室外机等较大的金属物应与防雷装置连接。也可根据需要，把建筑物全部外墙上的大金属物与均压环相连。

C. 应明确从±0.000 起，每隔一定层次设均压环，如隔一层或 6m，利用建筑物外圈梁的二条主筋，通长焊接，构成闭合环路，并与所有的引下线连通。

⑥屋面针、网、带布置(直击雷防护措施)

A. 沿屋面外围(或女儿墙上)、楼梯间外围、屋盖水池顶外围、屋角、屋脊、屋檐和檐角等易受雷击的部位敷设避雷带,用支持卡固定,支持卡的间距为 1～1.5m,拐弯处小于 1m(通常为 0.5m),避雷带高度为 0.15～0.2m(南方较高,北方较低),在避雷带每个阳角处安装避雷短针(南方多雷地区需要安装,其他地区可以不安装)。避雷网(带)采用:(1)∅10mm 镀锌圆钢;(2)∅8mm 镀锌圆钢;(3)40mm×4mm 镀锌扁钢;(4)∅20mm 镀锌钢管;(5)其他。

B. 避雷针用镀锌钢管或圆钢,其直径为:针长 1m 以内的圆钢为∅12mm,钢管为∅16mm;针长 1～2m 时圆钢为∅16mm,钢管为∅25mm。

C. 利用屋面圈梁、框架梁、现浇屋面板内的钢筋组成暗敷避雷网格。

D. 避雷网格明敷。

E. 避雷网网格尺寸(1)5m×5m 或 6m×4m;(2)10m×10m 或 12m×8m;(3)20m×20m 或 24m×16m。当需要时,可设置为 1m×1m 或更小。

F. 突出屋面的建(构)筑物(如烟囱等)应安装避雷针,并连接到避雷带。

G. 突出屋面的金属物体(如铁爬梯、水管、透气管、冷却塔、广告牌等),均应与就近的避雷带连接,连接点不少于二处。

H. 一定条件下,金属屋面可作为接闪器,但应符合引用规范要求,金属屋面周边每隔 18～24m 应用引下线接地一次。

⑦等电位措施

A. 埋地进入建筑物的各种线路、管道,在入户端将电缆的金属外皮、金属线管与接地装置连接。

B. 供电线路埋地引入,长度应大于 $2\sqrt{\rho}$(ρ 为土壤电阻率),但不小于 15m。

C. 架空金属管道,在进出建筑物处,应与防雷电感应的接地装置相连。低压架空线在引入端处应装设低压避雷器,注明具体的器材型号规格。

D. 平行敷设的管道、构架和电缆金属外皮等长金属物,其净距离小于 0.1m 时应采用金属线跨接,跨接点间距离不应大于 30m,交叉净距离小于 0.1m,其交叉处也应跨接。

E. 电梯井导轨、竖直敷设的水管、风管等电位连接点,除上端、下端与防雷装置连接外,每隔 30m 连接一次。

F. 电缆井每层预留接地端子。

G. 玻璃幕墙龙骨(金属支架)与均压环相连,连接点按防雷网格尺寸布置。

⑧供电形式:(1)TN-S;(2)TN-C;(3)TN-C-S。

⑨其他

A. 焊接要求:凡防雷装置均应搭接焊,焊缝长度不应小于圆钢直径的 6 倍,扁钢宽度的 2 倍。焊接点处应作防锈处理。

B. 医疗、邮电、电力、煤气等防雷设施设计，还应符合相关的行业规定，并明确加以说明。

C. 防雷施工大样图(除通用图外，应把大样图在相应图纸上一并给出)。

10根据 1～8 项的设计，对建筑物内的雷电磁脉冲强度进行评估，并对弱电设备的安装提出指导性意见和建议。

8.4.4　课程设计内容

试利用所学的知识，列举某一特定的建(构)筑物工程，设定该工程的一些特征，要求作出一套完整的建筑物防雷设计方案。

①提示一：防雷工程设计单位应当根据当地雷电活动的规律和地理、地质、土壤、环境等外界条件，结合雷电防护对象的防护范围和目的，严格按照国家规定的防雷设计规范进行设计。

②提示二：防雷工程按其性能，具体分为：

A. 直击雷防护工程：由接闪器(包括避雷针、带、线、网)、引下线、接地装置以及其接连导体组成。

B. 雷电电磁脉冲防护工程：由电磁屏蔽、等电位连接、共用接地网、过电压保护器以及其他接连导体(线)组成，具有防御雷电电磁脉冲(包括雷电感应和雷电波侵入)性能的系统装置。

③提示三：防雷装置是防御直击雷、雷电感应和雷电波侵入的接闪器、引下线、接地装置、过电压保护器以及其他接连导体的总称。

④防雷工程设计内容：

A. 设计说明(包括设计依据、防雷分类等)；B. 防雷系统示意图；C. 拟采用防雷装置的规格及型号；D. 电气设备及信息系统电涌保护器布置设计图；E. 接地装置、引下线、接闪器、电气设备及信息系统防雷接地设计图；F. 等电位连接预留件、均压环、等电位连接及屏蔽设计图；G. 特殊情况的相关图纸及说明。

⑤作业要求：

纸张规格：A3；正文字体：长仿宋体(小 4 号)；正文字数：3000 字；CAD 图形文件。

建(构)筑物防雷设计方案内容：

防雷设计方案课程设计封面；建(构)筑物的状况、用途及环境；当地的自然条件、土壤的电阻率；防雷设计引用的规范、标准；方案设计计算书；建(构)筑物外部、内部防雷措施；防雷设计方案草图；防雷装置零部件的技术参数；设计、施工说明；

⑥防雷工程设计方案电子文件。

§8.5 低压配电系统的防雷设计

8.5.1 低压电源配电系统分级防护

对于低压供电系统中浪涌引起的瞬态过电压，应采用分级保护的方式进行防护。应从供电系统的入口(比如大厦的总配电房)开始逐步进行浪涌能量的吸收，对瞬态过电压进行分级防护。

8.5.1.1 第一级保护

对于第二类防雷建筑物而言，入户电力变压器低压侧安装的电源 SDP 作为第一级保护时应为三相电压开关型电源防雷器，其雷电最大通流量不应低于 60kA。该级电源 SDP 应是连接在用户供电系统入口进线各相和大地之间的大容量电源防雷器。专为承受雷电和感应雷击的大电流以及吸引高能量浪涌而设计的，可将大量的浪涌电流分流到大地。它们仅提供限制电压(冲击电流流过电源防雷器时，线路上出现的最大电压称为限制电压)为中等级别的保护，因为 Class Ⅰ级的保护器主要是对大浪涌电流进行吸收，仅靠它们是不能完全保护供电系统内部的敏感用电设备的。

第一级电源防雷器可防范 10/350μs、100kA 的雷电波，达到 IEC 规定的最高防护标准。其技术参数为：雷电通流量大于或等于 100kA(10/350μs)；残压峰值不大于 2 500V；响应时间小于或等于 100ns。

8.5.1.2 第二级保护

分配电柜线路输出端的电源防雷器作为第二级保护时应为限压型电源防雷器，其最大通流容量不应低于 80kA，标称通流容量不应低于 40kA，应安装在向重要或敏感用电设备供电的分路配电设备处。这些电源防雷器对于通过了用户供电入口处浪涌放电器的剩余浪涌能量进行更完善的吸收，对于瞬态过电压具有极好的抑制作用。该处使用的电源防雷器要求的最大冲击容量为每相 45kA 以上，要求的限制电压应小于 1500V，称之为 ClassⅡ级电源防雷器。一般的用户供电系统做到第二级保护就可以达到用电设备运行的要求。

8.5.1.3 第三级保护

在电子信息设备交流电源进线端安装的电源防雷器作为第三级保护时应为串接式限压型电源防雷器，其最大通流容量不应低于 40kA，其雷电标称通流容量不应低于 20kA(8/20μs)；残压峰值不大于 1000V：响应时间不大于 25ns。

最后的防线可在用电设备内部电源部分采用一个内置式的电源防雷器，以达到完全消除微小的瞬态过电压的目的。该处使用的电源防雷器要求的最大冲击容量为每相20kA或更低一些，要求的限制电压应小于1000V。对于一些特别重要或特别敏感的电子设备，具备第三级保护是必要的，同时也可以保护用电设备免受系统内部产生的瞬态过电压影响。

对于微波通信设备、移动机站通信设备及雷达设备等使用的整流电源，宜视其工作电压的保护需要分别选用工作电压适配的直流电源防雷器作为末级保护。

表 8.15　380/220V 配电系统各种设备耐冲击过电压额定值

设备位置	电源处的设备	配电线路和最后分支线路的设备	用电设备	特殊需要保护的设备
耐冲击过电压类别	Ⅳ类	Ⅲ类	Ⅱ类	Ⅰ类
耐冲击电压额定值	6.0kV	4.0kV	2.5kV	1.5kV

注：Ⅰ类——需要将瞬态过电压限制到特定水平的设备，如电子设备。

Ⅱ类——如家用电器、手提工具和类似负荷。

Ⅲ类——如配电盘、断路器，包括电缆、母线、分线盒、开关、插座等的布线系统，以及应用于工业的设备和永久接至固定装置的固定安装的电动机等一些其他设备。

Ⅳ类——如电气计量仪表，一次线过流保护设备，波纹控制设备。

避雷器的残压应小于被保护设备的耐受冲击电压值。

表 8.16　供电线路 SPD 标称放电电流参数推荐值(GB50343－2004)

<table>
<tr><th rowspan="2">保护分级</th><th colspan="2">第一级标称放电电流(kA)LPZ0$_A$ 或 LPZ0$_B$ 区与 LPZl 区交界处</th><th>第二级标称放电电流(kA)</th><th>第三级标称放电电流(kA)</th><th>第四级标称放电电流(kA)</th><th>直流电源标称放电电流(kA)</th></tr>
<tr><th>10/350μs</th><th>8/20μs</th><th>8/20μs</th><th>8/20μs</th><th>8/20μs</th><th>8/20μs</th></tr>
<tr><td>A</td><td>≥20</td><td>≥80</td><td>≥40</td><td>≥20</td><td>≥10</td><td>≥10 直流配电系统中</td></tr>
<tr><td>B</td><td>≥15</td><td>≥60</td><td>≥40</td><td>≥20</td><td>/</td><td rowspan="3">根据线路长度和工作电压选用标称放电电流≥10kA 适配的 SPD</td></tr>
<tr><td>C</td><td>≥12.5</td><td>≥40</td><td>≥20</td><td>/</td><td>/</td></tr>
<tr><td>D</td><td>≥12.5</td><td>≥40</td><td>≥10</td><td>/</td><td>/</td></tr>
</table>

表 8.17　电源系统耐雷电冲击指标

类别	设备名称	额定电压(V)	混合雷电冲击波	
			模拟雷电冲击波电压峰值(kV)(1.2/50μs)	模拟雷电冲击波电流峰值(kA)(8/20μs)
5	电力变压器	10000	75	20
		6600	60	20
	交流稳压器	220/380	6	3
4	市电油机转换屏	220/380	4	2
	交流配电屏			
	低压配电屏			
	备用发电机			
3	整流器	20/380	2.5	1.25
	交流不间断电源			
2	直流配电屏	直流－24V、－48V或－60V	1.5	0.75
1	信息设备机架交流电源入口(由不间断电源供电)	220/380	0.5	0.25
	DC/AC 逆变器	直流－24V －48V,60V		
	DC/DC 交换器			
	信息设备机架直流电源入口			

注：当设备安装在不同的环境条件下，应套用相应类别的指标。

表 8.18　按供电系统特征确定 SPD 装设

SPD接于	SPD安装点的系统特征							
	TT系统		TN-C系统	TN-S系统		引出中线性的IT系统		不引出中线性的IT系统
	装设依据			装设依据		装设依据		
	接线形式1	接线形式2		接线形式1	接线形式2	接线形式1	接线形式2	
L1－N	＋	√	×	＋	√	＋	√	×
L－PE	√	×	×	√	×	√	×	√
N－PE	√	√	×	√	√	√	√	×
L－PEN	×	×	√	×	×	×	×	×
L－L	＋	＋	＋	＋	＋	＋	＋	＋
√强制规定装设电涌保护器(SPD)；＋需要时可装设电涌保护器；×不适用。								

表 8.19　按电源系统特征确定电涌保护器(SPD)的最低 U_C 电压值

电涌保护器接于	配电网络系统特征				
	TT	TN-C	TN-S	引出中线性的 IT 系统	不引出中线性的 IT 系统
L－N	$1.1U_0$	×	$1.1U_0$	$1.1U_0$	×
L－PE	$1.1U_0$	×	$1.1U_0$	U_0	U_0
N－PE	U_0	×	U_0	U_0	×
L－PEN	×	$1.1U_0$	×	×	×
×不适用;U_0 低压系统中相电压;本表基于 IEC61643－1 修改版。					
上述值对应最严重的故障状态,因而没有考虑 10%的余量。					

8.5.1.4　电涌保护器(SPD)的技术要求

(1)按供电电源系统特征,确定电涌保护器(SPD)的装设方式,按表 8.18 选择。

(2)按电源系统特征,确定电涌保护器(SPD)的最大持续电压 U_c 值,按表 8.19 选择,U_c 应不低于本表中数值。

(3)电涌保护器应自备(或附加)泄漏电流超标时自动切除装置,系统内安装的电涌保护器其总泄漏电流应小于该系统正常泄露电流预留值,并应加装泄露电流检测电器进行后备保护。

(4)并联在电源回路中的电涌保护器,其最大持续运行电压应满足电源系统电压不平衡和不稳定的需要。

TN 系统:避雷器的最大持续运行电压应大于 1.1 倍系统供电相电压。

TT 系统:高压侧系统不接地,当避雷器前装有泄露电流监测电器时,电涌保护器的最大持续运行电压应大于 1.5 倍系统供电相电压;当避雷器前未装有泄露电流监测电器时,电涌保护器的最大持续运行电压应大于 1.1 倍系统供电相电压,并应装设在零线与相线、零线与保护地线之间。

TT 系统:高压侧系统接地,若变电所设备外壳保护接地和低压侧 N 线系统接地未分开设置,低压侧避雷器的最大长期持续运行电压应大于 1.1 倍系统供电线电压。

IT 系统:避雷器的最大持续运行电压应大于 1.1 倍系统供电线电压。

(5)串联在电源回路中的电涌保护器,其标称通流容量应不小于电源侧装设的电路保护电器的动作曲线实际通流容量。

(6)并联在电源回路中的避雷器其熄弧能力应大于安装处的工频最大预期短路电流值,否则应在电涌保护器回路中加装短路保护电器,该短路保护电器应能承受该处的最大雷电冲击电流值。

8.5.2 电源 SPD 与接地排的连接及技术原则

安装好电源防雷器的重点是真正实现防雷的等地电位连接。

8.5.2.1 并联型电源 SPD

并联型电源 SPD 具有电源端和接地端，可用导线将其并联于电源线与接地端（N 线、PE 线和等电位母线）之间。由于雷电流随时间的变化率 di/dt 大，导线上的分布电感可在导线上形成残压。

1m 长的导线（横截面面积为 $10mm^2$）中流过 1kA 的雷电流时会产生约 0.1kV 的残压。一般的安装环境下，对并联型电源 SPD 来说，连接导线长度大都在 2m 左右（包括接至接地汇集排）。假设 10kA 的电流流过电源 SPD，导线上的残压为 2m×0.1kV/(m·kA)×10kA＝2kV，电源防雷器本身的残压为 1kV，这样加在设备端的残压为 2kV＋1kV＝3kV，此残压足以损坏设备，因此，并联型电源 SPD 应安装多级保护且每级之间应有一定的导线距离，如开关型电源 SPD 与限压型电源防雷器之间线路的长度不宜小于 15m，限压型电源 SPD 之间的线路长度不宜小于 5m。若达不到上述条件，应加装退耦元件；否则，接地系统做得再好，设备仍有损坏的可能。

8.5.2.2 串联型电源 SPD

串联型电源 SPD 具有输入和输出接线端子。当雷电波侵入电源线时，电源 SPD 回路立即产生释放动作。电源 SPD 器内设计了四级泄流、滤波、钳位、稳压电路，使过电压、过电流得到有效的抑制，并使各线路间的电位差基本保持不变。雷击后自动恢复到正常状态。

由于串联型电源 SPD 中有多级泄流和钳位防护电路，在电源输入端接收 20kA 冲击时，输出端的残压可限制在 1000V 以下，是设备理想的过电压、过电流保护装置。

8.5.2.3 0.5m 原则

电涌保护器与被保护设备的两端引线应尽可能短，$L_1+L_2 \leqslant 0.5m$，即 0.5m 原则，并且越短越好。

8.5.2.4 SPD 两级配合的 10m 原则

为提供最佳的保护，即既能承受更强的电流又有较小的残余电压，通常应用电涌保护器作一级及二级保护。一级保护能承受高电压和大电流，并应能快速灭弧。二级保护用来减小系统端的残余电压，它应具有较高的斩波能力。两级电涌保护器之间的最短距离为 10m。

8.5.2.5 30m 原则

当进线端的电涌保护器与被保护电气设备之间的距离大于 30m 时,应在离被保护设备尽可能近的地方安装另一个电涌保护器,反之,如果不增加一级保护,由于电缆距离较长,SPD 上的残压加上电缆感应电压仍可能损坏设备,不能起到保护作用。

8.5.3 不间断电源的雷电防护

不间断电源适合于断电时设备不能停止工作或者需要一个充足的时间来保护重要数据的场合。目前的不间断电源除了具有不间断供电功能之外,还具备过压、欠压保护功能以及软件监控功能等。其中在线式不间断电源还具备与电网隔离功能,抗干扰特性好,是高可靠性电子信息系统的最佳选择。

图 8.28 示出了电子信息系统使用不间断电源的正确方法。正常工作时,电子开关 K 接到触点 1 上,电子信息系统由不间断电源逆变供电。一旦不间断电源发生故障,电子开关 K 立即转换到触点 2 上,由市电供电。这种在正常情况下由不间断电源逆变供电、市电作为备用电源的方法是最有效的电源抗干扰方法。

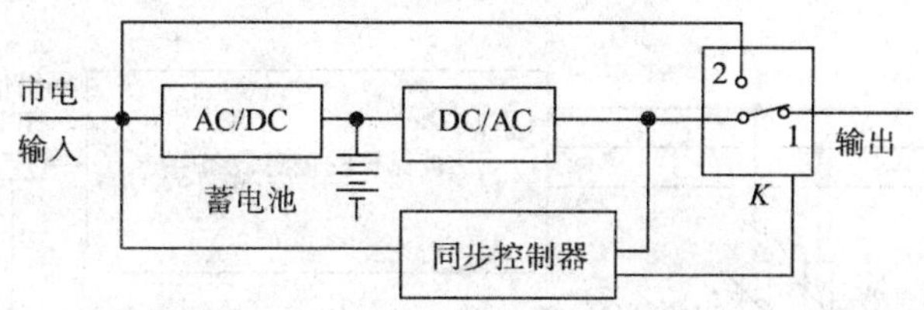

图 8.28 不间断电源的电路示意

不间断电源逆变的输出电压非常稳定,完全隔离了供电电源的各种干扰污染,而且抗雷击效果也较其他方式好。由于逆变器输出的交流电压与市电同步锁相,因此,开关 K 由位置 1 切换到位置 2 时不会引起大的干扰。

不间断电源常出现情况是不仅不能有效地保护电源而且自己也常被雷电损坏的现象。

不间断电源为其他设备提供不间断的、净化的电源,它安装在重要设备的前端,当雷电直接击中低压电源线或在电缆上产生感应雷电流时,电源导线上的过电流、过电压经过配电系统时首先会冲击不间断电源,而不间断电源的稳压范围一般单相为 160～260V,三相为 320～460V。要限制瞬间电压高达 10～20kV 的雷电冲击波是不可能的,这就是不间断电源遭雷击损坏的主要原因。

因此,应在不间断电源的供电系统中安装防雷器件,以达到保护不间断电源的目的。

在不间断电源前端安装抑制吸收沿线路输入端的雷电强浪涌的防雷器件,其最大冲击电流为 20kA，冲击电压为 6kV，波形为 8/20μs。这样不间断电源可以完善地保护自身，并通过保护自身而达到保护其他设备电源免遭雷电损害的目的。

为此，应在动力电源进线总配电盘上安装并联式电源高性能 SPD，构成第一级防护（衰减）；在机房配电柜空气开关后安装适当容量的并联式低压电源 SPD，构成电源系统的第二级防护（限压）；在不间断电源端安装适当容量的串联式低压电源 SPD，构成第三级防护，以保证不间断电源安全、可靠地运行。

对于有信号接口或通信接口的不间断电源，为防止雷电波由信号线或通信线引入，必须在信号线或通信线接口处加装相应的信号 SPD。

8.5.4 防雷器接地汇集注意事项

8.5.4.1 接地汇集排连接方法

(1)正确的接地汇集方法

在图 8.29 中，由于两个 SPD（信号与电源）的安放位置靠近接地汇流排，所以接地连接可以做到最短连接、最小残压。设备保护接地干线虽然较长，但无电流流过，被保护设备安全。

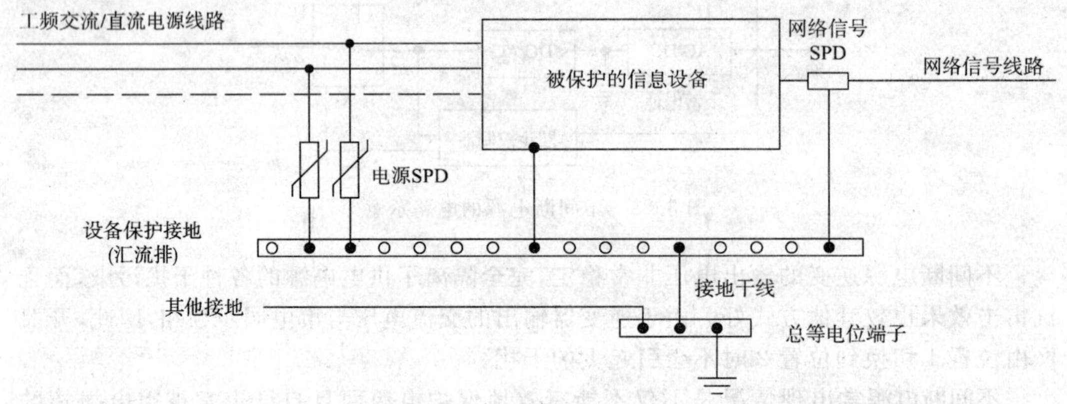

图 8.29 正确的接地汇集方法

8.5.4.2 安装防雷器接地汇集排注意事项

①为了使接地电位相等，被保护设备与防雷器必须再共用一个接地汇集排。

②为了减小防雷器泄放的雷电流在接地引线上形成残压，防雷器的接地线应尽可能做到短、粗、直。

③为了使被保护设备的地电位与接地汇集排的地电位相等，设备的保护接地线中不能有电流流过，接地连接线可适当加长。

④避雷针(带)引下线和其他干扰电流不能流过设备与防雷器用的接地汇集排,以免造成接地汇集排上各连接点的电位不相等。

8.5.5　应用SPD保护的几个问题

8.5.5.1　SPD的保护

电涌保护器都有最大通过电流 I_{max},这是电涌保护器不被损坏而能承受的最大电流,当超出这个值或长期工作于感应过电压状态时,电涌保护器被击穿造成短路。在图8.30中,SPD出现温漂、退化等情况的短路时,如果电涌保护器上未串接断路器D,则电源回路上断路器跳闸,由于故障电流仍存在,只有SPD被更换后,D才能重新合闸,这样系统就不能保证供电的连续性。

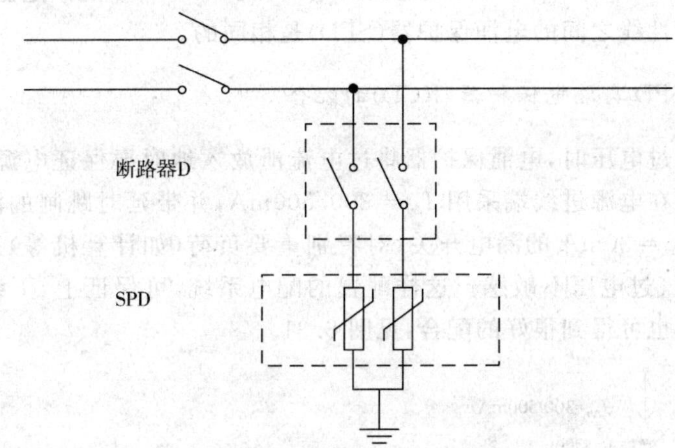

图8.30　用断路器切除电涌保护器

表8.20　SPD配置熔断器或空气断路器的整定值及导线选择

参数 / 保护级别	整定电流(A)		放电电流(8/20μs)		连接导线(BX)截面(mm^2)	
	空气断路器(曲线C)	熔断器	I_n(kA)	I_{max}(kA)	电流侧	接地侧
一级	50	100/80/40	80/60/40	80以上	16	16
二级	32	40/32	40/20	50～80	10	10
三级	20～16	32	20	25～40	6	6
四级	10	20	10	15～20	4	4

注:在工程设计时应注意选型,若生产厂家SPD中已带有热保护时,在3～4级保护电路中可不另设保护电器装置;

当线路负载大于100A或连续供电负载时,应在SPD上端安装短路保护器件;

当电涌保护器制造商没有上端熔断器的具体配置建议时,则按表8.20选择。

8.5.5.2 选择电涌保护器(SPD)耐受的预期短路电流

电涌保护器(SPD)耐受的短路电流(当电涌保护器(SPD)失效时产生)和与之相连接的过电流保护器(设置于内部或外部)一起应承受等于或大于安装处预期产生的最大短路电流,选择时要考虑到电涌保护器(SPD)制造厂规定应具备的最大过电流保护器。

此外,制造厂所规定电涌保护器(SPD)的额定阻断续流电流值不应小于安装处的预期短路电流值。

在TT系统或TN系统中,接于中性线和PE线之间的电涌保护器(SPD)动作(例如火花间隙放电)后流过工频续流,电涌保护器(SPD)额定续流电流值应大于或等于100A。

在IT系统中,接于中线和PE线之间的电涌保护器(SPD)的额定阻断续流电流值与接在相线和中性线之间的电涌保护器(SPD)是相同的。

8.5.5.3 SPD与漏电保护器(RCD)的配合

在出现大气过电压时,电涌保护器将过电流泄放入地时要保证电源的漏电保护开关不能动作。应在电源进线端采用 $I_{\Delta n}=300/500\text{mA}$,并带延时跳闸的漏电保护开关,在设备端选择 $I_{\Delta n}=30\text{mA}$ 的漏电开关,对特别重要负荷(如计算机等)采用SI型漏电开关,SI型对大气过电压不敏感。这样配置的配电系统,可保证上、下级的选择性,同时与电涌保护器也可得到很好的配合,见图8.31。

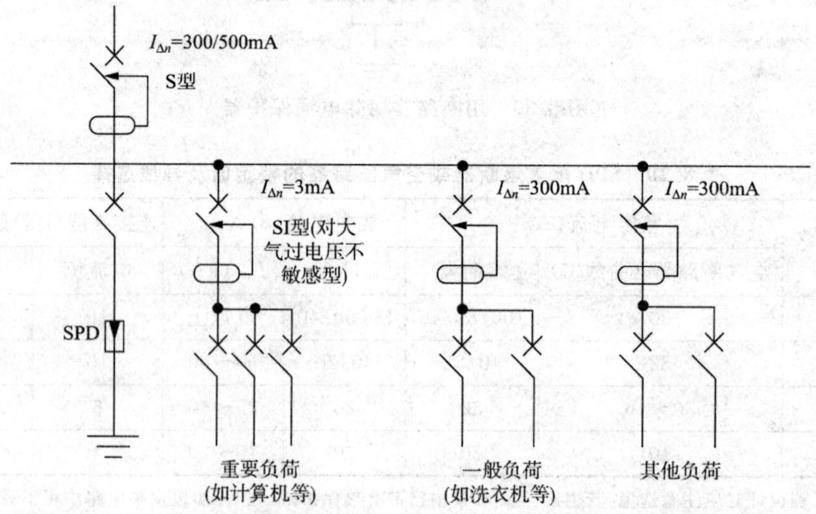

图8.31 电涌保护器与漏电保护的配合

8.5.5.4　SPD防老化措施

电涌保护器正常泄漏电流很小，但泄漏电流会随雷击次数的增加而增加，导致器件发热老化，绝缘性能变差。因此，电涌保护器一般都带有在达到最大可承受热量前即断开电涌保护器的热分断装置，并要求带失效指示，还可带远程指示。

8.5.5.5　电涌保护器(SPD)之间的配合

图8.30中，电涌保护器(SPD)的制造厂应在其文件中提供充分的关于电涌保护器(SPD)之间的配合的资料。

8.5.5.6　防止电涌保护器(SPD)失效的后果和过电流保护

防止电涌保护器(SPD)短路的保护是采用过电流保护器D，应当根据电涌保护器(SPD)产品手册中推荐的过电流保护器的最大额定值选择。

如果过电流保护器 I_n 的额定值小于或等于推荐用的过电流保护器D的最大额定值，则可省去D。

连接过电流保护器至相线的导线截面应根据可能的最大短路电流值选择。

电涌保护器的连接线的截面积一般第一级应大于10mm²(多股铜线)，第二级应大于6mm²(多股铜线)。当电涌保护器制造商有规定时可按其规定选择，如表8.21所示。

表8.21　电涌保护器连接线选择表(多股铜线mm²)

配电电源线	≤35	50	≥70
SPD连接线	10	16	25
接地极连接线	≤16	25	≥35

重点要保证供电的连续性还是保证保护的连续性，可取决于在电涌保护器(SPD)故障时，断开电涌保护器(SPD)的过电流保护器所安装的位置。

8.5.5.7　间接接触防护

IEC60364—4—41中所规定的间接接触防护即使当电涌保护器(SPD)故障时，对所保护的电气装置保护保持有效。

当采用自动切断供电时：

在TN系统中，可在电涌保护器(SPD)的电源侧装设过电流保护器实现间接接触防护；

在 TT 系统中可采用下述①或者②实现间接接触防护：

①将电涌保护器(SPD)安装在剩余电流保护器(RCD)的负荷侧；

②将电涌保护器(SPD)安装在剩余电流保护器(RCD)的电源侧，由于接在中性线和 PE 线之间的电涌保护器(SPD)也可能发生故障，因此

1)应当符合 IEC60364—4—41～413.1.3.7 条的规定。

2)应根据接线形式 2 来安装电涌保护器(SPD)。

在 TT 系统中，不需要附加其他措施。

8.5.5.8 SPD 在电源系统中的安装位置

①在 $LPZ0_A$ 区和 $LPZ0_B$ 区与 LPZ1 区交界面处，在从室外引来的线路上应安装第一级 SPD(一般为电压开关型 SPD)。建议安装位置：总电源进线处，如变压器低压侧或总配电柜内。

②当上述安装的 SPD 保护电压水平加上其两端引线的感应电压后保护不了后续配电盘供电的设备时，应在该级配电盘安装第二级 SPD(一般为限压型)，其位置一般设在 LPZ1 区和 LPZ2 区交界面处。建议安装位置：安装于下端带有大量弱电、信息系统设备或须限制暂态过电压的设备的配电箱内，如：楼层配电箱、计算机中心、电信机房、电梯控制室、有线电视机房、楼宇自控室、保安监控中心、消防中心、工业自控室、变频设备控制室、医院手术室、监护室及装有电子医疗设备的场所的配电箱内。

另外，对所有引至室外的照明或动力线路的配电箱，均应加装 SPD，SPD 在此处的作用主要是为了防止高电位窜入。

③对于需要将瞬态过电压限制到特定水平的设备(尤其是信息系统设备)，宜考虑在该设备前安装具有防操作过电压和防感应雷双重功能的第三级 PSD(一般为浪涌吸收器)，其位置一般在：LPZ2 区和其后续防雷区交界面处。建议安装位置：计算机设备、信息设备、电子设备及控制设备前或最近的插座箱内。

8.5.5.9 SPD 安装的注意事项

(1)第一级保护的 SPD 应靠近建筑物的入户线的总等电位联结端子处，第二、三级保护的 SPD 应尽量靠近被保护设备安装。

(2)电涌保护器接至等电位联结的导线要尽可能短而直。

(3)为满足信息系统设备耐受能量要求，SPD 的安装可进行多级配合，在进行多级配合时应考虑 SPD 之间的能量配合，当有续流时应在线路中串接退耦装置，若在线路上多级安装且无准确数据时，当电压开关型与限压型 SPD 之间的线路长度小于 10m 时和限压型 SPD 之间线路长度小于 5m 时宜串接退耦装置。

(4)必须考虑退化或寿命终止后可能产生的过电流或接地故障对信息系统设备运

行的影响，因此，在 SPD 的电源侧应安装过电流保护装置（如熔断器或空气断路器），在 TT 系统中还应安装剩余电流保护装置，并宜带有劣化显示功能。

（5）在爆炸危险场所使用的 SPD 应具有防爆功能。

（6）在考虑各设备之间的过电压保护水平 U_p 时，若线路无屏蔽时尚应计及线路的感应电压，在考虑被保护设备的耐冲击过电压水平时宜按其值的 80％考虑。

（7）在供电电压超过所规定的 10％及谐波使电压幅值加大的场所，应根据具体情况对氧化锌压敏电阻 SPD 提高 U_0 值。

（8）在设有信息系统的建筑物需加装 SPD 保护时，若该建筑物没有装设防直击雷装置和不处于其他建筑物或物体的保护范围内时，宜按第三类防雷建筑采取防直击雷的措施。

（9）考虑屏蔽的作用，防直击雷接闪器宜采用避雷网。

（10）电涌保护器响应时间：对第一级要求不大于 100ns，对第二级（中间级）要求不大于 50ns，对第三级要求不大于 25ns。

8.5.5.10　SPD 安装问题

（1）供电电源线路的各级 SPD 应分别安装在被保护设备电源线路的前端，SPD 各接线端应分别与配电箱内线路的同名端相线连接。

（2）带有接线端子的供电电源线路 SPD，应采用压接；带有接线柱的 SPD，宜采用线鼻子与接线柱连接。

（3）供电局电源线路各级 SPD 的接地端与配电箱的 PE 接地端子板连接，配电箱接地端子板应与所处防雷区的等电位接地端子板连接。连接导线应短而直，其长度不宜超过 0.5m。

（4）电源用模块式 SPD 的接地端子与相线和零线之间的连接线长度应小于 1m，且应就近接地。

（5）电源用箱式 SPD 接地端子与相线和零线之间的连接线长度，若接线上确有困难，可视具体情况适当放宽连接线长度，但其截面应适当增大；SPD 接地线的长度应小于 1m，且应就近接地。

（6）根据 SPD 前端所配带的保护装置（空开或熔断器）的额定电流安装。

8.5.6　电源噪声的抑制

供电电源常由于负载的通断过渡过程、半导体元器件的非线性、脉冲设备及雷电的耦合等因素而成为电磁干扰源，于是抑制电磁干扰的技术也越来越受到重视。接地、屏蔽和滤波是抑制电磁干扰的三大措施。

8.5.6.1　电磁干扰噪声

电子设备的供电电源(如 220V/50Hz 交流电网或 115V/400Hz 交流发电机)中都存在各种各样的电磁干扰噪声,会通过辐射和传导耦合的方式影响在此环境中运行的各种电子设备的正常工作。

各类稳压电源本身也是一种电磁干扰源。在线性稳压电源中,因整流而形成的单向脉动电流也会引起电磁干扰。开关电源具有体积小、效率高的优点,在现代电子设备中应用越来越广泛,由于它在功率变换时处于开关状态,本身就是很强的电磁干扰噪声源,其产生的电磁干扰噪声既有很宽的频率范围又有很高的强度。这些电磁干扰噪声也同样通过辐射和传导的方式污染电磁环境,从而影响其他电子设备的正常工作。

对电子设备来说,当电磁干扰噪声影响到模拟电路时,会使信号传输的信噪比变坏,严重时会使要传输的信号被电磁干扰噪声所淹没而无法进行处理。当电磁干扰噪声影响到数字电路时,会引起逻辑关系出错,导致错误的结果。

对于现代电源设备来说,其内部除功率变换电路以外,还有驱动电路、控制电路、保护电路以及输入、输出电平检测电路等,电路相当复杂。这些电路主要由通用或专用集成电路构成,当受电磁干扰而发生误动作时,会使电源停止工作,导致电子设备无法正常工作。采用电网噪声滤波器可有效地防止电源因外来电磁噪声干扰而产生误动作。

另外,从电源输入端进入的电磁干扰噪声中的一部分可出现在电源的输出端,它在电源的负载电路中会产生感应电压,成为电路产生误动作或干扰电路中传输信号的因素之一。这些问题同样也可用噪声滤波器来加以防止。

8.5.6.2　电源滤波器

由于交流电源滤波器是低通滤波器,不妨碍工频电流的通过,而对高频电磁干扰呈高阻态,有较强的抑制能力。使用交流电源滤波器时,应根据其两端的阻抗和要求的插入衰减系数来选择滤波器的形式。在电源设备中噪声滤波器的作用如下:

· 防止外来电磁干扰噪声干扰电源设备本身控制电路的工作。

· 防止外来电磁干扰噪声干扰电源负载的工作。

· 抑制电源设备本身产生的电磁干扰。

· 抑制由其他设备产生而经过电源传播的电磁干扰。

在电源设备输入引线上存在两种电磁干扰噪声,即共模噪声和差模噪声。把在交流输入引线与地之间存在的电磁干扰噪声称为共模噪声,它可以看作与交流输入引线上传输的信号电位相等、相位相同的干扰信号。交流输入引线之间存在的电磁干扰噪声叫做差模噪声,它可以看作与交流输入引线上传输的信号相位差 180°的干扰信号。

共模噪声是从交流输入引线流入大地的干扰电流,差模噪声是在交流输入引线之间流动的干扰电流。任何在电源输入引线上传导的电磁干扰噪声都可以用共模噪声和差模噪声来表示，并且可把这两种电磁干扰噪声看作相互独立的电磁干扰源进行分别抑制。因为共模噪声在全频域特别是在高频域内所占比例较大，而在低频域内差模噪声所占比例较大，所以应根据电磁干扰噪声的这个特点来选择适当的电磁干扰滤波器。

电源用噪声滤波器按形状可分为一体化式和分立式两种。一体化式噪声滤波器将电感线圈、电容器等封装在金属或塑料外壳中；分立式噪声滤波器将电感线圈、电容器等安装在印制电路板上。到底采用哪种形式要根据成本、特性和安装空间等来确定。一体化式噪声滤波器成本较高，特性较好，安装灵活；分立式噪声滤波器成本较低，但屏蔽效果不好，可自由分配在印制电路板上。

①噪声滤波器的基本结构

电源电磁干扰噪声滤波器是一种无源低通滤波器，它可以无衰减地将交流电传输到电源中，而大大衰减随交流电传入的电磁干扰噪声；同时又能有效地抑制电源设备产生的电磁干扰噪声，阻止它们进入交流电网干扰其他电子设备。

单相交流电网噪声滤波器的基本结构如图 8.32 所示。它是由集中参数元件组成的四端无源网络，主要采用的元器件有共模电感线圈 L_1、L_2，差模电感线圈 L_3、L_4，共模电容器 C_{Y1}、C_{Y2} 和差模电容器 C_X。若将此滤波器网络放在电源的输入端，则 L_1 与 C_{Y1} 以及 L_2 与 C_{Y2} 分别构成交流进线上两对独立端口之间的低通滤波器，可衰减交流进线上存在的共模干扰噪声，阻止它们进入电源设备。

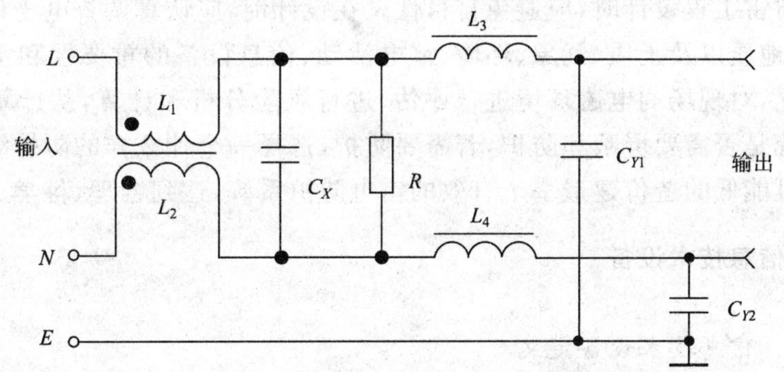

图 8.32　电源滤波器的基本结构

共模电感线圈用来衰减交流进线上的共模噪声，其中 L_1 和 L_2 一般是在闭合磁路的铁氧体磁心上同向卷绕相同匝数的线圈而制成的。接入电路后，交流电流在 L_1、L_2 两个线圈内产生的磁通相互抵消，既不致使磁心引起磁通饱和，又使这两个线圈的电感值在共模状态下较大且保持不变。差模电感线圈 L_3、L_4 与差模电容器 C_X 构成交流进线独立端口间的一个低通滤波器，用来抑制交流进线上的差模干扰噪声，防止电源设备受其干扰。

图 8.32 所示的电源噪声滤波器具有双向抑制功能。将它插入交流电网与电源之间,相当于在这二者的电磁干扰噪声之间加上一个阻断屏障。这样一个简单的无源滤波器起到了双向抑制噪声的作用,从而在各种电子设备中获得了广泛应用。

在图 8.32 中,电源噪声滤波器使用两种电容器,C_X、C_{Y1} 和 C_{Y2},它们在滤波器中的作用不同,所要求的安全等级也不同,因此,其性能参数直接与滤波器的安全性能有关。

差模电容器 C_X 接在交流电进线两端,它上面除加有额定交流电压以外,还会叠加交流进线之间存在的各种电磁干扰峰值电压。所以该电容器的耐压及耐瞬态峰值电压的性能要求较高,同时要求该电容器失效后不能危及后面电路及人身安全。C_X 电容器的安全等级分为 X_1 和 X_2 两类,X_1 类适用于一般场合,X_2 类适用于会出现高的噪声峰值电压的应用场合。

§8.6 信息网络系统防雷设计

雷电防护设计应坚持预防为主、安全第一的方针,也就是说,凡是影响电子信息系统的通道和途径,都必须预先考虑到,采取相应的防护措施,将雷电堵截在电子信息通道之外,不允许雷电电磁脉冲进入通道,即使漏过来的很小一部分,也要采取有效措施将进入的雷电电磁脉冲很快地疏导到大地,不让雷电造成破坏,这样才能达到对雷电的有效防护。

在进行防雷工程设计时,应避免盲目性。在设计前,应认真调查电子信息系统所在地点的地理、地质以及土质、气象、环境、雷电活动、信息设备的重要性和雷击事故的严重程度等情况,对现场的电磁环境进行评估、进行风险分析和计算,从计算的结果确定电子信息系统是否需要屏蔽和防护,若需要防护,选择一个什么样的防护级别,这样,就有可能以尽可能低的造价建造一个有效的雷电防护系统,达到合理、科学、经济的设计。

8.6.1 信息技术设备

8.6.1.1 信息技术设备定义

GB9254 中给出了明确的定义,信息技术设备能对数据和电信消息进行录入、存储、显示、检索、传递、交换或控制(或几种功能的组合);该设备可以配置一个或多个通常用于信息传递的终端端口。设备额定电压不超过 600V。

8.6.1.2 信息技术设备分级

根据产品的使用环境,信息技术设备分为 A 级和 B 级,它们分别要满足 A 级电磁兼容标准和B级电磁兼容标准，B级标准要严于A级标准。一般来说，在以下场所使用的信息技术设备属于B级：

①住宅区，如小区、公寓等；

②商业区，如商店、超市等；

⑧商务区，如写字楼、银行等；

④公共娱乐场所，如电影院、餐馆、舞厅等；

⑤户外场所，如加油站、停车场和体育中心等；

⑥轻工业区，如车间、实验室等。

满足A级电磁兼容标准的产品在使用说明书或产品标牌上通常作如下内容的声明："此产品满足电磁兼容A级，在生活环境中该产品可能会造成无线电干扰，在这种情况下可能需要用户对其干扰采取切实可行的措施。"

8.6.1.3　雷电对电子信息系统造成的危害

一些电子设备工作电压仅几伏，对外界的干扰极其敏感，而雷电的电压可高达数十万伏，瞬间电流可高达数十万安，对信息系统具有极大的破坏性。安装在信息系统中的设备常经受着直击雷、感应雷、雷电瞬间过电压以及零电位漂移的侵袭。

雷电对电子信息系统造成不同形式的危害，雷电反击对建筑物内电子设备的危害不容忽视。

雷电流沿建筑物的接地网散流，支线上的雷电流和各点电位差异很大。对于连接在不同电位接地网上的电子设备，如果其间有电信号联系，那么超过其容许承受能力的地电位差将导致设备损坏。

雷电波侵入时，由于管线长且存在着分布电感和电容，因此，雷电传播速度减慢。这一现象用波传输理论来解释称作波传导衰减过程。雷电波在传输过程中通过不同参数的连接线段或线路端点时，波阻抗将发生变化，产生反射和折射，可导致波阻抗突变处的电压升高许多，从而加大了对设备的危害。

8.6.1.4　对电子信息系统造成的干扰

对电子信息系统产生干扰须具备三个条件：干扰源、干扰通道以及易受干扰设备。

干扰源分为内部和外部两种：内部干扰源主要由装置工作原理和产品质量等决定；外部干扰源主要由使用条件和环境因素决定，如工作电源直流回路受开关操作和天气等影响而引起浪涌电压、强电场、强磁场以及电磁波辐射等。

干扰通道有传导耦合、公共阻抗耦合和电磁耦合三种。外部干扰主要通过分布电容的电磁耦合传到内部，内部干扰则三种通道均有。

由于设备所用敏感元件的选用和结构布局的不尽合理，造成本身抗干扰能力差。对干扰加以抑制，降低其幅度，减少其影响力，这是从外部环境上加以改善。对电子设备的结构及内部元器件的布局进行优化设计，这是从电子设备内部对抗干扰性能的改善。

8.6.1.5 雷电冲击影响微电子设备构成系统的耦合机制

①电阻耦合：雷电放电将使受影响的物体相对于远端地的电位上升几十万伏，地电位升高形成的电流将分布到设备的金属部分。电缆屏蔽层的电流在屏蔽层与芯线之间引起过电压，其数值与传输阻抗成正比例。

②磁耦合：在导体中流通的雷电流或雷电通道中的雷电流会产生磁场，在几百米范围内可以认为磁场的时间变化率与雷电流的时间变化率相同。磁场的变化会在室内外电源、信号线及设备上产生感应电流和电压。

③电耦合：雷电通道下端的电荷会在附近产生一个很强的电场，它对天线的设备有影响，而建筑物内部电子设备的电场干扰可以忽略。

④电磁耦合：雷电放电产生的电磁场会在数据传输网上感应过电压，这种干扰会传导到电子设备的接口上，但直接辐射的电磁场很难对建筑物或机柜内的电子设备造成破坏。

在信息技术发展的今天，越来越重视信息技术设备的保护，提出了电子信息系统的防雷问题，如果在电子信息系统防雷实施中做好了端口保护，信息设备的安全就有了保障。

8.6.1.6 信息技术设备的防雷端口（见图 8.33）及指标

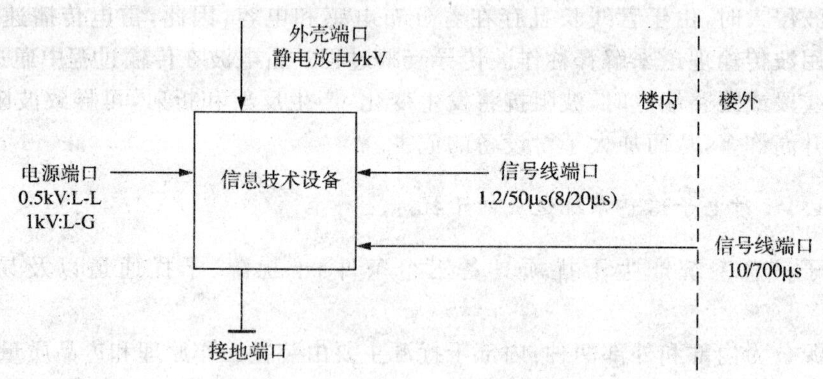

图 8.33 信息技术设备防雷的四个关键端口

①外壳端口

可以把任何一个大的或小的信息设备或系统视为一个整体的外壳，如电话机、电缆、交接箱、模块局以及交换中心等。它们都有可能完全暴露在环境中受到直接雷击，造成设备损坏。标准规定，当设备外壳受到 4kV 的雷电静电放电时，不会影响信息技术设备或系统的正常运行。

例如，放置于室外的交接箱有可能受到雷电接触放电的影响，位于机房内的交换机柜有可能受到大楼立柱泄流时的空气放电的影响，均属这种情况。

②信号线端口（含天线馈线、数据线和控制线等）

在电信系统中，为了实现信号或信息的传递，总要有与外界连接的部位，如电话网的交接端的总配线架（MDF）、数据传输网的服务器以及微波设备到天线的馈线口等。这些从外界接收信号或发射信号的接口都有可能受到雷电浪涌冲击。由于从楼外信号端口进来的浪涌往往通过长电缆引入所致，所以标准规定采用 10/700μs 波形，线到线间浪涌电压为 0.5 kV，线到地间浪涌电压为 1 kV。而楼内电信设备之间传递信号的端口受到的浪涌冲击相当于电源线上的浪涌冲击，采用 1.2/50(8/20μs)组合波，线到线以及线到地间的浪涌电压限值不变。一旦超过该限值，信号端口和端口后的设备有可能被损坏。

③电源端口

电源端口是分布最广泛也最容易感应或传导雷电浪涌的部位，从配电箱到电源插座这些电源端口可以处于任何位置。标准规定在 1.2/50(8/20μs)波形下线与线之间的浪涌电压限制值为 0.5kV，线到地之间的浪涌电压限制值为 1 kV。此浪涌电压限制值指电源电压为交流 220V 时的限值，如果工作电压较低，则不能以此为标准。电源线上受到较小的浪涌冲击时虽然不一定会立即损坏设备，但至少对设备的使用寿命有影响。

④接地端口

在雷电发生时，接地端口有可能受到地电位反击、地电位升高的影响，或者由于接地不良或接地不当而使接地电阻过大，从而达不到参考电位的要求而使设备损坏。接地端口不仅对接地电阻、接地线极（长度、直径、材料）、接地方式以及地网的设置等有要求，而且还与设备的电气特性、工作频段和工作环境等有直接的关系。同时，浪涌电压还有可能从接地端口反击到直流电源端口，损坏由直流电源供电的设备。

8.6.2 信息技术设备的端口保护

综上所述，信息技术设备的防雷电波侵入可以从四个关键的端口入手。

8.6.2.1 外壳端口

信息技术设备外壳端口保护方法主要有三种：接地、屏蔽及等电位连接。

(1)接地

信息技术设备的接地更应当注意系统的安全性和防止其他系统的干扰。一般来说，工作状态下微电子系统的接地不能直接和防雷地线相连，否则将有杂散电流进入微电子系统而引起信号干扰。

正确的连接方式应当是在地下将两个不同地网通过低压避雷器或接地网连接器连接起来，使其在雷击状态下自动连通。

(2)屏蔽

建筑物内部信息系统的主要电磁干扰源是由一次闪击或是几个雷击瞬时电流造成的瞬态磁场。如果包含信息系统的建筑物或房间采用用大空间屏蔽的方法，则瞬时电压将被降低到一个较低的值。从理论上考虑，屏蔽对信息设备外壳防雷是非常有效的，但从经济合理角度来看，还是应当从设备元器件抗扰度及对屏蔽效能的要求来选择不同的屏蔽方法。

线路屏蔽的方法(即在信息系统中采用屏蔽电缆)已得到广泛应用，但对于设备或系统的屏蔽需要视具体情况而定。

(3)等电位接连

等电位连接的目的是减小信息设备之间以及信息设备与金属部件之间的电位差。防雷区界面处的等电位连接要考虑建筑物内的信息系统，在那些对雷电电磁脉冲效应要求最小的地方，等电位连接带最好采用金属板制作，并多次与建筑物的钢筋连接或连接在其他屏蔽物的构件上。对于信息系统的外露导电物，应建立等电位连接网，原则上一个等电位连接网不需要直接连在大地上，但实际上所有等电位连接网都有通向大地的连接。

8.6.2.2　信号线端口

信号线端口保护现在已经有许多类型的较为成熟的保护器件，比如计算机网络接口保护器、天线馈线保护器以及电信终端设备的保护单元等。在选择保护器时除了要考虑保护器本身的性能外，还应该注意保护设备的传输速率、插入衰耗限值、驻波比、工作电压以及工作电流等相关指标。如果在同一系统(或网络)中使用多级保护，还应该考虑其相互配合的问题。对于某一网络的信号端口保护，只需在网络信号进出的交界面处安装合适的保护器即可。

由信号端口窜入的瞬态电流最容易损坏计算机、调制解调器、电话机、打印机、传真机以及局域网设备(如主板、并行口、网络接口卡等)。事实上瞬态电流或浪涌可能通过不同途径被引入到网络中，IEEE802－3 以太网标准中列出了四种可能对网络造成威胁的情况：

①局域网网络元件和供电回路或不同电压等级的电路发生直接接触。

②局域网电缆和元件上的静电效应。

③高能量瞬态电流同局域网系统耦合(由网络电缆附近的电缆引入)。

④彼此相连的网络元件的地线电压间有细小差别，例如两幢不同建筑物的安全地线电压就有可能略有不同。

以数据通信线为例，在 RS－232 串、并行口的标准中用于泄放高能浪涌和故障电流的地线同数据信号的返回路径共享一条线路，而小至几十伏的瞬态电压都有可能通过这些串、并行口而损坏计算机及打印机等设备，电话线也能直接将户外电源线上的瞬态浪涌传导进来，COAX 网络接口能够传导由闪电和静电泄漏引起的浪涌电压。

用户应当慎重选择数据线保护器，有些保护器虽然起到了"分流"作用，但常常是将硅雪崩二极管接在被保护线路和保护器外壳之间。测试结果表明 SPD 的箝位性能很好，但它的浪涌分流能力有限，同时压敏电阻(MOV)也不能在数据线保护器上使用。目前计算机局域网通信接口防雷保护装置(无论是 RS－232、RS485 串、并行接口还是计算机同轴网络配器接口)均采用瞬态过电压半导体放电管，其冲击残压参数指标很重要。有条件的话，采取多级保护设计电路效果更佳。

天线馈线保护器基本上采用波导分流原理，其中发射功率为 400W，额定测试放电电流 (8/20μs) 为 5kA，传输频率低于 2.5GHz，插入损耗低于 0.8dB，响应时间小于 100ns。

8.6.2.3　电源端口

信息系统的电源保护由于其敏感性必须采用残压值较低的保护器件，且此残压应当低于需要保护设备的耐压能力。同时，还必须考虑到电磁干扰对信息系统的影响，因此带过滤波的分流设计应当更加理想。所以对于信息系统电源保护，值得特别注意的是：前两级采用通流容量大的保护器，在设备终端处则采用残压较低的保护器，最后一级的保护器中最好有滤波电路。在信息系统电源端口处安装 SPD 时应注意以下问题：

①多级 SPD 应当考虑能量配合、时间配合以及距离配合的问题，如果配合不当的话，最终结果将适得其反。

②连接防雷保护器的引线应当尽量粗和短。

③全保护时尽可能将所有连接线捆扎在一起。

8.6.3　信息网络雷电防护

电子设备和计算机系统通常耐电压等级低，抗干扰能力差，极易受到雷击损坏。这些设备的运行正常与否直接影响到该区的居民及企、事业位的安全和工作的正常开展，因此采用较具可靠性避雷措施至关重要。

1. 信息网络系统电子设备雷电过电压及电磁干扰防护，是保护通信线路、设备及人身安全的重要手段，是确保通信线路、设备运行必不可少的技术环节。

2. 信息网络系统电子设备雷电过电压防护方案的设计依据：

IEC1312《雷电电磁脉冲的防护》；

GB50343《建筑物电子信息系统防雷技术规范》；

GB50057－2000《建筑物防雷设计规范》；

VDE0675《过电压保护器》；

GA173－1998《计算机信息系统防雷保安器》；

GB－50174－93《机房防雷设计规范》；

GB2887－89《计算机场地技术条件》。

3.信息网络设备抗干扰能力分析

因为计算机及网络设备是由大量的大规模集成电路组成，其抗干扰能力弱，虽采取了许多抗干扰措施，对低能量干扰比较有效，但对雷电电磁脉冲生成的过电压过电流技术比较薄弱，对浪涌或雷电磁脉冲特别敏感，仅十几伏的电压就可通过电源系统、数据传输线等途径将毁坏计算机主板、RS－232 口、RS485 口、多功能卡、网络设备。

8.6.4 光纤通讯网络雷电防护

8.6.4.1 危及通信光缆的雷击形式

金属光缆在雷电的作用下，会在其金属构件上产生感应电流、纵电动势，使金属构件熔化，外护层击穿，光纤损坏，甚至中断通信。光缆受雷电影响主要有以下几个方面：

· 金属构件熔化。雷电流进入金属护套，缆芯导体与金属护套将出现冲击电压，击穿金属构件间介质而发生电弧，使金属构件熔化，外护层被击穿。

· 针孔击穿。雷击大地产生地电位升高，使光缆塑料外护套发生针孔击穿，土壤潮气和水通过针孔侵蚀光缆金属护套，从而降低光缆使用寿命。

· 形成孔洞。雷电流通过雷击针孔击穿金属护套从而形成孔洞，进而损伤光纤。

· 结构变形。雷击大地造成光缆的放电而引起的压缩力会压扁光缆，引起结构变形，增大传输损耗乃至中断通信。

虽然光纤是非金属材料而无雷灾之忧，然而，绝大多数在用光缆和正在建设中的通信光缆线路，不但其连接处有金属元件，无论是架空布设还是地下敷设，都设有金属护套或机械加强钢芯线等金属器件。这些光纤中的金属材料在雷电波作用下，仍可产生感应耦合影响。当感应电压超过其耐压指标时，对地绝缘就可能被击穿而缩短光缆的使用寿命，甚至损坏光缆。另外，连接光缆的光纤连接器、光端机等设备，在连接时为固定光缆而将其金属器件与设备机架相连，也可能遭受雷击。对通信光缆而言，主要有以下几种雷击形式。

①直击雷

尽管光缆通常埋设在土壤里，其仍然有遭直击雷损坏的可能。因为光缆埋设线路的土壤电阻率比其周围地带的土壤电阻率要低，在土壤电阻率相对较低的空旷地带易遭受直接雷击。光缆一旦遭受直接雷击，雷电流就会直接击穿塑料外护层的绝缘层而进入金属护套。光缆在遭受雷击的同时，还会受到与雷电流相随的电磁场力、电动力、声波和热膨胀等强大的机械应力的冲击和挤压，受其影响，光缆会弯曲变形。另外，直击雷产生的热效应对光缆的附属物件也有影响，可将其塑料外护层、金属护层、金属导体及光纤等烧熔或烧断。

对于采用架空方式敷设的光缆来说，在空旷地带架设，高于周围地表，也极易遭受直接雷击，严重时可造成通信中断。

②间接雷击

通信光缆的间接雷击多由直击雷间接引起。一种情况是，当雷电击中光缆附近大地时，落雷点的电位显著升高，由于光缆敷设距离很长，其金属构件远端的电位可视为零，故雷击点附近光缆金属构件的电位也可视为零。如此一来，落雷点与光缆金属构件间便出现极大的电位差，这一电位差如果超过了两点间土壤及塑料层耐压强度的最大允许值时，便产生击穿，形成点对点的电弧通道。

雷电流经该通道大量涌入，可造成塑料外护层、金属护层、金属导体及光纤等严重损坏。另一种情况是，当雷电直接击中光缆附近大地时，瞬间地电位将迅速升高，电缆塑料外护套由于受雷电热效应的影响发生针孔击穿，雷电流通过针孔击穿金属护套从而形成孔洞，进而损坏光纤，这样土壤潮气或水气可通过针孔侵蚀光缆金属护套，使光缆使用寿命缩短。

对采用架空方式敷设的光缆，雷电有可能击中其金属挂钩或钢绞线(铁线)。一旦发生雷击，挂钩或钢绞线瞬间电位突升，易造成挂钩和钢绞线与光缆塑料外护层内的金属护层、金属加强芯等部件间的击穿放电而烧断光纤，进而造成通信中断。

③雷电感应

可能对通信光缆造成危害的雷电感应形式主要是感应过电压的静电感应。这种雷电感应由云间放电在光缆金属外护层等金属构件上产生感应电压所致，由于其电压较低、电流较小，能量也较小，通常不会对光纤本身造成危害，但雷击或云间放电所形成的瞬变磁场对光缆连接器、光端机等终端及辅助设备产生电磁干扰，致使这些设备正常功能难以发挥。

8.6.4.2　强电对光缆的影响

光缆中的光纤是非金属材料，传输的光信号不受外界电磁场的干扰，所以在光纤部分可以不考虑强电和雷电的影响。但由于绝大多数在用光缆并不是无金属光缆，其中包含有金属材料，如金属加强芯、金属护套等。因此，有金属构件的光缆(简称金属光缆)线路会受到强电和雷电的影响。

强电线路靠近金属光缆时，会在光缆内铜线、金属加强芯、金属防潮层、金属护套等金属构件上产生感应电动势和电流，当其达到一定强度时就会损坏光缆，危及人身安全。光缆受强电影响主要有三个方面：

强电线路发生接地短路故障时，在光缆的金属构件上产生感应电动势，击穿绝缘介质，瞬间高温可能损伤光缆，甚至中断通信。

不对称运行的强电线路在正常工作状态下，在光缆的金属构件上产生电动势，在超过安全电压的规定值时会危及人身安全。

不对称运行的强电线路在工作状态下，在光缆的铜线上会产生电动势，对铜线回路(如区间联络，远供回路等)产生杂音、噪声等干扰。对于无铜线的光缆线路来说，强电影响的允许值可由光缆外护层(PE 层)对地绝缘强度确立。光缆 PE 层的厚度一般等于或大于 2mm，其工频绝缘强度要求等于或大于 20000V。按 CCITT 建议 K13 规定光缆金属护套上短期危险影响的纵电动势不超过其直流试验电压的 60%，即为 20000×60%=12000V。

8.6.4.3 光纤的综合防雷方案

①直击雷防护

根据建筑物高度、面积计算后安装相应的避雷针和避雷带(防止直击雷损坏建筑物)。

②雷电感应防护

· 电源防护：(通常分三级保护)

在总配电处安装第一级(B 级)三相电源防雷器；

在分配电处安装第二级(C 级)三相或单相电源防雷器；

在设备前端安装第三级(D 级)单相电源防雷器。

· 计算机终端安装同时保护电源和网卡的二合一防雷器；

· 机房数据外线接入设备前串联相应的信号防雷器；

· 网络主交换机安装信号防雷器(保护 24 口网络交换机)；

· 网络分交换机安装相应接口数量的信号防雷器(保护分交换机)；

· 不在主机房的网络分交换机的电源要安装第三级(D 级)电源防雷器或防雷插座(保护分交换机电源)。

③接地

主机房可在室外制作接地网或利用建筑物接地(接地电阻小于 4Ω)，并在机房安装铜汇流排，将地线和设备外壳等连通。

④光缆的强电和雷电防护

光缆的防护，应当在光缆建设和维护工作中引起重视。

目前光缆的防强电、防雷电问题已经引起了有关方面极大的重视，进行了不同程度的研究，并提出两种不同的防护措施。

第一种防护措施，是在光缆接头处将缆内金属构件在接头处前后断开，不作电气连接和接地处理，且在直埋光缆的上方设置屏蔽线。

第二种防护措施，是在光缆接头处将缆内金属构件作电气连通，并作接地处理，在直埋光缆的上方不设屏蔽线。

我国山地以及岩石多的地区，埋设一组合格的地线十分困难，采用第一种防护措施，光缆接头处不接地，可以减少很多接地装置，从而可大大减少工程费用和维护工作量。另外，光缆接头处缆内金属构件不连通，相当于加了分割滤波器，限制了感应纵电动势在光缆中长距离的积累。

光缆线路一般均为直埋光缆，大多都是在距公路较近地址埋设，部分架在明线杆路上，并都与高压输电线、交流电气铁道、地面各种建筑物形成了相互合理的关系，保持有一定间隔距离，并在线路上采取了相应的防护措施。根据国家现行的光缆防强电防雷电措施，结合线路实际情况，主要应采用以下防强电、防雷电措施：

· 在光缆选型上不采用有铜线光缆。在强电和雷电严重的地区埋设较为完整的地线设施，如经济允许可适当采用非金属加强芯光缆或金属光缆。

· 在新架光缆选择路由时，应尽量避免与高压输电线、交流电气铁道平行接近，与其交相时，交越角度应在30°以上。

· 在现有明线杆路上架设光缆时，一般可不考虑强电和雷电的影响。为了减少雷电对架空光缆的影响，光缆吊线每隔一公里接地一次，接地体的接地电阻要符合规定要求。

· 在光缆接头处将缆内金属构件前后断开，不作电气连通，并不作接地处理。

· 在接近高压输电线、交流电气的地段进行光缆施工或检修时，作临时保护接地，以保人身安全。

⑤光纤防强电措施

· 光缆线路与强电线路之间保持一定的隔距，使光缆金属构件的短期和长期危险纵电动势分别不大于12000V和60V。

· 在接近交流电气化铁道的地段进行光缆施工和检修时，将光缆中金属构件临时接地，以保证人身安全。

· 在接近发电厂、变电站等地电位高的区域，不将光缆的金属构件接地，以免将高电位引上光缆。

· 采用非金属加强芯光缆或非金属光缆，但直埋光缆除外（因为这种光缆对潮气渗透的抗力较低，而且在维护工作中难于确定光缆位置）。

· 增加光缆PE外层厚度，以提高光缆护套的绝缘和耐压强度。

⑥雷电防护措施

·在选择光缆线路路由时，应与高大的树木、独立建筑电杆、古塔等保持一定的间距。

·在光缆上方敷设防雷线。当大地电阻率小于 500Ω·m 时，敷设一条防雷线；当大地电阻率大于 500Ω·m 时，敷设两条防雷线。

·采用架空光缆吊线间隔接地，一般 500～1000m 接地一次。

·在强雷区采用非金属加强芯光缆，或者是超厚 PE 外护层的光缆。

目前，国内光缆及其设备的防雷措施有两种，即电气连接接地方式和电气断开方式。其主要区别在于光缆接头处线缆内金属构件前后是否作电气连接和是否接地。

我国现在使用较多的方法是将每盘光缆的所有金属构件(金属加强芯线、钢带铠装层、金属挡水层等)均在接头处作电气断开，亦不实施接地，并在光缆上方敷设排流线。

另一种光缆防雷措施是，在每盘光缆的接头处或再生中断器处将所有金属物件都作电气连接，在光缆的终端也将光缆中所有金属构件直接或通过冲击保护器件接到等电位连接排上，光缆金属护层不沿路由实施接地，光缆上方敷设排流线。

考虑到在多山、多沙漠、高土壤电阻率的地带埋设一组合格的接地线十分困难，采用第一种防护措施较为适宜，因为光缆接头处不接地，可以减少很多接地装置，大大减少了工程费用和维护工作量。另外，光缆接头处缆内金属构件不连通，相当于添加了分割滤波器，不致于使感应电动势在光缆中的积累超过光缆的耐压指标，光缆引入光缆中继站的雷害途径被阻断，从而也可排除经线路引入雷击的可能。

⑦光缆敷设前采取的防雷措施

由于地貌不同、土壤电阻率大小不同，大地雷击概率也不同，故原则上总是选择雷击概率低的地域敷设光缆。从技术层面上看，在光缆敷设前，应采取如下措施预防雷击。

光缆线路应尽量敷设在雷击活动相对较少的平原地区或整体土壤电阻率较低的地域，如其必须经过山地，也应力求避免敷设在山顶或山脊上。

·在选择光缆线路路由时，光缆线应与独立建筑物、电力杆塔、古塔等保持一定的净距离(L_1)。

当土壤电阻率 $\rho<100\Omega\cdot m$ 时，L_1 为 10m；

当 $100<\rho<500\Omega\cdot m$ 时，L_1 为 15m；

当 $\rho>500\Omega\cdot m$ 时，L_1 为 20m。

·光缆线与孤立大树也应保持适当的净距离(L_2)。

当土壤电阻率 $\rho<100\Omega\cdot m$ 时，L_2 为 15m；

当 $100<\rho<500\Omega\cdot m$ 时，L_2 为 20m；

当 $\rho>500\Omega\cdot m$ 时，L_2 为 25m。

· 在光缆上方布置排流线。这种排流线通常为截面积不小于 $50mm^2$ 的镀锌钢线。当某一区域的土壤电阻率 $\rho<500\Omega\cdot m$ 时，在该区域只设一根排流线；在 $\rho>500\Omega\cdot m$ 的区域，可设计为两根。

· 对采用架空方式敷设的光缆，除参照上述(1)、(2)、(3)条措施外，还可充分利用原金属吊线和线路杆的避雷措施来避雷。同时将吊挂光缆的钢绞线每间隔 500～1000m 接地一次，钢绞线不必断开，但要将光缆中的金属部件在接头处全部作电气断开，且吊线两端应作接地处理。

· 在雷电灾害频繁地区，根据具体情况，既可安装防直击雷效果较好的架空避雷线，也可采用非金属加强芯光缆或超厚四外护层光缆。

· 与光缆连接的各种有源设备宜采用就近提供电源，而不使用远距离供电。并做好电源防雷工作，如安装电源 SPD 或采取变压器隔离。

⑧针对光缆金属构件的防雷措施

采用光缆接头处金属构件前后断开方式的，不作电气连接和接地处理，但应在接头处将缆内金属物件短接为一体，以均衡电位，防止接头处产生电弧放电。

在光缆接头处将缆内金属构件作电气连通，为避免一次雷击通过金属构件传输而造成多处雷击故障，应在接头处都做集中接地处理。

8.6.5 传输网络的雷电保护

计算机机房网络通信系统的雷电防护包括广域网雷电防护、局域网雷电防护、无线通信系统雷电防护、光缆通信雷电防护和机房内部设备之间的串口雷电防护等。

8.6.5.1 广域网的雷电防护

广域网线路一般租用电信专用线路或共用电信线路以及机房通信设备使用的专线，如 X.25、VII、V24、综合业务服务网(ISDN)、数字数据网(DDN)以及公共开关电话网络(PSTN)等。

广域网用于远距离数据传输，广域网从四通八达的户外引入机房内，是雷电的重点袭击对象。在进入机房设备(调制解调器或其他设备)前应安装具备二级保护功能的防雷保护器，第一级一般为惰性气体火花间隙保护器，通过 RLC 解耦后进入第二级半导体过电压保护器。另外，需要防护线与线之间以及线与大地之间的雷电入侵，保护器的损耗指标应该满足计算机设备的 IEEE 标准的有关要求。租用电信线路进行数据传输的防雷保护器必须抵御和吸收 5kA 雷电流(8/20μs)感应雷击，必须具备线与大地之间的防雷保护功能。同时，还必须增加线与线之间的雷电保护措施，其中包括 X25、ISDN 和 DDN 等

PSDN 防雷器件使用于 48V 系统中，且包含 180V 振铃电压，所以未使用之前必须

详细了解防雷器件的使用场合和被保护设备的特殊工作要求。例如：PSDN 调制解调器有带铃压的和不带铃压的两类，其中带铃压的调制解调器的工作电压为 48～54V，铃压为 175～180V，SPD 的保护电压应该大于 180V；不带铃压的调制解调器的工作电压为 48～54V，SPD 的保护电压不小于 54V。如果两类 SPD 混装，前者将造成通信信号短路，后者将导致防雷工作失败。

①网络布线系统避雷做法

采用光缆作为骨干网络连接介质，则不需安装避雷器，可以直接架空铺设。

若采用双绞线作为室外连接，则最好选用专用金属铠装直埋电缆，否则必须穿管埋地敷设。

室内部分双绞线，敷设在等电位的弱电金属桥架或金属管道内，金属桥架和金属管道需与接地系统连接良好，接地电阻不得超过 1Ω。

布线系统不能与强电电线共用金属桥架或金属管道。

对于架空电缆，则必须在网络输入端采取防雷措施，如装避雷器、压敏电阻、滤波电路等来抑制其干扰。

②信号线路雷电防护设计要求

被保护设备的外露架空天线及馈线均应置于防直接雷装置的保护范围内，即 LPZ0B 区，以防止直接雷击。

天馈线路的外导体层（屏蔽层、金属铠装层等）均应作等电位连接。

总长度不大于 10m 的天馈线路在天线处和进机房前将其外导体就近与等电位连接带相连。

总长度大于 10m 的天馈线路则应增加等电位连接点，除了上述等电位连接点外，还应在馈线中间、安装在曲率较大处作等电位连接。

等电位连接线截面应大于馈缆外导体的有效截面，连接点处应做好防潮防腐蚀处理。

使用波导作为天馈传输系统时，波导传输系统的金属外壁与天线架、波导支撑架及天线反射器应作电气上的连通，波导管弯头处及波导的段与段之间作连接用的法兰盘，在其对角的连接螺栓处应采用截面积为 4～6mm^2 的镀银铜导线将两个连接法兰盘予以连通，形成防雷等电位连接。

进出建筑物的信号传输线缆应选用有金属外护层的电缆或穿金属管道，并在进入建筑物前埋地，在入口处，电缆金属外护层或金属管应作保护接地并作等电位连接。

楼宇、工作机房的信号线缆应尽可能作结构化布线并尽可能远离动力线缆和天馈线缆，在主机房或终端机房应设置符合相关行业规范的信号线路配线架、分线盒、终端用户盒，严禁布放架空线缆。电缆内芯的空线对的两端应作保护接地和等电位连接。

在馈线和信号线进设备前，应安装防雷保护 SPD，n 个外引线缆就配 n 个保护

SPD,也可以进行多级防护,第一级SPD安装在集线箱或分线箱处,末级SPD尽可能在靠近电子设备的端口安置。SPD的接地应尽可能与其它地共地,SPD的接地引线应尽可能的短,以减小引线上的电感电压降。

信号线路防雷保护SPD的选用,应根据被保护设备的工作频率、平均输出功率、接口形式及特性阻抗等参数选用,并应满足系统特性要求,天馈线路的防雷保护SPD的参数指标不得低于以下指标:

· 插入损耗≤0.3dB
· 响应时间≤10ns
· 电压驻波比≤1.2
· 雷电通流容量≥5kA
· 动作电压1.2U_B,U_B为信号系统工作电压

SPD的接地端应就近与引接到室外馈线入口处的接地线以及附近等电位连接网相连。在机房入口处的接地线应就近与地网引出的接地线妥善连通。

程控数字用户交换机模拟/数字信号线路电涌保护器SPD的选用,应根据配线架所连接的中继线性质(属模拟中继线AT或数字中继线DT),选用与其工作电压及限制电压适配的SPD。每一路信号都安装一个信号线路SPD,有n个线对就安装n个SPD,各类线对SPD可组合安装在一个箱内,各个SPD的接地端应分别连接至箱内的接地汇集线上,再从箱内接地汇集线用截面≥6mm^{2}的多股铜线连接到机房的保护接地上。配线架及金属支架、机柜等均应作保护接地。

对A、B、C类系统中,用户终端设备(或用户信息插座)内宜装设信号SPD;D类系统中的用户端是否装设信号SPD,由设计人员视工程性质确定。各类信号SPD的参数应符合相关规定及工艺设备特性要求。

在计算机网络中的各类通信接口、计算机主机、服务器、路由器、交换机、各类集线器、调制解调器以及各类配线柜等设备的输入、输出端口处,应根据设备的重要性装设适配于计算机信号的SPD。

进入室内与计算机网络连接的信号线路端口应装设适配于信号线路端口的SPD。

DDN的外引数据线路端口及与PSTN相连的端口应装设信号线路SPD。

当终端设备与集线器之间的距离超过30m时,宜在两端加装一个信号端口SPD。

ISDN网络交换设备的输入、输出端应分别装设一个适配的数据信号SPD。

对于计算机网络数据信号线路,应根据被保护设备的工作电压、接口类型、特性阻抗、信号传输速率、频带宽度及传输介质等参数选用插入损耗小、限制电压不超过设备端口耐压的SPD。

数据传输线路(X.25、ISDN、DDN等)的防雷保护器必须能够抵御和吸收5kA雷电流(8/20μs感应雷击),须具备线路与大地之间以及线与线之间的雷电保护措施。

③建筑物内部计算机网络雷电防护

建筑物内部或机房内部计算机设备之间的用于进行数据交换和数据处理的网络系统，是局域网雷电防护的重要部分。局域网雷电防护的重点是做好局域网网线的屏蔽措施，同时加强终端设备局域网端口的雷电防护。局域网通常以双绞线传输数据，无屏蔽保护，布线也往往不规范，除了有可能遭受感应雷击的袭击外，交流线路的干扰也会对网络系统造成影响。

在局域网传输线端口的两端安装防雷器，可有效地防止各种过电压对设备造成的破坏。局域网的网口应该采取雷电防护措施，服务器、网络交换机以及集线器等的端口应加设专用防雷器。出户的局域网线及 BNC 远程局域网也须安装防雷器。对于出入小型机、服务器、网络交换机以及集线器等的 RJ45(1、2、3、6)端口，应加设专用 SPD。对于 485 数据线接口、422 数据线并口、RS232 数据串口应安装与其匹配的 SPD，匹配的原则是防雷标准和计算机通信协议。

· 将计算机房的地线与大楼柱筋重复接地，形成共用接地，使地线更好地泄流。将机房的防静电地板、机柜接地。

· 调整交换机的摆放位置。尽量远离建筑物的结构柱和外墙，减少雷电脉冲对设备的损害。

· 调整布线，电源线和信号线尽可能避免沿建筑物的结构柱和外墙敷设，并对电源线和信号线进行屏蔽敷设。

· 安装电源和信号避雷器。

④无线通信防护系统

无线通信是利用微波、卫星等高频电子技术进行有效交换数据的一种基本联络方式。经常在建筑物上再架设天线，由天线通过馈线把电信号输送给接收机和发射机。由于天线较高，属于地面突出物，馈线的屏蔽层与机壳和大地相连接，是雷电释放入大地的良好途径。一旦雷电沿此途径入地，必将使设备烧毁。为此，必须在天线馈线进入设备前安装防雷器，由于无线通信系统的使用频率较高(一般为 800～2 500MHz)，要求防雷器的插入损耗较低，所以只能使用间隙保护器件进行有效的防护。

通信系统的天线和馈线用的 SPD 分为以下几种：

一是 BNC 型，用于视频系统，使用频率为 100MHz 以下；

二是 F 型，用于一般的卫星天线系统，使用频率为 100～890MHz：

三是 N 型，用于高频天线，多用在频率为 2500MHz 以下的 CDMA 和 SCDMA 系统。

对于上述几种类型的天线馈线 SPD，在设计选型时应使其使用频率满足系统工作频率的要求。

天线馈线 SPD 的标称导通电压应大于 1.5U_c，标称通流容量应不小于 5kA(8/

20μs 波形)。插入损耗对高频系统(30～300MHz)来说应小于或等于 0.2dB。对甚高频系统(0.3～10GHz)来说应小于或等于 0.3dB。SPD 的响应时间一般应低于 10ns。天线馈线上选用的 SPD 的最大传输功率应大于平均功率的 1.5 倍。其他参数,如工作频率、驻波比、残压、特性阻抗以及接口参数等均应符合系统要求的指标。

在视频传输同轴电缆上,宜在设备或系统的输入、输出端上安装视频信号 SPD。其工作频率、带宽、驻波比、特性阻抗、残压以及接口参数均应满足系统要求的指标。

必须强调指出,采用任何防雷方法时都必须具有一个良好的接地系统,使雷电浪涌电流顺利地流入大地。否则,安装任何类型的瞬变电压抑制器也不能收到预期效果。

8.6.5.2　选用和使用 SPD 注意事项简介

· 应在不同使用范围内选用不同性能的 SPD。在选用电源 SPD 时要考虑供电系统制式、额定电压等因素。对于信号 SPD 在选型时应考虑 SPD 与电子设备的相容性。

· 信号 SPD 应满足信号传输带率、工作电平、网络类型的需要,同时接口应与设备兼容。

· 正确的安装才能达到预期的效果。SPD 的安装应严格依据厂方提供的要求安装。

对电涌的防护归根到底是对过电压进行限幅(箝位),对过大的能量进行分流泄放。任何一个种类的保护器件都有其自身的应用局限性,因此,需要组合使用。一般来说,电火花隙器件由于其保护电压高,分流能力强,通常用作第一级保护。半导体二极管(包括一般二极管和齐纳稳压二极管),由于其保护电压低,且可精确箝位,可用作直接和电路相连的保护。变阻器可用作第二级或第一级保护,它具有介于电火花隙器件和半导体二极管之间的保护电压,分流能力也很大。

在设计保护电路时,有两个问题需要注意:一是保护电路对系统的影响,即保护电路的响应时间和寄生电容。工作频率较低的电路比较容易满足要求,工作频率高的电路则难以满足要求,这是由于电火花隙器件的响应时间长、齐纳稳压二极管和氧化锌变阻器的寄生电容较大的缘故;二是强辐射对保护器件及保护电路本身造成的损伤,以至降低保护效果,甚至导致保护失败。因此,在使用电涌保护电路时,必须注意避免直接受辐射照射,同时要设法提高其抗辐射的能力。

8.6.6　有线电视网络的雷电防护

有线电视系统的电子设备即使处于外部防雷装置保护范围之内,仍然可能遭雷击而受损,在大多数情况下都是熔断熔断器,损坏电源变压器、整流元件、三端稳压器,严重的还可能损坏集成电路等元件。从有线电视系统电子设备损坏的情况看,雷击引起的感应过电压、过电流是由有线电视系统的天线馈线、网络输出线及电源线引入的,可见外部防雷装置虽保护了安装有线电视设备的建筑物，却保护不了置于其内的有线电视电子设备。通过分析发现，有线电视电子设备损坏主要是由雷电感应造成的。

8.6.6.1　有线电视传输干线防雷

敷设于空旷地区的地下电缆，当所在地区年雷雨天数大于20天及土壤电阻率大于100Ω·m时，电缆的屏蔽层或金属护套应每隔2km要有一个接地点，以防止感应电的影响。在电缆分线箱处的架空电缆金属护套，屏蔽层及钢绞线（每隔250m）应与线杆拉线共用接地装置并良好接地。

有线电视干线放大器大多安装在室外，雷雨季节易遭雷击而损坏，造成有线电视信号终断，影响用户收视。而且雨天抢修不方便。在放大器上加装避雷器是一种可行办法。既可保护干线放大器免遭雷击坏，而且减少检修方面的费用，又可保证用户正常收视。

CATV干线中，除干线放大器容易被雷击毁坏外，雷电还会沿着传输干线引入室内，把光发射、接收机及家庭电视机击毁，甚至致人伤亡。如能在干线系统上加装性能优良的避雷器，则可使灾害发生的概率减至最少。

① 同轴电缆系统的防雷方法

同轴电缆系统的防雷方法有接地防雷法、限压防雷法、隔离防雷法等。

接地法就是在每一个放大器或者其他容易遭受雷击的器件单独装设接地线，使雷电产生的能量释放到大地，对器件起保护作用。其要点一是接地电阻尽量小，二是必须和电源接地线分开，否则不起防雷作用。

限压法就是在设备的端口处并按一个限压型防雷器件，使电缆的感应雷电压限制在一定幅度范围之内，从而保护设备，其缺点是防雷器件本身经过放电后，容易失效或烧毁。

现有光节点（光站、光接收机）及放大器防雷措施普遍采用防雷管，击穿后防雷管导通，现有CATV网普遍采用AC60V集中供电，故防雷管始终击穿，瞬间高压过去后不能自动恢复，直接将供电器保险丝熔断为止，不便于系统维护，选择避雷器也可以采用可控硅技术，具有瞬间吸收高电压及大电流作用，电压恢复正常后自动恢复。

为保证干线中交流60V供电不受损失，避雷器的限制电压设计为110V左右，这样既不会使60V的峰值受损，又能在较低电压下启动。

隔离法就是使电缆及其所连接的器件屏蔽在雷电感应区域之外，在实践中一般采取埋地铺设法，即电缆沿地下管道铺设，受大地的屏蔽效果的保护作用不会感应雷电，但是埋地铺设工程量大，资金投入多，而且在楼房入户区域必须架空入户，不可能采用这种方法，还须采用其他方法防雷，以维护系统的稳定性。

② 平行防雷法

同轴电缆为不平衡电缆，当有雷电发生时，外屏蔽层导体产生感应电动势；内导体受外层导体屏蔽不受影响，在一定长度的电缆上，内外导体的感应压差从一端累积到另一端足以损坏相连设备。在电缆中串接平衡转换装置情况下，可使内外导体受感应的机会相等，那就可以有效地消除因雷电产生感应压差，达到防雷目的。

按国家规定，电视调制信号的频谱都在 40MHz 以上，和雷电波的频谱有一定差距，很容易用简单的滤波器将两者区分开来，便于制造平衡转换装置。

A. 高通滤波器

高通滤波器的作用有三：一是让电视信号通过；二是保持信号传输的不平行结构和两端连接的电缆匹配；三是阻断雷电波沿外层导体继续累积。

B. 低通滤波器

低通滤波器的作用有二：一是防止信号“短路”；二是让受感应雷电的外层导体上的感生电动势转入另一端的内层导体上，防止其再受感应，让没感应雷电的内层导体连接另一端的外层导体，使两端电缆的外层导体受感应的机会均等，有效地消除了内、外层导体之间的感应压差，以达到防雷的目的。

以上是以“频分”的手段达到平衡的防雷方法，这种方法不仅适用于有线电视系统，而且也适用于信号频率与雷电波频率可分开的同轴电缆传输系统。如果信号频率和雷电波频率相等或相近，可采用“时分”的方法达到平衡，即在平时电缆呈“直通”状态、受雷电感应时，引起电缆两端的内、外层导体互接，使两端的内、外层导体受感应的机会相等，也可保持内、外层导体的感应电压基本平衡，以减少同轴电缆传输系统感应雷击的概率。

③ 有线电视传输网络的防雷措施

有线电视传输网络遍布城乡，光缆、电缆线路跨越各种地形，在建网初期就要按照防雷的技术要求进行调查研究，勘察网络的路由，选择接地线的接地点，测量接地线埋设地段的土壤电阻率，调阅历年的气象资料，了解雷击区的分布情况。在掌握有关信息之后，可采用以下防雷措施。

A. 有线电视网络的干线、支干线可与供电局的电力杆同杆架设时，在电力线下约 0.8m 处，若供电线上有避雷线，则可对有线电视传输网络起到很好的避雷作用，供电避雷线的接地电阻应在 4Ω 以下。

B. 将电缆的钢绞吊线多点接地。每隔 10 个杆档(约 0.5km)，将钢绞线可靠 T 接后(避雷引下线与支撑钢绞吊线的连接应可靠并进行防腐处理)沿电杆引下至埋设接地体处，其接地电阻小于 4Ω。这样，整个传输网络的钢绞吊线多点接地，组成一个有效的电视传输网络的接地系统。

C. 在有线电视线路经过的特殊地段(如山冈、丘陵等)时，要增加接地体的数量或将接地体焊接成地网；对于电阻率大的土壤，应采取换土、加降阻剂等方法以减小接地电阻，使接地电阻小于 10Ω；在地理位置特殊的地方，应架设专用水泥杆并装设避雷针、地线以及接地体等。

D. 有线电视传输网络中的设备(如干线放大器、光接收机和电源供给器等)外壳都要与支撑钢绞吊线连接,并在设备两侧加装接地引下线和接地跨接线以增强避雷效果;在干线、支干线线路终端处加装钢绞吊线的引下线并引至接地体。

E. 卫星天线引入的同轴电缆应采用四屏蔽同轴电缆(接入网电缆)或单屏蔽层的同轴电缆穿金属护套管敷设,外屏蔽层的上端与天线立柱可靠连接,下端与接地干线连接。同时接收机与调制器、播控台与调制器之间的信号电缆与电源线应分沟敷设。播出机架采用全金属屏蔽式结构,进出播出机的电源线和信号电缆应分开敷设并采取相应的屏蔽措施,屏蔽地应与播出机的机架地汇集于汇流排后与室内的接地母线可靠连接。

④放大器供电防护

有线电视传输干线系统放大器有两种供电方式,独立市电供电和集中低压过流供电(又分为直流供电和交流供电两种情况)。其中,独立市电供电的放大器每一级均有可能从市电网中引入雷电感应电流,当其中一级遭雷击损坏时,将影响下一级的信号传输,所以独立市电供电的放大器较少用于多级传输。在集中低压过流型放大器传输系统中只需一个供电器,而同级电缆既充当信号传输线又充当输电线,只要供电器工作正常,即使其中一个放大器所在区域停电,也不影响信号传输。

由于在过流型放大器中输入端与输出端的芯线低频短路连接以使供电电流流过,这等效于将与输入、输出端连接的同轴电缆延长后连接起来。当雷电发生时,外层导体受雷电感应,内层导体不受雷电感应且已连接在一起,增加了内、外层导体感应压差的强度。为此,应在过流型放大器传输系统中增设线路平衡防雷器,这将有效解决放大器端口传输线内、外层导体感应压差高的问题。具体实施方法如下:

A. 在低压交流供电系统中,在连接供电器和第一个放大器的同轴电缆的一半长度处装上平衡防雷器。这样除非雷击放电点非常接近电缆的某一端,否则可认为放电点与防雷器两端的电缆距离相等或接近相等,防雷器两端的电缆所受的雷击感应强度相等或接近相等,在放大器端口处的电线内、外层导体的感应压差得到消除,从而保护了放大器。

同理,若在第一个放大器和第二个放大器之间连接的电缆一半处也装上一个防雷器,则第二个放大器也可以得到保护。

B. 独立市电供电放大器系统也可采用上述方法防止从同轴电缆处引入感应雷击,但是防范从电源引线引入的雷电感应时应采取其他防雷措施。

C. 在低压直流过流供电系统中,由于平衡防雷器的“换相”作用,必须两两相连,使极性相反的内、外层导体再恢复到供电器输出时的极性,使同型号的放大器能得到供电,其防雷效果也和交流供电一样。

另外，还要注意机房内的所有设备，输入、输出电缆的屏蔽层以及金属管道等应做好接地。设备接地、建筑防直击雷接地以及交流供电系统的接地应连接在一起，组成共用接地系统。

8.6.6.2　接收天线的防雷接地

有线电视的接收天线和支架一般架设在建筑物的顶端，为防止雷电直击，应把所有的有线电视系统的接收天线(包括卫星接收天线的接地端及金属构件)连接在一起并可靠接地。在接收天线的支架上应装设避雷针，避雷针与天线之间的最小水平间距应大于3m。避雷针的高度按“滚球法”计算保护，避雷针的高度应能使天线设施完全处于其保护范围之内。

建筑物已有防雷接地系统时避雷针和天线竖杆的接地应与建筑物的防雷接地系统共地连接，接地电阻不大于4Ω。

有线电视天线系统除应有良好的避雷设施和可靠的接地外，还应采取如下措施：

①天线输出端应安装有线电视专用浪涌保护器。

②天线输入、输出电缆应按接地的技术要求接地。

③天线放大器或频道放大器中应安装由气体放电管及快速反应保护二极管组成的浪涌保护器。

如果在雷电来临时仍无有效的防雷措施，则可以采用拔掉天线和电源插头的办法，这样固然可以保护电视机不被雷击损坏，如果拔下的电视天线插头和电源插头，放在电视机旁，由此从电视天线中引下的高压并没有消失，一旦有人触及或靠近插头，就会对人体击穿放电，造成人身伤亡事故。由此可见，为了既保护电视系统设备，同时又能保证人身安全，有线电视系统必须采取行之有效的防雷措施。

8.6.6.3　防止天线系统的雷电感应和雷电波入侵

在有线电视系统中的放大器、混频器、分配器以及电视机等内部有很多电子元器件，耐压水平很低，易被雷电感应电压击穿而损坏。当雷电直击接闪器或电视天线附近等部位时，在电视天线系统中都可能发生雷电感应，所以防止雷电感应是至关重要的。

目前，在室外电视天线系统中，电视天线信号引下线均采用普通的单屏蔽同轴电缆，一般都是紧贴金属支杆明敷，引下至支杆底部后穿一段钢管进入室内电视转播或接收设备，有的甚至没有穿管就直接引入室内。当雷电直击在电视天线的接闪器或天线附近时，对此段电缆产生的感应过电压会导入室内击坏电视转播或接收设备。当雷电直击接闪器时，强大的雷电流通过支杆(或铁塔)向下散流入地，在支杆周围形成一个强大的瞬变电磁场。此时，平行固定在支杆上明敷引下的电视电缆正好处于最强的瞬变电磁场中，产生的感应高电压将沿信号电缆引入室内的电视转播或接收设备上。

若室内的电视转播或接收设备无有效的防雷电感应措施，便会被击穿。对于电视用户而言，如果电视天线插头与电视机的电源插头都插着，且电视机的电源开关接通（正在看电视），那么高电位就会经电视机内部绝缘水平较低的部位向低电位的地线击穿放电，从而损坏电视机。

电视天线插头和电视机的电源插头都插着，但没有接通电源，此时其绝缘程度比正在看电视的情况要高，通过电视机的雷电流相应小一些。被损失的程度相对轻一些。

为了防止雷电感应，共用的电视天线系统主要采取屏蔽、等电位接地和滤波等措施。首先，对电视天线信号引下线采用屏蔽措施，电视天线引下线的同轴电缆穿镀锌钢管引下，镀锌钢管两端可靠接地。这样可使电视信号引下线上的雷电感应降低到最低程度。

接地与防雷也有密切关系。从屋面引入室内设备的信号电缆所穿的钢管、设备金属外壳、放大器金属外壳、分配器金属外壳以及进出建筑物的各种金属穿管等都要有良好的接地，进出建筑物的所有单层屏蔽或双层屏蔽同轴电缆的内屏蔽层必须采取防雷器接地措施，以滤除未屏蔽掉的过高残压，保护电视系统设备内的电子元器件免受过压击穿的危险。

8.6.6.4 有线电视前端机房的防雷屏蔽

传统的屏蔽室一般采用钢板密封焊接，同时采用屏蔽门、滤波器、波导管等设备，由于造价昂贵和施工条件等限制，在工程上难以推广。单从防雷角度考虑，有线电视前端机房的电磁屏蔽只要满足一般要求就可以了，而国家标准是达到 120 dB，要达到这个标准相当不容易，而且单从防雷角度也没有必要达到那么高的标准。

有线电视前端机房屏蔽由高密度铜网和高密度钢网构成，钢网接地，内部铜网不接地形成悬空地，或内部铜网单独接地。其主要原理是应用铜网和钢网组合构成的双基板电容的滤波效应，以达到屏蔽雷电电磁脉冲的作用。

具体实施过程中应尽量使铜网与钢网机械隔离，以增大其形成的电容和容量，达到最好的滤波效应，同时在钢网和铜网的敷设过程中应增加短路环，使铜网、钢网的有效接地面积增大，以达到整个屏蔽机房的等电位作用。

在新建毛坯房铜网和钢网敷设完毕后，在地面上重新制作水泥地面保持地面平整，最后进行静电地板的敷设，为使每块静电地板都处于等电位状态，应在静电地板的每一个支架下敷设 0.1×100mm 的紫铜带，并形成网格与屏蔽层的外层钢网共地。

屏蔽室的门一般采用双层双开白钢无窗防盗门并与机房的地线连接，既实现均压等电位又达到屏蔽接地的目的。

8.6.6.5　有线电视系统前端设备的防雷接地

如果在有线电视前端设备附近发生雷击，则会在机房内前端设备的金属机箱和外壳上感应出高电压，危及设备和人身安全，因此，机房内的所有设备，输入、输出电缆的屏蔽层以及金属管道等都需要可靠接地，设备接地与建筑物的防雷设施接地及工频交流供电系统的接地应在总接地处连接在一起。系统内的电子设备接地装置和埋地金属管道应与防雷接地装置相连，不相连时两者之间的距离应大于3m。

机房内敷设的接地母线表面应完整，并且无明显的锤痕以及残余焊剂渣；铜带母线应光滑无毛刺；绝缘线的绝缘层不应有老化、龟裂现象。一些前端设备（如调制器、接收机等）设有过压保护，在总电源处加装电源避雷器，以更好地保护前端设备。

新型发射机大量采用了微电子技术和计算机技术，因而设备的抗浪涌和抗电磁干扰能力很弱，对电源质量的要求高。而机房供电普遍存在着过压、欠压、浪涌、电网谐波等一系列问题，严重影响了发射机等机房设备的正常运行，因此，为机房供电提供一套电源综合防护方案已是有线电视系统设备安全稳定运行的必要条件。

①机房电源防护方案

配电线缆进入建筑物时，在靠近建筑物的地方，应将电缆的外导电屏蔽层接地，架空电缆直接引入时，在入户处应增设避雷器，并将电缆外导体接到电气设备的接地装置上，电缆直接埋地引入时，应在入户端将电缆金属外皮与接地装置相连。不要直接在两建筑物屋顶之间敷设电缆，可将电缆沿墙降至防雷保护区以内，但不得妨碍车辆的通行，钢线应作接地处理。

采用有线电视机房电源综合防护方案，可以提高有线电视机房供电的可靠性，可有效地抑制浪涌、谐波及电磁干扰。在机房电源综合防雷系统的实施中还应采取以下措施：

A. 在低压架空线路线转换埋地电缆进入机房的第一根电线杆上加装低压避雷器，抑制沿电源线路引入的雷电波，降低侵入机房雷电过电压的幅值。引入室内的电源线应采取穿金属管埋地敷设的方式，并将金属管两端可靠接地。电源线在进入电子设备前可绕几个圈以形成小电感，这虽然对50Hz电流没有什么影响，但对阻挡雷电波侵入设备却有一定作用。

B. 在相线与避雷地线、零线与避雷地线之间各装上一个0.22kV氧化锌无间隙避雷器，不仅可以有效防雷，还可以防止由于三相四线进户零线断线时引起中性点位移而产生的过电压危及人身和机器设备安全。

C. 在机房内加装1：1的电源隔离变压器，使用防雷电源插座，构成四道保护墙，由机房内引出的同轴电缆的屏蔽端（采用内供电的系统即为供电器的输出端）应接地。机房前端设备的交流接地、直流接地、机架接地、屏蔽接地以及安全保护接地等应就近与机房内接地母线可靠连接,使各接地之间保持等电位,不存在电位差。接地电阻按以上各类地的接地电阻最小值确定,定期采用专用接地测试仪对其进行检测,并根据测试结果采取相应的措施,以确保保证接地系统良好。

D. 机房中一般还要安装一些其他用电设备,这些设备可能会产生一些高次谐波或电磁干扰,窜入电源线后将对发射机的信噪比、失真度等指标造成一定影响。因此,在机房电源综合防护方案中还应考虑加入电源滤波器,以有效地滤除沿电源线传输的高次谐波和电磁干扰。

E、设计和实施机房接地系统时,一定注意接地电阻的最小化,接地电阻大时防雷效果就差,应尽量地减小接地电阻,最好将其控制在4Ω以下。

②有线电视机房设备综合防护方案

在低压交流供电系统中,如果在供电器上采用接地法防雷,输出电压不受雷电影响,在连接供电器和第一个放大器的同轴电缆的一半长度处装上平衡防雷器,可认为放电点与防雷器两端的电缆距离相等或接近相等,防雷器两端的电缆受雷击感应强度接近或相等,在放大器端口处的电线内外层导体受感应的压差得到消除,保护了放大器。同理,在第一个放大器和第二个放大器之间连接的电缆一半处也装上一个防雷器,第二个放大器也得到保护。如此类推,由这个供电器提供电源的每一个放大器,无须采用接地法或其他防雷方法也可得到有效的防雷效果,大大降低施工强度,节省了成本。

对于单管半波整流的放大器,因防雷器的"换相"作用,使交流电的上下半周均得以利用,提高了电源的利用率。独立市电供电放大器系统也可采用以上办法防止从同轴电线处引入感应雷击,但是防备从电源引线引入的雷击得采取其他方法。

在低压直流过流供电系统中,因防雷器的"换相"作用,必须两两相连,使极性相反的内外层导体再回复供电器输出时的极性,使同型号的放大器能得到供电,其防雷效果也和交流供电一样。

以上是以"频分"的手段达到平衡的防雷方法,不仅适用于CATV系统,其他信号频率与雷电频率可分开的同轴电缆传输系统也可使用。

如果信号频率和雷电波频率相同或相近时,可采用"时分"的方法达到平衡,即在平时电缆呈"宜通"状态,受雷电感应时,将两端的内外导体互接,使两端的外导体受感应的机会相等,也可保持内外导体的感应压基平衡。

③机房内的等电位

机房内的硬盘监控设备和非接触门禁系统以及PSTN,ISDN等信息产品的终端设备的外壳都与屏蔽室内静电地板下的防静电母带连接形成等电位。

前端机房一般采用UPS供电,所以其电源系统的防雷也至关重要。现在一般采用3级防雷措施,但精密设备的防护级别应该得到重视,因此,在对电源系统的保护设计中在设备前端设计1只防雷插座是必要的,除电源系统外,有线电视系统RF信号,卫星接收机、网络设备和门禁系统的 RS485 信号等弱电系统也要增加相应的浪涌保护装置。

④建筑物内合理布线

另外，就是用户建筑物的综合布线问题，同样应该引起重视，合理布线可以减少雷电流所产生的磁场及线路之间的耦合，其实质是改变系统内线缆之间的分布电容、分布电感、公共阻抗，在施工时应注意：尽量靠近建筑物中心部位布线，并减少潜在的感应环路，防止外部的辐射干扰；同轴信号电缆应避免与引下线、泄流线并行、靠近敷设，防止线缆从引下线感应到浪涌。

CATV 系统建筑物内的合理布线可以减少雷电流所产生的磁场及线路之间的耦合，其实质是改变系统内线缆之间的分布电容、分布电感、公共阻抗，在施工时应注意：

· 尽量靠近建筑物中心部位布线，并减少潜在的感应环路，防止外部的辐射干扰；

· 避免与引下线、泄流线并行、靠近敷设，防止线缆从引下线感应到浪涌；

· 大负载设备应单独供电，不应与其它系统合用，防止切换操作过电压的干扰；

· 尽量采用光缆，但采用光缆应注意将金属加强筋进行接地连接；

· 适当地增加引入线长度，或设置成电感形式以增大匝间电容和对地电容，可抑制雷电波头陡度；

· 信号线与电力线缆及其他管线之间的距离应符合 GB50343－2004 的要求。

§8.7　智能建筑雷电防护设计

城市上空出现雷云时，由于雷云的感应，使附近地面或地面上的建筑物积聚电荷，从而地面与雷云间形成强大的电场。处于市区的高层建筑物周围空间的电荷浓度较大，易形成向雷云方向的上行先导放电，当这个先导逐渐接近地面物体并达到一定距离时，地面物体在强电场作用下产生尖端放电，形成向雷云方向的先导并逐渐发展成上行先导放电，两者会合形成雷电通路，从而引发雷击。

智能建筑是由楼宇自动化 BA(Building Automation)、通信自动化 CA(Communication Automation)、办公自动化 OA(Office Automation)在综合布线的基础上，通过系统集成技术而构成的一个综合管理系统。智能建筑随着现代计算机(Computer)技术、现代控制(Control)技术、现代通信(Communication)技术和现代图形显示技术(CRT)，即所谓 4C 技术的发展和在建筑平台上的应用，"智能建筑"的使用功能和技术性能与传统建筑相比较发生了深刻的变化，从而使这种综合性高科技建筑物成为现代化城市的又一个重要标志。

其中通信自动化系统(通信系统)是智能大厦的"中枢神经"系统，具备来自大厦内外的各种信息的收集、处理、存储显示、检索和提供决策支持的能力，以满足办公自动化大厦内外通信的需要，提供最有效的信息服务。

智能化建筑通信系统中各种电子器件、计算机和网络设施等，其特点是电子器件密度大、集成度高，因而，它受雷电电磁脉冲袭击的危险性也大大增加，其后果可能使整个建筑内的通信系统的设备部分或全部损坏、数据丢失和运行失误，直至处于瘫痪。因此，如何能有效地避免雷电在通信系统中的破坏作用，是智能建筑设计中的一个重要环节。

在设计中，如果单纯地将智能建筑按照规范划为第二类防雷建筑物进行，并不能满足智能建筑运行时设备安全和抗干扰的要求。不论是由接闪器直击雷、雷电感应电荷，其强大的电流都会在建筑内部（LPZ1 以上区域）感应出较大的电压波动和信号干扰，从而造成电子设备的损坏和传输数据的错误。对于电子设备分布密集度高的通信系统来说，专门的防雷设计要求迫在眉睫。

8.7.1 设计前准备

8.7.1.1 收集资料及勘测内容

① 新建工程收集资料内容：

· 观察了解被保护建（构）筑物所在地区的地形、地物状况、当地气象条件（雷暴日）和地质条件（土壤的电阻率）。

· 需保护的建筑物（或建筑物群体）的形状、结构、长度、宽度、高度及位置分布，相邻建筑物的高度及与需保护的建筑物的距离。

· 各建筑物内各楼层及楼顶需保护的电子信息系统设备的分布状况。

· 配置于各楼层工作间或设备机房内需保护的设备种类、功能及性能参数（如工作频率、功率、工作电子、传输速率、特性阻抗、传输介质等）。

· 信息系统的计算机与通信系统网络拓扑结构。

· 信息系统电子设备之间的电气连接关系、信号的传输方式。

· 供电、配电及电网质量情况，以及配供电系统形式。

· 有无备用发电机供电，市电和发电机供电的切换方式。

· 有无直流供电系统（包括整流设备供电、蓄电池供电或太阳能电池供电），供电电压及工作接地方式。

· 对将配置信息系统电子设备的各工作间或机房依次进行详细了解。

· 了解建筑物其他构件结构及屋内其他构筑物情况，了解建筑物立面装修形式及材料。

② 对已建（扩、改建）工程收集资料内容：

除上述应收集勘测资料的内容外，尚应收集勘测下列相关资料：

·检查防直击雷接闪装置(避雷针或带及网等)的设置现况,屋顶上部各种天线、金属杆及与引下线连接可靠性的程度,预留、预埋引入各种信号线的管道及设备基座接地情况是否符合设计要求。

·防雷引下线系统分布路线是否已利用靠柱子外侧主筋做引下线,与信息设施接地系统的安全距离是否符合规范要求。

·高层建筑防雷电侧击措施设置情况。

·强电及弱电竖井布置位置是否合适。

·安装于建筑物内(或竖井内)的各种金属管道、电气设备的金属外壳、电缆桥架等与防雷装置等电位连接情况。

·由室外引入(或引出)建筑物的各种金属管道与建筑物环形接地装置等电位连接情况。

·各个隐蔽施工部位的检测记录及质检验收报告。

·建筑物金属幕墙及墙板,在上、下端及中间相应楼层等电位连接施工情况,是否符合规范要求。

·信息系统的安装特性及系统设备特性的相关资料。

·总等位连接及其他局部等电位连接现况;共用接地装置施工现况等及图纸资料。

③信息系统的安装特性:

·IT 设备是否全部位于建筑物内。

·IT 设备在建筑物内的布置位置。

·供电方式(高、低压、交、直流等)与容量。

·供电配置方式(TN-S、TT、IT)。

·电缆引入建筑物的方式。

·内部电缆布局。

·机房内是否放了 CBN(或 MCBN)。

·机房内是否有 CBN 接地端口。

·电源线与信号(信息)电缆是否分设在“强电井”、“弱电井”或专用金属导槽,走线架。

·在电力室是否安装了接地汇集排。

·建筑各层是否安装了接地分汇集排(或端子板)。

·各种地线、汇流线、汇集排的材质及有效截面。

·本建筑物是否有金属线与周边其他建筑物相连。

④信息系统的设备特性:

·各种 IT 设备的端口耐压特性及浪涌抗扰度。

·已装设备的雷击防护水平及效果。

·IT 设备的布线系统。

·投产以后是否有过雷击故障。

·IT 系统的业务重要性。

8.7.1.2 防雷与接地工程设计的依据

·提供的被保护范围及欲实施防雷工程的委托书。

·被保护地区所处地理位置及雷电环境。如经纬度、海拔高度、林木覆盖率、水面占有面积、年降雨量、年雷暴日等。

·地面落雷密度(次/km^2·年)。

·建筑物年预计雷击次数(次/年)。

·相关的部标、国标及 IEC 防雷规范。

·被保护建筑物(群体)、构筑物基本情况。

·建筑物内主要被保护信息系统设备及其网络结构的基本情况。

·供电、配电及电网质量情况。

·接地系统状况。

·当地土壤的电阻率及冻土层深度

8.7.1.3 防雷与接地工程勘察设计的内容

① 建筑物电子信息系统的防雷设计原则

·建筑物电子信息系统的防雷设计主要内容是信息系统的雷电电磁脉冲防护设计,即屏蔽、等电位连接、合理布线、过电压和过电流电涌(SPD)防护、接地等措施,即实行多重设防,综合防雷的设计原则。

·建筑物内部防雷系统设计时,应与建筑师、建设单位、供水、供电、通信、煤气、消防、人防、电子系统、计算机系统、施工单位、防雷产品生产厂家、防雷检测部门、质量监测站等各相关部门充分协商联系,以便在各个设计阶段,互相配合、协调施工,才能很好地完成建筑物的综合防雷设计任务,保证施工质量,节约投资,减小维护工作量,使整个工程成为优质工程,保证人身和设备安全,使信息安全可靠运行。

·建筑物防雷系统设计是一个系统工程,须综合设计,其外部防雷系统与内部防雷系统设计应统一考虑。

·建筑物内部各信息设施的工艺设计要求及各设施设备机房位置选择,竖井设备间布置应符合规范要求。

·按信息系统雷电防护分区要求,设计决定各个防雷区分界处的等电位连接位置及屏蔽,系统接地的平面及竖向布置图。

·建筑物信息系统的各类信号线、天馈线、控制线的传输介质选择及线路敷设路径走向设计应符合规范要求。

· 按建筑物低压配电供电系统接地形式(TN、TT、IT),确定不同供电系统的过电压保护方案。

· 按建筑物各类信息系统的等电位连接要求,确定合适的等电位连接网络形式:S形、M形、混合形。

· 按建筑物各类信息系统接地方式要求,确定采用单点接地或多点接地方式。接地系统采用综合共同接地,专用接地的系统方式,并确定接地系统的接地电阻值。

· 确定各级 SPD 电涌保护器的参数及各级之间的能量配合。

② 已建(改建)工程电子信息系统雷电防护的勘测设计内容

· 检查防直击雷接闪装置(避雷针或带及网等)的设置现况,屋顶上部各种天线、金属杆及与引下线连接可靠程度,预留、预埋引入各种信号线的管道及设备基座接地情况是否符合设计要求。

· 防雷引下线是否利用靠柱子外侧主筋作引下线,与信息接地系统的安全距离是否符合规范要求。

· 高层建筑防侧击雷措施施工情况。

· 强电及弱电竖井布置位置是否合适。

· 安装于建筑物内(或竖井)的各种金属管道,电气设备的金属外壳,电缆桥架等与防雷装置等电位连接情况。

· 建筑物基础接地装置及防雷接地预留检测点的埋设位置是否符合有关规范要求,基础设有防水材料时接地装置的特殊处理措施情况。

· 由室外引入(或引出)建筑物的各种金属管道与建筑物环形接地装置等电位连接情况。

· 地下室及相关信息系统设备机房内竖井设备间内预埋等电位连接板的位置及数量是否符合设计要求。

· 防雷系统的各部件所用材料及防蚀处理是否符合规范要求。

· 各个隐蔽施工部位的检测记录及质检验收报告。

· 防雷接地装置的接地电阻测试记录及检测质检报告。

· 建筑物金属幕墙及墙板,在上、下端及中间相应楼层等电位连接施工情况,是否符合规范要求。

· 综合接地系统总等电位连接端子板(或母干线)在地下室施工预埋位置是否符合要求。

8.7.1.4 建筑物信息系统防雷与接地工程的设计阶段及设计深度

建筑物信息系统防雷与接地工程的设计阶段及设计深度,除应满足目前国家相关规定要求中外部防雷工程的设计内容外，尚应增加内部防雷工程的相关内容，包括设计说明书，计算书，设计图纸等。

建筑物信息系统防雷与接地工程的设计阶段，大型工程应分为规划方案设计，初步设计，施工图设计，施工验收等四个阶段，中、小型工程可省略方案设计阶段，分为三个设计阶段。

① 方案设计阶段应提供下述设计文件

方案包括防雷工程保护类别，风险评估说明，采取的防雷防护措施。提供至少 2 个方案比较经济估算值，报上级有关部门审查。

② 初步设计阶段应提供下述文件及图纸

· 按照方案设计确定的方案进行初步设计，提供设计说明书、防护措施、设计原则等，接地电阻要求及措施。

· 防雷设计风险评估计算书，外部防雷、内部防雷设计计算书。

· 相关信息系统的防雷与接地系统图；防雷与接地平面图。

· 主要防雷器材的设计材料表。

· 初步设计概算书。

按以上资料提供上报有关部门审批。

③ 施工设计阶段应提供下述文件及图纸

(1)施工设计说明书内容

· 按初步设计的计算书及审批意见；

· 说明该建筑物的防雷等级；

· 风险评估类别及防雷措施；

· 雷电接闪器的形式和安装方法；

· 按防雷等级和防护分区要求；

· 确定引下线数量位置；

· 防雷电侧击措施；

· 等电位连接的安装方法和措施；

· SPD 电涌保护器装设位置；

· 利用建筑物构件防雷时，应说明设计确定的原则和采取的措施；

· 要确定接地系统的方式，确定接地电阻值；

· 确定接地装置的处理方式及所用材料；

· 确定信息系统接地系统的方式及措施等。

(2)设计图纸内容

· 防雷接地平面图，包括防雷等级和所采取的防雷措施；接地装置的电阻值，接地极形式，材料及埋设方法，设备及材料表。

· 各信息系统设备机房防雷、接地、等电位连接，各种信号线敷设平面图；竖井设备间的接地及等电位连接板平面布置图。

· 各信息系统接地，等电位连接的示意图及系统原理图，主要 SPD 器件设备材料表。

· 特殊接地装置的平面图和施工说明技术要求。

· 引用标准图的编号及页次。

· 非标准安装大样图。

· 内部各专业之间图纸会签及预埋件检查。

④ 施工验收阶段

(1)施工阶段首先应由防雷设计工程师向施工单位进行施工技术交底及图纸会审。

(2)施工阶段的图纸修改及变更，应有工程修改联系单，并归档备查。

(3)对隐蔽工种的检测记录及报告的会签。

(4)竣工图设计，存档备查。

(5)防雷工程经相关部门检测、验收。

(6)全部相关图纸、文件、资料的归档。

8.7.2　智能民居的防雷设计

8.7.2.1　智能民居设备的抗干扰措施

智能民居电子设备应设置多级防雷保护装置，一般按三级配置。由于雷电流主要是由首次雷击电流和后续雷击电流组成的，因此，雷电过电压的保护必须同时考虑到如何抑制(或分流)首次雷击电流和后续雷击电流。在采取多级保护措施的同时，还必须考虑各级之间的能量配合和解耦措施。智能民居网络系统的防雷可采用外部和内部防雷措施。

外部防护是指对建筑物本身的安全防护，可采用设置避雷针、分流、设置屏蔽网、均衡电位以及接地等措施。这些防护措施人们比较重视，也比较常见，相对来说比较完善。

内部防护是指建筑物内部的电子设备对浪涌过电压的防护，可采取的措施有等电位连接、屏蔽、保护隔离、合理布线和设置过电压保护器等，主要由建筑物内的设备决定雷电浪涌及地电位差的防护措施。

① 智能民居的外部防护

外部防雷主要指民居建筑物的防雷，一般是直击雷防护，可采取的技术措施有设置接闪器(避雷针、避雷带、避雷网等金属接闪器)、引下线、接地体和法拉第笼等。

第一，可利用建筑物的避雷针将主要的雷电流引入大地；

第二，在将雷电流引入大地的时候尽量将雷电流分流，避免造成过电压而危害设备；

第三，应利用建筑物中的金属部件以及钢筋组成不规则的法拉第笼，可以起到一定的屏蔽作用，如果智能民居建筑物中的设备是低压电子逻辑系统、遥控系统以及小功率信号的电器，则需要加装专门的屏蔽网，在整个屋面上组成尺寸不大于 5m×5m 或 6m×4m 的屏蔽网格，所有均压环都采用避雷带进行等电位连接；

第四，智能民居建筑物各点的电位应均衡，避免由于电位差而危害设备；

第五，应保障智能民居建筑物有良好的接地网，以降低雷击民居建筑物时接地点的电位。接地电阻应符合相关标准，一般为 4Ω。

② 智能民居系统的内部保护

内部防雷系统主要是对智能民居系统内易受过电压损坏的设备加装过压保护器。在设备受到过电压侵袭时，过压保护器能快速动作泄放能量，从而保护设备免受损坏。内部防雷分为电源防雷和信号防雷两种。

随着智能民居电子设备的大规模使用，雷电以及操作过电压造成的危害越来越严重。以往的防护体系已不能满足智能民居网络安全的要求，应从单纯一维防护转为三维防护，包括防直击雷袭击、防感应雷电波侵入、防雷电电磁感应干扰、防地电位反击以及防操作瞬间产生的过电压影响等。

多级分级(类)保护原则是指，根据电气、电子设备的不同功能及所属保护层，确定被保护设备应采取的保护方式并加以分类。根据雷电和操作瞬间过电压危害的可能通道，从电源线路到数据通信线路都应进行多级分类保护。

· 电源部分的防护

电源部分防雷主要是防止雷电波通过电源线路对智能民居电子设备及相关设备造成危害。为了避免高电压经过防雷器对地泄放后的残压或较大的雷电流在击毁防雷器后继续毁坏后续设备，以及防止线缆遭受二次感应，依照国家有关防雷工程规范，应采取分级保护、逐级泄流的措施。

一是在智能民居建筑物电源的总进线处安装第一级电源防雷器；

二是在智能民居建筑物的单元配电箱电源的进线处加装第二级电源防雷器；

三是在用户配电箱电源端加装末级电源防雷器。

· 信号部分的保护

由于雷电波在线路上能感应出较高的瞬时冲击能量，因此，要求网络通信设备能够承受较大能量的瞬时冲击。目前大部分设备由于电子元器件的高度集成化，其耐过电压、耐过电流的水平有所下降，必须在网络通信接口处加装信号端口防雷保护装置，以确保网络通信系统的安全运行。

对智能民居信号系统进行防雷保护时，选取适当的保护装置非常重要，应充分考虑防雷产品与通信系统匹配的问题。对于信息系统，一级保护应根据所属保护区的类别来确定，末级保护要根据电子设备的敏感度进行确定。

· 接地处理

智能民居建筑物一定要有一个良好的接地系统，所有防雷系统都需要通过接地系统把雷电流泄入大地，从而保护设备和人身安全。如果民居建筑物的接地系统做得不好，不但会引起设备故障，烧坏元器件，严重时还将危及工作人员的生命安全。另外，防干扰的屏蔽问题和防静电问题都需要通过建立良好的接地系统来解决。

8.7.2.2　智能民居建筑物的等电位连接

① 等电位连接

等电位连接是内部防雷的一部分，其目的在于降低雷电流所引起的电位差。也就是说，用连接导线或过电压（电源）保护器将处在需要防雷空间内的防雷装置、建筑物的金属构架、金属装置、外来导线、电气装置以及电信装置等连接起来，形成一个等电位连接网络以实现均压等电位，从而防止防雷空间内发生火灾、爆炸而危及生命和设备安全。

等电位连接就是使各外露可导电部分和装置外可导电部分的电位基本相等而进行的电气连接。通常把等电位连接分为三个层次，即总等电位连接、局部等电位连接和辅助等电位连接。

总等电位连接是指将建筑物中每一根电源进线及进出建筑物的金属管道、金属构件连成一体，一般有总等电位连接端子板，等电位连接端子板和辅助等电位连接板采用放射连接方式或链接方式。

辅助等电位连接一般是指当电气装置的某部分接地故障保护不能满足切断回路的时间要求时，把两导电部分连接起来，以降低接触电压，满足 $R \leqslant 50/I_a$（R 为可同时触及的外露可导电部分和装置外可导电部分之间、由故障电流产生的电压降引起接触电压的一段线段的电阻值，其单位为 Ω；I_a 为切断故障回路时间不超过 5s 的保护电器动作电流，其单位为 A）。两导电部分之间连接后，只要能满足上式即可。

局部等电位连接一般应用于浴室、游泳池和医院手术室等特别危险的场所，那里发生电气事故时危险性较大，要求接触电压更低，在这些局部范围内需要进行多处辅助等电位连接才能满足要求。一般局部等电位连接也有一个端子板或者在局部等电位范围内构成环形连接。简单地说，局部等电位连接可以看成局部范围内的总等电位连接。

等电位连接对用电安全、防雷以及电子信息设备的正常工作和安全使用来说都是十分必要的。安全接地系统也包含于等电位连接之中，它是以大地电位为参考电位的大范围的等电位连接。根据理论分析，等电位连接的作用范围越小，电气上越安全。如果在智能民居的范围内进行等电位连接，其效果当然远优于安全接地系统。智能民居的总等电位连接，就是在智能民居内电源进线配电箱近旁设一铜质接地母排，并用等电位连接线将住宅楼内可导电金属部分与接地母排连接起来而互相导通。当智能民居内有人工接地极时,接地极引入线应首先接至接地母排。

为保证等电位连接能可靠导通,等电位连接线和接地母排应分别采用铜线和铜板。等电位连接这一电气安全措施并不需复杂、昂贵的电气设备,它所耗用的只不过是一些导线,也不像埋在地下的人工接地极那样易受土壤腐蚀而失去作用,它在保证电气安全上的作用远优于过去习惯采用的专门打入地下的人工接地体。智能民居必须进行总等电位连接和浴室内的局部等电位连接。

② 等电位连接所用材料

等电位连接线及端子板推荐采用铜质材料,这是因为其导电性和强度都比较好。但是当所用铜材料与基础钢筋或地下的钢材管道相连接时,应充分注意铜和铁具有不同的电位,而且土壤中的水分及盐类可形成电解液,从而构成原电池。这时会产生电化学腐蚀,基础钢筋和钢管就会被腐蚀掉。因此在土壤中应避免使用铜线或带铜皮的钢线作为连接线:与基础钢筋连接时,建议连接线选用钢质材料。这种钢质材料最好也用混凝土保护,连接部位应采用焊接方式连接并在焊接处采取相应的防腐保护措施,这样它与基础钢筋的电位基本一致,不会形成电化学腐蚀。在等电位连接线与土壤中的钢管等连接时,也应采取防腐措施。

③ 微电子设备的等电位

微电子设备的等电位连接在智能民居中是至关重要的,有些资料把其定位为辅助等电位连接的范畴,也有人将其定义为局部等电位连接的范畴。总之,微电子设备的等电位连接有其特殊性,有别于其他用电设备的等电位连接。其等电位连接线必须通过过电压保护器与等电位端子板相连接,而不能直接与等电位端子板连接。

④ 等电位连接的施工

等电位连接是现代雷电防护的重点。只有做好等电位连接,在浪涌电压产生时才不会在各金属物或系统间产生过高的电位差并保持与地电位基本相等的水平,从而使设备及人员受到保护。在做外部雷电防护工程的基础上,将需要保护的设备做好等电位连接,才能有效地对设备起到保护作用。要求“穿过各防雷区界面的金属物和系统,以及在一个防雷区内部的金属物和系统均应在界面处做符合要求的等电位连接”。

在施工时,应按《规范》规定的等电位连接用的各种金属导体的最小截面选用符合要求的导线,将系统内所有可导电的金属物以最短的路径与等电位均压带进行多次连接。为达到良好的连接效果,一般选用横截面面积为 $4\sim16mm^2$ 的铜质多股导线,将建筑内的水管、气管、金属支架以及等电位均压带等可导电物在防雷分区的界面处进行连接。同一防雷区内独立的金属物可与其相距最近的已进行等电位连接的其他金属物连接以达到等电位的目的。

S 型均压带可用于相对较小、限定于局部的系统,而 M 型均压带常用于延伸性较大的开环系统。等电位均压带通常选用铜排互相连接而成，各交叉点之间及其与接地干线和设备保护地线之间均应采用焊接及螺栓压接两种方法连接。在要求均压带对系统其他部分绝缘的场所，可将均压带用绝缘胶带缠绕或使用沥青层覆盖并在其与地面间使用绝缘物(如木块、橡胶垫等)隔开。

⑤ 等电位连接的测试

在用电设备投入使用之前，对等电位连接用的管夹、端子板、连接线、接头、截面和整个线路要进行一次全面的检查和检验。等电位连接的有效性必须通过测试来证实，我国的《等电位连接安装》(97SD567)中提出的 3Ω 阻值要求，有专门测试等电位连接的仪器和设备来测试等电位连接的有效性。

8.7.2.3　智能民居家用电器的防雷和防浪涌保护

随着微电子设备日益普及，智能民居现在也成了雷击的重灾区，因此，家用电器的防雷问题也越来越受到人们的重视。

雷电及浪涌对家庭用电的影响是多方面的，这里主要指对家用电器的影响。这些影响有的容易被人们察觉，有的却不易被察觉。

①智能民居家用电器浪涌的防护

家用电器供电线路在连接到家用电器之前，就有可能遭受雷击，或者由于线路中存在大型感性、容性设备而产生大的浪涌电流。因此，家用电器使用的电源是可能含有各种浪涌的电源。

电话线上连接的设备也越来越多，电话线在由电信设备的信号端口接入前遭受雷击或其他干扰的可能性也很高。

有线电视线路的传输距离长，线路架空敷设或穿越场合的情况较为复杂，这些线路遭受雷击或其他干扰的可能性一样很高。

(1) 智能民居家用电器的浪涌防护

通过分析浪涌入侵的途径可以发现，智能民居防浪涌主要应从电源线路、电话线路以及有线电视信号线路等几个方面考虑。

电源线路是防护的重点。我国一直沿用前苏联的三相四线制供电线路，这种方法虽然节约了一根电线，但由于缺少一根单独的地线，常常能见到三相插头的地线接孔空着的情况，要不没有接线，要不与零线连在一起，这样做是不安全的。现在基本上都已采用三相五线制供电线路，除三根相线和一条零线外，还有一条保护接地线。而正是这根接地线的存在，使得可以在线路上加装避雷器，从而避免了单独接地的必要。通常的做法是在每户的总电源开关处安装电源避雷器，并且家中的电源插头应采用防雷插座。对于智能民居，还应在整栋楼的总进线处安装一台电源避雷箱，作为全楼家庭防雷的前级保护。电源避雷设备能对雷电流及浪涌进行很好的拦截，并通过地线将过电流泄放入地。

电话线的保护通常采用串联型信号避雷器的方法。对于连有 Modem 等设备的数据传输线路,则需单独选用插入损耗小的专用避雷器,如专用的 ADSL 避雷器、ISDN 避雷器等。另外,有线电视线路、卫星电视线路以及信息线路等也应在其与设备的连接处安装相应的避雷器。

智能民居家庭防雷、防浪涌是一个综合的系统,不能仅考虑或防护哪一方面,而应整体规划、全面防护。

(2)个人计算机的防雷措施

数据信号线入侵干扰主要是雷电感应造成的浪涌。雷电感应一般来自于云地闪击和云间放电,其中对地雷击产生的感应浪涌电压较高,一般 500m 范围内的电子信息设备均可能遭其破坏。根据雷电电磁脉冲理论和实践经验,计算机及其他信息设备的损坏主要是由雷电感应浪涌电压造成的,雷电感应浪涌电压可以通过各种信号引线引入设备内部,破坏其芯片和接口。具体地说,在个人计算机联网系统中可以采取如下措施:

在调制解调器的接入线与入户信号线(如电话线)之间安装信号防雷器。

使用了不间断电源,则应在不间断电源之前加装电源避雷器对其进行保护。对于普通的个人计算机用户而言,计算机的电源插座应采用防雷型电源插座。

对于宽带进户的数据线,虽然宽带传输网的骨干线均采用光纤传输,但我国目前仍未做到光纤到户,故在宽带数据接入线和入户线之间应加装信号防雷器。

8.7.3　高层智能建筑的外部防雷设计

现代防雷技术的理论基础在于:闪电是电流源,防雷的基本途径就是要提供一条雷电流(包括雷电电磁脉冲辐射)对地泄放的合理的含阻抗的路径,而不能让其随机性的自由选择放电通道,简而言之,就是要控制雷电能量的泄放与转换。

多层民用建筑外部防雷系统是沿屋顶敷设避雷带(针)、沿外墙敷设引下线、在基础施工时布一道环网接地体可实现防雷目标。

高层智能建筑的防雷就不那么简单的了,由于建筑物里面复杂的通信、电子等高科技弱电设备,所以采用内外防雷相结合的综合防雷法显得尤其重要。

外部防雷保护是将绝大部分雷电流直接引入地下,利用布置好的接地网散泄雷电流。

高层智能建筑的外部防雷系统由接闪器(避雷针)、引下线、接地网等有机组成,缺一不可。接闪器在防雷设计中常布置于房屋的顶部,它最常见的结构是钢结构构架,兼有装饰功能与通信功能,但其最重要的功能是直接截受雷击,通常也叫避雷针。功能是把接引来的雷电流,通过引下线和接地装置向大地中泄放,保护建筑物免受雷害。

雷击时引下线上有很大的雷电流流过，会对附近接地的设备、金属管道、电源线等产生反击或旁侧闪击。为了减少和避免这种反击，柱内钢筋与梁、楼板的钢筋，都是连接在一起的和接地网络形成一个整体的“法拉第”笼，均处于等电位状态。雷电流会很快被分散掉，可以避免反击和旁侧闪击的现象发生。

8.7.3.1　接地装置的设计

接地装置的作用主要是均匀入地散射电流，将雷电泄入大地。通常用镀锌圆钢、扁钢、角钢等材料做成，有时在某些土壤电阻率较高的地方，为满足接地要求还用钢板、铜板、铜条。其中镀锌圆钢、扁钢作网格状按一定埋深敷设，角钢则作垂直接地体布置于网格的交叉点上。

接地装置一个重要的指标就是接地电阻的大小，通常认为接地电阻越小越好，对避雷系统接地装置的接地电阻值有一定的要求是无可非议的，因为接地电阻越小，散流越快，落雷物体高电位保持时间就越短，危险越小，以至于跨步电压、接触电压也越小。

基础接地体的应用存在各种不同的看法：有些人认为，在基础内的钢筋被混凝土包住，就不可能与大地沟通，这样怎样起接地体的作用呢？事实上干燥的混凝土是很好的绝缘体。而含有水分的混凝土却是另一种情况。在制造钢筋混凝土基础的过程，硅酸盐水泥和水互相作用，干涸后，混凝土中存在许多细小的分支毛细管。基础的混凝土保持与含水分的土壤接触时，毛细管将水分吸到混凝土里，因而降低了混凝土的电阻率。

较大的楼宇采用基础接地体后的接地电阻一般都能满足要求。若较小的钢筋混凝土建筑，使用它的柱梁结构的埋地钢筋混凝土做接地网，即使它的接地电阻达不到足够小，需要加埋人工接地体补充，这样能够减少人工接地体的数量，节约投资。但有些钢筋混凝土确实不能作为接地装置，如防水水泥，铝酸盐水泥，矾土水泥，以及异丁硅酸盐水泥等，以人造材料水泥做成的钢筋混凝基础，不能做接地装置。

这里要强调的是，混凝土浇灌前，各钢筋之间必须构成电气连接。作为接地体的桩筋与承台的连接，选定作为引下线和均压环屏蔽网的梁柱筋必须作牢固的焊接，使之成为可靠的电气通道。

有一种观点认为，建筑物由结构的钢筋经过绑扎即可达到电气连接的要求，并可望经过雷电流冲击后把绑扎点熔接起来，相当于点焊一样。事实上这种做法是不可靠的，据防雷设施检测、验收和灾情调查实例分析，对以上说法有三个疑问：首先，在潮湿的地方，钢筋的锈蚀，水泥浇注时的振动，使钢筋绑扎接口成为不良接触，使应该作为防雷接地系统的各部分钢筋连接体未能形成良好的电气通路，不利于雷电流的泄放；其次，在选作接地装置的桩、承台、梁、板、柱内的钢筋绑接，各接口的过渡电阻值不同，影响了雷电流的平衡分布；其三，因为雷电冲击使绑扎点发生焊接的可能性是不均匀的，而每次雷电流的“点焊”结果，已经使建筑物经历了一次局部的灾害，无论是墙柱体爆裂，或者是“点焊”处周边产生的强烈电磁感应，对人体或设备的损害，特别是对高层建筑和现在所称的“智能大厦”，其危害是显然的。建筑因为忽视了这个方面问题，会导致建筑物防雷能力不足，从外表看似在完善的防雷针、网、带的“保护”之下，还是发生了建筑物局部损坏的情况。综上所述，作为一座高层建筑做地网设计时应遵循以下几条：

(1)尽量采用建筑物基础的钢筋和自然金属接地物统一连接，作为联合接地网；

(2)在建筑物中选作地网的桩基础、承台作引下线的柱筋，其连接处应采取焊接而不应用绑扎代替；

(3)尽量以自然接地体为基础辅以人工接地体补充，外形尽可能采用闭合环形；

(4)应采用同一接地网，用一点接地的方式接地；

(5)若使用高频或超高频设备时，应采用机壳或就近用一金属平面做最短接线的多点接地，以减少高频干扰。

8.7.3.2　接闪器的设计与安装

避雷带由避雷线和支持卡子组成，避雷带应设置在建筑物易受雷击的层檐、女儿墙等处，其作用是引雷效应，雷电流通过引下线向大地泄流，避免高层建筑物雷击。

避雷线安装要求：

· 避雷线应顺直，不应有高低起伏现象。

· 避雷线弯曲处不得小于90°，弯曲半径不得小于圆钢直径的10倍。

· 避雷线采用镀锌圆钢，直径不应小于∅12mm。

· 镀锌圆钢焊接长度为其直径的6倍，并双面焊接。

· 如遇有变形缝处应做煨弯补偿处理。

支持卡子安装要求：

· 支持卡子采用40×4mm镀锌扁钢，卡子埋深不应小于80mm。

· 支持卡子顶部一般应距建筑物屋檐、女儿墙等表面100mm。

· 支持卡子水平间距不应大于100mm，各间距应一致，转角处两边的卡子距转角中心不应大于250mm。

· 所有支持卡子应横平竖直，固定牢固。

8.7.3.3　雷电侧击防护设计

根据建筑物防雷设计规范第3.2.4条第四款之规定：建筑物应装设均压环，环间垂直距离不应大于12m，所有引下线、建筑物的金属结构和金属设备均应连到环上。均压环可利用电气设备的接地干线环路。

因此，建筑物金属幕墙、铝合金门窗设计应充分了解建筑物的防雷装置和幕墙、门窗洞口的防雷装置引出线，然后确定一个合理、经济、安全的幕墙、门窗防雷设计方案。

金属幕墙、铝合金门窗框架等较大的金属物，如果距离地面等于滚球半径及以上时，应将其与防雷装置连接，这是首先应采取的防侧击的预防性措施。

金属幕墙的连接导体必须敷设在金属幕墙的金属立柱与连接着圈梁或柱子钢筋的预埋件之间，使金属幕墙与整个建筑物的防雷装置连接成电气通路。如果施工时没有埋没预埋件，而用膨胀螺栓固定金属幕墙的安装锚板，则必须先采用不小于∅8mm直径的圆钢或—4×12mm热镀锌扁钢，将每层每块锚板串连起来，形成自身的防雷体系，最后与主体结构的防雷体系可靠连接。

铝合金门窗的连接导体的敷设必须在铝合金门窗框定位后，墙面装饰层或抹灰层施工前进行，连接导体应采用截面不少于100mm^{2}的钢材，用铆钉或螺钉紧固于窗框上。连接导体引出端应采用不小于∅8mm直径的圆钢或—4×12mm热镀锌扁钢，连接导体引出端与防雷装置引出线进行搭接焊接时，搭接长度必须≥50mm，满焊缝。

8.7.3.4　室外空调的防雷措施

近年来空调在高层住宅家庭中得到了广泛应用，但安装在室外的空调主机及其支架的防雷问题却往往为人们所忽视。目前国家相关规范和标准中无相应的规定。因室外的空调主机部分与建筑物楼体的法拉第笼引下线无关联，有可能将分体式空调室外机的电源保护接地线变成了空调室外机防雷引下线，进而将雷电流引入室内配电接地系统，这是非常危险的。对于建筑物空调室外机的防雷，由于设计规范的滞后性，目前只能采用明装处理的补救措施。其施工方法具体如下：

从屋顶避雷带引出横截面尺寸为—4×25mm的镀锌扁铁，将其垂直敷设在空调室外机的安装处。扁铁经调直后，采用搭接焊方式连接，垂直引下，用膨胀螺栓每隔1.5m固定一次，镀锌扁铁在外墙上。而后再在镀锌扁铁上开孔，引出横截面面积为10mm^{2}的PE线(PE线为两端压铜鼻子刷锡的塑料铜芯线)并与空调支架的自带螺栓相连，用以防护直击雷和侧击雷。这种做法的缺点是：从安全方面看，搬运铁件和焊接固定增加了高空作业的工作量；从技术质量方面来看，镀锌扁铁在使用一段时间后容易发生锈蚀，对裸露的镀锌扁铁要进行防腐处理和定期刷涂油漆，维护方面存在着问题，同时柱筋的作用未能充分发挥出来；从美观的角度来看，它破坏了建筑物的整体美观性；从施工作业上来看，必然会增加施工难度和延长施工时间。

目前，对于设计中或施工中的建筑物，在施工中应在窗洞口下方30～50cm处预先埋设IP等级较大、密封性能良好的金属分线盒，盒内敷设已作防腐处理的镀锌扁铁。扁铁的一端与建筑物主体内的均压环或钢筋引下线焊连，另一端与带铜接线端子的多股导线相连接(导线最好选用绝缘软铜线，其横截面面积大于10mm^{2}的PE线)。该导线的另一端用螺栓来连接空调室外机及其支架。同时，金属分线盒内壁要求涂防锈漆。为防止雨水渗入金属分线盒内，安装时应将金属分线盒加盒盖封闭，所有螺栓(包括箱门、螺栓)均应用防水油膏封闭。待使用时,将盒内的 PE 线经蛇皮管引出接至空调及其支架上。从安全方面来看,避免了高空作业:从技术质量方面来看,简单易行且不存在定期维护的问题;从经济方面来看,充分利用了楼内的柱筋引下线,降低了施工成本;从施工方面看,由于和土建施工同步,不存在滞后性;从美观方面来看,保证了大楼整体的美观效果。

8.7.4 智能建筑综合布线系统防雷设计

8.7.4.1 建筑群子系统

由连接两个及以上建筑物之间的缆线和配电设备组成。若采用光缆作为建筑物间网络连接介质,不需要安装避雷器,甚至可以架空铺设。若采用双绞线,则必须穿管埋地敷设。进入建筑后,采用双绞线敷设时,导线必须均敷设在弱电金属桥架或金属管道内。金属桥架和金属管道与综合接地系统良好连接,充当导线的屏蔽层,不能与强电导线共用强电金属桥架或强电金属管道。

8.7.4.2 设备间子系统

由进线设备,程控交换机、计算机等各种主机设备及其配线设备组成。它是布线系统最主要的管理区域,通常分为语音管理和数字管理两部分。子系统连接大楼外的各种线路,经与垂直干线子系统跳接后,连通各语音管理子系统,为防雷电破坏应安装防雷柜作为通信线路的第一级防雷措施。连接进出大楼大对数进线的敷设,以防进出大楼的雷电波侵入。数据设备管理子系统即是计算机网络核心设备,是采用大对数双绞电缆作为传输主干缆,需要在机柜中安装计算机网络防雷器,作为计算机网络的第一级防雷措施,若采用光缆作为计算机网络主干线,则绝对避免了雷电影响,是最好的防雷措施。

8.7.4.3 管理子系统

设置在各层配线间,由配线设备、输入输出设备等组成。管理子系统也分为数据和语音两部分。语音部分由接线板、绕线环等组成,需要安装信号避雷器作为通信线路的第二级防雷措施。数据部分续线作为主干线,也需要在机柜中安装信号避雷器作为计算机网络的第二级防雷措施,防护因引下线泄放雷电流而形成的电磁场突变所产生的雷电感应。

8.7.4.4 垂直干线子系统

由设备间的配线设备和跳线设备以及设备间至各楼层配线间的连接电缆组成。分为语音主干线和数据主干线两部分。语音主干线按照程控交换机和电信系统的标准和做法，采用屏蔽大对数双绞电缆，因为管理区子系统安装了信号避雷器，所以这部分一般不需要再装防雷设备。数据主干线如采用大对数双绞电缆作为数据传输主干线，因为已在管理区子系统安装了信号避雷器，所以一般也不需要在这部分再安装防雷设备。如采用光缆作为计算机网络主干线，则绝对避免了由于引下线泄放雷电流而形成的电磁场突变产生的感应雷，是最好的防雷措施。

8.7.4.5　水平干线子系统

由连接管理子系统至工作区子系统的水平布线及信息插座组成。数据点和语音点均采用双绞线敷设在金属桥架和金属管道内。由于金属桥架和金属管道与综合接地系统相连，形成了信号线路的屏蔽层。并且在管理子系统中，已备有防雷保护装置，所以在水平干线子系统中不必再加装防雷装置。

8.7.4.6　工作区子系统

由连接在信息插座上的各种设备组成。连接计算机网络的数据点由于在管理子系统中已采取了防雷措施，所以在工作区子系统一般不需要再加装防雷设施，若需要利用调制解调器通过语音点连接计算机，由于语音线路与外线连接，则有必要安装信号避雷器。

8.7.4.7　智能大厦 PDS 系统

PDS (Premises Distribution System)综合布线系统以一套单一的配线系统，综合了整个通讯，包括语音、数据、图像、监控。PDS 包含如电话、传真、电子邮件、语音邮件、电子信箱、语音信箱、可视电话、可视电话数据系统、会议电视、桌面会议系统、多媒体通信、公用数据库系统、资料查询与文档管理系统、学习培训系统、触摸屏咨询及大屏幕显示系统、人事，财务，情报，设备、资产等事务管理、服务“一卡通”系统、门禁系统、楼宇对讲、家庭防盗报警系统、停车管理系统、水电气自动抄表计费系统、访问 INTERNET 网络、保安对讲、防盗报警系统、巡更系统、背景音乐、火灾事故广播等设备需要的配线。

综合布线系统以一套单一的配线系统，综合了整个通讯，包括语音、数据、图像、监控等设备需要的配线。

8.7.4.8　PDS 系统的接地

智能大厦建筑物的混凝土钢筋基础为 PDS 系统提供一个良好的地网。国家标准 GB50057－94《建筑物防雷设计规范》要求建筑物的接地一般都采用其钢筋混凝土基础作为地网，因为建筑物钢筋混凝土基础埋地较深，与大地的接触面积大，在相同的土质条件下，用其基础作接地体比一般人工接地所得的电阻低得多。另外，基础钢筋埋设在混凝土中，作为接地体的钢筋不会受到外力的损伤和破坏，不需要维护，使用期限长，接地电阻稳定，对于通信局(站)这种接地方法是相当有效的。同样，利用办公大楼、高层建筑的基础作为智能大厦 PDS 系统的接地是可行的。

8.7.4.9 PDS 系统的网型、星型和星型—网状混合型接地

①网状分配接地减少了不同设备接地之间的电位差，通信系统可以从不同的方位就近接地。另外，这种网状分配接地由于相互之间没有一个严格的绝缘要求，对建筑物内的金属构件包括可能被连接的混凝土的钢筋，以及电缆支架、槽架无需专门做绝缘处理，因此，实施施工较为容易；

②星型分配接地主要解决了通信系统的干扰问题，因为这种分配接地的方式减少了环流电流的干扰，使得干扰电流不能形成回路。星型分配接地的实施方案，一般由若干个主干地线分别由公共接地汇流排引出，每个主干地线($120mm^2$)再分几路分支地线，每个分支地线($50mm^2$)接到几个房间地线，每根房间地线分别接到房内各个机架；

③星型—网状混合型接地对设备的一部分接地采用网状布置，而另一部分对交流和杂音较为敏感的设备的接地采用星型布置；

④PDS 系统的接地系统是典型的星型分配接地的树枝型分配接地，只需从公共接地汇流排引出一根垂直的主干地线到各子系统室的分接地汇流排，再由分接地汇流排分若干路引至机架，互相之间没有回路。因此，不会通过接地网络对其它电路产生影响。

另外，接至机架的接地线，其目的是为机架中的各类网络设备提供接地通路，因此，机架中所有设备均应与其保持良好的电气连接，即所有网络设备的外壳接地线应通过该点接地。

8.7.4.10 PDS 系统的屏蔽接地和信号接地

从电磁兼容的角度来讲，星型网路实际上也被称为“一点接地”网路，其各个分支点之间没有闭合回路，从而防止了相互之间的传导耦合干扰，由于它们仅在“一点”相互连接，由此获得基准“零电位”。从信号接地系统来讲，应分别连在这个“基准点”，其“基准点”可设在智能大厦内或设施的任何位置，国外的做法一般是采用将该点接至“大地”的接地电极上，认为在这一点的电位接近于“大地”的零电位。

从雷电保护和电力故障保护来讲，将防雷保护地线和交流保护地接至“大地”接地电极上是有意义的，这样可以避免雷电流和电力故障影响其它系统的正常工作，并能迅速安全地通过接地电极流入地下，就近散流。但“一点接地”在智能大厦中作为接地网

路有其致命的缺点，因为要用很长的接地连接线，而对于信号接地系统，较长的接地连接线在低频时对信号影响不大，高频时又有很多问题：

①高频时网路将变为高阻抗；

②高频时各路地线之间将会出现由分布电容形成的电容耦合；

③高频时长导线将变为等效天线。

由于"一点接地线"网络只有在低频时才是低阻抗，当频率升高时由于导线电感的作用而变为高阻抗。从电磁兼容的角度考虑，频率的划分是依照 1MHz 为高频、低频的分界频率。

一般认为，以 1MHz 为低频与高频的分界频率是恰当的，在信号频率为 1MHz 以下时，用"一点接地"系统（在自然空间 1MHz 的波长为 300m，为了消除接地连线成为等效天线的概率、减少长导线相互间的电感耦合，其长度不超过波长的十分之一，即 λ/10。对于 1MHz 的波长来讲 λ/10 就是 30m)，信号频率为 1MHz 以上时，则采用多点接地系统（同样在高频时，屏蔽体一端接地是无效的，因为屏蔽体（线）对地有分布电容的耦合，所以实际上等效于多点接地，因此，高频时电缆的屏蔽层必须两端接地才能有好的屏蔽效果）。

8.7.4.11 SPD 的连接线、接地线的要求

电源 SPD 的连接线及接地线截面积应符合下表的要求，信号线 SPD 以及其它类型型 SPD 的接地线截面积应不小于 $2.5mm^2$，连接线及接地线材料为多股铜线。组合式 SPD 的接线端子与相线和零线之间的连接线长度应小于 0.5m，其接地线的长度应小于 1m，且应就近接地。SPD 箱的接线端子与相线和零线之间的连接线长度可根据实际情况适当加长，避雷箱连接线加长后，其截面积应适当增大。避雷箱接地线的长度应小于 1m，连接线宜采用凯文接线方式就近接地。

8.7.4.12 雷电过电压保护 SPD 对接地电阻的要求

智能大厦的联合接地地网的接地电阻值已满足 SPD 接地的需要，因此，对在使用的 SPD 接地电阻值不做严格要求，设计时仅需将使用的各类 SPD 的接地端子就近接地。

另外，智能大厦 PDS 系统的雷电过电压保护建立在大楼的接地系统共享一个接地网，即联合接地的基础上，采用 SPD（正确选用各类 SPD）对侵入大楼内电脑、控制终端及网络线、信号线、传输设备、遥控、监控系统及无线系统天馈线的雷电过电压进行抑制，并对智能大楼进出线缆采取屏蔽、接地等措施，可有效减少雷电对信号及网路系统的侵害。虽然智能大厦 PDS 系统雷电过电压保护是防雷要素中极为重要的因素之一，但如何减少雷害确是一个整体的、全面的防雷问题，因此，只有将防雷问题从各方面加

以解决，按照联合接地均压等电位的理论、避雷针的保护半径、浪涌电流就近疏导分流、线缆的屏蔽接地和通信电源及信号线的雷电过电压多级保护的原则，正确选择雷电过电压保护器件和防雷方案（根据年雷暴日、海拔高度、环境因素做出选择和考虑），进行整体的、综合的雷电防护，才能有效减少雷害。

8.7.5 智能建筑抗干扰分析

静电放电和电快速瞬变脉冲群对智能系统设备会产生不同程度的危害。静电放电在5～200MHz的频率范围内会产生强烈的射频辐射。此辐射能量经常在35～45MHz之间发生自激振荡。许多信息传输电缆的谐振频率通常也在这个频率范围内，结果在电缆中窜入了大量的静电放电辐射能量。电快速瞬变脉冲群也会产生相当强的辐射，从而耦合到电源和信号线路中。当电缆暴露在4～8kV的静电放电环境中时，信息传输电缆终端负载上可以测量到的感应电压可达到600V。这个电压远远超出了典型数字电子设备的门限电压值0.4V。

电子设备在使用中经常会遇到意外的电压瞬变和浪涌（静电放电和电快速瞬变脉冲群），从而导致电子设备损坏，损坏的原因是电子设备中的半导体器件（包括二极管、晶体管、可控硅和集成电路等）被烧毁或击穿。

据统计，电子设备的故障中75％是由电压瞬变和浪涌造成的。电压瞬变和浪涌无处不在，电网、雷击和爆破等都是其产生的根源，就连人在地毡上行走都会产生上万伏的静电感应电压。这些都是电子设备的隐形致命“杀手”。

在智能建筑以外的自然环境和智能建筑内部设备的环境中存在着大量的电磁干扰，电磁干扰将会使智能化系统设备产生误码、错码，产生误动作；使通信系统受到污染、产生噪声。强大的脉冲干扰还会导致电子器件、设备的损坏；在实际工作中，使设备性能下降、无法工作的现象时有发生。因此，必须净化建筑物电磁环境，防止杂散电磁波干扰以及提高建筑物内系统和设备的抗干扰能力。为了提高电子设备的可靠性和人体自身的安全性，抗干扰成为建筑智能化系统必不可少的技术措施，同时也必须对电压瞬变和浪涌采取防护措施。

据有关资料统计分析，对于在智能建筑的通信系统中运用十分广泛的计算机及应用计算技术的仪表而言，危害最大的是尖峰脉冲信号和衰减振动形成的干扰信号，这是因为它们可能导致程序错误，存储丢失甚至系统的损坏。

8.7.5.1 干扰途径

不论是设备还是系统内部的干扰都是以电容耦合、电感耦合、电磁波辐射、公共阻抗（接地系统）和导线（电源线、信号线、输出控制线等）的传导方式对设备产生干扰。因此，消除和抑制干扰的方法有电场屏蔽、磁场屏蔽、电磁屏蔽、电子设备接地、搭接和滤波。

8.7.5.2　抗干扰措施

· 在电源的进出线端口处加设低通滤波器，消除电网中的高频干扰；

· 为防止市电电网急剧变化或雷击出现过电压，智能设备建议使用串联型稳压电源供电；

· 接地及公共阻抗带来的干扰，其抑制方法是使各种接地之间不构成回路；

· 智能化系统机房远离强功率发射源及电梯机房；

· 根据周围环境电磁场干扰的情况，决定有效屏蔽的方法；

· 电缆屏蔽层接地；

· 采用光电耦合器和光纤传输数字信号；

· 建筑物结构内的钢筋要求保持电气的连续性，如采取焊接连通；

· 照明装置的供电线路上设置电源线路滤波器，供电端子进行屏蔽；

· 将受干扰电路和干扰电路隔开或分开。

从以上几个方面的分析可看出，防雷的手段之一是采取合理接地，接地的目的是为了抗干扰。防雷、接地、抗干扰的最终目的是为了保证建筑物及建筑物内设备与人身的安全。三者紧密联系，相互依附，所以都必须得到合理的配置才能发挥各部分的最大作用。综合布线电缆与电力电缆的间距应符合附表 10.16 的规定。

墙上敷设的综合布线电缆、光缆及管线与其他管线的间距应符合附表 10.14 的规定。

8.7.6　智能建筑系统中的接地技术

在 GB/T50314—2000《智能建筑设计标准》中有关智能建筑的接地有下面三条规定：

(1)应采用总等电位联结，各楼层的智能化系统设备机房、楼层弱电间、楼层配电间等的地应采用局部等电位联结。接地极当采用联合接地体时，接地电阻不应大于 1Ω；当采用单独接地体时，接地电阻不应大于 4Ω；

(2)智能化系统设备的供电系统应采取过电压保护等保护措施；

(3)在智能化系统设备和电气设备的选择及线路敷设时应考虑电磁兼容问题。

8.7.6.1　智能建筑中的接地概念

接地，在电气技术中是指用导体与大地相连。在电子技术中的接地，可能就与大地毫不相关，它只是电路中的一等电位面。如收音机、电视机中的地，它只是线路里的一电位基准点。

在智能建筑中的接地，不但包含上述两种接地，还有其它的接地。由于智能建筑中安装有多个子系统，如通信自动化系统、火灾报警及消防联动控制系统、楼宇自动化系统、保安监控系统、办公自动化系统、闭路电视系统等，各个子系统对接地的理解和要求都不太相同。按接地的作用可分为功能性接地和保护性接地。

为保证电气设备正常运行或电气系统低噪声接地，称为功能性接地，功能性接地又有工作接地、逻辑接地、信号接地和屏蔽接地等。

为了防止人、畜或设备因电击而造成伤亡或损坏的接地称为保护性接地，保护性接地有保护接地、防雷接地和防静电接地。在智能建筑中，这几种接地类型都会遇到。

① 工作接地

电力系统由于运行和安全的需要，常将中性点（N 线）接地，这种接地方式称为工作接地。工作接地有下列目的：

降低触电电压。在中性点不接地的系统中，当一相接地而人体触此及另外两相之一时，触电电压为相电压的 1.732 倍。而在中性点接地的系统中，触电电压就降低到等于或接近相电压。

迅速切断故障设备。在中性点不接地的系统中，当一相接地时，接地电流很小（因为导线和地面间存在电容和绝缘电阻，也可构成电流的通路）不足以使保护装置动作而切断电源，接地故障不易被发现，将长时间持续下去，对人身不安全。而中性点接地的系统中，一相接地后的接地电流较大（接近单相短路）保护装置迅速动作，断开故障点。

降低电气设备对地的绝缘水平。在中性点不接地的系统中，一相接地时将使另外两相的对地电压升高到线电压。而在中性点接地的系统中，则接近于相电压，故可降低电气设备和输电线的绝缘水平，节省投资。

② 逻辑接地

将电子设备的金属板作为逻辑信号的参考点而进行的接地，称为逻辑接地。它的作用是保证电路有一个统一的基准电位，不致于浮动而引起信号误差。而在智能建筑中各种设备相隔较远，如果逻辑地不处于同一电位，会引起整个系统工作异常。

③ 信号接地

各种电子电路，都有一个基准电位点，这个基准电位点就是信号地。它的作用是保证电路有一个统一的基准电位，不至于浮动而引起信号误差。信号地的连接是：同一设备的信号输入端地与信号输出端地不能联在一起，而应分开；前级（设备）的输出地只有后级（设备）的输入地相连。否则，信号可能通过地线形成再反馈，引起信号的浮动。这在设备的测试中，信号地的连接尤其要引起注意。

④ 保护接地

保护接地就是将设备正常运行时不带电的金属外壳（或构架）和接地装置之间作良好的电气连接。如果不作保护接地，当电气设备其中一相的绝缘破损，产生漏电而使金属外壳带上相电压时，人一接触就会发生触电事故。实行保护接地后，设备的金属外壳和大地已有良好的连接。如果发生漏电，只要接地电阻符合规定的要求，接地就能成为保障人身安全、防止电事故发生的有效措施。

⑤ 防雷接地

为把雷电流迅速导入大地，以防止雷害为目的的接地叫作防雷接地。

智能建筑内有大量的电子设备与布线系统，如通信自动化系统，火灾报警及消防联动控制系统，楼宇自动化系统，保安监控系统，办公自动化系统，闭路电视系统等，以及他们相应的布线系统。大楼的各层顶板、底板，侧墙，吊顶内几乎被各种布线布满。这些电子设备及布线系统一般均属于耐压等级低，防干扰要求高，最怕受到雷击的部分。不管是雷电直击、雷电波侵入、雷电反击都会导致电子设备受到不同程度的损坏或严重干扰。因此，对智能建筑的防雷接地设计必须严密、可靠。智能建筑的所有功能接地，必须以防雷接地系统为基础，并建立严密、完整的防雷结构。

智能建筑多属于一级负荷，应按第二类防雷建筑物的保护措施设计，接闪器采用针带组合接闪器，避雷带采用－25×4mm 镀锌扁钢在屋顶组成≤10m 的网格，该网格与屋面金属构件作电气连接，与大楼柱内钢筋作电气连接，引下线利用柱中钢筋，圈梁钢筋，楼层钢筋与防雷系统连接，外墙面所有金属构件也应与防雷系统连接，柱内钢筋与接地体连接，组成具有多层屏蔽的笼形防雷体系。这样不仅可以有效防止雷击损坏楼内设备，而且还能防止外来的电磁干扰。

各种防雷接地装置的工频接地电阻，应根据落雷时的反击条件来确定。防雷装置如与电气设备的工作接地合用一个总的接地网时，接地电阻应符合其最小值要求。这是为防雷电而设置的接地保护装置。防雷装置最广泛使用的是避雷针和避雷器。避雷针通过铁塔或建筑物钢筋入地，避雷器则通过专用地线入地。

⑥ 屏蔽接地

将电缆屏蔽或金属外皮接地达到电磁兼容性要求的接地称为屏蔽接地。在智能建筑内，电磁兼容设计是非常重要的，为了避免所用设备的运行故障，避免出现的设备损坏，构成布线系统的设备应当能够防止内部自身传导和外来干扰。这些干扰的产生或者是因为导线之间的耦合现象，或者是因为电容电感电效应。其主要来源是超高电压、大功率辐射电磁场、自然雷击和静电放电。这些现象会对用来发送或接收很高传输频率的设备产生很大的干扰。因此，对这些设备及其布线必须采取保护措施，免受来自各种方面的干扰。

⑦ 防静电接地

将带静电物体或有可能产生静电的物体（非绝缘体），通过导静电体与大地构成电气回路的接地叫防静电接地。在洁净、干燥的房间内，人的走步、移动设备，各自磨擦均会产生大量静电。例如在相对湿度 10％～20％的环境中人的走动可以积聚 3.5 万 V

的静电电压。如果没有良好的接地，不仅仅会产生对电子设备的干扰，甚至会将设备芯片击坏。

8.7.6.2　智能建筑中的电源接地方式

在电力系统中有5种接地方式，哪种方式最适合系统呢？下面逐一分析每种系统的优缺点。

① IT系统

IT系统是三相三线式接地系统，该系统变压器中性点不接地或经阻抗接地，无中性线N，只有线电压(380V)，无相电压(220V)，保护接地线PE各自独立接地。该系统的优点是当一相接地时，不会使外壳带有较大的故障电源，系统可以照常运行，同时由于各设备PE线分开，彼此没有干扰，电磁适应性也比较强。

缺点是不能配出中性线N。因此它是不适用于拥有大量单相设备的智能建筑。

② TN-C系统

TN-C系统被称为三相四线系统，该系统中性线N与保护接地PE合二为一，通称PEN线。这种接地系统虽对接地故障灵敏度高，线路经济简单，在一般情况下，如选用适当的开关保护装置和足够的导线截面，也能达到安全要求，目前国内采用这种系统比较多。但它只适合用于三相负荷较平衡的场所。

智能建筑内，单相负荷所占比重较大，难以实现三相负荷平衡，PEN线的不平衡电流加上线路中存在着的由于荧光灯、晶闸管(可控硅)等设备引起的高次谐波电流，在非故障情况下，会在中性线N上叠加，使中性线N带电，且电流时大时小极不稳定，造成中性点接地电位不稳定漂移。这样，不但会使设备外壳(与PEN线连接)带电，对人身造成不安全，而且也无法取到一个合适的电位基准点，精密电子设备无法准确可靠运行。因此TN-C接地系统不能作为智能建筑的接地系统。

③ TT系统

通常称TT系统为三相四线接地系统。该系统常用于建筑物供电来自公共电网的地方。TT系统的特点是中性线N与保护接地线PE无一点电气连接，即中性点接地与PE线接地是分开的。该系统在正常运行时，不管三相负荷平衡不平衡，在中性线N带电情况下，PE线不会带电。只有单相接地故障时，由于保护接地灵敏度低，故障不能及时切断，设备外壳才可能带电，但是故障电流取决于电力系统的接地电阻的PE线的接地电阻，其电阻值往往很小，不足以使数千瓦的用电设备的保护装置断开电源，为了保护人身安全，必须采用残余电流开关作为线路及用电设备的保护装置，否则只适用于供给小负荷的系统。

正常运行时的TT系统类似于TN-S系统，也能获得人与物的安全性和取得合格的基准接地电位。随着大容量的漏电保护器的出现，该系统也会成为智能建筑的接地系统。从目前的情况来看，由于公共电网的电源质量不高，难以满足智能建筑中各种设备的要求，所以智能建筑不宜选用 TT 系统。

④ TN-S 系统

TN-S 系统有五根线，即三根相线 A、B、C、一根中性线 N 及一根保护线 PE，仅电力系统一点接地，用电设备的外露可导电部分接到 PE 线上。通常建筑物内设有独立变配电所时进线采用该系统。TN-S 系统的特点是，中性线 N 与保护接地线 PE 除在变压器中性点共同接地外，两线不再有任何的电气连接。中性线 N 是带电的，而 PE 线不带电。该接地系统完全具备安全和可靠的基准电位。

其优点是 PE 线上在正常工作时不呈现电流，因此，设备的外露可导电部分也不呈现对地电压。在事故时也容易切断电源，因此比较安全，但费用较贵，多用于环境条件比较差的场所。此外，由于 PE 线上不呈现电流，有较强的电磁适应性。TN-S 系统可以用作智能建筑的接地系统。

⑤ TN-C-S 系统

TN-C-S 系统由两个接地系统组成，前面四线后五线，第一部分是 TN-C 系统，第二部分是 TN-S 系统，分界面在 N 线与 PE 线的连接点，分开后即不允许再合并。

该系统一般用在建筑物的供电由区域变电所引来的场所，进户之前采用 TN-C 系统，进户处做重复接地，进户后变成 TN-S 系统。该系统中，中性线 N 常会带电，保护接地线 PE 没有电的来源。PE 线连接的设备外壳及金属构件在系统正常运行时，始终不会带电。因此 TN-S 接地系统明显提高了人及物的安全性。同时只要采取接地引线，各自都从接地体一点引出，如选择正确的接地电阻值使电子设备共同获得一个接地电位基准点等措施，那么 TN-C-S 系统可以作为智能建筑的一种接地系统。

综上所述，智能建筑中适合使用 TN-S 供电系统。

8.7.6.3 智能建统中各种设备的接地方法

智能建筑中安装有大量的电子设备，这些设备分属于不同的系统，由于这些设备工作频率、抗干扰能力和功能等都不相同，对接地的要求也不同。在实际施工安装中，按下述方法进行接地。

① 电子设备的信号接地、逻辑接地、功率接地、屏蔽接地和保护接地，一般合用一个接地装置，其接地电阻不大于 4Ω；当电子设备的接地与工频交流接地、防雷接地合用一个接地极时，其接地电阻不大于 1Ω。屏蔽接地如单独设置，则接地电阻一般为 300Ω；

② 对抗干扰能力差的设备，其接地应与防雷接地分开，两者相互距离宜在 20m 以内，对抗干扰能力较强的电子设备，两者的距离可酌情减少，但不宜低于 5m；

③ 当电子设备接地和防雷接地采用共同接地装置时，两者避免雷击时遭受反击和保证设备安全，应采用埋地铠装电缆供电；

④电缆屏蔽层必须接地，为避免产生干扰电流，对信号电缆和 1MHz 及以下低频电缆应一点接地；对 1MHz 以上电缆，为保证屏蔽层为地电位，应采用多点接地。闭路电视和工业电视都必须采用一点接地。

智能建筑是近几年新出现的，智能建筑中的各种电子设备也在不断的发展，接地技术也会不断的发展和变化。随着智能建筑的发展，智能建筑中的接地技术会更加的完善，以使智能建筑中的设备稳定可靠地工作。

8.7.6.4 专用接地线过长的缺陷

① 在高频下阻抗大

信息系统的工作频率可从直流到数十兆赫兹，甚至上百兆赫兹。一根接地线在高频下其阻抗 $Z=[R^2+(\omega L)^2]^{1/2}$ 已很大，通常测量方法测出 1Ω 或 5Ω 的接地电阻，它仅适用于直流和工频，在高频下其接地电阻是多大，仍是个未知数。

②在自谐振条件下阻抗无穷大

接地导体或等电位连接导体，由于有分布电容和电感，在一定长度和某些频率下会产生自谐振效应，阻抗无穷大，等于开路，无意中成为一根天线，能接收或发射干扰信号。导体自谐振发生于其长度等于外加电压波波长 1/4 的奇倍数。该导体在某特定谐振频率下停止传导电流，在其他与谐振频率差别大的频率下传导电流不受影响。

8.7.6.5 独立接地不利于过电压保护，应采用综合接地保护

电子设备采用独立接地的初衷是希望获得一个干净“地”，远离强电、雷击等干扰。我们可以从下几个方面论证电子设备采用综合接地优于独立接地。

① 电子设备采用独立接地在工程实施和运行维护过程中存着弊端。从安全角度说，希望的独立接地最终往往与其它的“地”难解难分，存在雷击时遭受反击的隐患；维护不方便。

② 就电子设备本身而言，其接地的需求主要是“保护地”、“功率地”、“屏蔽地”和“信号地”。“信号地”又可分为“模拟地”和“数字地”等。“保护地”一般接公共接地网，而“屏蔽地”和“信号地”往往会提出特殊要求，主要原因是它们确实怕干扰。目前数字信号的传输由于采用了光电耦合、平衡双绞线等硬件技术和数码校验、数据容错等软件技术，其抗干扰能力大大增强；模拟信号的处理也采用了隔离放大器、调制解调传输、数码型传感器、屏蔽等技术，然而其抗干扰能力仍很有限。这些都要求我们在设计和施工中给予高度的重视，但这并不是说给电子设备设置独立接地系统就能保证其能可靠地工作。

8.7.6.6　智能建筑中接地要求

①从人身安全、避免雷击损坏设备和信息系统安全运行出发，应采用综合接地系统和等电位连接。根据规范，该系统与防雷接地系统共用，其接地电阻应≤1Ω。若达不到要求，必须增加人工接地体或采用降阻法，使接地电阻≤1Ω。

② 不宜从远处引长线做单点接地，应就接自共用接地系统的接地基准点做等电位连接。

③ 应经常检测 TN-S 系统是否局部或全系统转变为 TN-C 系统及漏电电流的变化，以便及时修复、防止工频电流的干扰。

④ 不能完全依赖避雷针保护天线，天线进线必须加装避雷器保护。

⑤ 利用建筑物的钢筋结构作成笼式避雷网，其防雷性能是最好的，另外，单独敷设引下线是无益的，采用金属管和金属线槽布线是防雷电反击和各种电磁干扰的最好的屏蔽措施。

8.7.7　智能建筑中通信系统的防雷设计的具体实施

通信系统的外部防雷系统应在建筑物设计、建筑施工阶段给予高度重视，以便利用建筑物自身的金属构件达到经济实用的防雷目的。

通信系统的内部防雷系统主要是对建筑物内易受过电压破坏的设备，如计算机及其电源、通信口、电话机、复印机、UPS、数据传输线及空调机等电子设备加装过电压保护装置，在设备受到过电压侵袭时，保护装置能快速动作将能量泄放，从而保护设备不受损坏。

8.7.7.1　通信系统的线路布设

为了防止雷电波侵入机房内而造成人员伤亡或设备损坏，所以引入计算机机房的线路宜全线采用电缆埋地或穿金属管埋地的方法。当难以全线埋设电缆或穿金属管敷设时，允许用长度不小于 15m 的金属铠装电缆或全塑电缆穿金属管埋地引入，两端金属外护套要良好接地。由于雷电流属于高频电流，会产生集肤效应，使大部分电流散入地中，从而使进入机房设备的雷电流减小、过电压值降低。

8.7.7.2　通信系统的电源浪涌保护

计算机机房配电系统一般采用三相五线和单相三线的供电方式，由于电力线是采用户外线路直接引入为计算机信息系统提供有效的能源支持的，故电力线是重要的引雷途径，因此要求屏蔽埋地引入。依照 GB50343－2004 在对信息系统雷击电磁脉冲防护分级后，应对信息系统弱电设备实施浪涌保护，具体要求如下：

A 级：采取 3～4 级浪涌防护器进行保护。

B 级：采取 2～3 级浪涌防护器进行保护。

C 级：采取两级浪涌防护器进行保护。

D 级：采取一级及以上的浪涌防护器进行保护。

在计算机机房内的不间断电源输出端的电力配电箱中，安装一级用于吸收感应雷电过电压的半导体过电压保护器。在重要的终端（如小型机、服务器、高速打印机、系统前置机、通信设备以及网络交换机等）实施终端末级防雷保护。

8.7.7.3　通信系统传输网络的雷电保护

计算机机房网络通信系统的雷电防护包括广域网雷电防护、局域网雷电防护、无线通信系统雷电防护、光缆通信雷电防护和机房内部设备之间的串口雷电防护等。

①广域网的雷电防护

广域网线路一般租用电信专用线路或共用电信线路以及机房通信设备使用的专线，如 X. 25、V24、综合业务服务网（ISDN）、数字数据网（DDN）以及公共电话网络（PSTN）等。

广域网从四通八达的户外引入机房内，是雷电的重点袭击对象。在进入机房设备（调制解调器或其他设备）前安装具备二级保护功能的防雷保护器，第一级一般为惰性气体火花间隙保护器，通过 RLC 解耦后进入第二级半导体过电压保护器。另外，需要防护线与线之间以及线与大地之间的雷电入侵，保护器的损耗指标应该满足计算机设备的 IEEE 标准的有关要求。租用电信线路进行数据传输的防雷保护器必须抵御和吸收 5kA 雷电流（8/20μs 感应雷击），必须具备线与大地之间的防雷保护功能。同时，还必须增加线与线之间的雷电保护措施，其中包括 X25、ISDN 和 DDN 等。

PSDN 防雷器件使用于 48V 系统中，且包含 180V 振铃电压，所以未使用之前必须详细了解防雷器件的使用场合和被保护设备的特殊工作要求。例如：PSDN 调制解调器有带铃压的和不带铃压的两类，其中带铃压的调制解调器的工作电压为 48～54V，铃压为 175～180V，SPD 的保护电压应该大于 180V。不带铃压的调制解调器的工作电压为 48～54V，SPD 的保护电压不小于 54V。如果两类 SPD 混装，前者将造成通信信号短路，后者将导致防雷工作失败。

在计算机网络中的各类通信接口、计算机主机、服务器、路由器、交换机、各类集线器、调制解调器以及各类配线柜等设备的输入、输出端口处，应根据设备的重要性装设适配于计算机信号的 SPD。

进入室内与计算机网络连接的信号线路端口应装设适配于信号线路端口的 SPD；DDN 的外引数据线路端口及与 PSTN 相连的端口应装设信号线路 SPD；当终端设备与集线器之间的距离超过 30m 时，宜在两端加装一个信号端口 SPD；ISDN 网络交换设备的输入、输出端应分别装设一个适配的数据信号 SPD。

对于计算机网络数据信号线路，应根据被保护设备的工作电压、接口类型、特性阻抗、信号传输速率、频带宽度及传输介质等参数，选用插入损耗小、限制电压不超过设备端口耐压的 SPD。

数据传输线路(X.25、ISDN、DDN 等)的防雷保护器必须能够抵御和吸收 5kA 雷电流(8/20～s 感应雷击)，须具备线路与大地之间以及线与线之间的雷电保护措施。

光缆一般不会传导雷电，但光缆的金属护套和金属芯线可能会引入雷电而烧毁设备。光缆通信系统的金属吊挂钢缆线和光缆内的加强筋应在进户处做好等电位连接后再接地。带有一对或几对金属线的光缆，其金属线部分应加装信号线路浪涌防护器。必须在进入设备之前，使芯线和护套接地以达到防止雷电感应过电压引入的目的。

②局域网的雷电防护

建筑物内部或机房内部计算机设备之间的用于进行数据交换和数据处理的网络系统，是局域网雷电防护的重要部分。局域网雷电防护的重点是做好局域网网线的屏蔽措施，同时加强终端设备局域网端口的雷电防护。局域网通常以双绞线传输数据，无屏蔽保护，布线也往往不尽规范，除了有可能遭受感应雷击的袭击外，交流线路的干扰也会对网络系统造成影响。

在局域网传输线端口的两端安装防雷器，可有效地防止各种过电压对设备造成的破坏。局域网的网口应该采取雷电防护措施，服务器、网络交换机以及集线器等的端口应加设专用防雷器。出户的局域网线及 BNC 远程局域网也须安装防雷器。对于出入小型机、服务器、网络交换机以及集线器等的 RJ45(1、2、3、6)端口，应加设专用 SPD。对于 485 数据线接口、422 数据线并口、RS232 数据串口等，均应安装与其匹配的 SPD，匹配的原则是防雷标准和计算机通信协议。

③无线通信防护系统

无线通信是利用微波、卫星等高频电子技术进行有效交换数据的一种基本联络方式。经常在建筑物上再架设天线，由天线通过馈线把电信号输送给接收机和发射机。由于天线较高，属于地面突出物，馈线的屏蔽层与机壳和大地相连接，是雷电释放入大地的优良途径。一旦雷电沿此途径入地，必将使设备烧毁。为此，必须在天线馈线进入设备前安装防雷器，由于无线通信系统的使用频率较高(一般为 800～2500MHz)，要求防雷器的插入损耗较低，所以只能使用间隙保护器件进行有效的防护。

通信系统的天线和馈线用的 SPD 分为以下几种；一是 BNC 型，用于视频系统，使用频率为 100MHz 以下；二是 F 型，用于一般的卫星天线系统，使用频率为 100～890MHz：三是 N 型，用于高频天线，多用在频率为 2500MHz 以下的 CDMA 和 SCDMA 系统。对于上述几种类型的天线馈线 SPD，在设计选型时应使其使用频率满足系统工作频率的要求。

天线馈线 SPD 的标称导通电压应大于 1.5U_c，标称通流容量应不小于 5kA (8/20μs波形)。插入损耗对高频系统(30～300MHz)来说应小于或等于 0.2dB。对甚高频系统(0.3～10GHz)来说应小于或等于 0.3dB。SPD 的响应时间一般应低于 10ns。天线馈线上选用的 SPD 的最大传输功率应大于平均功率的 1.5 倍。其他参数，如工作频率、驻波比、残压、特性阻抗以及接口参数等均应符合系统要求的指标。

在视频传输同轴电缆上，宜在设备或系统的输入、输出端上安装视频信号 SPD。其工作频率、带宽、驻波比、特性阻抗、残压以及接口参数均应满足系统要求的指标。

必须强调指出，采用任何防雷方法时都必须具有一个良好的接地系统，使雷电浪涌电流顺利地流入大地。否则，安装任何类型的瞬变电压抑制器也不能收到预期效果。

8.7.8 智能建筑中计算机网络的瞬态过电压保护设计

对于计算机系统特别是计算机机房的保护，除按规范设计和实施常规防雷设施和接地网外，还应在计算机房内和不间断电源配电装置的输入、输出端口处加装相应的过电压保护装置，以消除电网浪涌、雷电感应电压以及设备切换等意外事件对设备造成的冲击和毁坏。要求进入不间断电源和计算机房内的电源线、信号线采取防雷电过电压措施，设备外壳、金属门、窗、管道以及静电地板等应采取等电位连接。

计算机网络设备雷电过电压及电磁干扰防护，是保护通信线路、设备及人身安全的重要技术手段，是确保通信线路和设备正常运行必不可少的技术环节，其防雷电过电压方案的设计应依据 IECl312《雷电电磁脉冲的防护》、GB 50057—94《建筑物防雷设计规范》、VDE0675《过电压保护器》、GAl73—1998《计算机信息系统防雷保安器》、GB50174—93《计算机房防雷设计规范》以及 GB2887—89《计算机场地技术条件》等进行。

8.7.8.1 实施机房雷电防护的基本要素

①机房接地线问题

根据 IEC 和我国有关计算机机房建设标准，机房地线有两类，即独立接地线和共用接地线。但从防雷角度来看，必须使用共地，目的是减少雷电的高压反击。由于计算机信息技术的飞速发展，许多新设备对用电环境的要求非常苛刻，如果强行机械地把机房直流地(包括逻辑地及其他模拟信号系统的接地)、静电地、保护地、交流地以及防雷地等统统地连接一起，就会出现服务器、小型机不工作，局域网速度较慢，主板莫名其妙地频繁烧毁等现象。其主要原因是计算机系统的用电环境不好，如电源的三相电压严重不平衡、零线和地线混接，从而导致地线电流过大，造成零线和地线间的电压大于 1.0V。这是产生上述现象的根本原因。

共地的基本目的是希望达到等电位，防止雷电的反击。如果强行等电位，必将造成不良的后果。IEC 标准明确指出：当共地无法实现时，可采用均压等电位 SPD 器件，在雷电来临时达到瞬时共地。也就是说，在上述几种地之间串联均压等电位 SPD 器件。当雷电来临时，几种地线在同一电压界面上，达到地电位全面等电位，全面抵御和避免雷电的高压反击对设备造成的破坏。

②均压等电位防雷器件的安装原则

应使防雷器件与被保护的机房设备全面等电位，如防雷器相线与设备火线等电位，防雷器零线与设备零线等电位，防雷器地线与设备地线等电位。防雷器地线输入端接机房直流逻辑地线，防雷器地线输出端接均压等电位金属带（均压等电位带是铺设在机房地板下面的 S、M 型悬空铜板）。机房内所有带不间断电源负载的计算机信息系统的地线，都必须就近与均压等电位带连接。在通信线路进入设备之前安装通信信号防雷器，其地线就近与设备外壳地和均压等电位带同时连接。在防雷器之后不能再有任何形式的接地，否则防雷工作达不到预期的效果。

③等电位系统

机房实施雷电防护时，电源防雷器件使用的地线是机房直流逻辑地线，其防护的目的是保护计算机系统的负载。在机房直流逻辑地线与静电地、保护地、交流地、零线重复接地、防雷地、屏蔽地与建筑物主钢筋等电位地之间串接 SPD，实现瞬态等电位共地。

计算机机房直击雷的防护措施应严格执行 GB 50057－94 中规定的第二类建筑物设计标准，其避雷针、引下线以及地网系统应合乎规定要求。

8.7.8.2 设计时应注意的事项

计算机网络过电压保护必须运用电磁兼容原理将计算机网络局部的防护归结到机房整体的雷电过电压保护。计算机网络设备所处的建筑物作为一个欲保护的空间区域，从电磁兼容的角度出发，可将其由外到内分为几个雷电保护区，以规定各部分空间不同的雷电电磁脉冲（LEMP）的严重程度。

①选用 SPD 时应注意以下事项：

· 在不同的使用范围内应选用不同性能的 SPD。在选用电源 SPD 时，要考虑供电系统的形式、额定电压等因素。LPZ0 区与 LPZ1 区交界处的 SPD 必须是经过 10/350μs 波形冲击试验达标的产品。对于信号 SPD，在选型时应考虑其与电子设备的相容性。

· SPD 保护必须是多级的，例如对于计算机网络设备电源部分的雷电防护而言，至少应采取泄流型 SPD 与限压型 SPD 前后两级配合进行保护。

· 为使各级 SPD 之间做到有效配合，当两级 SPD 之间的电源线或通信线间的距离未达到规定要求时，应在两级 SPD 之间采用适当的解耦措施。

· 对于建在城市、郊区、山区等不同环境条件下的计算机终端，设计选用过压型

SPD时必须考虑网点供电电源不稳定的因素，选用适合其工作电压的SPD。

·对于无人值守的场所，可选用带有遥信触点的电源防雷保护SPD；对于有人值守的场所，可选用带有声光报警功能的电源防雷保护SPD，所有电源防雷保护SPD都应具有老化显示功能。

·信号SPD应满足信号传输带率、工作电平以及网络类型的需要，同时接口应与被保护设备兼容。

·由于信号SPD串接在线路中，所以应选用插入损耗较小的SPD。

·对于在特殊环境中应用的SPD，在选用时应让指定供应商提供SPD的相关技术参数资料。

·SPD的安装应严格按照厂方提供的安装要求进行，只有正确地安装才能达到预期的防雷效果。

②等电位连接时应注意以下事项：

·实行等电位连接的主体应为设备所在建筑物的主要金属构件和进入建筑物的金属管道、供电线路(含外露可导电部分)、防雷装置以及由电子设备构成的信息系统。

·计算机机房的六面应敷设金属屏蔽网，屏蔽网应与机房内环形接地母线均匀多点相连。

·通过星型(S型或网形M型)结构把设备直流地以最短的距离连到邻近的等电位连接带上。

·机房内的电力电缆(线)和通信电缆(线)宜尽量采用屏蔽电缆或穿钢管防护，钢管两端均进行等电位连接。

·架空电力线由终端杆引下后应更换为屏蔽电缆，进入大楼前应水平直埋50m以上，埋地深度应大于0.6m，屏蔽层两端接地。非屏蔽电缆应穿镀锌钢管并水平直埋50m以上钢管两端接地。

③机房等电位连接网络运用：

电子系统的所有外露导电物应与建筑物的等电位连接网络做功能性等电位连接。由于按照本规范规定实现的等电位连接网格均有通大地的连接，所有电子系统不应设独立的接地装置。向电子系统供电的配电箱的保护地线(PE线)应就近与建筑物的等电位连接网络做等电位连接。

一个电子系统的各种箱体、壳体、机架等金属组件与建筑物接地系统的等电位连接网络做功能性等电位连接应采用以下两种基本形式之一：

当采用S型等电位连接时，电子系统的所有金属组件(例如，箱体、壳体、机架)，除等电位连接点外，应与接地系统的各组件绝缘。

当电子系统为300 kHz以下的模拟线路时，可采用S型等电位连接，而且所有设施管线和电缆宜从ERP处附近进入该电子系统。

S 型等电位连接应仅通过唯一的一点，即接地基准点 ERP 组合到接地系统中去形成 Ss 型等电位连接。在这种情况下，设备之间的所有线路和电缆当无屏蔽时宜按星形结构与各等电位连接线平行敷设，以免产生大的感应环路。用于限制从线路传导来的过电压的电涌保护器，其引线的连接点应使加到被保护设备上的电涌电压最小。

当电子系统为 MHz 级数字线路时应采用 M 型等电位连接，系统的各金属组件不应与接地系统各组件绝缘。M 型等电位连接应通过多点连接组合到等电位连接网络中去，形成 Mm 型等电位连接。每台设备的等电位连接线的长度不宜大于 0.5 m，并宜设两根等电位连接线，安装于设备的对角处，其长度宜按相差 20% 考虑（例如，一根长 0.5 m，另一根长 0.4 m）。

8.7.8.3　接地装置应满足下列接地要求

①交流工作接地，接地电阻不大于 4Ω；

②安全保护接地，接地电阻不大于 4Ω；

③直流工作接地，接地电阻应按计算机系统具体要求确定；

④防雷接地，应执行现行国家标准 GB 50057《建筑物防雷设计规范》。

交流工作接地、安全保护接地、直流工作接地以及防雷接地等四种接地共用一组接地装置时，其接地电阻按其中最小值确定。若防雷接地单独设置接地装置时，其余三种接地共用一组接地装置，其接地电阻不大于其中最小值，并应采取防止地电位反击的等电位连接措施。

8.7.8.4　计算机通信网络系统在建筑物楼内的布线和接地应采取以下方式

①通信电缆以及地线的布放应尽量集中在建筑物的中部。

②通信电缆线槽以及地线线槽的布放应尽量避免紧靠建筑物立柱或横梁，沿建筑物立柱或横梁分布的距离较长的布线应尽量避免，通信电缆线槽以及地线线槽的设计应尽可能位于距离建筑物立柱或横梁较远的位置。

③卫星接收机高频电缆在进入机房前，其金属屏蔽外皮应至少有两处与避雷设备引下线连接。

8.7.8.5　低阻抗地线均压网络的设计

接地系统是影响计算机系统稳定、安全、可靠运行的一个重要环节。为了使计算机系统稳定地工作，须有一个接地参考点。接地系统分为两种形式：一是计算机系统单独设计一个专用接地系统；二是将计算机接地系统与其他接地系统连接在一起组成一个公用接地系统。

①独立接地系统

采用独立接地方式的目的是为了保证各种接地相互之间不干扰，雷电流出现时仅经防雷接地点流入大地，使之与其他部分隔离起来。有关规程提到，把直流地（逻辑地）与防雷地分离时，它们之间的距离应相距 15m 左右。在不受环境条件限制的情况下，采用专用接地系统也是可取的方案，因为这样可避免地线之间相互干扰和反击。

②共用接地系统

建筑物为钢筋混凝土结构时，钢筋主筋实际上已成为雷电流的引下线。在这种情况下若要将防雷、安全及工作三类接地系统分开，实际上遇到的困难较大，不同接地之间保持安全距离很难满足，接地线之间还会存在电位差，易引起放电而损坏设备和危及人身安全。考虑到独立专用接地系统存在的实际困难，现在已趋向于采用防雷、安全和工作三种接地连接在一起的接地方式，称为共用接地系统。在 IEC 标准和 ITU 相关的标准中均不提单独接地，国家标准也倾向于推荐使用共用接地系统。共用接地系统容易均衡建筑物内各部分的电位，降低接触电压和跨步电压，排除在不同金属部件之间产生闪络的可能，接地电阻更小。

在共用接地系统的基础上，可以进一步把整个机房设计成一个等电位准“法拉第笼”结构，建筑物防雷地、电力地、安全地和计算机接地共用一个接地网，接地引下线利用建筑物主钢筋。钢筋自身的上、下连接点应采用搭焊法连接，上端与楼顶避雷装置相连，下端与接地网相连，中间与各层均压网、环形接地母线焊接在一起，形成电气上连通的“笼式”接地系统。接地电阻一般应小于 1Ω，为减少外界电磁干扰，建筑物钢筋和金属构架均应相互焊接形成等电位准“法拉第笼”。在这种结构中，不同层的接地母线之间可能还有电位差，应用时仍要注意。

采用共用接地之后出现的新问题是出现地电位反击电压现象。产生地电位反击的原因是雷电流流过地网，使正常情况下处于低电位的接地导体的电位升高，并经地线反击到电子设备，使电子设备中出现过电压。地电位反击也属于传导性干扰，对微电子设备也会造成很大的危害，而这也是造成设备损坏的重要因素，但这一点往往被人们忽视。地线反击和接地系统有着密切的关系，接地冲击电阻越小，反击电压也就越低，给设备造成的危害也就越小。

大楼遭雷击后，接地系统的电位升高，使所有与它连接的设备外壳带上了高压，而计算机设备又是经过信号线或电源线引至远端的零电位点的。于是升高的外壳电位便在设备的平衡电位纵向绝缘上造成高压，并可能导致绝缘被击穿；为此，大楼进线应采用金属护套电缆或电力电缆加强绝缘、隔离或分流限幅，均可达到防护的效果。加强绝缘就是提高界面处直接承受冲击电压的介质的绝缘水平，使其不被过电压击穿。至于隔离，如可在电源进线上加装 1∶1 的隔离变压器，使用电设备与供电电源之间没有电气上的连接，相当于将冲击电压转移到隔离变压器的初级和机壳之间，从而保护了设备的安全。信号线侧亦可采用类似措施。分流限幅其实就是利用纵向保护功能，当大楼提高了电位之后，启动线路防雷器的纵向保护元件，把冲击电流引到线路上。由于地电位的提高，这实际上相当于从线路中进入极性相反的冲击波，线路上防止雷电冲击波侵入的纵、横向保护元件在这种情况下也起保护作用。因此，不论采用何种接地方式，系统和外界的连线上总是应该安装防止纵、横向瞬间过电压的保护设备。采用共用接地后，有可能因设计或施工不合理而在设备之间产生干扰，应该引起注意并采取相应措施予以消除。

处于不同接地点的电子设备（不在一栋大楼内的电子设备很可能就不处于同一个接地点）彼此互联时应采取隔离或其他防反击措施。雷击建筑物或附近地区雷电放电所产生的瞬变电磁场，会在建筑物内信号线路接口处产生瞬态过电压，此过电压的大小与布线走向等有关，因此合理布线、屏蔽及接地也是很重要的。

上述的雷电过电压防护问题也完全适用于电力系统操作过电压的防护。在有些地区虽然雷电日不多，但电力系统操作过电压、静电放电等干扰还是存在的，因此，做好计算机系统瞬变过电压的防护工作在任何地区都是同等重要的。

8.7.8.6 等电位与共用接地系统的设计

①为保证设备和操作人员的人身安全，所有各类电气、电子信息设备均应采取等电位联结与接地措施，以减小防雷空间内各种金属部件和各种系统之间的电位差。采取的等电位联结措施，是将建筑物电气安全的等电位联结和防雷等电位联结连成一体。等电位联结的主要做法如下：

·用连接导线（或导体）或电涌保护器（SPD），将处在需要防雷的空间内的防雷装置、电气设备的接地线、PE 线、金属门窗、金属地板、电梯轨道、电缆桥架、各种金属管路、电缆外皮、信息系统的金属部件（包括箱体、壳体、机架）及系统等电位联结网等，以最短的路径互相连接（或焊接）起来。各导电物之间宜附加多次互相连接，形成统一的等电位联结系统。

·建筑物信息系统的防雷接地是共用接地的组成部分，应按“法拉第笼”原理将建筑物楼顶的避雷接闪装置（针、带、网），各类天线竖杆（架），金属管道及设施，各层均压环，建筑物楼、板、柱，基础地网的钢筋等，连接（焊接或绑扎）成电气上连通的笼式结构，以提供雷电流良好的泄放途径，使整个建筑物大楼各层近似处于等电位状态。在各层强电、弱电竖井内及一些合适的部位预埋等电位连接（接地）端子板，以备今后信息系统等电位联结与接地使用。对钢筋混凝土结构或钢结构建筑，或具有屏蔽作用的建筑物，可仅在地平线处作等电位联结。

·非钢筋混凝土结构或非钢结构的建筑物，或没有屏蔽作用的高层建筑，防雷引下线应在垂直间距不大于 20m 的每个间隔处作一次等电位联结。当建筑物外墙上有水平金属环时，或 30m 以上设有防侧击雷均压环时，防雷引下线均应与这些装置之间作等电位联结。

· 总接地端子板应与总等电位连接带相连，各楼层接地端子板应与各楼层等电位连接带或等电位连接端子板相连接。接地干线应在竖直上、下两端及防雷区的交界处，与等电位连接带相连接。建筑物弱电竖井内的 PE 保护线，其垂直部位上、下两端应作等电位联结。当某楼层设有信息系统机房时，应增加等电位连接点。

· 建筑物内当某电气装置，或装置内的一部分发生接地故障情况下自动切断供电的间接接触保护条件不能满足时，应设置局部等电位联结。局部等电位联结应包括各电气装置机壳、金属管道和建筑物金属构件等以及 PE、PEN 线。局部等电位连接线截面不应小于该电气装置中较小 PE 线的截面。PE 线的截面小于等于相线的截面。

· 穿过各防雷区界面以及在一个防雷区内部的金属管线和各个系统，均应在界面处做等电位联结。$LPZ0_B$ 与 LPZl 区交界处做总等电位联结。对于穿过各后续防雷区界面的所有导电物、电力线、通信线、信号线等，均应在界面处做局部等电位联结，并采用局部等电位连接带做等电位联结。

· 用于等电位联结的接线夹和电涌保护器(SPD)，应分别按 GB 50057－94(2000版)中相关要求，估算所通过的雷电流值，以便选择合适 SPD 的容量。电涌保护器必须能承受预期通过它们的雷电流，同时尚应满足通过电涌的最大钳压，并有能力熄灭在雷电流通过后产生的工频续流。

· 在正常情况下，信息系统的等电位连接网与共用接地系统的连接，应在防雷区的交界面处进行接地等电位联结。当由于工艺技术要求或其他原因，被保护的信息设备的位置不设在防雷区界面处，而是设在其附近，其线路会承受可能发生的电涌时，电涌保护器可安装在被保护的信息设备处，而线路的金属保护层或屏蔽层，宜首先在防雷区界面处做一次等电位联结。

· 等电位联结可根据不同材料选择适当、可靠的连接方式。根据不同的材料采用焊接、熔接和栓接等连接方法。

· 非正常导电金属构件的等电位联结：

进入设有信息系统的建筑物($LPZ0_B$ 区进入 LPZ1 区)的各类水管、采暖管、燃油管、煤气管等金属管道和各类线缆的金属外护套层，在进入建筑物处应与总等电位连接带连接。其中燃气管道、燃油管道应经过 SPD 电涌保护器作总等电位联结。电源系统的保护接地线(PE)，电源线及信号线的 SPD，应与总等电位连接带相连接。

进入信息系统机房(LPZ1 区进入 LPZ2 区)的金属管线及线缆屏蔽金属层应与辅助等电位连接带相连。

②各种保护及功能性接地应采用共用接地系统，其接地装置的接地电阻应按信息系统设备中要求的最小值一项确定。

· 建筑物的接地包括：防雷接地和电气、电子设备的安全保护接地，交流工作接地

(功率地),直流工作接地(信号地,逻辑地),屏蔽接地,防静电接地等。各种保护及功能性接地应采用综合共用接地系统;建筑物应作总等电位联结,局部作辅助等电位联结。当有特殊要求时,也可采用独立接地系统。有关各系统接地电阻值参数可参见表8.22所示数值。

表8.22　电子信息系统的接地电阻值附表

电子信息系统名称	接地装置型式及接地电阻(Ω)	
	单独接地装置	共用接地装置
保安监控,闭路电视,扩声,对讲,同声传译,BAS系统	<4	<1
计算机网络	<4	<1
通信基站[1]	<5	<1
程控电话机	<10	
综合布线(屏蔽)系统	<4	<1
消防报警及联动控制	<4	<1
天线系统	<4	<1
有线广播系统	<4	<1

注:通信基站的接地电阻值,对于年雷电日小于20天的地区,接地电阻值可不大于10Ω。

·宜利用建筑物(或构筑物)的基础钢筋地网(或桩基网)作为共用接地系统的接地装置。

③配置有信息系统设备的机房内应设等电位连接网络,电气和电子设备的金属外壳和机柜、机架、计算机直流地、防静电接地、金属屏蔽线缆外层、安全保护地及各种SPD接地端均应以最短的距离就近与等电位连接网络直接连接。连接网络的基本结构型式有:S型星形结构和M型网形结构或两种结构形式的组合。

·S型结构一般宜用于信息设备相对较少或局部的系统中,如消防、BAS、扩声等系统。当采用S型结构等电位连接网时,该信息系统的所有金属组件,除等电位连接点ERP外,均应与共用接地系统的各部件之间有足够的绝缘(大于10kV,1.2/50μs),在这类信息系统中的所有信息设施的电缆管线屏蔽层,均必须经该点(ERP)进入该信息系统内。S型等电位连接网只允许单点接地,接地线可就近接至本机房或本楼层弱电竖井间内的接地端子板(或SE接地干线),不必设专用接地线引下至总接地端子板。

·对于延伸较大的信息系统和开环信息系统宜采用M型结构,如计算机房、通信基站、各种网络系统。当采用M型结构的等电位连接网时,该信息系统的所有各金属组件,严禁与共用接地系统的各组件之间绝缘。M型等电位连接网应通过多点组合到共用接地系统中去并形成 Mm 型结构模式。而且在信息系统设备及其各分项设备(或分组设备)之间敷设有多条线路和电缆,这些系统设备及分项设备和电缆,可以在 Mm 结构中由各个点进入该系统内。

·对于更复杂的信息系统,宜采用 S 型和 M 型两种结构形式的组合式。这种等电位连接方法更为方便灵活,接线简便,安全可靠性高。

·信息系统的等电位连接网采用 S 型还是 M 型除考虑设备多少和机房面积大小外,还应根据信息设备的工作频率来选择等电位连接网络形式及接地形式,从而有效地消除杂信和干扰。

·信息系统的等电位连接网与共用接地系统连接的做法:对 S 型,在机房设置一汇集排或接地端子板,设备的金属外壳分别接于排上,汇集排接至共用接地系统;对 M 型,在机房防静电地板下设置 M 型网格,设备就近接于网上。当建筑物采取总等电位连接措施后,各等电位连接网络均与共用接地系统有可靠直通大地的连接,每个信息系统的等电位连接网络不宜再设单独的接地引下线接至总等电位连接端子板。而宜将各个等电位连接网络用接地线引至本层弱电(或强电)竖井内的接地端子板相连(螺栓压紧)。

·S 型等电位联结网络材料选择原则:S 型等电位连接网络暨电子信息系统的等电位接地母线的材料,应采用钢材,其形式还应结合电子信息设备的工作频率、灵敏度和接地线的长度来选择。

·当 $f \leqslant 0.5$MHz 时,宜选用多股铜芯电缆,最小截面按表 8.23 的要求。

·当 $f > 0.5$MHz 时,应选用薄铜排,厚度一般为 0.35～1mm,宽度的选择按表 8.23。

表 8.23　信息系统工作接地线薄铜排宽度选择

电子设备灵敏度(UV)	接地线长度(m)	薄铜排宽度(mm)
1	≤1	120
1	1～2	20
10～100	1～10	100～240
100～1000	1～10	80～160

·M 型等电位连接网络材料选择原则:电子信息系统 M 型的等电位连接网络及接地母线的材料,应采用薄铜排,厚度一般为 0.35～1mm,宽度选择和网格大小按表 8.23 及表 8.24 选择。网孔交叉点及接地连接线处应采用点焊连接方式。

·等电位连接网络及等电位接地母线所选用薄铜排的厚度根据施工要求,宜由各工程视具体情况,酌情选择适当的厚度。

表 8.24　信息系统 M 型网络薄铜排、网格尺寸选择表

工作频率(MHz)	薄铜排宽度(mm)	基本网格大小(mm)
$f<0.5$	50	可大于标准值
$f<30$	50～100	标准 600×600
$f\geqslant 30$	100～160	应小于标准值

表 8.25　接地装置、接地线的最小截面

		接地装置(mm^2)	接地干线(mm^2)	接地线(mm^2)
防雷类别 A、B、C、D	铜 材	50	150	25
	钢 材	100	100	70

④共用接地系统若设置人工接地体时宜在建筑物四周距离散水坡外大于 1m 处埋设环形接地体，并可作为等电位联结带使用。具体作法如下：

·设计共用接地系统时，当基础采用硅酸盐水泥和周围土质的含水量不低于 4%，基础外表面无防水层时，应优先利用基础内的钢筋作为接地装置。但如果基础被塑料、橡胶、油毡等防水材料包裹或涂有沥青质的防水层时，不得利用在基础内的钢筋作为接地装置。

·当采用等电位联结措施时，在有防水油毡，防水橡胶或防水沥青层的情况下，宜在建筑物外面四周敷设成闭合状的水平接地体。该接地体可埋设在建筑物散水坡及灰土基础以外的基础槽边。

·由于建筑物散水坡一般距建筑外墙 0.5～0.8m，散水坡以外的地下土中也有一定的湿度，对电阻率的下降和疏散雷电流的效果较好，在某些情况下，由于地质条件的要求，建筑物基础放坡脚很大，而超过散水坡的宽度，为了施工及今后维修方便，规定应敷设在散水坡外大于 1 m 的地方。

·对于扩建、改建工程当需要敷设周圈式闭合环形装置时，该装置必须离开基础有一定的距离(视结构专业要求来决定)，以保证基础安全。

·对于设有多种信息系统的建筑物，同时又利用基础(筏基或箱基)底板内钢筋构成自然接地体时，无须另设人工闭合环形接地装置。但为了进入建筑物的各种线路、管道作等电位连接的需要，也可以在建筑物四周设置人工闭合环形接地装置。此时基础或地下室地面内的钢筋、室内等电位连接干线，均须每隔 5～10m 引出接地线与闭合环形接地装置连成一体，作为等电位联结的一部分。

·闭合环形接地体宜采用－25×4mm 或－40×4mm 热镀锌扁钢，埋设深度为距室外地坪下 0.8～1.0m，室内接地引出线宜采用∅12mm 热镀锌圆钢或－40×4mm 热镀锌扁钢。引出线在穿过防水层处应作防水密封处理，穿过防水墙须做素混凝土保护层。

·环形接地装置建筑物外墙人员流动较多处，为了保证人员生命安全，应对该区域做进一步均衡电位处理。为此，应在距第一个环形接地装置 3m 以外再次敷设一组环形接地装置，距离建筑物较远的接地装置应敷设在地表之下较深的土层中，例如接地装置距建筑物 4m，埋深应为 1m；距建筑物 7m，埋深应为 1.5m。这组环形接地装置应采用放射形导体与第一个环形接地装置相连接，以保证均衡电位的安全效果。

⑤接地系统的连接应从共用接地装置引出，通过接地干线引至总等电位接地端子（排板），再通过接地干线接引至各楼层辅助等电位接地端子板，再通过接地线引至建筑物内电子信息系统各设备机房的局部等电位接地端子板。局部等电位接地端子板也可与各楼层预留接地端子板连接。接地干线应采用多股铜芯电缆或铜带，其截面不应小于 16mm^2。接地干线应在强电或弱电竖井内明敷，并与各楼层主钢筋或其他屏蔽金属构件做多点连接。接地线应采用多股铜芯电缆穿管敷设。对重要的设备机房，接地系统也可直接通过接地引入线与局部等电位连接端子板连接。

⑥人工接地装置材料的选择，应优先利用建筑物的自然接地体，当其接地电阻达不到要求时可增加人工接地体。

⑦在建筑物 $LPZ0_A$ 或 $LPZ0_B$ 区与 LPZ1 区交界处内应设置总等电位接地端子板，每层或若干层竖井内应设置楼层辅助等电位接地端子板，各设备机房应设置局部等电位接地端子板。各接地端子板应装设在便于安装和检查以及接近各种引入线的位置，避免装设在潮湿或有腐蚀性气体及易受机械损伤的地方，等电位接地端子板的连接点应具有牢固的机械强度和良好的电气连续性。

⑧综合布线应有良好的接地系统。当采用屏蔽布线系统时，应保持各子系统中屏蔽层的电气连续性。在电缆屏蔽层两端接地时，两个接地装置之间的接地电位差不应大于 1.0V。

综合布线系统不同楼层的设备间或不同雷电防护区的配线交接间内应设置局部等电位接地端子板。每一楼层配线柜的接地线应采用截面积不小于 16mm^2 的绝缘铜导线接至等电位接地端子板。

⑨接地材料

·接地材料的选择，要充分考虑其导电性、热稳定性、耐腐性和机械强度，可采用热镀锌钢材、铜材或其他新型的接地材料。钢接地材料的最小尺寸不应小于表 8.26 中的规定。

·严禁用裸铝线作接地体或接地线。

·埋入土内的接地引入线，其截面不应小于表 8.26 的规定。

·接地体可采取带状、棒状、管状、线状及板状等形状，具体形状要因地制宜，合理选择。

表 8.26 埋入土内接地线最小截面(mm^2)

类 别	有防机械损伤保护	无防机械损伤保护
有防腐蚀保护的	铜 35，钢 80	铜 50，钢 120
无防腐蚀保护的	铜 50，钢 120	铜 75，钢 150

⑩中央控制室及各系统设备的接地干线和接地线的规格选择，详见表 8.27、表 8.28。

表 8.27 干线及接地连线规格

接地线名称	接地线型号规格	穿管规格
直流接地干线	2(BV－500－25mm^2)	PVC32
保护接地干线	2(BV－500－25mm^2)	PVC32
直流接地连线	根据系统设备及设计要求确定	
主机保护接地连线	除注明外：BVR－500－16mm^2	PVC25
避雷器连线	除注明外：BVR－500－16mm^2	PVC25
防静电地板连线	除注明外：BVR－500－10mm^2	PVC20
屏蔽笼连线	除注明外：BVR－500－10mm^2	PVC20
线槽等电位连接线	除注明外：BVR－500－6mm^2	PVC20

表 8.28 现场终端设备保护接地连线规格

系统最远处终端设备距接地点的距离(L)	接地连线型号规格
$L \leqslant 30m$	最小为 BVR－500－6mm^2
$30 < L \leqslant 50m$	最小为 BVR－500－10mm^2
$50 < L \leqslant 100m$	最小为 BVR－500－16mm^2
$100m < L$	最小为 BVR－500－25mm^2

8.7.8.7 接地其他几点要求

①同一建筑物内的所有接地装置(包括保护接地，功能接地和防雷接地)应互相连通。

②当同一电子信息系统涉及几幢建筑物时，这些建筑物之间的接地装置应作等电位联结，但下列情况除外：

·由于地理原因难以连接时；

·不同的接地装置之间存在耦合，会导致设备电压升高时；

·互相连通的设备具有不同的地电位(如逻辑地)时；

·存在电击危险，特别是可能在雷击过电压时。

③当几幢建筑物的接地装置之间难以互相连通时，应将这些建筑物之间的电子信息系统作有效隔离，例如彼此间采用无金属的光缆连接。

④金属管道(水管、燃气管及热力管等)和各类电缆宜在同一处进入建筑物，这些管线应采用铜导线与总接地端子相连接。

⑤保护接地连接线、功能接地连接线应分别接向总接地端子板。

⑥建筑物每一层内的等电位连接网络应呈封闭环形，其安装位置应随处可接近。

⑦功能性等电位联结线选择。

·功能性等电位连接可采用金属带、扁平编织带和圆形截面电缆等。

·工作于高频的设备的功能性等电位连接线应采用金属带或扁平编织带，且其截面的长宽比不小于5。

⑧防静电接地系统，应符合下列规定：

·防静电接地系统应包括直流工作接地、安全接地和人体接地；

·防静电接地系统应设置与局部等电位接地端子板相连接的防静电接地板；

·直流工作接地(悬浮地除外)应经防静电接地基准板与局部等电位接地端子板做单点连接。主干线应采用截面积不小于95mm^{2}的铜质多芯屏蔽电缆，支干线采用截面积不小于35mm^{2}的铜质多芯屏蔽电缆，分支引线应采用截面不小于2.5mm^{2}的多股屏蔽铜绞线；

·当采用单独接地时，与防雷接地极的间距不小于20m，与其他接地系统的间距不小于5m；

·防静电地面表层材料应具有静电耗散性，其表面电阻率应为$1.0\times10^5 \sim 1.0\times10^{12}\ \Omega/m^2$，或体积电阻率为$1.0\times10^4 \sim 1.0\times10^{11}\ \Omega\cdot cm$，其静电半衰期应不小于0.5s；

·重要电子信息系统的机房应采用防静电地面材料，防静电地面对地泄放电阻值应不大于$1.0\times10^9\ \Omega$。

8.7.9 分散控制系统的防雷

DCS(Distributed Control System)是分散控制系统的简称，国内一般习惯称之为集散控制系统。DCS是一个由过程控制级和过程监控级组成的以通信网络为纽带的多级计算机系统，综合了计算机，通信、显示和控制等4C技术，其基本思想是分散控制、集中操作、分级管理、配置灵活以及组态方便。DCS具有以下特点：

① 高可靠性。由于DCS将系统控制功能分散在各台计算机上实现，系统结构采用容错设计，因此某一台计算机出现的故障不会导致系统其他功能的丧失。此外，由于系统中各台计算机所承担的任务比较单一，可以针对需要实现的功能采用具有特定结构和软件的专用计算机，从而使系统中每台计算机的可靠性也得到提高。

② 开放性。DCS采用开放式，标准化、模块化和系列化设计，系统中各台计算机采用局域网方式通信，实现信息传输，当需要改变或扩充系统功能时，可将新增计算机方便地连入系统通信网络或从网络中卸下，几乎不影响系统其他计算机的工作。

8.7.9.1　雷电对分散型控制系统危害的形式

直击雷对分散型控制系统的危害指的是：

· 雷电直接击中建筑物或地面上，雷电流沿引下线、接地体流动过程中，在土壤中产生强大的感应电磁场，通过感应耦合到DCS等电子设备内，损坏DCS等电子设备；

· 控制室建筑物的防直击雷装置在接闪时，强大的瞬间雷电流通过引下线流入接地装置，会使局部的地电位浮动并产生跨步电压，如果防雷的接地装置是独立的，它和控制系统的接地体没有足够的绝缘距离的话，则它们之间会产生放电，这种现象称为雷电反击，它会对控制室内的DCS系统产生干扰乃至破坏。

雷电电磁脉冲干扰指的是由强大的雷闪电流产生的脉冲电磁场，它对DCS系统的干扰有如下两种形式：

① 当控制室建筑物的防直击雷装置接闪时，在引下线内会通过强大的瞬间雷电流，如果在引下线周围的一定距离内设有连接DCS系统的电缆（包括电源、通信以及I/O电缆），则引下线内的雷电流会对DCS的电缆产生电磁辐射，将雷电波引入DCS系统，干扰或损坏DCS系统；

② 当控制室周围发生雷击放电时，会在各种金属管道、电缆线路上产生感应电压。如果这些管道和线路引进到控制室把过电压传到DCS系统上，就会对DCS系统产生干扰或损坏。

此外，当空中携带大量电荷的雷云从控制室上空经过时，由于静电感应使地面某一范围带上异种电荷，当直击雷发生后，云层带电迅速消失，而地面某些范围由于散流电阻大，以至出现局部高电位，它会对周围的导线或金属物产生影响，这种静电感应电压也会对DCS系统产生干扰或损坏。根据我们的调查，上述几种的雷电干扰形式，最严重的干扰源是：

· 直击雷造成的地电位浮动而导致的雷电反击。

· 引下线中雷电流的电磁辐射将雷电波通过附近的I/O电缆、通信电缆以及电源电缆带入DCS系统。

8.7.9.2 分散型控制系统及控制室防雷的主要措施

DCS 控制室如果和生产装置在同一建筑物内，其防直击雷设施应连同生产装置的特点综合确定和设计。如果 DCS 控制室是独立的建筑物，应按该规范规定的第三类防雷建筑物的标准设防。

将控制室的墙和屋面内的钢筋、金属门窗等进行等电位联接，并与防直击雷的接地装置相联接，使控制室形成一个“法拉第笼”，可以减少受电磁脉冲的影响。控制室有许多电缆和控制室的外部相联，因此也要对从室外进入控制室的各种电缆采取屏蔽措施，特别是在那些容易被雷电波侵入的地方。

这里有必要对电缆的屏蔽问题作一强调和说明。国家石油和化学工业局于 2000 年发布的《仪表系统接地设计规定》(HG/T 20513－2000)对屏蔽电缆的接地，原则上是规定一端接地，另一端悬空。但单端接地只能防静电感应，不能防磁场强度变化所感应的电压，无助于阻碍雷电波的侵入。为了减少屏蔽芯线的感应电压，仅在屏蔽层一端做等电位联接的情况下，应采用有绝缘隔开的双层屏蔽，外层屏蔽应至少在两端作等电位联接。在这种情况下外屏蔽层与其它同样做了等电位联接的导体构成了环路，感应出一电流，因此产生降低源磁场强度的磁通，从而基本上可抵消无外层屏蔽层时所感应的电压。为此，可以利用金属走线槽或穿金属管作为第二屏蔽层并用两端接地的方法来实现。从防雷的角度来看，走线槽应选择金属材质。

实践证明，室外电缆埋地敷设的，且埋地深度在大于＞0.6m 时，不会将雷电波带入 DCS 系统，对防雷是非常有利的。

将 DCS 系统和防雷系统的接地系统进行等电位联接后，即使受到雷电反击，但由于它们之间不存在电位差，所以不可能通过雷电反击构成对电子元件的威胁。等电位联接是 DCS 系统免遭雷击的重要措施。

如果 DCS 系统无法和防雷系统的接地系统进行等电位联接时，根据《民用建筑电气设计规范》(JGJ/T 16－92)的规定，两接地系统的距离不宜小于 20m。在进行工程设计时，当有电缆靠近引下线敷设时，必须考虑电缆和引下线间保持 2m 以上的距离。

电涌保护器(SPD)是一种限制瞬态过电压和分走电涌电流的器件。按其在 DCS 中的用途可分为电源防雷器、I/O 信号防雷器和通讯线路防雷器三种。

当有连接电缆从室外或其他系统进入控制室时，装设 SPD 可以防护电子设备免遭雷电浪涌的闪击。但是，如果所有的 I/O 通道都装设 SPD，成本将大幅度上升；再则，控制系统遭雷击的概率毕竟很低，不能强调万无一失，否则从经济观点出发就太浪费了。

一个装置的 DCS 系统防雷设计必须因地制宜地考虑所处的地理位置和环境、年雷暴日的多少以及系统规模的大小。采取一定的防雷措施，防止或减少因雷击导致系统、设备的故障和损坏，做到安全可靠、技术先进、经济合理。

本章思考与练习

1. 雷电防护措施包括哪些部分？

2. 如图 8.28 所示，有一省级档案馆，高 38m，长 65m，宽 28m，防雷引下线利用框架柱钢筋结构作为暗装引下线。经检测，工频接地电阻为 4.9Ω，请设计、绘制该建筑物避雷设施。

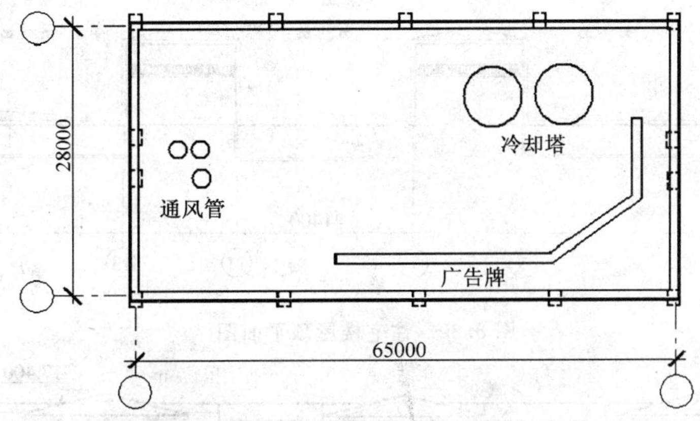

图 8.28　省级档案馆屋面平面图

3. 什么叫雷电感应？雷电感应防护的目的是什么？应采取哪些防护措施？

4. 现代防雷技术措施的基本原则是①（　　）、②（　　）和③（　　）。

5. 试论述建筑物综合防雷的设计（应包括范围、目的、步骤）。

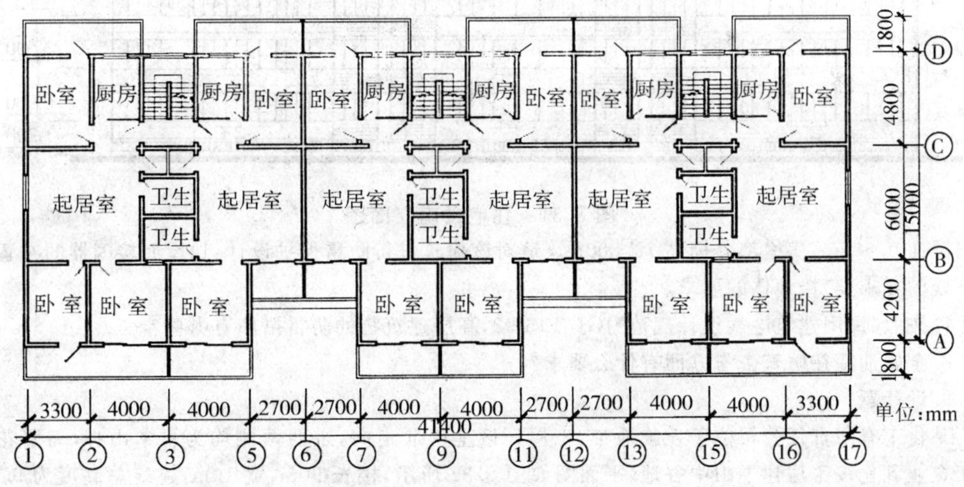

图 8.29　住宅楼标准层平面图

6. 如图 8.29、图 8.30、图 8.31 所示，某城市郊（雷暴日数：70.6d/a）有六层砖混结构的坡顶住宅楼，楼房呈“一”形布置，其长度为 41.640m，楼房宽度为 17.300m，屋脊标高为 17.400m，房屋的挑檐

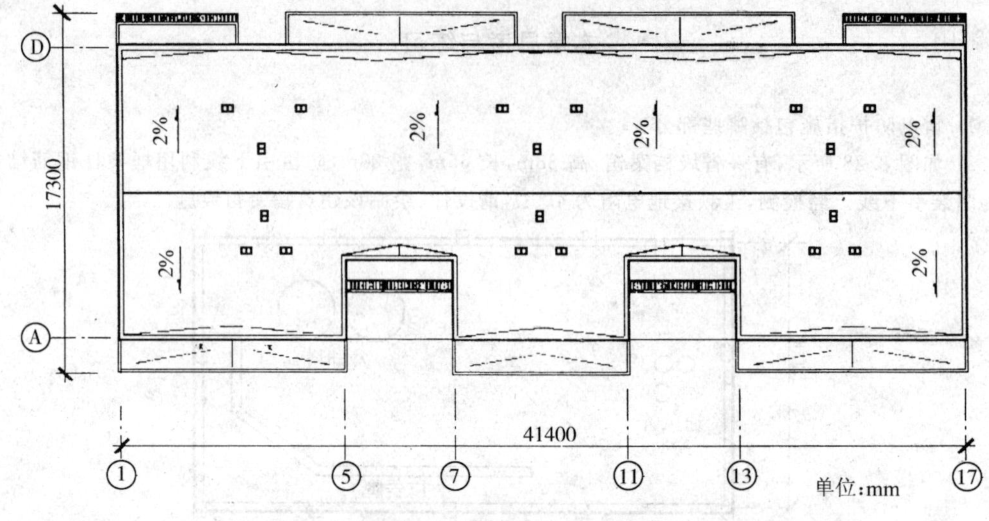

图 8.30 住宅楼屋顶平面图

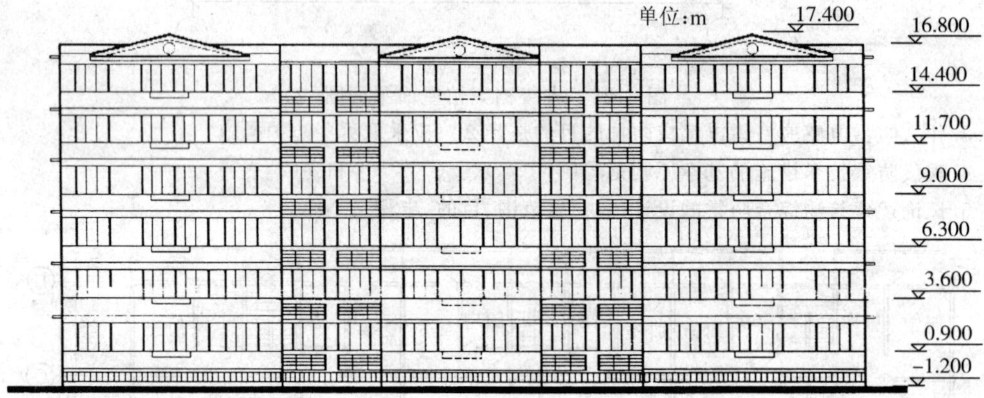

图 8.31 住宅楼南立面图

伸出屋面 0.600m,房檐部分标高 16.800m。请对该建筑进行防雷保护设计:1)屋面接闪器的布置;2)引下线的要求;3)接地体的要求。

7. 按照《民用建筑电气设计规范》JGJ/T16-92,高层建筑物的防雷措施有哪些?

8. 金属油罐在防直击雷方面有什么要求?

9. 设计题

某化工有限责任公司位于丘陵地带,工厂厂区呈南北走向,东西两侧均为青翠山林,鸟语花香,化工企业乳化铵工房建于山中谷地,平面图如图 8.32 所示,楼长 90m,宽 10m,建筑总高度为 9.5m。楼顶部呈长方形,室内生产、存放民用爆炸物品——乳化铵。年平均雷暴日为 36 天,最多达 54 天。经调查该公司于 2001 年夏曾发生球雷事故。

乳化铵工房建筑物为砖混结构,防雷电感应已设计采用屋面混凝土内钢筋网,柱内主筋引下,建筑物基础内金属体接地。

经勘察，地面标高为 36.000m，地质勘察场地土壤自地表向下分为四层：素填土，层厚 0.7～3.60m，土壤电阻率为 100Ω·m；粉质黏土，层厚 1.8～3.30m，层底埋深 4.0～6.5m，土壤电阻率为 200Ω·m；残积土，层厚 1.0～2.50m，层底埋深 6.2～7.5m，土壤电阻率为 500Ω·m；强风化岩，土壤电阻率为 600Ω·m。注：乳化铵为矿用爆破材料，起爆时须通过雷管引爆，生产时为粉状物，场地有粉状物积留，有时粉状物与空气混合达到某一浓度时会有爆炸危险。请根据以上现场勘察报告进行雷电防护设计。

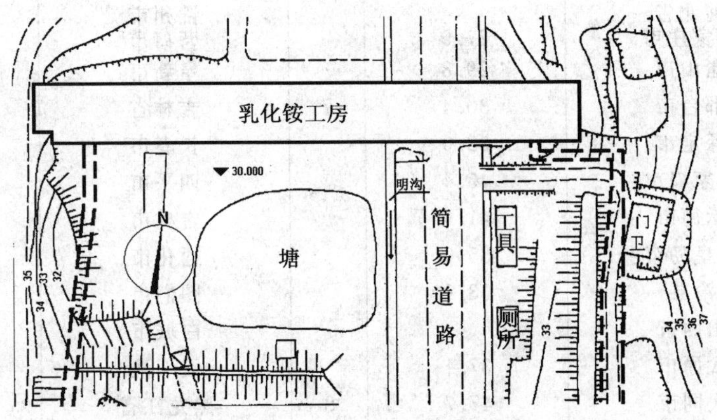

图 8.32　乳化铵工房总平面图

附录一　全国主要城市雷暴日数

附表 1.1　全国主要城市雷暴日数

序号	地　名	雷暴日数 (d/a)	序号	地　名	雷暴日数 (d/a)
1	北京市	36.7		本溪市	38.0
2	天津市	26.8		丹东市	27.3
3	河北省			锦州市	28.7
	石家庄市	27.9		营口市	30.0
	唐山市	29.8		阜新市	27.7
	邢台市	30.4	7	吉林省	
	保定市	32.0		长春市	35.8
	张家口市	45.4		四平市	34.1
	承德市	41.9		吉林市	40.5
	秦皇岛市	35.9		通化市	36.2
	沧县	33.1		图们市	23.8
4	山西省			白城市	29.9
	太原市	37.1		天　池	29.0
	大同市	47.7	8	黑龙江省	
	阳泉市	42.7		哈尔滨市	28.9
	长治市	35.0		齐齐哈尔市	24.1
	临汾市	31.1		双鸭山市	29.8
5	内蒙古自治区			大庆市(安达)	32.5
	呼和浩特	39.5		牡丹江市	27.5
	包头市	37.7		佳木斯市	33.1
	乌海市	16.6		伊春市	32.2
	赤峰市	32.0		绥芬河市	27.1
	二连浩特市	23.3		嫩江市	31.3
	海拉尔市	31.6		漠河县	35.2
	东乌珠穆沁旗	32.4		黑河市	31.5
	锡林浩特市	32.1		嘉荫县	32.9
	通辽市	27.5		铁力市	36.3
	东胜市	34.8	9	上海市	32.2
	抗锦后旗	23.9	10	江苏省	
	集宁市	47.3		南京市	34.4
	辽宁省			连云港市	29.6
	沈阳市	31.5		徐州市	26.3
	大连市	19.0		常州市	35.7
	鞍山市	26.3		南通市	33.3

附表 1.2 全国主要城市雷暴日数

序号	地名	雷暴日数 (d/a)	序号	地名	雷暴日数 (d/a)
	淮阴市	37.8	15	山东省	
	扬州市	32.9		济南市	25.0
	盐城市	31.9		青岛市	22.4
	苏州市	28.1		淄博市	28.3
	泰州市	32.1		枣庄市	32.7
	浙江省			东营市	32.2
	杭州市	43.2		潍坊市	28.4
	宁波市	47.1		烟台市	25.0
	温州市	51.1		济宁市	29.1
	衢州市	56.4		日照市	29.1
12	安徽省		16	河南省	
	合肥市	29.6		郑州市	21.0
	芜湖市	34.6		开封市	28.2
	蚌埠市	24.7		洛阳市	28.3
	安庆市	44.0		平顶山市	28.9
	铜陵市	35.2		焦作市	26.4
	屯溪市	57.5		安阳市	31.0
	阜阳市	31.9		濮阳市	28.0
13	福建省			信阳市	28.7
	福州市	63.2		南阳市	30.6
	厦门市	45.8		商丘市	25.0
	莆田市	43.2		三门峡市	30.8
	三明市	67.4	17	湖北省	
	龙岩市	67.4		武汉市	36.7
	宁德市	54.0		黄石市	52.2
	建阳县	65.5		十堰市	18.7
14	江西省			沙市市	38.4
	南昌市	58.4		宜昌市	44.6
	景德镇市	59.8		襄樊市	28.1
	九江市	48.0		恩施市	44.3
	新余市	59.4	18	湖南省	
	鹰潭市	70.0		长沙市	48.7
	赣州市	67.4		株洲市	52.3
	广昌县	70.0		衡阳市	54.3

附表 1.3　全国主要城市雷暴日数

序号	地　名	雷暴日数(d/a)	序号	地　名	雷暴日数(d/a)
	邵阳市	58.4		西昌市	75.6
	岳阳市	45.0		阿坝	90.0
	大庸市	48.2		酉阳	47.9
	益阳市	47.3			
	零陵市	64.1	23	贵州省	
	怀化市	49.9		贵阳市	48.9
	郴州市	61.5		六盘水市	68.0
	常德市	54.3		遵义市	51.6
19	广东省		24	云南省	
	广州市	87.6		昆明市	62.8
	汕头市	54.0		东川汤丹	48.2
	湛江市	94.6		个旧市	51.0
	茂名市	80.0		大理市	60.3
	深圳市	73.9		景洪县	116.4
	珠海市	64.2		昭通市	58.4
	韶关市	77.7		丽江县	75.8
	梅县市	83.1			
20	广西壮族自治区		25	西藏自治区	
	南宁市	88.6		拉萨市	75.4
	柳州市	67.3		日喀则市	80.4
	桂林市	76.2		昌都县	54.4
	梧州市	97.5		林芝县	47.5
	北海市	81.8		那曲县	83.6
	百色市	71.2	26	陕西省	
	凭祥市	82.7		西安市	15.4
21	重庆市	36.5		宝鸡市	19.6
22	四川省			铜川市	25.7
	成都市	36.9		渭南市	22.1
	自贡市	43.8		汉中市	29.2
	渡口市	66.3		榆林市	29.9
	泸州市	40.9		安康市	31.7
	乐山市	43.5	27	甘肃省	
	绵阳市	38.3		兰州市	25.1
	达县市	38.2		金昌市	19.6

附表 1.4　全国主要城市雷暴日数

序号	地　名	雷暴日数 (d/a)	序号	地　名	雷暴日数 (d/a)
	白银市	24.2		克拉玛依市	30.6
	天水市	19.3		石河子市	19.4
	酒泉市	12.6		伊宁市	26.1
	敦煌市	3.5		哈密市	6.8
	靖远县	23.9		库尔勒市	21.4
	窑街	30.2		喀什市	16.9
28	青海省			奎屯市	21.0
	西宁市	39.1		吐鲁番市	8.7
	格尔木市	2.8		且末县	6.2
	德令哈市	19.3		和田市	2.8
	化隆县	50.1		阿克苏市	32.7
	茶卡	27.2		阿勒泰市	21.4
29	宁夏回族自治区		31	海南省	
	银川市	23.2		海口市	113.8
	石咀山市	24.0	32	台湾省	
	固原县	34.8		台北市	27.9
30	新疆维吾尔自治区		33	香港	34.0
	乌鲁木齐市	9.4			

注：1. 年雷暴日数选自《建筑电气工程师手册》2003 年第一版，仅作参考。
2. 各地区雷暴日数按国家公布的当地年平均雷暴日数为准。

附录二　分流系数

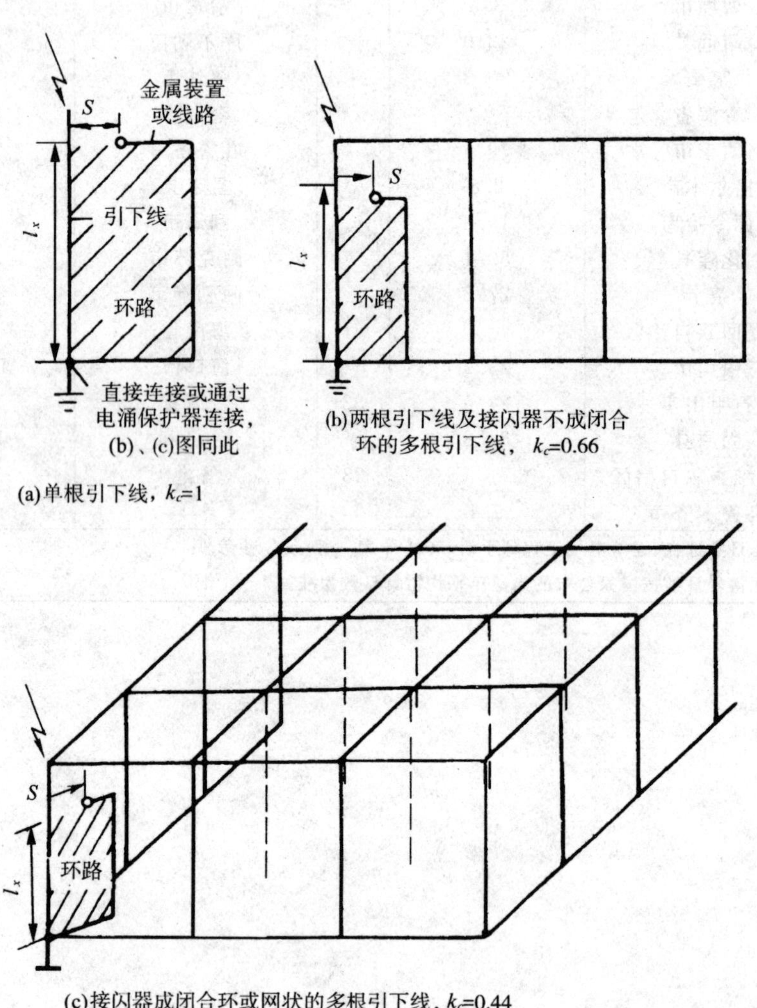

附图 2.1　分流系数 k_c（一）

注：S 为空气中距离，l_x 为引下线从计算点到等电位连接点的长度。

1. 分流系数 k_c，单根引下线时为 1，两根引下线以及接闪器不成闭合环的多根引下线应为 0.66，接闪器成闭合环或网状的多根引下线应为 0.44（见附图 2.1）。

2. 当采用网格型接闪器、引下线用多根环型导体互相连接、接地体采用环型接地体，或者利用建筑物钢筋或钢构架作为防雷装置时，分流系统 k_c 应按附图 2.2 确定。

3. 在接地装置相同（即采用环型接地体）的情况下，按附图 2.1 和附图 2.2 计算出的分流系数值不同时，可取较小的数值。

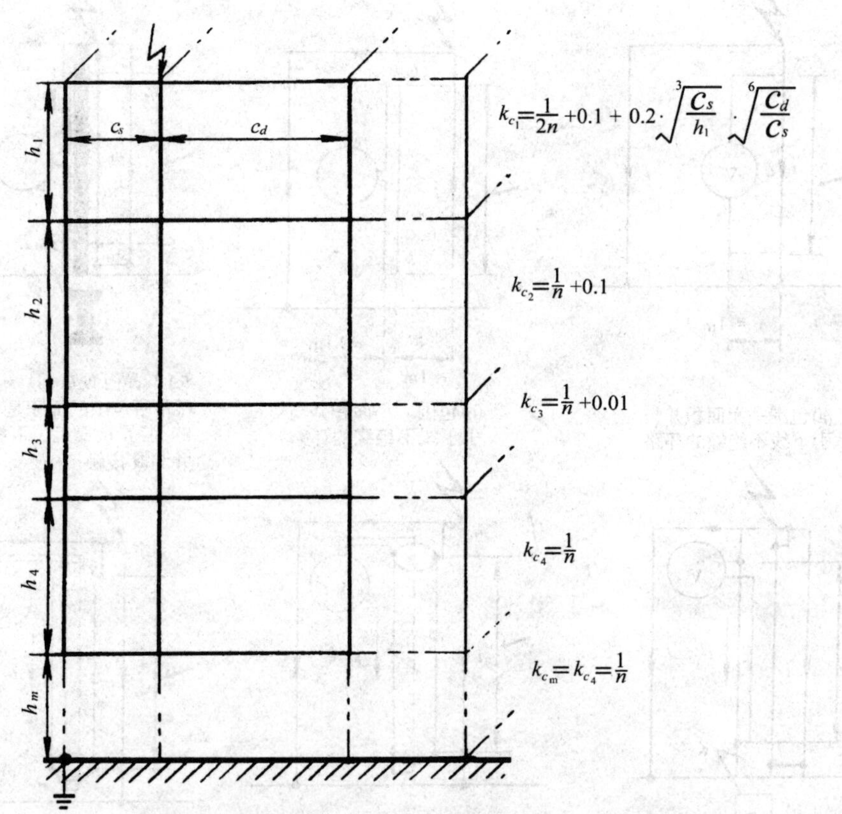

附图 2.2 分流系数 k_c（二）

注：$h_1 \sim h_m$ 为环接引下线各环之间的距离，c_s、c_d 为某引下线顶雷击点至两侧最近引下线之间的距离，n 为引下线根数。

附录三　环路中感应电压、电流和能量的计算

1. 在不同的线路结构和敷设路径(附图 3.1)以及不同的外部防雷装置下，当雷击建筑物的防雷装置时，在该等线路中预期的最大感应电压和能量可近似地按附表 3.1 中的计算式计算。

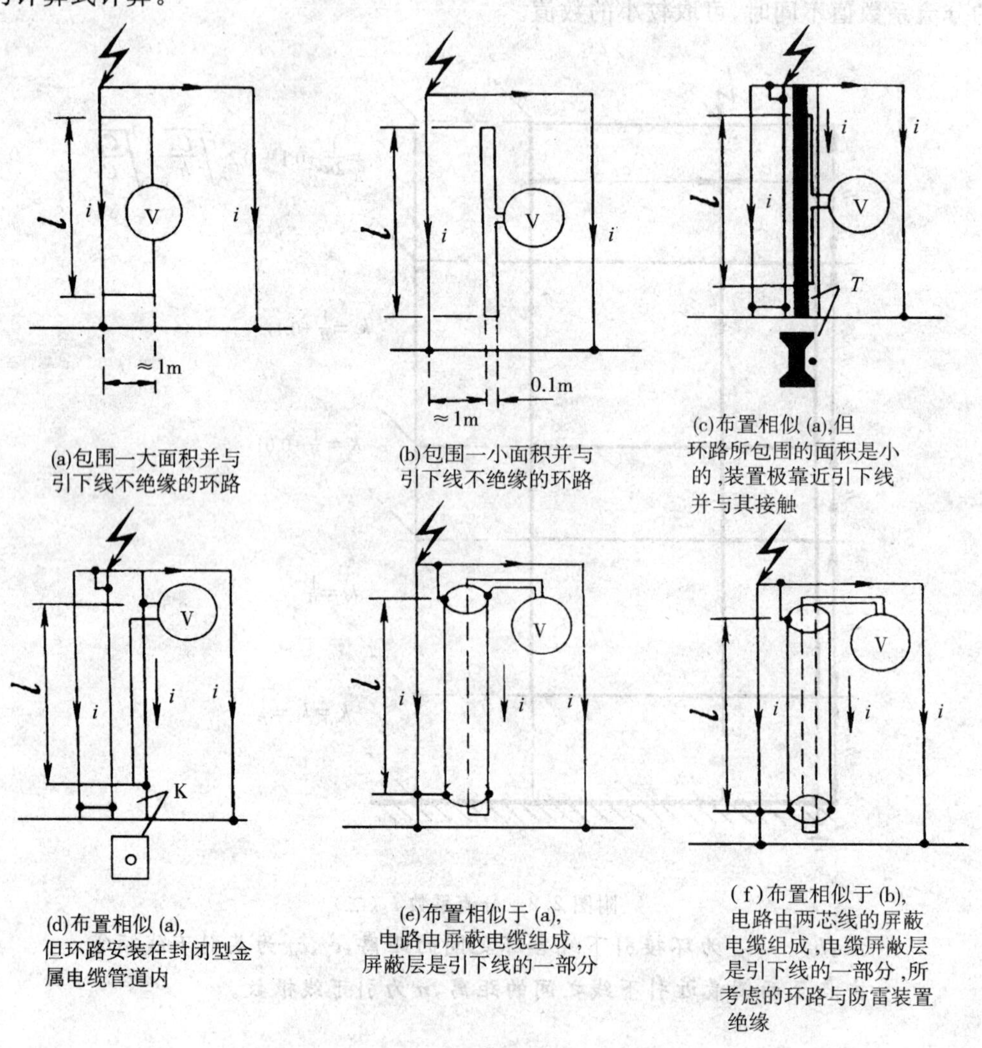

附图 3.1　应用于附表 3.1 的环路布置

i — 流经引下线的分雷电流；T — 作引下线用的金属结构立柱；

K — 作自然引下线用的金属电缆管道；l — 电气装置平行于引下线的长度

附表 3.1　闪电击中安装在第一类防雷建筑物上的防雷装置时所感应的电压和能量的近似计算式

外部防雷装置的型式	在附图 3.1 以下图中的环路形状					
	(a)	(b)	(c)	(d)	(e)	(f)
	开路环中感应的峰值电压					
引下线（至少四根）间距 10～20m 钢构架或钢筋混凝土柱	$\frac{U_i}{l}$ (kV/m)	$\frac{U_i}{l}$ (kV/m)	$\frac{U_i}{l}$ (kV/m)	$\frac{U_i}{l}$ (kV/m)	$\frac{U_k}{R_m}$ (kV/Ω)	$\frac{U_q}{l}$ (kV/m)
	$100 \cdot \sqrt{\frac{a}{h}}$	$2 \cdot \sqrt{\frac{a}{h}}$	$4 \cdot \sqrt{\frac{a}{h}}$	≈ 0	$100 \cdot \sqrt{\frac{a}{h}}$	≈ 0
	$40 \cdot \sqrt{\frac{a}{h}}$	$2 \cdot \sqrt{\frac{a}{h}}$	$4 \cdot \sqrt{\frac{a}{h}}$	≈ 0	$100 \cdot \sqrt{\frac{a}{h}}$	≈ 0
有窗的金属立面[①] 无窗的钢筋混凝土结构	$10 \cdot \frac{1}{\sqrt{h}}$	$0.4 \cdot \frac{1}{\sqrt{h}}$	$0.4 \cdot \frac{1}{\sqrt{h}}$	≈ 0	$10 \cdot \frac{1}{\sqrt{h}}$	≈ 0
	$2 \cdot \frac{1}{\sqrt{h}}$	$0.1 \cdot \frac{1}{\sqrt{h}}$	$0.1 \cdot \frac{1}{\sqrt{h}}$	≈ 0	$2 \cdot \frac{1}{\sqrt{h}}$	≈ 0
	短路环中感应的最大能量					
引下线（至少四根）间距 10～20m 钢构架或钢筋混凝土柱	$\frac{W}{l}$ (J/m)	$\frac{W}{l}$ (J/m)	$\frac{W}{l}$ (J/m)	$\frac{W}{l}$ (J/m)		
	$2000 \cdot \frac{a}{h}$	$\frac{a}{h}$	$10 \cdot \frac{a}{h}$	≈ 0		
	$500 \cdot \frac{a}{h}$	$\frac{a}{h}$	$10 \cdot \frac{a}{h}$	≈ 0		
有窗的金属立面[①] 无窗的钢筋混凝土结构	$30 \cdot \frac{1}{h}$	$0.03 \cdot \frac{1}{h}$	$0.1 \cdot \frac{1}{h}$	≈ 0		
	$1.5 \cdot \frac{1}{h}$	$0.002 \cdot \frac{1}{h}$	$0.005 \cdot \frac{1}{h}$	≈ 0		

注：①如金属窗框架与建筑物互相连接的钢筋在电气上有连接时本栏也适用于这类钢筋混凝土建筑物。

② U_i　采用首次以后的雷击电流参量（见表 2.2）时预期的最大感应电压；

U_k　采用首次雷击电流参量时在电缆内导体与屏蔽层之间预期的最大共模电压，$R_m/l < 0.1\Omega/\text{m}$；

U_q　屏蔽电缆内导体之间预期的最大差模电压；

W　当采用首次雷击电流参量及环路由于产生火花放电而成闭合环路时，预期产生于环路内的最大能量；

l　与引下线平行的电气装置的长度(m)；

R_m　电缆总长的电缆屏蔽层电阻(Ω)；

a　引下线之间的平均距离(m)；

h　防雷装置接闪器的高度(m)。

③附表 3.1 适用于第一类防雷建筑物的雷电流参量。对第二类防雷建筑物，表中的感应电压计算式应乘以 0.75(因第二类防雷建筑物的雷电流为第一类的 75%)，能量计算式应乘以 0.56(即 $0.75^2=0.56$，因能量与电流的平方成正比)。对第三类防雷建筑物，表中的感应电压计算式应乘以 0.5(因第三类防雷建筑物的雷电流为第一类的 50%)，能量计算式应乘以 0.25(即 $0.5^2=0.25$)。

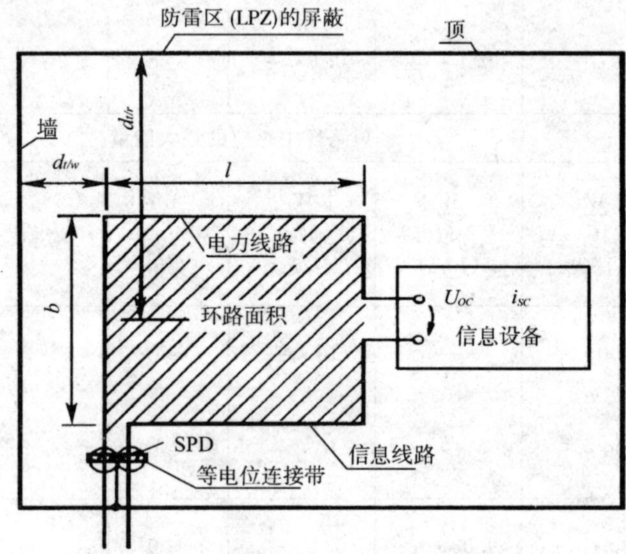

附图 3.2　环路中的感应电压和电流

注：①当环路不是矩形时，应转换为相同环路面积的矩形环路；

②图中的电力线路或信息线路也可以是邻近的两端做了等电位连接的金属物。

2. 格栅形屏蔽建筑物附近遭雷击时在 LPZ1 区内环路的感应电压和电流。在 LPZ1 区 V_S 空间内的磁场强度看成是均匀的情况下，图 3.2 所示为无屏蔽线路构成的环路，其开路最大感应电压 $U_{OC/max}$ 宜按下式确定：

$$U_{OC/max}=\mu_0\cdot b\cdot l\cdot H_{1/max}/T_1\quad (V)\qquad (附\ 3.1)$$

式中 μ_0 真空的磁导系数,其值等于 $4\pi \cdot 10^{-7}$ [V·s/(A·m)];

b 环路的宽(m);

l 环路的长(m);

$H_{1/max}$ LPZ1 区内最大的磁场强度(A/m),按式(6.7) 确定;

T_1 雷电流的波头时间(s)。

若略去导线的电阻(最坏情况),最大短路电流 $i_{SC/max}$ 可按下式确定:

$$i_{SC/max} = \mu_0 \cdot b \cdot l \cdot H_{1/max}/L \quad (A) \qquad (附 3.2)$$

式中 L 为环路的自电感(H)。

矩形环路的自电感可按下式计算:

$$L = (0.8\sqrt{l^2+b^2} - 0.8(l+b) + 0.4 \cdot l \cdot \ln[(2b/r)/(1+\sqrt{1+(b/l)^2})] + 0.4 \cdot b \cdot \ln[(2l/r)/(1+\sqrt{1+(l/b)^2})] \cdot 10^{-6} \quad (H) \qquad (附 3.3)$$

式中 r 为环路导线的半径(m)。

3. 格栅形屏蔽建筑物遭直接雷击时在 LPZ1 区内环路的感应电压和电流。在 LPZ1 区 V_S 空间内的磁场强度 H_1 应按式(6.7)确定。

根据附图 3.2 所示环路,其开路最大感应电压 $U_{OC/max}$ 宜按下式确定:

$$U_{OC/max} = \mu_0 \cdot b \cdot \ln(1 + l/d_{1/w}) \cdot k_H \cdot (W\sqrt{d_{l/r}}) \cdot i_{0/max}/T_1(V) \qquad (附 3.4)$$

式中 d_1/w 环路至屏蔽墙的距离(m), $d_{1/w} \geqslant d_{S/2}$;

$d_{1/r}$ 环路至屏蔽顶的平均距离(m);

$i_{0/max}$ $LPZ0_A$ 区内的雷电流最大值(A);

k_H 形状系数($1/\sqrt{m}$),取 $k_H = 0.01(1/\sqrt{m})$;

W 格栅形屏蔽的网格宽(m)。

若略去导线的电阻(最坏情况),最大短路电流 $i_{SC/max}$ 可按下式确定:

$$i_{SC/max} = \mu_0 \cdot b \cdot \ln(1+1/d_{1/w}) \cdot k_H \cdot (W\sqrt{d_{1/r}}) \cdot i_{0/max}/L \quad (A) \qquad (附 3.5)$$

4. 在 LPZn+1 区(n≥1)内的感应电压和电流。

在 LPZn+1 区 V_S 空间内的磁场强度 H_{n+1} 看成是均匀的情况下(见图 6.14),附图 3.2 所示环路,其最大感应电压和电流可按式(附 3.1) 和式(附 3.2) 确定,该两式中的 $H_{1/max}$ 应根据式(6.7) 或式(6.11) 计算出的 $H_{n+1/max}$ 代入。式($H_{1/max}$) 中的 H_1 用 $H_{n+1/max}$ 代入,H_0 用 $H_{n/max}$ 代入。

计算举例:

以附图 3.3 和附图 3.4 两种装置作为例子。建筑物属于第二类防雷建筑物。以附表 3.1 中给出的计算式为基准,指出其实际的应用。两个例子中的线路敷设均无屏蔽。

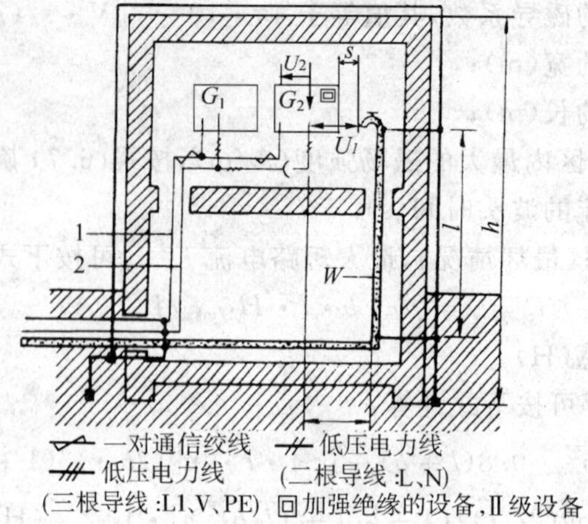

附图 3.3　外墙无钢筋混凝土的建筑物

1—通信系统;2—电力系统;G_1 —Ⅰ级设备(有PE线);G_2 —Ⅱ级设备(无PE线);

U_1 —水管与电力系统之间的电压;U_2 —通信系统与电力系统之间的电压,

d_1 —G_2 设备与水管之间的平均距离,d_1 =1m;h— 建筑物高度,h =20m;

l —金属装置与防雷装置引下线平行路径的长度;S— 分开距离;

W— 金属水管或其他金属装置

注:本例设定水管与引下线之间在上端需要连接,因为它们之间的隔开距离小于所要求的安全距离。

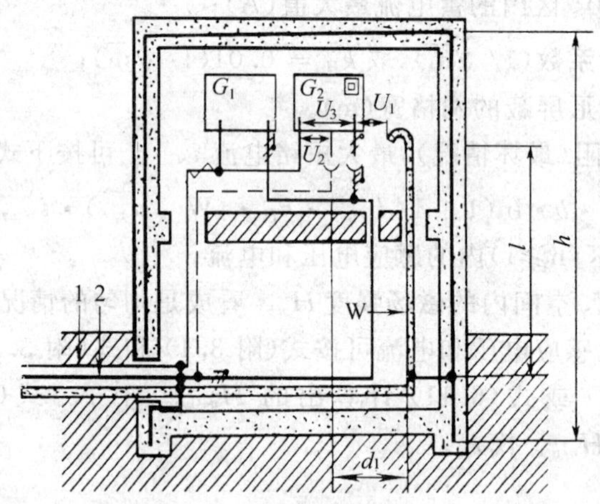

附图 3.4　外墙为钢筋混凝土的建筑物

注: ①图例和标注的意义见附图 3.3;

②U_2 和 U_3 是通信系统和电力系统之间的电压,其大小取决于感应面积。

第Ⅰ种情况:以附图 3.4 所示的装置作为例子。外部防雷装置有四根引下线,它们之间的平均距离 a 设定为 10m。

为评价电压 U_1(它决定水管与设备 G_2 之间最小分开距离 S),采用附表 3.1 的(a)列和附图 3.1 的(a)图。

$$U_1 = 0.75 \times l \times 100 \times \sqrt{a/h} = 0.75 \times 6 \times 100 \times \sqrt{10/20} = 318 \quad (\mathrm{kV})$$

式中 l 为从水管至设备的最近点向下至水管水平走向的高度差(m)。

若由于过大的电压 U_1 而引发的击穿火花,其能量按附表 5.1 的相关计算式评价:

$$W_1 = 0.56 \times l \times 2000 \times a/h = 0.56 \times 6 \times 2000 \times 10/20 = 3.36\ (\mathrm{kJ})$$

为评价电压 U_2(信息系统与低压电力装置之间的电压)采用附表 3.1 的(b)列和附图 3.1 的(b)图。

$$U_2 = 0.75 \times l \times 2 \times \sqrt{a/h} = 0.75 \times 6 \times 2 \times \sqrt{10/20} = 8.5(\mathrm{kV})$$

评价击穿火花的相应能量则采用附表 3.1 第一行的相关计算式:

$$W_2 = 0.56 \times l \times a/h = 0.56 \times 6 \times 10/20 = 1.68(\mathrm{kJ})$$

第Ⅱ种情况:以附图 3.4 的装置为例子。建筑物为无窗钢筋混凝土结构。计算方法与第Ⅰ种情况相似。管线的路径与第Ⅰ种情况相同。所采用的计算式为附表 3.1 的最后一行。

$$U_1 = 0.75 \times l \times 2 \times 1/\sqrt{h} = 0.75 \times 6 \times 2 \times \sqrt{20} = 2(\mathrm{kV})$$

$$W_1 = 0.75 \times l \times 1.5 \times 1/h = 0.75 \times 6 \times 1.5 \times 1/20 = 0.25(\mathrm{J})$$

$$U_2 = 0.75 \times l \times 0.1 \times 1/h = 0.75 \times 6 \times 0.1 \times 1/20 = 22.5(\mathrm{V})$$

$$W_2 = 0.56 \times l \times 0.002 \times 1/h^2 = 0.56 \times 6 \times 0.002 \times 1/400 = 1.68 \times 10^{-5}$$

(略去不计)

比较第Ⅰ种和第Ⅱ种情况的 U_1,可清楚地证实外墙采用钢筋混凝土结构所得到的屏蔽效率。

附图 3.3 中的 U_2 电压和附图 3.4 中的 U_3 电压,其大小取决于低压电力线路与通信线路所形成的有效感应面积的大小。

第Ⅱ种情况所示的通信线路路径很明显是不利的,以致感应电压 U_3 大于第Ⅰ种情况采用的路径所产生的电压,即附图 3.4 中虚线所示的线路路径产生的 U_2。

附图 3.4 所示的线路路径的 U_3 电压预期可达到 $U_1 = 2\mathrm{kV}$ 的值。

参照现今实际的一般装置,由于等电位连接的规定,保护线 (PE 线)是与水管接触的。所以采用Ⅰ级设备时 U_1 电压可能发生于设备内的电力系统与通信系统之间。因此,采用无保护线的Ⅱ级设备是有利的。

附录四　国际单位制(SI)、静电单位制(CGSE)和电磁单位制(CGSM)之间的关系

名称	各制的单位		
	SI	CGSE	CGSM
力	1 牛顿(N)	10^5 达因(dyn)	10^5 达因(dyn)
功	1 焦耳(J)	10^7 尔格(erg)	10^7 尔格(erg)
电　流	1 安培(A)	3×10^9	10^{-1}
电　量	1 库仑(C)	3×10^9	10^{-1}
电　位	1 伏特(V)	$3^{-1}\times10^{-2}$	10^8
电场强度	$1\dfrac{\text{伏特}}{\text{米}}\left(\dfrac{V}{m}\right)$	$3^{-1}\times10^{-4}$	10^6
介电常数	$1\dfrac{\text{法拉}}{\text{米}}\left(\dfrac{F}{m}\right)$	$4\pi\times9\times10^9$	$4\pi\times10^{-11}$
电　阻	1 欧姆(Ω)	$9^{-1}\times10^{-11}$	10^9
电　容	1 法拉(F)	9×10^{11}	10^{-9}
磁场强度	$1\dfrac{\text{安培}}{\text{米}}\left(\dfrac{A}{m}\right)$	$4\pi\times3\times10^7$	$4\pi\times10^{-11}$
磁感应(强度)	1 特斯拉(T)	$3^{-1}\times10^{-6}$	10^4 高斯
磁　通	1 韦伯(Wb)	$3^{-1}\times10^{-2}$	$3^{-1}\times10^{-6}$ 麦克斯韦
磁导率	$1\dfrac{\text{亨利}}{\text{米}}\left(\dfrac{H}{m}\right)$	$\dfrac{9^{-1}\times10^{-18}}{4\pi}$	$\dfrac{10^7}{4\pi}$
磁动势	1 安培(A)	$4\pi\times3\times10^9$	$4\pi\times10^{-1}$ 吉柏(Gb)
电感互感	1 亨利(H)	$9^{-1}\times10^{-11}$	$9^{-1}\times10^{-11}$

附录五 名词解释及术语

安全超低电压 safety extra-low voltage 按国际电工委员会标准规定的线间或线对地之间不超过交流 50V(均方根值)的回路电压。该回路是用安全隔离变压器或具有多个分开绕组的变流器等手段与供电电源隔离开的。上述数值相当于中国标准规定的安全电压系列的上限值。

安全电流 safe current 流过人体不会产生心室纤颤而导致死亡的电流。其值工频应为 30 mA 及以下,在有高度危险的场所为 10 mA,在空中或水面作业时则为 5mA。

安全电压 safe voltage 人体长期保持接触而不致发生电击的电压系列。按工作环境情况,中国标准规定的额定值等级交流为 42、36、24、12、6V;空载上限值交流为 50、43、29、15、8V。在使用上述电压标准时,还应满足以下几点:除采用独立电源外,供电电源的输入与输出电路必须实行电路上的隔离;工作在安全电压下的电路,必须与其它电器系统和任何无关的可导电部分实行电器上的隔离;当电器设备采用 24V 以上的电压时,必须采取防直接接触带电体的保护措施,其电路必须与大地绝缘。

安全距离 safe distance 为防止触电和短路事故而规定的人与带电体之间、带电体相互之间、带电体与地面及其他物体之间所必须保持的最小距离。是根据不同结构形式和不同电压等级下空气放电间隙再加上一定的安全裕度而确定的。

保护角法 method of protective corner 又称富兰克林保护型式。用许多导体(通常是垂直和水平导体)以给定的保护角盖住需要防雷空间的方法。它是以滚球法为基础用等效计算导出的,即保护角保护的空间等于滚球法保护的空间。

保护接地 earth-fault protection, protective earthing IT 系统与 TT 系统中用电设备的外露可导电部分经过各自的 PE 线接地。

保护接零 protective connecting neutral 在 TN-S 系统与 TN-C 系统中将用电设备的外露可导电部分与 PE 干线或 PEN 干线相联接。

保护模式 modes of protection 电气系统电涌保护器的保护部件可连接在相对相、相对地、相对中线、中线对地及其组合。这些连接方式称作保护模式。

保护线 protective conductor 简称 PC 线。某些电击保护措施所要求的用来将外露可导电部分、装置外可导电部分、总接地端子、接地极、电源接地点或人工中性点等作电气连接的导体。

避雷带 lightning strip 安装在建筑物最易受雷击部位的带状金属导体。对于高层建筑物在 30m 以上部位，每隔三层在外墙四周暗敷一圈避雷带与引下线焊接，以防雷点侧击，同时也起着均压环作用。

避雷器 lightning arrester 用于防止雷电波侵入和雷电反击的保护器件。当雷电波将其击穿并泄放入地时，强行将雷电波截断，此时加在被保护设备上的电压为有效地限制在绝缘可以承受的残余电压水平，雷电波过后恢复被保护设备正常工作。常用的分有阀型避雷器、压敏避雷器和管型避雷器等。

避雷网 lightning net 建筑物屋面面积较大或底部裙房较高较宽时，根据其具体造型在建筑物最易受雷击部位布置的网格状金属导体，也可利用钢筋混凝土屋面中的钢筋网。

避雷线 overhead ground wire 安装在架空电力线路或被保护空间上方的架空接地导线。其单根线形成一狭长保护区；其多根线可组成一个保护区间。

避雷针 lightning rod 安装在建筑物最高处或单独设立在杆塔顶上防雷的杆状金属导体。利用其高耸空间造成较大的电场梯度，将雷电引向自身放电。它可由一根或多根组成防雷保护空间。，避免了工频放电电压的不稳定性和冲击放电电压的分散性。具有优越的保护性能、体积小、重量轻、耐污秽、阀片性能稳定和寿命长等。

标称放电电流 nominal discharge current（I_n）流过电涌保护器 8/20μs 电流波的电流峰值。

测量的限制电压 measured limiting voltage 施加规定波形和幅值的冲击波时，在电涌保护器接线端子间测得的最大电压值。

插入损耗 insertion loss 在电气系统中，在给定频率下，连接到给定电源系统的电涌保护器的插入损耗定义为，电源线上紧靠电涌保护器接入点之后，在被试电涌保护器接入前后的电压比，结果用 dB 表示。在电子系统中，由于在传输系统中插入一个电涌保护器所引起的损耗，它是在电涌保护器插入前传递到后面的系统部分的功率与电涌保护器插入后传递到同一部分的功率之比。插入损耗通常用 dB 表示。

长时雷击电荷 long stroke charge（Q_{long}）长时雷击中时间对电流的积分。

8/20 冲击电流 8/20 current impulse 实际波头时间为 8μs、半值时间为 20μs 的冲击电流。实际波头时间定义为 $1.25\times(t_{90}-t_{10})$，$(t_{90}-t_{10})$ 为波头电流上升到幅值 10%和 90%点时的时间间隔，半值时间定义为实际原点与波尾幅值 50%的点之间的时间。实际原点为波头上述 90%与 10%点连接直线延长与 $I=0$ 线的交点。

冲击电流 impulse current（I_{imp}）由电流幅值 I_{peak}、电荷 Q 和单位能量 W/R 这三个参数所限定。

1.2/50 冲击电压 1.2/50 voltage impulse 实际波头时间为 1.2μs、半值时间为 50μs 的冲击电压。实际波头时间定义为 $1.67\times(t_{90}-t_{30})$，$(t_{90}-t_{30})$ 为波头电压上升到幅值 30%和 90%点时的时间间隔，半值时间定义为实际原点与波尾幅值 50%的点之间的时间。实际原点为波头上述 90%与 30%点连接直线延长与 $U=0$ 线的交点。

大地 earth 可导电的地层，其任何一点的电位通常取为零。

带电部分 在正常使用时带电的导体或可导电部分，它包括中性线，但不包括 PEN 线。

单位能量（比能量） specific energy (W/R) 整个闪击时间间隔内时间对电流平方的积分，以雷电流在单位电阻中所产生的能量表示。的电涌保护器需要用 I_{imp} 电流做相应的冲击试验。

等电位连接带 Equipotential bonding bar(EBB) 将金属装置、外来导电物、电力线路、通信线路及其他电缆连于其上以能与防雷装置做等电位连接的金属带。

等电位连接导体 bonding conductor 将分开的诸导电性物体连接到防雷装置的导体。

等电位连接 Equipotential bonding(EB) 设备和装置外露可导电部分的电位基本相等的电气连接。

等电位连接网络 Bonding network(BN)由一个系统的诸外露导电部分作等电位连接的导体所组成的网络。也可以是将建筑物和建筑物内系统（带电导体除外）的所有导电性物体互相连接到接地装置的一个系统。

低压、高压 low-voltage、high-voltage 交流电中额定电压 1kV 以下称为低压。额定电压 1 千伏及以上称为高压。低压接零保护、低压接地保护：中性点直接接地的低压电力网中，电力设备外壳与零线连接，称为低压接零保护，简称接零。电力设备外壳不与零线连接，而与接地装置连接，称为低压接地保护。

电磁感应　electromagnetic induction 由于雷电流迅速变化在其周围空间产生瞬变的强电磁场，使附近导体上感应出很高的电动势。

电磁兼容性　Electromagnetic compatibility(EMC)设备或系统在其电磁环境中能正常工作，且不对环境中的其他设备和系统构成不能承受的电磁干扰的能力。

电磁屏蔽　Electromagnetic shielding 用导电材料减少交变电磁场向指定区域穿透的屏蔽。

电气系统(低压配电)　electrical system 由低压供电组合部件构成的一个系统。

电信电源　telecommunication power source　为使电信设备能正常工作所需配置的交流或直流的电源。一般由交流配电屏、直流配电屏、整流器和蓄电池等组成。机关企业电信设备交流电源一般按二级负荷供电；如限于条件，可按三级负荷供电；重要电信站常可利用建筑物柴油发电机组作为备用电源；除特殊情况外，一般不需单独设置柴油发电机组作备用电源。大部分电信设备工作电源均为直流电，电压有 24、48、60、110、130、220V 等，直流电源均由交流经整流设备而获得。对直流电源波纹因数有较高要求，

电信接地　telecommunication earthing　电信设备和线路网中有关部位用导体与大地相连通的措施。它对保证通信质量、设备和人员的安全有重要的作用。由接地体以及把接地体连接到电信设备上的导体组成的装置称为接地装置。按其用途可分为通信接地、保护接地和辅助接地；按接地点位置可分为站内接地和线路网接地。

电信线路网接地　network earthing of telecommunication　线路网中为了防止雷电、交流工频高压触碰和短路电流感应危害影响，保护人身和线路设备安全的电信接地。它包括：敷设于空旷地区地下电缆金属护套或屏蔽层接地；架空电缆金属护套及其钢绞线接地；电缆分线箱处避雷器接地；装于空旷地区架空通信线路中终端和引入等重要电杆避雷针接地；与 1kV 以上电力线路交越两侧的电杆和雷击区部分电杆所装避雷针的接地，由架空明线引入用户终端处用户保安器中避雷器接地等。

电压保护水平　voltage protection level (U_p) 表征电涌保护器限制接线端子间电压的性能参数，其值可从优先值的列表中选择。该值应大于所测量的限制电压的最高值。

电压开关型浪涌保护器　Voltage switching type SPD 采用放电间隙、气体放电管、晶闸管和三端双向可控硅元件构成的浪涌保护器。通常称为开关型浪涌保护器。

电压限制型浪涌保护器　Voltage limiting type SPD 采用压敏电阻器和抑制二极管组成的浪涌保护器。通常称为限压型浪涌保护器。

电涌保护器　surge protective device (SPD) 目的在于限制瞬态过电压和分走电涌电流的器件。它至少含有一个非线性元件。

电涌　surge 由雷击电磁脉冲引发表现为过电压和(或)过电流的瞬态波。由雷击电磁脉冲引发的电涌可起源于(部分)雷电流、装置环路中的感应效应,并且对同一线路下方的电涌保护器可能同样仍有威胁。电压开关型电涌保护器 voltage switching type SPD 无电涌出现时为高阻抗,当出现电压电涌时突变为低阻抗。通常采用放电间隙、充气放电管(GDT)、闸流管(硅可控整流器)和三端双向可控硅元件做这类 SPD 的组件。有时称这类电涌保护器为“克罗巴型”电涌保护器。电压开关型电涌保护器具有不连续的电压/电流特性。

电晕　corona　又称电晕放电。电除尘器中由于施加到电极上的高电压使空气局部电离,当电压梯度超过一定临界值,放电极周围空气中出现连续的电流,在放电极表面和它周围出现淡蓝色辉光并伴有轻微咝咝声的放电现象。根据电晕极性的不同分为正电晕和负电晕。

电子系统　electronic system 由敏感电子组合部件(例如,通信设备、计算机、控制和仪表系统、无线电系统、电力电子装置)构成的一个系统。

电子信息系统　Electronic information system 由计算机、有/无线通信设备、处理设备、控制设备及其相关的配套设备、设施(含网络)等的电子设备构成的,按照一定应用目的和规则对信息进行采集、加工、存储、传输、检索等处理的人机系统。

短时雷击电荷　short stroke charge (Q_{short}) 短时雷击中时间对电流的积分。

短时雷击电流的单位能量　specific energy of short stroke current 短时雷击时间间隔内时间对电流平方的积分。

对地闪击　lightning flash to earth 起源于大气雷云与大地之间由一次或多次雷击组成的电气放电。

多雷区　lightning-prone region　年平均雷暴日数超过 40 天的地区。

防雷等电位连接　lightning equipotential bonding (EB) 将分开的诸金属物体直接用连接导体或经电涌保护器等电位连接到防雷装置以减小雷电流引发的电位差。

防雷区　lightning protection zone (LPZ) 划分雷击电磁环境的区,一个防雷区的区界线不是必定要有实物体界线,例如,墙壁、地板和天花板。

防雷装置　lightning-protection　接闪器、引下线和接地装置的总和。

防雷装置 Lightning protection system (LPS) 一个完整的系统，它用于减少由于闪击打在建筑物上造成的物质损害，它由外部和内部这两个防雷装置组成。

BAS 分站 substation 又称子站。两级建筑设备电脑管理系统(BAS)中的第二级。它按主站指令或规定程序负责对建筑物各分布地区机电设备进行数据采集、运行控制和管理。

共用接地系统 Common Earthing system 将各部分防雷装置、建筑物金属构件、低压配电保护线(PE)、等电位连接带、设备保护地、屏蔽体接地、防静电接地及接地装置等连接在一起的接地系统。

回波损耗 return loss 反射系数倒数的模。一般以分贝(dB)表示。

Ⅱ级设备 class Ⅱ equipment 不仅有基本绝缘，还具有双重绝缘或加强绝缘附加安全措施的设备。当基本绝缘损坏时，由附加绝缘与带电体隔离防止电击。这类电气设备有绝缘外壳、金属外壳及综合型的外壳。

Ⅲ级设备 class Ⅲ equipment 采用安全电压供电且其本身不会产生高于安全电压的设备。此类设备不设置保护接地。

Ⅰ级设备 class Ⅰ equipment 除依靠基本绝缘作为电击保护外，还采用保护接地或保护接零附加安全措施的设备。即将可触及的外露可导电部分与电源进线中保护线相连接，一旦基本绝缘失效时外露可导电部分不会成为带电体。但对于按Ⅰ级设计又只配有两芯软电线或软电缆的设备，或其插头不能插入带有接地极的三孔插座时，该设备的保护就相当于0级。

0级设备 class 0 equipment 依靠基本绝缘作为电击保护的设备。此类设备不设置保护接地。如有可触及的外露可导电部分，在基本绝缘一旦失效漏电时，触电程度完全取决于周围环境的防护条件。

Ⅱ级试验 class Ⅱ test 电气系统中采用Ⅱ级试验的电涌保护器要用标称放电电流 I_n、2/50μs 冲击电压和 8/20μs 电流波最大放电电流 I_{max} 做试验。I_{max} 大于 I_n。Ⅱ级试验也可用 T2 外加方框表示。

Ⅰ级试验 class Ⅰ test 电气系统中采用Ⅰ级试验的电涌保护器要用标称放电电流 I_n、1.2/50μs 冲击电压和最大冲击电流 I_{imp} 做试验。最大冲击电流在 10ms 内通过的电荷 $Q(A_s)$ 等于幅值电流 I_{peak}(kA)的二分之一，即 $Q(As)=0.5I_{peak}(kA)$，在此同一时段内消耗的单位能量 W/R(kJ)等于幅值电流 I_{peak}(kA)平方的四分之一，即 $W/R(kJ)=0.25[I_{peak}(kA)]^2$。Ⅰ级试验也可用 T1 外加方框表示。

Ⅲ级试验　class Ⅲ test 电气系统中采用Ⅲ级试验的电涌保护器要用组合波做试验。组合波定义为由 2Ω 组合波发生器产生 1.2/50μs 开路电压 U_{oc}和 8/20μs 短路电流 I_{sc}。Ⅲ级试验也可用 T3 外加方框表示。

集中接地装置　central earthing system　为加强对雷电流的流散作用,降低对地电压而敷设的附加接地装置。

间接接触保护　protection against indirect contact　是在电气设备绝缘遭到破坏使外露可导电部分带电的情况下,用来防止人触及这些部位发生触电危险的保护。

建筑物防雷保护　lightning-protection of buildings　使一限定空间内的建筑物,因雷电所造成的损害可能性,有效地得到减小措施的总称。分有外部防雷和内部防雷。前者是所有处在需要保护空间的外面、上面和里面,用来收集雷电流并将其导入大地措施的总称;后者是对受保护空间内的金属装置和电气设备采取防止雷电流及其电场、磁场等效应的所有措施的总称。防雷均衡电位是使雷电流引起的电位差得到有效地减小的措施。

建筑物防雷分类　classification of lightning-protection of buildings　按建筑物的重要性、使用性质、发生雷电事故的可能性及后果进行的分类,以确定采取相应的防雷措施。防雷措施分有防直击雷、防雷电感应和防雷电波侵入三种。

建筑物内系统　internal system 在一栋建筑物内的电气和电子系统。

降低接地电阻方法　method of reducing earthing resistance　将土壤电阻率高的地区超过规定要求的接地电阻值设法降低到规定数值的方法。常采用降低土壤电阻率的方法来实现。具体措施分有换土法、人工处理法、深埋接地极法、降阻剂法、污水引入法和外引接地装置法等。较低,燃烧速度快,燃烧产物毒性大,熔点也低,挥发较快,在燃烧前有闪爆现象。如硝基化合物受热分解温度低,先燃后爆,火灾危险大。这类物质有硝基化合物类、碱金属及碱土金属类迭氮化合物类、乙炔金属物类、氯酸盐及其过氯酸盐类、高锰酸盐类、有机过氧化物类和硝化棉等。

接触电势、接触电压　touch voltage　当接地短路电流流过接地装置时,大地表面形成分布电位,在地面上离设备水平距离为 0.8m 处与沿设备外壳、架构或墙壁垂直距离 1.8m 处两点间的电位差,称为接触电势;绝缘损坏后能同时触及的部分之间出现的电压或者人体接触该两点时所承受的电压,称为接触电压;接地网网孔中心对接地网接地体的最大电位差,称为最大接触电势;人体接触该两点时所承受的电压,称为最大接触电压。

接地电阻计算 computation of earthing resistance 指工频接地电阻和冲击接地电阻计算的总称。在一般情况下,只需计算工频接地电阻,简称接地电阻;而对于防雷的接地装置,才需要计算冲击接地电阻。在计算接地电阻时,应对土壤干燥或冻结等季节性变化的影响加以考虑,以便使接地电阻值在不同季节中均能保证达到所规定的数值。但在计算冲击接地电阻时,可只考虑在雷雨季节中土壤干燥状态的影响。

接地电阻 earthing resistance 人工接地极或自然接地极的对地电阻和接地线的电阻的总和。其数值等于接地装置对地电压与通过接地极流入地中电流的比值。接地极的对地电阻称为流散电阻,它取决于接地极的几何形状、尺寸和土壤电阻率;接地线的电阻一般很小,可忽略不计。

接地端子 Earthing terminal 将保护导体,包括等电位连接导体和工作接地的导体(如果有的话)与接地装置连接的端子或接地排。

接地干线 earthing main 在保护接地系统中,各个设备接地支线的汇总线。干线至少应有不同的两点与接地极相连接。

接地极 earthing electrode 又称接地体。与大地紧密接触形成电气连接的一个或一组可导电部分。分为自然接地极和人工接地极。为了减少接地电阻和跨步电压,应敷设在土壤电阻率低的地方或采用闭合环状形式。

接地 earthing 将电气设备、杆塔、构架或过电压保护装置等用接地线与接地极连接的措施。根据其作用可分为功能性接地和保护性接地两类。

接地体 earthing electrode 埋入土壤中或混凝土基础中作散流用的导体。

接地系统 earthing system 将接地装置和等电位连接网络结合在一起的整个系统。

接地线 earthing conductor 从总接地端子或总接地母线接至接地极的保护线。如从避雷引下线的断接卡至接地极的连接导线,称为避雷接地线。

接地支线 earthing branch 在保护接地系统中,各个设备的金属外壳单独与接地干线的连接导线。不得在一个支线中串接几个需要接地的设备。

接地装置 earthing system 接地线与接地极的总称。

接地体和接地线的总称。接地按目的分为三种:

在电力系统中,运行需要的接地(如中性点接地等),称为工作接地。

高压电力设备的金属外壳、钢筋混凝土杆和金属杆塔,由于绝缘损坏有可能带电,为了防止这种电压危及人身安全而设的接地,称为保护接地。

过电压保护装置为了消除过电压危险影响而设的接地,称为过电压保护接地。

接零干线　connecting neutral main　在保护接零系统中，各个设备接零支线的汇总线。干线应与电源中性点相连接。

接零支线　connecting neutral branch　在保护接零系统中，各个设备的金属外壳单独与接零干线的连接导线。不得在一个支线中串接几个需要接零的设备。

接闪器　air Terminal　直接接受雷击的接地金属导体。按结构不同分为避雷针、避雷带、避雷网和避雷线等，还有可利用的金属屋面或金属构件。

近端串扰　near－end crosstalk (NEXT) 串扰在被干扰的通道中传输，其方向与产生干扰的通道中电流传输的方向相反。在被干扰的通道中产生的近端串扰，其端口通常靠近产生干扰的通道的供能端，或与之重合。

静电感应　electrostatic induction 由于雷云的作用，使附近导体上感应出与雷云符号相反的电荷，雷云主放电时，先导通道中的电荷迅速中和，在导体上的感应电荷得到释放，如没有就近泄入地中就会产生很高的电位。

局部等电位接地端子板　Local equipotential earthing terminal board(LEB) 电子信息系统设备机房内，作局部等电位连接的接地端子板。

跨步电势、跨步电压　walking voltage　地面上水平距离为 0.8m 的两点间的电位差，称为跨步电势；人体两脚接触该两点时所承受的电压，称为跨步电压；接地网外的地面上水平距离 0.8m 处对接地网边缘接地体的电位差，称为最大跨步电势，人体两脚接触该两点时所承受的电压，称为最大跨步电压。

浪涌保护器　Surge protective device (SPD) 至少应包含一个非线性电压限制元件，用于限制暂态过电压和分流浪涌电流的装置。按照浪涌保护器在电子信息系统的功能，可分为电源浪涌保护器、天馈浪涌保护器和信号浪涌保护器。

雷电波侵入　lightning wave impingement, incoming surge　由于雷电对架空线路或金属管道的作用，使冲击过电压波沿着这些管线侵入建筑物内，从而危及人身安全或损坏设备。

雷电电磁感应　lightning electro-magnetic induction　雷电放电时，在附近长导体上感应出的高电动势。当向其近旁物体放电时，形成冲击过电压。

雷电电磁脉冲　Lightning electromagnetic impulse(LEMP) 作为干扰源的雷电流及雷电电磁场产生的电磁场效应，它包含传导电涌和辐射脉冲电磁场效应。

雷电反击　lightning back kick, back flashover　雷电流在接闪器和引下线上所产生的电压降对地形成冲击过电压，向近旁接地物体放电时形成的反击。

雷电防护区　Lightning protection zone (LPZ) 需要规定和控制雷电电磁环境的区域。

雷电感应　lightning induction　雷电放电时，在附近导体上产生的静电感应和电磁感应。所形成的过电压可能使金属部件之间产生火花放电。

雷电活动特殊强烈地区　年平均雷暴日数超过 90 天的地区，以及雷害特别严重的地区。

雷电静电感应　lightning static induction　由于雷云先导放电的作用，在附近导体上感应出与先导通道异号的电荷。雷电在他处主放电时，先导通道中的电荷迅速中和，在导体上感应的大量电荷顿时失去束缚，如不就近泄入地中即会形成对地很高的电位形成向近旁物体放电。

雷电危害　lightning disturbance　带电的雷云对地面目标冲击放电，造成建筑物或电力、电讯和电子等设备的破坏，或发生人身伤亡等危害。分为直击雷、雷电静电感应、雷电电磁感应、雷电波侵入、雷电反击和雷电跨步电压等。

雷云先导放电　lightning cloud's anticipated discharge　由于雷云中电荷堆集，电场强度达到 25～30kV/cm 时，使在电场中的空气被电离击穿而放电的现象。它可能在一片雷云的正、负电荷中心之间或在雷云的正(或负)电荷中心与其在地面感应出异号电荷之间产生。

雷云主放电　lightning cloud's main striking　继雷云先导放电后出现的大电流放电。它伴随着闪光和雷鸣，在云内产生时为云内闪电，对地面产生时造成雷击。

A 类火灾　fire class A　指固体物质火灾，这种物质往往具有有机物的性质，一般在燃烧时能产生灼热的余烬。如木材、棉、毛、麻、纸张火灾等。

D 类火灾　fire class D　指金属火灾。如钾、钠、镁、钛、锆、锂、铝镁合金火灾等。

C 类火灾　fire class C　指气体火灾。如煤气、天然气、甲烷、乙烷、丙烷、氢气火灾等。

B 类火灾　fire class B　指液体火灾和可熔化的固体物质火灾。如汽油、煤油、柴油、原油、甲醇、乙醇、沥青、石蜡火灾等。

零线　与变压器直接接地的中性点连接的导线，或直流回路中的接地中性线，称为零线。

楼层等电位接地端子板　Floor equipotential earthing terminal board(FEB) 建筑物内，楼层设置的接地端子板，供局部等电位接地端子板作等电位连接用。

漏电保护器不动作电流　unstarting current of leakage protector 不允许保护器动作的最大电流值。一般规定为额定漏电动作电流的 1/2 及以上。

漏电保护器动作电流　starting current of leakage protector　能使保护器起动的最小残余电流值。对于直接接触保护,该值取为安全电流值;对于间接接触保护,该值取为允许无限期保持接触电压的最大值除以接地电阻所得的电流值。为了防止误动作,该值应大于被保护设备正常工作情况下的最大对地泄漏电流。

漏电保护器动作时间　starting time of leakage protector　从漏电开始到装置动作切断电源为止所需的时间。

漏电保护器　leakage protector　又称漏电开关。电路中残余电流超过预定值时能自动分断的开关,以保护人身安全或设备漏电的装置。按极数分有4极、3极和2极;按组成型式分为电磁式和电子式;按控制原理分为电压动作型、电流动作型、交流脉冲型和直流动作型;按灵敏度分为高灵敏度、中灵敏度、低灵敏度;按动作时间分为快速型、延时型和反时限型。

内部防雷装置　Internal lightning protection system 由等电位连接系统、共用接地系统、屏蔽系统、合理布线系统、浪涌保护器等组成,主要用于减小和防止雷电流在需防空间内所产生的电磁效应。

内部防雷装置　internal lightning protection system 由防雷等电位连接和与外部防雷装置的电气绝缘,即间隔距离,组成的这部分防雷装置。

屏蔽接地　shield earthing　将电子设备屏蔽体上的电磁感应干扰信号直接引入地中的接地。气设备、非绝缘的地板和墙壁等。

起晕电压　critical initial voltage　又称临界电压。产生电晕所必需的最低电压。随着电极的几何形状及两种电极之间距大小而变化,芒刺状电极的它较低,圆形极线的它则随其直径的减小而降低。

人工接地极　artificial grounding electrode　将金属导体埋入地下专门作为接地用的接地极。分为垂直接地极和水平接地极两种基本结构型式。常用的有接地棒(钢管、圆钢、角钢)和接地带(扁钢、圆钢)。实际使用时通常由垂直和水平两种型式组成复合接地极。

闪击电荷　flash charge (Q_{flash}) 整个闪击时间间隔内时间对电流的积分。

少雷区　scattered lightning region　年平均雷暴日数不超过15天的地区。

双向电缆电视系统　two way cable television　具有双向传输业务的电缆电视系统。兼有下行信号(节目站至用户)和上行信号(用户至节目站),下行信号可传送多种节目给用户,上行信号有监测业务,如火警、盗警、医疗急救报警、用户水、电、气消耗量的遥测和付费等;还有情报业务,如用户可查询气象、商品价格、飞机航班等;还可送出用户账号和购物品种与数量,进行电视购物以及类似的业务。双向电缆电视的用途与业务范围正在不断扩大。

通信电缆建筑方式　type of cable installation　通信电缆固定和敷设的方式。分有管道通信电缆、埋式通信电缆、架空通信电缆、墙壁通信电缆、房屋通信电缆,在特殊环境下还有水底通信电缆、桥上通信电缆和隧道通信电缆等。

通信接地　telecommunication working earth　旧称通信工作接地。指电信站内电信设备的电信接地。包括站内直流电源接地、总配线架避雷器接地、电信设备机架或机壳和屏蔽接地、入站通信电缆的金属护套或屏蔽层的接地等,它们应汇接到全站共用的通信接地装置。在交流供电电信设备机柜中装有整流器时,当其正常不带电金属部分,与机柜不绝缘时,也应采用接地保护,接到此接地装置上。电话交换机直流电源应正极接地。

土壤电阻率　soil resistivity　又称土壤电阻系数。$1m^3$ 土壤的电阻值。单位为 Ω·m。其值与土壤的性质有关,是影响接地电阻大小的重要参数。

外部防雷装置　external lightning protection system 由接闪器、引下线和接地装置组成的这部分防雷装置。

外部防雷装置　External lightning protection system 由接闪器、引下线和接地装置组成,主要用以防直击雷的防护装置。

外露可导电部分　exposed conductive part　电气设备的能被触及的可导电部分。它在正常时不带电,故障情况下可能带电。如设备的金属外壳或金属支架等。为保证不间断供电,常需配置蓄电池组。

IT 系统　IT system　电力系统的带电部分与大地间不直接连接的系统。即不接地或经阻抗接地,而装置的外露可导电部分接至电气上与电力系统阻抗接地点无关的接地极。这种系统当任何一相发生故障接地时,大地即作为相线工作,虽能继续运行,但若此时另一相又发生接地时,则形成相间短路,造成危险,故必须装设单相接地检测装置,以便及时发出警报,迅速处理接地故障,减少停电的机会。

TN 系统　TN system　电力系统有一点直接接地，装置的外露可导电部分用保护线与该点连接的系统。按照中性线与保护线的组合情况，此系统又可分为 TN-S 系统、TN-C-S 系统和 TN-C 系统三种型式。

TT 系统　TT system　电力系统有一个直接接地点，各个装置的外露可导电部分采用单独的保护线 PE 接至电气上与电力系统的接地点无关的接地极的系统。因此电磁适应性较好，在土壤电阻率较低的地区使用是较经济和稳定的。

TN-S 系统　TN-S system　TN 系统的整个中性线 N 和保护线 PE 是分开的，装置的外露可导电部分都接到保护线上的系统。其正常工作时保护线上没有电流，外露可导电部分上不呈现电压，有较强的电磁适应性；事故时容易切断电源，比较安全；可避免由于末端线路、分支线或主干线的中性线断线所造成的危险。但装设单独的保护线会增加投资。

TN-C 系统　TN-C system　TN 系统的整个中性线 N 与保护线 PE 是合一的，装置的外露可导电部分都接在 PEN 线上的系统。与 TN-S 系统相比，它少用一根导线，比较经济。但当三相负荷不平衡时，接地的 PEN 线上有不平衡电流通过而在其上产生电压降，若此时触及外露可导电部分或 PEN 线上某一点，有可能导致电击；中性线 N 与保护线 PE 合一，增加了断线造成危险的可能性；单相碰壳短路时过流保护装置灵敏度可能不够，不能保证快速切断故障。中国的三相四线制系统属于这类。

TN-C-S 系统　TN-C-S system　TN 系统中有一部分中性线 N 与保护线 PE 是合一的，而另一部分是分开的系统。即在 TN-C 系统的末端将 PEN 线分开为 PE 线和 N 线，分开后则不允许再将其合一。此种型式兼有 TN-S 系统和 TN-C 系统的特点，常用于线路末端环境较差的用电场所或有数据处理等设备的供电系统。

限压型电涌保护器　voltage limiting type SPD 无电涌出现时为高阻抗，随着电涌电流和电压的增加，阻抗跟着连续变小。通常采用压敏电阻、抑制二极管做这类电涌保护器的组件。有时称这类电涌保护器为“箝压型”电涌保护器。限压型电涌保护器具有连续的电压/电流特性。

PEN 线　PEN conductor　起中性线 N 和保护线 PE 两种作用的接地的导线。PEN 是保护线 PE 与中性线 N 两者的组合。

向上闪击　upward flash 开始于一接了地的建筑物向雷云产生的向上先导的闪击。一向上闪击由其上有或无叠加的多次短时雷击的首次长时雷击组成，其后可能有一次短时雷击或多次后续短时雷击，一个或多个这类短时雷击之后可能有长时雷击。

向下闪击　downward flash 开始于雷云向大地产生的向下先导的闪击。一向下闪击由一首次短时雷击组成，其后可能有多次后续短时雷击，一个或多个这类短时雷击之后可能有一长时雷击。消耗量统计和动态图表绘制等。

泄漏电流　leakage current　在没有故障情况下，回路流入大地或流至装置外可导电部分的电流。该电流可能有容性分量，包括使用电容器所产生的容性分量在内。

信号接地　signal earthing　将电子设备的信号电路进行的接地。它保证电路工作时有一个统一的基准电位，不致浮动而引起信号量的误差。

压敏避雷器　varister lightning arrester　又称金属氧化物避雷器。具有对过电压敏感的金属氧化物阀片且无放电间隙的避雷器。在正常工作电压下阀片的电流为微安级，电压一旦高于正常值时，阀片立即泄放过电压电荷，从而抑制了过电压的发展。过电压之后阀片电阻急剧上升恢复正常状态。又由于无放电间隙

以 I_{imp} 试验的电涌保护器　SPD tested with I_{imp} 耐得起 10/350μs 典型波形的部分雷电流

以 I_n 试验的电涌保护器　SPD tested with I_n 耐得起 8/20μs 典型波形的感应电涌电流的电涌保护器需要用 I_n 电流做相应的冲击试验。

以组合波试验的电涌保护器　SPD tested with a combination wave 耐得起 8/20μs 典型波形的感应电涌电流的电涌保护器需要用 I_{sc} 电流做相应的冲击试验。

易爆固体物质　explosive solid　具有爆炸性的无定形和结晶状结构的固体物质。其燃点和自燃点均

易爆液体物质　explosive liquid　蒸汽与空气能形成爆炸性混合物的易燃可燃性液体。包括液体炸药、液氧等。具有流动性、散发性、不可压缩性、受热膨胀性、分子间引力强、闪点和燃点低、爆炸极限范围宽、爆炸下限低和危险性大等特性。

易燃固体　flammable solid　燃点较低且在遇火、受热、撞击、摩擦或与某些物质(如氧化剂)接触后，会引起猛烈燃烧的固体物质。其特点：①与强氧化剂接触能发生剧烈反应而形成燃烧爆炸，如红磷与氯酸钾接触；②与强酸反应会发生爆炸，如萘与发烟硝酸反应；③对火源、摩擦、撞击等反应比较敏感，如五硫化磷、红磷等遇火源、高温、热源等会发生猛烈燃烧，受摩擦、撞击、震动等也能起火；④若干易燃固体本身有毒，或其燃烧产物有毒性，如硫磺、二硝基苯酚等。

易燃气体物质 explosive gas 在常温常压下的可燃气体经压缩液化后的气态物质。具有易燃易爆性，在受热、撞击、明火、高温等作用下，易引起燃烧或爆炸的特性。除氢气和一氧化碳气外，多数比空气重，泄漏后将会沉积于低洼处不易散发，遇火星即发生爆炸，火灾危险性甚大。

易燃物质 flammable substance 接触到火源或高温能迅速发生燃烧现象的物质。包括气体（乙炔气、煤气、天然气以及丙烷、丁烷等）；液体（酒精、丙酮、苯等）；固体［萘、红磷、硝化棉（含氮量在12.5%以下）、闪光粉等］三类物质。评定它的主要理化指标是：气体物质以燃烧性为依据；液体物质以闪点高低为依据；固体物质以燃点高低及燃烧速度为依据。

易燃液体 flammable liquid 闪点等于或低于45℃的液体。在化学危险物品中占的比例较多，约有几百种，均属有机物质，大体上可分为：①烃类；②芳香类；③卤代烃；④烃的含氧衍生物；⑤脂类；⑥腈类；⑦胺类；⑧杂环化合物；⑨肼类；⑩有机混合物制品等。评定它的火灾危险性的指标有闪点及爆炸浓度范围两项。

引下线 down lead 连接接闪器与接地装置的金属导体。

预期接触电压 prospective touch voltage 在电气装置中发生阻抗可忽略的故障时，可能出现的最高接触电压。

直击雷 direct strike 雷云对地面凸出物的直接放电。它产生热效应、电效应和电动力。

直接接触保护 protection against direct contact 又称正常情况下的电击保护、基本保护。防止人、家畜与带电部分有危险的接触。它的方法可采取：防止电流经由任何人或家畜的身体通过；限制可能流经身体的故障电流，使之小于电击电流。

中性线（符号N） neutral conductor 与系统中性点相连接并能起传输电能作用的导体。

重复接地 repetitive earthing 在PE线或PEN线上一点或多点通过接地装置与大地再次连接。其主要作用：当零线断开时，使其断开点后面的接零保护设备发生单相碰壳时，外壳对地电压明显地低于相电压；以及减轻或消除在零线断线又三相负荷极不平衡的情况下，断后的零线上可能出现的危险电压。

主接线 primary system 又称一次接线、一次回路、主回路、主系统。由各种开关电器、电力变压器、母线和电力电缆等电气设备，依一定次序相连接的接受和分配电能的电路。通常画成单线图的形式。建筑供配电系统中常用的分有单母线接线、双母线接线和桥式接线等。

BAS主站 central station 又称中央。建筑设备管理系统(BAS)中最高的一级。在只有两级的系统中,它通过下一级(子站)负责对整座建筑物或建筑群内全部机电设备运行的调度、监督和管理。如起停控制、确定优化或节能运行方式、改变设定参数、正常运行监视、事故和维修报警、水电油汽

装置外可导电部分 exttraneous conductive part 不属于电气装置一部分的可导电部分。一般是地电位,故障时可能引入电位。如建筑物的金属构件、金属煤气管、水管、热力管以及与之有电气连接的非电

着火 ignition 可燃物质在空气中达到一定温度时与火源接触而发生的持续燃烧现象。可燃物质的着火点越低,越容易着火,火灾的危险性越大。

着火温度 burning temperature 旧称着火点。引起可燃物质或制品的表面发生燃烧,并持续燃烧一定时间所需的最低温度。一般可用T杯和坩埚闪点仪测定。其值越低,火灾危险性就越大。

着火源 ignition source 能引起燃烧物质着火的热能源。以温度高低来衡量,在一定温度下,燃烧物质与助燃物质才能发生剧烈反应,并引起着火。具有着火温度的热能源有下列8种:电火花、静电火花、高温表面、热辐射、冲击或摩擦、绝热压缩、明火或自然点火(如雷击起火等)。

自然接地体 natural grounding electrode 兼作接地体用的直接与大地接触的各种金属构件、金属井管、钢筋混凝土建构筑物的基础、金属管道和设备等。

总等电位接地端子板 Main equipotential earthing terminal board (MEB) 将多个接地端子连接在一起的金属板。

综合防雷系统 synthetical protection against lightning system 建筑物采用外部和内部防雷措施构成的防雷系统。

综合护层通信电缆 composite-sheathed telecommunication cable 采用铝或钢等金属材料和聚乙烯等非金属材料,共同综合构成护套层的通信电缆。它有足够的电磁屏蔽、防潮、机械强度和防腐蚀等性能。目前常用的分有铝-聚乙烯护层和铝-钢-聚乙烯护层等。它可以代替铅护套电缆用于地下管道或架空敷设。

组合型电涌保护器 combination type SPD 由电压开关型元件和限压型元件组合而成的电涌保护器,其特性随所加电压的特性可以表现为电压开关型、限压型或两者皆有。

最大持续运行电压	maximum continuous operating voltage（U_c）可持续加于电气系统电涌保护器保护模式的最大方均根电压或直流电压；可持续加于电子系统电涌保护器端子上，且不致引起电涌保护器传输特性减低的最大方均根电压或直流电压。

附录六 符 号

A_e 与建筑物截获相同雷击次数的等效面积(km^2);

C 电容(F);

E_{jm} 接地装置的最大接触电势(V);

E_{km} 接地装置的最大跨步电势(V);

FB 磁吹或普通阀型避雷器;

FCD 磁吹避雷器;

FS、FZ 阀型避雷器;

F 设备工作频率(Hz);

h_r 滚球半径(m);

h_x 被保护物的高度(m);

L 电抗线圈;

L_e 接地体的有效长度(m);

L_x 引下线计算点到地面长度(m);

N 建筑物年预计雷击次数(次/a);

N_g 建筑物所处地区雷击大地的年平均密度[次/(km^2 · a)];

R 考虑到季节变化的最大接地电阻(Ω);

$R_{\sim}$ 工频接地电阻(Ω);

R_i 防雷接地装置的冲击接地电阻(Ω);

S_{al} 引下线与金属物体之间的空气中距离(m);

T_d 年平均雷暴日(d/a);

Z 接地引线的高频阻抗(Ω);

ρ 接地体周围介质的土壤电阻率(Ω · m);

ρ_b 人站立处地表面土壤电阻率(Ω · m);

λ 波长(m)。

附录七 上海市标准

《建筑工程设计文件编制深度的规定》

(THE REGULATIONS TO COMPILE THE DOCUMENTS OF ARCHITECTURAL ENGINEERING DESIGN)

DBJ08-64-97

——(电气、弱电)方案设计、初步设计和施工图设计部分摘录

1. 民用建筑工程等级

附表 7.1 民用建筑工程等级分类表

等级	工程主要特征	工程范围举例
特	1. 列为国家重点项目或以国际性活动为主的特高级大型公共建筑; 2. 有全国性历史意义或技术要求特别复杂的中小型公共建筑; 3. 三十层以上建筑; 4. 高大空间有声、光等特殊要求的建筑物。	国宾馆、国家大会堂、国际会议中心、国际体育中心、国际贸易中心、国际大型航空港、国际综合俱乐部、重要历史纪念建筑、国家级图书馆、博物馆、美术馆、剧院、音乐厅、三级以上人防。
1	1. 高级大型公共建筑; 2. 有地区性历史意义或技术要求复杂的中小型公共建筑; 3. 十六层以上二十九层以下或超过 50m 高的公共建筑。	高级宾馆、旅游宾馆、高级招待所、别墅、省级展览馆、博物馆、图书馆、科学试验研究楼(包括高等院校)、高级会堂、高级俱乐部、＞300床位医院、疗养院、医疗技术楼、大型门诊楼、大中型体育馆、室内游泳馆、室内溜冰馆、大城市火车站、航运站、候机楼、摄影棚、邮电通讯楼、综合商业大楼、高级餐厅、四级人防、五级平战结合人防等。
2	1. 中高级、大中型公共建筑; 2. 技术要求较高的中小型建筑; 3. 十六层以上二十九层以下住宅。	大专院校教学楼、档案楼、礼堂、电影院、部、省级机关办公楼、300 床位以下(不含 300 床位)医院、疗养院、地、市级图书馆、文化馆、少年宫、俱乐部、排演厅、报告厅、风雨操场、大中城市汽车客运站、中等城市火车站、邮电局、多层综合商场、风味餐厅、高级小住宅等。

续表

等级	工程主要特征	工程范围举例
3	1. 中级、中型公共建筑； 2. 七层以上（含七层）十五层以下有电梯住宅或框架结构的建筑。	重点中学、中等专科学校、教学、试验楼、电教楼、社会旅馆、饭馆、招待所、浴室、邮电所、门诊所、百货楼、托儿所、幼儿园、综合服务楼、一、二层商场、多层食堂、小型车站等。
4	1. 一般中小型公共建筑； 2. 七层以下无电梯的住宅、宿舍及砖混建筑。	一般办公楼、中小学教学楼、单层食堂、单层汽车库、消防车库、消防站、蔬菜门市部、粮站、杂货站、阅览室、理发室、水冲式公共厕所等。
0	一、二层单功能、一般小跨度结构建筑	同上特征。

2. 方案设计（电气、弱电）

2.6　电气

2.6.1　方案设计阶段，电气专业设计文件主要为设计说明书。

2.6.2　设计说明书

2.6.2.1　负荷估算

(1)照明；

(2)动力：水泵、电梯、锅炉房等；

(3)空调：集中空调按不同功能的建筑面积估算；住宅、公寓等分散式空调按户估算。

2.6.2.2　电源：根据负荷性质及负荷量、外供电源的路线及电压等级；

2.6.2.3　高压配电系统：配电原则，如电源进户接线方式，手动或自动高低压开关柜、电容器补偿装置等型式；

2.6.2.4　变电所：位置、台数、容量与型式；

2.6.2.5　应急电源：根据用电负荷等级及供电电源状况，确定是否设置备用电源及应急电源，自备发电机的容量及台数；

2.6.2.6　低压配电系统：采用的配线方式；

2.6.2.7　主要自动控制系统简介；

2.6.2.8　主要用房照度标准、光源类型、照明灯具型式；

2.6.2.9　防雷等级、防雷措施、接地设置及方式；

2.6.2.10　需要说明的其他问题。

2.7　弱电

2.7.1 方案设计阶段,弱电专业设计文件主要为设计说明书。

2.7.2 设计说明书

2.7.2.1 确定通讯种类,估算通讯数量、电话通讯及通信线路网络;

2.7.2.2 电缆电视系统及卫星接收天线系统规模、前端及网络模式;

2.7.2.3 闭路应用电视功能及系统组成;

2.7.2.4 有线广播及扩声的功能及系统组成;

2.7.2.5 呼叫信号及公共显示装置的功能及组成;

2.7.2.6 专业性电脑经营管理功能及软硬件系统;

2.7.2.7 楼宇自动化管理的服务功能及网络结构;

2.7.2.8 火灾自动报警及消防联动功能及系统;

2.7.2.9 安保设施及功能要求;

2.7.2.10 考虑智能化发展方向,确定是否设置综合布线系统。

3. 初步设计(电气、弱电)

3.6 电气

3.6.1 设计说明应包括以下内容:

3.6.1.1 设计依据

(1)摘录总说明中所列批准文件和依据性资料中与本专业设计有关的内容;

(2)其他专业提供给本专业的工程设计资料;

(3)供电局(或供电方—老企业内部变配电站)提供的有关资料;

(4)本工程采用的标准。

3.6.1.2 设计范围

根据设计任务书要求和有关设计资料,说明本专业设计的内容和分工(与供电部门之交接点;当有其他单位共同设计时,与其他单位分工交接点);

3.6.1.3 供电设计

(1)应叙述负荷概况及建筑物所属类别,确定用电负荷的等级;

(2)应说明电源由何处引来(方向、距离)、单电源或双电源、专用线或非专用线、电缆或架空、电源电压等级、供电可靠程度、系统短路容量及近远期发展情况;

备用或应急电源容量的确定和选用原则;

不间断供电装置的容量确定原则及性能考虑;

(3)应叙述高、低压供电系统形式、正常电源与备用电源之间的关系、母线联络开关运行和切换方式;变压器低压侧之间的联络方式及容量;重要负荷的供电方式;有自备发电机时说明起动方式及电网之间的关系;

(4)应叙述总用电负荷分配情况、重要负荷内容及容量,给出总电力负荷主要指标;

变配电站的数量、容量(包括设备安装容量、计算有功、无功、视在容量、变压器台数及容量)位置及结构形式(户内、户外或混合式);有人值班与无人值班;短路容量计算结果及主要设备初步技术条件或选型要求;

(5)继电保护与计量应叙述:

(5.1)继电保护装置种类及其选择原则,与供电部门协调及分工状况;

(5.2)电能计量装置采用高压或低压。电业计量用专用柜位置、二次表计箱位置。本企业计量等级及计量原则;

(6)应说明主要设备运行信号及操作电源装置情况、设备控制方式;

(7)应说明原始功率因数状况、应补偿的容量、补偿用电容器在系统中位置(高压侧还是低压侧、集中还是分散就地补偿);

(8)全厂供电线路与户外照明:应说明高低压配电线路型式和敷设方式,户外照明的种类(如路灯、庭园灯等)、光源选择及其控制地点和方法(光控、手控或定时控制);

(9)电气设备防雷与接地应叙述:

(9.1)电气设备过电压保护和防雷保护措施及设备种类;

(9.2)接地电阻值的要求。

3.6.1.4 电力设计

(1)电源、电压和配电系统应说明电源由何处引来(包括电源距离,使用的是架空线还是电缆)、电压等级和种类;配电系统概况与形式;供电负荷容量和性质,对重要负荷如消防设备、电子计算机、通信系统及其他重要设备的供电措施,如使用自备发电机等应急电源应注明发电机容量、所带负荷总量、其中最大电机容量等;

(2)环境特征和配电设备的选择:分述各主要建筑的环境特点(如正常、多尘、潮湿、高温或火灾及爆炸危险环境等)。如系爆炸或火灾危险环境,应确定爆炸或火灾危险环境的级别,写明爆炸危险物质的组别、类别;写明防爆电气设备的选型;

(3)导线、电缆选择和敷设方式:说明导线和电缆选择(包括密集母线)原则,说明主干线的材质、型号及敷设方式(是竖井、电缆沟、明敷或暗敷);

(4)设备安装:开关、插座、配电箱等配电设备的安装方式;

(5)接地系统:说明配电系统及用电设备的接地型式。说明防止触电危险所采取的安全措施,固定或移动式用电设备等接地故障保护方式,总等电位连接或局部等电位连接的情况。保护接地电阻值确定。

3.6.1.5 照明设计应叙述:

(1)照明电源、电压、容量、照度标准(应列出主要类型照度要求)及配电系统形式;

(2)光源及灯具的选择:工作照明、装饰照明、应急照明、障碍灯及特种照明的装设及其控制方式。使用日光灯时若使用电子镇流器,也应予以说明;

(3)配电设备的选择及安装方式;

(4)导线的选择及线路敷设方式。

3.6.1.6 自动控制与自动调节

(1)叙述工艺要求,采用的手动、自动、远动控制、连锁系统及信号装置的种类和原则;

(2)控制原则:集中控制和分散控制的设置原则;

(3)仪表和控制设备的选型:对检测和调节系统采取的措施、选型的原则、装设位置。精度和环境要求。

3.6.1.7 建筑物防雷应叙述:

(1)当地雷电日数和建筑物的重要程度及各建筑物的防雷等级;

(2)说明防直击雷、防电磁感应、防雷电侧击、防雷电波和等电位等有关措施;

(3)当利用钢筋混凝土内的钢筋做接闪器、引下线和接地装置时,应说明采取的措施和要求;

(4)防雷接地阻值的要求。

3.6.1.8 提请设计审批时需解决或确定的主要问题。

3.6.2 设计图纸

3.6.2.1 供电总平面图

(1)标出建筑物名称、高低压电力及照明容量,画出高、低压线路(包括进线)走向、回路编号、导线或电缆型号规格、架空线路的杆位、路灯等;

(2)变、配电站位置、编号和变压器容量及台数;

(3)比例、指北针。

3.6.2.2 变、配电站

(1)高、低压供电系统图:注明一次设备规格、开关柜及回路编号、设备容量、计算电流、导线型号规格及敷设方法、负荷名称;

(2)平面布置图应画出高、低压开关柜、变压器、母线桥、自备发电机、控制盘、直流电源及信号屏等设备平面布置和主要尺寸。

必要时应画出主要剖面图(底层平面图应有指北针)。

3.6.2.3 电力

(1)平面布置图可只绘内部作业草图(不对外出图);

(2)复杂工程和大型公用建筑应出系统图,注明配电箱编号、规格、设备容量、干线型号规格及负荷名称。

3.6.2.4 照明

(1)平面布置图:一般工程只绘内部作业草图(不对外出图)。

使用功能要求高的复杂工程应出主要平面图,写出工作照明和应急照明等的灯位、配电箱位置等布置原则;

(2)复杂工程和大型公用建筑应绘制系统图(只绘至分配电箱)。

3.6.2.5　自动控制与自动调节

(1)自动控制与自动调节的方框图或原理图,注明控制环节的组成、精度要求、电源选择等;

(2)控制室平面布置图(应有外型尺寸、比例、指北针)。

3.6.2.6　建筑防雷

一般不绘图、特殊工程只绘制顶视平面图,画出接闪器、引下线和接地装置平面布置,并注明材料规格。

3.6.3　主要设备及材料表

主要设备材料是指高低压开关柜、变压器、配电箱、插接式母线、电力电缆等。应按子项开列并注明设备及材料名称、规格、单位和数量。

3.6.4　计算书

3.6.4.1　负荷计算及变压器选择表;

仅为低压负荷者列出电力负荷计算表;

3.6.4.2　凡有 6kV 及以上配电系统者需列短路电流计算表。

3.6.4.3　避雷针保护范围及大、中型公用建筑主要场所照度计算(该计算书作内部归档)。

3.7　弱电

3.7.1　设计说明书应包括以下内容:

3.7.1.1　设计依据

(1)总说明中所列批准文件和依据性资科中与本专业有关的内容;

(2)其他专业提供给本专业的工程设计资料;

(3)国家有关部门(如消防部门、通信部门)提供的有关要求或资料;

(4)本工程采用的标准。

3.7.1.2　设计范围

根据设计任务书要求和有关设计资料,说明本专业设计的内容和分工(当有其他单位共同设计时)。如为扩建或改建工程,应说明原有弱电系统与新建系统的相互关系和所提供的设计资料,与外系统交接口情况(如与电话局的交接口);

3.7.1.3　通信设计

(1)电话站设计

(1.1)对工程中不同性质的电话用户和专线按不同建筑分别统计其数量,并列表说明;

(1.2)电话站交换机的初装容量与终局容量的确定及其考虑原则;

(1.3)电话交换机制式的选择和局间情况及中继方式的确定(如有调度电话时,应说明调度方式等)；

(1.4)电话站总配线设备及其容量的选择和确定；

(1.5)交、直流供电方案，电源容量的确定，整流器、蓄电池组及交直流配电屏等的选择；

(1.6)电话站接地方式及阻值要求。

(2)通信线路网络设计

(2.1)通信线路容量的确定及线路网络组成；

(2.2)对市话中继线路的设计分工、线路敷设和引入位置的确定；

(2.3)线路网络的敷设和建筑方式；

(2.4)室内配线及敷设要求。

3.7.1.4 电缆电视设计

(1)共用天线电视系统

(1.1)系统规模、网络模式、用户输出口电平值的确定；

(1.2)接收天线位置的选择，天线程式的确定，天线输出电平值的取定；

(1.3)机房位置、前端组成特点及设备配置；

(1.4)用户分配网络及线路敷设方式的确定，用户终端数量的确定；

(1.5)大系统设计时，除确定系统模式外，还需确定传输方式及传输指标的分配。

(2)普通闭路电视系统

(2.1)系统组成、特点及设备器材的选择；

(2.2)监控室设备的选择；

(2.3)传输方式及线路敷设原则的确定；

(2.4)电视制作系统组成及主要设备选择。

3.7.1.5 有线广播和扩声系统设计

(1)有线广播系统

(1.1)系统组成、输出功率、馈送方式和用户线路敷设等；

(1.2)广播设备选择，有线广播室位置。

(2)扩声和同声传译系统

(2.1)系统组成及技术指标分级；

(2.2)设备选择及声源布置等要求；

(2.3)同声传译系统组成及译音；

(2.4)网络组成及线路敷设；

(2.5)系统接地和供电。

3.7.1.6 呼叫信号、公共显示及时钟系统设计

(1)呼叫信号系统

(1.1)系统组成及功能要求(包括有线和无线);

(1.2)用户网络结构和线路敷设;

(1.3)设备性能规格选择。

(2)公共显示系统

(2.1)系统组成及功能要求;

(2.2)显示装置分配及其驱动控制、线路敷设、信号显示方式等;

(2.3)设备型号、规格选择。

(3)时钟系统

(3.1)系统组成及子钟负荷分配、线路敷设,子钟安装方式、外形尺寸;

(3.2)设备性能规格的选择;

(3.3)系统供电和接地;

(3.4)塔钟的扩声配合。

3.7.1.7 火灾报警及消防联动控制

(1)确定各场所的保护级别,选择相应的系统;

(2)火灾报警与消防联动控制要求、控制逻辑关系及监控显示方式;

(3)消防控制室位置、主要消防控制设备(包括火灾探测器、报警控制器、控制箱、控制台等)的选择;

(4)火灾紧急广播及火灾专用通信的概述;

(5)线路电缆选型及敷设方式;

(6)消防电源的考虑,接地方式及阻值的确定;

(7)其他需要说明的问题(如将采用电脑控制火灾报警时,将来BA系统接口方式及配合关系;可燃气体和可燃液体蒸气泄漏报警等)。

3.7.1.8 提请在设计审批时需解决或确定的主要问题。

3.7.2 设计图纸

3.7.2.1 各弱电项目系统方框图;

3.7.2.2 主要弱电项目控制室设备平面布置图(较简单的中、小型工程可不出图);

3.7.2.3 弱电总平面布置图,绘出各类弱电机房位置、用户设备分布,注明线路敷设方式及主要路由;

3.7.2.4 大型或复杂子项宜绘制主要设备平面布置图。

3.7.3 主要设备及材料表

按子项列出主要设备材料名称、规格、单位和数量。

3.7.4 计算书(供内部归档)

计算书的主要数据和计算结果应列入设计说明书的相关部分。

4. 施工图设计(电气、弱电)

4.5　电气

4.5.1　图纸目录

应先列新绘制图纸,后列选用的标准图或重复利用图。

4.5.2　设计说明

对于内容少的工程设计可将说明、主要设备材料表、图例合并在同一图上。当内容多时,设计说明可单列,但应另列主要设备材料表。

说明内容以常规、通用内容为主,对一些重大问题,图纸表示有难度的,或者必须强调的事情也应写入说明中。需要说明的内容少时可附在相应图纸上,不单独成图。

主要设备材料表,应包括高低压开关柜、配电箱、电缆及桥架、插接式母线、灯具、插座及控制按钮开关等;简单的材料如导线、保护管、一般防雷接地材料,可根据各院习惯办法处理。

4.5.3　供电总平面图

4.5.3.1　图纸内容

(1)标出子项名称或编号、层数或标高、高低压电力与照明容 量。地形等高线在平坦的区域可不画,在地形复杂山区必须画;

(2)画出变、配电站位置、编号、高低压线路走向。架空线路应标明回路编号、档数、导线型号截面、电杆杆型等;电缆线路应标明 敷设方式、回路编号、电缆型号截面等;电缆桥架应标明走向、型号、规格、安装方法及高度;路灯、庭园灯、草坪灯、投光灯等标明型号、光源、容量及高度、所接相序、线路敷设等。桥架及管道静电接地位置;

(3)复杂架空线路需绘出杆型表;电缆及桥架敷线需绘出管线表;

(4)与水管等外管交叉点保护管、过马路之保护管应列表注明;

(5)图纸应由外管、建筑总图、给排水等有关工种会签,图纸应有指北针、比例。

4.5.3.2　说明应包括以下内容:

(1)电源电压、进线方向、线路结构和敷设方式;

(2)图中末表述清楚或需作统一说明的部分;

(3)路灯、庭园灯、草坪灯等控制方式和地点;

(4)桥架接地、线路重复接地、管道静电接地的阻值、材料规格等。

4.5.4　变配电站

4.5.4.1　高、低压供配电系统图

(1)画单线系统图,在图上应注明一次电器元件(断路器、开关、熔断器、互感器等)规格或技术参数;

各回路下方也宜注明继电器、电工仪表、切换开关、信号灯等二次设备的规格及参数；

(2)系统应从上至下依次标注开关柜平面位号、开关柜规格、回路编号、设备容量、计算电流、导线型号及规格、敷设方法、用户名称。若工程需要画二次接线图，则注入二次接线图编号。

4.5.4.2　变、配电站平剖面图

(1)按比例画出变压器、开关柜、控制屏、直流电源及信号屏、电容器柜、穿墙套管、支架等的平、剖面布置和安装尺寸。土建主要尺寸、门窗也应画出；

(2)应表示进出线敷设、安装方法，标出进出线编号、方向及线路型号规格；

(3)变电站选用标准图时，应注明编号和页次，可绘制简单平剖面图；

(4)在平面或剖面图的图签上方应有设备表，注明各种一次设备、规格及数量。并注明设备安装使用的标准图号。也可单设专用设备材料表。

4.5.4.3　继电保护、控制、信号原理图

(1)根据工程实际需要提供二次保护、控制要求或二次接线图，凡是由厂商提供的二次接线图需由设计人员、供电部门共同认可。若采用标准图或通用图时，应注明索引号和页次；

凡供施工用的二次回路图(由厂商提供或由设计院绘制的)，图中应有二次回路设备表，注明元件型号、规格、数量，并有端子排图；

(2)复杂工程应绘出外部接线图。

4.5.4.4　变、配电站照明和接地平面图

(1)绘出照明和接地装置的平面布置，标明设备材料规格、接地装置埋设及阻值要求等；

(2)注明索引标准图或安装图的编号、页次。

4.5.5 电力

4.5.5.1　电力平面图

(1)图纸内容

(1.1)画出建筑物门窗、轴线、主要尺寸，注明房间名称、工艺设备编号及容量、各层标高、比例。底层平面应有指北针；

(1.2)表示配电箱、控制箱、开关设备的平面布置，注明编号及规格；两种电源以上的配电箱应冠以不同符号；

(1.3)注明干线、支线、引上及引下回路编号、导线型号规格、保护管径、敷设方法；画出线路始终位置(包括控制线路)。线路在竖井内敷设时应绘进出方向和排列图；

(1.4)当工程简单不出电力系统图时，应在平面图上注明电源线路的设备容量、计算电流，标出低压断路器整定电流或熔丝电流；

(1.5)配电箱、控制箱及开关设备较多或线路复杂的竖井，应画局部放大图；

(1.6)有特殊要求的控制回路应绘二次回路图。非标箱应提出技术要求;有特殊需要的画出屏面布置图,有尺寸及比例。

4.5.5.2 说明内容

(1)电源电压,引入方式;

(2)导线选型和敷设方式;

(3)设备安装方式及高度;

(4)保护接地措施及阻值;

(5)注明所采用的标准图或安装图编号、页次。

4.5.5.3 电力系统图用单线图绘制(一般绘至末级配电箱),标出电源进线总设备容量、计算电流、配电箱编号、型号及容量;注明开关、熔断器、导线型号规格、保护管径和敷设方法,标明各回路用电设备名称、设备容量、计算电流等;

4.5.5.4 设备材料表

设备材料表应有设备名称、主要规格、技术参数、数量。可列在平面图图签上方或单列。

4.5.6 照明

4.5.6.1 照明平面图

(1)图纸内容

(1.1)画出建筑门窗、轴线、主要尺寸、比例、各层标高,底层应有指北针,注明房间名称、主要场所照度标准,绘出配电箱、灯具、开关、插座、线路等平面布置,标明配电箱、干线及分支线回路编号;

(1.2)标注线路走向、引入线规格、敷设方式和标高、灯具容量及安装标高;

(1.3)复杂工程的照明应画局部平、剖面图;多层建筑标准层可用其中一层平面表示。

(2)说明内容(参照4.5.5.2所述)

4.5.6.2 照明系统图(简单工程可画在平面图上)的内容和深度同电力系统图(需计量时应画出电度表),分支回路应标明相序。

4.5.6.3 照明控制图

对照明有特殊控制要求的应绘出控制原理图。

4.5.6.4 设备材料表

设备材料表应列入主要设备规格和数量。

4.5.7 自动控制与自动调节

4.5.7.1 配电系统图、方框图、原理图

注明线路电器元件符号、接线端子编号、环节名称,列出设备材料表。

4.5.7.2 控制、供电、仪表盘面布置图

有特殊要求的盘面按比例画出元件、开关、信号灯、仪表等轮廓线，标注符号及中心尺寸，画出屏内外接线端子板，列出设备材料表。

4.5.7.3 外部接线图和管线表(平面图能表达清楚时可不出图)

盘外部之间的注明编号、去向、线路型号规格、敷设方法等。

4.5.7.4 控制室平面图

包括控制室电气设备及管线敷设平、剖面图。应有比例及布置尺寸、设备表。

4.5.7.5 安装图

包括构件安装图及构件大样图。使用标准图则列入图号。

4.5.8 建筑与构筑物防雷保护

4.5.8.1 建筑与构筑物防雷顶视与接地平面图

(1)图纸内容

(1.1)小型建筑与构筑物绘顶视平面图，形状复杂的大型建筑宜绘立面图，注明标高和主要尺寸；

(1.2)绘出避雷针、避雷带及标高、接地线和接地极、断接卡等的平面位置，标明材料规格、相对尺寸等；

(1.3)利用建筑物与构筑物钢筋混凝土内的钢筋作防雷接闪器、引下线和接地装置时应标出连接点、预埋件位置及敷设形式；

(1.4)索引标准图编号、页次。

(2)说明内容

(2.1)防雷等级和采取的防雷措施(包括防雷电波侵入)；

(2.2)接地装置形式、接地电阻值、接地极材料规格和埋设方法。利用桩基、钢筋混凝土基础内的钢筋作接地极时，说明应采取的措施。

上述电气设计施工图若按各建筑子项成图，则应各自按 4.5.1 条和 4.5.2 条要求自成完整的内容。

若施工图与初步设计有较大变化，应按初步设计要求做好各有关计算书。将计算结果写入图中有关部分。计算书本身应归档。

有关设计要求也应按初步设计规定的标准考虑。

4.6 弱电

4.6.1 图纸目录

应先列新绘制图纸，后列选用的标准图或重复利用图。

4.6.2 设计说明

设计说明应包括设备材料表及图例，并按各弱电项目分系统叙述以下内容：

4.6.2.1 施工时应注意的主要事项；

4.6.2.2 各弱电项目中的施工要求，建筑物内布线、设备安装等有关要求；

4.6.2.3 平面布置图、系统图、控制原理图中所采用的有关特殊图形、图例符号(亦可标注在有关图纸上);

4.6.2.4 各项设备的安装高度及与各专业配合条件的必要说明等(亦可标注在有关图纸上);

4.6.2.5 各弱电项目主要系统情况概述,联动控制、遥控、遥测、遥讯等控制方式和控制逻辑关系等说明;

4.6.2.6 非标准设备等订货说明;

4.6.2.7 接地保护等其他内容。

4.6.3 设计图纸

4.6.3.1 各弱电项目系统图,输入输出特征表;

4.6.3.2 各弱电项目控制室设备布置平、剖面图;

4.6.3.3 各弱电项目供电方式图;

4.6.3.4 各弱电项目主要设备配线连接图;

4.6.3.5 电话站中继方式图(小容量电话站不出此图);

4.6.3.6 各弱电项目管线敷设平面图;

4.6.3.7 竖井或桥架电缆排列断面或电缆布线图;

4.6.3.8 线路网总平面图(包括管道、架空、直埋线路);

4.6.3.9 各设备间端子板外部接线图(可由制造商提供);

4.6.3.10 各弱电项目有关联动、遥控、遥测等主要控制电气原理图(可由制造商提供);

4.6.3.11 线路敷设总配线箱、接线端子箱、各楼层或控制室主要接线端子板布置图(中、小型工程可例外);

4.6.3.12 综合接地系统图;

4.6.3.13 通信管道平面布置图

各种建筑平面图均应有轴线、主要尺寸、门窗,并注明房间名称、层高、比例。底层应有指北针。

有进出线者均应注明位置,引入(出)坐标、导线型号规格、敷设方法。

各控制室平面图内均应有主要设备布置尺寸、设备表。

以上有关深度要求也可参照电气设计施工图要求。

4.6.5 计算书(供内部使用)

各部分计算书应经校审并签字,作为技术文件归档。

注:施工图设计前业主应提供的设计基础资料清单。

1. 经主管部门批准的初步设计文件。

2. 勘察资料(应按技勘要求提供资料)。

3. 工业建筑需提供详细的工艺设计图。

4. 民用建筑有厨房工艺、洗衣房工艺等设计单位配合的工艺设计图。

5. 经过城建、人防、环保等各部门盖章同意的总平面布置图。

6. 设有人防的工程，需有经人防管理部门盖章同意的人防平面布置图。

7. 初步设计时，设计部门认为需要进一步解决的技术资料。

8. 业主在施工图阶段需要改变使用功能时，必须经初步设计批准部门同意。

附录八 图 例

符 号	名 称	符 号	名 称
	避雷针	SPD-X1	电话用
	避雷带	SPD-X2	卫星天馈用
	有接地极的接地装置	SPD-X3	共用天线信号用
	无接地极的接地装置	SPD-X4	火灾报警及联动信号用
	接地一般符号	SPD-X6	BAS 系统信号用
	等电位联结	SPD-J	计算机信号用
	等电位联结	SPD-G	监控信号用
	ERP 接地基准点	SPD-G	监控信号用
	总等电位联结装置		
$LPZ0_A$	LPZ 分类 $LPZ0_A$ 防雷分区	MEB	总等电位联结
$LPZ0_B$	LPZ 分类 $LPZ0_B$ 防雷分区	LEB	局部等电位联结
LPZ1	LPZ 分类 LPZ1 防雷分区	SEB	辅助等电位联结
LPZ2	LPZ 分类 LPZ2 防雷分区	MEXT	总等电位联结板
LPZ3	LPZ 分类 LPZ3 防雷分区	LEXT	局部等电位联结板
	焊接符号,平面与弧焊接	PEN	保护中性线
	焊接符号,平面与弧面焊接	PEN	保护中性线
	焊接符号,弧面间焊接	N	中性线
	天线一般符号		接地模块
	卫星天线	JF	I 型铜接地端子板
	带云台摄像机	SE	弱电系统工作接地
	不带云台摄像机	SE	弱电系统工作接地
	电路保护装置(断路器、熔断器等)	SI	进出电缆金属护套接地
	电路保护装置(可选)	PAS	接地板
	SPD 浪涌过电压防护器通用符号	1	1 号节点大样图
RCD	漏电电流动作保护器	1	1 号节点大样图,图位于本页

续表

符　　号	名　　称	符　　号	名　　称
SPD-A	火花间隙类防护器	$\frac{1}{20}$	1号节点大样图，图位于20页
SPD-B	电源浪涌过电压防护器通用代号	↗•	线路由下引来
SPD-BC	交流电源用浪涌防护器	↙•↗	垂直通过配线
SPD-BD	直流电源用浪涌防护器	•↙	线路由上引来
SPD-X	信号浪涌过电压防护器通用代号	•	避雷针

附录九　防雷及接地安装工艺要求

1　范围

本工艺标准适用于建筑物防雷接地、保护接地、工作接地、重复接地及屏蔽接地装置安装工程。

2　施工准备

2.1　材料要求

2.1.1　镀锌钢材有扁钢、角钢、圆钢、钢管等，使用时应采用热镀锌材料，应符合设计规定。产品应有材质检验证明及产品出厂合格证。

2.1.2　镀锌辅料有铅丝（即镀锌铁丝）、螺栓、垫圈、弹簧垫圈、U型螺栓、元宝螺栓、支架等。

2.1.3　电焊条、氧气、乙炔、沥青漆，混凝土支架，预埋铁件，小线，水泥，砂子，塑料管，红油漆、白油漆、防腐漆、银粉，黑色油漆等。

2.2　主要机具

2.2.1　常用电工工具、手锤、钢钢锯、锯条、压力案子、铁锹、铁镐、大锤、夯桶。

2.2.2　线坠、卷尺、大绳、粉线袋、绞磨（或倒链）、紧线器、电锤、冲击钻、电焊机、电焊工具等。

2.3　作业条件

2.3.1　接地体作业条件

2.3.1.1　按设计位置清理好场地。

2.3.1.2　底板筋与柱筋连接处已绑扎完。

2.3.1.3　桩基内钢筋与柱筋连接处已绑扎完。

2.3.2　接地干线作业条件

2.3.2.1　支架安装完毕。

2.3.2.2　保护管已预埋。

2.3.2.3　土建抹灰完毕。

2.3.3　支架安装作业条件

2.3.3.1　各种支架已运到现场。

2.3.3.2　结构工程已经完成。

2.3.3.3　室外必须有脚手架或爬梯。

2.3.4　防雷引下线暗敷设作业条件

2.3.4.1 建筑物(或构筑物)有脚手架或爬梯,达到能上人操作的条件。

2.3.4.2 利用主筋作引下线时,钢筋绑扎完毕。

2.3.5 防雷引下线明敷设作业条件

2.3.5.1 支架安装完毕。

2.3.5.2 建筑物(或构筑物)有脚手架或爬梯达到能上人操作的条件。

2.3.5.3 土建外装修完。

2.3.6 避雷带与均压环安装作业条件

土建圈梁钢筋正在绑扎时,配合作此项工作。

2.3.7 避雷网安装作业条件

2.3.7.1 接地体与引下线必须做完。

2.3.7.2 支架安装完毕。

2.3.7.3 具备调直场地和垂直运输条件。

2.3.8 避雷针安装作业条件

2.3.8.1 接地体及引下线必须做完。

2.3.8.2 需要脚手架处,脚手架搭设完毕。

2.3.8.3 土建结构工程已完,并随结构施工做完预埋件。

3 操作工艺

3.1 工艺流程

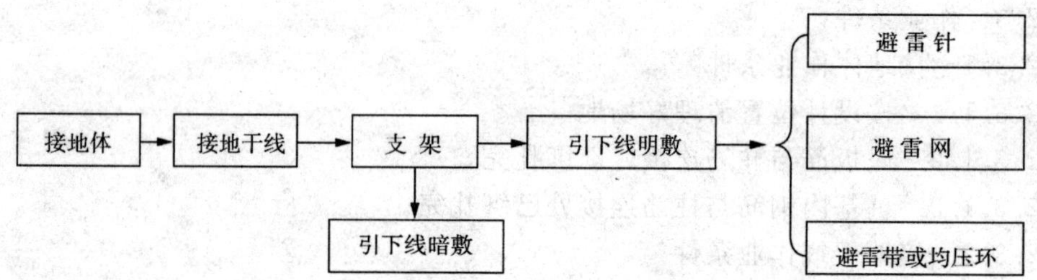

3.2 接地体安装工艺

人工接地体(极)安装应符合以下规定:

3.2.1 人工接地体(极)的最小尺寸见附表 9.3.1 所示。

附表 9.3.1 钢接地体和接地线的最小规格

种类、规格及单位		地上		地下	
		室内	室外	交流电流回路	直流电流回路
圆钢直径（mm）		6	8	10	12
扁钢	截面（mm^2）	60	100	100	100
	厚度（mm）	3	4	4	6
角钢厚度（mm）		2	2.5	4	6
钢管管壁厚度（mm）		2.5	2.5	3.5	4.5

3.2.2 接地体的埋设深度其预部不应小于0.6m，角钢及钢管接地体应垂直配置。

3.2.3 垂直接地体长度不应小于2.5m，其相互之间间距一般不应小于5m。

3.2.4 接地体理设位置距建筑物不宜小于1.5m；遇在垃圾灰渣等埋设接地体时，应换土，并分层夯实。

3.2.5 当接地装置必须埋设在距建筑物出入口或人行道小于3m时，应采用均压带做法或在接地装置上面敷设50～90mm厚度沥青层，其宽度应超过接地装置2m。

3.2.6 接地体(线)的连接应采用焊接，焊接处焊缝应饱满并有足够的机械强度，不得有夹渣、咬肉、裂纹、虚焊、气孔等缺陷，焊接处的药皮敲净后，刷沥青做防腐处理。

3.2.7 采用搭接焊时，其焊接长度如下：

3.2.7.1 镀锌扁钢不小于其宽度的2倍，三面施焊。（当扁钢宽度不同时，搭接长度以宽的为准）。敷设前扁钢需调直，煨弯不得过死，直线段上不应有明显弯曲，并应立放。

3.2.7.2 镀锌圆钢焊接长度为其直径的6倍并应双面施焊(当直径不同时，搭接长度以直径大的为准)。

3.2.7.3 镀锌圆钢与镀锌扁钢连接时，其长度为圆钢直径的6倍。

3.2.7.4 镀锌扁钢与镀锌钢管(或角钢)焊接时，为了连接可靠，除应在其接触部位两侧进行焊接外，还应直接将扁钢本弯成弧形(或直角形)与钢管(或角钢)焊接。

3.2.8 当接地线遇有白灰焦渣层而无法避开时，应用水泥砂浆全面保护。

3.2.9 采用化学方法降低土壤电阻率时，所用材料应符合下列要求：

3.2.9.1 对金属腐蚀性弱；

3.2.9.2 水溶性成分含量低。

3.2.10 所有金属部件应镀锌。操作时，注意保护镀锌层。

3.3 人工接地体(极)安装

3.3.1 接地体的加工

根据设计要求的数量,材料规格进行加工,材料一般采用钢管和角钢切割,长度不应小于 2.5m。如采用钢管打入地下应根据土质加工成一定的形状,遇松软土壤时,可切成斜面形。为了避免打入时受力不均使管子歪斜,也可加工成扁尖形;遇土土质很硬时,可将尖端加工成锥形。如选用角钢时,应采用不小于 L40mm×40mm×4mm 的角钢,切割长度不应小于 2.5m,角钢的一端应加工成尖头形状。

3.3.2　挖沟

根据设计图要求,对接地体(网)的线路进行测量弹线,在此线路上挖掘深为 0.8～1m,宽为 0.5m 的沟,沟上部稍宽,底部如有石子应清除。

3.3.3　安装接地体(极)

沟挖好后,应立即安装接地体和敷设接地扁钢,防止土方坍塌。先将接地体放在沟的中心线上,打入地中,一般采用手锤打入,一人扶着接地体,一人用大锤敲打接地体顶部。为了防止将接钢管或角钢打劈,可加一护管帽套入接地管端,角钢接地可采用短角钢(约 10cm)焊在接地角钢一即可。使用手锤敲打接地体时要平稳,锤击接地体正中,不得打偏,应与地面保持垂直,当接地体顶端距离地 600mm 时停止打入。

3.3.4　接地体间的扁钢敷设

扁钢敷设前应调直,然后将扁钢放置于沟内,依次将扁钢与接地体用电焊(气焊)焊接。扁钢应侧放而不可放平,侧放时散流电阻较小。扁钢与钢管连接的位置距接地体最高点约 100mm。焊接时应将扁钢拉直,焊好后清除药皮,刷沥青做防腐处理,并将接地线引出至需要位置,留有足够的连接长度,以待使用。

3.3.5　核验接地体(线)

接地体连接完毕后,应及时请质检部门进行隐检、接地体材质、位置、焊接质量,接地体(线)的截面规格等均应符合设计及施工验收规范要求,经检验合格后方可进行回填,分层夯实。最后,将接地电阻遥测数值填写在隐检记录上。

3.4　自然基础接地体安装

3.4.1　利用无防水底板钢筋或深基础做接地体:按设计图尺寸位置要求,标好位置,将底板钢筋搭接焊好。再将柱主筋(不少于 2 根)底部与底板筋搭接焊好,并在室外地面以下将主筋焊好连接板,消除药皮,并将两根主筋用色漆做好标记,以便于引出和检查。应及时请质检部门进行隐检,同时做好隐检记录。

3.4.2　利用柱形桩基及平台钢筋做好接地体:按设计图尺寸位置,找好桩基组数位置,把每组桩基四角钢筋搭接封焊,再与柱主筋(不少于 2 根)焊好,并在室外地面以下,将主筋预埋好接地连接板,清除药皮,并将两根主筋用色漆做好标记,便于引出和检查,并应及时请质检部门进行隐检,同时做好隐检记录。

3.5　接地干线的安装应符合以下规定:

3.5.1　接地干线穿墙时,应加套管保护,跨越伸缩缝时,应做煨弯补偿。

3.5.2 接地干线应设有为测量接地电阻而预备的断接卡子，一般采用暗盒装入，同时加装盒盖并做上接地标记。

3.5.3 接地干线跨越门口时应暗敷设于地面内(做地面以前埋好)

3.5.4 接地干线距地面应不小于200mm，距墙面应不小于10mm，支持件应采用40mm×4mm的扁钢，尾端应制成燕尾状，入孔深度与宽度各为50mm，总长度为70mm。支持件间的水平直线距离一般为1m，垂直部分为1.5m，转弯部分为0.5m。

3.5.5 接地干线敷设应平直，水平度与垂直度允许偏差2/1000，但全长不得超过10 mm。

3.5.6 转角处接地干线弯曲中径不得小于扁钢厚度的2倍。

3.5.7 接地干线应刷黑色油漆，油漆应均匀无遗漏，但断接卡子及接地端子等处不得刷油漆。

3.6 接地干线安装

接地干线应与接地体连接的扁钢相连接，它分为室内与室外连接两种，室外接地干线与支线一般敷设在沟内。室内的接地干线多为明敷，但部分设备连接的支线需经过地面，也可以埋设在混凝土内。具体安装方法如下：

3.6.1 室外接地干线敷设

3.6.1.1 首先进行接地广线的调直、测位、打眼、煨弯，并将断接卡子及接地端子装好。

3.6.1.2 敷设前按设计要求的尺寸位置先挖沟。挖沟要求见3.3，然后将扁钢放平埋入。回填土应压实但不需打夯，接地干线末端露出地面应不超过0.5m，以便接引地线。

3.6.2 室内接地干线明敷设

3.6.2.1 预留孔与埋设支持件

按设计要求尺寸位置，预留出接地线孔，预留孔的大小应比敷设接地干线的厚度、宽度各大出6mm。以上。其方法有以下三种：

a 施工时可按上述要求尺寸截一段扁钢预埋在墙壁内，当混凝土还未凝固时，抽动扁钢以便待凝固后易于抽出。

b 将扁钢上包一层油毛毡或几层牛皮纸后埋设在墙壁内，预留孔距墙壁表面应为15～20mm。

c 保护套可用厚1mm以上铁皮做成方形或圆形，大小应使接地线穿入时，每边有6mm以上的空隙。

3.6.2.2 支持件固定

根据设计要求先在砖墙(或加砌混凝土墙、空心砖墙)上确定坐标轴线位置，然后随砌墙将预制成50mm×50mm的方木样板放火墙内，待墙砌好后将方木样板剔出，然后将支持件放入孔内，同时洒水淋湿孔洞，再用水泥砂浆将支持件埋牢，待凝固后使用。现浇混凝土墙上固定支架，先根据设计图要求弹线定位，钻孔，支架做燕尾埋入孔中，找平正，用水泥砂浆进行固定。

3.6.2.3 明敷接地线的安装要求

a 敷设位置不应妨碍设备的拆卸与检修，并便于检查。

b 接地线应水平或垂直敷设，也可沿建筑物倾斜结构平行在直线段上，不应有高低起伏及弯曲情况。

c 接地线沿建筑物墙壁水平敷设时，离地面应保持 250～300mm 的距离，接地线与建筑物墙壁间隙应不小于 10mm。

d 明敷的接地线表面应涂以 15～100mm 宽度相等的绿色漆和黄色漆相间的条纹，且标志明显。

e 在接地线引向建筑物内的入口处或检修用临时接地点处，均应刷白色底漆后标以黑色符号，其符号标为“⏚”，其标志明显。

3.6.2.4 明敷接地线安装

当支持件埋设完毕，水泥砂浆凝固后，可敷设墙上的接地线。将接地扁钢沿墙吊起，在支持件一端用卡子将扁钢固定，经过隔墙时穿跨预留孔，接地干线连接处应焊接牢固。末端预留或连接应符合设计要求。

3.7 避雷针制作与安装

3.7.1 避雷针制作与安装应符合以下规定：

3.7.1.1 所有金属部件必须镀锌，操作时注意保护镀锌层。

3.7.1.2 采用镀锌钢管制做针尖，管壁厚度不得小于 3mm，针尖刷锡长度不得小于 70mm。

3.7.1.3 多节避雷外针节尺寸见附表 9.3.2。

附表 9.3.2 针体各节尺寸

项目	针全高（mm）				
	1.0	2.0	3.0	4.0	5.0
上 节	1000	2000	1500	1000	1500
中 节	—	—	1500	1500	1500
下 节	—	—	—	1500	1200

3.7.1.4 避雷针应垂直安装牢固，垂直度允许偏差为 3/1000。

3.7.1.5 焊接要求详见专门标准，清除药皮后刷防锈漆。

3.7.1.6 避雷针一般采用圆钢或钢管制成，其直径不应小于下列数值：

a 独立避雷针一般采用直径为 19mm 镀锌圆钢。

b 屋面上的避雷针一般直采用直径 25mm 镀锌钢管。

c 水塔顶部避雷针采用直径 25mm 或 40mm 的镀锌钢管。

d 烟囱顶上避雷针采用直径 25mm 镀锌圆钢或直径为 40mm 镀锌钢管。

e 避雷环用直径 12mm 镀锌圆钢或截面为 $100mm^2$ 镀锌扁钢，其厚度应为 4mm。

3.7.2 避雷针制作

按设计要求的材料所需的长度分上、中、下三节进行下料。如针尖采用钢管制作，可先将上节钢管一端锯成锯齿形，用手锤收尖后，进行焊缝磨尖，刷锡，然后将另一端与中、下二节钢管找直，焊好。

3.7.3 避雷针安装

先将支座钢板的底板固定在预埋的地脚螺栓上，焊上一块肋板，再将避雷针立起，找直、找正后，进行点焊，然后加以校正，焊上其它三块肋板。最后将引下线焊在底板上，清除药皮刷防锈漆。

3.8 支架安装

3.8.1 支架安装应符合下列规定：

3.8.1.1 角钢支架应有燕尾，其埋注深度不小于 100mm，扁钢和圆钢支架埋深不小于 80mm。

3.8.1.2 所有支架必须牢固，灰浆饱满，横平竖直。

3.8.1.3 防雷装置的各种支架顶部一般应距建筑物表面 100mm；接地干线支架其顶部应距墙面 20mm。

3.8.1.4 支架水平间距不大于 1m（混凝土支座不大于 2m）；垂直间距不大于 1.5m。各间距应均匀，允许偏差 30mm。转角处两边的支架距转角中心不大于 250mm。

3.8.1.5 支架应平直。水平度每 2m 检查段允许偏差 3/1000，垂直度每 3m 检查段允许偏差 2/1000；但全长偏差不得大于 10mm。

3.8.1.6 支架等铁件均应做防腐处理。

3.8.1.7 埋注支架所用的水泥砂浆，其配合比不应低于 1：2。

3.8.2 支架安装

3.8.2.1 应尽可能随结构施工预埋支架或铁件。

3.8.2.2 根据设计要求进行弹线及分档定位。

3.8.2.3 用手锤、錾子进行剔洞，洞的大小应里外一致。

3.8.2.4 首先埋注一条直线上的两端支架，然后用铅丝拉直线埋注其它支架。在埋注前应先把洞内用水浇湿。

3.8.2.5 如用混凝土支座，将混凝土支座分档摆好。先在两端支架间拉直线，然后将其它支座用砂浆找平找直。

3.8.2.6 如果女儿墙预留有预埋铁件，可将支架直接焊在铁件上，支架的找直方法同前。

3.9 防雷引下线暗敷设

3.9.1 防雷引下线暗敷设应符合下列规定：

3.9.1.1 引下线扁钢截面不得小于25mm×4mm；圆钢直径不得小于12mm。

3.9.1.2 引下线必须在距地面1.5～1.8m处做断接卡子或测试点（一条引下线者除外）。断接线卡子所用螺栓的直径不得小于10mm，并需加镀锌垫圈和镀锌弹簧垫圈。

3.9.1.3 利用主筋作暗敷引下线时，每条引下线不得少于二根主筋。

3.9.1.4 现浇混凝土内敷设引下线不做防腐处理。焊接要求见3.2节。

3.9.1.5 建筑物的金属构件（如消防梯、烟囱的铁爬梯等）可作为引下线，但所有金属部件之间均应连成电气通路。

3.9.1.6 引下线应沿建筑的外墙敷设，从接闪器到接地体，引下线的敷设路径，应尽可能短而直。根据建筑物的具体情况不可能直线引下时，也可以弯曲，但应注意弯曲开口处的距离不得等于或小于弯曲部线段实际长度的0.1倍。引下线也可以暗装，但截门应加大一级，暗装时还应注意墙内其它金属构件的距离。

3.9.1.7 引下线的固定支点间距离不应大于2m，敷设引下线时应保持一定松紧度。

3.9.1.8 引下线应躲开建筑物的出入口和行人较易接触到的地点，以免发生危险。

3.9.1.9 在易受机械损坏的地方、地上约1.7m至地下0.3m的一段地线应加保护措施，为了减少接触电压的危险，也可用竹筒将引下线套起来或用绝缘材料缠绕。

3.9.1.10 采用多根明装引下线时，为了便于测量接地电阻，以及检验引下线和接地线的连接状况，应在每条引下线距地1.8～2.2m处放置断接卡子。利用混凝土柱内钢筋作为引下线时，必须将焊接的地线连接到首层、配电盘处并连接到接地端子上，可在地线端于处测量接地电阻。

3.9.1.11 每栋建筑物至少有两根引下线（投影面积小于50m^{2}的建筑物例外）。防雷引下线最好为对称位置，例如两根引下线成“一”字形或“乙”字形，四根引下线要做成“I”字形，引下线间距离不应大于20m，当大于20m时应在中间多引一根引下线。

3.9.2 防雷引下线暗敷设做法

3.9.2.1 首先将所需扁钢（或圆钢）用手锤（或钢筋扳子）进行调直或种直。

3.9.2.2 将调直的引下线运到安装地点，按设计要求随建筑物引上，挂好。

3.9.2.3 及时将引下线的下端与接地体焊接好，或与断接卡子连接好。随着建筑物的逐步增高，将引下线敷设于建筑物内至屋顶为止。如需接头则应进行焊接，焊接后应敲掉药皮并刷防锈漆（现浇混凝土除外），并请有关人员进行隐检验收，做好记录。

3.9.2.4 利用主筋（直径不少于∅16mm）作引下线时，按设计要求找出全部主筋位置，用油漆作好标记，距室外地坪 1.8m 处焊好测试点，随钢筋逐层串联焊接至顶层，焊接出一定长度的引下线，搭接长度不应小于 100mm，做完后请有关人员进行隐检，做好隐检记录。

3.9.2.5 土建装修完毕后，将引下线在地面上 2m 的一段套上保护管，并用卡子将其固定牢固，刷上红白相间的油漆。

3.9.2.6 焊接要求见 3.2 节。

3.10 防雷引下线明敷设

3.10.1 防雷引下线明敷设应符合下列规定：

3.10.1.1 引下线的垂直允许偏差为 2/1000。

3.10.1.2 引下线必须调直后进行敷设，弯曲处不应小于 90°，并不得弯成死角。

3.10.1.3 引下线除设计有特殊要求者外，镀锌扁钢截面不得小于 $48mm^2$，镀锌圆钢直径不得小于 8mm。

3.10.1.4 有关断接卡子位置应按设计及规范要求执行。

3.10.1.5 焊接及搭接长度应按有关规范执行。

3.10.2 防雷引下线明敷设

3.10.2.1 引下线如为扁钢，可放在平板上用手锤调直；如为圆钢应将圆钢放开。一端固定在牢固地锚的机具上，另一端固定在绞磨（或倒链）的夹具上进行冷拉直。

3.10.2.2 将调直的引下线运到安装地点。

3.10.2.3 将引下线用大绳提升到最高点，然后由上而下逐点固定，直至安装断接卡子处。如需接头或安装断接卡子，则应进行焊接。焊接后，清除药皮，局部调直，刷防锈漆。

3.10.2.4 将接地线地面以上 2m 段，套上保护管，并卡固及刷红白油漆。

3.10.2.5 用镀锌螺栓将断接卡子与接地体连接牢固。

3.11 避雷网安装

3.11.1 避雷网安装应符合以下规定：

3.11.1.1 避雷线应平直、牢固，不应有高低起伏和弯曲现象，距离建筑物应一致，平直度每 2m 检查段允许偏差 3/ 1000。但全长不得超过 10mm。

3.11.1.2 避雷线弯曲处不得小于 90°，弯曲半径不得小于圆钢直径的 10 倍。

3.11.1.3 避雷线如用扁钢，截面不得小于 $48mm^2$；如为圆钢直径不得小于 8mm。

3.11.1.4 遇有变形缝处应作煨管补偿。

3.11.2　避雷网安装

3.11.2.1　避雷线如为扁钢，可放在平板上用手锤调直；如为圆钢，可将圆钢放开一端固定在牢固地锚的夹具上，另一端固定在绞磨（或倒链）的夹具上，进行冷拉调直。

3.11.2.2　将调直的避雷线运到安装地点。

3.11.2.3　将避雷线用大绳提升到顶部、顺直，敷设、卡固、焊接连成一体，同引下线焊好、焊接处的药皮应敲掉，进行局部调直后刷防锈漆及铅油（或银粉）。

3.11.2.4　建筑物屋顶上有突出物，如金属旗杆，透气管、金属天沟、铁栏杆、爬梯、冷却水塔、电视天线等，这些部位的金属导体都必须与避雷网焊接成一体。顶层的烟囱应做避雷带或避雷针。

3.11.2.5　在建筑物的变形缝处应做防雷跨越处理。

3.11.2.6　避雷网分明网和暗网两种，暗网格越密，其可靠性就越好。网格的密度应视建筑物的防雷等级而定，防雷等级高的建筑物可使用 10m×10m 的网格，防雷等级低的一般建筑物可使用 20m×20m 的网格，如果设计有特殊要求应按设计要求执行。

3.12　均压环（或避雷带）安装

3.12.1　均压环（或避雷带）应符合下列规定：

3.12.1.1　避雷带（避雷线）一般采用的圆钢直径不小于 6mm，扁钢不小于 24mm×4mm。

3.12.1.2　避雷带明敷设时，支架的高度为 10～20cm，其各支点的间距不应大于 1.5m。

3.12.1.3　建筑物高于 30m 以上的部位，每隔 3 层沿建筑物四周敷设一道避雷带并与各根引下线相焊接。

3.12.1.4　铝制门窗与避雷装置连接。在加工订货铝制门窗时就应按要求甩出 30cm 的铝带或扁钢 2 处，如超过 3m 时，就需 3 处连接，以便进行压接或焊接。

3.12.2　均压环（或避雷带）安装

3.12.2.1　避雷带可以暗敷设在建筑物表面的抹灰层内，或直接利用结构钢筋，并应与暗敷的避雷网或楼板的钢筋相焊接，所以避雷带实际上也就是均压环。

3.12.2.2　利用结构圈梁里的主筋或腰筋与预先准备好的约 20cm 的连接钢筋头焊接成一体，并与柱筋中引下线焊成一个整体。

3.12.2.3　圈梁内各点引出钢筋头，焊完后，用圆钢（或扁钢）敷设在四周，圈梁内焊接好各点，并与周围各引下线连接后形成环形。同时在建筑物外沿金属门窗、金属栏杆处甩出 30cm 长∅2mm 镀锌圆钢备用。

3.12.2.4　外檐金属门、窗、栏杆、扶手等金属部件的预埋焊接点不应少于 2 处，与避雷带预留的圆钢焊成整体。

3.12.2.5　利用屋面金属扶手栏杆做避雷带时，拐弯处应弯成圆弧活弯，栏杆应与接地引下线可靠的焊接。

3.12.3　节日彩灯沿避雷带平敷设时、避雷带的高度应高于彩灯顶部，当彩灯垂直敷设时，吊挂彩灯的金属线应可靠接地，同时应考虑彩灯控制电源箱处按装低压避雷器或采取其它防雷击措施。

4　质量标准

4.1　保证项目

4.1.1　材料的质量符合设计要求；接地装置的接地电阻值必须符合设计要求。

4.1.2　接至电气设备、器具和可拆卸的其它非带电金属部件接地的分支线，必须直接与接地干线相连，严禁串联连接。

检验方法：实测或检查接地电阻测试记录。观察检查或检查安装记录。

4.2　基本项目

4.2.1　避雷针(网)及其支持件安装位置正确，固定牢靠，防腐良好；外体垂直，避雷网规格尺寸和弯曲半径正确；避雷针及支持件的制作质量符合设计要求。设有标志灯的避雷针灯具完整，显示清晰。避雷网支持间距均匀；避雷针垂直度的偏差不大于顶端外杆的直径。

检验方法：观察检查和实测或检查安装记录。

4.2.2　接地(接零)线敷设

4.2.2.1　平直、牢固，固定点间距均匀，跨越建筑物变形缝有补偿装置，穿墙有保护管，油漆防腐完整。

4.2.2.2　焊接连接的焊缝平整、饱满，无明显气孔、咬肉等缺陷；螺栓连接紧密、牢固，有防松措施。

4.2.2.3　防雷接地引下线的保护管固定牢靠；断线卡子设置便于检测，接触面镀锌或镀锡完整，螺栓等紧固件齐全。防腐均匀，无污染建筑物。

检验方法：观察检查。

4.2.3　接地体安装

位置正确，连接牢固，接地体埋设深度距地面不小于0.6m。隐蔽工程记录齐全、准确。

检验方法：检查隐蔽工程记录。

4.3　允许偏差项目

4.3.1　搭接长度≥$2b$；圆钢≥$6D$；圆钢和扁钢≥$6D$；

注：b 为扁钢宽度；D 为圆钢直径。

4.3.2　扁钢搭接焊接3个棱边，圆钢焊接双面。

检验方法:尺量检查和观察检查。

5 成品保护

5.1 接地体

5.1.1 其他工种在挖土方时,注意不要损坏接地体。

5.1.2 安装接地体时,不得破坏散水坡和外墙装修。

5.1.3 不得随意移动已经绑好的结构钢筋。

5.2 支架

5.2.1 剔洞时,不应损坏建筑物的结构。

5.2.2 支架稳注后,不得碰撞松动。

5.3 防雷引下线明(暗)敷设

5.3.1 安装保护管时,注意保护好土建结构及装修面。

5.3.2 拆架子时不要磕碰引下线。

5.4 避雷网敷设

5.4.1 遇坡顶瓦屋面,在操作时应采取措施,以免踩坏屋面瓦。

5.4.2 不得损坏外檐装修。

5.4.3 避雷网敷设后,应避免砸碰。

5.5 避雷带与均压环

预甩扁铁或圆钢不得超过 30cm。

5.6 避雷针

5.6.1 拆除脚手架时,注意不要碰坏避雷针。

5.6.2 注意保护土建装修。

5.7 接地干线安装

5.7.1 电气施工时,不得磕碰及弄脏墙面。

5.7.2 喷浆前,必须预先将接地干线纸包扎好。

5.7.3 拆除脚手架或搬运物件时,不得碰坏接地干线。

5.7.4 焊接时注意保护墙面措施。

6 应注意的质量问题

6.1 接地体

6.1.1 接地体埋深或间隔距离不够。按设计要求执行。

6.1.2 焊接面不够,药皮处理不干净,防腐处理不好,焊接面按质量要求进行纠正,将药皮敲净,做好防腐处理。

6.1.3 利用基础、梁柱钢筋搭接面积不够,应严格按质量要求去做。

6.2 支架安装

6.2.1 支架松动，混凝土支座不稳固。将支架松动的原因找出来，然后固定牢靠；混凝土支座放平稳。

6.2.2 支架间距(或预埋铁件)间距不均匀，直线段不直，超出允许偏差。重新修改好间距，将直线段校正平直，不得超出允许偏差。

6.2.3 焊口有夹渣、咬肉、裂纹、气孔等缺陷现象。重新补焊，不允许出现上述缺陷。

6.2.4 焊接处药皮处理不干净，漏刷防锈漆。应将焊接处药皮处理干净，补刷防锈漆。

6.3 防雷引下线暗(明)敷设

6.3.1 焊接面不够，焊口有夹渣、咬肉、裂纹、气孔及药皮处理不干净等现象。应按规范要求修补更改。

6.3.2 漏刷防锈漆，应及时补刷。

6.3.3 主筋钳位，应及时纠正。

6.3.4 引下线不垂直，超出允许偏差。引下线应横平竖直，超差应及时纠正。

6.4 避雷网敷设

6.4.1 焊接面不够，焊口有夹渣、咬肉、裂纹、气孔及药皮处理不干净等现象。应按规范要求修补更改。

6.4.2 防锈漆不均匀或有漏刷处，应刷均匀，漏刷处补好。

6.4.3 避雷线不平直、超出允许偏差，调整后应横平竖直，不得超出允许偏差。

6.4.4 卡子螺丝松动，应及时将螺丝拧紧。

6.4.5 变形缝处未做补偿处理，应补做。

6.5 避雷带与均压环

6.5.1 焊接面不够，焊口有夹渣、咬肉、裂纹、气孔等，应按规范要求修补更改。

6.5.2 钢门窗、铁栏杆接地引线遗漏，应及时补上。

6.5.3 圈梁的接头未焊，应进行补焊。

6.6 避雷针制作与安装

6.6.1 焊接处不饱满，焊药处理不干净，漏刷防锈漆。应及时予以补焊，将药皮敲净，刷上防锈漆。

6.6.2 针体弯曲，安装的垂直度超出允许偏差。应将针体重新调直，符合要求后再安装。

6.7 接地干线安装

6.7.1 扁钢不平直，应重新进行调整。

6.7.2 接地端子漏垫弹簧垫，应及时补齐。

6.7.3　焊口有夹渣、咬肉、裂纹、气孔及药皮处理不干净等现象。应按规范要求修补更改。

6.8　漏刷防锈漆处，应及时补刷。

6.9　独立避雷针及其接地装置与道路或建筑物的出入口保护距离不符合规定。其距离应大于 3m，当小于 3m 时，应采取均压措施或铺设卵石或沥青地。

6.10　利用主筋作防雷引下线时，除主筋截面不得小于 $90mm^2$ 外，其焊接方法可采用压力埋弧焊，对焊等；机械方法可采用冷挤压，丝接等，以上接头处可做防雷引下线，但需进行隐蔽工程检查验收。

7　质量记录

7.1　镀锌扁钢或圆钢材质证明及产品出厂合格证。

7.2　防雷及接地施工预检、自检、隐检记录齐全。

7.3　设计变更洽商记录、竣工图。

7.4　防雷接地分项工程质量检验评定记录。

附录十　防雷装置设计常用表格

附表 10.1　防雷装置的材料及使用条件

材料	使用于大气中	使用于地中	使用于混凝土中	耐腐蚀情况		
				在下列环境中能耐腐蚀	在下列环境中增加腐蚀	与下列材料接触形成直流电耦合可能受到严重腐蚀
铜	单根导体 绞线	单根导体 有镀层的 绞线铜管	单根导体 有镀层的 绞线	在许多环境中良好	硫化物有机材料	—
热镀锌钢	单根导体 绞线	单根导体 钢管	单根导体 绞线	敷设于大气、混凝土和温和的土壤中受到的腐蚀是可接受的	高氯化物含量	铜
不锈钢	单根导体 绞线	单根导体 绞线	单根导体 绞线	在许多环境中良好	高氯化物含量	—
铝	单根导体 绞线	不适合	不适合	在含有低浓度硫和氯化物的大气中良好	碱性溶液	铜
铅	有镀层的 单根导体	禁止	不适合	在含有高浓度硫酸化合物的大气中良好	—	铜 不锈钢

注：1. 本表仅为一般原则。

2. 绞线比单根导体更易于受到腐蚀。在地中进出混凝土处绞线也易于受到腐蚀。这就是为什么不推荐在地中采用镀锌钢绞线。

3. 敷设于粘土或潮湿土壤中的镀锌钢可能受到腐蚀。

4. 敷设于混凝土中的镀锌钢不宜延伸进入土壤中，由于正好在混凝土外的钢可能受到腐蚀。

5. 通常禁止在地中采用铅。

附表 10.2 防雷装置各连接部件的最小截面

等电位连接部件			材料	截面(mm^2)
等电位连接带(铜或热镀锌钢)			Cu(铜)、Fe(铁)	50
从等电位连接带至接地装置或至其他等电位连接带的连接导体			Cu(铜)	16
			Al(铝)	25
			Fe(铁)	50
从屋内金属装置至等电位连接带的连接导体			Cu(铜)	6
			Al(铝)	10
			Fe(铁)	16
连接电涌保护器的导体	电气系统	Ⅰ级试验的电涌保护器	Cu(铜)	6
		Ⅱ级试验的电涌保护器		4
		Ⅲ级试验的电涌保护器		1.5
	电子系统	D1 类电涌保护器		1.2
		其他类的电涌保护器(连接导体的截面可小于 $1.2mm^2$)		根据具体情况确定

注:连接单台或多台Ⅰ级分类试验或 D1 类 SPD 的单根导体的最小截面 S_{min}(mm^2)尚应满足下式的要求 $S_{min} \geqslant I_{imp}/8$,式中 I_{imp}为确定流入该导体的雷电流(kA)。

附表 10.3 接闪线(带)、接闪杆和引下线的材料、结构和最小截面

材料	结构	最小截面(mm^2)	注
铜	单根扁铜	50[8)]	最小厚度 2 mm
	单根圆铜[7)]	50[8)]	直径 8 mm
	铜绞线	50[8)]	每股线最小直径 1.7 mm
	单根圆铜[3) 4)]	200[8)]	直径 16 mm
镀锡铜[1)]	单根扁铜	50[8)]	最小厚度 2 mm
	单根圆铜[7)]	50[8)]	直径 8 mm
	铜绞线	50[8)]	每股线最小直径 1.7 mm
铝	单根扁铝	70	最小厚度 3 mm
	单根圆铝	50[8)]	直径 8 mm
	铝绞线	50[8)]	每股线最小直径 1.7 mm

续表

材料	结构	最小截面(mm^2)	注
铝合金	单根扁形导体	50[8)]	最小厚度 2.5 mm
	单根圆形导体	50	直径 8 mm
	绞线	50[8)]	每股线最小直径 1.7 mm
	单根圆形导体[3)]	200[8)]	直径 16 mm
热浸镀锌钢[2)]	单根扁钢	50[8)]	最小厚度 2.5 mm
	单根圆钢[9)]	50	直径 8 mm
	绞线	50[8)]	每股线最小直径 1.7 mm
	单根圆钢[3)4)9)]	200[8)]	直径 16 mm
不锈钢[5)]	单根扁钢[6)]	50[8)]	最小厚度 2 mm
	单根圆钢[6)]	50	直径 8 mm
	绞线	70[8)]	每股线最小直径 1.7 mm
	单根圆钢[3) 4)]	200[8)]	直径 16 mm

注:1. 热浸或电镀锡的镀层最小厚度为 1μm 。

2. 镀锌层宜光滑连贯、无焊剂斑点,镀锌层最小厚度为 50μm 。

3. 仅应用于接闪杆。当应用于机械应力(如风荷载)没达到临界值之处,可采用直径 10 mm 、最长 1 m 的接闪杆,并增加固定。

4. 仅应用于入地之处。

5. 铬≥16%,镍≥8%,碳≤0.07%。

6. 对埋于混凝土中以及与可燃材料直接接触的不锈钢,其最小尺寸宜增大至直径 10 mm 的 78 mm^2(单根圆钢)和最小厚度 3 mm 的 75 mm^2(单根扁钢)。

7. 在机械强度没有重要要求之处,50 mm^2(直径 8 mm)可减为 28 mm^2(直径 6 mm)。
在这种情况下,应考虑减小固定支架间的间距。

8. 当温升和机械受力是重点考虑之处,这些尺寸可加大至 60 mm^2(单根扁形导体)和 78 mm^2(单根圆形导体)。

9. 避免在单位能量 10 MJ/Ω 下熔化的最小截面是铜 16 mm^2、铝 25 mm^2、钢 50 mm^2、不锈钢 50 mm^2。

10. 厚度、宽度和直径的误差为±10%。

附表 10.4 明敷接闪导体和引下线固定支架的间距

布置方式	扁形导体和绞线固定支架的间距(mm)	单根圆形导体固定支架的间距(mm)
水平面上的水平导体	500	1000
垂直面上的水平导体	500	1000
地面至 20 m 处的垂直导体	1000	1000
从 20 m 处起往上的垂直导体	500	1000

附表 10.5　接闪杆允许的风压(kN/m²)

1 m 长接闪杆	∅12 圆钢	2.66
	∅20 钢管	12.32
2 m 长接闪杆	∅16 圆钢	0.79
	∅20 钢管	1.54
	∅25 钢管	2.43
	∅40 钢管	5.57

附表 10.6　接地体的材料、结构和最小尺寸

材料	结构	最小尺寸			注
		垂直接地体直径(mm)	水平接地体	接地板	
铜	铜绞线[3)]	—	50 mm²	—	每股最小直径 1.7mm
	单根圆铜[3)]	—	50 mm²	—	直径 8 mm
	单根扁铜[3)]	—	50 mm²	—	最小厚度 2 mm
	单根圆铜	15	—	—	—
	铜管	20	—	—	最小壁厚 2 mm
	整块铜板	—	—	500mm×500mm	最小厚度 2 mm
钢	单根圆钢[1) 2)]	16	直径 10mm	—	热镀锌
	热镀锌钢管[1) 2)]	25	—	—	最小壁厚 2 mm
	热镀锌扁钢[1)]	—	90 mm²	—	最小厚度 3 mm

续表

材料	结构	最小尺寸			注
		垂直接地体直径(mm)	水平接地体	接地板	
钢	热镀锌钢板[1]	—	—	500mm×500mm	最小厚度 3 mm
	热镀铜圆钢[4]	14	—	—	径向镀铜层至少 250 μm,铜含量 99.9 %
	裸圆钢[5]	—	直径 10mm	—	—
	裸扁钢[5]	—	75 mm^2	—	最小厚度 3 mm
	热镀锌钢绞线[5]	—	70 mm^2	—	每股最小直径 1.7mm
	热镀锌角钢[1]	50mm×50 mm×3mm	—	—	—
不锈钢[6]	圆形导体	16	直径 10mm	—	—
	扁形导体	—	100 mm^2	—	最小厚度 2 mm

注：1.镀锌层应光滑连贯、无焊剂斑点,镀锌层最小厚度圆钢为 50μm,扁钢为 70μm。

2.热镀锌之前螺纹应先加工好。

3.也可采用镀锡。

4.铜应与钢结合良好。

5.当完全埋在混凝土中时才允许采用。

6.铬≥16 %,镍≥5 %,钼≥2 %,碳≤0.08 %。

附表 10.7 电缆绝缘的耐冲击电压值 U_w

电缆种类及其额定电压 U_n(kV)	U_w(kV)
纸绝缘通信电缆	1.5
塑料绝缘通信电缆	5
电力电缆 U_n≤ 1	15
电力电缆 U_n= 3	45
电力电缆 U_n= 6	60
电力电缆 U_n= 10	75
电力电缆 U_n= 15	95
电力电缆 U_n= 20	125

附表 10.8　设备的耐冲击电压值 U_w

设备类型	U_w(kV)
电子设备	1.5
用户的电气设备	2.5
电网设备	6

附表 10.9　电涌保护器取决于系统特征所要求的最小 U_c 值

电涌保护器接于	配电网络的系统特征				
	TT 系统	TN—C 系统	TN—S 系统	引出中性线的 IT 系统	无中性线引出的 IT 系统
每一相线与中性线间	$1.15U_0$	不适用	$1.15U_0$	$1.15U_0$	不适用
每一相线与 PE 线间	$1.15U_0$	不适用	$1.15U_0$	$\sqrt{3}\,U_0$ a)	相间电压 a)
中性线与 PE 线间	U_0 a)	不适用	U_0 a)	U_0 a)	不适用
每一相线与 PEN 线间	不适用	$1.15U^0$	不适用	不适用	不适用

注：1. 标有 a)的值是故障下最坏的情况，所以不需计及 15 %的允许误差。

2. U_0 是低压系统相线对中性线的标称电压，即相电压 220V。

3. 此表基于按 GB18802.1 标准做过相关试验的电涌保护器产品。

附表 10.10　根据系统特征安装电涌保护器

电涌保护器接于	电涌保护器安装处的系统特征							
	TT 系统		TN—C 系统	TN—S 系统		引出中性线的 IT 系统		引出中性线的 IT 系统
	按以下形式连接			按以下形式连接		按以下形式连接		
	接线形式 1	接线形式 2		接线形式 1	接线形式 2	接线形式 1	接线形式 2	
每根相线与中性线间	+	◎	不适用	+	◎	+	◎	不适用
每根相线与 PE 线间	◎	NA	不适用	◎	不适用	◎	不适用	◎
中性线与 PE 线间	◎	◎	不适用	◎	◎	◎	◎	不适用
每根相线与 PEN 线间	不适用	不适用	◎	不适用	不适用	不适用	不适用	不适用
各相线之间	+	+	+	+	+	+	+	+
表中图例	◎：必须；+：非强制性的，可附加选用							

附表 10.11 电涌保护器的类别及其冲击限制电压试验用的电压波形和电流波形

类别	试验类型	开路电压	短路电流
A1	很慢的上升率	≥1kV 0.1kV/s～100kV/s	10A，0.1A/μs～2A/μs ≥1000μs(持续时间)
A2	AC		
B1	慢上升率	1kV，10/1000μs	100A，10/1000μs
B2		1kV或4kV，10/700μs	25A或100A,5/300μs
B3		≥1kV，100V/μs	10A、25A或100A，10/1000μs
C1	快上升率	0.5kV或1kV，1.2/50μs	0.25kA或0.5kA，8/20μs
C2		2kV、4kV或10kV，1.2/50μs	1kA、2kA或5kA，8/20μs
C3		≥1kV，1kV/μs	10A、25A或100A，10/1000μs
D1	高能量	≥1kV	0.5kA、1kA或2.5kA，10/350μs
D2		≥1kV	1kA或2.5kA，10/250μs

附表 10.12 接地装置冲击接地电阻与工频接地电阻换算表

本规范要求的冲击接地电阻值(Ω)	在以下土壤电阻率(Ωm)下的工频接地电阻允许极限值(Ω)			
	ρ≤100	100～500	500～1000	>1000
5	5	5～7.5	7.5～10	15
10	10	10～15	15～20	30
20	20	20～30	30～40	60
30	30	30～45	45～60	90
40	40	40～60	60～80	120
50	50	50～75	75～100	150

附表 10.13 接地装置工频接地电阻与冲击接地电阻的比值

土壤电阻率 ρ(Ωm)	≤100	500	1000	≥2000
工频接地电阻与冲击接地电阻的比值 $R_{\sim}/R_i$	1.0	1.5	2.0	3.0

注：1. 本表适用于引下线接地点至接地体最远端不大于 20 m 的情况；

2. 如土壤电阻率在表列两个数值之间时，用插入法求得相应的比值。

附表 10.14　电子信息系统线缆与其它管线的净距

其他管线 \ 间距 \ 线缆	电子信息系统线缆	
	最小平行净距(mm)	最小交叉净距(mm)
防雷引下线	1000	300
保护地线	50	20
给水管	150	20
压缩空气管	150	20
热力管(不包封)	500	500
热力管(包封)	300	300
煤气管	300	20

注:如线缆敷设高度超过 6000mm 时,与防雷引下线的交叉净距应按下式计算:$S \geqslant 0.05H$

式中:H —交叉处防雷引下线距地面的高度(mm);S—交叉净距(mm)。

附表 10.15　电子信息系统线缆与电气设备之间的净距

名 称	最小净距(m)
配 电 箱	1.00
变 电 室	2.00
电 梯 机 房	2.00
空 调 机 房	2.00

附表 10.16　电子信息系统线缆与电力电缆的净距

类别	与电子信息系统信号线缆接近状况	最小净距(mm)
380V 电力电缆容量小于 2kVA	与信号线缆平行敷设	130
	有一方在接地的金属线槽或钢管中	70
	双方都在接地的金属线槽或钢管中	10
380V 电力电缆容量 2～5kVA	与信号线缆平行敷设	300
	有一方在接地的金属线槽或钢管中	150
	双方都在接地的金属线槽或钢管中	80
380V 电力电缆容量大于 5kVA	与信号线缆平行敷设	600
	有一方在接地的金属线槽或钢管中	300
	双方都在接地的金属线槽或钢管中	150

注：1. 当 380V 电力电缆的容量小于 2kVA，双方都在接地的线槽中，即两个不同线槽或在同一线槽中用金属板隔开，且平行长度小于等于 10m 时，最小间距可以是 10mm。

2. 电话线缆中存在振铃电流时，不宜与计算机网络在同一根双绞线电缆中。

附表 10.17 电源线路浪涌保护器标称放电电流参数值

雷电保护分级	LPZ0 区与 LPZ1 区交界处		LPZ1 与 LPZ2、LPZ2 与 LPZ3 区交界处			直流电源标称放电电流(kA)
	第一级标称放电电流*(kA)		第二级标称放电电流(kA)	第三级标称放电电流(kA)	第四级标称放电电流(kA)	
	10/350μs	8/20μs	8/20μs	8/20μs	8/20μs	8/20μs
A 级	≥20	≥80	≥40	≥20	≥10	≥10
B 级	≥15	≥60	≥40	≥20		流配电系统中根据线路长度和工作电压选用标称放电电流 ≥ 10kA 适配的 SPD
C 级	≥12.5	≥50	≥20			
D 级	≥12.5	≥50	≥10			

注：SPD 的外封装材料应为阻燃型材料。

*：第一级防护使用两种波形的说明见规范条文说明。

附表 10.18 信号线路(有线)浪涌保护器参数

缆线类型 / 参数要求 / 参数名称	非屏蔽双绞线	屏蔽双绞线	同轴电缆
标称导通电压	$\geq 1.2U_n$	$\geq 1.2U_n$	$\geq 1.2U_n$
测试波形	(1.2/50μs、8/20μs)混合波	(1.2/50μs、8/20μs)混合波	(1.2/50μs、8/20μs)混合波
标称放电电流(kA)	≥1kA	≥0.5	≥3

注：U_n——最大工作电压。

附表 10.19 信号线路、天馈线路浪涌保护器性能参数

名称	插入损耗≤(dB)	电压驻波比≤	响应时间≤(ns)	平均功率(W)	特性阻抗(Ω)	传输速率(bps)	工作频率(MHz)	接口型式
数值	0.50	1.3	10	≥1.5 倍系统平均功率	应满足系统要求	应满足系统要求	应满足系统要求	应满足系统要求

附表 10.19　取决于建筑物内布线特征的 K_{S3} 值

建筑物内布线型式	K_{S3}
无屏蔽的电缆－布线路径没有考虑避免构成环路[1]	1
无屏蔽的电缆－布线路径考虑避免构成大的环路[2]	0.2
无屏蔽的电缆－布线路径考虑避免构成环路[3]	0.02
屏蔽电缆，其屏蔽层电阻[4]为 $5\Omega/km < R_S \leqslant 20\Omega/km$	0.001
屏蔽电缆，其屏蔽层电阻[4]为 $1\Omega/km < R_S \leqslant 5\Omega/km$（包含管径≤25 mm 的钢管布线）	0.0002
屏蔽电缆，其屏蔽层电阻[4]为 $R_S \leqslant 1\Omega/km$（包含管径≥32 mm 的钢管布线）	0.0001

注：1. 在大型建筑物内环路导体以不同路径敷设（环路面积为 50 m² 数量级）；

2. 环路导体敷设在同一管道中，或在小型建筑物内环路导体以不同路径敷设（环路面积为 10 m² 数量级）；

3. 环路导体设在同一电缆内（环路面积为 0.5 m² 数量级）；

4. 屏蔽层电阻 R_S 的电缆，其两端等电位连接到等电位连接带，设备也连接到同一等电位连接带。

附录十一 防雷装置设计、技术评价、设计审核、施工质量监督和竣工验收

第一章 防雷装置设计技术评价与审核

防雷装置设计审核是对防雷装置施工许可的审查，许可性审查是对防雷装置的设置的合法性、可行性进行审查，其中合法性审查属于行政性审查内容，主要审核所设计的防雷装置是否违反国家有关法律、法规、规章；是否违反我国现行政治和经济政策等。

施工图审查的目的：施工图审查是确保建筑设计工程设计文件的质量符合国家的法律法规，符合国家强制性技术标准和规范，确保建设工程的质量安全，以保证国家和人民的生命财产安全不受损失。审查机构承担审查的相应失察责任，技术质量责任仍由原设计单位承担。

防雷设计技术评价的含义：经气象主管机构认定的专业防雷机构，根据国家法律、法规、技术标准与规范，对设计单位所作的防雷设计施工图或方案，就安全性、有效性、稳定性和强制性标准、规范执行情况等进行的技术评价。

一、设计审核和技术审查

审计审核的主体是县级以上行政主管部门，按照国家法律、法规和规章进行行政性审查；所以在出具的决定、意见、通知等必须加盖气象行政主管部门的印章。不能出现防雷技术或检测机构的任何印章。

技术审查的主体是受气象行政主管部门委托的防雷技术机构，主要是对防雷装置的设计技术进行科学性、先进性、规范性审查。技术审查主要是对防雷装置的设计文件进行审查。

专项防雷装置设计文件包括：

防雷装置设计方案（包括：勘察报告、气象资料、设计依据、计算公式、直击雷防护措施、雷击电磁脉冲防护措施、防雷产品选型及检验报告等）；

防雷装置设计图纸（包括：接地平面图、接闪器布置图、各系统 SPD 设计安装图、等电位连接图等）；

建设单位雷电防护意见书（包括：现有建筑（构）物情况、系统及设备的安装情况、防护对象及要求等）。

二、设计技术评价与设计审核的内容和工作流程

1. 防雷设计技术评价

①防雷设计技术评价的含义：

经气象主管机构认定的专业防雷机构，根据国家法律、法规、技术标准与规范，对设计单位所作的防雷设计施工图或方案，就安全性、有效性、稳定性和强制性标准、规范执行情况等进行的技术评价。

②开展防雷设计技术评价的依据：

国家法律、法规的规定：《气象法》、国务院令第 412 号、《防雷减灾管理办法》第十五条、第十六条、(中国气象局第 8 号令)、《防雷装置设计审核和竣工验收规定》第九条(五)(中国气象局第 11 号令)

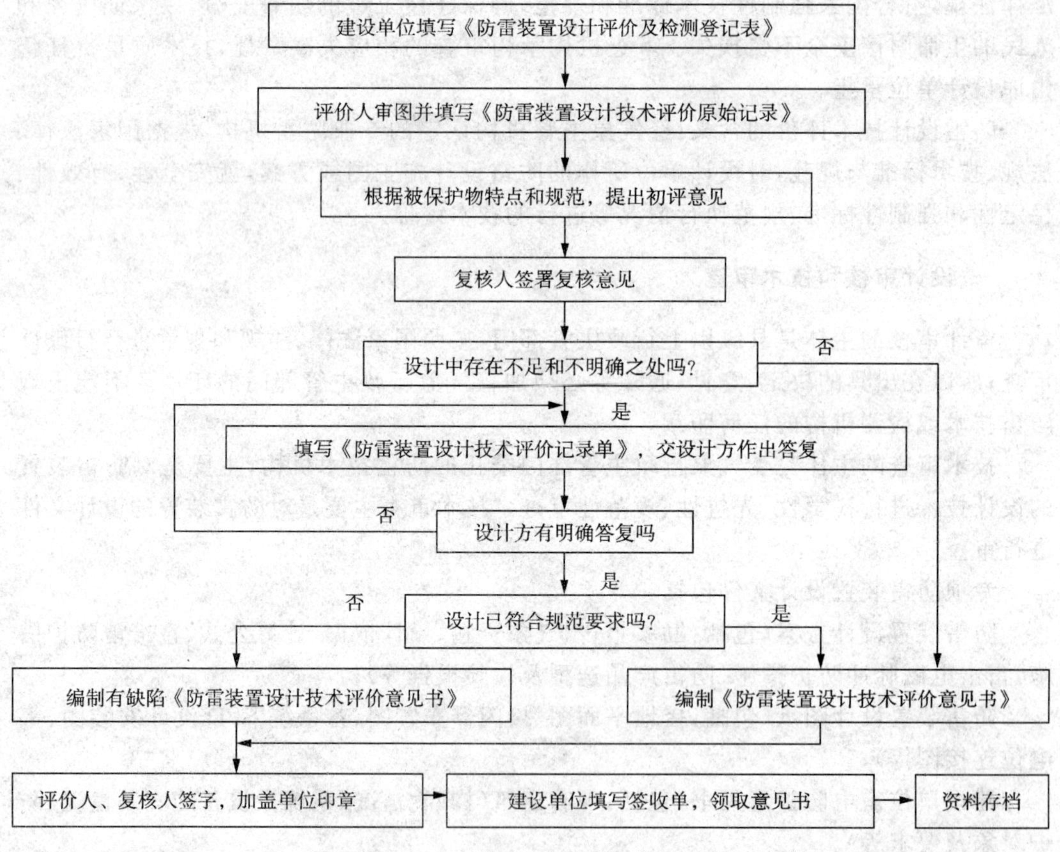

附图 11.1 技术评价工作流程图

③技术评价的内容：

· 防雷装置的稳定性、安全性；

· 是否符合现行有效的防雷规范；

· 施工图是否达到规定的设计深度；

· 是否损害公众利益。

④技术评价关注的对象 ：

· 防雷装置；

· 与防雷有关的电气接地；

· 危化场所的防静电接地。

2. 设计审核内容

设计审核工作必须由行政许可相对人（建设单位）提交《防雷装置审计审核申请书》，同时提交的材料有：

· 设计人员和设计单位的资格和资质证书；

· 建设项目批准书（建设和规划许可）；

· 防雷技术机构出具的技术分析报告（包括设计审查分析报告、产品质量分析报告、风险评估报告等相关技术资料）；

· 其它必备材料。

技术审查的主体是受气象行政主管部门委托的防雷技术机构，主要是对防雷装置的设计技术进行科学性、先进性、规范性审查或进行技术评价。技术审查主要是对防雷装置的设计文件进行审查。

3. 设计审核工作流程

设计审核工作是由气象行政主管部门根据《中华人民共和国行政许可法》、《防雷装置设计审核和竣工验收的规定》等法律法规、规章，依法对防雷装置进行施工许可性审查，其技术审查和技术评价均由防雷技术机构完成技术审查并出具技术报告，这部分是设计审核的条件之一，但不属于许可范畴。

三、技术审查内容和业务流程

防雷装置技术审查工作由防雷技术机构进行，技术审查机构（目前该项工作由县级以上防雷中心承担）对设计文件进行科学性、规范性、先进性进行技术审查，确定是否符合现行国家技术规范。

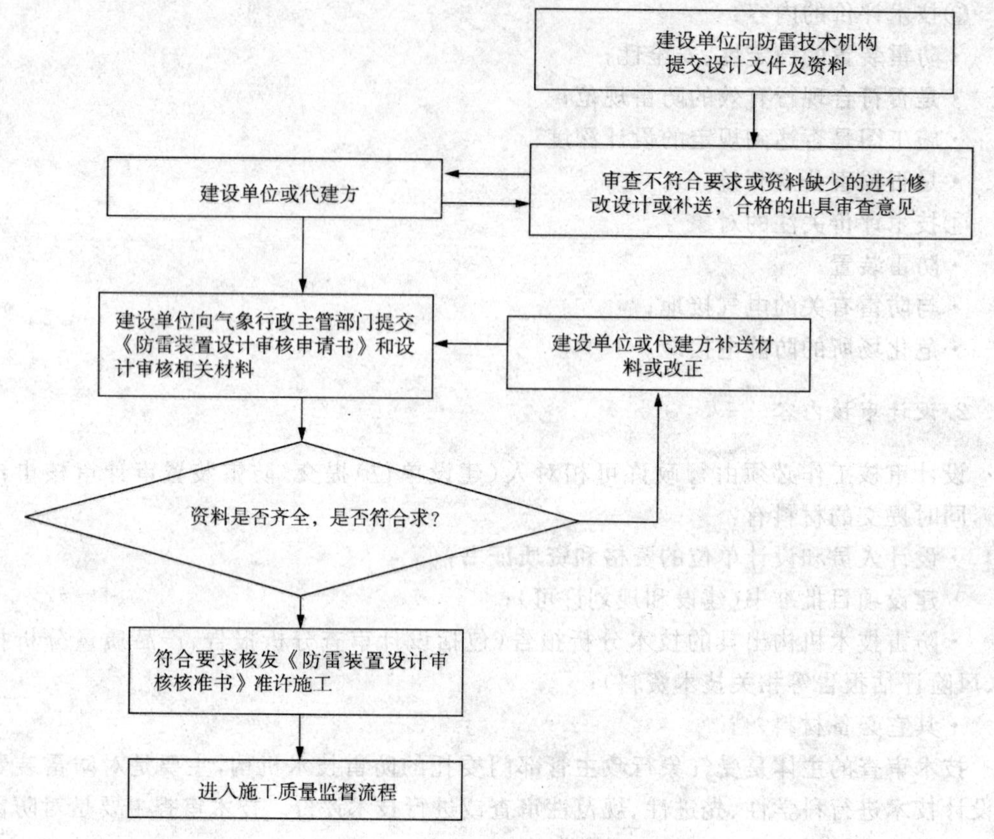

附图 11.2　设计审核工作流程图

1. 技术审查内容

技术审查主要是对设计文件进行科学性、合理性和规范性进行审查。审查防雷装置设置的合理性、经济性；是否符合现行国家技术标准。由建设单位填写《防雷设计文件技术审查登记表》。审查内容：

· 设计依据
· 防雷分类
· 防雷区域的划分
· 接闪器
· 均压环
· 引下线
· 接地装置
· 等电位连接措施

· 屏蔽

· 电涌保护器

· 弱电机房防静电设计

· 其他

2. 技术审查业务流程

防雷装置技术审查业务具有严谨性、科学性等特点，图审人员必须熟练掌握技术规范的同时，应该对其技术业务流程清晰明了。具体流程如下：

· 按照规定，由建设单位递交施工图一套；

· 检查所送资料是否齐全(主要是设计文件是否齐全)，登记表填写的内容和设计实际是否吻合；

· 对资料不全的发出补送资料通知书；

· 资料齐全的对其设计方案、引用规范等进行技术审查；

· 技术审查中发现有技术问题按照业务流程签发“审查意见书”通知设计单位进行修改设计；合格的准予通过。

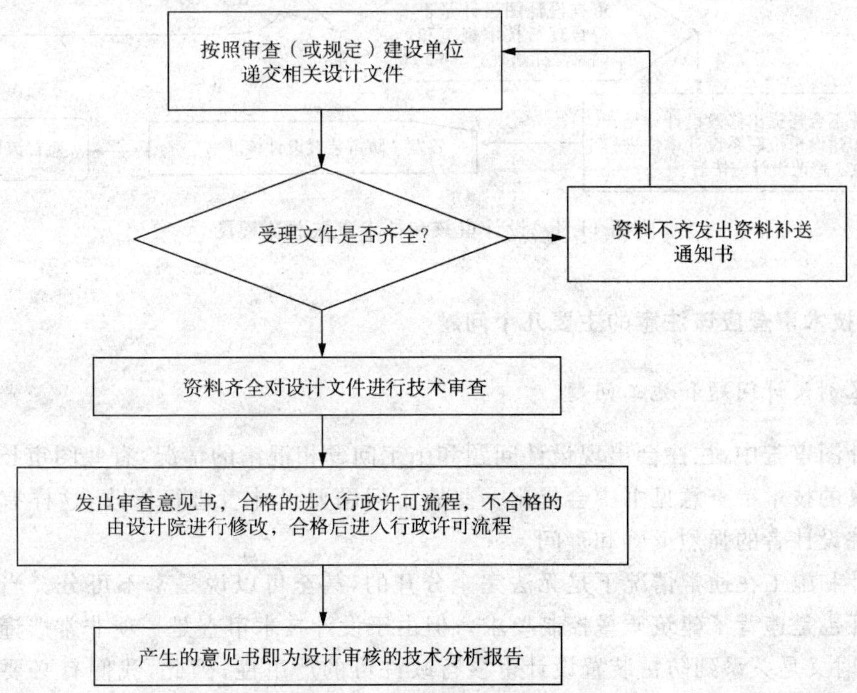

附图 11.3 技术审查业务流程

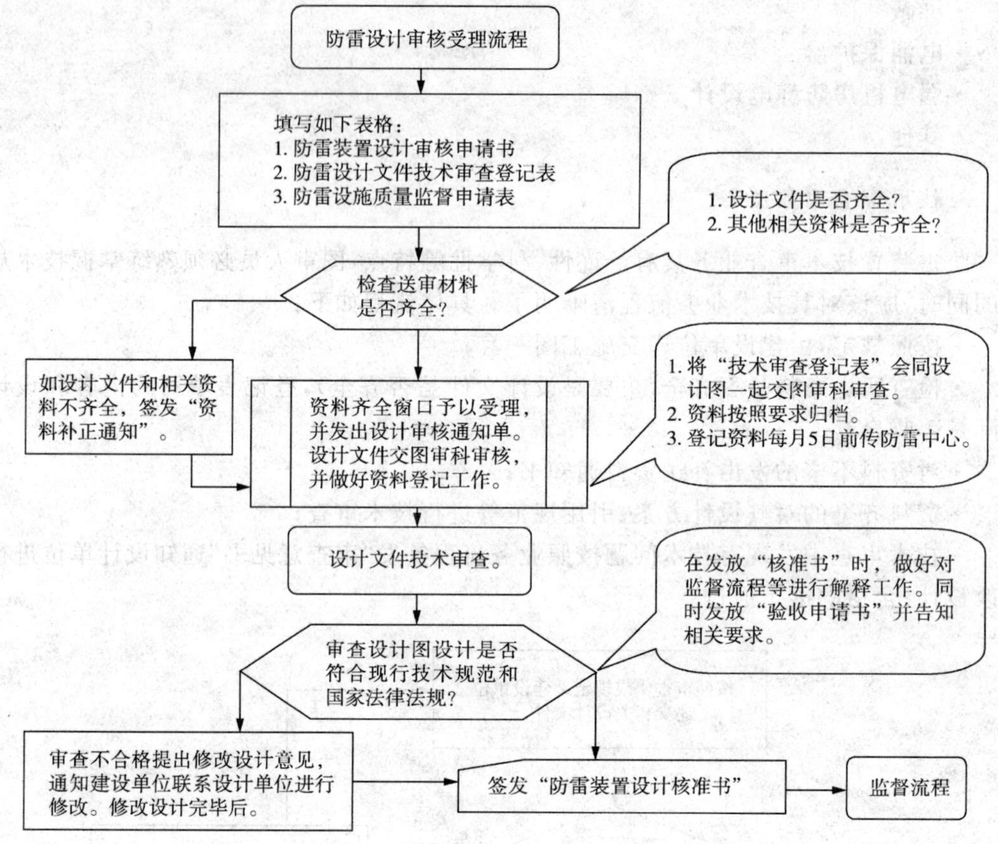

附图 11.4　设计审核和技术审核总流程图

四、技术审查应该注意的主要几个问题

1. 区别设计问题和施工问题

设计图审查中，往往会出现设计问题和施工问题相混淆的情况，有些图审技术人员在所出具的技术审查意见书中会提出一些施工问题要设计者进行修改，这样有时会引起设计院设计者的强烈反感和责问。

设计和施工在通常情况下是无法完全分开的，甚至可以说是密不可分。当然真正完全分开也是违背了建筑质量控制要求。但由于设计技术审查是一项非常严谨的技术工作，同时又是关系到防雷装置设计审核行政许可的严肃性，因此，我们有必要对此作适当的区别。

设计和施工问题混淆的情况主要表现为：

·地方性施工要求(一般是防雷中心制定的)和设计问题混为一谈,在设计修改意见中不能作为规范性要求提出;

·实际施工技术和设计技术混为一谈。例如:要求搭焊材料的规格等问题;等电位接地方式等。

2.如何提出建议性(合理化)意见

对一些不太合理或科学性较差的方案,但又满足设计规范要求的修改设计意见,在提出时要特别慎重,特别是用词方面要比较恰当为好。

因为有些设计院设计人员和建设施工方面往往是脱节的,有的设计人员一味追求设计规范。所以有时会设计出一些看似符合技术规范要求,但在合理性和科学性方面欠缺的防雷设计方案。有些甚至可能会给施工增加很大难度。这种情况下,我们应该给予"建设性"修改意见,可在修改设计前加上"建议"或"是否可以"等用词,这样在一般情况下设计院方面较为能够接受。

3.及时掌握国家新规定

及时了解国家新的技术规范和标准的颁布情况,并对这些新规范和新标准应该尽快掌握。以便在设计图技术审查中尽快得到应用。

有相当多设计院(特别是在设计审核工作开展不久的地区更为严重)在规范使用方面,有时会出现严重的滞后情况,尤其在适用性建筑标准设计图集的应用方面更是如此。作为技术审查部门,在这方面要及时掌握。

4.了解建筑图设计方面的一些规定

在一些建设工程的设计中,设计人员会按照"建筑工程设计文件编制深度规定"设计相应的图纸,有时会发生"规定"中可以省略的设计图,而在防雷技术审查时由于技术人员没有充分掌握《深度规定》,因此会出现被认为是缺图的尴尬情况。

5.图审人员必须充分了解建筑工程中相关技术

与防雷技术相关可又不属于防雷技术的一些领域的要求,图审人员应该熟悉。例如土建、结构、设备等。这些知识的了解掌握会给防雷技术人员在设计审查以及今后的施工质量监督工作带来极大的便利,同时也对提高防雷工作的质量也起到积极作用,不然,有时也会产生很多啼笑皆非的事情。

第二章　防雷装置施工质量监督

防雷装置施工质量要求：

按照国家有关法律、法规的要求，同时结合本地实际情况制定施工质量要求，以提高施工质量水平。但要注意技术依据。

施工质量监督的目的：

为了保证防雷设施的质量，防雷中心对建设工程防雷设施质量进行跟踪监督，当出现下列情况时必须进行质量监督：

- 当施工的某一环节预计有可能出现质量波动时；
- 当某一环节的质量好坏直接影响到整个防雷设施质量时；
- 当某一施工环节有特殊要求时(也就是通过一般性监理已经不能满足需要时)；

一、防雷装置施工质量监督

为了保证防雷装置的质量，做好监督工作十分重要，按照"三同时原则"必须加强质量监督工作。

1. 影响防雷装置质量的要素

防雷装置质量的特点是由所设计的建筑物本身和施工的特点决定的。其质量受到多种因素的影响，这些因素直接或间接地影响防雷装置的最终质量。

①影响因素多

防雷装置质量受到多种因素的影响，如设计、材料、机具设备、施工方法、施工工艺、技术措施、人员素质等。

②质量波动大

由于防雷装置的单件性、施工人员的流动性，不像一般工业产品的生产那样，有固定的生产流水线、有规范化的生产工艺和完善的检测技术、有成套的生产设备和稳定的生产环境，所以其质量容易产生波动且波动大。同时由于影响质量的偶然性因素和系统性因素比较多，其中任一因素发生变动，都会使防雷装置质量产生波动。如材料规格品种使用错误、施工方法不当、操作未按规程进行、设计计算失误等等，都会发生质量波动，产生系统因素的质量变异，造成防雷装置质量问题。

③质量隐蔽性

在防雷装置施工过程中，隐蔽工程多，因此质量存在隐蔽性。若在施工中不及时进行质量检查，事后只能从表面上检查，就很难发现内在的质量问题，这样就容易产生判断错误，即第一类判断错误(将合格品判为不合格品)和第二类判断错误(将不合格品误认为合格品)。

④终检的局限性

防雷装置建成后不可能像一般工业产品那样依靠终检来判断产品质量,或将防雷装置拆卸、解体来检查其内在的质量,或对不合格零部件可以更换。而防雷装置的终检(竣工验收)无法进行内在质量的检验,发现隐蔽的质量缺陷。这就要求重视事先、事中控制,防患于未然。

⑤评价方法的特殊性

新建筑物防雷装置质量的检查评定及验收是按照 GB50303 和 GB50343—2004 进行的,除了主控项目以外,均为抽查项目,这就有它的局限性。

2. 防雷装置工程的质量特点

·单一性:每个防雷装置从它的使用材料、施工工艺、施工环境条件、设置方法、布置位置、建构筑物特点等方面的原因具有不重复性的特点;

·不可逆转性:由于防雷装置和建构筑物同时施工,一旦设置完成便不可逆转;

·质量波动性:由于影响防雷装置的因素很多,造成防雷装置质量极易产生波动,其中人为因素是影响防雷装置质量的主要方面。

二、质量监督的内容和业务流程

按照《防雷减灾管理办法》新建(扩、改建)建筑物应该实行三个同时,即"防雷装置应该和建设工程同时设计、同时施工、同时投入使用"的要求,防雷中心作为防雷权威机构,对新建筑物建设工程中的隐蔽工程进行质量监督检查,不符合设计要求的必须进行改正,以保证防雷装置施工质量。

新建筑物的施工质量监督必须遵循施工质量第一、安全第一的原则,在施工过程中,防雷管理机构必须对施工中防雷装置施工重要环节和隐蔽工程进行质量监督和检查,对隐蔽部位必须做好质量记录,所有施工资料都必须由防雷装置质量监督人员会同建设方、施工方、监理方进行签字认可等。为了保证防雷装置的施工质量,根据防雷装置的特点指定监督内容和业务流程。

1. 防雷装置质量监督内容

新建筑物的防雷装置施工过程中,防雷管理部门必须对其过程进行质量监督,其监督内容(环节)如下:

①技术交底会议

各辖区的建设工程项目经防雷审批窗口行政许可,以及其他窗口审批手续许可完毕,取得施工许可证后进入现场施工阶段。防雷监督技术人员查阅该项目原始施工图纸、审核意见书以及修改回执等文件资料，进行分析研究，制定施工质量监督计划。同时组织建设、施工、监理等单位相关负责人进行技术交底会，技术交底会议一般应该在建设工程设备进场后开工前进行，技术交底会主要参加人员应该为：防雷技术人员、施工技术人员（包括施工员、项目经理、技术人员）、建设方（代表）、监理（总监、水电监理）。

技术交底会议主要针对本项目的特殊性和国家有关技术规范的要求，提出项目中防雷装置施工技术要求，明确工程防雷装置关键环节的质量监督形式和方式方法，明确质量监督工作中各方面责任人职责等，以便在施工过程中各方能协调配合。现场技术交底会宗旨在于突出防雷工作的重要性，明确防雷监督的工作态度和立场，并结合工程项目的实际情况解答各方代表提出的技术问题。正确贯彻设计意图，避免曲解、误解图纸本意，使其能够掌握关键工程部位的质量要求，从而保证工程质量。技术人员必须具备扎实的防雷技术基础知识，同时了解防雷领域最新的发展方向，能够正确引导推广防雷科学新技术、新方法。防雷技术人员认真解答施工各方提出的各项技术问题，确立该项目施工路线和施工技术指导等内容。

②中间环节监督

中间环节监督宜按照建设工程的特点，对监督项目进行分析，一般分为以下几个部分：

基础接地验收

为了保证的施工方法、工艺、质量符合相关规范规章要求，基础接地验收是防雷装置质量监督的第一个重要环节，它的好坏直接影响到防雷装置的有效性，是防雷装置的质量基础，在质量监督过程中列为验收项目。

基础接地验收严格按照建设工程验收规范进行，要求所有参加施工的各方（建设单位人员、监理单位人员、施工单位人员）必须到场实地验收，严禁敷衍了事。现场采集基础接地数据，实事求是认真填写检查验收记录表格，验收结果填写《基础接地验收表》并且经过各方签字确认后生效。有质量问题必须进行整改，整改完毕才能进行下一步施工流程。

引下装置质量监督

这里所指的引下装置是指从基础基地装置以上，接闪装置以下部分防雷设施。

引下装置的监督主要针对以下几个方面进行监督：引下装置所用材料是否符合设计和现行技术规范要求；焊接工艺方面：焊接中是否有虚焊、夹渣、焊渣是否清除干净等；焊接倍数是否达到要求（双面施焊大于6D），引下线顶部引出的钢筋在转接焊接是否全部利用等。

接闪装置质量监督

接闪装置目前应用的有：避雷针、避雷带、避雷网格、避雷线、金属屋面等形式。

接闪装置的质量监督主要从以下几个方面：接闪装置的设置位置是否准确合理；接

闪装置保护范围是否达到要求；所用材料是否达到设计或规范要求；接闪装置和引下线之间的连接是否可靠。

2.防雷装置质量监督业务流程

做好防雷装置施工质量监督的前提是必须制定严格的“质量控制管理制度和方法”，必须严格遵循质量控制的要求进行质量监督活动。

①防雷设施质量监督管理制度

为了保证防雷装置施工质量监督机构能够全面保证只保量完成监督任务，必须对实行建设工程防雷装置施工质量监督进行严格管理，明确管理制度。管理主体为各级气象行政主管部门。气象行政主管部门对防雷装置施工质量监督机构进行考核、评审。对违反国家法律法规、技术规范的防雷装置施工质量监督机构进行勒令改正乃至取缔质量监督资格。

质量监督机构是经省级以上气象行政主管部门或有关专业部门考核认定，具有独立法人资格的单位。它受县级以上气象行政主管部门或有关专业部门的委托，依法对工程质量进行强制性监督，并对委托部门负责。

②工程质量监督机构的主要任务

·根据气象行政主管部门的委托，受理建设工程防雷装置的施工质量监督。

·制定质量监督工作方案。根据有关法律、法规和工程建设强制性标准，针对工程特点，明确监督的具体内容、监督方式，在方案中对地基基础、主体结构和其他涉及结构安全的重要部位和关键过程，作出实施监督的详细计划安排，并将质量监督工作方案通知建设、勘察、设计、施工、监理单位并进行技术交底会议。

·检查施工现场工程建设各方主体的质量行为。检查施工现场工程建设各方主体及有关人员的资质或资格；检查设计、施工、监理单位的质量管理体系和质量责任制落实情况；检查有关防雷装置质量文件、技术资料是否齐全并符合规定。

·检查防雷装置实体质量。按照施工质量监督工作方案，对防雷装置施工关键部位进行现场实地检查

·监督工程质量验收。组织防雷装置技术竣工验收，制定技术验收程序，检查验收过程中工程各方提供的有关资料和形成的质量评定文件是否符合有关规定，防雷装置质量是否存在严重缺陷，是否符合国家标准。

·向气象行政部门报送防雷装置质量监督报告。报告的内容应包括对整个防雷装置施工质量检查的评定。

·气象行政主管部门委托的防雷装置质量监督管理的其他工作。

③防雷装置安全性能检测检验

防雷装置安全性能检测检验是对防雷装置质量进行监督管理的重要手段之一。在

气象行政主管部门领导和标准化管理部门指导下开展检测工作，其出具的检测报告具有法定效力。

④各检测机构的主要任务

· 对本地区正在施工的建设工程防雷设施进行检测检验；

· 受气象行政主管部门委托，对本省、市、县的建筑物防雷装置进行检测检验。对违反技术标准、失去质量控制防雷装置，发出整改通知书并责令其立即整改。

⑤具体业务流程

· 建设单位于开工前，向防雷中心递交《防雷装置质量监督申请表》(该表格由所在辖区受理窗口在办理手续时统一发放)；

· 监督人员按照申请表制定监督计划；

· 组织建设、施工、监督单位在现场召开"防雷装置施工质量交底会"，明确质量监督的步骤和环节；

· 进行质量检查；

· 对不合格情况发出整改通知，整改通知经过各方签字确认；

· 当整改完毕后，监督人员到现场复验(指重大整改项目，见监督内容部分)；

· 合格的进入下一施工环节；

· 填好记录表，工程建设各方签字确认。

3. 施工质量出现问题的整改

整改通知的签发是当防雷技术人员在监督工作中发现违反施工要求或违反防雷中心的关于防雷设施施工要求时，防雷中心技术监督人员就应该签发整改通知。整改通知书上必须有四方人员签字确认，然后进入整改程序。

一般性项目整改

对一般性整改项目可有监理确认整改合格并签字，同时建设单位代表签字确认后交防雷中心存档，整改实施应具有整改方法措施，整改人员，经监理签字，建设方确认等，最后由防雷中心技术人员进行确认后，关闭整改。施工自动进入正常程序。

重大整改措施

出现严重影响防雷设施质量的问题，例如防雷设施遗漏，防雷装置的设置严重违反技术规范要求，设施用材不能符合要求必须更换等重大问题的整改，在施工方整改完毕后，防雷中心技术人员必须到现场进行复查验，复检不合格继续整改，直到整改合格为止。

4. 中间检查工作的检测

中间检测一般分为以下几个环节：

·接地基础焊接好,并回土以后进行接地电阻的检测。如发现检测数据未能达到设计要求可立即进行增补接地。

·引下线到屋顶引出时可对每个引下线的接地情况进行检测检查,以判断各个引下线的质量情况。

·总等电位和局部等电位的检测检查,包括等电位的接地情况和设置是否合理等。

三、质量监督中应该注意的几个问题

企业在实施计划中都体现出有没有执行力问题,在一个建设工程质量监督中也体现出执行力够不够的问题,执行力不够主要表现在以下几个方面:

·设计审核通过以后,具体施工时不再通知防雷中心,造成不少工程没有进行质量监督;

·对防雷中心要求置之不理或不认真执行等敷衍情况从而直接影响防雷设施的质量监督工作等等;

·当防雷中心到现场检查时有关人员不能及时到场或派个作业人员应付等。

1. 开好交底会议

开好交底会议是防雷装置施工质量监督的第一步,其重要性可想而知。交底会的形式可采用多种方式,但一定要注意以下几个方面:

①做好政策性宣传

做好政策宣传是目前开展好防雷监督工作的重要内容,特别新出台了国家政策、法律、法规等颁布执行后做好政策宣传,使得各方人员对防雷工作引起高度重视,以利于今后的防雷装置质量监督的顺利开展。

②做好技术交底

技术交底可根据施工单位熟悉情况以及该建筑物的自身特点,作系统性解释的同时,对特殊问题作详细的技术交底,以利于保证防雷装置的施工质量。

③完善严格的质量反映体系

由于建设工程防雷设施施工的单一性和不可逆转性,所以把好质量关是至关重要。

④监督质量过程中必须熟悉一系列规范和运行流程

在监督工作中不能做一些与防雷装置质量监督工作无关的事情。

2. 交底会的注意点

①防雷技术人员只能对施工方面作出明确的解答,但不能修改设计图纸,如发现设计方面的确有遗漏处应该通过和设计单位商榷的办法,再由设计单位及时作出修改(特别注意)。

②明确工程中应该注意的方面,安排好以后各阶段的监督检查环节。

③技术交底会之前应该对设计图文件进行全面的了解。主要有以下的几个方面:

· 本项目的建筑物使用性质、使用环境性质等;

· 本项目的防雷装置的设置的情况,包括防护方式方法。必须充分了解该工程的防雷在那些方面是作为重点要求的等。

第三章　防雷装置竣工验收

防雷装置竣工验收是国家法律法规赋予县级及其以上气象行政主管部门的管理职能,属于国家许可性项目,因此,防雷装置竣工验收必须具备一定的条件。同时必须分清行政行为的竣工验收和由防雷技术机构进行的竣工技术检测检验等技术服务工作。

竣工验收必须具备的几个条件:当建设工程防雷设施设置完毕的情况下即可进入竣工验收程序。所谓设置完毕,体现在以下几个方面:

· 按照设计文件要求防雷设施施工完毕:等电位设置完成,接闪器包括避雷针、带安装完毕,并已作相关处理,例如防腐等。所有高出屋面的金属物均作等电位联接,需要安装避雷器的,避雷器安装完成等。

· 施工方防雷设施安装的施工资料齐全,所用防雷产品的技术准备资料齐全。包括隐蔽资料,产品检测报告,备案证书等。

· 经过自检合格后,专业防雷工程还必须具有竣工报告。

· 由建设方(或施工方)提出申请。

一、防雷装置竣工验收内容

防雷装置竣工验收之前,气象行政主管部门将对工程防雷装置的设置完成情况、设置质量进行审查。对防雷装置审查合格的准许投入使用,对不符合设计要求或设置不合格的作出不许可决定并责令进行整改。

建筑物竣工验收分为竣工验收和技术检测检验两个部分。

竣工验收有气象行政主管部门进行核准,技术检测检验由具有资质的防雷技术机构进行。而防雷装置检测检验是防雷装置竣工验收的先决条件。

防雷装置竣工验收时,必须由建设单位会同设计、监理、施工单位联合提出竣工验收申请,并提供以下材料:

①防雷装置竣工验收申请书

防雷装置竣工验收时,必须提交防雷装置竣工验收申请书,申请书必须按照要求认真填写,工程各方必须盖章确认防雷装置已经安装完毕。

②防雷装置检测检验报告

由防雷检测机构对防雷装置进行检测检查,符合设计和规范要求的出具的《防雷装置检测检验报告》,否则签发《整改通知书》,施工各方对存在的质量问题进行整改。整改后进行复验的,复验不合格继续整改,直到整改合格,发放《防雷装置检测检验报告》。

③专业防雷资质和资格证书

项目属于专业防雷工程的,在申请验收时还必须出具专业防雷工程施工资质和施工人员资格证书。

④产品检测报告

在建设工程中,使用到防雷产品的还必须出具产品检测报告。

⑤设计审核核准书

二、技术检测检验工作流程

在防雷装置竣工后,由建设单位提出申请,气象行政主管部门组织建设工程防雷装置竣工验收之前由防雷检测检验机构进行防雷装置检测检验,整个过程严格按照检测检验流程进行。

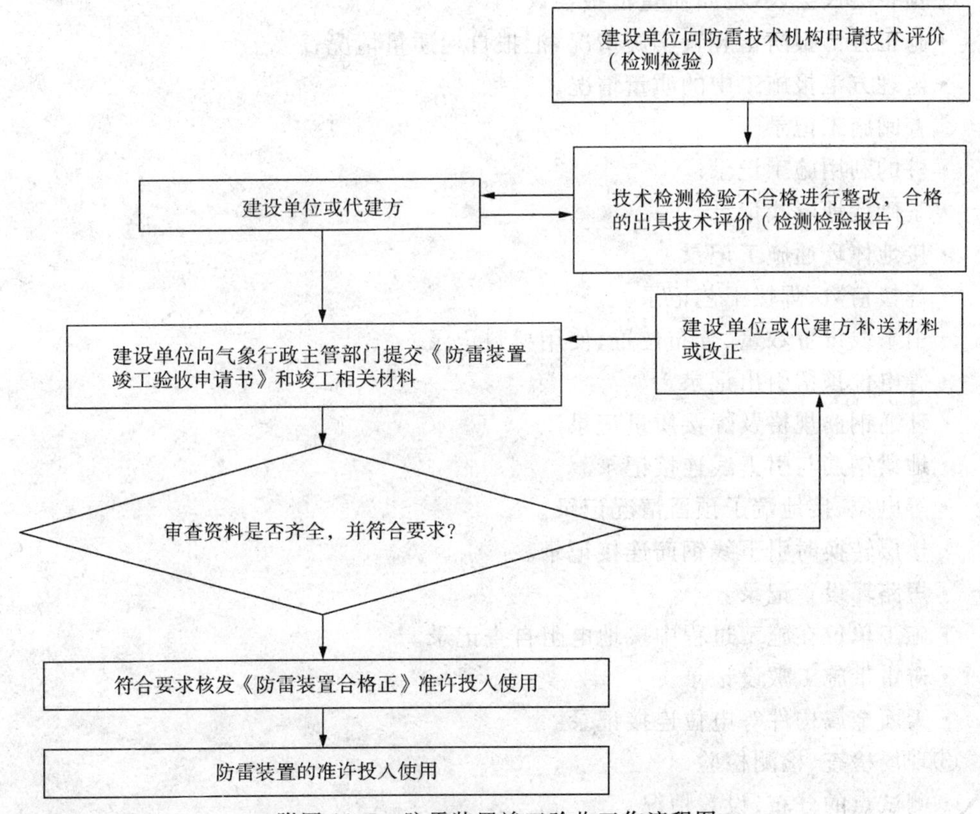

附图 11.5　防雷装置竣工验收工作流程图

1.递交申请书:由建设单位的项目负责人到本项目辖区的防雷审批窗口领取填写《防雷装置竣工申请书》,同时向防雷中心提出竣工检测检验申请;

2.安排计划:防雷技术机构根据建设单位申请,调阅研究该项目的原始图纸、审核意见、变更回执以及施工各环节的质量监督记录,制定防雷装置检测检验的技术方案。确定现场检测检验日期,并按照计划到达现场,防雷质量监督人员会同检测站确定检测检验作业流程;

3.进入现场:检测技术人员和质量监督人员、建设方(甲方)、施工方(乙方)、监理方(水电)等五方进入施工现场;

4.检测检验:进行防雷装置技术检测检验工作;

5.出具报告:防雷技术机构根据检测检验资料制作技术分析报告(检测检验报告)。

三、技术检测检验内容和技术流程

1.技术检测检验内容

①预备会议会议(也叫质量汇报会议)

·施工方汇报防雷装置实施情况,汇报自检质量情况;

·监理方汇报施工中的质量情况。

②查阅施工记录

·桩的利用施工记录。

·基础接地形式记录。

·接地体环通施工记录。

·焊接倍数、焊接工艺记录。

·引下线设置数量、分布位置、使用材料记录。

·等电位预留引出记录。

·环通钢筋规格及焊接质量记录。

·地梁钢筋与引下线连接记录。

·等电位、接地端子预留情况记录。

·楼层转换时引下线钢筋连接记录。

·短路环设置记录。

·施工单位在施工过程中接地电阻自查记录。

·避雷带施工敷设记录。

·天面金属构件等电位连接记录。

③现场检查、检测检验

·测试点的分布、设置情况。

·总等电位的位置及设置情况。

·局部等电位的位置及设置情况。

·玻璃幕墙的接地设置情况。

·天面避雷(针)带、网格的敷设位置、焊接防腐等情况。

·天面金属构件的等电位连接情况。

·检测上述项目的接地电阻情况。

·检查本建筑物的供配电防感应雷设施设置的情况。

④质量分析会议

·通报检查、检测结果。

·对结果进行处理,并整理资料记录。

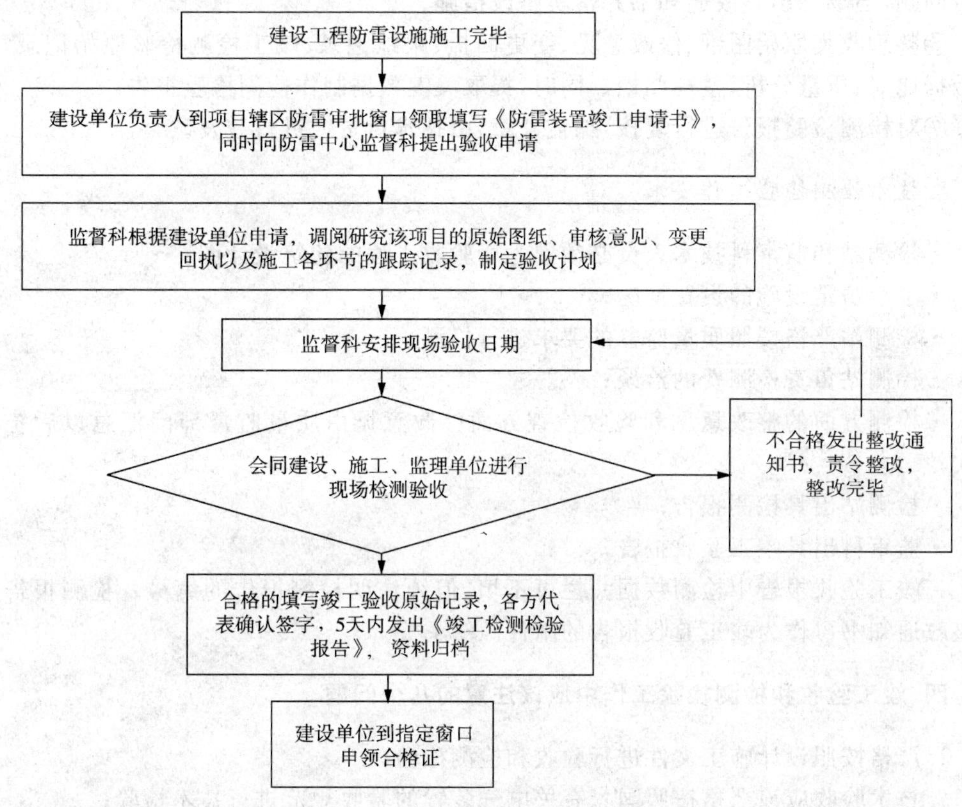

附图 11.6 竣工检测检验业务流程图

2.检测检验业务流程

①质量监督人员组织五方面人员召开"建设工程防雷设施竣工验收预备会议",对

防雷装置施工质量进行分析总结,分派技术检测检验工作。

②质量监督人员现场查验有关施工记录,召开现场预备会议,听取各方代表汇报工程情况,查阅现场施工记录。同时通告验收检查检测计划,提醒注意事项,协调操作配合。会同建设、施工、监理单位负责人进行现场检查、检测,严格按照验收计划进行实施操作。

③检测站人员进行检测防雷设施安全性能。

④质量监督人员检查防雷装置设置情况。

⑤召开现场质量分析会,通报检测检验结果。对于不符合设计及国家规范要求的签发整改通知书,责令责任人督促整改复验。对于合格工程,作好原始表格记录,并请各方代表确认签字,资料带回中心进行处理。

质量监督人员召集技术竣工验收质量小结会议,汇总防雷装置质量情况。如存在质量问题,当场开出整改通知书并落实整改措施。

⑥整理收集原始图纸、修改意见、变更回执、跟踪记录、竣工检测检验原始记录,进行数据比对、质量分析、整理归档。同时,提取关键数据制作检测检验报告。

⑦对检测检验报告进行复核,加盖公章,由技术负责人进行签发。

3.技术检测检验工作要求

·检测站和监审科技术人员必须熟悉所验收工程的建筑设计图;

·了解防雷设施的设置情况;

·检测站严格按照质量监督的要求进行检测;

·检测站负责检测费的洽谈;

·检测方面的整改意见和验收检查方面整改意见由质量监督部门汇总以后统一落实;

·检测站出具检测报告;

·监审科出具竣工验收报告;

·竣工验收报告中检测数据一栏可不填,但须注明检测报告的编号。检测报告包括整改通知书可作为竣工验收报告的附件。

四、竣工验收和检测检验工作中应该注意的几个问题

1.严格按照设计施工文件进行验收和检测检验;

2.技术验收应该严格按照国家有关电气装置的验收规范进行技术检验;

3.当防雷装置存在于不同类型的建筑物中应该按照其不同要求进行,例如:机房、油库等;

4.检测检验记录必须经过建设各方签字确认;

5.验收之前相关人员必须先熟悉技术资料,包括看图、看资料等。

参考文献

[1] 田学哲.建筑初步.北京:中国建筑工业出版社,1999

[2] 刘建荣.建筑构造(上、下).北京:中国建筑工业出版社,2000

[3] 刘谊才,李金星,程久平.新编建筑识图与构造.合肥:安徽科学技术出版社,1999

[4] 李必瑜主编,刘建荣主审.房屋建筑学.武汉:武汉工业大学出版社,2001

[5] 同济大学,西安建筑科技大学,东南大学,重庆建筑大学.房屋建筑学.北京:中国建筑工业出版社,2001

[6] 崔艳秋.房屋建筑学学习指导.武汉:武汉工业大学出版社,2001

[7] 《中国建筑史》编写组.中国建筑史.北京:中国建筑工业出版社,1988

[8] 陈志华.外国建筑史.北京:中国建筑工业出版社,1979

[9] 齐康等.中国土木建筑百科词典(建筑卷).北京:中国建筑工业出版社,1999

[10] 林维勇.建筑物防雷设计规范.北京:中国计划出版社,2001

[11] 中国建筑标准研究所.利用建筑物金属体做防雷及接地装置安装.1986

[12] 中国建筑工业出版社.电气设计规范.北京:中国建筑工业出版社,1999

[13] 赵连玺,樊伟梁,赵小玲.建筑应用电工.北京:中国建筑工业出版社,1999

[14] 杨光臣.建筑电气工程识图·工艺·预算.北京:中国建筑工业出版社,2001

[15] 关象石,李银生,王凤山,李谡,李亚奇.防雷技术规范汇编,1999 增订本

[16] 张小青.建筑物内电子设备的防雷保护.北京:电子工业出版社,2000

[17] 李良福.计算机网络防雷新技术.北京:气象出版社,1997

[18] 李国豪等.中国土木建筑百科词典(建筑设备工程卷).北京:中国建筑工业出版社,1999

[19] 李国豪等.中国土木建筑百科词典(建筑结构卷).北京:中国建筑工业出版社,1999

[20] 李国豪等.中国土木建筑百科词典(工程施工卷).北京:中国建筑工业出版社,1999

[21] 北京市消防协会,北京市避雷装置安全检测中心,北京华云克雷雷电防护工程技术有限责任公司.国内外雷电灾害事故案例精选.北京:气象出版社,1997

[22] 李良福.易燃易爆场所防雷抗静电安全检测技术.北京:气象出版社,1997

[23] 刘强,黄志勇.最新电工实用技术问答. 广州:华南理工大学出版社,2001

[24] 虞昊,臧庚媛,赵大铜.现代防雷技术基础.北京:气象出版社,1997

[25] 苏邦礼,崔秉球,吴望平,苏宇燕.雷电与避雷工程. 广州:中山大学出版社,1996

[26] 王明昌.建筑电工学.重庆:重庆大学出版社,2000

[27] 李必瑜.建筑构造(上、下). 北京:中国建筑工业出版社,2000

[28] 李宏毅.建筑电气设计及应用.北京:科学出版社,2001

[29] 罗国杰.智能建筑系统工程.北京:机械工业出版社,2000

[30] 柳涌.建筑安装工程施工图集(3 电气工程).北京:中国建筑工业出版社,2000

[31] 姜丽荣,崔艳秋,柳锋.建筑概论.北京:中国建筑工业出版社,2000

[32] 杨光臣.建筑电气工程施工.重庆:重庆大学出版社,1999

[33] 韩风.建筑电气设计手册.北京:中国建筑工业出版社,1991

[34] 陈汉民，王奇南．建筑电气技术500问．福州：福建科学技术出版社，2001
[35] 丁明往，汤继东．高层建筑电气工程．北京：水利电力出版社，1993
[36] 北京市注册建筑师管理委员会．一级注册建筑师考试辅导教材．北京：中国建筑工业出版社，2001
[37] 陈保胜．建筑构造资料集．北京：中国建筑工业出版社，1994
[38] 梁华．实用建筑弱电工程设计资料集．北京：中国建筑工业出版社，2001
[39] 新一代天气雷达站防雷技术规范．气象行业标准(QX 2-2000)
[40] 郭昌明．雷电与人工引雷．上海：上海交通大学出版社，2001
[41] 中华人民共和国．工程建设标准强制性条文(房屋建筑部分)．北京：中国建筑工业出版社，2000
[42] 杨博，孙荣芳．建筑装饰工程照明．合肥：安徽科学技术出版社，1996
[43] 吕光大．建筑电气安装工程图集—设计·施工·材料(第一集)．北京：中国电力出版社，1994
[44] 刘宝林．常用建筑电气工程作法·符号·代号．北京：中国计划出版社，1992
[45] [美]弗朗西斯 D K 著，高履泰、英若聪等译．建筑图像词典．北京：中国建筑工业出版社，1998
[46] 叶佩生．计算机机房环境技术．北京：人民邮电出版社，1998
[47] 曹克民．建筑电气工程师手册．北京：中国建筑工业出版社，2003
[48] 张瑞武．智能建筑．北京：清华大学出版社，2002
[49] 国家标准．建筑物电子信息系统防雷技术规范．北京：中国建筑工业出版社，2004